U0207706

国外名校最新教材精选

Semiconductor Material and Device Characterization
(Third Edition)

半导体材料与器件表征
（第3版）

〔美〕 迪特尔·K.施罗德 著

Dieter K. Schroder

Arizona State University，Tempe，AZ

徐友龙 任 巍 王 杰 阙文修 汪敏强 史 鹏 译

西安交通大学出版社
Xi'an Jiaotong University Press

Semiconductor Material and Device Characterization. Third Edition. Dieter K. Schroder.
ISBN:978 - 0 - 471 - 73906 - 7

Copyright © 2006 by John Wiley & Sons,Inc.

陕西省版权局著作权合同登记号:图字 25 - 2013 - 016 号

图书在版编目(CIP)数据

半导体材料与器件表征:第 3 版/〔美〕迪特尔·K.
施罗德(Dieter K. Schroder)著;徐友龙等译.—西安:
西安交通大学出版社,2017.10(2023.7 重印)
书名原文:Semiconductor Material and Device
Characterization (Third Edition)
ISBN 978 - 7 - 5693 - 0218 - 9

Ⅰ.①半… Ⅱ.①迪… ②徐… Ⅲ.①半导体材料-
研究 Ⅳ.①TN304

中国版本图书馆 CIP 数据核字(2017)第 251167 号

书　　名	半导体材料与器件表征(第 3 版)
著　　者	〔美〕迪特尔·K. 施罗德
译　　者	徐友龙　任　巍　王　杰　阙文修　汪敏强　史　鹏
出版发行	西安交通大学出版社
	(西安市兴庆南路 1 号　邮政编码 710048)
网　　址	http://www.xjtupress.com
电　　话	(029)82668357　82667874(市场营销中心)
	(029)82668315(总编办)
传　　真	(029)82668280
印　　刷	西安明瑞印务有限公司
开　　本	787 mm×1092 mm　1/16　印张 45.625　字数 1114 千字
版次印次	2017 年 12 月第 1 版　　2023 年 7 月第 5 次印刷
书　　号	ISBN 978 - 7 - 5693 - 0218 - 9
定　　价	128.00 元

如发现图书印装质量问题,请与本社市场营销中心联系。
订购热线:(029)82665248　(029)82667874
投稿热线:(029)82664954
读者信箱:banquan1809@126.com

版权所有　侵权必究

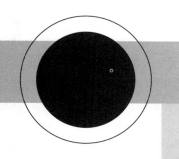

译者序

　　本书是一本非常优秀的电子科学与技术学科高年级本科生或研究生的教科书或参考书,也是半导体材料和器件领域的专业人员案头必备的参考书。本书作者迪特尔·K.施罗德(Dieter K.Schroder)博士,是国际著名微电子学专家,美国亚利桑那州立大学电气、计算机与能源工程学院摄政董事教授,亚利桑那州立大学低功率电子学中心主任,国际半导体材料和器件领域公认的权威。

　　施罗德教授在亚利桑那州立大学执教 28 年,培养了 62 名硕士和 41 名博士。施罗德教授在进入亚利桑那州立大学执教之前,已经在西屋研究实验室从事了 13 年工业研究,也指导了许多工业界的工程师和科学家。他教授过电荷耦合器件、电子成像、半导体表征、半导体功率器件、半导体器件物理等课程,曾获得亚利桑那州立大学工学院教学优秀奖、IEEE 继续教育学会功勋奖以及 IEEE 杰出国家讲师等荣誉。

　　半导体技术的发展日新月异,它不断改变着我们的日常生活和工业生产的方方面面。超算服务器、智能手机、平板电脑、数控机床、数字加工中心、地铁、轻轨、高铁、太阳能、风能等,以及未来的电动汽车、物联网、大数据和人工智能等等已经深刻地改变了我们的生活方式,而这些技术的核心器件无一例外包括半导体器件。另外,半导体技术本身也发生了巨大的变化,7 nm 线宽的半导体器件已经批量生产。目前,国内外讲述半导体理论的专著和教材很多,可是有关材料与器件表征的著作则极为少见,仅有的几本著作中所讨论的几种表征方法也较为局限。很多学生虽然掌握了半导体理论的基本思想和方法,却不知半导体材料与器件的各种参数如何获得或测量,同时生产一线的技术工程师们亦需要一本有关材料与器件表征测量理论知识的参考书。因此很需要出版和半导体材料与器件表征测量相关的理论知识的书籍。而本书是这方面一本不可多得的好书。

　　本书第 3 版进行了全面的修订。融入了第 2 版出版以来半导体表征技术的新进展、新技术,添加了最新的研究成果。新增了基于电荷和探针的表征方法、可靠性和失效分析两章;删除了一些过时的资料,新增了 260 个参考文献,澄清了一些晦涩难懂的内容;重做了大部分的图表,更新了数据;每章的结尾增加了习题和复习题,还在全书中增加了例题,这样就使得本书更利于初学者使用。

　　本书涉及了半导体材料与器件的设计、制造、使用相关的各类参数表征方法,从理论到实践、从理论原理到技术设备，包罗万象，内容丰富，是该领域独一无二的著作。该书写作手法新颖，从深入浅出的原理叙述自然流畅地过渡到实际应用，从例题、习题到思考题到各类相关表征手段，并且还给出了不同表征方法的优点和不足，使读者不仅容易掌握不同表征方法，而且能熟练选择最便利和最简单的表征方法。这种方式不管是教科书还是专著都未曾见到过。

　　译者在译文中更正了原书中的一些错误，并以译注的方式加以说明。任巍教授翻译了本书的第1和第9章，王杰副教授翻译了本书的第3和第12章，阙文修教授翻译了本书的第10章，汪敏强教授翻译了本书第11章，史鹏副教授翻译了本书的第2章。徐友龙翻译了其余部分。在此一并表示衷心感谢！尤其要感谢西安交通大学出版社责任编辑赵丽平和贺峰涛老师的辛勤劳动！本书能够顺利出版离不开所有参与者的大力支持。

　　由于译者的水平有限，虽然尽了最大的努力，书中难免存在不足和疏漏之处，敬请读者批评指正和给予谅解！

徐友龙

于西安交通大学

2017.12.28

第 3 版序言

自第 2 版出版以来,半导体表征技术一直在不断地向前发展。开发了新技术,其他技术也得到了改进。第 2 版序言中提到的技术,如扫描探针、全反射 X 射线荧光和非接触式寿命/扩散长度的测量已经成为常规。在接下来的几年中,探针技术进一步扩展,如基于电荷的技术已经成为常规,采用聚焦离子束制备样品透射电子显微镜也已经成为常规。线宽测量由于线宽变得非常狭窄而变得更加困难,传统的 SEM 和电气测量已被光学散射和光谱椭偏技术增强。除了新的测量技术外,现有技术的解释也发生了变化。例如,氧化物薄膜的高漏电流使得有必要改变许多基于 MOS 技术的现有技术/理论。

我重写了每一章的部分,添加了两个新章节,删除了一些过时的资料,澄清了一些被指出的晦涩难懂的部分。大部分的图表已经重做,删除了一些过时的图表或用最近的数据取代它们。第 3 版在每章的结尾还增加了习题和复习题,并在整个书中增加了例题,这样使本书成为更有吸引力的教科书。新版还增加了 260 个新的参考资料,使这本书尽可能地接近当今最新发展现状。我也把表面电阻的符号由 ρ_s 变成 R_{sh},使用时更容易接受。

在此简要列出了主要的附加材料或扩展材料。许多其它较小的变化都在书中。

第 1 章

表面电阻新的解释;新的四探针公式;四探针用于浅结和高表面电阻样品;增加载流子光照方法。

第 2 章

增加非接触式 C - V;积分电容;增加/扩充串联电容;扩充自由载流子吸收;新增横向剖面分析;添加附录 2 等效电路推导。

第 3 章

扩充环形接触电阻小节;在 TLM 方法添加寄生电阻的考虑;通过增加 BEEM 扩充了势垒高度小节;添加附录处理寄生电阻效应。

第 4 章

增加了用于 SOI 表征的赝 MOSFET 小节;增加了几种 MOSFET 有效沟道长度测量方法,并删除了一些较旧的方法。

第5章

增加了拉普拉斯 DLTS；在附录 5.2 中增加了时间常数提取部分的小节。

第6章

扩展了氧化层厚度测量小节；增加了漏栅极氧化层对电导和电荷泵的影响考虑；增加了 DC-IV 方法；扩充了栅氧化层的漏电流小节；增加附录 6.2 考虑了晶圆卡盘的寄生电容和漏电流的影响。

第7章

澄清了光生载流子寿命小节；增加了准稳态光电导；扩充了自由载流子吸收和二极管电流寿命的方法；增加了脉冲 MOS 电容器技术对氧化层漏电流的考虑。

第8章

增加了栅损耗、沟道位置、栅电流、界面陷阱和反转电荷频率响应对有效迁移率提取的影响。我还增加了一个关于非接触式迁移率测量的小节。

第9章

这一章是新增的，介绍了基于电荷的测量和开尔文探针。包括了基于探针的测量，扩展了扫描电容、扫描开尔文探针、扫描扩散电阻和弹道电子发射显微镜等方法。

第10章

扩展共焦光学显微镜、光致发光和线宽测量。

第11章

做了一些小小的改变。

第12章

这一章是新增的，有关失效分析和可靠性。我从第 2 版的其它章节取了一些内容并进行了扩充。介绍了失效时间和分布函数，讨论了电迁移、热载流子、栅氧化层完整性、负偏压温度不稳定性、应力诱导漏电流和静电放电等有关器件可靠性的内容。本章剩余部分是有关更一般的失效分析技术：静态沟道电流；力学探针；发射显微镜；荧光热显微镜；红外热像仪；电压衬度；激光电压探针；液晶；光束诱导电阻和噪声。

几种探针都提供了实验数据，几种概念都通过与半导体行业专家讨论给予了澄清。我感谢他们对图表注解的贡献。美国国家标准与技术研究所汤姆·沙夫纳（Tom Shaffner）一直是优秀的知识源泉和好朋友，美国飞思卡尔半导体（Freescale Semiconductor）的史蒂夫·基尔戈（Steve Kilgore）对电迁移概念给予了帮助。由阿兰·迪博尔德（Alain Diebold）最近主编的《硅半导体度量手册》（*Handbook of Silicon Semiconductor Metrology*）是一个极好的姊妹篇，它给出了本书许多缺失的半导体度量的实际细节。我要感谢约翰·威立父子出版社的执行编辑 G. Telecki, R. Witmer 和 M. Yanuzzi 在本书从编辑到出版过程中给予的帮助。

迪特尔·K.施罗德

美国亚利桑那州，坦佩

目 录

电阻率

●　●　●　●　●　●　●　●　●　●　●　●　●

1.1　引言

半导体的电阻率 ρ 对半导体的材料和器件都是重要的参数。晶体生长过程中虽然精心控制，但即使在相同的杂质原子条件下，由于晶体生长过程和偏析系数小于一所引起的差异而导致所生长的晶锭电阻率并不是真正均匀。然而外延生长层的电阻率一般是非常均匀的。电阻率对半导体器件也是重要的，因为它会影响器件的串联电阻、电容、阈值电压、MOS 器件的热载流子退化、CMOS 电路的闩锁以及其它参数。晶圆电阻率通常在器件加工（比如：扩散和离子注入）时进行局部调整。

电阻率依赖于自由电子和空穴浓度 n 和 p，以及电子和空穴的迁移率 μ_n 和 μ_p。根据如下关系式，

$$\rho = \frac{1}{q(n\mu_n + p\mu_p)} \tag{1.1}$$

电阻率 ρ 可以由所测得的载流子浓度和迁移率计算出来。对于非本征半导体材料，由于多数

1[1]

---

①本数字为原版书页码，以下依次类推。

载流子浓度远高于少数载流子浓度,一般知道多数载流子浓度和多数载流子迁移率就够了。但是载流子浓度和迁移率一般是不知道的。因此,我们必须从不接触、暂时接触到永久接触等技术中寻找替代的测量技术。

1.2　两探针与四探针法

2

　　通常用四探针法来测量半导体电阻率。它是一种绝对的测量方法,不需要用到其它的校准标准甚至有时用来作为其它电阻率测量的标准。两探针方法看似执行起来更加简单,因为仅仅只有两个探针需要操作;但是对测量数据的解释较之四探针法困难。考虑图 1.1(a)所示的两个探针或两个触点布置。每个触点既是一个电流探针,又是一个电压探针。我们希望测量被测器件(DUT)的电阻。整个电阻 R_T 由下式给出:

$$R_T = V/I = 2R_W + 2R_C + R_{DUT} \tag{1.2}$$

其中 R_W 是导线或者探针电阻,R_C 是接触电阻,R_{DUT} 是被测器件电阻。显然用这种排列方式测量是不可能得到 R_{DUT} 的。那么更好的补救办法就是如图 1.1(b)所示用四探针或者四点接触排列。电流路径跟图 1.1(a)中相同。然而,电压却是用两个另外的探针同时进行测量。尽管电压路径同时包括 R_W 和 R_C,但是由于电压计的输入电阻非常大($10^{12}\,\Omega$ 左右或更高),所以流经电压路径的电流很低。因此,R_W 和 R_C 两端电压基本可以忽略,所测得的电压基本都是DUT 两端电压。通过使用四点而不是两探针,我们已经估计出负载电势差,尽管电压探针跟电流探针接触在仪器的同一接触点上。这种四点接触测量方法经常被称作以开尔文爵士命名的开尔文测量。

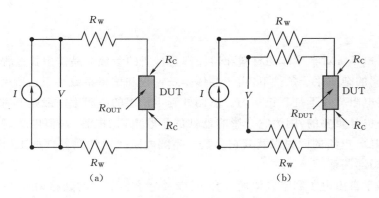

图 1.1　两探针和四探针电阻测量布局

　　图 1.2 给出了两点和四点接触不同效果的例子。测量了一个金属-氧化物-半导体场效应晶体管的流出电流-栅电压特性,其中一个接触在输入和输出上(不是开尔文输出),一个接触在输入上,两个接触在输出上(开尔文输出),两个接触在输入上和一个接触在输出上(开尔文输入),并且两个接触在输入和输出上(全桥开尔文)。很显然在全桥开尔文接触测量中消除了接触和探针电阻,对于测量电流具有显著效果。图 1.3 中演示了在一个半导体上如何用两探针测量

法测量探针电阻、接触电阻和扩散电阻。

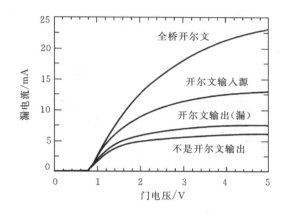

图 1.2　MOSFET 漏电流接触电阻的效果。数据
承蒙亚利桑那州立大学 J. Wang 提供

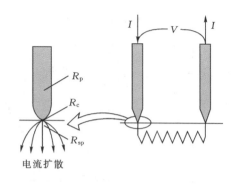

图 1.3　两探针测量法测量探针电阻 R_p、接
触电阻 R_C 和扩散电阻 E_{SP} 的布置图

　　最早设计四探针测量的是温纳，[1]他在 1916 年用这种方法测量地球的电阻率。在地球物理中四探针技术就是以温纳法被提及的。1954 年 Valdes 采用这种技术来测量半导体晶片的电阻率。[2]通常探针是共线的，就是说同样的探针按直线等间距排列，当然一些其它构造也是可能的。[3]

练习 1.1

　　问题：这个练习是处理数据描述问题。在描述半导体材料或器件的时候经常会碰到一些非线性的行为，这时一个参数可能是另一个参数的幂函数，例如，$y = Kx^b$，其中前面的因子 K 和指数 b 是常数。一个参数也可能是另一个参数的指数函数，例如，$I = I_0 \exp(\beta V)$。那么最好用什么方式陈述信息能得到"b"和"β"的值？

　　解答：考虑关系式 $y = Kx^b = 8x^5$。图 E1.1(a) 和 (b) 中以线性坐标画出了 y 对于 x 的曲线，还不能得出"b"的值，因为曲线是非线性的，所以不管什么坐标都可以。然而，图 (c) 中当以 log-log 坐标来画出同样的数据时，"b"就只是这条曲线的斜率。这种情况下斜率是 5，因为

$$\log(y) = \log(Kx^b) = \log(K) + \log(x^b) = \log(K) + b\log(x)$$

并且斜率 m 是

$$m = \frac{\mathrm{d}[\log(y)]}{\mathrm{d}[\log(x)]} = b = 5$$

如果按图 (d) 画出数据，也是 log-log 形式，但是在得出斜率前数据必须先转化成"log"的值。这样处理后，斜率仍然是 $m = 5$。

　　现在让我们考虑关系式 $y = y_0 \exp(\beta x) = 10^{-14} \exp(40x)$。显然，如图 (e) 中所示，线性-线性作图，$y_0$ 和 β 都不能得出。然而，当以半边 log 形式作图时，就像图 (f) 所示，我们可以得到

$$\ln(y) = \ln(y_0) + \beta x \Rightarrow \log(y) = \log(y_0) + \beta x / \ln(10)$$

斜率 m 为

$$m = \frac{\mathrm{d}[\log(y)]}{\mathrm{d}x} = \frac{\beta}{\ln(10)} = \frac{\beta}{2.3036} = \frac{14}{2.3036 \times 0.8}$$

并且在 $x=0$ 时的截距为 $y_0 = 10^{-14}$。

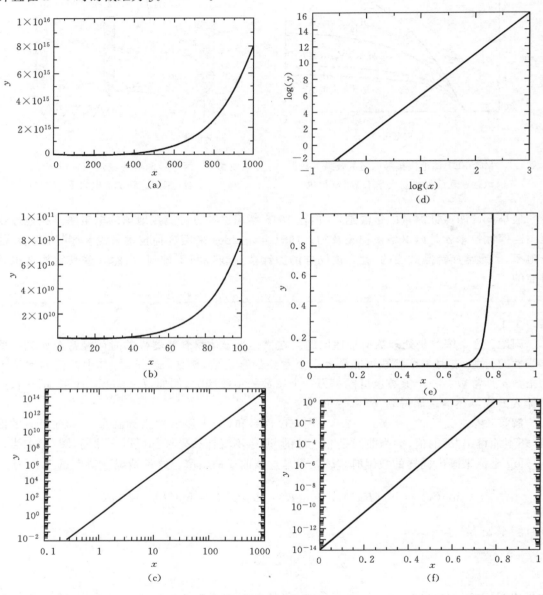

图 E1.1(a)(b)(c)(d)(e)(f)

为了得到四探针电阻率的表达式,我们从图 1.4(a)所示的样品几何结构开始。从下式可以看出电场强度 E 跟电流密度 J、电阻率 ρ 和电压 V 有关

$$\mathscr{E} = J\rho = -\frac{\mathrm{d}V}{\mathrm{d}r}; \quad J = \frac{I}{2\pi r^2} \tag{1.3}$$

离探针距离为 r 的点 P 处的电压为 V，于是有

$$\int_0^V \mathrm{d}V = \frac{I\rho}{2\pi}\int_0^r \frac{\mathrm{d}r}{r^2} \Rightarrow V = \frac{I\rho}{2\pi r} \tag{1.4}$$

对于图 1.4(b) 中的构造，电压为

$$V = \frac{I\rho}{2\pi r_1} - \frac{I\rho}{2\pi r_2} = \frac{I\rho}{2\pi}\left(\frac{1}{r_1} - \frac{1}{r_2}\right) \tag{1.5}$$

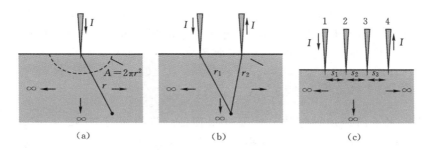

图 1.4　(a) 一探针，(b) 两探针和 (c) 共线四探针所示电流流动和电压测量

其中 r_1 和 r_2 分别是距探针 1 和 2 的距离。负号表示电流流出探针 2。探针间距为如图 1.4(c) 所示 s_1，s_2 和 s_3，探针 2 处的电势为

$$V_2 = \frac{I\rho}{2\pi}\left(\frac{1}{s_1} - \frac{1}{s_2 + s_3}\right) \tag{1.6}$$

探针 3 处的电势为

$$V_3 = \frac{I\rho}{2\pi}\left(\frac{1}{s_1 + s_2} - \frac{1}{s_3}\right) \tag{1.7}$$

整个测量电压 $V = V_{23} = V_2 - V_3$ 变为

$$V = \frac{I\rho}{2\pi}\left(\frac{1}{s_1} - \frac{1}{s_2 + s_3} - \frac{1}{s_1 + s_2} + \frac{1}{s_3}\right) \tag{1.8}$$

电阻率 ρ 由下式给出：

$$\rho = \frac{2\pi}{(1/s_1 - 1/(s_2 + s_2) - 1/(s_1 + s_2) + 1/s_3)}\frac{V}{I} \tag{1.9}$$

通常单位用 $\Omega \cdot \mathrm{cm}$，其中 V 用 V，I 用 A，s 用 cm。电流通常很大以致电压近似为 10 mV。大多四探针测量中探针间距是相等的。由 $s = s_1 = s_2 = s_3$，式 (1.9) 推导为

$$\rho = 2\pi s \frac{V}{I} \tag{1.10}$$

最常用的探针直径为 $30\sim500\mu\mathrm{m}$ 并且探针间距范围从 $0.5\sim1.5$ mm。对于不同直径和厚度的样品间距不同。[4] 若 $s = 0.1588$ cm，那么 $2\pi s$ 为圆周长 1，这样 ρ 就变成简单的表达式 $\rho = V/I$。更小

的探针间距使测量更接近晶片边缘,这在晶片图形化过程中是一个重要的考虑因素。用来测量金属薄膜的探针不能跟测量半导体的探针混用。作为一些应用,例如,磁性隧道结、有机薄膜和半导体缺陷,探针间距为 1.5 μm 的微观四探针已经被使用。[5]

半导体晶片在横向或垂直方向长度上都不是半无穷的,并且式(1.10)必须进行有限几何结构修正。对于一个任意形状的样品,电阻率由下式给出:

$$\rho = 2\pi s\, F\, \frac{V}{I}$$

(1.11)

其中 F 是为了修正样品边沿附近的探针位置、样品厚度、样品直径、探针排列和样品温度。它通常是几个独立修正因子的乘积。对于厚度比探针间隔大的样品,式(1.11)中的 F 所包含的几个简单独立的修正因子不足以反映厚度和边界效应的相互作用。幸运的是样品的厚度一般比探针间距要小,因而修正因子可以独立地计算出来。

1.2.1 修正因子

四探针修正因子已经用镜像法[2,6]、复变量理论[7]进行了计算,如:Corbino 源方法[8]、Poisson 公式[9]、格林函数法[10]和保角映射法。[11-12]在此我们将给出最为恰当的修正因子并且给出其它方法作为参考。

下面的修正因子适用于共线或在一条直线上并且具有相同探针间隔 s 的情况。我们把 F 写成几个独立修正因子的乘积形式

$$F = F_1 F_2 F_3$$

(1.12)

每一个因子又可进一步细分。F_1 用来修正样品厚度,F_2 修正样品横向长度,F_3 修正样品比较边沿的探针位置。其它修正因子将在下面章节中讨论。

既然半导体晶片并不是无穷厚度,所以大部分测试都要进行样品厚度修正。Weller 给出了一个详细的厚度修正因子的推算。[13]样品厚度通常跟探针间隔近似或者小于探针间隔,引入修正因子[14]

$$F_{11} = \frac{t/s}{2\,\ln\{[\sinh(t/s)]/[\sinh(t/2s)]\}}$$

(1.13)

对于一个非导电的底部晶片界面,其中 t 是晶片或层厚度。如果在半导体基底上样品包含一个半导体层,这一层需要与基底处于电绝缘状态,这一点非常重要。做到这一点最简单的方式就是让两个区域具有相反的电导性,例如,n 型层在一个 p 型基底上或这 p 型层在一个 n 型基底上。空间电荷区域足以阻止电流到达这一层。

对于一个导电基底修正因子变为

$$F_{12} = \frac{t/s}{2\,\ln\{[\cosh(t/s)]/[\cosh(t/2s)]\}}$$

(1.14)

F_{11} 和 F_{12} 在图 1.5 中画出。很难使基底边界导电。就算是在晶片背面镀一层金属也很难保证接触是导电的。通常有一个接触电阻。大多数四探针测量方法中基底界面是绝缘的。

对于这种样品,式(1.13)推导为

$$F_{11} = \frac{t/s}{2\ln(2)} \tag{1.15}$$

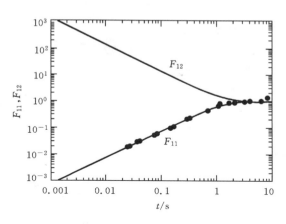

图 1.5　晶片厚度修正因子与规格化晶片厚度的关系。t 是晶片
厚度；s 为探针间隔。数据点引自参考文献[15]

利用近似 $\sin x \approx x$（当 x 远小于 1 时）。当 $t \leqslant s/2$ 时式（1.15）是有效的。对于非常薄的样品，这满足 F_2 和 F_3 近似统一的条件，我们可以从式（1.11）、（1.12）和（1.15）得到

$$\rho = \frac{\pi}{\ln 2} t \frac{V}{I} = 4.532t \frac{V}{I} \tag{1.16}$$

薄层通常用它们的薄层电阻 R_{sh} 来描述，单位是 $\Omega/\square$。均匀掺杂的样品的薄层电阻值由下式给出：

$$R_{sh} = \frac{\rho}{t} = \frac{\pi}{\ln 2} \frac{V}{I} = 4.532 \frac{V}{I} \tag{1.17}$$

其中约束条件是 $t \leqslant s/2$。薄层电阻描述半导体薄片或薄层的特性，例如扩散或者离子注入层、外延薄膜、多晶层和金属半导体。

　　薄层电阻是一个电阻率对样品厚度平均值的测量。薄层电阻是薄片电导率 G_{sh} 的倒数。对于均匀掺杂样品，我们得到

$$R_{sh} = \frac{1}{G_{sh}} = \frac{1}{\sigma t} \tag{1.18}$$

其中 σ 是电导率，t 为样品厚度。对于非均匀掺杂样品，有

$$R_{sh} = \frac{1}{\int_0^t [1/\rho(x)] dx} = \frac{1}{\int_0^t \sigma(x) dx} = \frac{1}{q\int_0^t [n(x)\mu_n(x) + p(x)\mu_p(x)] dx} \tag{1.19}$$

10　**练习 1.2**

　　问题：有其它方式可以导出薄层电阻的表达式吗？

　　解答：考虑一个厚度为 t，电阻率为 ρ 的样品。按图 E1.2 的方式排列四个探针。电流从探针 I^+ 进入并且以圆柱对称的方式流出。通过对称性和电流守恒，在距离探针 r 处电流密度为

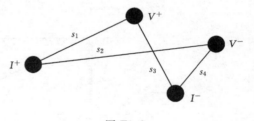

图 E1.2

$$J = \frac{I}{2\pi rt}$$

电场强度为

$$\mathscr{E} = J\rho = \frac{I\rho}{2\pi rt} = -\frac{\mathrm{d}V}{\mathrm{d}r}$$

将上式积分可以得到探针 V^+ 和 V^- 间的电压降，确定到 I^+ 的距离为 s_1 和 s_2，则

$$\int_{V_{s_1}}^{V_{s_2}} \mathrm{d}V = -\frac{I\rho}{2\pi t}\int_{s_1}^{s_2} \frac{\mathrm{d}r}{r} \Rightarrow V_{s_1} - V_{s_2} = V_{12} = \frac{I\rho}{2\pi t}\ln\left(\frac{s_2}{s_1}\right)$$

根据叠加原理，由流入 I^- 的电流引起的电压降为

$$V_{34} = -\frac{I\rho}{2\pi t}\ln\left(\frac{s_3}{s_4}\right)$$

导出

$$V = V_{12} - V_{34} = \frac{I\rho}{2\pi t}\ln\left(\frac{s_2 s_3}{s_1 s_4}\right)$$

对于线性排列，有 $s_1 = s_2 = s$ 和 $s_2 = s_3 = 2s$

$$\rho = \frac{\pi t}{\ln 2}\frac{V}{I} ; \ R_{sh} = \frac{\pi}{\ln 2}\frac{V}{I}$$

练习 1.3

　　问题：什么叫做薄层电阻并且为什么它有如此奇怪的单位？

11　　　**解答**：为了理解薄层电阻的概念，考虑图 E1.3 中的样品。两端间的电阻可以表示为

$$R = \rho\frac{L}{A} = \rho\frac{L}{Wt} = \frac{\rho}{t}\frac{L}{W} \ \Omega$$

　　既然 L/W 没有单位，那么 ρ/t 的单位应该为 Ω。但是 ρ/t 不是样品的电阻。要区分开 R 和 ρ/t，比值 ρ/t 的单位是欧姆/方块(记为 $\Omega/\square$——译者注)，它叫做薄层电阻 R_{sh}。因此样品电阻可以写为

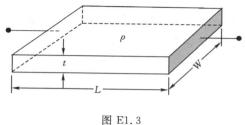

图 E1.3

$$R = R_{\mathrm{sh}} \frac{L}{W} \ \Omega$$

样品有时被划分成很多方块,就像图 E1.4 中所示。电阻于是可写为

$$R = R_{\mathrm{sh}}(\Omega / \square) \times 方块数 = 5R_{\mathrm{sh}} \ \Omega$$

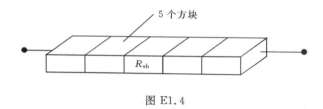

图 E1.4

以这种方式看的话,"方块"取消了。

一个半导体样品的薄层电阻通常用来描述离子植入和扩散层、金属薄膜等的特性。不需要知道掺杂原子的深度变化,因为式(1.19)已经阐明。薄层电阻可以被认为是样品中掺杂原子密度对深度的积分,此时不考虑它在垂直方向上的变化。作为样品电阻率的一个函数,薄层电阻对样品厚度的变化如图 E1.5 中所示。也给出了以 Al,Cu 和深度掺杂的 Si 为例的典型数据。

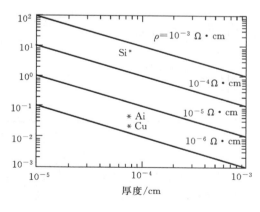

图 E1.5

练习 1.4

问题：对于图 E1.6 中所示载流子分布,三层薄片的薄层电阻不同吗?

12   **解答：**式(1.19)给出了薄层电阻与电导率和厚度乘积成反比。对于恒定迁移率,R_{sh} 反比于图 E1.6 所示曲线下的面积。既然三个面积相等,说明三种情况的 R_{sh} 相同。换句话说,它跟载流子分布无关,仅仅跟分布的积分有关。

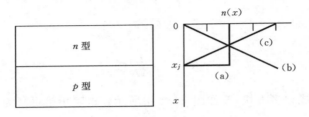

图 E1.6

四探针测量需要对样品尺寸进一步修正。对于直径为 D 的圆形晶片,式(1.12)的修正因子 F_2 由下式给出[16]

$$F_2 = \frac{\ln(2)}{\ln(2) + \ln\{[(D/s)^2 + 3]/[(D/s)^2 - 3]\}} \tag{1.20}$$

图 1.6 给出了圆形晶片 F_2 的图。样品必须满足 $D \geqslant 40s$ 才能保证 F_2 是统一的。若探针间距为 0.1588 cm,则晶片直径至少为 6.5 cm。图 1.6 给出了长方体样品的修正因子。[6]

13

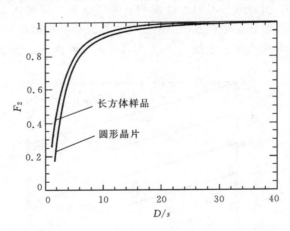

图 1.6   晶片直径修正因子与规格化晶片直径之间的关系,对于圆形晶片:$D=$ 晶片直径;对于长方体样品:$D=$ 样品宽度,$s=$ 探针间隔

公式(1.17)中修正因子 4.532 是对于共线的探针而言,其中电流流进探针 1,流出探针 4,电压是探针 2 和 3 之间电压。如果电流流过其它探针并且电压表示其它探针间电压,那么所得修正因子也不同。[17]如果探针与一个非导电边界垂直且间距为 d,那么对于无穷厚样品的修正因子在图 1.7 中给出[2]。从图中显而易见,随着探针距离晶片边界至少三到四个探针间

距，修正因子 F_{31} 和 F_{34} 逐步统一起来。对于大多数四探针测量，这个条件是容易实现的。对于那些探针必须接近样品边界的小样品而言，修正因子 F_{31} 和 F_{34} 就变得重要了。

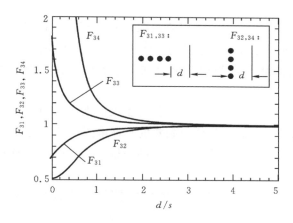

图 1.7　边界近似修正因子与边界的规格化间距 d（s＝探针间隔）之间的
关系。F_{31} 和 F_{32} 针对非导电边界；F_{33} 和 F_{34} 针对导电边界

　　即使是具有很大直径的晶片，如果探针不在中心位置，那么有必要进行其它修正。[16]对于长方体样品，已经发现对位置误差的几何修正可以通过调整探针中的电极处于中心位置 10% 左右从而达到最小化。[11]对于方阵排列的情况，可以通过将探针中电极的位置处于跟四边中点距离相等使误差达到最小化。存在探针方阵排列在一个长方体样品上的情况，这个时候也与正方形有关。[9,11]应该提到的是如果探针间距并不相同，那么就存在进一步小的修正。[18]

　　四探针测量中要得到高精确度，这包括减小由于探针接近非导电边界引起的几何效应，其关键是在每个探针位置使用两个测量结构。[19-21]这种技术被称为是"双组态法"或者叫做"组态开关"方法。第一种构型通常是电流流入探针 1 流出探针 4，电压是探针 2 和 3 之间电压。第二种构型是电流从探针 1 流入通过探针 3 流出，电压是探针 2 和 4 之间电压。这样做的优点是：(i)探针不需要在高度对称的位置（只需与圆形晶片的直径垂直或平行，或者在一个长方形样品的长或宽上）；(ii)不需要知道样品的横向情况，因为几何修正因子直接由两个测量产生，并且(iii)两种测量可以对实际探针间距自行修正。

　　在二重构造中，薄层电阻由下式给出[21]：

$$R_{\mathrm{sh}} = -14.696 + 25.173(R_a/R_b) - 7.872(R_a/R_b)^2 \tag{1.21}$$

其中

$$R_a = \frac{V_{\mathrm{f23}}/I_{\mathrm{f14}} + V_{\mathrm{r23}}/I_{\mathrm{r14}}}{2}; \; R_b = \frac{V_{\mathrm{f24}}/I_{\mathrm{f13}} + V_{\mathrm{r24}}/I_{\mathrm{r13}}}{2}; \tag{1.22}$$

$V_{\mathrm{f23}}/I_{\mathrm{f14}}$ 是 2,3 两端电压与流过 1,4 的正向电流之比，而 $V_{\mathrm{r23}}/I_{\mathrm{r14}}$ 则是电流反向时的比。

　　用四探针测量半导体物块的电阻率为

$$\rho = 2\pi s \frac{V}{I} \tag{1.23}$$

仅在晶棒直径满足关系式 $D \geqslant 10\ s$ 时成立。[10,22-23]

1.2.2 任意形状样品的电阻率

探针直线排列是四探针测量中最常用的构型。如果探针排列成一个长方形,其探针间距仅仅为 s 或者 $2^{1/2}$,那么所占据的面积就更小,而在一个直线型构型中两个最外面的探针间距为 $3s$。不仅仅在四个机械探针的排列中,而且在其它类似与长方形半导体样品的接触中,这种长方形构型使用得更加普遍。

对任意形状样品的测量理论是建立在范德堡发展的保角映射的基础上的。[24,26]我们来演示对于一个任意形状的扁平样品是怎样得到它的具体电阻率的。首先遵循以下前提:(1)接触处于样品的圆周上;(2)接触面积足够小;(3)样品厚度均匀,并且(4)样品表面单独接触,也就是样品不包含任何单独的孔。

考虑一个任意形状的扁平导体样品,为满足上述条件,接触 1,2,3 和 4 像图 1.8 所示沿着样品边缘。电阻 $R_{12,34}$ 定义为

$$R_{12,34} = \frac{V_{34}}{I_{12}} \tag{1.24}$$

15

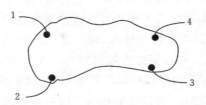

图 1.8 接触的任意形状样品

其中电流 I_{12} 从接触 1 流进样品从接触 2 流出,并且 $V_{34} = V_3 - V_4$ 是触点 3 和 4 间的电势差。$R_{23,41}$ 的定义相同。

电阻率由下式给出:[24]

$$\rho = \frac{\pi}{\ln 2} t \frac{(R_{12,34} + R_{23,41})}{2} F \tag{1.25}$$

其中 F 是比值 $R_\mathrm{r} = R_{12,34}/R_{23,41}$ 的函数,满足下面的关系式:

$$\frac{R_\mathrm{r} - 1}{R_\mathrm{r} + 1} = \frac{F}{\ln 2} \mathrm{arcosh}\left(\frac{\exp[\ln 2/F]}{2}\right) \tag{1.26}$$

F 和 R_r 的关系在图 1.9 中给出。

对于一个像图 1.10 中的圆形或者正方形对称样品,$R_\mathrm{r} = 1, F = 1$。则式(1.25)简化为

$$\rho = \frac{\pi}{\ln 2} t R_{12,34} = 4.532 t R_{12,34} \tag{1.27}$$

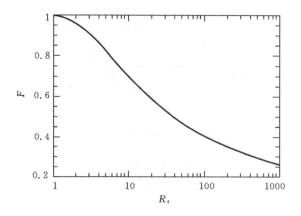

图 1.9　范德堡修正因子 F 与 R_r 的关系

16

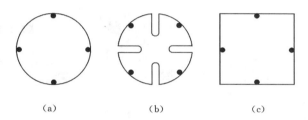

（a）　　　　　（b）　　　　　（c）

图 1.10　典型的圆形和正方形对称样品的几何图形

则薄层电阻变为

$$R_{\text{sh}} = \frac{\pi R_{12,34}}{\ln 2} = 4.532 R_{12,34} \tag{1.28}$$

跟式(1.17)中四探针的表达式类似。

　　范德堡公式是以假定固定在样品边缘的小触点足以忽略为基础的。而实际触点具有有限尺寸并且不可能完全处在样品边缘。图 1.11 给出了非理想化的边缘触点所造成的影响。修正因子 C 是触点尺寸和样品边长比值 d/l 的函数。C 定义如下：

$$\rho = CtR_{12,34} \; ; \; R_{\text{sh}} = CR_{12,34} \tag{1.29}$$

图(1.11)说明触点处于角落产生的误差比它们处于样品边界的中点造成的误差要小。然而，如果触点长度比边界长度的 10% 还要小的话，那么接触布局造成的修正就可以被忽略。

　　非理想化触点造成的误差可以由图 1.10(b)所示的四叶式立体构型的方式得到消除。这种构型使得样品的制备更加繁琐因而不受欢迎，所以通常采用正方形样品。范德堡结构的优点之一是只需要小尺寸样品来进行四探针法测量。最好是把样品处理成如图 1.10 中所示的圆形或方形几何形状。这种形状就不需要总是把探针排列得完全成直线。

　　除图 1.10 所示以外的几何形状也被使用。其中之一是图 1.12 所示的四臂长度相等的十字架结构。利用平版照相技术，可以把这种样品制作得非常小并且可以把很多这样的样品放

17

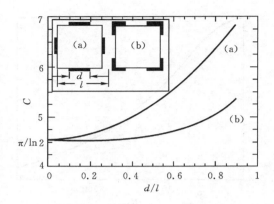

图 1.11 触点在正方形中心和角落情况下,修正因子 C 与 d/l
之间的关系。数据引自参考文献[25]

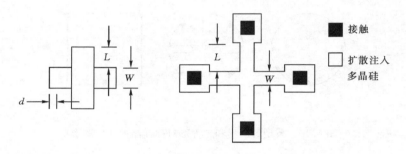

图 1.12 Greek 十字架型薄层电阻测试的结构。d＝边缘到触点的距离

置在一个晶片上从而得到均匀特性。被遮住部分的薄层电阻可以用这种方法测定。对于 $L=W$ 的结构,触点应该放置在交线边缘上使得 $d \leqslant L/6$,其中 d 是触点到边缘的距离。[27]如果 L 太大的话表面漏导会造成误差。[28]多种十字架型薄层电阻器结构已经被研究并且他们表现得比传统的桥式结构要好。[29]在十字架型和范德堡结构中测量电压比传统的桥式结构要低。

图 1.13 中将十字架型和桥式结构结合起来成为十字桥结构,这样可以确定薄层电阻和线宽。薄层电阻由被遮住的十字面积决定:

$$R_{sh} = \frac{\pi}{\ln 2} \frac{V_{34}}{I_{12}} \tag{1.30}$$

其中 $V_{34} = V_3 - V_4$,并且 I_{12} 是从触点 I_1 流进从触点 I_2 流出的电流。

图 1.13 的左边部分是一个桥式电阻器,它用来测定线宽 W。在此我们只是简单地涉及到线宽测量特性。第 10 章中将对线宽测量做进一步讨论。桥式电阻器两端电压为

$$V_{45} = \frac{R_{sh} L I_{26}}{W} \tag{1.31}$$

18 其中 $V_{45} = V_4 - V_5$,I_{26} 是从触点 2 流向触点 6 的电流。根据式(1.31),线宽为

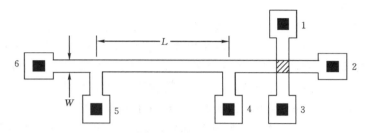

图 1.13　十字桥薄层电阻和线宽测试结构

$$W = \frac{R_{sh} L I_{26}}{V_{45}} \tag{1.32}$$

其中 R_{sh} 由公式(1.30)和十字结果确定。这种测量中一个关键假设就是对于整个测试结构薄层电阻都是相同的。

　　既然图 1.13 中的桥式结构适合于电阻测量,那么它也可以在对半导体晶片进行化学-机械抛光过程中用来描述"凹陷",因为在这个过程中软金属线很容易趋向中心部分使样品中间薄边缘厚而造成厚度不均匀。这对于软金属,如铜等,尤其重要。由于电阻反比于金属厚度,可以通过测量电阻来确定抛光量。[30]

1.2.3　测量电路

　　四探针测量电路由不同的 ASTM 标准给出。例如,ASTM F84[18] 和 F76[31] 给出详细的电路图。今天的仪器都与电脑相连来提供电流源,测量电压和应用合适的修正因子,同时为探针位置提供信号来得出晶片图。

1.2.4　测量误差和注意事项

　　要想成功进行四探针测量,必须施行大量预防措施和在测量数据中应用合适的修正因子。

　　样品尺寸:就像前面提到的,必须应用大量跟探针位置、样品厚度和尺寸有关的修正。对于那些晶片横向均匀掺杂且它的直径比探针间距稍大的情况,主要修正晶片厚度。如果晶片或薄层厚度比探针间距稍薄,那么计算所得的电阻率直接随厚度变化。为精确确定电阻率,确定厚度是非常重要的。对于薄层电阻测量就不需要知道具体厚度。

　　少数/多数载流子注入:通常我们说金属-半导体基础不注入少数载流子。实际上这种说法是不严格的。事实上金属-半导体接触是注入少数载流子的,只不过这种注入效果非常弱。然而在高电流条件下它是不可以被忽略的。少数载流子注入会引起电导模式,因为增加的少数载流子导致多数载流子增加(以维持电中性),最终会增强电导性。为了减少少数载流子注入,表面必须有强烈的结合少数载流子的能力。最好是使用圈形表面来做到这一点。对于一个高度抛光的晶片,不可能达到必需具有的高度结合能力的表面。注入的少数载流子将会因为表面结合而不起作用,从而在探针 3 到 4 之间,及从注入电流探针开始的少数载流子扩散长度范围内引起很少的误差。但是对于寿命比较长的样品扩散长度可能不止是探针间距的长度,这样测量电阻率就会有误差。另一个误差可能来自探针压力导致的带隙变窄从而引起的

少数载流子注入增强。

19　　对高电阻率材料来说少数载流子注入可能尤其重要。这个适用于 $\rho \geqslant 100\Omega \cdot cm$ 的硅片样品。如果在具有圈形表面的样品上，两个电压敏感型探针的间距为 1 mm，两端电压小于 100 mV，那么少数载流子注入引起的误差就小于 2%。如果电流密度超过 $J = qnv$ 值，其中对于 n 型样品 $n \approx N_D$ 并且 v 是热流速率，多余的多数载流子会注入到样品中，引起电阻率改变。如果四探针电压不超过 10 mV 的话，多数载流子注入通常很少考虑到。

　　探针间距：机械的四探针法表现出很小的探针间距变化的灵活性。这种变化造成电阻率或薄层电阻结果错误，特别是计算均匀掺杂晶片的时候。这种情况下知道非均匀性是否源于晶片，过程变动或者测量误差就非常重要了。有一个例子是对离子注入层进行评估。我们知道离子注入层可以具有比 1% 更好的薄层电阻均匀性。对于小的探针间距变动，必须应用修正因子[18]

$$F_s \approx 1 + 1.0821(1 - s_2/s_m) \tag{1.33}$$

其中 s_2 是里面两个探针的间距，s_m 是探针间距的平均值。对几个独立读数进行平均可以减小探针游移引起的误差。

　　电流：误差的另一来源是电流放大和表面漏电流。电流可以以两种方式影响测量电阻率：由晶片加热引起的明显的电阻率增加和由少数和/或者多数载流子注入引起的明显的电阻率减小。图 1.14 中显示了四探针测量硅片的电流作为电阻率和薄层电阻的函数。[18] 这个数据是通过对给出样品进行四探针电阻率测量获得的，测量时把它作为电流的函数。这个电阻率-电流曲线显示了典型的在低电流和高电流之间所限制的平台区域。平台区域给出近似电流值。表面漏导可以通过把探针限制在一个跟里面探针等电势的隔离起来的区域内得到减小或消除。

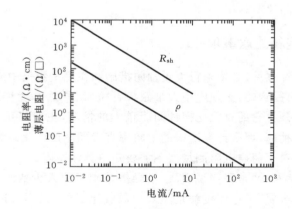

图 1.14　推荐的四探针电流与硅薄层电阻和电阻率的关系

20　　温度：为了不引起热释电效应，样品温度最后处于均匀状态。温度梯度可能由环境效应引起，但更可能由探针电流引起的样品加热引起。电流加热更可能发生在低电阻率样品中，因为要获得稳定可测量的电压需要高电流。

　　尽管温度变化不是由测量仪器引起的，并且也不存在温度梯度，但是在测试室中由温度波动引起的温度变化仍然可能存在。尽管半导体有相对较大的电阻温度系数，为了补偿这种温度变化误差还是不可避免的(n 型和 p 型硅[18] 以及 n 型和 p 型铬)。[32] 对于 10 $\Omega \cdot$ cm 或更高的电阻率,硅的温度系数在 1%/℃ 的数量级。对温度修正由下列修正因子给出[18]

$$F_T = 1 - C_T(T - 23) \qquad (1.34)$$

其中 C_T 是电阻温度系数,T 是温度,单位为摄氏度。

表面处理:合适的表面处理对于具有高薄层电阻的硅片很重要。例如,一个 n 型晶片上的 p 型层的表面正电荷导致一个表面电荷诱导空间电荷区域,从而层上只有部分处于电中性状态。这当然会增加与厚度有关的薄层电阻。类似地,一个 n 型注入层上正的表面电荷导致表面电荷聚集并且薄层电阻降低。图 1.15 给出了这种效应的一个例子。如果把薄片浸入沸腾的水或者硫酸溶液或双氧水中,薄片表面会表现稳定,但是如果被氢氟酸腐蚀会表现出与时间有关的薄层电阻。[33]

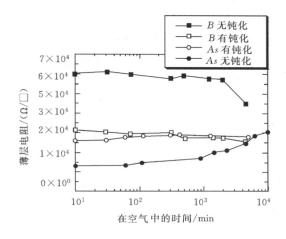

图 1.15　室温空气中薄层电阻与时间的关系。B 注入:8×10^{11} cm^{-2};70 keV 通过 69 nm 氧化物进入 n 型硅衬底;退火 1050℃,15 秒;As 注入:8×10^{11} cm^{-2} p 型硅衬底,退火 100℃,30 min。均在沸水中钝化 10 min。引自参考文献[33]

高电阻率、高薄层电阻材料:具有高电阻率的材料很难通过四探针或者范德堡方法测量。适当掺杂的晶片会变成低温下具有高电阻,而且同样难以测量。必须注意到特殊的测量预防措施。半导体薄膜通常具有高的薄层电阻。这些包括轻度掺杂层、多晶硅膜、非晶硅膜和硅-绝缘体等。可以利用四探针方法测量高达 $10^{10} \sim 10^{11}$ $\Omega/\square$ 的薄层电阻,前提是使用低至皮安(pA)的电流。进一步考虑的是从薄注入层穿透的问题。解决这个问题的一个方法是用水银四探针代替金属"探针"。

高电阻率的块状晶片测量中,晶片的一面用大面积接触,另一面用小面积接触。电流通过接触点并且电压可以测定。这种安排可以使样品本身经受住表面漏电流的影响。通过在小接触点周围加上一个保护环,并使得保护环跟小接触点的电势相等,这样表面电流可以从根本上得到抑制。[34] 当然有必要确保接触是欧姆接触或尽可能近似欧姆接触,以便测量的是块体电阻率而不是接触电阻。

两端点测量方法由于受接触效应影响而非常复杂通常不被人们采用,就像式(1.2)表明样品真正的电阻率不容易确定。传统的范德堡测量法适用于中等或低电阻率的材料,对于高电阻材料的测量,除非考虑消除漏电流路径和电压表引起的样品负载,否则它也是值得怀疑的。围绕这个问题,一个解决方法是"保守"方法,就是使用高输入阻抗,在样品上的每一个探针间使用统一的增益放大器,并且接上外置电路。[35]统一的增益放大器使得增益和样品之间防护装置成为主导,从而有效消除了那些杂散电容器的主导地位。这样可以减小漏电流并使系统在时间上守恒。用这个系统已经对高达 10^{12} Ω 的电阻进行了测量。这种"保守"方法也可以自动化。[36]

1.3　晶片图

晶片图,起初是用来描述离子培植的无差异性,现在已经变成一个有力的过程控制工具。手工的晶片图来源于 20 世纪 70 年代。[37]今天,高度自动化系统已经应用起来。在晶片绘制过程中薄层电阻器或者其它一些与离子注入成正比的参数在测量时确实触及到一个样品的很多地方。数据于是转变成二维或者三维的等高线图。比起用表格形式来阐述一些数据,等高线图是一种对过程无差异性的更有力的展示。一个设计很好的等高线图给出离子注入无差异性,扩散时的流动形式,外延反应器的非无差异性等的即时信息。如果需要的话,通过对贯穿样品的一条线的线扫描可以反映那条线上的无差异性。

最普通的薄层电阻晶片图技术是:四探针薄层电阻、调制光反射和光密度测定。[38]这其中,构型转变四探针法是普遍被使用的。它可以给出样品间的快速对照,并且已经应用到离子植入、扩散、有机-硅薄膜和金属无差异性表征。[39]样品晶片图在图 1.16 中给出。

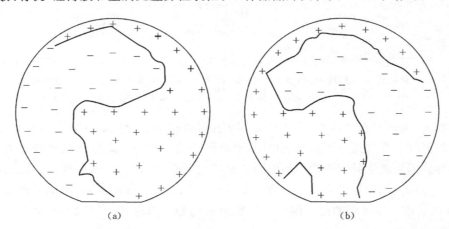

(a)　　　　　　　　　(b)

图 1.16　四探针轮廓图。(a)硼,10^{15} cm^{-2},40keV,R_{sh}(平均)$=98.5$ Ω/□;(b)砷,10^{15} cm^{-2},80keV,R_{sh}(平均)$=98.7$ Ω/□;1% 间隔。硅晶片直径 20 nm。数据承蒙 Varian Ion Implant Systems 公司的 Marylou Meloni 提供

1.3.1　双注入

用四探针技术对低剂量、单注入层进行薄层电阻测量需要有一定的预防措施。因为(1)要把探针和半导体电连接做好是有一定困难的,(2)低剂量引起低载流子浓度和低电导,(3)表面

漏电流与测量电流相当。传统的四探针方法可以被用来提供开始层具有高电阻率,并且在注入之前他们被氧化以便稳定表面电阻和阻止离子遂穿。晶片被注入离子然后退火,剥离氧化物,并且放入热的硫磺酸和过氧化氢溶液中使表面被稳定住(piranha 腐蚀)。

一种改进的四探针法,双离子注入技术,有时被用来进行这些层的薄层电阻测量。[20,40]它按下面方式执行:一种 p 型(n 型)杂质按一次 Φ_1 的剂量和 E_1 的能量被注入到一种 n 型(p 型)基底中。例如,硼原子按照 $\Phi_1 = 10^{14}$ cm^{-2} 的剂量和 $E_1 = 120$ keV 的能量注入。晶片通过退火来激发注入离子的电性能。测量晶片的电阻 R_{sh1} 并存储数据。下次所需的低剂量杂质以 Φ_2 的剂量和 E_2 的能量注入,其中 $\Phi_2 < \Phi_1$。E_2 应该比 E_1 小以防止离子从第一注入层渗透。第一次注入时的能量至少高于第二次 10%~20%,并且第一次注入量至少大于第二次的 2 个数量级。第二次注入的情况可能是 $\Phi_1 = 10^{11}$ cm^{-2} 的剂量和 $E_1 = 100$ keV 的能量。在不进行第二次退火的情况下,测量第二次注入后的薄层电阻 R_{sh2} 并与第一次的 R_{sh1} 做比较。

第二片电阻的测量依赖于与注入量成比例的第二次离子注入引起的注入损伤。这种情况在低注入量时是准确的。注入的物质,这里不是指活性离子,并不对电导有贡献。进一步说,由于注入损伤,离子迁移率降低从而使 $R_{sh2} > R_{sh1}$。第一次注入时的注入原子质量应该与第二次注入时的近似相同。已经发现(111)取向的硅片比(100)取向的硅片因为能降低遂穿效应而更受欢迎。双离子注入的方法可以在第二次注入后直接进行测量。通过这种技术低至 10^{10} cm^{-2} 的注入量也可以被测得。如果保持退火温度足够低从而防止杂质离子重新分配的话,测试晶片可以被退火和重新适用。这种方法还适用于电性能不活跃的物质,例如氧、氩或者氮杂质。更详细的讨论在 Smith 等的文章[40]中给出。

双离子注入技术存在着几个问题。任何薄层电阻的非均一性来自第一次注入,并且它的活化作用循环改变低注入量的测量。另外,既然这种方法源于由离子注入破坏引起的地注入量敏感性,那么它对已经注入的弛豫效应是敏感的,这种弛豫效应是指在注入之后注入损伤能持续几个小时到几天的时间。如果第二次注入后马上进行测量,那么这种损伤的弛豫性几乎没有影响。然而,如果测量是在注入几个小时或者几天后进行,损伤的松弛性能依据注入量及能量降低测量电阻 10%~20%,特别是对于低剂量注入。测量稳定性可以由 200 ℃的干氮气在测量前退火 45 分钟得到改善。

23

1.3.2　调制光反射

调制光反射是对一个半导体样品经受周期性热刺激时产生光波的光学反射进行的调制。在调制光反射或者热波方法中,一个半导体样品中产生一束被调制在 0.1~10 MHz 的频率范围的 Ar$^+$ 离子激光,就会产生在损伤和晶体表面区域以不同速率传播的短暂热波。因此,来自于不同损伤区域的信号不同,从而可以进行晶格损伤测量。在 1 MHz 调制频率下的热波散射波长是 2~3 μm。[41]小的温度变动可以引起晶片表面附近的小体积变化并且表面有少量的膨胀。[42]这种变化包括热弹性和光学效应,[43]并且他们可以用第二个激光测得——探测光束——通过测量反射率的改变。演示图在图 1.17 中给出。激发和探测激光束都被聚焦成近似 1μm 直径的圆斑,这样既可以测量均匀的注入晶片也可以测量图形晶片。

调制光反射通常用来测定离子注入晶片的注入离子量。从热波辐射信号到离子注入量的转变需要用已知注入量作为校准标准。由热波辐射可知离子注入量的这种能力取决于由一个

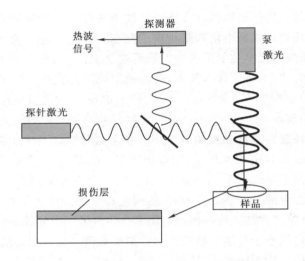

图 1.17　调制光反射装置的示意图

24　单晶衬底向一个由注入过程引起的部分无序层的转化。这种热波引起的热弹性和光学效应的变化是与注入离子的数量成正比的。调制反射注入控制受注入后损伤弛豫性的影响。然而,激光探测方案加速了损伤弛豫过程,样品在几分钟内就可稳定下来。

　　这种技术是非接触式的并且无破坏性,它已经被用来测量从 10^{11} 到 10^{15} cm^{-2} 的注入剂量。[44]测量可以用在未加工过的或者氧化过的晶片上进行。能够描述氧化过的样品这种技术具有能通过一层氧化物测量注入离子的优势。这种技术能够将随着注入原子尺寸增大而晶格破坏增加的注入物质同依赖于晶格破坏的热波辐射区分开来。它已经被用于离子培植检测、晶片抛光损坏和化学以及等离子刻蚀损坏研究。它的主要优势是能够无接触式地探测低剂量注入和展示等高线图的信息。等高线图的例子在图 1.18 中给出。

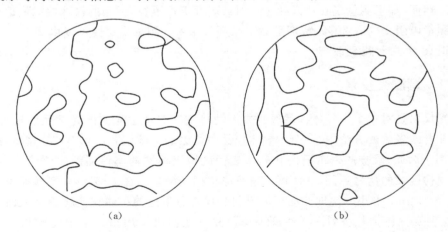

图 1.18　调制光反射轮廓图。(a)硼,6.5×10^{12} cm^{-2},70keV,648TW 单位;(b)硼,5×10^{12} cm^{-2},30keV,600TW 单位;0.5％退火。硅晶片直径 200 mm。数据承蒙 Varian Ion Implant Systems 公司的 Marylou Meloni 提供

1.3.3　载流子光照(CI)

跟调制光反射类似的是载流子光照,用来测定结深。活性浅结点的光学描述需要在活性注入离子和基础层之间的高度对比。由于掺杂层的电导性更高,它的折射指数比基底硅层要稍高一些。然而,用传统方法是不足以测量的。在载流子光照中,一束超过载流子的激光($\lambda =$ 830 nm)注入到半导体中,形成一个超过载流子的直流贡献,并且一束 $\lambda = 980$ nm 的探测光束来测量反射光。[45]载流子的贡献从反射信号中得到。基底中载流子密度很小,并且在结点边界急剧降低。这会引起掺杂面边界的折射指数急剧降低。折射率的变化量 Δn 跟过量的载流子密度 ΔN 有关:

$$\Delta n = \frac{q^2 \Delta N}{2 K_s \varepsilon_o m^* \omega^2} \qquad (1.35)$$

其中 ω 是光的径向频率。光从一个参照物的这种分布和干涉中反射从而产生直接跟结点深度有联系的一个干涉信号。通过慢慢调整激光产生的过量载流子来维持这种静态分布状态,用敏感位相锁定方法来获取几个数量级的反应信号比直流测量的方法要好。

对于多层晶片有效的方法最好是具有超过 10^{19} cm^{-3} 的活性掺杂浓度,用来避免在活性注入区域内高强度的喷射条件。由半导体的高折射率可以获得高深度分辨率。硅里面的测量波长是大约 270 nm,在 135 nm 时会发生一个完全的 2π 位相转变。如果噪声相位分辨率限制在 0.5°以内的话,深度分辨率大概是 0.2 nm。在结点深度测量的基础上,CI 已经显示出对活性掺杂密度和外形突变的敏感性,并且能够在前期无定形注入之后进行无定形深度测量,这使得 CI 方法对于检测类似注入的低剂量离子注入非常敏感。[46]

1.3.4　光学密度测定(光密度计)

在光学密度测定中掺杂密度取决于一个技术上完全不同与这一章节其它任何方法的方法。这个方法是为离子注入均一性和剂量检测发展起来的,并且它不需要用到半导体晶片。只需要一个基底透明,最常见的玻璃片,上面镀一层具有聚合物载体的一种注入式敏感的辐射显色染料的薄膜。注入过程中,染料分子经历异价键分裂,产生在 600 nm 波长具有强烈光吸收的正价离子。[47]当这种有聚合物涂层的玻璃片被离子注入时,薄膜变暗。变暗的程度依赖于注入能量、剂量以及注入物质种类。

这种光学密度计,利用一个敏感的显微光密度计,探测注入前后整个晶片的透明度,并且用内部校准表比较最后相对于初始在光学透明性上的不同。对整个注入晶片的光学透明性进行测量并用一个等高线图显示出来。注入剂量在 $10^{11} \sim 10^{23}$ cm^{-2} 的情况下,光学密度作为注入剂量的函数的校准曲线已经发展得比较成熟。

这种方法需要在没有退火的培植活化下进行,并且结果能在培植后几分钟内显示出来。光学密度测量分辨率大约为 1 mm,并且这样的分辨率使它可以测量低至 10^{11} cm^{-2} 的剂量。就像在这一章中前面讨论的,低剂量注入的掺杂密度不容易用电学方法测量,而这种光学方法是一种切实可行的替代技术。它也非常稳定。在表 1.1 中比较了三种图形化技术。[38]

25

表 1.1　离子注入均匀性测量方法一览表

	四探针	双注入	扩散电阻	调制光反射	光密度计
类型	电的	电的	电的	光的	光的
测量	薄层电阻	晶体损害	扩散电阻	晶体损害	聚合物损害
分辨率/μm	3000	3000	5	1	3000
种类	活性	活性,非活性	活化	非活化	活性,非活性
剂量范围/cm^{-2}	$10^{12}\sim10^{15}$	$10^{11}\sim10^{14}$	$10^{11}\sim10^{15}$	$10^{11}\sim10^{15}$	$10^{11}\sim10^{13}$
结果	直接	校准	校准	校准	校准
驰豫	小	严重	小	严重	严重
需要	退火	初始注入	退火		之前和之后测量

1.4　电阻压型

　　四探针法测量薄层电阻。对于均匀掺杂基底,电阻率等于样品厚度与从基底获得的准确电阻率的乘积;对于非均匀掺杂样品,薄层电阻是根据式(1.19)对于样品厚度的平均值。一个非均匀掺杂层的电阻分布不能由一个单一薄层电阻测量获得。进一步说,我们通常希望得到掺杂物质密度分布,而不是电阻分布。

　　决定掺杂密度概括值的有效方法包括微分霍尔效应、扩散电阻、电容-电压、MOSFET 初始电压和二次离子质谱。我们将在这一章中首先探讨前两种方法,然后在第 2 章中讨论其它的。

1.4.1　微分霍尔效应 (DHE)

　　为了确定一个电阻率或者掺杂密度深度分布,必须提供深度信息。通过测量电阻率来测量一个非均匀掺杂样品的电阻率分布是可能的,可以先排除样品的一个薄层,然后测量电阻率,再排除,再测量,这样重复下去。微分霍尔效应就是这样一种测量过程。一个厚度为$(t-x)$薄片的电阻由下式给出:

$$R_{\text{sh}} = \frac{1}{q\int_x^t [n(x)\mu_n(x) + p(x)\mu_p(x)]\mathrm{d}x} \tag{1.36}$$

其中 x 就像图 1.19 中演示的与样品表面平行。如果样品是一个薄层,它必须由一个绝缘层分隔开来以便把四探针电流限制在层内。例如,把一个 n 型离子注入到一个 p 型衬底中是适宜的,它具有作为"绝缘"边界的 np 结产生的空间电荷区域。一个 n 型离子注入到一个 n 型衬底则是不合适的,因为测量电流不再仅限于 n 型层内。

　　拥有连续载流子密度和迁移率的一个均匀掺杂晶片的薄层电阻是

$$R_{\text{sh}} = \frac{1}{q(n\mu_n + p\mu_p)t} \tag{1.37}$$

图 1.19　从表面进入到样品的测量过程的几何图形

薄层电阻是不仅对均匀掺杂层而且对非均匀掺杂层是一个有意义的描述符号,它同时深刻依赖于载流子浓度和迁移率。在式(1.36)中 R_{sh} 表示对于样品厚度$(t-x)$的平均值。显然,对于 $x=0$ 的时候,薄层电阻由式(1.19)给出。

通过霍尔效应或者四探针方法测量的薄层电阻是将新增加的层剥离后的薄片厚度的函数。根据下列公式[48]由 $1/R_{sh}(x)$ 与 x 的微商可以得到样品电导率 $\sigma(x)$

$$\frac{\mathrm{d}[1/R_{sh}(x)]}{\mathrm{d}x} = -q[n(x)\mu_n(x) + p(x)\mu_p(x)] = -\sigma(x) \tag{1.38}$$

式(1.38)是应用莱布尼兹定理,由式(1.36)得到

$$\frac{\mathrm{d}}{\mathrm{d}c}\int_{a(c)}^{b(c)} f(x,c)\mathrm{d}x = \int_{a(c)}^{b(c)} \frac{\partial}{\partial c}[f(x,c)]\mathrm{d}x + f(b,c)\frac{\partial b}{\partial c} - f(a,c)\frac{\partial a}{\partial c} \tag{1.39}$$

电阻率由式(1.38)得出,并且从 $\rho(x)=1/\sigma(x)$ 可以得到

$$\rho(x) = \frac{1}{\mathrm{d}[1/R_{sh}(x)]/\mathrm{d}x} = \frac{R_{sh}^2(x)}{\mathrm{d}R_{sh}(x)/\mathrm{d}x} = \frac{R_{sh}(x)}{\mathrm{d}[\ln(R_{sh}(x))]/\mathrm{d}x} \tag{1.40}$$

练习 1.5 中演示了用这种方法计算掺杂浓度。掺杂浓度分布取决于 DHE,分布的电阻压型和二次离子质谱在图 1.20 中给出。

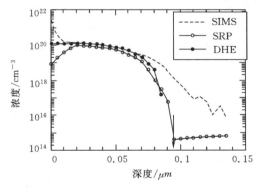

图 1.20　掺杂浓度分布由 DHE,分布的电阻压型和二次离子质谱(SIMS)测定。数据引自参考文献[49],重印自 Solid State Technology 1993 年 1 月版

练习 1.5

　　问题:按图 E1.7(a)给出一个 n 型 Si 片和一个 p 型 Si 衬底的薄层电阻对深度的函数,限

定电阻率和掺杂密度是深度的函数。

28

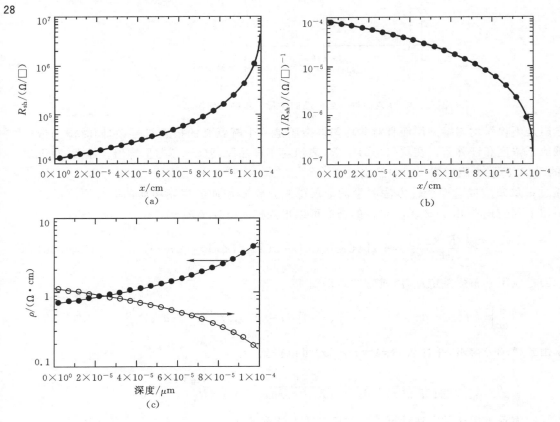

图 E1.7

29   **解答:**设定这条曲线的斜率是 x 的一个函数。然后用公式(1.40)设 $\rho(x)$ 与 x 的关系。记住,在上图中数据是以 log 的形式给出的,需要将其转化"$\ln(10)\ln(x)=\log x$"。于是得到电阻率和掺杂密度数据,在图 E1.7(b)和(c)中给出。P 向 N_D 转化需要知道迁移率的值 800 $cm^2/(V \cdot s)$。

谨慎一点而言,这里对薄层的薄层电阻的测量是合乎常理的。样品表面的面电荷可以导致空间电荷区域。如果这种情况发生的话,那么决定薄层电阻的不带电层比实际的要薄,从而引起测量错误。对于 Si 片来说通常没什么问题,但是对于 GaAs 来说就存在问题,因为由它表面电荷导致空间电荷区域的情况非常普遍。这时候就需要做改变。[50-51]

通过化学腐蚀的方法从一个大量掺杂的半导体反复剥离得到良好控制的薄层是困难的。这样也可以做到,但是需要用阳极氧化。阳极氧化过程中这个半导体被浸泡在一个做阳极化处理的电池里的合适的电解液里。电流从电极通过电解液到达半导体样品,引起室温下氧化物的生长。氧化物是通过消耗半导体的一部分而得到生长的。后来刻蚀氧化物的时候,那部分氧化过程中消耗掉的半导体也被剥离。这会经常重复去做。

有两种阳极化处理方法。在恒定电压方法中,阳极化处理的电流被允许从一个初始值降低到一个特定值。在恒定电流方法中,电流可以增大到一个特定值。在恒定电流阳极化处理方法中,氧化物厚度直接与形成的净电压成正比,这里净电压等于最终的电池电压减去起初电池电压。

多种阳极化处理方法已经被使用。适合硅片的有无水 N–甲基乙酰胺,四氢糠醇和乙二醇。[52]乙二醇含有 0.04N 硝酸钾和 1%～5% 的水,可以在电流密度为 2～10 mA/cm² 下产生均匀的,可重复的氧化物。对于乙二醇混合物,每单位电压可以剥离 2.2 Å(0.22 nm)的硅片。[52]100 V 的电压可以剥离 220 Å(22 nm)的 Si,Ge,[53] InSb,[54] 和 GaAs[55] 从而被阳极氧化。

不同电导率压型技术很难用手工操作,这样限制了它的应用。通过自动化方法可以大大减少测量时间。电脑控制实验的方法已经在样品阳极化处理、刻蚀,以及电阻率和迁移率等测量方面得到广泛应用。[49,56-57]

1.4.2　扩散电阻压型 (SRP)

扩散电阻探针技术自 20 世纪 60 年代已经被使用。尽管它起初只是用来测定旁侧电阻变化,现在已经主要用于测试电阻率和掺杂浓度深度分布。它有很大的变化范围(10^{12}～12^{21} cm^{-3})并且能够将非常浅的结点压制到 nm 级。数据采集和处理已经有重大进步。后面将涉及到改善的样品制备和探针工艺操作条件,专门针对立方凹槽的平滑方案,普遍适用的基于 Schumann-Gardner 的用合适半径校准过程的修正因子,专门针对修正载流子扩散(泄出)现象而发展的 Poisson 方法。重复性有时涉及到一个 SRP 问题。如果限定程序严格执行的话,合适的 SRP 系统可以轻易获得 10% 的重复率。[58]

图 1.21 演示了扩散电阻的概念。仪器由两个沿着半导体斜面小心依次排列的探针组成。探针间的电阻由下式给出:

$$R = 2R_p + 2R_c + 2R_{sp} \tag{1.41}$$

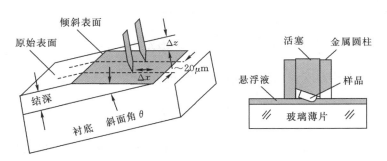

图 1.21　由虚线表示的扩散电阻斜块与具有探针和探针路径的倾斜的样品

其中 R_p 是探针电阻,R_c 是接触电阻,R_{sp} 是扩散电阻。电阻在每个位置都进行测量。[59]

先把样品用融了的蜡粘在一个斜块上。小于 1° 的斜角很容易准备。把斜块插入一个刚好吻合的圆柱中,并且用一个金刚钻或者其它抛光的物体轻轻敲打样品。要想成功进行 SRP 测试样品准备是非常重要的一环。[60-61]下一步将样品放在测量仪器上,确保样品斜边垂直于探针连线方向。将样品涂上一层绝缘层(氧化物或者氮化物)是十分有用的。氧化物可以在斜面上提供一个锐角并且这样也可以明显定义斜面的起始点,因为绝缘体的扩散电阻非常高。扩散电阻测试需要在黑暗环境中进行以避免光电效应并且这对于硅片来说是基本的要求。

　　Clarysse 等人对样品制备进行了很好的讨论。[58]斜面角应该用一个校准过的检测仪进行测量。如果没有表面氧化物层,测量应该在斜面边沿前方 10~20 点的距离开始。实际起始点可以根据一个显微照片(暗场演示,扩大倍率 500×)确定。起始点误差不应该超过几个点(最大 3 个)。典型的是原始的电阻分布可以显示从起始点的变化。探针压痕应该清晰可见以便计数和确定起始点。斜面边沿必须足够尖锐来尽量减少起始点的不确定性。好的倾斜表面要求一个 0.1 或 0.5 μm 高质量的金刚钻打磨。那个用来抛光斜面的旋转式的玻璃薄片,应该具有峰间 0.13 μm 的粗糙度。探针间距必须小于 30~40 μm。特别是,100~150 个数据点用于次微米级注入或者外延层。对于小于 100 nm 的衬底,应该尽量得到 20~25 个数据点。

　　为了理解扩散电阻,我们可以想象如图 1.22 的一个金属探针与一个半导体表面接触。电流 I 从直径为 $2r$ 的探针流入一个电阻率为 ρ 的半导体。电流集中在探针尖端并以辐射状流出。因此扩散电阻相同。对于一个未切割的圆柱体跟一个平的有环形接口的高度电导的探针接触,作为一个半无穷的样品这个扩散电阻是[62]

$$R_{\mathrm{sh}} = \frac{\rho}{4r}\ \Omega \qquad (1.42\mathrm{a})$$

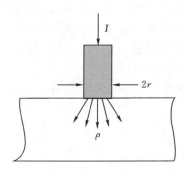

图 1.22　一个半导体直径为 $2r$ 的圆柱形接触。箭头表示电流

作为一个半球体,切割半径为 r 的探针顶端,扩散电阻是

$$R_{\mathrm{sh}} = \frac{\rho}{2\pi r}\ \Omega \qquad (1.42\mathrm{b})$$

式(1.42a)已经通过比较扩散电阻和四探针测量得到验证。扩散电阻可以表达为[63]

$$R_{\mathrm{meas}} = R_{\mathrm{cont}} + R_{\mathrm{spread}} = R_{\mathrm{cont}} + \frac{\rho}{2r}C \qquad (1.43)$$

其中 C 是与样品电阻率、探针半径、电流分布和探针间隔有关的一个修正因子。应该注意的是半径 r 不一定是物理半径. 接触电阻也跟晶片电阻率、探针压力以及表面态密度有关。这些表面态决定金属/半导体接触的肖特基势垒高度。对于抛光和倾斜表面,这种表面态密度和能量分布被认为是不同的。高的表面态密度导致费米能级钉扎。[64]在有斜面的 SRP p 型材料上这种接触被认为被一个空区域环绕,但是 n 型材料在表面却有一个倒置层。

约 5 g 的探针被使用,并且探针有形成一个小面积微接触的条件,相信这个探针必然穿破斜面上的最初的氧化物层。尽管相对小质量的探针可以减少局部高压。假定一个探针半径为 1 μm,被接触面简单分开,估计可以导致约 16 GPa 的接触压力。

如果接触面直径增大 5 倍,扩散电流将有可能降低 80%。10~12 g 的探针将使探针穿透约 10 nm。[65] SRP 测量电阻和 Si 电阻率间的关系在图 1.23 中给出。[63] 如果接触面直径为 1 μm,根据式(1.42a)估计 $R_{sp} \approx 2500\rho$。事实上扩散电阻高于 ρ 的 104 倍,这就是为什么式(1.41)中 R_{sp} 比 R_p 和 R_c 大得多。然而,如果金属-半导体栅非常高,以 GaAs 为例,那么测量电阻确实就包括一个不可忽略的接触电阻。

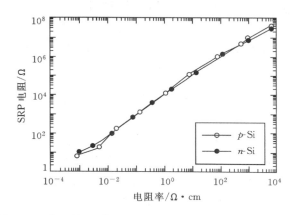

图 1.23　常见的 SRP 测量的校准曲线。引自参考文献[63]

四氯化钨金属探针,被安装在重力负载探针臂中。探针尖端非常尖锐以至于它们能够放置得非常接近,间隔通常小于 20 μm。探针臂由一个具有五个接触点的动力轴承系统支撑从而使臂只能有一个环绕水平轴的自由运动方向。这实际上消除了在接触样品过程中探针的侧向运动从而对半导体的磨损和破坏最小化。探针在接触半导体时只发生很小的弹性形变,所以使得接触具有很好的重复性。通常使用戈里-施耐德(Gorey-Schneider)技术[63]来"调配"探针的接触面积以便构成大量微观突起来穿过硅片表面的氧化物层。图 1.24 中给出了一个 SRP 例图和掺杂浓度分布结果。

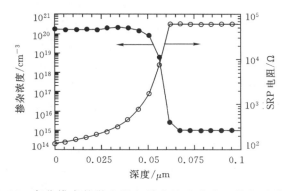

图 1.24　高分辨率扩散电阻与掺杂浓度分布。数据承蒙 Solid
State Measurement 公司的 S. Weninzied 提供

　　把扩散电阻数据转化为载流子浓度分布并最终转化成掺杂浓度分布是一项复杂的任务，它涉及到减少测量噪音的数据平滑方法、一种卷积算法和一个准确的接触模型。[67]SRP 中一个重要的事实是，扩散电阻测量的是沿一个斜面的载流子分布。通常假定这种分布与垂直载流子分布是相同的。进一步说，垂直载流子分布通常被假定是与垂直掺杂分布相同的。但是在浅结点情况下这不是真实的，这种情况下移动载流子的重新分配涉及到载流子外泄，从而使 SRP 测量发生错误。例如，电子从一个 n^+p 型结中高度掺杂的 n^+ 层流入低掺杂的 p 型基底。因此，一个 SRP 图，由于具有几个载流子的空间电荷区域，本来是要展示在金属结点里的电阻最大值，其实根本不能显示这样一个最大值。[67]实际图形表面并不存在一个结点，这说明这个结点可能是 n^+n 型结点。对 SRP 决定的结点深度计算值通常小于用 SIMS 测量得到的值。[68]

33　　　测量过程中探针间电压保持在 5 mV 左右以降低接触电阻效应。探针-半导体接触是一种金属-半导体接触方式，具有非线性电流-电压特性：

$$I = I_0(e^{qV/kT} - 1) \approx I_0 qV/kT \qquad (1.44)$$

其中电压小于 $kT/q \approx 25$ mV。

　　扩散电阻分布测量技术是一种相对而言的技术。校准曲线由一个在特殊时间特殊设定的探针产生，并且所用到的样品电阻率是已知的。这种校准样品通常使用硅。对于均匀掺杂样品来说，将扩散电阻的数据同校准样品进行比较是必要和充分的。对于包含 pn 结或高-低结的样品，需要进行额外修正。这些多层修正已经发展了好多年，现如今非常精密的修正图已经在使用。[67-72]有一种不同方法就是从一个假定的掺杂分布来计算扩散电阻分布。[73]计算得到的分布跟测定值做比较并且不断调整直到它们吻合。

　　对于结点深度在 1～2 μm 的情况，斜面角 θ 通常为 1°～5°，而对于深度小于 0.5 μm 的情况 $\theta \leqslant 0.5°$。对于沿着角度为 θ 的斜面每发生 Δx 的变化，相应的深度变化 Δz 是

$$\Delta z = \Delta x \sin \theta \qquad (1.45)$$

如果变化 5 μm 并且斜面角为 1°，那么相应深度变化或测量值为 0.87 nm。掺杂浓度分布取决于微分霍尔效应、扩散电阻分布和二次离子质谱(SIMS)表示在图 1.20 中。注意到这个样品中 DHE 和 SRP 很好地吻合。SIMS 分布将在第 2 章中讨论。通过测量由倾斜和不倾斜表面反射的小狭缝的光可以得到小 SRP 角，由此可以探测到两个图像。当狭缝转动时，两个图像也跟着转动，并且转动角可以测定，它跟斜面角有关。[74]表面分布仪也可用于测量角度。[61]

　　应用于非常浅结点的 SRP 分布技术的缺陷是由大的样品体积引起的，这是由于接触面积34　大而且探针间隔的必要修正因子达到 2000。另外，也需要考虑到额外的修正因子，用来修正载流子溢出、表面损伤、微接触分布和体电流流量。不幸的是，对于非常浅的结点以及规定探针直径和探针间隔，所有这些修正变得越来越重要。探针间隔和斜面粗糙度也限制深度分辨率。为了成功限制薄层厚度，要求斜面坡度非常小。[75]

　　几乎所有的扩散电阻测量都用到两个探针，但是三个探针排列也已经得到应用。[69]在三探针构型中一个探针负责电压和电流的共同点，并且它是测量电阻时唯一一起作用的一个探针。三探针系统更难保持直线排列。既然探针平行和斜面与表面顶部的交线对于深度分布测量非常重要，那么这种三探针扩散电阻测量方法就很少用到。微观扩散电阻，也就是所谓的扫描扩散电阻显微镜，将在第 9 章中讨论。

1.5　非接触测试方法

非接触电阻系数测试技术与其它半导体性能非接触测量有着相同的发展趋势,并已广受欢迎。非接触电阻系数测试方法可以分为两类:带电测量和不带电测量。这两类设备在商业中都有应用。带电非接触测量技术又可分为以下几种:(1)样品置于微波电路中,扰乱波导管(空腔)[76]的传输或者反映它们的特征;(2)样品与测试装置[77]是电容式连接;(3)样品与装置是电感式连接。[78-79]

1.5.1　涡旋电流

要成为可行的商业化设备,必须简单并且没有特殊的样品要求。例如,涡旋电流测试设备就没有为了适应微波空腔而规定特殊的样品结构要求,并引导了电感式接触方式的变化。涡旋电流测试技术基于如图 1.25 所示的平行的空腔谐振器电路所实现。当导电材料靠近空腔谐振器电路中的线圈时,由于材料对功率的吸收,会引起电路品质因子 Q 减小。根据这个概念制造的设备如图 1.25(a)中所示,图中 LC(电感–电容)电路被一对缠绕线圈的铁氧体磁心替代,磁心之间留下间隙以供放置硅片,硅片则通过高渗透性的铁氧体磁心与电路相连接。振动磁场在半导体中建立起涡旋电流从而使材料产生焦耳热。

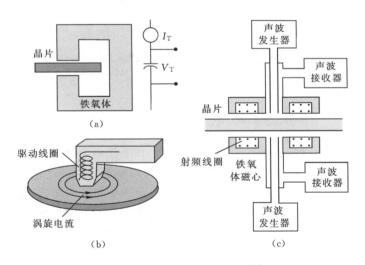

图 1.25　(a)涡流法实验布局原理图;(b)Johnsom[81]提出的实测装置图;以及(c)涡旋线圈和厚度声波发生器的结构示意图

吸收功率为[80]

$$P_{a} = K(V_{T}/n)^{2}\int_{0}^{t}\sigma(x)\mathrm{d}x \tag{1.46}$$

式中 K 为一包含磁心的耦合参数的常量,V_{T} 为第一射频电压的均方根,n 是线圈的缠绕圈数,σ 为半导体电导率,t 为样品厚度。以 $P_{a}=V_{T}I_{T}$ 确定功率,其中 I_{T} 为同相驱动电流

$$I_{\mathrm{T}} = \frac{KV_{\mathrm{T}}}{n^2} \int_0^t \sigma(x) = \frac{KV_{\mathrm{T}}}{n^2} \frac{1}{R_{\mathrm{sh}}} \tag{1.47}$$

35
~
37 如果通过反馈电路使 V_{T} 保持恒定,则电流与样品传导率和厚度的乘积成正比,或者与样品的面电阻成反比。图 1.25(b)所示为一种近期使用的设备。涡旋电流和其他的非接触测试技术将在第 7 章关于器件寿命测试中给出更深入的讨论。

当交流电流在导体中被感应产生时,电流不是均匀分布,而是移向导体表面。对于高频而言,绝大部分电流则集中在非常接近表面的薄层中,这个薄层的厚度被称为趋肤深度。式(1.46)适用于样品厚度小于透入深度的情况,透入深度 δ 由下式得出:

$$\delta = \sqrt{\rho/\pi f \mu_0} = 5.03 \times 10^3 \sqrt{\rho/f} \ \mathrm{cm} \tag{1.48}$$

式中 ρ 为电阻率($\Omega \cdot \mathrm{cm}$),f 为频率(Hz),μ_0 为真空磁导率($4\pi \times 10^{-9}\,\mathrm{H/cm}$)。式(1.48)随频率的变化如图 1.26 所示。图 1.27 为四点探针法和涡旋电流法测得的铝层和钛层晶片厚度等高线图形的对比。可以看出两种方法所测得的等高线图形和平均薄层电阻有着极好的一致性。

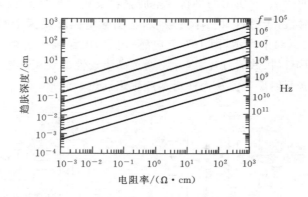

图 1.26　趋肤深度与电阻率的关系随频率的变化

要求得晶片的电阻系数,首先要知道它的厚度。在非接触测试技术中,必须做好非接触测量晶圆片厚度的准备。可用的方法有两种:差分电容探针测量法和超声波晶片厚度测量法。[82]如图 1.25(c)所示,在超声波测量法中,晶片置于两个声波探测器之间,上下表面所反射的声波由探测器接收,进行测量。两音速接收器间的空气夹层具有阻抗变化,从而引起了反射声波的相位移动。相位移动跟晶片上下表面与其相对应的探针的间距成正比。如果知道探针间隙,则可测得晶片的厚度。

图 1.28 展示了一种通过电容测量确定样品厚度的系统简图。[83]上下两个电容式探针间距为 s。半导体晶片被置于两个电容式探针之间。每个探针就作为电容的一个极板,晶片则为另一个极板。上探针与晶片间的电容值为 $C_1 = \varepsilon_0 A/d_1$,下探针与晶片间的电容值为 $C_2 = \varepsilon_0 A/d_2$,根据图中所示,晶片厚度的计算式为

$$t = s - (d_1 + d_2) = s - \varepsilon_0 A(C_1^{-1} + C_2^{-1}) \tag{1.49}$$

要求得晶片厚度只需确定探针间距 s 及电容值 C_1,C_2。

晶片在间隙中的垂直位置并不影响晶片厚度测试。当晶片在垂直方向上移动时,d_1,d_2

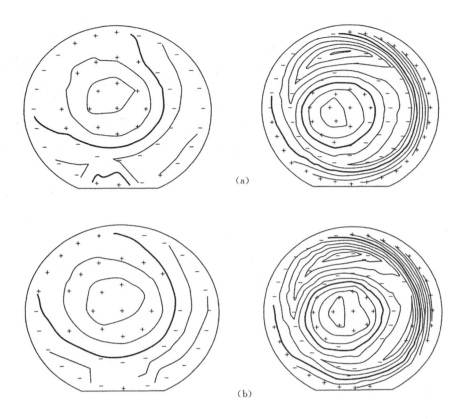

(a)

(b)

图 1.27　(a)四点探针法和(b)涡旋电流法测得的晶片厚度等高线轮廓图。左图：晶片表面覆盖 1 μm 铝层，$R_{sh, av}$(4pt)＝3.023 × 10^{-2} Ω/□，$R_{sh, av}$(eddy)＝3.023×10^{-2} Ω/□；右图：晶片表面覆盖 20 nm 钛层，$R_{sh, av}$(4pt)＝62.90 Ω/□，$R_{sh, av}$(eddy)＝62.56 Ω/□。数据来源：W. H. Johnson，KLA-Tencor

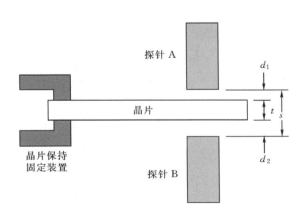

图 1.28　晶片厚度及表面平直度电容法测试系统

的改变等值异号，并不引起厚度读数的改变。中值面由 $d_1＋d_2$ 确定。通过在晶片上进行多个点的电容测量后，可以确定整个晶片的厚度和形状。通过中值面的读取，可以确知由应力引起的晶片翘曲度和翘曲,并且可以得到应力的大小。[84] 由这种电容测试技术得到的晶片表面平整度可以表征任何一个晶片,测试设备不使用机械支撑。

基于涡旋电流技术的电阻率测量可以用于均匀掺杂的晶片。该项技术也可用于不良导电性基底上良导电薄层的测试。薄层的面电阻应该比基片的面电阻至少低两个数量级,以确保测量的是掺杂薄层而不是基片的电阻率。但是导电性基底上的扩散或离子注入层由于不满足电阻率测量技术的基本要求而无法进行测量。例如,$10 \ \Omega \cdot cm$,$650 \ \mu m$ 的硅晶片面电阻为 $\Omega/\square$,而扩散或离子注入层的面电阻(也叫方阻)一般为 $10 \sim 100 \ \Omega/\square$。而对半绝缘基片(如 GaAs)上的注入或外延层,半导体基片上的金属层,则可通过该技术进行测量,因为 5000 Å 厚金属 Al 层的面电阻通常为 $0.06 \sim 0.1 \ \Omega/\square$,比硅基片的电阻率低 2000 倍。薄层厚度 t 是由测量面电阻而得到

$$t = R_{sh}/\rho \tag{1.50}$$

要确定薄层的电阻率则必须进行独立测量。非接触电阻测量通常用于测定面电阻和导电层厚度。

38

涡旋电流测试需要根据标准样品校准。放射状的电阻率变化或受传感器影响其它 ρ 的不一致会被平均,可能与其它测量技术中的 ρ 或 R_{sh} 不同。以至于测量中透入深度达到被测样品厚度的五倍以上。

● ● ● ● ● ● ● ● ● ● ● ● ● ● ● ●

1.6　导电类型

半导体的导电类型可以通过晶片平面划分、热电动势、整流、光学技术及霍尔效应等方法来确定。霍尔效应将在第2章进行讨论。最简单的方法就是利用晶片的取向面形状而制定一个标准样式。硅晶片通常是圆形的,并具有如图 1.29 所示的特征取向面,可用于晶片的排列

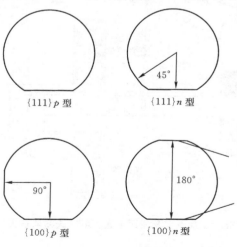

图 1.29　硅晶片判断取向面

和辨认。通过主取向面(通常沿着(110)晶向)和次取向面可以判断晶片的导电类型和方向。直径≤150 mm 的晶片具有如图 1.29 中所示的标准取向面。较大的晶片则用凹槽替代了取向面,但却不能通过凹槽判断晶片的导电类型。

在热探针或热电探针测试方法中,通过由温度梯度产生的热电动势或塞贝克电压可以判断导电类型。以一冷一热两个探针接触样品表面,如图 1.30(a)所示。热梯度在半导体中诱导出电流,n 型和 p 型材料的多数载流子电流为[85]

$$J_n = -qn\mu_n P_n dT/dx; \quad J_p = -qp\mu_p P_p dT/dx \tag{1.51}$$

其中差分热电功率 $P_n < 0, P_p > 0$。

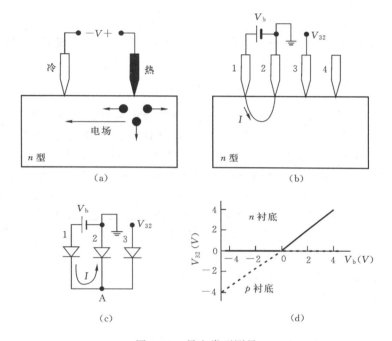

图 1.30 导电类型测量。

(a)热探针;(b)整流探针;(c)用于(b)的等效电路及(d)实验数据采自参考文献[88]

根据图 1.30(a)中的实验装置排布。右探针为热针,左探针为冷针。$dT/dx > 0$,且在 n 型样品中,电流由左探针流向右探针。热电功率可被看作一个电流发生器。一部分电流流过伏特计,使热探针相对于冷探针形成正电势。[86-87]这是一个简单的选择性观点。电子由热区向冷区迁移,形成了一个抑制迁移的反向电场。这个电场使热探针的电势高于冷探针,电场的电压可以通过伏特计读出。同理,p 型样品的热探针电势则低于冷探针。

热探针的有效电阻率为 $10^{-3} \sim 10^3$ $\Omega \cdot cm$。伏特计趋向于将高电阻率材料确定为 n 型,即使样品为弱 p 型,因为这种方法实际上测量的是 $n\mu_n$ 或 $p\mu_p$ 产品。由于 $\mu_n > \mu_p$,或者样品为高电阻率材料,当 $n \approx p$ 时,测量结果显示为 n 型。半导体在室温时由于 $n_i > n$ 或 $n_i > p$(如窄带隙半导体),测试时必须对冷探针进行冷却,而以室温探针作为"热"探针。

应用整流方法进行检测时,可通过与半导体接触的点上交变整流信号的极性,判断样品的导电类型。[86-87]如使用两探针法,一个探针为整流型,另一个为欧姆接触。当电流流过整流探针时,若探针为阳极则样品为 n 型,若探针为阴极则样品为 p 型。两探针法难以分别实现整流和欧姆接触。而四探针法则可通过适合的电路实现这两种接触方式。如图 1.30(b),探针 1 和 2 上加直流电压,通过探针 3 和 2 测定结果电压。对 n 型衬底 V_b 为正,探针 1 与衬底形成的金属-半导体二极管上是正向偏压,而探针 2 形成的二极管上则为反向偏压。因此电流 I 为反偏压二极管与的漏电流。A 点电压为

$$V_A = V_b + V_{D1} \approx V_b \tag{1.52}$$

这个电压是在 A 点与探针 3 之间电流非常小的情况下,使用高输入阻抗伏特计测得的。因此探针 3 所形成的二极管电压降可以忽略,$V_{32} \approx V_A$。

$$V_{32} \approx V_A \approx V_b \tag{1.53}$$

对 p 型晶片,使用与图 1.30(c)相同的实验装置,二极管 1 为反偏压,二极管 2 为正向偏压。因此

$$V_{32} \approx V_A \approx 0 \tag{1.54}$$

式(1.53)和(1.54)说明四点探针排布如何进行半导体导电类型的检测。图 1.30(d)是电压间的依赖关系。对硅绝缘体、多晶硅薄膜一类的半导体薄膜进行检测时,由汞探针替代金属探针。[88] 这种导电类型检测方法已经引入到实际使用的四点探针设备中。

光学检测,是使用易发生的可调激光在样品的表面上激发出随时间变化的表面光伏(Surface PhotoVoltage, SPV),在样品表面上方几厘米处,设置一个无振动的、光学透明的开尔文探针,用于探测激发出的光电压。这种检测方法的原理是表面光伏方法,将在 7.4.5 节中给出讨论。p 型半导体 SPV 为负,n 型半导体 SPV 为正。

1.7　优点和缺点

四点探针法:其缺点主要是产生样品表面的损伤和金属沉积。表面损伤并不严重,恰好满足器件制作对晶片的最低要求。为了保证高精度的测量,探针和样品空位相对于晶片体积来说都较大。使用稳定性和不依赖标准样品校准的绝对值测量则是这种方法的优点所在,因此在半导体行业多年来都使用良好。随着晶片图形布置的到来,四点探针法将在工艺过程监控中发挥巨大的作用。这就是该方法在今天最大的优势。

差分霍尔效应法:这种方法的主要缺点就是测试速度慢。通过阳极氧化进行的薄层移除准确性好,但速度很慢,限制了这种方法在人工操作得到轮廓线数据点相对较少的情况下的使用。当自动化操作时,这个制约就消除了。四点探针法和霍尔效应法都可以测量表面电阻。四点探针在晶片的同一区域反复测量,出现数据偏差,说明探针对该区域造成了损伤。霍尔效应法的测量是破坏性的,因此不存在这个问题。它的优点主要在于如果使用国产设备,设备价格比较低。晶片掺杂图形不能用电容-电压方法测量的,只能选择次级离子质谱法和扩散电阻法进行测量。这些测试设备都很昂贵,而阳极氧化/四点探针法因设备相对便宜、测量可靠而受到关注。

扩散电阻法:其缺点在于压型操作必须由熟练的操作人员进行才能获得可靠的晶片轮廓。

测量系统必须定期校准,探针需要经常修正。不能对非 Si、Ge 的半导体晶片进行可靠的测量。样品制备要求不高,测量进行是破坏性的。测量掺杂浓度轮廓的扩散电阻数据严重依赖于运算法则。已使用的运算法则很多,并还有很多法则正在开发中。扩散电阻分布(Spreading Resistance Profiling,SRP)的优势在于,可以非常高的分辨率测量几乎任何薄层结合形式的轮廓,没有厚度和掺杂浓度的限制。超高电阻率的材料必须要精心的测量和运算。扩散电阻法测量设备已在工业中广泛应用。因此在过去使用的 40 年间,这种方法已涉及了广泛的知识领域。

　　非接触测量技术:涡旋电流技术的缺点是不能测量薄扩散或离子注入层的面电阻。利用这种方法进行面电阻测量,要求薄层的面电阻必须比基片的面电阻至少低两个数量级。因此只能对半导体基片上的金属层或绝缘基片上的高浓度掺杂层进行测量。涡旋电流技术常用于半导体基片上金属层面电阻的测量,进而确定薄层的厚度。涡旋电流方法的优点则是,测量非接触特性和作为商业化设备的实用性。这个技术对于半导体晶片电阻系数和薄层厚度来说是非常理想的测量方法。

　　光学技术:光学技术的缺点在于如果要进行掺杂的定量测量,需要使用标准样品校准,不能进行压型,得到的数据仅为平均值。光密度计量和可调光反射系数技术已经投入商业应用。它们主要应用于离子注入晶片的图形布置。它们的优点则是光线对样品没有破坏,光斑尺寸小,测量速度快,以轮廓图显示测定结果。可调光反射系数技术通常用于离子注入监测,也可以穿透氧化物层进行测量。它的主要缺点在于可能存在的激光漂移,以及注入后弛豫性损伤。光密度计量技术的缺点则是在离子注入前必须在晶片的背面贴上 Al 支撑板,并在感光前移出;以及薄膜对紫外线的敏感性。如果没有在晶片背面粘贴支撑板,离子注入机的光波传感器会记录装载错误。

● ● ● ● ● ● ● ● ● ● ● ● ● ● ● ●

附录 1.1

电阻率随掺杂浓度的变化

　　图 A1.1(a),(b)为硼、磷掺杂硅基片的电阻率曲线。对于硼掺杂的硅基片,硼掺杂浓度与电阻系数的关系为[89]

$$N_B = \frac{1.33 \times 10^{16}}{\rho} + \frac{1.082 \times 10^{17}}{\rho[1 + (54.56\rho)^{1.105}]} \ [\text{cm}^{-3}]$$

$$\rho = \frac{1.305 \times 10^{16}}{N_B} + \frac{1.133 \times 10^{17}}{N_B[1 + (2.58 \times 10^{-19}N_N)^{-0.737}]} \ [\Omega \cdot \text{cm}] \tag{A1.1}$$

对于磷掺杂硅基片,磷掺杂浓度与电阻率的关系为[89]

$$N_P = \frac{6.242 \times 10^{18} 10^Z}{\rho} \ [\text{cm}^{-3}]$$

其中

$$Z = \frac{A_0 + A_1 x + A_2 x^2 + A_3 x^3}{1 + B_1 x + B_2 x^2 + B_3 x^3} \tag{A1.2a}$$

当 $x = \log_{10}(\rho)$，$A_0 = -3.1083$，$A_1 = -3.2626$，$A_2 = -1.2196$，$A_3 = -0.13923$，$B_1 = 1.0265$，$B_2 = 0.38755$，$B_3 = 0.041833$。电阻率为

$$\rho = \frac{6.242 \times 10^{18} 10^Z}{N_P} \; [\Omega \cdot cm]$$

其中

$$Z = \frac{C_0 + C_1 y + C_2 y^2 + C_3 y^3}{1 + D_1 y + D_2 y^2 + D_3 y^3} \tag{A1.2b}$$

并且 $y = \log_{10}(N_P) - 16$，$C_0 = -3.0769$，$C_1 = 2.2108$，$C_2 = -0.62272$，$C_3 = 0.057501$，$D_1 = -0.68157$，$D_2 = 0.19833$，$D_3 = -0.018376$。

Ge，GaAs，GaP 的电阻率曲线如图 A1.1(c)所示。

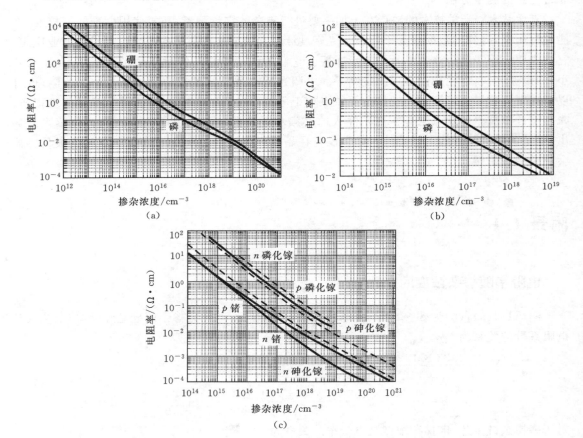

图 A1.1 (a)和(b)分别是 p 型硅基片(硼掺杂)和 n 型硅基片(磷掺杂)在 23℃时,电阻率与掺杂浓度的关系。数据来源:ASTM F723;(c) 锗、砷化镓和磷化镓掺杂硅基片电阻率与掺杂浓度的关系。数据来源:参考文献[95]和[96]

● ● ● ● ● ● ● ● ● ● ● ● ● ● ● ● ●

附录 1.2

本征载流子浓度

过去数年间,出现许多用于描述硅基片本征载流子浓度 n_i 的方程。最新,最准确的表达式为[90-91]

$$n_i = 5.29 \times 10^{19} (T/300)^{2.54} \exp(-6726/T) \qquad (A2.1a)$$

$$n_i = 2.91 \times 10^{15} T^{1.6} \exp(E_G(T)/2kT) \qquad (A2.1b)$$

温度与半导体带隙间的关系为[92]

$$E_G(T) = 1.17 - 1.059 \times 10^{-5} T - 6.05 \times 10^{-7} T^2 \quad (0 \leqslant T \leqslant 190K) \qquad (A2.2a)$$

$$E_G(T) = 1.1785 - 0.025 \times 10^{-5} T - 3.05 \times 10^{-7} T^2 \quad (150 \leqslant T \leqslant 300K) \qquad (A2.2b)$$

T 为开尔文温度。$n_i - T$ 和 $EG - T$ 曲线如图 A2.1,A2.2 所示。式(A2.1a)由 78～340K 区间的实验数据得到,[92] 它已被 Trupke 等[91] 改写为式(A2.1b),即 $T = 300$ K 时,$n_i = 9.7 \times 10^9$ cm^{-3}。由于带隙窄化,这比 Sproul 和 Green[93] 先前的值稍低些。带隙窄化可以表达为

$$n_{i,\text{eff}} = n_i \exp(\Delta E_G/kT) \qquad (A2.3)$$

式中带隙窄化能 ΔE_G 如图 A2.3 所示。[94]

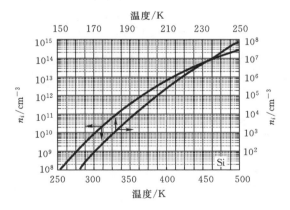

图 A2.1　硅本征载流子浓度与温度的关系

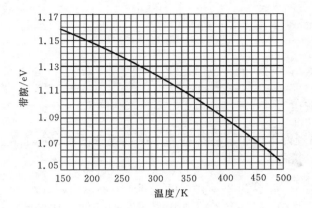

图 A2.2　硅带隙与温度的关系

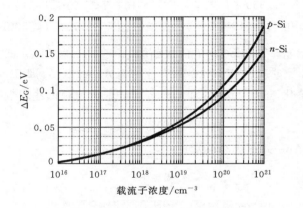

图 A2.3　硅带隙窄化与载流子浓度的关系

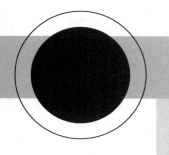

参考文献

1. F. Wenner, "A Method of Measuring Earth Resistivity," *Bulletin of the Bureau of Standards* **12**, 469–478, 1915.

2. L.B. Valdes, "Resistivity Measurements on Germanium for Transistors," *Proc. IRE* **42**, 420–427, Feb. 1954.

3. H.H. Wieder, "Four Terminal Nondestructive Electrical and Galvanomagnetic Measurements," in *Nondestructive Evaluation of Semiconductor Materials and Devices* (J.N. Zemel, ed.), Plenum Press, New York, 1979, 67–104.

4. R. Hall, "Minimizing Errors of Four-Point Probe Measurements on Circular Wafers," *J. Sci. Instrum.* **44**, 53–54, Jan. 1967.

5. D.C. Worledge, "Reduction of Positional Errors in a Four-point Probe Resistance Measurement," *Appl. Phys. Lett.* **84**, 1695–1697, March 2004.

6. A. Uhlir, Jr., "The Potentials of Infinite Systems of Sources and Numerical Solutions of Problems in Semiconductor Engineering," *Bell Syst. Tech. J.* **34**, 105–128, Jan. 1955; F.M. Smits, "Measurement of Sheet Resistivities with the Four-Point Probe," *Bell Syst. Tech. J.* **37**, 711–718, May 1958.

7. M.G. Buehler, "A Hall Four-Point Probe on Thin Plates," *Solid-State Electron.* **10**, 801–812, Aug. 1967.

8. M.G. Buehler, "Measurement of the Resistivity of a Thin Square Sample with a Square Four-Probe Array," *Solid-State Electron.* **20**, 403–406, May 1977.

9. M. Yamashita, "Geometrical Correction Factor for Resistivity of Semiconductors by the Square Four-Point Probe Method," *Japan. J. Appl. Phys.* **25**, 563–567, April 1986.

10. S. Murashima and F. Ishibashi, "Correction Devisors for the Four-Point Probe Resistivity Measurement on Cylindrical Semiconductors II," *Japan. J. Appl. Phys.* **9**, 1340–1346, Nov. 1970.

11. D.S. Perloff, "Four-Point Probe Correction Factors for Use in Measuring Large Diameter Doped Semiconductor Wafers," *J. Electrochem. Soc.* **123**, 1745–1750, Nov. 1976; D.S. Perloff, "Four-Point Probe Sheet Resistance Correction Factors for Thin Rectangular Samples," *Solid-State Electron.* **20**, 681–687, Aug. 1977.

12. M. Yamashita and M. Agu, "Geometrical Correction Factor for Semiconductor Resistivity Measurements by Four-Point Probe Method," *Japan. J. Appl. Phys.* **23**, 1499–1504, Nov. 1984.

13. R.A. Weller, "An Algorithm for Computing Linear Four-point Probe Thickness Correction Factors," *Rev. Sci. Instrument.* **72**, 3580–3586, Sept. 2001.

14. J. Albers and H.L. Berkowitz, "An Alternative Approach to the Calculation of Four-Probe Resistances on Nonuniform Structures," *J. Electrochem. Soc.* **132**, 2453–2456, Oct. 1985.

15. J.J. Kopanski, J. Albers, G.P. Carver, and J.R. Ehrstein, "Verification of the Relation Between Two-Probe and Four-Probe Resistances as Measured on Silicon Wafers," *J. Electrochem. Soc.* **137**, 3935–3941, Dec. 1990.

16. M.P. Albert and J.F. Combs, "Correction Factors for Radial Resistivity Gradient Evaluation of Semiconductor Slices," *IEEE Trans. Electron Dev.* **ED-11**, 148–151, April 1964.

17. R. Rymaszewski, "Relationship Between the Correction Factor of the Four-Point Probe Value and the Selection of Potential and Current Electrodes," *J. Sci. Instrum.* **2**, 170–174, Feb. 1969.

18. ASTM Standard F84-93, "Standard Method for Measuring Resistivity of Silicon Slices With a Collinear Four-Point Probe," *1996 Annual Book of ASTM Standards*, Am. Soc. Test. Mat., West Conshohocken, PA, 1996.

19. D.S. Perloff, J.N. Gan and F.E. Wahl, "Dose Accuracy and Doping Uniformity of Ion Implantation Equipment," *Solid State Technol.* **24**, 112–120, Feb. 1981.

20. A.K. Smith, D.S. Perloff, R. Edwards, R. Kleppinger and M.D. Rigik, "The Use of Four-Point Probe Sheet Resistance Measurements for Characterizing Low Dose Ion Implantation," *Nucl. Instrum. and Meth.* **B6**, 382–388, Jan. 1985.

21. ASTM Standard F1529-94, "Standard Method for Sheet Resistance Uniformity by In-Line Four-Point Probe With the Dual-Configuration Procedure," *1996 Annual Book of ASTM Standards*, Am. Soc. Test. Mat., West Conshohocken, PA, 1996.

22. H.H. Gegenwarth, "Correction Factors for the Four-Point Probe Resistivity Measurement on Cylindrical Semiconductors," *Solid-State Electron.* **11**, 787–789, Aug. 1968.

23. S. Murashima, H. Kanamori and F. Ishibashi, "Correction Devisors for the Four-Point Probe Resistivity Measurement on Cylindrical Semiconductors," *Japan. J. Appl. Phys.* **9**, 58–67, Jan. 1970.

24. L.J. van der Pauw, "A Method of Measuring Specific Resistivity and Hall Effect of Discs of Arbitrary Shape," *Phil. Res. Rep.* **13**, 1–9, Feb. 1958.

25. W. Versnel, "Analysis of Symmetrical van der Pauw Structures With Finite Contacts," *Solid-State Electron.* **21**, 1261–1268, Oct. 1978.

26. L.J. van der Pauw, "A Method of Measuring the Resistivity and Hall Coefficient on Lamellae of Arbitrary Shape," *Phil. Tech. Rev.* **20**, 220–224, Aug. 1958; R. Chwang, B.J. Smith and C.R. Crowell, "Contact Size Effects on the van der Pauw Method for Resistivity and Hall Coefficient Measurement," *Solid-State Electron.* **17**, 1217–1227, Dec. 1974.

27. Y. Sun, J. Shi, and Q. Meng, "Measurement of Sheet Resistance of Cross Microareas Using a Modified van der Pauw Method," *Semic. Sci. Technol.* **11**, 805–811, May 1996.

28. M.G. Buehler and W.R. Thurber, "An Experimental Study of Various Cross Sheet Resistor Test Structures," *J. Electrochem. Soc.* **125**, 645–650, April 1978.

29. M.G. Buehler, S.D. Grant and W.R. Thurber, "Bridge and van der Pauw Sheet Resistors for Characterizing the Line Width of Conducting Layers," *J. Electrochem. Soc.* **125**, 650–654, April 1978.

30. R. Chang, Y. Cao, and C.J. Spanos, "Modeling the Electrical Effects of Metal Dishing Due to CMP for On-Chip Interconnect Optimization," *IEEE Trans. Electron Dev.* **51**, 1577–1583, Oct. 2004.

31. ASTM Standard F76-02, "Standard Test Method for Measuring Resistivity and Hall Coefficient and Determining Hall Mobility in Single Crystal Semiconductors," *1996 Annual Book of ASTM Standards*, Am. Soc. Test. Mat., West Conshohocken, PA, 1996.

32. DIN Standard 50430-1980, "Testing of Semiconducting Inorganic Materials: Measurement of the Specific Electrical Resistivity of Si or Ge Single Crystals in Bars Using the Two-Probe Direct-Current Method," *1995 Annual Book of ASTM Standards*, Am. Soc. Test. Mat., Philadelphia, 1995.

33. J.T.C. Chen, "Monitoring Low Dose Single Implanted Layers With Four-Point Probe Technology," *Nucl. Instrum. and Meth.* **B21**, 526–528, 1987.

34. T. Matsumara, T. Obokata and T. Fukuda, "Two-Dimensional Microscopic Uniformity of Resistivity in Semi-Insulating GaAs," *J. Appl. Phys.* **57**, 1182–1185, Feb. 1985.

35. P.M. Hemenger, "Measurement of High Resistivity Semiconductors Using the van der Pauw Method," *Rev. Sci. Instrum.* **44**, 698–700, June 1973.

36. L. Forbes, J. Tillinghast, B. Hughes and C. Li, "Automated System for the Characterization of High Resistivity Semiconductors by the van der Pauw Method," *Rev. Sci. Instrum.* **52**, 1047–1050, July 1981.

37. P.A. Crossley and W.E. Ham, "Use of Test Structures and Results of Electrical Test for Silicon-On-Sapphire Integrated Circuit Processes," *J. Electron. Mat.* **2**, 465–483, Aug. 1973;

D.S. Perloff, F.E. Wahl and J. Conragan, "Four-Point Sheet Resistance Measurements of Semiconductor Doping Uniformity," *J. Electrochem. Soc.* **124**, 582–590, April 1977.

38. C.B. Yarling, W.H. Johnson, W.A. Keenan, and L.A. Larson, "Uniformity Mapping in Ion Implantation," *Solid State Technol.* **34/35**, 57–62, Dec. 1991; 29–32, March 1992.

39. J.N. Gan and D.S. Perloff, "Post-Implant Methods for Characterizing the Doping Uniformity and Dose Accuracy of Ion Implantation Equipment," *Nucl. Instrum. and Meth.* **189**, 265–274, Nov. 1981; M.I. Current, N.L. Turner, T.C. Smith and D. Crane, "Planar Channelling Effects in Si (100)," *Nucl. Instrum. and Meth.* **B6**, 336–348, Jan. 1985.

40. A.K. Smith, W.H. Johnson, W.A. Keenan, M. Rigik and R. Kleppinger, "Sheet Resistance Monitoring of Low Dose Ion Implants Using the Double Implant Technique," *Nucl. Instrum. and Meth.* **B21**, 529–536, March 1987; S.L. Sundaram and A.C. Carlson, "Double Implant Low Dose Technique in Analog IC Fabrication," *IEEE Trans. Semicond. Manuf.* **4**, 146–150, Nov. 1989.

41. A. Rosencwaig, "Thermal-wave Imaging," *Science* **218**, 223–228, Oct. 1982.

42. N.M. Amer and M.A. Olmstead, "A Novel Method for the Study of Optical Properties of Surfaces," *Surf. Sci.* **132**, 68–72, Sept. 1983; N.M. Amer, A. Skumanich, and D. Ripple, "Photothermal Modulation of the Gap Distance in Scanning Tunneling Microscopy," *Appl. Phys. Lett.* **49**, 137–139, July 1986.

43. A. Rosencwaig, J. Opsal, W.L. Smith and D.L. Willenborg, "Detection of Thermal Waves Through Optical Reflectance," *Appl. Phys. Lett.* **46**, 1013–1015, June 1985.

44. W.L. Smith, A. Rosencwaig and D.L. Willenborg, "Ion Implant Monitoring with Thermal Wave Technology," *Appl. Phys. Lett.* **47**, 584–586, Sept. 1985; W.L. Smith, A. Rosencwaig, D.L. Willenborg, J. Opsal and M.W. Taylor, "Ion Implant Monitoring with Thermal Wave Technology," *Solid State Technol.* **29**, 85–92, Jan. 1986.

45. P. Borden, "Junction Depth Measurement Using Carrier Illumination," in *Characterization and Metrology For ULSI Technology 2000* (D.G. Seiler, A.C. Diebold, T.J. Shaffner, R. McDonald, W.M. Bullis, P.J. Smith, and E.M. Sekula, eds.) *Am. Inst. Phys.* **550**, 175–180, 2001; P. Borden, L. Bechtler, K. Lingel, and R. Nijmeijer, "Carrier Illumination Characterization of Ultra-Shallow Implants," in *Handbook of Silicon Semiconductor Metrology* (A.C. Diebold, ed.), Marcel Dekker, New York, 2001, Ch. 5.

46. W. Vandervorst, T. Clarysse, B. Brijs, R. Loo, Y. Peytier, B.J. Pawlak, E. Budiarto, and P. Borden, "Carrier Illumination as a Tool to Probe Implant Dose and Electrical Activation," in *Characterization and Metrology for ULSI Technology 2003* (D.G. Seiler, A.C. Diebold, T.J. Shaffner, R. McDonald, S. Zollner, R.P. Khosla, and E.M. Sekula, eds.) *Am. Inst. Phys.* **683**, 758–763, 2003.

47. J.P. Esteves and M.J. Rendon, "Optical Densitometry Applications for Ion Implantation," in *Characterization and Metrology for ULSI Technology 1998* (D.G. Seiler, A.C. Diebold, W.M. Bullis, T.J. Shaffner, R. McDonald, and E.J. Walters, eds.) *Am. Inst. Phys.* **449**, 369–373, 1998.

48. R.A. Evans and R.P. Donovan, "Alternative Relationship for Converting Incremental Sheet Resistivity Measurements into Profiles of Impurity Concentration," *Solid-State Electron.* **10**, 155–157, Feb. 1967.

49. S.B. Felch, R. Brennan, S.F. Corcoran, and G. Webster, "A Comparison of Three Techniques for Profiling Ultrashallow p^+n Junctions," *Solid State Technol.* **36**, 45–51, Jan. 1993.

50. R.S. Huang and P.H. Ladbrooke, "The Use of a Four-Point Probe for Profiling Sub-Micron Layers," *Solid-State Electron.* **21**, 1123–1128, Sept. 1978.

51. D.C. Look, "Hall Effect Depletion Correction in Ion-Implanted Samples: Si^{29} in GaAs," *J. Appl. Phys.* **66**, 2420–2424, Sept. 1989.

52. H.D. Barber, H.B. Lo and J.E. Jones, "Repeated Removal of Thin Layers of Silicon by Anodic Oxidation," *J. Electrochem Soc.* **123**, 1404–1409, Sept. 1976, and references therein.

53. S. Zwerdling and S. Sheff, "The Growth of Anodic Oxide Films on Germanium," *J. Electrochem Soc.* **107**, 338–342, April 1960.

54. J.F. Dewald, "The Kinetics and Mechanism of Formation of Anode Films on Single-Crystal InSb," *J. Electrochem Soc.* **104**, 244–251, April 1957.

55. B. Bayraktaroglu and H.L. Hartnagel, "Anodic Oxides on GaAs: I Anodic Native Oxides on

GaAs," *Int. J. Electron.* **45**, 337–352, Oct. 1978; "II Anodic Al_2O_3 and Composite Oxides on GaAs," *Int. J. Electron.* **45**, 449–463, Nov. 1978; "III Electrical Properties," *Int. J. Electron.* **45**, 561–571, Dec. 1978; "IV Thin Anodic Oxides on GaAs," *Int. J. Electron.* **46**, 1–11, Jan. 1979; H. Müller, F.H. Eisen and J.W. Mayer, "Anodic Oxidation of GaAs as a Technique to Evaluate Electrical Carrier Concentration Profiles," *J. Electrochem. Soc.* **122**, 651–655, May 1975.

56. R. Galloni and A. Sardo, "Fully Automatic Apparatus for the Determination of Doping Profiles in Si by Electrical Measurements and Anodic Stripping," *Rev. Sci. Instrum.* **54**, 369–373, March 1983.

57. L. Bouro and D. Tsoukalas, "Determination of Doping and Mobility Profiles by Automatic Electrical Measurements and Anodic Stripping," *J. Phys. E: Sci. Instrum.* **20**, 541–544, May 1987.

58. T. Clarysse, W. Vandervorst, E.J.H. Collart, and A.J. Murrell, "Electrical Characterization of Ultrashallow Dopant Profiles," *J. Electrochem. Soc.* **147**, 3569–3574, Sept. 2000.

59. R.G. Mazur and D.H. Dickey, "A Spreading Resistance Technique for Resistivity Measurements in Si," *J. Electrochem Soc.* **113**, 255–259, March 1966; T. Clarysse, D. Vanhaeren, I. Hoflijk, and W. Vandervorst, "Characterization of Electrically Active Dopant Profiles with the Spreading Resistance Probe," *Mat. Sci. Engineer.* **R47**, 123–206, 2004.

60. M. Pawlik, "Spreading Resistance: A Quantitative Tool for Process Control and Development," *J. Vac. Sci. Technol.* **B10**, 388–396, Jan/Feb. 1992.

61. ASTM Standard F672-88, "Standard Method for Measuring Resistivity Profile Perpendicular to the Surface of a Silicon Wafer Using a Spreading Resistance Probe," *1996 Annual Book of ASTM Standards*, Am. Soc. Test. Mat., West Conshohocken, PA, 1996.

62. R. Holm, *Electric Contacts Theory and Application*, Springer Verlag, New York, 1967.

63. T. Clarysse, M. Caymax, P. De Wolf, T. Trenkler, W. Vandervorst, J.S. McMurray, J. Kim, and C.C. Williams, J.G. Clark and G. Neubauer, "Epitaxial Staircase Structure for the Calibration of Electrical Characterization Techniques," *J. Vac. Sci. Technol.* **B16**, 394–400, Jan./Feb. 1998.

64. T. Clarysse, P. De Wolf, H. Bender, and W. Vandervorst, "Recent Insights into the Physical Modeling of the Spreading Resistance Point Contact," *J. Vac. Sci. Technol.* **B14**, 358–368, Jan./Feb. 1996.

65. W.B. Vandervorst and H.E. Maes, "Probe Penetration in Spreading Resistance Measurements," *J. Appl. Phys.* **56**, 1583–1590, Sept. 1984.

66. J.R. Ehrstein, "Two-Probe (Spreading Resistance) Measurements for Evaluation of Semiconductor Materials and Devices," in *Nondestructive Evaluation of Semiconductor Materials and Devices* (J.N. Zemel, ed.), Plenum Press, New York, 1979, 1–66.

67. R.G. Mazur and G.A. Gruber, "Dopant Profiling on Thin Layer Silicon Structures with the Spreading Resistance Technique," *Solid State Technol.* **24**, 64–70, Nov. 1981.

68. W. Vandervorst and T. Clarysse, "Recent Developments in the Interpretation of Spreading Resistance Profiles for VLSI-Technology," *J. Electrochem. Soc.* **137**, 679–683, Feb. 1990; W. Vandervorst and T. Clarysse, "On the Determination of Dopant/Carrier Distributions," *J. Vac. Sci. Technol.* **B10**, 302–315, Jan/Feb. 1992.

69. P.A. Schumann, Jr. and E.E. Gardner, "Application of Multilayer Potential Distribution to Spreading Resistance Correction Factors," *J. Electrochem Soc.* **116**, 87–91, Jan. 1969.

70. S.C. Choo, M.S. Leong, H.L. Hong, L. Li and L.S. Tan, "Spreading Resistance Calculations by the Use of Gauss-Laguerre Quadrature," *Solid-State Electron.* **21**, 769–774, May 1978.

71. H.L. Berkowitz and R.A. Lux, "An Efficient Integration Technique for Use in the Multilayer Analysis of Spreading Resistance Profiles," *J. Electrochem Soc.* **128**, 1137–1141, May 1981.

72. R. Piessens, W.B. Vandervorst and H.E. Maes, "Incorporation of a Resistivity-Dependent Contact Radius in an Accurate Integration Algorithm for Spreading Resistance Calculations," *J. Electrochem Soc.* **130**, 468–474, Feb. 1983.

73. R.G. Mazur, "Poisson-Based Analysis of Spreading Resistance Profiles," *J. Vac. Sci. Technol.* **B10**, 397–407, Jan/Feb. 1992.

74. A.H. Tong, E.F. Gorey and C.P. Schneider, "Apparatus for the Measurement of Small Angles," *Rev. Sci. Instrum.* **43**, 320–323, Feb. 1972.

75. W. Vandervorst, T. Clarysse and P. Eyben, "Spreading Resistance Roadmap Towards and Beyond the 70 nm Technology Node," *J. Vac. Sci. Technol.* **B20**, 451–458, Jan./Feb. 2002.

76. J.A. Naber and D.P. Snowden, "Application of Microwave Reflection Technique to the Mea-

surement of Transient and Quiescent Electrical Conductivity of Silicon," *Rev. Sci. Instrum.* **40**, 1137–1141, Sept. 1969; G.P. Srivastava and A.K. Jain, "Conductivity Measurements of Semiconductors by Microwave Transmission Technique," *Rev. Sci. Instrum.* **42**, 1793–1796, Dec. 1971.

77. C.A. Bryant and J.B. Gunn, "Noncontact Technique for the Local Measurement of Semiconductor Resistivity," *Rev. Sci. Instrum.* **36**, 1614–1617, Nov. 1965; N. Miyamoto and J.I. Nishizawa, "Contactless Measurement of Resistivity of Slices of Semiconductor Materials," *Rev. Sci. Instrum.* **38**, 360–367, March 1967.

78. H.K. Henisch and J. Zucker, "Contactless Method for the Estimation of Resistivity and Lifetime of Semiconductors," *Rev. Sci. Instrum.* **27**, 409–410, June 1956.

79. J.C. Brice and P. Moore, "Contactless Resistivity Meter for Semiconductors," *J. Sci. Instrum.* **38**, 307, July 1961.

80. G.L. Miller, D.A.H. Robinson and J.D. Wiley, "Contactless Measurement of Semiconductor Conductivity by Radio Frequency-Free Carrier Power Absorption," *Rev. Sci. Instrum.* **47**, 799–805, July 1976.

81. W.H. Johnson, "Sheet Resistance Measurements of Interconnect Films," in *Handbook of Silicon Semiconductor Metrology* (A.C. Diebold, ed.), Marcel Dekker, New York, 2001, Ch. 11.

82. P.S. Burggraaf, "Resistivity Measurement Systems," *Semicond. Int.* **3**, 37–44, June 1980.

83. J.L. Kawski and J. Flood, *IEEE/SEMI Adv. Man. Conf.*, 106 (1993); ASTM Standard F1530-94, "Standard Method for Measuring Flatness, Thickness, and Thickness Variation on Silicon Wafers by Automated Noncontact Scanning," *1996 Annual Book of ASTM Standards*, Am. Soc. Test. Mat., West Conshohocken, PA, 1996.

84. ADE Flatness Stations Semiconductor Systems Manual.

85. S.M. Sze, *Physics of Semiconductor Devices*, 2nd ed., Wiley, New York, 1981.

86. W.A. Keenan, C.P. Schneider and C.A. Pillus, "Type-All System for Determining Semiconductor Conductivity Type," *Solid State Technol.* **14**, 51–56, March 1971.

87. ASTM Standard F42-93, "Standard Test Methods for Conductivity Type of Extrinsic Semiconducting Materials," *1996 Annual Book of ASTM Standards*, Am. Soc. Test. Mat., West Conshohocken, PA, 1996.

88. S. Hénaux, F. Mondon, F. Gusella, I. Kling, and G. Reimbold, "Doping Measurements in Thin Silicon-on-Insulator Films," *J. Electrochem. Soc.* **146**, 2737–2743, July 1999.

89. ASTM Standard F723-88, "Standard Practice for Conversion Between Resistivity and Dopant Density for Boron-Doped and Phosphorus-Doped Silicon," *1996 Annual Book of ASTM Standards*, Am. Soc. Test. Mat., West Conshohocken, PA, 1996.

90. K. Misiakos and D. Tsamakis, "Accurate Measurements of the Silicon Intrinsic Carrier Density from 78 to 340 K," *J. Appl. Phys.* **74**, 3293–3297, Sept. 1993.

91. T. Trupke, M.A. Green, P. Würfel, P.P. Altermatt, A. Wang, J. Zhao, and R. Corkish, "Temperature Dependence of the Radiative Recombination Coefficient of Intrinsic Crystalline Silicon," *J. Appl. Phys.* **94**, 4930–4937, Oct. 2003.

92. W. Bludau, A. Onton, and W. Heinke, "Temperature Dependence of the Band Gap of Silicon," *J. Appl. Phys.* **45**, 1846–1848, April 1974.

93. A.B. Sproul and M.A. Green, "Improved Value for the Silicon Intrinsic Carrier Concentration from 275 to 375 K," *J. Appl. Phys.* **70**, 846–854, July 1991.

94. A. Schenk, "Finite-temperature Full Random-phase Approximation Model of Band Gap Narrowing for Silicon Device Simulation," *J. Appl. Phys.* **84**, 3684–3695, Oct. 1998; P.P. Altermatt, A. Schenk, F. Geelhaar, and G. Heiser, "Reassessment of the Intrinsic Carrier Density in Crystalline Silicon in View of Band-gap Narrowing," *J. Appl. Phys.* **93**, 1598–1604, Feb. 2003.

95. D.B. Cuttriss, "Relation Between Surface Concentration and Average Conductivity in Diffused Layers in Germanium," *Bell Syst. Tech. J.* **40**, 509–521, March 1961.

96. S.M. Sze and J.C. Irvin, "Resistivity, Mobility, and Impurity Levels in GaAs, Ge, and Si at 300 K," *Solid-State Electron.* **11**, 599–602, June 1968.

● ● ● ● ● ● ● ● ● ● ● ● ● ● ●

50 **习题**

1.1 函数 $y = x^n$ 如图 P1.1,求 n。

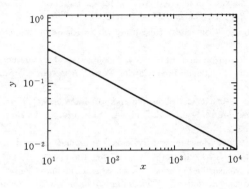

图 P1.1

1.2 公式 $y = y_0 \exp((x/x_1) - 1)$ 如图 P1.2 所示,求 y_0, x_1。

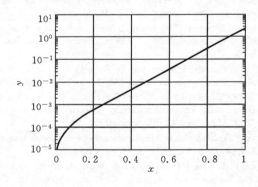

图 P1.2

1.3 将图 P1.3(a)中 $\log_{10} y - x$ 的关系曲线,以 $x - y$ 的形式画在图 P1.3(b)中,并写出 y 轴

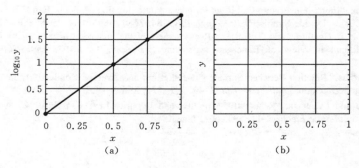

(a)   (b)

图 P1.3

的数值。

1.4 一个平面无限大的半导体样品,在其表面放置排布如图 P1.4 所示的正方形阵列四点探　　51
针,进行测试。已知,电流 I 由探针 1 输入,探针 4 输出;探针 2 与探针 3 间的电压为 V。
求这个样品的电阻率表达式。

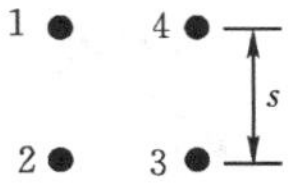

图 P1.4

1.5 一个平面无限大的半导体样品,在其表面放置排布如图 P1.5 所示的线型排列四点探
针,进行测试。已知,电流 I 由探针 1 输入,探针 4 输出;探针 2 与探针 3 间的电压为 V。
求这个样品的电阻率表达式。

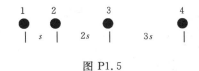

图 P1.5

1.6 考虑一个包含微 n^+ 区域的 n 型晶片。表面放置线型排列的四点探针,探针 1 位于其中
一个 n^+ 区域。其他三个探针都放置在晶片 n 型部分。在四个探针中,电流由探针 1 输
入,探针 4 输出;在探针 2 与探针 3 之间进行电压测量。探针 2 与探针 4 之间没有 n^+ 区
域。这样的安排能否测得正确的面电阻?

1.7 如图 P1.7 所示,通过上下极板接触测量随晶片厚度变化的电阻。结果为

$t/\mu m$	200	400	600	800	1000
R/Ω	318.3	623.9	929.5	1235.1	1540.7

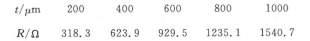

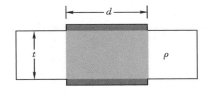

图 P1.7

若 $d=0.01$ cm,求电阻率 $\rho(\Omega \cdot cm)$,接触电阻率 $\rho_c(\Omega \cdot cm^2)$。设电流被限制在圆形接
触极板对应的区域中,即为图中阴影部分所示。求接触电阻 R_c,已知 $R_c=\rho_c/A$,A 为极
板面积。

1.8 根据图 P1.8 中的 I-V 曲线,求 $I=10^{-7}$ A 处的电导率 $g=dI/dV$。　　52

1.9 图 P1.9(a)中,以两极板接触法测量一半导体样品的电阻 R。上极板为圆形,且其半径
$R_T=R_c+R_{sp}+R_{cb}+R_p$。图 P1.9(b)和(c)分别为 $R-r$,$R-1/r$ 的关系曲线。根据电阻
率 ρ,半径 r 和厚度 t,写出电阻 R 的表达式。当 $t=400$ μm 时,忽略接触电阻,并假设电
流被限制在图中的阴影部分,求电阻 R。

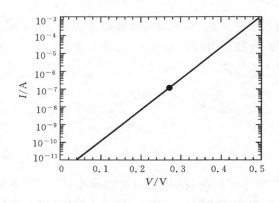

图 P1.8

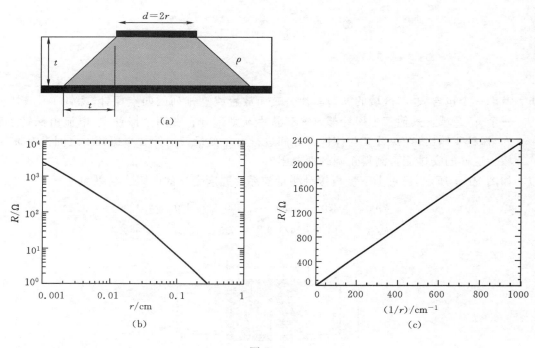

图 P1.9

1.10 图 P1.10 中沉积在绝缘基片表面的薄层导电区域,厚度为 $t = 0.1\ \mu m$,电阻率 $\rho = 0.1$ $\Omega \cdot cm$,$L = 1\ mm$,$W = 100\ \mu m$。求 A、B 接触间的电阻。

1.11 图 P1.11 中,环形结构半导体厚度为 t,内、外半径分别为 r_1、r_2,电阻率为 ρ。当 $\rho = 15$ $\Omega \cdot cm$,$t = 500\ \mu m$,$r_2/r_1 = 100$,电流如图中粗体箭头符号所示的放射状传导,求内、外圆周间的电阻 $R(\Omega)$。

提示:将 $R = \rho L/A$ 写为 $dR = \rho dr/A(r)$。

1.12 利用阳极氧化实验测定面电阻。结果如图 P1.12 所示。分别作出电阻率 $\rho(\Omega \cdot cm)$、载流子浓度 $n(cm^{-3})$ 与 x 的关系曲线。当 $\mu_n = 1180\ cm^2/V \cdot s$,求 $n(x)$。

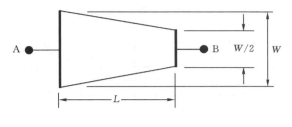

图 P1.10

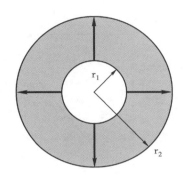

图 P1.11

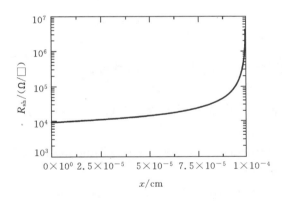

图 P1.12

1.13 由双层薄膜构成的半导体结构如图 P1.13 所示。宽度 $W = 20~\mu m$,长度 $L_1 = 150~\mu m$,$L_2 = 100~\mu m$,厚度 $t_1 = 0.6~\mu m$,$t_2 = 0.3~\mu m$,电阻率 $\rho_1 = 10~\Omega \cdot cm$,$\rho_2 = 1~\Omega \cdot cm$。求每层薄膜的面电阻($\Omega / \square$)和 A、B 点间的电阻($\Omega$)。A、B 两点所在的阴影区域为理想的欧姆接触,接触电阻为 0。两薄膜间的接触电阻也为 0。

1.14 半导体层的电阻率 ρ 随厚度 t 的变化关系为:$\rho = \rho_0 (1 - kx/t)$,k 为常数。样品长度为 L,宽度为 W,x 轴沿样品厚度方向。求该样品的面电阻的表达式。

1.15 图 P1.15 中,n 型薄层位于 p 型基片上:
(a) 求 R_{sh}(面电阻)。

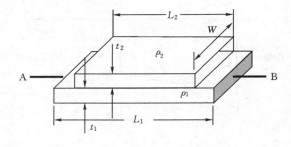

图 P1.13

55

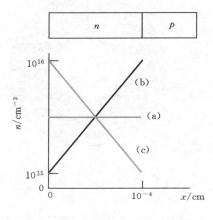

图 P1.15

(b)计算并作图:$\sigma - x$(线性图),$\rho - x$(线性图),$R_{\text{sh}} - x$(对数-线性图),及 $1/R_{\text{sh}} - x$ (对数-线性图)。令 $\mu_{\text{n}} = 1250 \text{ cm}^2/\text{V} \cdot \text{s}$。

1.16 一任意形状的范德堡样品,测得其厚度 $t = 500 \ \mu\text{m}$,电阻为 $R_{12,34} = 74 \ \Omega, R_{23,41} = 6 \ \Omega$。求该样品的电阻率和面电阻。

1.17 一任意形状的范德堡样品,测得其厚度 $t = 350 \ \mu\text{m}$,电阻为 $R_{12,34} = 59 \ \Omega, R_{23,41} = 11 \ \Omega$。求该样品的电阻率和面电阻。

1.18 一任意形状,均匀掺杂的范德堡样品,厚度 $t = 500 \ \mu\text{m}$,电阻为 $R_{12,34} = 90 \ \Omega, R_{23,41} = 9 \ \Omega$。求该样品的电阻率和面电阻。

1.19 图 1.13 中交叉桥连接测试,由在绝缘基片上均匀掺杂薄层组成,可测得以下参数:$V_{34} = 58 \text{ mV}, I_{12} = 1 \text{ mA}, V_{45} = 1.75 \text{ V}, I_{26} = 0.1 \text{ mA}$。通过独立测试得到薄膜的电阻率 $\rho = 0.0184 \ \Omega \cdot \text{cm}, L = 500 \ \mu\text{m}$。求薄膜的面电阻 $R_{\text{sh}} (\Omega/\square)$,厚度 $t (\mu\text{m})$,及线宽 W (μm)。

1.20 离子注入层的掺杂轮廓为

$$N_{\text{D}}(x) = \frac{\phi}{\Delta R_{\text{p}} \sqrt{2\pi}} \left[-0.5 \left(\frac{x - R_{\text{p}}}{\Delta R_{\text{p}}} \right)^2 \right] \tag{1.20}$$

其中 ϕ 为掺杂剂量,R_{p} 为掺杂范围,ΔR_{p} 为掺杂扩散。求在 p 型硅片中产生砷离子注入层，使 $N_A = 10^{15}$ cm^{-3} 时的面电阻。有 $\phi = 10^{15}$ cm^{-2}，$R_p = 57.7$ nm，$\Delta R_p = 20.4$ nm，$\mu_n = 100$ cm^2/V·s。设 $N_D(x) = n(x)$。

提示：首先求出结深。

1.21 离子注入层的掺杂轮廓为 56

$$N_D(x) = \frac{\phi}{\Delta R_p \sqrt{2\pi}}\left[-0.5\left(\frac{x - R_p}{\Delta R_p}\right)^2\right] \qquad (1.20)$$

其中 ϕ 为掺杂剂量，R_p 为掺杂范围，ΔR_p 为掺杂扩散。求注入能为 60 keV 时，在 p 型硅片中产生 n 型砷离子注入层，使 $N_A = 10^{16}$ cm^{-3} 时的面电阻。有 $\phi = 5 \times 10^{15}$ cm^{-2}，$R_p = 36.8$ nm，$\Delta R_p = 13.3$ nm，$\mu_n = 50$ cm^2/V·s。设 $N_D(x) = n(x)$。

提示：结深 x_j：$N_A = N_D$。

1.22 （a）图 1.13 中十字桥连接测试，由在绝缘基片上的半导体层组成，可测得以下参数：$V_{34} = 18$ mV，$I_{12} = 1$ mA，$V_{45} = 1.6$ V，$I_{26} = 1$ mA。通过独立测试得到薄膜的电阻率 $\rho = 0.0004\,\Omega\cdot$cm，$L = 1$ mm。求薄膜的面电阻 R_{sh}（$\Omega/\square$），厚度 t（μm），及线宽 W（μm）。

（b）在实际的十字桥连接测试结构中，V_4、V_5 之间的接触脚是过刻蚀的。实际结构中，$V_{45} = 3.02$ V，$I_{26} = 1$ mA。已知在 $L/2$ 处由于模板刻蚀的缺陷，W 减小为 W'。求 W'。

1.23 图 1.13 中十字桥连接测试，由在绝缘基片上均匀掺杂薄层组成，可测得以下参数：$V_{34} = 58$ mV，$I_{12} = 1$ mA，$V_{45} = 1.75$ V，$I_{26} = 0.1$ mA。通过独立测试得到薄膜的电阻率 $\rho = 0.0184\,\Omega\cdot$cm，$L = 500\ \mu$m。

（a）求薄膜的面电阻 R_{sh}（$\Omega/\square$），厚度 t（μm），及线宽 W（μm）。

（b）图 P1.23 中的十字阴影处面电阻为 R_{sh1}，白色区域面电阻 R_{sh}，且 $R_{sh} = 0.5R_{sh1}$，但可假定面电阻各处都为 R_{sh}。以 $W(a)/W$、$W(b)/W$ 的形式给出答案。其中 W 为均匀面电阻处的线宽。

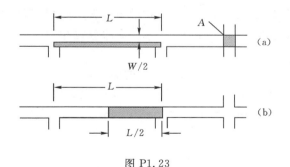

图 P1.23

1.24 利用十字桥连接结构，对绝缘基片上的 p 型半导体层进行测试。根据 $N_A = \rho$，（k 为常数，x 轴沿着样片厚度方向），厚度为 t 的半导体层为非均匀掺杂。当 $I_{12} = I_{26} = 1$ mA，$\mu_n = 100$ cm^2/V·s，$t = 1\ \mu$m，$k = 10^5$ cm^{-1}，$L = 500\ \mu$m，$W = 10\ \mu$m，忽略电子对薄层电阻率的贡献，设 $N_A = P$，求 R_{sh}，V_{34}，V_{45}。 57

1.25 （a）利用图 P1.25 中的十字桥连接测试，测量在绝缘基片上均匀掺杂薄层，可测得以下参数:$V_{34} = 11$ mV,$I_{12} = 0.5$ mA,$V_{45} = 50$ V,$I_{26} = 1$ μA。通过独立测试得到薄膜的电阻率 $\rho = 5 \times 10^{-3}$ $\Omega \cdot$ cm,$L = 100$ μm。求薄膜的面电阻 R_{sh}(Ω /□),厚度 $t(\mu m)$,及线宽 W (μm)。

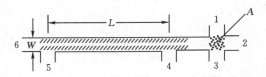

图 P1.25

(b)通常都认为 L 区域中的电阻系数为一定值。在此,假设并不属于这种情况,电阻率在 5 端口至 4 端口处,由 5×10^{-3} $\Omega \cdot$ cm 增加到 5×10^{-2} $\Omega \cdot$ cm,A 区域的电阻率,I_{12},I_{26} 及物理宽度 W 与(a)中相同,求有效线宽 W_{ef}。

1.26 一样品由扩散电阻探针表征的掺杂情况如图 P1.26 所示。探针可移动的沿斜面方向的最小侧向台阶为 2 μm。为了保证每个掺杂区域至少有 20 个测量点,求最大斜面夹角 θ(用角度表示)。

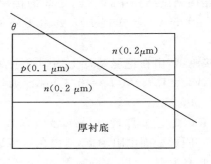

图 P1.26

1.27 在同一个图中,作出 p^+n 结,n^+n 结的扩散电阻 R_{sp} 对趋肤深度的关系曲线。设两个结具有相同的 n 型基片,p^+ 区域和 n^+ 区域的电阻率也相同。只需作出定性曲线,不要求标注数值。

58 1.28 如图 P1.28 所示,求厚度 $t = 400$ μm 硅片的面电阻 R_{sh},根据:
(a) $N_A(x) = N_A(0)\exp(-x/L)$;$N_D = 0$,即没有掺杂。
(b) $N_A(x) = N_A(0)\exp(-x/L)$;$N_D = 10^{16}$ cm^{-3},即均匀掺杂。

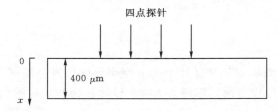

图 P1.28

利用 $p(x)-n(x)-N_A(x)+N_D(x)=0$，$p(x)n(x)=n_i^2$，$n_i=10^{10}$ cm^{-3}，$N_A(0)=10^{17}$ cm^{-3}，$L=5$ μm，$\mu_p(x)=54.3+\dfrac{406.9}{1+\left(\dfrac{N_A(x)+N_D}{2.35\times10^{17}}\right)^{0.88}}$；

$$\mu_n(x)=92+\dfrac{1268}{1+\left(\dfrac{N_A(x)+N_D}{1.3\times10^{17}}\right)^{0.91}}$$

在硅片的上表面测量面电阻。设(b)中的 pn 结为绝缘边界，四点探针间的间隔 s 远大于硅片的厚度 t。忽略 pn 结转换区域的厚度。

1.29 有如图 P1.29(a)所示的样品。给定面电阻 R_{sh} 的值。利用图 A1.1，将 N_A 转换为 ρ。将电荷密度为 10^{12} cm^{-2} 的正电荷加在样品的上表面上，如(b)所示。由于没有表面电流，这些电荷并没有改变测量条件，但它们引起了 p 薄层的损耗，改变了样品的结构，并且这些损耗区域可看作是绝缘区域。求样品结构改变后的面电阻 R_{sh}。

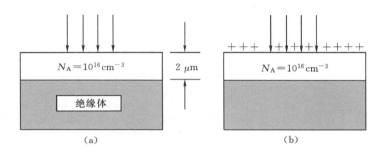

图 P1.29

1.30 图 1.30 中的装置是利用热探针法来确定半导体的传导类型是 n 型还是 p 型。判断图中半导体的传导类型，并画出半导体的结构图。例如用阴影图表示样品中被均匀掺杂的部分。

提示：电流密度为 $J_n=n\mu_n dE_F/dx-qn\mu_n P_n dT/dx$，其中微分热电功率 $P_n<0$。

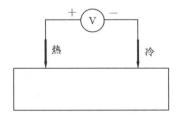

图 P1.30

复习题

• 绘制幂律数据的最好方法是什么？

- 绘制指数数据的最好方法是什么?
- 为什么四点探针法优于两点探针法?
- 为什么电阻系数与掺杂浓度成反比?
- 晶片图形布置的一个重要应用是什么?
- 什么是薄层电阻,为什么它具有奇特的物理单位?
- 为什么通常使用薄层/面电阻来表征薄膜?
- 什么是范德堡测量?
- 涡旋电流测量技术的主要优点是什么?
- 可调光反射系数(热波)技术的优缺点各是什么?
- 什么是载流子光照,它提供了材料的什么物理参数?
- 扩散电阻压型技术是如何实现的?
- 怎样确定晶片的传导类型?

载流子与掺杂浓度

●●●●●●●●●●●●●●●●●●●

2.1 引言

　　如第 1 章中所述，载流子浓度与电阻率有关。不过，通常情况下载流子浓度不是从电阻率测量数据得到，而是被独立测量得到的。通常情况下载流子浓度与杂质浓度被假定是相同的。实际上对于均匀掺杂的半导体材料这种假设是正确的，而对于非均匀掺杂的材料，两者则存在很大的差异。

　　本章将讨论载流子浓度和掺杂浓度的测定方法。在电学方法中电容-电压特性，扩散电阻和霍尔效应技术是最为常用的。其中，电流-电压或者电容-电压技术是确定载流子浓度最常用的方法。二次离子质谱技术作为一种离子束技术，也已经广泛应用于掺杂浓度的测量。另外，光学方法，如自由载流子吸收谱、红外光谱和光致发光谱也常被使用。红外光谱和光致发光谱可以用来鉴定掺杂杂质且具有很高的灵敏度。

2.2 电容-电压$(C$-$V)$特性

2.2.1 微分电容

电容-电压技术依赖于一个事实,即一个半导体结型器件的反向偏置空间电荷区(scr)的宽度取决于外加电压。这 scr 宽度依赖电压变化的规律构成了电容-电压技术的核心。电容-电压曲线法已使用在沉积金属、汞和液体电解质接触等具有肖特基势垒的二极管、pn 结、MOS 电容,MOSFET 及金属-空气-半导体结构的器件中。

以图 2.1(a)肖特基势垒二极管为例进行分析。半导体为 p 型,掺杂浓度为 N_A。直流偏压 V 产生的空间电荷区宽度为 W。微分电容或小信号电容可以定义为

$$C = \frac{\mathrm{d}Q_m}{\mathrm{d}V} = -\frac{\mathrm{d}Q_s}{\mathrm{d}V} \tag{2.1}$$

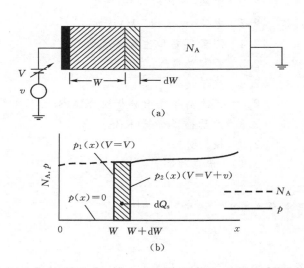

(a)

(b)

图 2.1 (a)反向偏置肖特基二极管;(b)耗尽层近似时的掺杂浓度和
多数载流子浓度分布

其中,Q_m 和 Q_s 分别表示金属和半导体的电荷量。负号表示反向偏置时在半导体 scr 上为负电荷(带负电的电离受主),在金属上为正电荷。电容采用在直流电压 V 上叠加小幅值的交流信号 v 来测定。交流电压频率通常采用 10 kHz 到 1 MHz,幅值为 10 到 20 mV,当然也可以使用其它频率和电压进行测试。

假定二极管上施加直流电压 V 叠加正弦交流电压 v。试想交流电压从零增加到一个小的正电压,金属接触处将增加 $\mathrm{d}Q_m$ 的电荷量。为了保持电中性平衡,电荷增加量 $\mathrm{d}Q_m$ 必须与半导体中的电荷增量 $\mathrm{d}Q_s$ 相等。半导体中的电荷由下式给出:

$$Q_s = qA\int_0^W (p - n + N_D^+ - N_A^-)\,dx \approx -qA\int_0^W N_A\,dx \qquad (2.2)$$

其中,耗尽层近似时,$N_D = 0$,且 $p \approx n \approx 0$。另外,假设所有的受主都完全电离。对于位于禁带中能级较深的受主和施主,真实的掺杂浓度分布是无法测量的,具体讨论见本章 2.4.6 节。

如图 2.1(b)所示,半导体电荷增量 dQ_S 是由于 scr 宽度的轻微增加产生的。由式(2.1)和(2.2)可以得出:

$$C = -\frac{dQ_S}{dV} = qA\,\frac{d}{dV}\int_0^W N_A(W)\,\frac{dW}{dV} \qquad (2.3)$$

在从式(2.2)得出(2.3)时,我们将 $dN_A(W)/dV$ 项忽略,这是假定 N_A 在距离 dW 内不变化,或着说 N_A 在距离 dW 内的变化在电容-电压测试中检测不到。公式中电容的单位是 F 而不是 F/cm^2。

当被看作平行板电容器时,反向偏置结上的电容量可以表示为

$$C = \frac{K_s\varepsilon_0 A}{W} \qquad (2.4)$$

式(2.4)两边对电压 V 取微分,将得到的 dW/dV 代入式(2.3),可以得到

$$N_A(W) = -\frac{C^3}{qK_s\varepsilon_0 A^2\,dC/dV} = \frac{2}{qK_s\varepsilon_0 A^2\,d(1/C^2)/dV} \qquad (2.5)$$

式中,运用等式 $d(1/C^2)/dV = -(2/C^3)dC/dV$。同时需要考虑这些表达式中面积的影响。由于面积定义为 A^2,因此知道精确的器件面积对计算准确的掺杂分布是非常重要的。由式(2.4)可以得出 scr 对于电容的依赖关系可以表示为

$$W = \frac{K_s\varepsilon_0 A}{C} \qquad (2.6)$$

对于掺杂分布计算,式(2.5)和(2.6)是两个关键公式。[1-2] 掺杂浓度可以通过 $C-V$ 曲线的斜率 dC/dV 或者通过 $1/C^2-V$ 关系曲线的斜率 $d(1/C^2)/dV$ 求出。通过式(2.6)得出的深度可以估计该处的掺杂浓度。对于肖特基势垒二极管,因为 scr 只扩散到衬底,其宽度是比较明确的。扩散到金属的 scr 完全可以忽略不计。掺杂浓度分布的公式可以同等地应用于一边掺杂远高于另一边的非对称的 pn 结,如 p$^+$n 或者 n$^+$p 结。如果重掺杂一边的掺杂浓度比轻掺杂一边浓度高 100 倍或更多,那么 scr 向重掺杂区的扩散可以被忽略,而式(2.5)和(2.6)依然成立。如果这个条件不满足,则公式必须修改,否则掺杂浓度和深度将都是错误的。[3] 然而,公式的修正却是非常困难的。在这种情况下,由 $C-V$ 测试方法不可能求得唯一的掺杂浓度分布。[4] 当然,如果结的一边掺杂浓度分布是已知的,那么结的另一边掺杂浓度分布就可以通过测量求出来。[5] 幸运的是,大多数 pn 结的掺杂浓度分布都属于 p$^+$n 或 n$^+$p 类型,因此由于掺杂的非对称性而无需进行公式的修正。

MOS 电容器(MOS-C)和 MOSFET 也能用于掺杂分布的测试。[6] 以 MOS-C 为例,由于测量过程中器件必须保持深耗尽,因此测量时需要保证直流电压的快速升幅或者采用脉冲栅电压,故测试有点复杂。在后一种方法中,栅电压先从 0 变到 V_{G1},然后再从 0 变到 V_{G2},依此变化,其中 V_{G2} 大于 V_{G1}。脉冲施加后在少数载流子产生之前电容就被立刻测量出来。有关

64 MOS - C 掺杂浓度分布的测试受界面陷阱和少数载流子产生的影响将在本章 2.4.3 节详细讨论。如果不考虑界面态和少数载流子,式(2.5)可以直接应用于 MOS - C[7-8],但 scr 宽度表达式变为

$$W = K_s \varepsilon_0 A \left(\frac{1}{C} - \frac{1}{C_{ox}} \right) \tag{2.7}$$

式(2.7)与式(2.6)的区别在于引入了氧化层电容 C_{ox},这是因为栅电压在氧化层上有一部分的电压降。MOS - C 掺杂浓度分布的测试方法也可以通过测量电流代替测量电容,同样使器件进入深耗尽来进行。[9-10]在微分电容分布测量中少数载流子产生导致的干扰可以通过提供一个少数载流子接收器来避免,比如邻近于 MOS - C 设置一个反向偏置的 pn 结。在MOSFET 结构中,通过使源/漏区的电压大于等于栅极电压,少数载流子将从通道区被排除而枯竭。因为在这个情况下没有少数载流子的存在,测量就可以在稳态下进行,不需要脉冲门电压。

非接触式电容和掺杂模型采用与半导体基片近似的接触方式。直径 1 mm,并涂覆高介电常数薄膜的传感器电极周围被独立的偏置保护电极所包围。传感器电极通过包含空气的多孔陶瓷与基片隔离,可以保证晶圆基片与空气条件下的负载距离保持一致和稳定,正如图 2.2所示。可控的负载通过给风箱加压来提供。当空气流过多孔表面时,在表面的空气就好比形成了一个空气垫子,像弹簧一样防止多孔表面和基底的接触。多孔性和空气压力需要精确控制,保证碟片漂移大约在衬底表面 $0.5~\mu m$。气压降低时,不锈钢风箱驱动受压空气并提升多孔碟片。如果空气压力下降,碟片升高而不会下落并损坏晶片[11]。

在制备衬底时,需要在一个非常低浓度的臭氧气氛中,温度为 $450℃$,减少了晶片表面电荷,尤其对于 n 型硅,将使其更均匀、降低表面的形成电压、以及深的耗尽层。[12]最近,对比结果表明采用非接触式的汞电极测量外延电阻分布更为适合。[13]空气间隔的电容采用测量大量

65 偏置的半导体表面而获得。由于表面带电,当传感器降低时,光被用于撞击可能的荷电区域,而由于电弹作用形成的空气模被用于消除串联空间电荷电容。假设空气间隔不随电压变化而改变,那么空气间隔的电容就是测量得到的最大值。掺杂浓度可以通过用 C_{air} 取代 2.7 中的C_{ox} 从式(2.5)和(2.7)得到。

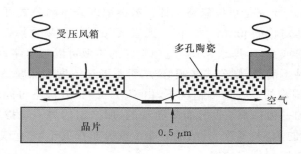

图 2.2 非接触式掺杂分布排列。被压缩的空气可以保证电极距
离样品表面约 $0.5~\mu m$

在式(2.5)中,我门采用耗尽区近似,忽略了少数载流子,并假设空间电荷区中多数载流子

的深度为 W,在 W 之外保持了电中性,正如图 2.1(b)所示。当空间电荷区反向偏置,基底均匀掺杂时,这是一个合理的假设。另外,我们认为在空间电荷区的边缘受主离子的浓度变化是增加的。在空间电荷区边缘交流电压探针或多或少产生了电离的受主,如图 2.1 所示。交流电压下实际移动的是空穴而不是受主离子。因此,微分电容-电压方法实际上用于确定载流子浓度而不是掺杂浓度。实际测量得到的是明显而有效的载流子浓度,而不是实际载流子浓度或者掺杂浓度。幸运的是,有效载流子浓度和近似等于多数载流子浓度,相关的公式如下:

$$p(W) = -\frac{C^3}{qK_s\varepsilon_0 A^2 \, dC/dV} = \frac{2}{qK_s\varepsilon_0 A^2 \, d(1/C^2)/dV} \tag{2.8}$$

$$W = \frac{K_s\varepsilon_0 A}{C} \tag{2.9}$$

$$W = K_s\varepsilon_0 A\left(\frac{1}{C} - \frac{1}{C_{ox}}\right) \tag{2.10}$$

式中多数载流子浓度而非掺杂浓度能够从二极管中的多数载流子电流[14]或者 MOS 电容中的表面电势得到。[15]

对式(2.8)中的 C-V 关系做简要的说明,dC/dV 和 $d(1/C^2)/dV$ 都能够采用,而 $d(1/C^2)/dV$ 方法采用更多。我们来看图 2.3(a)是 Si 的 pp^+ 结的 C-V 和 $1/C^2$-V 曲线。在 C-V 曲线

66

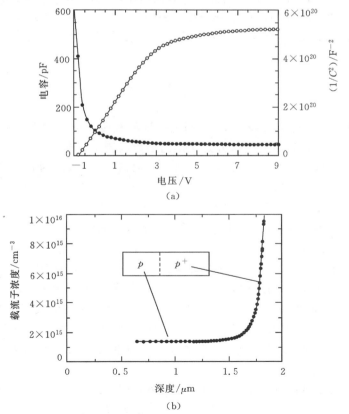

(a)

(b)

图 2.3　(a)硅 n^+p 二极管 C-V 和 $1/C^2$-V 曲线;(b)$p(x)$-W 曲线

中,很难确定样品的掺杂浓度是否是定值。当 C - V 曲线替换到 $1/C^2$ - V 曲线时,就可以立即明显的看出在 3 V 左右电压不连续,载流子浓度并不是恒定不变的,载流子浓度曲线由式(2.8)和(2.9)得到,并由图 2.3(b)给出。

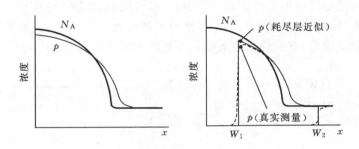

图 2.4 非均匀掺杂层中杂质和主要载流子浓度分布。(a)零偏结;(b) 表征掺杂浓度的
反偏结,采用耗尽层近似和真实测量得到的主要载流子分布

这些公式中采用了多数载流子浓度而不是掺杂浓度是一个重点,并且经过了很多的讨论。[16-28]我们采用非均匀受主掺杂浓度曲线来论证,如图 2.4(a)。在图中,在热平衡状态下,代表多子空穴浓度的细曲线和掺杂浓度曲线不同。有些空穴从高掺杂区向低掺杂区扩散,由于扩散和漂移相等,使得平衡建立。当掺杂曲线的斜率越大,p 和 N_A 就差别越大。多数载流子浓度和掺杂浓度的背离由非本征德拜长度(extrinsic Debye length)L_D确定,通常称为德拜长度。L_D表示的是测量距离,使得产生的电荷不平衡在稳态或者平衡条件下被多数载流子所中和。

$$L_D = \sqrt{\frac{KTK_s\varepsilon_0}{q^2(p+n)}} \tag{2.11}$$

例如,反向偏置的肖特基二极管中,空间电荷区的载流子分布如图 2.4(b)所示。我们认为在不同反偏电压下通过耗尽层近似方式获得的多数载流子分布 scr 的宽度为 W_1 和 W_2。而且实际的多数载流子分布在图中也给出了。两者有略微的差别,同时可以明显看出掺杂浓度曲线不是测量得到的分布电容曲线,也不能确定测量得到的就是多数载流子的分布结果。从计算机详细的计算中得出,实际测量得到的是有效多数载流子浓度曲线,这和实际多数载流子浓度曲线相比,相对于掺杂浓度曲线更加接近。掺杂浓度曲线、多数载流子浓度曲线和有效多数载流子曲线在均匀掺杂的衬底上是一样的,而在不均匀掺杂衬底中不同。

德拜长度限定了测量曲线中的空间分辨率。德拜长度问题的产生,是因为电容由多数载流子的移动决定。而在掺杂浓度曲线中,多数载流子的分布不能满足空间变化的要求。详细地计算后表明,如果掺杂浓度在一个德拜长度中,多数载流子和有效载流子浓度相互之间非常一致,同时两者和实际的掺杂浓度曲线有略微的不同。对于更加逐步的变化,伴随着损耗在低掺杂或者高掺杂边的出现,多数载流子浓度和有效浓度相互一致。这和掺杂浓度的一致是很合理的。

测量的多数载流子浓度和掺杂浓度的一个关系式如下:[16]

$$N_A(x) = p(x) - \frac{kTK_s\varepsilon_0}{q^2}\frac{\mathrm{d}}{\mathrm{d}x}\left(\frac{1}{p(x)}\frac{\mathrm{d}p(x)}{\mathrm{d}x}\right) \tag{2.12}$$

大量的计算机仿真结果表明,式(2.12)过于简化。[17-18, 26]对于高低掺杂浓度的结,例如 p-p$^+$型结,结果取决于结是由 p 边还是 p$^+$边构成。由于德拜长度由高掺杂一边的载流子浓度决定,仿真结果表明曲线在小于 2～3 个 L_D 时不能够精确的获得。例如一个掺杂浓度曲线无法和步长曲线明确区分,除非它只是略微的大于一个德拜长度。

式(2.4)和(2.5)源于耗尽近似,假设了在空间电荷区没有移动载流子。这在反相偏置下是一个合理的假设。可是,对于零偏或者正偏下的肖特基二极管和 pn 结,这种近似就是无效的,多数载流子曲线就不精确了。在正偏的作用下,由于在准中性区的过剩少数载流子的存储产生附加电容,这导致了该方法的不精确性。零偏和正偏结的概念在 MOS-C 中是不能应用的。显然,移动载流子在结器件中的作用也同样重要。

68

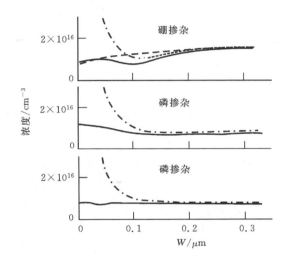

图 2.5 三种样品的掺杂浓度分布。实线是实验值,虚线为不考虑界面态的浓度分布,点画线是采用耗尽层近似得到的结果。重印许可自参考文献[28]

忽略多数载流子导致了在表面电势小于 0.1V 时在脉冲 MOS-C 掺杂浓度曲线的误差,[7,19,27]相应于 SiO$_2$-Si 界面距离大约 2～3L_D。通常认为,在这个极限条件下的曲线由多数载流子导致。[28]这需要相当复杂的公式来进行修正,但仅仅应用于非均匀掺杂衬底中。不过这种方法仍然是很有用的,修正的分析结果在图 2.5 中给出。图中,点划线代表了通常德拜长度限定内的曲线,修正的试验数据点给出了一直到衬底表面的曲线。其它在曲线测量时应考虑的在 ASTM 标准 F419 中都有讨论。[29]对于所有的 ASTM 方法,这是一个很好的实际经验信息的来源也是在测量中需要预先遵守的。另一个需要注意点是:通常制备半导体-金属接触都需要采用化学方法刻蚀或者注氢形成截止层的硅。氢在常温下,可以向硅中扩散几个微米,这对硼受主是一个补偿,[30]导致了载流子浓度曲线的误差,B-H 曲线在 $T \geqslant 180℃$ 退火时分离。

2.2.2 能带偏移

如图 2.6 所示,当两种有不同能带间隙的半导体相结合的时候,导带和价带不能够同时吻合。能带偏移可能存在于导带中产生 ΔE_C,在价带中产生 ΔE_V,或者两者同时产生。能带的偏移有很多方法进行测定,最早的一种方法是红外吸收光谱测定方法。[31]应用最广泛的方法是光电子发射光谱,[32]采用光子入射样品表面打出电子。电子的能量由能带宽度和能带偏移决定,由此可以直接测量出能带的偏移。

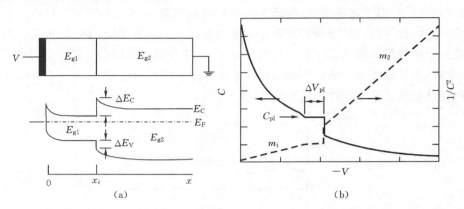

图 2.6 (a)两个具有不同带隙的半导体的断面及能带图;(b) C-V 和 $1/C^2$-V 的示意图。真实结果被去除并没有在此显示

电学测量方法以 C-V 方法为基础,最早在 n-N 或者 p-P 同型异质结中测量能带偏移。在这里字母 n、p 代表了在窄带隙的半导体,N、P 代表了宽带隙的半导体。肖特基势垒二极管的结构如图 2.6(a)所示。这种结构的 C-V 和 $1/C^2$ 曲线由图 2.6(b)给出。两种材料的掺杂浓度曲线可以从图中的斜率 m_1 和 m_2 得到。C_{pl} 与窄带半导体的厚度有关,ΔV_{pl} 与能带的偏移有关。C-V 曲线可以得出有效电子浓度 n^*,这和实际电子浓度以及掺杂浓度是不同的。

我们了解一下克劳莫等人的理论[33]。这种方法最早出现在在突变结中,随后在渐变结中得到应用。[34]在异质界面可能产生界面电荷 Q_i,由下式给出:

$$Q_i = -q \int_0^\infty \left[N_D(x) - n^*(x) \right] \mathrm{d}x \tag{2.13}$$

式中 N_D 为掺杂浓度。导带的间断阶跃表示为

$$\Delta E_C = \frac{q^2}{K_s \varepsilon_0} \int_0^\infty \left[N_D(x) - n^*(x) \right](x - x_i) \mathrm{d}x - KT \ln \left[\frac{n_2/N_{c2}}{n_1/N_{c1}} \right] \tag{2.14}$$

其中,n_1,n_2 为层中和衬底中的自由电荷浓度,N_{c1},N_{c2} 是有效电荷浓度,x_i 是异质结的界面,确定 x_i 的位置是非常重要的,x_i 的偏差会导致能带偏移的误差,它可以通过比较测量的有效载流子浓度和计算的载流子浓度得到。[35]n-GaAs/N-AlGaAs 异质结的表面载流子浓度曲线如图 2.7,试验数据通过数据点给出。从图中可以得到:$Q_i/q = 2.74 \times 10^{10}$ cm^{-2} 和 $\Delta E_c = 0.248$ eV。

MOS 电容测量同样被用于测定能带偏移。这种方法依赖于氧化物/半导体良好的界面,因此更多应用于具有 Si 基结构的器件。该方法被用于测量 SiGe/Si 异质结中的能带偏移,在这种结构中能带偏移几乎全部发生在价带中。[36]SiO$_2$/Si 基异质结界面在低频 C-V 曲线下呈现了两个阈值电压。Si/SiC 和 Si/SiGe 的 MOS-C 结构中的 C-V_G 曲线如图 2.8 所示。[36-37]

由能带偏移形成的平台可以明显观察到。图 2.8(a) 给出了高频下 Si/SiC 异质结的 C-V_G 偏移。

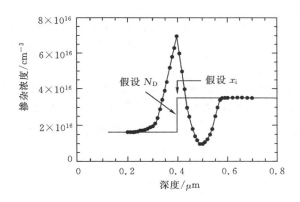

图 2.7　n-GaAs/N-Al$_{0.3}$Ga$_{0.7}$ 异质结的掺杂浓度曲线，点为实测值，直线为假设的施主浓度。数据引自参考文献[33]

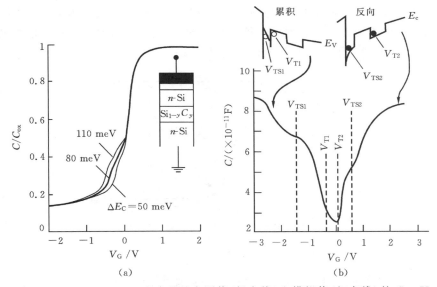

图 2.8　(a) Si/Si$_{0.98}$O$_{0.013}$ MOS 电容器的实测值(粗实线)和模拟值(细实线)的 C_{hf}-V_G 曲线；(b) Si/Si$_{0.7}$Ge$_{0.3}$ MOS 电容器的 C_{lf}-V_G 特征曲线，反映出阈值电压、累积及反向的载流子限制和能带图。数据引自参考文献[37]和[38]

异质结结构的价带和导带排列如图 2.8(b) 所示，它表明累积的空穴局域化和反向的电子局域化。[38] 由于载流子的局域化，低频的 C-V_G 结构出现累积和倒置的平台。这种特性表现出两个累积阈值电压 V_{T1} 和 V_{TS1}，以及两个反向的阈值电压 V_{T2} 和 V_{TS2}。V_{T1} 与顶部压缩的 Si/SiGe 异质结中的空穴累积有关，而 V_{TS1} 与 Si/SiO$_2$ 的界面有关。同样的 V_{T2} 与顶部受限的 SiGe/埋层中电子聚集有关，V_{TS2} 与相应的 Si/SiO$_2$ 的界面有关。

电流电压方法在测量能带偏移时可靠性相对较低，通常异质结的整流特性用于测量能带的偏移。从原理上来说,n-N 和 p-P 型异质结都有整流特性。如果没有整流特性,也不一定就没有能带偏移。深层短暂光谱研究也被用于测量能带偏移。[39]克劳莫对于能带偏移的测量方法给出了很好的论述。[40]

内光电发射光谱和芯能级光子发射光谱可以提供更加直观的能带偏移。在内光电发射(将在第 3.5.4 节中进行更为详细的讨论)中电子从窄带半导体的导带和/或价带被激发到宽能带半导体中。[41]如果右手型半导体的导带在界面处为电子主导,那么就会有一个更低的光电子发射阈值能量,它表现出导带的阶跃为 ΔE_C。如果窄能带半导体是 p 型,那么价带的偏移 ΔE_V 也可以得到。通过与两个半导体相接触的体样品的 X 射线光电子谱中中心线的能级位置,可以很可靠地测量价带的偏移。[42]因为光电子的逃逸深度大约为 2nm,所以两种半导体之一厚度必须足够薄。

2.2.3　最大-最小 MOS-C 电容

式(2.8)和(2.10)给出了 MOS-C 曲线中平衡态时的耗尽层部分以及非平衡态时深耗尽层部分,但是对于强反偏时就无能为力了。深度耗尽部分的 C-V_G 曲线的 C_{dd} 在图 2.9 中给出。一个简单的测量 MOS-C 掺杂浓度的方法是通过测量强聚集下 MOS-C 的高频最大值 C_{ox} 和强反偏时高频下电容的最小值 C_{inv} 的方法实现。[43]在栅电压足够高,使得器件出现强反偏时,界面陷阱可以不予考虑。在器件平衡时少数载流子就不会产生。最大-最小电容方法可以得出在器件强反偏状态下整个空间电荷区的平均掺杂浓度。

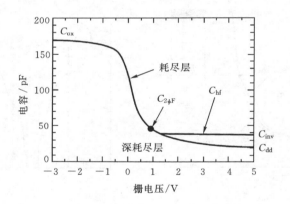

图 2.9　SiO_2/Si MOS 电容器的 C-V_G 曲线。$N_A = 10^{17}$ cm^{-3},
$t_{ox} = 10$ nm,$A = 5 \times 10^{-4}$ cm^2

这种方法对于均匀掺杂的衬底来说是足够的,但是对于非均匀掺杂的结构并不精确。对于非均匀掺杂的衬底可以通过对均匀掺杂衬底上非均匀掺杂层的线性化来得到掺杂浓度的信息。[44]这种方法需要有关衬底掺杂浓度方面的了解,表面浓度和层深度可以通过测量电容-电压曲线而得到。

最大-最小电容方法建立在强反偏的 MOS 电容结构上,空间电荷区宽度由衬底掺杂浓度决定。通常的 MOS-C 电容为

$$C = \frac{C_{ox}C_s}{C_{ox} + C_s} \tag{2.15}$$

式中 $C_s = K_s \varepsilon_0 A / W$ 为半导体的电容,电容 C_{inv} 是强反偏或是最小电容,其中空间电荷区的宽度为

$$W = W_{inv} = \sqrt{\frac{2K_s \varepsilon_0 \phi_{s,inv}}{qN_A}} \tag{2.16a}$$

式中,$\phi_{s,inv}$ 是强反偏时的表面电势。表面电势通常近似为 $\phi_{s,inv} \approx 2\phi_F$ [45],但 $\phi_{s,inv}$ 实际上比 $2\phi_F$ 略高一些,也就是 $\phi_{s,inv} \approx 2\phi_F + 4kT/q$ [46]。在近似时,$\phi_{s,inv} \approx 2\phi_F = 2(KT/q)\ln(N_A/n_i)$,

$$W = W_{2\phi F} = \sqrt{\frac{2K_s \varepsilon_- 2\phi_E}{qN_A}} \tag{2.16b}$$

式(2.15)和(2.16b)得出

$$N_A = \frac{4\phi_F}{qK_s \varepsilon_0 A^2} \frac{C_{2\phi F}^2}{(1 - C_{2\phi F}/C_{ox})^2} \tag{2.17}$$

$C_{2\phi F}$ 由图 2.9 给出,$C_{2\phi F}$ 显然从给出的 $C - V_G$ 曲线中不能得到。因此式(2.17)通常由下式给出:

$$N_A = \frac{4\phi_F}{qK_s \varepsilon_0 A^2} \frac{C_{2\phi F}^2}{(1 - C_{2\phi F}/C_{ox})^2} = \frac{4\phi_F}{qK_s \varepsilon_0 A^2} \frac{R^2 C_{ox}^2}{(1-R)^2} \tag{2.18}$$

式中 $R = C_{inv}/C_{ox}$。C_{inv} 和 C_{ox} 由图 2.9 给出。式(2.18)的一个小的不确定性因素是采用 $\phi_{s,inv} = 2\phi_F$ 和 C_{inv},式中应该为 $\phi_{s,inv} \approx 2\phi_F + 4KT/q$。但是,这只是一个小的错误。

室温下硅的 C_{inv} 和 N_A 的经验关系为[47]

$$\log(N_A) = 30.38759 + 1.68278\log(C_1) - 0.03177[\log(C_1)]^2 \tag{2.19}$$

式中"log"是以 10 为底的对数,$C_1 = RC_{ox}/[A(1-R)]$ 电容的单位是 F,面积的单位是 cm^2,N_A 的单位是 cm^{-3}。在 n 型衬底中公式采用 N_D 代替 N_A。

　　图 2.10 曲线由式(2.18)计算得到,图中掺杂浓度与 C_{inv}/C_{ox} 相关。这些曲线对于掺杂浓度的估计非常有用,但是它们可能隐藏了掺杂浓度随空间变化的与深度相关的特征。与深度相关的掺杂浓度可以通过将晶片逐渐浸入刻蚀槽中来测量,这样在表面将产生很小的斜面,杂质的斜率也可以逐渐地改变。刻蚀掉氧化物表面的 MOS - C 电容就可以用于计算掺杂浓度,每个 MOS - C 的掺杂浓度由它的 C_{inv}/C_{ox} 比率决定。[48]

　　一个多晶硅栅的掺杂浓度可以通过 C_{inv}/C_{ox} 比率并且结合图 2.11(a)得到。[49] 由于源、漏和衬底相连接并且栅电压高于临界电压,源/漏/衬底组成了一个连续的 n 型层,表现出了 MOS 电容的"栅"。衬底是多晶硅栅的耗尽层,如图 2.11(a)所示。因而作为结果产生的 $C - V_G$ 曲线的形状如图 2.11(b)。虽然 C_{inv} 不比 C_{ox} 低,毋庸质疑,通过图 2.10 它仍然可以用于计算掺杂密度。但是它需要显著增加栅电压来使栅反转,这样在栅电压反转之前栅氧化物层有可能会击穿。那种情况下,可以通过理论推导求得的 N_D 来匹配 $C - V_G$ 曲线中的耗尽层部分。

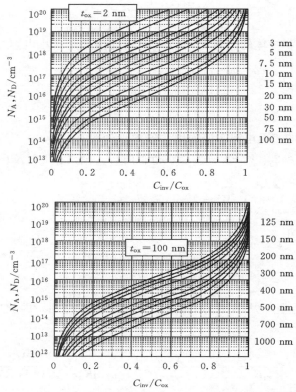

图 2.10 SiO₂/Si 体系中掺杂浓度和 C_{inv}/C_{ox} 随氧化物厚度变化规律，温度 $T=300$ K

74

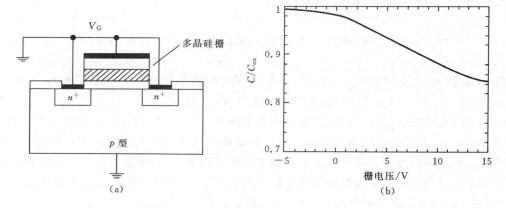

图 2.11 (a) MOSFET 连接测量栅的掺杂浓度；(b)计算得到的 $C-V$ 曲线，$ND=5\times10^{19}$ cm⁻³，$t_{ox}=10$ nm。

练习 2.1

问题： 对于一个 p 型硅 MOS 电容，$C_{inv}/C_{ox}=0.22$，$t_{ox}=15$ nm。

(a) 当 $K_{ox}=3.9$，$K_s=11.7$，$n_i=10^{10}$ cm^{-3}，$A=5\times10^{-4}$ cm^2，$T=27$℃，求该器件的掺杂浓度。

(b) 当 $N_A=5\times10^{15}$ cm^{-3}，用式(2.18)的近似方法求 C_{inv}/C_{ox}。

(c) 用式(2.19)代替式(2.18)求出 N_A 的大小。

解答：

75

$$N_A = \frac{4\phi_F}{qK_s\varepsilon_0 A^2}\frac{C_{inv}^2}{(1-C_{inv}/C_{ox})^2} = \frac{4\phi_F}{qK_s\varepsilon_0 A^2}\frac{R^2 C_{ox}^2}{(1-R)^2}$$

(a) 由于 $R=0.22$，$K_{ox}=3.9$，$t_{ox}=15$ nm，可以得到 $C_{ox}=1.15\times10^{-10}$ F，$C_{inv}=2.53\times10^{-11}$ F。由上式可以得出：$N_A=4\times10^{16}$ cm^{-3}。

(b) 当 $N_A=5\times10^{15}$ cm^{-3} 时，$C_{inv}/C_{ox}=0.097$。

(c) 用式(2.19)可以求出 $N_A=4.48\times10^{16}$ cm^{-3}。

注意：采用式(2.18)和(2.19)得到的 N_A 值有约 10% 的差异。

2.2.4 积分电容

微分电容方法在作为过程控制时是有局限性的，因为精度和测量时间都很重要[50]。尤其是需要的微分经常会导致噪音分布干扰。积分电容方法是采用对部分脉冲 MOS-C 的 $C-V$ 曲线进行积分来得到部分注入剂量 P_Φ，注入剂量是成比例的。选择的剂量包括了在 $x=x_1$ 和 $x=x_2$ 之间的掺杂浓度，同时包含了大部分的注入层，但是不包括掺杂浓度等于均匀衬底的部分或者表面 2 到 3 个德拜长度内的区域。部分剂量由下式给出：[50]

$$P_\Phi = \int_{x_1}^{x_2} N_A(x)\mathrm{d}x = \frac{1}{qA}\int_{V_1}^{V_2} C\mathrm{d}V \tag{2.20}$$

注意器件上是线性相关而非 $C-V$ 方法中的平方关系。第二个参数的测量可以通过测量浓度峰值处的范围 R 或注入深度。公式定义如下：[50]

$$R = t_{ox} + \frac{1}{P_\Phi}\int_{x_1}^{x_2} xN_A(x)\mathrm{d}x = \frac{K_s\varepsilon_0}{qP_\Phi}(V_2-V_1) + (1-K_s/K_{ox})t_{ox} \tag{2.21}$$

R 的表达式合并了 P_Φ，这种方法的可重复性对于给定的器件可以达到 0.1% 的精度，同时作者声称对于部分剂量测量的可重复性已经通过积分电容方法提高了一个数量级。[50]

用一个不同的 MOS 电容积分方法给出注入剂量，不同注入剂量的 $C-V_G$ 曲线如图 2.12 (a)所示[51]。图 2.12(b)中的掺杂浓度曲线(符号表示)采用如图 2.5 的方法从测量的深度耗尽 $C-V$ 曲线中得到。图中实线代表了模拟计算得到的注入浓度。两条曲线的背离说明了 $C-V_G$ 曲线的简单积分并没有获得真正的掺杂浓度。这种方法依赖于测量深度耗尽的 MOS 电容 $C-V_G$ 曲线。特定的空间电荷区宽度中耗尽的多数载流子电荷由强聚集的多数载流子电荷值和相应的多数载流子电荷变化值 ΔQ 决定，此时 MOS-C 是深度耗尽的。ΔQ 通过对深度耗尽的 $C-V_G$ 曲线积分得到。第二种途径是通过测量注入样品和参考样品的耗尽 $C-V_G$ 曲线。注入剂量通过将两种 $C-V_G$ 曲线从同样的聚集电容到深度耗尽电容进行积分得到的不同电荷 ΔQ 求出。

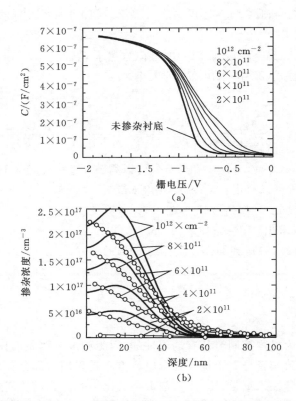

图 2.12　(a)p 型硅中深度耗尽 C-V_G 曲线随硼离子注入量的变化,注入能量 40 keV,$t_{ox}=4.1$ nm;
　　　　(b)采用常规的 C-V 方法(圆圈)和拟合方法(线)得到的掺杂浓度分布。图(a)中粗实线表
　　　　示未掺杂的衬底。引自参考文献[51]

2.2.5　汞探针接触

电容分布需要通过结器件获得。有些情况下,它可以在材料不需要高温处理的条件下构成。通常的肖特基势垒二极管可以在接近室温的条件下制作,但是金属必须在晶片上沉积。当需要暂时的接触时,例如测量外延层,就需要采用汞探针来完成。其中汞探针通过精细的孔和样品接触。汞探针可以制作成和样品底部或顶部相接触。接触面积可以精确控制以利于分布测量。用于 C-V 测量的汞探针的直径可以小到 7 μm。对于侧面电容可以通过连续将探针穿过晶片来测量。[52]

汞接触不会破坏晶片也不会在表面留下汞,半导体表面在可重复测试之前需要进行处理。[53]汞肖特基接触的漏电流和结击穿电压是精确测量掺杂浓度最重要的限制因素,通常这些都发生在结的边缘。为了减小漏电流并且提高结击穿电压,经常采用将晶片浸在热硝酸或者热硫酸中来得到在 n-Si 表面的薄氧化层,氧化物的厚度大约为 3nm。将 p-Si 晶片浸在氢氟酸中 30 s,然后用流动的去离子水清洗并干燥晶片,[53]得到了无氧化物的表面,这对于绝大多数的可重复测量的结果都是合格的。汞的含量需要非常纯,因此建议定期进行更换。同样,采用润湿剂来减小结的漏电流也是有用的。例如在制作汞接触之前,采用浸润剂(如柯达

Photo-Flo)在晶片表面以减少湿气聚集。

2.2.6　电化学 C-V 测试仪(ECV)

电化学电容-电压测试技术是基于恒定直流偏压下电解液-半导体肖特基接触的电容测量。深度的测量通过在没有深度限制的半导体电解刻蚀中实现。但是,这种通过对样品腐蚀的方法具有破坏性。早先的测量方法将测量和刻蚀过程分开,后来它们被结合成一种工艺。[54]当今的技术采用同一种仪器将刻蚀和测量相结合。布拉德(Blood)对此技术做了很好的介绍。[55]

电化学方法的示意图如图 2.13 所示。用一个密封的圆环压住半导体晶片放入一个包含电解液的电化学单元中。通过调整背面晶片与密封环间的弹簧压力确定环开口大小,进而确定接触面积。刻蚀和测试条件通过加载在电解单元上的电压来控制,通过半导体和碳电极上的直流电流来维持需要的过压。为了减小串联电阻,通过在样品附近的铂电极来测量交流电压。

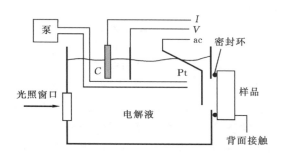

图 2.13　电化学单元示意图,显示出铂、饱和氯化亚汞以及石墨电极,泵用于添加电解液、消除半导体表面的气泡。重印经 Blood 许可[55]

在电解液和半导体间施加微小的反向直流电压,在电解液中将出现两种不同频率的低电压信号。载流子浓度测量以式(2.8)为基础,或者基于以下面关系:

$$p(W) = \frac{2K_s \varepsilon_0}{q} \frac{\Delta V}{\Delta(W)^2} \tag{2.22}$$

式中 ΔV 是施加的交流电压的调制部分(一般在 20～40 Hz 下为 100～300 mV),$\Delta(W)^2$ 是空间电荷区宽度调制的结果。W 可以通过式(2.9)和对相敏放大器电流虚部的测量得到,其采用的信号通常为 50 mV,1～5 kHz。W 和 $p(W)$ 能通过适当的电子电路得到。通常被用来测量传统微分电容的信号在 1～5 kHz 低于 0.1～1 MHz 的,这样可以减小 $r_sC=12.5$ 时间常数。其中 r_s 是连续电阻,C 是器件的电容。电阻-电容需要符合特定的标准,这样测量方法就有效,如 2.4.2 节对串联电阻的论述。

因为低频率,ECV 方法对深势阱更加敏感。但是对于大多数材料来说这都不是问题。式(2.9)和(2.22)给出了在深度为 W 下的浓度。深度的测量通过将半导体溶入电解液溶解得到,这依赖于空穴的存在。对于 p 型半导体,空穴大量存在,在电解液-半导体结正向偏置下很容易分散。对于 n 型半导体材料,空穴由光照和反向结偏置产生。耗尽层深度 W_R 与溶解

电流 I_{dis} 有关,满足如下关系:[54]

$$W_R = \frac{M}{zF\rho A}\int_0^t I_{dis}\,dt \tag{2.23}$$

其中 M 是半导体分子的质量,z 是溶解的价态(溶解一个半导体原子所需的载流子数目),F 是法拉第常数(9.6×10^4 C),ρ 是半导体密度,A 是接触面积。W_R 通过对扩散电流的积分得到。载流子浓度的测量深度为

$$x = W + W_R \tag{2.24}$$

　　ECV 方法对比传统的 $C\,$-$\,V$ 方法的一个重要优点在于它对测量深度没有限制,这样半导体就可以刻蚀任何想要的深度。每种半导体需要选择合适的电解液,适用于 InP 的电解液配方是:水中加入 0.5 M 的 HCl,[56] Pear 刻蚀(37% HCl:70% HNO_3:甲醇按 36:24:1000 配比),[57] FAP (48% HF:99% CH_3COOH:30% H_2O_2:H_2O 按照 5:1:0.5:100 配比),UNIEL A:B:C 按照 1:4:1 配比,其中 A 的配方是(48% HF:99% CH_3COOH:85% o—H_3PO_4:H_2O 按照 5:1:2:100 比例配比),B 的配方是(0.1 M 的 N-n-丁基氯化吡啶($C_9H_{14}CIN$),C 的配方是(1 M 的 NH_3F_2)。对于 GaAs 材料的电解液组成是:Tiron (1,2-二羟基苯-3,5-二磺酸钠 $C_6H_2(OH)_2(SO_3Na)_2 \cdot H_2O$),[58] EDTA(0.1 M 的 $Na_2 \cdot$ EDTA)用乙酰胺碱化到 pH 为 9.1,[55,59] UNIEL,和丁酰铵(($NH_4)_2C_4O_6$,沸点 184.15,用氨水将 pH 值调制到 11.5 或更高);对于硅的电解液组成为 NaF/H_2SO_4 和 0.1 M 的 NH_4HF_2。[60-62] 对于 GaAs:AlGaAs 和 InP 基合金成功的刻蚀液组成为:用乙醇胺将 0.1M $Na_2 \cdot$ EDTA 的 pH 调制成 9~10。[63] 电解液的化学属性决定了刻蚀的质量,并且避免膜形成的趋势,两者都影响载流子浓度。

　　这种技术对于Ⅲ-Ⅴ族的材料相当适合。因为分解化合价 $z=6$,有确定的定义,并且电解液刻蚀半导体有很高的可控性。分解化合价对于 Si 并不是固定的,因为它可以在 2~5 之间变化,并受到电解液浓度、掺杂类型、掺杂浓度、电极电势以及辐射强度的影响。另外在分散过程中产生氢气泡,会妨碍均匀性降低深度的分辨率。氢气泡的问题可以通过脉冲电解液喷射来克服。[61-62] Si 的电化学测量方法被限制在很薄的表层。但是,将 0.1 M 的 NH_4HF_2 和一滴 Triton X-100 加入 100 ml 的电解液中,使得 $z=3.7\pm0.1$ 能很好地适用于硅材料。密度测量的例子如图 2.14 所示,Ⅲ-Ⅴ主族的材料可以很容易以几个 $\mu m/h$ 的刻蚀速率得到大约为 $20\,\mu m$ 深度。Si 的刻蚀速率则限定在 $1\,\mu m/h$。

　　ECS 方法测量的精度和重复性已经有详细的讨论介绍[65]。单元和样品的制备是误差的主要来源,成为改变密封环条件导致差异的最可能的因素,同时还有样品装载方式的不同以及吸附的空气泡从样品表面被清除的方式的不同。环型区域面积至少每星期要测量 3 次。理想情况下,每次运行后刻蚀好的面积都需要测量,由于有气泡的存在,必须检查密封环是否损坏,是否均匀刻蚀。由于浸润区域逐渐增大,密封环通常仅能用 150 次测量。

　　对于高掺杂浓度表面层、高接触电阻以及较差的刻蚀测量都会更加困难。高掺杂表面层,尤其对于 n 型材料来说,因为在环边缘的渗出使得下面的低掺杂层测量变得更加困难。如果样品表现出明显的平行传导,器件无法采用简单的两元串并联模型,这让测量变得更加复杂。同时晶体的缺陷同样会导致刻蚀的不均匀。

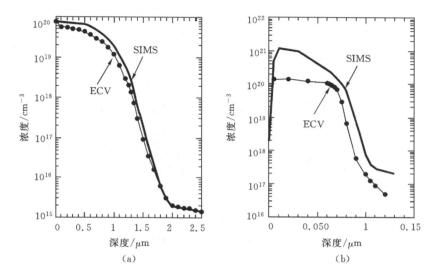

图 2.14　采用 ECV 和 SIMS 得到的分布结果。(a) $p^+(B)/p(B)$ Si,(b) $n^+(As)/p(B)$ Si。
重印经出版者 Electrochemical Society 公司许可引自 Peiner 等人的参考文献[64]

● ● ● ● ● ● ● ● ● ● ● ● ● ● ●

2.3　电流-电压 $(I\text{-}V)$ 特性

2.3.1　MOSFET 衬底电压-栅极电压

微分电容分布的测量通常用于 0.1~1 MHz 频率下的大直径尺寸器件,以减少杂散电容和提高信号/噪声比。因为电容非常小,这些制约因素使小几何尺寸的 MOSFET 的测量变得困难。为了克服这种限制,一些方法已被设计成可以从 MOSFET 电流电压测量中提取获得掺杂浓度分布。

在 MOSFET 衬底电压-栅极电压方法中,MOSFET 在其线性区域被一个较低的漏源电压 V_{DS} 和适当的栅源电压 V_{GS} 所偏置。源-衬底或者本体电势 V_{SB} 在栅极下形成空间电荷区域一直延伸到衬底,使掺杂浓度分布的获取成为可能。通过调整每当 V_{SB} 改变通过改变 V_{GS} 电压,反向电荷浓度保持不变,漏电流近似为常数。相应的公式可以写为[66-67]

$$p(W) = \frac{K_{ox}\varepsilon_0}{qK_s t_{ox}^2}\frac{\mathrm{d}^2 V_{SB}}{\mathrm{d}V_{GS}^2} \tag{2.25}$$

$$W = \frac{K_s\varepsilon_0}{C_{ox}}\frac{\mathrm{d}V_{SB}}{\mathrm{d}V_{GS}} \tag{2.26}$$

满足这项技术的一个反馈电路如图 2.15(a)所示。其中 V_{DS} 保持不变,V_{GS} 电压为变量,恒定的电流 I_1 用于表征源(S)-地间运算放大器的两个输入端的电流。随着运算放大器的差分输入电压和输入电流几乎为零,电流 I_1 被迫通过 MOSFET,而且漏极电流 = I_1。当 V_{GS} 电压改变时,运算放大器相应调整其输出电压,即源与衬底间的电压 V_{SB},来维持 $I_D = I_1$。[68]对于

80

缓慢变化的掺杂浓度分布的技术限制随着新技术的提出而被克服,就是将衬底掺杂浓度近似看作一个简单的分析函数。[69]

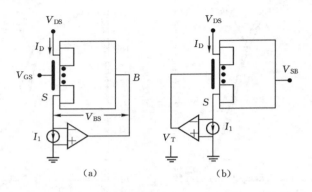

图 2.15 运算放大器电路 (a)MOSFET 衬底-栅极电压方法;
(b)MOSFET 阈值电压方法

假设恒定的漏极电流对应于恒定的反向电流只适用于第一次近似。据了解,在 MOSFET 结构中有效流动性随栅极电压而改变(见第 8 章),在分析时需要更正。[67,70]然而,对于常用的流动性表达式 $\mu_{eff}=\mu_0/[1+\theta(V_{GS}-V_T)]$,依赖于栅极电压的流动性并不影响其分布性能。[71]漏源电压应保持低于 100 mV,以确保线性 MOSFET 运算,而其分布受短沟道效应影响。[67,72]

81　### 2.3.2　MOSFET 阈值电压

在分析 MOSFET 阈值电压的技术中,阈值电压是作为衬底偏压的函数进行测量的。[73-75]MOSFET 阈值电压可以表示为

$$V_T = V_{FB} + 2\phi_F + \frac{\sqrt{2qK_s\varepsilon_0 N_A(2\phi_F + V_{SB})}}{C_{ox}} = V_{FB} + 2\phi_F + \gamma\sqrt{2\phi_F + V_{SB}} \quad (2.27)$$

其中 $\gamma=(2qK_s\varepsilon_0 N_A)^{1/2}/C_{ox}$。对于 n 型通道器件,衬底偏压 $V_{SB}=V_S-V_B$ 为正。掺杂浓度分布可以将 V_T 作为 V_{SB} 的函数测量获得。以 V_T 随 $(2\phi_F + V_{SB})^{1/2}$ 的关系画图并测量曲线的斜率就可以得到 $\gamma=dV_T/d(2\phi_F + V_{SB})^{1/2}$。掺杂浓度可以由式(2.27)求出:

$$N_A = \frac{\gamma^2 C_{ox}^2}{2qK_s\varepsilon_0} \quad (2.28)$$

假定 $d(2\phi_F)/d(2\phi_F + V_{SB})^{1/2}$ 的变化值可以忽略,则分布深度可以表示为

$$W = \sqrt{\frac{2K_s\varepsilon_0(2\phi_F + V_{SB})}{qN_A}} \quad (2.29)$$

在式(2.28)中,ϕ_F 依赖于 $N_A[\phi_F=(kT/q)\ln(N_A/n_i)]$,但是 N_A 并不可知。一个适合的方法是画出 V_T 和 $(2\phi_F + V_{SB})^{1/2}$ 的关系曲线,并令 $2\phi_F=0.6$ V。然后得到曲线的斜率并求出 N_A。利用得到的 N_A 的值,就可以得到新的 ϕ_F 的值,再次重画出 V_T 和 $(2\phi_F + V_{SB})^{1/2}$ 的关系曲线,重复此过程直到得到其分布结果。一个或两个迭代过程通常是不够的。在图 2.16 中,我们展示了由 MOSFET 阈值电压取得的掺杂浓度分布、扩散电阻和脉冲 MOS - C 的 C - V 测量。

采用脉冲 MOS - C 测试了一个试验的、运算处理与 MOSFET 一致的 MOS - C 结构。这些数据与 SUPREM3 软件计算出的分布结果进行对比。阈值电压技术同样可用于耗尽型器件。[74-75]

阈值电压作为电路中衬底偏压的函数功能被测量。如图 2.15(b)所示。这种采用固定漏电流的方法将在第 4 章第 4.8 节中进行详细的介绍。电流 I_1 通常为 $I_1 \approx 1\ \mu A$。则运算放大器的输出就直接给出阈值电压的大小。

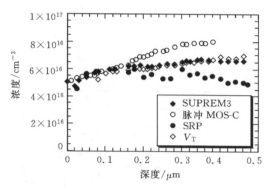

图 2.16　由 MOSFET 栅极电压、SRP、脉冲 $C - V$ 和 SU-PREM3 计算得到的杂质浓度分布。重印自参考文献[73]，并获得 IEEE(© 1991,IEEE)的授权

2.3.3　扩散电阻

扩散电阻分布常用于硅材料中。样品具有斜面,两个扩散电阻探针沿倾斜表面运动。扩散电阻作为样品深度的函数被测量,而且掺杂浓度分布可以通过测得的电阻分布计算得出。这项技术在 1.4.2 节中讨论。通过使用浅锥角技术可以获得非常高的分辨率。约克和赫尔佐格采用 SRP 技术研究非常薄的硅外延层薄膜,同时讨论了载流子的蔓延和低高、高低转移。[76]

- - - - - - - - - - - - - - - - -
2.4　测量误差和注意事项

许多 $C - V$ 测量都没有经过任何修正,因为这些修正通常仅使测量的掺杂浓度分布产生很小的变化。有时候没有进行修正是因为实验者没有意识到可能的修正,或者是该修正很难进行。不管怎样,我们应该知道可能的测量误差和修正的方法。

2.4.1　德拜长度和电压击穿

德拜长度限制在本书 2.2.1 节和众多文献[14-28,77]中进行了讨论。简单概括为,如果掺杂浓度分布空间变化距离小于德拜长度,则可移动的多数载流子将不遵循掺杂原子的分布。多数载流子比掺杂原子更容易扩散,而且测得的掺杂梯度非常陡峭(突变高低结和大梯度离子注入样品)导致测得的分布既不是掺杂也不是多数载流子的浓度分布,而是得到一个更接近于多数载流子浓度分布的有效的或者是表观上的载流子浓度分布。原则上可以通过迭代计算对测得的分布进行修正,[23]但是由于其数学上的复杂性,现实中很少这么做。

德拜长度限制的另一个结果是利用 MOS 器件时距离表面 $3L_D$ 以内的分布无法测得。尽管可以通过修正计算出表面附近的分布,但是一般都不这么做。即使考虑到德拜长度限制,也可以用 MOS - C 和 MOSFET 测得比用肖特基势垒二极管或者 pn 结更加接近表面的分布。对于 MOS 器件该限制近似为 $3L_D$,而对于肖特基二极管近似为零偏 scr 宽度 W_{0V},对于 pn 结为结深加上零偏 scr 的宽度。如图 2.17 所示,此 $3L_D$ 限制为较低的分布深度限制。

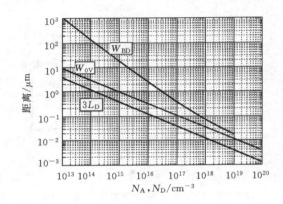

图 2.17 空间分布限制。"$3L_D$"线是常见的 MOS-C 分布的较低限制;零偏
"W_{0V}"线是 pn 结与肖特基二极管的较低限制;而"W_{BD}"线是由体击
穿支配的较高的分布限制

对于倒退掺杂的半导体这个结果是受限于托马斯-费米屏蔽长度 L_{TF},而不是德拜长度。[78]L_{TF} 由下式给出:

$$L_{TF} = \left(\frac{\pi}{3(p+n)}\right)^{1/6} \sqrt{\frac{\pi K_s \varepsilon_0 \hbar^2}{q^2 m^*}} \tag{2.30}$$

其中,$\hbar$ 是(约化)普朗克常量,m^* 是有效质量。对于量子限制的半导体,例如 δ 掺杂半导体和组合量子阱一样,该解被基态波函数的空间范围限制为[78]

$$L_\delta = 2\sqrt{\frac{7}{5}}\left(\frac{4K_s \varepsilon_0 \hbar^2}{9q^2 N^{2D} m^*}\right)^{1/3} \tag{2.31}$$

其中,N^{2D} 是二维掺杂浓度,单位为 cm^2。这个方程表明高有效质量材料的解要好于低有效质量材料的情况。例如,p 型 GaAs 的解好于 n 型 GaAs。

当通过反偏压扫描获得分布时,较高的分布深度限制是由半导体击穿决定的。击穿后空间电荷区不再增大。击穿限制 W_{BD} 也在图 2.17 中表示出。击穿修正不能应用于电化学分布。一项理论研究通过将德拜长度限制、击穿限制和大梯度分布中的多数载流子扩散结合,给出了可以通过微分电容技术测得分布的 Si 和 GaAs 离子注入层的剂量和能量限制。[26]

2.4.2 串联电阻

Pn 结或者肖特基二极管包括一个结电容 C、一个结电导 G 和一个串联电阻 r_s,如图 2.18

(a)所示。该电导决定结的漏电流,并且与工艺条件相关。串联电阻依赖于晶片体电阻率和接触电阻。电容测量方法假设该器件可以用 2.18(b)中的并联等效电路或者图 2.18(c)中的串联等效电路描述。将这两个电路与 2.18(a)中的初始电路对比,C_P、G_P、C_s 和 R_s 可以写为(见附录 2.2):[79]

$$C_P = \frac{C}{(1+r_sG)^2 + (\omega r_sC)^2}; \quad G_P = \frac{G(1+r_sG) + r_s(\omega C)^2}{(1+r_sG)^2 + (\omega r C_s)^2} \qquad (2.32)$$

$$C_S = C[1 + (G/\omega C)^2]; \; R_S = r_s + \frac{1}{G[1 + (\omega C/G)^2]} \qquad (2.33)$$

式中,$\omega = 2\pi f$。从串联连接的两个不同频率下确定电容 C,式(2.33)中的 C_S 可以写为

$$C = \frac{\omega_2^2 C_{S2} - \omega_1^2 C_{S1}}{\omega_2^2 - \omega_1^2} \qquad (2.34)$$

其中,C_{S1} 和 C_{S2} 是频率分别为 ω_1 和 ω_2 时测得的电容。

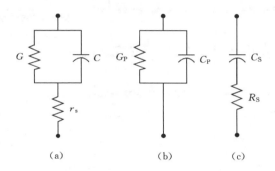

图 2.18　(a)真实电路;(b)并联等效电路和(c)一个 pn 结或肖特基二极管的串联等效电路

电容 C_P 和 C_S 绘于图 2.19 中。C_S 不依赖于串联电阻 r_s,而 C_P 则强烈的依赖于 r_s。两种电容在高 G 时都偏离 C。对于品质因数 Q,并联电路中定义为 $Q = \omega C/G$,我们发现当 $Q \geq 5$ 时测得的电容为真值。图 2.19 清晰地表明对于 $Q \geq 5$ 的结器件,如果怀疑存在串联电阻则可以用串联等效电路来进行电容测量。

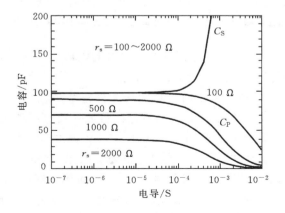

图 2.19　C_s 和 C_P 与作为 r_s 的函数 G 之间的关系,$C = 100$ pF, $f = 1$ MHz

　　真实器件中可能有串联电阻和电容作为寄生元件,如图 2.20 所示。这是由于背面接触是一种蒸发的金属没有形成欧姆接触的情况。例如,如果一种金属被沉积到晶片正面形成肖特基二极管进行 $C\text{-}V$ 测量,则同样的金属沉积在晶片背面也形成一个肖特基二极管,如图 2.20(a)所示。幸运的是,背面接触通常具有非常高的电容,这是因为其具有比正面接触大得多的面积并且当正面肖特基二极管反偏时背面肖特基二极管是正偏的。两个背对背的肖特基二极管允许必要的电流流动以偏置正面二极管。如果背面接触由一个绝缘层组成,如图 2.20(b)所示,则因为没有直流电流流动正面肖特基结或 pn 结总是零偏的。因此这种结构不能得到直流掺杂分布。另一方面,如图 2.20(c)中的布局却是可行的,其由正面和背面的 MOS 接触组成,因为 MOS 的 $C\text{-}V$ 测量不需要直流电流流动。

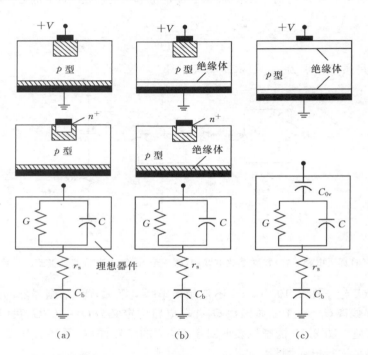

图 2.20　串联电阻和电容的等效电路(a)正面和背面肖特基接触;(b)正面肖特基和背面氧化物接触及(c)正面和背面氧化物接触。矩形内元件代表本征器件

　　图 2.20(a)中结构的一个问题是正面和背面接触的电压分布。尽管施加的大部分电压都落在正面的反偏结上,还是有一小部分落在背面的正偏结上。而测得的电压是总电压。这一效应如图 2.21 所示,[80]其中展示了正面与背面均为肖特基接触和正面为肖特基接触而背面为欧姆接触的 n 型硅的 $1/C^2\text{-}V$ 曲线。一个有趣的特征是负电压截距,这就归结于施加的偏压在正面和背面接触二极管之间的分布。由于 $1/C^2\text{-}V$ 曲线也被用来测定结内建电势 V_{bi},很明显这一曲线将会产生错误的 V_{bi}。为了测得正确的内建电势这一曲线必须右移。当背面的肖特基接触改为烧结的 Au/Sb 欧姆接触时,$1/C^2\text{-}V$ 曲线就变得"正常"了。

　　准备样品进行电容测量时一定要小心谨慎,特别是器件为晶片级并且是在探针台上进行测量时。如果晶片的背面有金属接触,通常是没有什么问题的,所用晶片本身的电阻率对串联电阻没有明显的贡献。然而,当背面没有任何金属接触的晶片直接放在探针台上时,会有很明

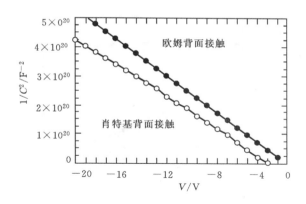

图 2.21　n 型硅晶片 $1/C^2$ 曲线与电压曲线之间的关系：$A = 3.14 \times 10^{-2}\ \mathrm{cm}^2$，$t = 640$
$\mu\mathrm{m}$，$N_D \sim 5 \times 10^{14}\ \mathrm{cm}^{-3}$。曲线（a）正面和背面 A1 肖特基接触；（b）正面
Au/Pd 肖特基和背面 Au/Sb 欧姆接触。引自 Mallik 等参考文献[80]

显的接触电阻。这一点可以通过降低测量频率而检测到。如果 C_P 增长，那就很可能是串联
电阻的问题。而 C_S 的测量则没有这个问题。所有的探针电容测量中抽真空对于减小晶片和
探针夹头间的电阻都是很重要的。如果是 MOS 器件，例如 MOS 电容或者是 MOSFET 的测
量，并且背面接触电阻是个问题，那么把氧化物留在背面并且直接将晶片放到探针台上以形成
一个大面积电容的背面接触（图 2.20(c)）将是很有利的。接触电容 C_b 是近似短路的，因为它
的面积大概是整个样品的面积而使得其电容值远大于该器件的电容。

串联电阻也对掺杂分布测量有影响。对于一个串联电阻可忽略的晶片，测量电导时，施加
到器件上的射频（RF）电压和其中流过的射频电流之间的相移为零。而对于对相位变化敏感
的电容测量则有一个 90° 的相移。当串联电阻不可忽略的时候，一个附加相移 ϕ 被引入到测
量中来。这一点必须加以考虑，否则从式(2.5)和(2.6)中得到的掺杂分布将是错误的。[81]

考虑串联电阻的一个近似方法是 $r_s G \ll 1$ 时从式(2.5a)式(2.6)和式(2.32)中得到的。下
面的关系式给出了测量浓度 $N_{A,\mathrm{meas}}(W)$、深度 W_means 与 N_A 和 W 的关系。

$$N_{A,\mathrm{means}} = \frac{N_A}{1 - (\omega r_s C)^4} \tag{2.35}$$

$$W_\mathrm{means} = W[1 + (\omega r_s C)^2] \tag{2.36}$$

很明显，浓度和深度都随串联电阻的增大而增大。

练习 2.2

问题： 一个 $\mathrm{n^+ p}$ 结的并联电路（图 2.18(b)）C_P-V 曲线如图 E2.1 所示，测量频率为 1
MHz。怀疑这一器件的串联电阻较大。附加的 $f = 10\ \mathrm{kHz}$ 和较低频率下的测量证实了这一
点，因为零电压下 $C(10\ \mathrm{kHz}) = 200\ \mathrm{pF}$。在 10 kHz 时串联电阻的影响可以忽略。$A = 4.25 \times$
$10^{-3}\ \mathrm{cm}^2$。确定串联电阻 r_s 和载流子浓度分布。该器件的电导 G 很小，可以忽略。

解答： 由式(2.32)，忽略 $r_s G$ 项，得到 $r_s = (1/\omega C)\sqrt{C/C_P - 1}$。
利用 $C_P = 94\ \mathrm{pF}$ 和 $C = 200\ \mathrm{pF}$，我们得到 $r_s = 845\ \Omega$。

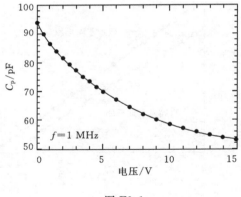

图 E2.1

再由式(2.32)得到 $C = \dfrac{1 - \sqrt{1 - 4(\omega r_s C_P)^2}}{2C_P(\omega r_s)^2}$

代入 $r_s = 845\ \Omega$ 和图 E2.1 中的 C_P,给出图 E2.2(a)中的曲线。重画为 $1/C^2$ 和斜率 $\mathrm{d}(1/C^2)/\mathrm{d}V$ 曲线如图 E2.2(b)所示。从式(2.5(b))我们发现 $N_A = 6.7 \times 10^{37} / [\mathrm{d}(1/C^2)/\mathrm{d}V]$。利用斜率 $\mathrm{d}(1/C^2)/\mathrm{d}V$ 和式(2.6)给出载流子浓度分布,如图 E2.2(c)所示。

88

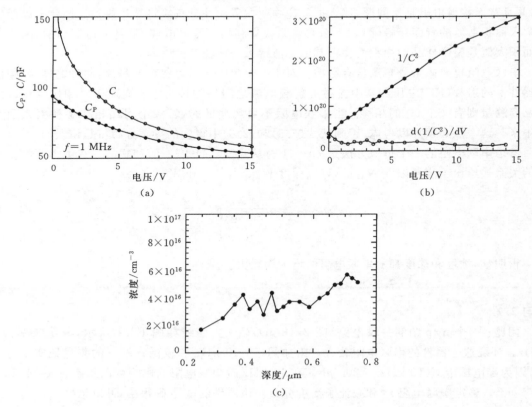

图 E2.2

另外一种方法就是把式(2.32)中的 C_P 写为

$$\frac{1}{C_P} = \frac{(1 + r_s G)^2 + (2\pi f r_s C)^2}{C} \approx \frac{1 + (2\pi f r_s C)^2}{C}$$

然后画出 $1/C_P - f^2$ 曲线。其斜率是 $(2\pi r_s)^2 C$,截距是 $1/C$,这样就可以确定出 r_s 和 C。

串联电阻对半绝缘衬底上外延生长的 GaAs 层中掺杂分布的影响如图 2.22 所示。标以 $r_s = 0$ 的为正确分布。为了得到其它曲线,将外部电阻与器件串联以得到相应的效果。绝缘或者半绝缘衬底上的半导体层更显著地倾向于串联电阻效应,因为两个接触都制作在上表面使得侧面串联电阻稳定存在。[82]对于漏结电容测量,晶片夹头寄生电容和其它一些考虑的详细情况请见附录 A6.2。

89

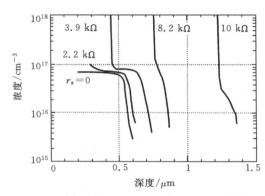

图 2.22　在半绝缘层衬底上 GaAs 外延层的测量掺杂分布。
串联电阻通过与器件串联的电阻获得。重印自参
考文献[81],经 IEEE(© 1975,IEEE)许可

2.4.3　少数载流子和界面陷阱

在反偏肖特基势垒二极管或者 pn 结二极管中,scr 宽度作为时间的函数时保持恒定,因为热生电子−空穴对被清离 scr,只剩下器件中的欧姆接触。另一方面,深耗尽 MOS 电容(MOS-C)中的热生少数载流子漂移至 SiO_2-Si 界面形成反型层,使得器件不能保持深耗尽,从而导致掺杂浓度分布测量的误差。对于 MOS 电容的非平衡或深耗尽态的更加完整的讨论见 7.6.2 节。当通过施加一个高阶跃频率的栅压将 MOS-C 迅速驱动到深耗尽状态时,少数载流子可以忽略。用一个连续脉冲串交替地对该器件施加较高的栅压脉冲,则该器件在积累和深耗尽两个状态之间循环。

该少数载流子效应如图 2.23 所示。当 MOS-C 被一个快速变化的阶跃电压驱动到深耗尽状态时,结果如图 2.23(a)中曲线(i)所示。对于少子产生可忽略的情况,当栅压从左向右扫描或者从右向左扫描该曲线都是一致的,如图中箭头所指。从该曲线得到的掺杂浓度分布如图 2.23(b)中(i)所示。如果曲线扫描的非常慢,那么就会得到平衡高频曲线。对于中等扫描速率情况得到曲线(ii)的结果。该曲线位于曲线(i)的上方,相应得到的掺杂浓度分布曲线是有误差的,如图 2.23(b)中(ii)所示,因为(ii)的 dC/dV 比(i)的低。如果曲线(ii)是从右向左扫

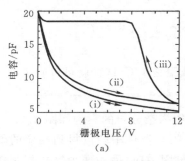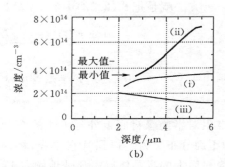

图 2.23 (a)MOS-C 的均衡 C-V_G 曲线；(b)深耗尽曲线的扫描速率(i) 5V/s 和(ii)，(iii) 0.1V/s；(c)由(b)确定的载流子浓度分布。$C_{ox} = 98$ pF，$t_{ox} = 120$ nm。承蒙亚利桑那州立大学的 J. S. Kang 提供

描，则会得到曲线(iii)，由于相似的原因它的掺杂浓度分布很低，如图 2.23(b)中曲线(iii)所示。这些效应可以修正，但是对于高扫描速率的情况却是没有必要的。[83]

利用最大-最小 MOS-C 电容方法确定 N_A，我们发现平衡 $C_{min}/C_{ox} = 0.19$，外加 $t_{ox} = 120$ nm $N_A \approx 3.5 \times 10^{14}$ cm^{-3}。这个值与图 2.23(b)中曲线(i)非常接近。当然，这种 C_{min}/C_{ox} 方法不能给出掺杂浓度分布，但是考虑到它的简易性，它可以产生一个与从微分电容推导得到的值可比的浓度。

少子产生效应是低寿命器件中的高载流子生成速率的一个问题。在这些条件下很难将 MOS-C 驱动到深耗尽状态。冷却到液氮温度以得到高产生速率可以很好地减小这种少子产生效应。[84]提供一个收集结是减小少子产生效应的另一途径。少子一产生就被反偏结所收集，如在 MOSFET 中的源漏反偏和在栅控二极管中的情况。

总是存在于所有 MOS 电容中的界面陷阱使问题进一步复杂化。对于适当退火的高质量 SiO$_2$-Si 界面，界面陷阱的浓度较低，通常是可以忽略的。当界面态起作用的时候，会导致 C-V 曲线拉长。它们对掺杂分布的影响可以通过测量高频电容 C_{hf} 和低频电容 C_{lf} 依据下式进行修正：[85]

$$N_{A,corr} = \frac{1 - C_{lf}/C_{ox}}{1 - C_{hf}/C_{ox}} N_{A,uncorr} \tag{2.37}$$

当调制频率增大时脉冲 MOS-C 掺杂浓度分布技术中的界面陷阱效应被显著地减小。建议调制频率为 30 MHz，[19]但是大多数测量都是在 1 MHz 或者更低的频率下进行的。当器件被冷却的时候表面陷阱效应也被减小。界面陷阱或者界面层也会造成肖特基势垒电容分布中的误差。研究发现如果二极管的理想因子 $n > 1$ 就会得到有误差的分布，[86]而若理想因子 $n \leqslant 1$，则会得到令人满意的分布。

2.4.4 二极管边缘电容和杂散电容

C-V 分布依赖于对电容和器件面积的精确认识。电容可以精确的测量，而器件面积却总是不能测量得很准确。而且电容中可能还包含有寄生电容元件。器件的接触面积可以测量，但是由于横向空间电荷区扩散使得有效面积与接触面积不同。有效电容为[87]

$$C_{eff} = C(1 + bW/r) \tag{2.38}$$

其中,$C = K_s \varepsilon_0 A/W$,$A = \pi r^2$,$r$ 是接触半径,对于 Si 和 GaAs $b \approx 1.3$,而对于 Ge $b \approx 1.46$。式 (2.38)假定空间电荷区域的横向宽度与垂直宽度相同。随着接触半径的增大横向空间电荷区效应减小,并且 $r \geqslant 100$ bW 确保括弧中的第二项对有效电容的贡献不超过 1%。对于 $W = 1$ μm,$r \geqslant 150$ μm,而对于 $W = 10$ μm,$r \geqslant 1500$ μm。这不是一个特别严格的限制。然而还是要予以考虑,因为有效掺杂浓度通过下式与实际掺杂浓度相关联:

$$N_{A,eff} = (1 + bW/r)^3 N_A \tag{2.39}$$

式(2.38)表明边缘电容是一个常量,并且可以通过使用一个具有适当值的虚拟电容在微分剖面测量之前将其清零。对于水银-探针剖面测量,它的提出是其使得接触足够大从而可以忽略边缘电容效应。最小推荐接触半径依赖于衬底掺杂浓度,应为[53]

$$r_{min} = 0.037(N/10^{16})^{-0.35} \text{ cm} \tag{2.40}$$

其中 N 为掺杂浓度。对于掺杂浓度为 $10^{13} \sim 10^{16}$ cm^{-3},式(2.40)都是有效的。对于 $N = 10^{15}$ cm^{-3},最小半径近似为 8.3×10^{-2} cm。

二极管的结电容包括本征电容 C、周边电容 C_{per} 和拐角电容 C_{cor}。有效电容近似为[88]

$$C_{eff} = AC + PC_{per} + NC_{cor} \tag{2.41}$$

其中,A 是面积,P 是周长,N 是拐角数。通过利用具有不同面积和周长的二极管,可以区分开各个组元并且可以提取出本征二极管电容。[88]

杂散电容更加难以确定。它包括电缆电容和探针电容、键合焊点和 MOSFET 中的栅保护二极管。电缆电容和探针电容可以通过不与二极管接触将电容计清零进行排除。键合焊点电容通常是可以计算的。由于二极管、MOS-C 或者 MOSFET 可以做得比键合焊点小很多,准确地知道键合焊点电容的贡献就变得非常重要。

2.4.5　过剩漏电流

结器件尤其是肖特基势垒器件,有时候表现出非常高的反偏漏电流,而导致错误的掺杂浓度分布。传统的分布方程假设测量电压仅仅是反偏空间电荷区两侧的。对于大多数器件这是一个比较好的假设,因为反偏空间电荷区的电阻远大于半导体准中性区域的电阻。然而对于过剩漏电流,在准中性区域上将会产生明显的电压降。这个电压被自动地包含到记录电压中,从而在测量的分布中引入误差。[89]

2.4.6　深能级杂质/陷阱

作为对施加的时变电压响应的电荷的测量,电容测量将会检测到对施加电压响应的任何电荷。我们已经考虑了界面陷阱对电容的贡献。半导体中的深能级杂质或者陷阱也能在电容分布中引入误差。[90-92]陷阱的贡献是陷阱浓度、陷阱能级还有样品温度及交流电压频率的一个复杂函数。交流电压频率通常假定为足够高,陷阱跟不上它的变化。即便如此,还是有理由对其进行关切,因为反偏直流电压通常变化的非常慢,陷阱能够对其响应。这就导致了依赖于时间和深度的分布误差。幸运的是,对于陷阱浓度远小于掺杂浓度的情况,比方说 1% 或者更少,陷阱的贡献通常是可以忽略的。陷阱电容测量将在第 5 章中讨论。

一个潜在的问题是处于深处的掺杂原子在测量温度下没有完全电离。对于普通的掺杂,如 Si 和 GaAs 中的 P、As 和 B,是不需要担心这个的。然而,对于 SiC 等,一些掺杂能级可能会处于禁带深处。考虑一个 p 型衬底上的反偏肖特基接触,如图 2.24 所示。掺入的杂质有一个能级 $E_A = E_v + \Delta E$。在准中性区域(qnr)杂质只有部分电离。未电离的中性原子表示为 N_A^o。很明显,在准中性区域 $N_A^o p \neq N_A$,并且电阻率 ρ 不是唯一的与 N_A 有关,因为 $\rho \sim 1/p$。电离程度依赖于 ΔE、N_A 和温度。然而,在空间电荷区(scr)情况就不同了。让我们假定反向偏压 V_1 已经施加了足够长的时间,使得所有的空穴已经从中性的受主中发射出来。发射时间常数,将在第 5 章中讨论,为

$$\tau_e = \frac{\exp(\Delta E/kT)}{\sigma_p \nu_{th} N_v} \tag{2.42}$$

其中,σ_p 为俘获截面,ν_{th} 为热速度,B_v 为价带有效态密度。

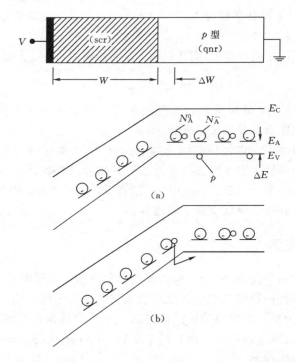

图 2.24 反偏肖特基二极管在空间电荷区(scr)完全电离的能带图,但在准中性区
(qnr)只有部分电离。(a)$V = V_1$;(b)$V = V_1 + \Delta V$

现在考虑一个叠加在直流电压上的交流电压,该交流电压正向摆动导致 scr 宽度从 W 增加到 $W + \Delta W$。原来在准中性区的一些中性受主现在进入到了 scr。如果 $\tau_e < 1/\varepsilon$,其中 $\omega = 2\pi f$,在此交流半周期束缚在受主上的那些空穴将被发射出来,器件表现为一个常规、浅能级受主器件。然而,对于 $\tau_e > 1/\omega$,没有足够的时间供空穴发射,器件将会表现异常。在均匀掺杂样品中测得的是 p 或者是 N_A 的前提不再正确。测得的是一个与掺杂浓度关系未知的有效载流子浓度。在负交流电压摆动期间,scr 变窄,与发射相比空穴更多地被俘获。俘获通常很

快,并且没有指定的极限。发射具有极限是因为 τ_e 依赖于 ΔE,且呈指数关系。真正的载流子或者掺杂浓度分布能否测得依赖于掺杂能级、温度和测量频率。In 在 Si 中的情况,它的能级处于 $E_V + 0.16$ eV 处,Schroder 等人已经做了讨论。[90] 对包含浅能级掺杂半导体中陷阱的更一般性的处理由 Kimerling 给出。[91]

2.4.7 半绝缘衬底

半绝缘或者绝缘衬底上的外延层或者是注入层呈现出独特的分布问题。此类例子包括绝缘体上硅和半绝缘衬底上的 GaAs 注入层。由于衬底的高电阻,而两个接触都必须做在顶面,必然引入串联电阻,特别是当反偏 scr 扩展到衬底附近时,如图 2.25 所示。这一层中余下的用厚度 t 指示出的中性区变得非常薄,得到明显的串联电阻。当在 p 型(n 型)衬底上形成 n 型(p 型)层时也会发生同样的问题。测得的浓度分布往往在两者的界面附近呈现出极小值。这些极小值通常不是真的,而是通过样品的几何结构人工引入的。[93]

附加提示,图 2.25 中的接触 1 应为整流接触而接触 2 应为欧姆接触。当传导层轻掺杂的时候这点通常是不可能的。这种情况下,就应该把正偏的接触 2 做得比反偏的接触 1 大很多。这样就保证了 C_2 比 C_1 大,因为 $A_2 \gg A_1$ 并且接触 2 是正向偏置的。作为一级近似,C_2 可以视为短路从而测得 C_1。

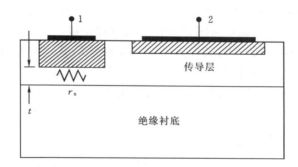

图 2.25 在绝缘衬底上的传导层显示串联电阻随接触 1 反偏的增加而增加

2.4.8 仪器限制

电容测量决定 R_{sk} 和 R_{sk} 测量的精度。深度分辨率被德拜长度所限制,而不是仪器。对 $p(x)$ 精度最重要的影响是 ΔC 的测量精度。[94] 这里的一个试验是把 ΔC 取大,但是这就在局部值 $\Delta C / \Delta V$ 中引入了误差,这是因为 $C - V$ 曲线不是线性的。这同时也由于增大了 W 调制而降低了深度分辨率。用一个具有恒定幅值的调制电压来保持 ΔV 恒定是模拟分布中常用的实验方法。依据式(2.9)和(2.19)

$$\Delta V = \frac{q W_p(W) \Delta W}{K_s \varepsilon_0} \qquad 和 \qquad \frac{\Delta W}{W} = -\frac{\Delta C}{C} \tag{2.43}$$

因此,

$$\Delta C = \frac{K_s \varepsilon_0 C \Delta V}{q W^2 p(W)} \tag{2.44}$$

对于恒定的 $p(W)$ 和恒定的 ΔV,按样品中的分布情况,因为 W 增大、C 减小而导致 ΔC 减小。因此当分布测量深入到样品内部时分布情况就变成了噪音。恒定的电场增量反馈分布多少可以缓解这一问题。Blood 给出了关于仪器限制的一个极好的论述。[55]

2.5 霍尔效应

在此将讨论霍尔效应中那些与载流子浓度测量相关的情况。对于霍尔效应的完整论述,包括适当的方程推导将在第 8 章中给出。霍尔测量的主要特点就是其确定载流子浓度、载流子类型和迁移率的能力。

霍尔理论预测霍尔系数 R_H 为[95]

$$R_H = \frac{r(p - b^2 n)}{q(p + bn)^2} \tag{2.45}$$

其中,$b = \mu_n / \mu_p$,r 是散射因子,其值介于 1 与 2 之间,取决于半导体中的散射机制。[95]散射因子也是磁场和温度的函数。高磁场极限下 $r \to 1$。散射因子可以通过在高磁场极限下测量 R_H 确定,例如,$r = R_H(B)/R_H(B = \infty)$,其中 B 为磁场。n 型 GaAs 中的散射因子从 $B = 0.1$ kG 时的 1.17 变化到 $B = 83$ kG 时的 1.006。[96]使 r 接近于 1 所必需的高磁场在大多数的实验室中是不能实现的。对于典型的霍尔测量,典型的磁场为 $0.5 \sim 10$ kG,使得 $r > 1$。因为 r 通常是不知道的,便常常将其假定为 1。

霍尔系数在实验上定义为

$$R_H = \frac{t V_H}{B I} \tag{2.46}$$

其中 t 为样品厚度,V_H 为霍尔电压,B 为磁场,I 为电流。对于均匀掺杂的晶片厚度的定义是很明确的。然而,有源层厚度不一定是传导类型相反的衬底或半绝缘衬底上的薄外延层或者注入层的全部厚度。如果没有考虑由表面处费米能级牵制的能带弯曲和层-衬底界面处的能带弯曲所导致的耗尽效应,像其他那些由此获得的半导体参数一样,霍尔系数将会出错。[97]对于毫不含糊的测量,即使表面和空间电荷区界面的温度依赖性也应该加以考虑。[98]

对于非本征 p 型材料,$p \gg n$,式(2.45)简化为

$$R_H = \frac{r}{qp} \tag{2.47}$$

而对于非本征 n 型材料,$n \gg p$,该式变为

$$R_H = -\frac{r}{qn} \tag{2.48}$$

依据式(2.47)和(2.48),霍尔系数的知识不但可以确定载流子浓度,而且还可以确定载流

子类型。通常将 r 假定为 1——一般而言这一假定引入的误差小于 30％。[99]

霍尔效应被用来测量某一温度下的载流子浓度、电阻率和迁移率,还可以用来测量载流子浓度随温度变化的函数关系以得到一些附加信息。对一个掺杂浓度为 N_A 的 p 型半导体用浓度为 N_D 的施主进行补偿,其空穴浓度由下式确定:[100]

$$\frac{p(p+N_D)-n_i^2}{N_A-N_D-p+n_i^2/p}=\frac{N_v}{g}\exp(-E_A/kT) \tag{2.49}$$

其中 N_v 为价带有效态密度,g 为受主简并因子(通常取 4),E_A 为以价带顶为参考能级时处于价带上方的受主能级。式(2.49)在某些情况下可以简化。

1.低温下,$p\ll N_D$,$p\ll(N_A-N_D)$,且 $n_i^2/p\approx 0$,

$$p\approx\frac{(N_A-N_D)N_v}{gN_D}\exp(-E_A/kT) \tag{2.50}$$

2.当 N_D 小到可以忽略时,

$$p\approx\sqrt{\frac{(N_A-N_D)N_v}{g}\exp(-E_A/2kT)} \tag{2.51}$$

3.较高的温度下,其中 $p\gg n_i$,

$$p\approx N_A-N_D \tag{2.52}$$

4.更高的温度下,其中 $n_i\gg p$,

$$p\approx n_i \tag{2.53}$$

根据式(2.50)和式(2.51),$\log(p)-1/T$ 曲线的斜率给出了激活能,为 E_A 或者 $E_A/2$,这就取决于材料中是否有一定的补偿施主浓度。在较高的温度下,典型为室温,所得净多数载流子的激活能为零。在更高的温度下,此激活能就是 n_i 的激活能。

该实验的 $\log(p)-1/T$ 数据可以用一个适当的模型来匹配,从而可以得到大量信息。图 2.26 展示了一个 In 掺杂的 Si 样品的霍尔载流子浓度数据。[101]除了 In,样品中还包含 Al、B 和 P。对于受主(B、Al 和 In)其浓度和能级可以从这些数据中得到。此图形证明了霍尔测量的强大特性。

霍尔测量通常在样品上进行,通过其可以推导出平均载流子浓度。对于均匀掺杂的样品得到的便是真实的浓度,但是对于非均匀掺杂的样品只是得到了一个平均值。有时实验人员需要测量空间变化的载流子浓度分布。霍尔技术可以通过微分霍尔效应(DHE:differential Hall effect)测量进行匹配。各层可以通过阳极氧化和同时发生的氧化腐蚀可靠地进行剥离。阳极氧化消耗掉氧化腐蚀时移除的一小部分半导体。各层能够以小到 2.5 nm 的增量被移除。[102]对于 DHE 的进一步论述,见 1.4.1 节。

当进行连续测量时,微分霍尔数据的解释就变得更加复杂。为了生成载流子浓度分布,由 $R_{Hsh}=V_H/BI$ 给出的薄层霍尔系数 R_{Hsh} 和薄层电导 G_{Hsh} 必须重复地进行测量。载流子浓度分布从霍尔系数–深度曲线和薄层电导–深度曲线依据如下关系获得:[103]

$$p(x)=\frac{r(dG_{Hsh}/dx)^2}{qd(R_{Hsh}G_{Hsh}^2)/dx} \tag{2.54}$$

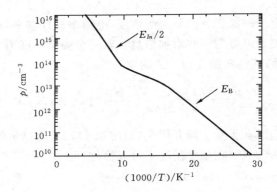

图 2.26 包括 Al 和 B 污染物的 Si：In 的载流子与温度的倒数关系曲线。$N_{In} = 4.5 \times 10^{16} \text{ cm}^{-3}$，$E_{In} = 0.164 \text{eV}$，$N_{Al} = 6.4 \times 10^{13} \text{ cm}^{-3}$，$E_{Al} = 0.07 \text{ eV}$，$N_B = 1.6 \times 10^{13} \text{ cm}^{-3}$，$N_D = 2 \times 10^{13} \text{ cm}^{-3}$。重印引自参考文献[101]，经 IEEE(© 1980,IEEE)许可

其中 $G_{Hsh} = 1/R_{Hsh}$。

有时霍尔样品由 p 型(或 n 型)衬底上的 n 型(或 p 型)薄膜组成。对于具有相反传导性的薄膜和衬底,他们之间的 pn 结通常被假定为一个绝缘边界。如果这个假设不正确,那么就必须对霍尔数据进行修正。[104]如果样品由相反掺杂衬底上的薄层组成并且分隔两者的结是一个很好的绝缘体,但是霍尔样品上的欧姆接触穿透顶层形成合金化,导致其与衬底短路,那么也必须进行修正。如果上层并非有意的类型转变,这种情况就会发生,如已在 HgCdTe 中观察到的情况。[105]

对于一个简单的双层结构,上层厚度为 t_1,电导率为 σ_1,衬底厚度为 t_2,电导率为 σ_2,其霍尔常数为[105-106]

$$R_H = R_{H1} \frac{t_1}{t} (\frac{\sigma_1}{\sigma})^2 + R_{H2} \frac{t_2}{t} (\frac{\sigma_2}{\sigma})^2 \tag{2.55}$$

其中,R_{H1} 为层 1 的霍尔常数,R_{H2} 为层 2 的霍尔常数,$t = t_1 + t_2$,σ 为

$$\sigma = \frac{t_1 \sigma_1}{t} + \frac{t_2 \sigma_2}{t} \tag{2.56}$$

对于 $t_1 = 0$ 我们有 $t = t_2$,$\sigma = \sigma_2$,和 $R_H = R_{H2}$,表现为衬底的特性。举例来说,如果上层比衬底掺杂重,或者上层是通过表面电荷反型形成,且 $\sigma_2 \ll \sigma_1$,那么

$$\sigma \approx \frac{t_1 \sigma_1}{t}; \; R_H \approx \frac{t R_{H1}}{t_1} \tag{2.57}$$

霍尔测量表现为表层的特性。如果上层的存在是毫无疑问的,则这一问题就显得尤为严重。[105]

● ● ● ● ● ● ● ● ● ● ● ● ● ● ● ●

2.6　光学技术

2.6.1　等离子体共振

半导体的光学反射系数由下式给出：

$$R = \frac{(n-1)^2 + k^2}{(n+1)^2 + k^2} \qquad (2.58)$$

其中,n 为折射率,$k = \alpha\lambda/4\pi$ 为消光系数,α 为吸收系数,λ 为光子波长。半导体的反射系数在短波长时较高,趋近于一个常数,而在较大的波长时却表现得很不规则。首先它向着一个极小值下降,然后迅速向着 1 增大。当与波长的关系为 $\nu = c/\lambda$ 的光子频率 ν 趋于等离子体共振频率 ν_p 时,R 趋于 1。等离子体共振波长 λ_p 由下式给出:[107]

$$\lambda_p = \frac{2\pi c}{q} \sqrt{\frac{K_s \varepsilon_0 m^*}{p}} \qquad (2.59)$$

其中,p 为半导体中的自由载流子浓度,m^* 为有效质量。原则上可以通过 λ_p 来确定 p。

等离子体共振波长难以确定,因为它的定义不很明确。由于这个原因载流子浓度都不是通过等离子共振波长来确定的,而是通过反射率最小时的波长 λ_{min} 确定的,其中 $\lambda_{min} < \lambda_p$。该最小波长与载流子浓度通过如下经验关系进行关联:

$$p = (A\lambda_{min} + C)^B \qquad (2.60)$$

其中,常数 A、B 和 C 在参考文献[108]中制表给出。该技术只对载流子浓度高于 $10^{18} \sim 10^{19}$ cm^{-3} 的情况有效。

用这种技术确定的载流子浓度适合于均匀掺杂的衬底,或者是厚度至少等于 $1/\alpha$ 的均匀掺杂层。对于具有不同掺杂浓度分布的扩散层或者注入层,只有当分布状态和结深已知时才可能确定表面浓度。[109]对于薄外延层的更加复杂的情况由外延层-衬底界面处的相移引入,其增加了一个振荡的分量到 R-λ 曲线中,使得 λ_{min} 的提取更加困难。[110]

2.6.2　自由载流子吸收

半导体中吸收能量 $h\nu > E_G$ 的光子,引发电子-空穴对。能量 $h\nu < E_G$ 的光子能够将束缚电子从浅能级杂质的基态激发到激发态,如 2.6.3 节的论述。能量 $h\nu < E_G$ 的光子也可能将价带(导带)中自由电子(空穴)激发到能带中较高的能态,也就是光子被自由载流子吸收。这就是自由载流子吸收的基础。

对于空穴,自由载流子吸收系数由下式给出:[95]

$$\alpha_{fc} = \frac{q^3 \lambda^2 p}{4\pi^2 \varepsilon_0 c^3 n m^{*2} \mu_p} = 5.27 \times 10^{-17} \frac{\lambda^2 p}{n (m^*/m)^2 \mu_p} \qquad (2.61)$$

其中,λ 为波长,c 为光速,n 为折射率,m^* 为有效质量,μ_p 为空穴迁移率。然而,测量的时候应该注意不要用与杂质或晶格吸收线相一致的波长。例如,硅中有一个归因于 $\lambda = 9.05\ \mu m$ 的间隙位氧和 $\lambda = 16.47\ \mu m$ 的替位碳的吸收线。该晶格吸收线在 $\lambda = 16\ \mu m$ 附近。

99　　　通过如下拟合曲线与硅的实验数据取得很好的一致性:[111]

$$\alpha_{fc,n} \approx 10^{-18}\lambda^2 n;\quad \alpha_{fc,p} \approx 2.7 \times 10^{-18}\lambda^2 \rho \tag{2.62}$$

其中,n 和 p 分别是以 cm^{-3} 为单位的 n 型和 p 型硅的自由载流子浓度,波长以 μm 为单位给出。$10^{17}\ cm^{-3}$ 或者更高的载流子浓度可以用此技术测得。对于较低浓度的测量非常困难,因为吸收系数太小难以可靠地确定。最近发表的一个改进的表达式在薄层电阻和自由载流子吸收测定之间取得了较好的一致性。[112]对 n 型 GaAs 的一个表达式为[113]

$$\alpha_{fc}(\lambda = 1.5\ \mu m) = 0.81 + 4 \times 10^{-18}n;\quad \alpha_{fc}(\lambda = 0.9\ \mu m) = 61 - 6.5 \times 10^{-18}n \tag{2.63}$$

自由载流子吸收也有助于薄层电阻测定。在透射中用如下表达式与实验获得了很好的一致性:[111]

$$T \approx (1-R)^2 \exp(-k\lambda^2/R_{sh}) \tag{2.64}$$

对于 n 型硅 $k = 0.15$,对于 p 型硅 $k = 0.3375$,其中 T 为透射率,λ 的单位为 μm,R_{sh} 的单位为 $\Omega/\square$。自由载流子浓度图像已经通过扫描红外光束产生。低至 $10^{16}\ cm^{-3}$ 的载流子浓度已经用 $\lambda = 10.6\ \mu m$ 的光束确定,分辨率为 $1\ mm$。[114]

2.6.3　红外光谱学

红外光谱学依赖于电子(空穴)从他们各自的施主(受主)到激发态的光学激发。考虑 n 型半导体,如图 2.27(a)所示。低温下大多数电子被"冻结"在施主上,导带中的自由载流子浓度非常低。电子主要位于能级底部或者施主基态,如图 2.27(b)所示。当能量 $h\nu \leqslant (E_C - E_D)$ 的光子入射到样品上,两个光学吸收过程可能发生:电子从基态被激发到导带引起一个宽吸收连续区,和电子从基态被激发到几个激发态中的一个从而在透射谱中产生尖锐的吸收线,这是浅能级杂质的特征。[115-116]包含磷和砷的硅的这种透射率曲线如图 2.28(a)所示。[117]附加信息可以通过用一个磁场将能级分裂获得。[118]

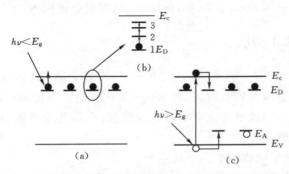

图 2.27　(a)低温下施主半导体能带图;(b)能带图显示施主能级;
(c)当施主、受主共存时所呈现出的能带图。"超过带隙"
的光可同时注入施主和受主。

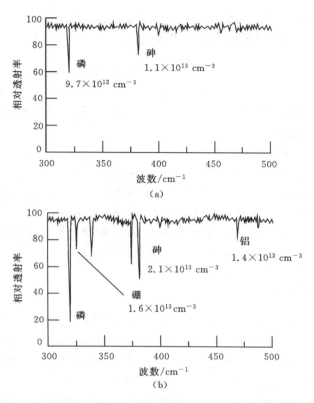

图 2.28 (a)265Ω·cm n 型硅在 T≈12 K 时的施主杂质光谱;(b)(a)中的样品在"超过带隙"的光照射时的光谱。重印许可自参考文献[117]

　　通过傅里叶变换(傅里叶变换红外光谱学将在第 10 章中讨论)的使用,获得了高灵敏度,和非常低的探测极限。低至 $5×10^{11}$ cm^{-3} 的掺杂浓度已经在硅中测得。[117] 如此低的浓度也可以通过霍尔测量进行确定,但是非接触的光学技术更加简单,却需要低温。

　　大多数电学载流子浓度测量方法在 n 型样品中确定的是净载流子浓度 $n=N_D-N_A$。到目前为止所讨论的红外光谱学测量的也是 $n=N_D-N_A$,因为在低温下只有 $n=N_D-N_A$ 的电子被冻结在施主上。补偿受主上没有空穴,因为空穴被电子所抵消。为了测量 N_A 和 N_D,对样品用能量 $h\nu > E_G$ 的背景光照射。[117,119-120] 一些由背景光产生的过剩电子-空穴对被电离施主和受主俘获。实际上所有的施主和受主都是电中性的,如图 2.27(c)所示。现在长波长红外辐射就可以将电子激发到激发施主态,将空穴激发到激发受主态。

　　有无背景光两种情况下硅样品的光谱如图 2.28 所示。上面的曲线是有背景光的情况,下面的是没有的情况。两个特征将图 2.28(b)和 2.28(a)区分开来:P 和 As 信号增大,并且在光谱中出现补偿的 B 和 Al 杂质。因为每种杂质具有唯一的吸收峰,这样就能够确定出所有杂质的浓度并能分辨出它们。对于硅最具说服力的吸收线由 Baber 给出。[117]

　　红外光谱技术能够定量的确定杂质类型,但是却只能定性的确定杂质浓度。为了确定吸收峰高度和杂质浓度的关系,必须利用已知掺杂浓度的样品建立标度数据。对于无补偿的材料这一点是相当明确的。而对于补偿样品这一过程就变得很复杂。[117]

穿过厚度为 t 的半导体晶片的光透射率近似为

$$T \approx (1-R)^2 \exp(-\alpha t) \tag{2.65}$$

对于合理的测量灵敏度,αt 应该近似为 1 或者 $t \approx 1/\alpha$。对于 $\alpha \approx 1 \sim 10 \text{ cm}^{-1}$,适用于低浓度下的浅能级杂质吸收,而样品必须为 $1 \sim 10$ mm 厚。这个厚度的样品更便于晶片体而不是外延层的测量,使得薄层的红外光谱不能实现。

这一技术的变体是光热电离光谱(PTIS:photothermal ionization spectroscopy)或者光电光谱。被束缚的施主电子从基态被光激发到一个激发态。在 $T \approx 5 \sim 10$ K,样品中的声子数已经足够处于激发态中的载流子热转移到导带中而导致样品的电导率改变。就是这个光电导率变化被作为波长的函数来检测。[121-123] 锗中掺杂浓度低至 10^9 cm^{-3} 的硼和镓受主的情况已经用该技术测得。[124] PTIS 的一个缺点是需要欧姆接触,而优点是其对薄膜的灵敏性。PTIS 已经被和磁场结合起来比较容易的识别了 GaAs 和 InP 中的杂质。[121]

2.6.4　光致发光

光致发光(PL:photoluminescence)是一种检测和识别半导体材料中的杂质的技术,将在第 10 章中叙述。PL 依赖于随机辐射和并发的辐射复合声子发射所形成的电子-空穴对。辐射发射强度与杂质浓度成比例。在此我们简单讨论 PL 在半导体掺杂浓度测量中的应用。

用 PL 进行的杂质识别非常精确,因为其能量分辨率很高。比较困难的是浓度测量,因为将一个给定的杂质光谱线强度和那种杂质的浓度之间进行关联是很不容易的,这就归因于通过深能级体内或表面复合中心的非辐射复合。[125] 由于复合中心的浓度在各个样品之间都不相同,即使对于恒定的浅能级浓度,光致发光信号都能够相差很大。

这个问题已经通过测量本征和非本征 PL 峰值并利用他们的比值得以克服。已经确定比值 $X_{\text{TO}}(BE)/I_{\text{TO}}(FE)$ 与掺杂浓度成比例。[126] $X_{\text{TO}}(BE)$ 是元素 X 为 B 或 P 时束缚激子的横模光学声子 PL 强度峰值,$I_{\text{TO}}(FE)$ 是自由激子的横模光学声子本征 PL 强度峰值。对于硅在从电学上测得的电阻和从光致发光确定的电阻之间得到了很好的一致性,其 PL 强度比值作为掺杂浓度的函数如图 2.29 所示。在 InP 中施主浓度和补偿率被测定。[127]

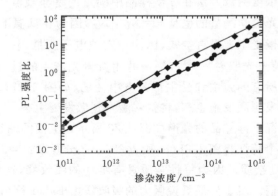

图 2.29　硅中 B 和 P 的 PL 强度比值与掺杂浓度的关系。重印许可自参考文献[128]

2.7　二次离子质谱分析法(SIMS)

二次离子质谱分析法在分析固体中的杂质上是非常有用的技术之一。SIMS 分析将在第 11 章中进行详细讨论。在本节中,我们简要地讨论 SIMS 在掺杂半导体特性的应用。该技术依靠由固体中被溅射出的溢出物及溅射离子的物种分析。大部分被溅射出的材料由中性原子构成,而且无法分析。通过引入能量过滤器和质谱仪,使通过的电离原子可以被分析。它可以检测所有元素。

SIMS 对很多元素具有良好的检测灵敏度,但其灵敏度不如电气或光学方法高。不过在光束技术中,它具有最高的灵敏度,能够探测浓度低至 10^{14} cm^{-1} 的掺杂粒子。它能同时检测不同元素,具有 1～5 nm 的纵向分辨率,并可以给出几个原子数量级的表面特征。这是一种破坏试样的方法,因为溅射后将在样品表面留下陨石坑样的破坏。

SIMS 与掺杂浓度的关系图作为时间的函数是通过监测溅射过程中给定元素的二次离子信号得到的。这种“离子信号随时间变化的”图包含了掺杂浓度分布必要的信息。通过测量溅射后陨石坑的深度,并设溅射速率是固定的,轴坐标可以由时间转换为深度。这项工作应为每个样品独立完成,因为溅射率随聚焦的点和粒子流的不同而改变。[129] 通过已知的标准数据,二次离子信号可以转换为杂质浓度。离子信号与浓度含量之间的比例关系只有在杂质均匀分布时才是真实有效地。待测元素的离子产量高度依赖于材料本体。例如,将特定剂量的硼按特定的能源植入硅中来创建测量标准。在二次离子信号校准中样品中硼的总量就等于被注入的硼的含量。然后通过和标准图谱进行对比,就可以确定植入硅中的硼元素的含量。

二次离子质谱确定杂质浓度的总量而不是其电活性。例如,植入后不进行退火处理的样品的 SIMS 结果非常接近高斯分布的预测。但是电学测量结果却差异很大,因为这些离子并没有电学活性。而对于具有电活性的样品,正如图 1.22 和 2.14 中所示,其 SIMS 和电学测量结果吻合得很好。

杂质离子的 SIMS 和扩散电阻的比较结果表明,在较低的杂质含量下,测量的结果并不相符。这种方法得到的是更深的结分布(如图 1.22 所示)。[130-131] 引起轻微深结的溅射离子束或者二次离子质谱仪动态响应的限制所引起的瀑布混合或者连锁反应可能导致 SIMS 的翘尾现象。当从接近表面的高掺杂区域向样品更深处的低掺杂区域溅射时,陨石坑壁上将保留完整的掺杂浓度特征。一些从刻蚀孔洞侧壁处发出的离散信号加入中心溅射区域发出的信号将表现出更高的掺杂浓度,从而反映出更深的分布。电子或光学开关能够抑制这个信号。不过,最终的限制在于那些沉积于刻蚀区底部并增加底部信号的刻蚀区边缘的材料。另一个导致偏差的原因是待测样品的本征特性。在 SRP 技术中测试的是电流,而电子/空穴的浓度来源于植入离子的活性。另一方面,二次离子质谱测量的是总的掺杂浓度而起作用的离子浓度。图 2.30 中反映了植入硅中的硼的电活性随植入剂量和活化处理温度变化的关系。[132]

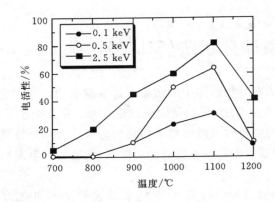

图 2.30   不同温度在 10 s RTA 后,能量范围从 100 eV 到 5 keV 一个 $5 \times 10^{14} cm^{-2}$ 的硼
植入的电活性。摘自参考文献[132]

● ● ● ● ● ● ● ● ● ● ● ● ● ● ● ● ● ● ● ●

2.8   卢瑟福背散射(RBS)

在第 11 章讨论的卢瑟福背散射是一种无损、定量的,没有标准要求的技术。它是基于样品中轻离子的背散射。通常 1～3 兆电子伏特电能的氦离子垂直入射到样品表面并被散射后被面垒探测器检测到。卢瑟福背散射对于较轻基体中重元素的检测是最适合的。举例来说,如硅中的砷或砷化镓中的铱都是适合的,而对于硅中的硼和砷化镓中的硅都是难以量化的,因为轻离子(如氦)和重离子(如:砷)相互作用损失的能量少于轻离子与轻离子(如硼)相互作用损失的能量。对于比探针(入射)离子轻的元素是没有背散射发生的。

卢瑟福背散射的灵敏度比 SRP 和二次离子质谱要低。最低检测限是在 10^{14} 原子/cm^2 的数量级。对于单层厚度为 $10^{-5} cm$ 的样品这相当于 $10^{14}/10^{-5} = 10^{19} cm^{-3}$。可以通过使用比氦重的离子,例如碳来提高测试的灵敏度。但是,使用重离子会降低深度分辨率。深度分辨率通过靶的倾斜来改善,最低可以实现 $2～5nm$ 的深度灵敏度。[133]卢瑟福背散射拥有一个额外的优点,是能够判断掺杂样品中的杂质活性,通过离子通道使进入通道的离子沿晶体方向被定向。离子被导入到开放的通道中就没有离子被背散射。被植入但非活性的原子通常占据晶格的间隙位置从而造成背散射率增加。背散射数据的分析可以确定电激活的程度。以前的技术都不能提供这类信息。卢瑟福背散射也已用于硅化物的发展和硅化物形成对半导体中的杂质掺杂分布的影响。这种应用是其它技术不能达到的。当一个硅化物形成,就可以通过卢瑟福背散射和测定硅化物下砷在硅中的分布来确定。在硅化物前端可以发现砷的"扫雪机"。[134]

● ● ● ● ● ● ● ● ● ● ● ● ● ● ● ● ● ● ● ●

2.9   横向分布

随着半导体器件尺寸的缩小,很好地掌握纵向和横向或者水平掺杂分布是非差重要的。

横向分布作为参数被输入电脑辅助设计模型中。然而,由于器件尺寸的缩小,使得结深度也随之缩小。因此,结的横向尺寸非常小,通常约为纵向深度的 0.6~0.7 倍。有人提议,分辨率在 10 nm 以下时,10% 的掺杂浓度灵敏度下降到 $2 \times 10^{17} \, cm^{-3}$ 是一种有用的方法衡量(预测)器件的特征参数。[135]那么在这个尺寸范围内什么技术适合于测量杂质分布呢?

区分原子和电激活掺杂分布的不同是非常重要的。这里我们对这几种技术做一简要的对比。更详细的讨论可以在参考文献[136-137]中找到。扫描隧道显微镜(STM)(将在第 9 章讨论)是采用探针沿结的横向部分移动的方式进行测量。由于针尖在半导体表面诱导带弯曲,因此隧道电流取决于掺杂浓度。改进的扫描隧道显微镜可以测量该隧道势垒的高度。通过测量隧道电流随探针-样品表面距离的变化可以获得势垒的高度。势垒高度随对应掺杂浓度的变化而变化。扫描隧道显微镜的针尖是非常尖锐的,其技术可以达到 1~5 nm 的空间分辨率。然而,表面处理是一个重要的问题。

扫描或原子力显微镜(AFM)已经和刻蚀技术相结合。[138]首先通过仔细抛光准备获得器件的纵向剖面。然后对样品进行合适的蚀刻,由此产生的表面形貌特征可以通过具有高清晰度成像能力的技术获得。例如原子力显微镜,扫描电子显微镜或投射电子显微镜。这种技术依赖于随刻蚀速率改变而变化的掺杂浓度。重掺杂地区蚀刻速率比轻掺杂区域快。经过蚀刻,表面形貌和物理特性与掺杂特性相关。采用已知掺杂浓度的样品作为标准来校准刻蚀率。对于 p 型硅合适的刻蚀方案是在氢氟酸、硝酸和甲醇按照(1:3:8)的比例配置而成的刻蚀液中刻蚀几秒钟并进行强力光照。对于 n 型硅适合的刻蚀液组成是氢氟酸、硝酸和水按照(1:100:25)的比例配置而成。[139]这种技术的限制是其对 n 型硅和 p 型硅的灵敏度只有约 $5 \times 10^{17} \, cm^{-3}$。

已经用于横向掺杂浓度分布测量的两个主要技术是扫描电容显微镜(SCM)[140]和扫描扩散电阻显微镜(SSRM)。[141]正如本章前面所描述的一样,SCR 是采用一个小面积的电容式探针来测量金属/半导体或者 MOS 结构。[142]如果电容测量电路具有足够的灵敏度,它可以测量这些探头的小电容。但是对于非平行结构的接触方式的测量是有问题的。SCR 将在第 9 章进行讨论。

在原子力显微镜(将在第 9 章讨论)上出现的扫描扩散电阻显微镜测量的是尖锐导电针尖和与之接触的表面间的扩散电阻。当针尖在样品表面运动时精确控制施加的力。SSRM 的灵敏度和动态范围与传统的扩散电阻方法(在第 1 章讨论过的 SRP)是类似的。小的接触面积、小的运动距离可以使测量器件断面而无需调节探针。高的空间分辨率可直接进行双向、纳米扩散电阻(nano-SRP)的测量,无需专门的测试结构。

105

- - - - - - - - - - - - - - -

2.10 优点和缺点

微分电容:微分电容分析方法的主要缺点是其剖面深度有限,在表面的有限零偏置空间电荷区的宽度和深度的击穿电压。对于重掺杂区域第二种限制是特别严重的。由于德拜限制的存在,将产生更多的限制,这适用于所有载流子分析技巧。小的缺点是数据差异导致分析数据中的噪音。

该方法的优点在于它能够以较小的数据处理过程获得载流子的浓度分布。一个简单的 C

-V 数据变化就足够了。对中度掺杂的材料这是一个理想的测试方法,当使用汞电极时也是非破坏性的。采用现有商业设备就能够很好地建立起来。它的深度剖析能力大大扩展了电化学分析方法。

极大-极小 MOS-C 电容量:这项技术的缺点在于它无法提供浓度分布。它只能确定平衡状态下平均空间电荷区宽度。它的优势在于它的简单性。它只是需要一个高频 $C-V$ 测量。

积分电容:积分电容技术也不能提供分布分析,这限制了它的应用。但是,它能提供注入剂量和深度数据,其主要优点在于它的精确性。当监控植入离子的均匀性为 1‰ 时,这是非常重要的。

MOSFET 的电流电压:基片/栅极电压技术需要两个分化,也没有找到广泛的应用。阈值电压方法在解释阈值电压方面需要一个的适当的定义。这两种方法的好处是,MOSFET 是直接测量。无特殊,大面积的测试结构是必需的。当这种测试结构不现实的时候这一点尤其重要。然而,它也受到受短期和狭窄的通道效应得影响。

扩散电阻:SRP 的缺点在于样品制备的复杂性,以及扩散电阻测量分析的解释。测得的数据必须修订,要么必须知道其流动性,要么使用完备的校准标准来提取掺杂分布。它的优点在于作为众所周知的方法是经常被用于半导体工业中的硅分析。它没有深度的限制,可以通过一个任意数字的 pn 结进行分析,测量浓度范围跨越 10^{13} cm^{-3} 到 10^{21} cm^{-3} 间很大的区域。

霍尔效应:霍尔效应的局限性在于对重复的层剥离分析并不方便。这一点已经通过商用设备进行简化。虽然可用于分析,它不是用于获得分布的常规方法。其优点在于可提供载体密度和流动性的平均值。为此,它被大量地使用,将在第 8 章讨论。

光学技术:光学技术需要专门的设备与已知标准的一定数量的杂质测量。分布分析一般是不可能的,只能得到平均值。光学方法的主要优点是其空前的灵敏度和杂质鉴定的准确性。此外,光学方法的非接触性,作为一项规则,是一大优势。

二次离子质谱分析:在 SIMS 的缺点在于设备的复杂性。它没有电学及光学技术的灵敏性。对于硅中的硼元素是最敏感的,而对所有其它杂质的敏感性都较低。对于满足化学计量比掺杂的半导体样品是没有用的。参考标准必须用于原始质谱数据的定量解释,基体效应可以导致测量解释上的困难。SIMS 的优势在于它能够用于掺杂浓度的分析。这是最常用的方法。它测量的是掺杂浓度分布,不是载流子浓度分布,可用于任何激活退火处理前的植入样品。这对电学方法是不可能的。它具有高的空间分辨率,可用于任何半导体测量。

卢瑟福背散射:卢瑟福背散射的缺点在于其灵敏度较低,而且所需的专业设备在大多数半导体实验室中并不容易获得。这是很难衡量轻元素。它的优点在于它的非破坏性和无需使用标准手册的定量分析性质。它也能够检测通过离子通道激活离子注入的成效。

横向剖面分布:横向分析,虽然有非常重要的潜力,但是,通常情况下,尚未发展到需要非常精确方法这样的地步。许多技术也正在评估中,但没有表明这种方法在这个时候是最主要的方法,但电容和扩散电阻的分析看上去更为看好。

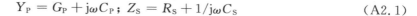

附录 2.1

并联或串联连接

一些电容计提供并联或串联连接测量模式,例如,仪表假定器件在如图 A2.1(a)所示的并联连接模式或图 A2.1(b)的串联连接模式下进行测试。并联电路的导纳 Y_P 和串联电路的阻抗 Z_S 为

$$Y_P = G_P + j\omega C_P ; \quad Z_S = R_S + 1/j\omega C_S \tag{A2.1}$$

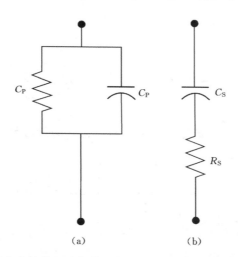

(a)　　　　　　(b)

图 A2.1　一个有并联电导或串联电阻电容(器)的(a)并联和(b)串联连接

其中 $\omega = 2\pi f$。$Y_P = 1/Z_S$,等效如下两个表达式:

$$C_P = \frac{1}{1 + D_S^2} C_S ; \quad G_P = \frac{D_S^2}{1 + D_S^2} \frac{1}{R_S} \tag{A2.2}$$

损耗系数 D_S 为

$$D_S = \omega C_S R_S \tag{A2.3}$$

同样,我们能写出

$$C_S = (1 + D_P^2) C_P ; \quad R_S = \frac{D_P^2}{1 + D_P^2} \frac{1}{G_P} \tag{A2.4}$$

损耗系数 D_P 为

$$D_P = \frac{G_P}{\omega C_P} \tag{A2.5}$$

有时损耗系数用术语品质因数 Q 表示。对于串并联电路,Q 由下式给出:

$$Q_S = \frac{1}{D_S} = \frac{1}{\omega C_S R_S}; \quad Q_P = \frac{1}{D_P} = \frac{\omega C_P}{G_P} \qquad (A2.6)$$

108　对于理想电容,$G_P = 0$,$R_S = 0$,因此,$C_S = C_P$,然而,通常 $G_P \neq 0$,$R_S \neq 0$。不幸的是,没有唯一的准则来选择适当的测量电路。低阻抗样品常采用串联测量电路,高阻抗样品常采用并联电路。对于高损耗值,仪表近似误差由下式给出:

$$\% \text{error} = 0.1 \sqrt{1 + D^2} \qquad (A2.7)$$

这些概念偶尔用术语损耗角正切 $\tan \delta$ 表示,$\tan \delta$ 被定义为

$$\tan \delta = \frac{\sigma}{K_s \varepsilon_o \omega} = \frac{1}{K_s \varepsilon_o \omega \rho} \qquad (A2.8)$$

⬤ ● ● ● ● ● ● ● ● ● ● ● ● ● ● ● ● ● ●

附录 2. 2

电路转换

让我们考虑图 A2.2(a)和(b)的电路。从(a)转换到(b)最容易的方法是考虑用两电路的导纳去等效它们。对于(a),导纳 Y 是

$$Y(a) = \frac{1}{Z(a)} = \frac{1}{r_s + 1/(G + j\omega C)} = \frac{G + j\omega C}{1 + r_s(G + j\omega C)}$$
$$= \frac{(G + j\omega C)(1 + r_s G - j\omega C)}{(1 + r_s G + j\omega r_s C)(1 + r_s G - j\omega r_s C)} \qquad (A2.9)$$

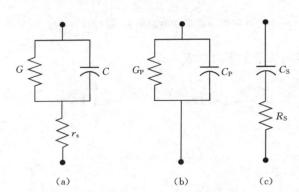

图 A2.2　(a)真实电路;(b)并联等效电路;(c)串联等效电路

式中 Z 是阻抗。$Y(a)$ 可写为

$$Y(a) = \frac{G + r_s G^2 + r_s (\omega C)^2}{(1 + r_s G)^2 + (\omega r_s C)^2} + \frac{j\omega C}{(1 + r_s G)^2 + (\omega r_s C)^2} \qquad (A2.10)$$

对于(b),导纳可简单写为

$$Y(b) = G_{\mathrm{P}} + \mathrm{j}\omega C_{\mathrm{P}} \tag{A2.11}$$

将方程(A2.10)和(A2.11)的实部和虚部分别相等,给出

$$C_{\mathrm{P}} = \frac{C}{(1 + r_{\mathrm{s}}G)^2 + (\omega r_{\mathrm{s}}C)^2}; \quad G_{\mathrm{P}} = \frac{G(1 + r_{\mathrm{s}}G) + r_{\mathrm{s}}(\omega C)^2}{(1 + r_{\mathrm{s}}G)^2 + (\omega r_{\mathrm{s}}C)^2} \tag{A2.12}$$

对于图 A2.2(a)和(c)的电路最好的方法是考虑用两电路的阻抗去等效它们。(a)的阻抗是

$$Z(a) = r_{\mathrm{s}} + \frac{1}{G + \mathrm{j}\omega C} = \frac{(r_{\mathrm{s}}(G + \mathrm{j}\omega C) + 1)(G - \mathrm{j}\omega C)}{(G + \mathrm{j}\omega C)(G - \mathrm{j}\omega C)}$$

$$= \frac{r_{\mathrm{s}}(G^2 + (\omega C)^2) + G}{G^2 + (\omega C)^2} - \frac{\mathrm{j}\omega rC}{G^2 + (\omega C)^2} \tag{A2.13}$$

且(c)的阻抗是

$$Z(c) = R_{\mathrm{s}} + \frac{1}{\mathrm{j}\omega C_{\mathrm{S}}} = R_{\mathrm{s}} - \frac{\mathrm{j}\omega C_{\mathrm{S}}}{(\omega C_{\mathrm{S}})^2} \tag{A2.14}$$

将方程(A2.13)和(A2.14)的实部和虚部分别相等,给出

$$C_{\mathrm{S}} = C(1 + (G/\omega C)^2); \quad R_{\mathrm{s}} = \frac{r_{\mathrm{s}}(G^2 + (\omega C)^2) + G}{G^2 + (\omega C)^2} = r_{\mathrm{s}} + \frac{1}{G(1 + (\omega C/G)^2)}$$

$$\tag{A2.15}$$

参考文献

1. W. Schottky, "Simplified and Expanded Theory of Boundary Layer Rectifiers (in German)," *Z. Phys.* **118**, 539–592, Feb. 1942.

2. J. Hilibrand and R.D. Gold, "Determination of the Impurity Distribution in Junction Diodes from Capacitance-Voltage Measurements," *RCA Rev.* **21**, 245–252, June 1960.

3. R. Decker, "Measurement of Epitaxial Doping Density vs. Depth," *J. Electrochem. Soc.* **115**, 1085–1089, Oct. 1968.

4. L.E. Coerver, "Note on the Interpretation of $C-V$ Data in Semiconductor Junctions," *IEEE Trans. Electron Dev.* **ED-17**, 436, May 1970.

5. H.J.J. DeMan, "On the Calculation of Doping Profiles from C(V) Measurements on Two-Sided Junctions," *IEEE Trans. Electron Dev.* **ED-17**, 1087–1088, Dec. 1970.

6. W. van Gelder and E.H. Nicollian, "Silicon Impurity Distribution as Revealed by Pulsed MOS $C-V$ Measurements," *J. Electrochem. Soc.* **118**, 138–141, Jan. 1971.

7. Y. Zohta, "Rapid Determination of Semiconductor Doping Profiles in MOS Structures," *Solid-State Electron.* **16**, 124–126, Jan. 1973.

8. D.K. Schroder, *Advanced MOS Devices*, Addison-Wesley, Reading, MA, 1987, 64–71.

9. C.D. Bulucea, "Investigation of Deep-Depletion Regime of MOS Structures Using Ramp-Response Method" *Electron. Lett.* **6**, 479–481, July 1970.

10. G. Baccarani, S. Solmi and G. Soncini, "The Silicon Impurity Profile as Revealed by High-Frequency Non-Equilibrium MOS $C-V$ Characteristics," *Alta Frequ.* **16**, 113–115, Feb. 1972.

11. G.G. Barna, B. Van Eck, and J.W. Hosch, "In situ Metrology," in *Handbook of Silicon Semiconductor Technology* (A.C. Diebold, ed.), Dekker, New York, 2001.

12. M. Rommel, Semitest Inc., private correspondence.

13. K. Woolford, L. Newfield, and C. Panczyk, "Monitoring Epitaxial Resistivity Profiles Without Wafer Damage," *Micro*, July/Aug. 2002 (www.micromagazine.com).

14. D.P. Kennedy, P.C. Murley and W. Kleinfelder, "On the Measurement of Impurity Atom Distributions in Silicon by the Differential Capacitance Technique," *IBM J. Res. Develop.* **12**, 399–409, Sept. 1968.

15. J.R. Brews, "Threshold Shifts Due to Nonuniform Doping Profiles in Surface Channel MOSFET's," *IEEE Trans. Electron Dev.* **ED-26**, 1696–1710, Nov. 1979.

16. D.P. Kennedy and R.R. O'Brien, "On the Measurement of Impurity Atom Distributions by the Differential Capacitance Technique," *IBM J. Res. Develop.* **13**, 212–214, March 1969.

17. W.E Carter, H.K. Gummel and B.R. Chawla, "Interpretation of Capacitance vs. Voltage Measurements of PN Junctions," *Solid-State Electron.* **15**, 195–201, Feb. 1972.

18. W.C. Johnson and P.T. Panousis, "The Influence of Debye Length on the $C-V$ Measurement of Doping Profiles," *IEEE Trans. Electron Dev.* **ED-18**, 965–973, Oct. 1971.

19. E.H. Nicollian, M.H. Hanes and J.R. Brews, "Using the MIS Capacitor for Doping Profile Measurements with Minimal Interface State Error," *IEEE Trans. Electron Dev.* **ED-20**, 380–389, April 1973.

20. C.P. Wu, E.C. Douglas and C.W. Mueller, "Limitations of the CV Technique for Ion-Implanted Profiles," *IEEE Trans. Electron Dev.* **ED-22**, 319–329, June 1975.

21. M. Nishida, "Depletion Approximation Analysis of the Differential Capacitance-Voltage Characteristics of an MOS Structure with Nonuniformly Doped Semiconductors," *IEEE Trans. Electron Dev.* **ED-26**, 1081–1085, July 1979.

22. G. Baccarani, M. Rudan, G. Spadini, H. Maes, W. Vandervorst and R. Van Overstraeten, "Interpretation of $C-V$ Measurements for Determining the Doping Profile in Semiconductors," *Solid-State Electron.* **23**, 65–71, Jan. 1980.

23. C.L. Wilson, "Correction of Differential Capacitance Profiles for Debye-Length Effects," *IEEE Trans. Electron Dev.* **ED-27**, 2262–2267, Dec. 1980.

24. D.J. Bartelink, "Limits of Applicability of the Depletion Approximation and Its Recent Augmentation," *Appl. Phys. Lett.* **38**, 461–463, March 1981.

25. H. Kroemer and W.Y. Chien, "On the Theory of Debye Averaging in the $C-V$ Profiling of Semiconductors," *Solid-State Electron.* **24**, 655–660, July 1981.

26. J. Voves, V. Rybka and V. Trestikova, "$C-V$ Technique on Schottky Contacts—Limitation of Implanted Profiles," *Appl. Phys.* **A37**, 225–229, Aug. 1985.

27. A.R. LeBlanc, D.D. Kleppinger and J.P. Walsh, "A Limitation of the Pulsed Capacitance Technique of Measuring Impurity Profiles," *J. Electrochem. Soc.* **119**, 1068–1071, Aug. 1972.

28. K. Ziegler, E. Klausmann and S. Kar, "Determination of the Semiconductor Doping Profile Right Up to Its Surface Using the MIS Capacitor," *Solid-State Electron.* **18**, 189–198, Feb. 1975.

29. ASTM Standard F419-94, "Standard Test Method for Net Carrier Density in Silicon Epitaxial Layers by Voltage-Capacitance of Gated and Ungated Diodes," *1996 Annual Book of ASTM Standards*, Am. Soc. Test. Mat., West Conshohocken, PA, 1996.

30. J.P. Sullivan, W.R. Graham, R.T. Tung, and F. Schrey, "Pitfalls in the Measurement of Metal/ *p*-Si Contacts: The Effect of Hydrogen Passivation," *Appl. Phys. Lett.* **62**, 2804–2806, May 1993; A.S. Vercaemst, R.L. Van Meirhaeghe, W.H. Laflere, and F. Cardon, "Hydrogen Passivation Caused by "Soft" Sputter Etch Cleaning of Si," *Solid-State Electron.* **38**, 983–987, May 1995.

31. R. Dingle, "Confined Carrier Quantum States in Ultrathin Semiconductor Heterostructures," in *Festkörperprobleme/Advances in Solid State Physics* (H.J. Queisser, ed.), Vieweg, Braunschweig Germany, **15**, 1975, 21–48.

32. E.A. Kraut, R.W. Grant, J.R. Waldrop, and S.P. Kowalczyk, "Precise Determination of the Valence-Band Edge in X-Ray Photoemission Spectra: Application to Measurement of Semiconductor Interface Potentials," *Phys. Rev. Lett.* **44**, 1620–1623, June 1980.

33. H. Kroemer, W.Y. Chien, J.S. Harris, Jr., and D.D. Edwall, "Measurement of Isotype Heterojunction Barriers by $C-V$ Profiling," *Appl. Phys. Lett.* **36**, 295–297, Feb. 1980; M.A. Rao, E.J. Caine, H. Kroemer, S.I. Long, and D.I. Babic, "Determination of Valence and Conduction Band Discontinuities at the (Ga,In)P/GaAs Heterojunction by $C-V$ Profiling," *J. Appl. Phys.* **61**, 643–649, Jan. 1987; D.N. Bychkovskii, O.V. Konstantinov, and M.M. Panakhov, "Method for Determination of the Band Offset at a Heterojunction from Capacitance-Voltage Characteristics of an M-S Heterostructure," *Sov. Phys. Semicond.* **26**, 368–376, April 1992.

34. H. Kroemer, "Determination of Heterojunction Band Offsets by Capacitance-Voltage Profiling Through Nonabrupt Isotype Heterojunctions", *Appl. Phys. Lett.* **46**, 504–505, March 1985.

35. A. Morii, H. Okagawa, K. Hara, J. Yoshino, and H. Kukimoto, "Band Discontinuity at $Al_xGa_{1-x}P/GaP$ Heterointerfaces Studied by Capacitance-Voltage Measurements," *Japan. J. Appl. Phys.* **31**, L1161–L1163, Aug. 1992.

36. S.P. Voinigescu, K. Iniewski, R. Lisak, C.A.T. Salama, J.P. Noel, and D.C. Houghton, "New Technique for the Characterization of Si/SiGe Layers Using Heterostructure MOS Capacitors," *Solid-State Electron.* **37**, 1491–1501, Aug. 1994.

37. D.V. Singh, K. Rim, T.O. Mitchell, J.L. Hoyt, and J.F. Gibbons, "Measurement of the Conduction Band Offsets in $Si/Si_{1-x-y}Ge_xC_y$ and $Si/Si_{1-y}C_y$ Heterostructures Using Metal-Oxide-Semiconductor Capacitors," *J. Appl. Phys.* **85**, 985–993, Jan. 1999.

38. S. Chattopadhyay, K.S.K. Kwa, S.H. Olsen, L.S. Driscoll and A.G. O'Neill, "$C-V$ Character-

ization of Strained Si/SiGe Multiple Heterojunction Capacitors as a Tool for Heterojunction MOSFET Channel Design," *Semicond. Sci. Technol.* **18**, 738–744, Aug. 2003.

39. D.V. Lang, "Measurement of Band Offsets by Space Charge Spectroscopy," in *Heterojunctions and Band Discontinuities* (F. Capasso and G. Margaritondo, eds.), North Holland, Amsterdam, 1987, Ch. 9.

40. H. Kroemer, "Heterostructure Devices: A Device Physicist Looks at Interfaces," *Surf. Sci.* **132**, 543–576, Sept. 1983.

41. W. Mönch, *Electronic Properties of Semiconductor Interfaces*, Springer, Berlin 2004, 79–82.

42. E.A. Kraut, R.W. Grant, J.R. Waldrop, and S.P. Kowalczyk, "Precise Determination of the Valence-Band Edge in X-Ray Photoemission Spectra: Application to Measurement of Semiconductor Interface Potentials," *Phys. Rev. Lett.* **44**, 1620–1623, June 1980.

43. B.E. Deal, A.S. Grove, E.H. Snow and C.T. Sah, "Observation of Impurity Redistribution During Thermal Oxidation of Silicon Using the MOS Structure," *J. Electrochem. Soc.* **112**, 308–314, March 1965.

44. K. Iniewski and A. Jakubowski, "Procedure for Determination of a Linear Approximation Doping Profile in a MOS Structure," *Solid-State Electron.* **30**, 295–298, March 1987.

45. A.S. Grove, *Physics and Technology of Semiconductor Devices*, Wiley, New York, 1967.

46. E.H. Nicollian and J.R. Brews, *MOS Physics and Technology*, Wiley, New York, 1982.

47. W.E. Beadle, J.C.C. Tsai and R.D. Plummer, *Quick Reference Manual for Silicon Integrated Circuit Technology*, Wiley-Interscience, New York, 1985, Ch. 14.

48. J. Shappir, A. Kolodny and Y. Shacham-Diamand, "Diffusion Profiling Using the Graded C(V) Method," *IEEE Trans. Electron Dev.* **ED-27**, 993–995, May 1980.

49. W.W. Lin, "A Simple Method for Extracting Average Doping Concentration in the Polysilicon and Silicon Surface Layer Near the Oxide in Polysilicon Gate MOS Structures," *IEEE Electron Dev. Lett.* **15**, 51–53, Feb. 1994.

50. R.O. Deming and W.A. Keenan, "$C-V$ Uniformity Measurements," *Nucl. Instrum. and Meth.* **B6**, 349–356, Jan. 1985; "Low Dose Ion Implant Monitoring," *Solid State Technol.* **28**, 163–167, Sept. 1985.

51. R. Sorge, "Implant Dose Monitoring by MOS $C-V$ Measurement," *Microelectron. Rel.* **43**, 167–171, Jan. 2003.

52. R.S. Nakhmanson and S.B. Sevastianov, "Investigations of Metal-Insulator-Semiconductor Structure Inhomogeneities Using a Small-Size Mercury Probe," *Solid-State Electron.* **27**, 881–891, Oct. 1984.

53. J.T.C. Chen, Four Dimensions, private communication; P.S. Schaffer and T.R. Lally, "Silicon Epitaxial Wafer Profiling Using the Mercury-Silicon Schottky Diode Differential Capacitance Method," *Solid State Technol.* **26**, 229–233, April 1983.

54. T. Ambridge and M.M. Faktor, "An Automatic Carrier Concentration Profile Plotter Using an Electrochemical Technique," *J. Appl. Electrochem.* **5**, 319–328, Nov. 1975.

55. P. Blood, "Capacitance-Voltage Profiling and the Characterisation of III–V Semiconductors Using Electrolyte Barriers," *Semicond. Sci. Technol.* **1**, 7–27, 1986.

56. T. Ambridge and D.J. Ashen, "Automatic Electrochemical Profiling of Carrier Concentration in Indium Phosphide," *Electron. Lett.* **15**, 647–648, Sept. 1979.

57. R.T. Green, D.K. Walker, and C.M. Wolfe, "An Improved Method for the Electrochemical $C-V$ Profiling of InP," *J. Electrochem. Soc.* **133**, 2278–2283, Nov. 1986.

58. M.M. Faktor and J.L. Stevenson, "The Detection of Structural Defects in GaAs by Electrochemical Etching," *J. Electrochem. Soc.* **125**, 621–629, April 1978.

59. T. Ambridge, J.L. Stevenson and R.M. Redstall, "Applications of Electrochemical Methods for Semiconductor Characterization: I. Highly Reproducible Carrier Concentration Profiling of VPE "Hi-Lo" n-GaAs," *J. Electrochem. Soc.* **127**, 222–228, Jan. 1980; A.C. Seabaugh, W.R. Frensley, R.J. Matyi and G.E. Cabaniss, "Electrochemical $C-V$ Profiling of Heterojunction Device Structures," *IEEE Trans. Electron Dev.* **ED-36**, 309–313, Feb. 1989.

60. C.D. Sharpe and P. Lilley, "The Electrolyte-Silicon Interface; Anodic Dissolution and Carrier Concentration Profiling," *J. Electrochem. Soc.* **127**, 1918–1922, Sept. 1980.

61. W.Y. Leong, R.A.A. Kubiak and E.H.C. Parker, "Dopant Profiling of Si-MBE Material Using the Electrochemical CV Technique," in *Proc. First Int. Symp. on Silicon MBE*, Electrochem.

Soc., Pennington, NJ, 1985, pp. 140–148.

62. M. Pawlik, R.D. Groves, R.A. Kubiak, W.Y. Leong and E.H.C. Parker, "A Comparative Study of Carrier Concentration Profiling Techniques in Silicon: Spreading Resistance and Electro-chemical CV," in *Emerging Semiconductor Technology* (D.C. Gupta and R.P. Langer, eds.), **STP 960**, Am. Soc. Test. Mat., Philadelphia, 1987, 558–572.

63. A.C. Seabaugh, W.R. Frensley, R.J. Matyi, G.E. Cabaniss, "Electrochemical $C-V$ Profiling of Heterojunction Device Structures," *IEEE Trans. Electron Dev.* 36 309–313, Feb. 1989.

64. E. Peiner, A. Schlachetzki, and D. Krüger, "Doping Profile Analysis in Si by Electrochemical Capacitance-Voltage Measurements," *J. Electrochem. Soc.* **142**, 576–580, Feb. 1995.

65. I. Mayes, "Accuracy and Reproducibility of the Electrochemical Profiler," *Mat. Sci. Eng.* **B80**, 160–163, March 2001.

66. J.M. Shannon, "DC Measurement of the Space Charge Capacitance and Impurity Profile Beneath the Gate of an MOST," *Solid-State Electron.* **14**, 1099–1106, Nov. 1971.

67. M.G. Buehler, "The D-C MOSFET Dopant Profile Method," *J. Electrochem. Soc.* **127**, 701–704, March 1980; M.G. Buehler, "Effect of the Drain-Source Voltage on Dopant Profiles Obtained from the DC MOSFET Profile Method," *IEEE Trans. Electron Dev.* **ED-27**, 2273–2277, Dec. 1980.

68. H.G. Lee, S.Y. Oh, and G. Fuller, "A Simple and Accurate Method to Measure the Threshold Voltage of an Enhancement-Mode MOSFET," *IEEE Trans. Electron Dev.* **ED-29**, 346–348, Feb. 1982.

69. H.J. Mattausch, M. Suetake, D. Kitamaru, M. Miura-Mattausch, S. Kumashiro, N. Shigyo, S. Odanaka, and N. Nakayama, "Simple Nondestructive Extraction of the Vertical Channel-Impurity Profile of Small-Size Metal–Oxide–Semiconductor Field-Effect Transistors," *Appl. Phys. Lett.* **80**, 2994–2996, April 2002.

70. M. Chi and C. Hu, "Errors in Threshold-Voltage Measurements of MOS Transistors for Dopant-Profile Determinations," *Solid-State Electron.* **24**, 313–316, April 1981.

71. G.S. Gildenblat, "On the Accuracy of a Particular Implementation of the Shannon-Buehler Method," *IEEE Trans. Electron Dev.* **36**, 1857–1858, Sept. 1989.

72. G.P. Carver, "Influence of Short-Channel Effects on Dopant Profiles Obtained from the DC MOSFET Profile Method," *IEEE Trans. Electron Dev.* **ED-30**, 948–954, Aug. 1983.

73. D.W. Feldbaumer and D.K. Schroder, "MOSFET Doping Profiling," *IEEE Trans. Electron Dev.* **38**, 135–140, Jan. 1991.

74. D.S. Wu, "Extraction of Average Doping Density and Junction Depth in an Ion-Implanted Deep-Depletion Transistor," *IEEE Trans. Electron Dev.* **ED-27**, 995–997, May 1980.

75. R.A. Burghard and Y.A. El-Mansy, "Depletion Transistor Threshold Voltage as a Process Monitor," *IEEE Trans. Electron Dev.* **ED-34**, 940–942, April 1987.

76. H. Jorke and H.J. Herzog, "Carrier Spilling in Spreading Resistance Analysis of Si Layers Grown by Molecular-Beam Epitaxy," *J. Appl. Phys.* **60**, 1735–1739, Sept. 1986.

77. H. Maes, W. Vandervorst and R. Van Overstraeten, "Impurity Profile of Implanted Ions in Silicon," in *Impurity Doping Processes in Silicon* (F.F.Y. Wang, ed.) North-Holland, Amsterdam, 1981, 443–638.

78. E.F. Schubert, J.M. Kuo, and R.F. Kopf, "Theory and Experiment of Capacitance-Voltage Profiling on Semiconductors with Quantum Confinement," *J. Electron. Mat.* **19**, 521–531, June 1990.

79. A.M. Goodman, "Metal-Semiconductor Barrier Height Measurement by the Differential Capacitance Method—One Carrier System," *J. Appl. Phys.* **34**, 329–338, Feb. 1963.

80. K. Mallik, R.J. Falster, and P.R. Wilshaw, "Schottky Diode Back Contacts for High Frequency Capacitance Studies on Semiconductors," *Solid-State Electron.* **48**, 231–238, Feb. 2004.

81. J.D. Wiley and G.L. Miller, "Series Resistance Effects in Semiconductor CV Profiling," *IEEE Trans. Electron Dev.* **ED-22**, 265–272, May 1975.

82. J.D. Wiley, "$C-V$ Profiling of GaAs FET Films," *IEEE Trans. Electron Dev.* **ED-25**, 1317–1324, Nov. 1978.

83. S.T. Lin and J. Reuter, "The Complete Doping Profile Using MOS CV Technique," *Solid-State Electron.* **26**, 343–351, April 1983.

84. D.K. Schroder and P. Rai Choudhury, "Silicon-on-Sapphire with Microsecond Carrier Lifetimes," *Appl. Phys. Lett.* **22**, 455–457, May 1973.

85. J.R. Brews, "Correcting Interface-State Errors in MOS Doping Profile Determinations," *J. Appl. Phys.* **44**, 3228–3231, July 1973; Y. Zohta, "Frequency Dependence of $\Delta V / \Delta (C^{-2})$ of MOS Capacitors," *Solid-State Electron.* **17**, 1299–1309, Dec. 1974.

86. B.L. Smith and E.H. Rhoderick, "Possible Sources of Error in the Deduction of Semiconductor Impurity Concentrations from Schottky-Barrier (C, V) Characteristics," *Brit. J. Appl. Phys.* **D2**, 465–467, March 1969.

87. J.A. Copeland, "Diode Edge Effect on Doping-Profile Measurements," *IEEE Trans. Electron. Dev.* **ED-17**, 404–407, May 1970; W. Tantraporn and G.H. Glover, "Extension of the $C-V$ Doping Profile Technique to Study the Movements of Alloyed Junction and Substrate Out-Diffusion, the Separation of Junctions, and Device Area Trimming," *IEEE Trans. Electron Dev.* **ED-35**, 525–529, April 1988.

88. E. Simoen, C. Claeys, A. Czerwinski, and J. Katcki, "Accurate Extraction of the Diffusion Current in Silicon p-n Junction Diodes," *Appl. Phys. Lett.* **72**, 1054–1056, March 1998.

89. P. Kramer, C. deVries and L.J. van Ruyven, "The Influence of Leakage Current on Concentration Profile Measurements," *J. Electrochem. Soc.* **122**, 314–316, Feb. 1975.

90. D.K. Schroder, T.T. Braggins, and H.M. Hobgood, "The Doping Concentrations of Indium-Doped Silicon Measured by Hall, $C-V$, and Junction Breakdown Techniques," *J. Appl. Phys.* **49**, 5256–5259, Oct. 1978.

91. L.C. Kimerling, "Influence of Deep Traps on the Measurement of Free-Carrier Distributions in Semiconductors by Junction Capacitance Techniques," *J. Appl. Phys.* **45**, 1839–1845, April 1974.

92. G. Goto, S. Yanagisawa, O. Wada and H. Takanashi, "An Improved Method of Determining Deep Impurity Levels and Profiles in Semiconductors," *Japan. J. Appl. Phys.* **13**, 1127–1133, July 1974.

93. K. Lehovec, "$C-V$ Analysis of a Partially Depleted Semiconducting Channel," *Appl. Phys. Lett.* **26**, 82–84, Feb. 1975.

94. I. Amron, "Errors in Dopant Concentration Profiles Determined by Differential Capacitance Measurements," *Electrochem. Technol.* **5**, 94–97, March/April 1967.

95. R.A. Smith, *Semiconductors*, Cambridge University Press, Cambridge, 1959, Ch. 5.

96. D.L. Rode, C.M. Wolfe and G.E. Stillman, "Magnetic-Field Dependence of the Hall Factor of Gallium Arsenide," in *GaAs and Related Compounds* (G.E. Stillman, ed.) Conf. Ser. No. 65, Inst. Phys., Bristol, 1983, pp. 569–572.

97. A. Chandra, C.E.C. Wood, D.W. Woodard and L.F. Eastman, "Surface and Interface Depletion Corrections to Free Carrier-Density Determinations by Hall Measurements," *Solid-State Electron.* **22**, 645–650, July 1979.

98. T.R. Lepkowski, R.Y. DeJule, N.C. Tien, M.H. Kim and G.E. Stillman, "Depletion Corrections in Variable Temperature Hall Measurements," *J. Appl. Phys.* **61**, 4808–4811, May 1987.

99. E.H. Putley, *The Hall Effect and Related Phenomena*, Butterworths, London, 1960, p. 106.

100. G.E. Stillman and C.M. Wolfe, "Electrical Characterization of Epitaxial Layers," *Thin Solid Films* **31**, 69–88, Jan. 1976.

101. T.T. Braggins, H.M. Hobgood, J.C. Swartz and R.N. Thomas, "High Infrared Responsivity Indium-Doped Silicon Detector Material Compensated by Neutron Transmutation," *IEEE Trans. Electron Dev.* **ED-27**, 2–10, Jan. 1980.

102. N.D. Young and M.J. Hight, "Automated Hall Effect Profiler for Electrical Characterisation of Semiconductors," *Electron. Lett.* **21**, 1044–1046, Oct. 1985.

103. R. Baron, G.A. Shifrin, O.J. Marsh, and J.W. Mayer, "Electrical Behavior of Group III and V Implanted Dopants in Silicon," *J. Appl. Phys.* **40**, 3702–3719, Aug. 1969.

104. R.D. Larrabee and W.R. Thurber, "Theory and Application of a Two-Layer Hall Technique," *IEEE Trans. Electron Dev.* **ED-27**, 32–36, Jan. 1980.

105. L.F. Lou and W.H. Frye, "Hall Effect and Resistivity in Liquid-Phase-Epitaxial Layers of HgCdTe," *J. Appl. Phys.* **56**, 2253–2267, Oct. 1984.

106. R.L. Petritz, "Theory of an Experiment for Measuring the Mobility and Density of Carriers in the Space-Charge Region of a Semiconductor Surface," *Phys. Rev.* **110**, 1254–1262, June 1958.

107. T.S. Moss, G.J. Burrell and B. Ellis, *Semiconductor Opto-Electronics*, Wiley, New York, 1973, 42–46.

108. ASTM Standard F398-82, "Standard Method for Majority Carrier Concentration in Semiconductors by Measurement of Wavelength of the Plasma Resonance Minimum," *1996 Annual Book of ASTM Standards*, Am. Soc. Test. Mat., West Conshohocken, PA, 1996.

109. T. Abe and Y. Nishi, "Non-Destructive Measurement of Surface Concentrations and Junction Depths of Diffused Semiconductor Layers," *Japan. J. Appl. Phys.* **7**, 397–403, April 1968.

110. A.H. Tong, P.A. Schumann, Jr. and W.A. Keenan, "Epitaxial Substrate Carrier Concentration Measurement by the Infrared Interference Envelope (IRIE) Technique," *J. Electrochem. Soc.* **119**, 1381–1384, Oct. 1972.

111. P.A. Schumann, Jr., W.A. Keenan, A.H. Tong, H.H. Gegenwarth and C.P. Schneider, "Silicon Optical Constants in the Infrared," *J. Electrochem. Soc.* **118**, 145–148, Jan. 1971 and references therein; D.K. Schroder, R.N. Thomas and J.C. Swartz, "Free Carrier Absorption in Silicon," *IEEE Trans. Electron Dev.* **ED-25**, 254–261, Feb. 1978.

112. J. Isenberg and W. Warta, "Free Carrier Absorption in Heavily-Doped Silicon Layers," *Appl. Phys. Lett.* **84**, 2265–2267, March 2004.

113. D.C. Look, D.C. Walters, M.G. Mier, and J.R. Sizelove, "Nondestructive Mapping of Carrier Concentration and Dislocation Density in n^+-type GaAs," *Appl. Phys. Lett.* **65**, 2188–2190, Oct. 1994.

114. J.L. Boone, M.D. Shaw, G. Cantwell and W.C. Harsh, "Free Carrier Density Profiling by Scanning Infrared Absorption," *Rev. Sci. Instrum.* **59**, 591–595, April 1988.

115. E. Burstein, G. Picus, B. Henvis and R. Wallis, "Absorption Spectra of Impurities in Silicon; I. Group III Acceptors," *J. Phys. Chem Solids* **1**, 65–74, Sept/Oct. 1956; G. Picus, E. Burstein and B. Henvis, "Absorption Spectra of Impurities in Silicon; II. Group V Donors," *J. Phys. Chem Solids* **1**, 75–81, Sept/Oct. 1956.

116. H.J. Hrostowski and R.H. Kaiser, "Infrared Spectra of Group III Acceptors in Silicon," *J. Phys. Chem. Solids* **4**, 148–153, 1958.

117. S.C. Baber, "Net and Total Shallow Impurity Analysis of Silicon by Low Temperature Fourier Transform Infrared Spectroscopy," *Thin Solid Films* **72**, 201–210, Sept. 1980; ASTM Standard F1630-95, "Standard Test Method for Low Temperature FT-IR Analysis of Single Crystal Silicon for III–V Impurities," *1996 Annual Book of ASTM Standards*, Am. Soc. Test. Mat., West Conshohocken, PA, 1996.

118. T.S. Low, M.H. Kim, B. Lee, B.J. Skromme, T.R. Lepkowski and G.E. Stillman, "Neutron Transmutation Doping of High Purity GaAs," *J. Electron. Mat.* **14**, 477–511, Sept. 1985.

119. J.J. White, "Effects of External and Internal Electric Fields on the Boron Acceptor States in Silicon," *Can. J. Phys.* **45**, 2695–2718, Aug. 1967; "Absorption-Line Broadening in Boron-Doped Silicon," *Can. J. Phys.* **45**, 2797–2804, Aug. 1967.

120. B.O. Kolbesen, "Simultaneous Determination of the Total Content of Boron and Phosphorus in High-Resistivity Silicon by IR Spectroscopy at Low Temperatures," *Appl. Phys. Lett.* **27**, 353–355, Sept. 1975.

121. G.E. Stillman, C.M. Wolfe and J.O. Dimmock, "Far Infrared Photoconductivity in High Purity GaAs," in *Semiconductors and Semimetals* (R.K. Willardson and A.C. Beer, eds.) Academic Press, New York, **12**, 169–290, 1977.

122. M.J.H. van de Steeg, H.W.H.M. Jongbloets, J.W. Gerritsen and P. Wyder, "Far Infrared Photothermal Ionization Spectroscopy of Semiconductors in the Presence of Intrinsic Light," *J. Appl. Phys.* **54**, 3464–3474, June 1983.

123. E.E. Haller, "Semiconductor Physics in Ultra-Pure Germanium," in *Festkörperprobleme* **26** (P. Grosse, ed.), Vieweg, Braunschweig, 1986, 203–229.

124. S.M. Kogan and T.M. Lifshits, "Photoelectric Spectroscopy—A New Method of Analysis of Impurities in Semiconductors," *Phys. Stat. Sol.* (a) **39**, 11–39, Jan. 1977.

125. K.K. Smith, "Photoluminescence of Semiconductor Materials," *Thin Solid Films* **84**, 171–182, Oct. 1981.

126. M. Tajima, "Determination of Boron and Phosphorus Concentration in Silicon by Photoluminescence Analysis," *Appl. Phys. Lett.* **32**, 719–721, June 1978.

127. G. Pickering, P.R. Tapster, P.J. Dean and D.J. Ashen, "Determination of Impurity Concentration in n-Type InP by a Photoluminescence Technique," in *GaAs and Related Compounds* (G.E. Stillman, ed.) Conf. Ser. No. 65, Inst. Phys., Bristol, 1983, 469–476.

128. M. Tajima, T. Masui, T. Abe and T. Iizuka, "Photoluminescence Analysis of Silicon Crystals," in *Semiconductor Silicon 1981* (H.R. Huff, R.J. Kriegler and Y. Takeishi, eds.) Electrochem. Soc., Pennington, NJ, 1981, 72–89.

129. M. Pawlik, "Dopant Profiling in Silicon," in *Semiconductor Processing*, ASTM **STP 850** (D.C. Gupta, ed.) Am. Soc. Test. Mat., Philadelphia, PA, 1984, 391–408.

130. S.B. Felch, R. Brennan, S.F. Corcoran, and G. Webster, "A Comparison of Three Techniques for Profiling Ultrashallow p^+n Junctions," *Solid State Technol.* **36**, 45–51, Jan. 1993.

131. E. Ishida and S.B. Felch, "Study of Electrical Measurement Techniques for Ultra-Shallow Dopant Profiling," *J. Vac. Sci. Technol.* **B14**, 397–403, Jan./Feb. 1996; S.B. Felch, D.L. Chapek, S.M. Malik, P. Maillot, E. Ishida, and C.W. Magee, "Comparison of Different Analytical Techniques in Measuring the Surface Region of Ultrashallow Doping Profiles," *J. Vac. Sci. Technol.* **B14**, 336–340, Jan./Feb.1996.

132. E.J.H. Collart, K. Weemers, D.J. Gravesteijn, and J.G.M. van Berkum, "Characterization of Low-energy (100 eV–10 keV) Boron Ion Implantation," *J. Vac. Sci. Technol.* **B16**, 280–285, Jan./Feb. 1998.

133. W. Vandervorst and T. Clarysse, "On the Determination of Dopant/Carrier Distributions," *J. Vac. Sci. Technol.* **B10**, 302–315, Jan./Feb. 1992.

134. H. Norström, K. Maex, J. Vanhellemont, G. Brijs, W. Vandervorst, and U. Smith, "Simultaneous Formation of Contacts and Diffusion Barriers for VLSI by Rapid Thermal Silicidation of TiW," *Appl. Phys.*, **A51**, 459–466, Dec. 1990.

135. R. Subrahmanyan and M. Duane, "Issues in Two-Dimensional Dopant Profiling," in *Diagnostic Techniques for Semiconductor Materials and Devices 1994* (D.K. Schroder, J.L. Benton, and P. Rai-Choudhury, eds.), Electrochem. Soc., Pennington, NJ, 1994, 65–77.

136. R. Subrahmanyan, "Methods for the Measurement of Two-Dimensional Doping Profiles," *J. Vac. Sci. Technol.* **B10**, 358–368, Jan./Feb. 1992.

137. A.C. Diebold, M.R. Kump, J.J. Kopanski, and D.G. Seiler, "Characterization of Two-Dimensional Dopant Profiles: Status and Review," *J. Vac. Sci. Technol.* **B14**, 196–201, Jan./Feb.1996.

138. M. Barrett, M. Dennis, D. Tiffin, Y. Li, and C.K. Shih, "Two-Dimensional Dopant Profiling of Very Large Scale Integrated Devices Using Selective Etching and Atomic Force Microscopy," *J. Vac. Sci. Technol.* **B14**, 447–451, Jan./Feb.1996.

139. W. Vandervorst, T. Clarysse, P. De Wolf, L. Hellemans, J. Snauwaert, V. Privitera, and V. Raineri, "On the Determination of Two-Dimensional Carrier Distributions," *Nucl. Instrum. Meth.* **B96**, 123–132, March 1995.

140. C.C. Williams, Two-Dimensional Dopant Profiling by Scanning Capacitance Microscopy," *Annu. Rev. Mater. Sci.* **29**, 471–504, 1999.

141. W. Vandervorst, P. Eyben, S. Callewaert, T. Hantschel, N. Duhayon, M. Xu, T. Trenkler and T. Clarysse, "Towards Routine, Quantitative Two-dimensional Carrier Profiling with Scanning Spreading Resistance Microscopy," in *Characterization and Metrology for ULSI Technology*, (D.G. Seiler, A.C. Diebold, T.J. Shaffner, R. McDonald, W.M. Bullis, P.J. Smith, and E.M. Secula, eds.), *Am. Inst. Phys.* **550**, 613–619, 2000.

142. G. Neubauer, A. Erickson, C.C. Williams, J.J. Kopanski, M. Rodgers, and D. Adderton, "Two-Dimensional Scanning Capacitance Microscopy Measurements of Cross-Sectioned Very Large Scale Integration Test Structures," *J. Vac. Sci. Technol.* **B14**, 426–432, Jan./Feb.1996; J.S. McMurray, J. Kim, and C.C. Williams, "Quantitative Measurement of Two-dimensional Dopant Profile by Cross-sectional Scanning Capacitance Microscopy," *J. Vac. Sci. Technol.* **B15**, 1011–1014, July/Aug. 1997.

习题

2.1 图 2.1(a)、2.1(b)为一个 p 型硅衬底上的肖特基二极管的 C-V 曲线。其测得的 C-V 数据以表格形势表示如下。求此器件中载流子浓度随深度的变化规律,并画出 $\lg[p(x)]$ 与 W 的关系曲线,其中 $\log[p(x)]$ 的单位是 cm^{-3},W 的单位是 μm,$K_s = 11.7$,$A = 10^{-3}\ cm^2$。

V/V	C/F	V/V	C/F	V/V	C/F
0	8.39e-11	15.09	6.80e-12	26.29	2.37e-12
0.94	4.63e-11	15.62	6.38e-12	28.03	2.24e-12
2.16	3.20e-11	16.07	6.01e-12	29.86	2.12e-12
3.52	2.44e-11	16.47	5.68e-12	31.79	2.02e-12
4.93	1.97e-11	16.81	5.38e-12	33.82	1.93e-12
6.34	1.66e-11	17.36	4.88e-12	35.94	1.84e-12
7.69	1.43e-11	17.84	4.36e-12	38.16	1.76e-12
8.96	1.26e-11	18.17	3.95e-12	40.48	1.69e-12
10.14	1.12e-11	18.39	3.60e-12	42.89	1.62e-12
11.21	1.01e-11	19.06	3.32e-12	45.40	1.56e-12
12.18	9.22e-12	20.31	3.07e-12	48.01	1.51e-12
13.05	8.47e-12	21.60	2.86e-12	50.71	1.45e-12
13.81	7.83e-12	23.11	2.67e-12		
14.49	7.28e-12	24.65	2.51e-12		

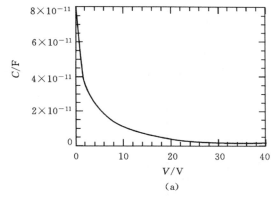
(a)

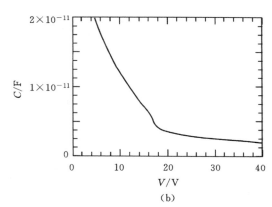
(b)

图 P2.1

2.2 二极管的 C-V 曲线和测试数据如图 P2.2 和下表所示。其中 C 代表总的电容量,求出距离 d(单位 cm),掺杂浓度 N_A(单位 cm^{-3})以及内建电场 V_{bi}(单位 V)的大小。已知 $K_s = 11.7$,$K_{air} = 1$,$A = 10^{-3}\ cm^2$,半导体电容的计算公式为

$$C_S = A \sqrt{\frac{qK_s\varepsilon_0 N_A}{2(V_{bi}+V)}}$$

V/V	C/F	V/V	C/F	V/V	C/F	V/V	C/F
0	2.276E-11	2.8	1.073E-11	0.000	9.959E-12	4.496	6.681E-12
0.2	2.036E-11	3	1.044E-11	0.430	9.470E-12	4.769	6.569E-12
0.4	1.858E-11	3.2	1.018E-11	0.820	9.067E-12	5.039	6.463E-12
0.6	1.720E-11	3.4	9.933E-12	1.183	8.726E-12	5.307	6.363E-12
0.8	1.609E-11	3.6	9.704E-12	1.527	8.431E-12	5.573	6.269E-12
1	1.517E-11	3.8	9.491E-12	1.857	8.171E-12	5.837	6.179E-12
1.2	1.439E-11	4	9.291E-12	2.175	7.940E-12	6.099	6.094E-12
1.4	1.372E-11	4.4	8.927E-12	2.485	7.732E-12	6.359	6.013E-12
1.6	1.314E-11	4.8	8.602E-12	2.787	7.543E-12	6.618	5.935E-12
1.8	1.262E-11	5.2	8.310E-12	3.083	7.370E-12	6.876	5.861E-12
2	1.217E-11	5.6	8.046E-12	3.374	7.211E-12	7.132	5.790E-12
2.2	1.175E-11	6.0	7.806E-12	3.660	7.064E-12	7.387	5.721E-12
2.4	1.138E-11	6.4	7.586E-12	3.942	6.928E-12	7.640	5.656E-12
2.6	1.104E-11	6.8	7.384E-12	4.221	6.800E-12	4.496	6.681E-12

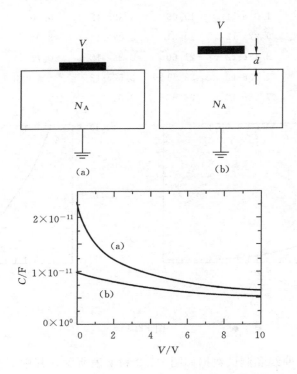

图 P2.2

2.3 一个 p 型硅 MIS 电容器,$C_{inv}/C_{ins}=0.32$,$t_{ins}=30$ nm,其中下标"ins"代表绝缘体,而不是指二氧化硅。 119

(**a**) 令 $K_{ins}=8$, $K_s=11.7$, $n_i=10^{10}$ cm^{-3}, $A=10^{-3}$ cm^2, $T=27$℃,求该器件的掺杂浓度。

(**b**) 利用本书中推导公式(2.18)所用的近似方法求 $N_A=10^{16}$ cm^{-3} 时 C_{inv}/C_{ins} 的大小。

(**c**) 采用公式(2.19)求解 N_A。

2.4 图 P2.4 为沉积在均匀掺杂衬底上的肖特基二极管的 $C-V$ 和 $1/C^2-V$ 曲线。假定该器件为 p 型掺杂,掺杂浓度为 N_A,衬底也是 p 型,掺杂浓度为 N_{A1}。分别按照(**a**)$N_A>N_{A1}$ 和(**b**)$N_A<N_{A1}$,在同一幅图中同时画出 $C-V$ 和 $1/C^2-V$ 两条曲线,并计算 p 层耗尽时所需的外加电压(即图中虚线所示位置)。

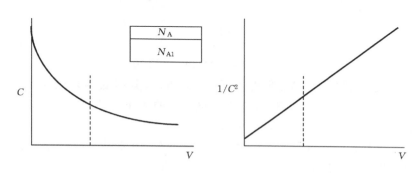

图 P2.4

2.5 一个 p 型硅 MIS 电容器,$C_{inv}/C_{ins}=0.116$,$t_{ins}=100$ nm,其中下标"ins"代表绝缘体,而不是指二氧化硅。

(**a**) 利用本书中推导式(2.18)时所用的近似方法求该器件的掺杂浓度 N_A(单位为 cm^{-3})。

$$N_A=\frac{4\phi_F}{qK_s\varepsilon_0 A^2}\frac{1-C_{inv}^2}{(1-C_{inv}/C_{ox})^2}=\frac{4\phi_F}{qK_s\varepsilon_0 A^2}\frac{R^2 C_{ox}^2}{(1-R)^2}$$

(**b**) 采用式(2.19)代替式(2.18)求解 N_A。

$$\log(N_A)=30.38759+1.68278\log(C_1)-0.03177[\log(C_1)]^2$$

(**c**) 采用 $K_{ins}=15$, $K_s=11.7$, $n_i=10^{10}$ cm^{-3}, $A=19^{-3}$ cm^2 和 $T=300$ K,求解 $t_{ins}=100$ nm, $N_A=10^{16}$ cm^{-3} 时的 C_{inv}/C_{ins}。

2.6 半导体结器件的电容量和电导通常都采用 P2.6(a)所示器件进行测试,其等效电路如图 P2.6(b)所示。而采用电容计测量的原理等效电路图如图 P2.6(c)所示。由于这种方法未考虑膜层与探针台和夹具之间产生的底表面的串联电阻,从而导致测量上出现误差。尤其当膜层背面没有充分金属化的时候。这类问题可以通过将底面的电阻接触方式改为电容接触方式来减轻和消除,正如图 P2.6(d)所示。 120

(**a**) 以等效电路图 P2.6(e)中 G、C、r_s 和 C_b 为参量,推导出等效电路图 $P2.6$(f)中 G_m 和 C_m 的表达式。

(**b**) 确定不影响待测器件电容量和电导的最小背电容 C_b 的大小,使误差不大于 1%。

(**c**)如果背电容 C_b 为氧化物电容器,其厚度为 100 nm,则 C_b 的面积应为多少。已知 K_{ox}

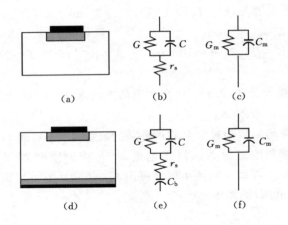

图 P2.6

$=3.9, C=100$ pF, $G=10^{-6}$ s, $f=1$ MHz, $r_s=100$。

2.7 一只 MOS 电容器的 $C - V_G$ 曲线如图 P2.7 所示,其衬底为均匀掺杂。分别采用式 (2.5)、式 (2.18) 和式 (2.19) 计算掺杂浓度 N_A 的大小。已知 $A=5\times10^{-4}$ cm², $K_S=11.7$, $K_{ox}=3.9$, $n_i=10^{10}$ cm⁻³, $V_{FB}=0$。

121　**2.8** 图 P2.8 为一个 p 型硅衬底上的肖特基二极管的 $C - V$ 曲线。

(**a**) 定量画出该器件的 $1/C^2 - V$ 和 $N_A - x$ 关系曲线。

(**b**) 假定在 p 型衬底上沉积的肖特基二极管有三层,其掺杂浓度分别为 N_{A1}、N_{A2} 和 N_{A3}。已知三层的掺杂浓度满足 $N_{A1}>N_{A2}$, $N_{A2}<N_{A3}$, $N_{A1}<N_{A3}$,定量画出其 $C - V$ 和 $1/C^2 - V$ 关系曲线。

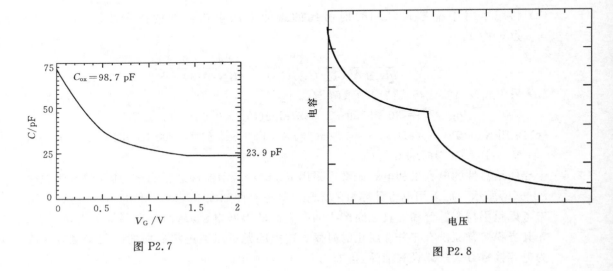

图 P2.7

图 P2.8

2.9 问题 2.7 中所示 $C - V_G$ 曲线描述的是图 P2.9(a) 所示的结构,请画出图 P2.9(b) 所描述结构的 $C - V_G$ 曲线,并予以解释。假定底电极的面积远远大于上电极面积。

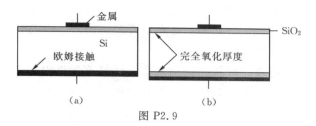

图 P2.9

2.10 n 通道 MOSFET 器件的阈值电压 V_T 是反向偏压 V_{BS} 的函数,其测试数据如下表所示。求该器件的掺杂浓度 N_A 和平电压值 V_{FB}。已知 $t_{ox} = 25$ nm,$K_{ox} = 3.9$,$K_S = 11.7$,$n_i = 10^{10}$ cm^{-3},$T = 300$ K。

V_{BS}/V	0	−2	−4	−6	−8	−10	−12	−14	−16	−18	−20
V_T/V	0.61	1.17	1.55	1.85	2.11	2.34	2.55	2.75	2.93	3.1	3.26

2.11 图 P2.11 为带有串联电阻的半导体器件的电容 C_m 随测试频率的变化曲线。试求出该器件的实际电容和串联电阻。

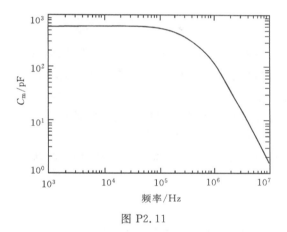

图 P2.11

2.12 有人试图采用图 P2.12 所示的 C-V 分布结构测量大多数的载流子分布。实验中,施

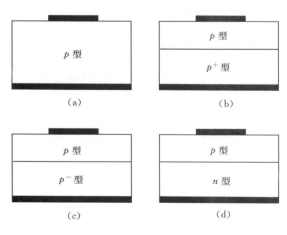

图 P2.12

加电压则空间电荷区宽度都被限制在 p 区。评论采用传统 C-V 测量方式的有效性，例如是否能够获得正确的分布图？并给出合理的解释。(假定空间电荷区宽度限制在 p 区而且串联电阻可以忽略)

2.13 **(a)** 图 P2.13 为肖特基二极管结构示意图。计算该器件电容 C 和 $1/C^2$ 随外加电压变化($0\sim50\text{V}$)的大小，其中 $N_{A1}=10^{15}\,\text{cm}^{-3}$，(i) $N_{A2}=10^{14}\,\text{cm}^{-3}$，(ii) $N_{A2}=10^{15}\,\text{cm}^{-3}$，(iii) $N_{A2}=10^{16}\,\text{cm}^{-3}$。并在同一图中画出三个条件下的 C-V 和 $1/C^2$-V 曲线。

(b) 计算电场在击穿电压 $=3\times10^5\,V/\text{cm}$，$A=10^{-3}\,\text{cm}^2$，$K_s=11.7$，$V_{bi}=0.4\,V$ 时的限制雪崩击穿电压 V_{BD}。

提示：先通过泊松方程利用耗尽近似找出空间电荷区宽度 W 和外加电压 V 之间的关系，然后利用公式 $C=K_s\varepsilon_0 A/W$ 进行计算。

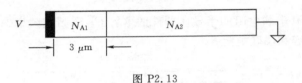

图 P2.13

2.14 计算图 P2.13 所示肖特基二极管中电容 C 和 $1/C^2$ 随外加电压变化($0\sim28\,V$)的数值大小，其中 N_{A1} 层的厚度为 $1\,\mu\text{m}$，$N_{A1}(x)=2\times10^{16}\exp(-kx)\,\text{cm}^{-3}$，$N_{A2}=10^{14}\,\text{cm}^{-3}$。$k=10^4\,\text{cm}^{-1}$，$A=10^{-3}\,\text{cm}^2$，$K_s=11.7$，$V_{bi}=0.5\,V$。并画出 C-V 和 $1/C^2$-V 曲线。

提示：先通过泊松方程利用耗尽近似找出空间电荷区宽度 W 和外加电压 V 之间的关系，然后利用公式 $C=K_s\varepsilon_0 A/W$ 进行计算。

2.15 在利用 C-V 分布技术计算掺杂浓度时产生的误差 ε 可以表示为

$$\varepsilon=\frac{1.4p}{\Delta C/C}$$

其中 p 为测量精度。

(a) 分别采用(i)$\Delta C=10^{-14}\,\text{F}=$常数，(ii) $\Delta W=10^{-5}\,\text{cm}=$常数，(iii) $\Delta V=0.015\,V$ 三种近似推导出 $\log|\varepsilon|$ 与 $\log(W)$ 之间的关系式，并绘出相应的曲线。其中 W 为空间电荷区宽度，误差的单位为％，W 的单位为微米。

(b) 你认为上述三种近似哪一个更精确一些？

(c) 如果 W 在 $1\sim10\,\mu\text{m}$ 之间，哪一种近似最容易实现？假定精度 $p=0.1\%$，$N_A=10^{15}\,\text{cm}^{-3}$，$K_s=11.7$，$A=10^{-3}\,\text{cm}^2$。下列关系可以用到：

$$C=K_s\varepsilon_0 A/W;\quad W^2=2K_s\varepsilon_0 V/qN_A。$$
$$1\,\mu\text{m}\leqslant W\leqslant10\,\mu\text{m}$$

2.16 图 P2.16 是一只 MOS 电容器电容和电导的测试结果。试求出其真实电容 C，电导 G 和串联电阻 r_s。

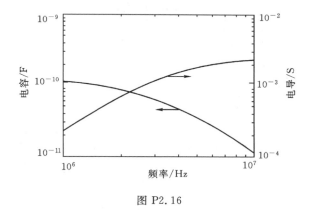

图 P2.16

2.17　在 MOSFET 阈值电压掺杂分布分析方法中,测得的阈值电压 V_T 是衬底电压 V_{BS} 的函数,测得的结果如下表所示。

V_{BS}/V	V_T/V
0	2.40
−1	2.84
−2	3.17
−3	3.42
−4	3.64
−5	3.85
−6	4.05
−7	4.22
−8	4.36
−9	4.54
−10	4.70

求其掺杂浓度和平电压 V_{FB} 的大小。已知 $t_0 = 20$ nm, $K_{ox} = 3.9$, $K_s = 11.7$, $n_i = 10^{10}$ cm^{-3}, $T = 300$ K。

● ● ● ● ● ● ● ● ● ● ● ● ● ● ● ● ● ●

复习题

1. 怎样测量电容量?
2. 为什么 $1/C_2$–V 优于 C–V 关系曲线?
3. 在非接触 C–V 中什么比较重要?
4. 通常使用的分布测试分析主要测量的是掺杂浓度还是多载流子的浓度?
5. 什么是德拜长度?

6. MOS 电容器"平衡"C - V_G 方法测得的是什么?

7. 电容测量的串联电阻起什么作用?

8. 电化学分布技术有什么优点?

9. 阈值电压技术的工作原理是什么?

10. 什么决定分布限制?

11. 霍尔效应及其工作原理是什么?

12. 什么是二次离子质谱分析?

13. 扩散电阻测试仪的工作原理是什么?

第3章

接触电阻和肖特基势垒

● ● ● ● ● ● ● ● ● ● ● ● ●

3.1 引言

因为所有的半导体器件都存在接触,而所有的接触都有接触电阻,所以表征这种接触就显得尤为重要。接触通常为金属–半导体接触,但也可以是半导体–半导体接触,其中接触的两个半导体可以全为单晶、多晶或无定形态。在欧姆接触和接触电阻的概念讨论中我们将主要关注金属–半导体接触,因为这种接触是最为常见的。对于这种接触类型的测量技术的讨论并不重要,但接触的阻值则非常重要。

由 Braun 于 1874 年发现的金属–半导体接触,形成了一种最古老的半导体器件[1] 的基础。第一种被认可的理论由 Schottky 于 20 世纪 30 年代发展而成。[2] 为了纪念他通常称金属–半导体器件为肖特基势垒(Schottky barrier)器件。通常这个名字表示这些器件作为带有明显非线性电流–电压特征的整流器应用。金属–半导体器件这段历史的详细讨论由 Henisch[3] 给出,而 Tung[4] 则做了较近期的综述。

欧姆接触有线性或准线性的电流–电压特性。然而,欧姆接触不是必须拥有线性 I-V 特性。这种接触必须能够提供足够的器件电流,且接触电压降与器件整个作用区域的电压降相比应该要小。欧姆接触不应该使器件有任何显著程度的退化,且不应该注入少数载流子。附录 3.2 列出了各种不同的金属–半导体接触。

第一次比较全面讨论欧姆接触的文献的出版是一次以此为主题的会议[5]的结果。重点强调欧姆接触的金属-半导体接触理论由 Rideout[6] 提出。Ⅲ-Ⅴ器件的欧姆接触由 Braslau[7] 和 Piotrowska 等人[8]进行了综述,用于太阳能电池的欧姆接触由 Schroder 和 Meier[9] 进行了讨论。Yu 和 Cohen 也对接触电阻进行了讨论。[10-11]更多信息可以在由 Milnes 和 Feucht[12]、Sharma 和 Purohit、[13]以及 Rhoderick[14] 著的书中找到。Cohen 和 Gildenblat 也给出了很好的讨论。[15]

●●●●●●●●●●●●●●●●●●

3.2　金属-半导体接触

金属-半导体势垒的肖特基模型如图 3.1 所示。图的上半部分为接触前的能带,下半部分为接触后的能带。我们假设金属与半导体的接触为没有界面层的紧密接触。固体的功函数定义为真空能级和费米能级的能量差。金属与半导体的功函数如图 3.1 所示,其中图 3.1(a)中金属的功函数 Φ_M 小于半导体的功函数 Φ_S。功函数以能量 Φ_M 形式给出,与电势 ϕ_M 通过公式 $\phi_M = \Phi_M/q$ 相联系。

在图 3.1(b)中 $\Phi_M = \Phi_S$,而在图 3.1(c)中 $\Phi_M > \Phi_S$。这个模型接触后的理想势垒高度由如下公式给出[2,16]:

$$\phi_B = \phi_M - \chi \tag{3.1}$$

其中 χ 为半导体的电子亲和势,定义为半导体表面的导带底与真空能级的电势差。根据肖特基理论,势垒高度仅取决于金属功函数和半导体电子亲和势,而与半导体掺杂密度无关。这可以使改变势垒高度变得简单,即仅仅通过使用有适当功函数的金属就可以实现图 3.1 中三种势垒类型中的任何一种。我们将它们命名为积累型接触、中性接触和耗尽型接触(accumulation, neutral, and depletion contacts),因为与中性衬底中的多数载流子密度相比它们在中性衬底而言分别是积累的、不变的(中性)或耗尽的。

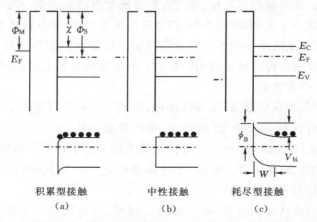

图 3.1　根据简单肖特基模型得到的金属-半导体接触。图的上部分和下部分
分别表示金属-半导体系统接触前与后

由图 3.1 可以明显看到积累型接触更加接近欧姆接触,因为金属中的电子在流进或流出半导体时遇到的势垒最小。事实上很难通过应用不同功函数的金属来改变势垒高度。据实验观察发现,普通半导体 Ge,Si,GaAs,和其他 III - V 族的材料的势垒高度度对金属的功函数是相对独立的。[17]耗尽型接触通常形成在 n 型和 p 型衬底上,如图 3.2 所示。对于 n 型衬底 ϕ_B ≈2E_g/3,对于 p 型衬底 ϕ_B≈E_G/3。[18]

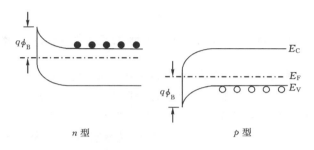

图 3.2　n 型和 p 型衬底上的耗尽型接触

与具有不同功函数的金属组合时势垒高度相对恒定有时是由于费米能级的钉扎效应(Fermi level pinning),而半导体的费米能级被钉扎在带隙的某一能级上来产生耗尽型接触。目前,肖特基势垒形成的细节还没有完全被弄清楚。然而,似乎是半导体表面的瑕疵在接触形成时起了重要作用。Bardeen 指出了表面态在决定势垒高度上的重要性。[19]这种表面态可能会弯曲表面能带或带来一些其他类型的缺陷。[17,20]然而,提出的引起费米能级钉扎效应的各种机理之间还未取得一致。[21-23]

不论是什么机理引起的势垒高度相对独立于金属的功函数,都很难设计一种积累型的接触。势垒高度的设计是不切实际的,我们必须寻找其他手段来实现欧姆接触。欧姆接触经常被定义成具有高复合速率的区域。这表明高度损坏的区域应该能具有很好的欧姆接触。这种制作方法不太实用,因为在半导体器件中破坏是最后一种方法。损坏诱导欧姆接触同时不具有可重复性。这使半导体掺杂浓度成为设计接触的唯一可选方案。[24]如同前面提到的,势垒高度相对独立于掺杂浓度,但是势垒宽度却依赖于掺杂浓度。实际上势垒高度通过镜像力势垒降低与掺杂浓度有微弱联系。

重掺杂半导体有窄的空间电荷区(scr)宽度 W($W \sim N_D^{-1/2}$)。对于窄 scr 宽度的金属-半导体接触,电子可以从金属隧道跃迁到半导体和从半导体到金属。对于 p 型半导体发生空穴隧道跃迁。一些读者可能对从金属到半导体的空穴隧道跃迁的概念不太适应。把从金属到半导体的空穴隧道跃迁想象成从半导体价带到金属的电子隧道跃迁可能会有助于理解。

金属 n 型半导体的传导机制由图 3.3 图示给出。对于轻度掺杂半导体电流的产生是由于如图 3.3(a)所示的有热电子激发跃过势垒的热电子发射(TE)。[25]在中度掺杂区域热场发射(TFE)占支配地位,载流子热激发到一定能量且势垒足够窄就可以发生隧道跃穿。[26-27]对于高掺杂密度的区域势垒已经窄得达到或接近导带底,电子可以直接发生隧道跃穿,这就是我们所熟知的场发射(FE)。这三种机制可以考虑特征能量 E_{00} 加以区分,定义为

$$E_{00} = \frac{qh}{4\pi}\sqrt{\frac{N}{K_s\varepsilon_0 m_{tun}^*}} = 1.86\times10^{-11}\sqrt{\frac{N(\text{cm}^{-3})}{K_s(m_{tun}^*/m)}}[\text{eV}] \tag{3.2}$$

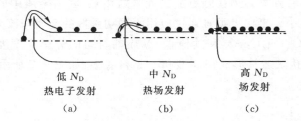

低 N_D | 中 N_D | 高 N_D
热电子发射 | 热场发射 | 场发射
(a) | (b) | (c)

图 3.3　掺杂浓度不断增加时的 n 型衬底上的耗尽型接触。电子流由电子和箭头示意性画出

其中 N 为掺杂密度，m_{tun}^* 为隧道有效质量，m 为自由电子质量。式(3.2)进一步通过图 3.4 来表示。E_{00} 与热能 kT 的比较显示热发射占支配地位时 $kT \gg E_{00}$，对热场发射 $kT \approx E_{00}$，而对场发射 $kT \ll E_{00}$。为简单起见，我们选择了如图 3.4 所示的划分点：对 TE：$E_{00} \leqslant 0.5kT$，对 TFE：$0.5kT < E_{00} < 5kT$，且对 FE：$E_{00} \geqslant 5kT$。对于隧穿有效质量为 $0.3m$ 的 Si，[28]这与 TE 的 $N \leqslant 3 \times 10^{17}\,cm^{-3}$，TFE 为 $3 \times 10^{17}\,cm^{-3} < N < 2 \times 10^{20}\,cm^{-3}$，和 FE 的 $N > 2 \times 10^{20}\,cm^{-3}$ 的结果近似符合。n 型硅与 p 型硅的隧穿有效质量不同，同时也与掺杂浓度有关。

131

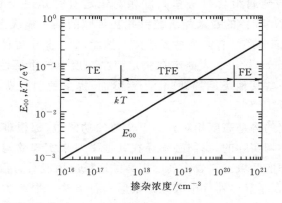

图 3.4　硅的 E_{00} 和 kT 与掺杂浓度的关系，$m_{tun}^*/m = 0.3$，$T = 300$ K

　　图 3.3(c)的结构在实际的接触中没有出现过。一般来讲仅有紧贴着接触下方的半导体为重掺杂；而远离接触的区域为如图 3.5 所示的掺杂浓度小一些的掺杂区。接触电阻为金属-

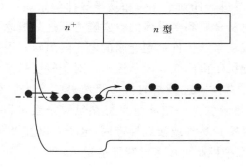

图 3.5　金属 $n^+ n$ 半导体接触带图

半导体接触电阻和 n^+n 结电阻的和。如果金属–半导体的结电阻占主导,这样的结构有与均匀掺杂结构相似的接触电阻。[29]然而,当 n^+n 结电阻比起金属–半导体结电阻占主导的话,接触电阻对掺杂浓度的依赖性被认为有所不同。这种相反的接触电阻对掺杂浓度的依赖关系归因于高–低结(high-low junction)的电阻。[30-31]

● ● ● ● ● ● ● ● ● ● ● ● ● ● ● ● ●

3.3　接触电阻

金属–半导体接触可分成两种基本的类型,如图 3.6 所示。电流垂直或者水平地进入接触区。垂直和水平或侧向接触的行为表现很不一样,因为有效接触区可能会与实际的接触区有所区别。让我们考虑如图 3.7 所示样品中 A 点与 B 点间的电阻,样品为金属导体附着在绝缘体上使 n 型层在 p 型衬底上形成欧姆接触。我们将点 A 与 B 间的电阻 R_T 划分成三个部分: (1)金属导体的电阻 R_m,(2)接触电阻 R_c,和(3)半导体电阻 R_{semi}。总电阻为

$$R_T = 2R_m + 2R_c + R_{semi} \tag{3.3}$$

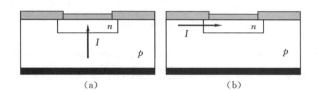

图 3.6　(a)"垂直"和(b)"水平"接触

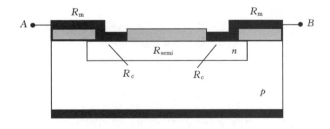

图 3.7　扩散半导体层上两个接触的示意图,图中指明了金属电阻、接触电阻和半导体电阻

半导体的电阻由 n 型层的面电阻决定。接触电阻的定义尚不清楚。它显然包括金属–半导体接触的电阻,有时称为比界面电阻率 ρ_i。[10]但它也包括一部分紧贴在金属–半导体界面上部的一层金属、截面下半导体的一部分、电流阻塞效应和任何界面氧化物或可能存在于金属与半导体间的任何其他层。那么我们如何来定义接触电阻呢?

金属–半导体接触的电流密度 J 取决于施加电压 V,势垒高度 ϕ_B 和某种意义上图 3.3 中任何一种的变化类型的掺杂浓度 N_D。我们将这种依赖关系表达为

$$J = f(V, \phi_B, N_D) \tag{3.4}$$

接触电阻可通过两个量进行表征:接触电阻(Ω)和比接触电阻率 ρ_c(Ω·cm²),有时更倾向于

称之为接触电阻率或比接触电阻。比接触电阻率不仅包括实际界面还包括紧贴在界面上下表面的区域。

我们通过下式定义比界面电阻率 $\rho_i(\Omega \cdot cm^2)$：

$$\rho_i = \frac{\partial V}{\partial J}\Big|_{V=0} \tag{3.5a}$$

后面我们会看到,接触区域在接触的行为中也起到作用。因此 ρ_i 还可以定义为

$$\rho_i = \frac{\partial V}{\partial J}\Big|_{A\to 0} \tag{3.5b}$$

式中 A 为接触面积。比界面电阻率是一个仅指金属-半导体界面的理论量。实际上由于上面提到的影响它是不可测的值。由测量的接触电阻得到的参数为比接触电阻率。这是一个对欧姆接触非常有用的量,因为它独立于接触面积且当比较不同尺寸的接触时它是一个常数参量。我们仅仅在描述金属-半导体接触理论表达式时使用 ρ_i。因此当讨论真正的接触、它们的测量和测量说明时我们使用 ρ_c。

热电子发射占主导的金属-半导体接触的电流密度可以用其最简单的形式给出,即[14]

$$J = A^* T^2 e^{-q\phi_B/kT}(e^{qV/kT} - 1) \tag{3.6}$$

其中 $A^* = 4\pi q k^2 m^*/h^3 = 120(m^*/m)A/cm^2 \cdot K^2$ 为理查孙常数,m 为自由电子质量,m^* 为有效电子质量,T 为绝对温度。由式(3.5a)我们发现热电子发射的比界面电阻率为

$$\rho_i(TE) = \rho_1 e^{q\phi_B/kT}; \qquad \rho_1 = \frac{k}{qA^* T} \tag{3.7}$$

对于热场发射,ρ_i 由下式给出[9]：

$$\rho_i(TFE) = C_1 \rho_1 e^{q\phi_B/E_0} \tag{3.8}$$

对于场发射为[9]

$$\rho_i(FE) = C_2 \rho_1 e^{q\phi_B/E_{00}} \tag{3.9}$$

C_1 和 C_2 为 N_D、T 和 ϕ_B 的函数。式(3.8)中的 E_0 与 E_{00} 的关系为[26]

$$E_0 = E_{00}\coth(E_{00}/kT) \tag{3.10}$$

替代式(3.9)中的 E_{00} 得出

$$\rho_i(FE) \sim \exp(C_3/\sqrt{N}) \tag{3.11}$$

式中 C_3 为常数且 N 为接触下部的掺杂浓度。$\rho_i(FE)$ 的真实表达式要更复杂些。[28]我们这里给出几乎最简单的形式来说明 ρ_i 与掺杂浓度和势垒高度的依赖性。由式(3.11)可看出,$\rho_i(FE)$ 对接触下部的掺杂浓度非常敏感。对于最低的比界面电阻率 N 应该越高越好。

我们通过这些简单的表达式给出比界面电阻率不是为了混淆这次讨论的要点。感兴趣的读者可以从参考文献中得到更多复杂的关系式。[28,32-34]各种传导机制的详细表达式非常复杂,且三个区域的任何一个比界面电阻率的计算都很困难。目前已有不同的近似表达式,并且已

经得到了 ρ_c 对 N_A 或 N_D 的理论曲线。[28,32-34] 这些曲线与有效质量,势垒高度和许多其他参数有关。势垒高度也与接触金属有关,所以不可能绘出"通用"的 ρ_c 关于 N_A 或 ρ_c 关于 N_D 的曲线。那些已经绘好的曲线也不总是与实验数据相一致。我们在图 3.8 中给出了 Si 的 ρ_c 关于 N_D 和 N_A 的数据。它们有相当大的分散性,但在数据中有一个明显的趋势,式(3.11)也预示了该趋势,即较高的掺杂浓度对应着较低的比接触电阻率。GaAs 的数据可在参考文献[37]和[38]中找到。

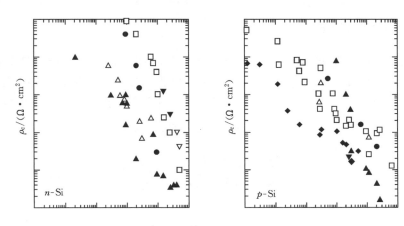

图 3.8　Si 的比接触电阻率与掺杂浓度的关系。n-Si 的参考文献见参考文献[35],p-Si 见参考文献[36]

钨与 n-Si 和 p-Si 的比接触电阻率的温度依赖性,如图 3.9 所示,归一化到 $T=305$ K,可以看出没有一个简单的 ρ_c-T 关系。[39] ρ_c 的温度特性严重依赖于掺杂浓度。表面掺杂浓度在 10^{20} cm^{-3} 左右时,几乎没有温度依赖性,而对掺杂浓度高于或低于那个值时,ρ_c 对温度有明显的变化。

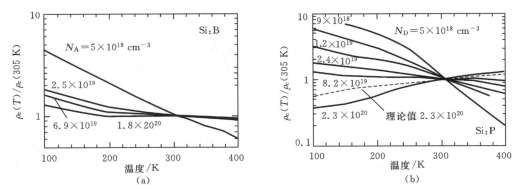

图 3.9　规一化到 $T=305$K 的比接触电阻率与温度的函数(a)p-Si 和(b)n-Si。对 $N_D=2\times10^{18}$cm^{-3} 范围仅从 $T=305$ 到 400K。金属为钨。重印引自参考文献[39]得到 IEEE 许可(1986,IEEE)

3.4　测量技术

接触电阻测量技术主要分为四类:两接触两端子、多接触两端子、四端子和六端子法。这些方法中没有一种可以测出比界面电阻率 ρ_i。代之它们测出的是比接触电阻率 ρ_c,这不单单是金属-半导体界面的电阻,而是一个描述真正接触的实践值。因此,很难将理论和实验作比较,因为理论不能精确预测 ρ_c 而实验不能精确测定 ρ_i。有时甚至很难明确地测量 ρ_c。我们仅仅将测量技术局限于讨论。接触的形成和接触电阻对器件行为的影响可以在许多文献中找到,比如参考文献[7]、[12]、[14]和[40]。

3.4.1 两接触两端子法

两端子接触电阻测量方法是最早的测量方法。[41]如果操作不当其准确性会有很大问题。最简单的实施如图 3.10 所示。对于电阻率为 ρ 厚度为 t 有两个接触的均匀半导体如图 3.10 (a)所示,总电阻为 $R_T = V/I$,通过使样品通过一定电流 I 然后测量其两个接触点的电压 V,即

$$R_T = R_c + R_{sp} + R_{cb} + R_p \tag{3.12a}$$

对图 3.10(b),两个接触均在上表面,故有

$$R_T = 2R_c + 2R_{sp} + 2R_p \tag{3.12b}$$

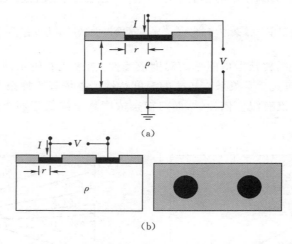

(a)

(b)

图 3.10　(a)垂直两端子接触电阻测试;(b)侧向两端子接触电阻测试

136　其中 R_c 为上接触的接触电阻,R_{sp} 为接触下方半导体的扩散电阻,R_{cb} 为下接触的接触电阻,R_p 为端子或导线电阻。下接触通常有很大的接触面积和很小的寄生电阻。因此,R_{cb} 经常可以忽略。同理,端子电阻也经常忽略不计。

对于电导率为 ρ,厚度为 t,下接触很大的半导体,半径为 r 的非压入环形上接触(non indenting circular top contact)的平面扩散电阻可近似表示为[42]

$$R_{sp} = \frac{\rho}{2\pi r}\arctan(2t/r) \tag{3.13}$$

更精确的扩散电阻的表达式已被推导出。[43]当时,式(3.13)可写成

$$R_{sp} = C\frac{\rho}{4r} \tag{3.14}$$

其中 C 为依赖于 ρ, r 和电流分布的修正因子。对于如图 3.10(b)所示结构这种相隔很远的接触,在均匀掺杂的,半无限大衬底上修正因子 $C=1$。当电流垂直流入如图 3.10(a)上接触时,接触电阻为

$$R_{\mathrm{c}} = \frac{\rho_{\mathrm{c}}}{A_{\mathrm{c}}} = \frac{\rho_{\mathrm{c}}}{\pi r^2} \tag{3.15}$$

对于小的 R_{cb},式(3.12)表明接触电阻为总电阻和扩散电阻的差。扩散电阻不能独立测量,R_{sp} 很小的误差将导致 R_{c} 出现很大误差。因此,两端子法最好用于时,这样通过使用小半径接触来近似。[42,44-47]

两端子接触电阻测量技术的一种变化为不同直径的上接触的应用。有人从式(3.12)用实验数据 R_{T} 计算出 R_{c},测量并画出了 R_{c} 作为 $1/A_{\mathrm{c}}$ 函数的图,并由图的斜率得到了 ρ_{c}。[48] 或者,总电阻可根据符合这个曲线的等式(3.12)以 $1/r$ 为横坐标画出。[46] 通过使用不同的直径我们可以从图的形状中看出数据是否合理。

两端子法更常应用在如图 3.11 所示的侧面结构中。这种测试结构不同于图 3.10(b),它限制电流进入 n 岛。这种测试结构由两个间隔为 d 的接触组成。为了限制电流,接触所在的区域必须与触底的其它区域隔离,用平面技术或刻蚀岛周围的区域使之形成突出的平台来限制注入或扩散区(图 3.11 中的 n 型衬底或 p 型衬底或 p-on-n)。例子中的 n 型岛的宽度为 W,理想接触的宽度也应该是 W。但这很难实现,实际接触宽度 Z 与 W 通常是有差别的。由于侧向电流,接触上的电流拥堵,以及样品几何等原因,分析变得更加困难。[49] 根据图 3.11 的几何分析,总电阻为

$$R_{\mathrm{T}} = R_{\mathrm{sh}} d/W + R_{\mathrm{d}} + R_{\mathrm{w}} + 2R_{\mathrm{c}} \tag{3.16}$$

其中 R_{sh} 为 n 型层的面电阻,R_{d} 为由接触底部电流拥堵形成的电阻,R_{w} 为当 $Z<W$ 时的宽度修正,R_{c} 为两接触假定有相同的阻值时的电阻。这些电阻的表达式由参考文献[6]给出。

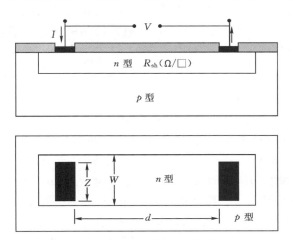

图 3.11　侧向两端子接触电阻结构的横截面和顶视图

图 3.12 中的接触链或接触串通常用于过程控制来合并许多如图 3.11 所示类型的接触(几百、几千或多达百万)。任意两个接触之间的总电阻为半导体电阻、接触电阻和金属电阻之

和。半导体的电阻可通过知道面电阻和串的几何结构来计算。通过从总电阻中减掉半导体电阻可以得到总的接触电阻。每个接触的接触电阻通过总电阻除以接触数目的两倍得到。一个精确的接触串由中介接触衬垫(intermediate contact pads)分割成段。[50]

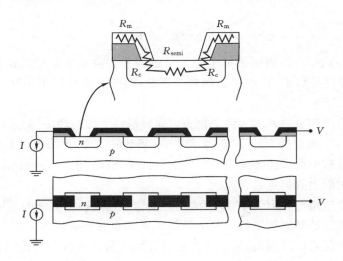

图 3.12　接触串的测试结构；横截面和顶视图

对于一个含有 N 个岛和 $2N$ 个接触的接触串，接触与接触间的间隔为 d，宽度为 W，则忽略金属电阻后的总电阻为

$$R_T = \frac{NR_{sh}d}{W} + 2NR_c \tag{3.17}$$

接触串技术被认为是一项粗糙的测量方法，对精确评估接触电阻用处不太大。然而，作为过程监控它有很广阔的用途。如果测量的电阻比标准高，很难知道到底是所有的接触都很差还是某个特殊的接触很差，除非使用一个中介探针。通常接触串只有在接触末端没有中介接触的时候才能理解(accessible)。

练习 3.1

问题：接触串的 np 结对测量结果有什么影响？

解答：如图 3.12 的接触串可由图 E3.1 来描述。我们假设衬底接地。假设 $R = R_m + 2R_c + R_{semi} = 50\Omega$ 以及 $I = 1mA$。对于 250 个岛，我们发现 $V = 12.5V$。假定结的击穿电压为 15V。很明显，测量 R 没有问题。如果一个过程运行时 $R = 75\Omega$ 会发生什么情况。现在 $V = IR = 18.8V$，但结只能承受 15V。既然由最后一个 np 结的击穿电压规定的总电压不能超过 15V，那么将会测得错误的电阻值。如果衬底没有接地的话，情况会好些，因为现在电压会分配在众多的 np 结上。此处要传达的信息就是当做接触串测量时对输出和测量连接一定要谨慎。

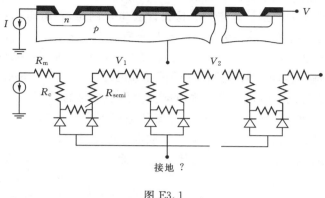

图 E3.1

3.4.2　多接触两端子法

多接触两端子接触电阻测量技术,如图 3.13 所示,是为了克服两接触两端子法的不足而发展起来的。在半导体上做三个相同的接触,间距分别为 d_1 和 d_2。假设三个接触的接触电阻都相同,则总电阻可以写为

$$R_{\mathrm{Ti}} = \frac{R_{\mathrm{sh}} d_{\mathrm{i}}}{W} + 2R_{\mathrm{c}} \tag{3.18}$$

其中 $i=1$ 或 2。解出 R_{c} 得

$$R_{\mathrm{c}} = \frac{(R_{\mathrm{T2}} d_1 - R_{\mathrm{T1}} d_2)}{2(d_1 - d_2)} \tag{3.19}$$

这个结构没有简化的两端子结构的模糊,因为既不需要知道体电阻也不需知道层的面电阻。

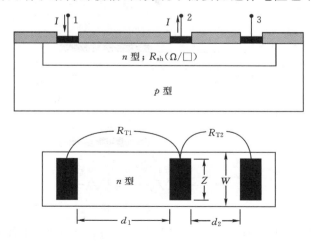

图 3.13　多接触、两端子接触电阻测试结构。接触宽度与长度为 Z 和 L 而扩散宽度为 W

对所有三接触有相同的接触电阻的假设虽然有些可疑,但对一个不是很大的样品却是合理的。接触电阻由两个大数量的差别计算得到。这也许会出现困难,对低电阻接触会尤其棘手。长度 d_1 和 d_2 的确定是不精确的另一个原因。有时候用这个方法会得到负接触电阻。

图 3.13 的结构仅能确定接触电阻。两电阻测量不能直接得到样品的比接触电阻率。要找出 ρ_c 需要流进或流出侧向接触电流性质的更详细的评估。早期由 Kennedy 和 Murley 在扩散半导体电阻器上进行的二维电流分析显示电流聚集在接触的周围。[51] 这项分析基于零接触电阻,显示仅有整个接触长度的一小部分在电流从金属到半导体和从半导体到金属的转移过程中是有效的。研究发现这一部分近似等于扩散半导体层的厚度。

为了计算聚集电流且能够分析出比接触电阻率,实施了一项详细的理论研究。Murrmann 和 Widmann 用一个简单的传输线模型(transmission line model,TLM)考虑了半导体面电阻和接触电阻。[52] 他们还描述了一种结构利用线性和同心接触来确定接触电阻。[53] Berger 发展了传输线模型。[54] 为了区别于 Kennedy-Murley 模型,它将接触电阻假设为零,在 TLM 中接触电阻是非零的。然而,在 TLM 种半导体表面层厚度被假设为零,同时这层仍保留着其面电阻 R_{sh}。这个假设允许电流仅在一维流动。这项"零面电阻(zero sheet resistance)"限制被 Berger 在他的拓展 TLM 模型中放宽了,允许表面呈厚度非零,但电流仍限制在一维流动。[54] TLM 模型后来被用二级传输线模型拓展到二维,电流允许垂直地流向接触的界面。简化和修正的 TLM 模型间的比较显示有最大 12% 的接触电阻偏差。[55]

当电流由半导体流向金属时,遇到了图 3.14 中的电阻 ρ_c 和 R_{sh},选择最小的电阻流过。接触底部的电势分布根据下式由 ρ_c 和 R_{sh} 共同决定:[54]

$$V(x) = \frac{I\sqrt{R_{sh}\rho_c}}{Z}\frac{\cos[(L-x)/L_T]}{\sin(L/L_T)} \tag{3.20}$$

其中 L 为接触长度,Z 为接触宽度,I 为流入接触的电流。式(3.20)在图 3.15 中画出,其接触底部的电势在 $x=0$ 处归一化。在接触边缘 $x=0$ 附近电压是最高的且随距离近似指数衰减。电压曲线距离"1/e"处定义为传输长度 L_T:

$$L_T = \sqrt{\rho_c/R_{sh}} \tag{3.21}$$

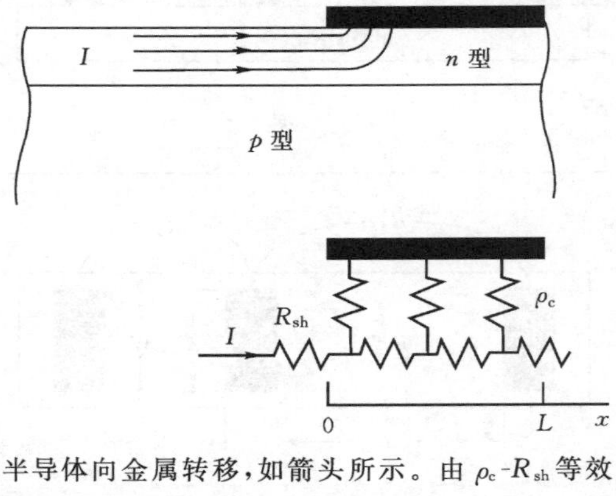

图 3.14　电流由半导体向金属转移,如箭头所示。由 ρ_c-R_{sh} 等效电路来描述半导体/金属接触中电流选择最小电阻的路径

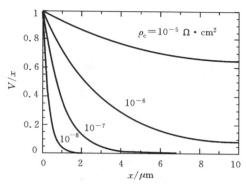

图 3.15　对 x 的接触底部规一化电势与 ρ_c 的函数关系,其中 $x=0$
处为接触边缘,$L=10\mu m$,$Z=50\mu m$,$R_{sh}=10\ \Omega/\square$

传输长度可被认为是从半导体到金属或从金属到半导体转移电流最多的那段距离。L_T 与面电阻和比接触电阻率的函数关系由图 3.16 给出。对于好的接触,典型的比接触电阻率为 $\rho_c \leqslant 10^{-6}\Omega \cdot cm^2$。这种接触的传输长度为 $1\mu m$ 级别或略小。为接触电阻测量制备的接触通常大于 $1\mu m$。对于此类接触,接触的某部分在电流转移时是不起作用的。

$$L=10\mu m,\quad Z=50\mu m,\quad R_{sh}=10\ \Omega/\square$$

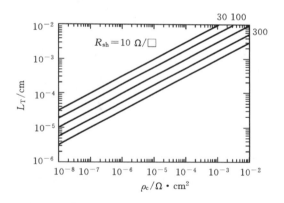

图 3.16　传输长度作为比接触电阻率和半导体面电阻的函数

　　我们现在要考虑如图 3.17 所示的三接触结构,电流由接触 1 流向接触 2。在图 3.17(a) 中的传输线模型(TLM)测试结构中,即提到的接触前端电阻测试结构(CFR),测量了电流相同的同种接触间的电压。在图 3.17(b)接触末端电阻测试结构 (CER)中测量了接触 2 和 3 间的电压。在跨桥开氏电阻测试结构(CBKR)(图 3.17(c))中,测量了同电流成直角的电压。
　　测量了 $x=0$ 处接触 1 和 2 间的电压 V,式(3.20)给出了当 $Z=W$ 时的接触前端电阻:

$$R_{cf}=\frac{V}{I}=\frac{\sqrt{R_{sh}\rho_c}}{Z}\coth(L/L_T)=\frac{\rho_c}{L_T Z}\coth(L/L_T) \tag{3.22}$$

式(3.22)仅仅是当样品的宽度比 Z 大时的一个近似,因为这个等式没有考虑接触周围的电流。

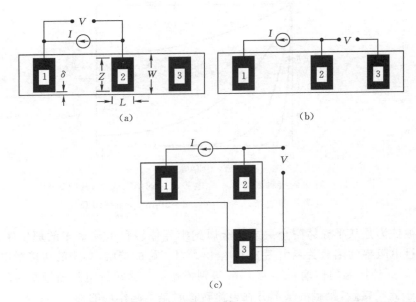

图 3.17 (a)传统接触电阻测试结构;(b)接触末端电阻测试结构和(c)跨桥开氏电阻测试结构

R_{cf} 的表达式通常被认为同接触电阻 R_c 一样可以简化。此处我们也将作同样的处理。两种情况可以得到式(3.22)的简化式。对 $L \leqslant 0.5L_T$,$\coth(L/L_T) \approx L_T/L$ 则

$$R_c \approx \frac{\rho_c}{LZ} \tag{3.23a}$$

且对 $L \geqslant 1.5L_T$,$\coth(L/L_T) \approx 1$ 则

$$R_c \approx \frac{\rho_c}{L_T Z} \tag{3.23b}$$

有效接触面积即第一个例子中的实际接触面积 $A_c = LZ$。但在第二个例子中有效接触面积为 $A_{c,eff} = L_T Z$。换言之,有效接触面积可以比实际接触面积小。这将会有非常重要的结果。例如,考虑一个 $R_{sh} = 20\ \Omega/\square$ 和 $\rho_c = 10^{-7}\ \Omega \cdot cm^2$ 的结构。传输长度 $L_T = 0.7\mu m$。对于一个接触长度为 $L = 10\mu m$ 和宽度为 $Z = 50\mu m$ 的接触,实际接触面积为 $LZ = 5 \times 10^{-6}\ cm^2$。然而,有效接触面积仅为 $L_T Z = 3.5 \times 10^{-7}\ cm^2$。流过接触的电流密度为整个接触均有效时的 $5 \times 10^{-6}/3.5 \times 10^{-7} = 14$ 倍。这个高电流密度可造成接触退化引起可靠性问题。减少的接触面积在极端情况下会烧毁,使接触的有效面积不断漂移直到整个接触被破坏。

接触长度对接触电阻的影响由图 3.18 给出。这是一幅关于由式(3.22)乘以接触宽度 Z 后的前端接触电阻图。为了归一化,对接触长度作比接触电阻率的函数图形。注意到初始 R_c 随着接触长度增加而下降。然而,$R_c Z$ 在 $L \approx L_T$ 处达到最小值,此后不论接触多长相差不大。

图 3.14 中金属/半导体的表示方法对于特定的接触也许太简单了。比如,具有代表性的在 GaAs 上做的合金接触包含了金属、合金区和下方的半导体。类似的接触如在附在一个宽带隙材料上的一层薄的窄带隙材料上沉积一种金属就属于此类。这需要更复杂的传输线模型——三层传输线模型。其方程,尽管与 TLM 方程相似,但变得更为复杂。[56]

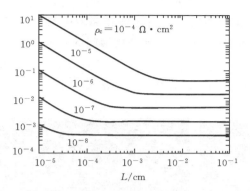

图 3.18　前端接触电阻-接触宽度作为接触长度和比接触电阻率
的函数，$R_{sh}=20\ \Omega/\square$，$R_{sm}=0$

当用从 1 流向 2 的电流来测量接触 2 和 3 间的电压时，如图 3.17(b)，结构为我们所知的接触末端电阻器。现在电压在 $x=L$ 处测量，则由方程(3.20)导出接触末端电阻

$$R_{ce}=\frac{V}{I}=\frac{\sqrt{R_{sh}\rho_c}}{Z}\frac{1}{\sinh(L/L_T)}=\frac{\rho_c}{L_T Z}\frac{1}{\sinh(L/L_T)} \tag{3.24}$$

通过测量 R_{ce} 和反复应用式(3.24)，接触末端电阻的测量可以用来确定 ρ_c。[57] 对于短接触，R_{ce} 对接触长度的变化很敏感，在确定 L 时会出现错误，这限制了这个方法的准确性。对于长接触，R_{ce} 变得非常小，测量精度又被测量仪器所限制，看下面的比率：

$$\frac{R_{ce}}{R_{cf}}=\frac{1}{\cosh(L/L_T)} \tag{3.25}$$

显然当时变得非常小。

对于图 3.17(c)中的跨桥开氏电阻测试结构，电压接触 3 位于接触 2 的旁边。因此测到的电压为整个接触长度 L 上电势的线性平均值。对式(3.20)求积分为

$$V=\frac{1}{L}\int_0^L V(x)\mathrm{d}x \tag{3.26}$$

给出接触电阻为

$$R_c=\frac{V}{I}=\frac{\rho_c}{LZ} \tag{3.27}$$

式(3.24)假设接触宽度等于面宽度(sheet width) W。这在现实中很少实现。通常 $Z<W$。实验中 $Z=5\mu m$、W 的范围从 $10\mu m$ 到 $60\mu m$ 显示接触末端电阻为有错误的高 ρ_c。误差随着 ρ_c 减小或随着 R_{sh} 增大而增大。[58] 误差由允许电流围绕接触边缘流动的接触前边缘和接触边缘附近的电势的差异造成。测量的电阻与面电阻成比例且对于大的 δ 时对接触电阻不敏感。要遵守简单的一维理论，测试结构应该符合条件：$L\leqslant L_T$，$Z\gg L$ 和 $\delta\ll Z$。如果不满足这些条件，一维分析是不正确的。然而，通过恰当的数值模拟是可以得到正确的 ρ_c 的。

$W\neq Z$ 的问题可以通过环形测试结构来避免，这个结构包括一个半径为 L 的传导环形内

部区,宽度为 d 的间隔,和一个传导外部区。[59]传导区域通常是金属的,而间隔一般在数微米到数十微米间变化。对于相等的位于金属底部和间隙中的面电阻,对于如图 3.19(a)中所示的环形接触电阻结构的几何图形,内部与外部接触间的总电阻为[60]

$$R_{\mathrm{T}} = \frac{R_{\mathrm{sh}}}{2\pi}\Big[\frac{L_{\mathrm{T}}}{L}\frac{I_0(L/L_{\mathrm{T}})}{I_1(L/L_{\mathrm{T}})} + \frac{L_{\mathrm{T}}}{L+d}\frac{K_0(L/L_{\mathrm{T}})}{K_1(L/L_{\mathrm{T}})} + \ln(1+\frac{d}{L})\Big] \tag{3.28}$$

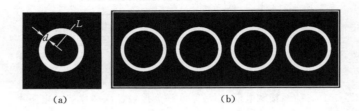

图 3.19　环形接触电阻测试结构。黑色区域代表金属区。间隔 d 和半径 L 在(a)中标出

其中 I 和 K 表示第一种顺序的修正贝塞尔函数。当时,贝塞尔函数比率 I_0/I_1 和 K_0/K_1 趋向一致且 R_{T} 变为

$$R_{\mathrm{T}} = \frac{R_{\mathrm{sh}}}{2\pi}\Big[\frac{L_{\mathrm{T}}}{L} + \frac{L_{\mathrm{T}}}{L+d} + \ln(1+\frac{d}{L})\Big] \tag{3.29}$$

在图 3.19(b)中的环形传输线测试结构中,对于 $L\gg d$,式(3.29)简化为

$$R_{\mathrm{T}} = \frac{R_{\mathrm{sh}}}{2\pi L}(d + 2L_{\mathrm{T}})C \tag{3.30}$$

其中 C 为图 3.20(a)中所示的修正因子[61]

$$C = \frac{L}{d}\ln(1+\frac{d}{L}) \tag{3.31}$$

对于 $L\ll d$,式(3.30)变为

$$R_{\mathrm{T}} = \frac{R_{\mathrm{sh}}}{2\pi L}(d + 2L_{\mathrm{T}}) \tag{3.32}$$

　　实际应用中半径达到约 $200\mu\mathrm{m}$ 间隔在 $5\sim50\mu\mathrm{m}$,修正因子有必要补偿线性传输线方法和环形 TLM 设计间的差别以获得同实验数据的线性符合。没有修正因子的话,接触电阻率会被低估。数据修正前后的总电阻作为间隔 d 的函数如图 3.20(b)所示。与线性 TLM 结构相似,修正环形 TLM 数据是线性的并得到接触电阻和传输长度,从这些数据里则可得到比接触电阻率。

　　环形测试结构有一个主要的优势。就是不必隔离要测的层,因为电流仅能从中心接触流向周围的环形接触。在线性 TLM 测试结构中,电流可以通过测试结构以外的区域从一个接触到另一个接触,如果测试层没有隔离的话。而有四个接触的环形测试结构与 3.4.3 节讨论的跨桥开氏电阻器非常相似。[62]

　　式(3.22)和(3.24)源自于假设 $\rho_c>0.2R_{\mathrm{sh}}t^2$,其中 t 为层厚度。对于 $R_{\mathrm{sh}}=20\ \Omega/\square$ 和 $t=1\mu\mathrm{m}$,这一约束导致 $\rho_c>10^{-8}\ \Omega\cdot\mathrm{cm}^2$。如果那个条件不满足则 TLM 方法必须做校正,如通过

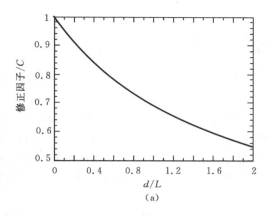 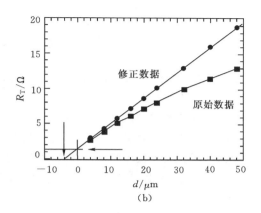

图 3.20　(a)环形传输线方法测试结构的修正因子 C 与 d/L 比率的图形;(b)数据修正前后环形
TLM 测试结构的总电阻。$R_C = 0.75\ \Omega$,$L_T = 2\ \mu m$,$\rho_c = 4 \times 10^{-6}\ \Omega \cdot cm^2$,$R_{sh} = 110\ \Omega / \square$。
数据承蒙 Philips Research Labs 的 J. H. Klootwijk 和 C. E. Timmering 提供

实验和模型校正。[63]大多数接触电阻率都在 $4 \times 10^{-8}\ \Omega \cdot cm^2$ 以上,而 TLM 方法是有效的。

　　确定测量图 3.17 结构中什么地方的电压的困难引出了图 3.21(a)所示的一种测试结构
和由 Shockley 最先提出的被称为传输长度方法的测试技术。[64]不幸的是它如同 TLM 仍然是
简化的。TLM 测试结构与图 3.13 中的结构非常相似,但是包含三个以上的电极。测试结构
的末端的两个接触为原始阶梯结构里的电流提供入口和出口,电压则是在其中一个较大的接
触和图 3.21(a)中每一个连续窄接触间测量。后者的测试结构的接触之间有不同的间距,如
图 3.21(b)所示,电压在相邻接触间测量。

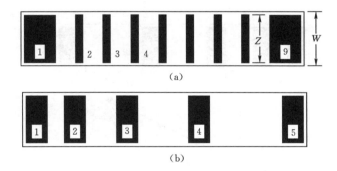

图 3.21　传输长度方法测试结构

　　图 3.21(b)中的结构比图 3.21(a)中的结构有某些优势。例如,当电压在阶梯结构中的接
触 1 和 4 之间测量时,电流可能会被接触 2 和 3 干扰。接触 2 和 3 的影响取决于传输长度 L_T
和接触长度 L。对 $L \ll L_T$,电流丝毫都不会流入接触金属,接触 2 和 3 对测量没有任何影响。
对于 $L \gg L_T$,电流确实会流入金属,此时这个接触可被认为是两个接触,每个长度 L_T 接着一个
金属导体。[65]电流被金属带分流明显会影响测量电压或电阻。因为这个原因我们首选图 3.21
(b)的结构,因为任何两个接触之间仅有裸露的半导体。

　　对于 $L \geqslant 1.5 L_T$ 的接触和图 3.21(b)中结构的前端接触电阻测试,任何两个接触间的总电

阻为

$$R_T = \frac{R_{sh}d}{Z} + 2R_c \approx \frac{R_{sh}}{Z}(d + 2L_T) \tag{3.33}$$

其中我们将由式(3.22)导出的近似值应用到式(3.23b)。式(3.33)与(3.32)类似用接触宽度 Z 代替了接触周长 $2\pi L$。

对于不同接触间隔所测量的总电阻和画出的与 d 的关系如图 3.22。由图可以得出三个参量的值。在接触宽度 Z 独立测量的情况下,由斜率 $\Delta(R_T)/\Delta(d) = R_{sh}/Z$ 可导出面电阻。$d = 0$ 处的截距为 $R_T = 2R_c$ 给出了接触电阻。$R_T = 0$ 处的截距得出 $-d = 2L_T$,R_{sh} 由图线的斜率得出后,可导出接触电阻率比。通过提供面电阻、接触电阻和比接触电阻率,传输长度方法给出了接触的完整表征。

传输长度方法经常被应用,但它有其自身的问题。在 $R_T = 0$ 处给出的 L_T 参量不太准确,导致了不正确的 ρ_c 值。也许更大的问题在于接触底部面电阻的不确定性。式(3.33)假设接触底部和接触之间的面电阻相等。但是接触底部的面电阻与接触之间面电阻因为接触构成的影响可能会不同。这对合金的和硅化物的接触可能是正确的,因为这些接触底部的区域在接触形成过程中经过了改性,导出了前段接触电阻和总电阻的改进表达式,[66]

$$R_{cf} = \frac{\rho_c}{L_{Tk}Z}\coth(L/L_{Tk}) \tag{3.34}$$

和

$$R_T = \frac{R_{sh}d}{Z} + 2R_c \approx \frac{R_{sh}d}{Z} + \frac{2R_{sk}L_{Tk}}{Z} = \frac{R_{sh}}{Z}[d + 2(R_{sk}/R_{sh})L_{Tk}] \tag{3.35}$$

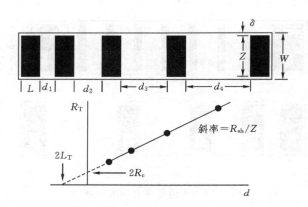

图 3.22　传输长度测试结构和总电阻关于接触间距 d 的函数的图像。典型值可能为 $L = 50\mu m$,$W = 100\mu m$,$Z - W = 5\mu m$(应该尽可能小),$d \approx 5 \sim 50\mu m$

其中 R_{sk} 为接触底部的面电阻且 $L_{Tk} = (\rho_c/R_{sk})1/2$。$R_T$ 关于 d 的函数图的斜率仍然给出 R_{sh}/Z 和 $d = 0$ 处的参数为 $2R_c$。然而,$R_T = 0$ 处的参数现在变成了 $2L_{Tk}(R_{sk}/R_{sh})$ 而且如果 R_{sk} 未知也就不可能确定 ρ_c。不过,通过传输长度方法确定 R_{cf} 和通过末端电阻方法确定 R_{ce},其中

$$R_{ce} = \frac{\sqrt{R_{sk}\rho_c}}{Z\sinh(L/L_{Tk})} = \frac{\rho_c}{ZL_{Tk}\sinh(L/L_{Tk})}; \quad \frac{R_{ce}}{R_{cf}} = \frac{1}{\cosh(L/L_{Tk})} \qquad (3.36)$$

可确定 L_{Tk} 和 ρ_c。用这种方法有可能找到除接触之间和底部的面电阻之外的接触电阻和比接 148
触电阻率。也可以通过刻蚀接触间的半导体把 R_{sh} 与 R_{sk} 分离开来。

　　通过 TLM 方法取得接触的电学参数是基于例子中列举的接触参数为电学和几何常量的假设。但是,这种参数在不同晶片间呈现典型的分散性分布。统计模型显示通常的数据提取程序可能会导致接触参数提取时出错,尽管测量的电学和几何参数没有错误。[67]对于短接触 ($L < L_T$),可以在不考虑其它参数分散性的情况下精确确定 ρ_c 的值,但只要 ρ_c 在晶片间呈现分散性时,R_{sh} 和 R_{sk} 就会出错。对于长接触,只要 R_{sk} 或电阻测量有问题 ρ_c 和 R_{sk} 就会出错。当 $L \geqslant 2L_T$ 时获得的结果最好。当一片晶片的电学参数呈现 $10\% \sim 30\%$ 的非均匀性,ρ_c 和 R_{sk} 出现的误差就会高达 $100\% \sim 1000\%$。使用多于一种测试结构可以使误差减小。

　　到目前为止,我们只考虑了半导体的比接触电阻率和面电阻,但是忽略了金属的电阻。一般这样做只会引入很小的误差,尽管有时金属电阻会随着时间的增加而不能再被忽略。硅化物的电阻要远高于纯金属,所以不能总是被忽略。当多晶硅代替金属做导体时限制条件会更严格。它们的电阻要显著高于金属的电阻,需要考虑对实验结果加以适当解释。对于不能忽略的金属电阻,式(3.22)的接触电阻变为[68-69]

$$R_{cf} = \frac{\rho_c}{L_{Tm}Z(1+\alpha)^2}\left[(1+\alpha^2)\coth(L/L_{Tm}) + \alpha\left(\frac{2}{\sinh(L/L_{Tm})} + \frac{L}{L_{Tm}}\right)\right] \qquad (3.37)$$

其中 $\alpha = R_{sm}/R_{sk}$,R_{sm} 为金属面电阻,且 $L_{Tm} = [\rho_c/(R_{sm}+R_{sk})]^{1/2} = L_{Tk}/(1+\alpha)^{1/2}$。式(3.37)当 $R_{sm} = 0$ 时简化为式(3.34),当 $R_{sk} = R_{sh}$ 和 $R_{sm} = 0$ 时简化为式(3.22)。式(3.37)中的接触前端电阻,乘 Z 并归一化后,对接触长度作为比接触电阻率的函数在图 3.23 中画出。图 3.18 和图 3.23 的主要区别是图 3.23 中的最小值在 $R_{sm} = 0$ 处不存在。对于 ρ_c,R_{sk} 和 R_{sm} 的每一个 149
组合都存在一个最小接触电阻的最佳接触长度。对于在这个最佳值之上或之下的长度,接触电阻都会增加。关于有限电阻金属导体影响的进一步讨论可以在参考文献[70]里找到。

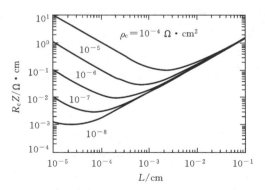

图 3.23　前端接触电阻-接触宽度关于接触长度和比接触电阻率的函数。
$R_{sk} = 20\ \Omega/\square$,$R_{sm} = 50\ \Omega/\square$

　　我们需要考虑另一项修正。目前为止我们假设图 3.22 中的间隙 δ 为零。实际上 $\delta \neq 0$,可以导致图 $R_T - d$ 有错误的截距。多种不同的修正已经被提出。[49,71]我们按照参考文献[72]的建议,接触之间的 δ 区由并联电阻来描述。如附录 3.1 所示,由 R' 代替 R 对 d 作图,其中

$$R' = 2R_{ce} + \frac{(R_T(\delta \neq 0) - 2R_{ce})R_P}{R_P - R_T(\delta \neq 0) - 2R_{ce}} \qquad (3.38)$$

式中 R_{ce} 为接触末端电阻,R_T 为测量电阻,R_P 为并联"带"(parallel "strip")电阻。式(3.38)的出处和确定 R_P 的方法在附录 3.1 中给出。图 3.24 表示对于某个特殊的接触区域未修正和修正过的 TLM 曲线。很明显未修正的曲线(实线)有不同的截距,导致了错误的接触电阻,传输长度和比接触电阻率,但修正过的数据(虚线)则为一常见的截距。

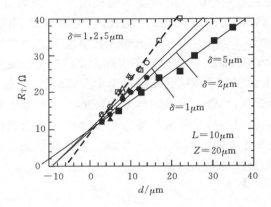

图 3.24 Au/Ni/AuGe/n-GaAs 接触在 400℃下放置 20 秒时未修正
(实点和线)和修正(空点和虚线)的总电阻关于间隔 d 的曲
线。重印经 IEEE(© 2002,IEEE)授权引自参考文献[72]

3.4.3 四端子接触电阻方法

目前讨论的比接触电阻率测量技术要求半导体体电阻率或半导体的面电阻已知。然而,如果可能的话,通过最小化或完全消除半导体体或面电阻,R_c 和 ρ_c 是可以测量的。离这一目标最近的测量技术就是四端子开尔文测试结构,也就是我们所知的跨桥开氏电阻(CBKR)结构。这项技术第一次用来计算金属-半导体接触是在 1972 年,[73] 但只在 20 世纪 80 年代初才用它来进行认真的计算。[74-76] 原则上,这个方法测量比接触电阻率可以不受底部半导体或接触金属导体的影响。

该原理如图 3.25 所示。电流被控制在接触 1 和 2 之间而电压在接触 3 和 4 之间测量。在衬垫 1 和衬垫 2 之间有三处电压降。第一处位于衬垫 1 和半导体 n 层之间,第二处位于半导体表面上,第三处位于 n 层和接触 2/3 处。测量电压 $V_{34} = V_3 - V_4$ 的一个高输入阻抗电压表只允许非常小的电流在衬垫(Pad)3 和 4 间流过。因此,衬垫 4 处的电势本质上与接触 2/3 处正下方 n 区的电势是一样的,如图 3.25(a)中位于接触下方的连线 4 所示。由于接触的金属-半导体界面的电压降 V_{34} 是独立的。名称"开氏测试结构"指的是在四端子电阻测量中通过很小的电流来测量电压的事实。

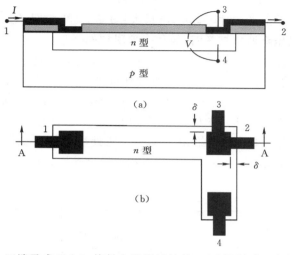

图 3.25　四端子或 Kelvin 接触电阻测试结构。(a)通过 A-A 区的横截面;(b)这个结构的顶视图

接触电阻为

$$R_c = \frac{V_{34}}{I} \tag{3.39}$$

简单地为电压对电流的比率。比接触电阻率为

$$\rho_c = R_c A_c \tag{3.40}$$

其中 A_c 为接触面积。

式(3.40)并不总与实验数据符合。由式(3.40)算出来的比接触电阻率为外在比接触电阻率,它不同于由接触窗口小于扩散 tap 的测量电流阻塞得到的真正的比接触电阻率,如图 3.25 中所示的 $\delta > 0$。[77] 扩散层错位和径向掺杂扩散的接触窗口要求 $\delta > 0$。在理想情况,应该为如图 3.26(a)所示的 $\delta = 0$。在实际接触中,一部分电流,如图 3.26(b)所示,围绕金属接触流动。在 $\delta = 0$ 的理想情况,电压降为 $V_{34} = IR_c$。对于 $\delta > 0$,侧向电流产生额外的包含在 V_{34} 里的电压降,导致更高的电压。因此,根据式(3.39)R_c 更大且通常被指定为 R_k。根据式(3.40)如果

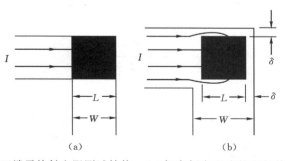

图 3.26　四端子接触电阻测试结构。(a)仅有侧向电流的理想情况;(b)显示进入和环绕接触的电流。黑色区为接触区

应用实际接触面积 A_c 的话 ρ_c 同样比较大。这样得到的 ρ_c 即为有效或外在比接触电阻率。由这个几何因子引入的误差对低 ρ_c 和/或高 R_{sh} 最大,对高 ρ_c 和/或低 R_{sh} 最小。[78]垂直于接触平面的半导体上的垂直电压降通常被忽略,导致一项附加的修正。[79]

接触错位的影响如图 3.27 所示。[80]较大的 δ 导致较高的测量电阻。很明显,对于大的错位,测得的电阻有很大的误差。真正的电阻通过外推到 $\delta=0$ 得到。非对称错位的影响由图 3.28 所示,其中画出了表观接触电阻对错位 L_1 和 L_2 的图。这幅图清楚地说明了寄生电流通道的影响。在其中一个例子中 R_k 增大,另一个中它减小。制作 $\delta=0$ 的测试结构是很难的。然而,一种解决方案在图 3.29(a)中给予了说明。此处半导体的电压抽头包含各自的"带"(strip)。[80]测得的三个抽头电压如图 3.29(b)所示。通过外推数据到零电压抽头间距,就获得了真正的电阻。

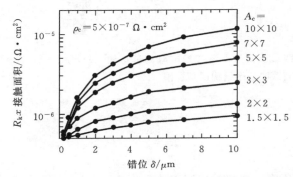

图 3.27 表观接触电阻与接触面积的乘积关于错位 δ 的函数。接触面积在图的右侧给出。在接触底部:砷植入,2×10^{15} cm^{-2},50 keV,1000℃下退火,30 s。接触金属:Ti/TiN/Al/Si/Cu。摘自参考文献[80]

用一个简化的二维方法(approach)给出各种不同的尺寸的接触电阻 R_k,如图 3.28 所示。[80]

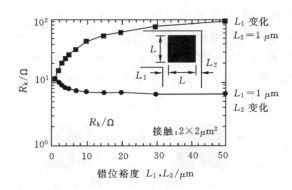

图 3.28 接触电阻对对错位尺寸 L_1 和 L_2 的依赖关系。在接触底部:砷植入,2×10^{15} cm^{-2},50 keV,1000℃下退火,30 s。接触金属:Ti/TiN/Al/Si/Cu。摘自参考文献[80]

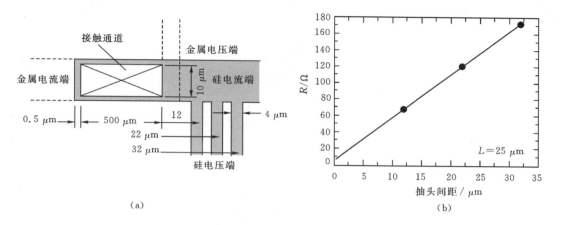

图 3.29 （a）改进 Kelvin 接触电阻"抽头"测试结构和（b）电阻对抽头间距的关系。源自参考文献[80]

$$R_{k} = \frac{\rho_{c} + \sqrt{\rho_{c}R_{sh}}L_{1}\coth(L/L_{T}) + 0.5R_{sh}L_{1}^{2} + \sqrt{\rho_{c}R_{sh}}L_{2}/\sinh(L/L_{T})}{(L + L_{1} + L_{2})W} \tag{3.41}$$

153

式（3.41）计算得到的曲线与图 3.27 中的数据大体上符合。接触周围的侧向电流引起了附加电阻。电阻的增加使较低的比接触电阻率变坏，进一步使面电阻变大。不幸的是，今天高密度集成电路技术的趋势是朝向较低的 ρ_{c} 和较高的 R_{sh}，因为结点越来越薄。这两点都是朝着使四端子接触电阻测试结构测量的解释复杂化的方向发展的。为了精确起见，简单的一维阐述必须仔细评估他们的精确性。

图 3.30 给出了图 3.31 所示结构的比接触电阻率的表观值和真实值的计算结果曲线。[79]对于 $L/W = 1$ 或 $\delta = 0$ 的理想情况下二维计算两者均可用 45°线来表示。然而，对于更加现实的三维计算两者不再相同，即使是对于 $\delta = 0$。随着 ρ_{c} 的下降接触电阻电压也下降，且侧向电压变得更加重要，直到接触电阻的电压变得可以忽略且 $\rho_{c,\mathrm{apparent}}$ 独立于真正的 ρ_{c}。三维模型的通用误差修正曲线，包括半导体的有限深度如图 3.31 所示。在这些计算中假设接触底部的半

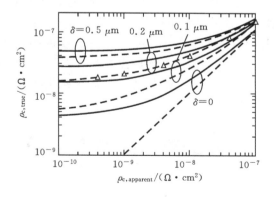

图 3.30 二维（虚线）和三维（实线）模拟各种不同抽头间距 δ 的表观和真实比接触电阻率。IEEE（© 2004，IEEE）授权重印自参考文献[79]

导体面电阻与接触以外的面电阻相同。这些曲线中的 R_k 为包含寄生电阻的接触电阻。

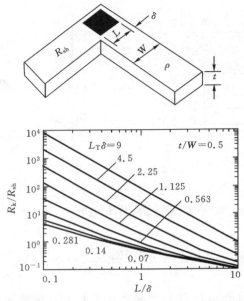

图 3.31 R_k/R_{sh} 的 CKR 结构对 L/δ 关于 L_T/δ 的函数在引出带
的深/宽比为 $t/L=0.5$ 时的三位普适修正曲线。重印
自参考文献[79]经 IEEE(© 2004,IEEE)许可

　　传输线二维模型、接触末端电阻和跨桥 Kelvin 电阻结构被用来计算和绘制用接触电阻表示的面电阻和用 δ 表示的接触长度的关系曲线图。[81]对于这三种情况对简单一维分析的背离已经被预言。TLM 对 δ 有最小的灵敏度,因为从中检测到的前端接触电势仅受到了周围电流轻微的扰动。然而,TLM 方法依赖于对实验数据的外推来确定 ρ_c。这有一个潜在的误差尤其是当数据点没有很好地符合直线的时候。CER 和 CBKR 两种结构由于接触外围电流表现出严重的背离。由 CER 方法确定的接触电阻一般会偏低,$R_{ce}(CER) < R_c(CBKR)$,使测量更加困难。接触错位导致和一维表征中更大的偏差。[82]自排列接触解决了错位问题但没有解决侧向扩散问题。[83]其他接触电阻分析模型在参考文献[84]和[85]中给出。

　　接触电阻测试结构也可以用如图 3.32 所示的一个改进的包含三个 n^+ 区和两个栅的 MOSFET 来实现。[86]接触点 1 和 2 之间和接触点 3 和 4 之间的"面"由于在这两个 MOSFET 部分加上偏压形成沟道而变成了导体。这个结构与标准硅化物的工艺是兼容的。它可以在 CFR,CER,或 CKBR 结构中实现。

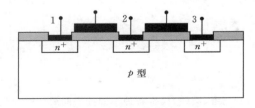

图 3.32　一个 MOSFET 接触电阻测试结构

图 3.33 中的垂直 Kelvin 测试结构是为了克服传统 Kelvin 结构的侧向电流问题发展而来的。[87] 这个器件与传统 Kelvin 结构相比在其组装过程中要求额外的掩膜水平。金属/半导体接触被制作在一个扩散或离子注入层上（图 3.33 中的 n^+ 层）。被氧化层窗口和绝缘 np 结限制在接触区域的电流 I，被限制在接触 5 和接触 6 底部之间。电压 V_{24} 在接触 2 和 4 之间测量。V_4 是金属的电压而 V_2 是紧接金属下面的半导体层的电压，尽管 V_2 在距离接触有一段距离的地方测量。正如在传统 Kelvin 结构中，在电压测量过程中沿 n^+ 层仅有非常小的侧向电压降，这是因为本质上来讲没有电流被吸取出来。接触电阻和比接触电阻率由 $R_c = V_{24}/I$ 和 $\rho_c = R_c A_c$ 给出。

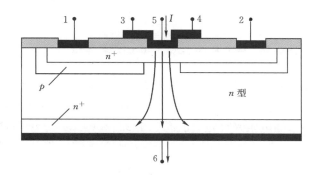

图 3.33 垂直接触电阻 Kelvin 测试结构

侧向的影响在所有的依赖于侧向电流的方法中都非常重要，在这个垂直结构中也发挥着重要作用。其原因不是因为电流侧向到达收集接触，而是因为电流扩散。电流不是按直线垂直流动的。它有一个小的侧向扩散的部分，如图 3.33 所示，使感应接触（接触点 2）上的电压与金属下面的电压不是完全相等。额外的扩散电阻使得测得的接触电阻比真正的接触电阻要高一些。[88] 当接触电阻比开路接触小时一些额外的因素就会产生。比接触电阻率可近似地给出为[87]

$$\rho_{c,\text{eff}} \approx \rho_c + R_{\text{sh}} x_j / 2 \tag{3.42}$$

其中 R_{sh} 为面电阻，x_j 为图 3.33 中 n^+ 层上部的结深。当 $L \geqslant 10 x_j$ 时式（3.42）有效。当接触面积越小且 n^+ 层上部越浅时垂直测试结构工作得越好。

图 3.33 中提供了额外的接触点。V_{13} 可用来与 V_{24} 的读数取平均值来减小试验误差。另外，传统侧向六端子测试可用来获得末端接触电阻 R_{ce}、前端接触电阻 R_{cf} 和面电阻 R_{sh}。与侧向电流水平方向拥堵的 Kelvin 测试结构相比，对垂直结构中各种非理想状况的仔细研究表明其扩散电流的影响较小。[89] 绝缘结和金属接触的错位可产生更加严重的误差，但这些可以通过对左右臂上的电压读数取平均值的方法来最小化。

3.4.4 六端子接触电阻方法

图 3.34 中的六端子接触电阻结构与四端子 Kelvin 结构有关，它是在四端子结构的基础上又增加了两个接触作为额外的测量的选择，这在传统的 Kelvin 结构中是不能实现的。[75] 这个结构可以确定接触电阻、比接触电阻率、接触末端电阻、接触前端电阻和接触底部的面电阻。

对传统的 Kelvin 结构接触电阻测量电流被限制在图 3.34 中的接触 1 和 2 之间,而电压则在接触 2 和 4 之间测量。其分析在一维情况时为式(3.39)和(3.40),其中 $R_c = V_{24}/I$ 和 $\rho_c = R_c A_c$。所有在式(3.39)和(3.40)中没有反映的二维的复杂情况,在六端子结构中同样存在。

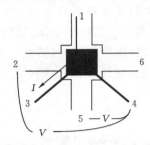

图 3.34 确定 R_c,R_{ce},R_{cf} 和 R_{sk} 的六端子 Kelvin 结构

为了测量接触末端电阻 $R_{ce} = V_{54}/I$,电流要限制在接触 1 和 3 之间而电压要在接触 5 和 4 之间测量。当接触电阻和比接触电阻率从这个结构的 Kelvin 部分确定后,接触底部的面电阻可从应用式(3.36)得到末端电阻来确定,而由式(3.22)和(3.36)给出的接触前端电阻可用式(3.36)来计算。

3.4.5 非平面接触

迄今为止,我们关注的仅是由于二维电流引起的简单理论的衍生。我们假设接触本身是平坦的、金属和半导体之间为紧密接触。真正的接触并非如此完美,而是会引入更多的复杂因素。硅集成电路中接触历史的描述在图 3.35 中。最初 Al 直接沉积在 Si 上(图 3.35(a))。对于 Ak - Si 接触,Si 有向 Al 迁移的趋势,并在 Si 中留下空穴。[90] 铝随后会迁移到这些空穴形成尖峰。在极端情况下这会导致结短路。总共有 1%~2%(质量百分比)的 Si 迁移到 Al 中在相当程度上降低了尖峰,但又产生了其他问题。例如,Si 可能会沉积并在原硅表面和铝膜之间取向生长(3.35(b))。这种取向再生长层为 p^+ 型因为它包含高密度的铝,一种在 Si 中的 p 型掺杂剂,在再生长 epi/n^+ 界面产生 pn 结。已经观察到这种取向附生膜在(100)取向衬底上

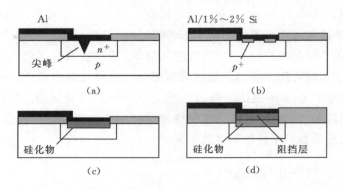

图 3.35 硅技术中欧姆接触具历史性的进程;(a)Al/Si;(b)Al/1%~2% Si;(c) Al/硅化物/Si;和(d)Al/阻挡层/硅化物/Si

形成的倾向要比在 (111) 取向衬底上的高。[91] 这对小面积接触是非常严重的问题,因为 (100) 取向的衬底上的接触电阻的增加量会超过类似的 (111) 表面。[91]

硅化物解决了这个问题(图 3.35(c))。通过在 Si 上沉积一层金属并加热样品来形成硅化物。常用的金属有 Ti,Co 和 Ni,然而许多其他金属也形成硅化物。硅化物逐渐渗透到硅样品里面。也有可能硅化物上面的 Al 沿着晶粒边界迁移穿过硅化物形成 Al/Si 接触。因此,近来的接触包含一层硅化物,一个阻挡层(例如,W plug)和 Al 或 Cu,如图 3.35(d) 所示。这样可以给出所要求的低接触电阻且仍然具有很好的化学稳定性。半导体一定要仔细清洗,否则金属盒半导体之间会存在界面层。这些可能包含在金属沉积物作用之前形成的氧化物。但是界面层的形成也可能是因为衬底清洗的不干净甚至是由于沉积过程中真空度很差。[92]

在 GaAs 上形成接触的代表方式是形成合金。一种包含 Ge 的合金沉积到器件上并且加热直到合金出现。接触形成之后的金属-半导体界面可能是非常不平整的。有分析称这种合金接触中的电流穿过富 Ge 的岛,同时接触电阻很大程度上由富 Ge 区域下部的扩散电阻决定。[93] 这个模型的有效接触面积与实际接触面积似乎有很大差别。通过分别蒸发 Ge,Au,和 Cr 层并且保持退火温度在 AuGe 的共熔温度以下,可以形成非常平整的金属-GaAs 界面。[94] 所有这些"技术上的"非理想性使得接触电阻测量的解释还面临着更多困难。

●　●　●　●　●　●　●　●　●　●　●　●　●　●

3.5　肖特基势垒高度

n 型衬底上的肖特基势垒二极管的能带如图 3.36 所示。理想势垒高度 ϕ_{B0} 仅在二极管强烈正向偏置的时候才能接近。实际势垒高度 ϕ_B 比 ϕ_{B0} 小,这是因为镜像力势垒降低和其他因素。V_{bi} 为内建电势,而 V_o 为半导体的费米能级相对于导带的电势。肖特基势垒二极管的热离子电流-电压关系,忽略串联和分流阻抗,由下式给出:

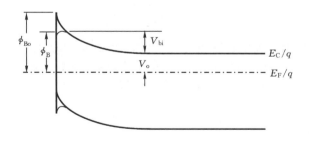

图 3.36　肖特基势垒电位图

$$I = AA^* T^2 e^{-q\phi_B/kT} (e^{qV/nkT} - 1) = I_{s1} e^{-q\phi_B/kT} (e^{qV/nkT} - 1) = I_s (e^{qV/nkT} - 1) \qquad (3.43)$$

其中 I_s 为饱和电流,A 为二极管面积,$A^* = 4\pi q k^2 m^* / h^3 = 120 (m^*/m) \mathrm{A/cm^2 \cdot K^2}$ 为理查孙常量,ϕ_B 为有效势垒高度,n 为理想因子。公布的 A^* 值在表 3.1 中给出。参考文献 [97] 中的测量几乎是在理想 Al/n-GaAs 器件上,通过超高真空下分子束外延的方法外盐沉积 Al。

表 3.1　实验 A* 的值

半导体	$A^*/(a/cm^2 \cdot K^2)$	参考文献
n-Si	$112(\pm 6)$	95
p-Si	$32(\pm 2)$	95
n-GaAs	$4-8$	96
n-GaAs	$0.41(\pm 0.15)$	97
p-GaAs	$7(\pm 1.5)$	97
n-InP	10.7	109

　　理想因子 n 合并了所有那些使器件非理想的未知影响。肖特基二极管不可能在其整个面积上都是完全一样的。势垒高度修正系数导致 $n>1$ 且也可以解释其他效应如 n 随着温度和反向偏置的增长而下降。[99]式(3.43)有时表达成(见附录 4.1)

$$I = I_s e^{qV/nkT}(1 - e^{-qV/kT}) \tag{3.44}$$

根据式(3.43)画出的数据即半对数 I 对 V 仅在 $V \gg kT/q$ 时是线性的,如图 3.37 所示。当用式(3.44)画 $\log[I/(1-\exp(-qV/kT))]$ 对 V 时,数据直到 $V=0$ 均为线性的,也由图 3.37 给出。

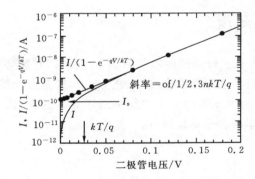

图 3.37　肖特基二极管的电流-电压关系。由 *Journal of Applied Physics*, 69, 7142-7145, May 1991 授权转载。版权为美国物理学会 (American Institute of Physics)所拥有

3.5.1　电流-电压

　　在这些电流-电压方法当中,势垒高度是最先从电流 I_s 得到的,通过外推 I 的半对数与 V 的曲线到 $V=0$ 时的值来确定。势垒高度 ϕ_B 由式(3.43)中的 I_s 得到,根据

$$\phi_B = \frac{kT}{q}\ln\left(\frac{AA^*T^2}{I_s}\right) \tag{3.45}$$

利用这种方法确定的 ϕ_B 是零偏置时的势垒高度。式(3.45)中最不确定的参量是 A^*,导致这种方法只能尽可能精确地对 A^* 有个认识。幸运的是,A^* 出现在"ln"项,A^* 两个数量级的误差在 ϕ_B 中仅引起 $0.7kT/q$ 的误差。尽管如此,这种不确定因素确实还是会产生误差。

Cr/n-Si 二极管的一项根据实验画出的半对数 I 对 V 的曲线如图 3.38(a)所示。当 $V >$ 0.2V 时由于串联电阻的影响电流偏离线性(在 4.2 和 4.3 节讨论)。面积 3.1×10^{-3} cm^2 的肖特基势垒二极管在 n-Si 上制作。[98]这个器件包含一个围绕在肖特基结面积外围的 p^+ 保护圈,这样做是为了减少边缘终结泄漏电流以及它用铬(Cr)作为肖特基接触同时用钨化钛(TiW)作为扩散势垒金属、钒化镍(NiV)–金(Au)作为金属覆盖层、铬–镍–金作为背欧姆接触(back ohmic contact)。前面及背部的金属分别用溅射和蒸发制作。当器件在 $T=460^{\circ}$C 退火时势垒高度会升高同时电流下降。图 3.38(b)中的扩展 I-V 曲线允许其斜率从 $n=1.05$,$V=0$ 时的截距 $I_s = 5 \times 10^{-6}$ A 的数据来确定,从式(3.45)计算得到 $A^* = 110$ A/cm^2 · K^2 时 n-Si 的势垒高度为 $\phi_B(I-V) = 0.58$V。

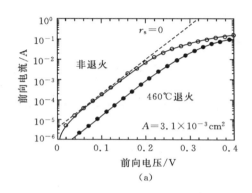 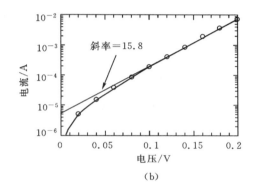

图 3.38　(a)沉积形成并在 460℃ 退火的 Cr/n-Si 二极管在室温下测量的电流-电压特性;(b)
(a)的部分放大图。承蒙亚利桑那州立大学 F. Hossain 授权

3.5.2　电流-温度

对于 $V \gg kT/q$,式(3.43)可写为

$$\ln(1/T^2) = \ln(AA^*) - q(\phi_B - V/n)/kT \tag{3.46}$$

$\ln(I/T^2)$ 对 $1/T$ 在常量正向偏置电压 $V=V_1$ 下的图形,有时称为理查孙图,其斜率为 $-q(\phi_B - V_1/n)/k$,在纵轴上的截距为 $\ln(AA^*)$。图 3.38 中的二极管的理查孙图如图 3.39 所示。斜率很容易定义,但由截距来确定 A^* 则倾向于错误。一般轴上 $1000/T$ 只占据很窄的一段范围,这个例子中为 2.6 到大约 3.4。数据从这个狭窄区域外推到 $1/T=0$ 包含了跨越很长区域的外推且任何数据上的不确定将会使 A^* 产生很大的不确定。图 3.39 中的截距由 $A^* = 114$ A/cm^2 · K^2 的 $\log(AA^*)$ 给出。

势垒高度由下式给出:

$$\phi_B = \frac{V_1}{n} - \frac{k}{q} \frac{\mathrm{d}[\ln(I/T^2)]}{\mathrm{d}(1/T)} = \frac{V_1}{n} - \frac{2.3k}{q} \frac{\mathrm{d}[\ln(I/T^2)]}{\mathrm{d}(1/T)} \tag{3.47}$$

势垒高度由一个已知的正向偏置电压的斜率来获得,但是 n 必须独立确定。对于由图 3.38 确定的 $n=1.05$ 时的图 3.39 中的数据,$V_1=0.2$V,且斜率 $\mathrm{d}[\log(I/T^2)]/\mathrm{d}(1000/T) = -1.97$ 我们发现 $\phi_B(I-1/T) = 0.59$V,与半对数 I 对 V 的图形得出的 $\phi_B(I-1/T) = 0.58$V 非常接

近。有时候会作 $\ln(I_s/T^2)$ 关于 $1/T$ 的函数,其中 I_s 由半对数 I 对 V 的图像的截距得到。式 (3.47)中的电流 I 应该由 I_s 替代且 $V_1 = 0$。

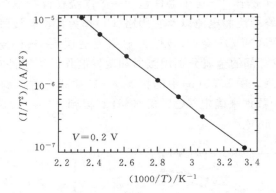

图 3.39　图 3.38 中的"非退火"二极管在 $V = 0.2V$ 时的理查孙图

在由理查孙图方法确定势垒高度时一个固有的假设为温度独立于势垒高度。假设它有温度依赖性,我们可以将 ϕ_B 写为

$$\phi_B(T) = \phi_B(0) - \xi T \tag{3.48}$$

利用这个温度依赖关系,式(3.46)变为

$$\ln(I/T^2) = \ln(AA^*) + q\xi/k - q(\phi_B(0) - V/n)/kT \tag{3.49}$$

理查孙图给出了"绝对零度"时的势垒高度 $\phi_B(0)$,且截距为 $\ln(AA^*) + q\xi/k$。现在 A^* 不可能被确定。低温时在理查孙图中有时可以观察到非线性。这可能是由于电流机制不仅是热发射电流,通常在 $n > 1.1$ 时可以显现这些现象。非线性理查孙图也可以在势垒高度和理想因子均为温度依赖时观察到。精确地计算 ϕ_B 和 A^* 变得几乎不可能,但画 $n\ln(I/T^2)$ 关于 $1/T$ 的图像时可以恢复线性关系。[100]

3.5.3　电容-电压

肖特基二极管单位面积上的电容量由下式给出[101]:

$$\frac{C}{A} = \sqrt{\frac{\pm qK_s\varepsilon_o(N_A - N_D)}{2(\pm V_{bi} \pm V - kT/q)}} \tag{3.50}$$

其中"+"号用于 p 型衬底($N_A > N_D$)而"−"号用于 n 型($N_D > N_A$)衬底,且 V 为反向偏置电压。对 n 型衬底 $N_D > N_A$,$V_{bi} < 0$ 且 $V < 0$,反之对 p 型衬底 $N_D < N_A$,$V_{bi} > 0$ 且 $V > 0$。分母中的 kT/q 表示在空间电荷区拖尾(tail)的多数载流子,这部分在耗尽近似时是可以忽略的。内建电势与势垒高度有关,其关系为

$$\phi_B = V_{bi} + V_o \tag{3.51}$$

如图 3.36 所示。$V_o = (kT/q)\ln(N_c/N_D)$,其中 N_c 为导带的有效态密度。画出 $1/(C/A)^2$ 关于 V 的图可得到斜率为 $2/[qK_s\varepsilon_o(N_A - N_D)]$ 的曲线,且在 V 轴上的截距为 $V_i = -V_{bi} +$

kT/q。

势垒高度由截距电压确定：

$$\phi_B = -V_i + V_o + kT/q \qquad (3.52)$$

掺杂浓度可以由第 2 章所讨论的斜率来计算得到。$\phi_B(C-V)$ 近似为平带 (flat-band) 势垒高度，这是因为它由 $1/C^2-V$ 曲线在 $1/C^2 \to 0$ 或 $C \to \infty$ 时确定，表示充分正向偏置以在半导体中引起平带条件。图 3.38 中的二极管 $(C/A)^{-2}$ 关于 V 的图由图 3.40 给出。从斜率得出 $N_A = 2 \times 10^{16} \, \text{cm}^{-3}$，从式 (3.52) 应用截距电压 $V_i = -0.53\text{V}$ 和室温下 $n_i = 10^{10} \, \text{cm}^{-3}$ 得出 Si 的势垒高度为 $\phi_B(C-V) = 0.74\text{V}$。

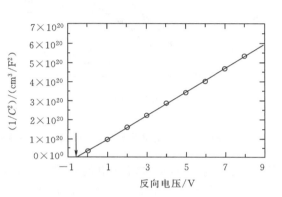

图 3.40　图 3.38 中的"非退火"二极管室温下测量的反向偏置时 $1/C^2$ 对电压的图形

3.5.4　光电流

当肖特基二极管被亚带隙能量（$h\nu < E_G$）的光子照射时，有可能会激发从金属到半导体的载流子，如图 3.41(a) 所示。对于 $h\nu > \phi_B$，从金属中激发出来越过势垒进入到半导体的电子，作为光电流 I_{ph} 被探测到。同时光从金属进入到半导体，如果半导体对于这些光子能透明的话。金属必须足够薄以使光通过。产率 Y 定义为光电流与吸收的光子通量的比值，由下式给出：[102]

$$Y = B\,(h\nu - q\phi_B)^2 \qquad (3.53)$$

其中 B 为常数。$Y^{1/2}$ 相对 $h\nu$ 被画出，这个曲线的线性部分的外推到 $Y^{1/2} = 0$ 时给出势垒高度，有时称为福勒图。产率为[103]

$$Y = C\,\frac{(h\nu - q\phi_B)^2}{h\nu} \qquad (3.54)$$

其中 C 为另一个常数。例图在图 3.41(b) 中给出。低于 0.29 eV 时的"脚趾"（toe）是由于光子辅助热电子发射。

福勒图并不像理论预言的那样总是线性的。当它为非线性时很难确定 ϕ_B。通过区分式 (3.53) 对线性的背离比传统福勒图中的小得多，因为势垒高度附近的福勒图的延伸轨迹被这个区分移除了。[105] 此外，微分图对非均匀接触更加敏感，并已经被用于探测这种非均匀。[105]

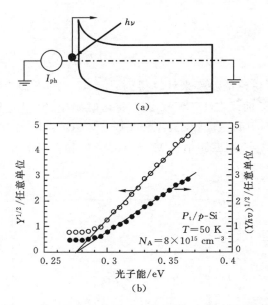

图 3.41　Pt/p-Si 肖特基二极管的光发射产率。数据摘自参考文献[107]

这种光电流技术仅仅依赖于光子发射电流而被隧道电流影响很小,特别是如果 ϕ_B 从 $h\nu \gg \phi_B$ 处外延得到,此处只有那些远在势垒高度之上的电子才对光电流有贡献。

3.5.5　弹道电子发射显微镜(BEEM)

弹道电子发射显微镜,基于扫描隧道显微镜,是一种探测半导体异质结构的非破坏性局部特征的有力工具,例如肖特基二极管和第 9 章详细讨论的结构。它可以用极高的横向分辨率提供同质性界面电子结构,并能对热电子在金属膜、界面上和半导体中传输时产生能量分辨信息。[106]

3.6　方法间的比较

人们已经做了许多研究来比较分别由电流-电压(I-V)、电流-温度(I-T)、电容-电压(C-V)和光电流技术确定的势垒高度。在一项研究中在 GaAs 基底上蒸镀一层 Pt 膜的势垒高度分别为 $\phi_B(I\!-\!V)=0.81V$,$\phi_B(C\!-\!V)=0.98V$,和 $\phi_B(PC)=0.905V$。[107] 哪个是最可靠的值? 界面上的任何损坏都会影响 I-V 行为,因为缺陷会扮演再复合中心或陷阱束缚隧道电流的中间态的角色。这些机制的任何一个都会增大 n 而降低 ϕ_B。C-V 测量方法不太可能导致这种缺陷。然而,缺陷会改变空间电荷区的宽度继而改变截距电压。光电流方法对这种缺陷不太敏感,而且这种方法被认为是最可靠的。不过,福勒图不总是线性的。一阶导数图通常会有一段直线部分,使得到的 ϕ_B 更可靠。

$\phi_B(I\!-\!V)<\phi_B(PC)<\phi_B(C\!-\!V)$ 的顺序在沉积在 n-GaAs 和 p-GaAs 上的许多不同材料上也被观察到了。[108] p 型 InP 上的肖特基势垒的势垒高度测量得到了 $\phi_B(I\!-\!T)<\phi_B(C\!-\!V)$。[109]

这种差别归结于贯穿接触的势垒高度的修正系数。当两个不同势垒高度的肖特基二极管并联时,低势垒高度的那个主导了 $I-V$ 行为,但有最大接触面积的势垒高度主导 $C-V$ 行为。[110] 在并联传导模型中,拥有不同局部势垒高度的区域被假设为电学独立的,且总电流为流过所有单独面积电流的简单加和。这一概念被理论地发展到维度不同但固定面积比例的混合相接触,并预测一般 $\phi_B(C-V) > \phi_B(I-V)$。[111] 对大的接触区域得到了与参考文献[110]中的那些类似的结果。然而对较小的接触区域,发现的势垒高度区域被高势垒高度区域修剪掉了。

用来解释不同势垒高度差别的势垒高度修饰作用也预言了变化的理查孙常数。常常观测到 A^* 随加工条件如退火的改变而变化。这也许会否决掉使用那些依赖 A^* 的知识来确定 ϕ_B 的方法,更倾向于 $C-V$ 和光电流方法而非 $I-V$ 和 $I-T$ 测量方法。对 $C-V$ 方法,C^{-2} 与 V 的图像成线性并与频率无关这点非常重要。光电流方法从半导体外部探测器件,就是说,光发射是从金属到半导体。$I-V$ 和 $C-V$ 方法从半导体一侧探测器件。这是因为后两种方法对空间不均匀性、金属与半导体间的绝缘层、掺杂差异、表面损坏和遂穿现象更敏感。PC 技术受这些参量的影响最小,因此更可能产生可靠的势垒高度值。对于很少有这些退化因素的好的接触来说,所有方法得到的值合理地与其他方法得到的值吻合。

●　●　●　●　●　●　●　●　●　●　●　●　●　●　●　●

3.7　优点和缺点

两端子方法:两接触、两端子接触电阻测量技术简单但最不详细。接触电阻数据被半导体电阻或面电阻破坏。这种方法现在不怎么用了。两端子接触串仍在使用主要是用作过程监控。它既不能给出详细的接触电阻信息也不能得到可信的比接触电阻率。多接触、两端子技术经常用在它的传输长度方法的执行上,其中半导体面电阻的影响与接触电阻隔离开来且接触电阻和比接触电阻率都可以确定。这个方法允许前端和末端接触电阻测量的实施。实验数据的解释比较复杂主要是因为三个方面的影响:(1)用实验数据的外推得到截距;(2)接触周围的横向电流;(3)接触底部的面电阻不同于接触窗口外部的面电阻。电流围绕在接触窗口周围横向流动,如果用传统的一维理论分析实验数据则不论何时接触窗口比扩散带窄都会导致错误的接触电阻。对于最可靠的测量方法,测试结构应该组装成满足以下要求的结构:$L > L_T$,$Z \gg L$,$\delta = W - Z \ll W$ 即如图 3.22 定义的那样。

四端子方法:四端子或 Kelvin 结构比两端子和三端子结构更受青睐是因为:(1)仅有一个金属-半导体接触且接触电阻直接通过电压与电流的比值来测量,因此 R_c 可能会非常小;(2)金属和半导体面电阻均不参与 R_c 的确定,因此对可以测量的 R_c 的值没有任何实际限制;(3)接触面积可以做小以和高密度集成电路板中的接触面积保持一致。这使得该方法很简单且具吸引力。然而,任何横向电流都使得解释变得困难。模型显示二维和三维的影响很重要,尤其对接触窗口与扩散边缘具有明显的差异。

六端子方法:六端子方法与四端子技术非常相似。它结合了 Kelvin 结构,但同时允许像接触面电阻一样测量前端和后端接触电阻。它仅比四端子结构稍有些复杂但不需额外的掩膜操作。

对任何接触电阻测量方法都很难确定 ρ_c 的绝对值。实验数据的简单一维解释常给出错误的比接触电阻率的值。实验数据的恰当解释需要更精确的模型。这使得以前通过简单一维解释确定的数据遭到怀疑。不过 ρ_c 可以作为一个有价值的数据来使用,但得出这些结果的实验条件应该被详细指出。接触电阻可以直接测量,但测得的电阻可能不是真正的接触电阻。

肖特基势垒高度:肖特基势垒高度测量的优缺点在 3.6 节中已有讨论。

• • • • • • • • • • • • • •

附录 3.1

寄生电阻的影响

这一讨论源自参考文献[72]。式(3.22)和(3.24)提出的简单等效电路如图 A3.1 所示。当电流 I 如所标识的那样流动时,要求 A 与地间的电阻为 R_{cf} 而 B 与地间的电阻为 R_{ce}。对图 A3.2 所示的结构,等效电路如图 A3.3 所示。R_{ce} 为末端电阻,与图 A3.1 中的相似。接触的剩余部分的电阻为 $R_{cf}-R_{ce}$,假设接触电阻为 R_{cf}。宽度为 Z 的接触间的半导体区域可由电阻 $R_{sh}d/Z$ 来表征,其中 R_{sh} 为面电阻,留下很小的长 d 宽 δ 的交叠区域,由并联电阻 R_P 来表征。则接触间的总电阻为

$$R_T(\delta \neq 0) = 2R_{ce} + [2(R_{cf}-R_{ce}) + R_{sh}d/Z]//R_P/2 \tag{A3.1}$$

其中"//"为并联电阻的组合。对 $\delta=0$,有

$$R_T(\delta=0) = 2R_{cf} + R_{sh}d/Z \tag{A3.2}$$

乘以式(A3.1)中的各项解 $2R_{cf}+R_{sh}d/Z$,得出

$$2R_{cf} + R_{sh}d/Z = 2R_{ce} + \frac{(R_T(\delta \neq 0) - 2R_{ce})R_P}{R_P/2 - R_T(\delta \neq 0) + 2R_{ce}} = R' \tag{A3.3}$$

$R_T(\delta \neq 0)$ 为所测得的两个接触间的总电阻,R' 为包括两并联电阻修正后的电阻。

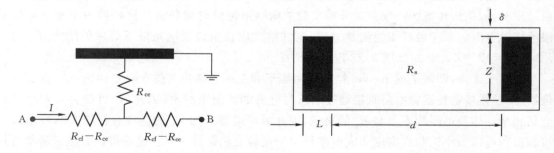

图 A3.1　表示前、后接触电阻的单接触的等效电路　　　　图 A3.2　TLM 接触结构

式(A3.1)中的并联电阻由下式给出:

$$R_P = 2FR_{sh} \tag{A3.4}$$

其中 F 为修正因子:

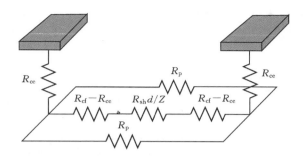

图 A3.3　图 A3.2 的 TLM 结构的等效电路,包括并联电阻 R_p

$$F = K(k_0)/K(k_1) \tag{A3.5}$$

且 K 为全椭圆积分:

$$K(k) = \int_0^{\pi/2} \frac{\mathrm{d}\phi}{\sqrt{1-(k\sin\phi)^2}} \tag{A3.6}$$

且 k_0 和 k_1 由下式给出:

$$k_0 = \frac{\tanh(\pi d/4\delta)}{\tanh(\pi(d+4L)/4\delta)}; \qquad k_1 = \sqrt{1-k_0^2} \tag{A3.7}$$

L 为接触长度, d 为接触间距, δ 为间隙,均表示在图 A3.2 中。

修正因子 F 对接触间距 d 作为间隙 δ 的函数由图 A3.4 给出。

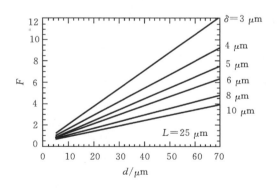

图 A3.4　$L = 25~\mu\mathrm{m}$ 时修正因子对 d 作为间隙 δ的函数。重印经
IEEE(© 2002,IEEE)授权引自参考文献[72]

● ● ● ● ● ● ● ● ● ● ● ● ● ● ●

附录 3.2

与半导体接触的合金

材料	合金	接触类型
n-Si	Au-Sb	欧姆
p-Si	Au-Ga	欧姆
n-Si	Al	欧姆
p-Si	Al	肖特基
n-GaAs	Au-Ge	欧姆
n-GaAs	Sn	欧姆
p-GaAs	Au-Zn	欧姆
p-GaAs	In	欧姆
n-GaInP	Au-Sn	欧姆
n-InP	Ni/Au-Ge/Ni	欧姆
n-InP	Au-Sn	欧姆
p-InP	Au-Zn	欧姆
n-AlGaAs*	Ni/Au-Ge/Ni	欧姆
p-AlGaAs*	In-Sn	欧姆
GaAs(n 或 p 型)	Ni	肖特基
GaAs(n 或 p 型)	Al	肖特基
GaAs(n 或 p 型)	Au-Ti	肖特基
InP(n 或 p 型)	Au	肖特基
InP(n 或 p 型)	Au-Ti	肖特基

源自:Bio-Rad. 参考文献[112]
* 具有 GaAs 覆盖层

参 考 文 献

1. F. Braun "On the Current Transport in Metal Sulfides (in German)," *Annal. Phys. Chem.* **153**, 556–563, 1874.
2. W. Schottky, "Semiconductor Theory of the Blocking Layer (in German)," *Naturwissenschaften* **26**, 843, Dec. 1938; "On the Semiconductor Theory of Blocking and Point Contact Rectifiers (in German)," *Z. Phys.* **113**, 367–414, July 1939; "Simplified and Expanded Theory of Boundary Layer Rectifiers (in German)," *Z. Phys.* **118**, 539–592, Feb. 1942.
3. H.K. Henisch, *Rectifying Semi-Conductor Contacts*, Clarendon Press, Oxford, 1957.
4. R.T. Tung, "Recent Advances in Schottky Barrier Concepts," *Mat. Sci. Eng.* **R35**, 1–138, 2001.
5. B. Schwartz (ed.), *Ohmic Contacts to Semiconductors*, Electrochem. Soc., New York, 1969.
6. V.L. Rideout, "A Review of the Theory and Technology for Ohmic Contacts to Group III–V Compound Semiconductors," *Solid-State Electron.* **18**, 541–550, June 1975.
7. N. Braslau, "Alloyed Ohmic Contacts to GaAs," *J. Vac. Sci. Technol.* **19**, 803–807, Sept./Oct. 1981.
8. A. Piotrowska, A. Guivarch, and G. Pelous, "Ohmic Contacts to III–V Compound Semiconductors: A Review of Fabrication Techniques," *Solid-State Electron.* **26**, 179–197, March 1983.
9. D.K. Schroder and D.L. Meier, "Solar Cell Contact Resistance—A Review," *IEEE Trans. Electron Devices* **ED-31**, 637–647, May 1984.
10. A.Y.C. Yu, "Electron Tunneling and Contact Resistance of Metal-Silicon Contact Barriers," *Solid-State Electron.* **13**, 239–247, Feb. 1970.
11. S.S. Cohen, "Contact Resistance and Methods for Its Determination," *Thin Solid Films* **104**, 361–379, June 1983.
12. A.G. Milnes and D.L. Feucht, *Heterojunction and Metal-Semiconductor Junctions*, Academic Press, New York, 1972.
13. B.L. Sharma and R.K. Purohit, *Semiconductor Heterojunctions*, Pergamon, London, 1974; B.L. Sharma, "Ohmic Contacts to III–V Compound Semiconductors," in *Semiconductors and Semimetals*, (R.K. Willardson and A.C. Beer, eds.), **15**, 1–38, Academic Press, New York, 1981.
14. E.H. Rhoderick and R.H. Williams, *Metal-Semiconductor Contacts*, 2nd ed., Clarendon, Oxford, 1988.
15. S.S. Cohen and G.S. Gildenblat, *Metal-Semiconductor Contacts and Devices*, Academic Press, Orlando, FL, 1986.
16. N.F. Mott, "Note on the Contact Between a Metal and an Insulator or Semiconductor," *Proc. Camb. Phil. Soc.* **34**, 568–572, 1938.
17. W.E Spicer, I. Lindau, P.R. Skeath and C.Y. Su, "The Unified Model for Schottky Barrier Formation and MOS Interface States in 3–5 Compounds," *Appl. Surf. Sci.* **9**, 83–91, Sept. 1981; W. Mönch, "On the Physics of Metal-Semiconductor Interfaces," *Rep. Progr. Phys.* **53**, 221–278, March 1990; L.J. Brillson, "Advances in Understanding Metal-Semiconductor Interfaces by Surface Science Techniques," *J. Phys. Chem. Solids* **44**, 703–733, 1983.
18. C.A. Mead, "Physics of Interfaces," in *Ohmic Contacts to Semiconductors* (B. Schwartz, ed.), Electrochem. Soc., New York, 1969, 3–16.

19. J. Bardeen, "Surface States and Rectification at Metal-Semiconductor Contact," *Phys. Rev.* **71**, 717–727, May 1947.

20. R.H. Williams, "The Schottky Barrier Problem," *Contemp. Phys.* **23**, 329–351, July/Aug. 1982.

21. L.J. Brillson, "Surface Photovoltage Measurements and Fermi Level Pinning: Comment on 'Development and Confirmation of the Unified Model for Schottky Barrier Formation and MOS Interface States on III–V Compounds'," *Thin Solid Films* **89**, L27–L33, March 1982.

22. J. Tersoff, "Recent Models of Schottky Barrier Formation," *J. Vac. Sci. Technol.* **B3**, 1157–1161, July/Aug. 1985.

23. I. Lindau and T. Kendelewicz, "Schottky Barrier Formation on III–V Semiconductor Surfaces: A Critical Evaluation," *CRC Crit. Rev. in Solid State and Mat. Sci.* **13**, 27–55, Jan. 1986.

24. F.A. Kroger, G. Diemer and H.A. Klasens, "Nature of Ohmic Metal-Semiconductor Contacts," *Phys. Rev.* **103**, 279, July 1956.

25. S.M. Sze, *Physics of Semiconductor Devices*, 2nd ed., Wiley, New York, 1981, 255–258.

26. F.A. Padovani and R. Stratton, "Field and Thermionic-Field Emission in Schottky Barriers," *Solid-State Electron.* **9**, 695–707, July 1966; F.A. Padovani, "The Current-Voltage Characteristics of Metal-Semiconductor Contacts," in *Semiconductors and Semimetals* (R.K. Willardson and A.C. Beer, eds.), Academic Press, New York, **7A**, 1971, 75–146.

27. C.R. Crowell and V.L. Rideout, "Normalized Thermionic-Field (TF) Emission in Metal-Semiconductor (Schottky) Barriers," *Solid-State Electron.* **12**, 89–105, Feb. 1969; "Thermionic-Field Resistance Maxima in Metal-Semiconductor (Schottky) Barriers," *Appl. Phys. Lett.* **14**, 85–88, Feb. 1969.

28. K.K. Ng and R. Liu, "On the Calculation of Specific Contact Resistivity on (100) Si," *IEEE Trans. Electron Dev.* **37**, 1535–1537, June 1990.

29. R.S. Popovic, "Metal-N-Type Semiconductor Ohmic Contact with a Shallow N^+ Surface Layer," *Solid-State Electron.* **21**, 1133–1138, Sept. 1978.

30. D.F. Wu, D. Wang and K. Heime, "An Improved Model to Explain Ohmic Contact Resistance of n-GaAs and Other Semiconductors," *Solid-State Electron.* **29**, 489–494, May 1986.

31. G. Brezeanu, C. Cabuz, D. Dascalu and P.A. Dan, "A Computer Method for the Characterization of Surface-Layer Ohmic Contacts," *Solid-State Electron.* **30**, 527–532, May 1987.

32. C.Y. Chang and S.M. Sze, "Carrier Transport Across Metal-Semiconductor Barriers," *Solid-State Electron.* **13**, 727–740, June 1970.

33. C.Y. Chang, Y.K. Fang and S.M. Sze, "Specific Contact Resistance of Metal-Semiconductor Barriers," *Solid-State Electron.* **14**, 541–550, July 1971.

34. W.J. Boudville and T.C. McGill, "Resistance Fluctuations in Ohmic Contacts due to Discreteness of Dopants," *Appl. Phys. Lett.* **48**, 791–793, March 1986.

35. Data for *n*-Si were taken from: 9, 32, 39, 43, 44, 45, 49, 55, 58, 69; S.S. Cohen, P.A. Piacente, G. Gildenblat and D.M. Brown, "Platinum Silicide Ohmic Contacts to Shallow Junctions in Silicon," *J. Appl. Phys.* **53**, 8856–8862, Dec. 1982; S. Swirhun, K.C. Saraswat and R.M. Swanson, "Contact Resistance of LPCVD W/Al and PtSi/Al Metallization," *IEEE Electron Dev. Lett.* **EDL-5**, 209–211, June 1984; S.S. Cohen and G.S. Gildenblat, "Mo/Al Metallization for VLSI Applications," *IEEE Trans. Electron Dev.* **ED-34**, 746–752, April 1987.

36. Data for *p*-Si were taken from: 39, 43, 44, 49, 55, 69; S.S. Cohen, P.A. Piacente, G. Gildenblat and D.M. Brown, "Platinum Silicide Ohmic Contacts to Shallow Junctions in Silicon," *J. Appl. Phys.* **53**, 8856–8862, Dec. 1982; S. Swirhun, K.C. Saraswat and R.M. Swanson, "Contact Resistance of LPCVD W/Al and PtSi/Al Metallization," *IEEE Electron Dev. Lett.* **EDL-5**, 209–211, June 1984; S.S. Cohen and G.S. Gildenblat, "Mo/Al Metallization for VLSI Applications," *IEEE Trans. Electron Dev.* **ED-34**, 746–752, April 1987; G.P. Carver, J.J. Kopanski, D.B. Novotny and R.A. Forman, "Specific Contact Resistivity of Metal-Semiconductor Contacts—A New, Accurate Method Linked to Spreading Resistance," *IEEE Trans. Electron Dev.* **ED-35**, 489–497, April 1988.

37. Data for *n*-GaAs can be found in ref. 6 and references therein.

38. Data for p-GaAs can be found in: 6, C.J. Nuese and J.J. Gannon, "Silver-Manganese Evaporated Ohmic Contacts to *p*-type GaAs," *J. Electrochem. Soc.* **115**, 327–328, March 1968; K.L. Klohn and L. Wandinger, "Variation of Contact Resistance of Metal-GaAs Contacts with Impurity Concentration and Its Device Implications," *J. Electrochem. Soc.* **116**, 507–508,

April 1969; H. Matino and M. Tokunaga, "Contact Resistances of Several Metals and Alloys to GaAs," *J. Electrochem. Soc.* **116**, 709–711, May 1969; H.J. Gopen and A.Y.C. Yu, "Ohmic Contacts to Epitaxial GaAs," *Solid-State Electron.* **14**, 515–517, June 1971; O. Ishihara, K.Nishitani, H.Sawano and S.Mitsue, "Ohmic Contacts to P-Type GaAs," *Japan. J. Appl. Phys.* **15**, 1411–1412, July 1976; C.Y. Su and C. Stolte, "Low Contact Resistance Non Alloyed Ohmic Contacts to Zn Implanted GaAs," *Electron. Lett.* **19**, 891–892, Oct. 1983; R.C. Brooks, C.L. Chen, A. Chu, L.J. Mahoney, J.G. Mavroides, M.J. Manfra and M.C. Finn, "Low-Resistance Ohmic Contacts to *p*-Type GaAs Using Zn/Pd/Au Metallization," *IEEE Electron Dev. Lett.* **EDL-6**, 525–527, Oct. 1985.

39. S.E. Swirhun and R.M. Swanson, "Temperature Dependence of Specific Contact Resistivity," *IEEE Electron Dev. Lett.* **EDL-7**, 155–157, March 1986.

40. D.M. Brown, M. Ghezzo and J.M. Pimbley, "Trends in Advanced Process Technology—Submicrometer CMOS Device Design and Process Requirements," *Proc. IEEE*, **74**, 1678–1702, Dec. 1986.

41. M.V. Sullivan and J.H. Eigler, "Five Metal Hydrides as Alloying Agents on Silicon," *J. Electrochem. Soc.* **103**, 218–220, April 1956.

42. R.H. Cox and H. Strack, "Ohmic Contacts for GaAs Devices," *Solid-State Electron.* **10**, 1213–1218, Dec. 1967.

43. R.D. Brookes and H.G. Mathes, "Spreading Resistance Between Constant Potential Surfaces," *Bell Syst. Tech. J.* **50**, 775–784, March 1971.

44. H. Muta, "Electrical Properties of Platinum-Silicon Contact Annealed in an H_2 Ambient," *Japan. J. Appl. Phys.* **17**, 1089–1098, June 1978.

45. A.K. Sinha, "Electrical Characteristics and Thermal Stability of Platinum Silicide-to-Silicon Ohmic Contacts Metallized with Tungsten," *J. Electrochem. Soc.* **120**, 1767–1771, Dec. 1973.

46. G.Y. Robinson, "Metallurgical and Electrical Properties of Alloyed Ni/Au-Ge Films on *n*-Type GaAs," *Solid-State Electron.* **18**, 331–342, April 1975.

47. G.P. Carver, J.J. Kopanski, D.B. Novotny, and R.A. Forman, "Specific Contact Resistivity of Metal-Semiconductor Contacts—A New, Accurate Method Linked to Spreading Resistance," *IEEE Trans. Electron Dev.* **35**, 489–497, April 1988.

48. A. Shepela, "The Specific Contact Resistance of Pd_2Si Contacts on *n*- and *p*-Si," *Solid-State Electron.* **16**, 477–481, April 1973.

49. C.Y. Ting and C.Y. Chen, "A Study of the Contacts of a Diffused Resistor," *Solid State Electron.* **14**, 433–438, June 1971.

50. J.M. Andrews, "A Lithographic Mask System for MOS Fine-Line Process Development." *Bell Syst. Tech. J.* **62**, 1107–1160, April 1983.

51. D.P. Kennedy and P.C. Murley, "A Two-Dimensional Mathematical Analysis of the Diffused Semiconductor Resistor," *IBM J. Res. Dev.* **12**, 242–250, May 1968.

52. H. Murrmann and D. Widmann, "Current Crowding on Metal Contacts to Planar Devices," *IEEE Trans. Electron Dev.* **ED-16**, 1022–1024, Dec. 1969.

53. H. Murrmann and D. Widmann, "Measurement of the Contact Resistance Between Metal and Diffused Layer in Si Planar Devices (in German)," *Solid-State Electron.* **12**, 879–886, Dec. 1969.

54. H.H. Berger, "Models for Contacts to Planar Devices," *Solid-State Electron.* **15**, 145–158, Feb. 1972; H.H. Berger, "Contact Resistance and Contact Resistivity," *J. Electrochem. Soc.* **119**, 507–514, April 1972.

55. J.M. Pimbley, "Dual-Level Transmission Line Model for Current Flow in Metal-Semiconductor Contacts," *IEEE Trans. Electron Dev.* **ED-33**, 1795–1800, Nov. 1986.

56. G.K. Reeves, P.W. Leech, and H.B. Harrison, "Understanding the Sheet Resistance Parameter of Alloyed Ohmic Contacts Using a Transmission Line Model," *Solid-State Electron.* **38**, 745–751, April 1995; G.K. Reeves and H.B. Harrison, "An Analytical Model for Alloyed Ohmic Contacts Using a Trilayer Transmission Line Model." *IEEE Trans. Electron Dev.* **42**, 1536–1547, Aug. 1995.

57. J.G.J. Chern and W.G. Oldham, "Determining Specific Contact Resistivity from Contact End Resistance Measurements," *IEEE Electron Dev. Lett.* **EDL-5**, 178–180, May 1984.

Comments on this Paper are: J.A. Mazer and L.W. Linholm, "Comments on 'Determining Specific Contact Resistivity from Contact End Resistance Measurements'," *IEEE Electron Dev. Lett.* **EDL-5**, 347–348, Sept. 1984; J. Chern and W.G. Oldham, "Reply to 'Comments on Determining Specific Contact Resistivity from Contact End Resistance Measurements'," *IEEE Electron Dev. Lett.* **EDL-5**, 349, Sept. 1984; M. Finetti, A. Scorzoni and G. Soncini, "A Further Comment on 'Determining Specific Contact Resistivity from Contact End Resistance Measurements'," *IEEE Electron Dev. Lett.* **EDL-6**, 184–185, April 1985.

58. S.E. Swirhun, W.M. Loh, R.M. Swanson and K.C. Saraswat, "Current Crowding Effects and Determination of Specific Contact Resistivity from Contact End Resistance (CER) Measurements," *IEEE Electron Dev. Lett.* **EDL-6**, 639–641, Dec. 1985.

59. G.K. Reeves, "Specific Contact Resistance Using a Circular Transmission Line Model," *Solid-State Electron.* **23**, 487–490, May 1980; A.J. Willis and A.P. Botha, "Investigation of Ring Structures for Metal-Semiconductor Contact Resistance Determination," *Thin Solid Films* **146**, 15–20, Jan. 1987.

60. S.S. Cohen and G.Sh. Gildenblat, *VLSI Electronics*, **13**, Metal-Semiconductor Contacts and Devices, Academic Press, Orlando, FL, 1986, p. 115; G.S. Marlow and M.B. Das, "The Effects of Contact Size and Non-Zero Metal Resistance on the Determination of Specific Contact Resistance," *Solid-State Electron.* **25**, 91–94, Feb. 1982; M. Ahmad and B.M. Arora, "Investigation of AuGeNi Contacts Using Rectangular and Circular Transmission Line Model," *Solid-State Electron.* **35**, 1441–1445, Oct. 1992.

61. J. Klootwijk, Philips Research Labs., private communication.

62. A. Scorzoni, M. Vanzi, and A. Querzè, "The Circular Resistor (CR)—A Novel Structure for the Analysis of VLSI Contacts," *IEEE Trans. Electron Dev.* **37**, 1750–1757, July 1990.

63. E.G. Woelk, H. Kräutle and H. Beneking, "Measurement of Low Resistive Ohmic Contacts on Semiconductors," *IEEE Trans. Electron Dev.* **ED-33**, 19–22, Jan. 1986.

64. W. Shockley in A. Goetzberger and R.M. Scarlett, "Research and Investigation of Inverse Epitaxial UHF Power Transistors," *Rep. No. AFAL-TDR-64-207*, Air Force Avionics Lab., Wright-Patterson Air Force Base, OH, Sept. 1964.

65. L.K. Mak, C.M. Rogers, and D.C. Northrop, "Specific Contact Resistance Measurements on Semiconductors," *J. Phys. E: Sci. Instr.* **22**, 317–321, May 1989.

66. G.K. Reeves and H.B. Harrison "Obtaining the Specific Contact Resistance from Transmission Line Model Measurements," *IEEE Electron Dev. Lett.* **EDL-3**, 111–113, May 1982.

67. L. Gutai, "Statistical Modeling of Transmission Line Model Test Structures—Part I: The Effect of Inhomogeneities on the Extracted Contact Parameters," "Part II: TLM Test Structure with Four or More Terminals: A Novel Method to Characterize Nonideal Planar Contacts in Presence of Inhomogeneities," *IEEE Trans. Electron Dev.* **37**, 2350–2360, 2361–2380, Nov. 1990.

68. D.B. Scott, W.R. Hunter and H. Shichijo, "A Transmission Line Model for Silicided Diffusions: Impact on the Performance of VLSI Circuits," *IEEE Trans. Electron Dev.* **ED-29**, 651–661, April 1982.

69. G.K. Reeves and H.B. Harrison, "Contact Resistance of Polysilicon-Silicon Interconnections," *Electron. Lett.* **18**, 1083–1085, Dec. 1982; G. Reeves and H.B. Harrison, "Determination of Contact Parameters of Interconnecting Layers in VLSI Circuits," *IEEE Trans. Electron Dev.* **ED-33**, 328–334, March 1986.

70. B. Kovacs and I. Mojzes, "Influence of Finite Metal Overlayer Resistance on the Evaluation of Contact Resistivity," *IEEE Trans. Electron Dev.* **ED-33**, 1401–1403, Sept. 1986.

71. I.F. Chang, "Contact Resistance in Diffused Resistors," *J. Electrochem. Soc.* **117**, 368–372, Feb. 1970; A. Scorzoni and U. Lieneweg, "Comparison Between Analytical Methods and Finite-Difference in Transmission-Line Tap Resistors and L-Type Cross-Kelvin Resistors," *IEEE Trans. Electron Dev.* **ED-37**, 1099–1103, June 1990.

72. E.F. Chor and J. Lerdworatawee, "Quasi-Two-Dimensional Transmission Line Model (QTD-TLM) for Planar Ohmic Contact Studies," *IEEE Trans. Electron Dev.* **49**, 105–111, Jan. 2002.

73. K.K. Shih and J.M. Blum, "Contact Resistances of Au-Ge-Ni, Au-Zn and Al to III–V Compounds," *Solid-State Electron.* **15**, 1177–1180, Nov. 1972.

74. S.S. Cohen, G. Gildenblat, M. Ghezzo and D.M. Brown, "Al-0.9%Si/Si Ohmic Contacts to Shallow Junctions," *J. Electrochem. Soc.* **129**, 1335–1338, June 1982.

75. S.J. Proctor and L.W. Linholm, "A Direct Measurement of Interfacial Contact Resistance,"

IEEE Electron Dev. Lett. **EDL-3**, 294–296, Oct. 1982; S.J. Proctor, L.W. Linholm and J.A. Mazer, "Direct Measurements of Interfacial Contact Resistance, End Resistance, and Interfacial Contact Layer Uniformity," *IEEE Trans. Electron Dev.* **ED-30**, 1535–1542, Nov. 1983.

76. J.A. Mazer, L.W. Linholm and A.N. Saxena, "An Improved Test Structure and Kelvin-Measurement Method for the Determination of Integrated Circuit Front Contact Resistance," *J. Electrochem. Soc.* **132**, 440–443, Feb. 1985.

77. A.A. Naem and D.A. Smith, "Accuracy of the Four-Terminal Measurement Techniques for Determining Contact Resistance," *J. Electrochem. Soc.* **133**, 2377–2380, Nov. 1986.

78. M. Finetti, A. Scorzoni and G. Soncini, "Lateral Current Crowding Effects on Contact Resistance Measurements in Four Terminal Resistor Test Patterns," *IEEE Electron Dev. Lett.* **EDL-5**, 524–526, Dec. 1984.

79. A.S. Holland, G.K. Reeves, and P.W. Leech, "Universal Error Corrections for Finite Semiconductor Resistivity in Cross-Kelvin Resistor Test Structures," *IEEE Trans. Electron Dev.* **51**, 914–919, June 2004.

80. M. Ono, A. Nishiyama, and A. Toriumi, "A Simple Approach to Understanding Errors in the Cross-Bridge Kelvin Resistor and a New Pattern for Measurements of Specific Contact Resistivity," *Solid-State Electron.* **46**, 1325–1331, Sept. 2002.

81. W.M. Loh, S.E. Swirhun, T.A. Schreyer, R.M. Swanson and K.C. Saraswat, "Modeling and Measurement of Contact Resistances," *IEEE Trans. Electron Dev.* **ED-34**, 512–524, March 1987.

82. A. Scorzoni, M. Finetti, K. Grahn, I. Suni and P. Cappelletti, "Current Crowding and Misalignment Effects as Sources of Error in Contact Resistivity Measurements—Part I: Computer Simulation of Conventional CER and CKR Structures," *IEEE Trans. Electron. Dev.* **ED-34**, 525–531, March 1987.

83. P. Cappelletti, M. Finetti, A. Scorzoni, I. Suni, N. Cirelli and G.D. Libera, "Current Crowding and Misalignment Effects as Sources of Error in Contact Resistivity Measurements—Part II: Experimental Results and Computer Simulation of Self-Aligned Test Structures," *IEEE Trans. Electron. Dev.* **ED-34**, 532–536, March 1987.

84. U. Lieneweg and D.J. Hannaman, "New Flange Correction Formula Applied to Interfacial Resistance Measurements of Ohmic Contacts to GaAs," *IEEE Electron Dev. Lett.* **EDL-8**, 202–204, May 1987.

85. S.A. Chalmers and B.G. Streetman, "Lateral Diffusion Contributions to Contact Mismatch in Kelvin Resistor Structures," *IEEE Trans. Electron Dev.* **ED-34**, 2023–2024, Sept. 1987.

86. W.T. Lynch and K.K. Ng, "A Tester for the Contact Resistivity of Self-Aligned Silicides," *IEEE Int. Electron Dev. Meet. Digest*, San Francisco, 1988, 352–355.

87. T.F. Lei, L.Y. Leu and C.L. Lee, "Specific Contact Resistivity Measurement by a Vertical Kelvin Test Structure," *IEEE Trans. Electron Dev.* **ED-34**, 1390–1395, June 1987; W.L. Yang, T.F. Lei, and C.L. Lee, "Contact Resistivities of Al and Ti on Si Measured by a Self-Aligned Vertical Kelvin Test Resistor Structure," *Solid-State Electron.* **32**, 997–1001, Nov. 1989.

88. C.L. Lee, W.L. Yang and T.F. Lei, "The Spreading Resistance Error in the Vertical Kelvin Test Resistor Structure for the Specific Contact Resistivity," *IEEE Trans. Electron Dev.* **ED-35**, 521–523, April 1988.

89. L.Y. Leu, C.L. Lee, T.F. Lei, and W.L. Yang, "Numerical Simulation of the Vertical Kelvin Test Structure for Specific Contact Resistivity," *Solid-State Electron.* **33**, 177–188, Feb. 1990.

90. J.G.J. Chern, W.G. Oldham and N. Cheung, "Contact-Electromigration-Induced Leakage Failure in Aluminum-Silicon to Silicon Contacts," *IEEE Trans. Electron Dev.* **ED-32**, 1341–1346, July 1985.

91. H. Onoda, "Dependence of Al-Si/Al Contact Resistance on Substrate Surface Orientation," *IEEE Electron Dev. Lett.* **EDL-9**, 613–615, Nov. 1988.

92. T.J. Faith, R.S. Iven, L.H. Reed, J.J. O'Neill Jr., M.C. Jones and B.B. Levin, "Contact Resistance Monitor for Si ICs," *J. Vac. Sci. Technol.* **B2**, 54–57, Jan./March 1984.

93. N. Braslau, "Alloyed Ohmic Contacts to GaAs," *J. Vac. Sci. Technol.* **19**, 803–807, Sept./Oct. 1981; "Ohmic Contacts to GaAs," *Thin Solid Films* **104**, 391–397, June 1983.

94. J. Willer, D. Ristow, W. Kellner and H. Oppolzer, "Very Stable Ge/Au/Cr/Au Ohmic Contacts

to GaAs," *J. Electrochem. Soc.* **135**, 179–181, Jan. 1988.

95.　J.M. Andrews and M.P. Lepselter, "Reverse Current-Voltage Characteristics of Metal-Silicide Schottky Diodes," *Solid-State Electron.* **13**, 1011–1023, July 1970.

96.　A.K. Srivastava, B.M. Arora, and S. Guha, "Measurement of Richardson Constant of GaAs Schottky Barriers," *Solid-State Electron.* **24**, 185–191, Feb. 1981, and references therein.

97.　M. Missous and E.H. Rhoderick, "On the Richardson Constant for Aluminum/Gallium Arsenide Schottky Diodes," *J. Appl. Phys.* **69**, 7142–7145, May 1991.

98.　F. Hossain, Arizona State University.

99.　R.T. Tung, "Electron Transport of Inhomogeneous Schottky Barriers," *Appl. Phys. Lett.* **58**, 2821–2823, June 1991.

100.　A.S. Bhuiyan, A. Martinez and D. Esteve, "A New Richardson Plot for Non-Ideal Schottky Diodes," *Thin Solid Films* **161**, 93–100, July 1988.

101.　A.M. Goodman, "Metal-Semiconductor Barrier Height Measurement by the Differential Capacitance Method—One Carrier System," *J. Appl. Phys.* **34**, 329–338, Feb. 1963.

102.　R.H. Fowler, "The Analysis of Photoelectric Sensitivity Curves for Clean Metals at Various Temperatures," *Phys. Rev.* **38**, 45–56, July 1931.

103.　W. Mönch, *Electronic Properties of Semiconductor Interfaces*, Springer, Berlin, 2004, 63–67.

104.　R. Turan, N. Akman, O. Nur, M.Y.A. Yousif, and M. Willander, "Observation of Strain Relaxation in $Si_{1-x}Ge_x$ layers by Optical and Electrical Characterisation of a Schottky Junction," *Appl. Phys.* **A72**, 587–593, May 2001.

105.　T. Okumura and K.N. Tu, "Analysis of Parallel Schottky Contacts by Differential Internal Photoemission Spectroscopy," *J. Appl. Phys.* **54**, 922–927, Feb. 1983.

106.　L.D. Bell and W.J. Kaiser, "Ballistic Electron Emission Microscopy: A Nanometer-Scale Probe of Interfaces and Carrier Transport," *Annu. Rev. Mat. Sci.* **26**, 189–222, 1996.

107.　C. Fontaine, T. Okumura and K.N. Tu, "Interfacial Reaction and Schottky Barrier Between Pt and GaAs," *J. Appl. Phys.* **54**, 1404–1412, March 1983.

108.　T. Okumura and K.N. Tu, "Electrical Characterization of Schottky Contacts of Au, Al, Gd and Pt on *n*-Type and *p*-Type GaAs," *J. Appl. Phys.* **61**, 2955–2961, April 1987.

109.　Y.P. Song, R.L. Van Meirhaeghe, W.H. Laflère and F. Cardon, "On the Difference in Apparent Barrier Height as Obtained from Capacitance-Voltage and Current-Voltage-Temperature Measurements on Al/p-InP Schottky Barriers," *Solid-State Electron.* **29**, 633–638, June 1986.

110.　I. Ohdomari and K.N. Tu, "Parallel Silicide Contacts," *J. Appl. Phys.* **51**, 3735–3739, July 1980.

111.　J.L. Freeouf, T.N. Jackson, S.E. Laux and J.M. Woodall, "Size Dependence of "Effective" Barrier Heights of Mixed-Phase Contacts," *J. Vac. Sci. Technol.* **21**, 570–574, July/Aug. 1982.

112.　Bio-Rad, *Semiconductor Newsletter*, Winter 1988.

习题

3.1 一个方向偏置 pn 结的 I-V 数据由下表给出。求这个器件的温度 T 和串联电阻 R_s。 174

V/V	I/A	V/V	I/A	V/V	I/A
0.0000	0.0000	0.35000	1.0960e-07	0.70000	0.0062910
0.025000	1.2910e-12	0.37500	2.5120e-07	0.72500	0.010050
0.050000	4.2480e-12	0.40000	5.7540e-07	0.75000	0.014290
0.075000	1.1020e-12	0.42500	1.3180e-06	0.77500	0.019610
0.10000	2.6540e-11	0.45000	3.0190e-06	0.80000	0.025430
0.12500	6.2090e-11	0.47500	6.9130e-06	0.82500	0.031850
0.15000	1.4350e-10	0.50000	1.5820e-05	0.85000	0.038330
0.17500	3.3010e-10	0.52500	3.6180e-05	0.87500	0.045040
0.20000	7.5760e-10	0.55000	8.2520e-05	0.90000	0.051940
0.22500	1.7370e-09	0.57500	0.00018720	0.92500	0.058990
0.25000	3.9800e-09	0.60000	0.00041910	0.95000	0.066160
0.27500	9.1180e-09	0.62500	0.00091340	0.97500	0.073440
0.30000	2.0890e-08	0.65000	0.0018820	1.0000	0.080800
0.32500	4.7860e-08	0.67500	0.0035060		

3.2 半导体测试结构的一部分如图 P3.2 所示。它结合了一个 TLM 测试结构,一个一元接触串和一个圆形肖特基二极管,使用了多种方法。

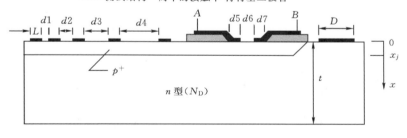

图 P3.2

（a）肖特基二极管 I-V：

V/V	0.1	0.2	0.3	0.4	0.5
I/A	5.59×10^{-8}	1.36×10^{-6}	3.04×10^{-5}	6.71×10^{-4}	0.0148

求势垒高度 ϕ_B（用 V 表示）和理想因子 n。

（b）p^+ 层：

p^+ 多数载流子轮廓近似为 $p(x) \approx N_A(x) = 8 \times 10^9 \exp(-x/5 \times 10^{-6})$，$x$ 以 cm 为单位。求结深 x_j（用 cm 表示）和 p^+ 层面电阻 R_{sh}（用 $\Omega/\square$ 表示）；忽略 p^+ 层中电子的贡献。

175　　　(c)TLM 测量结构:

TlM 测试结构给出如下值:

$d/\mu m$	$d_1=1$	$d_2=3$	$d_3=7$	$d_4=10$
R_T/Ω	8.2	13.41	23.83	31.65

求面电阻 R_{sh},接触电阻 $R_c(\Omega)$ 和比接触电阻率 $\rho_c(\Omega \cdot cm^2)$。

(d)一元接触串:

求点 A 与 B 之间的电阻(用 Ω 表示)。忽略金属电阻。

(e)晶片的阻值:

假设两个直径 1 cm 的环形接触形成在 n 型晶片的两个对面,因此从顶部到底部的电流流过晶片时被限制在这个面积内。假设电流为热电子发射,请用 $\rho_c = (\partial J/\partial V)-1$ 在 $V=0$ 处进行计算确定两个接触间的电阻。$Z(p^+$ 层的宽度)$=100\mu m, d_5=50\mu m$, $d_6=500\mu m, L=25\mu m, D=1mm, A^{**}=110A/cm^2 \cdot K$,衬底 $\rho=0.1\Omega \cdot cm$(用以翻转掺杂浓度,应用图 A1.1),$t=750\mu m, T=300K, K_s=11.7$,使用 $\mu_p=60cm^2/V \cdot s$。在这些讨论中忽略 p^+n 结的空间电荷区域的宽度,比如,假设它为零。

3.3　测量了两个肖特基二极管的 $I-V$ 和 $C-V$ 曲线。这些二极管均制作在相同的 n 型衬底上。一个二极管(器件 1)的势垒高度为 ϕ_{B1} 且面积为 A,另一个由一半面积上的势垒高度 ϕ_{B1} 和另一半面积上的势垒高度 ϕ_{B2} 构成。两个器件的面积是一样的。肖特基二极管的等式为

$$I = AA^* T^2 e^{-q\phi_B/kT} (e^{q(V-Ir_s)/nkT} - 1) = I_o(e^{q(V-Ir_s)/nkT} - 1) \quad 和 \quad C = A\sqrt{\frac{K_s\varepsilon_o q N_D}{2(V_{bi}-V)}}$$

I_o 为饱和电流。器件 1 的 $I-V$ 曲线如图 P3.3 所示。

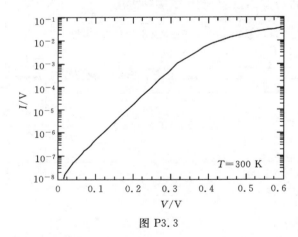

图 P3.3

176　　饱和电流作为温度的函数为

器件 1:	T/K	I_{o1}/A	器件 2:	T/K	I_{o2}/A
	300	1.57×10^{-8}		300	3.83×10^{-7}
	350	1.02×10^{-6}		350	1.46×10^{-5}
	400	2.42×10^{-5}		400	2.33×10^{-4}

室温,零偏置容量为:$C_1(0V)=4.092\times10^{-11}F$;$C_2(0V)=4.335\times10^{-11}F$;$K_s=11.7$,
$\varepsilon_o=8.854\times10^{-14}F/cm$,$k=8.617\times10^{-5}eV/K$,$A=10^{-3}cm^2$,$N_D=1016cm^{-3}$,$n_i=1010cm^{-3}$,
$E_i=E_G/2=0.56eV$。求 A^*,n,r_s,ϕ_{B1} 和 ϕ_{B2}。

3.4 考虑一个在二极管面积上势垒高度不是常数的肖特基二极管。从下式求有效势垒高度 $\varphi_{B,eff}$:

(**a**)$\log(I)-V$ 图

(**b**)$(A/C)^2-V$ 图

其中势垒高度和面积为 $\phi_{B1}=0.6V$,$A_1=0.2A$ 和 $\phi_{B2}=0.7V$,$A_2=0.8A$,其中 A 为下面给出的面积。应用 $A^*=100A/cm^2\cdot K^2$,$A=10^{-3}cm^2$,$n=1$,$T=300K$,$K_s=11.7$,$N_D=10^{15}cm^{-3}$,和 $N_C=2.5\times10^{19}cm^{-3}$。有效势垒高度定义为下式:

$$I=AA^*T^2e^{-q\phi_{B,eff}/kT}(e^{qV/nkT}-1),\quad 对 I-V 图$$

$$V_{bi}=\phi_{B,eff}+V_0=\phi_{B,eff}+\frac{kT}{q}\ln\left(\frac{N_C}{N_D}\right),\quad 对(A/C)^2-V 图$$

忽略书中的容量等式中的"kT/q"。

3.5 传输长度接触电阻测试结构被用来测量各种电学参数。在这个例子中接触间的面电阻 R_{sh} 与接触底部的面电阻 R_{sk} 不同。

(**a**) 对可忽略的金属电阻,得到下面的数据:

$d/\mu m$	3	5	10	20	30	50
$V/\mu V$	43.6	49.6	64.6	94.6	124.6	184.6

$L=12\mu m$,$Z=100\mu m$,$I=10mA$。这一测试结构的末端电阻为 $R_e=3.4\times10^{-3}\Omega$。求 R_{sh},R_{sk},R_e,ρ_c 和 L_{Tc}。

(**b**) 某天当这些测量做好后,发现接触电阻增加到 $R_c=5.18\Omega$。假设金属电阻增加是因为金属沉积系统的一个问题。所有其他参数未变。求金属面电阻 R_{sm}。

3.6 肖特基二极管的 $I-V$ 曲线作为温度的函数如图 P3.6 所示。二极管有一个直径为 1 mm 的圆形面积。电流由下式给出:

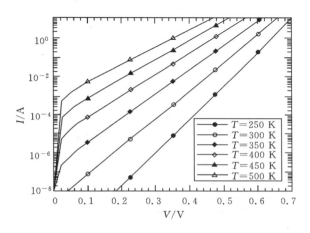

图 P3.6

$$I=AA^* T^2 e^{-q\phi_B/kT}(e^{qV/nkT}-1)。$$

求 A^*，n 和 ϕ_B。

3.7 反向偏置的 pn 结的 I-V 曲线如图 P3.7 所示。求"$T=?$"曲线的温度 T 和"$T=300K$"曲线对应的串联电阻 r_s。

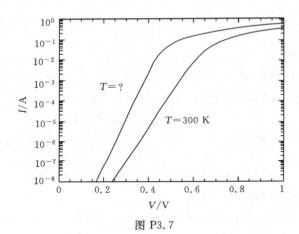

图 P3.7

3.8 pn 结二极管在高注入水平的 I-V 方程，忽略串联电阻，为

$$I=I_{01}(e^{qV/2kT}-1)$$

考虑串联电阻，但没有高注入水平的影响，I-V 方程为

$$I=I_{02}(e^{q(V-Ir_s)/kT}-1)$$

讨论如何确定对落在 I-V 曲线那一区域的 I-V 实验数据应用哪个方程是正确的。

3.9 图 P3.9 给出了 n 型层掺杂密度与深度关系的两种情况。讨论这两种情况的面电阻和比接触电阻率，比如它们是否相同和为什么相同或不同。

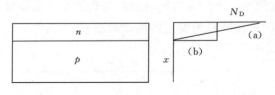

图 P3.9

3.10 图 P3.10 中接触 A 的接触电阻为 R_{cA}。它于点 $A-C$ 和点 $A-B$ 间被测量。对 A 和 B

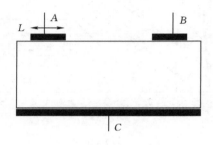

图 P3.10

这两个点,有 $L_T < L$,其中 L_T 为传输长度,L 为接触长度。从下面所列选项中选择一项并简要地解释。

□$R_{cA}(A-C) > R_{cA}(A-B)$　　□$R_{cA}(A-C) = R_{cA}(A-B)$　　□$R_{cA}(A-C) < R_{cA}(A-B)$

3.11　在 TLM 测试结构中相邻接触间的电阻被测量作为 R_T 对 d 的关系如图 P3.11 所示。这个测试结构可以求出那些参数?某天处理过程中发生错误,在沉积金属之前已经有一层薄的氧化层留在了 n 型层上。图 P3.11 中 R_T 对 d 图的数据点可能就是在这种情况下测量的。接触间距、尺寸和 n 型层同以前相同。氧化层足够薄电流可以遂穿通过,可以看做一层阻挡层。

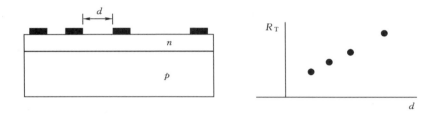

图 P3.11

3.12　两个金属性接触被制作在 n 型半导体晶片上。图 P3.12 中的 $I-V$ 曲线对应如下情况:接触 A 为一个肖特基接触,接触 B 为一个欧姆接触。画出两个接触均为肖特基接触时相同数据的 $I-V$ 曲线。 179

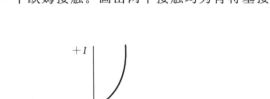

图 P3.12

3.13　相同温度 T 下两个肖特基二极管的 $I-V$ 曲线如图 P3.13 所示。相应电流的方程为
$$I = AA^* T^2 \exp(-q\phi_B/kT)(\exp(qV/nkT) - 1)$$
曲线(A)到曲线(B)是哪个器件参数变化引起的:

　　　　　　　　　□A^*　　　　□ϕ_B　　　　□n

选择一个答案并解释。

3.14　一个肖特基二极管形成在两个 n 型和 p 型半导体区域上,如图 P3.14 所示。

(a)画出这个器件的 $I-V$ 曲线。

(b)画出 $V=0$ 时表面($x=0$)和 $x=x_1$ 处的能带图。两种类型半导体的掺杂浓度、势垒高度和 A^* 都相同且接触在两种半导体上的面积也相等。 180 ~ 181

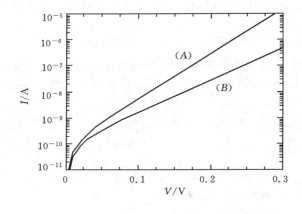

图 P3.13

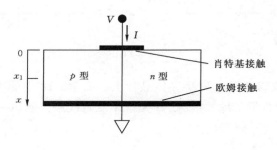

图 P3.14

3.15 Si 衬底上的肖特基二极管的 $I-V$ 和 $C-V$ 图如图 P3.15 所示。从 $I-V$ 曲线中求 ϕ_B，A^*，r_s，T；从 $C-V$ 曲线求 ϕ_B，N_D。应用 $K_s = 11.7$，$k = 8.617 \times 10^{-5}$ eV/K，$\varepsilon_0 = 8.854 \times 10^{-14}$ F/cm，二极管理想因子 $n = 1$，面积 $A = 10^{-3}$ cm^2，$E_G = 1.12$ eV，$n_i = 9.15 \times 10^{19}$ $(T/300)^2 \exp(-6880/T)$ cm^{-3}。各种温度下的饱和电流为

T/K	I_s/A
250	5.01×10^{-9}
275	7.63×10^{-8}
300	7.49×10^{-7}
325	5.34×10^{-6}
350	2.81×10^{-5}
375	1.21×10^{-4}
400	4.41×10^{-4}

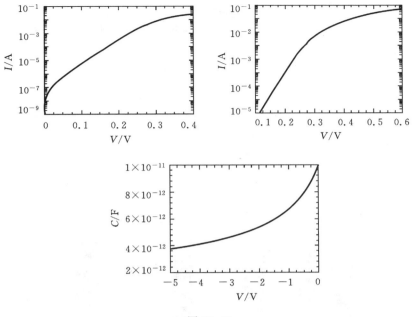

图 P3.15

3.16 100 单元接触链的电阻 R_T 由下式给出：

$$R_T = N(2R_c + R_s)，其中 R_c = \frac{\rho_c}{L_T Z}\coth\left(\frac{L}{L_T}\right)$$

这个链上的两个单元如图 P3.16 所示。确定并画出 $\rho_c = 10^{-8}$ 到 $10^{-5}\,\Omega\cdot\text{cm}^2$ 的 R_T 对 ρ_c 的 log-log 图。画出足够的点使曲线平滑。$L=3\mu\text{m}, d=10\mu\text{m}, Z(n^+\text{层宽度})=10\mu\text{m}$，$R_{sh}=50\,\Omega/\square$。忽略金属电阻。

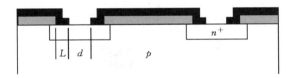

图 P3.16

3.17 图 P3.17 中的 TLM 测试结构在表中给出了 R_T 值。n^+ 层中的掺杂浓度 N_D 是均匀的。
(a) 求面电阻 $R_{sh}(\Omega/\square)$、接触电阻 $R_c(\Omega)$、比接触电阻率 $\rho_c(\Omega\cdot\text{cm}^2)$，和掺杂浓度 N_D (cm^{-3})。$Z(n^+\text{层宽度})=100\mu\text{m}, L=25\mu\text{m}, t=2.5\times10^{-4}\text{cm}, \mu_n=50\text{cm}^2/\text{V}\cdot\text{s}$。
(b) 以与(i)中相同的参数，除了 $\rho_c=10^{-7}\,\Omega\cdot\text{cm}^2$，画出新的曲线。

3.18 图 P3.18 所示为一传输长度方法测试结构。n 型层厚 $1\,\mu\text{m}$，电导率为 $\rho=0.001\,\Omega\cdot\text{cm}$。比接触电阻率 $\rho_c=10^{-6}\,\Omega\cdot\text{cm}^2$。计算并画出 $d=2,4,6,10\mu\text{m}$。$Z=20\mu\text{m}, L=10\mu\text{m}$ 时 R_T 对 d 的图形。

182

$$R_T = 2R_c + R_s = \frac{2\rho_c}{L_T Z}\coth\left(\frac{L}{L_T}\right) + \frac{R_{sh}d}{Z}。$$

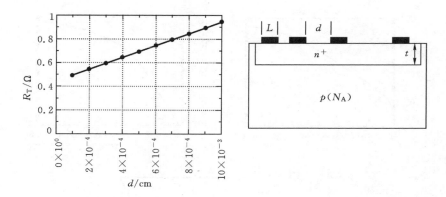

图 P3.17

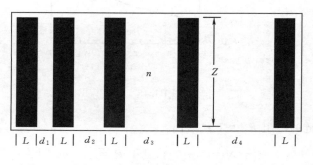

图 P3.18

3.19 在如图 P3.19 所示的 Kelvin 接触电阻测试结构中,常假设伏特计有非常高的输入阻抗且电压测量臂上的电压降可以忽略不计。现在假设伏特计的输入阻抗是有限的。对 $I=10^{-3}A$, $R_{arm}=100\Omega$,且 $R_c=10\Omega$,求 R_c 有 10% 误差时的 R_{in}。

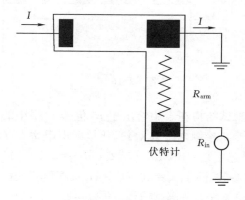

图 P3.19

3.20 图 P3.20 中的所有接触均具有相同的比接触电阻率 ρ_c。三个顶接触的接触电阻 R_c 是否相同? 试讨论。其中 L_T 为传输长度。

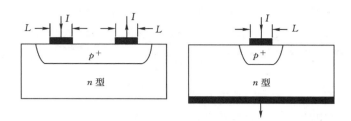

图 P3.20

3.21　沟道长度不同的 MOSFETs,如图 P3.21 所示,用来求沟道长度和串联电阻 R_{SD}。这种　　　183
晶体管可以用来确定接触电阻 R_c 和比接触电阻率 ρ_c 吗? 试讨论。

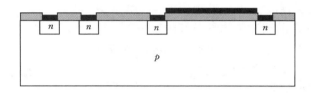

图 P3.21

3.22　图 P3.22 中给出了均匀掺杂的 n 型层和 p 型衬底上的传输长度方法接触电阻测量的
R_T 对 d 的数据点。n 型层的电阻率为 ρ,接触长度为 L,接触宽度为 Z。
（a）在图中指出从这些数据可以求出的三个参数。
（b）画出当 n 型层厚度增加时的数据点;所有其它参数保持不变。

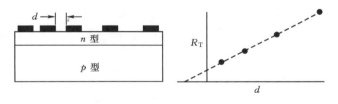

图 P3.22

3.23　图 P3.23 中给出了均匀掺杂的 n 型层和 p 型衬底上的传输长度方法接触电阻测量的
R_T 对 d 的数据点。n 型层的电阻率为 ρ,接触长度为 L,接触宽度为 Z。
（a）在图中指出从这些数据可以求出的三个参数。

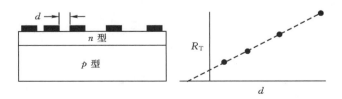

图 P3.23

184　　（b）画出当 n 型层电阻率增加时的数据点；所有其它参数保持不变。

● ● ● ● ● ● ● ● ● ● ● ● ● ● ● ●

复习题

- 得到低接触电阻的最重要的参数是什么？
- 金属–半导体传导的三种机制是什么？
- 什么是费米能级钉扎？
- 什么是比接触电阻率，它的单位是什么？
- 接触链能给出详细的接触特征吗？为什么能或为什么不能？
- 什么是传输长度方法？
- 为什么 Kelvin 接触测试结构是最好的？
- 什么是 Kelvin 接触电阻测量时的横向电流效应？
- 如何求肖特基二极管的势垒高度？
- 如何测量理查孙常数？

第4章
串联电阻，沟道长度与宽度，阈值电压

●●●●●●●●●●●●●●●●●●

4.1　引言

　　半导体器件和电路的性能由于串联电阻的存在而退化。而串联电阻大小主要取决于串并联电阻、器件本身，以及器件上电流的大小和一些其他的因素。串联电阻 r_s 取决于半导体的电阻率、接触电阻，甚至有时与几何因素有关。足够大的串联电阻才能使器件性能退化。在一个光电流为纳米安培级的反偏光电二极管中，串联电阻是次要的。然而，当串联电阻达到几个欧姆时对太阳能电池和功率器件是有害的。串联电阻 r_s 对电容和载流子浓度分布曲线测量的影响在第 2 章已经阐述过。器件设计就是要使得串联电阻在器件中可以忽略。但是，r_s 不会为零，这就需要我们能够测量出 r_s 的大小。有效沟道长度和宽度是 MOSFET 的重要参数，它们是建模所必需的，而且有别于掩膜定义和物理尺寸。阈值电压也是 MOSFET 的一个很重要的参数。下面我们将介绍其各自的测量方法。

· · · · · · · · · · · · · · ·

4.2 pn 结二极管

4.2.1 电流-电压特性

pn 结二极管电流是二极管电压 V_d 的函数,即

$$I = I_o(e^{qV_d/nkT} - 1) \tag{4.1}$$

186　其中 I_0 是饱和电流,n 是二极管理想因子。二极管电压 V_d 是空间电荷区两端的电压,而且在准电中性区电压降为零。如果 I_0 和 n 都为常数,则当 $V_d > nkT/q$,$\log(I)$-V_d 的曲线为一段直线。

半导体二极管可以由图 4.1 的等效电路代替。等效图包含一个理想的串联电阻 r_s。当有电流流过二极管时,二极管两端电压 V 为

$$V = V_d + Ir_s \tag{4.2}$$

由式(4.1)和(4.2)可知

$$\boxed{I = I_o(e^{q(V-Ir_s)/nkT} - 1)} \tag{4.3}$$

pn 结二极管电流由两部分组成:空间电荷区载流子的产生和复合以及准中性区载流子的产生和复合。则电流电压关系为

$$I = I_{o,scr}(e^{q(V-Ir_s)/nkT} - 1) + I_{o,qnr}(e^{(V-Ir_s)/nkT} - 1) \tag{4.4}$$

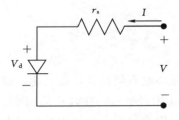

图 4.1　二极管等效电路图

图 4.2 是在正偏下式(4.4)的曲线图。图中由四部分组成。当 $Ir_s \ll V \ll nkT/q$,电流与电压近似线性关系($e^{qV/nkT} - 1 \approx qV/nkT$),当 $V \gg nkT/q$,在低电流时,电流主要由空间电荷区的载流子产生复合决定,而在大电流时主要由准中性区的载流子产生复合决定,这两部分电流分界点为 $V = 0.3 \text{ V}$ 处。在大电流时,由于串联电阻的原因,I-V 曲线偏离直线。

推导两个线性区在 $V = 0$ 时的电流分别为 $I_{o,scr}$ 和 $I_{o,qnr}$ 斜率为

$$m = \frac{d \lg I}{dV} \tag{4.5}$$

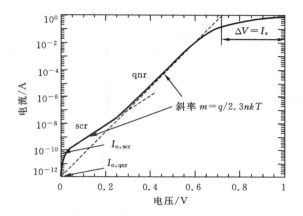

图 4.2　串联电阻二极管的电流电压曲线图.虚线为 $r_\text{s} = 0$

已知斜率和器件的温度,理想因子由下式得到:

$$n = \frac{q}{(mkT\ln 10)} = \frac{q}{2.3mkT} \tag{4.6}$$

我们将采用以 10 为底数的对数 lg,而不是以 e 为底数的对数 ln,因为实验数据经常用 lg 作图而不是用 ln。

lg(I)-V 曲线偏离直线的部分 $\Delta V = Ir_\text{s}$,则 r_s 可以写成

$$r_\text{s} = \frac{\Delta V}{I} \tag{4.7}$$

因为肖特基二极管电流电压特性和 pn 结二极管相似,我们将用图 3.38 来提取 r_s。图 4.3(a)给出了部分 I-V 曲线图,其中 r_s 可以忽略,由斜率得 $n = 1.1$。图 4.3(b)给出了 r_s 不能忽略的部分曲线。根据等式(4.7)得知 $r_\text{s} = 0.8$ 欧姆。

电阻也可以由二极管的电导率 $g_d = \text{d}I/\text{d}V$ 得到。在 r_s 不可忽略的区域,准中性区占主导地位,电流为

$$I \approx I_\text{o,qnr}\,\text{e}^{q(V - Ir_\text{s})/nkT} \tag{4.8}$$

则

$$g_d = \frac{qI\,(1 - r_\text{s}g_d)}{nkT} \tag{4.9}$$

将式(4.9)写成[1]

$$\frac{I}{g_\text{d}} = \frac{nkT}{q} + Ir_\text{s} \tag{4.10}$$

用式(4.10)做 I/g_d-I 关系的曲线。当 $I = 0$ 时,截距 nkT/q 和斜率 r_s 如图 4.4(a)中所示。

式(4.9)也可以写成

$$\frac{g_\text{d}}{I} = \frac{q(1 - r_\text{s}g_d)}{nkT} \tag{4.11}$$

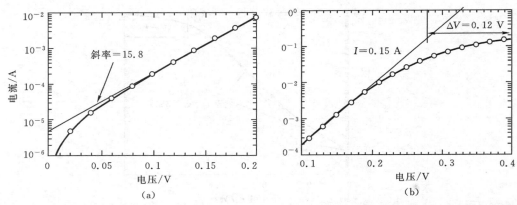

图 4.3 图 3.38 二极管中的电压电流曲线。(a)为 r_s 可以忽略的低电压区;(b)为 r_s 不能忽略的高电压区

作 g_d/I-g_d 关系的曲线,当 g_d 为零时,截距为 q/nkt,当 g_d/I 为零时,截距为 $1/r_s$,斜率为 qr_s/nkT,如图 4.4(b)所示。仔细的测量发现等式(4.11)的结果最好,[2]尽管由于不同的坐标系数造成的图 4.4(b)图中的数据比(a)中的散射的更严重。比较图 4.3 和图 4.4 中关于 r_s 的计算,我们可以得到:为了测量一个不确定的量,斜率法要比单点法更加精确。尽管实验数据存在一些小错误,斜率法可以对数据平滑,而单点法把所有的试验不确定性都包含进来了。

188
～
189

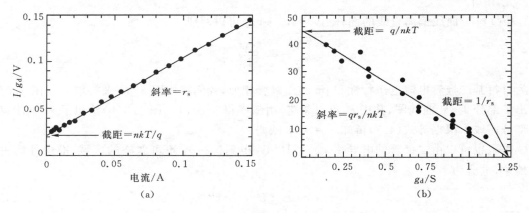

图 4.4   (a)I/g_d-I 曲线;(b)g_d/I-g_d 曲线

二极管电导率的测量可以通过在直流电压 V 上施加一个小的交流电压 δV,用锁相放大器测量同相位的 δI,从而得到 $g_d=\delta I/\delta V$。[3]由于电流与电压成指数关系,δV 应尽可能的小。或者说,要能够区分开 I-V 曲线。由于曲线是指数形式,直流电压的步进要小于 1 mV。使用半对数图,$g_d=I_d[\ln(I)]/dV$,电压步进可以达到 10 mV。[2]

4.2.2 开路电压衰减(OCVD)

开路电压衰减可以用来测量 pn 结中少数载流子寿命,这将在第 7 章中讲述。同样,我们也可以用它来测量二极管等效电阻,如图 4.5 所示。二极管正偏。$t=0$ 时,开关 S 打开。检测二极管电压随时间的变化。寿命由 V_{oc}-t 曲线斜率得到。串联电阻由 $t=0$ 时的中断电压

ΔV 得到。[3] 在打开开关前,二极管两端电压降为 $V_{oc}(0^-)$,包含二极管电压 V_d,以及器件电阻电压降。

$$V_{oc}(0^-) = V_d + Ir_s \qquad (4.12)$$

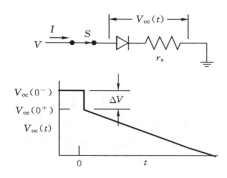

图 4.5 pn 结开路电压衰减

当转换开关 S 打开电流降为零,电压突然下降 $V_{oc}(0^+)=V_d$。分别测量电压降 $\Delta V = V_{oc}(0^-)-V_{oc}(0^+)=Ir_s$ 和电流 I,可以很方便的计算串联电阻 $r_s=\Delta V/I$。这个方法不需要斜率和截距,适合测量小的 r_s。串联电阻在 $10 \sim 20$ mΩ 二极管可以采用这种方法。

4.2.3 电容-电压特性

在第 2 章中讲述了串联电阻对电容的影响。对于平行板等效电路图结构,结器件的测试电容 C_m 和真实电容 C 的关系为

$$C_m = \frac{C}{(1+r_sG)^2 + (2\pi fr_sC)^2} \qquad (4.13)$$

其中 G 是电导率,f 为频率。对较好的结器件,一般满足 $r_sG \ll 1$,式(4.13)简化为

$$C_m \approx \frac{C}{1+(2\pi fr_sC)^2} \qquad (4.14)$$

降低频率减小分母第二部分使其小于 1,可以确定真实电容,增加频率直到第二部分占主要,通过其他已知的数据可以计算出 r_s。只有当 $r_s \gg 1/2\pi fC$ 时该方法才有效。例如,没有直流的 MOS 电容。

●●●●●●●●●●●●●●●●●●●●

4.3 肖特基二极管

4.3.1 串联电阻

在 3.5 节我们讨论了没有考虑串联电阻的肖特基二极管的电流电压特性。考虑了串联电阻的肖特基二极管的热电子电流电压关系为

$$I = I_s(e^{q(V-Ir_s)/nkT} - 1) \tag{4.15}$$

式中 I_s 是饱和电流

$$I_s = AA^* T^2 e^{-q\phi_B/kT} = I_{s1}e^{-q\phi_B/kT} \tag{4.16}$$

式中 A 是二极管面积，$A^* = 4\pi qk^2 m^*/h^3 = 120 (m^*/m)$ A/cm^{2}K^2 是理查孙常数，[4] ϕ_B 是势垒有效高度，n 为理想因子。式(4.15)有时也写成如下形式(见附录 4.1)

$$I = I_s \exp(\frac{qV}{nkT})(1 - \exp(-\frac{qV}{kT})) \tag{4.17}$$

在 $Ir_s \ll V$ 时有效。根据式(4.15)给出的曲线只有当 $V \gg kT/q$ 时是直线。用式(4.17)作 $\log[I/(1-\exp(-qV/kT))]$ 关于 V 的曲线，在 $V=0$ 时数据是线性的。

191　　　在 4.2.1 中用来提取 r_s 的方法也可以用在肖特基二极管中。另一种方法是定义 Norde 函数 F [5]

$$F = \frac{V}{2} - \frac{kT}{q}\ln(\frac{I}{I_{s1}}) \tag{4.18}$$

结合式(4.15)(4.16)，式(4.18)可以写成

$$F = (\frac{1}{2} - \frac{1}{n})V + \frac{Ir_s}{n} + \phi_B \tag{4.19}$$

为什么要专门定义函数 F 呢？用 F 对 V 作图，可以得到一个用来求 r_s 和 ϕ_B 的最小值。为了弄清 F 对 V 的依赖度，我们考虑低电压和高电压两种限制。在低电压下，$Ir_s \ll V$，在 $n \approx 1$ 时由式 (4.19) 得到 dF/dV = 1/2 − 1/n ≈ −1/2。在高电压下，$Ir_s \gg V$，dF/dV = 1/2。因此，F 在这两值间有一个最小值。最小值处的电压为 V_{min}，相应的电流为 I_{min}。在最小值处 dF/dV = 0，串联电阻为

$$r_s = \frac{2-n}{I_{min}}\frac{kT}{q} \tag{4.20}$$

把等式(4.20)代入到式(4.19)中得到 F 最小值为

$$F = (\frac{1}{2} - \frac{1}{n})V_{min} + \frac{(2-n)}{n}\frac{kT}{q} + \phi_B \tag{4.21}$$

　　　肖特基二极管串联电阻通过理想因子和 I_{min} 计算得到。理想因子可以由 $\log(I)$-V 曲线的斜率得到，I_{min} 为 V_{min} 对应的电流。使用这种方法，必须知道 I_{s1} 和 A^*。尽管 A^* 不是必须知道，这种方法还是有缺点的。如果不知道实验所需的 A^*，则必须使用 A^* 的国际值。这也不总是一个好办法，因为 A^* 与结制备有关，包括表面清理工艺、[6]样品退火温度，甚至与金属的沉积厚度和沉积方法有关。[7]

　　　原始的诺德(Norde) F-V 曲线法假设理想因子 $n=1$，这使在 $F-V$ 曲线的统计误差在最小值附近由于只有较少的数据点而变大。改进的 Norde 法提高了精度，可以容许 r_s, n, ϕ_B 由 lg(I)-V 的试验曲线得到[8]。或者 r_s, n, ϕ_B 可以由不同温度下的 $I-V$ 曲线得到。[9]

　　　在 3.5 节中讨论了不考虑串联电阻情况下的势垒高度的测量。势垒高度通常通过饱和电流 I_s 来计算，饱和电流由 $\log(I)$-V 曲线在 $V=0$ 时外推而得。在外推中串联电阻不是很重

要,因为电流很小。势垒高度 ϕ_B 由式(4.16)得到的 I_s 计算得到

$$\phi_B = \frac{kT}{q}\ln(\frac{AA^* T^2}{I_s}) \tag{4.22}$$

在零偏时的势垒高度确定了。由于式(4.22)中最不确定的因数是 A^*,这种方法的精确度就由 A^* 的精确度来确定了。幸运的是,A^* 出现在 ln 项里。例如,A^* 的误差 2 给 ϕ_B 带来的误差是 0.69。

192

Norde 曲线的几个变量已经克服了它的限制。这其中之一的 H 函数定义为[10]

$$H = V - \frac{nkT}{q}\ln(\frac{I}{I_{s1}}) = Ir_s + n\phi_B \tag{4.23}$$

H-I 函数曲线的斜率是 r_s,H 轴截距是 $n\phi_B$。和 F 函数曲线一样,H 函数曲线同样要知道 A^*。另外一种改进的 F 函数曲线的方法,[11]不需要知道 A^*

$$F1 = \frac{qV}{2kT} - \ln(\frac{I}{T^2}) \tag{4.24}$$

$F1$ 是关于 V 在几种不同温度下的函数曲线。每个曲线有一个最小值,每个最小值对应一个 $F1_{\min}$,电压 $V_{\min}$,和电流 $I_{\min}$。当 $V \gg kT/q$,结合式(4.15)(4.16)(4.20)得到

$$2F1_{\min} + (2-n)\ln(\frac{I_{\min}}{T^2}) = 2 - n(\ln(AA^*) + 1) + \frac{qn\phi_B}{kT} \tag{4.25}$$

当式(4.25)的左边相对 q/KT 作图,得到一条斜率为 $n\phi_B$,在 y 轴上截距为 $\{2-n[\ln(AA^*)+1]\}$ 的直线。因为 n 是单独测量的,在面积 A 已知时就可以准确地求得 A^* 和 ϕ_B。

函数

$$F(V) = V - V_a\ln(I) \tag{4.26}$$

也可以用来计算 I_s 和 r_s。在不同的独立电压 V_a 下测量 $F(V)$ 的最小值[12]。使用式(4.26),以电流 I 为应变量,得到的最小值是另一种方法的基数。[13]一些假设不同的函数需要联立方程的方法也被提及。[14]有时,用热离子发射等式的 I-V 曲线不能得到势垒高度和串联电阻。这就需要包括空间电荷区的复合和沟道电流。[15]当势垒与电压有关,器件的参数包括饱和电流、势垒高度、二极管理想因子和串联电阻测量就更加困难。参考文献[16]中有提到关于此问题的解决方案。

● ● ● ● ● ● ● ● ● ● ● ● ● ● ●

4.4　太阳能电池

串联电阻明显地影响太阳能电池,因为它减小了最大有效功率。串联电阻在面积 $1cm^2$ 的电池上大约为 $r_s < (0.8/X)\Omega$,其中 X 是太阳聚光度。[17]$X=1$ 是非聚光电池,对强度电池,X 可以达到几百。当 $X=100$,$r_s < 0.8 \times 10^{-3}\Omega$。在"一个太阳"照射下,$1\Omega$ 的串联电阻可以减少太阳能电池 $10\% \sim 20\%$ 的最大功率。尽管太阳能电池是 pn 结二极管,传统的二极管测试通常不适合他们的 I-V 特性曲线。由于太阳能电池在阳光下工作会改变串联电阻,r_s 需要在

电池开通下测试。并联电阻也是太阳能电池很重要的参数。

有几种方法可以测量 r_s。他们既不好操作也不好阐述。如图 4.6 所示的等效电路图,太阳能电池包括光子或者感生电流发生器 I_{ph}、一个二极管、一个串联电阻 r_s,以及一个并联电阻 r_{sh}。图中两个点左边部分是电池,右边部分是负载电阻 R_L。通常 r_s 和 r_{sh} 假设为常数,但是他们也和电池电流有关。电流 I 流过负载电阻并产生压降 V。电流大小为

$$I = I_{ph} - I_o \left(\exp\left(\frac{q(V + IR_s)}{nkT} \right) - 1 \right) - \frac{V + Ir_s}{r_{sh}} \tag{4.27}$$

该等式不考虑 I_0 和 n 在整个 I-V 曲线中不是常数的情况。在低压时空间电荷区复合占主要。尽管式(4.27)是简化的,它被用作绝大多数的太阳能电池的分析,虽然空间电荷区(scr)和准中性区(qnr)的复合有时需要分别考虑。

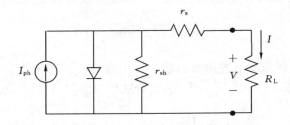

图 4.6 太阳能电池等效电路

电流电压特性采用传统的 I-V 技术或者准稳态(Q_{ss})光导技术,准稳态光导技术采用闪光灯产生慢变的光照,测量与样品的过剩光导有关的剩余时间。[18] 准稳态法可以测量太阳能电池的开路电压随入射光强度的变化。单一地改变光照产生一秒内的电压-光照曲线。相对传统的 Isc-V_{oc} 技术,准稳态开路电压技术在测量不考虑串联电阻的太阳能电池的特性要先进得多。图 4.7 给出了一个光强-开路电压的曲线。对有较大的薄层电阻的电池使用这种技术时需格外仔细,例如,对非晶太阳能电池,[19] 探针产生的阴影会使实验数据失真。

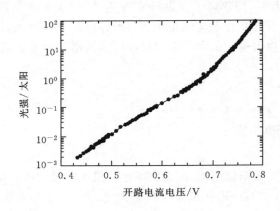

图 4.7 光强和开路电压之间的曲线图

太阳能电池的电流电压曲线如图 4.8 所示。开路电压 V_{oc},短路电流 I_{sc},最大功率点处的电压 V_{max}、I_{max} 都在图中标出。电阻 r_{so} 和 r_{sho} 分别定义为 $I-V$ 曲线在 $I=0$ 和 $V=0$ 处的斜率。串联电阻和并联电阻的影响如图 4.9 的由式(4.27)推导的 $I-V$ 特性所示。串联电阻为几个欧姆时使得器件退化,当并联电阻为几百个欧姆时也如此。较小的 $I-V$ 衰减可以对电池效率产生较大的影响。在图 4.8 和图 4.9 中最大功率点由黑点标出。

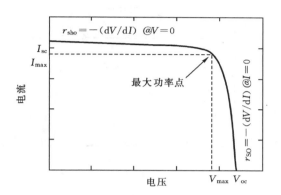

图 4.8　太阳能电池的电流电压曲线图

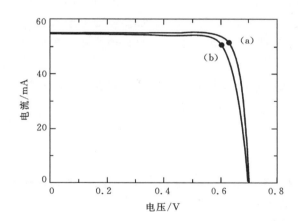

图 4.9　当 $I_{ph}=55$ mA, $I_o=10^{-13}$ A, $n=1$, $T=300$ K 时太阳能电池的电流电压曲线图。串联及并联电阻为(a)$r_s=0$, $r_{sh}=\infty$; (b) $r_s=0.5\Omega$; $r_{sh}=500$ Ω

4.4.1　串联电阻——多倍光强

较早的测量 r_s 的方法是基于 $I-V$ 曲线在不同的光强下分别得到的短路电流 I_{sc1}、I_{sc2} 而得到的。在两个 $I-V$ 曲线上,在 I_{sc} 下取一段电流 δI,$I=I_{sc}-\delta I$。$I_1=I_{sc1}-\delta I$ 和 $I_2=I_{sc2}-\delta I$ 分别对应电压 V_1、V_2。则串联电阻为[20]

$$r_s=\frac{V_1-V_2}{I_2-I_1}=\frac{V_1-V_2}{I_{sc2}-I_{sc1}} \tag{4.28}$$

当光强度多于两束时,取得点数也要多于 2 个。画一条线过所有的点,则串联电阻由这条线的斜率给出,如图 4.10 所示。

$$r_{\mathrm{s}} = \frac{\Delta V}{\Delta I} \tag{4.29}$$

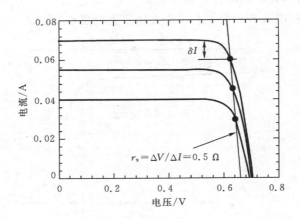

图 4.10　太阳能电池串联电阻的测量

斜率法可以在任何电流下给出 r_{s},并且效果很好。而且若 I_0、n、r_{sh} 在操作点不变的话,串联电阻与它们无关。这是一个很重要的考虑。那些需要考虑 I_0、n、r_{sh} 甚至 I_{sh} 的技术由于它们的参数不确定性而显得不利。由于温度的变化可以改变串联电阻,所以在测量的过程中温度保持恒定很重要。

对比 I-V 实验曲线和理论曲线($r_{\mathrm{s}}=0$)也可以测量 r_{s}。最大功率点相对理论点的偏移值 $\Delta V_{\max} = V_{\max}(理论) - V_{\max}(实验)$ 由下式给出[22]

$$r_{\mathrm{s}} = \frac{\Delta V_{\max}}{I_{\max}} \tag{4.30}$$

这种方法的缺点是要假设参数 I_0 和 n 已知。如果不知道,则必须通过其他技术获得,因为要用它们来计算理论 I-V 曲线。

196　　在短路情况下,$I = I^{\mathrm{sc}}$,$V=0$,式(4.27)变成

$$\ln\left(\frac{I_{\mathrm{ph}} - I_{\mathrm{sc}}}{I_{\mathrm{o}}}\right) = \frac{q I_{\mathrm{sc}} r_{\mathrm{s}}}{nkT} \tag{4.31}$$

$\ln[(I_{\mathrm{ph}} - I_{\mathrm{sc}})/I_{\mathrm{o}}] - I_{\mathrm{sc}}$ 曲线的斜率为 $q r_{\mathrm{s}}/nkT$。[23] 若已知 n 和 I_{ph},则串联电阻可以由斜率计算得到。

另一种方法基于背景 I-V 曲线,开路电压,短路电流。当 r_{sh} 很大时,由式(4.27)得到,暗电压为

$$V_{\mathrm{dk}} = \frac{nkT}{q}\ln\left(\frac{I_{\mathrm{dk}}}{I_{\mathrm{o}}}\right) - I_{\mathrm{dk}} r_{\mathrm{s}} \tag{4.32}$$

开路电压为

$$V_{oc} = \frac{nkT}{q}\ln\left(\frac{I_{ph}}{I_o}\right) \tag{4.33}$$

由于开路电压测试下电流为零，V_{oc} 与 r_s 无关。因此，比较 V_{oc} 和在给定的电流 I_{dk} 下的电压 V_{dk} 就可以测出在给定的电流下的 r_s。为了减小误差，应该在 $I_{dk}-V_{dk}$ 曲线上选取那些二极管参数与开路情况下一样的点。[24] 即 $I_{dk}=I_{ph}$，$I_{ph}\approx I_{sc}$，

$$r_s \approx \frac{V_{dk}(I_{sc})-V_{oc}}{I_{sc}} \tag{4.34}$$

$I_{dk}=I_{sc}$ 保证了在给定光照下串联电阻的上述限定条件能够得到满足。[24]

4.4.2　串联电阻——恒定光强

串联电阻可以由 $I-V$ 曲线下的面积得到。[25] 假设 P_1，

$$P_1 = \int_0^{I_{sc}} V(I)\mathrm{d}I \tag{4.35}$$

则串联电阻由式 (4.27)、(4.35) 得[25]

$$r_s = 2\left(\frac{V_{oc}}{I_{sc}}-\frac{P_1}{I_{sc}^2}-\frac{nkT}{qI_{sc}}\right) \tag{4.36}$$

这种方法被用来测量 $r_s = 5\sim6\times10^{-3}\,\Omega$ 的聚光太阳能电池的电阻。由于这类电池在聚光下工作有大的光电流，所以串联电阻带来的退化尤其显著。

比较计算串联电阻的两种方法：面积法和斜率法。发现面积法在一个太阳和弱照明光下测量的 r_s 偏高。[26] 这是因为需要知道式 (4.36) 中 n 的精确值，而且 r_{sh} 不能忽略。在强光照下两种方法的结果吻合得很好。

大量的分析手段被用来测量 r_s。有基于由等式得到的 $I-V$ 实验曲线的全模拟。还有一些是在 $I-V$ 实验曲线上选取一些点来确定关键参数。如图 4.8 所示，五点法中的 I_{ph}、I_o、n、r_s 和 r_{sh} 由实验值 V_{oc}、I_{sc}、V_m、I_m、r_{so} 和 r_{sho} 计算得到。[27] 等式的简化使得分析更加简单。[28] 由精确五点法、简化五点法和数字技术得到的 I_{ph}、I_o 和 n 都吻合得很好。主要差别是在弱光照下的 r_s 和 r_{sh}。在三点法中，I_{ph}、I_o、n、r_s 和 r_{sh} 由开路电压、短路电流和最大功率点确定。五点法和三点法得到的结论近似。[29-30]

由于太阳能电池包括 scr 复合过程和 qnr 复合过程，对整个太阳能电池而言，就需要测量这两个过程的参数。分别对太阳能电池在正电流方向和反电流方向施加小电流步进，测量对应的电压就可以测量出 $I_o(\mathrm{scr})$、$I_o(\mathrm{qnr})$、$n(\mathrm{scr})$、$n(\mathrm{qnr})$、r_s 和 r_{sh}。[31]

一种基于高强度闪光的技术很适合低串联电阻的聚光太阳能电池。[32] 忽略图 4.6 中电路的并联电阻，当强光照射时，输出电流 I 达到但不超过 $V_{oc}/(R_L+r_s)$。为了使电池温度在测试中保持恒定，最好使用闪光照射。电压近似为 $V_{oc}\approx I(R_L+r_s)$，在恒定光强下改变负载电阻

$$r_s \approx \frac{I_2 R_{L2}-I_1 R_{L1}}{I_1-I_2} \tag{4.37}$$

I_1，I_2 分别对应 R_{L1}，R_{L2}。在光强为 9000 个太阳，光脉冲持续时间为 1ms 的条件下，用这种方

法测量出 GaAs 光聚太阳能电池的串联电阻为 $7\sim9\mathrm{m}\Omega$。[32] 负载电阻的值要和串联电阻的值在一个数量级。

4.4.3 并联电阻

并联电阻可以用前面章节讨论过的曲线拟合方法来测量,或者独立测量。它有时由未击穿时反偏电流电压特性曲线斜率得到。然而,很多太阳能电池在远低于击穿电压时也有很大的反偏电流,这是因为太阳能电池不要求在很高的反偏电压下工作。这使得通过这种方法不能获得 r_{sh} 很理想的值。而且处于反偏且没有光照的太阳能电池不能很好地代表处于正偏有光照的太阳能电池。

另一种方法是用 V_{oc} 和 I_{sc} 对式(4.27)重新编排

$$I_{\mathrm{sc}}\left(I+\frac{r_{\mathrm{s}}}{r_{\mathrm{sh}}}\right)-\frac{V_{\mathrm{oc}}}{r_{\mathrm{sh}}}=I_{0}\left(\exp\left(\frac{qV_{\mathrm{oc}}}{nkT}\right)-\exp\left(\frac{qI_{\mathrm{sc}}r_{\mathrm{s}}}{nkT}\right)\right) \tag{4.38}$$

在通常情况下 $r_{\mathrm{s}}\ll r_{\mathrm{sh}}$,上式可以简化。当在弱光下测量时,满足 $I_{\mathrm{sc}}r_{\mathrm{s}}\ll nkT/q$,则等式(4.38)变为

$$I_{\mathrm{sc}}-I_{0}\left(\exp\left(\frac{qV_{\mathrm{qc}}}{nkT}\right)-1\right)=\frac{V_{\mathrm{oc}}}{r_{\mathrm{sh}}} \tag{4.39}$$

这种近似对于 $I_{\mathrm{sc}}\leqslant3\mathrm{mA}$ 且串联电阻在 0.1Ω 量级上的情况是有效的。当在上述条件下测量 r_{sh} 时,r_{sh} 要比 I_0 和 n 灵敏而不能获得很确切的值。[33] 这个问题在很弱光强下测量会好一点,因为这样式(4.39)的左边第二部分就可以忽略,则

$$I_{\mathrm{sc}}\approx\frac{V_{\mathrm{oc}}}{r_{\mathrm{sh}}} \tag{4.40}$$

I_{sc}-V_{oc} 曲线有一段斜率为 $1/r_{\mathrm{sh}}$ 的直线区域。在强光下曲线不再是直线,方法失效。测量表明,当 I_{sc} 在 $0\sim200\mu\mathrm{A}$ 范围内且 V_{oc} 在 $0\sim50\mathrm{mV}$ 范围内时,并联电阻在 $65\sim1170\Omega$。[33] 示例如图 4.11 的 $J_{\mathrm{sc}}-V_{\mathrm{oc}}$ 曲线所示。

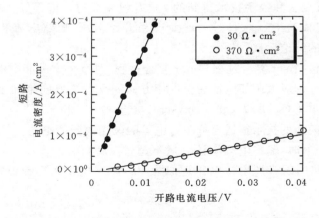

图 4.11　两个太阳能电池的短路电流密度和开路电压关系[21]

● ● ● ● ● ● ● ● ● ● ● ● ● ● ● ● ● ●

4.5　双极晶体管

图 4.12 所示为考虑了寄生电阻的集成双极结晶体管（BJT），在 p 存底上，n^+ 发射极和 p 型基极生长在 n 型集电极上。晶体管之间用氧化绝缘区（图中未标示）达到非耦合。寄生电阻以及其测量和我们的目的有关。发射极电阻 R_E 主要和发射极接触电阻有关。基极电阻 R_B 由发射极下的本征基极电阻 R_{Bi} 和由发射极到基极包括基极接触电阻的接触造成的外部电阻 R_{Bx} 组成。集电极电阻 R_C 由两部分组成：R_{C1} 和 R_{C2}。这些电阻一般都是器件工作点的函数。

通常用来示意基极和集电极电流的是半对数图，为电流的对数对发射极−基极电压作图，如图 4.13，这就是古梅尔曲线。[34] 两个电流关于基极−发射极电压 V_{BE} 的函数关系为

$$I_B = I_{B0} \exp\left(\frac{q(V_{BE} - I_B R_B - I_E R_E)}{nkT}\right) \tag{4.41}$$

$$I_C = I_{C0} \exp\left(\frac{q(V_{BE} - I_B R_B - I_E R_E)}{nkT}\right) \tag{4.42}$$

I_{B0} 和空间电荷区复合以及准中性区复合谁占主导地位有关。

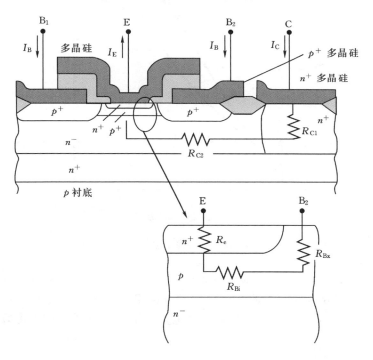

图 4.12　npn 型双极晶体管和它的寄生电阻

集电极电流古梅尔曲线在其大部分范围内都是斜率为 $q/\ln(10)kT$ 的直线。在低电压时曲线饱和在集电极−基极结漏电流 I_{CBO} 的值处，在高电压时由于串联电阻的作用偏离线性。为了简单起见，高电压下由于大注入引起的线性偏离没有提及。

基极电流一般有两个线性区。在低电压时，电流主要由发射极−基极空间电荷区的复合产

生,对应的斜率为 $q/\ln(10)nkT$, $n\approx1.5\sim2$。在中压区,斜率为 $q/\ln(10)kT$,和由准中性区复合产生的集电极电流一样。在高电压区由于串联电阻的作用而偏离线性。同样为了简单起见,大注入效应没有提及。

在基极和发射极之间的外部电压降为 V_{BE}

$$V_{BE} = V'_{BE} + I_B R_B + I_E R_E = V'_{BE} + (R_B + (\beta+1)R_E)I_B \tag{4.43}$$

有寄生电阻产生的电压降为

$$\Delta V_{BE} = I_B R_B + I_E R_E = (R_B + (\beta+1)R_E) + I_B \tag{4.44}$$

β 是共射极电流增益,$I_C = \beta I_B$, $I_E = I_C + I_B = (\beta+1)I_B$, V_{BE} 是基极-发射极结的电压降。尽管 R_E 较小,$(\beta+1)R_E$ 却不小了。由于发射极和基极电阻的作用,使得电流低于理想值,如图4.13 中虚线所示。

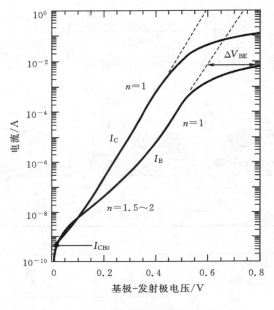

图 4.13　古梅尔曲线

BJT 电阻测量技术分为两种:直流法和交流法。直流法一般操作起来简单快捷,而且其串联电阻测量可以再细分为由 I-V 曲线测量法和开路电压测量法。交流法要求测试频率从50MHz 到 1GHz,这就需要认真考虑器件和测试电路的寄生效应以及 BJT 参数的分布特性。

4.5.1　发射极电阻

分立的 BJT 的发射极电阻大约为 1Ω,小面积的 IC 晶体管大约为 $5\sim100\Omega$。有一种基于测量集电极-发射极电压的方法来测量 R_E[35-36]

$$V_{CE} = \frac{kT}{q}\ln\left(\frac{I_B + I_C(1-\alpha_R)}{\alpha_R(I_B - I_C(1-\alpha_R)/\alpha_F)}\right) + R_E(I_B + I_C) + R_C I_C \tag{4.45}$$

忽略小的反饱和电流。因此，$\alpha_F = \beta_F/(1+\beta_F)$ 以及 $\alpha_R = \beta_R/(1+\beta_R)$ 分别为大信号正偏，反偏共基极电流增益。集电极开路，$I_C=0$，式(4.45)变为

$$V_{CE} = \frac{kT}{q}\ln\left(\frac{1}{\alpha_R}\right) + R_E I_B = \frac{kT}{q}\ln\left(\frac{1+\beta_R}{\beta_R}\right) + R_E I_B \tag{4.46}$$

I_B-V_{CE} 曲线和测试方法如图 4.14 所示。曲线是线性的，在 V_{CE} 轴上截距为 $(kT/q)\ln(1/\alpha_R)$ 斜率为 $1/R_E$。这已经在分立式晶体管中观察到了。[36-37] 在准确测量时基电流不能太小。例如，当 $R_E \approx 1\Omega$ 时基电流在 10mA 左右最好。在测试中保证集电极电流为 0 或者很低很重要。合理的连接是：BJT 基极与集电极引出端连接，BJT 的发射极与发射极引出端相接，BJT 的集电极与示波器的基极的引出端连接。[38]

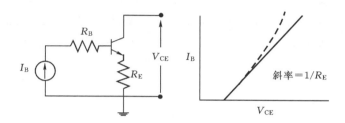

图 4.14　发射极电阻测试图和 I_V-V_{CE}曲线

当 α_R 与电流无关时 I_B-V_{CE} 曲线偏离线性。这一般发生在低电流和高电流下。因此，R_E 不一定得到一个唯一的值。高的基极电流时曲线斜率增加。[38-39] 中等基极电流的曲线线性度很好。对集成晶体管可能产生另外的问题，由于内部的环流导致埋层电阻可能被添加到发射电阻上，即使外部集电极电流为零也是如此。这种方法的精确度与基极电荷对基极电流的灵敏度有关。[40] 一种提高原集电极开路的测试方法，需要测量正向反向电流增益和本征基极并联电阻，这使得 I_B-V_{CE} 曲线线性度更好，使得 R_E 的确定更加简单。[41]

一种不同的方法是使用两个基极接触，如图 4.12。使器件偏置在正向有源区，基极电流由基极接触 B_1 流入且 B_2 处没有电流流过。基极-发射极电压 V_{BE2} 为

$$V_{BE2} = V_{BE0} + R_E I_E \tag{4.47}$$

V_{BE0} 是边缘靠近 B_2 [42] 处的基极-发射电压。发射极电阻是

$$R_E = \frac{V_{BE2} - V_{BEeff}}{I_E} \tag{4.48}$$

其中 V_{BEeff} 由基极电流表达式得到[42]

$$I_{B1} = \frac{I_{C0}}{\beta}\left(\exp\left(\frac{qV_{BEeff}}{nkT}\right) - 1\right) \tag{4.49}$$

同样的方法可以用在提取基极电阻上。[42]

还有另一种方法是利用三阶互调中的空值作为双极晶体管中发射极电流的函数来得到发射集电阻和热电阻。[43]

4.5.2 集电极电阻

集电极 202 电阻测量的问题在于集电极电阻强烈的依赖于器件的工作点。集电极电阻可以由 4.5.1 节中同样的 I_B-V_{CE} 曲线法得到,只需交换集电极和发射极引出端。由 $E \to C$ 和 $C \to E$,I_B-V_{CE} 曲线在 VCE 轴上截距为 $(kT/q)\ln(1/\alpha_F)$ 斜率为 $1/R_c$。另一种方法用图 4.12 中的寄生基底 pnp 晶体管和反偏 npn 晶体管来检测 npn BJT 的内在电压,从而来检测 R_C。[44]

另外一种方法是利用晶体管的输出特性。典型的 I_c-V_{CE} 曲线如图 4.15 所示,虚线 $1/R_{Cnorm}$ 和 $1/R_{Csat}$ 代表了 R_C 的两个限定值。$1/R_{Cnorm}$ 线经过每条曲线的前端弯曲部分,此处的输出曲线靠近水平。得到的是工作在正常有源模式下的器件的集电极电阻。$1/R_{Csat}$ 线给出了饱和区的集电极电阻的近似值。格鲁特(Getreu)用曲线示踪法详细地讨论了这种测试方法。[38] 也可以通过测量连接了 npn 晶体管的寄生 pnp 纵向晶体管的基底电流来得到集电极电流。[45] pnp 器件和置底集电极或者置顶基极-集电极 pn 正偏结在一起工作,使得大量的 R_C 组成部分得以区分。

4.5.3 基极电阻

基极电阻很难得到精确的测量,因为它和器件的工作点有关而且其测量还受发射极电阻通过 $(\beta + 1)R_E$ 项影响。BJT 中的基极电流横向流动导致基极横向电压下降,使得 V_{BE} 是位置的函数。因为 I_C 和 I_B 与 V_{BE} 成指数关系,较小的 V_{BE} 改变能引起较大的电流改变。大多数位于发射极附近靠近基极接触点的发射极电流,即发射极拥挤,减小基极电流的距离增加发射极电流距离,因此减小 R_{Bi}。

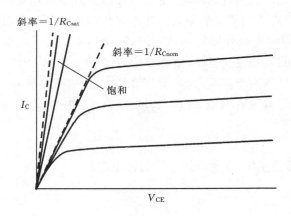

图 4.15 共发射极输出特性

一种简单的测量发射极和基极间总串联电阻的方法如图 4.13 所示。实际的基极电流偏离理论直线的大小

$$\Delta V_{BE} = (R_B + (\beta + 1)R_E)I_B \qquad (4.50)$$

$\Delta V_{BE}/I_B$-β 曲线的斜率为 R_E,在 $\Delta V_{BE}/I_B$ 轴上的截距为 $R_B + R_E$。为了改变电流增益 β,选用 β 可调的器件或者选用统一批次的不同器件。前者保证了始终测量同一器件,但是由于必须改

变电流来改变 B，导致电导率调制和其他二阶效应可能歪曲测量结果。为了避免电导率调制和其他的二阶效应，必须保证测量时有恒定的发射极电流。然而，恒定的 I_E 对应恒定的 β。这样就必须选用同一批次的不同器件，这些器件的 β_s 在适当的范围内变化。假设同一批次器件的电阻都相同。[46] 上述方法基于式(4.41)和(4.42)变化为[39]

$$\frac{nkT}{qI_C}\ln\left(\frac{I_{B1}}{I_B}\right) = R_E + \frac{R_{Bi}}{\beta} + \frac{R_E + R_{Bx}}{\beta} \tag{4.51}$$

其中 $R_B = R_{Bi} + R_{Bx}$，$I_{B1} = I_{B0}\exp(qV_{BE}/nkT)$。如果 R_{Bi} 正比于 β 则 R_{Bi}/β 为常数。[47] 在所有的 I_E 中要求 R_{Bi} 正比于 β 是这种方法的一个弱点，他并不能总是得到满足。当 $n=1$ 时，曲线 $(kT/qI_C)\ln(I_{B1}/I_B) - 1/\beta$，有斜率为 $R_E + R_{Bx}$，在 $(kT/qI_C)\ln(I_{B1}/I_B)$ 轴上的截距为 $R_E + R_{Bi}/\beta$，如图 4.16 所示。这种方法要求计算出本征基极电阻。一个宽为 W_E 长为 L_E 的矩形发射极，另一面与基极接触，$R_{Bi}=WR_{shi}/3L$，其中 R_{shi} 为本征基极并联电阻。一个有两个基极接触的矩形发射极，$R_{Bi}=WR_{shi}/12L$。对一个正方形的发射极，所有的面为接触面，$R_{Bi}=R_{shi}/32$，一个圆形的发射极周围都与基极接触 $R_{Bi}=R_{shi}/8\pi$，[39] 式(4.51)的方法没有考虑本征基极电流方向上的横向电压降。对集电极电流小于 $10\sim20mA$ 的数字 BJT 上述条件是可以满足的。[39] 电流聚集使得结果不可信，除非聚集不重要，比如在窄发射晶体管中。

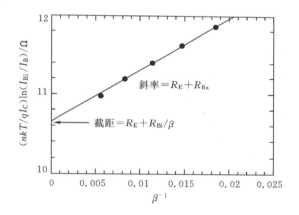

图 4.16　自对准、高速数字 BJT 根据式(4.51)测量器件特性。
重印经 IEEE(© 1984,IEEE)许可引自 Ning 和 Tang[39]

当多晶硅和单晶硅中有很薄的绝缘层时，式(4.51)的方法应用在多晶发射极接触时要格外注意。因为绝缘层的存在使得 $(kT/qI_C)\ln(I_{B1}/I_B) - 1/\beta$ 曲线在较低的 $1/\beta$ 处表现为非线性。曲线的斜率甚至变成负值。这是电阻降所不能解释的，而是由于多晶硅接触和单晶硅发射极之间的界面层引起的。[48]

另一种完全不同的方法如图 4.12 所示，利用 BJT 中相互独立的两个基极接触 B_1，B_2。通过基极接触 B_1 使 BJT 发射极–基极正偏，测量 B_1 和发射极之间电压，V_{B1E}，B_2 和发射极之间电压，V_{B2E}。对图 4.17 等效电路而言，基极电流只流过 B1。对 V_{B2E} 测量，几乎没有电流流过右半边基极。最终电压为

$$V_{B1E} = (R_{Bx} + R_{Bi})I_B + R_EI_E; V_{B2E} = R_EI_E \tag{4.52}$$

以及

$$\frac{V_{B1E} - V_{B2E}}{I_B} = \frac{\Delta V_{BE}}{I_B} = R_{Bx} + R_{Bi} \tag{4.53}$$

为了区分开基极电阻，R_B写成

$$R_B = R_{Bx} + R_{Bi} = R_{Bx} + \frac{R_{shi}(W_E - 2d)}{3L_E} \tag{4.54}$$

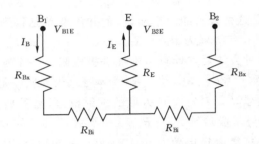

图 4.17 "双基极接触的"BJT 的等效发射极-基极部分

其中 W_E 和 L_E 是发射极窗口的宽和长，d 描述了发射极窗口和有效内基极区的偏离。[49] 式(4.54)的右边第二部分在前面的式(4.51)中讨论过。在晶体管中，L_E 不变，改变 W_E，可以通过测量 R_B 关于 W_E 的函数得到 R_{Bx} 和 R_{Bi}。示意图如图 4.18。通过改变基极-发射极偏置电压导致电导率调制来改变旁路电阻 R_{shi}。V_{BE} 不能太高否则会产生电流聚集，但是也要满足一定的高度来避免电压测量的不确定性。R_{Bx} 和 $2d$ 由交叉点给出。参考文献[50]详细给出了 Kelvin 法，更多详细的模型阐述了各种电阻组分。

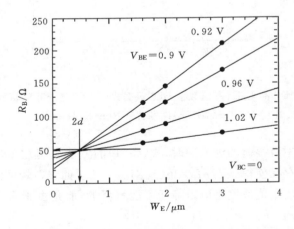

图 4.18 基于基极发射极电压的基极电阻与发射极窗口宽度测量[49]

有些 R_B 的测量技术是基于对频率的测量。在输入阻抗圆法中，发射极-基极输入阻抗是频率的函数，并且在集电极交流电压为零的复阻抗平面上作图。[51]曲线的轨迹为半圆，低频和高频时在实轴上交点为

$$R_{\text{in,lf}} = R_{\pi} + R_{\text{B}} + (1+\beta)R_{\text{E}}; \quad R_{\text{in,hf}} = R_{\pi} + R_{\text{B}} \tag{4.55}$$

电阻 R_{π} 由关系式 $R_{\pi} = \beta/g_{\text{m}}$ 和 $g_{\text{m}} = qI_{\text{C}}/nkT$ 给出。R_{B} 和 R_{E} 都可以由这种方法测量出。通过在低温下测试可以减小 R_{π} 对 R_{B} 测量的影响，由关系式 $R_{\pi} = nkT\beta/qI_{\text{C}}$[52] 可知温度降低 R_{π} 将减小。有时由于寄生电容的存在使半圆失真，使得解释更加困难。而且在低的集电极电流下测试，半圆直径很大，测试很耗时且精度也降低。当 $RB > 40\ \Omega$ 且 $I \geqslant 1\text{mA}$ 时精度将会更好一点。[53]

另一种相位取消法是根据上一种方法变化来的。这种方法中，共基极晶体管连接阻抗电桥，在恒定的几 MHz 频率下测量以集电极电流为函数的输入阻抗。改变集电极电流直到输入电容为零，则在集电极电流为 I_{C1} 时输入阻抗为纯电阻。输入的阻抗为 $Z_{\text{i}} = R_{\text{B}} + R_{\text{E}}$ 且基极电阻为[51]

$$R_{\text{B}} = \frac{nkT}{qI_{\text{C1}}} \tag{4.56}$$

相位取消法不适合 $\beta < 10$ 的 BJT，一般主要是横向 pnp 晶体管。而且用这种法测基极电阻只能得到集电极电流。然而，这种方法快速且不受发射极电阻影响，因为 R_{E} 以 R_{E} 直接出现在输入阻抗里，而不是 $(\beta + 1)R_{\text{E}}$。

在另外一种方法中，频率响应 $\beta(f)$，$y_{\text{fb}}(f)$，以及共基极的 BJT 的正向传输导纳都要测量。基极电阻为[54]

$$R_{\text{B}} = \frac{\beta(0)f_{\beta}}{y_{\text{fb}}(0)f_{y}} \tag{4.57}$$

其中 $\beta(0)$ 表示低频下的 β，$y_{\text{fb}}(0)$ 表示低频下的 y_{fb}，f_{β}，f_{y} 分别表示 β 和 y_{fb} 的 3dB 频率。3dB 频率是指相应的值下降到低频时的 0.7 倍处时所对应的频率。这种方法的优势在于式(4.57)不受集电极和发射极电阻影响，而且 y_{fb} 的测量对寄生电容不敏感。然而，这种技术需要在很宽的频率范围内测量 β 和 y_{fb}。对任一交流法做修改，在 $10 \sim 50\text{MHz}$ 范围内测量共发射极 BJTs 的输入阻抗就可以推算出 R_{Bi}，R_{Bx} 和 R_{E}。[55] 这种方法很适合忽略大电流效应且基极-发射极电压较低的情况。更进一步的改进法是采用单一频率但改变发射极-基极电压，不仅可以测量基极和发射极电阻还可以测量基极-发射极和基极-集电极电容。[56]

另外，用与图 4.5 中方法相似的脉冲法也可以测量基极电阻。将共发射极 BJT 的基极电流脉冲调制为零，测量 V_{BE}。[57] 基极电阻由发射极-基极电压的突降计算出：$\Delta V_{\text{BE}} = R_{\text{B}}I_{\text{B}}$。特别注意：如果自加热使得器件温度变化，则即使有温控探测，使用 kT/q 来计算电阻也将是错误的。

● ● ● ● ● ● ● ● ● ● ● ● ● ● ● ● ●

4.6　MOSFETs

4.6.1　串联电阻和沟道长度与电流-电压

MOSFET 的源/漏串联电阻和有效沟道长度或者宽度常取决于测量技术，源漏之间的电阻由源端电阻、沟道电阻、漏电阻和接触电阻四部分组成。图 4.19 给出了源电阻 R_S 和漏电阻 R_D,大小取决于源和漏的接触电阻、薄层电阻,源与沟道之间的扩散电阻以及其他的"导线(wire)"电阻。沟道电阻包含在 MOSFET 模型中,图中未标注。

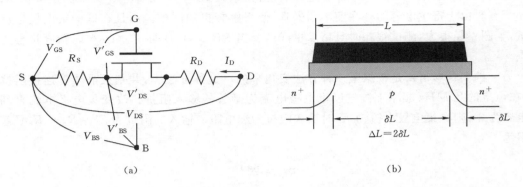

图 4.19 (a)MOSFET 源漏区电阻 ;(b)从器件的横截面看出实际的栅长 L 和有效栅长的关系: $L_{\text{eff}} = L - \Delta L, \Delta L = 2\delta L$。衬底电阻未示出

在接近沟道的源区中电流的拥挤会导致扩散电阻 R_{SP} 的增大,源电阻率为常数的 R_{SP} 一阶表达式为

$$R_{SP} = \frac{0.64\rho}{W} \ln\left(\frac{\xi x_j}{x_{ch}}\right) \tag{4.58}$$

其中 W 是沟道宽度,ρ 是源电阻率,χ_j 是结深,χ_{ch} 为沟道厚度,ξ 为系数 0.37[58],0.58[59],0.75[60],0.9[61]。它的确切值在对数坐标中并不重要。实际的 R_{SP} 表达式常需因为结的不规则的形状而修正。[58]

有效沟道长度既不同于掩膜版的栅长也不同于物理器件的栅长,其取决于栅下源、漏区耗尽层的横向延伸,如图 4.20 所示,其中 L_m 是掩膜版栅长,L 是物理栅长,L_{met} 是冶金学沟道长度(源漏之间的距离),L_{eff} 是有效沟道长度。常认为有效或者电学沟长是源漏之间的距离。也

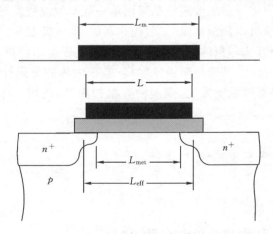

图 4.20 MOSFET 的各种栅长:掩膜版长度、物理栅长、冶金学和有效沟道长度

就是 $L_{\text{eff}}=L_{\text{met}}$。其实并不常是这样,对于高掺杂的的源漏区具有陡峭的浓度梯度,有效沟道长度近似等于源漏间的物理沟长。但是,对于轻掺杂的漏区(LDD)结构,有效沟道长度大于源漏间距,这是因为沟道长度可以扩展到轻掺杂的源区和漏区,特别是在栅电压较高的情况下。L_{eff} 可以认为是沟道长度,并且将其代入近似模型方程中,得到的理论值与实验值相符的较好。

忽略 MOSFET 空间电荷区中体电荷的体效应,当漏电压较小时,MOSFET 电流-电压方程如下:

$$I_D = k(V'_{\text{GS}} - V_T - 0.5V'_{\text{DS}})V'_{\text{DS}} \tag{4.59}$$

其中 $k=W_{\text{eff}}\mu_{\text{eff}}C_{\text{ox}}/L_{\text{eff}}$,$W_{\text{eff}}=W-\Delta W$,$L_{\text{eff}}=L-\Delta L$,$V_T$ 是阈值电压,V'_{GS} 和 V'_{DS} 如图 4.19(a) 所定义,W 是栅宽,L 是栅长,C_{ox} 是单位面积的氧化层容量,μ_{eff} 是有效迁移率,W 和 L 常与模板尺度有关。

由于 $V_{\text{GS}}=V'_{\text{GS}}+I_D R_S$ 和 $V_{\text{DS}}=V'_{\text{DS}}+I_D(R_S+R_D)$,式(4.59)变为

$$I_D = k(V_{\text{GS}} - V_T - 0.5V_{\text{DS}})(V_{\text{DS}} - I_D R_{\text{SD}}) \tag{4.60}$$

如果 $R_S=R_D=R_{\text{SD}}/2$ 其中 $R_{\text{SD}}=R_S+R_D$。这种情况下漏电压常常很低($V_{\text{DS}}\approx 50\sim 100\text{mV}$),确保器件运行在线性区。当器件处在强反型状态时,$(V_{\text{GS}}-V_T)\gg 0.5V_{\text{DS}}$,式(4.60)变为

$$I_D = k(V_{\text{GS}} - V_T)(V_{\text{DS}} - I_D R_{\text{SD}}) \tag{4.61}$$

也可以写为

$$\boxed{I_D = \frac{W_{\text{eff}}\mu_{\text{eff}}C_{\text{ox}}(V_{\text{GS}}-V_T)V_{\text{DS}}}{(L-\Delta L)+W_{\text{eff}}\mu_{\text{eff}}C_{\text{ox}}(V_{\text{GS}}-V_T)R_{\text{SD}}}} \tag{4.62}$$

式(4.62)是许多技术的基础,用此来决定 R_{SD},μ_{eff}。L_{eff} 和 W_{eff}。这里我们将讨论一些相关方法。这些技术常需要至少两个不同沟道长度的器件。对照 Ng 和 Brews[62],McAndrew 和 Layman[63] 和 Taur[64] 所给的技术。我们这里讨论在接下来的许多技术中都会用到阈值电压 V_T。在 4.8 节将会提到一种确定 V_T 的线性外推法。这种技术中,$V_T=V_{\text{GSi}}-V_{\text{DS}}/2$,但是忽略式(4.62)中 $V_{\text{DS}}/2$ 项将会导致某些错误。

早期的方法是由 Terada 和 Muta[65] 和 Chern 等[66] 提出的,用 $R_m=V_{\text{DS}}/I_D$

$$R_m = R_{\text{ch}} + R_{\text{SD}} = \frac{L-\Delta L}{W_{\text{eff}}\mu_{\text{eff}}C_{\text{ox}}(V_{\text{GS}}-V_T)} + R_{\text{SD}} \tag{4.63}$$

其中 R_{ch} 是沟道电阻,也就是 MOSFET 的本征电阻。式(4.63)表明当 $L=\Delta L$ 时 $R_m=R_{\text{SD}}$。图 4.21 给出了不同栅压下 R_m 与 L 的关系,图中直线相交于一点,由此可以求出 R_{SD} 和 ΔL。图中的栅长,是模板确定的栅长,亦或是物理栅长都没有关系,用这种方法,无论用哪个 L 求出的 ΔL 都是正确的,例如 L_{eff}。

如果 R_m 相对 L 的直线没有相交于一个公共点,可以用下面的方法,式(4.63)可以进一步地写成

$$R_m = R_{\text{SD}} + AL_{\text{eff}} = (R_{\text{SD}} - A\Delta L) + AL = B + AL \tag{4.64}$$

参数 A 和 B 取决于不同栅压 $V_{GS}-V_T$ 下 R_m-L 图的斜率和截距,ΔL 和 R_{SD} 可以用 $B-A$ 图[67] 的斜率和截距分别求出,A 和 B 与 $(V_{GS}-V_T)$ 有关,不同的栅压下可以用最小二乘法求出 A 和 B 的值。这种线性回归可以精确求出 R_{SD} 和 ΔL 值,而不需要有个公共交点。[68]但是,如果 ΔL 和 R_{SD} 对 V_{GS} 的依赖性不强,就需要线性方程。这是因为 ΔL 和 R_{SD} 都不完全依赖于栅压,线性回归只能得到近似解。

对于短沟道器件,L 和 L_{eff} 的不同尤为重要,因为短沟道器件的沟道长度仍与阈值电压有关,所以每个阈值电压必须独立确定。而且,串联电阻和有效沟道长度均与栅压有关,[69]随着栅压增加,有效沟道长度增加,串联电阻减小,这是由于沟道加宽,栅压调整了 L_{eff}。有效沟道常被认为是器件介于电子从源端侧面流出的临界时刻和漏端电子扩散到反型层这两种状态之间的沟道长度。在沟道的末端扩散电阻的电导率近似等于增加的反型层的电导率。这是由于反型层电导率随着栅压而增加,而随着栅压的增加,L_{eff} 增加,串联电阻减小。

对于 LDD 器件 L_{eff} 和 R_{SD} 强烈的依赖于栅电压,包括源端和沟道之间,漏端和沟道之间轻掺杂器件。[70]图 4.21 中 R_m-L 曲线没有公共点的一个原因就是 L_{eff} 和 R_{SD} 依赖于栅电压,所以,这两个参数的值不唯一。确保曲线相交于一点的一个方法是改变式(4.63)中的 V_T,而不是改变 V_{GS}。[71]这可以通过改变衬底的偏压,以保持栅电压为常数的方法容易的实现,$V_{GS}\approx 1-2V$。另一种方法是限定栅电压的变化,减小其变化量。例如在图 4.21 中 V_{GS} 的变化不是 1V 而是 0.1V,这会使得一些交点接近于一个公共点。对于 LDD 器件 R_{SD} 和 L_{eff} 也取决于漏电压,由于漏端空间电荷区宽度随着 V_{DS} 而变化,[72]常被认为这种影响较小,并且常常被忽略。

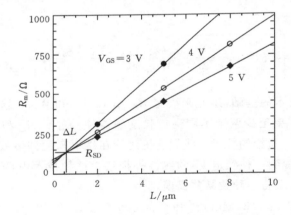

图 4.21 不同栅压下的 R_m 与 L 的关系

由于衬底偏置法是通过不同大小的衬底偏压改变不同沟道长度的 MOSFET 的阈值电压,其得出的数据不太可靠。更严重的误差是由 $dL_{eff}/dV_{BS}=0$ 产生的,L_{eff} 随着 V_{BS} 减小,并且无法精确的确定。[62]一个改进的方法是,结合衬底偏压法和栅偏压法。[73]当用衬底偏压调制阈值电压时,长沟道器件的栅电压保持不变。当测量短沟道器件的电阻时,相比于长沟道器件的阈值电压短沟道器件的阈值电压减小,栅电压随着阈值电压量的减小而减小,以确保所有器件具有相同的栅驱动能力。另一个 R_m-L 法的变形是"对栅压"法。[74]两条 R_m-L 线对应两个栅压,一个一个比另一个低 0.5V。用这两条线的交点可以较好的近似 R_{SD} 和 L_{eff}。用不同的 V_{GS} 对可以发现 R_{SD} 和 L_{eff} 对栅压的依赖关系。在对栅压法中,ΔL 取决于短沟道和长沟道器件

的 V_T。发现一个新的 ΔL 当 V_T 与原来相差 $0.1-0.2$V,这样重复数次 ΔL 相对于 V_T 作图,ΔL 轴上的截距就是冶金学沟道长度 L_{met}。[75]

式(4.62)的不同表示,定义参数 E [76]

$$E = R_m(V_{GS} - V_T) = \frac{L - \Delta L}{W_{eff}\mu_{eff}C_{ox}} + R_{SD}(V_{GS} - V_T) \tag{4.65}$$

有许多迁移率的表达式,一个最简单的和最常用来解释沟道长度和宽度的测量为

$$\mu_{eff} = \frac{\mu_o}{1 + \theta(V'_{GS} - V_T)} = \frac{\mu_o}{1 + \theta(V_{GS} - I_D R_S - V_T)} \approx \frac{\mu_o}{1 + \theta(V_{Gs} - V_T)} \tag{4.66}$$

式(4.66)的近似式是当 $(V_{GS} - V_T) \gg I_D R_S$,将式(4.66)代入式(4.65),有

$$E = \frac{(L - \Delta L)[1 + \theta(V_{GS} - V_T)]}{W_{eff}\mu_o C_{ox}} + R_{SD}(V_{GS} - V_T) \tag{4.67}$$

从式(4.65)看出截距 E_{int} 和 E 对 $(V_{GS} - V_T)$ 斜率 m 为

$$E_{int} = \frac{(L - \Delta L)}{W_{eff}\mu_o C_{ox}}; \quad m = \frac{dE}{dV_{GS}} = \frac{(L - \Delta L)\theta}{W_{eff}\mu_o C_{ox}} + R_{SD} \tag{4.68}$$

E 对 $(V_{GS} - V_T)$ 作图,作为沟道长度的函数,图的斜率 $m = (L - \Delta L)\theta / W_{eff}\mu_o C_{ox} + R_{SD}$ E 轴上的截距 $E_i = (L - \Delta L)\theta / W_{eff}\mu_o C_{ox}$,当器件沟道长度变化时 E_i 变化,E_i 和 m 相对于 L 作图,可以从截距求出 ΔL 和 R_{SD},从斜率求出 μ_o 和 θ。

莫内达(De La Moneda)等人提出了一个与式(4.65)相关方法,用这种方法可以求出 ΔL,R_{SD},μ_o 和 θ,方程(4.63)[77] 可写为

$$R_m = \frac{L - \Delta L}{W_{eff}\mu_o C_{ox}(V_{GS} - V_T)} + \frac{\theta(L - \Delta L)}{W_{eff}\mu_o C_{ox}} + R_{SD} \tag{4.69}$$

再加上式(4.66)的有效迁移率。首先 R_m 对 $1/(V_{GS} - V_T)$ 作图,如图 4.22(a)所示。这个平面的斜率是 $m = (L - \Delta L)/W_{eff}\mu_o C_{ox}$,$R_m$ 轴上的截距是 $R_{mi} = [R_{SD} + \theta(L - \Delta L)W_{eff}\mu_o C_{ox}] = R_{SD} + \theta_m$。接下来 m 对 L 作图(图 4.22(b))。这个图中斜率为 $1/W_{eff}\mu_o C_{ox}$,L 轴上的截距为 ΔL,这就可以确定 μ_o 和 ΔL。最后 R_{mi} 对 m 作图(图 4.22(c)),从斜率可以求出 θ,从 R_{mi} 轴上的截距可以求出 R_{SD}。

这种方法需要两个器件。选择合适的器件沟道长度,以减小 ΔL 的误差,这是因为在 m-ΔL 图中用外推法会将 m 的误差放大。要减小 ΔL 的误差,尽量选择沟道长度约差 10 倍的器件对,另外,$(V_{GS} - V_T)$ 应该具有较宽的覆盖范围。一个偏置点应比 $(V_{GS} - V_T)$ 低(约 1 V),使得 $\mu_o C_{ox}$ 占主导地位。第二偏置点应比 $(V_{GS} - V_T)$ 高(约 $3 \sim 5$V),使得 θ 和 R_{SD} 占优势。如前所述,对于 LDD 器件 R_{SD} 依赖于栅压。明确这种关系就可以求出 ΔL,在不同的 $(V_{GS} - V_T)$ 下,R_m 对 L 作图,在 $L = \Delta L$ 处得到不同的 R_{SD},R_{SD} 对 $(V_{GS} - V_T)$ 作图,我们就可以发现它与栅电压的依赖关系了。[78]

联合式(4.60)和式(4.66),De La Moneda 法变形形式为[79]

$$I_D = \frac{k_o(V_{GS} - V_T)(V_{DS} - I_D S_{SD})}{1 + \theta(V_{GS} - V_T)} = k_o(V_{GS} - V_T)(V_{DS} - I_D R') \tag{4.70}$$

其中

$$k_o = \frac{W_{\text{eff}}\mu_o C_{\text{ox}}}{L_{\text{eff}}}; \ R' = R_{\text{SD}} + \frac{\theta}{k_o} \tag{4.71}$$

用跨导的定义对式(4.70)求导数

$$g_m = \frac{\partial I_D}{\partial V_{\text{GS}}} \mid V_{\text{DS=constant}} = \frac{k_o(V_{\text{DS}} - I_D R')}{1 + k_o R'(V_{\text{GS}} - V_T)} \tag{4.72}$$

与式(4.70)联立,我们得到:

$$\frac{I_D}{\sqrt{g_m}} = \sqrt{k_o V_{\text{DS}}}(V_{\text{GS}} - V_T) \tag{4.73}$$

为了确定不同器件的参数,$I_D/g_m^{1/2}$ 对 V_{GS} 作图,从截距可以得到 V_T,从斜率可以求出 k_o,由关系

$$\frac{1}{k_o} = \frac{L - \Delta L}{W_{\text{eff}}\mu_o C_{\text{ox}}} \tag{4.74}$$

212

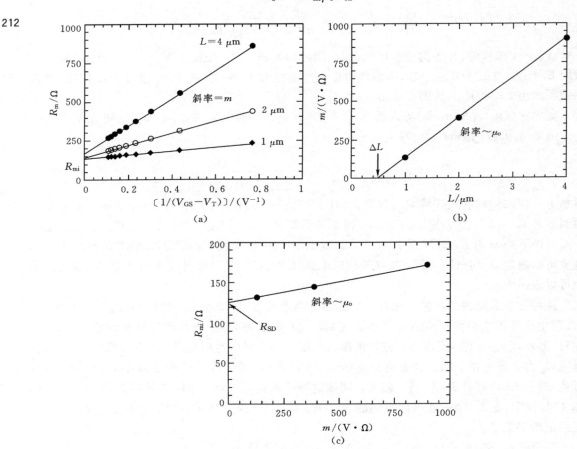

图 4.22 (a)R_m 与 $1/(V_{\text{GS}} - V_T)$;(b)斜率 m 与 L;(c)R_{mi} 与 m

看出，当 $1/k_\circ$ 相对于 L 作图，这个图有截距 $L=\Delta L$，R' 可以从式（4.71）求出，接下来 R' 相对于 213
$1/k_\circ$ 作图，从截距可以求出 R_{SD}，从斜率可以求出 θ。

对于不同沟道长度的器件，基于式（4.61）漏电流比率为[80]

$$\frac{I_{D1}}{I_{D2}} = \frac{k_1}{k_2}\left(1 - \frac{(I_{D1} - I_{D2})R_{SD}}{V_{DS}}\right) \tag{4.75}$$

因为 $V_{DS1} \gg I_{D1}R_{SD}$，$V_{DS2} \gg I_{D2}R_{SD}$，且两种器件拥有相同的阈值电压和 I_{D1}/I_{D2} 相对 $I_{D1} - I_{D2}$ 的
关系曲线其斜率为 k_1R_{sd}/k_2V_{ds}，在 I_{D1}/I_{D2} 轴上截距为 k_1/k_2。如果条件 $V_{DS1} \gg I_{D1}R_{SD}$ 且 $V_{DS2} \gg$
$I_{D2}R_{SD}$ 不能满足，那么这种方法将不再适用。假如条件不满足，其修正为 $(V_{DS2}/I_{D2} - V_{DS1}/I_{D1})$
对 V_{DS1}/I_{D1} 的关系曲线[81]，这条曲线是线性的，其纵轴截距为 R_{SD}，斜率为 $(L_2 - L_1)/(L_1 - \Delta L)$，
可以求出 ΔL。

跨导也被应用于跨阻法中，[82-83] 在线性 MOS 区域中漏极电压从 $25 \sim 50$ mV 变化，可以
测量到跨导 g_m 和漏导 g_d。定义跨阻 r

$$r = \frac{g_m}{g_d^2} \tag{4.76}$$

测量需要两种器件，一种是长沟道器件，另一种是短沟道器件，并且其沟道长度 L 已知．
互阻由每种器件各自确定，参数 $\Delta\lambda$ 可以通过两种沟道长度和两种互阻计算出来，如下：

$$\Delta\lambda = \frac{Lr_{ref} - L_{ref}r}{r_{ref} - r} \tag{4.77}$$

$\Delta\lambda$ 对 $(V_{GS} - V_T)$ 作图，在 $\Delta\lambda$ 轴上的外推截距为 ΔL。串联电阻决定于沟道长度和漏导：

$$R_{SD} = \frac{(L_{ref} - \Delta L)/g_d - (L - \Delta L)/g_{dref}}{L_{ref} - L} \tag{4.78}$$

对于需要微分的技术可以这样看：正如我们所知，通过加剧数据在小范围内变化，微分是
一个噪声产生的过程。因此对于这种类型的技术，举例说，需要 g_d 或 g_m 的那些技术将比不需
要微分的有更大的噪声。

在位移和比值 (S/R) 法中，对于任意的 R_{SD} 迁移率可以是栅压的任何函数。[84] 这种方法使
用一个大型器件和几个小型器件（改变沟道长度，恒定沟道宽度），且将式（4.63）改写成：

$$R_m = R_{SD} + Lf(V_{GS} - V_T) \tag{4.79}$$

其中 f 是栅过驱动电压 $(V_{GS} - V_T)$ 的一般函数，适用于各种器件。（4.79）式对 V_{GS} 求导。电阻
R_{SD} 通常与栅压变化影响较小，其导数是可以忽略的。

式（4.79）变为

$$S = \frac{dR_m}{dV_{GS}} = L\frac{d[f(V_{GS} - V_T)]}{dV_{GS}} \tag{4.80}$$

对于大小器件，S 对 V_{GS} 作图，来求解 L 和 V_T，一条曲线将通过 δ 的变化发生平移，S 是 214
V_{GS} 的函数，可以计算出两种器件函数比 $r = S(V_{GS})/S(V_{GS} - \delta)$。当平移电压等于阈值电压
时，当然两种器件的阈值电压不同，r 基本保持不变，这是此测量方法的关键。在恒定的栅过
驱电压下，迁移率不变或者几乎不变，r 可写为

$$r = \frac{S(V_{GS})}{S(V_{GS} - \delta)} = \frac{L_0}{L} \tag{4.81}$$

其中 L_0 和 L 分别作为大器件和小器件的沟道长度。针对不同器件，L 相对 L_m 作图，其直线在 L_m 轴上的截距为 ΔL。这种方法适用于沟道长度低于 $0.2\mu m$ 的 MOSFET。V_{GS} 的最佳范围为略大于 V_T 到大于 V_T 的 1V 的地方。对于 LDD 器件，我们应该用较低栅过驱动电压来确保较高的 S 值，以至于可与忽略 dR_{SD}/dV_{GS}。[85] 一旦可以得到 ΔL，R_{SD} 将可以从式(4.79)算出。

比较各种计算 L_{eff} 和 R_{SD} 的方法，位移和比值(S/R)法的误差最小，且精度最高。[85] 这点是非常重要的，尽管如此，通过选取合适的优化栅压范围来满足基本的假设，即 R_{SD} 相对于 V_{GS} 是无关的。我们都知道，R_{SD} 决定于 V_{GS}，尤其 V_{GS} 接近阈值电压时和在 L_{DD} 器件中。只有在高栅压的情况下，ΔL 最大，$dR_{SD}/dV_{GS} = 0$，才能得到更为精确的 ΔL 和 V_T。[86]

通过对多种限制沟道长度精度机制综合研究，尤其是对轻掺杂漏极 MOSFET 而言，可以得出，低的栅过驱动电压和稳定的阈值电压测量对于沟道长度计算是至关重要的。[87]

其它确定串联电阻的方法是通过某种方法来确定电流-电压特性来实现的。在最小二乘法中，非线性和多变量最小二乘法都会被使用。二维器件模拟器也会应用到。通过仔细对比各种技术发现，各种曲线，根据基本原理来说它们本应该是线性的，而实际上多是非线性的。[63] 结果，由于不唯一的斜率和截距导致结果不可靠。而且，测量噪声可以极大的影响截距。在电流-电压测量中，实验噪声可以有时经过长时间，多次试验来降低。相比于以上的一些方法，非线性优化过程可以给出更为精确和稳定的结果。[63] 已经发展了一种精确的计算 V_T，R_{SD}，ΔL 和 ΔW 值的方法，这种方法是基于使用迭代线性回归的过程来实现优化的。[88] 无论从分析表达式到线性方程组，参数提取过程中要避免微分。这个方法尤其适用过程描述。

在所有的求解串联电阻的方法中，R_{SD} 通常会被确定。一般假设 $R_s = R_D$。这也许并不总是成立的，尤其是在一个器件被重压造成热电子损伤的时候。通过测量普通 MOSFET 结构的跨导，可以知道 R_s 和 R_D 是非对称的，也就是说，漏就是漏，源就是源，在一个相反的结构中，源和漏是互换的。将这种方法与衬底偏置和外部电阻法结合，可以得到非对称的相关参数。[89]

当 L_{eff} 接近 $0.1\mu m$ 时，传统的电流-电压方法达到了它的极限，由于短沟道效应，R_{ch} 不再是 L_{eff} 的一个线性函数。因此，这些方法最关键的一个假设已经不再成立。漏致势垒压降方法(DIBL)[90] 基于完全不同的原理。作为短沟道效应的一个表现，DIBL 是指阈值电压随漏极电压下降而降低。这是因为漏极电压影响了源端和衬底间的势垒。在亚阈值区域，漏电流变成了

$$I_D = I_0 \exp\left(\frac{q(V_{GS} - V_T)}{nkT}\right) \exp\left(\frac{q\lambda V_{ds}}{kT}\right) = I_0 \exp\left(\frac{q(V_{GS} - V'_T)}{nkT}\right) \tag{4.82}$$

这里 λ 为 DIBL 的系数并且

$$V'_T = V_T - n\lambda V_{DS} \Rightarrow \Delta V_T = V'_T - V_T = -n\lambda V_{DS} \tag{4.83}$$

DIBL 效应对漏电流的影响如图 4.23(a)所示，从图中同时可以看到关断电(漏电流在 $V_{GS} = 0$ 的时候)增加和阈值电压降低。DIBL 系数可以由 ΔV_T 对 V_{DS} 的曲线斜率得到，由图 4.23(b)可以阐明，对于 $V_{DS} = 0.1V$ 采用 $\Delta V_T = 0$。

漏致势垒压降也取决于沟道长度。长度越短漏极电压影响源-衬底结势垒越大，说明可以

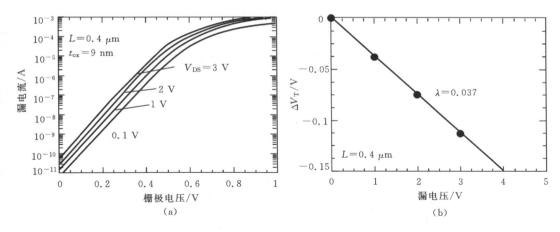

图 4.23　(a)DIBL 影响下的不同漏电压下漏电流相对于栅压的变化函数;(b)阈值电压对漏电压的变化;斜率为 λ

用 DIBL 对沟道长度进行有效的测量。ΔV_T 取决于沟道长度为[90]

$$\Delta V_T = \alpha + \beta \exp\left(-\frac{L_{eff}}{2L_C}\right) \tag{4.84}$$

这里 α、β 和 L_C 都为一个常量。提取 L_{eff} 的关键问题是由这些常量决定。器件的沟道长度在 $0.4\mu m < L_{eff} < 1\mu m$ 变化范围内时:$\alpha = \Delta V_T$。β 由内置结和由掺杂浓度所对应的费米势决定的,对应的表达式为

$$\beta = 2\sqrt{(V_{bi} - 2\phi_F)(V_{bi} - 2\phi_F + V_{DS})} \tag{4.85}$$

β 在 0.4 至 0.8V 之间。长度 L_C 的表达式为

$$L_C = \frac{L_{Ddes1} - L_{Ddes2}}{2\left[\ln(\Delta V_{T1} - \alpha) - \ln(\Delta V_{T2} - \alpha)\right]} \tag{4.86}$$

这里 L_{Ddes} 是两个沟道长度稍有不同的器件的沟道长度,它们之间的间距在 $0.1 \sim 0.2\mu m$。这种方法适用于 L_{eff} 低于 40nm 时的器件。

4.6.2　沟道长度与电容-电压

4.6.1 节介绍的电流-电压方法是最普遍的一种确定串联电阻和有效沟道长度的方法。很大程度上是因为该方法简单。但是该方法确实存在一些限制,如前所述。因此,电容法被用来确定有效沟道长度 L_{eff},当由 $C-V$ 特性不能确定串联电阻的时候,该方法可以通过串联电阻和栅极阈值电压的漂移关系很明确地确定。我们讨论的电容测试方法参考的 MOSFET 见图 4.24。

被测量的电容位于具有不同沟道长度和宽度恒宽栅极的器件的栅极和源/漏极连接处。[91]衬底是接地的(连接至 $C-V$ 测试线的保护部分)目的是在 $C-V$ 测试中避开衬底耗尽和源-衬底之间的电容。在 $V_G < V_T$ 时,栅极下的表面积累,电容测试采集两部分的叠加电容(见图4.24(a)),在 $V_G > V_T$ 时,栅极下表面出现反型,电容测试采集两部分的叠加电容和沟道

电容(见图 4.24(b))。测试中的有效栅极长度确定为冶金学的通道长度 L_{met}。C_{ov} 和 C_{inv} 由下式给出：

$$C_{ov} = \frac{K_{ox}\varepsilon_o \Delta L W}{t_{ox}}; \; C_{inv} = \frac{K_{ox}\varepsilon_o L W}{t_{ox}} \tag{4.87}$$

重新变换式(4.87)L_{met}等价于

$$L_{met} = L - \Delta L = L\left(1 - \frac{C_{ov}}{C_{inv}}\right) \tag{4.88}$$

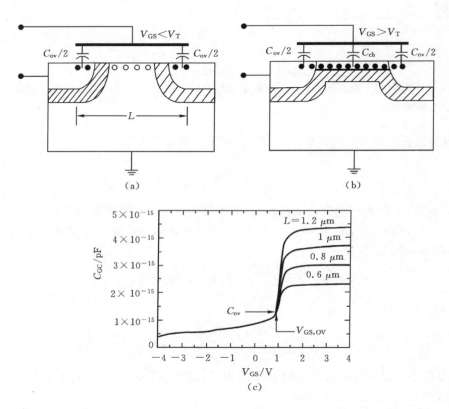

图 4.24 MOSFET (a)$V_{GS} < V_T$；(b)$V_{GS} > V_T$；(c)C_{GC}-V_{GS}曲线；$W = 10\mu m$，$t_{ox} = 10nm$，$N_A = 1.6 \times 10^{17} cm^{-3}$

217 此方法可以利用式(4.88)对单一器件做测试，也可以在($C_{inv} - C_{ov}$)和 L 的坐标图表中测试，$K_{ox}\varepsilon_0 W/t_{ox}$ 作为斜率，在 L 轴上截取 ΔL。修正的 C-V 方法在参考文献 92 给出。该方法也适用于 DMOSFETs。[93]

　　C_{ov} 应该在什么样的栅极电压下测试？大量的模型和经验表明，栅极电压应该设置在相当于 C_{ov} 在表面刚好反型的那一点。例如，$V_{GS} = V_{GS,ov}$ 和 V_T 很接近。为了确定 $V_{GS,ov}$，需要测试一些具有不同沟道长度的器件的电容。这些曲线表示在图 4.24(c)中。$V_{GS,ov}$ 是电容-栅极电压曲线开始偏离时的栅极电压。图 4.24(c)显示了一条正在进行"积累"过程的曲线，详细的测试表明在"积累"过程中的曲线随杂散电容的变化和栅极长度的联系弱。[94]在"off"状态的

C_{ov} 和在"on"状态时不同。如果取刚好在门限电压以下的电容值,C_{ov} 包含了一个不期望的在导通沟道产生时不存在的内部边缘界限。如果采用 n-MOSFETs 负栅极电压积累衬底,消除内部边缘器件,叠加的源-漏区可以大幅减少。这些错误传递导致具有低固有电容的短沟道器件的 ΔL 更大的错误。

对于小面积的 MOSFETs,电容很小并且叠加电容更小,这为测试带来了困难。这个问题可以通过并行连接很多的器件来解决,并行可以使有效面积更大。在一例设计中,并行连接了 3200 个晶体管。[95]一个足够高电容的多极栅极器件,因为平板接近效应,可能对用于 I-V 特性的 MOSFET 器件是一种补偿。遂于 100nm 以下的 MOSFETs,栅极氧化物很薄,这对于隧道电流很重要。但是影响了电容测试。

一旦知道了 L_{met},并且得到一个大 MOSFET 的 μ_{eff} 量,就可以通过对比理想器件和真实器件来决定 R_{SD} 的值。在这个比较中假设 $L_{met} \approx L_{eff}$。如果我们采用 I_D 表示式(4.60)中的漏极电流,I_{D0} 表示 $R_{SD} = 0$ 时的漏极电流,同时设定 $\zeta = I_D/I_{D0}$,那么 R_{SD} 为

$$R_{SD} = \frac{(1 - \zeta)V_{DS}}{I_D} \tag{4.89}$$

通过这种方式,可以很容易的产生一个 R_{SD} 随 V_{GS} 变化的曲线,表明栅极电压取决于串联电阻。[91]

4.6.3　沟道宽度

确定通道宽度 W 的方法类似于确定沟道长度。需要用到具有不同栅极宽度和固定的栅极长度一些器件。一项早期的技术采用针对固定沟道长度器件的图表,它以 MOSFET 漏极电导率作为 W 的函数。[96]如果忽略了源极和漏极电阻,那么式(4.60)漏极电导率是

$$g_d = \frac{\partial I_D}{\partial V_{DS}} \mid V_{GS=constant} = \frac{(W - \Delta W)\mu_{eff}C_{ox}(V_{GS} - V_T)}{L_{eff}} \tag{4.90}$$

G_d-W 的图表在 $g_d = 0$ 时在 W 轴截取 ΔL,这种方法忽略了源极和漏极电阻,而他们比沟道长度测试更有疑问。尽管把 R_S 和 R_D 作为常量对于具有不同沟道长度的器件是一个很好的假设,但是这个假设对于具有不同沟道宽度的器件不再成立。源极和漏极电阻都取决于沟道宽度。

当式(4.90)中漏极电导率被用于推导出 W_{eff},有可能在负的 g_d 产生交叉点。这个可能是由于并联电阻和内部 MOSFET 由于处于器件边缘的源极和漏极之间的泄漏路径。交叉点取决于 W_{eff} 和 G_p,并联电导率。[97]

漏极电流可以写成如下的式子(式(4.62)):

$$I_D = \frac{(W - \Delta W)\mu_{eff}C_{ox}(V_{GS} - V_T)V_{DS}}{L_{eff} + (W - \Delta W)\mu_{eff}C_{ox}(V_{GS} - V_T)R_{SD}} \tag{4.91}$$

I_D 和 W 的图表给出了 $I_D = 0$ 时的 $W = \Delta W$。这被用来确定 W_{eff}。[98]测量的漏极电阻是(式(4.63))

$$R_m = R_{ch} + R_{SD} = \frac{L_{eff}}{(W - \Delta W)\mu_{eff}C_{ox}(V_{GS} - V_T)} + R_{SD} \qquad (4.92)$$

R_m 和 $1/(V_{GS} - V_T)$ 的斜率 $m = L_{eff}/(W - \Delta W)\mu_{eff}C_{ox}$。$\Delta W$ 是图表 mW 和 m 的斜率。[99] 即使 R_{SD} 随 W 变化,但是它并不随 L 变化,并且区别于式(4.92)关于 L 给定

$$m = \frac{1}{dR_m/dL} = (W - \Delta W)\mu_{eff}C_{ox}(V_{GS} - V_T) \qquad (4.93)$$

m 和 W 的图表给出了在 $m = 0$ 的时候截距 $W = \Delta W$。两种方法都要求器件具有不同的栅极宽度、固定的栅极长度。通过变化栅极电压,可能产生 W_{eff} 作为 V_{GS} 的函数的数据。

一项采用非线性优化的技术,类似于参考文献[63]中确定 L_{eff} 的方法,也可以被用来确定 W_{eff} 的精确值。[100] 需要测量不同宽度而固定长度的器件和不同长度而固定宽度的器件的漏极电流。非线性优化模型适合统计宽度决定的 V_T,R_{SD} 和 W_{eff} 的数据。这种方法是可靠的,没有假设一个线性模型。也没有受非线性和噪声数据存在时推断错误的影响。

这种方法不依赖于电流-电压测量方法,也不受串联电阻影响,被称为电容法。MOSFET 氧化层的电容由下式给出:

$$C_{ox} = \frac{K_{ox}\varepsilon_o L_{eff}(W - \Delta W)}{t_{ox}} \qquad (4.94)$$

C_{ox} 作为 W 的函数的图表是针对具有同样的栅极长度但不同宽度的晶体管,图表给出了一条斜率为 $K_{ox}\varepsilon_0 W/t_{ox}$ 的直线和 $W = \Delta W$ 时在 W 轴的截距。[101]

● ● ● ● ● ● ● ● ● ● ● ● ● ● ●

4.7　MESFETs 和 MODFETs

MESFET 器件(金属-半导体场效应晶体管)通常由源、沟道、漏和栅组成。在漏电压作用下,多数载流子从栅向漏流动。漏电流通常由加在金属-半导体结上的反向偏压来调节。只要反向偏压足够大,金属-半导体接触处的空间电荷区会向绝缘的衬底扩展并使沟道夹断。输出电流-电压特性曲线与耗尽型 MOSFETs 类似。然而,与 MOSFETs 所不同的是,MESFET 的金属-半导体结可以加正向偏压,从而导致高输入电流。如图 4.25 所示的 MODFET(调制掺杂型场效应晶体管)与宽带隙半导体植入 n 沟道和栅之间的 MESFET 类似;在 MESFET 中,栅是直接放在 n 沟道上方。我们并不刻意区分这两种结构。

MESFET 的栅极可以加正向偏压可以使其拥有 MOSFET 所不具有的可能的测量手段。在栅极加上正向偏压后,漏源电压的表达式为

$$V_{DS} = (R_{ch} + R_S + R_D)I_D + (\alpha R_{ch} + R_S)I_G \qquad (4.95)$$

其中,α 可以说明这样一个事实:栅电流是通过沟道电阻从栅极到源极流动的;$\alpha \approx 0.5$。栅源电压的表达式为

$$V_{GS} = \frac{nkT}{q}\ln(\frac{I_G}{I_S}) + R_S(I_D + I_G) \qquad (4.96)$$

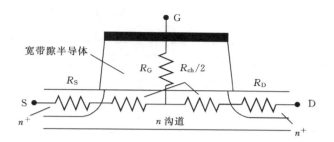

图 4.25　MODFET 的横截面方向上的不同电阻。R_G 是宽带隙半导体的电阻

其中，$I_G = I_S \exp(\dfrac{qV_{GS}}{nkT})$ 是在正向偏压、电阻为 0 时栅极的肖特基二极管电流。

I_D-V_{DS} 作为 I_G 的函数，其斜率为 $1/(R_{ch} + R_S + R_D)$，当 $I_D = 0$ 时，V_{DS}/I_G 可以导出（$\alpha R_{ch} + R_S$）。另外，从正向偏压的 I_G-V_{GS} 曲线（该曲线随着 I_D 的变化而不同）可以看出，当 I_G 为常量时，$\Delta V_{GS}/\Delta I_D = R_S$，同样可以定义 R_D, R_{ch}。当考虑栅电阻 R_G 的作用时，在栅、源之间有电压时，可以定义栅极电流。然而，在漏极开路时，常画 $\log(I_G)$ 与 V_{GD} 的关系曲线，而不是 V_{GS}。由于栅极阻抗的存在，导致半对数曲线与直线稍有偏离。

另外一种方法依赖于测量与漏栅电压有关的栅电流。源极接地，栅电流从栅极流向源极。栅电流流经源电阻以及沟道电阻 R_{ch} 时，会产生一个电压降。漏极可以检测到这个电压降的存在。终端电阻可以定义为

$$R_{end} = \frac{\partial V_{DS}}{\partial I_G} \tag{4.97}$$

由式（4.97），终端电阻可以近似为

$$R_{end} = \partial R_{ch} + R_S \tag{4.98}$$

在一种测量终端电阻的方法中，假设漏电流为 0，漏极电学接触对准，这可保证 $\alpha \approx 0.5$。在另一种测量方法中，漏电流为一个不为 0 的常量，而且漏极不是对准的。若 $I_G \ll I_D$，[102] 终端电阻可以表示为

$$R_{end} = R_S + \frac{nkT}{qI_D} \tag{4.99}$$

R_{end}-$1/I_D$ 特性曲线的斜率大小为 nkT/q，曲线在 R_{end} 坐标轴上的截距为 R_S。这条曲线的直线部分相当有限。在 I_D 较大时，由于漏电流非常接近于饱和漏电流，导致曲线与直线有较大的偏离。当 I_D 较小时，违背了 $I_G \ll I_D$ 的原则，导致该方法失效。在这种情况下，Chaudhuri 和 Das[103] 给出了一种改进的测量方法。

在第 3 章中讨论的传输线方法也可用来测量 R_S。这种方法产生了 n 沟道的薄层电阻，从中可以计算出源极电阻，并知道器件的尺寸。这种方法的一个缺点是在 TLM 结构中不存在栅极。因此，由于在源端电流聚集作用而产生扩散电阻就不能精确测量。

在另一种技术中，沟道长度变化的器件常在它们的线性区被使用。[104] 通过接触对准可以测量电流-电压曲线。若栅极电学上不对准，不同的电阻表达式为

$$R_{GS}(fg) = R_S + R_{ch}/2; R_{GD}(fg) = R_D + R_{ch}/2; R_{SD}(fg) = R_S + R_D + R_{ch} \qquad (4.100)$$

小电流是从源流向漏极,浮动的栅极和源极之间的电压降可以由高阻抗的伏特计测出,从而可得到 R_{GS}。类似地,也可得到其他的阻抗。由于源极的浮动,

$$R_{GS}(fs) = R_G \qquad (4.101)$$

我们定义

$$R_{ch} = RL_G; \quad R_G = \frac{1}{GL_G} \qquad (4.102)$$

其中 R 代表单位长度的沟道电阻,G 代表单位沟道长度的栅-沟道电导。把式(4.102)代入到式(4.100)和式(4.101)中,我们可以得到:

$$R_{GS}(fg) = R_S + \frac{R}{2GR_{GS}(fs)}; \quad R_{GD}(fg) = R_D + \frac{R}{2GR_{GS}(fs)};$$

$$R_{SD}(fg) = R_S + R_D + \frac{R}{GR_{GS}(fs)} \qquad (4.103)$$

画出 $R_{GS}(fg)$,$R_{GD}(fg)$,$R_{SD}(fg)$ 与 $1/R_{GS}(fs)$ 的关系曲线,发现这些曲线与 R_S,R_D 和 $R_S + R_D$ 垂直轴上的截矩成线性关系。这些曲线如图4.26所示。通过画出 $1/R_{SD}(fs)$ 与沟道长度 L_m 的关系曲线可以检测这种方法的可行性。这条曲线应该是条直线,并在 $L_m = 0$ 时有截矩。另一种方法使用栅电流恒定、栅极正偏时的两个漏电流。在两种不同的条件下,$I_G \sim V_{GS}$ 关系曲线上会有移动,这是由于源极电阻引起的。[105] 一种与终端接触电阻有关的方法使用栅电极而不是源或漏接触来测量源和漏极阻抗。[106]

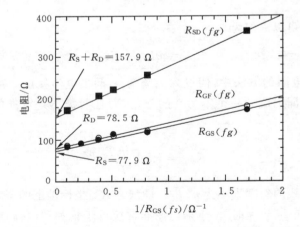

图 4.26 $R_{GS}(fg)$、$R_{GD}(fg)$、$R_{SD}(fg)$ 与 $1/R_{GS}(fs)$ 的关系曲线图[104]

4.8 阈值电压

在讨论阈值电压的测量技术之前,我们先简要地讨论阈值电压的概念。参考文献[107]很

好地总结了测量阈值电压的各种技术手段。阈值电压是 MOSFET 器件的一个很重要的参数，为了测量它，本章我们要讲述沟道宽长比和串联电阻的测量方法。然而，值得注意的是，V_T 的定义方式并不唯一。从图 4.27 的 $I_D - V_{GS}$ 曲线可以看出，阈值电压有不同的定义方式。图 4.27(a)所示 MOSFET 器件的 $I_D - V_{GS}$ 曲线显示出这条曲线的非线性。图 4.27(b)给出阈值电压附近的曲线，从中可以拓宽我们对阈值电压概念的理解。很显然，当漏电流很小的时候，栅极电压不是唯一的。阈值电压最常用的定义方式是达到阈值反型点时所需的栅压。阈值反型点的定义是，对于 n 沟道 MOSFET 器件当表面电势 $\phi_s = 2\phi_F$ 时器件的状态：

$$\phi_s = 2\phi_F = \frac{2kT}{q}\ln(\frac{p}{n_i}) \approx \frac{2kT}{q}\ln(\frac{N_A}{n_i}) \tag{4.104}$$

这种定义方式最早是在 1953 年[108]提出的，这种定义势基于在表面少子的密度与中性区多子的密度达到平衡，例如 $n(\text{surface}) = p(\text{bulk})$，如图 4.27(b)所示的 $V_{T,2\phi_F}$ 即为阈值电压。显然，$V_{T,2\phi_F}$ 远小于理论推出的阈值电压 $V_{T,\text{extrapol}}$。

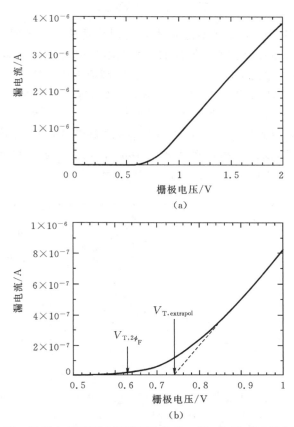

图 4.27　阈值电压附近 MOSFET 的 $I_D - V_{GS}$ 曲线；(b)是(a)的放大。其中，$L_{\text{eff}} = 1.5\ \mu\text{m}$，$t_{\text{ox}} = 25\text{nm}$，$V_{T,\text{start}} = 0.7\text{V}$，$V_D = 0.1\text{V}$

　　对于几何尺寸较大、衬底均匀掺杂且没有短或窄沟道效应的 n 型器件来说，当从栅极到源端且 $\phi_s = 2\phi_F$ 时，阈值电压定义为

$$V_T = V_{FB} + 2\phi_F + \frac{\sqrt{2qK_s\varepsilon_0 N_A(2\phi_F - V_{BS})}}{C_{ox}} \qquad (4.105)$$

其中,V_{BS}是源衬电势差,V_{FB}是平带电压。对非均匀掺杂、离子注入的器件来说,其阈值电压也依赖于离子注入量。若考虑到短沟道效应,器件的阈值电压还需要有一定的修正。

4.8.1　线性插补

一种比较常用的测量阈值电压的方法是线性插补法,其中在漏电压较小,大约为 50～100mV 时,可保证器件工作在线性区,这时漏电流是栅极电压的函数,通过测量漏电流的值可以得到阈值电压的数值。[109-111] 根据表达式(4.60)当 $V_{GS} = V_T + 0.5V_{DS}$ 时,漏电流为 0。但是表达式(4.60)只在栅压大于阈值电压时才有效。事实上,此时漏电流不为 0,只是非常接近于 0。因此在 $I_D = 0$ 时,$I_D - V_{GS}$ 曲线可以插补,此时,阈值电压由插补栅电压 V_{GSi} 决定:

$$V_T = V_{GSi} - V_{DS}/2 \qquad (4.106)$$

注意,上式只有在串联电阻忽略不计时才成立。[112] 通常在测量阈值电压时,当漏电流很小时,串联电阻可以忽略不计,而 LDD 器件的串联电阻却很大,不可忽略。线性插补法也可用来测量工作于耗尽态或沟道掩埋的 MOSFET 器件的阈值电压。[113]

当栅电压低于阈值电压时,$I_D - V_{GS}$ 曲线会偏离直线,这是因为亚阈值电流的存在。同样,当栅电压高于阈值电压时,$I_D - V_{GS}$ 曲线也会偏离直线,这是由于串联电阻的作用以及迁移率退化。实际操作中,在跨导最大点处找到 $I_D - V_{GS}$ 曲线斜率最大值,在该点 $I_D - V_{GS}$ 曲线是直线,并且 $I_D = 0$,如图 4.28 所示。根据表达式 4.106 所示,这个器件的阈值电压 V_T 为 0.9V。线性插补法对串联电阻和迁移率的降低非常敏感。[87,112,114]

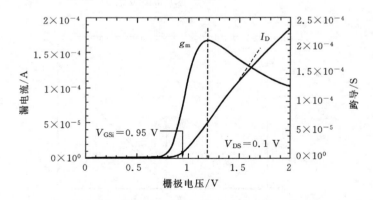

图 4.28　由线性插补法决定的阈值电压。$V_{DS} = 0.1\ V$,$t_{ox} = 17\ nm$,宽长比 $W/L = 20\ \mu m/0.8\ \mu m$。本图承蒙 Medtronic 公司的 M. Stuhl 提供

练习 4.1

　　问题:线性插补法测阈值电压是否依赖于串联电阻 R_{SD}?假设有效迁移率 μ_{eff} 与 V_{GS} 无关。

解答: 首先考虑 $R_{SD}=0$ 的情况。在线性插补法中,I_D-V_{GS}曲线斜率最大值可以决定跨导的最大值 $g_{m,\max}$。从图 E4.1 可知

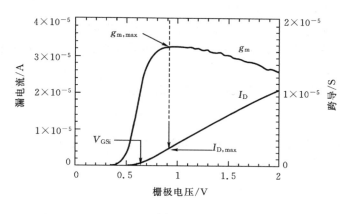

图 E4.1

$$V_{GSi} = V_{GS,\max} - \frac{I_{D,\max}}{g_{m,\max}}$$

其中 $I_{D,\max} = k(V_{GS,\max} - V_T - V_{DS}/2)V_{DS}$,　$g_{m,\max} = kV_{DS}$;$k = \dfrac{W_{eff}\mu_{eff}C_{ox}}{L_{eff}}$

将 $I_{D,\max}$ 和 $g_{m,\max}$ 带入到第一个表达式中,解出阈值电压 $V_T = V_{GSi} - V_{DS}/2$,与式(4.106)相同。

根据式(4.60),若 $R_{SD} \neq 0$;

$$I_{D,\max} = k(V_{GS,\max} - V_T - V_{DS}/2)(V_{DS} - I_{D,\max}R_{SD})$$
$$= \frac{k(V_{GS,\max} - V_T - V_{DS}/2)V_{DS}}{1 + kR_{SD}(V_{GS,\max} - V_T - V_{DS}/2)}$$

且

$$g_{m,\max} = \frac{kV_{DS}}{[1 + kR_{SD}(V_{GS,\max} - V_T - V_{DS}/2)]^2}$$

将 $I_{D,\max}$ 和 $g_{m,\max}$ 带入到 V_{GSi} 式中,可得

$$V_{GSi} = V_T + V_{DS}/2 - kR_{SD}(V_{GS,\max} - V_T - V_{DS}/2)^2$$

解阈值电压得

$$V_T = V_{GS,\max} - V_{DS}/2 + \frac{1 - \sqrt{1 + 4kR_{SD}(V_{GS,\max} - V_{GSi})}}{2kR_{SD}}$$

简化这个式子,考虑到 $\sqrt{1+x} \approx 1 + \dfrac{x}{2} - \dfrac{x^2}{8} + \dfrac{3x^3}{48}$, 从而

$$V_T \approx V_{GSi,\max} - V_{DS}/2 + kR_{SD}(V_{GS,\max} - V_{GSi})^2 - 2(kR_{SD})^2(V_{GS,\max} - V_{GSi})^3$$

在 MOSFETs 的饱和区,也可求出阈值电压。在迁移率控制的 MOSFETs 器件中,饱和漏电流为

225
~
226

$$I_{\mathrm{D,sat}} = \frac{mW\mu_{\mathrm{eff}}C_{\mathrm{ox}}}{L}(V_{\mathrm{GS}} - V_{\mathrm{T}})^2 \qquad (4.107)$$

其中,m 是掺杂浓度的函数,对低掺杂浓度来说,m 接近于 0.5。通过画 $I_{\mathrm{D}}^{1/2} - V_{\mathrm{GS}}$ 关系曲线并插补曲线到漏电流为 0,如图 4.29(a)所示,[115-116] 可以确定阈值电压 V_{T} 的大小。由于 I_{D} 和串联电阻以及迁移率的下降程度有关,我们再次在最大斜率点处进行插补。为保证在饱和区可进行插补,我们设定 $V_{\mathrm{GS}} = V_{\mathrm{DS}}$。

对短沟道的 MOSFETs 器件来说,漏电流受饱和速率的限制,饱和漏电流的大小为

$$I_{\mathrm{D}} = WC_{\mathrm{ox}}(V_{\mathrm{GS}} - V_{\mathrm{T}})v_{\mathrm{sat}} \qquad (4.108)$$

其中,v_{sat} 是饱和速率。式(4.108)描述的漏电流与 $V_{\mathrm{GS}} - V_{\mathrm{T}}$ 呈线性关系,如图 4.29(b)所示。这样,阈值电压可以很简单地插补到栅电压。

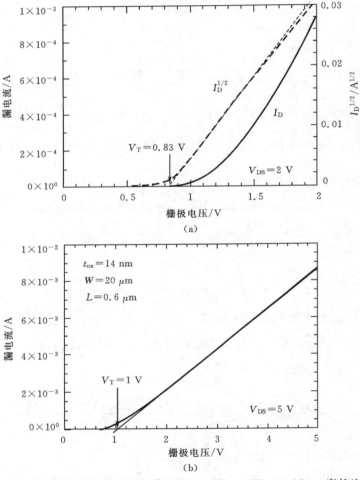

图 4.29　由饱和插补方法得到的阈值电压。(a)$V_{\mathrm{DS}} = 2\mathrm{V}$,$t_{\mathrm{ox}} = 17\mathrm{nm}$,宽长比 W/L $= 20\mu\mathrm{m}/0.8\mu\mathrm{m}$;(b)为受饱和速率限制的情况。本图承蒙 Medtronic 公司的 M. Stuhl 提供

4.8.2 漏电流恒定

从图 4.27 可以很明显地看出在阈值电压处漏电流是大于 0 的。基于此,在一个具体的阈值漏电流 I_T 处,漏电流恒定法可以测得阈值电压的数值。这种测量方法非常简便,只需测一次电压,并且可以在如图 4.30(a)所示的电路或数字方法中使用。[115]这种方法也可以快速地对应到阈值电压图中。阈值电流 I_T 在 MOSFET 的源端被强制设定为某一个值,可以调整运算放大器的输出电压来使它与给定 I_T 相符的栅电压相匹配。

为了使 I_T 与器件的尺寸无关,通常 $I_T = I_D / (W_{eff}/L_{eff})$ 可以设定在 10 到 50nA,当然也可以使用其他值。[114-115]这种测量阈值电压的方法常假定 $I_D = 1\mu A$,如图 4.30(b)所示。该图也显示了线性插补法得到的阈值电压 V_T 的大小。这种假定漏电流为常量的方法有广泛的应用。

4.8.3 亚阈值漏电流

在亚阈值漏电流方法中,漏电流作为栅电压的函数是在阈值以下测得的,同时需画出 $\lg(I_D) - V_{GS}$ 关系曲线。在这种半对数坐标系中,亚阈值漏电流与栅电压呈线性关系。曲线上开始偏离直线的点所对应栅电压可以认为是阈值电压。然而,从图 4.30(b)可以看出,$V_T = 0.87V$,要低于线性插补法得到的阈值电压($V_T = 0.95V$)。

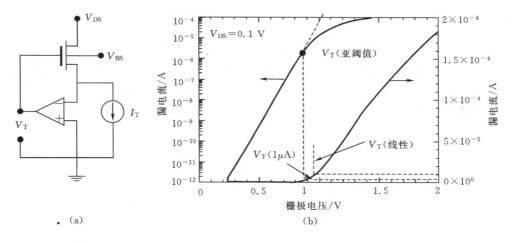

图 4.30 由亚阈值漏电流方法得到的阈值电压。(a)测量电路图;(b)实验数据:$t_{ox} = 17$ nm,宽长比 $W/L = 20\mu m/0.8\mu m$。本图承蒙 Medtronic 公司的 M. Stuhl 提供

4.8.4 跨导

跨导法是在 $g_m - V_{GS}$ 特性曲线上第一个偏离最大值的点处进行线性插补。[117]在弱反型区,跨导与栅偏压呈指数关系,但是,在强反型区,如果串联电阻以及迁移率减小可以忽略不计的话,跨导很可能变成一个常量。在强、弱反型过渡区,跨导与栅偏压呈线性关系。图 4.31 给出这种方法测阈值电压的一个例子,得到 $V_T = 0.87V$,要比先前测得的值低。

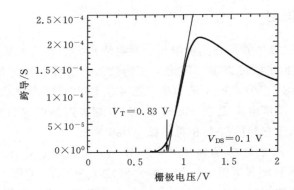

图 4.31 由跨导法得到的阈值电压。$t_{ox} = 17nm$,宽长比 $W/L = 20\mu m/0.8\mu m$。本图承蒙 Medtronic 公司的 M. Stuhl 提供

4.8.5 跨导微商

在跨导微商法中,当漏电压较低时,可以确定出跨导对栅电压的微分 $\dfrac{\partial g_m}{\partial V_{GS}}$,并画出 $\dfrac{\partial g_m}{\partial V_{GS}}$-$V_{GS}$ 特性曲线。可以通过考虑理想的 MOSFET 来理解这种方法,当 $V_{GS} < V_T$ 时,$I_D = 0$,当 $V_{GS} > V_T$ 时,I_D 与 V_{GS} 有关。因此,一阶微分 $\dfrac{dI_D}{dV_{GS}}$ 是一个阶跃函数,在 $V_{GS} = V_T$ 时,二阶微分 $\dfrac{d^2 I_D}{dV_{GS}^2}$ 趋于无穷大。在实际器件中,二阶微分不是无穷大的,但是会有一个最大值。图 4.32 给出了图 4.28 所示器件的示例图。阈值电压大约与图 4.28 所示器件的近似。这种方法不受串联电阻和迁移率下降的影响。[112]

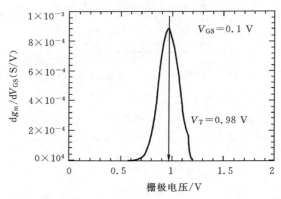

图 4.32 由跨导改变技术确定的阈值电压。$t_{ox} = 17 nm$,$W/L = 20 \mu m/0.8 \mu m$。数据承蒙 Medtronic 公司的 M. Stuhl 提供

4.8.6 漏电流比率

使用漏电流比率方法可以避免因迁移率下降和寄生串联电阻对阈值电压的影响。[114] 在

此可以重新考虑式(4.62)给出的漏电流。

$$I_D = \frac{W_{eff}\mu_{eff}C_{ox}(V_{GS}-V_T)V_{DS}}{(L-\Delta L)+W_{eff}\mu_{eff}C_{ox}(V_{GS}-V_T)R_{SD}} \tag{4.109}$$

由于

$$\mu_{eff} = \frac{\mu_0}{1+\theta(V_{GS}-V_T)} \tag{4.110}$$

式(4.109)可以写成

$$I_D = \frac{WC_{ox}}{L}\frac{\mu_0}{1+\theta(V_{GS}-V_T)}(V_{GS}-V_T)V_{DS} \tag{4.111}$$

其中,

$$\theta_{eff} = \theta + (W/L)\mu_0 C_{ox} R_{SD} \tag{4.112}$$

跨导可以由如下式子得到:

$$g_m = \frac{\partial I_D}{\partial V_{GS}} = \frac{WC_{ox}}{L}\frac{\mu_0}{[1+\theta_{eff}(V_{GS}-V_T)]^2}V_{DS} \tag{4.113}$$

比率 $I_D/g_m^{1/2}$ 为

$$\frac{I_D}{\sqrt{g_m}} = \sqrt{\frac{WC_{ox}\mu_0}{L}V_{DS}}(V_{GS}-V_T) \tag{4.113}$$

从中可以看出该比率为栅电压的线性函数,直线在栅电压轴上的截距即为阈值电压。当栅电压在阈值电压附近变化很小,假设 $V_{DS}/2 \ll (V_{GS}-V_T)$ 且 $\partial R_{SD}/\partial V_{GS} \approx 0$,在这些条件下,这个方法是适用的,曲线如图 4.33 所示,给出的 $V_T=0.97V$。低电场条件下的迁移率 μ_0 可以由 $(I_D-g_m^{1/2})$-$(V_{GS}-V_T)$ 曲线的斜率决定,迁移率下降因子为

$$\theta_{eff} = \frac{I_D - g_m(V_{GS}-V_T)}{g_m(V_{GS}-V_T)^2} \tag{4.114}$$

如果 R_{SD} 已知的话,根据上式即可求出 θ 值。

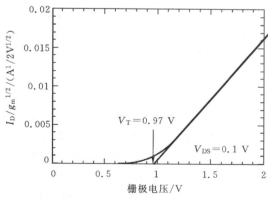

图 4.33 由漏电流/跨导技术决定的阈值电压。$t_{ox}=17nm$,宽长比 $W/L=20\mu m/0.8\mu m$。本图承蒙 Medtronic 公司的 M. Stuhl 提供

230   通过调节沟道长度可以比较几种方法的优劣,[118]如图4.34所示。从曲线中可以看出,在实验给定的数据中,测量方法不同,得到的阈值电压变化很大。在所有测量阈值电压的方法中,都要注意样品的测量温度,因为阈值电压受温度影响很大。一个典型的V_T温度系数为一2mV/℃,但是这也可能更高。[119]

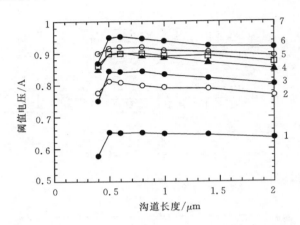

图4.34 不同方法测量阈值电压与沟道长度的关系。1:电流恒定 $I_D = 1\,nA/(W/L)$;2:跨导;3:饱和漏电流外推;4:当 $d^2\log I_D/dV_{GS}^2$ 最小时的 V_{GS};5:漏电流线性外推;6:跨导导数;7:迁移率线性外推校正。引自参考文献[118]

4.9 赝 MOSFET

赝 MOSFET 是一个简单的测试结构,可以不用组装成测试器件就可以表征晶片绝缘体上的硅层。[120]初始的设计如图4.35(a)所示。体硅衬底为"栅极",埋层氧化物为"栅极"氧化物,硅膜为晶体管"主体"。薄膜表面的机械探针分别为源极和漏极。偏置栅极,使得底部界面处的硅形成反型层、损耗层、堆积层,用来表征电子和空穴导电性。漏电流-栅电压和漏电流-时间的测试得到有效的电子空穴迁移率、阈值电压、掺杂类型、掺杂浓度、界面和氧化物的电荷密度、串联电阻以及层缺陷。为了减小由 BOX 缺陷导致的 BOX 泄漏效应,可以通过刻蚀把硅层独立开来。

最近的一种设计是如图4.35(b)所示的水银探针。它以水银作为源极 S,漏极 D 为 S 的同心圆。[121]最外层为保护环 GR。把图4.35(a)中的探针结构变成图4.35(b)中的探针结构看起来很平凡,但是这个变化却是意义重大。在两探针结构中,探针接触电阻和接触面积取决于探针的压力,这很难控制。水银探针结构不仅具有确定的源极和漏极,而且它的保护环还可以抑制表面漏电流。然而,HgFET 依赖 Hg-Si 的界面。例如:肖特基势垒源极和漏极。Hg-

231 Si 的界面对表面处理非常敏感,而且这个界面在 HgFET 测量中非常重要。一种常规控制 Hg-Si 势垒的方法是在稀释的 HF 溶液(例如:$1HF:10H_2O$)中清洗 Si 样品。这样电子势垒高度就很低。[122]当表面环境改变时,电子势垒升高,空穴势垒高度降低。[123]

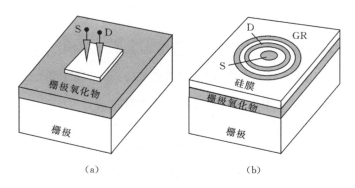

图 4.35   赝 MOSFETs   (a)探针;(b)Hg 接触结构

4.10   优点和缺点

本章节介绍了多种表征技术,在这里一一区分每种方法的优点和缺点是很困难的。我们选择在本章中穿插介绍其优点与缺点。

附录 4.1

肖特基二极管 I-V 方程

电阻串联的肖特基二极管的 I-V 方程是

$$I = AA^* T^2 e^{-q\phi_B/kT} (e^{q(V-Irs)/nkT} - 1) \tag{A4.1}$$

已经提到方程(A4.1)是错误的,因为它的预测是不理想的。式(A4.1)显而易见,参数 n 只影响从半导体流向金属的电流,而没有影响从金属流向半导体的电流。[124]对于高的正偏电压压,"exp"式子中只有前半部分包含因子 n,起比较重要的作用。对于反偏电压,不包含 n 的第二部分比较重要。

为了克服这个问题,需要考虑势垒高度对电压的依赖性。由于镜像力势垒的降低,在金属和半导体界面间发生的电压降,以及其他可能的影响,降势垒高度 ϕ_B 依赖于电压。假定势垒高度线性地依赖于电压,即

$$\phi_B(V) = \phi_{B0} + \gamma(V - Ir_s) \tag{A4.2}$$

其中 $\gamma > 0$,这是因为势垒高度随着正偏压的增加而增加,这样,方程(A4.1)就可以写成

$$I = AA^* T^2 e^{-q\phi_{B0}/kT} e^{-q\gamma(V-Ir_s)/kT} (e^{q(V-Ir_s)/kT} - 1) \tag{A4.3}$$

二极管理想因子 n 由下式定义:

$$\frac{1}{n} = 1 - \gamma = 1 - \frac{\partial \phi_B}{\partial V} \tag{A4.4}$$

这样,方程(A4.3)可以被写成

$$I = AA^* T^2 e^{-q\phi_{B0}/kT} e^{q(V-Ir_s)/nkT} (1 - e^{-q(V-Ir_s)/kT}) \tag{A4.5}$$

确定 n 值的通常做法是利用串联电阻可以忽略不计部分($V \ll Ir_s$)的 $\log(I) - V$ 图。

在那样的约束下,方程(A4.5)可以写成

$$I = AA^* T^2 e^{-q\phi_{B0}/kT} e^{qV/nkT} (1 - e^{-qV/kT}) \tag{A4.6}$$

这里,我们不画 $\log(I) - V$ 图,而是可以根据方程(A4.6)画出 $\log[I/(1 - \exp(-qV/kT))] - V$ 的图。这样的一条曲线是个从 $V = 0$ 开始的一条直线,能够给出一条可以确定 n 值得更宽范围的曲线。[125]理想的参数近似于性能优越的肖特基二极管的参数。但是由于机理的问题,电流流动以及热电子发射,其参数有所偏离,例如:热电子场发射电流,界面的破坏,以及界面层都倾向于增加 n 值。

参 考 文 献

1. J.S. Escher, H.M. Berg, G.L. Lewis, C.D. Moyer, T.U. Robertson and H.A. Wey, "Junction-Current-Confinement Planar Light-Emitting Diodes and Optical Coupling into Large-Core Diameter Fibers Using Lenses," *IEEE Trans. Electron Dev.* **ED-29**, 1463–1469, Sept. 1982.

2. J.H. Werner, "Schottky Barrier and pn-Junction I/V Plots—Small Signal Evaluation," *Appl. Phys.* **A47**, 291–300, Nov. 1988.

3. K. Schuster and E. Spenke, "The Voltage Step at the Switching of Alloyed pin Rectifiers," *Solid-State Electron.* **8**, 881–882, Nov. 1965.

4. S.M. Sze, *Physics of Semiconductor Devices*, 2nd ed., Wiley, New York, 1981, 256–263.

5. H. Norde, "A Modified Forward I–V Plot for Schottky Diodes with High Series Resistance," *J. Appl. Phys.* **50**, 5052–5053, July 1979.

6. N.T. Tam and T. Chot, "Experimental Richardson Constant of Metal-Semiconductor Schottky Barrier Contacts," *Phys. Stat. Sol.* **93a**, K91–K95, Jan. 1986.

7. N. Toyama, "Variation in the Effective Richardson Constant of a Metal-Silicon Contact Due to Metal Film Thickness," *J. Appl. Phys.* **63**, 2720–2724, April 1988.

8. C.D. Lien, F.C.T. So and M.A. Nicolet, "An Improved Forward I–V Method for Non-Ideal Schottky Diodes with High Series Resistance," *IEEE Trans. Electron Dev.* **ED-31**, 1502–1503, Oct. 1984.

9. K. Sato and Y. Yasumura, "Study of the Forward I–V Plot for Schottky Diodes with High Series Resistance," *J. Appl. Phys.* **58**, 3655–3657, Nov. 1985.

10. S.K. Cheung and N.W. Cheung, "Extraction of Schottky Diode Parameters from Forward Current-Voltage Characteristics," *Appl. Phys. Lett.* **49**, 85–87, July 1986.

11. T. Chot, "A Modified Forward I-U Plot for Schottky Diodes with High Series Resistance," *Phys. Stat. Sol.* **66a**, K43–K45, July 1981.

12. R.M. Cibils and R.H. Buitrago, "Forward I–V Plot for Nonideal Schottky Diodes With High Series Resistance," *J. Appl. Phys.* **58**, 1075–1077, July 1985.

13. T.C. Lee, S. Fung, C.D. Beling, and H.L. Au, "A Systematic Approach to the Measurement of Ideality Factor, Series Resistance, and Barrier Height for Schottky Diodes," *J. Appl. Phys.* **72**, 4739–4742, Nov. 1992.

14. K.E. Bohlin, "Generalized Norde Plot Including Determination of the Ideality Factor," *J. Appl. Phys.* **60**, 1223–1224, Aug. 1986; J.C. Manifacier, N. Brortyp, R. Ardebili, and J.P. Charles, "Schottky Diode: Comments Concerning Diode Parameter Determination from the Forward I–V Plot," *J. Appl. Phys.* **64**, 2502–2504, Sept. 1988.

15. D. Donoval, M. Barus, and M. Zdimal, "Analysis of I–V Measurements on PtSi-Si Schottky Structures in a Wide Temperature Range," *Solid-State Electron.* **34**, 1365–1373, Dec. 1991.

16. V. Mikhelashvili, G. Eisenstein, and R. Uzdin, "Extraction of Schottky Diode Parameters with a Bias Dependent Barrier Height," *Solid-State Electron.* **45**, 143–148, Jan. 2001.

17. D.K. Schroder and D.L. Meier, "Solar Cell Contact Resistance—A Review," *IEEE Trans. Electron Dev.* **ED-31**, 637–647, May 1984.

18. M.J. Kerr, A. Cuevas, and R.A. Sinton, "Generalized Analysis of Quasi-Steady-State and Transient Decay Open Circuit Voltage Measurements," *J. Appl. Phys.* **91**, 399–404, Jan. 2002.

19. N.P. Harder, A.B. Sproul, T. Brammer, and A.G. Aberle, "Effects of Sheet resistance and Contact Shading on the Characterization of Solar Cells by Open-Circuit Voltage Measurements," *J. Appl. Phys.* **94**, 2473–2479, Aug. 2003.

20. M. Wolf and H. Rauschenbach, "Series Resistance Effects on Solar Cell Measurements," *Adv. Energy Conv.* **3**, 455–479, Apr./June 1963.

21. D.H. Neuhaus, N.-P. Harder, S. Oelting, R. Bardos, A.B. Sproul, P. Widenborg, and A.G. Aberle, "Dependence of the Recombination in Thin-Film Si Solar Cells Grown by Ion-Assisted Deposition on the Crystallographic Orientation of the Substrate," *Solar Energy Mat. and Solar Cells*, **74**, 225–232, Oct. 2002.

22. G.M. Smirnov and J.E. Mahan, "Distributed Series Resistance in Photovoltaic Devices; Intensity and Loading Effects," *Solid-State Electron.* **23**, 1055–1058, Oct. 1980.

23. S.K. Agarwal, R. Muralidharan, A. Agarwala, V.K. Tewary and S.C. Jain, "A New Method for the Measurement of Series Resistance of Solar Cells," *J. Phys. D.* **14**, 1643–1646, Sept. 1981.

24. K. Rajkanan and J. Shewchun, "A Better Approach to the Evaluation of the Series Resistance of Solar Cells," *Solid-State Electron.* **22**, 193–197, Feb. 1979.

25. G.L. Araujo and E. Sanchez, "A New Method for Experimental Determination of the Series Resistance of a Solar Cell," *IEEE Trans. Electron Dev.* **ED-29**, 1511–1513, Oct. 1982.

26. J.C.H. Phang, D.S.H. Chan and Y.K. Wong, "Comments on the Experimental Determination of Series Resistance in Solar Cells," *IEEE Trans. Electron Dev.* **ED-31**, 717–718, May 1984.

27. K.L. Kennerud, "Analysis of Performance Degradation in CdS Solar Cells," *IEEE Trans. Aerosp. Electr. Syst.* **AES-5**, 912–917, Nov. 1969.

28. D.S.H. Chan, J.R. Phillips and J.C.H. Phang, "A Comparative Study of Extraction Methods for Solar Cell Model Parameters," *Solid-State Electron.* **29**, 329–337, March 1986.

29. J.P. Charles, M. Abdelkrim, Y.H. Muoy and P. Mialhe, "A Practical Method for Analysis of the I–V Characteristics of Solar Cells," *Solar Cells* **4**, 169–178, Sept. 1981.

30. P. Mialhe, A. Khoury and J.P. Charles, "A Review of Techniques to Determine the Series Resistance of Solar Cells," *Phys. Stat. Sol.* **83a**, 403–409, May 1984.

31. D. Fuchs and H. Sigmund, "Analysis of the Current-Voltage Characteristic of Solar Cells," *Solid-State Electron.* **29**, 791–795, Aug. 1986.

32. J.E. Cape, J.R. Oliver and R.J. Chaffin, "A Simplified Flashlamp Technique for Solar Cell Series Resistance Measurements," *Solar Cells* **3**, 215–219, May 1981.

33. D.S. Chan and J.C.H. Phang, "A Method for the Direct Measurement of Solar Cell Shunt Resistance," *IEEE Trans. Electron Dev.* **ED-31**, 381–383, March 1984.

34. H.K. Gummel, "Measurement of the Number of Impurities in the Base Layer of a Transistor," *Proc. IRE*, **49**, 834, April 1961.

35. J.J. Ebers and J.L. Moll, "Large Signal Behavior of Junction Transistors," *Proc. IRE*, **42**, 1761–1772, Dec. 1954.

36. W. Filensky and H. Beneking, "New Technique for Determination of Static Emitter and Collector Series Resistances of Bipolar Transistors," *Electron. Lett.* **17**, 503–504, July 1981.

37. L.J. Giacoletto, "Measurement of Emitter and Collector Series Resistances," *IEEE Trans. Electron Dev.* **ED-19**, 692–693, May 1972.

38. I. Getreu, *Modeling the Bipolar Transistor*, Tektronix, Beaverton, OR, 1976. This book provides a very good discussion of BJT characterization methods, especially for using curve tracers.

39. T.H. Ning and D.D. Tang, "Method for Determining the Emitter and Base Series Resistances of Bipolar Transistors," *IEEE Trans. Electron Dev.* **ED-31**, 409–412, April 1984.

40. J. Choma, Jr., "Error Minimization in the Measurement of Bipolar Collector and Emitter Resistances," *IEEE J. Solid-State Circ.* **SC-11**, 318–322, April 1976.

41. K. Morizuka, O. Hidaka, and H. Mochizuki, "Precise Extraction of Emitter Resistance from an Improved Floating Collector Measurement," *IEEE Trans. Electron Dev.* **42**, 266–273, Feb. 1995.

42. M. Linder, F. Ingvarson K.O. Jeppson, J.V. Grahn S-L Zhang, and M. Östling, "Extraction of

Emitter and Base Series Resistances of Bipolar Transistors from a Single DC Measurement," *IEEE Trans. Semicond. Manufact.* **13**, 119–126, May 2000.

43. J.B. Scott, "New Method to Measure Emitter Resistance of Heterojunction Bipolar Transistors," *IEEE Trans. Electron Dev.* **50**, 1970–1973, Sept. 2003.

44. W.D. Mack and M. Horowitz, "Measurement of Series Collector Resistance in Bipolar Transistors," *IEEE J. Solid-State Circ.* **SC-17**, 767–773, Aug. 1982.

45. J.S. Park, A. Neugroschel, V. de la Torre, and P.J. Zdebel, "Measurement of Collector and Emitter Resistances in Bipolar Transistors," *IEEE Trans. Electron Dev.* **38**, 365–372, Feb. 1991.

46. J. Logan, "Characterization and Modeling for Statistical Design," *Bell Syst. Tech. J.* **50**, 1105–1147, April 1971.

47. D.D. Tang, "Heavy Doping Effects in pnp Bipolar Transistors," *IEEE Trans. Electron Dev.* **ED-27**, 563–570, March 1980.

48. B. Ricco, J.M.C. Stork and M. Arienzo, "Characterization of Non-Ohmic Behavior of Emitter Contacts of Bipolar Transistors," *IEEE Electron Dev. Lett.* **EDL-5**, 221–223, July 1984.

49. J. Weng, J. Holz, and T.F. Meister, "New Method to Determine the Base Resistance of Bipolar Transistors," *IEEE Electron Dev. Lett.* **13**, 158–160, March 1992.

50. R.C. Taft and J.C. Plummer, "An Eight-Terminal Kelvin-Tapped Bipolar Transistor for Extracting Parasitic Series Resistance," *IEEE Trans. Electron Dev.* **38**, 2139–2154, Sept. 1991.

51. W.M.C. Sansen and R.G. Meyer, "Characterization and Measurement of the Base and Emitter Resistances of Bipolar Transistors," *IEEE J. Solid-State Circ.* **SC-7**, 492–498, Dec. 1972.

52. T.E. Wade, A. van der Ziel, E.R. Chenette and G. Roig, "Base Resistance Measurements on Bipolar Junction Transistors Via Low Temperature Bridge Techniques," *Solid-State Electron.* **19**, 385–388, May 1976.

53. R.T. Unwin and K.F. Knott, "Comparison of Methods Used for Determining Base Spreading Resistance," *Proc. IEE Pt.I* **127**, 53–61, April 1980.

54. G.C.M. Meijer and H.J.A. de Ronde, "Measurement of the Base Resistance of Bipolar Transistors," *Electron. Lett.* **11**, 249–250, June 1975.

55. A. Neugroschel, "Measurement of the Low-Current Base and Emitter Resistances of Bipolar Transistors," *IEEE Trans. Electron Dev.* **ED-34**, 817–822, April 1987; "Corrections to "Measurement of the Low-Current Base and Emitter Resistances of Bipolar Transistors"," *IEEE Trans. Electron Dev.* **ED-34**, 2568–2569, Dec. 1987.

56. J.S. Park and A. Neugroschel, "Parameter Extraction for Bipolar Transistors," *IEEE Trans. Electron Dev.* **ED-36**, 88–95, Jan. 1989.

57. P. Spiegel, "Transistor Base Resistance and Its Effect on High Speed Switching," *Solid State Design* 15–18, Dec. 1965.

58. K.K. Ng and W.T. Lynch, "Analysis of the Gate-Voltage-Dependent Series Resistance of MOSFET's," *IEEE Trans. Electron Dev.* **ED-33**, 965–972, July 1986.

59. K.K. Ng, R.J. Bayruns and S.C. Fang, "The Spreading Resistance of MOSFET's," *IEEE Electron Dev. Lett.* **EDL-6**, 195–198, April 1985.

60. G. Baccarani and G.A. Sai-Halasz, "Spreading Resistance in Submicron MOSFET's," *IEEE Electron Dev. Lett.* **EDL-4**, 27–29, Feb. 1983.

61. J.M. Pimbley, "Two-Dimensional Current Flow in the MOSFET Source-Drain," *IEEE Trans. Electron Dev.* **ED-33**, 986–996, July 1986.

62. K.K. Ng and J.R. Brews, "Measuring the Effective Channel Length of MOSFETs," *IEEE Circ. Dev.* **6**, 33–38, Nov. 1990.

63. C.C. McAndrew and P.A. Layman, "MOSFET Effective Channel Length, Threshold Voltage, and Series Resistance Determination by Robust Optimization," *IEEE Trans. Electron Dev.* **39**, 2298–2311, Oct. 1992.

64. Y. Taur, "MOSFET Channel Length: Extraction and Interpretation," *IEEE Trans. Electron Dev.* **47**, 160–170, Jan. 2000.

65. K. Terada and H. Muta, "A New Method to Determine Effective MOSFET Channel Length," *Japan. J. Appl. Phys.* **18**, 953–959, May 1979.

66. J.G.J. Chern, P. Chang, R.F. Motta and N. Godinho, "A New Method to Determine MOSFET Channel Length," *IEEE Electron Dev. Lett.* **EDL-1**, 170–173, Sept. 1980.

67. D.J. Mountain, "Application of Electrical Effective Channel Length and External Resistance Measurement Techniques to a Submicrometer CMOS Process," *IEEE Trans. Electron Dev.* **ED-36**, 2499–2505, Nov. 1989.

68. S.E. Laux, "Accuracy of an Effective Channel Length/External Resistance Extraction Algorithm for MOSFET's," *IEEE Trans. Electron Dev.* **ED-31**, 1245–1251, Sept. 1984.

69. K.L. Peng, S.Y. Oh, M.A. Afromowitz and J.L. Moll, "Basic Parameter Measurement and Channel Broadening Effect in the Submicrometer MOSFET," *IEEE Electron Dev. Lett.* **EDL-5**, 473–475, Nov. 1984.

70. S. Ogura, P.J. Tsang, W.W. Walker, D.L. Critchlow and J.F. Shepard, "Design and Characteristics of the Lightly Doped Drain-Source (LDD) Insulated Gate Field-Effect Transistor," *IEEE J. Solid-State Circ.* **SC-15**, 424–432, Aug. 1980.

71. B.J. Sheu, C. Hu, P. Ko and F.C. Hsu, "Source-and-Drain Series Resistance of LDD MOSFET's," *IEEE Electron Dev. Lett.* **EDL-5**, 365–367, Sept. 1984; C. Duvvury, D.A.G. Baglee and M.P. Duane, "Comments on 'Source-and-Drain Series Resistance of LDD MOSFET's'," *IEEE Electron Dev. Lett.* **EDL-5**, 533–534, Dec. 1984; B.J. Sheu, C. Hu, P. Ko and F.C. Hsu, "Reply to 'Comments on "Source-and-Drain Series Resistance of LDD MOSFET's"'," *IEEE Electron Dev. Lett.* **EDL-5**, 535, Dec. 1984.

72. S.L. Chen and J. Gong, "Influence of Drain Bias Voltage on Determining the Effective Channel Length and Series Resistance of Drain-Engineered MOSFETs Below Saturation," *Solid-State Electron.* **35**, 643–649, May 1992.

73. M.R. Wordeman, J.Y.C. Sun and S.E. Laux, "Geometry Effects in MOSFET Channel Length Extraction Algorithms," *IEEE Electron Dev. Lett.* **EDL-6**, 186–188, April 1985.

74. G.J. Hu, C. Chang, and Y.T. Chia, "Gate-Voltage Dependent Effective Channel Length and Series Resistance of LDD MOSFET's," *IEEE Trans. Electron Dev.* **ED-34**, 2469–2475, Dec. 1987.

75. S. Hong and K. Lee, "Extraction of Metallurgical Channel Length in LDD MOSFET's," *IEEE Trans. Electron Dev.* **42**, 1461–1466, Aug. 1995.

76. P.I. Suciu and R.L. Johnston, "Experimental Derivation of the Source and Drain Resistance of MOS Transistors," *IEEE Trans. Electron Dev.* **ED-27**, 1846–1848, Sept. 1980.

77. F.H. De La Moneda, H.N. Kotecha and M. Shatzkes, "Measurement of MOSFET Constants," *IEEE Electron Dev. Lett.* **EDL-3**, 10–12, Jan. 1982.

78. S.S. Chung and J.S. Lee, "A New Approach to Determine the Drain-and-Source Series Resistance of LDD MOSFET's," *IEEE Trans. Electron Dev.* **40**, 1709–1711, Sept. 1993.

79. M. Sasaki, H. Ito, and T. Horiuchi, "A New Method to Determine Effective Channel Length, Series Resistance, and Threshold Voltage," *Proc. IEEE Int. Conf. Microelectr. Test Struct.* 1996, 139–144.

80. K.L. Peng and M.A. Afromowitz, "An Improved Method to Determine MOSFET Channel Length," *IEEE Electron Dev. Lett.* **EDL-3**, 360–362, Dec. 1982.

81. J.D. Whitfield, "A Modification on 'An Improved Method to Determine MOSFET Channel Length'," *IEEE Electron Dev. Lett.* **EDL-6**, 109–110, March 1985.

82. S. Jain, "A New Method for Measurement of MOSFET Channel Length," *Japan. J. Appl. Phys.* **27**, L1559–L1561, Aug. 1988; "Generalized Transconductance and Transresistance Methods for MOSFET Characterization," *Solid-State Electron.* **32**, 77–86, Jan. 1989.

83. S. Jain, "Equivalence and Accuracy of MOSFET Channel Length Measurement Techniques," *Japan. J. Appl. Phys.* **28**, 160–166, Feb. 1989.

84. Y. Taur, D.S. Zicherman, D.R. Lombardi, P.R. Restle, C.H. Hsu, H.I. Hanafi, M.R. Wordeman, B. Davari, and G.G. Shahidi, "A New "Shift and Ratio" Method for MOSFET Channel-Length Extraction," *IEEE Electron Dev. Lett.* **13**, 267–269, May 1992.

85. S. Biesemans, M. Hendriks, S. Kubicek, and K.D. Meyer, "Practical Accuracy Analysis of Some Existing Effective Channel Length and Series Resistance Extraction Method for MOSFET's," *IEEE Trans. Electron Dev.* **45**, 1310–1316, June 1998.

86. G. Niu, S.J. Mathew, J.D. Cressler, and S. Subbanna, "A Novel Channel Resistance Ratio Method for Effective Channel Length and Series Resistance Extraction in MOSFETs," *Solid-State Electron.* **44**, 1187–1189, July 2000.

87. J.Y.-C. Sun, M.R. Wordeman and S.E. Laux, "On the Accuracy of Channel Length Characterization of LDD MOSFET's," *IEEE Trans. Electron Dev.* **ED-33**, 1556–1562, Oct. 1986.

88. P.R. Karlsson and K.O. Jeppson, "An Efficient Method for Determining Threshold Voltage, Series Resistance and Effective Geometry of MOS Transistors," *IEEE Trans. Semic. Manufact.* **9**, 215–222, May 1996.

89. A. Raychoudhuri, M.J. Deen, M.I.H. King, and J. Kolk, "Finding the Asymmetric Parasitic Source and Drain Resistances from the ac Conductances of a Single MOS Transistor," *Solid-State Electron.* **39**, 900–913, June 1996.

90. Q. Ye and S. Biesemans, "L_{eff} Extraction for Sub-100 nm MOSFET Devices," *Solid-State Electron.* **48**, 163–166, Jan. 2004.

91. S.W. Lee, "A Capacitance-Based Method for Experimental Determination of Metallurgical Channel Length of Submicron LDD MOSFET's," *IEEE Trans. Electron Dev.* **41**, 403–412, March 1994; J.C. Guo, S.S. Chung, and C.H. Hsu, "A New Approach to Determine the Effective Channel Length and the Drain-and-Source Series Resistance of Miniaturized MOSFET's," *IEEE Trans. Electron Dev.* **41**, 1811–1818, Oct. 1994.

92. H.S. Huang, J.S. Shiu, S.J. Lin, J.W. Chou, R. Lee, C. Chen, and G. Hong, "A Modified Capacitance-Voltage Method Used for L_{eff} Extraction and Process Monitoring in Advanced 0.15 μm Complementary Metal-Oxide-Semiconductor Technology and Beyond," *Japan. J. Appl. Phys.* **40**, 1222–1226, March 2001; H.S. Huang, S.J. Lin, Y.J. Chen, I.K. Chen, R. Lee, J.W. Chou, and G. Hong, "A Capacitance Ratio Method Used for L_{eff} Extraction of an Advanced Metal-Oxide-Semiconductor Device With Halo Implant," *Japan. J. Appl. Phys.* **40**, 3992–3995, June 2001.

93. R. Valtonen, J. Olsson, and P. De Wolf, "Channel Length Extraction for DMOS Transistors Using Capacitance-Voltage Measurements," *IEEE Trans. Electron Dev.* **48**, 1454–1459, July 2001.

94. C.H. Wang, "Identification and Measurement of Scaling-Dependent Parasitic Capacitances of Small-Geometry MOSFET's," *IEEE Trans. Electron Dev.* **43**, 965–972, June 1996.

95. P. Vitanov, U. Schwabe and I. Eisele, "Electrical Characterization of Feature Sizes and Parasitic Capacitances Using a Single Test Structure," *IEEE Trans. Electron Dev.* **ED-31**, 96–100, Jan. 1984.

96. Y.R. Ma and K.L. Wang, "A New Method to Electrically Determine Effective MOSFET Channel Width," *IEEE Trans. Electron Dev.* **ED-29**, 1825–1827, Dec. 1982.

97. M.J. Deen and Z.P. Zuo, "Edge Effects in Narrow-Width MOSFET's," *IEEE Trans. Electron Dev.* **38**, 1815–1819, Aug. 1991.

98. Y.T. Chia and G.J. Hu, "A Method to Extract Gate-Bias-Dependent MOSFET's Effective Channel Width," *IEEE Trans. Electron Dev.* **38**, 424–437, Feb. 1991.

99. N.D. Arora, L.A. Bair, and L.M. Richardson, "A New Method to Determine the MOSFET Effective Channel Width," *IEEE Trans. Electron Dev.* **37**, 811–814, March 1990.

100. C.C. McAndrew, P.A. Layman, and R.A. Ashton, "MOSFET Effective Channel Width Determination by Nonlinear Optimization," *Solid-State Electron.* **36**, 1717–1723, Dec. 1993.

101. B.J. Sheu and P.K. Ko, "A Simple Method to Determine Channel Widths for Conventional and LDD MOSFET's," *IEEE Electron Dev. Lett.* **EDL-5**, 485–486, Nov. 1984.

102. K. Lee, M.S. Shur, A.J. Valois, G.Y. Robinson, X.C. Zhu and A. van der Ziel, "A New Technique for Characterization of the "End" Resistance in Modulation-Doped FET's," *IEEE Trans. Electron Dev.* **ED-31**, 1394–1398, Oct. 1984.

103. S. Chaudhuri and M.B. Das, "On the Determination of Source and Drain Series Resistances of MESFET's," *IEEE Electron Dev. Lett.* **EDL-5**, 244–246, July 1984.

104. W.A. Azzam and J.A. Del Alamo, "An All-Electrical Floating-Gate Transmission Line Model Technique for Measuring Source Resistance in Heterostructure Field-Effect Transistors," *IEEE Trans. Electron Dev.* **37**, 2105–2107, Sept. 1990.

105. L. Yang and S.I. Long, "New Method to Measure the Source and Drain Resistance of the GaAs MESFET," *IEEE Electron Dev. Lett.* **EDL-7**, 75–77, Feb. 1986.

106. R.P. Holmstrom, W.L. Bloss and J.Y. Chi, "A Gate Probe Method of Determining Parasitic Resistance in MESFET's," *IEEE Electron Dev. Lett.* **EDL-7**, 410–412, July 1986.

107. A. Ortiz-Conde, F.J. Garcia Sanchez, J.J. Liou, A. Cerdeira, M. Estrada, and Y. Yue, "A Review of Recent MOSFET Threshold Voltage Extraction Methods," *Microelectr. Rel.* **42**, 583–596, April-May 2002.

108. W.L. Brown, "n-Type Surface Conductivity on p-Type Germanium," *Phys. Rev.* **91**, 518–537, Aug. 1953.

109. S.C. Sun and J.D. Plummer, "Electron Mobility in Inversion and Accumulation Layers on Thermally Oxidized Silicon Surfaces," *IEEE Trans. Electron Dev.* **ED-27**, 1497–1508, Aug. 1980.

110. R.V. Booth, M.H. White, H.S. Wong and T.J. Krutsick, "The Effect of Channel Implants on MOS Transistor Characterization," *IEEE Trans. Electron Dev.* **ED-34**, 2501–2509, Dec. 1987.

111. ASTM Standard F617M-95, "Standard Method for Measuring MOSFET Linear Threshold Voltage," *1996 Annual Book of ASTM Standards*, Am. Soc. Test. Mat., Conshohocken, PA, 1996.

112. H.S. Wong, M.H. White, T.J. Krutsick and R.V. Booth, "Modeling of Transconductance Degradation and Extraction of Threshold Voltage in Thin Oxide MOSFET's," *Solid-State Electron.* **30**, 953–968, Sept. 1987.

113. S.W. Tarasewicz and C.A.T. Salama, "Threshold Voltage Characteristics of Ion-Implanted Depletion MOSFETs," *Solid-State Electron.* **31**, 1441–1446, Sept. 1988.

114. G. Ghibaudo, "New Method for the Extraction of MOSFET Parameters," *Electron. Lett.* **24**, 543–545, April 1988; S. Jain, "Measurement of Threshold Voltage and Channel Length of Submicron MOSFETs," *Proc. IEE Pt.1* **135**, 162–164, Dec. 1988.

115. H.G. Lee, S.Y. Oh and G. Fuller, "A Simple and Accurate Method to Measure the Threshold Voltage of an Enhancement-Mode MOSFET," *IEEE Trans. Electron Dev.* **ED-29**, 346–348, Feb. 1982.

116. ASTM Standard F1096, "Standard Method for Measuring MOSFET Saturated Threshold Voltage," *1996 Annual Book of ASTM Standards*, Am. Soc. Test. Mat., Conshohocken, PA, 1996.

117. M. Tsuno, M. Suga, M. Tanaka, K. Shibahara, M. Miura-Mattausch, and M. Hirose, "Physically-Based Threshold Voltage Determination for MOSFET's of All Gate Lengths," *IEEE Trans. Electron Dev.* **46**, 1429–1434, July 1999.

118. K. Terada, K. Nishiyama, and K-I, Hatanaka, "Comparison of MOSFET-Threshold-Voltage Extraction Methods," *Solid-State Electron.* **45**, 35–40, Jan. 2001.

119. F.M. Klaassen and W. Hes, "On the Temperature Coefficient of the MOSFET Threshold Voltage," *Solid-State Electron.* **29**, 787–789, Aug. 1986.

120. S. Cristoloveanu, D. Munteanu, and M. Liu, "A Review of the Pseudo-MOS Transistor in SOI Wafers: Operation, Parameter Extraction, and Applications," *IEEE Trans. Electron Dev.*, **47**, 1018–1027, May 2000.

121. H.J. Hovel, "Si Film Electrical Characterization in SOI Substrates by the HgFET Technique," *Solid-State Electron.* **47**, 1311–1333, Aug. 2003.

122. Y.J. Liu and H.Z. Yu, "Effect of Organic Contamination on the Electrical Degradation of Hydrogen terminated Silicon upon Exposure to Air under Ambient Conditions," *J. Electrochem. Soc.* **150**, G861–G865, Dec. 2003.

123. J.Y. Choi, S. Ahmed, T. Dimitrova, J.T.C. Chen, and D.K. Schroder, "The Role of the Mercury-Si Schottky Barrier Height in Pseudo-MOSFETs," *IEEE Trans. Electron Dev.* **51** 1164–1168, July 2004.

124. E.H. Rhoderick, "Metal-Semiconductor Contacts," *Proc. IEE* Pt.I **129**, 1–14, Feb. 1982; E.H. Rhoderick and R.H. Williams, *Metal-Semiconductor Contacts*, 2nd ed., Clarendon Press, Oxford, 1988.

125. J.D. Waldrop, "Schottky-Barrier Height of Ideal Metal Contacts to GaAs," *Appl. Phys. Lett.* **44**, 1002–1004, March 1984.

习题

4.1 一个正偏的 pn 结的 I-V 数据如下所示。试确定该器件的温度 T 和串联电阻 r_s。　238

V/V	I/A	V/V	I/A	V/V	I/A
0.00	0.0000	0.350	1.096e-07	0.700	0.006291
0.0250	1.291e-12	0.375	2.512e-07	0.725	0.01005
0.0500	4.248e-12	0.400	5.754e-07	0.750	0.01429
0.0750	1.102e-11	0.425	1.318e-06	0.775	0.01961
0.100	2.654e-11	0.450	3.019e-06	0.800	0.02543
0.125	6.209e-11	0.475	6.913e-06	0.825	0.03185
0.150	1.435e-10	0.500	1.582e-05	0.850	0.03833
0.175	3.301e-10	0.525	3.618e-05	0.875	0.04504
0.200	7.576e-10	0.550	8.252e-05	0.900	0.05194
0.225	1.737e-09	0.575	0.0001872	0.925	0.05899
0.250	3.980e-09	0.600	0.0004191	0.950	0.06616
0.275	9.119e-09	0.625	0.0009134	0.975	0.07344
0.300	2.089e-08	0.650	0.001882	1.00	0.08080
0.325	4.786e-08	0.675	0.003506		

4.2 图 P4.2 是正偏的 pn 结的 I-V 曲线，试确定环境温度 T 的曲线以及 $T=300\text{K}$ 时的串联　239
电阻 r_s 的变化曲线。

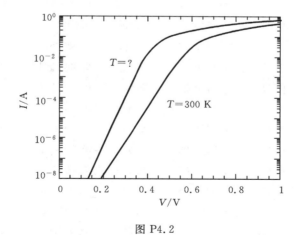

图 P4.2

4.3 一个 pn 结的的电流电压关系如下所示：

$$I = I_{o,\text{scr}}\left(\exp\left(\frac{q(V-Ir_s)}{nkT}\right)-1\right) + I_{o,\text{qnr}}\left(\exp\left(\frac{q(V-Ir_s)}{nkT}\right)-1\right)$$

从图 P4.3 的 I-V 曲线或者数据计算 $I_{o,scr}$，$I_{o,qnr}$，空间电荷区的 n 值，准中性区的 n 值，以及 r_s。$T=300\mathrm{K}$。另外根据 I/g_d-I 图和 g_d/J-g_d 图确定 r_s 和 n 值。

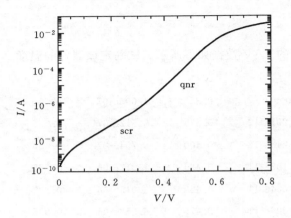

图 P4.3

V/V	I/A	V/V	I/A	V/V	I/A	V/V	I/A
0.0	0.0	0.20	4.916e-08	0.40	7.533e-06	0.6	0.005193
0.01	2.141e-10	0.21	6.046e-08	0.41	1.049e-05	0.61	0.006188
0.02	4.738e-10	0.22	7.445e-08	0.42	1.472e-05	0.62	0.007770
0.03	7.890e-10	0.23	9.183e-08	0.43	2.079e-05	0.63	0.009066
0.04	1.172e-09	0.24	1.135e-07	0.44	2.952e-05	0.64	0.01073
0.05	1.637e-09	0.25	1.408e-07	0.45	4.211e-05	0.65	0.01224
0.06	2.201e-09	0.26	1.751e-07	0.46	6.029e-05	0.66	0.01402
0.07	2.887e-09	0.27	2.187e-07	0.47	8.657e-05	0.67	0.01569
0.08	3.721e-09	0.28	2.745e-07	0.48	0.0001245	0.68	0.01757
0.09	4.734e-09	0.29	3.464e-07	0.49	0.0001792	0.69	0.01937
0.10	5.966e-09	0.30	4.398e-07	0.50	0.0002575	0.70	0.02112
0.11	7.466e-09	0.31	5.623e-07	0.51	0.0003691	0.71	0.02321
0.12	9.291e-09	0.32	7.243e-07	0.52	0.0005260	0.72	0.02506
0.13	1.151e-08	0.33	9.406e-07	0.53	0.0007432	0.73	0.02720
0.14	1.422e-08	0.34	1.232e-06	0.54	0.001037	0.74	0.02912
0.15	1.753e-08	0.35	1.629e-06	0.55	0.001421	0.75	0.03130
0.16	2.157e-08	0.36	2.173e-06	0.56	0.001904	0.76	0.03327
0.17	2.651e-08	0.37	2.925e-06	0.57	0.002479	0.77	0.03549
0.18	3.257e-08	0.38	3.975e-06	0.58	0.003122	0.78	0.03765
0.19	4.001e-08	0.39	5.449e-06	0.59	0.003792	0.79	0.03976

4.4 不同温度下的肖特基二极管的电流-电压曲线如图 P4.4 所示。试确定 n、ϕ_B、A^* 和 r_s。$A=10^{-3}\mathrm{cm}^2$。

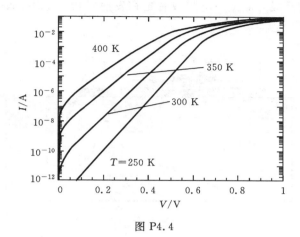

图 P4.4

4.5 太阳能电池遵循"光电流"和暗电流"方程，即

$$I = I_L - I_o\left(\exp\left(\frac{q(V + I r_s)}{nkT}\right) - 1\right); \quad I_{dk} = I_o\left(\exp\left(\frac{q(V - I r_s)}{nkT}\right) - 1\right)$$

根据图 P4.5 的曲线，求 I_0, n, r_s。取 $T = 290K$。求 r_s 时采用三种方法：(i) 只用"光"电流曲线；(ii) 只用"暗"电流曲线；(iii) 同时用光电流和暗电流曲线。

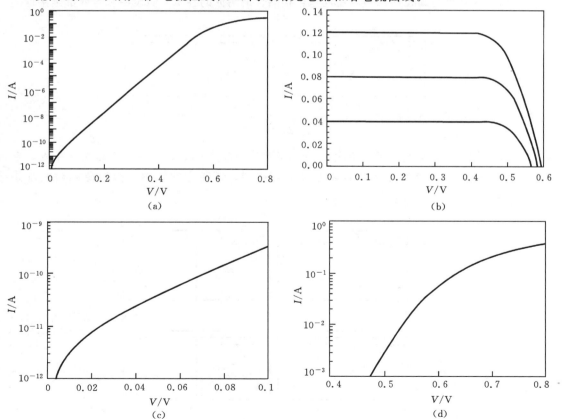

图 P4.5

242 **4.6** 考虑在二极管的基极外面接一电阻或者是在发射极接一电阻,如图 P4.6。哪一种接法对集电流 I_C 影响最大?

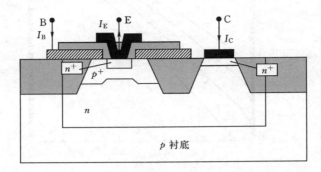

图 P4.6

4.7 MOSFET 中 L_{eff} 和 $R_{SD} = R_S + R_D$ 可以由漏电阻 R_m 和 L 的关系图得到。为求得 V_{GS1} 和 V_{GS2},考虑 LDD(轻掺杂漏)MOSFET 的两个 $R_m - L$ 图,其中 $V_{GS2} = V_{GS1} + \Delta V_1$。在 $R_m - L$ 图中画出 V_{GS2} 和 V_{GS1} 所对应的线。在同一张图中,画出 $V_{GS3} = V_{GS1} + \Delta V_2$ 的线,其中,$\Delta V_2 < \Delta V_1$。需记住,在 LDD 器件中,L_{eff} 和 R_{SD} 都依赖于栅电压。给出你的理由。

4.8 考虑图 P4.8 所示的两个 n 沟道的 MOSFETs,$N_{A2} > N_{A1}$。讨论对于给定的漏电压和栅电压,这些器件的阈值电压和漏电流是否相同。证明你的答案。假设源和衬底都是接地的。

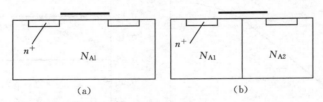

图 P4.8

243 **4.9** 考虑图 P4.9 所示的四个 n 沟道的 MOSFETs,$N_{A2} > N_{A1}$。讨论对于给定的漏电压和栅电压,这些器件的阈值电压和漏电流是否相同。证明你的答案。假设源和衬底都是接地的。

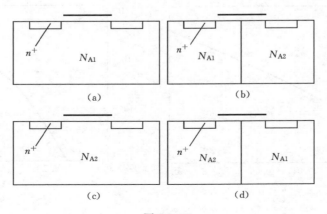

图 P4.9

4.10　如图 P4.10 所示，考察以下类型的两个 MOSFETs：

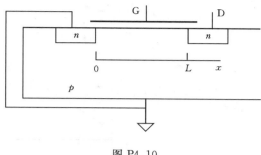

图 P4.10

（**a**）相同的栅氧化层厚度：$t_{ox} = t_{ox1}$。

（**b**）源漏之间的氧化层厚度不同，满足

$$t_{ox}(x) = (t_{ox1} - t_{ox2})(1 - x/L) + t_{ox2} ; \quad t_{ox2} < t_{ox1}$$

问：这两种结构的阈值电压是否相同？在低的漏电压下，两种结构的漏电流是否相同？给出你的理由。$V_{FB} = 0$。

4.11　如图 P4.11 所示，一个 MOSFET 在不同的栅电压下，电阻测量值随栅长而变化。选择一个答案：

$$\square V_{G1} > V_{G2}, \qquad \square V_{G1} = V_{G2}, \qquad \square V_{G1} < V_{G2}$$

什么是由 A 点决定的？在同一图中画出相同栅压下 $R_m = 0$，$\Delta L = 0$ 时的线。所有其他参数都不变。

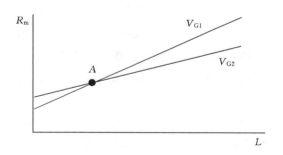

图 P4.11

4.12　栅压分别为 V_{G1} 和 V_{G2} 时，MOSFET 的电阻 $R_m = V_{DS}/I_D$ 与栅长的关系如图 4.12 左图所示，在右边的图中画出 V_{G2} 的图像。V_{G1} 是两个 n 区之间为了不改变这些区域的电导率而形成的沟道的栅压。

4.13　MOSFET 串联电阻的电流电压关系如下所示（源和衬底均接地）：

$$I_D \approx \frac{W_{eff} C_{ox}}{L_{eff}} \frac{\mu_o}{[1 + \theta(V_{GS} - V_T)]} (V_{GS} - V_T - 0.5 V_{GS}) V'_{DS}$$

其中，$V'_{DS} = V_{DS} - I_D(R_S + R_D)$，$W_{eff} = W - \Delta W$，$L_{eff} = L - \Delta L$。利用下面的电流电压数据计算 $V_T, \mu_o, \theta, \Delta L$，以及 $R_{SD} = R_S + R_D$，假设 $\Delta W = 0$。$t_{ox} = 10$ nm，$W = 50 \ \mu m$，$V_D = 50$ mA。不同沟道长度以及不同栅压下的漏电流列在下表：

244

245

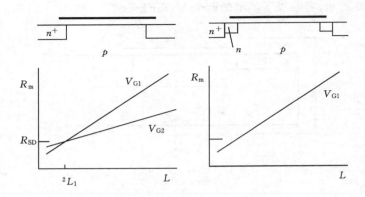

图 P4.12

$$I_D/A$$

V_{GS}/V	$L=20\mu m$	$12\mu m$	$7\mu m$	$1\mu m$
0.725	4.935e-07	8.326e-07	1.460e-06	1.517e-05
1.025	6.176e-06	1.026e-05	1.749e-05	0.0001132
1.325	1.145e-05	1.876e-05	3.119e-05	0.0001527
1.625	1.636e-05	2.645e-05	4.304e-05	0.0001740
1.925	2.094e-05	3.345e-05	5.339e-05	0.0001873
2.225	2.523e-05	3.985e-05	6.250e-05	0.0001964
2.525	2.924e-05	4.572e-05	7.058e-05	0.0002031
2.825	3.301e-05	5.113e-05	7.781e-05	0.0002081
3.125	3.656e-05	5.612e-05	8.430e-05	0.0002121
3.425	3.991e-05	6.075e-05	9.017e-05	0.0002153
3.725	4.307e-05	6.504e-05	9.550e-05	0.0002179
4.025	4.606e-05	6.905e-05	0.0001004	0.0002202
4.325	4.889e-05	7.278e-05	0.0001048	0.0002220
4.625	5.157e-05	7.628e-05	0.0001089	0.0002237
4.925	5.412e-05	7.957e-05	0.0001127	0.0002251
5.225	5.655e-05	8.265e-05	0.0001162	0.0002263

4.14 当图 P4.14 区域[1]中是(i)p^+,(ii)n^+ 时,分别画出 $V_{GS}=V_{GS1}>V_T$ 以及小的 V_{DS} 时的 I_D-V_{DS} 关系曲线。每种情况,均在一图中分别画出两条曲线。器件的哪些特性可以从 I_D-V_{DS} 关系曲线中得到? 哪些特性可以从 I_D-V_{GS} 关系曲线中得到?

246 **4.15** 两个不同栅长的 MOSFETs 的 I_D-V_{GS} 和 I_D-V_{DS} 图如图 P4.15 所示,计算每个器件的 $V_T,R_{SD},\Delta L$,并利用下式计算 $L=2\mu m$ 的器件在 $V_{GS}=2V$ 时的有效迁移率。

$$\mu_{eff}=\frac{g_d L_{eff}}{WC_{ox}(V_{GS}-V_T)}$$

MOSFET1:$t_{ox}=5$ nm,$L=0.5\ \mu m$,$W=10\ \mu m$,$K_{ox}=3.9$。

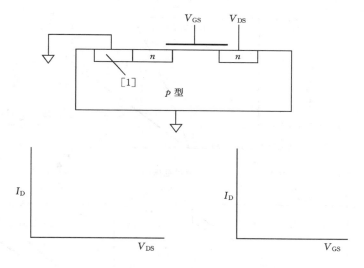

图 P4.14

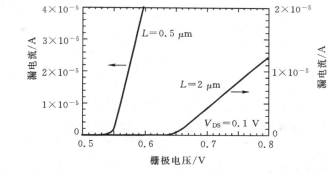

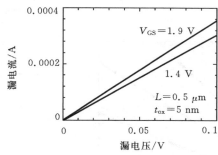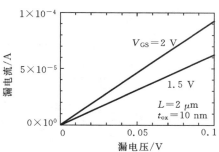

图 P4.15

MOSFET2：$t_{ox}=10$ nm，$L=2$ μm，$W=10$ μm，$K_{ox}=3.9$。

4.16 两个不同栅长的 MOSFETs 的 I_D-V_{GS} 和 I_D-V_{DS} 图如图 P4.15 所示,计算每个器件的 V_T,R_{SD},ΔL,并利用下式计算 $L=2\mu$m 的器件在 $V_{GS}=2$V 时的有效迁移率。

MOSFET1：$t_{ox}=5$ nm，$L=0.25$ μm，$W=5$ μm，$K_{ox}=3.9$。

MOSFET2：$t_{ox}=5$ nm，$L=2$ μm，$W=5$ μm，$K_{ox}=3.9$。

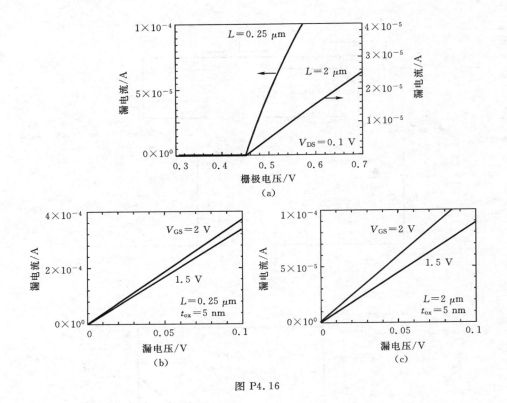

图 P4.16

4.17 如图 P4.17 所示:给出不同栅长的 MOSFETs 的 $R_m = V_{DS}/I_D$ 关于 $1/(V_{GS}-V_T)$ 的曲线。计算 R_{SD}, μ_o, θ, 以及 ΔL(μm 级)。$W = 10$ μm, $t_{ox} = 5$nm, $K_{ox} = 3.9$, $V_T = 0.4$ V。

曲线方程依次是 $y = 198.7 + 50x$, $y = 200.6 + 112x$; $y = 203 + 173x$; $y = 207.3 + 263x$。

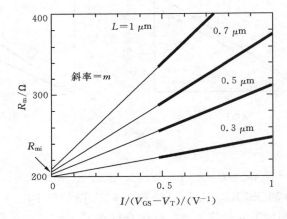

图 P4.17

4.18　图 P4.18 中显示了器件的实际栅长以及冶金沟道长度。请问，有效沟道长度是否可以　248
　　　大于 L_1？试讨论之。

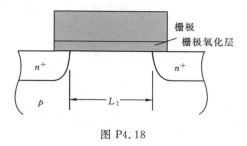

图 P4.18

4.19　一 MOSFET 的两条 R_m-L 曲线如图 P4.19 所示。其中 $R_m = V_{DS}/I_D$。计算源漏电阻
　　　R_{SD} 以及 $\Delta L = L - L_{eff}$。然后，在同一张图中，画出当 MOSFET 氧化层厚度 t_{ox} 减小后的
　　　两条 R_m-L 曲线。

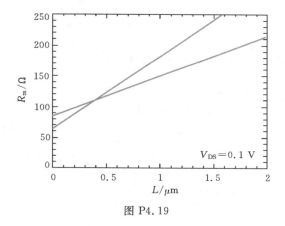

图 P4.19

4.20　不同栅长的 MOSFET 总电阻 $R_m = V_{DS}/I_D$ 如图 P4.20 所示。
　　　选择一个答案：　□$V_{GS1} > V_{GS2}$　　　□$V_{GS1} = V_{GS2}$　　　□$V_{GS1} < V_{GS2}$　　　249
　　　　从这张图中可以确定哪些参数？当氧化层厚度减小后，分别画出栅压 V_{GS1} 和 V_{GS2}
　　　的曲线。假定阈值电压不变。

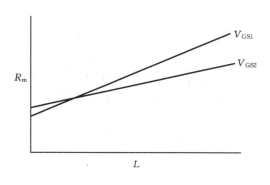

图 P4.20

4.21 不同栅长的 MOSFET 总电阻 $R_m = V_{DS}/I_D$ 如图 P4.20 所示。

选择一个答案:□$V_{GS1} > V_{GS2}$ □$V_{GS1} = V_{GS2}$ □$V_{GS1} < V_{GS2}$

从这张图中可以确定哪些参数?当源漏接触电阻增大时,分别画出栅压 V_{GS1} 和 V_{GS2} 的曲线。

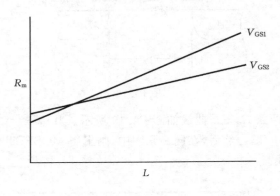

图 P4.21

4.22 一 MOSFET(a)的 R_m-L 的关系图如图 P4.22 所示。

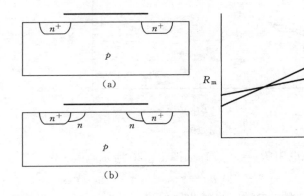

图 P4.22

(**a**)交点处 L 值和 R_m 值分别是多少?

(**b**)□$V_{GS1} > V_{GS2}$ □$V_{GS1} = V_{GS2}$ □$V_{GS1} < V_{GS2}$

(**c**)画出相同栅压下,LDD MOSFET(b)的两条 R_m-L 曲线。覆盖在(a)器件中 n^+ 区源漏之间的栅与(b)器件中 n 区的是相同的。对于(b)器件,在低的栅压下,在两 n 区之间存在沟道;在高的栅压下,n 区会发生堆积。

● ● ● ● ● ● ● ● ● ● ● ● ● ● ● ● ● ● ●

复习题

1.为什么在半对数图中,I-V 曲线是条直线?

2.为什么硅二极管的 $\log I$-V 曲线有两个斜率?

3.串联电阻如何影响二极管的电流？

4.如何确定肖特基二极管的栅高？

5.为什么通过 $C-V$ 和 $I-V$ 数据得出的肖特基二极管的栅高是不同的？

6.为什么在太阳能电池中串联电阻和并联电阻非常重要？

7.BJT 中发射极电阻和基极电阻如何确定？

8.说出三个影响漏电压的器件/材料参数？

9.为什么有效沟道长度不同于实际沟道长度？

10.相对于电流-电压技术，采用电容-电压技术计算有效沟道长度有什么优势？

11.漏电压如何测量？

第5章

缺陷

●●●●●●●●●●●●●●●●

5.1 引言

251   所有的半导体都含有缺陷。它们可能是外来原子(杂质),也可能是晶体缺陷。杂质会特意引入作为掺杂原子(浅能级杂质)、复合中心(深能级杂质)以减短载流子寿命,或者作为深能级杂质来增加衬底电阻率。杂质也会在晶体生长和器件加工过程中无意地引入。各种类型的缺陷如图 5.1 所示。空心圆代表宿主原子(比如,硅原子)。缺陷类型有:(1)外来填隙原子(比如,硅中的氧原子);(2)外来替位原子(比如,掺杂原子);(3)空位;(4)自身填隙原子;(5)堆垛层错;(6)刃位错和(7)沉淀物。玉米棒图中显示了空位和填隙原子,而树形仙人掌图中则显示了堆垛层错和刃位错。目前单晶生长技术已经能生产纯度很高的单晶硅材料,其金属杂质浓度能达到 $10^{10}\,cm^{-3}$ 的数量级甚至更小。晶片切割加工可能引入一定的杂质,但是更多杂质是在其它后续加工中产生的,各类加工完成后,晶片杂质浓度一般达到 $10^{10} \sim 10^{12}\,cm^{-3}$。

金属杂质会影响器件的各种参数。如图 5.2 显示了 MOSFET 器件中金属杂质可能影响器件参数的一些重要区域。主要关心的一是半导体/氧化物界面处的金属杂质,这些金属杂质会降低栅氧化层的完整性。二是位于高应力点或形成空间电荷的结区金属杂质,它们会降低

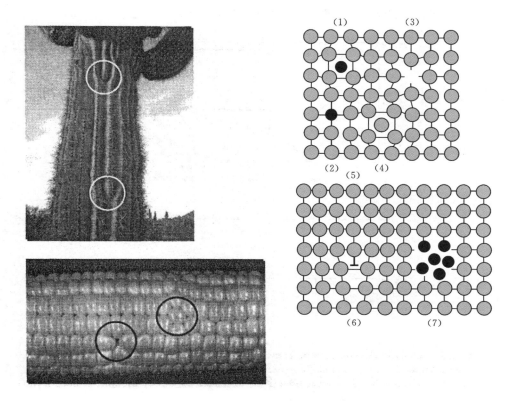

图 5.1　文中描述的半导体中缺陷的示意图

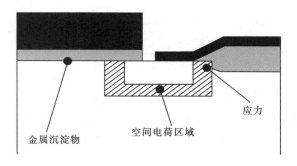

金属沉淀物　　空间电荷区域　　应力

图 5.2　对金属杂质敏感的 MOSFET 区域

器件性能。硅受铁和铜杂质污染的影响如图 5.3 所示。图 5.3(a)显示了氧化层失效百分比与氧化层击穿场强随铁杂质污染的函数变化。图 5.3(b) 显示了铜杂质污染的类似曲线。典型的情况是氧化层越厚其击穿场强降低越严重，然而正如图 5.3 所示，即使是 3nm 的氧化层也存在击穿场强降低现象。氧化层越薄其击穿场强降低越小，由于越薄的氧化层中即使没有金属杂质污染也会有较高的漏电流通过。

　　浅能级或者掺杂杂质的表征在第 2,10 和 11 章中讨论。浅能级杂质浓度最好用电学方法测量，而它们的能级最好用光学方法确定。在本章中我们主要讨论深能级杂质的测量方法，其浓度和能级最好用电学方法测量。Milnes 对半导体中的杂质给出了很好的综述。[2-3] Jaros 则对深能级杂质从理论方面进行了论述。[4]

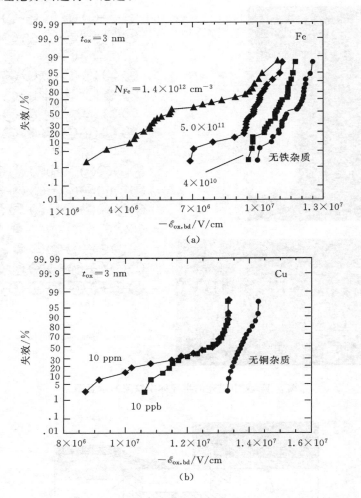

图 5.3　氧化层失效百分比与氧化层击穿场强随金属杂质变化的函数关系
　　　　(a)硅中的铁杂质；(b)硅中的铜杂质；晶片在 10ppb 或者 10ppm 浓
　　　　度的 $CuSO_4$ 溶液中浸泡后 400℃退火。数据见参考文献[1]

● ● ● ● ● ● ● ● ● ● ● ● ● ● ● ●

5.2　产生–复合统计

5.2.1　图示描述

　　一个完整的单晶半导体能带图由被禁带分隔开的价带和导带构成,在禁带中不存在能级。
当单晶的周期性被外来原子或晶体缺陷打乱,分立能级被引入禁带中,如图 5.4 中所示的 E_T
线。每一条线代表一个这类缺陷。这种缺陷通常被称作产生–复合(G-R)中心或陷阱。G-R

中心位于禁带深处,被称为深能级杂质。当半导体中有过剩载流子时它们充当复合中心,当载流子浓度低于它的平衡值时,比如在 pn 结的反偏压空间电荷区(scr)或 MOS 电容器中,它们充当产生中心。

对于单晶半导体如硅、锗、砷化镓,深能级杂质通常是金属杂质,但也可能是晶体缺陷,比如位错、堆垛层错、沉淀物、空位或者填隙原子。一般这些是不受欢迎的,但偶尔也会被特意引入以改变器件特性,比如双极器件的转换时间。在某些半导体如 GaAs 和 InP 中,深能级杂质提高衬底电阻率,变成半绝缘衬底。对于无定形半导体,缺陷主要是由结构不完整引起的。

让我们设定图 5.4 中的深能级杂质能量为 E_T,密度为 N_T 杂质/cm³。此能量 E_T 是附录 5.1 中讨论的有效能量。在半导体中由浅层掺杂引入导带 n 个电子/cm³,价带 p 个空穴/cm³,这些在图中没有画出。为了理解多种俘获和发射过程,让中心首先从导带俘获一个电子(图 5.4(a)),用俘获系数 c_n 表征。电子俘获之后,会发生下面两个事件之一。中心或者会将电子发射回导带,称之为电子发射 e_n(图 5.4(b)),或者会从价带俘获一个空穴,即为图 5.4(c)中的 c_p。这些事件中的任一件之后,G-R 中心被空穴占据并再次拥有两种选择。它或者发射空穴回价带即为图 5.4(d)中的 e_p,或者俘获一个电子(图 5.4(a))。这些就是导带、杂质能级和价带之间所能发生的仅有的四种可能事件。过程(d)有时被看做电子从价带发射到杂质,像虚线箭头所示。但是,我们还是采用(d)中的空穴发射过程,因为这可以使它本身的数学分析更加容易。

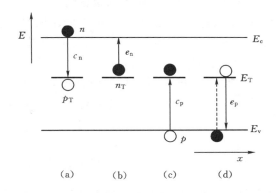

图 5.4 有深能级杂质的半导体的电子能带图。俘获和发射过程在文中有讨论。

复合事件是图 5.4 中(a)之后跟着(c),而产生事件是(b)后面接着(d)。杂质是 G-R 中心,而且导带和价带都参与了再结合和产生过程。这些机理是第 7 章的主要内容。第三个事件既不是复合也不是产生,而是陷阱事件,(a)跟着(b)或者(c)跟着(d)。在任一事件中,载流子被俘获接着被发射回来的那个能带。只有两个能带之一和中心参与,杂质是个陷阱。杂质经常被作为陷阱提及,而不在意它们是充当复合中心、产生中心还是陷阱中心。下面公式中的下标"T"代表陷阱。

杂质充当陷阱还是 G-R 中心取决于 E_T、禁带中费米能级的位置、温度和杂质的俘获截面。一般那些能量接近禁带中间的杂质充当 G-R 中心,而那些在禁带边缘附近的则充当陷阱。一般在禁带上半部分的中心其电子发射率要高于空穴发射率。类似地,禁带下半部分的中心其空穴发射率一般高于电子发射率。对于大多数中心,当一种发射率占优势,则另一种经常被忽略。

5.2.2 数学描述

G-R 中心以下面两种状态之一存在。当其被电子占据,它处于 n_T 状态;当其被空穴占据,它处于 p_T 状态(在图 5.4 中都有显示)。如果 G-R 中心是施主,n_T 是电中性的而 p_T 是电正性的;而对于受主,n_T 是电负性的而 p_T 是电中性的。被电子和空穴占据的 G-R 中心的密度 n_T 和 p_T 必须等于总密度 N_T,即 $N_T = n_T + p_T$。换言之,一个中心或者被电子占据,或者被空穴占据。当电子和空穴复合或者产生,导带的电子密度 n、价带的空穴密度 p 以及中心的电荷态 n_T 或 p_T 都是时间的函数。因为这个原因,我们要首先回答一个问题,"n、p 和 n_T 时间变化率是什么?"我们找到了针对电子的适用方程。对空穴的方程也是类似的,它们的推导方式(来源)类似。Sah 等很好地讨论了方程和他们的公式推导。[5]

导带中的电子密度因电子俘获而减少(图 5.4 中过程(a)),因电子发射而增加(图 5.4 中过程(b)),由于 G-R 机理改变的电子时间率是[6-7]

$$\frac{dn}{dt}\Big|_{G-R} = (b) - (a) = e_n n_T - c_n n p_T \tag{5.1}$$

下标"G-R"表示我们只考虑通过 G-R 中心的发射和俘获过程。而不考虑辐射或者俄歇过程。但是,在这章的后面我们简要提出了光学发射作为刺激载流子进出 G-R 中心的机理。根据关系式(b)$= e_n n_T$,电子发射依赖于被电子占据的 G-R 中心的密度以及发射率。这个关系式并不包含 n,因为在发射过程中的导带内不必涉及电子。但是 G-R 中心必然被电子占据,因为如果中心上没有电子,就没什么可被发射了。

俘获过程要稍微复杂一些,因为根据关系式(a)$= c_n n p_T$,它取决于 n,p_T 和俘获系数 c_n。电子密度 n 很重要,因为,要俘获电子,导带中就必须有电子。对于空穴我们找到了类似的表达式

$$\frac{dp}{dt}\Big|_{G-R} = (d) - (c) = e_p p_T - c_p p n_T \tag{5.2}$$

发射率 e_n 代表每秒从被电子占据的 G-R 中心发射的电子。俘获率 $c_n n$ 代表每秒从导带俘获的电子密度。单位:e_n 是 $1/s$,c_n 是 cm^3/s。也许你会奇怪从一个 G-R 中心如何可能发射多于一个电子。一个电子被发射之后,中心自己处于 p_T 状态,紧接着发射一个空穴,将其返回到 n_T 状态。然后重复此循环。

电子和空穴来自哪里使此循环继续? 显然它们不可能来自中心本身。将从 G-R 中心发射空穴看作从价带向 G-R 中心发射电子是有帮助的,这可由图 5.4(d)中的虚线表示。在此图中,电子-空穴发射过程不过是从价带发射电子,在中间 E_T 能级处有一个停顿,然后到达导带。但是,如果我们认为电子和空穴发射是如图 5.4 中实线所示的话,处理方程就更容易些。

俘获系数 c_n 的定义式为

$$c_n = \sigma_n v_{th} \tag{5.3}$$

其中 v_{th} 是电子热速度,σ_n 是 G-R 中心的电子俘获截面。c_n 的一种物理解释可以从式(5.3)中得到。我们知道电子以热速度随机运动,G-R 中心仍在晶格中稳定存在。然而,换个参照系

也可以,即电子保持稳定而 G-R 中心以速率 v_{th} 运动。则中心每单位时间扫过体积 $\sigma_n v_{th}$。在此体积内的电子被俘获的概率很高。俘获截面的变化普遍取决于中心是电中性、电负性还是电正性的。电负性或电斥性中心的电子俘获截面比电中性或者电吸引中心的小。中性中心的俘获截面在 $10^{-15}\,cm^2$ 数量级——大概是原子的物理大小。

不管电子或空穴何时被俘获或发射,中心的占有率都会改变,并可根据式(5.1)和(5.2)得到改变率

$$\frac{dn_T}{dt}\bigg|_{G-R} = \frac{dp}{dt} - \frac{dn}{dt} = (c_n n + e_p)(N_T - n_T) - (c_p p + e_n)n_T \tag{5.4}$$

这个等式是非线性的,其中 n 和 p 是时间依赖变量。如果能将该式线性化,则它很容易求解。两种情况下可以将其简化:(1)在反偏空间电荷区,n 和 p 都很小,一阶的,可以忽略不计;(2)在准中性区,n 和 p 相当于常数。满足条件(2)时可由式(5.4)解得 $n_T(t)$ 为

$$\boxed{n_T(t) = n_T(0)\exp\left(-\frac{t}{\tau}\right) + \frac{(e_p + c_n n)N_T}{e_n + c_n n + e_p + c_p p}\left(1 - \exp\left(-\frac{t}{\tau}\right)\right)} \tag{5.5}$$

其中 $n_T(0)$ 为当 $t=0$ 且 $\tau = 1/(e_n + c_n n + e_p + c_p p)$ 时 G-R 中心被电子占有的密度。当 $t \to \infty$ 时恒稳态密度为

$$n_T = \frac{e_p + c_n n}{e_n + c_n n + e_p + c_p p}N_T \tag{5.6}$$

由此式可知恒稳态占有率 n_T 可由电子和空穴密度以及发射率和俘获率所决定。式(5.5)和 257
(5.6)是绝大多数深能级杂质测量的基础。

式(5.5)很难解,因为俘获率和发射率都不知道。此外,n 和 p 不仅随时间变化,一般还随器件内的距离变化。这里我们将给出简化的结果,并在后面给出实验证明。

对于一阶 n 型衬底,p 可以被忽略,式(5.5)变为

$$n_T(t) = n_T(0)\exp\left(-\frac{t}{\tau}\right) + \frac{(e_p + c_n n)N_T}{e_n + c_n n + e_p}\left(1 - \exp\left(-\frac{t}{\tau}\right)\right) \tag{5.7}$$

其中 $\tau_1 = 1/(e_n + c_n n + e_p)$。在图 5.5 中关于 n 基肖特基二极管有两种特别有意思的情况。图 5.5(a)中二极管处于零偏压模式。当有 n 个移动电子,俘获较发射更占优势,从式(5.7)可得稳态 G-R 中心密度为 $n_T \approx N_T$。如图 5.5(b)所示,$t \leqslant 0$ 时大多数 G-R 中心最初被电子占据,当二极管受脉冲作用从零偏压到反偏压,此时 $t > 0$,电子从 G-R 中心被发射。在反偏压阶段,发射占主导地位,因为被发射的电子很快从反偏压的空间电荷区被扫出,从而降低再次被俘获的概率。电子扫出或横穿时间为 $t_t \approx W/v_n$。其中 $v_n \approx 10^7\,cm/s$,W 为几个微米,t_t 为几十皮秒。这个时间明显比经典的俘获时间短。但是,在 scr 的边缘附近移动电子密度减少,从准中性区到空间电荷区内部,密度甚至在反偏压之下。这意味着在 scr 此部分式(5.7)中的 $c_n n$ 项没有被忽略,电子发射与电子俘获互相竞争。此时 n 在空间中非均匀存在,τ 不是常数,258
$n(t)$ 的时间依赖是非指数型的。

让我们假设禁带上半部分中的陷阱 $e_n \gg e_p$,可以忽略式(5.7)中的 e_p。在最初的发射阶

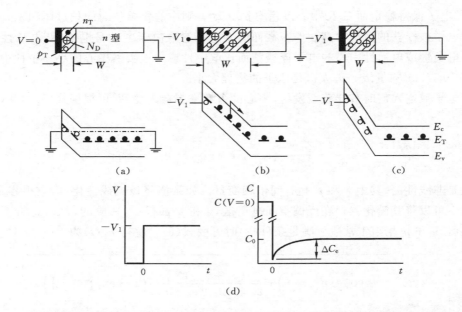

图 5.5　肖特基二极管(a)零偏压,(b)$t=0$ 时的反偏压,(c)$t \to \infty$时的反偏压外加电压和产生的瞬态电容如图(d)所示

段,n_T 的时间依赖函数可以简化为

$$n_T(t) = n_T 0 \exp\left(-\frac{t}{\tau_e}\right) \approx N_T \exp\left(-\frac{t}{\tau_e}\right) \tag{5.8}$$

其中 $\tau_e = 1/e_n$。电子从陷阱中发射之后,空穴仍然保留,并随后发射,后面紧接着电子发射,等等。在反偏压空间电荷区稳态陷阱密度 n_T 为

$$n_T = \frac{e_p}{e_n + e_p} N_T \tag{5.9}$$

一些陷阱处于 n_T 状态,另一些处于 p_T 状态。当二极管受脉冲作用从反偏压转到零偏压时,电子涌入并被 p_T 态的陷阱俘获。俘获阶段 n_T 的时间依赖函数为

$$n_T(t) = N_T - (N_T - n_T(0)) \exp\left(-\frac{t}{\tau_c}\right) \tag{5.10}$$

其中 $\tau_c = 1/c_n n$ 且 $n_T(0)$ 是式(5.9)给出的最初稳态密度。

　　这一部分界面态陷阱电荷也持有类似方程。相关的电子和空穴密度是指表面的密度,陷阱是界面陷阱,俘获和发射系数是界面陷阱的。但是,概念仍保持不变。

● ● ● ● ● ● ● ● ● ● ● ● ● ● ●

5.3　电容测量

　　5.2.2 部分的方程描述了陷阱的密度、发射和俘获系数。对带电的或是电中性的杂质,电子和空穴发射或俘获,任何可以探测带电种类的测量方法都能用于测量它们的性能,比如,电

容、电流或电荷测量。我们首先讨论电容测量,稍后再讨论其余两个。图 5.5 中肖特基二极管的电容为

$$C = A\sqrt{\frac{qK_s\varepsilon_0}{2}}\sqrt{\frac{N_{scr}}{V_{bi}-V}} \qquad (5.11)$$

其中 N_{scr} 是空间电荷区的电离杂质密度。空间电荷区的电离浅层施主(掺杂原子)是带正电的,且对于被电子占据时带负电的深能级受主杂质有 $N_{scr} = N_D^+ - n_T^-$。当被空穴占据时,深能级受主为电中性并有 $N_{scr} = N_D^+$。对于被电子占据的浅层施主和深能级施主,$N_{scr} = N_D^+$。对于被空穴占据的深能级施主,有 $N_{scr} = N_D^+ + p_T^+$。

时间依赖性电容反映了 $n_T(t)$ 或 $p_T(t)$ 的时间依赖关系。利用两种主要方法可以确定深能级杂质。第一种,在 $t=0$ 或者 $t=\infty$ 时测量稳态电容;第二种,监测随时间变化的电容。

5.3.1 稳态测量

我们在第 2 章中得知根据 $1/C^2$ 对 V 的曲线可以得到掺杂密度。从这样的图中确定 N_T 是可行的。对于浅层施主和深能级受主,$1/C^2$ 可由下式得到:

$$\frac{1}{C^2} = \frac{1}{K^2}\frac{V_{bi}-V}{N_D - n_T(t)} \qquad (5.12)$$

对于图 5.5 的反偏压二极管,当其被电子占据时 $n_T(t)$ 是电负性的。随着时间变化电子被发射且陷阱变为电中性,$(N_D - n_T(t))$ 增加而 $1/C^2$ 减小。在稳态测量中,$t=0$ 时的反偏压电容与 $t \to \infty$ 时的反偏压电容相比较。如果我们定义一个斜率 $S(t) = -dV/d(1/C^2)$,则

$$S(\infty) - S(0) = K^2[n_T(0) - n_T(\infty)] \qquad (5.13)$$

令 $n_T(0) \approx N_T, n_T(\infty) \approx 0, e_n \gg e_p$,两个斜率之差即为深能级杂质密度。这种方法被应用于早期杂质测量中。[8] 更详细些的分析考虑了那些能级在费米能级之下的陷阱。[9] 那些能级在费米能级之上的陷阱不会发射或俘获电子,只会稍微干扰电荷分布,但也只是次要作用。

5.3.2 瞬态测量

图 5.5 所示为当电子从陷阱被发射后空间电荷区宽度 W 的改变。在瞬态测量中,就要监测这个随时间变化的 W,就像随时间变化的电容一样。从式(5.11)可得

$$C = A\sqrt{\frac{qK_s\varepsilon_0 N_D}{2(V_{bi}-V)}}\sqrt{1 - \frac{n_T(t)}{N_D}} = C_0\sqrt{1 - \frac{n_T(t)}{N_D}} \qquad (5.14)$$

其中 C_0 是没有深能级杂质的器件在反偏压 V 下的电容。当然,可以测量 C 而分析数据 C^2 以避免开平方根。我们会在这一部分的最后讨论此方法。但是,瞬态电容测量的最普通应用中,深能级杂质只是空间电荷区杂质密度的一小部分,也就是说,$N_T \ll N_D$。换言之,有人正在寻找痕量杂质。由式(5.14)的一阶展开可得

$$C \approx C_0\left(1 - \frac{n_T(t)}{2N_D}\right) \qquad (5.15)$$

发射——多数载流子: 最普遍的测量是载流子的发射。结器件最初是零偏压,允许杂质俘获多数载流子(图 5.5(a))。容量是零偏压值 $C(V=0)$。随后给与一个脉冲反偏压,被发射的多数载流子是时间的函数(图 5.5(b))。式(5.8)是个适当的方程。将其代入式(5.15),我们可以得到:

$$C = C_0 \left[1 - \left(\frac{n_T(0)}{2N_D} \right) \exp\left(-\frac{t}{\tau_e} \right) \right] \tag{5.16}$$

260    $t>0$ 时式(5.16)为图 5.5(d)所示。在器件反偏压的瞬间,空间电荷区最宽且电容最低。随着多数载流子从陷阱中被发射(图 5.5(b)),W 降低而 C 增加直到达到稳态(图 5.5(c))。在图 5.5(c)中空穴仍停留在陷阱上。当然,电子被发射之后,空穴将被发射,然后再是电子,以此类推。这就是反偏压二极管的泄漏电流。此处,我们只关心最初的电子反射以表征陷阱。

   n 型基底的深能级施主杂质可观察到同样的时间依赖性电容。那种情况下当最初被电子占据时杂质是电中性的,在 $t=0^+$ 时空间电荷区杂质密度为 N_D。随着电子被发射,陷阱成为正电性的,其最后电荷为 $q[N_D+p_T(\infty)]$。电荷和电容都随时间增加而增加。不管深能级杂质是施主还是受主,电容都随时间增加而上升。使用同样的方法,很容易得知这一点对 p 型基底同样使用,不管它是施主陷阱还是受主陷阱。不管是 n 型还是 p 型基底,也不论杂质是施主型还是受主型,对于多数载流子发射,电容都会随时间增加而增加。

   我们可以从 C-t 曲线的衰变时间常数得到 τ_e 并根据反偏压电容变化得到 $n_T(0)$。定义 $\Delta C_e = C(t=\infty) - C(t=0)$,我们得到

$$\Delta C_e = \frac{n_T(0)}{2N_D} C_0 \tag{5.17}$$

描绘电容微分曲线

$$C(\infty) - C(t) = \frac{n_T(0)}{2N_D} C_0 \exp\left(-\frac{t}{\tau_e} \right) \tag{5.18}$$

用 $\ln[C(\infty)-C(t)]$ 对 t 作图,得到斜率为 $-1/\tau_e$ 的曲线且在 $\ln$ 轴的截距为 $\ln[n_T(0)C_0/2N_D]$。发射时间常数包含描述陷阱的参量。为了得到这些,我们必须重新采取俘获和发射系数。

   根据式(5.1)和(5.2)可知俘获系数和发射系数彼此相关。平衡中我们引用了细致平衡原理,它规定在平衡条件下每一个基础过程及其逆过程必须平衡,无须依赖任何其他可能发生在材料内部的过程。[10-11]这要求图 5.4 中的基础过程(a)与其逆过程(b)保持自平衡。因此,平衡条件下 $dn/dt=0$ 而且

$$e_{no} n_{To} = c_{no} n_o p_{To} = c_{no} n_o (N_T - n_{To}) \tag{5.19}$$

其中下标"o"代表平衡。n_o 和 n_{To} 定义为[10]

$$n_o = n_i \exp((E_F - E_i)/kT); \quad n_{To} = \frac{N_T}{1 + \exp((E_T - E_F)/kT)} \tag{5.20}$$

结合式(5.19)和(5.20)可得

$$e_{no} = c_{no} n_i \exp((E_T - E_i)/kT) = c_{no} n_1 \tag{5.21}$$

由空穴的来源可得出一个类似式(5.21)的表达式。

然后做出一个重要的假设:在非平衡条件下发射和俘获系数仍然等于其平衡态时的值。　261
由此得出

$$e_n = c_n n_1; \quad e_p = c_p p_1 \tag{5.22}$$

其中

$$n_1 = n_i \exp((E_T - E_i)/kT); p_1 = n_i \exp(-(E_T - E_i)/kT) \tag{5.23}$$

非平衡条件下的平衡假设的正确性被公开质疑。因为与平衡态的偏离很小,可以假设发射和
俘获系数没有明显偏离它们的平衡值。[12]当然,在有高电子场存在的反偏压结空间电荷区中,
只有一个大概的近似值,但此处正好是进行大多数电容瞬态测量之处。根据发射测量法确定
的俘获截面一般并不是真正的截面值,这一点在附录5.1中有讨论。平衡假设仍然是一个通
用假设,而任何测量结果都服从此假设。

在图5.6中显示了电子场效果。其中(1)展示了零电子场时的电子能量图。电子发射从
陷阱到导带的需要 $E_c - E_T$ 的能量。外加电子场引起禁带倾斜,如(2)所示,且发射能量减小了
δE。跨越了被降低的势垒的 Poole-Frenkel(普尔-弗伦克尔)发射如(a)所示。[13]声子协助隧
道需要的能量更少,如(b)所示,此时电子被声子激发只需要部分势垒能量,然后隧穿通过剩
余的势垒。举个例子,对于硅中的黄金受主级其依赖发射系数的电子场可忽略不计,因为电子
场达到 $10^4\,\mathrm{V/cm}$,但是当场在 $10^5\,\mathrm{V/cm}$ 左右时,发射系数增加一到两个数量级,而且随着场的
上升而继续增加。[14]

当 $e_n = 1/\tau_e$ 且 $c_n = \sigma v_{th}$,发射时间常数为

$$\tau_e = \frac{\exp((E_i - E_T)/kT)}{\sigma_n v_{th} n_i} = \frac{\exp((E_c - E_T)/kT)}{\sigma_n v_{th} N_c} \tag{5.24}$$

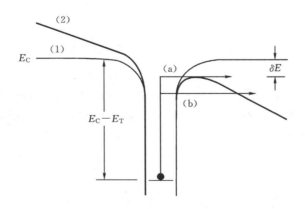

图 5.6　电子能量图。(1)平衡态下;(2)电子场中加强场电子发
射:(a)Poole-Frenkel 发射;(b)声子协助隧穿

表 5.1 Si 和 GaAs 的 $\gamma_{n,p}$ 系数

半导体	$\gamma_{n,p}/(\mathrm{cm^{-2}\,s^{-1}\,K^{-2}})$
n-Si	1.07×10^{21}
p-Si	1.78×10^{21}
n-GaAs	2.3×10^{20}
p-GaAs	1.7×10^{21}

空穴有类似表达式

$$\tau_e = \frac{\exp((E_T - E_i)/kT)}{\sigma_p \upsilon_{th} n_i} = \frac{\exp((E_T - E_v)/kT)}{\sigma_p \upsilon_{th} N_c} \tag{5.25}$$

其中 N_c 和 N_v 是有效导带和价带态密度,电子和空穴的热速率 υ_{th} 差别不大。发射时间常数 τ_e 取决于能量 E_T 和俘获截面 σ_n。将式(5.24)和(5.25)中的发射时间常数稍微简化。能量差 $\Delta E_c = (E_c - E_T)$ 和 $\Delta E_v = (E_T - E_v)$ 实际是吉布斯自由能 ΔG,与 ΔE 不同,在附录 5.1 中有讨论。

电子热速率为

$$\upsilon_{th} = \sqrt{\frac{3kT}{m_n}} \tag{5.26}$$

导带中有效态密度为

$$N_c = 2\left(\frac{2\pi m_n kT}{h^2}\right)3/2 \tag{5.27}$$

发射时间常数可以写作

$$\tau_e T^2 = \frac{\exp((E_c - E_T)/kT)}{\gamma_n \sigma_n} \tag{5.28}$$

其中 $\gamma_n = (\upsilon_{th}/T^{1/2})(N_c/T^{3/2}) = 3.25 \times 10^{21}(m_n/m_o)\,\mathrm{cm^{-2}\,s^{-1}\,K^{-2}}$,$m_n$ 为电子态密度有效质量。[15-16] Si 和 GaAs[17] 的 γ 值在表 5.1 中给出。基于 GaAs 参数的临界值,[18] 提出修正的 GaAs 值 $\gamma_n = 1.9 \times 10^{20}\,\mathrm{cm^{-2}\,s^{-1}\,K^{-2}}$,$\gamma_p = 1.8 \times 10^{21}\,\mathrm{cm^{-2}\,s^{-1}\,K^{-2}}$。

练习 5.1

问题:能级在半导体禁带中的杂质的典型发射时间是什么?

解答:在式(5.24)中给出的发射时间常数 τ_e,其图如图 E5.1 所示,图示表明能级 $\Delta E = E_c - E_T$ 变化时 τ_e 的宽大范围。

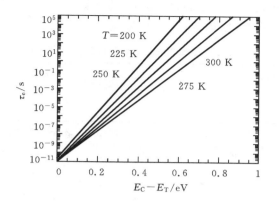

图 E5.1　发射时间常数 $\gamma_n=1.07\times10^{21}\ cm^{-2}\,s^{-1}\,K^{-2}$，$\sigma_n=10^{-15}\ cm^2$

　　$\ln(\tau_e T^2)$ 对 $1/T$ 的斜线,其斜率为 $(E_c-E_T)/k$,在 $\ln(\tau_e T^2)$ 轴上的截距为 $\ln(1/\gamma_n\sigma_n)$,求出 σ_n。尽管这种确定俘获截面的方法相当普通,但这样得到的结果应该谨慎对待。截面受空间电荷区的电场以及附录 5.1 中讨论的其他效应影响。针对 Si 中 Au 和 Rh 的示例图如图 5.7 所示,其 E_T 和 σ 如表 5.2 所示。

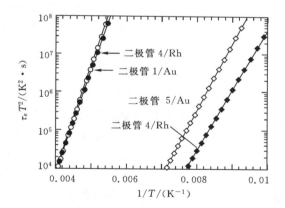

图 5.7　含有 Au 和 Rh 的 Si 二极管的 $\tau_e T^2$ 对 $1/T$ 图。重印许可自 Pals 参考文献[19]

　　确定表 5.2 中的能级和俘获截面是通过 $\ln(\tau_e T^2)$ 对 $1/T$ 斜线的截距和其它方法——在"俘获——多数载流子"次级标题中描述的填充脉冲法。值得注意的是这两种方法差异巨大,截距法得到的值至少要大十倍。造成这么巨大差异的原因很多。电场加强发射易使截面加大。正如附录 5.1 中讨论的那样,$X_n\sigma_n$ 项包含可能的简并系数和熵项,说明外推横截面不可靠。

　　结合式 (5.12)、(5.13) 和 (5.8) 也能确定时间常数 τ_e 如下:

264

$$S(\infty)-S(t)=K^2 n_T(t)=K^2 n_T(0)\exp(-t/\tau_e) \tag{5.29}$$

画出 $\ln[[S(\infty)-S(t)]]$ 对 t 的图。这是最早的方法之一。[9] 但是,使用自动设备,斜率 $-dV/$

$d(1/C^2)$测量起来比仅仅是 C 更复杂,式(5.29)的方法如今几乎不再使用。然而,式(5.29)并不局限于小信号展开且不需要服从 $N_T \ll N_D$ 的限制。

表 5.2　图 5.7 的二极管的能级和俘获截面

二极管	$(E_c - E_T)/$ eV	$(E_c - E_T)/$ eV	$\sigma_{n,p}$ (截距) /cm²	$\sigma_{n,p}$ (填充脉冲) /cm²
$1-p^+n$	0.56		2.8×10^{-14}	1.3×10^{-16}
$4-p^+n$	0.315		1.6×10^{-13}	3.6×10^{-15}
$4-p^+n$	0.534		7.5×10^{-15}	4×10^{-15}
$5-n^+p$		0.346	1.5×10^{-13}	1.6×10^{-15}

当发射率由电场决定时瞬态 C-t 数据不再遵从简单的时间指数关系,此时由于发射率相近的若干陷阱层而具有多重指数,较之浅层掺杂密度陷阱密度没有小到可以忽略。对于最后一种情况,分析变得更加复杂,我们也没有衍生出相关方程。此问题在其他地方已被解决。[20-23]

发射——少数载流子: 前面章节考虑了当肖特基二极管在零偏压和反偏压之间脉冲振动时多数载流子俘获和发射的容量响应。pn 结在零偏压和反偏压之间脉冲振动时可以得到相似的结果。关于 pn 结有一个附加项。在正偏压下,注入少数载流子。我们考虑一个 p^+n 结并在此处讨论时忽略 p^+ 区域。在正偏压相中,空穴被注入到 n 基底且俘获比发射更占优势。从式(5.6)可知稳态 G-R 中心占有率为

$$n_T = \frac{c_n n}{c_n n + c_p p} N_T \tag{5.30}$$

它取决于俘获系数和载流子密度。占有率难以预知,但是在零偏压的情况陷阱不再仅由电子占有;必然有一部分被空穴占有。肖特基二极管没有有效注入少数载流子,pn 结应被用于带电少数载流子注入。从高势垒肖特基二极管注入少数载流子且使少数载流子储存于反向表面是可行的。[24-25]

为了此处我们的讨论,假设 $c_p \gg c_n$ 且 $p \approx n$。则大多数陷阱被空穴占据,对于目前我们已经考虑到的深能级受主杂质,中心是电中性的且结被正偏压后 $t=0$ 处 $n_T \approx 0$,$N_{scr} \approx N_D$。当脉冲到反偏压,少数空穴被从陷阱发射,其电性从中性变为负电性,且当 $t \to \infty$ 时 $N_{scr} \approx (N_D - n_T)$。随着时间增加,总的离子化 scr 密度下降,scr 宽度增加,电容下降。这些都如图 5.8 所示,其性能与多子的性能相反。简单地说,我们假设在图 5.8 中在 $t=0$ 时所有的深能级杂质被电子(多子发射)或空穴(少子发射)填充。瞬态电容仍然由式(5.16)那种类型的表达式所表征,此时发射时间常数为 $\tau_e = 1/e_p$。

对于 n 型基底,禁带上半部分的陷阱一般用多子脉冲检测;而禁带下半部分的陷阱则由少子脉冲得到。能量在禁带中间的陷阱既能响应多子激发,也能响应少子激发。少数载流子还能够被光照注入,如后文所述。

俘获——多数载流子: 仔细观察图 5.5(c)中的肖特基二极管。它已经置于反偏压状态足够长时间,所有的多数载流子都被发射而且陷阱处于 p_T 状态。当二极管被从反偏压

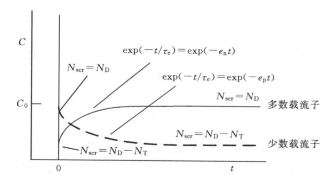

图 5.8　多数载流子发射和少数载流子发射后的瞬态电容-时间曲线

（图 5.5(c)）脉冲调节到零偏压（图 5.5(a)），电子冲入空间电荷区以便于未被占据的陷阱俘获。能够俘获多子的陷阱密度，忽略发射，可由下式给出：

$$n_{\mathrm{T}}(t) = N_{\mathrm{T}} - [N_{\mathrm{T}} - n_{\mathrm{T}}(0)]\exp(-t_{\mathrm{f}}/\tau_c) \qquad (5.31)$$

其中 t_{f} 是俘获或者"填充"时间。如果时间充分，也就是说，$t_{\mathrm{f}} \gg \tau_c$，理想状态所有的陷阱俘获电子，且 $n_{\mathrm{T}}(t_{\mathrm{f}} \to \infty) \approx N_{\mathrm{T}}$。如果用于电子俘获的时间短，当二极管转到反偏压时将只有一部分陷阱被电子占据。在有限的极短的时间内，即，$t_{\mathrm{f}} \ll \tau_c$，没有什么电子被俘获，且 $n_{\mathrm{T}}(t_{\mathrm{f}} \to 0) \approx 0$。

当器件处于反偏压态，式(5.16)中的 $n_{\mathrm{T}}(0)$ 由式(5.31)给出，发射相的初密度等于俘获相的终密度。则 $t=0$ 时的反偏压电容取决于填充脉冲宽度，将式(5.31)代入式(5.16)可给出

$$C(t) = C_0\left(1 - \frac{N_{\mathrm{T}} - [N_{\mathrm{T}} - n_{\mathrm{T}}(0)]\exp(-t_{\mathrm{f}}/\tau_c)}{2N_{\mathrm{D}}}\exp\left(-\frac{t-t_{\mathrm{f}}}{\tau_e}\right)\right) \qquad (5.32)$$

式(5.32)如图 5.9(a)所示。

266

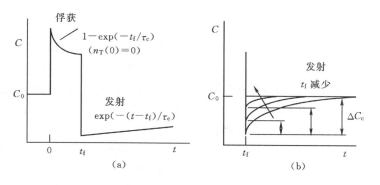

图 5.9　(a)C-t 响应展示了俘获和发射过程的最初部分；(b)发射 C-t 响应为俘获脉冲宽度的一部分

俘获时间 τ_c 可以通过改变 t_{f}，填充脉冲宽度来确定。一般俘获时间要比发射时间短。图 5.9(b)所示是发射过程中 C-t 曲线为 t_{f} 的一部分。在 $t=t_{f+}$ 的电容取决于俘获时间，其关系式为

$$C(t_{\mathrm{f}}^+) = C_0\left(1 - \frac{N_{\mathrm{T}} - [N_{\mathrm{T}} - n_{\mathrm{T}}(0)]\exp(-t_{\mathrm{f}}/\tau_c)}{2N_{\mathrm{D}}}\right) \qquad (5.33)$$

式(5.33)可被写作

$$\Delta C_c = C(t_f) - C(t_f = \infty) = \frac{N_T - n_T(0)}{2N_D} C_0 \exp\left(-\frac{t_f}{\tau_c}\right) \tag{5.34}$$

其中 ΔC_c 如图 5.9(b)所示。则可通过把式(5.34)写作如下形式获得 t_f：

$$\ln(\Delta C_c) = \ln\left(\frac{N_T - n_T(0)}{2N_D} C_0\right) - \frac{t_f}{\tau_c} \tag{5.35}$$

$\ln(\Delta C_c)$ 对 t_f 的斜线,通过在瞬态电容测量中改变俘获脉冲宽度可得到其斜率为 $-1/\tau_c = -\sigma_n \upsilon_{th} n$,其在 $\ln(\Delta C_c)$ 轴上的截距为 $\ln\{[N_T - n_T(0)]C_0/2N_D\}$。照这样俘获截面通过俘获而非发射确定。因为俘获时间比发射时间短很多,对所使用的仪器要求也更严格。修正电容仪以便提供参考文献[26]中提到的必需的窄脉冲。有时会得到 $\ln(\Delta C_c)$ 对 t_f 的非线性图,因为延展进入 scr 的载流子后部俘获很慢。要从这些曲线中得到 σ_n,模型常常太不精确或者需要复杂的曲线拟合程序,但对于非线性实验数据来说都是必需的。[27]

这种方法的一种变化是不把电容当作时间的函数来测量,而是在测量中通过一个反馈电路保持电容恒定,并测量保持电容恒定时所需的电压。[28-29]数据分析类似,要保持电容恒定需要的电压变化 ΔV 的图表现出与预计相同的半对数性能。

式(5.31)给出俘获时间 $\tau_c = (\sigma_n \upsilon_{th} n)^{-1}$。实际的陷阱填充过程要复杂得多,因为不是所有的陷阱在发射过程中都是空的。能级在费米能级之下的陷阱倾向于在发射瞬间仍然被电子占据[29]而且不会在填充脉冲期间俘获电子。这一点在数据分析中应该予以重视。

俘获——少数载流子: 有很多种方法可以用来确定少数载流子的俘获特性。有一种与上一章所讲的方法极为相似,所不同的是在填充脉冲期间二极管是正偏压。应用多种脉冲宽度来确定俘获特性。[26,30-31]忽略载流子发射,在填充脉冲期间的俘获时间常数可由式(5.5)给出

$$\tau_c = \frac{1}{c_n n + c_p p} \tag{5.36}$$

而陷阱占有率在式(5.30)给出。它不仅取决于 n 和 p,还与 c_n 和 c_p 有关。改变注入能级则注入的少子密度会变化,且 c_n 和 c_p 都能确定。[26]为了部分填充中心所必需的窄脉冲宽度(纳秒或更低)是一个明显的不足。一个更基础的局限是结二极管的开启时间,因为它不会在一个尖脉冲之后立即开启。在一定时间内少子密度增加关系到少子寿命。对于为了俘获测量所需要的窄脉冲,很可能少子密度没有达到其稳态值。

在另一种方法中,陷阱随着少数载流子增加,不用振幅恒定、宽度变化的偏压脉冲,而用宽度恒定、振幅变化的脉冲。二极管正向偏压一个长脉冲,大约 1 ms,然后反偏压。观察反偏压瞬态电容。少子密度与注入电流有关。[26]必需要注意少子与多子的复合并不明显。

也可以通过光学方法向 pn 结或肖特基二极管注入少数载流子。我们这里只是简要提及此方法,在 5.6.3 节会更详细地讨论。观察一个反偏压 pn 结或者肖特基二极管。光子能量 $h\nu > E_G$ 的光脉冲照在器件上,在 scr 和半中性区创造了电子-空穴对。半中性区域的少子扩散到反偏压空间电荷区被陷阱俘获。当光照关闭后,那些俘获的少子被发射并能观察到瞬态 $C-t$ 或者 $I-t$ 图。从这些瞬态现象可以确定 E_T,σ_p 和 N_T。[32]

5.4 电流测量

从陷阱发射的载流子可以以电容,电荷或者电流的方式被探测。[5,33-34] 对于瞬态电流测量,I-t 曲线的积分代表被陷阱发射的总电荷。高温下,时间持续很短,但是初电流很高。低温时,持续时间增长而电流下降,但是 I-t 曲线下的面积仍然不变。这使得低温下的电流测量较困难。把低温的 C-t 测量和高温的 I-t 测量相结合,可能获得的时间常数数据超过十个数量级。[33]

电流测量更加复杂,因为电流包含发射电流 I_e、位移电流 I_d 以及泄漏电流 I_l。发射电流为

$$I_e = qA \int_0^w \frac{dn}{dt} dx \qquad (5.37)$$

位移电流为[5]

$$I_d = qA \int_0^w \frac{dn_T}{dt} \frac{x}{W} dx \qquad (5.38)$$

式(5.37)和(5.38)的积分下限本应该是零偏压的空间电荷区宽度。但是,为了简化,我们设定下限为零。对于图 5.4 中反偏压二极管,当 $dn/dt \approx e_n n_T$(式(5.1)),$dn_T/dt \approx -e_n n_T$(式(5.4)),电子发射占主要地位,我们可得到

$$\boxed{I(t) = \frac{qAW(t)e_n n_T(t)}{2} + I_1 = \frac{qAW_0 n_T(t)}{2\tau_e \sqrt{1 - n_T(t)/N_D}} + I_1} \qquad (5.39)$$

利用

$$W(t) = \sqrt{\frac{2K_S\varepsilon_o(V_{bi}-V)}{q(N_D - n_T(t))}} = \sqrt{\frac{2K_S\varepsilon_o(V_{bi}-V)}{qN_D(1-n_T(t)/N_D)}} = \frac{W_0}{\sqrt{1 - n_T(t)/N_D}} \qquad (5.40)$$

当 $n_T \ll N_D$ 并利用式(5.8),电流变为

$$I(t) = \frac{qAW_0}{2\tau_e} \frac{n_T(0)\exp(-t/\tau_e)}{1 - (n_T(0)/2N_D)\exp(-t/\tau_e)} + I_1 \qquad (5.41)$$

电流测量的解释比电容测量更加复杂,因为 I-t 曲线与 τ_e 没有简单的依赖关系,也就是说,τ_e 同时出现在式(5.41)的分子和分母中。如果有 $n_T(0) \ll 2N_D$,分母中的第二项比 1 小并可忽略,则电流与时间呈指数关系。添加泄漏电流一般没有问题,因为它是恒定的,除非值太高掩盖了瞬态电流。所用仪器必须能够处理脉冲时的大瞬态电流。放大器应该是非饱和的,否则大瞬态电流必须被从重要的瞬态电流中消除。电路的这些性质在参考文献[26]中有所阐述。

瞬态电流不允许多子和少子发射间存在差异。电流测量的又一个特点是相对于同一速率窗的电容,其峰向高温方向移动,这是因为电流与发射时间常数成反比(见式(5.41))而电容不是。这一特性使得电流随温度快速增加,使接近高温的线形显著地滞后(扭曲)。

269　　　当电容测量困难时首选电流测量。比如,小尺寸 MOSFETs 或者 MESFETs 的低电容难以测量,电容变化更小。在这种情况下可以通过脉冲调制栅压及监测作为时间函数的泄漏电流来检测深能级杂质的存在,人们称之为电导或电流深能级瞬态谱(DLTS)。考虑一个对某个漏电压偏置的 MOSFET,并从积累脉冲调节到反转,即,从“关”到“开”。在“关”的状态陷阱已经俘获多数载流子。当器件转换到“开”就制造出一个空间电荷区,且有泄漏电流通过。随着陷阱中载流子被发射,scr 宽度和阈值电压改变,并引发与时间相关的泄漏电流。[35]在电阻恒定的 DLTS 中,MOSFET 电导率被用作反馈电路的输入信号,同时提供电压以补偿发射中陷阱的电荷损失。[36]不需要知道迁移率或者跨导。这一技术与恒定电容 DLTS 相似,通过调节外加偏压补偿被俘获载流子的发射。

　　　电流测量工作最好在器件中进行,此时波道能够被完全消耗。比如,在 MESFET 中,栅压受脉冲调节从零偏压到反偏压,形成深空间电荷区。电子或空穴从陷阱中发射会改变 scr 宽度,在保持栅压恒定条件下检测泄漏电流的变化用以测量,或者通过反馈电路在保持电流不变时检测栅压的改变。[37]MESFET 泄漏电流和电容数据的例子如图 5.10 所示[38]。使用这些测量方法,有必要用 $100\ \mu m \times 150\ \mu m$ 的栅面积以便获得可测量的足够大的电容。

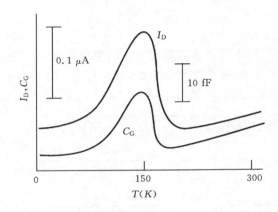

图 5.10　$100\mu m \times 150\mu m$ 栅 MESFET 的泄漏电流 I_D 和栅电容 C_G 的瞬态现象。
重印得到 Hawkins 和 Peaker 的许可参考文献[38]

　　　泄漏电流测量方法实行起来相对简单,但是对于陷阱密度激发这种方法比电容测量更加难以解释,因为泄漏电流带来的电流随着空间电荷区宽度的变化而变化。解释数据需要迁移率的知识。[39]解决这一难题可以通过保持泄漏电流恒定,改变栅电压,并通过器件跨导把栅压的变化转换成电流的变化。[38]

5.5　电荷测量

　　　用图 5.11 中的电路从陷阱发射的载流子可以作为电荷被直接检测。关闭开关 S 使反馈电容 C_F 放电。在 $t=0$ 时二极管处于反偏压,S 打开,式(5.41)分母中的第二项可以忽略,$t \geqslant 0$ 时通过二极管的电流为

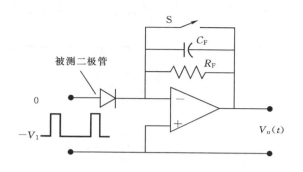

图 5.11 电荷瞬态测量电路

$$I(t) = \frac{qAW_0}{2\tau_e} n_T(0) \exp(-t/\tau_e) + I_1 \tag{5.42}$$

进入 op-amp 的输入电流近似为零,二极管电流必须通过 $R_F C_F$ 反馈电路,给出输出电压为

$$V_0(t) = \frac{qAW_0 R_F n_T(0)}{2(t_F - \tau_e)} \left(\exp\left(-\frac{t}{t_F}\right) - \exp\left(-\frac{t}{\tau_e}\right) \right) + I_1 R_F \left(1 - \exp\left(-\frac{t}{t_F}\right)\right)$$

$$\tag{5.43}$$

其中 $t_F = R_F C_F$。选择反馈网络,这样 $t_F \gg \tau_e$,可以简化式(5.43)为

$$V_0(t) \approx \frac{qAW_0 n_T(0)}{2C_F} \left(1 - \exp\left(-\frac{t}{\tau_e}\right)\right) + \frac{I_1 t}{C_F} \tag{5.44}$$

进行电荷瞬态测量使用的是图 5.11 中所示的相对简单的电路。[40] 积分器取代了 $C-t$ 测量法中的高速率电容表或者 $I-t$ 测量法中的高倍率电流放大器。输出电压只与在测量中发射的总电荷有关,与 τ_e 无关。电荷测量还可用于 MOS 电容器特性的表征。[41]

● ● ● ● ● ● ● ● ● ● ● ● ● ● ● ● ●

5.6 深能级瞬态光谱(DLTS)

5.6.1 传统的 DLTS

早期的 $C-t$ 和 $I-t$ 测量方法是由 Sah 和他的学生们发展的。[5,33] 最初的时候方法费时而缓慢,因为这种方法是单点测量。直到采用了数据自动获取和积累技术,发射和俘获的瞬态分析能力才被充分发挥。这些方法之一是 Lang 的双栅积分仪或双脉冲串(boxcar)方法,人们称之为深能级瞬态谱(DLTS)。[42-43]

Lang 引入了率窗的概念以表征深能级杂质。如果处理瞬态电容实验中的 $C-t$ 曲线,一个选定的衰变率产生一个最大输出功率,则当速率通过脉冲串(boxcar)平均器率窗或者锁相放大器的频率时,衰变时间随时间单调变化的信号产生一个峰值。通过改变样品温度改变衰变时间常数,当观察到重复的 $C-t$ 瞬态现象穿过这样的率窗时,在电容对温度的图中出现一个峰。这种图就是 DLTS 谱图。[44-45]这种方法仅仅是在衰变波形中提取最大值,此技术应用于电容、电流和电荷瞬态现象。

我们用电容瞬态现象解释 DLTS。假设 $C-t$ 瞬态现象遵循指数时间关系,则

$$C(t) = C_0\left[1 - \frac{n_T(0)}{2N_D}\exp\left(-\frac{t}{\tau_e}\right)\right] \tag{5.45}$$

其中 τ_e 与时间的关系为

$$\tau_e = \frac{\exp((E_c - E_T)/kT)}{\gamma_n\sigma_n T^2} \tag{5.46}$$

时间常数 τ_e 随温度上升而减小,如图 5.12(a)中的 $C-t$ 曲线所示。

通常情况下电容衰变波形会被噪声干扰破坏,DLTS 的中心是用自动化方法从噪声中提取信号。技术是相关技术,就是一种信号处理方法,把输入信号乘以一个基准信号——加权函数 $\omega(t)$,乘积用一线形滤波器过滤。这样一个相关器的性能与加权函数和过滤方法关系极大。过滤器可以是积分仪或者低通过滤器。相关器的输出为

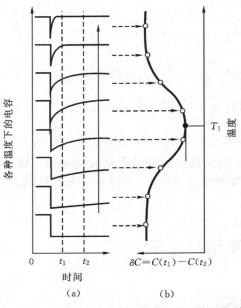

图 5.12 有二重 Boxcar 积分器的率窗概念的应用。输出是采
样时间 t_1 和 t_2 时的容量振幅平均误差。重印得到
Miller 等许可[44]

$$\delta C = \frac{1}{T}\int_0^T f(t)\omega(t)\mathrm{d}t = \frac{C_0}{T}\int_0^T \left(1 - \frac{n_T(0)}{2N_D}\exp\left(-\frac{t}{\tau_e}\right)\right)\omega(t)\mathrm{d}t \tag{5.47}$$

其中 T 为周期,我们对 $f(t)$ 用式(5.45)

Boxcar DLTS:假设图 5.12(a)中的 $C-t$ 波形的取样在 $t=t_1$ 和 $t=t_2$ 处,且 t_1 处的电容减去 t_2 处的电容,即,$\delta C = C(t_1) - C(t_2)$。这种差值信号是二重方脉冲法的标准输出特性。随着器件在零偏压和反偏压之间反复脉冲振动,缓慢扫描温度。对于低温和高温,在两个采样

时间非常慢和非常快的瞬态现象电容之间没有什么差别。当时间常数处于栅间隔 t_2-t_1 的顺序产生差值信号,电容差是温度的函数,拥有最大值,如图 5.12(b)所示。这就是 DLTS 峰。根据式(5.47),利用加权函数 $\omega(t)=\delta(t-t_1)-\delta(t-t_2)$,可得到电容差或 DLTS 信号,为

$$\delta C = C(t_1) - C(t_2) = \frac{n_{\mathrm{T}}(0)}{2N_{\mathrm{D}}} C_0 \left(\exp\left(-\frac{t_2}{\tau_e}\right) - \exp\left(-\frac{t_1}{\tau_e}\right) \right) \tag{5.48}$$

在式(5.47)中 $T=t_1-t_2$。

图 5.12(b)中 δC 在温度 T_1 处存在最大值 $\delta C_{\max}$。将式(5.48)对 τ_e 求微分并令结果等于零,得到在 $\delta C_{\max}$ 处有 $\tau_{e,\max}$

$$\tau_{e,\max} = \frac{t_2 - t_1}{\ln(t_2/t_1)} \tag{5.49}$$

式(5.49)与电容的大小无关,而且不需要知道信号基线。对于一个设定了 t_1 和 t_2 的给定栅,通过在不同的温度下得到一系列 C-t 曲线,产生符合特殊温度的 τ_e 值,在 $\ln(\tau_e T^2)$ 对 $1/T$ 的图上得到数据点。这种方法依次在设定了另一组 t_1 和 t_2 栅的其他点上重复进行。用这种方式获得一系列点并生成阿列纽斯(Arrhenius)图。δC-t 图固定 t_2/t_1,t_1 和 t_2 的变化如图 5.13 所示。δC-t 图上另一组 t_1、t_2 变化的效果在练习 5.2 中有讨论。

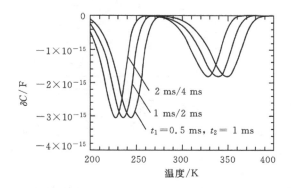

图 5.13　DLTS 谱图,固定 t_2/t_1,改变 t_1 和 t_2。$E_{\mathrm{c}}-E_{\mathrm{T1}}=0.37$ eV,$\sigma_{n1}=10^{-15}$ cm^2,$N_{\mathrm{T1}}=5\times10^{12}$ cm^{-3},$E_{\mathrm{c}}-E_{\mathrm{T2}}=0.6$ eV,$\sigma_{n2}=5\times10^{-15}$ cm^2,$N_{\mathrm{T2}}=2\times10^{12}$ cm^{-3},$C_0=4.9\times10^{-12}$ F,$N_{\mathrm{D}}=10^{15}$ cm^{-3}

　　离子掺杂 Si 的示例 DLTS 谱图如图 5.14 所示。[46] 如在第 7 章中所讨论的,铁在硼-掺杂的 p 型 Si 中形成 Fe-B 对,并在大约 $T=50$ K 处有一 DLTS 峰。当在 $180\sim200$℃间加热样品几分钟,Fe-B 对分裂成间隙铁原子和取代硼,且间隙铁原子的 DLTS 峰在 $T=250$ K 左右。几天之后,间隙铁原子又形成 Fe-B 对且"$T=50$ K"处的峰再次出现,如图 5.14 所示。金-掺杂 Si 样品的示例 DLTS 谱图如图 5.15 所示,其中既有多子峰又有少子峰。[47] 相对的极性峰符合于图 5.8 的原理图。在零偏压和反偏压间脉冲振动时用 DLTS 法测量多数载流子峰。少数载流子峰的确定是通过光学少子注入法,它们在禁带光上方,射入半透明的肖特基二极管,生产电子-空穴对。取样或者栅宽应该相对较宽,因为信号/噪声比与栅宽的平方根成正比。[45] 则式(5.49)需要修正,把 t_1 改成 $(t_1+\Delta t)$,t_2 改成 $(t_2+\Delta t)$,其中 Δt 是栅宽。[48]

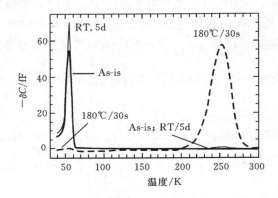

图 5.14 离子污染的 Si 晶片的 DLTS 谱图;在 180℃分裂退火
30s 之后,室温储存 5 天。数据引自参考文献[46]

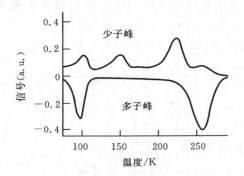

图 5.15 金-掺杂 Si 样品的多子和少子 DLTS 峰。摘自参考文献[47]

练习 5.2

问题:改变采样时间 t_1 和 t_2 的效果是什么?

解答:采样时间的改变方式有:(1)固定 t_1,改变 t_2(图 E5.2(a));(2)固定 t_2,改变 t_1(图 E5.2(b));(3)固定 t_2/t_1,改变 t_1 和 t_2(图 5.14)。方法(3)是最好的,因为峰位随温度移动而曲线形状不变,这使得锁定峰更加容易。此外 $\ln(t_2/t_1)$ 仍然不变。方法(1)和(2)中峰的大小和形状都有所改变。另外,我们可以在恒定的温度下保持 t_2/t_1 不变而改变 t_2-t_1。然后改变温度重复此操作,从简单的温度扫描中得到阿列纽斯图。

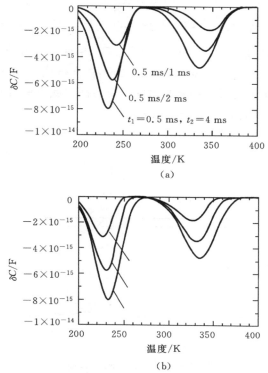

图 E5.2　DLTS 谱图（1）固定 t_1，改变 t_2，（2）固定 t_2，改变 t_1。
$E_c - E_{T1} = 0.37$ eV，$\sigma_{n1} = 10^{-15}$ cm^2，$N_{T1} = 5 \times 10^{12}$
cm^{-3}，$E_c - E_{T2} = 0.6$eV，$\sigma_{n2} = 5 \times 10^{-15}$ cm^2，$N_{T2} = 2 \times$
10^{12}cm^{-3}，$C_0 = 4.9 \times 10^{-12}$F，$N_D = 10^{15}$cm^{-3}

DLTS 信号并没有给出图 5.5 的电容步幅 ΔC_e（$\delta C_{mac} < \Delta C_e$），杂质密度不能利用式(5.17)　²⁷⁵ 从 DLTS 信号中确定。从 δC-T 曲线的电容最大值 δC_{max} 可得到杂质密度，由下式给出：

$$N_T = \frac{\delta C_{max}}{C_0} \frac{2N_D \exp\{[r/(r-1)]\ln(r)\}}{1-r} = \frac{\delta C_{max}}{C_0} \frac{2r^{r/(r-1)}}{1-r} N_D \qquad (5.50)$$

其中 $r = t_2/t_1$。令 $\delta C_{max} = \delta C$，假设 $n_T(0) = N_T$，根据式(5.48)和(5.49)可得到式(5.50)。若 $r = 2$，常用比例，有 $N_T = -8N_D\delta C_{max}/C_0$，若 $r = 10$，有 $N_T = -2.87N_D\delta C_{max}/C_0$。负号说明对于多数载流子陷阱，$\delta C < 0$。

运转良好的 DLTS 体系能够探测 $C_{max}/C_0 \approx 10^{-5}$ 到 10^{-4}，能确定的陷阱密度在 10^{-5} 到 $10^{-4} N_D$ 数量级。高敏桥能够测量 $C_{max}/C_0 \approx 10^{-6}$ 级别。[49] 电容仪一般有 1 到 10 ms 的响应时间，应予以改进以便测量更快的瞬态现象。此外，在器件脉冲调制中，由于超载会出现问题。安装一个快速继电器使脉冲调制期间放大器的输入信号接地，这样可以避免超载恢复延迟，令本身的超载探测电路失效。[50]

基本脉冲串 DLTS 技术的很多改进也被实行了。在二重相关 DLTS(D-DLTS)方法中，使用两个不同振幅的脉冲来替代基础技术中的一个振幅脉冲。但是，D-DLTS 仍然保持传统

的 DLTS 率窗定理,如图 5.16 所示[51]。加权函数给出信号

$$[C'(t_1) - C(t_1)] - [C'(t_2) - C(t_2)] = \Delta C(t_1) - \Delta C(t_2) \tag{5.51}$$

在第一个关系式中两个脉冲之后的瞬态电容互相关联,在每一个脉冲后在相应的延迟时间处形成差值 $\Delta C(t_1)$ 和 $\Delta C(t_2)$,如图 5.16 所示。第二步,像在传统 DLTS 中那样得到 $[\Delta C(t_1) - \Delta C(t_2)]$ 关系式以便在温度扫描过程中解析时间恒定谱图。此方法需要一个四通道 boxcar 积分器或者一台外部校正的双通道 boxcar 积分器。[52]

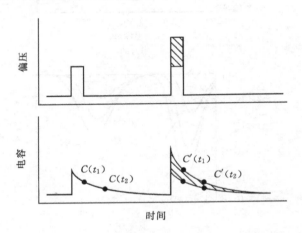

图 5.16　二重相关 DLTS 的偏压脉冲和电容瞬态现象。重印得到
Lefèvre 和 Schulz[52] 的许可

这种额外的复杂措施可以在空间电荷区内部设置一个观察窗,以探测此空间窗内部的杂质。通过在空间电荷区内部、远离半中性区域空间电荷边处设置合适的窗口,所有的陷阱能级都在费米能级之上,电容瞬态现象仅与发射相关。费米能级附近的陷阱不能被测量,而且在窗口内的所有陷阱处于大约相同的电场中。通过改变观察窗或者改变脉冲振幅或直流反偏压可获得陷阱密度剖面图。

恒定电容 DLTS:在恒定电容 DLTS(CC-DLTS)中通过在瞬态通过反馈通道时动态改变外加电压保持在载流子发射测量中电容恒定。[26,53-54] Miller(米勒)发明了反馈通道方法并第一个把它应用于载流子密度断面中。[55] 正如在恒定电压方法中瞬态电容包含陷阱信息一样,在恒定电容方法中时变电压包含陷阱信息。当 $N_T \ll N_D$ 时式(5.15)中的近似电容瞬态现象经验式有效。当 $N_T > 0.1 N_D$,W 发生大的改变且 $C-t$ 信号变成非指数型。式(5.14)没有此限制,给出

$$V = -\frac{qK_s\varepsilon_0 A}{2C^2}\left(N_D - n_T(0)\exp\left(-\frac{t}{\tau_e}\right)\right) + V_{bi} \tag{5.52}$$

对任意的 NT 都有效,因为 scr 宽度保持不变且产生电压的变化与 scr 电荷的变化直接成比例。

式(5.52)说明 $V-t$ 响应与时间成指数关系。有时 $V-t$ 曲线在 $t=0$ 处出现非指数关系,比如,在测量的发射阶段载流子俘获。多子密度并没有在 scr 边界忽然降至零,其尾部进入 scr,在那片区域电子发射与电子俘获相竞争。在 scr 边缘电子俘获占主要地位,大多数陷阱仍

然被电子填充,导致 $V-t$ 曲线成非指数关系[56]。

CC-DLTS 限制之一是由于反馈电路导致电路响应较慢。早期时只能用于瞬态现象且持续时间在秒的数量级,[57]使用二重反馈放大器,对于同一仪表可以降至 10ms。[58]后来响应时间进一步降低,灵敏度提高。[59]但是,相比于恒定电压 DLTS(CV-DLTS),反馈电路一般会使 CC-DLTS 的灵敏度退化。CC-DLTS 很好地适用于陷阱密度深度断面。[60]由于其高能量分辨率,这种方法已经被用于界面俘获电荷测量中,而且能对高陷阱密度提供更加精确的缺陷剖面 DLTS 测量。结合 D-DLTS 和 CC-DLTS 能进一步改进测量。[61]

锁定放大器 DLTS:锁定放大器 DLTS 很有吸引力,因为相比于 boxcar 积分器,锁定放大器是更标准的实验室方法,[62]而且它比 boxcar DLTS 具有更好的信号/噪声比。[63]锁定放大器使用方波加权函数,其周期由锁定放大器的频率设定。当频率与发射时间常数有特定关系时,可以观察到 DLTS 峰。一个锁定放大器可以被当作傅里叶分析仪的一个组成来分析重复信号。加权函数和 boxcar 积分器的很像,但要宽些,增加信号/噪声比的同时也引发超载的问题。

器件结电容在正偏压阶段非常高,一般会使相对慢(反应时间修正前为~1ms)的电容表超载。锁定放大器对仪表瞬态现象非常敏感,很容易超载,因为其方波加权函数一直有最小振幅。boxcar 没有这个问题,因为第一个样品窗通过初始瞬值时被延迟了。锁定放大器对过载的灵敏度可以借由一个窄带滤波器用前面提到的加权函数被降低。最好的解决办法是栅断开电容仪输出的前 1 到 2 ms,避免过载问题。[48,64]锁定放大器信号的分析必须包含栅断开的时间。栅断开时间还会影响基线,它在信号处于禁止时段处是非零的。[65]相位设置也会影响信号。[66]锁定 DLTS 操作的三种基本模式和观察的相关注意事项的细节在参考文献[48]中有讨论。总是选择循环速率的同一部分的栅断时间可以避免错误的 DLTS 峰。[67]

Rohatgi 等给出基于锁定放大器的 DLTS 系统的细节。[64]对于加权函数当 $0 \leqslant t < t_d$,$\omega(t)=0$,当 $t_d < t < T/2$,$\omega(t)=1$,当 $T/2 < t < (T-t_d)$,$\omega(t)=-1$,当 $(T-t_d) < t < T$,$\omega(t)=0$,锁定放大器的输出为[63]

$$\delta C = -\frac{G C_0 n_T(0)}{N_D} \frac{\tau_e}{T} \exp\left(-\frac{t_d}{\tau_e}\right) \left[1 - \exp\left(-\frac{T-2t_d}{2\tau_e}\right)\right]^2 \qquad (5.53)$$

其中 G 是锁定放大器和电容表增益,T 是脉冲周期,延迟时间 t_d 是偏压脉冲结尾和间隔结尾处的时间间隔。式(5.53)存在最大值,和式(5.48)的情况类似。将式(5.53)对 τ_e 求微分并设定结果等于零可以从超越方程中确定 $\tau_{e,max}$

$$1 + \frac{t_d}{\tau_{e,max}} = \left(1 + \frac{T-t_d}{\tau_{e,max}}\right) \exp\left(-\frac{T-2t_d}{2\tau_{e,max}}\right) \qquad (5.54)$$

对于典型的延迟时间 $t_d = 0.1T$,有 $\tau_{e,max} = 0.44$。正如前一章描述的那样一旦知道一组 τ_e 和 T,就可以得到 $\ln(\tau_e T^2)$ 对 $1/T$ 的图。根据式(5.53)和(5.54),当 $\delta C = \delta C_{max}$,假定 $n_T(0) = N_T$,$t_d = 0.1T$,则陷阱密度为

$$N_T = \frac{8\delta C_{max}}{C_0} \frac{N_D}{G} \qquad (5.55)$$

不保持锁定频率恒定并改变样品温度,也可以保持温度恒定而改变频率[68]。

相关 DLTS：相关 DLTS 是基于最佳滤波器理论,此理论规定被白噪声干扰的未知信号的最佳加权函数本身有无噪音信号的形式。这一点在 DLTS 的实现可通过将指数电容或电流波形乘以由 RC 信号发生器产生的重复的指数衰减并对结果求积分。[63]

相关 DLTS 有比 boxcar 或锁定 DLTS 都高的信号/噪声比。[69]因为小电容瞬态现象在直流电基础上漂浮,只用简单的幂指数是不够的,因为需要加权函数和恢复基线。[70]这种方法没什么应用,但已被应用于高纯锗中杂质的研究。[71]

等温 DLTS：在等温 DLTS 方法中,样品温度保持恒定并改变取样时间。[72]这项技术也是以式(5.45)为基础,重复如下:

$$C(t) = C_0 \left[1 - \left(\frac{n_{\mathrm{T}}(0)}{2N_{\mathrm{D}}} \right) \exp\left(-\frac{t}{\tau_e} \right) \right] \tag{5.56}$$

将此表达式求微分并乘以时间 t,有

$$t\frac{\mathrm{d}C(t)}{\mathrm{d}t} = -\frac{t}{\tau_e} \frac{n_{\mathrm{T}}(0)}{2N_{\mathrm{D}}} C_0 \exp\left(-\frac{t}{\tau_e} \right) \tag{5.57}$$

函数 $t\mathrm{d}C(t)/\mathrm{d}t$ 对 t 的图在 $t = \tau_e$ 处有最大值 $(n_{\mathrm{T}}(0)C_0/2N_{\mathrm{D}})(1/e)$。在不同的恒定温度下得到一系列 $t\mathrm{d}C(t)/\mathrm{d}t$ 对 t 的图,从而产生一个 $\ln(\tau_e T^2)$ 对 $1/T$ 的阿列纽斯图,与关联 DLTS 图类似。主要的区别是测量中的温度恒定情况,方式对温度控制/测量的要求。取而代之的,测量难点转为时域,此处 $C(t)$ 测量需要一个很宽的时间跨度,要用快速电容表。微分可能会给数据引入额外的“噪声”。像图 5.13 那样使用同一数据的 $t\mathrm{d}C(t)/\mathrm{d}t$ 对 t 的图如图 5.17 所示。需要注意,电容信号的温度关系与时间关系密切相关。

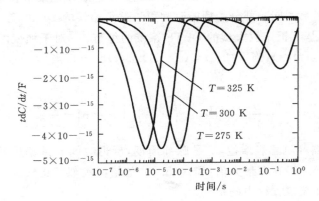

图 5.17 T 固定,改变 t 的 DLTS 谱图。$E_c - E_{\mathrm{T1}} = 0.37\mathrm{eV}$,$\sigma_{n1} = 10^{-15}\,\mathrm{cm}^2$,$N_{\mathrm{T1}} = 5 \times 10^{12}\,\mathrm{cm}^{-3}$,$E_c - E_{\mathrm{T2}} = 0.6\mathrm{eV}$,$\sigma_{n2} = 5 \times 10^{-15}\,\mathrm{cm}^2$,$N_{\mathrm{T2}} = 2 \times 10^{12}\,\mathrm{cm}^{-3}$,$C_0 = 4.9 \times 10^{-12}\,\mathrm{F}$,$N_{\mathrm{D}} = 10^{15}\,\mathrm{cm}^{-3}$

计算机 DLTS：计算机 DLTS 引用 DLTS 体系,将电容波形数字化并用电子方式存储以便进一步数据处理[73]。只要对样品进行依次温度扫描就足够了,因为这样就能得到完整的 $C - t$ 曲线,有大量不同每一个温度的数据。很容易确定信号是否是幂指数的;这对 boxcar 或者锁定方法来讲是不可能的,因为那些方法只是在选定温度处给出最大值而不能得到波形本身。可将多种信号处理函数用于 $C - t$ 数据:快速傅里叶变换,如今分析简单和多重指数式衰减的方法,[74-76]拉普拉斯转换,[77]分光线性拟合,[78]线性预测模型的协方差方法,[79]线性衰退,[80]能够分开紧密间隔峰的方法。[81]一种方法使用了假对数取样存储图,可使用 11 种不同的取样速率和 30~50 年的时间常数,这样可以分离紧密间隔的深能级,这是传统 DLTS 方法不能做到的。[82]

拉普拉斯 DLTS: 有两种主要的 DLTS 种类:模拟和数字信号处理。模拟信号处理是随着样品温度蔓延而实时进行的,一次只选择一个或两个延迟成分,此时滤波器产生的输出与在特定时间常数范围内的信号成正比,通过将电容表输出信号乘以一个与时间有关的加权函数。数字图谱是将电容表的模拟瞬态输出数字化并均化很多数字化的瞬态值以减弱噪声能级。传统 DLTS 时间常数分辨率太低,不能用于发射过程中精细结构的研究,这是由滤波器而非热致宽所致。由于仪器的影响,一个完美的缺陷甚至会在 DLTS 谱图上产生一条宽线。任何发射时间常数的变化都会使峰额外加宽。通过改变滤波器特性可以对分辨率做出些改进。[77]

定量描述容量瞬态现象的非指数特性的一个通用的方法是假定它们可用发射率的光谱来表征

$$f(t) = \int_0^\infty F(s)e^{-st}ds \qquad (5.58)$$

其中 $f(t)$ 是已记录的瞬态现象,$F(s)$ 是频谱密度函数。为了方便,这个频谱有时在发射率对数刻度上用高斯分布曲线描述。用这种方法能够描绘在发射激活能加宽方面的非指数瞬态现象。

由式(5.58)给出的电容瞬态现象的数学表达式是真正的谱函数 $F(s)$ 的拉普拉斯转换式。为了找到瞬态现象中发射率的真正频谱,有必要使用一种算法对函数 $f(t)$ 有效地进行拉普拉斯逆变换,对多重、单重指数瞬态现象得到三角状峰的频谱,或者对连续分布得到没有精细结构的宽谱。没有必要做关于频谱的函数形态的任何优先假设,除非在同一方向所有的延迟都是指数型的。

拉普拉斯 DLTS(L-DLTS)给出一个强输出作为发射率的函数。每个峰下的面积与初始陷阱浓度直接相关。在固定温度处进行测量,俘获并平衡了几千电容瞬态。倘若存在好的信噪比,L-DLTS 提供的能量分辨率比传统的 DLTS 技术高一个数量级。在实际应用中,当缺陷密度是浅施主或受主密度的 5×10^{-4} 到 5×10^{-2} 时,这个问题会限制其应用。有了这些限制,L-DLTS 能进行很多在其他体系中不能使用的测量。减少所有噪声是非常重要的。比如,使用非常稳定的电源和脉冲发生器是很重要的。

L-DLTS 的一个明显应用是用非常相似的发射率来区分状态。传统 DLTS 的分辨率太低,导致精细 DLTS 指纹区的"密度"相当混乱。用传统 DLTS 方法,倘若它们有不同的激活能,有时能够通过引导非常宽的率窗范围上的 DLTS 实验用极相似的发射率区分状态。图 5.18 为所举例子。图 5.18(a)给出硅中金的传统 DLTS 峰。这个样品在氢中退火,应该有氢-金峰,但是并不明显。图 5.18(b)中的 L-DLTS 频谱是发射率的谱线密度函数图,其中有两个清楚的峰。[83]知道了发射率可以确定能级。

拉普拉斯 DLTS 已经用于 Pt 掺杂 Si,GaAs 中的 EL2,AlGaAs、GaSb、GaAsP 和 δ 掺杂 GaAs 中的 DX 缺陷。[84]在每种情况中,标准 DLTS 不能给出特征峰,而拉普拉斯 DLTS 谱线揭示了热发射处理的精细结构。

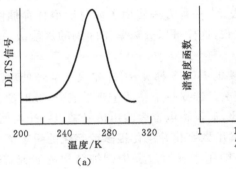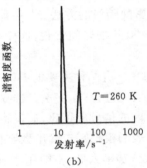

图 5.18 含金的氢化硅谱线(a) DLTS; (b) 拉普拉斯 DLTS。DLTS 峰的产
生是由于来自金受主和金-氢能级的电子发射。拉普拉斯频谱明确
区分了金受主能级和金-氢能级。摘自 Deixler 等[83]

5.6.2 界面态陷阱电荷 DLTS

界面态陷阱电荷 DLTS 使用的仪器与体深能级 DLTS 使用的一样。但是,数据分析是不同的,因为界面陷阱在禁带能级中是连续分布的,而体陷阱的能级是离散的。我们在图 5.19 (a)中举例说明了 MOS 电容器(MOS-C)的界面态陷阱电荷多数载流子 DLTS 概念。对于 n 基底(图 5.19(b))正栅压下电子被俘获,大多数界面陷阱被多数电子占据。负栅压促使器件深度耗空,电子被从界面陷阱中发射出来(图 5.19(c))。被发射的电子会引发一个电容、电流或电荷瞬态现象。虽然电子在很宽的能量范围被发射,来自禁带的上半部分中界面陷阱的发射占大多数。DLTS 非常敏感,使确定界面陷阱密度在中间 $10^9 \, \text{cm}^{-2} \text{eV}^{-1}$ 范围。

用 DLTS 进行的界面陷阱表征最初是用 MOSFETs 实现的。[85] MOSFETs 是三终端器件,较之 MOS 电容器(MOS-Cs)额外有一个优点。通过对源漏进行反偏压和对栅脉冲调制,多数电子被俘获并发射没有受到源-漏收集的少数空穴的干扰。这就承认了禁带上半部分的界面陷阱多数载流子特性。对源-漏施加正偏压,形成一个逆温层,允许少数空穴填充界面陷阱。则少数载流子可以表征,且禁带的下半部分可以探测到。这对 MOS-Cs 来说是不可能的,因为没有少数载流子源。当逆温层确实通过热有效生成,尤其是在较高温度下并拥有高有效生成率,它会干扰多数载流子陷阱 DLTS 测量方法。

MOS 电容器仍然用于界面陷阱的表征。[53,86-87] 和第 6 章讨论的电导技术不同,DLTS 测量与表面电势波动有关。MOS-Cs 电容表达式的公式推导比二极管的更复杂。我们引用了 Johnson[54] 和 Yamasaki 等人[87] 推导得出的主要结果。因为 $q^2 D_{it} = C_{it} \ll C_{ox}$,且 $\delta C = C_{hf}(t_1) - C_{hf}(t_2) \ll C_{hf}$

$$\delta C = \frac{C_{hf}^3}{K_S \varepsilon_0 N_D C_{ox}} \int_{-\infty}^{\infty} D_{it} (e^{-t_2/\tau_e} - e^{-t_1/\tau_e}) \, dE_{it} \tag{5.59}$$

此处

$$\tau_e = \frac{e^{(E_c - E_{it})/kT}}{\gamma_n \sigma_n T^2} \tag{5.60}$$

E_{it} 是界面陷阱的能量。根据式(5.49)最大发射时间为 $\tau_{e,\max} = (t_2 - t_1)/\ln(t_2/t_1)$。与式

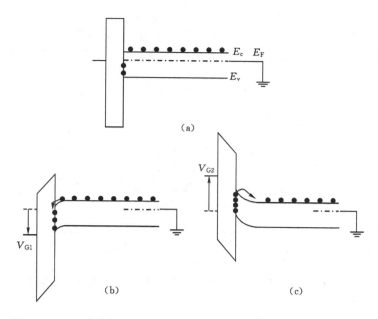

图 5.19 （a）多数载流子俘获；（b）来自界面陷阱的多数载流子发射

（5.60）相结合,其中 $\tau_{e,\max}$ 对应 $E_{it,\max}$,我们发现,此时电子俘获截面不是能量的强函数,

$$E_{it,\max} = E_c - kT\ln\left(\frac{\gamma_n\sigma_n T^2(t_2-t_1)}{\ln(t_2/t_1)}\right) \tag{5.61}$$

其中 $E_{it,\max}$ 是尖峰。如果 D_{it} 在围绕 $E_{it,\max}$ 的若干 kT 的能量范围内缓慢变化,可以认为它是常量且可以从式（5.59）的积分中拿出来。剩下的积分变为

$$\int_{-\infty}^{\infty}(e^{-t_2/\tau_e} - e^{-t_1/\tau_e})\,dE_{it} = -kT\ln(t_2/t_1) \tag{5.62}$$

可以把式（5.59）写作

$$\delta C \approx \frac{C_{hf}^3}{K_S\varepsilon_0 N_D C_{ox}}kTD_{it}\ln(t_2/t_1) \tag{5.63}$$

根据式（5.63）,界面陷阱密度为

$$D_{it} = \frac{K_S\varepsilon_0 N_D C_{ox}}{kTC_{hf}^3\ln(t_2/t_1)}\delta C \tag{5.64}$$

由在时间 (t_2-t_1),能量间隔 $\Delta E = kT\ln(t_2/t_1)$ 的能量 $E_{it,\max}$ 处从界面陷阱发射的电子确定。D_{it} 与 E_{it} 的关系图通过改变 t_1 和 t_2 得到。对于每一个 t_1,t_2 组合,可以从式（5.60）得到 E_{it} 并从式（5.64）得到 D_{it}。如果样品包含体陷阱和界面陷阱,可以根据 DLTS 图形状和峰温度来区分体陷阱和界面陷阱。[87]

对于恒定电容 DLTS 技术,一个类似式（5.64）的方程为[54]

$$D_{it} = \frac{C_{ox}}{qkTA\ln(t_2/t_1)}\Delta V_G \tag{5.65}$$

其中 A 是器件面积，ΔV_G 是为保持电容恒定所需要的栅电压变化。式(5.65)比(5.64)简单，因为不需要知道高频电容或掺杂浓度。图 5.20 所示为 n-Si 的界面陷阱分布，D_{it} 在准静态用 CC-DLTS 技术测量。[88] 两条曲线的差别可能是由于在 DLTS 技术中假定俘获截面是恒定的缘故。

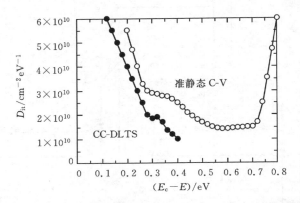

图 5.20　用 CC-DLTS 和准静态方法测量的 n-Si 的界面态陷阱电荷。重印经 Johnson 等人的许可引自参考文献[88]

MOS 电容器也可以用电流 DLTS 方法测量。利用小脉冲方法[89]，脉冲为几十毫伏，可以测量界面陷阱密度和俘获截面。[90] 在恒定温度和恒定率窗下在静止偏压扫描中施加小填充脉冲。随着费米能级扫描禁带，当 τ_e 在费米能级匹配率窗附近的小能量区域内时可以观察到 DLTS 峰。改变率窗或温度给出界面陷阱分布。

5.6.3　光学与扫描 DLTS

光学 DLTS 有很多种实现方式。光可用于(1)确定陷阱的光学特性，比如光学俘获截面，(2)产生电子-空穴对形成小注入现象，(3)在半绝缘材料中产生电子空穴对(ehps)，此处电子注入很困难。光有两个基本作用：它给予被俘获的载流子能量，使其从陷阱向导带或者价带发射，它通过产生电子空穴对改变 n 或 p 型，从而改变中心的俘获特性。扫描电子显微镜中的电子束也能产生电子空穴对，被用于 DLTS 测量。

光学发射：　对于传统的多数载流子发射，n 型基底上的肖特基二极管是零偏压，低温下陷阱被电子填充。代替升高温度或探测由热发射引起的电容或电流瞬态现象，样品被置于足够低的可忽略热发射的温度。光照在样品上，拥有透明的或半透明的接触。当 $h\upsilon < (E_c - E_T)$ 没有禁带光学吸收。当 $h\upsilon > (E_c - E_T)$ 光子激发陷阱中的电子进入导带。式(5.8)有效，但是发射率 e_n 变为 $e_n + e_n^o$，其中 e_n^o 是光学发射率 $e_n^o = \sigma_n^o \Phi$，σ_n^o 是光学俘获截面，Φ 是光子通量密度。陷阱密度可由电容步幅而得，就如在热发射测量方法中一样。这些实验中使用光以确定光陷阱特性，如光截面，利用电容或电流瞬态现象。[30,91-93]

通过改变入射光的能量可以确定电荷状态的多样性。比如，对于一个有两个施主能级的中心，一个增加光能量以激发电子从上层能级进入导带，用电容变化可以探测。倘若所有的电子被激发出那个能级，进一步增加能量使电容不发生改变，直到能量足以激发电子从第二能级进入导带，令电容第二次升高。这种方法被用于确定硅中硫的双施主特性。[94]

在双波长方法中，一个稳态的、高于禁带的背景光产生费米能级下方的陷阱中的空穴和费米能级上方的陷阱中电子的稳态占据。可变能量探知光激发载流子从陷阱中进入任一个带，此时结用脉冲电力调节，[95] 或者由高于禁带的光用光学方法产生电子空穴对。[96] 电子和空穴都能被 scr 的陷阱俘获。当关闭光，载流子被热发射。用这种方法，光仅仅产生电子空穴对；瞬态现象由热发射引起。前面当我们讨论光的应用时提到了其他光学技术用于为测量少数载流子俘获截面而产生电子空穴对。[26,32]

　　光致电流瞬态光谱：　前部分所说的光学技术补充了电学测量方法。尽管测试一般以电学方式实现，光学输入令测试更加简单（少数载流子生成）或者给出补充信息（光截面）。但是纯电学测量方法在高电阻或半绝缘基底中很困难，比如，GaAs 和 InP。于是光学输入可能是一个明显的优点而且在某种情况下是获得深能级杂质的唯一方式。

　　在光致电流瞬态光谱（PITS 或 PICTS）方法中电流是作为时间的函数被测量的。样品拥有顶端半透明欧姆接触。因为基底电阻太高不能测量电容。在 PITS 测量中，光被脉冲照射在样品上，而且光电流升至一稳定值。光脉冲拥有高于或低于禁带的能量。[97] 光脉冲最后的光电流瞬态现象由一个快速降落和紧跟着的一个较慢衰减组成。最初的快速降落是由于电子空穴对复合，而缓慢衰减是由于载流子发射。通过 DLTS 率窗方法可以分析缓慢电流瞬态现象。[98] 随着偏压极性的改变，有时通过测量峰高可以确定能级是电子陷阱还是空穴陷阱。但是，辨认不像电容瞬态现象中那么简单。

　　对于电子陷阱，充足的光强度使光电流饱和，瞬态电流为[99]

$$\delta I = \frac{CN_{\mathrm{T}}}{\tau_e}\exp(-t/\tau_e) \tag{5.66}$$

其中 C 是常数（见式(5.42)）。对温度作图，把式(5.66)微分取适当的温度，δI 在 $t=\tau_e$ 处存在最大值，

$$\frac{\mathrm{d}(\delta I)}{\mathrm{d}T} = \frac{KN_{\mathrm{T}}}{\tau_e^3}(t-\tau_e)\exp(-t/\tau_e)\frac{\mathrm{d}\tau_e}{\mathrm{d}T} \tag{5.67}$$

并令式(5.67)等于零。

　　PITS 并不是很适合于用来确定陷阱浓度，得自陷阱鉴定数据的信息其可靠性随着陷阱能量接近本征费米能级而下降。[108] 当载流子从复合的陷阱发射时，情况会更复杂。半绝缘材料的复合寿命一般相当低。另外，被发射的载流子可以被再次俘获。所有的这些影响使得此方法难以使用。[100] 不幸的是，除了 PITS 没有什么技术能够表征这些材料。

　　扫描 DLTS：　扫描 DLTS(S-DLTS) 使用扫描电子显微镜电子束作为激发源。高空间分辨率——微米范围——是主要优点，但也是缺点之一，因为这么小的取样区域产生非常小的 DLTS 信号。对于传统 DLTS 二极管典型直径在 0.5 到 1mm 范围，在测量过程中所有的区域都是活性的。对 S-DLTS 二极管直径类似，引发大的稳态电容。但是由电子束直径定义的发射活性区域能够小得多，并给出很小的电容变化。最初 S-DLTS 使用电流 DLTS，因为它可以比电容 DLTS 更加敏感。[101] 式(5.41)表明电流与发射时间常数成反比。随着 T 增加，τ_e 减小，从而 I 增加。极其敏感的电容表灵敏度为 10^{-6} pF，由一个在 28 MHz 处的共振调谐 LC 桥和固定不变的缓慢自动零平衡组成，以保证它一直能够以调谐状态运行，其后来的发展承认电容 DLTS 测量。[102] 用 S-DLTS 进行定量测量很困难，[103] 但我们可以通过扫描器件区域、选择一个合适的温度和率窗来绘制特殊杂质的分布。每个扫描点探测几百个杂质原子。[104]

284
285

5.6.4 注意事项

泄漏电流： 贯穿本章始终已经提及了几种测量注意事项。此处我们更多指出一些。器件有时表现出高反偏压泄漏电流。在漏 MOS 电容器的 DLTS 测量中，用比较缓慢的率窗时 DLTS 峰的振幅减小得比预期的强烈得多。这归因于由泄漏电流和热发射引起的载流子俘获的竞争。则热发射率成为表观速率，由下式给出：

$$e_{n,app} = e_n + c_n n \tag{5.68}$$

我们可以把泄漏电流密度写作

$$J_{leak} = qn\upsilon = \frac{qn\upsilon c_n}{c_n} = \frac{qn\upsilon c_n}{\sigma_n \upsilon_{th}} \approx \frac{qnc_n}{\sigma_n} \tag{5.69}$$

假设 $\upsilon \approx \upsilon_{th}$。将式(5.69)代入(5.68)，得到

$$e_{n,app} = e_n + \frac{J_{leak}\sigma_n}{q} \tag{5.70}$$

如果我们假定泄漏电流的形式为[105]

$$J_{leak} = qA^* T^2 e^{-E_A/kT} \tag{5.71}$$

则式(5.28)变为

$$\tau_e T^2 = \frac{\exp((E_c - E_T)/kT)}{\sigma_n \gamma_n (1 - (A^*/\gamma_n)\exp((E_c - E_T - E_A)/kT))} \tag{5.72}$$

如果使用式(5.72)，从阿列纽斯图中得到的陷阱能量和俘获截面中的误差可以计算。[105] 对于漏二极管，一个有两个二极管，具有相似的 $C - V$ 和 $I - V$ 特性的实验体系被驱离相位 180°。[106]

串联电阻： 另一个能够影响 DLTS 响应的不规则器件是器件串联电阻和并联电导。一个 pn 结或肖特基二极管由结电容 C、结电导 G 和串联电阻 r_s 组成，如图 5.21(a)所示。电容表假设器件由图 5.21(b)中的等效并联电路或者图 5.21(c)中的等效串联电路来描述。C_P 和 C_S 可以写作

$$C_P = \frac{C}{(1+r_sG)^2 + (\omega r_s C)^2} \approx \frac{C}{1 + (\omega r_s C)^2}; \quad C_S = C\left(1 + \left(\frac{G}{\omega C}\right)^2\right) \tag{5.73}$$

其中 $\omega = 2\pi f$ 且分母中的"$r_s G$"相在近似表达式中被忽略。

根据下式，DLTS 测量记录了电容的变化

$$\Delta C_P = \frac{\Delta C}{1 + (\omega r_s C)^2}\left(1 - \frac{2(\omega r_s C)^2}{1 + (\omega r_s C)^2}\right); \quad \Delta C_S = \Delta C\left(1 - \left(\frac{G}{\omega C}\right)^2\right) \tag{5.74}$$

其中 ΔC_P 取决于 r_s 而 ΔC_S 取决于 G。令 $r_s = 0$，$G = 0$，$\Delta C_P = \Delta C_S = \Delta C$。然而，随着 r_s 增加，ΔC_P 降低。ΔC_P 和 DLTS 信号可以为零甚至成为负值，多数载流子陷阱会被误认为少数载流子陷阱。[78,107] 同样，随着 G 增加，ΔC_S 降低且也能成负值。

如果认为串联电阻是个问题，我们可以向电路中插入附加外电阻并检查变号。[108] 如果没

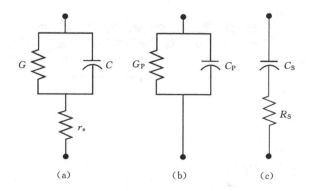

图 5.21 pn 或肖特基二极管中的(a)实际电路;(b)等效并联电路;(c)等效串联电路

有观察到变号,在没有任何附加外电阻时已经出现了一个好机会,测量数据必须被仔细评估。偶尔通过样品背部的氧化层引入一个附加电容,这样也会导致 DLTS 变号。[109]串联电阻对电流 DLTS 不是一个特别难题,因为它本质上是直流测量,不需要电容 DLTS 的高探测频率。

仪器局限性: 为了萃取准确能级,样品温度被精确控制和测量。温度控制和测量的精度达到 0.1 K 是必要的。这并不总是容易做到,因为用于温度测量的热电偶或二极管一般位于一个测试时远离样品的散热片区中。电容表应该足够快以便能够跟得上有益的最小瞬态变化。对于某些测量,有必要在填充脉冲过程中阻挡大电容以避免仪器超载。在参考文献[43]中很好地讨论了仪器的考虑因素。

不完全陷阱填充: 我们假设所有的陷阱在俘获时段被多数载流子填充,在发射时段发射多数载流子。这只是一个假定,其能带图如图 5.22 所示。[110]对于图 5.22(a)中的零偏压器件,W_1 内的陷阱没有填充,因为它们的能级高于费米能级;那些在 W_1 右侧,但是靠近 W_1 的陷阱,填充比更右边的那些慢得多,因为电子密度减小。因此,对于窄填充脉冲,不是所有 W_1 右侧的陷阱都被电子占据。当偏压切换到反偏压,如图 5.22(b),电子被发射。但是,那些在 λ 内的陷阱没有发射电子,因为它们的能量低于费米能级(图 5.22(c)),其中 W_2 是最后的 scr 宽度且 λ 可由下式给出:[45]

287

$$\lambda = \sqrt{\frac{2K_S\varepsilon_0(E_F - E_T)}{q^2 N_D}} \tag{5.75}$$

在 DLTS 测量中只有那些$(W - W_1 - \lambda)$内的陷阱参与。[111]W_1 大多数时候总是被忽略;频率 λ 也被忽略。当 λ 没有被忽略,式(5.17)的电容步幅 ΔC_e 变为[45,112]

$$\Delta C_e = \frac{n_T(0)}{2N_D}C_0 f(W) \tag{5.76}$$

其中

288

$$f(W) = 1 - \frac{(2\lambda/W(V))(1 - C(V)/C(0))}{1 - [C(V)/C(0)]^2} \tag{5.77}$$

$C(0)$ 和 $C(V)$ 分别是电压为零和电压为 V 时的电容。如果可以忽略边界区域,$f(W)$ 成为一个整体。但是,$f(W) < 1$,忽略边界区域可能引入显著误差。[113]

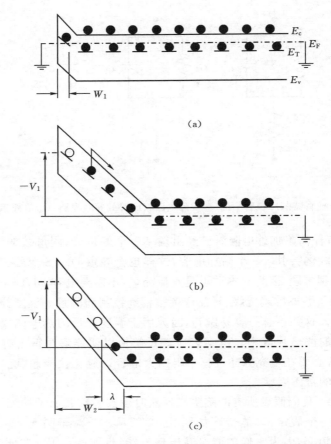

图 5.22　在 n 基底上肖特基二极管的能带图。(a)在填充阶段零偏压
下的二极管；(b)反偏压脉冲后的瞬间；(c)稳态反偏压

黑体辐射：通常的假定是在 DLTS 测量过程中，器件处于暗态。如果器件是在测量温度下封装，这个假定是正确的。但是，如果器件是晶片形态而且在比测量温度高的温度，比如室温下它"看起来"处于部分真空，黑体辐射光谱中的光子可能会引起光发射以增加热发射并得到不正确的激发能量。如果这点很重要，应该在低温和低扫描速率下实验。[114]

● ● ● ● ● ● ● ● ● ● ● ● ● ● ●

5.7　热刺激电容和电流

热刺激电容(TSCAP)和热刺激电流(TSC)测量在 DLTS 之前就已经流行了。这项技术最初用于绝缘体，稍后当人们认识到反偏压 scr 是高电阻区域后又用于较低电阻绝缘体。[115]在测量过程中器件被冷却而且陷阱在零偏压时被多数载流子填充或者通过光注入或者将一个 pn 结正偏压使陷阱被少数载流子填充。则器件处于反偏压，以恒定速率加热，然后测量稳态电容或电流作为温度的函数。随着陷阱发射载流子可以观察到电容步幅或电流峰，如图 5.23所示。

　　TSC 峰的温度或者 TSCAP 步幅的中点 T_m 与激活能有关，$\Delta E = E_c - E_T$ 或者 $\Delta E = E_T - E_v$，关系式如下：[116]

$$\Delta E = kT_m \ln\left(\frac{\gamma_n \sigma_n k T_m^4}{\beta(\Delta E + 2kT_m)}\right) \tag{5.78}$$

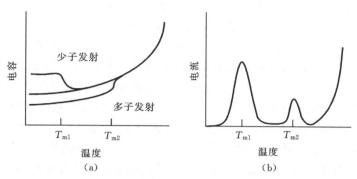

图 5.23　(a)TSCAP 和(b)TSC 示意图，样品多数载流子陷阱密度为 NT，浅少数载流子陷阱密度 2NT。电流在较高温度时增加是因为热产生电流。重印经 Lang 许可。参考文献[45]

对于 p 型样品下标 n 被 p 取代。从 TSC 曲线下面的面积或者 TSCAP 曲线的步高可以得到陷阱密度。

　　设备比 DLTS 中的简单，但是从 TSC 和 TSCAP 中得到的信息更加有限也更加难以解释。热刺激技术允许快速扫过样品测量样品中整个范围的陷阱，当 $N_T \geqslant 0.1 N_D$ 且 $\Delta E \geqslant 0.3$ eV 时正常工作。TSC 峰与加热速率有关，但是 TSCAP 步幅与它无关。TSC 受泄漏电流影响。TSCAP 能够通过电容变化的符号来区别少数和多数载流子陷阱，如图 5.23(a)所示；TSC 不能。热刺激测量已经大多被 DLTS 取代。但是，在高阻材料中，进行 DLTS 测量困难，可以使用 TSC。图 5.24 展示了一个例子，DLTS 和 TSC 两种方法被用于确定高阻硅中的能级。[117] 从数据中得到的缺陷能级与两种方法符合得很好。

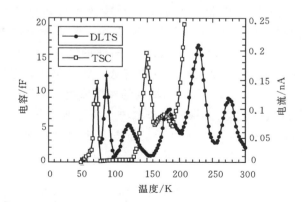

图 5.24　高阻硅的 DLTS 和 TSC 数据。引自参考文献[117]的内容得到了 Elsevier Science-NL 授权，Burgerhartsraat 2S，1055 KV 阿姆斯特丹，荷兰

● ● ● ● ● ● ● ● ● ● ● ● ● ● ●

5.8 正电子湮灭光谱(PAS)

正电子湮灭光谱(PAS)是由于正电子和电子湮灭而发射出的伽马(γ)射线的光谱。它可用于检查没有任何特殊测试结构的半导体中的缺陷,与样品电导率无关,且无破坏性[118]。在讨论 PAS 之前,我们将简要描述正电子,因为在半导体书籍中很少提到它们。正电子与电子类似。它的质量与电子的相同且它的电荷与电子大小相同但是符号相反。1928 年 Dirac 预言了正电子的存在,在 1932 年由 Anderson 在宇宙光云室实验中通过实验方式观察到。弥散通过物质的正电子可能在特定陷阱位被俘获,而且可以研究这些晶格缺陷的特性和密度。

Krause-Rehberg 和 Leipner 给出了有关 PAS 的卓越评论。[118] 在电子和正电子湮灭过程中能量和动量守恒可用于研究固体,因为湮灭参量对晶格缺陷很敏感。以开空间缺陷诸如空位、团聚空位和位错处引入注目的潜在电势的形成为基础,正电子可能被困于晶体缺陷中。当正电子在开空间缺陷被俘获,湮灭参量以特有方式改变。由于较低的电子密度,其寿命增加。动量守恒引起在同一直线的 γ 量子小角扩散或者湮灭能量多普勒位移。重要半导体的大多数正电子寿命和多种空位型缺陷的寿命已经通过实验方法确定。中性和负电的空位型缺陷,以及负离子是半导体中的主要正电子陷阱。在两种缺陷类型中由温度决定的寿命测量可以区分出来。

正电子在最普遍的情况下是在核衰变的过程中产生的,此时多质子核的质子衰变成一个种子,并发射一个正电子和一个微子。比如 $_{11}Na^{22} \rightarrow {}_{10}Ne^{22} +$ 正电子 + 微子。Na^{22} 同位素半衰期为 2.6 年,在发射正电子的 10ps 之内发射 1.27MeV 的 γ 射线。此 γ 射线可用于寿命光谱测量。放射性衰变正电子拥有一个宽的能量范围。为了从这么一个宽频谱中给 PAS 生成一个单色正电子束,正电子通过缓和剂,比如 W,Ni 和 Mo。减速之后典型的正电子能量为 $kT \approx 25meV$。

正电子自己是稳定颗粒,但是当它与电子结合,它们把对方湮灭,正电子-电子对的质量转换成能量,也即伽马射线,如图 5.25 描述的那样。释放的能量是电子静态质量能量的两倍 $2mc^2 = 2 \times 8.19 \times 10^{-14}J = 2 \times 5.11 \times 10^5 eV$,其中 m 是电子静态质量,c 是光的速度。最可能的衰变是发射两条 γ 射线,向相反方向运动。这些 γ 射线的能量,发射方向,发射时间提供了关于正电子-电子对性能和关于它们湮灭处材料的信息。能量和动量守恒要求每一条 γ 射线有正电子-电子体系的一般能量,即 511 keV。湮灭的概率取决于可用电子的密度。

当湮灭发生,伽马射线具有能量,其定向分布取决于湮灭前的电子运动。两条 γ 射线间的角度与 180° 有微小偏差,角偏差 $\Delta\theta$ 取决于电子动量垂直于发射方向的分量,p_{perp}。每一条 γ 射线的能量,E_γ,取决于电子动量平行于发射方向的分量 p_{par}

$$\Delta\theta = \frac{p_{perp}}{mc}; \; E_\gamma = mc^2 + \frac{p_{par}c}{2}; \; \Delta E_\gamma = E_\gamma - mc^2 = \frac{p_{par}c}{2} \tag{5.79}$$

$\Delta\theta$ 和 ΔE_γ 项提供了关于一种材料中电子动量分量的信息。主要是决定 $\Delta\theta$ 和 ΔE_γ 的电子分量,因为正电子在湮灭前能量较低。湮灭前电子状态的附加信息可以通过测量正电子寿命 Δt 得到。湮灭的正电子寿命在低的纳秒级别,但是受改变电子局域密度过程的影响,使寿命成为

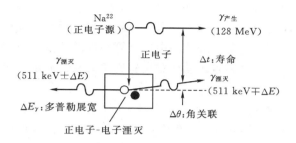

图 5.25 正电子湮灭示意图,展示了正电子产生,正电子-电子
湮灭,γ 射线发射和用于 PAS 的三种主要实验技术

晶体完美性的一个标准。正电子寿命与正电子取样材料的电子密度成反比,使它成为开空间晶格缺陷的唯一探测。寿命是产生正电子和产生伽马射线之间的时间。对纯 Si 是 219ps,对 Si 中的单空位是大约 266ps,对 Si 中的空位对是大约 320ps。[119] 大多数缺陷产生涉及正电子湮没的两种效果。产生负电荷的局部区域的缺陷吸引正电子,且缺陷改变被俘获正电子附近的电子密度和动量分布。这导致 Δt,$\Delta \theta$ 和 ΔE_γ 的改变。

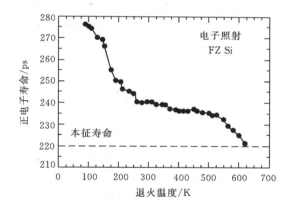

图 5.26 区熔 Si 材料的正电子寿命与退火温度的关系图。样品用 2MeV 的电子
照射,$T = 4$ K,照射剂量 10^{18} cm^{-2}。本体寿命引自无空位样品。参考
Krause-Rehberg 和 Leipner 的研究结果[118]

正电子寿命可用两个快速 γ 射线探测器和一个计时电路测量。很多正电子源,包括 Na,在正电子发射后的几个皮秒之内发射伽马射线(图 5.25 中的 γ_{birth})。此 γ 射线的探测给测试中向材料注入正电子发出信号。$\Delta \theta$ 用正电子角关联分光计测量。在湮没辐射的角关联中,我们要测量两个 γ 湮没中光子的方向间的角度。如果正电子-电子对是静止的,它湮没过程中的动量守恒需要 γ 射线向相反方向移动。如果这个对具有有限动量,它会使两条伽马射线之间的角度偏离 $180°$。测量包括湮没以接近 $180°$ 的角度发射出来的 γ 射线的计数对,如图 5.25 所示。$\Delta \theta$ 的典型数值在 0.01rad 数量级。电子照射之后的正电子寿命在图 5.26 中举例说明,这里 2MeV 电子照射产生被退火了的空位,而且寿命是空位密度的一项测量标准。据评估初始空位密度为 3×10^{17} cm^{-3}。[118]

湮灭正电子-电子对的运动引起 511 keV 的 γ 射线能量发生多普勒位移。能量 E_γ 由正电子多普勒加宽线形分光计测量。由于电子动量 511 keV 伽马射线的线形被加宽而且通常被描述为"S 参量"。定义 S 参量为把 511 keV 峰中部计算在内的数量,包括大约总面积的一半,除以把峰计算在内的总数量。寿命和多普勒加宽实验比角关联的应用更普遍。后面需要更复杂的设备。

PAS 对低于平均电子密度的区域开发了正电子的高灵敏度,这些区域包括空位、空位团、孔洞和半导体的其他缺陷,比如,位错、晶界和界面。任何产生空位的处理适用于 PAS,比如小空位成群,因太小不能进行电子显微镜探测的离子灌输也可以探测。PAS 还被用于研究辐射损害和 SiO_2-Si 界面。[119] 多普勒加宽反映了被正电子湮没的电子的动量状态。在空位被俘获的正电子有更高的概率被具有较低动量的电子湮没,因此 S 参量随着空位或空位型缺陷的存在而增加。测量 S 参量作为退火的函数,允许灌输离子的样品根据灌输中空位产生和随后灌输损坏退火过程中的破坏被表征。[120] 为了研究由深度确定的缺陷,灌输了能量为 $0.1 \sim 30$ keV 的正电子束。但是,也有一个深度清晰度限制,因为正电子灌输剖面随着增加正电子能量而被加宽,且其半高宽与普通的灌输深度一致。被灌输正电子的陷阱位也与取决于它们灌输之后的热扩散。通过重复化学腐蚀和正电子测量使深度清晰度被增强。[121] 在 B 和 P 离子灌输 Si 的缺陷剖面和退火性能表面在远离被灌输的离子剖面处发生。正电子发射已经被应用于显微镜方法,此处正电子取代电子用于扫描电子显微镜。[122]

5.9　优点和缺点

DLTS 是如今最普通的深能级表征技术,已经取代了热刺激电流和电容。它有助于大量不同的实现方式和设备在商业上应用。虽然 DLTS 在本质上是分光技术,给出陷阱能量,它通常不易对每一个特定的 DLTS 谱图指出明确的杂质。杂质的辨认并不总是简单的。

电容瞬态光谱:其优点在于测量方便。大多数体系使用商业电容表或者电容桥并补充信号处理功能(锁相放大器、脉冲串积分器或者计算机)。我们可以分辨多子和少子间的区别,且其灵敏度不依赖发射时间常数。其主要缺点是不能表征高电阻率衬底。灵敏度与时间常数无关的事实是个缺点,因为灵敏度不能被改变。拉普拉斯 DLTS 得到极高分辨率的图能够分辨能级紧密靠在一起的陷阱。

电流瞬态光谱:其优点在于能够表征导电和半绝缘基底。电流与发射时间常数成反比的事实承认通过改变时间常数能够改变这种方法的敏感度。这使得它能用于扫描 DLTS 中。其缺点是它与二极管质量有关,泄漏电流会干扰测量。

光学 DLTS:其优点在于不需要 pn 结就能够创造少数载流子。材料中的 pn 结难以表征。O - DLTS 被用于确定杂质光学截面。其主要缺点在于需要光。低温杜瓦瓶必须有透明观察孔线,且必须用到单色仪或脉冲光源。

正电子湮灭光谱:其优点在于对固体中的缺陷可进行遥控且无破坏性的表征。它可以进行取决于深度的缺陷表征。其缺点是它主要对空位型缺陷如空位敏感,需要不适用大多数研究者的精细设备。

附录 5.1

激活能和俘获截面

发射率和俘获截面之间的关系一般可以写作

$$e_n = \sigma_n \upsilon_{th} N_c \exp((E_c - E_T)/kT) \tag{A5.1}$$

此关系式常用于确定 E_T 和 σ_n。但是，当从 $\ln(\tau_e T^2)$ 和 $1/T$ 的关系图截距确定俘获截面时，会引起相当大的误差。

根据热力学我们得到如下定义：[123]

$$G = H - TS; \qquad H = E + pV \tag{A5.2}$$

其中 G 是吉布斯自由能，H 是焓，E 是内能，T 是温度，S 是熵，p 是压强，V 是体积。热力激发电子从陷阱进入导带的能量为 ΔG_n。[124]式（A5.1）变为

$$e_n = \sigma_n \upsilon_{th} N_c \exp(-\Delta G_n/kT) \tag{A5.3}$$

根据式（A5.2），$\Delta G_n = \Delta H_n - T\Delta S_n$，$T$ 为常数。将其代入式（A5.3），发射率为

$$e_n = \sigma_n X_n \upsilon_{th} N_c \exp(-\Delta H_n/kT) \tag{A5.4}$$

其中 $X_n = \exp(\Delta S_n/k)$ 是熵因子，说明伴随电子从陷阱发射到导带过程熵的变化。熵的改变可以表示成 $\Delta S_n = \Delta S_{ne} + \Delta S_{na}$，其中 ΔS_{ne} 是由于电子简并的改变，ΔS_{na} 源于原子振动变化。

电子贡献可以用两个简并系数表达：g_0 是没有被电子占据的陷阱的简并系数，g_1 是被一个电子占据的陷阱的简并系数，得出

$$X_n = (g_0/g_1)\exp(\Delta S_{na}/k) \tag{A5.5}$$

简并系数因深能级杂质而为众人所知。利用浅能级的值，$\Delta S_{na} \approx$ 几个 k，X_n 很容易达到 10 ～100。

式（A5.4）说明根据 $\ln(\tau_e T^2)$ 或 $\ln(T^2/e_n)$ 与 $1/T$ 的关系图确定的能量是焓，前因子可以写作 $\sigma_{n,\text{eff}} \upsilon_{th} N_c$，且 $\sigma_{n,\text{eff}} = \sigma_n X_n$。换句话说，有效俘获截面与真正的俘获截面相差一个系数 X_n。如果没有这个差别，所得到的截面则明显地有严重误差。有效截面比真正截面大 50 倍或者更多并不稀奇。[15] 表 5.2 中有例子。

当 σ_n 与温度相关会出现额外的复杂因素。某些截面遵从下面的关系式：

$$\sigma_n = \sigma_\infty \exp(-E_b/kT) \tag{A5.6}$$

其中 σ_∞ 是当 $T \to \infty$ 时的截面，E_b 是截面激活能。式（A5.4）变为

$$e_n = \sigma_n X_n \upsilon_{th} N_c \exp\left(-\frac{\Delta H_n + E_b}{kT}\right) \tag{A5.7}$$

在阿列纽斯图条件下不能准确得到陷阱能级或它的外延截面。另外，如果俘获截面与电场有

关,会出现更多的错误。在 Lang 等人的著作中很好地讨论了能级、焓、熵、俘获截面等。[15]在 Thurmond 和 Van Vechten 的著作中可以找到进一步的热力学推导公式。[125-126]

一种非热力学方法根据 $\Delta E_T = \Delta E_{T0} - \alpha T$ 定义能量 $\Delta E_T = E_c - E_T$ 为温度关系式。式 (A5.5)中的简并率被写作 g_n。[117]式(A5.1)变为

$$e_n = \sigma_n X_n \upsilon_{th} N_c \exp(-\Delta E_{T0}/kT) \tag{A5.8}$$

现在这里 $X_n = g_n \exp(\alpha/k)$。我们发现能量与 $T \to 0K$ 时的能量一样,截面还是 $\sigma_n X_n$,虽然现在 X_n 的定义不同了。

● ● ● ● ● ● ● ● ● ● ● ● ● ● ● ●

附录 5.2

时间常数提取

肖特基势垒或包含杂质的 $p^+ n$ 结的电容可从式(5.11)得到

$$C = K \sqrt{\frac{N_D - N_T \exp(-t/\tau_e)}{V_{bi} - V}} \tag{A5.9}$$

其中 $n_T(0) = N_T$,如果我们为了简化限制发射瞬态现象。

如何确定 τ_e? 提取 τ_e 的一种方法是根据式(A5.9)做 $dV/d(1/C^2)$,为[8]

$$\left. \frac{dV}{d(1/C^2)} \right|_{t=\infty} - \left. \frac{dV}{d(1/C^2)} \right|_t = K^2 N_T \exp(-t/\tau_e) \tag{A5.10}$$

295 另外作 $\ln$(式(A5.10)左侧)和 t 的关系图。从图中的斜率得到 τ_e,且在 $t=0$ 处的截距为 $\ln (K^2 N_T)$。这种方法对关系 N_D 的 N_T 没有数量级的限制。

另一种方法定义 $f(t) = C(t)^2 - C_0^2 = [-K^2 N_T/(V_{bi} - V)] \exp(-t/\tau_e)$,其中 C_0 是式 (A5.9)中当 $N_T = 0$ 时的电容。在恒定的温度下进行测量。对 $f(t)$ 微分并乘以 t

$$t \frac{df}{dt} = \frac{K^2 N_T}{V_{bi} - V} \frac{t}{\tau_e} \exp(-t/\tau_e) \tag{A5.11}$$

当对 t 作图,在 $t=\tau$ 处 tdf/dt 有最大值 $K^2 N_T/[e(V_{bi}-V)]$。[72]从而在曲线中确定最大值得到时间常数。

对于 $N_T \ll N_D$,我们可以写作[见式(5.16)]

$$C = C_0 \left[1 - \left(\frac{n_T(0)}{2N_D} \right) \exp(-t/\tau_e) \right] = C_0 \left[1 - \left(\frac{N_T}{2N_D} \right) \exp(-t/\tau_e) \right] \tag{A5.12}$$

式(A5.12)已经被用于多种方法以求取 τ_e。在两点法中,$C-t$ 指数时间变化曲线在 $t=t_1$ 和 $t =t_2$ 处取样。[42]根据式(5.49)

$$\tau_{e,\max} = \frac{t_2 - t_1}{\ln(t_2/t_1)} \tag{A5.13}$$

在三点法中,恒定温度下在 $C-t$ 曲线上取三点进行测量,$t=t_1$ 处 $C=C_1$;$t=t_2$ 处 $C=C_2$;$t=t_3$ 处 $C=C_3$ 。[128] 从式(A5.12)

$$\frac{C_1-C_2}{C_2-C_3} = \frac{\exp(\Delta t/\tau_e)-1}{1-\exp(\Delta t/\tau_e)} \tag{A5.14}$$

其中 $\Delta t=t_2-t_1=t_3-t_2$ 。式(A5.14)对 τ_e 的解是

$$\tau_e = \frac{\Delta t}{\ln[(C_1-C_2)/(C_2-C_3)]} \tag{A5.15}$$

Δt 的一个好的选择是 $\tau_e/2$,但是 τ_e 当然并不是一个先验,尽管它的一阶值可以从电容衰变曲线的"$1/e$ 点"得到。

还有一项技术基于一个非常困难的方法。假设函数 $y_1=y(t)=A\exp(-t/\tau)+B$,就是说,一个指数衰变函数是以直流为背景。我们定义第二个函数 $y_2=y(t+\Delta t)=A\exp[-(t+\Delta t)/\tau]+B$。第二个函数是通过向第一个函数中的时间 t 简单地添加一个常量增量 Δt 而得到的。y_2 和 y_1 的关系图是条直线,其斜率为 $m=\exp(-\Delta t/\tau)$,在 y_2 轴上的截距为 $B(1-m)$。[129]τ 通过斜率和 Δt 计算而来,B 通过截距和斜率得到。Δt 应该比 τ 小,但并不小太多,比如,$\Delta t\approx 0.1$ 到 0.5τ。

Istratov 和 Vyvenko 给出了关于衰变时间提取的极其优秀的讨论。[130] 对于有单一指数衰变的单一能级杂质,瞬态现象通过

$$f(t) = A\exp(-\lambda t)+B \tag{A5.16}$$

表征,其中 A 是衰变振幅,B 是常数(基线偏离),λ 是衰变率、衰变常数或率常数,是衰变时间常数 τ 的倒数($\tau=1/\lambda$)。如果衰变由式(A5.16)的 n 项指数的和组成,则

$$f(t) = \sum_{i=1}^{n} A_i\exp(-\lambda_i t) \tag{A5.17}$$

296

忽略基线偏离 B。这种行为被不只一个能级影响。任何多指数分析的目的是确定指数成分的数量 n,它们的振幅为 A_i,衰变率为 λ_i。根据谱函数 $g(\lambda)$ 而不是离散指数瞬态现象的和给出的假设,衰变是由于发射率的连续分布

$$f(t) = \int_0^\infty g(\lambda)\exp(-\lambda t)\mathrm{d}\lambda \tag{A5.18}$$

其中 $g(\lambda)$ 是谱函数。比如这样的性能由 SiO_2/Si 界面处禁带中能量连续分布的界面陷阱展示。

指数分析的主要目标是分辨在实验测量衰变中与接近的时间常数的指数组成。为了在指数分析中达到高分辨率,记录瞬态现象知道其完全衰变是非常重要的。因为有相近衰变率 $\exp(-\lambda_1 t)$ 和 $\exp(-\lambda_2 t)$ 的两个指数振幅的比率以 $\exp[(\lambda_2-\lambda_1)t]$ 的关系随时间增加,如果能监测衰变足够长的时间,这些指数总是能,至少在理论上能被分辨开。由于指数是时间的衰变函数,瞬态现象应该在信号振幅超过噪声能级这段时间被监测。当信噪比 $S/R=100$,测量时间应该至少为 4.6τ;当 $S/R=1000$ 大约 6.9τ;而当 $S/R=10^4$ 时至少 9.2τ。[130] 这点在实验和数值模拟中常被忽略。

考察图 A5.1 中的例子。在图 A5.1(a)中 24 个数据点按照二重指数关系式 $f_2(t) = 2.202\exp(-4.45t) + 0.305\exp(-1.58t)$ 和三重指数关系式 $f_3(t) = 0.0951\exp(-t) + 0.8607\exp(-3t) + 1.5576\exp(-5t)$ 拟合。Lanczos(方法)显示两个指数的和可能在两个小数位内通过三个具有完全不同的时间常数和振幅的指数之和被复制。[131]但是,如图 A5.1(b)所示,当数据延伸到较长时段可以观察到差异。然而,两条曲线之间的差异不会超过衰变振幅的 0.001,且只有当 S/R 超过 1000 时才能被探测到。

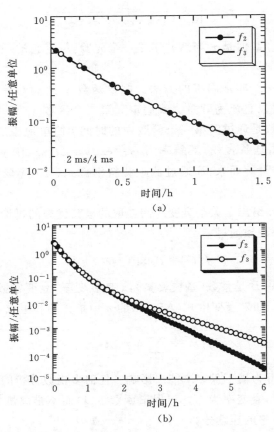

图 A5.1 (a)数据拟合按照二重指数关系式 $f_2(t) = 2.202\exp(-4.45t) + 0.305\exp(-1.58t)$ 和三重指数关系式 $f_3(t) = 0.0951\exp(-t) + 0.8607\exp(-3t) + 1.5576\exp(-5t)$。$f_2(t)$ 和 $f_3(t)$ 之间的差别小于线宽;(b)曲线隔开 2 h,但是间隔的绝对值仅仅小于衰变振幅的 0.001。取自参考文献[131]

附录 5.3

Si 和 GaAs 数据

Si 和 GaAs 的阿列纽斯图如图 A5.2 和 A5.3 所示。在图 A5.2 中,$(300/T)^2 e_n$ 和 $(300/T)^2 e_p$

代替 $\tau_n T^2$ 和 $\tau_p T^2$ 作图，斜率为负。深能级杂质金属无论在哪儿显示都有可能，元素下列出的数字是它们根据斜率计算得来的能级。上标是 Chen 和 Milnes 的综述论文中给出的参考。[3]

298

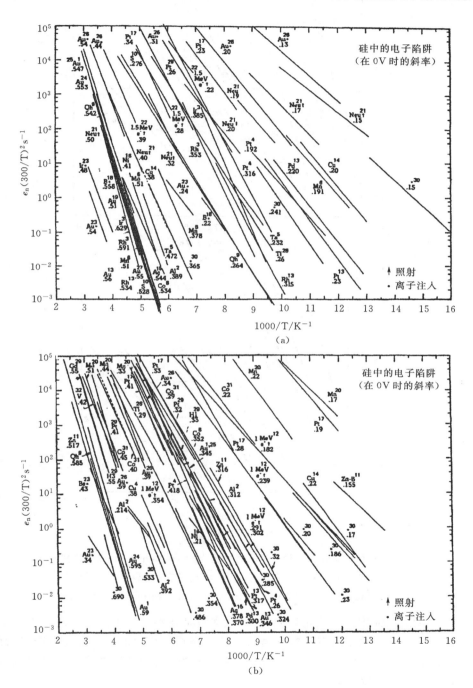

图 A5.2　根据电容瞬态测量得到的阿列纽斯图：Si 中的 (a) 电子陷阱；(b) 空穴陷阱。垂直轴是 $(300/T^2)e_{n,p}$ 代替 $\tau_{n,p} T^2$。重印引用得到授权，资料来自 Annual Review of Material Science，Vol. 10，© 1980，Annual Reviews Inc.

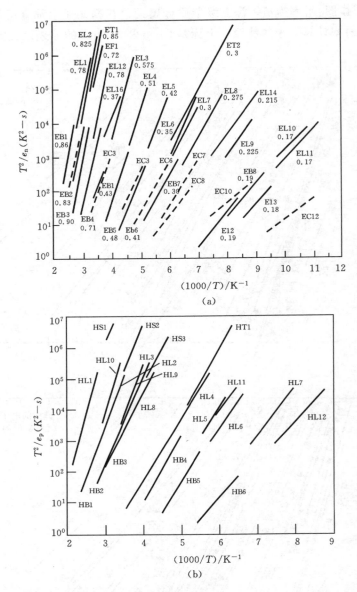

图 A5.3　根据电容瞬态测量得到的阿列纽斯图:GaAs 中的(a)电子陷阱;(b)
空穴陷阱。垂直轴是 $T^2/e_{n,p}$ 代替 $\tau_{n,p} T^2$。转载经 Martin 等[17] 和
Mitonneau 等[17] 许可。© Institution of Electrical Engineers.

　　表 A5.1 列出了 Si 中经典痕量杂质,一般大多数是在器件加工过程中或在 1 - MeV 电子
束照射之后产生的。[132] 根据瞬态电容光谱可以确定杂质。DLTS 光谱已经与金属杂质、生长
相关杂质、氧化、热处理、电子和质子照射、断层相关状态、电子激励缺陷和激光退火有关。显
示了缺陷和杂质反应的确认温度体制。

　　一个未知的 DLTS 峰可以通过两种方法与表 A5.1 中的数据相比较。[132] 第一种,$\tau_e T^2$ 和
$1/T$ 的阿列纽斯图可以利用温度常数为 1.8 ms(τ)时已知峰上的温度点和从表中的激活能
(E_T)给出的斜率建立。另外,分析仪器使用任何的时间常数,由于列出的缺陷信号都应该产

生,此温度可以通过迭代法确定。一个简单的电脑程序设定比率 R,

$$R = \frac{\tau_1 T_1^2 \exp(-E_T/kT_1)}{\tau_2 T_2^2 \exp(-E_T/kT_2)} \tag{A5.19}$$

其中下标 1 代表表 A5.1 中的值,下标 2 代表特定测量方法的值。当 $\tau_1 > \tau_2$,温度 T_2 增加;当 $\tau_1 < \tau_2$,温度 T_2 减小,直到 $R = 1$。

表 A5.1　硅电容瞬态光谱特性

缺陷类型	T/K 1.8 ms	E_T/eV	σ_{maj}/cm^2	退火	备注[a]
银	286	$E(0.51)$	10^{-16}		$Q, *, FZ$
	184	$H(0.38)$	—		$Q, *, FZ$
金	288	$E(0.53)$	2×10^{-16}		$Q, *, FZ$
	173	$H(0.35)$	$> 10^{-15}$		$Q, *, FZ$
铜	112	$H(0.22)$	6×10^{-14}	外 150℃	$Q, *, FZ$
	242	$H(0.41)$	8×10^{-14}		$Q, *, FZ$
铁	181	$E(0.35)$	6×10^{-15}		$Q, *, FZ$
(Fe-B)	59	$H(0.10)$	$> 4 \times 10^{-15}$	外 >150℃	$Q, *, FZ$
(Fe$_i$)	267	$H(0.46)$		内 >150℃,外 >200℃	$Q, *, FZ$
	208	$E(0.21)$	—		S, FZ
	299	$E(0.46)$	—		S, FZ
	184	$H(0.23)$	—		S, FZ
	170	$E(0.35)$	—		Q, CG
	168	$H(0.30)$	5×10^{-15}		Q, CG
	237	$H(0.43)$	—		Q, CG
	220	$H(0.47)$	—		Q, CG
锰	68	$E(0.11)$	—		Q, FZ
	216	$E(0.41)$	10^{-15}		Q, FZ
	81	$H(0.13)$	$> 2 \times 10^{-15}$		Q, FZ
镍	257	$E(0.43)$	5×10^{-16}		Q, FZ
	88	$E(0.41)$	$\sim 10^{-16}$	外 150℃	Q, FZ
铂	114	$E(0.22)$	$> 4 \times 10^{-15}$		Q, FZ
	174	$E(0.30)$	$\sim 10^{-15}$		Q, FZ
	87	$H(0.22)$			Q, FZ
氧-施主	在凝固点之下	$E(0.07)$	$\sim 10^{-15}$	内 400℃,外 600℃	$*, CG$
	58	$E(0.15)$	—	内 400℃,外 600℃	$*, CG$
热处理	59,60	$E(0.15)$		内 900℃	$*, CG$
	112	$E(0.22)$	$> 3 \times 10^{-15}$	内 900℃	$*, CG$
	228	$E(0.47)$	2×10^{-16}	内 900℃	$*, CG$

缺陷类型	T/K 1.8 ms	E_T/eV	σ_{maj}/cm^2	退火	备注[a]
激光施主	115	$E(0.19)$	7×10^{-16}	外 550℃	Q,FZ,CG
	200	$E(0.33-0.36)$	5×10^{-16}	外 650℃	Q,FZ,CG
	211	$H(0.36)$	5×10^{-19}		Q,FZ,CG
空位-氧	98	$E(0.18)$	5×10^{-16}	内 −43℃,外 350℃	1MeV,CG
空位-空位	139	$E(0.23)$		外 300℃	1MeV,CG,FZ
	245	$E(0.41)$	—	外 300℃	1MeV,CG,FZ
	123	$H(0.21)$	10^{-14}	外 300℃	1MeV,CG,FZ
磷-空位	237	$E(0.44)$	2×10^{-16}	外 150℃	1MeV,CG,FZ
$C_s - C_i$	204	$H(0.36)$	4×10^{-15}	内 430℃	1MeV,CG,FZ
位错	225	$E(0.38)$	2×10^{-16}		FZ
	206	$H(0.35)$	$>10^{-16}$		FZ
点缺陷杂物	288	$E(0.63-0.68)$	8×10^{-17}	外 800℃	FZ,横向滑移
			1.4×10^{-15}		
			$>5\times10^{-17}$		

来源:参考文献[132]。记号:Q=淬过火的材料,*=扩散结,S=缓慢冷却,FZ=区熔法生长,CG=坩埚生长,1MeV=电子轰击。

参 考 文 献

1. B.D. Choi and D.K. Schroder, "Degradation of Ultrathin Oxides by Iron Contamination," *Appl. Phys. Lett.* **79**, 2645–2647, Oct. 2001; Y.H. Lin, Y.C. Chen, K.T. Chan, F.M. Pan, I.J. Hsieh, and A. Chin, "The Strong Degradation of 30 Å Gate Oxide Integrity Contaminated by Copper," *J. Electrochem. Soc.* **148**, F73–F76, April 2001.

2. A.G. Milnes, *Deep Impurities in Semiconductors*, Wiley-Interscience, New York, 1973.

3. J.W. Chen and A.G. Milnes, "Energy Levels in Silicon," in *Annual Review of Material Science* (R.A. Huggins, R.H. Bube and D.A. Vermilyea, eds.), Annual Reviews, Palo Alto, CA, **10**, 157–228, 1980; A.G. Milnes, "Impurity and Defect Levels (Experimental) in Gallium Arsenide," in *Advances in Electronics and Electron Physics* (P.W. Hawkes, ed.), Academic Press, Orlando, FL, **61**, 63–160, 1983.

4. M. Jaros, *Deep Levels in Semiconductors*, A. Hilger, Bristol, 1982.

5. C.T. Sah, L. Forbes, L.L. Rosier and A.F. Tasch Jr., "Thermal and Optical Emission and Capture Rates and Cross Sections of Electrons and Holes at Imperfection Centers in Semiconductors from Photo and Dark Junction Current and Capacitance Experiments," *Solid-State Electron.* **13**, 759–788, June 1970.

6. R.N. Hall, "Electron-Hole Recombination in Germanium," *Phys. Rev.* **87**, 387, July 1952.

7. W. Shockley and W.T. Read, "Statistics of the Recombinations of Holes and Electrons," *Phys. Rev.* **87**, 835–842, Sept. 1952.

8. R. Williams, "Determination of Deep Centers in Conducting Gallium Arsenide," *J. Appl. Phys.* **37**, 3411–3416, Aug. 1966; R.R. Senechal and J. Basinski, "Capacitance of Junctions on Gold-Doped Silicon," *J. Appl. Phys.* **39**, 3723–3731, July 1968; "Capacitance Measurements on Au-GaAs Schottky Barriers," *J. Appl. Phys.* **39**, 4581–4589, Sept. 1968.

9. M. Bleicher and E. Lange, "Schottky-Barrier Capacitance Measurements for Deep Level Impurity Determination," *Solid-State Electron.* **16**, 375–380, March 1973.

10. R.F. Pierret, *Advanced Semiconductor Fundamentals*, Addison-Wesley, Reading, MA, 1987, 146–152.

11. W. Shockley, "Electrons, Holes, and Traps," *Proc. IRE* **46**, 973–990, June 1958.

12. C.T. Sah, "The Equivalent Circuit Model in Solid-State Electronics—Part I: The Single Energy Level Defect Centers," *Proc. IEEE* **55**, 654–671, May 1967; "The Equivalent Circuit Model in Solid-State Electronics—Part II: The Multiple Energy Level Impurity Centers," *Proc. IEEE* **55**, 672–684, May 1967.

13. P.A. Martin, B.G. Streetman and K. Hess, "Electric Field Enhanced Emission from Non-Coulombic Traps in Semiconductors," *J. Appl. Phys.* **52**, 7409–7415, Dec. 1981.

14. A.F. Tasch, Jr. and C.T. Sah, "Recombination-Generation and Optical Properties of Gold Acceptor in Silicon," *Phys. Rev.* **B1**, 800–809, Jan. 1970.

15. D.V. Lang, H.G. Grimmeiss, E. Meijer and M. Jaros, "Complex Nature of Gold-Related Deep Levels in Silicon," *Phys. Rev.* **B22**, 3917–3934, Oct. 1980.

16. H.D. Barber, "Effective Mass and Intrinsic Concentration in Silicon," *Solid-State Electron.* **10**, 1039–1051, Nov. 1967.

17. G.M. Martin, A. Mitonneau and A Mircea, "Electron Traps in Bulk and Epitaxial GaAs Crystals," *Electron. Lett.* **13**, 191–193, March 1977; A. Mitonneau, G.M. Martin, and A Mircea, "Hole Traps in Bulk and Epitaxial GaAs Crystals," *Electron. Lett.* **13**, 666–668, Oct. 1977.

18. W.B. Leigh, J.S. Blakemore and R.Y. Koyama, "Interfacial Effects Related to Backgating in Ion-Implanted GaAs MESFET's," *IEEE Trans. Electron Dev.* **ED-32**, 1835–1841, Sept. 1985.

19. J.A. Pals, "Properties of Au, Pt, Pd and Rh Levels in Silicon Measured with a Constant Capacitance Technique," *Solid-State Electron.* **17**, 1139–1145, Nov. 1974.

20. H. Okushi and Y. Tokumaru, "A Modulated DLTS Method for Large Signal Analysis (C^2–DLTS)," *Japan. J. Appl. Phys.* **20**, L45–L47, Jan. 1981.

21. W.E. Phillips and J.R. Lowney, "Analysis of Nonexponential Transient Capacitance in Silicon Diodes Heavily Doped with Platinum," *J. Appl. Phys.* **54**, 2786–2791, May 1983.

22. A.C. Wang and C.T. Sah, "Determination of Trapped Charge Emission Rates from Nonexponential Capacitance Transients Due to High Trap Densities in Semiconductors," *J. Appl. Phys.* **55**, 565–570, Jan. 1984.

23. D. Stiévenard, M. Lannoo and J.C. Bourgoin, "Transient Capacitance Spectroscopy in Heavily Compensated Semiconductors," *Solid-State Electron.* **28**, 485–492, May 1985.

24. F.D. Auret and M. Nel, "Detection of Minority-Carrier Defects by Deep Level Transient Spectroscopy Using Schottky Barrier Diodes," *J. Appl. Phys.* **61**, 2546–2549, April 1987.

25. L. Stolt and K. Bohlin, "Deep-Level Transient Spectroscopy Measurements Using High Schottky Barriers," *Solid-State Electron.* **28**, 1215–1221, Dec. 1985.

26. C.H. Henry, H. Kukimoto, G.L. Miller and F.R. Merritt, "Photocapacitance Studies of the Oxygen Donor in GaP. II. Capture Cross Sections," *Phys. Rev.* **B7**, 2499–2507, March 1973; A.C. Wang and C.T. Sah, "New Method for Complete Electrical Characterization of Recombination Properties of Traps in Semiconductors," *J. Appl. Phys.* **57**, 4645–4656, May 1985.

27. J.A. Borsuk and R.M. Swanson, "Capture-Cross-Section Determination by Transient-Current Trap-Filling Experiments," *J. Appl. Phys.* **52**, 6704–6712, Nov. 1981.

28. S.D. Brotherton and J. Bicknell, "The Electron Capture Cross Section and Energy Level of the Gold Acceptor Center in Silicon," *J. Appl. Phys.* **49**, 667–671, Feb. 1978.

29. A. Zylbersztejn, "Trap Depth and Electron Capture Cross Section Determination by Trap Refilling Experiments in Schottky Diodes," *Appl. Phys. Lett.* **33**, 200–202, July 1978.

30. H. Kukimoto, C.H. Henry and F.R. Merritt, "Photocapacitance Studies of the Oxygen Donor in GaP. I. Optical Cross Sections, Energy Levels, and Concentration," *Phys. Rev.* **B7**, 2486–2499, March 1973.

31. S.D. Brotherton and J. Bicknell, "Measurement of Minority Carrier Capture Cross Sections and Application to Gold and Platinum in Silicon," *J. Appl. Phys.* **53**, 1543–1553, March 1982.

32. B. Hamilton, A.R. Peaker and D.R. Wight, "Deep-State-Controlled Minority-Carrier Lifetime in n-Type Gallium Phosphide," *J. Appl. Phys.* **50**, 6373–6385, Oct. 1979; R. Brunwin, B. Hamilton, P. Jordan and A.R. Peaker, "Detection of Minority-Carrier Traps Using Transient Spectroscopy," *Electron. Lett.* **15**, 349–350, June 1979.

33. C.T. Sah, "Bulk and Interface Imperfections in Semiconductors," *Solid-State Electron.* **19**, 975–990, Dec. 1976.

34. J.A. Borsuk and R.M. Swanson, "Current Transient Spectroscopy: A High-Sensitivity DLTS System," *IEEE Trans. Electron Dev.* **ED-27**, 2217–2225, Dec. 1980.

35. P.K. McLarty, D.E. Ioannou and H.L. Hughes, "Deep States in Silicon-on-Insulator Substrates Prepared by Oxygen Implantation Using Current Deep Level Transient Spectroscopy," *Appl. Phys. Lett.* **53**, 871–873, Sept. 1988.

36. P.V. Kolev and M.J. Deen, "Constant-Resistance Deep-Level Transient Spectroscopy in Submicron Metal-Oxide-Semiconductor Field-Effect Transistors," *J. Appl. Phys.* **83**, 820–825, Jan. 1998.

37. M.G. Collet, "An Experimental Method to Analyse Trapping Centres in Silicon at Very Low Concentrations," *Solid-State Electron.* **18**, 1077–1083, Dec. 1975.

38. I.D. Hawkins and A.R. Peaker, "Capacitance and Conductance Deep Level Transient Spectroscopy in Field-Effect Transistors," *Appl. Phys. Lett.* **48**, 227–229, Jan. 1986.

39. J.M. Golio, R.J. Trew, G.N. Maracas and H. Lefèvre, "A Modeling Technique for Character-

izing Ion-Implanted Material Using C-V and DLTS Data," *Solid-State Electron.* **27**, 367–373, April 1984.

40. J.W. Farmer, C.D. Lamp and J.M. Meese, "Charge Transient Spectroscopy," *Appl. Phys. Lett.* **41**, 1063–1065, Dec. 1982.

41. K.I. Kirov and K.B. Radev, "A Simple Charge-Based DLTS Technique," *Phys. Stat. Sol.* **63a**, 711–716, Feb. 1981.

42. D.V. Lang, "Deep-Level Transient Spectroscopy: A New Method to Characterize Traps in Semiconductors," *J. Appl. Phys.* **45**, 3023–3032, July 1974; D.V. Lang, "Fast Capacitance Transient Apparatus: Application to ZnO and O Centers in GaP p-n Junctions," *J. Appl. Phys.* **45**, 3014–3022, July 1974.

43. ASTM Standard F 978-90, "Standard Test Method for Characterizing Semiconductor Deep Levels by Transient Capacitance," *1996 Annual Book of ASTM Standards*, Am. Soc. Test., Conshohocken, PA, 1996.

44. G.L. Miller, D.V. Lang and L.C. Kimerling, "Capacitance Transient Spectroscopy," in *Annual Review Material Science* (R.A. Huggins, R.H. Bube and R.W. Roberts, eds.), Annual Reviews, Palo Alto, CA, **7**, 377–448, 1977.

45. D.V. Lang, "Space-Charge Spectroscopy in Semiconductors," in *Topics in Applied Physics*, **37**, *Thermally Stimulated Relaxation in Solids* (P. Bräunlich, ed.), Springer, Berlin, 1979, 93–133.

46. B.D. Choi, D.K. Schroder, S. Koveshnikov, and S. Mahajan, "Latent Iron in Silicon," *Japan. J. Appl. Phys.* **40**, L915–L917, Sept. 2001.

47. M.A. Gad and J.H. Evans-Freeman, "High Resolution Minority Carrier Transient Spectroscopy of Si/SiGe/Si Quantum Wells," *J. Appl. Phys.* **92**, 5252–5258, Nov. 2002.

48. D.S. Day, M.Y. Tsai, B.G. Streetman and D.V. Lang, "Deep-Level-Transient Spectroscopy: System Effects and Data Analysis," *J. Appl. Phys.* **50**, 5093–5098, Aug. 1979.

49. S. Misrachi, A.R. Peaker and B. Hamilton, "A High Sensitivity Bridge for the Measurement of Deep States in Semiconductors," *J. Phys. E: Sci. Instrum.* **13**, 1055–1061, Oct. 1980.

50. T.I. Chappell and C.M. Ransom, "Modifications to the Boonton 72BD Capacitance Meter for Deep-Level Transient Spectroscopy Applications," *Rev. Sci. Instrum.* **55**, 200–203, Feb. 1984.

51. H. Lefèvre and M. Schulz, "Double Correlation Technique (DDLTS) for the Analysis of Deep Level Profiles in Semiconductors," *Appl. Phys.* **12**, 45–53, Jan. 1977.

52. K. Kosai, "External Generation of Gate Delays in a Boxcar Integrator—Application to Deep Level Transient Spectroscopy," *Rev. Sci. Instrum.* **53**, 210–213, Feb. 1982.

53. G. Goto, S. Yanagisawa, O. Wada and H. Takanashi, "Determination of Deep-Level Energy and Density Profiles in Inhomogeneous Semiconductors," *Appl. Phys. Lett.* **23**, 150–151, Aug. 1973.

54. N.M. Johnson, "Measurement of Semiconductor-Insulator Interface States by Constant-Capacitance, Deep-Level Transient Spectroscopy," *J. Vac. Sci. Technol.* **21**, 303–314, July/Aug. 1982.

55. G.L. Miller, "A Feedback Method for Investigating Carrier Distributions in Semiconductors," *IEEE Trans. Electron Dev.* **ED-19**, 1103–1108, Oct. 1972.

56. J.M. Noras, "Thermal Filling Effects on Constant Capacitance Transient Spectroscopy," *Phys. Stat. Sol.* **69a**, K209–K213, Feb. 1982.

57. M.F. Li and C.T. Sah, "New Techniques of Capacitance-Voltage Measurements of Semiconductor Junctions," *Solid-State Electron.* **25**, 95–99, Feb. 1982.

58. R.Y. DeJule, M.A. Haase, D.S. Ruby and G.E. Stillman, "Constant Capacitance DLTS Circuit for Measuring High Purity Semiconductors," *Solid-State Electron.* **28**, 639–641, June 1985.

59. P. Kolev, "An Improved Feedback Circuit for Constant-Capacitance Voltage Transient Measurements," *Solid-State Electron.* **35**, 387–389, March 1992.

60. M.F. Li and C.T. Sah, "A New Method for the Determination of Dopant and Trap Concentration Profiles in Semiconductors," *IEEE Trans. Electron Dev.* **ED-29**, 306–315, Feb. 1982.

61. N.M. Johnson, D.J. Bartelink, R.B. Gold, and J.F. Gibbons, "Constant-Capacitance DLTS Measurement of Defect-Density Profiles in Semiconductors," *J. Appl. Phys.* **50**, 4828–4833, July 1979.

62. L.C. Kimerling, "New Developments in Defect Studies in Semiconductors," *IEEE Trans. Nucl. Sci.* **NS-23**, 1497–1505, Dec. 1976.

63. G.L. Miller, J.V. Ramirez and D.A.H. Robinson, "A Correlation Method for Semiconductor Transient Signal Measurements," *J. Appl. Phys.* **46**, 2638–2644, June 1975.

64. A. Rohatgi, J.R. Davis, R.H. Hopkins and P.G. McMullin, "A Study of Grown-In Impurities in Silicon by Deep-Level Transient Spectroscopy," *Solid-State Electron.* **26**, 1039–1051, Nov. 1983.

65. G. Couturier, A. Thabti and A.S. Barrière, "The Baseline Problem in DLTS Technique," *Rev. Phys. Appliqué* **24**, 243–249, Feb. 1989.

66. J.T. Schott, H.M. DeAngelis and P.J. Drevinsky, "Capacitance Transient Spectra of Processing- and Radiation-Induced Defects in Silicon Solar Cells," *J. Electron. Mat.* **9**, 419–434, March 1980.

67. G. Ferenczi and J. Kiss, "Principles of the Optimum Lock-In Averaging in DLTS Measurement," *Acta Phys. Acad. Sci. Hung.* **50**, 285–290, 1981.

68. P.M. Henry, J.M. Meese, J.W. Farmer and C.D. Lamp, "Frequency-Scanned Deep-Level Transient Spectroscopy," *J. Appl. Phys.* **57**, 628–630, Jan. 1985.

69. K. Dmowski and Z. Pióro, "Noise Properties of Analog Correlators with Exponentially Weighted Average," *Rev. Sci. Instrum.* **58**, 2185–2191, Nov. 1987.

70. M.S. Hodgart, "Optimum Correlation Method for Measurement of Noisy Transients in Solid-State Physics Experiments," *Electron. Lett.* **14**, 388–390, June 1978; C.R. Crowell and S. Alipanahi, "Transient Distortion and nth Order Filtering in Deep Level Transient Spectroscopy ($D^n LTS$)," *Solid-State Electron.* **24**, 25–36, Jan. 1981.

71. E.E. Haller, P.P. Li, G.S. Hubbard and W.L. Hansen, "Deep Level Transient Spectroscopy of High Purity Germanium Diodes/Detectors," *IEEE Trans. Nucl. Sci.* **NS-26**, 265–270, Feb. 1979.

72. H. Okushi and Y. Tokumaru, "Isothermal Capacitance Transient Spectroscopy for Determination of Deep Level Parameters," *Japan. J. Appl. Phys.* **19**, L335–L338, June 1980.

73. K. Hölzlein, G. Pensl, M. Schulz and P. Stolz, "Fast Computer-Controlled Deep Level Transient Spectroscopy System for Versatile Applications in Semiconductors" *Rev. Sci. Instrum.* **57**, 1373–1377, July 1986.

74. P.D. Kirchner, W.J. Schaff, G.N. Maracas, L.F. Eastman, T.I. Chappell and C.M. Ransom, "The Analysis of Exponential and Nonexponential Transients in Deep-Level Transient Spectroscopy," *J. Appl. Phys.* **52**, 6462–6470, Nov. 1981.

75. K. Ikeda and H. Takaoka, "Deep Level Fourier Spectroscopy for Determination of Deep Level Parameters," *Japan. J. Appl. Phys.* **21**, 462–466, March 1982.

76. S. Weiss and R. Kassing, "Deep Level Transient Fourier Spectroscopy (DLTFS)—A Technique for the Analysis of Deep Level Properties," *Solid-State Electron.* **31**, 1733–1742, Dec. 1988.

77. L. Dobaczewski, A.R. Peaker, and K. Bonde Nielsen, "Laplace-transform Deep-level Spectroscopy: The Technique and Its Applications to the Study of Point Defects in Semiconductors," *J. Appl. Phys.* **96**, 4689–4728, Nov. 2004.

78. J.E. Stannard, H.M. Day, M.L. Bark and S.H. Lee, "Spectroscopic Line Fitting to DLTS Data," *Solid-State Electron.* **24**, 1009–1013, Nov. 1981.

79. F.R. Shapiro, S.D. Senturia and D. Adler, "The Use of Linear Predictive Modeling for the Analysis of Transients from Experiments on Semiconductor Defects," *J. Appl. Phys.* **55**, 3453–3459, May 1984.

80. M. Henini, B. Tuck and C.J. Paull, "A Microcomputer-Based Deep Level Transient Spectroscopy (DLTS) System," *J. Phys. E: Sci. Instrum.* **18**, 926–929, Nov. 1985.

81. R. Langfeld, "A New Method of Analysis of DLTS-Spectra," *Appl. Phys.* **A44**, 107–110, Oct. 1987.

82. W.A. Doolittle and A. Rohatgi, "A Novel Computer Based Pseudo-Logarithmic Capacitance/Conductance DLTS System Specifically Designed for Transient Analysis," *Rev. Sci. Instrum.* **63**, 5733–5741, Dec. 1992.

83. P. Deixler, J. Terry, I.D. Hawkins, J.H. Evans-Freeman, A.R. Peaker, L. Rubaldo, D.K. Maude, J.-C. Portal, L. Dobaczewski, K. Bonde Nielsen, A. Nylandsted Larsen, and A. Mesli, "Laplace-transform Deep-level Transient Spectroscopy Studies of the G4 Gold–hydrogen Complex in Silicon," *Appl. Phys. Lett.* **73**, 3126–3128, Nov. 1998.

84. L. Dobaczewski, P. Kaczor, M. Missous, A.R. Peaker, and Z.R. Zytkiewicz "Evidence for Substitutional-Interstitial Defect Motions Leading to DX Behavior by Donors in $Al_xGa_{1-x}As$," *Phys. Rev. Lett.* **68**, 2508–2511, April 1992; L. Dobaczewski, P. Kaczor, I.D. Hawkins, and A.R. Peaker, "Laplace Transform Deep-level Transient Spectroscopic Studies of Defects in Semiconductors," *J. Appl. Phys.* **76**, 194–198, July 1994.

85. K.L. Wang and A.O. Evwaraye, "Determination of Interface and Bulk-Trap States of IGFET's Using Deep- Level Transient Spectroscopy," *J. Appl. Phys.* **47**, 4574–4577, Oct. 1976; K.L. Wang, "Determination of Processing-Related Interface States and Their Correlation with Device Properties," in *Semiconductor Silicon 1977* (H.R. Huff and E. Sirtl, eds.), Electrochem. Soc., Princeton, NJ, 404–413; K.L. Wang, "MOS Interface-State Density Measurements Using Transient Capacitance Spectroscopy," *IEEE Trans. Electron Dev.* **ED-27**, 2231–2239, Dec. 1980.

86. M. Schulz and N.M. Johnson, "Transient Capacitance Measurements of Hole Emission from Interface States in MOS Structures," *Appl. Phys. Lett.* **31**, 622–625, Nov. 1977; T.J. Tredwell and C.R. Viswanathan, "Determination of Interface-State Parameters in a MOS Capacitor by DLTS," *Solid-State Electron.* **23**, 1171–1178, Nov. 1980.

87. K. Yamasaki, M. Yoshida and T. Sugano, "Deep Level Transient Spectroscopy of Bulk Traps and Interface States in Si MOS Diodes," *Japan. J. Appl. Phys.* **18**, 113–122, Jan. 1979.

88. N.M. Johnson, D.J. Bartelink and M. Schulz, "Transient Capacitance Measurements of Electronic States at the $Si-SiO_2$ Interface," in *The Physics of SiO_2 and Its Interfaces* (S.T. Pantelides, ed.), Electrochem. Soc., Pergamon Press, New York, 1978, pp. 421–427.

89. T. Katsube, K. Kakimoto and T. Ikoma, "Temperature and Energy Dependences of Capture Cross Sections at Surface States in Si Metal-Oxide-Semiconductor Diodes Measured by Deep Level Transient Spectroscopy," *J. Appl. Phys.* **52**, 3504–3508, May 1981.

90. W.D. Eades and R.M. Swanson, "Improvements in the Determination of Interface State Density Using Deep Level Transient Spectroscopy," *J. Appl. Phys.* **56**, 1744–1751, Sept. 1984; W.D. Eades and R.M. Swanson, "Determination of the Capture Cross Section and Degeneracy Factor of $Si-SiO_2$ Interface States," *Appl. Phys. Lett.* **44**, 988–990, May 1984.

91. B. Monemar and H.G. Grimmeiss, "Optical Characterization of Deep Energy Levels in Semiconductors," *Progr. Cryst. Growth Charact.* **5**, 47–88, Jan. 1982; H.G. Grimmeiss, "Deep Level Impurities in Semiconductors," in *Annual Review Material Science* (R.A. Huggins, R.H. Bube and R.W. Roberts, eds.), Annual Reviews, Palo Alto, CA, **7**, 341–376, 1977.

92. A. Chantre, G. Vincent and D. Bois, "Deep-Level Optical Spectroscopy in GaAs," *Phys. Rev.* **B23**, 5335–5339, May 1981.

93. P.M. Mooney, "Photo-Deep Level Transient Spectroscopy: A Technique to Study Deep Levels in Heavily Compensated Semiconductors," *J. Appl. Phys.* **54**, 208–213, Jan. 1983.

94. C.T. Sah, L.L. Rosier and L. Forbes, "Direct Observation of the Multiplicity of Impurity Charge States in Semiconductors from Low-Temperature High-Frequency Photo-Capacitance," *Appl. Phys. Lett.* **15**, 316–318, Nov. 1969.

95. A.M. White, P.J. Dean and P. Porteous, "Photocapacitance Effects of Deep Traps in Epitaxial GaAs," *J. Appl. Phys.* **47**, 3230–3239, July 1976.

96. S. Dhar, P.K. Bhattacharya, F.Y. Juang, W.P. Hong and R.A. Sadler, "Dependence of Deep-Level Parameters in Ion-Implanted GaAs MESFET's on Material Preparation," *IEEE Trans. Electron Dev.* **ED-33**, 111–118, Jan. 1986.

97. R.E. Kremer, M.C. Arikan, J.C. Abele and J.S. Blakemore, "Transient Photoconductivity Measurements in Semi-Insulating GaAs. I. An Analog Approach," *J. Appl. Phys.* **62**, 2424–2431, Sept. 1987 and references therein; J.C. Abele, R.E. Kremer and J.S. Blakemore, "Transient Photoconductivity Measurements in Semi-Insulating GaAs. II. A Digital Approach," *J. Appl. Phys.* **62**, 2432–2438, Sept. 1987.

98. D.C. Look, "The Electrical and Photoelectronic Properties of Semi-Insulating GaAs," in *Semiconductors and Semimetals* (R.K. Willardson and A.C. Beer, eds.) Academic Press, New York, **19**, 75–170, 1983.

99. M.R. Burd and R. Braunstein, "Deep Levels in Semi-Insulating Liquid Encapsulated Czochralski-Grown GaAs," *J. Phys. Chem. Sol.* **49**, 731–735, 1988.

100. J.C. Balland, J.P. Zielinger, C. Noguet and M. Tapiero, "Investigation of Deep Levels in High-Resistivity Bulk Materials by Photo-Induced Current Transient Spectroscopy: I. Review and Analysis of Some Basic Problems," *J. Phys. D.: Appl. Phys.* **19**, 57–70, Jan. 1986; J.C. Balland,

J.P. Zielinger, M. Tapiero, J.G. Gross and C. Noguet, "Investigation of Deep Levels in High-Resistivity Bulk Materials by Photo-Induced Current Transient Spectroscopy: II. Evaluation of Various Signal Processing Methods," *J. Phys. D.: Appl. Phys.* **19**, 71–87, Jan. 1986.

101. P.M. Petroff and D.V. Lang, "A New Spectroscopic Technique for Imaging the Spatial Distribution of Non-radiative Defects in a Scanning Transmission Electron Microscope," *Appl. Phys. Lett.* **31**, 60–62, July 1977.

102. O. Breitenstein, "A Capacitance Meter of High Absolute Sensitivity Suitable for Scanning DLTS Application," *Phys. Stat. Sol.* **71a**, 159–167, May 1982.

103. K. Wada, K. Ikuta, J. Osaka and N. Inoue, "Analysis of Scanning Deep Level Transient Spectroscopy," *Appl. Phys. Lett.* **51**, 1617–1619, Nov. 1987.

104. J. Heydenreich and O. Breitenstein, "Characterization of Defects in Semiconductors by Combined Application of SEM (EBIC) and SDLTS," *J. Microsc.* **141**, 129–142, Feb. 1986.

105. K. Dmowski, B. Lepley, E. Losson, and M. El Bouabdellati, "A Method to Correct for Leakage Current Effects in Deep Level Transient Spectroscopy Measurements on Schottky Diodes," *J. Appl. Phys.* **74**, 3936–3943, Sept. 1993.

106. D.S. Day, M.J. Helix, K. Hess and B.G. Streetman, "Deep Level Transient Spectroscopy for Diodes with Large Leakage Currents," *Rev. Sci. Instrum.* **50**, 1571–1573, Dec. 1979.

107. E. Simoen, K. De Backker, and C. Claeys, "Deep-Level Transient Spectroscopy of Detector Grade High Resistivity, Float Zone Silicon," *J. Electron. Mat.* **21**, 533–541, May 1992.

108. A. Broniatowski, A. Blosse, P.C. Srivastava and J.C. Bourgoin, "Transient Capacitance Measurements on Resistive Samples," *J. Appl. Phys.* **54**, 2907–2910, June 1983.

109. T. Thurzo and F. Dubecky, "On the Role of the Back Contact in DLTS Experiments with Schottky Diodes," *Phys. Stat. Sol.* **89a**, 693–698, June 1985.

110. J.H. Zhao, J.C Lee, Z.Q. Fang, T.E. Schlesinger and A.G. Milnes, "The Effects of the Nonabrupt Depletion Edge on Deep-Trap Profiles Determined by Deep-Level Transient Spectroscopy," *J. Appl. Phys.* **61**, 5303–5307, June 1987; errata *ibid.* p. 5489.

111. S.D. Brotherton, "The Width of the Non-Steady State Transition Region in Deep Level Impurity Measurements," *Solid-State Electron.* **26**, 987–990, Oct. 1983.

112. D. Stievenard and D. Vuillaume, "Profiling of Defects Using Deep Level Transient Spectroscopy," *J. Appl. Phys.* **60**, 973–979, Aug. 1986.

113. D.C. Look, Z.Q. Fang, and J.R. Sizelove, "Convenient Determination of Concentration and Energy Level in Deep-Level Transient Spectroscopy," *J. Appl. Phys.* **77**, 1407–1410, Feb. 1995; "Depletion Approximation in Semiconductor Trap Filling Analysis: Application to EL2 in GaAs," *Solid-State Electron.* **39**, 1398–1400, Sept. 1996; D.C. Look and J.R. Sizelove, "Depletion Width and Capacitance Transient Formulas for Deep Traps of High Concentration," *J. Appl. Phys.* **78**, 2848–2850, Aug. 1995.

114. K.B. Nielsen and E. Andersen, "Significance of Blackbody Radiation in Deep-Level Transient Spectroscopy," *J. Appl. Phys.* **79**, 9385–9387, June 1996.

115. L.R. Weisberg and H. Schade, "A Technique for Trap Determination in Low-Resistivity Semiconductors," *J. Appl. Phys.* **39**, 5149–5151, Oct. 1968.

116. M.G. Buehler and W.E. Phillips, "A Study of the Gold Acceptor in a Silicon p^+n Junction and an n-Type MOS Capacitor by Thermally Stimulated Current and Capacitance Measurements," *Solid-State Electron.* **19**, 777–788, Sept. 1976.

117. C. Dehn, H. Feick, P. Heydarpoor, G. Lindström, M. Moll, C. Schütze, and T. Schulz, "Neutron Induced Defects in Silicon Detectors Characterized by DLTS and TSC," *Nucl. Instrum. Meth.* **A377**, 258–274, Aug. 1996.

118. C. Szeles and K.G. Lynn, "Positron-Annihilation Spectroscopy," in *Encycl. Appl. Phys.* **14**, 607–632, 1996; R. Krause-Rehberg and H.S. Leipner, *Positron Annihilation in Semiconductors*, Springer, Berlin, 1999.

119. P. Asoka-Kumar, K.G. Lynn, and D.O. Welch, "Characterization of Defects in Si and SiO_2-Si Using Positrons," *J. Appl. Phys.* **76**, 4935–4982, Nov. 1994.

120. M. Fujinami, A. Tsuge, and K. Tanaka, "Characterization of Defects in Self-Ion Implanted Si Using Positron Annihilation Spectroscopy and Rutherford Backscattering Spectroscopy," *J. Appl. Phys.* **79**, 9017–9021, June 1996.

121. M. Fujinami, T. Miyagoe, T. Sawada, and T. Akahane, "Improved Depth Profiling With Slow

Positrons of Ion implantation-induced Damage in Silicon," *J. Appl. Phys.* **94**, 4382–4388, Oct. 2003.

122. A. Rich and J. Van House, "Positron Microscopy," in *Encycl. Phys. Sci. Technol.*, Academic Press, **13**, 365–372, 1992; G.R. Brandes, K.F. Canter, T.N. Horsky, P.H. Lippel, and A.P. Mills, Jr., "Scanning Positron Microscopy," *Rev. Sci. Instrum.* **59**, 228–232, Feb. 1988.

123. F. Reif, *Fundamentals of Statistical and Thermal Physics*, McGraw-Hill, New York, 1965, 161–166.

124. O. Engström and A. Alm, "Thermodynamical Analysis of Optimal Recombination Centers in Thyristors," *Solid-State Electron.* **21**, 1571–1576, Nov./Dec. 1978; "Energy Concepts of Insulator-Semiconductor Interface Traps," *J. Appl. Phys.* **54**, 5240–5244, Sept. 1983.

125. C.D. Thurmond, "The Standard Thermodynamic Functions for the Formation of Electrons and Holes in Ge, Si, GaAs, and GaP," *J. Electrochem. Soc.* **122**, 1133–1141, Aug. 1975.

126. J.A. Van Vechten and C.D. Thurmond, "Entropy of Ionization and Temperature Variation of Ionization Levels of Defects in Semiconductors," *Phys. Rev.* **B14**, 3539–3550, Oct. 1976.

127. A. Mircea, A. Mitonneau and J. Vannimenus, "Temperature Dependence of Ionization Energies of Deep Bound States in Semiconductors," *J. Physique* **38**, L41–L43, Jan. 1972.

128. F. Hasegawa, "A New Method (the Three-Point Method) of Determining Transient Time Constants and Its Application to DLTS," *Japan. J. Appl. Phys.* **24**, 1356–1358, Oct. 1985; J.M. Steele, "Hasegawa's Three Point Method for Determining Transient Time Constant," *Japan. J. Appl. Phys.* **25**, 1136–1137, July 1986.

129. P.C. Mangelsdorf, Jr., "Convenient Plot for Exponential Functions with Unknown Asymptotes," *J. Appl. Phys.* **30**, 442–443, March 1959.

130. A.A. Istratov and O.F. Vyvenko, "Exponential Analysis in Physical Phenomena," *Rev. Sci. Instrum.* **70**, 1233–1257, Feb. 1999.

131. C. Lanczos, *Applied Analysis*, Prentice-Hall, Englewood Cliffs, NJ, 1959, 272 ff–.

132. J.L. Benton and L.C. Kimerling, "Capacitance Transient Spectroscopy of Trace Contamination in Silicon," *J. Electrochem. Soc.* **129**, 2098–2102, Sept. 1982.

133. V. Pandian and V. Kumar, "Single-gate Deep Level Transient Spectroscopy Technique," *J. Appl. Phys.* **67**, 560–563, Jan. 1990.

134. E. Losson and B. Lepley, "New Method of Deep Level Transient Spectroscopy Analysis: A Five Emission Rate Method", *Mat. Sci. Eng.* **B20**, 214–220, June 1993.

习题

5.1 利用

$$\tau_e T^2 = \frac{\exp((E_c - E_T)/kT)}{\gamma_n \sigma_n}$$

$$\delta C = \frac{C_0 n_T(0)}{2N_D}\left(\exp\left(-\frac{t_2}{\tau_e}\right) - \exp\left(-\frac{t_1}{\tau_e}\right)\right) = \Delta C_0\left(\exp\left(-\frac{t_2}{\tau_e}\right) - \exp\left(-\frac{t_1}{\tau_e}\right)\right)$$

(a)证明当用 δC 对温度作图,DLTS 峰值,δC_{max} 出现

$$\tau_e = \frac{t_2 - t_1}{\ln(t_2/t_1)} = \frac{t_1(r-1)}{\ln(r)} \quad \text{其中} \ r = t_2/t_1;$$

(b)证明 $\delta C_{max} = \Delta C((1-r)/r^{r/(r-1)})$。

提示:定义 $x = \exp(-t_1/\tau_e)$。

5.2 利用习题 5.1 中的方程

(a)证明当 $t_2 \gg t_1$,

$$\ln\left[\frac{\ln(\Delta C_0/\delta C)}{T^2}\right] \approx \ln(\gamma_n \sigma_n t_1) - \frac{\Delta E}{kT}, \quad \text{其中} \ \Delta E = E_c - E_T。$$

(b)证明从 $\ln\left[\dfrac{\ln(\Delta C_0/\delta C)}{T^2}\right]$ 和 $1/T$ 的关系图中可以得到 ΔE 和 σ_n。

(c)画 δC 和 T 的关系图。此处 $\Delta C_0 = 10^{-13}$ F, $\Delta E = 0.4$ eV, $\sigma_n = 10^{-15}$ cm^2, $\gamma_n = 1.07 \times 10^{21}$ cm^{-2}s^{-1}K^{-2}, $t_1 = 1$ ms 且 $r = 2, 5, 10, 100$ 和 500。在同一个图上画出所有 5 条曲线。

(d)画出(iii)中 δC-T 图高温部分的 $\ln\left[\dfrac{\ln(\Delta C_0/\delta C)}{T^2}\right]$ 和 $1/T$ 的图,$r = 500$,求取 ΔE 和 σ_n。此技术参见文献[133]。

5.3 在脉冲串 DLTS 方法中,根据阿列纽斯图上的点,δC-T 曲线的峰用于确定 τ_e 和相关温

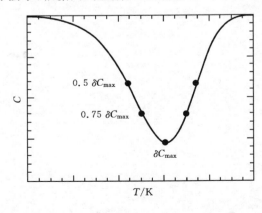

图 P5.3

度 T。每次温度扫描只能给出一个点。数据点越多,阿列纽斯图越好。要获得更多数据点的一种方法是使用给定 δC-T 曲线上更多的点而不仅仅是峰值。比如,可以使用 δC_{max}、$0.75\delta C_{max}$ 和 $0.5\delta C_{max}$ 处的点,如图 P5.3 所示。我们知道 $\tau_e(\delta C_{max}) = (t_2 - t_1)/\ln(t_2 - t_1) = t_1(r-1)/\ln(r)$(见式(5.49))。求下列两式的值:

(a) $\tau_{e,0.5} = \tau_e(0.5\delta C_{max})$

309

(b) $\tau_{e,0.75} = \tau_e(0.75\delta C_{max})$,在全部四种情况下,$t_1$ 是 $r=2$。这项技术参见文献[134]。

5.4 图 P5.4 中的深能级瞬态光谱(DLTS)曲线通过 n-型 Si 基底上肖特基势垒二极管上的 boxcar 方法得到,$t_1 = 0.5\,\mathrm{ms}$,$t_2 = 1\,\mathrm{ms}$。

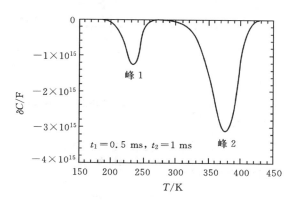

图 P5.4

其他曲线给出:

t_1/ms	t_2/ms	T_{1max}/K	δC_{1max}/F	T_{2max}/K	δC_{2max}/F
0.5	1	234	-1.25×10^{-15}	376	-3.125×10^{-15}
1	2	227	-1.25×10^{-15}	364	-3.125×10^{-15}
2	4	220	-1.25×10^{-15}	352	-3.125×10^{-15}
4	8	213	-1.25×10^{-15}	341	-3.125×10^{-15}
8	16	207	-1.25×10^{-15}	331	-3.125×10^{-15}

求两个峰的 $\Delta E = E_c - E_T$、N_T 和截距 σ_n。$C_0 = 5 \times 10^{-12}\,\mathrm{F}$,$N_D = 10^{15}\,\mathrm{cm}^{-3}$,$\gamma_n = 1.07 \times 10^{21}\,\mathrm{cm}^{-2}\,\mathrm{s}^{-1}\,\mathrm{K}^{-2}$。

5.5 在习题 5.4 中峰 2 的瞬态电容的测量条件为填充脉冲宽度在 $t_1 = 1\,\mathrm{ms}$ 和 $t_2 = 2\,\mathrm{ms}$ 时分别为 $t_f = 5\,\mathrm{ns}$ 和 $t_f = \infty$。其他曲线: 310

t_f/ns	0.5	1	2	3	5
δC/F	5.9×10^{-17}	1.15×10^{-16}	2.19×10^{-16}	3.31×10^{-16}	4.77×10^{-16}
	7	10	20	∞	
	6.13×10^{-16}	7.72×10^{-16}	1.07×10^{-15}	1.25×10^{-15}	

求这些数据的 τ_c、c_n、σ_n 和 N_T。$v_{th} = 10^7 (T/300)^{0.5}$,$n \approx N_D$。

5.6 一个零偏压下的二极管,深能级杂质密度 N_T。光照射在这个器件上产生均一的电子-空穴对。当光"开"状态所有的深能级杂质被空穴填充,如图 P5.6(a)所示。则在 $t=0$ 处,光被关闭且同时施加电压为 V_1 的反偏压。

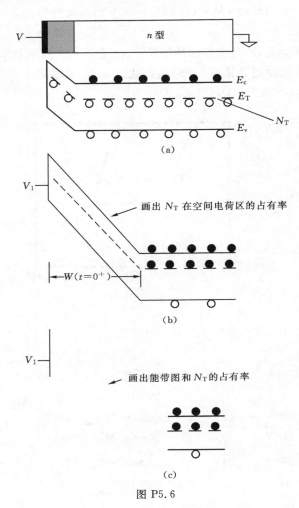

图 P5.6

311 **(a)**在能带图 P5.6(b)中画出 $t=0^+$ 即光刚刚关闭的刹那 N_T 的占有率;

(b)画出图 P5.6(c)中能带图和 $t\rightarrow\infty$ N_T 的占有率。在两种情况下只考虑空间电荷区。不要担心半中性区域。深能级杂质是受主,$N_T<N_D$。

5.7 图 P5.7(a)中的深能级瞬态光谱数据可在 n 型 Si 基底上的肖特基势垒二极管通过 box-car 方法得到。$\gamma_n=1.07\times10^{21}$ cm^{-2} s^{-1} K^{-2},$N_D=10^{15}$ cm^{-3},$C_0=1$ pF。在这种器件中,发射率可以表述为 $e_n=\sigma_n\upsilon_{th}N_c\exp(-\Delta E/kT)$,其中 $\sigma_n=\sigma_{no}\exp(-E_b/kT)$,σ_n 对 T 的数据关系在图 P5.7(b)中给出。

测出 $\Delta E=E_c-E_T$、N_T、σ_{no} 和 E_b。(见附录 5.1)

312 5.8 画出 δC 对 T 的关系图(150K$\leqslant T\leqslant$300K),与图 P5.7(a)类似,利用针对 n 型 Si 的 box-car DLTS 式(5.48),其中带隙的两个能级用以下值:

$\gamma_n=1.07\times10^{21}$ cm^{-2} s^{-1} K^{-2},

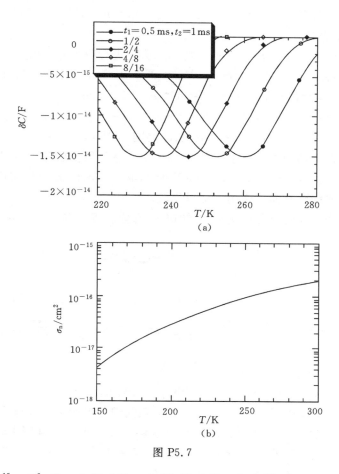

图 P5.7

$$N_D = 10^{15}\,\text{cm}^{-3}, C_0 = 1\text{pF}, \Delta E_1 = 0.25\text{eV}, \Delta E_2 = 0.4\text{eV},$$

$$\sigma_{n1} = 10^{-16}\,\text{cm}^2, \sigma_{n2} = 10^{-15}\,\text{cm}^2,$$

$$N_{T1} = 5 \times 10^{12}\,\text{cm}^{-3}, N_{T2} = 8 \times 10^{12}\,\text{cm}^{-3}, t_1 = 1\text{ms}, t_2 = 2\text{ms}。$$

5.9 图 P5.9(a)中的深能级瞬态光谱数据可在 p 型 Si 基底上的肖特基势垒二极管通过脉冲串方法得到。二极管的面积是 $0.02\,\text{cm}^2$，测量偏压从零到 5 V 的反偏压之间变化。

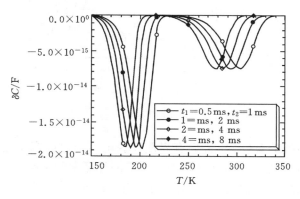

图 P5.9

$K_s=11.7, \gamma_p=1.78\times10^{21}\,\text{cm}^{-2}\,\text{s}^{-1}\,\text{K}^{-2}, N_A=10^{15}\,\text{cm}^{-3}, V_{bi}=0.87\text{V}$。测定每种杂质的 E_T-E_v、N_T 和截取 σ_p。

5.10 对含有两种杂质的 n 型 Si 基底的肖特基二极管进行测量并画出 δC 对 T 的关系图。使用以下参数：$\gamma_n=1.07\times10^{21}\,\text{cm}^{-2}\,\text{s}^{-1}\,\text{K}^{-2}, N_D=10^{15}\,\text{cm}^{-3}, C_0=104\text{pF}$。

杂质 1：$E_c-E_{T1}=0.3\text{eV}, N_{T1}=10^{12}\,\text{cm}^{-3}, \sigma_{n1}=10^{-15}\,\text{cm}^2$；

杂质 2：$E_c-E_{T2}=0.5\text{eV}, N_{T2}=5\times10^{11}\,\text{cm}^{-3}, \sigma_{n2}=5\times10^{-16}\,\text{cm}^2$。

利用 boxcar 方程，$t_1=1\text{ms}, t_2=2\text{ms}$，温度范围 $150\text{K}\leqslant T\leqslant300\text{K}$。

5.11 深能级受主杂质均匀地分布于 n 型 Si 晶片中。晶片最初被砷掺杂，$N_D=10^{15}\,\text{cm}^{-3}$。计算并画出当 $E_T=0.46$、0.56 和 0.66eV 时电阻率与深能级杂质密度的 log – log 关系图。把三条曲线画在同一张图上加以比较。

你首先要利用下面的方程解决 E_F。知道了 E_F 你就可以得出 n 和 p，从而确定 ρ。

电中性要求

$$p+n_D^+-n-n_T^-=0$$

其中

$$p=n_i\exp((E_i-E_F)/kT)\,;\quad n=n_i\exp((E_F-E_i)/kT)$$

$$n_D^+=\frac{N_D}{1+\exp((E_F-E_D)/kT)}\,;\quad n_T^-=\frac{N_T}{1+\exp((E_T-E_F)/kT)}$$

$$\rho=\frac{1}{q(\mu_n n+\mu_p p)}$$

$N_D=10^{15}\,\text{cm}^{-3}, n_i=10^{10}\,\text{cm}^{-3}, T=300\text{K}, \mu_n=1400\,\text{cm}^2/\text{V}-\text{s}, \mu_p=450\,\text{cm}^2/\text{V}-\text{s}, E_G=1.12\text{eV}, E_i=0.56\text{eV}, E_D=E_c-0.045\text{eV}$。最简单的是用 $E_v=0$ 作为参考能级。

5.12 在包含有两种杂质的 n 型 Si 衬底的肖特基势垒二极管上得到图 P5.12 中的深能级瞬态光谱数据。$\gamma_n=1.07\times10^{21}\,\text{cm}^{-2}\,\text{s}^{-1}\,\text{K}^{-2}, N_D=10^{15}\,\text{cm}^{-3}, C_0=1\text{pF}$。

测出每种深能级杂质的 $\Delta E=E_c-E_T, \sigma_n, N_T$。

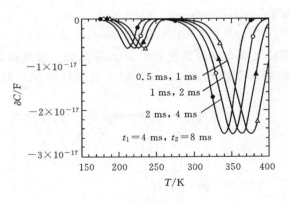

图 P5.12

5.13 假定在 MOS 器件的 SiO_2/Si 界面有界面俘获电荷或界面态密度 D_{it}。器件反接，所有的界面态都填满了电子。确定还填充着电子的界面态的密度，$N_{it}=D_{it}\Delta E$，在表面被损耗后 $100\mu s$，在这 $100\mu s$ 之内电子从界面发射。$D_{it}=5\times10^{10}\,\text{cm}^{-2}\,\text{eV}^{-1}, T=300\text{K}, \sigma_n=$

$10^{-15}\,\mathrm{cm}^2$, $\nu_{\mathrm{th}}=10^7\,\mathrm{cm/s}$, $N_c=2.5\times10^{19}\,\mathrm{cm}^{-3}$, $k=8.617\times10^{-5}\,\mathrm{eV/K}$, $E_G(\mathrm{Si})=$ $1.12\,\mathrm{eV}$。界面态能级 E_{it} 处的电子发射时间常数由下式给出：

$$\tau_e=\frac{\exp\left[(E_c-E_{\mathrm{it}})/kT\right]}{\sigma_n\upsilon_{\mathrm{th}}N_c}$$

5.14 Si 中的深能级杂质的阿列纽斯图如图 P5.14 所示。确定 E_c-E_{T} 和 σ_n。利用 $\gamma_n=1.07\times10^{21}\,\mathrm{cm}^{-2}\,\mathrm{s}^{-1}\,\mathrm{K}^{-2}$, $k=8.617\times10^{-5}\,\mathrm{eV/K}$ 314

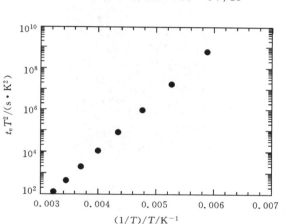

图 P5.14

5.15 对 $N_D=10^{15}\,\mathrm{cm}^{-3}$, $N_T=5\times10^{12}\,\mathrm{cm}^{-3}$, $\sigma_n=10^{-15}\,\mathrm{cm}^2$, $E_c-E_{\mathrm{T}}=0.35\,\mathrm{eV}$, $\gamma_n=1.07\times10^{21}\,\mathrm{cm}^{-2}\,\mathrm{s}^{-1}\,\mathrm{K}^{-2}$，在 $0<t<0.002\,\mathrm{s}$ 的时间间隔内，当 $T=200\mathrm{K}$, $225\mathrm{K}$, $250\mathrm{K}$ 时根据 $\dfrac{C(t)}{C_o}=1-\dfrac{N_T}{2N_D}\exp(-t/\tau_e)$ 计算并画出 $C(t)/C_o$ 图。

5.16 包含一种深能级杂质的 n 型衬底的肖特基(Schottky)二极管会在某些时刻零偏压。另外，器件在 $t=0$ 的时刻反偏压。在 $t=0^+$ 时，刚刚加上反偏压脉冲之后，反偏压空间电荷区的电荷密度为 $\rho=qN_D$。深能级杂质为□施主 □受主。给出你的理由。

5.17 鉴别在图 P5.17 中的两个深能级杂质。

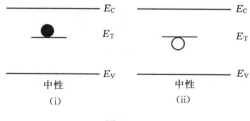

图 P5.17

深能级杂质(i)是 □施主 □受主。给出你的理由。
深能级杂质(ii)是□施主 □受主。给出你的理由。

5.18 在图 P5.18 的发射电子显微图像中有两种缺陷。鉴别并声明它们是点缺陷、线缺陷、面缺陷或者体缺陷。 315

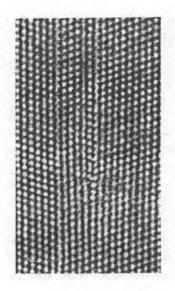

图 P5.18

5.19 对于某种特定杂质,能级 $E_T = E_{T1}$,密度 $N_T = N_{T1}$,其 δC 相对于 T 的 DLTS 图如图 P5.19 所示。在同一张图上画出当杂质为 $E_T = E_{T2} > E_{T1}$,$N_T = N_{T2} < N_{T1}$ 时的曲线。 t_2/t_1 不变。

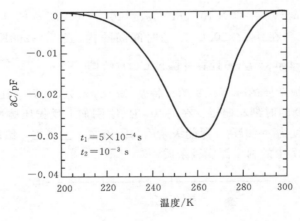

$t_1 = 5 \times 10^{-4} \text{ s}$
$t_2 = 10^{-3} \text{ s}$

图 P5.19

5.20 δC 对 T 的 DLTS 图如图 P5.19 所示。在同一张图上画出 t_1 和 t_2 同时增加时的曲线, 但 t_2/t_1 不变。

5.21 如图 P5.21 中"Before"图所示,一个 n 型半导体,掺杂施主 N_D 原子/cm^3,能级为 E_D。 所有的施主都是离子态的。然后,在 n 型半导体晶片中引入一种能级为 E_T 的深能级杂质,如图"After"所示。

深能级杂质为□施主　□受主。给出你的理由。

晶片电阻率:□增大　□减小　□保持不变。给出你的理由。

5.22 n 型半导体中的杂质 1 的 DLTS 图如图 P5.22 所示。其能级为 E_{T1},密度为 N_{T1},俘获

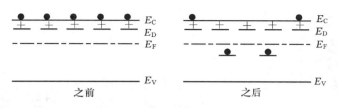

图 P5.21

界面为 σ_{n1}。

(a)在图 P5.22(a)和图 P5.22(b)的 $\ln(\tau_e T^2) - 1/T$ 图中指出减小 σ_{n1} 的效果。

(b)在图 P5.22(c)上,画出能级为 E_{T2} 的杂质 2 的 DLTS 谱图,其中 $E_c - E_{T2} < E_c - E_{T1}$,$N_{T2} < N_{T1}$,$\sigma_{n1} = \sigma_{n2}$。

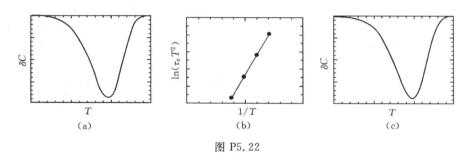

图 P5.22

复习题

- 列举 Si 晶片中的常见缺陷。
- 在 Si 器件中金属杂质起什么作用?
- 列举一些缺陷源。
- 什么是点缺陷? 列举三种点缺陷。
- 列举一种线缺陷、一种面缺陷和一种体缺陷。
- 氧化诱导堆垛层错是怎么形成的?
- 为什么一般发射会比俘获慢?
- 什么决定瞬态电容?
- 热发射的能量是从哪里来的?
- 为什么少数和多数载流子发射有相反的性能?
- 什么是深能级瞬态光谱(DLTS)?
- DLTS 可以确定什么参数?
- 拉普拉斯 DLTS 的优点是什么?
- 什么是正电子湮灭光谱,对于什么缺陷测量它最有用?

317

第6章

栅氧电荷、界面陷阱
电荷和栅氧厚度

●●●●●●●●●●●● ●●● **本章内容**

6.1 引言

6.2 固定氧化层陷阱电荷和可动氧化层电荷

6.3 界面陷阱电荷

6.4 氧化层厚度的影响

6.5 优点和缺点

●●●●●●●●●●●●●●●●●

6.1 引言

319 　　这一章的讨论可以应用到绝缘体-半导体系统,而二氧化硅-硅系统作为最直接的例子。通过一系列的工艺方式获得更薄的栅氧是优化器件尺寸最重要的方面。薄栅氧相应地会带来更高的漏电流,通过很多方法在这一章得到印证。电容-电压和栅氧厚度测试将会更加细致地解释栅氧厚度与漏电流之间的关系。

　　栅氧电荷[1]:图6.1反映了二氧化硅-硅系统最为常见的四种电荷存在形式,分别是氧化层固定电荷、氧化层可动电荷、氧化层陷阱电荷和界面态电荷。这样的命名方式在1978年标准化,各种电荷的缩写显示在下方。在各种情况下,Q都是反映了在二氧化硅与硅系统表面每个单元的电荷密度,N都是反映了在二氧化硅与硅系统表面每个单元的电荷数,D_{it}反映了单元数。$N = |Q|/q$,在这里Q可正、可负,但N总是正的。

　　(1)界面态电荷密度(Q_{it},N_{it},D_{it}):　这里存在正负电荷由于结构缺陷、氧化诱导缺陷、金属杂质或者通过辐射和通常的键断裂引起的缺陷(例:热电子)。表面态电荷存在于二氧化硅-硅系统表面,区别于固定电荷与陷阱态电荷,界面态电荷可以与硅基底进行电荷交换,而且根据表面电位的不同界面陷阱可以释放、捕获电子。大多数界面陷阱电荷可以通过在氢气氛或者(氢、氮气)形成气(混合气)低温(~450℃)退火被消除。这种类型的电荷也可以被叫做表面

320 态、快态、界面态等,在过去也通过N_{ss},N_{st}或其它符号来表示。

　　(2)氧化层固定电荷(Q_f,N_f):　这是一种在二氧化硅-硅表面附近的一种正电荷,它们的

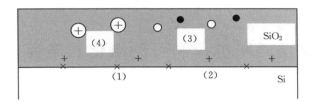

图 6.1　热氧化层硅中的电荷及其位置。重印经 IEEE 的 Deal 许可(© 1980，IEEE)

形成主要来自于氧化过程，由氧化气氛和温度、冷却状况、硅材料晶向所决定。由于同区域内存在一定密度的表面态，氧化层固定电荷不能够被明确的获得，而是需要测量通过在氢气氛或者混合气氛(氢、氮气)低温退火的样品(样品的表面态电荷最小化)。氧化层固定电荷不能和硅基底进行电子传导。Q_f 依赖于最终氧化温度，氧化温度越高，氧化层固定电荷密度越低。然而在实际情况下，实际过程不能在过高温度下进行氧化反应，通常采用在氧化之后，将氧化晶片在氮气或者氩气气氛下退火来减少氧化层固定电荷。这将导致著名的"Deal 三角形"，图 6.2反映了 Q_f、氧化与退火的可逆关系。[2] 氧化样品可以在任意温度下(干氧气氛)制备，Q_f 的最终值与最终的氧化温度息息相关，最终 Q_f 值可以通过一个氧化过程达到一个常数。过去还被定义为 Q_{ss}。

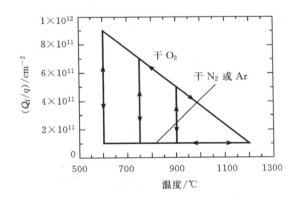

图 6.2　"Deal 三角形"显示 Q_f 的可逆热反应。重印经 Deal et al.[2] 和出版者
Electrochemical Society 公司许可

　　(3)氧化层陷阱电荷(Q_{ot}, N_{ot})：　这种正负电荷是由于空穴或者电子被限制在氧化层中。被限制是由于电离辐射、雪崩击穿、Fowler-Nordheim 隧道效应或者其他机制。区别于固定电荷，氧化层陷阱电荷有时也可以退火(低温热处理)消除，虽然还存在中性陷阱态。
　　(4)氧化层可动电荷(Q_m, N_m)：　这主要是由于电离杂质引起的，比如 Na^+，Li^+，K^+，也有可能是 H^+，同时还有可能是负离子、重金属。

6.2   固定氧化层陷阱电荷和可动氧化层电荷

6.2.1   电容-电压曲线

各种的电荷值可以取决于金属-氧化物-半导体-电容器(MOS-C)的电容-电压(C-V)关系。在讨论测量方法之前,我们推导出电容电压关系式并描述 C-V 曲线。一个在 p 型衬底上的 MOS 电容器的能带图如图 6.3 所示。在器件的中性区的本征能级 E_i 或电势 ϕ 被作为参考零电势。表面电势 ϕ_s 通过这个参考能级来测量。电容定义为

$$C = \frac{\mathrm{d}Q}{\mathrm{d}V} \tag{6.1}$$

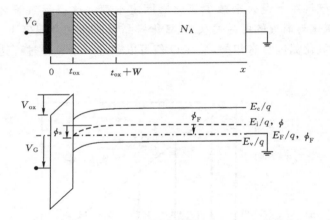

图 6.3   一个 MOS 电容器的截面图和能带图

电荷值的变化是由于电压的变动,通常由单位面积的法拉第数($\mathrm{F/cm^2}$)为单位。在电容测量期间,一个小的交流电压激励被施加到测试器件上。由此产生的电荷变化就是电容量。从栅极看 MOS-C,$C = \mathrm{d}Q_G / \mathrm{d}V_G$,此处的 Q_G 和 V_G 是栅极电荷和栅极电压。由于在器件上总的电荷必须为零,$Q_G = -(Q_s + Q_{it})$ 假定无氧化层电荷。栅极电压随着氧化层和半导体逐渐向内延伸而下降,由此给出 $V_G = V_{FB} + V_{ox} + \phi_s$,其中 V_{FB} 是平带电压,V_{ox} 为氧化层电压,ϕ_s 为表面电势,式(6.1)被改写为

$$C = -\frac{\mathrm{d}Q_s + \mathrm{d}Q_{it}}{\mathrm{d}V_{ox} + \mathrm{d}\phi_s} \tag{6.2}$$

半导体电荷密度 Q_s,包括空穴电荷密度 Q_p,空间电荷区体电荷密度 Q_b 和电子电荷密度 Q_n。设 $Q_s = Q_p + Q_b + Q_n$,式(6.2)转变为

$$C = -\frac{1}{\dfrac{\mathrm{d}V_{ox}}{\mathrm{d}Q_s + \mathrm{d}Q_{it}} + \dfrac{\mathrm{d}\phi_s}{\mathrm{d}Q_p + \mathrm{d}Q_b + \mathrm{d}Q_n + \mathrm{d}Q_{it}}} \tag{6.3}$$

利用通常电容的定义改写式(6.1)和(6.3)为

$$C = -\frac{1}{\frac{1}{C_{ox}} + \frac{1}{C_p + C_b + C_n + C_{it}}} = \frac{C_{ox}(C_p + C_b + C_n + C_{it})}{C_{ox} + C_p + C_b + C_n + C_{it}} \tag{6.4}$$

对于 p 型衬底器件，在负栅压情况下，正的累积电压 Q_p 为主。对于正的栅电压，半导体的累积电荷为负。负号在式(6.3)内相互抵消。

式(6.4)可以等效为电路图(图 6.4(a))，对于负栅极电压，空穴在表面大量累积，Q_p 为主，C_p 非常接近于短路。因此，四个电容器被简化为在图 6.4(b)里粗实线的电路，总的电容值为 C_{ox}，对于较小的正栅极电压，表面耗尽，空间电荷密度 $Q_b = -qN_A W$，表面陷阱态电容也有贡献。总的电容如图 6.4(c)，为 C_b、C_{it} 并联，再与 C_{ox} 串联。弱反型电容 C_n 开始出现。对于强反型，C_n 占据主要地位，由于 Q_n 值极大。如果 Q_n 可以随交流电压变化，低频等效电路(图 6.4(d))再次变为氧化层电容。当反型层不能随交流电压的变化而变化时，等效电路图变为图 6.4(e)，$C_b = K_s \varepsilon_o / W_{inv}$，$W_{inv}$ 是第 2 章所讨论的反型空间电荷区宽度。

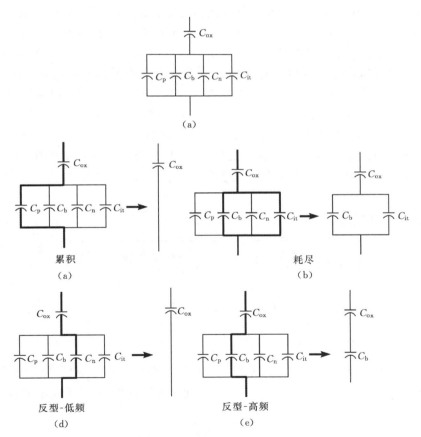

图 6.4　如文中所讨论的，不同偏置条件下一个 MOS 电容器的电容

反型电容只有在反型电荷变化能够紧随施加的交流电压频率变化的条件下才能作为主体，因此这个频率也可以称为交流探针的频率。在 MOS-C 处于反型偏压的条件下，交流电压

迫使器件在直流偏压值附近周期性的上下波动。在这个阶段,当器件获得一个稍高的栅极电压时,栅极电荷的增加要求半导体电荷的增加,来自于反型电荷与空间耗尽层电荷。对于反型电荷的增加,是由于在可控硅内电子空穴对的热激发,可控硅产生的电流密度,在室温条件下,由下式给出 $J_{scr}=qn_iW\tau_g$,我们将在第 7 章给出更细致的讨论。电流通过氧化层形成的置换电流密度 $J_d=C\mathrm{d}V_G/\mathrm{d}t$。为了使得反型电荷占主要地位,可控硅电流必须保证置换电流密度 $J_d\leqslant J_{scr}$,

$$\frac{\mathrm{d}V_G}{\mathrm{d}t}\leqslant\frac{qn_iW}{\tau_g C_{ox}} \tag{6.5}$$

这将导致总的电容值 C 趋近于 C_{ox}。对于硅在 $T=300\mathrm{K}$,$n_i=10^{10}\,\mathrm{cm}^{-3}$,有

$$\frac{\mathrm{d}V_G}{\mathrm{d}t}\leqslant\frac{0.046Wt_{ox}}{\tau_g}\,\mathrm{V/s} \tag{6.6}$$

W 的单位为 $\mu\mathrm{m}$,t_{ox} 为 nm,τ_g 为 $\mu\mathrm{s}$。要测 MOSFET 的栅电容,通常需要将源漏接地来测量低频 C-V_G 特征曲线,由于 S/D 可以很容易的提供沟道载流子,即使没有热生成。

产生寿命在 $10\,\mu\mathrm{s}$ 到 $10\,\mathrm{ms}$ 范围内。对于 $t_{ox}=5\mathrm{nm}$,$W=1\,\mu\mathrm{m}$ 并且 $\tau_g=10\,\mu\mathrm{s}$,$\mathrm{d}V_G/\mathrm{d}t=0.023\,\mathrm{V/s}$——并不是一个严格参数。但是对于 $\tau_g=1\,\mathrm{ms}$,$\mathrm{d}V_G/\mathrm{d}t=0.23\,\mathrm{mV/s}$——则是一个严格的参数。若在高温下测量,由于 n_i 增加的原因这个参数可以有所放宽。通过将温度从 $300\,\mathrm{K}$ 升高至 $350\,\mathrm{K}$,n_i 可以从 $10^{10}\,\mathrm{cm}^{-3}$ 升高至 $3.6\times10^{11}\,\mathrm{cm}^{-3}$,使得斜率增加了 36 倍,比如说从 0.23 到 $8.3\,\mathrm{mV/s}$。定义一个有效频率 $f_{eff}=(\mathrm{d}V_G/\mathrm{d}t)/v$,此处的 v 为交流电压,我们发现在 $v=15\,\mathrm{mV}$ 时,低温下的 $f_{eff}\approx1.5\,\mathrm{Hz}$,高温下则为 $0.015\,\mathrm{Hz}$。这些一阶数字表明,在室温下必须在极低的工作频率下才能获得低频的 C-V 曲线。高温下较高的产生率导致更高的频率响应。由于典型的 C-V 曲线测量频率在 $10^4\sim10^6\,\mathrm{Hz}$ 范围内,很明显通常观察到的是高频曲线。

低频半导体电容 $C_{s,lf}$ 为

$$\boxed{C_{S,lf}=\hat{U}_s\frac{K_s\varepsilon_0}{2L_{Di}}\frac{[e^{U_F}(1-e^{-U_s})+e^{-U_F}(e^{U_s}-1)]}{F(U_S,U_F)}} \tag{6.7}$$

这里的半导体表面电场是一个无量纲量,$F(U_S,U_F)$ 见下式:

$$F(U_S,U_F)=\sqrt{e^{U_F}(e^{-U_S}+U_S-1)+e^{-U_F}(e^{U_S}-U_S-1)} \tag{6.8}$$

其中 U_S 为规格化电势,由 $U_S=q\phi_s/kT$ 和 $U_F=q\phi_F/kT$ 确定,这里的表面电势 ϕ_s 和费米电势 $\phi_F=(kT/q)\ln(N_A/n_i)$ 由图 6.3 中定义。符号 $\hat{U}_s$ 代表表面电势,并由下式给出:

$$\hat{U}_s=\frac{|U_s|}{U_s} \tag{6.9}$$

这里的 $\hat{U}_s=1$,在 $U_s>0$ 时,且 $\hat{U}_s=-1$,在 $U_s<0$ 时。内在德拜长度 L_{Di} 为

$$L_{Di}=\sqrt{\frac{K_s\varepsilon_0 kT}{2q^2 n_i}} \tag{6.10}$$

　　高频 $C\text{-}V$ 曲线结果显示,反型电荷中的少子不能响应交流电压。在 scr 边缘的多子可以响应交流信号,因此或多或少都能暴露出电离的掺杂原子。直流电压扫描速率,如图(6.5)给出的,必须足够低才能产生必要的反型电荷。反型层中的高频半导体电容为[3]

$$C_{S,hf} = \hat{U}_S \frac{K_S \varepsilon_0}{2L_{Di}} \frac{\left[e^{U_F}(1 - e^{-U_S}) + e^{-U_F}(e^{U_S} - 1)/(1 + \delta)\right]}{F(U_S, U_F)} \tag{6.11}$$

这里的 δ 为

$$\delta = \frac{e^{U_S} - U_S - 1/F(U_S, U_F)}{\displaystyle\int_0^{U_S} \frac{e^{U_F}(1 - e^{-U})(e^U - U - 1)}{2\left[F(U, U_F)\right]^3} dU} \tag{6.12}$$

在强反型中准确率可以到 $0.1\% \sim 0.2\%$,近似的表达为[4]

$$C_{S,hf} = \sqrt{\frac{q^2 K_S \varepsilon_0 N_A}{2kT\{2|U_F| - 1 + \ln[1.15(|U_F| - 1)]\}}} \tag{6.13}$$

　　当直流偏压变化得太快,以致时间不足以产生反型电荷,从而得到深耗尽曲线。其高频或低频半导体电容为

$$C_{S,dd} = \frac{C_{ox}}{\sqrt{[1 + 2(V_G - V_{FB})/V_0]} - 1} \tag{6.14}$$

这里的 $V_0 = qK_s \varepsilon_0 NA/C_{ox}{}^2$。

　　总的电容由下式给出:

$$C = \frac{C_{ox}C_S}{C_{ox} + C_S} \tag{6.15}$$

栅压与与氧化层电压相关,还与平带电压有关

$$V_G = V_{FB} + \phi_s + V_{ox} = V_{FB} + \phi_s + \hat{U}_S \frac{kTK_S t_{ox} F(U_S, U_F)}{qK_{ox} L_{Di}} \tag{6.16}$$

　　理想低频(lf)、高频(hf)和深耗尽(dd)的 $C\text{-}V$ 曲线如图 6.5 所示,在 $Q_{it} = 0$ 且 $V_{FB} = 0$ 时。它们与堆积和耗尽时相吻合,但是与反型时不同,因为反型电荷在 hf 情况下不能随加载的交流电压响应,在 dd 情况下不存在。

　　这三条曲线是在 $C\text{-}V$ 测量不同条件下得到的。考虑一个 p 型衬底上的 MOS-C,具有直流栅压从负电压扫描到正电压。在直流电压上叠加一个典型幅度为 $10 \sim 15$ mV 的交流电压。所有的三条曲线在累积和耗尽状态都一样,但是进入反型态后三条曲线出现差别。若直流扫描频率足够慢,不仅允许反型电荷产生而且使得反型电荷有足够的时间响应交流检测频率,也就能得到低频曲线。若直流扫描足够慢,使得反型电荷有足够的时间生成,但是交流检测电压的频率太高,以致反型电荷不能响应,于是得到高频曲线。不论高频或低频条件,要得到深耗尽曲线,必须直流扫描速率足够高,使反型电荷不能生成。

　　最常测量的曲线为高频曲线。但是实际的 hf 曲线并不总是易于测量的。考虑一个 $C\text{-}$

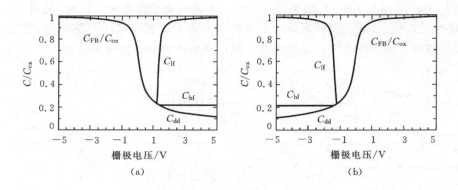

图 6.5 低频(lf)、高频(hf)和深耗尽(dd)。MOS-C 的标准化 SiO₂-Si 电容-电压曲线；(a)p 衬底 $N_A = 10^{17}\,\text{cm}^{-3}$，(b)$n$ 衬底 $N_D = 10^{17}\,\text{cm}^{-3}$，$t_{\text{ox}} = 10\,\text{nm}$，$T = 300\,\text{K}$

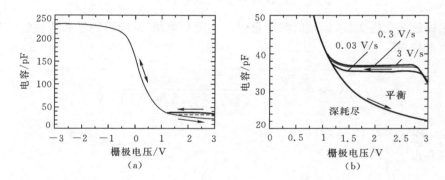

图 6.6 扫描方向和扫描速率，hf 状态 MOS-C 电容 p 型衬底，(a)整条 C-V_G 曲线，(b)放大曲线(a)中的一部分，显示直流扫描方向；$f = 1\,\text{MHz}$。数据承蒙亚利桑那州立大学 Y. B. Park 提供

V_G 曲线，如图 6.6 所示。真正的或平衡曲线由虚线表示。若偏压从 $-V_G$ 扫描到 $+V_G$，C-V 曲线有一个进入部分深耗尽的趋势，这个结果得到的曲线会比真是曲线低，特别是高生成寿命材料。我们在式子(6.5)中表示出对交流频率的限制。这种限制也同样适用于直流偏置扫描速率，高寿命的材料扫描速率必须极低。

当偏置电压从 $+V_G$ 扫描到 $-V_G$ 时，分型电荷注入衬底。反型层/衬底结变为正偏且得到的电容将比真实曲线高。真实曲线为，总的来说，只能在调整偏置电压直至器件为平衡态时才能得到，然后重复这一过程来逐点生成 C-V 曲线。逐点生成法很不方便，通常对于 p 型衬底可以控制扫描方向从 $+V_G \rightarrow -V_G$，由于电容与真实值的背离比扫描方向 $-V_G \rightarrow +V_G$ 时小一些。

练习 6.1

　　问题：当测量温度升高，C_{hf} 会变得怎么样？

　　解答：根据式(6.5)，随着温度 T 升高，响应扫描速率的少子在 n_i 升高后，将会对更高频率的测量电压响应。例如，低频行为需要高检测频率。如图 E6.1 中的描述，点线为实验数据，实线为计算 lf 曲线。测出在室温下的 hf 曲线，且测得的 lf 曲线和计算得到的 lf 曲线有很大的差异。随着温度升高，一些反型层载流子可以响应从而 hf 曲线开始显示 lf 特征。最后在 $T=300℃$，hf 曲线与 lf 曲线相一致。因此 $T=300℃$ 时测得的 C_{hf} 和 C_{lf} 是相同的。在该温度下进行的测量，除了 n_i 还与其他参数有关，例如：τ_g、W 和 C_{ox}。

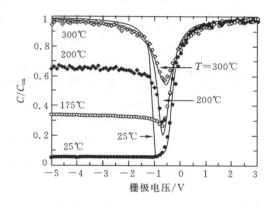

图 E6.1　MOS－C 的测得的 hf（点线）曲线和计算 lf（实线）曲线。$N_D=2.6 \times 10^{14} cm^{-3}$，$t_{ox}=30$ nm，$f=10$ kHz。数据承蒙亚利桑那州立大学的 S. Y. Lee 提供

6.2.2　平带电压

平带电压由金属-半导体功函数差 ϕ_{MS}，以及各种氧化层电荷决定，如下式表示：

$$V_{FB} = \phi_{MS} - \frac{Q_f}{C_{ox}} - \frac{Q_{it}(\phi_s)}{C_{ox}} - \frac{1}{C_{ox}}\int_0^{t_{ox}} \frac{x}{t_{ox}}\rho_m(x)dx - \frac{1}{C_{ox}}\int_0^{t_{ox}} \rho_{ot}(x)dx \tag{6.17}$$

这里的 $\rho(x)=$ 单位体积的氧化层电荷。固定点和 Q_f 位于非常靠近 $Si-SiO_2$ 界面处。Q_{it} 的表达式为 $Q_{it}(\phi_s)$，由于表面陷阱电荷的占据取决于表面电势。可动电荷和氧化层陷阱电荷可能分布在整个氧化层中。X 轴方向的分布如图 6.3 所示。如果这些电荷分布在氧化层-半导体衬底的界面处时，将对平带电压造成巨大影响，因为他们可以在半导体中产生镜像电荷。当这些电荷位于栅极-氧化层界面处时，它们可以在栅极上产生镜像电荷而不会对平带电压产生影响。对于一个给定的电荷密度，平带电压随氧化层电容的增加而减小，例如，在较薄的氧化层中。因此氧化层电荷通常对于平带电压或者对于薄氧化层 MOS 器件的阈值电压漂移贡献很小。

式（6.17）中的平带电压是针对均匀掺杂衬底而言，其中的栅压是以衬底接地为参考的。若衬底掺杂浓度为 N_{sub}，外延层掺杂浓度为 N_{epi}，则在 epi 衬底结上的内建电势对平带电压的修正为[5]

$$V_{FB}(epi) = V_{FB}(bulk) \pm \frac{KT}{2q}\ln(\frac{N_{sub}}{N_{epi}}) \tag{6.18}$$

328

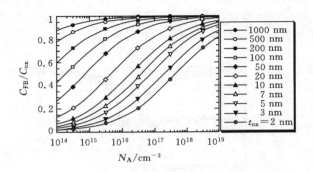

图 6.7 $T = 300$ K 时,在 SiO_2-Si 系统中,C_{FB}/C_{ox} 与 N_A 作为 t_{ox} 的函数的关系图

式(6.18)中,p 型用加号,n 型用减号,并且假设衬底和外延层的掺杂为同类型,要不就同为受主要不就同为施主。

通过比较理论和实验得到的电容-电压曲线,我们能够测出各种电荷。由于各种电荷的影响以及式(6.17)中的功函数差,实验曲线通常为理论曲线的漂移。任何电容条件下,均可测出电压的漂移,但是,通常我们测量较频繁的为平带电容 C_{FB},和在该状态下的平带电压 V_{FB}。对于理想曲线,V_{FB} 为零。平带电容由式(6.15)给出,有 $C_S = K_s\varepsilon_o/L_D$,其中的 $L_D = [kTK_s\varepsilon_o/q^2(p+n)]^{1/2} \approx [kTK_s\varepsilon_o/q^2 N_A]^{1/2}$ 为德拜长度,由式(2.11)得到。对于用 SiO_2 作为隔离带的 Si 材料而言,C_{FB} 比 C_{ox} 由下式给出:

$$\frac{C_{FB}}{C_{ox}} = \left\{ 1 + \frac{136\sqrt{T/300}}{t_{ox}\sqrt{N_A \text{或} N_D}} \right\} - 1 \tag{6.19}$$

其中 t_{ox} 的单位为 cm,且 $N_A(N_D)$ 的单位为 cm^{-3}。在图 6.7 中,C_{FB}/C_{ox} 与 N_A 成反比,为氧化层厚度的函数。

在均匀掺杂且晶圆足够厚的条件下,平带电容可以很容易被测出。在非均匀掺杂条件下,电容的测量则非常困难,将引入许多测量技术。[6] 对于硅薄层,例如绝缘衬底上的硅,有效硅层极薄以至于不能构成 MOS-C 空间电荷区。要测出 C_{FB} 需要采用一些特殊的方法。比如采用图像法和分析法。[7] 分析法依赖于对电容的测量,就是 90%到 95%的氧化层电容。该电容对应的电压与平带电压相关。[8]

练习 6.2

问题:确定 MOS 电容的平带电压

解答:要测出 C_{FB},平带电压的数值必须准确。如上文所述,测出 C_{FB},就可以确定 V_{FB},从而给出式(6.17)中所有的参数。但可能并非总是如此。确定 V_{FB} 的一种方法就是实验测得 $(1/C_{hf})^2$ 或者 $1/(C_{hf}/C_{ox})^2$ 与 V_G 的关系,如图 E6.2 所示。这条曲线对应于图 6.5(a)中的数

329

据。曲线的下拐点在 $V_G = V_{FB}$ 处。该变化有时候难以测定。区分该曲线，可以找到最大斜率是在曲线的左翼的 V_{FB} 处。对曲线进行二次区分会导致一个具有尖峰的曲线，其顶点与 V_{FB} 重合。第二个区分通常会引入很大的噪声，可以通过平滑数据加以改善。该方法由 R. J. Hillard、J. M. Heddleson、D. A. Zier、P. Rai-Choudhury 和 D. K. Schroder 等人，在文章 *Direct and Rapid Method for Determining Flatband Voltage from Non-equilibrium Capacitance Voltage Data* 讨论过，同时文章 *Diagnostic Techniques for Semiconductor Materials and Devices* 中也讨论过（J. L. Benton, G. N. Maracas, and P. Rai-Choudhury, eds.）发表在杂志 *Electrochem. Soc.*, Pennington, NJ, 1992, 261 – 274 上。

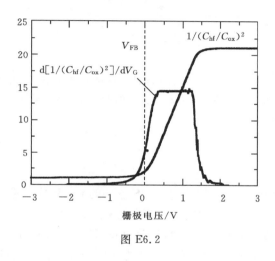

图 E6.2

有限栅掺杂浓度：　目前为止，我们忽略了栅对 C - V_G 曲线可能造成的影响，这与金属-半导体功函数不同。多晶硅是一种普遍的栅材料，掺杂浓度范围大概是 $10^{19} \sim 10^{20}$ cm^{-3}。它会造成什么影响呢？考虑图 6.8 中的 MOS-C，它是由一个 p 型衬底和一个 n^+ 多晶硅栅组成。对于负栅压，衬底和栅极被堆积，我们能把栅极当作一个金属来处理。然而，对于正栅压，衬底耗尽甚至最终反型，但是栅压也可以耗尽或者反型。此时有一个额外的栅电容 C_{gate} 取代了 C_{ox}，与 C_S 串联，从而减小了总电容。采用 C-V 技术对栅掺杂浓度的测量参考第 2 章中的讨论。

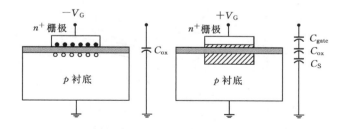

图 6.8　一个有限栅掺杂浓度的 MOS-C 的结构图，显示正栅压下栅耗尽的情况

图 6.9 中 C/C_{ox}-V_G 曲线图示说明了栅耗尽效应。注意到 $+V_g$ 时的额外电容下降，随着栅中 N_D 的增加而下降得更多。这样的多晶硅耗尽电荷改变了 MOSFET 的阈值电压，减小漏

电流,增加了栅电阻。所有的这些效应都会减慢电路速度。另一方面,栅和源漏交叠电容也减小了,这会提高电路速度。最近的研究表明,总的影响是负面的,例如,降低电路速度。[9]

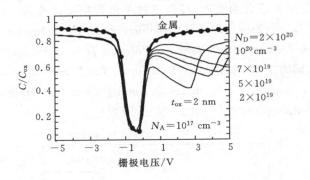

图 6.9　低频电容-电压曲线,金属栅和不同 n^+ 掺杂浓度的多晶硅栅
仿真承蒙亚利桑那州立大学的 D. Vasileska 提供

练习 6.3

问题:量子化和费米-狄拉克统计会对 MOS 器件的 $C\text{-}V$ 曲线造成什么影响?

解答:描述 $C\text{-}V$ 曲线的等式,常常采用简化近似。一个假设近似为多晶硅栅耗尽近似。其他近似,针对 10 nm 厚度氧化层,包括费米-狄拉克($F\text{-}D$)分布而不是麦克斯韦-波尔兹曼分布,以及反型层量子化。对于强堆积或者反型的器件而言,两种效应都必须考虑。在这一退化情况下,自由载流子在半导体能带中占据了一系列分离的能级,降低了衬底电容。模拟和实验结构都证实了这一效应。模拟的结果如图 E6.3 所示,这里的 $t_{\text{ox,phys}}$ 为氧化层的物理厚度。这些曲线包括 $F\text{-}D$、量子效应以及栅耗尽效应。在 $+V_G$ 时,衬底反型同时栅累积($C_{\text{gate}} = C_{\text{inv}}$),在 $-V_G$ 时,衬底累积同时栅反型($C_{\text{gate}} = C_{\text{acc}}$)。$C_{\text{inv}}$ 是在 $V_G = V_{\text{FB}} - 4$ V 时测得的,同时 C_{acc} 是 $V_G = V_{\text{FB}} + 3$ V 时测得的。数据显示,在 $t_{\text{ox}} < 10$ nm 时栅电容比氧化层电容小最少

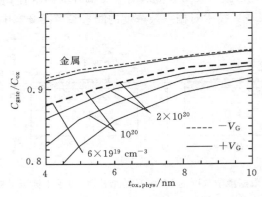

图 E6.3　金属中的 $C_{\text{gate}}/C_{\text{ox}}$ 比与 $t_{\text{ox,phys}}$ 模拟和 n^+ 多晶 Si/p-Si 结构($N_D = 10^{17}$ cm^{-3})
忽略氧化层泄漏电流。仿真承蒙亚利桑那州立大学的 D. Vasileska 提供

10％。因此,若分析方法有误,则从 C - V 曲线中提取氧化层厚度将会得到不准确的 t_{ox} 值。这些效应在 K. S. Krisch、J. D. Bude 和 L. Manchanda 等人的文章 *Gate Capacitance Attenuation in MOS Devices With Thin Gate Dielectrics* 中讨论过,发表在杂志 *IEEE Electron Dev. Lett.* 17, 521 - 524, *Nov.* 1996 上;同时也在 D. Vasileska、D. K. Schroder 和 D. K. Ferry 等人的文章 *Scaled Silicon MOSFET's*:*Degradation of the Total Gate Capacitance* 中讨论过,发表在杂志 *IEEE Trans Electron Dev.* 44, 584 - 587, April 1997。

6.2.3　电容测量

高频:　高频 C - V 曲线通常在频率 10 kHz～1 MHz 下测量。基本电容测量电路如图 6.10 所示,包含被测器件和输出电阻 R。MOS 器件由平行 G/C 电路代表,G 为 scr 区的电导而 C 为其电容。有交流电流 i 流过器件和电阻,其输出电压为

$$v_o = iR = \frac{R}{Z}v_i = \frac{R}{R + (G + j\omega C) - 1}v_i = \frac{RG(1+RG) + (\omega RC)^2 + j\omega RC}{(1+RG)^2 + (\omega RC)^2}v_i \quad (6.20)$$

对于 $RG \ll 1$ 和 $(\omega RC)2 \ll RG$,式(6.20)化简为

$$v_o \approx (RG + j\omega RC)v_i \quad (6.21)$$

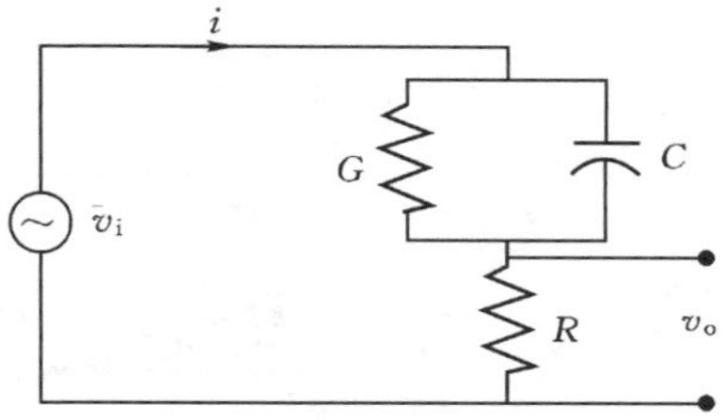

图 6.10　简化的电容测量电路

输出电压有两个组成部分:实部 RG 和虚部 $j\omega RC$,0°时有 $v_o = RGv_i$,90°时有 ωRCv_i。若已知 R 和 $\omega = 2\pi f$,采用相敏检测器,我们就能算出 G 或者电容 C。

低频:电流-电压:一个 MOS-C 的低频电容通常不直接测电容,而是测电流或者电荷,因为在低频下测电容噪声非常大。在准静态或线性斜率电压法中,测量的电容为缓慢变化的电压斜率的响应,如图 6.11(a)所示。[10] 这个具有连接在 MOS-C 栅上的电阻反馈的运算放大器

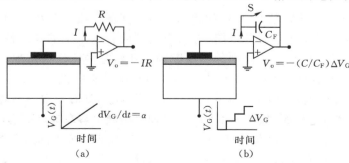

图 6.11　测量一个 MOS 电容器的电流和电荷的电路模块图

电路是一个电流表。由此产生的位移电流由下式给出：

$$I = \frac{\mathrm{d}Q_G}{\mathrm{d}t} = \frac{\mathrm{d}Q_G}{\mathrm{d}V_G}\frac{\mathrm{d}V_G}{\mathrm{d}t} = C\frac{\mathrm{d}V_G}{\mathrm{d}t} \tag{6.22}$$

对于线性电压斜率，$\mathrm{d}V_G/\mathrm{d}t$ 为常数，电流 I 与电容 C 成比例，在 $\mathrm{d}V_G/\mathrm{d}t$ 足够低时，可以得出低频 $C\text{-}V$ 曲线。

练习 6.4

　　问题：栅泄漏电流对于 $C\text{-}V$ 曲线有什么影响？

　　解答：栅泄漏电流越小越好是很重要的，因为栅电流需要从位移电流中加上或减去。这将导致电容错误，由于电流与电容将不再成比例。由于高泄漏栅电容损耗严重，因此在 $C\text{-}V$ 曲线的反型区/堆积区时，栅电容将分别偏高/低，并且将无法直接提取 C_{ox} 参数。滚降随栅极泄漏电流变化，因此对于两个具有相同厚度介质层的栅极若泄漏电流不同，会有不同的 C_{ox} 和 t_{ox} 值。$C\text{-}V$ 曲线的实例如图 E6.4 所示。这些问题的一个很好的讨论可以在 C. Scharrer 和 Y . Zhao 的文章 *High Frequency Capacitance Measurements Monitor EOT (Equivalent Oxide Thickness) of Thin GateDielectrics* 中找到，发表在杂志 *Solid State Technol.* 47, Febr. 2004。

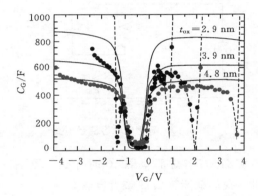

图E6.4　准稳态曲线，没有氧化层泄漏(线)，氧化层泄漏电流(点)

　　低频：电荷-电压：准稳态 $I\text{-}V$ 法如图 6.11(a)，泄漏电流包含在 $I\text{-}V$ 图中。并且结中的电流表与电容器组成了一个微分电路，将噪声毛刺或者电压泵的非线性因素放大。$Q\text{-}V$ 准稳态法可以减小 $I\text{-}V$ 准稳态法中的一些限制。开始时，MOS-C 出现在运放的反馈环路中，并恒流充电，[11] 此后再进行调整。[12] 图 6.11(b) 给出了它的模拟和数字结构图 [13] 以及商用结构图。[14] 这是一个集成的电路，减少杂散信号的影响。MOS-C 是与其栅相连后又连接了运放，它的衬底连接着电压源，如图 6.11 所示，从而将杂散电容和噪声最小化。

　　这个方法，又被称为反馈电荷法，使用电压阶跃 ΔV 输入到虚地的运算放大器。电容是由测量响应电压增量的电荷转移。反馈电容 C_F 最初的放电是通过关闭低泄漏电流开关 S 实现的。当测量开始时，S 打开并且 ΔV_G 使得电荷 ΔQ 流进电容 C_F，输出电压为

$$\Delta V_{\mathrm{o}} = -\frac{\Delta Q}{C_{\mathrm{F}}} \tag{6.23}$$

有 $\Delta Q = C\Delta V_{\mathrm{G}}$,

$$\Delta V_{\mathrm{o}} = -\frac{C}{C_{\mathrm{F}}}\Delta V_{\mathrm{G}} \tag{6.24}$$

输出电压与 MOS-C 电容成比例。在 $C > C_{\mathrm{F}}$ 条件下,引入跨导这个概念,这里的 C/C_{F} 需要合理选择。增加 ΔV_{G} 会生成 C_{lf} 与 V_{G} 的曲线。加之,当 Q 改变,有电流 Q/t 改变。电流应该只在瞬态时间段改变,并在器件达到平衡时消失。因此,Q/t 可以用来衡量平衡是否建立,还可以用来决定 ΔV_{G} 改变的时间增量,用以测量平衡时低频 $C\text{-}V$ 曲线。[14] 由于其测量的是大电压而不是小电流,并且用到的是电压阶跃而不是准确的电压斜率,使该方法具有高抗干扰性,因此很符合 MOS 测量。

6.2.4　固定电荷

　　固定电荷是通过比较实验 $C\text{-}V$ 曲线与理论曲线,测得平带电压漂移得到的,如图 6.12 所示。C_{FB} 可以通过式(6.19)算出或是从图 6.7 中测得,从而推出氧化层厚度,掺杂浓度由练习 6.2 中得知或者说确定的。要确定 Q_{f},我们需要消除或者至少减小其他氧化层电荷造成的影响,并且尽可能地减小界面陷阱电荷。要减小 Q_{it} 需要在 $400 \sim 450$℃下在氢气气氛下退火。由于纯氢气易于爆炸,因此很少使用。经常使用的是氢气-氮气($-5\% \sim 10\%\ H_2$)的混合气。当 SiO_2 上覆盖了 Si_3N_4 层后,Q_{it} 的退火就变得更加困难,因为硅的氮化物是很难穿透的。[15]

334

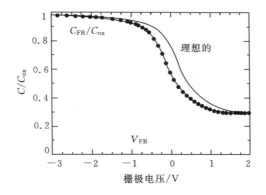

图 6.12　理想的(线)与实验的(点)MOS-C 曲线。$N_{\mathrm{A}} = 5 \times 10^{16}$ cm^{-3}, $t_{\mathrm{ox}} = 20\ \mathrm{nm}$, $T = 300\ \mathrm{K}$, $C_{\mathrm{FB}}/C_{\mathrm{ox}} = 0.77$

根据下式,Q_{f} 与平带电压有关

$$Q_{\mathrm{f}} = (\phi_{\mathrm{MS}} - V_{\mathrm{FB}})C_{\mathrm{ox}} \tag{6.25}$$

这里的 ϕ_{MS} 必须为已知才能确定 Q_{f}。式(6.25)假设界面陷阱电荷在固定电荷密度测量方面的作用可以忽略。确定 ϕ_{MS} 的方法在 6.2.5 节中给出。由于需要已知 ϕ_{MS} 才能从 $C\text{-}V$ 平带电压

漂移中测定 Q_f,因此固定电荷的不确定性与 ϕ_{MS} 的几乎一样多。例如,根据式(6.25),对于 N_f $=Q_f/q$ 的不确定性与 SiO_2 中的 ϕ_{MS} 不确定性相关,这里的 $K_{ox}=3.9$,

$$\Delta N_f = \frac{K_{ox}\varepsilon_o}{qt_{ox}}\Delta\phi_{MS} = \frac{2.16\times 1013}{t_{ox}(nm)}\Delta\phi_{MS}(V)\ cm^{-2} \tag{6.26}$$

对于不确定的金属-半导体功函数差,这里的 $\Delta\phi_{MS}=0.05\ V$,$\Delta N_f = 5.4\times 10^{11}\ cm^{-2}$ 且 $t_{ox}=$ 2 nm。这种不确定性比典型的固定电荷密度高,这就显示出已知 ϕ_{MS} 准确值的重要性。

另一个确定 Q_f 对 ϕ_{MS} 的依赖关系的表达式,将式(6.25)改写为

$$V_{FB} = \phi_{MS} - \frac{Q_f}{C_{ox}} = \phi_{MS} - \frac{Q_f t_{ox}}{K_{ox}\varepsilon_o} \tag{6.27}$$

该公式表明了一个 V_{FB} 与 t_{ox} 的关系,其斜率为 $Q_f/K_{ox}\varepsilon_0$ 且截距为 ϕ_{MS}。对于这个方法,我们将在下一节中进行更详细的描述,这个方法就是针对具有不同 t_{ox} 的 MOS 电容。但是,由于其对 ϕ_{MS} 不依赖,它就更准确。由于已发表的文献揭示 ϕ_{MS} 的变化可以到 0.5 V 这么大的范围,因此,对于一个给定的过程确定 ϕ_{MS} 的值,而不是依靠已有的值显然是很重要的。

6.2.5 栅-半导体功函数差

金属-半导体功函数差 ϕ_{MS} 在图 6.13 中有介绍,该图为零氧化层电荷时的金属-半导体电势能带图。$V_G=V_{FB}$ 可确保半导体和氧化物为平带。对于零氧化层电荷或者界面电荷,可以从式子(6.17)中得到 $V_{FB}=\phi_{MS}$。在图 6.13 中标出的参数都是电势,而不是能量。ϕ_M 和 ϕ'_M 为金属功函数和有效金属功函数,ϕ_S 为半导体功函数,χ 和 χ' 为电子亲和能和有效电子亲和能。其他的字母则代表他们通常的物理意义。从图 6.13 可得

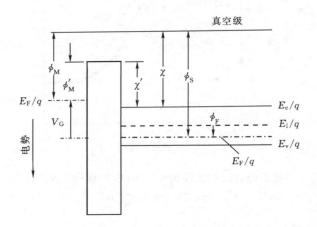

图 6.13 平带下金属-氧化物-半导体系统的电势能带图

$$\phi_{MS} = \phi_M - \phi_S = \phi'_M - (\chi' + (E_c - E_F)/q) \tag{6.28}$$

这里的 ϕ'_M、χ' 和 $(E_c-E_F)/q$ 在给定的栅材料、半导体和温度下都是常数。对于 p 型和 n 型衬底,式(6.28)变为

$$\phi_{\text{MS}} = K - \phi_{\text{F}} = K - \frac{kT}{q}\ln(\frac{N_A}{n_i}); \qquad \phi_{\text{MS}} = K + \phi_{\text{F}} = K + \frac{kT}{q}\ln(\frac{N_D}{n_i}) \qquad (6.29)$$

这里的 $K = \phi'_M - \chi' - (E_c - E_i)/q$ 且 $(E_c - E_F)/q = (E_c - E_i)/q + \phi_{\text{F}} = (E_c - E_i)/q + (kT/q)\ln(N_A/n_i)$。$\phi_{\text{MS}}$ 不只依赖于半导体和栅材料,还依赖于衬底掺杂类型和浓度。

图 6.14 显示出 n^+ 多晶硅/p 衬底和 p^+ 多晶硅/n 衬底的 MOS-C 的电势能带图。由于两者的栅和衬底具有不同的电子亲和能,我们发现 336

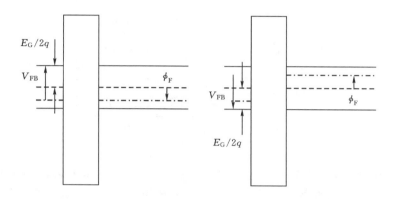

图 6.14 在平带时的电势能带图(a)n^+ 多晶硅/p 衬底;(b)p^+ 多晶硅/n 衬底

$$\phi_{\text{MS}} = \phi_{\text{F}}(\text{栅}) - \phi_{\text{F}}(\text{衬底}) \qquad (6.30)$$

对于 n^+ 多晶硅栅而言,其费米能级位置近似在导带的位置,对于 p^+ 多晶硅栅而言,其费米能级位置近似在价带的位置,由此给出 $\phi_{\text{MS}}(n^+\text{栅}) \approx -E_G/2q - (kT/q)\ln(N_A/n_i)$ 和 $\phi_{\text{MS}}(p^+\text{栅}) \approx E_G/2q + (kT/q)\ln(N_D/n_i)$。对于 n^+ 栅在 n^- 衬底上,$\phi_{\text{MS}}(n^+\text{栅}) \approx -E_G/2q + (kT/q)\ln(N_D/n_i)$,这里的 N_A 和 N_D 为衬底掺杂浓度。

此前的 ϕ_{MS} 是通过光电效应测得的。[16] 在半透明栅和衬底上加载一个电压,由于氧化层的绝缘性,若无光照则没有电流。具有足够能量的光子会撞击栅,并激励栅极中的电子进入氧化层。一些漂移过氧化层的电荷就形成了光电流。在正栅压下,半导体中的受激电子进入氧化层且流向栅极,由此确定了半导体/氧化层的势垒高度。对于负栅压,则是栅极中的受激电子进入氧化层并流入半导体中,并确定了栅/氧化层势垒高度。

光电测量法仅直接确定了 ϕ_{MS}。更直接的确定还可以通过式(6.27)的计算,重复如下:

$$V_{\text{FB}} = \phi_{\text{MS}} - \frac{Q_f}{C_{\text{ox}}} = \phi_{\text{MS}} - \frac{Q_f t_{\text{ox}}}{K_{\text{ox}}\varepsilon_o} \qquad (6.31)$$

关于 V_{FB} 与氧化层厚度的关系式,具有斜率为 $-Q_f/K_{\text{ox}}\varepsilon_o$,并且其斜率为 ϕ_{MS} 在 V_{FB} 轴上。[17] 这个方法更加直接,由于他可以测得 MOS 电容的容量。此外,由于测得了平带电压,它可以保证在电场表面具有零电场从而消除了肖特基势垒减小了修正。氧化层厚度变化可以通过氧化晶圆至一个给定厚度来控制,测得一个 V_{FB},腐蚀掉一部分氧化层,再测得 V_{FB},如此反复。该方法需要确定每次测量时都在氧化层的同一点上。氧化层腐蚀不会对固定电荷造成影响,由于 Q_f 位于非常接近 SiO_2-Si 界面处。有些时候氧化层被氧化成不同厚度的长条,或者在不同的晶圆上生长不同厚度的氧化层,从而形成 MOS 电容,假设所有样品中的 Q_f 都一样。 337

如图 6.15 所示,V_{FB}-t_{ox} 的关系图。[18] MOS 电容是由 SiO_2 栅绝缘层和 p 型硅衬底组成的。40~200 nm 厚度的多晶硅淀积在栅绝缘层上,然后淀积 80~200 nm 铪的硅化物。其形成是靠在炉子中 420℃条件下退火,或者在温度 600℃到 750℃下快速退火得到。并且样品还要在混合气中 420℃退火 30 min。

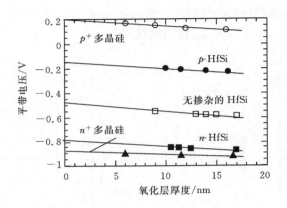

图 6.15　平带电压与氧化层厚度;p 型硅衬底。40~200 nm 厚度多晶硅加上 80~200 nm 铪的硅化物。在 420℃退火或者在 600℃到 750℃快速退火 1 min。在 420℃混合气中退火 30 min。符合参考文献[18]

ϕ_{MS} 依赖于氧化温度、晶圆取向、界面陷阱密度以及低温 D_{it} 退火。[19] 多晶硅栅器件的功函数应该取决于栅的掺杂浓度。有报告称 ϕ_{MS} 的最大值为磷和砷的密度为 5×10^{19} cm^{-3} 时,在此数值左右功函数都会减小。[20] ϕ_{MS} 对于掺杂浓度的依赖参考图 6.16 所示,在多晶硅栅的 SiO_2/Si 系统中。

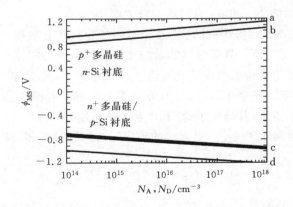

图 6.16　ϕ_{MS} 为掺杂密度的函数,在多晶硅/SiO_2/Si MOS 器件中数字代表参考文献,参考文献有:a[21],b[22],c[23]和 d[20]

6.2.6　氧化层陷阱电荷

即使在制备器件时没有引入电荷,它也可以在器件工作的时候陷入氧化层中。电子和/或空穴可以从衬底或从栅那里注入。能量辐射也可以在氧化层中生成电子-空穴对且一些这样的电子和/或空穴随后会陷入氧化层中。平带电压 ΔV_{FB} 会由于氧化层陷阱电荷 Q_{ot} 的原因发生漂移，

$$\Delta V_{FB} = V_{FB}(Q_{ot}) - V_{FB}(Q_{ot} = 0) \tag{6.32}$$

假设在引入氧化层陷阱电荷时，其他的电荷都保持不变。与 Q_f 不同，氧化层陷阱电荷并不位于氧化层/半导体界面处，而是分布在氧化层中。必须知道 Q_{ot} 的分布才能准确地描述 $C-V$ 曲线。陷阱电荷分布通常依靠腐蚀法和光电 $I-V$ 法测量。

在腐蚀法中，在氧化层上腐蚀掉一个薄层。在每次腐蚀之后测量一次 $C-V$ 曲线，从而从这一系列 $C-V$ 曲线中推算出氧化层电荷。光电 $I-V$ 法是一种非破坏性方法，并且比腐蚀法更准确。它是基于光照使得从栅或者衬底向氧化层中注入电子来实现。电子的注入依赖于注入表面的势垒长度和高度。势垒的长度和高度都受到氧化层电荷和栅偏置的影响。对于该方法的详细讨论参见参考文献[24]及其所引用的参考。有时候这种技术对控制平带电压连续也很有效。[25]

对氧化层中的电荷分布控制是很单调乏味的，因此不经常做。由于这方面信息的缺失，由氧化层电荷引起的平带电压漂移通常描述为假设电荷分布在氧化层-半导体界面处，表达为

$$\boxed{Q_{ot} = -C_{ox}\Delta V_{FB}} \tag{6.33}$$

6.2.7　可动电荷

SiO_2 中的可动电荷主要是金属杂质 Na^+、Li^+、K^+ 以及可能的 H^+。钠是主要的污染物。锂的来源为真空泵的机油，钾是在化学机械抛光时引入的。在 1960 年代初的 MOSFET 的实际应用被延误的原因就是氧化物中的移动电荷。发现 MOSFET 在正栅压下很不稳定，在负栅压下相对稳定。钠是第一个与栅偏置不稳定性相关的杂质。[26]通过对 MOS-C 有意进行掺杂，并且通过温漂应力法测量 $C-V$ 曲线的漂移，其结果显示，碱性阳离子很容易漂移通过热 SiO_2 膜。化学分析蚀刻氧化物，并用中子活化分析法和火焰光度法确定 Na 含量。[27]再用等温瞬态离子电流法、热激励离子电流法和三角电压扫描法对漂移进行测量。[28]

一些氧化层中杂质的迁移率由下式给出[29]：

$$\mu = \mu_o \exp(-E_A/kT) \tag{6.34}$$

这里的不同离子的迁移率分别为 Na：$\mu_0 = 3.5 \times 10^{-4} cm^2/V \cdot s$（因子在 10 以内）并且 $E_A = 0.44 \pm 0.09$ eV；对于 Li：$\mu_0 = 4.5 \times 10^{-4} cm^2/V \cdot s$（因子在 10 以内）并且 $E_A = 0.47 \pm 0.08$ eV，对于 K：$\mu_0 = 2.5 \times 10^{-3} cm^2/V \cdot s$（因子在 8 以内）并且 $E_A = 1.04 \pm 0.1$eV；对于 Cu：$\mu_0 = 4.8 \times 10^{-7} cm^2/V \cdot s$ 并且 $E_A = 0.93 \pm 0.2$eV。[29]氧化层电场由 V_G/t_{ox} 给出，忽略在半导体和栅上的小电压降。可动离子通过氧化层的漂移速率为 $v_d = \mu V_G/t_{ox}$ 并且瞬态时间 t_t 为

$$t_t = \frac{t_{ox}}{v_d} = \frac{t_{ox}^2}{\mu V_G} = \frac{t_{ox}^2}{\mu_o V_G}\exp(E_A/kT) \tag{6.35}$$

式(6.35)如图 6.17 所示，针对上述三种碱性离子和 Cu 离子。图中的氧化层电场为 10^6

V/cm,就是测试中常用的氧化层电场强度,氧化层厚度为 100 nm。对于更薄或者更厚的氧化层,瞬态时间变化由式(6.35)可得。氧化层中的 Na 和 Li 漂移非常快。典型的测试温度范围是 200 到 300℃,并且对于穿过氧化层的电荷测试只需要几毫秒就够了。对于集成电路,可动电荷密度在 $5 \times 10^9 \sim 10^{10} \, \text{cm}^{-2}$ 范围内就可以接受了。

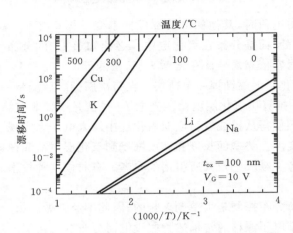

图 6.17　氧化层电场为 10^6 V/cm 和 $t_{ox} = 100$ nm 时的离子 Na、Li、K 和 Cu 的漂移时间

温漂应力法: 温漂应力法(BTS)为两种测量可动电荷的方法之一。但是与室温下通过 $C-V$ 曲线测量 Q_f 不同,测量可动电荷时温度必须足够高以便使电荷易于移动。典型地,将器件加热到 150 到 250℃,栅偏压大概为 10^6 V/cm 使得氧化层具有电场,这个过程将持续 $5 \sim 10$ min 以便使电荷漂移到氧化层界面处。此后将器件冷却至室温去掉偏置电压,再测量 $C-V$ 曲线。然后在反向偏压下重复这一过程。根据下式,可动电荷可由平带电压漂移得到

$$Q_m = -C_{ox} \Delta V_{FB} \tag{6.36}$$

340　　　当可动离子密度接近 $10^9 \, \text{cm}^{-2}$ 时,BTS 法的可重复性将出现问题。例如,在厚度为 10 nm 的氧化层中,可动离子密度为 $10^9 \, \text{cm}^{-2}$,平带电压漂移为 0.5 mV。此时改变栅区域并没有帮助,由于该方法测量的是电压的漂移而不是电容。

　　有时会出现这样的问题,即平带电压的漂移倒是由于氧化层陷阱电荷造成的还是可动电荷造成的。区分两种电荷效应的简单方法如下:考虑一个 MOS-C 在 p 型衬底上,它的 $C-V$ 曲线初测时采用的适度的栅压偏置,给出的 $C-V$ 曲线如图 6.18(a)所示。我们假设,适度的栅压偏置既不会使电荷注入氧化层也不会使电荷移动。其次,BTS 测试需要正向栅压,保持氧化层场强为 1 MV/cm 导致可动电荷漂移,但是该场强不够使电荷注入。若在 BTS 测试之后的 $C-V$ 曲线为图 6.18(b),那么漂移就是由于正向可动电荷导致的。在室温下若栅压提高,很有可能电子和/或空穴可以注入氧化层并且可动电荷发生漂移,使得测量不准确。

　　三角波电压扫描法: 三角波电压扫描法(TVS)中,测量的是电流而不是电容。[30] MOS-C 保持在较高温度常数下,200 到 300℃,得到低频 $C-V$ 曲线。通常测量电容是无法得到 C_{lf} 的,它是靠测量电流或电荷得到的,如 6.2.3 节中讨论的那样。TVS 是基于在较高温度下,测量通过氧化层的电荷流与给定时变电压的响应。电荷流可以看成是电流,也可以看成是电荷。

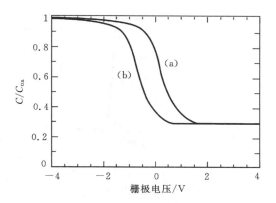

图 6.18 C-V_G 曲线描述可动电荷移动效应

对于可动电荷密度为 10^9cm^{-2} 时,其电流为 $I = 34 \text{ pA}$,扫描速率为 0.01 V/s,栅面积为 0.01 cm^2。在电荷测量范围内的电荷为 $Q = 1.6 \text{ pC}$。两者都在典型的测量电容之内。

如图 6.11(a)所示,加载一个缓变斜坡电压得到电流,然后测这个电流。若斜率足够低,测量电流是位移总和并且传导电流是由可动电荷而产生。电流由下式定义:

$$I = \frac{\mathrm{d}Q_G}{\mathrm{d}t} \tag{6.37}$$

有 $Q_G = -(Q_s + Q_{it} + Q_f + Q_{ot} + Q_m)$,这个电流可以描述为[24]

$$I = C_{lf}\left(\alpha - \frac{\mathrm{d}V_{FB}}{\mathrm{d}t}\right) \tag{6.38}$$

这里的 $\alpha = \mathrm{d}V_G/\mathrm{d}t$ 为栅电压斜率。从 $-V_{G1}$ 到 $+V_{G2}$ 积分可得

$$\int_{-V_{G1}}^{V_{G2}} (I/C_{lf} - \alpha)\mathrm{d}V_G = -\alpha\{V_{FB}[t(V_{G2})] - V_{FB}[t(-V_{G1})]\} \tag{6.39}$$

让我们假设在 $-V_{G1}$ 时所有的可动电荷都位于栅氧化层界面上($x = 0$),在 V_{G2} 时所有的可动电荷位于半导体-氧化层界面处($x = t_{ox}$)。只考虑可动电荷,从式(6.17)可得

$$-\alpha\{V_{FB}[t(V_{G2})] - V_{FB}[t(-V_{G1})]\} = \alpha\frac{Q_m}{C_{ox}} \tag{6.40}$$

式(6.39)可变为

$$\boxed{\int_{-V_{G1}}^{V_{G2}} (I/C_{lf} - \alpha)C_{ox}\mathrm{d}V_G = \alpha Q_m} \tag{6.41}$$

如练习 6.1 中所示,hf 和 C-V 曲线在高温时重合,并且通过测得 hf 和 lf 曲线并取两者之间的区域可以得到可动电荷,如图 6.19 所示。[31]式(6.41)中的积分代表 lf 和 hf 曲线中间的区域,如图 6.19。有人会问在 C_{lf} 和 C_{hf} 重合时,为什么 lf 曲线代表可动电荷峰。原因是在测量 lf 电流时,并不只是反型电荷响应检测频率,可动电荷也会漂移。对于高温和高频电容测量,只有反型电荷能检测到。

341

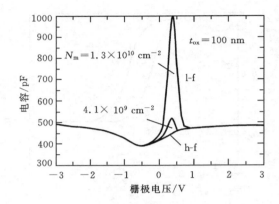

图 6.19　测得的 C_{lf} 和 C_{hf}，在 $T=250℃$ 时。测得的可动电荷密度为两条曲线中间的面积

有时 I-V_G 曲线的两个峰是在不同栅压下测得的。这些被归因于不同的可动离子迁移率。在合适的温度和扫描速率下，高迁移率离子(比如 Na^+)相比低迁移率离子(比如 K^+)可在较低的氧化层电场下漂移。因此，Na 峰比 K 峰位于在更低的栅压下。上述不同类型可动杂质的区别在不同偏压-温度测量时并不必要。这也解释了为什么 BTS 法和 TVS 法测出的杂质总数不一样。在 BTS 法中，我们通常需要等待足够长的时间使得所有的可动电荷都漂移通过氧化层。若在 TVS 法中，温度过低或栅压斜率过高，可能只测出了一种电荷。例如，可以想像高迁移率 Na 漂移了，而低迁移率的 K 没有漂移。TVS 法也适用于层间电介质中的可动电荷测量，因为该方法测的是电流或电荷而不是电容。

其他方法：电气表征法因其易于操作并且灵敏度高而具有优势。BTS 的灵敏度为 10^{10} cm^{-2} 且 TVS 法的灵敏度大概为 $10^9 cm^{-2}$。但是电气法无法检测中性杂质、化学品中的钠含量和炉管等。在检测钠含量的分析法包括放射性示踪剂、[32]中子活化分析、[33]火焰光度法[34]和二次离子质谱分析法(SIMS)。对于 SIMS 法，很重要的是要考虑表面的正负离子束，因为它可以改变离子分布从而给出错误的分布曲线。[35]

6.3　界面陷阱电荷

界面陷阱电荷，又被称为界面陷阱或界面态，由于在半导体/绝缘体界面悬挂键导致的。最常见的减小其密度的方法为合成气体退火法。参考文献[24]、[36]和[37]中对界面陷阱电荷及其性质检测方法具有详细的归纳。

6.3.1　低频(准稳态)法

低频或准稳态法是一个普遍采用的测量界面陷阱电荷的方法。它仅提供了界面陷阱电荷密度的信息，而没有捕获界面的信息。在这一章中，我们将交替使用"界面陷阱电荷"和"界面陷阱"这两个术语。在讨论表征技术之前，先讨论界面陷阱性质会比较好。如图 6.20(a)所示的模型将施主行为归因于 D_{it} 低于 E_i，受主行为归因于 D_{it} 高于 E_i。虽然这个模型并不普遍接收,但是我们有实验证据证明它。[38] 低于 E_F 的施主界面陷阱都被电子占据并因此呈现中性。那些能量为 $E_F < E < E_i$ 的是未被占据的施主并因此很可能呈现带电状态。那些能量高于 E_i 的为未被占据的受主并因此呈现中性。因此,在平带时,D_{it} 贡献了一个净正电荷。在正栅压下(图 6.20(b))一些位于 E_F 下的受主产生净负电荷,在负栅压下(图 6.20(c))则产生正电荷。因此,根据式(6.17),$C-V$ 曲线在负栅压下向左漂移,在正栅压下则向右漂移。

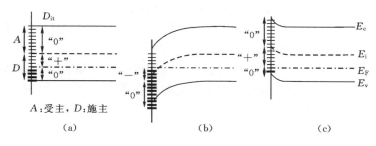

图 6.20　半导体能带用以说明界面陷阱效应;(a)$V_G = 0$,(b)$V_G > 0$,(c)$V_G < 0$。电子-占据界面态用粗横线表示,没有占据的陷阱用细横线表示。

界面陷阱对 hf 和 lf 态 $C-V$ 曲线的作用如图 6.21 所示。界面陷阱无法响应交流检测电压频率,他们不会对电容做出贡献,平衡电路图如图 6.4 所示,$C_{it} = 0$。但是,界面陷阱可以响应缓慢变化的直流偏置。由于栅极电压是从堆积到反型变化的,假设没有氧化层电荷,则栅电荷 $Q_G = -(Q_S + Q_{it})$。与理想情况 $Q_{it} = 0$ 不同,现在半导体和界面陷阱都有电荷。表面电势与栅电压的关系与式(6.16)不同,并且 hf 态 $C-V$ 曲线拉长,如图 6.21(a)所示。拉长并不是 343〜344

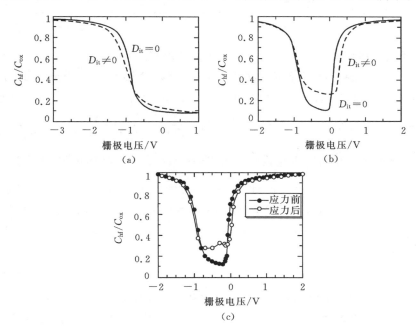

图 6.21　D_{it} 作用于 MOS-C 的电容-电压曲线。(a)理论高频曲线;(b)理论低频曲线;
(c)实验低频曲线。栅压应力产生的界面陷阱

界面陷阱贡献了额外电容的结果，而是 $C-V$ 曲线沿着栅极电压轴延长的结果。若检测频率较低，则界面陷阱会对其响应，由于界面陷阱对界面陷阱电容 C_{it} 作出贡献使曲线会发生扭曲，曲线会沿着电压轴延长，如图 6.21(b)所示。对于 $\phi_s = \phi_F$，带隙的上半部分为施主态，下半部分为受主态，界面陷阱互相抵消，使得最终的理想曲线和扭曲的 $C-V$ 曲线相一致。试验曲线如图 6.21(c)所示，栅电流通过氧化层之前和之后的图片。

准稳态法的基本理论是由 Berglund 提出的。[38]该方法比较了低频 $C-V$ 曲线和一个自由界面陷阱。后者可以为理论曲线，但是它通常是 hf 态 $C-V$ 曲线，且认为在高频下界面陷阱电荷来不及响应。"低频"意味着面陷阱和少子反型电荷必须能够响应交流检测频率。少数载流子的响应条件，已经在 6.2.1 节中讨论过。对界面陷阱的响应条件也有类似的限制。幸运的是，对界面陷阱的响应限制通常没有对少子响应的条件苛刻，且频率足够低使得反型层能够响应，一般足够低以至于界面陷阱可以响应。

在耗尽-反型状态下的 lf 电容由式(6.4)给出，

$$C_{lf} = \left(\frac{1}{C_{ox}} + \frac{1}{C_S + C_{it}}\right) - 1 \tag{6.42}$$

这里我们将 $C_b + C_n$ 换成 C_S，即 lf 半导体电容。C_{it} 与界面陷阱密度 D_{it} 有关，关系式为

$$\boxed{D_{it} = C_{it}/q^2 \quad D_{it} = \frac{1}{q^2}\left(\frac{C_{ox}C_{lf}}{C_{ox} - C_{lf}} - C_S\right)} \tag{6.43}$$

式(6.43)对于确定整个带隙中的界面陷阱密度很有用。

练习 6.5

问题：为什么这里用 $C_{it} = q^2 D_{it}$，而其他很多文章用 $C_{it} = qD_{it}$？

解答：$C_{it} = qD_{it}$ 在许多备受重视的文章中引用，例如，Nicollian 和 Brews 的第 195 页。[24]但是，若我们转换一下单位，有些东西就不正确了。比如 D_{it} 的单位为 $cm^{-2}eV^{-1}$（通常采用的单位）而 q 通常的单位为库仑(C)，则 C_{it} 的单位为 $\frac{C}{cm^2 \cdot eV} = \frac{C}{cm^2 \cdot C \cdot V} = \frac{F}{cm^2 \cdot C}$，有 $eV = C \cdot V$；$V = \frac{C}{F}$。这就说明正确的表达式应该为 $C_{it} = qD_{it}$。我们必须记住，在表达式 $E(eV) = qV$ 中，$q = 1$ 而不是 $1.6 \times q10^{-19}$！因此，$C_{it} = q^2 D_{it} = 1 \times 1.6 \times 10^{-19} D_{it}$。若 D_{it} 的单位为 $cm^{-2} J^{-1}$，则 $C_{it} = (1.6 \times q10^{-19})^2 D_{it}$。这是由 Kwok Ng 给我指出的，并且可以在他的书里找到根据。即 K. K. Ng, *Complete Guide to Semiconductor Devices*, 2nd Ed., Wiley-Interscience, New York, 2002, p183.

345 　　要确定 D_{it} 必须已知 C_{lf} 和 C_S。C_{lf} 是栅压的函数，且 C_S 是由式(6.7)算出。在式(6.7)中电容作为表面电势 ϕ_s 的函数，而在式(6.43)中 C_{lf} 是作为栅压的函数。因此，我们需要确定 ϕ_s 和 V_G 的关系。Berglund 提出[39]

$$\phi_s = \int_{V_{G1}}^{V_{G2}} (1 - C_{lf}/C_{ox})dV_G + \Delta \tag{6.44}$$

这里的 Δ 为积分常数,是在 $V_{\mathrm{G}} = V_{\mathrm{G}1}$ 时由表面电势得出的。鉴于积分常数 Δ 为未知,该积分式是在 $V_{\mathrm{G}1}$ 和 $V_{\mathrm{G}2}$ 随机选择条件下,对 $C_{\mathrm{lf}}/C_{\mathrm{ox}}$ 与 V_{G} 曲线积分得到的。积分中 $V_{\mathrm{G}} = V_{\mathrm{FB}}$ 使得 $\Delta = 0$,由于在平带时能带弯曲为零。从 V_{FB} 至累积态积分和从 V_{FB} 至反型态积分给出大部分带隙范围内的表面电势。若从强累积到强反型积分,积分式应该为 $[\phi_{\mathrm{s}}(V_{\mathrm{G}2}) - \phi_{\mathrm{s}}(V_{\mathrm{G}1})] = E_{\mathrm{G}}/q$。比 E_{G}/q 高的值指出氧化物中或氧化物-半导体界面的总的非均匀性,使得该分析有效。各种基于 lf 态和 hf 态的 $C-V$ 曲线来确定表面电势的方法都被提出。[40] Kuhn 提出拟合的实验和理论 C_{lf} 对 ϕ_{s} 曲线,从累积态至强反型态。[10] 若 N_{A} 相同,绘制 $(1/C_{\mathrm{s}})^2$ 与 ϕ 的图给出一条斜率为 N_{A} 且截距为 Δ 的曲线;若 N_{A} 不同,则无法得到 Δ 的唯一值。这些方法通常是测量具有反馈回路电容的运算放大器中的电荷。在一个电路中,D_{it} 直接作为 ϕ_{s} 的函数测量。[41]

从式(6.43)和(6.44)得到 D_{it} 非常花时间,其简化途径由 Castagné 和 Vapaille 提出。[42] 它除去了式(6.43)中与 C_{s} 测量相关的不确定性,将之用一个测定的 C_{s} 取代。从 hf 态 $C-V$ 曲线和式(6.15)我们可得,

$$C_{\mathrm{S}} = \frac{C_{\mathrm{ox}}C_{\mathrm{hf}}}{C_{\mathrm{ox}} - C_{\mathrm{hf}}} \tag{6.45}$$

将式(6.45)带入式(6.43),得到在 lf 态和 hf 态 $C-V$ 曲线条件下的 D_{it},

$$D_{\mathrm{it}} = \frac{C_{\mathrm{ox}}}{q^2}\left(\frac{C_{\mathrm{lf}}/C_{\mathrm{ox}}}{1 - C_{\mathrm{lf}}/C_{\mathrm{ox}}} - \frac{C_{\mathrm{hf}}/C_{\mathrm{ox}}}{1 - C_{\mathrm{lf}}/C_{\mathrm{ox}}}\right) \tag{6.46}$$

式(6.46)给出的 D_{it} 是在能带极有限范围内的,通常从临界反型,而不是强反型,至表面电势接近多子能带边缘,其中交流测量频率等于该界面陷阱发射时间常数的倒数。这相当于一个距离多数载流子能带边缘大约 $0.2\ \mathrm{eV}$。可以检测到,频率越高越接近能带边缘。典型的 hf 和 lf 曲线如图 6.22 所示。

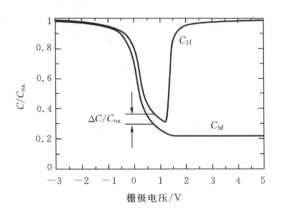

图 6.22　高频和低频 $C-V_{\mathrm{G}}$ 曲线显示由于界面陷阱导致的 $\Delta C/C_{\mathrm{ox}}$ 偏移量

典型的 $D_{\mathrm{it}} - \phi_{\mathrm{s}}$ 数据具有 U 型分布,即在能带中间有最小值,而在接近能带边缘时急速增加,如图 6.26 所示。在运用式(6.43)计算时,已知积分常数 Δ 很重要。Δ 的小误差,将对能带边缘附近的 D_{it} 造成很大影响。[43] 误差也可以由表面电势波动引入,由于氧化物电荷不均匀性和/或衬底掺杂密度。[44] 提取 D_{it} 的误差由忽略反型层电容中的量子效应引入。[45] 如果量子效

346 应是重要的,则传统的准静态方法低估了界面态密度,尤其是当掺杂浓度增加以后。

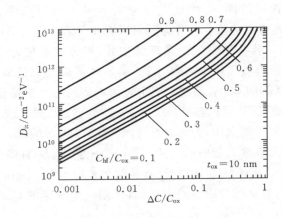

图 6.23　由 hf 态曲线和 $\Delta C/C_{ox}$ 偏移量得到的界面陷阱电荷密度

　　将 D_{it} 作为表面电势的函数并不总是必要。例如,对于工艺监控而言,通常在 C-V 曲线上取一个点来确定 D_{it} 就足够了。一个简便的选择就是选 C_{lf} 的最小值处,因为该技术在这点处最敏感。这一点对应的表面电势在离半带宽不远处的弱反型区($\phi_F < \phi_s < 2\phi_F$)。要提取 D_{it},将式(6.46)绘制成图 6.23,这里的 SiO_2 的 $t_{ox} = 10$ nm。要使用这个数据,先测量 C_{lf}/C_{ox} 和 C_{hf}/C_{ox},然后确定 $\Delta C/C_{ox} = C_{lf}/C_{ox} - C_{hf}/C_{ox}$,然后从图形中找出 D_{it}($\Delta C/C_{ox}$ 由图 6.22 中确定)。[46]若氧化层厚度不是 10 nm,则将从图 6.22 中测得的 D_{it} 乘以 $10/t_{ox}$,t_{ox} 的单位为 nm。也已有提出其他图形技术。[47]

　　对于高频曲线,测量频率必须足够高以至于界面陷阱不能响应。通常的 1 MHz 频率可能足够了,但由于界面陷阱的原因高 D_{it} 设备会有一些响应。如果可能,应该使用更高的频率,但必须谨慎使用,以保证串联电阻的影响不会变得严重。当器件从反型态扫向累积态时,C_{lf} 更易检测,这是因为少子已经存在于反型层中而不需要热生成了。串联电阻和杂散光也会影响曲线。[48] Nicollian 和 Brews 给出了 D_{it} 提取的一个详细的误差统计。[24] 准静态方法确定的 D_{it} 下限是大约 10^{10} $cm^{-2}eV^{-1}$。但是,随着氧化层厚度的减小,低频曲线将包含一个可观的氧化层泄漏电流分量,使得准静态法的结果值得商榷。

　　电荷电压方法非常适合于 MOS 的测量,也可以通过对比实验和理论 ϕ_s 与 W 曲线来确定式(6.44)中的积分常数 Δ,这里的 W 为空间电荷区宽度,由实验 hf 态 C-V 曲线中得到。

6.3.2　电导

　　1967 年由尼古利安和格茨贝格尔(Nicollian and Goetzberger)提出的电导法,是测量界面陷阱电荷密度 D_{it} 最敏感的方法之一,[49] 可以测量 10^9 cm^{-2} eV^{-1} 甚至更低的界面陷阱电荷密度。它也是最完整的方法,因为它是根据带隙的耗尽层和弱反型区,多数载流子的捕获截面和表面电势波动等信息得出的。该技术基于 MOS 电容与偏置电压和频率的关系函数来测量等效并联电导 G_P。电导,是界面陷阱电荷密度的一种量度,它代表了由于载流子的界面陷阱捕获和发射引起的电荷损失机制。

　　适合于电导法的 MOS 电容简化等效电路如图 6.24(a)所示。它由氧化膜电容 C_{ox},半导

体电容 C_s，界面陷阱电容 C_{it} 三部分组成。载流子的捕获-发射 D_{it} 是一个损失过程，由电阻 R_{it} 表示。通过电路变换可以方便地由图 6.24(a) 变为图 6.24(b)，其中 C_p 和 G_p 由式(6.47)和(6.48)给出

$$C_P = C_S + \frac{C_{it}}{1 + (\omega\tau_{it})^2} \tag{6.47}$$

$$\frac{G_P}{\omega} = \frac{q\omega\tau_{it}D_{it}}{1 + (\omega\tau_{it})^2} \tag{6.48}$$

这里 $C_{it} = q^2 D_{it}$，$\omega = 2\pi f$（f 为测试频率）且 $\tau_{it} = R_{it}C_{it}$，τ_{it} 界面陷阱时间常数，由 $\tau_{it} = [v_t h\sigma_p N_A \exp(-q\phi_s/kT)]^{-1}$ 给出。G_p 除以 ω 后式(6.48)成为 $\omega\tau_{it}$ 的函数。式(6.47)和(6.48)是针对能隙中单能级的界面缺陷。但是，在 $SiO_2 - Si$ 界面的界面陷阱在能量上被连续地分布在整个硅的带隙。发生捕获和发射的陷阱主要位于费米能级上下几个 kT/q 内，导致了时间常数的分散性和得到的归一化电导如式(6.49)，[49]

$$\frac{G_P}{\omega} = \frac{qD_{it}}{2\omega\tau_{it}}\ln[1 + (\omega\tau_{it})^2] \tag{6.49}$$

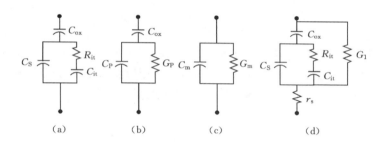

图 6.24　电导测试的等效电路；(a) MOS 电容界面缺陷时间常数 $\tau_{it} = R_{it}C_{it}$；(b) (a)的简化电路；(c) 测试电路，(d) 包含串联电阻 r_s 和沟道电导 G_t 的电路

式(6.48)和(6.49)表明，电导比电容更容易解释，因为式(6.48)不需要 C_s。电导是一个频率的函数，通过 G_p/ω 对 ω 作图得到。当 $\omega = 1/\tau_{it}$ 时，G_p/ω 具有最大值，此时 $D_{it} = 2G_p/q\omega$。对于式(6.49)，此时 $\omega \approx 2/\tau_{it}$ 和 $D_{it} = 2.5G_p/q\omega$。因此，我们可以从 G_p/ω 最大值处确定 D_{it}，电导峰值时对应的 ω 值确定 τ_{it}。根据式(6.48)和(6.49)计算，G_p/ω 与 f 关系曲线如图 6.25 所示。计算曲线基于实验数据以及详细的界面提取方法得到的 D_{it} 值，并且实验数据也显示在图上。注意到实验数据的峰更宽泛。

实验的 G_p/ω 与 ω 曲线一般宽于由式(6.49)预测的曲线，归因于表面电势波动引起的界面陷阱时间常数分散，表面电势波动来自于氧化膜电荷、界面陷阱以及掺杂浓度的不均匀性。p 型 Si 中的表面电势波动比 n 型 Si 更加明显。[50] 表面电势波动使实验数据的分析变得复杂。考虑到这种波动，式(6.49)变为

$$\frac{G_P}{\omega} = \frac{q}{2}\int_{-\infty}^{\infty} \frac{D_{it}}{\omega\tau_{it}}\ln[1 + \omega\tau_{it})^2]P(U_s)\mathrm{d}U_s \tag{6.50}$$

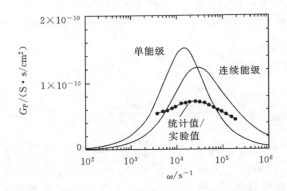

图 6.25　G_p/ω 与 ω 的关系曲线分别对于单能级 [式(6.48)]，连续能级 [式(6.49)]和实验数据。[37] 所有曲线：$D_{it} = 1.9 \times 10^9$ cm^{-2} eV^{-1}，$\tau_{it} = 7 \times 10^{-5}$ s

其中 $P(U_s)$ 是表面电势波动的概率分布，由式(6.51)给出

$$P(U_s) = \frac{1}{\sqrt{2\pi\sigma^2}}\exp\left(-\frac{(U_s - \overline{U}_s)^2}{2\sigma^2}\right) \tag{6.51}$$

这里 $\overline{U}_s$ 和 σ 分别为归一化的平均表面电势和标准差。

349　　　　通过图 6.25 中数据点的线是由式(6.50)计算。注意到，考虑 ϕ_S 波动后，理论与实验吻合得很好。根据测量的最大电导，给出界面陷阱密度的近似式为[49]

$$D_{it} \approx \frac{2.5}{q}\left(\frac{G_P}{\omega}\right)_{\max} \tag{6.52}$$

电容测试仪普遍假定器件的 C_m 与 G_m 并联，如图 6.24(c)所示。根据测量的电容 C_m，即氧化物电容，和测量的电导 G_m，通过图 6.24(b)和图 6.24(c)比较，给出 G_P/ω 如下：

$$\frac{G_P}{\omega} = \frac{\omega G_m C_{ox}^2}{G_m^2 + \omega^2 (C_{ox} - C_m)^2} \tag{6.53}$$

假设串联电阻可以忽略不计。电导测量必须进行在很宽的频率范围进行。由准静态方法和电导技术得到的界面陷阱比较结果如图 6.26 所示。可以看出，准静态方法可以在宽的能量范围内得到 D_{it} 值，而电导法有效得到 D_{it} 值的能量范围较窄，但此时两种方法得到的 D_{it} 值相一致。通过电导测量探测到的带隙部分通常是从平带至弱反型区。测量频率应精确地确定且信号幅度应保持在约 50 mV 以下，以防止信号频率引起寄生电导的谐波。对于给定的 D_{it} 值，电导只取决于器件面积。然而，相对于电导，薄氧化层电容器具有较高的电容，特别是对于低的 D_{it} 值和电容测试仪的分辨率主要由异相容性电流分量支配。通过增加氧化层厚度减少 C_{ox}，有助于减小这测量问题。

　　　对于薄氧化层，可能存在明显的氧化层漏电流。此外，该器件具有串联电阻，而这部分电阻迄今为止一直被忽视。图 6.24(d)中画出了一个更加完整的等效电路，其中 G_t 代表沟道电导，R_s 代表串联电阻。

350　　　式(6.53) 现在变为[52]

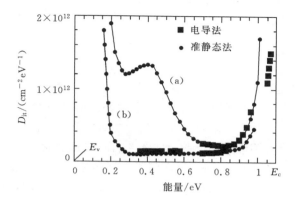

图 6.26　由准静态法和电导法得到的界面陷阱电荷密度与能量的关系。(a)(111)
n-Si；(b)(100) n-Si,参考文献[50]和[51]

$$\frac{G_{\mathrm{P}}}{\omega} = \frac{\omega(G_{\mathrm{c}} - G_{\mathrm{t}})C_{\mathrm{ox}}^2}{G_{\mathrm{c}}^2 + \omega^2(C_{\mathrm{ox}} - C_{\mathrm{c}})^2} \tag{6.54}$$

其中

$$C_{\mathrm{c}} = \frac{C_{\mathrm{m}}}{(1 - r_{\mathrm{s}}G_{\mathrm{m}})^2 + (\omega r_{\mathrm{s}}(C_{\mathrm{m}}))^2} \tag{6.55}$$

$$G_{\mathrm{c}} = \frac{\omega^2 r_{\mathrm{s}} C_{\mathrm{m}} C_{\mathrm{c}} - G_{\mathrm{m}}}{r_{\mathrm{s}} G_{\mathrm{m}} - 1} \tag{6.56}$$

这里 C_{m} 和 G_{m} 分别是实验测得的电容和电导. 另一方面,为了测量串联电阻,需要首先将器件加偏压至累积态,之后根据下式来进行测量和计算[24]

$$r_{\mathrm{s}} = \frac{G_{\mathrm{ma}}}{G_{\mathrm{ma}}^2 + \omega^2 C_{\mathrm{ma}}^2} \tag{6.57}$$

其中 G_{ma} 和 C_{ma} 分别是于累积态测出的电导和电容沟道电导由对式(6.56)取 $\omega \to 0$ 极限确定.[52]当 $r_{\mathrm{s}} = G_{\mathrm{t}} = 0$ 时,式(6.54)还原为式(6.53)。

　　人们提出了很多模型来解释实验中测到的电导.[53]一般来说,用其中的一种模型来提取带有置信度的 D_{it} 和 σ_{p} 是必要的。为了分析数据,一般选取成对的 G_{P}/ω 的数值,这两个数值具有频率[54]或者幅值[55]的预设关系。举个例子,通过两个频率,我们可以确定出 G_{P}/ω 的曲线,与此同时合适的参数也可以从通用曲线求得。Brews 使用一条 G_{P}/ω 曲线,通过观察曲线到达峰值特定比例的位置,同时利用通用曲线来确定 D_{it} 和 σ_{p}。[55] Noras 展示了一种提取相关参数的算法。[55]在另一种简化中,一条单独的高频 C-V 和 G-V 曲线就已经足以确定 D_{it}。[56]

　　除了在保持温度恒定的条件下调节频率这种方法以外,我们也可以在保持频率为定值的条件下改变温度。[57]这种方法的优势是,不需要在很宽的测试频率范围,同时测试者可以选择串联电阻小到可以被忽略的测试频率。更高温度的测量增加了对于接近禁带中心的能态的敏感度,这使得探测陷阱能级和捕获截面成为可能。[58]同时,我们也可以用 MOSFET 来替代 MOS 电容,在使用电导技术的基本概念的前提下,用对跨导的测量来替代电导。[59]这样,我们就可以在不使用特殊的 MOS 电容测试结构的条件下,确定具有较小栅极面积的 MOSFET 相关器件的界面陷阱电荷密度。

6.3.3 高频法

特曼法: 室温高频电容法是由 Terman 发明的,是用来测定界面陷阱密度的第一个方法。[60]该方法依赖于 hf 条件下的 C-V 测量,假设频率足够高以至于界面陷阱无法响应。则这些电荷对电容没有贡献。若界面陷阱电荷不响应加载的交流信号,那我们怎么来检测它呢?虽然界面陷阱不响应交流检测频率,但是它们确实响应缓慢变化的直流栅极电压,并且造成 hf 条件下的 C-V 曲线沿着栅压轴延长,界面陷阱占据随栅偏置电压变化,如图 6.21(a)所示。换句话说,对于一个 MOS-C 从耗尽变化到反型,位于栅上的额外电荷引入额外的半导体电荷 $Q_G = -(Q_b + Q_n + Q_{it})$。有

$$V_G = V_{FB} + \phi_s + V_{ox} = V_{FB} + \phi_s + Q_G/C_{ox} \tag{6.58}$$

很明显对于给定的表面电势 ϕ_s,在有界面陷阱的情况下 V_G 发生变化,导致 C-V 曲线的"拉长"如图 6.21 所示。这个延长导致 C-V 曲线的非平行移动。在半导体能带中,界面陷阱分布不均匀就产生了一条很平滑但扭曲的 C-V 曲线。不同结构的界面陷阱,例如,峰值分布的陷阱产生扭曲更陡峭的 C-V 曲线。

相关的 hf 条件 MOS-C 等效电路如图 6.4(c)所示,其中 $C_{it} = 0$,即 $C_{hf} = C_{ox}C_S/(C_{ox} + C_S)$ 这里的 $C_S = C_b + C_n$。C_{hf} 与不存在界面陷阱的器件的相同,同理 C_S 也相同。已知在理想器件中 C_S 随表面电势的变化。已知给定 C_{hf} 条件下没有 Q_{it} 的器件的 ϕ_s,使得我们可以描述实际电容中的 ϕ_s 与 V_G 曲线如下:由理想 MOS-C C-V 曲线,在给定 C_{hf} 下得到 ϕ_s。然后在实验曲线中同样 C_{hf} 条件下得到 V_G,从而得到 ϕ_s 与 V_G 曲线中的一个点。重复上述步骤得到其他点直到得到足够多的点构成 ϕ_s-V_G 曲线。该 ϕ_s-V_G 曲线包含相关的界面陷阱信息。实验 ϕ_s-V_G 曲线为理论曲线的延长版且界面陷阱密度可由曲线得出[24]

$$D_{it} = \frac{C_{ox}}{q^2}\left(\frac{dV_G}{d\phi_s} - 1\right) - \frac{C_S}{q^2} = \frac{C_{ox}}{q^2}\frac{d\Delta V_G}{d\phi_s} \tag{6.59}$$

这里的 $\Delta V_G = V_G - V_G$(理想)为实验电压与理想曲线的漂移,V_G 为实验栅压。

该方法通常在检测界面陷阱电荷密度 $10^{10}\,cm^{-2}\,eV^{-1}$ 或稍大些时被认为很有用,[61]已被广泛评论。它最初被指出的局限性是由于不准确的电容测量和频率不够高。[62]后来的理论研究的结论是,若提供的电容测量精度为 0.001 到 0.002 pF 时,可测定在 $10^9\,cm^{-2}\,eV^{-1}$ 范围内的 D_{it}。[63]

对于较薄氧化层,与界面陷阱相关的电压也减小。一个特曼方法的假设是测出的 C_{hf} 曲线不包含明显的界面态电容。模拟表明真实高频 C-V 曲线同 1 MHz 曲线的区别与"无 D_{it}"曲线同 1 MHz 曲线的区别在同一数量级,因为相比于薄介电层的电压曲线延长,界面态电容虽小但不可忽略。[64]对于较厚的介电层,界面态电容是一样的,但是电压曲线延长增加。两者的界面陷阱电容和电压曲线延长与 D_{it} 的比率,使得该方法应用于薄氧层时存在问题。

若要比较实验与理论曲线,我们需要知道确切的掺杂浓度。任何杂质累积或外扩散都会引入误差。表面电位的波动会导致能带边缘附近的界面陷阱虚拟峰。界面陷阱不随交流检测

电压变化的假设可能用在表面时不能满足。最后，$\phi_s - V_G$ 曲线的区别会造成误差。通过特曼法与深能级瞬态谱法（DLTS）比较得到的 D_{it} 值存在较大出入[65]。

格雷-布朗（Gray-Brown）与 Jenq 法：在 Gray-Brown 法中，高频电容作为温度的函数测量。[66]降低温度导致费米能级向多子能带边缘靠近，且界面陷阱时间常数 τ_{it} 随温度降低升高。因此能带边缘附近的界面陷阱在低温时不响应通常的交流检测频率，而在室温时响应。该方法应该扩充界面陷阱测量的范围至靠近多子能带边缘处的 D_{it}。

在 hf 状态下的 $C-V$ 曲线测量通常从室温至 $T = 77$ K 时。在此温度范围内的界面陷阱密度是在平带电压条件下得到。正如特曼法中界面陷阱随栅极电压变化而变化一样，在这种方法中它随温度变化。就是分析这种变化然后从实验数据中提取 D_{it} 的值。最初的测量是在 150 kHz 下，给出能带边缘界面陷阱的特征峰。此后的理论计算指出这些峰是因为采用了过低频率的交流检测电压得到的人造峰。[67]在能带边缘，应该使用接近 200 MHz 的频率来维持高频状态。这种方法在快速定性描述界面陷阱时很有用。特别是在 77 K 时 hf 条件下 $C-V$ 测量，在曲线上给出一个"支架"（ledge）。[66,68]支架电压与能带中一部分界面陷阱密度有关。

另一个与 Gray-Brown 法相关的方法为 Jenq 技术。[69]在室温下 MOS 器件偏置在累积状态。然后降温至 $T = 77$ K，则从累积态扫至深耗尽态，最后进入反型态；通过对 MOSFET 光激励或短接源漏，再从反型态回到累积态。这两条曲线之间的迟滞通常与能带中央 0.7～0.8 eV 处界面陷阱密度成比例。将此方法测得的 D_{it} 与电荷泵法测得的 D_{it} 进行比较，得到在 $3 \times 10^{10} \leqslant D_{it} \leqslant 10^{12}$ cm^{-2} eV^{-1} 范围内吻合极好。[70]

6.3.4　电荷泵

最初在 1969 年提出的电荷泵方法中[71]，由于小尺寸的 MOSFET 比大直径的 MOS 电容更适合于界面陷阱测量，MOSFET 被用作测试器件。我们参照图 6.27 来介绍这种方法。MOSFET 源和漏相通，V_R 轻微反偏。栅电压的改变时间足够栅下面的表面被驱动到反向并累积。脉冲可以是方波、三角波、梯形波、正弦波或者三电平的。电荷泵电流在基底、源/漏连通处或者源和栅分别测量。

我们首先来考虑图 6.27(a)中反型的 MOSFET。相应的半导体能带图——从硅表面到基底——在图 6.27(c)中给出。为清楚起见，在这个能带图中我们只给出了半导体基底。连续分布在带隙的界面陷阱用在半导体表面的短水平线代表，而填满的圆圈代表电子占据界面陷阱。当栅电压从正压变到负压，表面电荷如图 6.27(b)和(f)所示从反型转变至累积。然而，重要的过程发生在从反型到累积和从累积到反型的转变中。

在此有限的转换时间之内，当栅脉冲电压从高到低下降，反型层的大多数电子漂移到源和漏，导带附近的界面陷阱热扩散到导带（图 6.27(d)）并也漂移到源和漏。在较深带隙的界面陷阱的电子没有充分的时间传输并停留在界面陷阱上。空穴势垒一旦降低（图 6.27(e)），空穴就会流向表面，在那里，一些空穴会被仍被电子占据的界面陷阱捕获。空穴在能带图中由空的圆圈代表。最终，大多数陷阱被空穴填充（图 6.27(f)）。然后，当栅压回到正值，相反的过程开始，电子流入界面并被捕获。八个空穴流入器件（图 6.27(b)）。两个被界面陷阱捕获。当器件被驱动到反向，六个空穴离开。因此，八个空穴中，六个流出导致净电荷泵电流 I_{cp}，和 D_{it} 成比例。

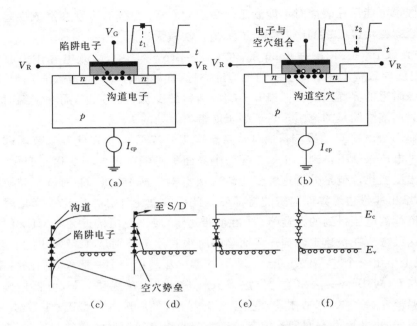

图 6.27 电荷泵测量的器件截面和能带图。本图在文章中加以解释

界面陷阱的的电子扩散时间常数是

$$\tau_e = \frac{\exp((E_c - E_1)/kT)}{\sigma_n v_{th} N_c} \tag{6.60}$$

其中 E_1 是从基底到导带的界面陷阱能量。电子和空穴的捕获、传输、时间常数和其他的概念在第 5 章讨论。对于频率 f 的方波,电子传输的有效时间是半周期 $\tau_e = 1/2f$。电子发射的能量间隔如式(6.60)

$$E_c - E_1 = kTl(\sigma_n v_{th} N_c/2f) \tag{6.61}$$

例如,当 $\sigma_n = 10^{-16}$ cm^2,$v_{th} = 10^7$ cm/s,$N_c = 10^{19}$ cm^{-3},$T = 300$ K,$f = 100$ kHz 时,$E_c - E_1 = 0.28$ eV。因此,从 E_c 到 $E_c - 0.28$ eV 的电子可以发射而低于 $E_c - 0.28$ eV 的就无法发射,从而当空穴进来的时候与空穴结合。空穴俘获时间常数是

$$\tau_c = \frac{1}{\sigma_p v_{th} p_s} \tag{6.62}$$

其中 p_s＝表面空穴浓度/cm^3。τ_c 对于任何空穴浓度来说都是很小的。换言之,扩散,而不是俘获,是限制速率的过程。

在表面电荷从累积到反型的反向循环中,发生相反的过程。能量间隔

$$E_2 - E_v = kT\ln(\sigma_p v_{th} N_v/2f) \tag{6.63}$$

内的空穴可以发射到价带而剩余的与从源和漏流入的电子结合。E_2 是从价带顶开始测量得到的界面陷阱能量。界面陷阱上的这些电子,在能量间隔 $\Delta E = E_G - (E_c - E_1) - (E_2 - E_v)$

$$\Delta E \approx E_G - kT[\ln(\sigma_n v_{th} N_v/2f) + \ln(\sigma_p v_{th} N_v/2f)] \tag{6.64}$$

之内会复合。关于这些概念的详细讨论在参考文献[72]中给出。

$Q_n/q/cm^2$ 的电子从源和漏流入反型层而只有$(Q_n/q-D_{it}\Delta E)/cm^2$ 的电子返回到源和漏。$D_{it}\Delta E/cm^2$ 的电子会与空穴复合。对于每个电子-空穴对的复合,都需要提供一个电子和一个空穴。因此也需要复合 $D_{it}\Delta E/cm^2$ 的空穴。流入半导体的空穴比离开的多,从而提高图 6.27 中的电荷泵电流 I_{cp}。栅极面积为 A_G,以频率 f 的速率注入 MOSFET 的 $D_{it}\Delta E$ 的电子会提供电荷泵电流 $I_{cp}=qA_G f D_{it}\Delta E$。在我们的例子中 $\Delta E\approx1.12-0.56=0.56$ eV。取栅极面积为 $10~\mu m\times10\mu m$,泵频率为 100 kHz,界面陷阱密度 $D_{it}=10^{10}$ cm^{-2}eV^{-1},$\Delta E=0.56$ eV,则 $I_{cp}\approx10^{-10}$ A。正如预测的,已经发现 I_{cp} 与栅极面积和泵频率二者呈正比。

栅电压的波形可以是多种的。早期的工作使用方波。然后是梯形波、[73]正弦波。[74]波形可以是基电压稳定在累积区,加不同振幅 ΔV 的脉冲来进入反型,如图 6.28(a),也可以保持 ΔV 恒定,通过改变基电压从反型到累积,如图 6.28(b)。前者的电流一直饱和而后者的电流先达到最大值然后降低。图 6.28 中的字母"a"到"e"对应与电流波形的点。

355

图 6.28(a)中的电荷泵电流-栅极电压图与图 6.27 中的源-漏电压 V_R 有些相关。当 $V_R=0$ 时,有时观测到的非饱和特征归因于无法流回源-漏的电子的结合。这个电流是 I_{cp} 的"几何分量",整个电荷泵电流为[73]

$$I_{cp} = A_G f[qD_{it}\Delta E + \alpha C_{ox}(V_{GS} - V_T)] \tag{6.65}$$

其中 α 为在流回源-漏之前就与空穴复合的反型电荷的比例,A_G 为栅极面积。短栅极长度的 MOSFETs 或栅极脉冲串的上升和下降时间适度,足够沟道电子流回源和漏,这个几何分量可以忽略不计。

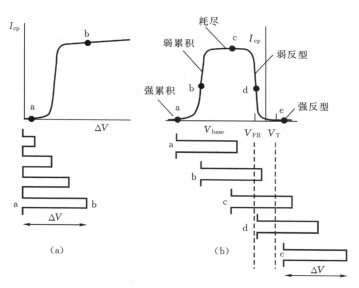

图 6.28　Bilevel 电荷泵波形

基础的电荷泵技术给出了能量间隔 ΔE 时的 D_{it} 的均值。它不能给出界面陷阱对能量的贡献。已经提出多种方法来得到界面陷阱贡献的能量。Elliot 将基电压从反型到累积而保持栅极脉冲振幅不变。[75]Groeseneken[73]栅极脉冲上升和下降时间而 Wachnik[75]使用小的上升和下降时间的小脉冲来测定 D_{it} 的能量贡献。对于梯形波,每圈的复合的电荷,$Q_{cp} = I_{cp}/f$ 由下式给出:[73]

$$Q_{cp} = 2qkT\overline{D}_{it}A_G \ln\left(v_{th}n_i \sqrt{\sigma_n\sigma_p} \sqrt{1-\zeta} \frac{|V_{FB} - V_T|}{|\Delta V_{GS}|f}\right) \tag{6.66}$$

其中 $\overline{D}_{it}$ 是平均界面陷阱密度,ΔV_{GS} 是栅极脉冲峰峰值,ζ 是栅极脉冲占空比。Q_{cp} - $\log(f)$ 曲线的斜率是 D_{it},$\log(f)$ 的截距是 $(\sigma_n\sigma_p)^{1/2}$。[76] 如我们所料,图 6.29 中 Q_{cp} 相对 $\log(f)$ 的曲线呈线性关系。违背线性关系的点是由于陷阱不在 SiO_2-Si 界面,而是在氧化物中,稍后在本节中讨论。

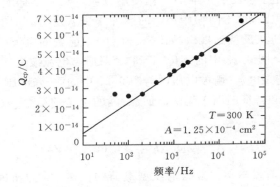

图 6.29　MOSFET 的 Q_{cp} 频率图;$\overline{D}_{it} = 7 \times 10^9$ cm^{-2}eV^{-1}。数据摘自参考文献[77]

穿过带隙和俘获截面的界面陷阱贡献可以通过使用中间电压 V_{step} 的三电平波形来测定,[78] 如图 6.30 所示,器件从反型到能带中间附近的中间态,然后到累积,而不是直接从反型到堆积。在点(a),器件处在强反型区,界面陷阱被电子填充。当波形变到点(b)电子开始从界面陷阱发射,和离导带最近的陷阱一起开始。栅极电压保持恒定在点(c)。对于 $t_{step} \gg \tau_e$,其中 τ_e 是探测的界面陷阱的扩散时间常数,所有的高于 E_T 的陷阱都会发射电子而只有低于 E_T 的可以在波形的点(d)、空穴进入时与电子复合。随着 t_{step} 的增加,将会提供电荷泵电流。对于

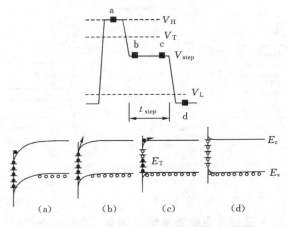

图 6.30　三电平电荷泵波形和相应能带图

$t_{step} < \tau_e$，较少的电子有时间发射，更多的电子有可能与空穴复合从而相应地会有较高的电荷泵电流。

图 6.31(a)中典型的 $I_{cp} - t_{step}$ 曲线给出了 I_{cp} 饱和和 $t_{step} = \tau_e$ 的转折点。通过发射时间 τ_e 可以通过下式得出俘获截面：

357

$$\tau_e = \frac{\exp(E_c - E_T)/kT}{\sigma_n v_{th} N_c} \tag{6.67}$$

对于式(6.67)的讨论见第 5 章。通过改变 V_{step}，可以得到通过带隙的界面陷阱。当然，表面电势必须通过第 6.3.1 节中讨论的技术与 V_{step} 相关。界面陷阱密度由 $I_{cp} - t_{step}$ 曲线斜率通过下式确定：[79]

$$D_{it} = -\frac{1}{qkTA_G f} \frac{dI_{cp}}{d\ln t_{step}} \tag{6.68}$$

三电平电荷泵电流的表达式为[80]

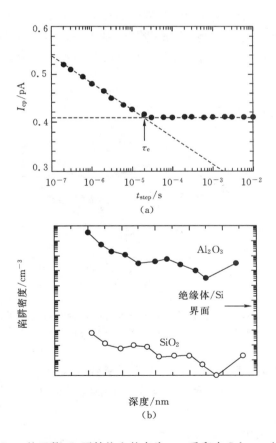

(a)

(b)

图 6.31　(a)I_{cp} 关于 t_{step} 的函数，I_{cp} 开始饱和的点为 τ_e。重印自 Saks et al.（参考文献[79]），经
IEEE(© 1990,IEEE)允许；(b)绝缘体 Al_2O_3 和 SiO_2 中的陷阱浓度与绝缘体深度的
关系曲线（深度是从绝缘体/Si 界面开始计算）。数据来自参考文献[80]

358

$$I_{cp} = qA_{G}fD_{it}\left[E_{T} - kT\ln\left(1 - \left(1 - \exp\left(\frac{E_{T} - E_{c}}{kT}\right)\right)\exp\left(-\frac{t_{step}}{\tau_e}\right)\right)\right] \tag{6.69}$$

对低和高的 t_{step}，式(6.69)可简化为

$$I_{cp}(t_{step} \to 0) \approx qA_{G}fD_{it}E_{G}; I_{cp}(t_{step} \to \infty) \approx qA_{G}fD_{it}E_{T} \tag{6.70}$$

上式表明，通过三电平电荷泵过程可以测得带隙的不同部分。此外，通过降低脉冲频率，可以测得绝缘体内的陷阱。在这种情况下，电子从沟道隧穿进出于陷阱，其隧穿时间与陷阱距界面的距离呈指数关系。图 6.31(b) 中给出的陷阱分布示例表明，Al_2O_3 的陷阱密度比 SiO_2 的大。

改变漏和/或源偏压会导致源-漏空间电荷区扩展到沟道区，从而改变"A_G"，因此，电荷泵也可以决定界面陷阱沿 MOSFET 沟道的空间分布。[81]另一种方法是改变电压脉冲的振幅，从而改变阈值电压和平带电压而测定沟道区域。[81-82]电荷泵也被用来测量靠近 SiO_2-Si 界面的氧化物陷阱密度。[83]每圈的复合电荷，$Q_{cp} = I_{cp}/f$，应该与频率无关。然而，当波形的频率从典型的 $10^4 \sim 10^6$ Hz 降低到 $10 \sim 100$ Hz 时，Q_{cp} 会增加。在低频下，电子有足够的时间隧穿到位于氧化物的陷阱并在那里复合。这样的陷阱有时会成为边界陷阱。[84]电荷泵也可以通过改变温度和保持栅极波形频率不变来实现。[85]绝缘体上的 Si 的 MOSFETs 有两个 SiO_2/S 界面，电荷泵电流取决于后界面的状态。当底部界面耗尽时它达到最高值。[86]不同测量方式得到的界面陷阱密度见图 6.32。

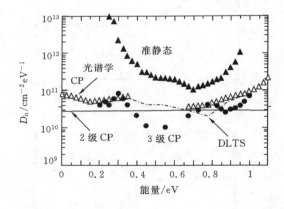

图 6.32 不同测量方法中，界面陷阱密度作为穿过带隙的能量
的函数图像。数据来自参考文献[88]

电荷泵假定是由于界面陷阱电荷的电子空穴对复合形成的，此时的电流 I_{cp} 由式子(6.65)给出。对于薄的氧化物，会有额外的栅极电流从而增加电荷泵电流。当 $f = 1$ MHz，$D_{it} = 5 \times$

359 10^{10} $cm^{-2}eV^{-1}$，$E = 0.5$ eV 时，$J_{cp} = 4 \times 10^{-3}$ A/cm^2。栅极氧化层泄漏电流可以轻松的超过这个值。电荷泵相对栅极氧化层漏电流的比为

$$\frac{J_{cp}}{J_G} = \frac{qfD_{it}\Delta E}{J_G} \approx \frac{4 \times 10^{-3}}{J_G} \tag{6.71}$$

图 6.33 给出了栅极氧化层泄漏电流对 I_{cp} 的影响。[87]在足够低的频率下，栅极漏电流占主

导地位并可以从总电流中减去。

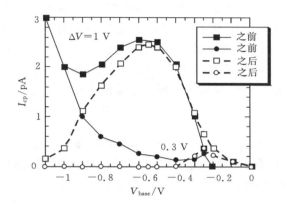

图 6.33　栅极漏电流修正前后，两个电压脉冲高度的电荷泵电流相对基电压曲线。
$t_{ox}=1.8$ nm, $f=1$ kHz。数据来自参考文献[87]

6.3.5　MOSFET 亚阈值电流

MOSFET 的漏电流是在栅电压小于阈值情况下的（亚阈值）[89]

$$I_D = I_{D1}\exp\left(\frac{q(V_{GS}-V_T)}{nkT}\right)\left(1-\exp\left(-\frac{qV_{DS}}{kT}\right)\right) \tag{6.72}$$

这里的 I_{D1} 取决于温度、器件尺寸和衬底掺杂浓度；这里的 n，由公式 $n=1+(C_b+C_{it})/C_{ox}$，给出代表位于栅上的非反型层电荷。一些栅电荷为空间电荷区电荷和界面陷阱电荷的镜像。理想情况下 $n=1$，但是 $n>1$ 作为掺杂浓度增加（$C_b\sim N_A^{1/2}$）并且作为界面陷阱密度增加（$C_{it}\sim D_{it}$）。

通常亚阈值是在 V_{DS} kT/q 条件下的 $\log(I_D)$ 与 V_{GS} 关系图。该图的斜率为 $q/[\ln(10)nkT]$。斜率通常表示为亚阈值振幅，要改变漏电流的数量级必须栅极电压改变，公式为

$$S = \frac{1}{Slope} = \frac{\ln(10)nkT}{q} \approx \frac{60nT}{300}\ \text{mV}/decade \tag{6.73}$$

有开尔文温度 T。

界面陷阱密度，从 $\log(I_D)$ 与 V_G 关系图测得

360

$$D_{it} = \frac{C_{ox}}{q^2}\left(\frac{qS}{\ln(10)kT}-1\right)-\frac{C_b}{q^2} \tag{6.74}$$

需要知道准确的 C_{ox} 和 C_b。斜率也由表面电势波动决定。正因为此，该方法通常作为上述方法相似的方法，测量亚阈值摆动，此后器件退化并被测量。D_{it} 的变化量为

$$\Delta D_{it} = \frac{C_{ox}}{\ln(10)qkT}(S_{after}-S_{before}) \tag{6.75}$$

在式（6.75）中假设界面陷阱产生与 MOSFET 沟道生成一致。通常情况下 MOSFET 上加载

栅漏电压时并不是这样,并且 ΔD_{it} 为平均值。

加载电压之前和之后的亚阈值 MOSFET 曲线如图 6.34 所示,加载电压会导致阈值电压漂移和斜率变化。对于 $SiO_2 - Si$ 界面,位于带隙上半部分的界面陷阱为受主,而位于下半部分的为施主,两者之间的界限在带隙的一半处。因此,当表面电势与费米能级相一致时,如图 6.35(a)所示,在表面处 $\phi_s = \phi_F$,位于上半部分的界面陷阱为电子和中性粒子的空位,下半部分被电子占据,因此呈现电中性,且陷阱对栅压漂移没有贡献。我们确定电压 V_{so} 为

$$V_{so} = V_T - V_{mg} \tag{6.76}$$

这里的 V_{mg} 为半带宽栅压,通常为 $I_D \approx 0.1 \sim 1$ pA 时的栅压。栅压从 V_{mg} 升高到 V_T,则带隙上半部分的界面陷阱会被电子占据(图 6.35(b))。亚阈值曲线的漂移会造成 V_{so} 从 V_{so1} 变化为 V_{so2}。由于该变化引发的界面陷阱电荷密度的变化 ΔN_{it} 为[90]

$$\Delta V_{it} = V_{so2} - V_{so1} \ \text{和} \ \Delta N_{it} = \Delta D_{it}\Delta E = \frac{\Delta V_{it} C_{ox}}{q} \tag{6.77}$$

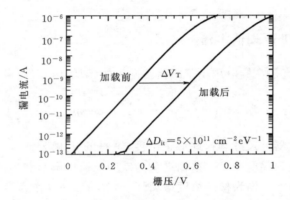

图 6.34　MOSFET 栅压加载之前和之后的亚阈值特性。由于栅压加载导致的斜率的
变化为 $\Delta D_{it} = 5 \times 10^{11} \ cm^{-2} eV^{-1}$

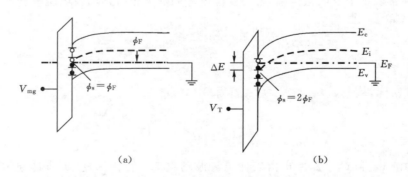

图 6.35　半带宽和阈值电压的能带图

这里 ΔN_{it} 为在 ΔE 能量范围内升高的界面陷阱密度,如图 6.35(b)所示。ΔE 通常包含半带宽到强反型范围。由于在半带宽处的界面陷阱对栅压漂移不做贡献,则 V_{mg} 的漂移肯定是由于氧化层陷阱电荷造成的,见式子

$$\Delta V_{ot} = V_{mg2} - V_{mg1} \text{ 和 } \Delta N_{ot} = \frac{\Delta V_{ot} C_{ox}}{q} \tag{6.78}$$

6.3.6　DC-IV 法

DC-IV 法是一种直流方法。[91]如图 6.36(a)所示,我们通过与 MOSFET 的比较来解释这种方法。源极 S 正偏,电子注入 p 阱。一些扩散到漏极的电子被收集并检测为漏电流 I_D。一些与空穴复合的电子位于体中的 p 阱里,还有一些位于栅下的表面处。只有表面复合电子才受栅压影响。由于复合损失的空穴被体接触的空穴补上,导致体电流 I_B。与通常的 MOSFET 的源接地不同,这里的源是正偏的。在一些 DC-IV 法的出版物中,源被当作发射极,漏被当作集电极,体被当做基极,这个电流被当做集电极和基极电流,n 型衬底被用作电子注入/源。

362

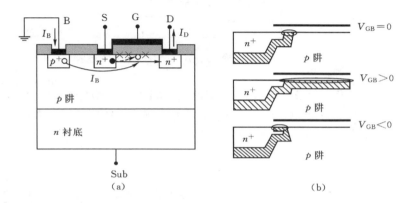

图 6.36　(a)用于 DC-IV 测量的 MOSFET 结构图和(b)显示空间电荷区和环绕表面产生区的横截面

电子-空穴对表面复合率依赖于表面条件。表面为强反型或累积状态时,复合率很低。表面耗尽时,复合率为最大值。[92]体电流公式为

$$\Delta I_B = q A_G n_i s_r \exp(q V_{BS}/2kT) \tag{6.79}$$

这里的 s_r 为表面复合速率,式为

$$s_r = (\pi/2)\sigma_o v_{th} \Delta N_{it} \tag{6.80}$$

有 σ_o 为截面上的捕获率(假设 $\sigma_n = \sigma_p = \sigma_o$)。

虽然图 6.36 中的 MOSFET 类似于一个双极性晶体管,它具有额外的特征,即源(S)漏(D)中间的区域随栅压变化。当栅压高于平带电压时,S 和 D 之间形成沟道并且漏电流会明显增加。在 $V_{GB}=V_T$ 时,I_D-V_{GB} 曲线饱和。若有电荷注入氧化层,则 V_T 会发生漂移,漏电流也会漂移。这个漂移量可以用来确定氧化层电荷。我们需要指出的是由亚阈值斜率法确定的界面陷阱密度取样的是半带宽和强反型之间的带隙,而 DC-IV 体电流法取样的是亚阈值和若累积之间的带隙,例如,表面耗尽。通过改变栅极电压,可以使器件的不同区域达到耗尽(图6.36(b))且这些区域可定性,从而可对空间 D_{it} 进行分析。对于一个 MOSFET 器件,加载栅电流之前和之后的 DC-IV 法实验数据如图 6.37 所示。[93]可以观察到,在表面复合最大时,即大约

$V_{GB}=0$ 时有一个清晰的峰值。在这个例子中,该方法被用于确定由栅氧化电流效应和等离子充电损伤造成的表面陷阱生成。关于电荷泵方法和 DC-IV 方法测得的界面陷阱的比较得到非常接近的结果。[81]两种技术都允许横向陷阱分布。

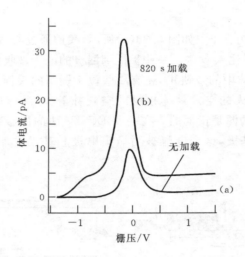

图 6.37　DC-IV 法测体电流。(a)控制晶圆,(b)加载栅电流密度为−12 mA/cm²。
$V_{BS}=0.3$ V、$W/L=20/0.4$ μm、$t_{ox}=5$ nm。数据摘自参考文献[93]

6.3.7　其他方法

363

确定 D_{it} 的一个敏感的方法深能级瞬态谱法,参见第 5 章的讨论。电荷耦合器件(CCD)中的电荷转移损失也是界面陷阱密度的敏感指示器,[94]但是并不实用,因为必须在测试样品上特制一个 CCD 结构。在表面电荷分析仪方法中,MOS-C 的氧化层被一个聚酯膜取代,栅极被一个透明的导电层取代。[95]通过将样品暴露在高于带隙的光照下,将会透过透明栅极在半导体中生成 ehp,表面交流压为[95]

$$\delta V_{SPV} = \frac{q(1-R)\Phi W}{4 f K_s \varepsilon_o} \tag{6.81}$$

这里的 Φ 为即时光通量密度,W 为空间电荷区宽度,f 为调制光的频率。W 取决于对 δV_{SPV} 的测量。有聚酯膜厚度为 10 μm,测得的串联聚酯-氧化物电容以 C_{mylar} 为主,且总电荷为

$$Q = Q_S + Q_{ox} + Q_{it} = -CV_G \approx -C_{mylar} V_G \tag{6.82}$$

已知 W 可以测得 Q_S。其次 Q_{ox} 和 Q_{it} 可以通过通常的 MOS-C 分析得出。通过改变偏置电压可以使 Si 表面进入反型、耗尽或堆积状态。由于电极通过 10 μm 厚的聚酯膜与样品分开,其较小的检测电容为主且泄漏电流被抑制。界面陷阱密度和能量由下式给出:[96]

$$D_{it}(E) = \frac{K_s \varepsilon_o}{q^2 W} \left(\frac{1}{qN_A} \frac{dQ}{dW} - 1 \right) \tag{6.83}$$

$$E = E_F - E_i + q\phi_s = kT\ln\left(\frac{N_A}{n_i}\right) - \frac{qN_A W^2}{2K_s \varepsilon_o} \tag{6.84}$$

由于测量的是空间电荷区宽度 W 而不是电容,该技术与氧化层厚度无关,这点与此前的技术不同,此前的技术很依赖于 t_{ox},若薄氧层具有较高的氧化层泄漏电流则这些方法将难以解释。此外,没有必要对量子力学和栅耗尽进行修正。然而,它受衬底掺杂密度影响且 NA 必须高于 $10^{17} \, cm^{-3}$。

该技术作为在线方法可以用来获取表面电荷的信息,例如,按照不同的清洁周期。在 SCA 和通常 MOS-C 方法间的一个比较是 SCA 法表现非常好,特别是由于不需要特制器件,其测量周期较短。[95] 该方法也可用于确定 SiO_2、HfO_2 和 Si_3N_4 中 D_{it} 的值,平均氧化层厚度为 $1\sim3 \, nm$。[96]

界面陷阱的晶体结构信息可以通过电子自旋共振(ESR)法得到,[97] 但是这个方法相对而言较不敏感,并且需要条件 $D_{it} \geqslant 10^{11} \, cm^{-2} eV^{-1}$。ESR 用于确定 SiO_2/Si 界面处的悬挂键从而确定界面陷阱很有用。[98] 图 6.38 显示了 Si 的两个主要取向面及其悬挂键,标记为 P_b、P_{b0} 和 P_{b1} 中心。

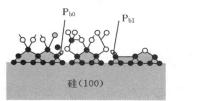 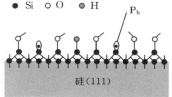

图 6.38　硅表面在(100)和(111)取向,显示出 P_{b0}、P_{b1} 和 P_b 中心

6.4　氧化层厚度的影响

364

氧化层厚度对于在本章中所讨论的各种技术解释是一个重要参数。利用电学、光学、物理学的各种测试方式来测定氧化层厚度,包括伏安法、电流电压曲线、椭圆光度法、透射电子显微镜(TEM)、X 射线光电子谱(XPS)、中能离子散射谱(MEIS)、核反应分析(NRA)、卢瑟福背散射光谱(RBS)、弹性散射光谱(EBS)、二次离子质谱(SIMS)、掠入射 X 射线反射谱(GIXRR)和中子反射谱。我们主要阐述伏安法,其他方法做简单介绍或在接下来的章节会详述。在近来交叉研究中,不同样品的氧化层厚度通过不同方法(MEIS,NRA,RBS,EBS,SPS,SIMS,椭圆光度法,GIXRR,中子反射谱和 TEM)进行测试,厚度在 $1.5\sim8 \, nm$ 之间。[99] 同时这里还有三种厚度补偿方式:水、含碳的杂质(厚度在 $1 \, nm$)、表面的吸附氧(来自于水,厚度在 $0.5 \, nm$)。

在工业界普遍接受在 SiO_2/Si 层之间存在一个界面层,[100] 近似于一个单分子层(ML)。同时有证据显示在界面的最初 $0.5\sim1 \, nm$ 内存在一层附加的欠化学计量比的氧化层,每一个特征测试手段都显示相似的结果。X 射线反射能谱、X 射线光电子能谱和红外温度测试都获得界面层存在应力的证据。X 射线光电子能谱显示存在至少一个单分子层的不完全氧化的硅;红外光谱支持在界面上存在欠化学计量比的论点。从而椭圆光度法观察到在一厚层内混合的电介质常数。氧化层的应力(在界面层之上)通过 X 射线反射光谱和 X 射线光电子能谱得到印证;椭圆光度法通过光学模型决定了氧化层厚度(包括界面层),由于采用长波、且样品比表面积较大,导致需要平均化界面的光学参数。

6.4.1 伏安法

伏安法测试的数据使我们可以测定 MOS 器件在富累积条件下的氧化层厚度,薄的氧化层带来的复杂性致使通常的测试方法出现了问题,这些复杂性包括:采用费米-狄拉克统计而不是波尔兹曼统计、累积层中载流子的量子化、多晶硅栅极的耗尽和氧化层的漏电流。栅极电容和累积层电容串联共同组成了氧化层电容,使得氧化层的有效厚度比预期的要厚。[101]

在 Maserjian,McNutt and Sah 和 Kar 方法中,都做出了下述假设:界面陷阱电容在沟道积累条件下可以忽略,不同的界面陷阱电荷密度(平带与累积之间的过渡状态)可以忽略,氧化层电荷密度可以忽略,量子效应可以忽略。由此可以得出 McNutt-Sah 方法相应的公式[102]

$$\left| \frac{dC_{\text{hf,acc}}}{dV} \right|^{1/2} = \sqrt{\frac{q}{2kTC_{\text{ox}}}} (C_{\text{ox}} - C_{\text{hf,acc}}) \tag{6.85}$$

$C_{\text{hf,acc}}$ 代表高频累积电容,在坐标轴上 $(dC_{\text{hf,acc}}/dV)^{1/2}$ 与 $C_{\text{hf,acc}}$ 的比例关系为斜率,而 C_{ox} 为 $C_{\text{hf,acc}}$ 轴上的截距。而对 Maserjian 方法,[103] 有

$$\frac{1}{C_{\text{hf,acc}}} = \frac{1}{C_{\text{ox}}} + \left(\frac{2}{b^2} \right)1/3 \sqrt{\frac{1}{C_{\text{hf,acc}}}} \left| \frac{dC_{\text{hf,acc}}}{dV} \right|^{1/6} \tag{6.86}$$

b 为常数,坐标轴上显示了 $C_{\text{hf,acc}}^{-1/2} (dC_{\text{hf,acc}}/dV)^{1/6}$ 与 $1/C_{\text{hf,acc}}$ 的关系,如果理解为线性关系,那么 $1/C_{\text{ox}}$ 就是在 $1/C_{\text{hf,acc}}$ 轴上的截距。考虑量子效应,公式变为[104]

$$\frac{1}{C_{\text{hf,acc}}} = \frac{1}{C_{\text{ox}}} + s \left| \frac{d(1/C_{\text{hf,acc}}^2)}{dV} \right|^{1/4} \tag{6.87}$$

s 为常数,式(6.87)与(6.86)相比,得到简化,在这种条件下,$(d(1/C_{\text{hf,acc}}^2)/dV)^{1/4}$ 与 $1/C_{\text{hf,acc}}$ 呈线性关系,$1/C_{\text{ox}}$ 就是在 $1/C_{\text{hf,acc}}$ 轴上的截距。而对于 Kar 方法[105]

$$\frac{1}{C_{\text{hf,acc}}} = \frac{1}{C_{\text{ox}}} + \left(\frac{1}{2\beta} \left| \frac{d(1/C_{\text{hf,acc}}^2)}{dV} \right| \right)^{1/2} \tag{6.88}$$

β 为常数,$1/C_{\text{hf,acc}}$ 与 $(d(1/C_{\text{hf,acc2}})/dV)^{1/2}$ 呈线性关系,$1/C_{\text{ox}}$ 就是在 $1/C_{\text{hf,acc}}$ 轴上的截距。这个方法非常成功的应用到厚度为 1~8 nm 的高介电常数氧化层的测试。

通过以下的公式对 Maserjian 方法的公式进行变形。[106] 器件在累积状态的电容值为

$$\frac{1}{C} = \frac{1}{C_{\text{ox}}} + \frac{1}{C_{\text{S}}}; \quad C_{\text{ox}} = \frac{K_{\text{ox}}\varepsilon_{\text{o}}A}{t_{\text{ox}}}; \quad C_{\text{S}} = \frac{dQ_{\text{acc}}}{d\phi_{\text{s}}} \tag{6.89}$$

若 $Q_{\text{acc}} = K\exp\left(\frac{q\phi_{\text{s}}}{2kT} \right)$,则

$$C_{\text{S}} = \frac{qQ_{\text{acc}}}{2kT} \tag{6.90}$$

应用公式

$$V_{\text{G}} = V_{\text{FB}} + \phi_{\text{s}} - \frac{Q_{\text{acc}}}{C_{\text{ox}}} \rightarrow V_{\text{G}} - V_{\text{FB}} - \phi_{\text{s}} = -\frac{2kT}{q} \frac{C_{\text{S}}}{C_{\text{ox}}} \tag{6.91}$$

并且结合式(6.89)和(6.91)给出

$$\frac{1}{C} = \frac{1}{C_{ox}} - \frac{2kT}{qC_{ox}}\frac{1}{V_G - V_{FB} - \phi_s} \approx \frac{1}{C_{ox}} - \frac{2kT}{qC_{ox}}\frac{1}{V_G - V_{FB}} \qquad (6.92)$$

式(6.92)的近似条件为$(V_G - V_{FB}) \gg \phi_s$,只有在富累积下成立。

　　式(6.92)暗示了$1/C$与$1/(V_G - V_{FB})$的线性关系,$1/C_{ox}$为$1/C$轴的截距,如图6.39所显示。虽然多晶硅栅氧的耗尽会影响式(6.92)的斜率项,但是并不会改变截距,因此这种微扰可以忽略,一个更加精确的方法不是式(6.92)近似公式而由参考文献[107]给出。氧化层厚度也可以通过 MOS 电容栅极电晕电荷与栅电压的关系来决定,我们将在第9章讨论。

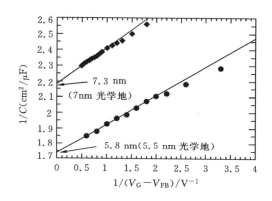

图 6.39　两种不同厚度的氧化层的$1/C$与$1/(V_G - V_{FB})$。重印经 IEEE (© 1997, IEEE) Vincent et al. (参考文献[106])许可。

　　还有一种方法可以通过改变所应用信号的频率来计算,按图 E6.5(a)与(b)所示电路测试两个不同的频率,使得图 6.4(a)中的各参数被决定:[108]

$$C = \frac{f_1^2 C_{P1}^2(1+D_1^2) - f_2^2 C_{P2}^2(1+D_2^2)}{f_1^2 - f_2^2}; \quad D = \frac{G_P}{\omega C_P} = \frac{G_t(1+r_sG_t)}{\omega C} + \omega r_s C \qquad (6.93)$$

D_1、C_{P1}与D_2、C_{P2}分别在f_1与f_2两个频率下测得。

$$G_t = \sqrt{\omega^2 C_P C(1+D^2) - (\omega C)^2} \qquad (6.94)$$

$$r_s = \frac{D}{\omega C_P(1+D^2)} - \frac{G_t}{G_t^2 + (\omega C)^2} \qquad (6.95)$$

　　通过详细分析发现要使得双频率法成立的条件是D值需要小于1.1。[109] 对于薄氧化层,器件必须减小面积使得$D<1.1$,然而器件必须保证足够的面积,而不是被电容测试的限制条件所制约,通过减少面积,的确能减少G_t与r_s,从而获得高的D值,因为由扩散电阻的影响使得G_t与面积呈正比,r_s与面积开方呈反比。最小径向频率由式(6.93)所决定

$$\omega_{min} = \frac{G_t}{C}\sqrt{1 + \frac{1}{r_sG_t}} \qquad (6.96)$$

导致了最小的耗散因子

$$D_{\min} = 2\sqrt{r_s G_t(1 + r_s G_t)} \tag{6.97}$$

图 6.40 显示了器件面积的测量误差与氧化层厚度的关系,对于测试频率为 1 MHz 的氧化层,厚度大约在 1.5 nm。在图 6.40 中,我们涉及了两个更高的频率。

将 MOSFET 视为一个载流子传输线,电容的计算公式变为[110]

$$C \approx C_m \frac{1 + \cosh(K)}{1 + \sinh(K)/K} \tag{6.98}$$

这里 $K = (r'_s G'_t L^2)^{1/2}$ 与 C_m 都是测试的电容值,L 为栅极长度

$$r'_s = \frac{W}{L}\sqrt{\frac{Z_{dc}}{Y_{dc}}\frac{4}{4 - Z_{dc}Y_{dc}}}\cosh^{-1}\left(\frac{2}{2 - Z_{dc}Y_{dc}}\right)(\Omega/square) \tag{6.99}$$

$$G'_t = \frac{1}{WL}\frac{\cosh^{-1}\left(\dfrac{2}{2 - Z_{dc}Y_{dc}}\right)}{\sqrt{\dfrac{Z_{dc}}{Y_{dc}}\dfrac{4}{4 - Z_{dc}Y_{dc}}}}(S/cm^2) \tag{6.100}$$

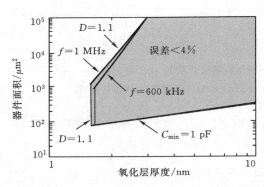

图 6.40　测量误差取决于器件面积和氧化层厚度。两种频率下测量的电容误差如
图阴影部分显示,误差小于 4%。在较高频率下 $D = 1.1$ 边界线转移到较
薄氧化层。摘自参考文献[109]

W 为栅极跨度。在 MOSFET 的源极与衬底之间进行直流测试,栅极电压在一个合适的电压范围内进行扫描,栅极的直流导纳 Y_{dc} 由 I_G-V_{GS} 曲线的斜率决定。在每一个栅电压下,漏极电压在 -15 mV 与 15 mV 之间扫描,I_G-V_{GS} 曲线的斜率将决定直流阻纳 Z_{dc},r_s' 与 G_t' 强烈依赖于栅极电压,需要精确计算。对于长栅器件,需要对公式修正,因为沟道电阻的增加使得电容值减少。同样,更薄的氧化层将使栅电流增加,沟道电压降的增加,需要进行修正。这个方法很好地应用于氧化层厚度为 0.9 nm 的器件。

368

练习 6.6

问题:在伏安法中,影响栅极漏电流与串联电阻的因素是什么?

解答:在累积状态下不存在界面陷阱态,等效电路图由图 6.24 变为图 E6.5(a),接下来两张图是将其分别转化为并联(E6.5(b))与串联(E6.5(c))的电路图。

$$C_P = \frac{C}{(1 + r_s G)^2 + (\omega r_s C)^2}; \qquad C_S = C\left(1 + \left(\frac{G}{\omega C}\right)^2\right)$$

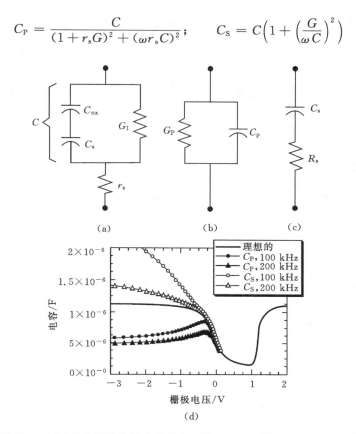

图 E6.5　(a)具有隧道电导和串联电阻的 MOS-C 等效电路；(b)并联；
(c)串联等效电路；(d)测得的 C-V_G 曲线

为了理解基本概念，我们对串联电阻应用一组简单的常参数：$r_s = 0.5\ \Omega$，$t_{ox} = 3\ \mathrm{nm}$，$N_A = 10^{17}$ **369**
cm^{-3} 和 $G_t = \exp(1/V_G)$ 且 $V_G < 0$。C_P 与 C_S 在理想条件($r_s = G_t = 0$)下的电容值显示在图 E6.5 (d)中，随 G_t 的改变，G_P 减少且 C_S 增加，这使得氧化层厚度数据的提取变得更加困难。当然，其有别于简单的模型，实际 G_t 依赖于栅电压，但是简单模型已经能够说明主要的概念。这种模型以后被试验所证实，例如，D. P. Norton, "Capacitance-Voltage Measurements on Ultra-thin Gate Dielectrics" Solid-State Electron. 47, 801 – 805, May 2003.

6.4.2　电流-电压法

氧化层电流与电压的特征关系将在第 12 章讨论，这里我们只是简略地给出相应的公式和如何计算氧化层厚度，电流通过绝缘体存在两种形式：(1)福勒-诺德海姆电流；(2)隧穿电流。通过下式获得福勒-诺德海姆电流密度：

$$J_{FN} = A\mathscr{E}_{ox}^2 \exp\left(-\frac{B}{E_{ox}}\right) \tag{6.101}$$

$\mathscr{E}_{\text{ox}}$ 为氧化层电场强度,A、B 为常数。而隧穿电流的公式为

$$J_{\text{dir}} = \frac{AV_{\text{G}}}{t_{\text{ox}}^2} \frac{kT}{q} C \exp\left(-\frac{B(1-(1-qV_{\text{ox}}/\Phi_{\text{B}})^{1.5})}{\mathscr{E}_{\text{ox}}}\right) \tag{6.102}$$

Φ_{B} 为半导体与绝缘层之间的势垒高度,V_{ox} 为氧化层电压。两种电流都与栅氧厚度密切相关。隧穿电流存在一个微扰项,这些微扰来自于电子的量子干涉,表现出对于栅氧厚度强烈的依赖性,因此我们可以通过这些微扰项来测试氧化层厚度。[111]

6.4.3 其他方法

椭圆光度法将在第10章讨论。对于氧化层厚度为 1～2 nm 的测试,可变角度的椭偏光谱特别适用于氧化层厚度的测量。

透射电子显微镜测试法将在 11 章讨论,这种测试方式相当精确,适用于薄氧化层,但是样品的预处理相当麻烦。

X 射线光电子能谱和其他的光学技术也将在第 11 章讨论。

● ● ● ● ● ● ● ● ● ● ● ● ● ● ● ● ●

6.5 优点和缺点

氧化层可动电荷: 偏压温度应力测试的优点是它的简化,尽管在高温条件下,仅需要通过伏安法来测试;而它的缺点在于:虽然总的可动电荷密度是可测的,但不可能区分具体种类,并且偶尔由于界面陷阱电荷的影响,C-V 曲线会发生扭曲,平带电压很难获得。

三角波扫描法的主要优点在于可以区分不同种类的可动电荷,高敏感度与测试时间短,不需要先加热再降温,只需要加热。因为电流或者电荷能够测量,使得这个测试方法可以决定层间电介质的可动电荷,这是其他电容测试方法达不到的,它的缺点是增加了薄氧化层的漏电流。

界面陷阱电荷:对于众多的 MOS 电容测试技术,电导法与准稳态法是应用最为广泛的技术。电导法的优点在于高敏感度,而且可以给出通过不同部分时,绝大多数的被捕获的载流子;它的主要缺点在于虽然已经提供了简化的方法,但是仍然需要限制表面电压,从而获得 D_{it} 值。

准稳态法(I-V 和 Q-V)的主要优点是比较宽松的测量条件与表面电压范围。缺点在于对于 I-V 类需要进行电流测试,电流通常很低,因为扫描速率必须很低保证准稳态的条件;Q-V 类就缓解了上述问题。对于两种技术,增加栅氧漏电流会使得测量方法困难或无效。

对于 MOSFETs 的测试手段可以有多种选择:电子泵法,亚阈值电流法、直流电流电压法。这些方法主要的优点在于能够直接测量与 D_{it} 成比例的电流,不需要专门制作测试组件,可使用常规的 MOSFETs 进行测试。电子泵法被应用于测试单一界面陷阱态[112],它也可以测试绝缘层的陷阱态密度,它的主要缺点在于除非有通过其他特殊测试方法获得的变量或者理论依据,不然这个测试只能获得一个界面陷阱态的平均值,没有 D_{it} 的能量分布,同时此测试对漏电流很敏感。亚阈值电流法比电子泵法实施更简单,但是它很难解释清楚界面态的测试过程,通常对于经过热电子应力处理或者高能辐射的样品,采用这个测试方法测定界面态陷阱

密度比较合适。直流电流电压法产生的结果与电子泵法相似,但是为了测量电流,需要获得表面陷阱态的表面复合速率和捕获率。

图 6.41 展示了通过不同测试方法测试表面陷阱电荷的能量范围。文献[113]对于各种测试表面陷阱电荷的技术的优缺点做了一个较好的阐述。

371

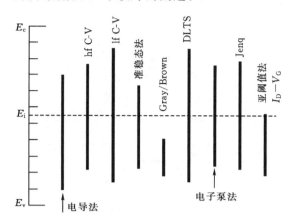

图 6.41　在 p 型 Si 衬底带隙中,通过不同方法测得的界面陷阱电荷的能量范围

氧化层厚度:　在电子技术中,MOS 的伏安法测试应用最为广泛,然而薄氧的漏电流使得测量过程的理解变得更加困难。偶尔电流电压法会被应用来测试氧化层厚度。椭圆光度法,由于对很薄的氧化层也很敏感,用于测试氧化层厚度更加通用,然而此法需要获得介质层的光学参数,同时对于大多数薄氧化层都不是同质的。在物理测试技术中,透射电子显微镜对于薄氧的测试比较合适。Greene 等人给出了一篇精彩的关于二氧化硅与氧化镍制造与特性的综述。[114]

● ● ● ● ● ● ● ● ● ● ● ● ● ● ● ● ●

附录 6.1

电容测量法

电容测量大多用电容桥或电容计法。在矢量电压-电流法中,如图 A6.1,交流信号 v_i 应用于被测器件(device under test,DUT),器件阻抗 Z 是通过电压 v_i 和检测电流 i_i 的比计算得到。具有反馈电阻 R_F 的高增益运放被用作电流电压转换器。将运算放大器的输入端虚地,负输出基本上认为是在零电势,由于高输入阻抗使得运算放大器没有输入电流,则 $i_i \sim i_o$。有 $i_i = v_i/Z$ 和 $i_o = -v_o/R_F$,由 v_o 和 v_i 推出的该器件的阻抗为

$$Z = -\frac{R_F v_i}{v_o} \tag{A6.1}$$

如图 A6.1 所示,这里平行 G-C 电路的器件阻抗由下式给出:

$$Z = \frac{G}{G^2 + (\omega C)^2} - \frac{\mathrm{j}\omega C}{G^2 + (\omega C)^2} \tag{A6.2}$$

它由第一部分电导,和第二部分导纳组成。检测电压 v_o 和 v_i 的相位,样品的电导和导纳将分别对应于 v_o 和 v_i 在相位角 $0°$ 和 $90°$ 时的值,零度相位角给出的是电导 G 而 $90°$ 相位角给出的是导纳或电容 C。

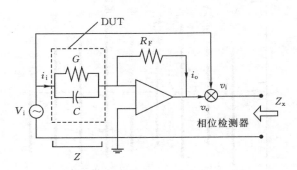

图 A6.1 电容-电导计电路示意图

虽然这种方法使用相对简单的电路结构得到相对较高的精度,但很难设计出在高频下与 i_i 比例准确的 i_o 的反馈电阻放大器。集成了空间探测器和调制器的自动平衡电路克服了这一问题。[115] 可以从 Nicollian 的 Brews 书中找到关于电容测量电路、探针台和其他电容测量方法的提示的更详细的讨论。[24]

一些电容计是三端的还有一些是五端的。其中一个终端接地,其他的端口接被测器件。五端仪器工作时更像一个四探针仪,外侧的两个终端提供电流而内侧的两个终端检测电势。这些仪器的接地终端可以消除杂散电容,从而提供额外的灵活性。如图 A6.2 给出电容计接地终端的两个例子。考虑一个三端器件,有电导 G 和电容 C,还有杂散电容 C_1 和 C_2,如图 A6.2(a)所示。通过连接 DUT 到电容计(Hi-Lo)两个杂散电容接地,这样就可以将 C_1 和 C_2 分流到地面而消除它们。如图 A6.2(b)所示的 MOSFET 是要测量栅源和栅漏覆盖电容 C_{ov},将氧化层电容分流到沟道区,C_{ch} 接地。若要检测 C_{ch},则将栅和衬底接入电容计,使得源漏分流接地。器件的内部结构,例如衬底电阻或 CMOS 阱电阻,在电容测量中起到一定作用,如图 A6.2(b)所示,特别是小电容情况下。[116]

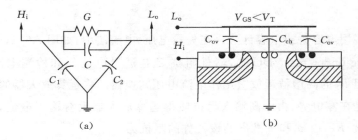

图 A6.2 三端电容测量法连接(a)测量准则;(b)MOSFET

附录 6.2

卡盘电容效应和泄漏电流

当器件电容测量在晶圆级,晶圆放置在一个卡盘上,必须采取预防措施以保证测量装置不会影响结果。考虑实验装置如图 A6.3(a)。电容计的"Hi"端子应该连接衬底/源/漏,而"Lo"端子连接栅。[117]通过加载一个时变电压得到与电容成正比的电流,从而测得电容。然而,电流有两条路径:通过器件电容和通过寄生卡盘电容。等效电路图如图 A6.3(b)所示,由器件电容 C_P、泄漏电导 G_P(由于隧道效应产生的)、串联电阻 r_s 和寄生电容 C_1 组成。电容计假设电路组成部分还有一个并行 C_m、G_m 电路,给出如下:

373

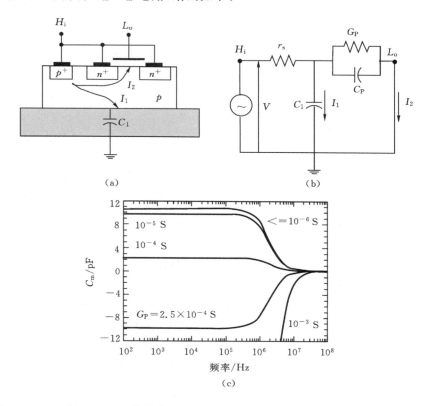

(a)　　　　　　　　　　(b)

(c)

图 A6.3　(a)一个 MOSFET 的横截面显示的卡盘电容效应;(b)平衡态电路;(c)理论和实验测出的电容。$r_s = 124\ \Omega$,$C_1 = 680\ \text{pF}$,$C_P = 10.7\ \text{pF}$。线:理论数据;点:实验数据,参考文献[118]

$$C_m = \frac{C_1(C_P/C_1 - r_s C_P)}{(1 + r_s C_P)^2 + (\omega r_s C_1(1 + C_P/C_1))^2} \tag{A6.3a}$$

$$G_{\mathrm{m}} = \frac{G_{\mathrm{P}} + r_{\mathrm{s}} G_{\mathrm{P}}^2 + \omega^2 r_{\mathrm{s}} C_{\mathrm{P}} C_1 (1 + C_{\mathrm{P}}/C_1)}{(1 + r_{\mathrm{s}} G_{\mathrm{P}})^2 + (\omega r_{\mathrm{s}} C_1 (1 + C_{\mathrm{P}}/C_1))^2} \tag{A6.3b}$$

对于较小的可忽略的 C_1,式(A6.3)可以简化为式(2.32)。

374　　　在不同 G_{P} 值时,将式(A6.3a)绘图 A6.3(c)。注意到在高频时数值减小是由于高卡盘电容,这也是实验观测点所表示的。[118] 在 $C_{\mathrm{P}}/C_1 < r_{\mathrm{s}} G_{\mathrm{P}}$ 时,C_{m} 变为负值。这是在测量高栅压和薄氧层 MOS 电容时观察到的现象,由于薄氧层的泄漏较严重。[119] 电容在更高频时下降的一个解决方案为使卡盘电容失效,即将卡盘顶层连接到"Hi"端子,三轴卡盘的中层连接到电容计的保护端子,再将晶圆放置在卡盘上。[118]

参 考 文 献

1. B.E. Deal, "Standardized Terminology for Oxide Charges Associated with Thermally Oxidized Silicon," *IEEE Trans. Electron Dev.* **ED-27**, 606–608, March 1980.

2. B.E. Deal, M. Sklar, A.S. Grove and E.H. Snow, "Characteristics of the Surface-State Charge (Q_{ss}) of Thermally Oxidized Silicon," *J. Electrochem. Soc.* **114**, 266–274, March 1967.

3. J.R. Brews, "An Improved High-Frequency MOS Capacitance Formula," *J. Appl. Phys.* **45**, 1276–1279, March 1974.

4. A. Berman and D.R. Kerr, "Inversion Charge Redistribution Model of the High-Frequency MOS Capacitance," *Solid-State Electron.* **17**, 735–742, July 1974.

5. W.E. Beadle, J.C.C. Tsai and R.D. Plummer, *Quick Reference Manual for Silicon Integrated Circuit Technology*, Wiley-Interscience, New York, 1985, 14–28.

6. H. El-Sissi and R.S.C. Cobbold, "Numerical Calculation of the Ideal C/V Characteristics of Nonuniformly Doped MOS Capacitors," *Electron. Lett.* **9**, 594–596, Dec. 1973.

7. J. Hynecek, "Graphical Method for Determining the Flatband Voltage for Silicon on Sapphire," *Solid-State Electron.* **18**, 119–120, Feb. 1975; K. Lehovec and S.T. Lin, "Analysis of C-V Data in the Accumulation Regime of MIS Structures," *Solid-State Electron.* **19**, 993–996, Dec. 1976.

8. F.P. Heiman, "Thin-Film Silicon-on-Sapphire Deep Depletion MOS Transistors," *IEEE Trans. Electron Dev.* **ED-13**, 855–862, Dec. 1966; K. Iniewski and A. Jakubowski, "New Method of Determination of the Flat-Band Voltage in SOI MOS Structures, *Solid-State Electron.* **29**, 947–950, Sept. 1986.

9. W.W. Lin and C.L. Liang, "Separation of dc and ac Competing Effects of Poly Silicon Gate Depletion in Deep Submicron CMOS Circuit Performance," *Solid-State Electron.* **39**, 1391–1393, Sept. 1996.

10. R. Castagné, "Determination of the Slow Density of an MOS Capacitor Using a Linearly Varying Voltage," (in French) *C.R. Acad. Sc. Paris* **267**, 866–869, Oct. 1968; M. Kuhn, "A Quasi-Static Technique for MOS C-V and Surface State Measurements," *Solid-State Electron.* **13**, 873–885, June 1970; W.K. Kappallo and J.P. Walsh, "A Current Voltage Technique for Obtaining Low-Frequency C-V Characteristics of MOS Capacitors," *Appl. Phys. Lett.* **17**, 384–386, Nov. 1970.

11. J. Koomen, "The Measurement of Interface State Charge in the MOS System," *Solid-State Electron.* **14**, 571–580, July 1971; K. Ziegler and E. Klausmann, "Static Technique for Precise Measurements of Surface Potential and Interface State Density in MOS Structures," *Appl. Phys. Lett.* **26**, 400–402, Apr. 1975.

12. J.R. Brews and E.H. Nicollian, "Improved MOS Capacitor Measurements Using the Q-C Method," *Solid-State Electron.* **27**, 963–975, Nov. 1984.

13. E.H. Nicollian and J.R. Brews, "Instrumentation and Analog Implementation of the Q-C Method for MOS Measurements," *Solid-State Electron.* **27**, 953–962, Nov. 1984; D.M. Boulin, J.R. Brews and E.H. Nicollian, "Digital Implementation of the Q-C Method for MOS Measurements," *Solid-State Electron.* **27**, 977–988, Nov. 1984.

14. T.J. Mego, "Improved Feedback Charge Method for Quasistatic CV Measurements in Semi-conductors," *Rev. Sci. Instrum.* **57**, 2798–2805, Nov. 1986.

374
≀
381

15. P.L. Castro and B.E. Deal, "Low-Temperature Reduction of Fast Surface States Associated with Thermally Oxidized Silicon," *J. Electrochem. Soc.* **118**, 280–286, Feb. 1971.

16. R. Williams, "Photoemission of Electrons from Silicon into Silicon Dioxide," *Phys. Rev.* **140**, A569–A575, Oct. 1965; R. Williams, "Properties of the Silicon-SiO_2 Interface," *J. Vac. Sci. Technol.* **14**, 1106–1111, Sept./Oct. 1977.

17. W.M. Werner, "The Work Function Difference of the MOS-System with Aluminium Field Plates and Polycrystalline Silicon Field Plates," *Solid-State Electron.* **17**, 769–775, Aug. 1974.

18. C.S. Park, B.J. Cho, and D.L. Kwong, "Thermally Stable Fully Silicided Hf-Silicide Metal-Gate Electrode," *IEEE Electron Dev. Lett.* **25**, 372–374, June 2004.

19. R.R. Razouk and B.E. Deal, "Hydrogen Anneal Effects on Metal-Semiconductor Work Function Difference," *J. Electrochem. Soc.* **129**, 806–810, April 1982; A.I. Akinwande and J.D. Plummer, "Process Dependence of the Metal Semiconductor Work Function Difference," *J. Electrochem. Soc.* **134**, 2297–2303, Sept. 1987.

20. N. Lifshitz, "Dependence of the Work-Function Difference Between the Polysilicon Gate and Silicon Substrate on the Doping Level in Polysilicon," *IEEE Trans. Electron Dev.* **ED-32**, 617–621, March 1985.

21. W.M. Werner, "The Work Function Difference of the MOS System with Aluminum Field Plates and Polycrystalline Silicon Field Plates," *Solid-State Electron.* **17**, 769–775, Aug. 1974.

22. T.W. Hickmott and R.D. Isaac, "Barrier Heights and Polycrystalline Silicon-SiO_2 Interface," *J. Appl. Phys.* **52**, 3464–3475, May 1981.

23. D.B. Kao, K.C. Saraswat and J.P. McVittie, "Annealing of Oxide Fixed Charges in Scaled Polysilicon Gate MOS Structures," *IEEE Trans. Electron Dev.* **ED-32**, 918–925, May 1985.

24. E.H. Nicollian and J.R. Brews, *MOS Physics and Technology*, Wiley, New York, 1982.

25. S.P. Li, M. Ryan and E.T. Bates, "Rapid and Precise Measurement of Flatband Voltage," *Rev. Sci. Instrum.* **47**, 632–634, May 1976.

26. E.H. Snow, A.S. Grove, B.E. Deal and C.T. Sah, "Ion Transport Phenomena in Insulating Films," *J. Appl. Phys.* **36**, 1664–1673, May 1965.

27. W.A. Pliskin and R.A. Gdula, "Passivation and Insulation," in *Handbook on Semiconductors*, Vol. 3 (S.P. Keller, ed.), North Holland, Amsterdam, 1980 and references therein.

28. N.J. Chou, "Application of Triangular Voltage Sweep Method to Mobile Charge Studies in MOS Structures," *J. Electrochem. Soc.* **118**, 601–609, April 1971; G. Derbenwick, "Mobile Ions in SiO_2: Potassium," *J. Appl. Phys.* **48**, 1127–1130, March 1977; J.P. Stagg, "Drift Mobilities of Na^+ and K^+ Ions in SiO_2 Films," *Appl. Phys. Lett.* **31**, 532–533, Oct. 1977; M.W. Hillen, G. Greeuw and J.F. Verwey, "On the Mobility of Potassium Ions in SiO_2," *J. Appl. Phys.* **50**, 4834–4837, July 1979; M. Kuhn and D.J. Silversmith, "Ionic Contamination and Transport of Mobile Ions in MOS Structures," *J. Electrochem. Soc.* **118**, 966–970, June 1971.

29. G. Greeuw and J.F. Verwey, "The Mobility of Na^+, Li^+ and K^+ Ions in Thermally Grown SiO_2 Films," *J. Appl. Phys.* **56**, 2218–2224, Oct. 1984; Y. Shacham-Diamand, A. Dedhia, D. Hoffstetter, and W.G. Oldham, "Copper Transport in Thermal SiO_2," *J. Electrochem. Soc.* **140**, 2427–2432, Aug. 1993.

30. M. Kuhn and D.J. Silversmith, "Ionic Contamination and Transport of Mobile Ions in MOS Structures," *J. Electrochem. Soc.* **118**, 966–970, June 1971; M.W. Hillen and J.F. Verwey, "Mobile Ions in SiO_2 Layers on Si," in *Instabilities in Silicon Devices: Silicon Passivation and Related Instabilities* (G. Barbottin and A. Vapaille, eds.), Elsevier, Amsterdam, 1986, 403–439.

31. L. Stauffer, T. Wiley, T. Tiwald, R. Hance, P. Rai-Choudhury, and D.K. Schroder, "Mobile Ion Monitoring by Triangular Voltage Sweep," *Solid-State Technol.* **38**, S3–S8, August 1995.

32. T.M. Buck, F.G. Allen, J.V. Dalton and J.D. Struthers, "Studies of Sodium in SiO_2 Films by Neutron Activation and Radiotracer Techniques," *J. Electrochem. Soc.* **114**, 862–866, Aug. 1967.

33. E. Yon, W.H. Ko and A.B. Kuper, "Sodium Distribution in Thermal Oxide on Silicon by Radiochemical and MOS Analysis," *IEEE Trans. Electron Dev.* **ED-13**, 276–280, Feb. 1966.

34. B. Yurash and B.E. Deal, "A Method for Determining Sodium Content of Semiconductor Processing Materials," *J. Electrochem. Soc.* **115**, 1191–1196, Nov. 1968.

35. H.L. Hughes, R.D. Baxter and B. Phillips, "Dependence of MOS Device Radiation-Sensitivity on Oxide Impurities," *IEEE Trans. Nucl. Sci.* **NS-19**, 256–263, Dec. 1972.

36. A. Goetzberger, E. Klausmann and M.J. Schulz, "Interface States on Semiconductor/Insulator

Interfaces," *CRC Crit. Rev. Solid State Sci.* **6**, 1–43, Jan. 1976.

37. G. DeClerck, "Characterization of Surface States at the Si–SiO$_2$ Interface," in *Nondestructive Evaluation of Semiconductor Materials and Devices* (J.N. Zemel, ed.), Plenum Press, New York, 1979, 105–148.

38. P.V. Gray and D.M. Brown, "Density of SiO$_2$-Si Interface States," *Appl. Phys. Lett.* **8**, 31–33, Jan. 1966; D.M. Fleetwood, "Long-term Annealing Study of Midgap Interface-trap Charge Neutrality," *Appl. Phys. Lett.* **60**, 2883–2885, June 1992.

39. C.N. Berglund, "Surface States at Steam-Grown Silicon-Silicon Dioxide Interfaces," *IEEE Trans. Electron Dev.* **ED-13**, 701–705, Oct. 1966.

40. T.C. Lin and D.R. Young, "New Methods for Using the Q-V Technique to Evaluate Si–SiO$_2$ Interface States," *J. Appl. Phys.* **71**, 3889–3893, April 1992; J.M. Moragues, E. Ciantar, R. Jérisian, B. Sagnes, and J. Qualid, "Surface Potential Determination in Metal-Oxide-Semiconductor Capacitors," *J. Appl. Phys.* **76**, 5278–5287, Nov. 1994.

41. S. Nishimatsu and M. Ashikawa, "A Simple Method for Measuring the Interface State Density," *Rev. Sci. Instrum.* **45**, 1109–1112, Sept. 1984.

42. R. Castagné and A. Vapaille, "Description of the SiO$_2$-Si Interface Properties by Means of Very Low Frequency MOS Capacitance Measurements," *Surf. Sci.* **28**, 157–193, Nov. 1971.

43. G. Declerck, R. Van Overstraeten and G. Broux, "Measurement of Low Densities of Surface States at the Si–SiO$_2$ Interface," *Solid-State Electron.* **16**, 1451–1460, Dec. 1973.

44. R. Castagné and A. Vapaille, "Apparent Interface State Density Introduced by the Spatial Fluctuations of Surface Potential in an MOS Structure," *Electron. Lett.* **6**, 691–694, Oct. 1970.

45. Y. Omura and Y. Nakajima, "Quantum Mechanical Influence and Estimated Errors on Interface-state Density Evaluation by Quasi-static C-V Measurement," *Solid-State Electron.* **44**, 1511–1514, Aug. 2000.

46. S. Wagner and C.N. Berglund, "A Simplified Graphical Evaluation of High-Frequency and Quasistatic Capacitance-Voltage Curves," *Rev. Sci. Instrum.* **43**, 1775–1777, Dec. 1972.

47. R. Van Overstraeten, G. Declerck and G. Broux, "Graphical Technique to Determine the Density of Surface States at the Si–SiO$_2$ Interface of MOS Devices Using the Quasistatic C-V Method," *J. Electrochem. Soc.* **120**, 1785–1787, Dec. 1973.

48. A.D. Lopez, "Using the Quasistatic Method for MOS Measurements," *Rev. Sci. Instrum.* **44**, 200–204, Feb. 1972.

49. E.H. Nicollian and A. Goetzberger, "The Si–SiO$_2$ Interface—Electrical Properties as Determined by the Metal-Insulator-Silicon Conductance Technique," *Bell Syst. Tech. J.* **46**, 1055–1133, July/Aug. 1967.

50. M. Schulz, "Interface States at the SiO$_2$-Si Interface," *Surf. Sci.* **132**, 422–455, Sept. 1983.

51. A.K. Aggarwal and M.H. White, "On the Nonequilibrium Statistics and Small Signal Admittance of Si–SiO$_2$ Interface Traps in the Deep-Depleted Gated-Diode Structure," *J. Appl. Phys.* **55**, 3682–3694, May 1984.

52. E.M. Vogel, W.K. Henson, C.A. Richter, and J.S. Suehle, "Limitations of Conductance to the Measurement of the Interface State Density of MOS Capacitors with Tunneling Gate Dielectrics," *IEEE Trans. Electron Dev.* **47**, 601–608, March 2000; T.P. Ma and R.C. Barker, "Surface-State Spectra from Thick-oxide MOS Tunnel Junctions," *Solid-State Electron.* **17**, 913–929, Sept. 1974.

53. E.H. Nicollian, A. Goetzberger and A.D. Lopez, "Expedient Method of Obtaining Interface State Properties from MIS Conductance Measurements," *Solid-State Electron.* **12**, 937–944, Dec. 1969; W. Fahrner and A. Goetzberger, "Energy Dependence of Electrical Properties of Interface States in Si–SiO$_2$ Interfaces," *Appl. Phys. Lett.* **17**, 16–18, July 1970; H. Deuling, E. Klausmann and A. Goetzberger, "Interface States in Si–SiO$_2$ Interfaces," *Solid-State Electron.* **15**, 559–571, May 1972; J.R. Brews, "Admittance of an MOS Device with Interface Charge Inhomogeneities," *J. Appl. Phys.* **43**, 3451–3455, Aug. 1972; P.A. Muls, G.J. DeClerck and R.J. Van Overstraeten "Influence of Interface Charge Inhomogeneities on the Measurement of Surface State Densities in Si–SiO$_2$ Interfaces by Means of the MOS ac Conductance Technique," *Solid-State Electron.* **20**, 911–922, Nov. 1977 and references therein.

54. J.J. Simonne, "A Method to Extract Interface State Parameters from the MIS Parallel Conductance Technique," *Solid-State Electron.* **16**, 121–124, Jan. 1973.

55. J.R. Brews, "Rapid Interface Parameterization Using a Single MOS Conductance Curve," *Solid-State Electron.* **26**, 711–716, Aug. 1983; J.M. Noras, "Extraction of Interface State Attributes from MOS Conductance Measurements," *Solid-State Electron.* **30**, 433–437, April 1987, "Parameter Estimation in MOS Conductance Studies," *Solid-State Electron.* **31**, 981–987, May 1988.

56. W.A. Hill and C.C. Coleman, "A Single-Frequency Approximation for Interface-State Density Determination," *Solid-State Electron.* **23**, 987–993, Sept. 1980.

57. A. De Dios, E. Castán, L. Bailón, J. Barbolla, M. Lozano, and E. Lora-Tamayo, "Interface State Density Measurement in MOS Structures by Analysis of the Thermally Stimulated Conductance," *Solid-State Electron.* **33**, 987–992, Aug. 1990.

58. E. Duval and E. Lheurette, "Characterisation of Charge Trapping at the Si–SiO$_2$ (100) Interface Using High-temperature Conductance Spectroscopy," *Microelectron. Eng.* **65**, 103–112, Jan. 2003.

59. H. Haddara and G. Ghibaudo, "Analytical Modeling of Transfer Admittance in Small MOSFETs and Application to Interface State Characterisation," *Solid-State Electron* **31**, 1077–1082, June 1988.

60. L.M. Terman, "An Investigation of Surface States at a Silicon/Silicon Oxide Interface Employing Metal-Oxide-Silicon Diodes," *Solid-State Electron.* **5**, 285–299, Sept./Oct. 1962.

61. C.C.H. Hsu and C.T. Sah, "Generation-Annealing of Oxide and Interface Traps at 150 and 298 K in Oxidized Silicon Stressed by Fowler-Nordheim Electron Tunneling," *Solid-State Electron.* **31**, 1003–1007, June 1988.

62. K.H. Zaininger and G. Warfield, "Limitations of the MOS Capacitance Method for the Determination of Semiconductor Surface Properties," *IEEE Trans. Electron Dev.* **ED-12**, 179–193, April 1965.

63. C.T. Sah, A.B. Tole and R.F. Pierret, "Error Analysis of Surface State Density Determination Using the MOS Capacitance Method," *Solid-State Electron.* **12**, 689–709, Sept. 1969.

64. E.M. Vogel and G.A. Brown, "Challenges of Electrical Measurements of Advanced Gate Dielectrics in Metal-Oxide-Semiconductor Devices," in *Characterization and Metrology for VLSI Technology: 2003 Int. Conf.* (D.G. Seiler, A.C. Diebold, T.J. Shaffner, R. McDonald, S. Zollner, R.P. Khosla, and E.M. Secula, eds.), Am. Inst. Phys., 771–781, 2003.

65. E Rosenecher and D. Bois, "Comparison of Interface State Density in MIS Structure Deduced from DLTS and Terman Measurements," *Electron. Lett.* **18**, 545–546, June 1982.

66. P.V. Gray and D.M. Brown, "Density of SiO$_2$-Si Interface States," *Appl. Phys. Lett.* **8**, 31–33, Jan. 1966; D.M. Brown and P.V. Gray, "Si–SiO$_2$ Fast Interface State Measurements," *J. Electrochem. Soc.* **115**, 760–767, July 1968; P.V. Gray, "The Silicon-Silicon Dioxide System," *Proc. IEEE* **57**, 1543–1551, Sept. 1969.

67. M.R. Boudry, "Theoretical Origins of N_{ss} Peaks Observed in Gray-Brown MOS Studies," *Appl. Phys. Lett.* **22**, 530–531, May 1973.

68. D.K. Schroder and J. Guldberg "Interpretation of Surface and Bulk Effects Using the Pulsed MIS Capacitor," *Solid-State Electron.* **14**, 1285–1297, Dec. 1971.

69. C.S. Jenq, "High-Field Generation of Interface States and Electron Traps in MOS Capacitors," Ph.D. Dissertation, Princeton University, 1978; A. Mir and D. Vuillaume, "Positive Charge and Interface State Creation at the Si–SiO$_2$ Interface During Low-Fluence and High-Fluence Electron Injections," *Appl. Phys. Lett.* **62**, 1125–1127, March 1993.

70. N. Saks, "Comparison of Interface Trap Densities Measured by the Jenq and Charge Pumping Techniques," *J. Appl. Phys.* **74**, 3303–3306, Sept. 1993.

71. J.S. Brugler and P.G.A. Jespers, "Charge Pumping in MOS Devices," *IEEE Trans. Electron Dev.* **ED-16**, 297–302, March 1969.

72. D. Bauza, "Rigorous Analysis of Two-Level Charge Pumping: Application to the Extraction of Interface Trap Concentration Versus Energy Profiles in Metal–Oxide–Semiconductor Transistors," *J. Appl. Phys.* **94**, 3229–3248, Sept. 2003.

73. G. Groeseneken, H.E. Maes, N. Beltrán and R.F. De Keersmaecker, "A Reliable Approach to Charge-Pumping Measurements in MOS Transistors," *IEEE Trans. Electron Dev.* **ED-31**, 42–53, Jan. 1984; P. Heremans, J. Witters, G. Groeseneken and H.E. Maes, "Analysis of the Charge Pumping Technique and Its Application for the Evaluation of MOSFET Degradation," *IEEE Trans. Electron Dev.* **36**, 1318–1335, July 1989.

74. J.L. Autran and C. Chabrerie, " Use of the Charge Pumping Technique with a Sinusoidal Gate

Waveform," *Solid-State Electron.* **39**, 1394–1395, Sept. 1996.

75. A.B.M. Elliot, "The Use of Charge Pumping Currents to Measure Surface State Densities in MOS Transistors," *Solid-State Electron.* **19**, 241–247, March 1976; R.A. Wachnik and J.R. Lowney, "A Model for the Charge-Pumping Current Based on Small Rectangular Voltage Pulses," *Solid-State Electron.* **29**, 447–460, April 1986; "The Use of Charge Pumping to Characterize Generation by Interface Traps," *IEEE Trans. Electron Dev.* **ED-33**, 1054–1061, July 1986.

76. W.L. Chen, A. Balasinski, and T.P. Ma, "A Charge Pumping Method for Rapid Determination of Interface-Trap Parameters in Metal-Oxide-Semiconductor Devices," *Rev. Sci. Instrum.* **63**, 3188–3190, May 1992.

77. M. Katashiro, K. Matsumoto, and R. Ohta, "Analysis and Application of Hydrogen Supplying Process in Metal-Oxide-Semiconductor Structures," *J. Electrochem. Soc.* **143**, 3771–3777, Nov. 1996.

78. W.L. Tseng, "A New Charge Pumping Method of Measuring Si–SiO$_2$ Interface States," *J. Appl. Phys.* **62**, 591–599, July 1987; F. Hofmann and W.H. Krautschneider, "A Simple Technique for Determining the Interface-Trap Distribution of Submicron Metal-Oxide-Semiconductor Transistors by the Charge Pumping Method," *J. Appl. Phys.* **65**, 1358–1360, Feb. 1989.

79. N.S. Saks and M.G. Ancona, "Determination of Interface Trap Capture Cross Sections Using Three-Level Charge Pumping," *IEEE Electron Dev. Lett.* **11**, 339–341, Aug. 1990; R.R. Siergiej, M.H. White, and N.S. Saks, "Theory and Measurement of Quantization Effects on Si–SiO$_2$ Interface Trap Modeling," *Solid-State Electron.* **35**, 843–854, June 1992.

80. S. Jakschik, A. Avellan, U. Schroeder, and J.W. Bartha, "Influence of Al$_2$O$_3$ Dielectrics on the Trap-Depth Profiles in MOS Devices Investigated by the Charge-Pumping Method," *IEEE Trans. Electron Dev.* **51**, 2252–2255, Dec. 2004.

81. A. Melik-Martirosian and T.P. Ma, "Lateral Profiling of Interface Traps and Oxide Charge in MOSFET Devices: Charge Pumping Versus *DCIV*," *IEEE Trans. Electron Dev.* **48**, 2303–2309, Oct. 2001; C. Bergonzoni and G.D. Libera, "Physical Characterization of Hot-Electron-Induced MOSFET Degradation Through an Improved Approach to the Charge-Pumping Technique," *IEEE Trans. Electron Dev.* **39**, 1895–1901, Aug. 1992.

82. M. Tsuchiaki, H. Hara, T. Morimoto, and H. Iwai, "A New Charge Pumping Method for Determining the Spatial Distribution of Hot-Carrier-Induced Fixed Charge in p-MOSFET's," *IEEE Trans. Electron Dev.* **40**, 1768–1779, Oct. 1993.

83. R.E. Paulsen and M.H. White, "Theory and Application of Charge Pumping for the Characterization of Si–SiO$_2$ Interface and Near-Interface Oxide Traps," *IEEE Trans. Electron Dev.* **41**, 1213–1216, July 1994.

84. D.M. Fleetwood, "Fast and Slow Border Traps in MOS Devices" *IEEE Trans Nucl. Sci.* **43**, 779–786, June 1996.

85. G. Van den bosch, G.V. Groeseneken, P. Heremans, and H.E. Maes, "Spectroscopic Charge Pumping: A New Procedure for Measuring Interface Trap Distributions on MOS Transistors," *IEEE Trans. Electron Dev.* **38**, 1820–1831, Aug. 1991.

86. Y. Li and T.P. Ma, "A Front-Gate Charge-Pumping Method for Probing Both Interfaces in SOI Devices," *IEEE Trans. Electron Dev.* **45**, 1329–1335, June 1998.

87. D. Bauza, "Extraction of Si–SiO$_2$ Interface Trap Densities in MOS Structures with Ultrathin Oxides," *IEEE Electron Dev. Lett.* **23**, 658–660, Nov. 2002; D. Bauza, "Electrical Properties of Si–SiO$_2$ Interface Traps and Evolution with Oxide Thickness in MOSFET's with Oxides from 2.3 to 1.2 nm Thick," *Solid-State Electron.* **47**, 1677–1683, Oct. 2003; P. Masson, J-L Autran, and J. Brini, "On the Tunneling Component of Charge Pumping Current in Ultrathin Gate Oxide MOSFET's," *IEEE Electron Dev. Lett.* **20**, 92–94, Feb. 1999.

88. J.L. Autran, F. Seigneur, C. Plossu, and B. Balland, "Characterization of Si–SiO$_2$ Interface States: Comparison Between Different Charge Pumping and Capacitance Techniques," *J. Appl. Phys.* **74**, 3932–3935, Sept. 1993.

89. P.A. Muls, G.J. DeClerck and R.J. van Overstraeten, "Characterization of the MOSFET Operating in Weak Inversion," in *Adv. in Electron. and Electron Phys.* **47**, 197–266, 1978.

90. P.J. McWhorter and P.S. Winokur, "Simple Technique for Separating the Effects of Interface Traps and Trapped-Oxide Charge in Metal-Oxide-Semiconductor Transistors," *Appl. Phys. Lett.* **48**, 133–135, Jan. 1986.

91. A. Neugroschel, C.T. Sah, M. Han, M.S. Carroll. T. Nishida, J.T. Kavalieros, and Y. Lu, "Direct-Current Measurements of Oxide and Interface Traps on Oxidized Silicon," *IEEE Trans. Electron Dev.* **42**, 1657–1662, Sept. 1995.

92. D.J. Fitzgerald and A.S. Grove, "Surface Recombination in Semiconductors," *Surf. Sci.* **9**, 347–369, Feb. 1968.

93. H. Guan, Y. Zhang, B.B. Jie, Y.D. He, M-F. Li, Z. Dong, J. Xie, J.L.F. Wang, A.C. Yen, G.T.T. Sheng, and W. Li, "Nondestructive DCIV Method to Evaluate Plasma Charging in Ultrathin Gate Oxides," *IEEE Electron Dev. Lett.* **20**, 238–240, May 1999.

94. R.J. Kriegler, T.F. Devenyi, K.D. Chik and J. Shappir, "Determination of Surface-State Parameters from Transfer-Loss Measurements in CCDs," *J. Appl. Phys.* **50**, 398–401, Jan. 1979.

95. E. Kamieniecki, "Surface Photovoltage Measured Capacitance: Application to Semiconductor/Electrolyte System," *J. Appl. Phys.* **54**, 6481–6487, Nov. 1983; V. Murali, A.T. Wu, A.K. Chatterjee, and D.B. Fraser, "A Novel Technique for *In-Line* Monitoring of Micro-Contamination and Process Induced Damage," *IEEE Trans. Semicond. Manufact.* **5**, 214–222, Aug. 1992; L.A. Lipkin, "Real-Time Monitoring with a Surface Charge Analyzer," *J. Electrochem. Soc.* **140**, 2328–2332, Aug. 1993.

96. H. Takeuchi and T.J. King, "Surface Charge Analysis of Ultrathin HfO_2, SiO_2, and Si_3N_4," *J. Electrochem. Soc.* **151**, H44–H48, Feb. 2004.

97. E.H. Poindexter and P.J. Caplan, "Characterization of Si/SiO_2 Interface Defects by Electron Spin Resonance," *Progr. Surf. Sci.* **14**, 201–294, 1983.

98. E.H. Poindexter, "MOS Interface States: Overview and Physicochemical Perspective," *Semicond. Sci. Technol.* **4**, 961–969, Dec. 1989.

99. M.P. Seah, S.J. Spencer, F. Bensebaa, I. Vickridge, H. Danzebrink, M. Krumrey, T. Gross, W. Oesterle, E. Wendler, B. Rheinländer, Y. Azuma, I. Kojima, N. Suzuki, M. Suzuki, S. Tanuma, D.W. Moon, H.J. Lee, Hyun Mo Cho, H.Y. Chen, A.T.S. Wee, T. Osipowicz, J.S. Pan, W.A. Jordaan, R. Hauert, U. Klotz, C. van der Marel, M. Verheijen, Y. Tamminga, C. Jeynes, P. Bailey, S. Biswas, U. Falke, N.V. Nguyen, D. Chandler-Horowitz, J.R. Ehrstein, D. Muller, and J.A. Dura, "Critical Review of the Current Status of Thickness Measurements for Ultrathin SiO_2 on Si, Part V: Results of a CCQM Pilot Study," *Surf. Interface Anal.* **36**, 1269–1303, Sept. 2004.

100. A.C. Diebold, D. Venables, Y. Chabal, D. Muller, M. Weldonc, and E. Garfunkel, "Characterization and Production Metrology of Thin Transistor Gate Oxide Films," *Mat. Sci. in Semicond. Proc.* **2**, 103–147, July 1999.

101. K.S. Krisch, J.D. Bude, and L. Manchanda, "Gate Capacitance Attenuation in MOS Devices With Thin Gate Dielectrics," *IEEE Electron Dev. Lett.* **17**, 521–524, Nov. 1996; D. Vasileska, D.K. Schroder, and D.K. Ferry, "Scaled Silicon MOSFET's: Degradation of the Total Gate Capacitance," *IEEE Trans Electron Dev.* **44**, 584–587, April 1997.

102. M.J. McNutt and C.T. Sah, "Determination of the MOS Capacitance," *J. Appl. Phys.* **46**, 3909–3913, Sept. 1975.

103. J. Maserjian, G. Peterson, and C. Svensson, "Saturation Capacitance of Thin Oxide MOS Structures and the Effective Surface State Density of Silicon," *Solid-State Electron.* **17**, 335–339, April 1974.

104. J. Maserjian, in *The Physics and Chemistry of SiO_2 and the Si/SiO_2 Interface*, (C.R. Helms and B.E. Deal, eds.), Plenum Press, New York, 1988.

105. S. Kar, "Determination of the Gate Dielectric Capacitance of Ultrathin High-k Layers," *J. Electrochem. Soc.* **151**, G476–G481, July 2004.

106. E. Vincent, G. Ghibaudo, G. Morin, and C. Papadas, "On the Oxide Thickness Extraction in Deep-Submicron Technologies," *Proc. 1997 IEEE Int. Conf. on Microelectron. Test Struct.* 105–110, 1997.

107. G. Ghibaudo, S. Bruyère, T. Devoivre, B. DeSalvo, and E. Vincent, "Improved Method for the Oxide Thickness Extraction in MOS Structures with Ultrathin Gate Dielectrics," *IEEE Trans. Semicond. Manufact.* **13**, 152–158, May 2000.

108. J.F. Lønnum and J.S. Johannessen, "Dual-Frequency Modified C/V Technique," *Electron. Lett.* **22**, 456–457, April 1986; K.J. Yang and C. Hu, "MOS Capacitance Measurements for High-Leakage Thin Dielectrics," *IEEE Trans. Electron Dev.* **46**, 1500–1501, July 1999.

109. A. Nara, N. Yasuda, H. Satake, and A. Toriumi, "Applicability Limits of the Two-Frequency Capacitance Measurement Technique for the Thickness Extraction of Ultrathin Gate Oxide," *IEEE Trans. Semicond. Manufact.* **15**, 209–213, May 2002.

110. D.W. Barlage, J.T. O'Keeffe, J.T. Kavalieros, M.N. Nguyen, and R.S. Chau, "Inversion MOS Capacitance Extraction for High-Leakage Dielectrics Using a Transmission Line Equivalent Circuit," *IEEE Electron Dev. Lett.* **21**, 406–408, Sept. 2000.

111. S. Zafar, Q. Liu, and E.A. Irene, "Study of Tunneling Current Oscillation Dependence on SiO_2 Thickness and Si Roughness at the Si/SiO_2 Interface," *J. Vac. Sci. Technol.* **A13**, 47–53, Jan./Feb. 1995; K.J. Hebert and E.A. Irene, "Fowler-Nordheim Current Oscillations at Metal/Oxide/Si Interfaces," *J. Appl. Phys.* **82**, 291–296, July 1997; L. Mao, C. Tan, and M. Xu, "Thickness Measurements for Ultrathin-Film Insulator Metal-Oxide-Semiconductor Structures Using Fowler-Nordheim Tunneling Current Oscillations," *J. Appl. Phys.* **88**, 6560–6563, Dec. 2000.

112. L. Militaru and A. Souifi, "Study of a Single Dangling Bond at the SiO_2/Si Interface in Deep Submicron Metal-Oxide-Semiconductor Transistors," *Appl. Phys. Lett.* **83**, 2456–2458, Sept. 2003.

113. S.C. Witczak, J.S. Suehle, and M. Gaitan, "An Experimental Comparison of Measurement Techniques to Extract $Si–SiO_2$ Interface Trap Density," *Solid-State Electron.* **35**, 345–355, March 1992.

114. M.L. Green, E.P. Gusev, R. Degraeve, and E.L. Garfunkel, "Ultrathin (<4 nm) SiO_2 and Si–O–N Gate Dielectric Layers for Silicon Microelectronics: Understanding the Processing, Structure, and Physical and Electrical Limits," *J. Appl. Phys.* **90**, 2057–2121, Sept. 2001.

115. Service Manual for HP 4275-A Multi Frequency LCR Meter, Hewlett-Packard, 1983, p. 8–4.

116. W.W. Lin and P.C. Chan, "On the Measurement of Parasitic Capacitances of Devices with More Than Two External Terminals Using an LCR Meter," *IEEE Trans. Electron Dev.* **38**, 2573–2575, Nov. 1991.

117. Accurate Capacitance Characterization at the Wafer Level, Agilent Technol. Application Note 4070–2, 2000.

118. P.A. Kraus, K.A. Ahmed, and J.S. Williamson, Jr., "Elimination of Chuck-Related Parasitics in MOSFET Gate Capacitance Measurements," *IEEE Trans. Electron Dev.* **51**, 1350–1352, Aug. 2004.

119. Y. Okawa, H. Norimatsu, H. Suto, and M. Takayanagi, "The Negative Capacitance Effect on the C-V Measurement of Ultra Thin Gate Dielectrics Induced by the Stray Capacitance of the Measurement System," *IEEE Proc. Int. Conf. Microelectronic Test Struct.* 197–202, 2003.

$\bullet\ \bullet\ \bullet\ \bullet\ \bullet\ \bullet\ \bullet\ \bullet\ \bullet\ \bullet\ \bullet\ \cdots\cdots\cdots$

381 # 习题

6.1 考虑一个重掺杂 p 型多晶硅栅(p$^+$ poly-Si)($E_F = E_v$)和 $N_A = 10^{16}\,cm^{-3}$ 的 p 型硅衬底 MOS 电容。$t_{ox} = 15$ nm,$n_i = 10^{10}$ cm^{-3},$T = 300$ K,$K_s = 11.7$,$K_{ox} = 3.9$,E_G(poly-Si)$= E_G$(Si$= 1.12$ eV)。

(**a**) 求平带电压 V_{FB} 和归一化的平带电容 C_{FB}/C_{ox}。

(**b**) 当 p$^+$ poly-Si 栅换成 n$^+$ poly-Xx 栅($E_F = E_c$)时,Xx 是一种电子亲和能 $\chi(X\text{x}) = \chi$(Si),带隙 $E_G(X\text{x}) = E_G$(Si)$/2$,$Q_f = Q_{it} = Q_m = Q_{ot} = 0$ 的半导体,求 V_{FB}。

6.2 对于一个 MOS 电容,平带电压 V_{FB} 是氧化层厚度 t_{ox} 的函数,数据如下表。这个器件具有氧化层固定电荷密度 $Q_f (C/cm^2)$ 和均匀的氧化层陷阱电荷密度 $\rho_{ot} (C/cm^3)$,平带电压 V_{FB} 由下式给出:

$$V_{FB} = \phi_{MS} - \frac{Q_f}{C_{ox}} - \frac{1}{C_{ox}} \int_0^{t_{ox}} (x/t_{ox})\rho_{ot}(x)\,\mathrm{d}x$$

求功函数差 ϕ_{MS},氧化层固定电荷密度 $N_f = Q_f/q\,(cm^{-2})$,氧化层陷阱电荷密度 ρ_{ot}/q (cm^{-3}) 和 $N_{ot}(cm^{-2})$。考虑均匀分布 ρ_{ot} 对 V_{FB} 的影响,而且 $t_{ox} = 10^{-5}$ cm,$K_{ox} = 3.9$,$Q_{it} = Q_m = 0$。求 N_{ot}。

t_{ox}/cm	V_{FB}/V	t_{ox}/cm	V_{FB}/V
10^{-6}	0.265	6×10^{-6}	-0.256
2×10^{-6}	0.207	7×10^{-6}	-0.429
3×10^{-6}	0.126	8×10^{-6}	-0.626
4×10^{-6}	0.0219	9×10^{-6}	-0.846
5×10^{-6}	-0.105	10^{-5}	-1.09

6.3 一个具有 p 型衬底($N_A = 10^{15}$ cm^{-3}),金属栅,和 $V_{FB} = 0$ 的 MOS 电容器,其低频 C_{lf}/C_{ox} 与 V_G 关系曲线如图 P6.3。当用掺杂 $N_D = N_A$(衬底)的 n 型多晶硅栅代替金属

382

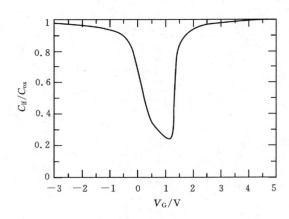

图 P6.3

栅，$T = 300\ \text{K}$，$n_i = 10^{10}\ \text{cm}^{-3}$。在同一张图上画出其 C_{lf}/C_{ox} 与 V_G 的关系曲线。

6.4 一个具有 p 型衬底（$N_A = N_{A1}$），金属栅和 $V_{FB} = 0$ 的 MOS 电容器，其低频 C_{lf}/C_{ox} 与 V_G 关系曲线如图 P6.4。当用掺杂 $N_A = N_{A1}$ 的 p 型多晶硅栅代替金属栅，画出其 C_{lf}/C_{ox} 与 V_G 的关系曲线。

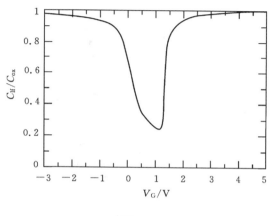

图 P6.4

6.5 考虑一个 $t_{ox} = 40\ \text{nm}$ 和 $V_{FB} = 0$ 的 MOS 电容。再考虑一个类似的只是氧化层被可移动离子污染的 MOS 电容，并且这些可移动离子非常特殊。即氧化物的上半部分（最靠近栅的一侧）含有均匀的浓度为 $\rho_{m1} = 0.04\ C/\text{cm}^{-3}$ 带正电的离子，氧化物的下半部分（最靠近衬底的一侧）含有均匀的浓度为 $\rho_{m2} = -0.06\ C/\text{cm}^{-3}$ 带负电的离子，求这种情况下的 V_{FB}。如果该器件处于偏压温度应力条件下，即器件处于较高温度正向栅压，并且所有电荷都在移动的条件下，求这种情况下的 V_{FB}。

6.6 一个理想的 MOS 电容其高频 C_{hf}/C_{ox} 与 V_G 关系曲线如图 P6.6(a)。当相同尺寸的 MOS 电容的氧化层一半含有正电荷另一半没有，如图 6.6(b)，器件被污染的一半的平带电压 $V_{FB} = -2\ \text{V}$。在图 P6.6(a) 上画出该器件的 C_{hf}/C_{ox} 与 V_G 关系曲线。

383

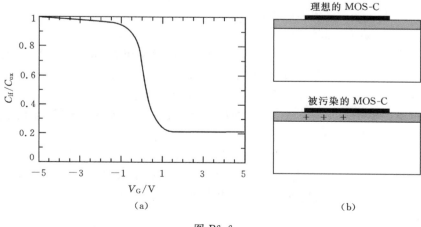

(a) (b)

图 P6.6

6.7 (a)当半导体是本征的($N_A = N_D = 0$), $t_{ox} = 10$ nm。定性画出一个理想的 MOS 电容的 C_{lf}/C_{ox} 与 V_G 关系曲线。

   (b)如果 t_{ox} 从 10 nm 增加到,比方说,100 nm? 假定串联电阻没有问题。讨论 C_{lf}/C_{ox} 与 V_G 关系曲线是否变化? 如何变化?

6.8 MOS 电容器的高频 C-V_G 关系曲线如图 P6.8 所示。$C_{FB}/C_{ox} = 0.6$。

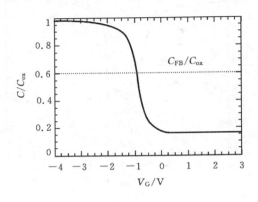

图 P6.8

384 　　氧化层固定电荷密度 N_f 的单位是 cm^{-2}。然后,通过一些特殊方法把氧化层一半面积中的固定电荷从该器件中去除,但另一半保留。该器件面积为 A,那么 $A/2$ 中的固定电荷与原来相同,而另 $A/2$ 是零。画出新的 C-V_G 关系曲线。$t_{ox} = 20$ nm,$K_{ox} = 3.9$,$T = 300$ K,$\phi_{MS} = 0$,不存在其他氧化层电荷。

6.9 一个由多晶硅栅,厚热氧化层和 p-Si 衬底的 MOS 电容。平带电压测量值与氧化层厚度的函数关系如下:

V_{FB}/V	−1.98	−1.76	−1.59	−1.42	−1.20	−1.05
t_{ox}/μm	0.3	0.25	0.2	0.15	0.1	0.05

   (a)求氧化层固定电荷密度 N_f(cm^{-2})和功函数差 ϕ_{MS}(V)。假定氧化层固定电荷全部位于在所述 SiO_2/Si 界面的氧化层中。

   (b)栅是 n^+ 还是 p^+ 多晶硅? 为什么?

   (c)下一步考虑浓度为 $N_m = 10^{16}$ cm^{-3} 的带正电移动电荷均匀分布于该器件的氧化层中。该氧化物中具有如(a)相同的 N_f。当 $t_{ox} = 0.1$ μm,$K_{ox} = 3.9$ 时求平带电压。

6.10 一个 MOS 电容器的 C-V_G 测试曲线如图 P6.10 中的 A 曲线所示。移动电荷均匀分布于该器件的整个氧化层中。接着,施加一个栅极电压,所有的电荷漂移到氧化层的一侧,得出 B 曲线。$T = 300$ K,$K_{ox} = 3.9$,$K_S = 11.7$。

   (a)根据平带电容求氧化层厚度(nm)和掺杂浓度(cm^{-3})。

   (b)选出下面三个选项的每个选项的答案,并证明你的答案。

   　　(i)可动离子漂移实验期间施加的电压为:□ 正　□负

385 　　(ii)可动离子电荷为:□正　□负

   　　(iii)所述的可动离子漂移到:□氧化层/栅极界面　□氧化层/衬底界面

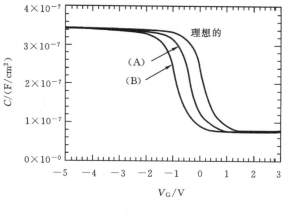

图 P6.10

6.11　一个 MOSFET 施加应力前后亚阈值 I_D - V_{GS} 曲线如图 P6.11 所示。求应力诱导的界面陷阱密度变化 $\Delta D_{it}(\mathrm{cm}^{-2}~\mathrm{eV}^{-1})$。$T = 300~\mathrm{K}, K_{ox} = 3.9, t_{ox} = 10~\mathrm{nm}$。

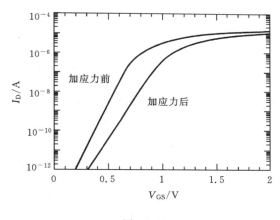

图 P6.11

6.12　在电荷泵测量过程中,电子和空穴被界面态捕获导致电子-空穴对复合和电子/空穴发射。该电荷泵电流由下式给出:

$$I_{cp} = qAfD_{it}\Delta E$$

其中 ΔE 是一个能量区间,在此能量区间电子-空穴对未被发射到 E_c 或 E_v。对于 $T = 250, 300, 350~\mathrm{K}$,在频率范围 $10^4 \leqslant f \leqslant 10^6~\mathrm{Hz}$ 条件下,求出并画出 ΔE 对 $\log(f)$ 和 $\log(I_{cp})$ 对 $\log(f)$ 的关系。其中 $A = 10^{-6}~\mathrm{cm}^2$, $D_{it} = 5 \times 10^{10}~\mathrm{cm}^{-2}~\mathrm{eV}^{-1}$, $\sigma_n = \sigma_p = 10^{-15}~\mathrm{cm}^2$, $v_{th} = 10^7 (T/300)^{1/2}~\mathrm{cm/s}$, $N_c = 2.5 \times 10^{19} (T/300)^{1.5}~\mathrm{cm}^{-3}$, $E_G = 1.12~\mathrm{eV}$。

6.13　由界面陷阱得到的电子和空穴的发射时间常数由下式给出:

$$\tau_{e,n} = \frac{\exp\left[(E_c - E_{it})/kT\right]}{\sigma_n v_{th} N_c}; \quad \tau_{e,p} = \frac{\exp\left[(E_{it} - E_v)/kT\right]}{\sigma_p v_{th} N_v}$$

在电荷泵方法中,根据多少电子和空穴漂移回到源/漏极和衬底,又有多少留在界面陷阱中发生复合,位于 MOSFET 带隙(ΔE)中央部分的界面陷阱密度 N_{it} 可以被确定(N_{it} = $D_{it}\Delta E$)下来。在电荷泵测量过程中,施加一个频率 f 的方波到栅极。考虑两个不同频率的测量结果,$f = f_1$ 和 $f = f_2$,其中,$f_1 < f_2$。f_1 和 f_2 哪个频率下,带隙中界面陷阱浓度大? 并用方程和/或能带图讨论你的答案。

6.14　施加偏压 $V_G = -0.75$ V,即在平带电压点条件下,在图 P 6.14 中画出 MOS 电容器的能带图。该器件有一个金属栅极,并且 $Q_m = Q_f = Q_{ot} = Q_{it} = 0$。

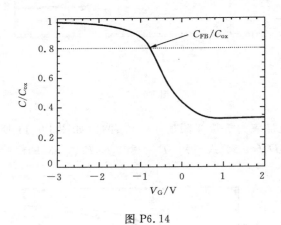

图 P6.14

6.15　两个 MOSFET 的 I_D-V_{GS} 曲线如图 P6.15 所示。曲线(a)是针对 $V_{FB} = 0$ 时的理想器件,曲线(b)针对具有均匀栅氧化层电荷的器件。求出电荷密度 ρ_{ox}(C/cm³)。其中 C_{ox} = 10^{-8} F/cm², $t_{ox} = 10$ nm, $\phi_{MS} = 0$, $Q_f = 0$, $D_{it} = 0$。

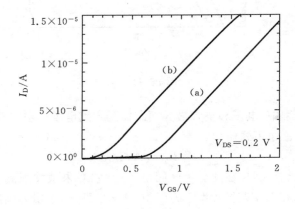

图 P6.15

6.16　一个 MOS 电容的 V_{FB} 与 t_{ox} 曲线如图 P6.16 所示。定性画出并证明具有同一 ϕ_{MS} 和 Q_f,但另外具有均匀分布于氧化层的正电荷密度 ρ_{ox}(C /cm³)的 MOS 电容的 V_{FB} 与 t_{ox} 曲线。

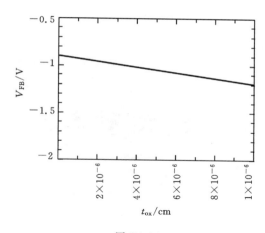

图 P6.16

复习题

- 说出热氧化层中四种主要电荷。
- 低频电容是如何测量的?
- 为什么反型层中低频和高频的 C - V 曲线不同?
- 什么是平带电压和平带电容?
- 栅耗尽层对 C - V 曲线的作用是什么?
- 偏置电压–温度的应力作用与三角电压扫描有什么不同?
- 描述电荷泵的工作原理。
- 界面陷阱电荷是如何测量的?
- 电导法的工作原理?
- 从亚阈值斜率如何得到界面陷阱密度?
- 直流 I - V 方法的工作原理?
- 简要描述两种氧化层厚度测量技术。

载流子寿命

●●●●●●●●●●●●●●●●

7.1　引言

　　　电子空穴对(ehp)通过复合中心(也称为陷阱)的复合理论是在 1952 年由霍尔[1]和肖特基和理德[2]在其著名的论文中提出的。此后,霍尔又在他的原创简报[3]中将该理论扩展。虽然寿命和扩散长度在 IC 工业中作为常规测量参数,他们的测量方法和测量解释经常被误解。寿命是为数不多的一种提供半导体中缺陷密度信息的参数。没有其它技术可以做到在室温下进行一个简单的无接触测试,就能检测到缺陷密度低于 $10^9 \sim 10^{11}$ cm^{-3} 的精度。从原理上讲,通过寿命测试对缺陷密度的检测是没有下限的。就是基于上述原因,对于在 IC 领域大规模应用的单极 MOS 器件而言,虽然寿命对于它只起到很小的作用,寿命却被作为"工艺清洁检测"来测量。在此我们讨论寿命及其所依赖的材料和器件参数,例如能级、注入能级和表面,还有寿命是如何测量的。

　　　对于相同的材料和器件,不同的测量方法可以得到差别迥异的寿命值。多数情况下,这些差异的原因是原理上的而并非由于测量方法的缺陷造成的。描述寿命的难点在于我们在描述半导体中的载流子的性质而非半导体本身的性质。虽然我们经常使用其数量值,但是我们还测量除了半导体材料及其温度之外,受表面、界面、势垒和载流子密度所影响载流子运动的加权平均值。

　　寿命分为两个主要类别:复合寿命和产生寿命[4]。复合寿命 τ_r 的概念是指剩余载流子由
于复合而衰减。产生寿命 τ_g 是在平衡临界点处反偏器件的空间电荷区中极少量的载流子。 390
在复合过程中,一个电子空穴对平均在 τ_r 时间后停止产生,如图 7.1(a)所示。依此类推,产生
寿命就是产生一个 ehp 的平均时间,如图 7.1(b)所示。因为一个 ehp 的产生已经测量,所以
产生寿命用词并不准确,而产生时间则比较准确。然而,"产生寿命"仍然被普遍接受。

　　若这些复合和产生发生在体内,用 τ_r 和 τ_g 表示;若他们发生在表面,则用表面复合速率 s_r
和表面产生速率 s_g 表示,如图 7.1 所示。体内产生复合与表面产生复合同时产生,并且在一些
时候很难区分。测量出的寿命通常为有效寿命,并由体内和表面组成。

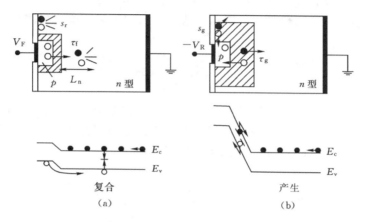

图 7.1　(a)正偏和(b)反偏结,图示各种产生和复合机制

　　在讨论寿命的测量之前,需要详细讨论 τ_r 和 τ_g。对此不关注的读者可以越过这部分内容,
直接阅读测量方法。过剩空穴电子对是由于能量高于带隙的光子、粒子或者正偏 pn 结产生
的。受激之后会有更多的载流子产生,并且这些过剩载流子通过复合恢复平衡。关于相对平
衡的更详细推导参见附录 7.1。

● ● ● ● ● ● ● ● ● ● ● ● ● ● ● ● ●

7.2　复合时间和表面复合速率

　　体复合率 R 由载流子密度非线性决定。本章我们考虑 p 型半导体,并且主要关注少子的
运动。若限定线性、二次项和三次项,则 R 可以写成

$$R = A(n - n_o) + B(pn - p_o n_o) + C_p(p^2 n - p_o^2 n_o) + C_n(pn^2 - p_o n_o^2) \tag{7.1}$$

此处 $n = n_o + \Delta n$, $p = p_o + \Delta p$, n_o 和 p_o 是平衡载流子密度,Δn 和 Δp 是过剩载流子密度。若没 391
有陷阱,$\Delta n = \Delta p$,式(7.1)可以被化简为

$$R \approx A\Delta n + B(p_o + \Delta n)\Delta n + C_p(p_o^2 + 2p_o\Delta n + \Delta n^2)\Delta n + C_n(n_o^2 + 2n_o\Delta n + \Delta n^2)\Delta n$$

$$\tag{7.2}$$

式中一些包括 n_o 的项已被舍去,因为在 p 型材料中,$n_o \ll p_o$。

复合寿命表示如下：

$$\tau_r = \frac{\Delta n}{R} \tag{7.3}$$

若

$$\tau_r = \frac{1}{A\Delta n + B(p_o + \Delta n)\Delta n + C_p(p_o^2 + 2p_o\Delta n + \Delta n^2)\Delta n + C_n(n_o^2 + 2n_o\Delta n + \Delta n^2)\Delta n} \tag{7.4}$$

三种复合机制决定了复合寿命：Shockley-Read-Hall (SRH)或者叫多声子复合,用 τ_{SRH} 表示；辐射复合,用 τ_{rad} 表示；以及俄歇复合,用 τ_{Auger} 表示。这三种复合机制如图 7.2 表示,复合寿命 τ_r 如下所示：

$$\tau_r = \frac{1}{\tau_{SRH}^{-1} + \tau_{rad}^{-1} + \tau_{Auger}^{-1}} \tag{7.5}$$

在 SRH 复合机制中,电子-空穴对被深层缺陷或陷阱复合,由密度 N_T 和能级 E_T 表示。电子和空穴的捕获横截面分别为 σ_n 和 σ_p。复合中产生的能量以晶格振动或声子的方式释放出去,如图 7.2(a)所示。SRH 寿命可以表示为[2]

$$\tau_{SRH} = \frac{\tau_p(n_o + n_1 + \Delta n) + \tau_n(p_o + p_1 + \Delta p)}{p_o + n_o + \Delta n} \tag{7.6}$$

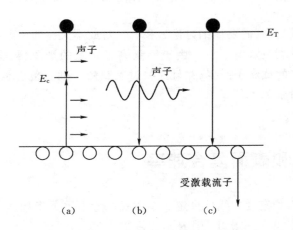

图 7.2 复合机制(a)SRH；(b)辐射和(c)俄歇

此处的 n_1, p_1, τ_n, τ_p 表示如下：

$$n_1 = n_i \exp\left(\frac{E_T - E_i}{kT}\right); \quad p_1 = n_i \exp\left(-\frac{E_T - E_i}{kT}\right) \tag{7.7}$$

$$\tau_p = \frac{1}{\sigma_p \upsilon_{th} N_T}; \quad \tau_n = \frac{1}{\sigma_n \upsilon_{th} N_T} \tag{7.8}$$

在辐射复合 ehps 直接在能带间复合,能量以声子的方式释放,如图 7.2(b)所示。辐射复合表

示为[5]

$$\tau_{\mathrm{rad}} = \frac{1}{B(p_\mathrm{o} + n_\mathrm{o} + \Delta n)} \tag{7.9}$$

B 是辐射复合系数。由于能带之间复合时电子和空穴必须同时存在,因此辐射寿命与载流子密度成反比。

　　俄歇复合如图 7.2(c) 所示,复合能量被第三载流子吸收且俄歇寿命与载流子密度平方成反比。俄歇寿命表示如下:

$$\begin{aligned}\tau_{\mathrm{Auger}} &= \frac{1}{C_\mathrm{p}(p_\mathrm{o}^2 + 2p_\mathrm{o}\Delta n + \Delta n^2) + C_\mathrm{n}(n_\mathrm{o}^2 + 2n_\mathrm{o}\Delta n + \Delta n^2)} \\ &\approx \frac{1}{C_\mathrm{p}(p_\mathrm{o}^2 + 2p_\mathrm{o}\Delta n + \Delta n^2)}\end{aligned} \tag{7.10}$$

此处的 C_p 是空穴俄歇复合系数,C_n 是电子俄歇复合系数。表 7.1 给出辐射复合和俄歇复合系数的值。

表 7.1　复合系数

半导体	温度/K	辐射复合系数,$B/(\mathrm{cm^3/s})$	俄歇复合系数,$C/(\mathrm{cm^6/s})$
Si	300	4.73×10^{-15} [10]	$C_\mathrm{n}=2.8\times10^{-31}, C_\mathrm{p}=10^{-31}$ [11 D/S]
Si	300	——	$C_\mathrm{n}+C_\mathrm{p}=2-35\times10^{-31}$ [11 B/G]
Si	77	8.01×10^{-14} [10]	——
Ge	300	5.2×10^{-14} [5]	$C_\mathrm{n}=8\times10^{-32}, C_\mathrm{p}=2.8\times10^{-31}$
GaAs	300	1.7×10^{-10} [8 S/R]	$C_\mathrm{n}=1.6\times10^{-29}, C_\mathrm{p}=4.6\times10^{-31}$ [6]
GaAs	300	1.3×10^{-10} [8 't Hooft]	$C_\mathrm{n}=5\times10^{-30}, C_\mathrm{p}=2\times10^{-30}$ [8 S/R]
GaP	300	5.4×10^{-14} [5]	——
InP	300	$1.6\sim2\times10^{-11}$ [5]	$C_\mathrm{n}=3.7\times10^{-31}, C_\mathrm{p}=8.7\times10^{-30}$ [6]
InSb	300	4.6×10^{-14} [5]	——
InGaAsP	300	4×10^{-10} [8]	$C_\mathrm{n}+C_\mathrm{p}=8\times10^{-29}$ [9]

　　式(7.6)至(7.10)可被低能级高能级同时注入简化。由于过剩少子的密度比平衡多子密度小,则发生低能级注入,$\Delta n\ll p_\mathrm{o}$;同理,$\Delta n\gg p_\mathrm{o}$ 时则发生高能级注入。注入能级对于寿命测量很重要。低能级注入和高能级注入的适用公式为

$$\tau_{\mathrm{SRH}}(ll) \approx \frac{n_1}{p_\mathrm{o}}\tau_\mathrm{p} + \left(1+\frac{p_1}{p_\mathrm{o}}\right)\tau_\mathrm{n} \approx \tau_\mathrm{n}; \quad \tau_{\mathrm{SRH}}(hl) \approx \tau_\mathrm{p} + \tau_\mathrm{n} \tag{7.11}$$

此处,$\tau_{\mathrm{SRH}}(ll)$ 的二级近似需要 $n_1\ll p_\mathrm{o}$ 和 $p_1\ll p_\mathrm{o}$。Schroder[12] 给出关于注入能级的详细讨论。

$$\tau_{\mathrm{rad}}(ll) = \frac{1}{Bp_\mathrm{o}}; \quad \tau_{\mathrm{rad}}(hl) = \frac{1}{B\Delta n} \tag{7.12}$$

$$\tau_{\mathrm{Auger}}(l\,l)=\frac{1}{C_{\mathrm{p}}p_{\mathrm{o}}^{2}};\quad\tau_{\mathrm{Auger}}(hl)=\frac{1}{(C_{\mathrm{p}}+C_{\mathrm{n}})\Delta n^{2}} \tag{7.13}$$

根据式(7.5)得到 Si 复合寿命,如图 7.3 测量。高载流子密度时寿命由俄歇复合决定而低载流子密度时寿命由 SRH 复合决定。俄歇复合具有典型的 $1/n^{2}$ 依赖性。高载流子密度可能是由高掺杂或高过剩载流子密度产生的。尽管 SRH 复合是由材料的洁净程度控制的,俄歇复合是一种半导体的本征特性。除了高寿命的衬底外,辐射复合在 Si 中几乎不存在(详见图 7.3 中的 τ_{rad}),但是在直接带隙半导体中却非常重要例如 GaAs。图 7.3 中的 n-Si 的数据一定程度上满足式 $C_{\mathrm{n}}=2\times10^{-31}$ cm^{6}/s。但并不是很好的满足,并且俄歇复合的详细分析可得出不同的俄歇系数。[13]

体 SRH 复合率如下所示:[2]

$$R=\frac{\sigma_{\mathrm{n}}\sigma_{\mathrm{p}}\upsilon_{\mathrm{th}}N_{\mathrm{T}}(pn-n_{\mathrm{i}}^{2})}{\sigma_{\mathrm{n}}(n+n_{1})+\sigma_{\mathrm{p}}(p+p_{1})}=\frac{(pn-n_{\mathrm{i}}^{2})}{\tau_{\mathrm{p}}(n+n_{1})+\tau_{\mathrm{n}}(p+p_{1})} \tag{7.14}$$

由此得出 SRH 寿命如式(7.6)。表面 SRH 复合率是

$$R_{\mathrm{s}}=\frac{\sigma_{\mathrm{ns}}\sigma_{\mathrm{ps}}\upsilon_{\mathrm{th}}N_{\mathrm{it}}(p_{\mathrm{s}}n_{\mathrm{s}}-n_{\mathrm{i}}^{2})}{\sigma_{\mathrm{ns}}(n_{\mathrm{s}}+n_{1\mathrm{s}})+\sigma_{\mathrm{ps}}(p_{\mathrm{s}}+p_{1\mathrm{s}})}=\frac{s_{\mathrm{n}}s_{\mathrm{p}}(p_{\mathrm{s}}n_{\mathrm{s}}-n_{\mathrm{i}}^{2})}{s_{\mathrm{n}}(n_{\mathrm{s}}+n_{1\mathrm{s}})+s_{\mathrm{p}}(p_{\mathrm{s}}+p_{1\mathrm{s}})} \tag{7.15}$$

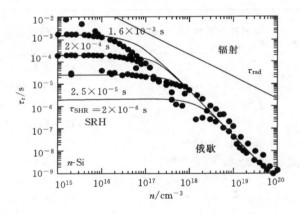

图 7.3　复合寿命与多子密度 n-Si 与 $C_{\mathrm{n}}=2\times10^{-31}$ cm^{6}/s 和 $B=4.73\times10^{-15}$ cm^{3}/s。俄歇复合的详细讨论建议 $C_{\mathrm{n}}=1.8\times10^{-24}\,n^{1.6513}$。数字参考文献[11]和[13]

此处的

$$s_{\mathrm{n}}=\sigma_{\mathrm{ns}}\upsilon_{\mathrm{th}}N_{\mathrm{it}};\quad s_{\mathrm{p}}=\sigma_{\mathrm{ps}}\upsilon_{\mathrm{th}}N_{\mathrm{it}} \tag{7.16}$$

394　脚标"s"代表表面处的数量;p_{s} 和 n_{s} 是表面处的电子和空穴密度(cm^{-3})。设 N_{it}(cm^{-2})为式(7.15)中的界面陷阱密度。若不为常数,界面陷阱密度 D_{it}(cm^{-2} eV^{-1})必须综合能量和 N_{it},公式为 $N_{\mathrm{it}}\approx kTD_{\mathrm{it}}$。[14]

表面复合速率 S_{r} 是

$$s_{\mathrm{r}}=\frac{R_{\mathrm{s}}}{\Delta n_{\mathrm{s}}} \tag{7.17}$$

由式(7.15)得

$$s_r = \frac{s_n s_p (p_{os} + n_{os} + \Delta n_s)}{s_n (n_{os} + n_{1s} + \Delta n_s) + s_p (p_{os} + p_{1s} + \Delta p_s)} \qquad (7.18)$$

对于低能注入和高能注入的表面复合速率为

$$s_r(l\,l) = \frac{s_n s_p}{s_n (n_{1s}/p_{os}) + s_p (1 + p_{1s}/p_{os})} \approx s_n; \quad s_r(hl) = \frac{s_n s_p}{s_n + s_p} \qquad (7.19)$$

图 7.4 表示 S_r 由 SiO_2/Si 界面注入能级决定。

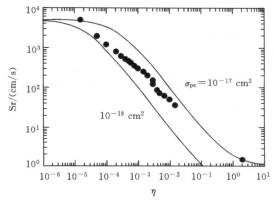

图 7.4 s_r 对应注入能级 η 的 σ_{ps}, $N_{it} = 10^{10}$ cm^{-2}, $p_{os} = 10^{16}$ cm^{-3}, $E_{Ts} = 0.4$ eV, $\sigma_{ns} = 5 \times 10^{-14}$ cm^2。数据见参考文献[15]

7.3 产生寿命/表面产生速率

图 7.2 中的每次复合过程都有一个对应的生成过程。对应于多声子复合的反过程是热电子对 ehp 生成,如图 7.1(b)。辐射和俄歇复合的反过程是光学和撞击电离生成。对于在黑暗处的器件,光学生成可以忽略,并且周围环境的黑体(blackbody)辐射也可忽略。撞击电离在偏压低于击穿电压的器件中也经常被忽略。但是,在低电离率下,冲撞电离经常在低电压情况下发生,并且在 τ_g 测量中要注意消除这种生成机制的影响。

从式(7.14)中得出的 SRH 复合率,很明显在 $pn < n_i^2$ 情况下生成占主导。此外,pn 的乘积越小,产生率就越大。R 变成负数,即为体产生率 G。

$$G = -R = \frac{n_i^2}{\tau_p n_1 + \tau_n p_1} = \frac{n_i}{\tau_g} \qquad (7.20)$$

当 $pn \approx 0$ 时

$$\boxed{\tau_{\mathrm{g}} = \tau_{\mathrm{p}} \exp\left(\frac{E_{\mathrm{T}} - E_{\mathrm{i}}}{kT}\right) + \tau_{\mathrm{n}} \exp\left(-\frac{E_{\mathrm{T}} - E_{\mathrm{i}}}{kT}\right)} \tag{7.21}$$

$pn \rightarrow 0$ 的情况是反偏结的 scr 中的近似值。

由式(7.21)定义的 τ_{g} 的数量,就是产生寿命[16],跟杂质浓度和截面处电子和空穴的捕获成反比,正如复合一样。它也与能级 E_{T} 成指数关系。若 E_{T} 不符合 E_{i} 产生寿命可以非常大。通常来讲,τ_{g} 比 τ_{r} 大,至少在 Si 器件中,此处做细节比较,$\tau_{\mathrm{g}} \approx (50 - 100)\tau_{\mathrm{r}}$。[12,16]

当表面处 $p_{\mathrm{s}} n_{\mathrm{s}} < n_{\mathrm{i}}^2$,从式(7.15)得出,表面产生率

$$G_{\mathrm{s}} = -R_{\mathrm{s}} = \frac{s_{\mathrm{n}} s_{\mathrm{p}} n_{\mathrm{i}}^2}{s_{\mathrm{n}} n_{1\mathrm{s}} + s_{\mathrm{p}} p_{1\mathrm{s}}} = n_{\mathrm{i}} s_{\mathrm{g}} \tag{7.22}$$

此处的 s_{g} 是表面产生速率,有时写作 s_{o}(参见 Grove[17]),式子

$$s_{\mathrm{g}} = \frac{s_{\mathrm{n}} s_{\mathrm{p}}}{s_{\mathrm{n}} \exp((E_{\mathrm{it}} - E_{\mathrm{i}})/kT) + s_{\mathrm{p}} \exp(-(E_{\mathrm{it}} - E_{\mathrm{i}})/kT)} \tag{7.23}$$

若 $E_{\mathrm{it}} \neq E_{\mathrm{i}}$,从式(7.18)和(7.23)可得 $s_{\mathrm{r}} > s_{\mathrm{g}}$。

● ● ● ● ● ● ● ● ● ● ● ● ● ● ●

7.4   复合寿命——光学测量

在讨论寿命特征技术之前,我们先简要地给出常用光学测量方法的相关公式。更多详细内容参见附录 7.1。考虑一个有光照的 p 型半导体样本。光照可以是稳态的,也可以是瞬态的。对于始终如一的 ehp 生成和零表面复合的恒等式为

$$\frac{\partial \Delta n(t)}{\partial t} = G - R = G - \frac{\Delta n(t)}{\tau_{\mathrm{eff}}} \tag{7.24}$$

此处的时间 $\Delta n(t)$ 是取决于过剩少子密度,G 是 enp 产生率,以及 τ_{eff} 是有效寿命。τ_{eff} 的公式为

$$\tau_{\mathrm{eff}}(\Delta n) = \frac{\Delta n(t)}{G(t) - \mathrm{d}\Delta n(t)/\mathrm{d}t} \tag{7.25}$$

在瞬态光电导衰减(PCD)中,由于 $G(t) \ll d\Delta n(t)/dt$

$$\tau_{\mathrm{eff}}(\Delta n) = -\frac{\Delta n(t)}{\mathrm{d}\Delta n(t)/\mathrm{d}t} \tag{7.26}$$

在稳态法中,由于 $G(t) \ll d\Delta n(t)/dt$

$$\tau_{\mathrm{eff}}(\Delta n) = \frac{\Delta n}{G} \tag{7.27}$$

在准稳态光电导法(QSSPC)中,由式(7.25)可得,需要知道稳态下 Δn 和 G 的值,用 QSSPC 法可得到有效寿命。

低能级注入的过剩载流子密度衰减由式子 $\Delta n(t) = \Delta n(0) \exp(-t/\tau_{\mathrm{eff}})$ 给出,此处的 τ_{eff} 为

$$\frac{1}{\tau_{\mathrm{eff}}} = \frac{1}{\tau_{\mathrm{B}}} + D\beta^2 \tag{7.28}$$

其中 β 的值可以从以下关系式得出：

$$\tan\left(\frac{\beta d}{2}\right) = \frac{s_r}{\beta D} \tag{7.29}$$

此处的 τ_{B} 是体复合寿命，D 是低能级注入条件下的少子扩散常数和高能级注入条件下的双极扩散常数，s_r 是表面复合速率，d 是样品厚度。式(7.28)的意义是光学吸收深度提供给过剩载流子密度有足够的时间进行均匀分布，例如 $d \ll (Dt)^{1/2}$。式(7.28)的有效寿命如图 7.5 中检测关于 d 和 s_r 的关系显示 d 依赖于 s_r。对于薄样品的体寿命，τ_{eff} 与 τ_{B} 再无任何类同之处，而是由表面复合决定。若非样品足够厚，表面复合速率只能模糊地决定 τ_{B}。即使样品的表面复合速率通常不知道，若给样品施以高 s_r，例如给样品表面喷砂，则有可能直接决定 τ_{B}。

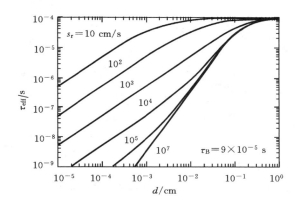

图 7.5　作为表面复合速率的函数时的有效寿命与晶圆厚度。$D = 30 \ \mathrm{cm}^2/\mathrm{s}$

但是这样样品必须非常厚，式(7.28)可以写成

$$\frac{1}{\tau_{\mathrm{eff}}} = \frac{1}{\tau_{\mathrm{B}}} + \frac{1}{\tau_{\mathrm{S}}} \tag{7.30}$$

此处的 τ_{S} 是表面寿命。

以下两个有趣的极限情况：$s_r \to 0$ 则 $\tan(\beta d/2) \approx \beta d/2$ 和 $s_r \to \infty$ 则 $\tan(\beta d/2) \approx \infty$ 或者 $\beta d/2 \approx \pi/2$ 决定了表面寿命为

$$\tau_{\mathrm{S}}(s_r \to 0) = \frac{d}{2s_r}; \quad \tau_{\mathrm{S}}(s_r \to \infty) = \frac{d^2}{\pi^2 D} \tag{7.31}$$

若 $s_r \to 0$，$1/\tau_{\mathrm{eff}}$ 和 $1/d$ 的关系斜率为 $2s_r$，截距为 $1/\tau_{\mathrm{B}}$，$2s_r$ 和 τ_{B} 两者均可检测。若 $s_r \to \infty$，$1/\tau_{\mathrm{eff}}$ 和 $1/d^2$ 的关系斜率为 $\pi^2 D$，截距为 $1/\tau_{\mathrm{B}}$。这两个例子如图 7.6 所示。估算在条件 $s_r < D/4d$ 下 $\tau_{\mathrm{S}} = d/2s_r$。

式(7.28)～(7.31)均在样品一个维度远小于另两个维度条件下测得，例如：晶圆。若样品三个维度无任一维度很大，式(7.30)变为 $s_r \to \infty$

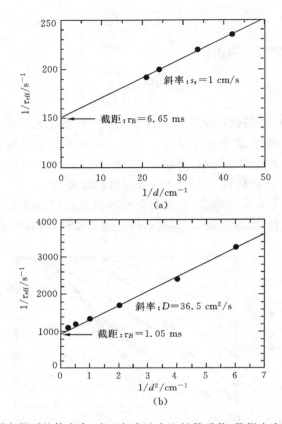

图 7.6 寿命测定得到的体寿命、表面复合速率和扩散系数,数据来自参考文献[19]。

$$\frac{1}{\tau_{eff}} = \frac{1}{\tau_B} + \pi^2 D\left(\frac{1}{a^2} + \frac{1}{b^2} + \frac{1}{c^2}\right) \tag{7.32}$$

此处的 a、b 和 c 为样品的三个维度。推荐使用表面复合速率高的样品,例如对使用样品表面喷砂[20]。通过式(7.32)决定推荐的维度和最大体寿命,如表 7.2 给出的。

表 7.2 PCD 的 Si 样品的推荐维度和最大体寿命

样品 长度 /cm	样品 宽×长 /(cm×cm)	最大 τ_B /μs n-Si	最大 τ_B /μs p-Si
1.5	0.25×0.25	240	90
2.5	0.5×0.5	950	350
2.5	1×1	3600	1340

来源:ASTM 标准 F28。参考文献[20]。

如附录 7.1[21-22]中的讨论,在光脉冲消失后,载流子随时间消失是一个复杂的过程。在图 7.7 中计算了过剩载流子随时间的衰减曲线。

$$\Delta n(t) = \Delta n(0) \exp\left(-\frac{t}{\tau_{\text{eff}}}\right) \tag{7.33}$$

根据式(7.30),得有效寿命为

$$\frac{1}{\tau_{\text{eff}}} = \frac{1}{\tau_{\text{B}}} + \frac{1}{\tau_{\text{S}}} = \frac{1}{\tau_{\text{B}}} + D\beta^2 \tag{7.34}$$

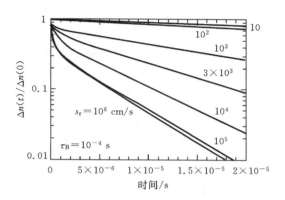

图 7.7　计算规格化过剩载流子浓度和时间作为表面复合率的函数。$d = 400~\mu\text{m}, a = 292~\text{cm}^{-1}$

此处的 β 由式(7.28)决定,对于 $\beta d/2$ 有一组解,从 0 到 $\pi/2$、π 到 $3\pi/2$、2π 到 $5\pi/2$ 等等。对于任意 s_{r}、d 和 D 的组合,给出一组 τ_{S},我们得到一组关于 β 的解,一个求解式(7.29)的方法是将之写成　　399

$$\frac{\beta_{\text{m}} d}{2} - (m-1)\pi = \arctan\left(\frac{s_{\text{r}}}{\beta_{\text{m}} D}\right) \tag{7.35}$$

此处的 $m = 1, 2, 3, \cdots$ 将 β_{m} 反复迭代。高次项比第一项衰减得快。因此,半 log 曲线在短时间内是非线性的并且在长时间后变为线性。式(7.33)测得的斜率为

$$Slope = \frac{\text{dln}(\Delta n(t))}{\text{d}t} = \frac{\ln(10)\,\text{dlog}(\Delta n(t))}{\text{d}t} = -\frac{1}{\tau_{\text{eff}}} \tag{7.36}$$

用测得斜率的线性部分得出 τ_{eff}。为了安全起见,我们测量时间常数时需要等到瞬态衰减到其最大值的一半之后。

7.4.1　光电导衰减(PCD)

1955 年提出的光电导衰减寿命技术已经成为一种最普遍的寿命测量技术。[23]顾名思义,ehp 由光照产生,其消失紧随激励的消失并受到时间控制,其他的激励指高能电子,也可以用伽马射线。样品可以与控制电流接触也可遥控检测。

在 PCD 中,导电率 σ

$$\sigma = q(\mu_{\text{n}} n + \mu_{\text{p}} p) \tag{7.37}$$

是时间的函数。$n = n_0 + \Delta n$,$p = p_0 + \Delta p$,我们假设平衡载流子和过剩载流子都具有相同的迁

移率。在低能级注入条件下,当 Δn 和 Δp 相比平衡多数载流子浓度都很小时,以上假设可行,但是在高能级光激励条件下,由于载流子与载流子的散射降低了其迁移率,以上假设则不成立。

在一些 PCD 方法中,时间相关过剩载流子浓度可直接测量;其余方法则间接测量。对于可忽略的陷阱,$\Delta n = \Delta p$ 和过剩载流子浓度与电导率的关系为

$$\Delta n = \frac{\Delta \sigma}{q(\mu_n + \mu_p)} \tag{7.38}$$

对于 $\Delta \sigma$ 的测量就是对 Δn 的测量,测量过程中提供的电导率为常数。

一个测量 PC 衰减的电路结构如图 7.8 所示。我们遵循 Ryvkin 定律为公式推导的依据。[24] 对于一个有暗电阻 r_{dk} 和稳定光电阻 r_{ph} 的样品,无光照(暗)和有光照样品间的输出电压差为

$$\Delta V = (i_{ph} - i_{dk})R \tag{7.39}$$

400

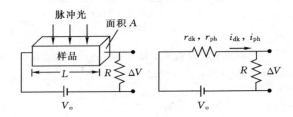

图 7.8 接触光电导衰减测量结构图

此处的 i_{ph}, i_{dk} 是光电流和暗电流。并且

$$\Delta g = g_{ph} - g_{dk} = \frac{1}{r_{ph}} - \frac{1}{r_{dk}} \tag{7.40}$$

式(7.39)变为

$$\Delta V = \frac{r_{dk}^2 R \Delta g V_o}{(R + r_{dk})(R + r_{dk} + R r_{dk} \Delta g)} \tag{7.41}$$

此处 $\Delta g = \Delta \sigma A / L$。如式(7.41)所示,时间与测量电压或时间与过剩载流子浓度之间并不是简单的函数关系。

图 7.8 所示的技术有两个主要版本:恒定电压法和恒定电流法。选择的负载电阻 R 比恒定电压法的样品电阻小,于是式(7.41)变为

$$\Delta V \approx \frac{R \Delta g V_o}{1 + R \Delta g} \approx R \Delta g V_o \left(1 - \frac{\Delta V}{V_o}\right) \tag{7.42}$$

对于低能级激励($\Delta g R \ll 1$ 或 $\Delta V \ll V_o$)$\Delta V \sim \Delta g \sim \Delta n$;电压衰减与过剩载流子密度成比例。对于恒定电流情况,R 非常大,并且

$$\Delta V \approx \frac{(r_{dk}^2 / R) \Delta g V_o}{1 + r_{dk} \Delta g} \approx r_{dk} \Delta g V_o \left(\frac{r_{dk}}{R} - \frac{\Delta V}{V_o}\right) \tag{7.43}$$

对于 $r_{dk}\Delta g \ll 1$ 或 $\Delta V/V_{\circ} \ll r_{dk/R}$，也为 $\Delta V \sim \Delta g \sim \Delta n$。

　　对于图 7.8 的测量方法，不可通过接触注入少子，光照必须控制在非接触面上以防止接触效应或少子扫出效应。样品的电场必须保持在 $\varepsilon = 0.3/(\mu \tau_r)^{1/2}$，此处的 μ 是少数载流子浓度。[20] 激励光束必须穿透样品。一束 $\lambda = 1.06~\mu m$ 的激光适合用于 Si。也可以使光线通过一个光栅，去掉被测半导体表面的高能光线。载流子衰减也可以不由接触控制，允许对 $\Delta n(t)$ 进行一种快速非结构测量，使用图 7.9(a)[25-26] 的射频桥电路或者图 7.9(b) 的微波反射或微波传输模式的微波电路。[27]

　　低表面复合速率可以通过一些方法进行表面处理得到，有报道称氧化硅表面的 $s_r \approx 20$ cm/s。[28]

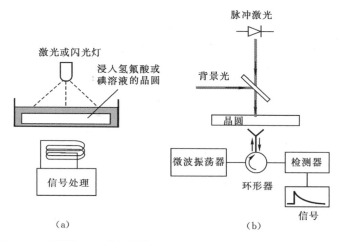

图 7.9　不接触 PCD 的测量结构(a)射频桥法和(b)微波反射测量法

　　将裸 Si 样品浸在某一种溶液中可以将 s_r 减小，甚至低于上述值。例如，将高能级注入的样品置于氢氟酸中得到 $s_r \approx 0.25$ cm/s。[29] 若将样品浸入碘的甲醇溶液中得到 $s_r \approx 4$ cm/s。[22] 在远程等离子化学气相沉积系统中制备的低温氮化硅样品 $s_r \approx 4 \sim 5$ cm/s。[30] 非接触 PCD 技术可以扩展至 GaAs 的寿命测量，通过调 QNd:YAG 激光器为光源。[31] 用无机硫化物为钝化层的 GaAs 样品的表面复合率可以降至 1000 cm/s。

　　如图 7.9(b)[32-33] 的微波反射法中，光电导率由微波反射和传输控制。频率为 ~ 10 GHz 的微波通过一个循环器加载在晶圆上以便分离入射微波信号。从晶圆上反射的微波经过检测、放大然后显示出来。在小范围扰动时，反射微波的相对变化能 $\Delta p/p$ 与晶圆的电导率 $\Delta \sigma$ 的增加成比例。[33]

$$\frac{\Delta p}{p} = C\Delta \sigma \tag{7.44}$$

式中 C 是一个常数。微波可以进入样品内一个趋肤深度的距离。一般来说，10 GHz 的微波在硅中的趋肤深度在 $\rho = 0.5~\Omega \cdot cm$ 时为 350 μm，而在 $\rho = 10~\Omega \cdot cm$ 时为 2200 μm。在 1.5.1 节中我们已经讨论过趋肤深度。因此，晶圆厚度的一大部分可以由微米来进行采样，微波的反射信号可以用来表征体内的载流子浓度。可测量的 τ_r 的下限取决于晶圆的电阻率。低至 100 ns 的寿命已经被测量出来。

如果我们使用一个共振微波腔,需要注意的是信号的衰减是由光导体而不是测试设备产生的。当腔处在偏离共振的状态时,系统的响应是非常迅速的,而当腔处在共振态时,系统的衰减时间就会大大增长。[34]

7.4.2 准稳态光电导(QSSPC)

在 QSSPC 方法中,使用闪光灯照射样品,使得时间衰减常数为几个 ms 并且照射区域为几个 cm^2。[35]由于在光照从最大值到零之间剧烈变化时衰减时间较慢,在检测时样品处在准稳态下。若闪光时间常数比有效载流子寿命长,样品就可以保持稳态。随时间变化的光电导由感应耦合来检测。过剩载流子浓度通过光电导信号计算。校准检测器可以测量光照强度,从而决定式(7.25)中需要的产生率。半导体只吸收小部分光子,取决的前后表面的反射率和晶圆的厚度。对于抛光裸露硅晶圆的光子吸收值为 $f \approx 0.6$,若晶圆有最优化的抗反射包覆,则 $f \approx 0.9$,而质地粗糙的有抗反射包覆的晶圆,可以得到 $f \approx 1$。[36]每个 G 单位的生成率可以由光子通量和晶圆厚度估算,根据

$$G = \frac{f\Phi}{d} \tag{7.45}$$

此处的 Φ 是光通量密度而 d 是样品厚度。

假设瞬时光照衰减与时间是指数关系,产生率是

$$\text{当 } t \leqslant 0 \text{ 时};\ G(t) = 0; \qquad \text{当 } t > 0 \text{ 时};\ G = G_{o}\exp(-t/\tau_{\text{flash}}) \tag{7.46}$$

式(7.25)的解[18]为

$$\Delta n(t) = \frac{\tau_{\text{eff}}}{1 - \tau_{\text{eff}}/\tau_{\text{flash}}} G_{o}\left(\exp\left(-\frac{t}{\tau_{\text{flash}}}\right) - \exp\left(-\frac{t}{\tau_{\text{eff}}}\right)\right) \tag{7.47}$$

若 $\tau_{\text{eff}} < \tau_{\text{flash}}$,测量期间样品处于准稳态。因此,在 QSSCP 的测量过程中,瞬态衰减时间必须足够长测量才能有效。QSSCP 的测量例子如图 7.10 所示,图示了有注入能级的 SRH 寿命增加随后是俄歇复合导致的寿命减少。

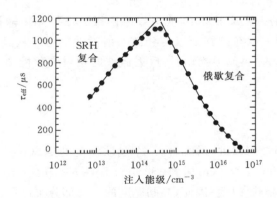

图 7.10 QSSPC 法测得有效复合寿命与注入载流子密度的关系。摘自参考文献[37]

7.4.3　短路电流/开路电压衰减(SCCD/OCVD)

复合寿命可以在光生成过剩载流子[38-40]之后,控制 pn 结电压、电流和短路电流衰减决定。复合开路电压衰减/短路电流衰减法是为了描述太阳能电池的寿命、扩散长度和表面复合率,其基区宽度等于或少于少子扩散长度,使得参量的决定比较困难。不同于大多数其他方法只需要测量一个参量,这种方法需要短路电流和开路电压 τ_r 和 s_r 两个参量。

这个理论是基于少子差分等式[式(A7.13)]服从边界条件[40],对于短路电流,

$$当\ x = d\ 时,\qquad \frac{1}{\Delta n(x,t)}\frac{\partial \Delta n(x,t)}{\partial x} = -\frac{s_r}{D_n} \qquad (7.48a)$$

$$\Delta n(0,t) = 0 \qquad (7.48b)$$

和开路电压法

$$当\ x = 0\ 时,\qquad \frac{\partial \Delta n(x,t)}{\partial x} = 0 \qquad (7.49)$$

目前我们只考虑 n^+p 结感应层少子复合,当然还有重掺杂 n^+ 发射区 scr 少子复合。在短路电流情况下,少子被时间为 10^{-11} 秒的电场扫出 scr。发射区寿命远小于基区的寿命,发射区只在电流衰减[41]的早期有贡献。发射区复合导致基区的载流子被注入到复合较快的发射区。但是,电压衰减是由基区长时间参量[42]下复合决定的。若衰减率的渐进线在最初的瞬态后测量,之后测量代表基区复合的一个衰减时间。[41]

电流衰减被发现是时间的指数关系,时间常数由过剩载流子浓度决定。结 RC 时间常数会明显影响电压衰减,该常数在结面积比较大的器件中会非常大。该效应在使用稳态偏光减小 R[43]测量小信号电压衰减情况下减小。在基区宽度远大于少子扩散长度的器件中,有人认为电流和电压衰减一样,因为 s_r 已经不再重要了。事实的确如此,这两者都取决于时间的渐近线

$$I_{sc},V_{oc} \sim \frac{\exp(-t/\tau_B)}{\sqrt{t}} \qquad (7.50)$$

这种方法是极少数的方法中的一种,该方法通过在同一器件中测量电流和电压衰减,可以在后表面决定寿命和表面复合速率二者。作为一种瞬态方法,它属于高阶衰减时间常数和可能的陷阱。这些误差的潜在途径可以通过测量时间常数渐近线趋于衰减结束和使用偏执光线的方法有效减小。

7.4.4　光致发光衰减(PLD)

光致发光衰减是检测时间依赖于过剩载流子的另一种方法。过剩载流子是由于一个短脉冲能量为 $h\nu > E_G$ 的光子生成的。过剩载流子浓度是由探测时间对电子空穴对复合时发射的光的依赖决定的。PL 信号对于直接带隙半导体,例如 GaAs 或 InP,相比间接带隙半导体,例如 Si 或 Ge 比较高,对于间接带隙半导体光致发光的效率是非常低的。除了光学激励,电子束激励也可以用于瞬态阴极发光。

过剩载流子浓度和寿命描述在 7.4.1 节中讨论过。我们期望 PL 衰减遵循上述考虑,此外 PL 强度给出如下:

$$\Phi_{PL}(t) = K \int_0^d \Delta n(x,t)\mathrm{d}x \tag{7.51}$$

此处的 K 是一个常数,它代表光发射的立体角和从样品所发出的辐射,d 为样品厚度。

若发生自吸收就会产生附加效应,即,复合辐射产生的一些光子被半导体吸收。光子一旦被吸收就可以产生电子空穴对。其寿命的描述为[44]

$$\frac{1}{\tau_{PL}} = \frac{1}{\tau_{\text{non-rad}}} + \frac{1}{\tau_s} + \frac{1}{\gamma \tau_{\text{rad}}} \tag{7.52}$$

此处的 $\tau_{\text{non-rad}}$、τ_{rad} 和 τ_s 是非辐射、辐射和表面寿命;γ 是光子循环因子。自吸收对于间接带隙半导体而言不是很重要,因为对于接近带隙的光子而言光吸收系数非常小,但是对于直接带隙半导体很重要。一个决定 PL 寿命的讨论见参考文献[45]。通过扫描器件中的激励波束得到的 PL 衰减已经被用于绘制 Si 功率器件的寿命图。[46]

7.4.5 表面光电压(SPV)

稳态表面光电压法通过光激励决定少子扩散长度。扩散长度与复合寿命相关,关系式 $L_n = (D\tau_r)^{1/2}$。SPV 是一个有吸引力的方法,由于(1)它是非破坏性而且不接触的;(2)样品制备简单(不需要接触、连接或高温处理);(3)它是一个稳态方法,对于慢陷阱和退陷阱这些可以影响到瞬态测量的效应有一定免疫作用;(4)设备可以购买到。

SPV 技术在 1957 年首次提出[47],用于测定 Si[48-49] 和 GaAs[49] 中的扩散长度。假定样品是一样的且厚度为 d 如图 7.11 所示。一个表面经过化学处理,从而引入一个宽度为 W 的表面空间电荷区(scr)。这个 scr 是由表面电荷产生的而不是由偏压产生的。引入 scr 的表面一律由能量高于带隙的斩波单色光照射,另一面保持黑暗。使用锁定技术的斩波光线是为了提高信噪比。在测量过程中波长不断变化。一些光生成的少子扩散到有光照的表面,被 scr 收集,从而生成一个表面电势或相对于接地面的光电压 V_{SPV}。V_{SPV} 与 scr 边界处的过剩载流子浓度 $\Delta n(W)$ 成比例。$\Delta n(W)$ 和 V_{SPV} 的准确关系不需要知道,但是它必须是一个单调函数。光照到背面产生不需要的 SPV 信号,可以通过其较大的振幅,在 SPV 波长范围内信号极性的逆

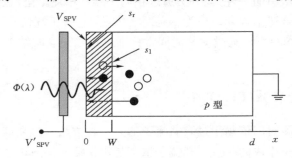

图 7.11　SPV 测量的样品横截面。其光学透明可电学传导与样品左侧接触,从而允许光照样品并可测量电压

转,或者通过增加长波长光照使信号减小而将其检测到。

式(A7.4)给出晶圆中低能级注入的过剩载流子浓度。原则上,可以通过表达式提取任意的 W、d 和 α 条件下的扩散长度 L_n。在实践中,利用一些系统中约束条件来简化数据提取。未耗尽的晶圆厚度必须远大于扩散长度并且 scr 宽度必须比 L_n 小。对于 $W \ll 1$,吸收系数必须足够低;但是对于 $\alpha(d-W) \gg 1$,必须足够高。光照直径必须比样品厚度大,从而使一维分析和低能级注入能够成功。假设

$$d - W \geqslant 4L_n;\ W \ll L_n;\ \alpha W \ll 1;\ \alpha(d-W) \gg 1;\ \Delta n \ll p_\circ \tag{7.53}$$

允许式(A7.4)化简为

$$\Delta n(W) \approx \frac{(1-R)\Phi}{(s_1 + D_n/L_n)} \frac{\alpha L_n}{(1+\alpha L_n)} \tag{7.54}$$

在 $x=W$ 时的过剩载流子密度与表面光电压的关系为

$$\text{在 } V_{SPV} \ll \frac{kT}{q} \text{ 时},\ \Delta n(W) = n_{po}\left(\exp\left(\frac{qV_{SPV}}{kT}\right) - 1\right) \approx n_{po}\frac{qV_{SPV}}{kT} \tag{7.55}$$

给出

$$V_{SPV} = \frac{(kT/q)(1-R)\Phi L_n}{n_{po}(s_1 + D_n/L_n)(L_n + 1/\alpha)} \tag{7.56}$$

在 $V_{SPV} < 0.5kT/q$ 时,V_{SPV} 与 Δn 成比例。典型表面光电压在低毫伏范围内,保证了其线性关系。s_1 是 $x=W$ 处而不在表面处的表面复合速率,s_r 是表面复合速率,如图 7.11 所示。

在 SPV 测量中,假设 D_n 和 L_n 为常数。此外,一个有限波长范围的反射率 R 也可以是常数。通常不知道表面复合速率 s_1。但是,若 $\Delta n(W)$ 在测量中保持为常数,则表面电势也为常数,s_1 可以被认为是常数。只剩下 α 和 Φ 为变量。有两种 SPV 操作:(1)恒定表面光电压和(2)恒定光子流密度。在方法(1)中,$V_{SPV} = $ 常数,意味着 $\Delta n(W)$ 为常数。在测量中,选择了一系列不同波长,每种波长提供了一个不同的 α。在每种波长下调节光子流密度 Φ 以保证 V_{SPV} 是常数,则式子(7.56)被写成

$$\Phi = \frac{n_{po}(s_1 + D_n/L_n)(L_n + 1/\alpha)}{(kT/q)(1-R)L_n}V_{SPV} = C_1\left(L_n + \frac{1}{\alpha}\right) \tag{7.57}$$

此处 C_1 为常数。

其次,对于恒定 V_{SPV},Φ 对 $1/\alpha$ 作图,其结果为一条直线,其外推截距在负 $1/\alpha$ 轴上($\Phi = 0$)是少数载流子扩散长度 L_n,如图 7.12(a)所示。图中的斜率为 C_1 其中包含表面复合速率 s_1。虽然从其它包含 C_1 的参数中很难提取 s_1,但是可以通过比较改变表面复合率过程的前后 SPV 图观察到 s_1 的变化。

对于恒定光子流密度法,式(7.56)写成

$$\frac{1}{V_{SPV}} = \frac{n_{po}(s_1 + D_n/L_n)(L_n + 1/\alpha)}{(kT/q)(1-R)\Phi L_n} = C_2\left(L_n + \frac{1}{\alpha}\right) \tag{7.58}$$

此处 C_2 是一个常数。$1/V_{SPV}$ 与 $1/\alpha$ 的图给出 L_n 如图 7.12(b)所示。在测量中 V_{SPV} 是变化的,

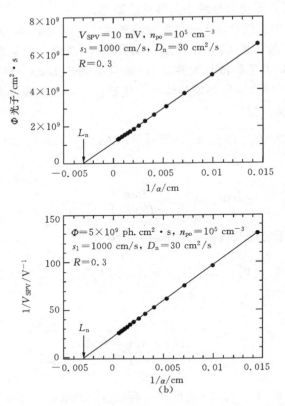

图 7.12 对于 Si 样品的 SPV 曲线(a)恒定电压;(b)恒定光子流密度

因此表明复合可能在测量中有变化。

对于表现好的样品,Φ 与 $1/\alpha$ 的图是一条直线。详细的理论分析已表明,即使在空间电荷区考虑复合,[50]恒定表面光电压法仍然可以给出正确的结果。PCD 和 SPV 法详细的理论与实际比较显示,由这些方法测得的寿命是一样的,提供一种可观的效应例如表面复合、样品厚度等等。[51]

练习 7.1

问题:怎样通过寿命/扩散长度方法测量 Si 中的铁离子?

解答:由于 $L_{SRH} \sim 1/N_T$,可以通过测量 τ_{SRH} 的办法测得 N_T。此外,由于 $L_n \sim \tau_{SRH}^{1/2}$,也可以通过少子扩散长度决定 N_T。一些 Si 中的杂质有唯一的特征,例如,在 p 型 Si 中铁与硼组成 Fe-B 对。在室温下 Fe 污染的 B 掺杂的 Si 晶圆中,这些铁组成 Fe-B 对。到 200℃加热几分钟或对器件光照(>0.1 W/cm² 光强),Fe-B 对分裂成填隙铁(Fe_i)和替位 B。Fe_i 的复合性能与 Fe-B 不同,如图 E7.1(a)中所示的有效扩散长度。通过测量 Fe-B 对分裂之前($L_{n,i}$,$\tau_{eff,i}$)和之后($L_{n,f}$,$\tau_{eff,f}$)的扩散长度或寿命,N_{Fe} 为

$$N_{Fe} = 1.06 \times 10^{16} \left(\frac{1}{L_{n,f}^2} - \frac{1}{L_{n,i}^2} \right) = C \left(\frac{1}{\tau_{eff,f}} - \frac{1}{\tau_{eff,i}} \right) [cm^{-3}]$$

其中扩散长度单位为 μm 和寿命单位为 μs。在 N_{Fe} 范围内扩散长度为 Fe 浓度的函数,如图

E7.1(b)所示。通常假设前因子为 1.06×10^{16} $\mu m^2/cm^3$，变化范围从 $N_B = 10^{13}$ cm^{-3} 时的 2.5×10^{16} $\mu m^2/cm^3$ 到 $N_B = 10^{17}$ cm^{-3} 时的 7.5×10^{15} $\mu m^2/cm^3$（D. H. Macdonald, L. J. Geerligs, and A. Azzizi, "Iron Detection in Crystalline Silicon by Carrier Lifetime Measurements for Arbitrary Injection and Doping," J. Appl. Phys. 95, 1021-1028, Feb. 2004）。

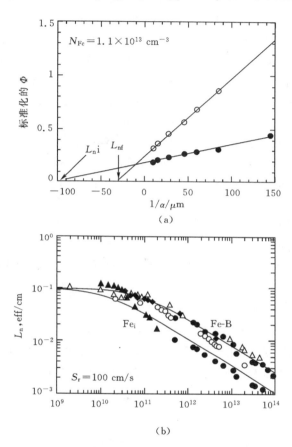

图 E7.1　(a)含铁 Si 样品的表面光电压图；(b)Fe-B 对分裂"之前"和"之后"的有效少子扩散长度与铁浓度数据

　　测量有一些限制，即扩散长度必须在低注入情况下测量。最可靠的测量技术为 SPV 法，因为它是在低注入条件下操作的。PCD 和 QSSPC 法在低注入时灵敏度会下降，它也受低注入时的少子陷阱影响，引起多子过剩，由于少子和多子扭曲了光电导。基于电压的技术如 SPV 不会受陷阱的影响，因为他们只检测少子数量。这些考虑的结果，广泛使用的基于光电导的寿命技术一般应用于中至高的入射级。然而，如果掺杂的浓度大于 $1\sim3\times10^{15}$，前因子不是常数，由于 Fe_i 和 Fe-B 的性质：Fe-B 中心的能级相对较浅，并且它的对低能级注入寿命的影响取决于掺杂的浓度。另一方面，Fe_i 作为深能级，具有一种与掺杂浓度无关，低能级注入寿命。因为前因子 C 取决于寿命倒数的差分，因此它也随掺杂浓度变化。因子 C 随注入水平敏感地变化从 $C = 3\times10^{13}$ $\mu s/cm^3$ 到 $C = -3 \times 10^{13}$ $\mu s/cm^3$。当 $n > 2\times10^{14}$ cm^{-3} 时为负值。(参见上述 McDonald 等)分裂之后，寿命在低能级注入后减少，在高能级注入后增加。Fe-B

对的时间常数在分裂之后给出：

$$\tau_{\text{pairing}} = \frac{4.3 \times 10^5 T}{N_A} \exp\left(\frac{0.68}{kT}\right)$$

409

在 G. Zoth 和 W. Bergholz 的《A Fast, Preparation-Free Method to Detect Iron in Silicon》J. Appl. Phys. 67, 6764 - 6771, June 1990 和 Macdonald et al. 中可以找到详细的讨论。实验数据的参考文献是：O. J. Antilla and M. V. Tilli《Metal Contamination Removal on Silicon Wafers Using Dilute Acidic Solutions》, J. Electrochem. Soc. 139, 1751 - 1756, June 1992; Y. Kitagawara, T. Yoshida, T. Hamaguchi, and T. Takenaka《Evaluation of Oxygen-Related Carrier Recombination Centers in High-Purity Czochralski-Grown Si Crystals by the Bulk Lifetime Measurements》, J. Electrochem. Soc. 142, 3505 - 3509, Oct. 1995; M. Miyazaki, S. Miyazaki, T. Kitamura, T. Aoki, Y. Nakashima, M. Hourai, and T. Shigematsu《Influence of Fe Contamination in Czochralski-Grown Silicon Single Crystals on LSI-Yield Related Crystal Quality Characteristics》, Japan. J. Appl. Phys. 34, 409 - 413, Feb. 1995; A. L. P. Rotondaro, T. Q. Hurd, A. Kaniava, J. Vanhellemont, E. Simoen, M. M. Heyns, and C. Claeys《Impact of Cu and Fe Contamination on the Minority Carrier Lifetime of Silicon Substrates》J. Electrochem. Soc. 143, 3014 - 3019, Sept. 1996.

硅中的铬形成 Cr-B 对。当这些 Cr-B 对分裂时, 寿命增加(K. Mishra, "Identification of Cr in p-type Silicon Using the Minority Carrier Lifetime Measurement by the Surface Photovoltage Method," Appl. Phys. Lett. 68, 3281 - 3283, June 1996)。

在单晶 Si 样品中, $W \ll L_n$ 条件通常可以满足, 但对于其他半导体则不然。例如, GaAs 的扩散长度约为几个微米, 非晶硅中则更短。在此情况下, 截距给出如下：[52]

$$\frac{1}{\alpha} = -L_n\left(1 + \frac{(W/L_n)^2}{2(1 + W/L_n)}\right) \tag{7.59}$$

在 $W \ll L_n$ 条件下, 式(7.59)可以化简为(7.57)。对于 $W \gg L_n$, $1/\alpha$ 截距为 $-W/2$, 与扩散长度无关。当 $W \gg L_n$, 空间电荷区 scr 宽度可以随着稳态光照而减小。

根据式(7.57)和(7.58)可以画出, 光子通量密度与反吸收系数的曲线。然而它并不是吸收系数, 而是测量过程中变化的波长。一个准确的波长-吸收系数关系对于 SPV 测量而言非常重要。该关系中的任何一个错误都会导致扩散长度的错误, 为此提出了很多不同的关系式。针对硅目前的 $\alpha - \lambda$ 数据由下式给出[53]

$$\alpha = \left(\frac{83.15}{\lambda} - 74.87\right)^2 [\text{cm}^{-1}] \tag{7.60}$$

波长单位为 μm, 对于 0.7 到 1.1 μm 波长范围的硅材料有效。

下式描述了公认有效的 GaAs 实验吸收数据[54]

$$\alpha = \left(\frac{286.5}{\lambda} - 237.13\right)^2 [\text{cm}^{-1}] \tag{7.61}$$

针对 0.75 到 0.87 μm 波长范围。对于 InP,[55]

$$\alpha = \left(\frac{252.1}{\lambda} - 163.2\right)^2 \left[\text{cm}^{-1}\right] \tag{7.62}$$

是一个对 0.8 到 0.9 μm 波长范围的有效近似。

反射系数 R 在式（7.54）中经常被用作常数。事实上，它与 Si 有一个弱相关，由下式给出：[56]

$$R = 0.3214 + \frac{0.03565}{\lambda} - \frac{0.03149}{\lambda^2} \tag{7.63}$$

对于 $0.7 < \lambda < 1.05$ μm，λ 单位为 μm。

由于商用仪器的普及，SPV 测量在半导体工业中变得非常普遍了。扩散长度常被测量是由于他可以作为衡量工艺洁净程度的标准。举几个 SPV 实际应用的例子，[57] 它可以用来控制炉管的清洁程度，测量外来化学物质造成的金属污染，控制光刻胶灰化。

一个 SPV 的关键组成部分就是表面处理，从而创造表面 scr。美国材料测试协会的方法建议，将 n-Si 放入沸水中一个小时。[56] 对于 p-Si，则建议在 20 ml 氢氟酸（HF）和 80 ml 水的溶液中进行一次一分钟的刻蚀。这个方法在前期制备过程中需要小心，防止将样品从含 HF 的刻蚀液中直接取出置于空气中，在不生成污染薄膜的情况下效果最好。否则，SPV 值会变小或不稳定。为了避免污染，可以将含 HF 的刻蚀液用去离子水冲洗，然后再取出置于空气中。另一个 Si 的表面处理方法为标准 Si 清洁/刻蚀方法，[58] 将残余的 SiO_2 在 HF 的缓冲溶液中除去，对于 n-Si 在 $KMnO_4$ 的水溶液中清洗，对于 p-Si 则这个步骤省略。

肖特基结和 pn 结二极管都可以采用 SPV 测量方法。在两种情况中，可以直接与器件接触不需要电容式接触，产生更高的表面光电压。对肖特基二极管而言接触金属必须是半透的。[59] 注意某些预防措施是必须的。[60] 对于厚度 10~20 nm 的铝就透明度而言足够薄。也可以采用液体接触方式。[61]

测量光束的尺寸对实际测得的扩散长度有影响。若光束直径小于 $30L_n$，测得的扩散长度将比实际的长度大。[62] 对于所有的扩散长度测量方法，要测出实际扩散长度必须样品的厚度超过 $4L_n$。有效扩散长度是对较薄样品而言的，[63] 但是若样品厚度小于 L_n，准确地测出扩散长度将非常困难。[64] 若样品是由不同扩散长度的区域组合而成，将会进一步导致副效应生成；如在硅片中就发现硅单质和氧化物的交替区域。此时提取扩散长度变得极复杂。[65] SPV 技术也通过光信号来实现。[66] 一个光束扫描过样品，由此产生的交流光伏响应通过电容式探头检测并显示在 TV 监视器上。

练习 7.2

问题： 当 $d < L_n$ 时，有没有可能测量出 L_n？

解答： 计算条件 Φ 与 $1/\alpha$ 分列等式两边，是 L_n 的函数，对于 Si 可以通过式（A7.4）来得到。图 E7.2(a) 显示良好的线性，符合 $d \approx 4L_n$ 中对于它的预期，但是除此之外还有非线性的情况，与简单分析式（7.57）并不符合。对于 $x = 0$，$d \ll L_n$，和 $\alpha d \gg 1$ 式（A7.4）变为

$$\Delta n(0) = \frac{(1-R)\Phi\alpha\tau}{(\alpha^2 L_n^2 - 1)} \frac{s_{r2}\alpha d + \alpha D - Dd/L_n^2 - s_{r2}}{s_{r1}s_{r2}d/D + Dd/L_n^2 + s_{r1} + s_{r2}} \approx \frac{(1-R)\Phi}{(1 - \alpha^{-2}L_n^{-2})} \frac{d - 1/\alpha}{s_{r1}d + D}$$

411

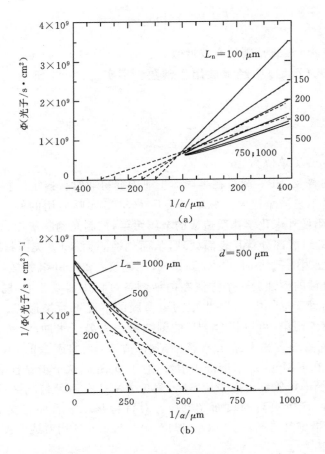

图 E7.2 常数电压 SPV 测试(a)准确等式;(b)估算等式。$s_{r1} = 10^4$ cm/s,$s_{r2} = 10^4$ cm/s,
$D_n = 30$ cm^2/s,$V_{SPV} = 10$ mV,$R = 0.3$,$n_{po} = 10^5$ cm^{-3},$d = 500$ μm

此处的近似针对高 s_{r2}。$1/\Phi$ 和 $1/\alpha$ 关系式如下:

$$\frac{1}{\Phi} \approx \frac{(1-R)}{\Delta n(0)(1-\alpha^{-2}L_n^{-2})} \frac{d-1/\alpha}{s_{r1}d+D}$$

具有 $1/\alpha$ 截距并不是同样厚度 d 或者 L_n。很明显,从这些数据中看出,当超出样品厚度 L_n,扩散长度将不能确定。

7.4.6 稳态短路电流(SSSCC)

稳态短路电流法与 SPV 法相关。样品必须包含一个集电结例如 pn 结或者肖特基结,短路电流作为波长的函数来测量。

412　　用同一个假设的 SPV 法[式(7.53)],图 7.13(a)中,n^+p 结短路电流密度,根据式(A7.9)给出

$$J_{sc} \approx q(1-R)\Phi\left(\frac{L_n}{L_n + 1/\alpha} + \frac{L_p}{L_p + 1/\alpha}\right) \tag{7.64}$$

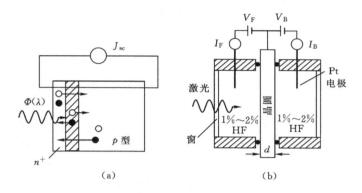

（a）　　　　　　　　　　　　　（b）

图 7.13　测量机制

(a)短路电流扩散长度测量法；(b)电解金属示踪(ELYMAT)双表面法

重掺杂层的扩散长度通常很小，使得 n^+p 结的二次项可以忽略，并且短路电流密度可以变成

$$J_{sc} \approx q(1-R)\Phi\left(\frac{L_n}{L_n + 1/\alpha}\right) \tag{7.65}$$

若 n^+ 层和空间电荷区的足够窄并且 α 不很大，就可以忽略在此区域内的 ehp 产生。

式(7.65)通过两种方法来提取扩散长度。第一种方法中，随着波长变化，通过控制光通量密度的方法保持电流为常数。[67] 于是式(7.65)变为

$$\Phi = C_1(L_n + 1/\alpha) \tag{7.66}$$

此处 $C_1 = J_{sc}/q(1-R)L_n$。当 Φ 与 $1/\alpha$ 分列等式的两侧时，L_n 是在 $1/\alpha$ 负轴上的截距。第二种方法中，式(7.65)写成如下：[68]

$$\frac{1}{\alpha} = (X-1)L_n \tag{7.67}$$

式中 $X = q(1-R)\Phi/J_{sc}$。此处的 $1/\alpha$ 与 $(X-1)$ 分列等式两侧并且扩散长度由该式的斜率给出。对数据的检验由通过原点的外推提供。这两种方法忽略了从 n^+ 区和 scr 的载流子的收集和空间电荷区。

短路电流法原理上与 SPV 法相同，但是他们需要一个结来收集少数载流子。在实际应用中，测量电流比开路电压容易。但是，形成结的过程可能改变扩散长度。两种不需要永久结的实施方法可以采用水银接触或者液体半导体接触。在汞接触法中，两个 Hg 探针压在样品的一侧，可调光源置于样品的另一侧。根据光电流与频率相关性分析，可以一次性测出寿命和扩散长度。[69] 另一个不同的方法为电解金属示踪法(ELYMAT)，其机制如图 7.13(b)所示，通过用半导体正面和背面的电解液-半导体结来显示与扩散长度相关的光响应。[70] 晶圆浸入电解液(通常，但并不是必须，在 1%～2% 的 HF 水溶液中)。电解液起到收集光电流和钝化的双重作用。

正面和反面产生的光电流 I_F 和 I_B 通过对样品激光刺激测量。对于中等晶圆扩散长度和

413

可忽略的背面复合的样品,用较短有效肤深的光测量正面产生光电流 I_F。对于低正面复合的样品,用较深穿透力的光测量背面产生电流 I_B。这些电流的表达式为[70]

$$I_B \approx \frac{I_{max}(1 + s_{rf}/D_n\alpha)}{\cosh(d/L_n) + (s_{rf}L_n/D_n)\sinh(d/L_n)} \approx \frac{I_{max}}{\cosh(d/L_n)} \tag{7.68a}$$

$$I_F \approx I_{max}; \quad I_{max} \approx qA\Phi(1-R)(1-\exp(-\alpha d)) \tag{7.68b}$$

此处的 A 为面积,s_{rf} 为正面的表面复合速率,Φ 为光通量密度。第一个等式是在 HF 溶液中检测的对于低 s_{rf} 的近似。测量 I_F 和 I_B 从而可以测得 L_n。通过两个不同波长的激光激励和偏压,可以测出表面复合速率、少子扩散长度以及与深度有关的扩散长度。激光扫描由于没有机械运动可以快速得到扩散长度的图形。虽然将样品浸泡于稀释的 HF 溶液中可以保证低的表面复合,同时这种方法对于进一步控制表面效应也很有效。例如:对氧化过的硅晶圆使用不会刻蚀 SiO_2 的溶液,如 CH_3COOH。然后通过溶液给样品施加偏压,硅表面会发生载流子累积、耗尽和反型。这种"静电钝化"方法可以进一步减小表面复合。[71]

7.4.7 自由载流子吸收

自由载流子吸收寿命法是一种非接触技术,依赖于光 ehp 生成和两种不同波长的光检测。如图 7.14 定义的那样,使用能量 $h\nu > E_G$ 光子的激光泵可以生成 ehp。读取器是基于自由载流子吸收 $h\nu < E_G$ 的光子与其密度有关的原理。检测光束发射的光通量密度 Φ_t 由下式给出:

$$\Phi_t = \frac{(1-R)^2\Phi_i\exp(-\alpha_{fc}d)}{1 - R^2\exp(-2\alpha_{fc}d)} \tag{7.69}$$

此处的 α_{fc} 为自由载流子吸收系数,d 为样品厚度,R 为反射系数。对于 n 型半导体,吸收系数为[72]

$$\alpha_{fc} = K_n\lambda^2 n \tag{7.70}$$

此处的 K_n 为材料常数,λ 为检测光束的波长。对于 n 型 Si,$K_n \approx 10^{-18}$ cm^2/μm^2,对于 p 型 Si,$K_p \approx (2-2.7) \times 10^{-18}$ cm^2/μm^2。[72-73] 式(7.70)给出了 K_n 的一个小修正。[74]

这种方法可用于稳态和瞬态两种情况。一束检测光束,例如:CO_2 激光器($\lambda = 10.6$ μm)、HeNe($\lambda = 3.39$ μm)或者黑体辐射,在稳态样品中易于使用。瞬态光束由红外探测器接收。光束每几百 Hz 划分为一组,通过一个密闭的放大器用来同步检测。在瞬态法中,激光泵受脉冲调制,与时间有关的载流子浓度就通过这种瞬态检测光束检测。更进一步的检测方法叫做相移法。[75]通过正弦波生成过剩载流子。在生成和红外传输的过程就就会产生相移。这种相移决定了寿命。

发射检测光束的变化与划分和调制光束有关:

$$\Delta\Phi_t \approx -\frac{(1-R)\Phi_i\Delta\alpha_{fc}d}{1+R} \tag{7.71}$$

在式(7.71)中 $\exp(-2\alpha_{fc}d) \approx \exp(-\alpha_{fc}d) \approx 1$,并且 $\alpha_{fc}d \ll 1$。吸收系数的变化为

$$\Delta\alpha_{fc} = K_n\lambda^2\Delta n = \frac{K_n\lambda^2}{d}\int_0^d \Delta n(x)\mathrm{d}x \tag{7.72}$$

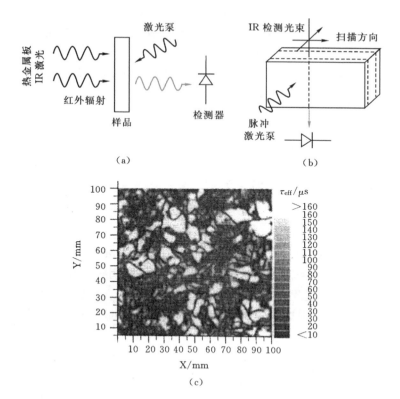

图 7.14 (a)自由载流子吸收示排列意图；(b)寿命检测示意图；(c)自由载流子
吸收寿命检测图源自 Isenberg 等人文章。[79]

根据式(A7.4)Δn 与少数载流子寿命和表面复合速率有关。并且 Δn 包含样品反射率、光束泵   415
吸收系数和光通量密度。在特定假设条件下,该分式的瞬态光通量密度会改变[76]

$$\frac{\Delta \Phi_t}{\Phi_t} \approx \frac{(1-R)K_n \lambda^2 \Phi_i \tau_n (1 + s_{r1}/\alpha_{fc} D_n)}{1 + s_{r1} L_n / D_n} \tag{7.73}$$

很明显寿命测量并不简单,即使假设的式(7.73)满足要求,一定数量的样品参数必须知道。但是这种测量方法不需要高速光源或探测器,由于是一种稳态测量方法因此适合做短寿命测量。

瞬态数据描述比瞬态载流子衰减简单,包含复合信息。测量采用一个 3.39 μm HeNe 探测激光器和一个脉冲 1.06 μm Nd:YAG 光束泵(脉冲宽 150 ns)。[77]这种方法检测出的寿命与开路电压衰减法和光导衰减法检测出的寿命能够良好吻合。如图 7.14(b)所示,探测光和光束泵相互垂直,并且通过扫描探测光,就可以通过晶圆厚度检测出寿命来。[78]

自由载流子一个有趣的特征需要红外光谱,黑体辐射穿透样品并且用红外辐射检测电荷耦合器件为探测器。(汞-镉-碲化物或者 AlGaAs/GaAs)。[79]黑体源可以简化为一个热板。

能量为 $h\nu > E_G$ 的激光可以在样品中生成 ehps。研究在样品上加载激光和不加激光导致的 IR 辐射的差别,可以测出自由载流子吸收与过剩载流子的关系。通过给整个晶圆摄二维红外影像就可以进行快速测量。该系统通过一系列不同掺杂浓度的 Si 晶圆进行校准。这些晶圆的投射系数成功的位于摄像机和黑体辐射源之间。信号的差异是由于样品中自由载流子吸收的不同。由于在校准过程中 IR 吸收只对 p 型晶圆的空穴进行测量,因此在实际测量中作为修正,激光产生的电子空穴对必须考虑。

已知激光产生率 $G' = (1-R)\Phi(\mathrm{cm}^{-2}\,\mathrm{s}^{-1})$ 和样品厚度 d,有效寿命为

$$\tau_{\mathrm{eff}} = \frac{d\Delta n}{G'} \tag{7.74}$$

用这种技术进行二维寿命测量在 50 s 内就可以得出结果,如图 7.14(c)所示。由于黑体辐射源和激励光源都属于大表面积源,可以覆盖整个样品,因此不需要扫描。黑体辐射源发射出带有峰值且波长范围非常宽的光波,其峰值为

$$\lambda_{\mathrm{peak}} = \frac{3000}{T}\ \mu\mathrm{m} \tag{7.75}$$

热板法采用的温度为 $T = 350$ K,它的波长峰值为 $\lambda_{\mathrm{peak}} \approx 8.6\ \mu\mathrm{m}$——一个自由载流子吸收测量出的合适波长。正如载流子吸收红外辐射,他们也释放红外辐射。根据基尔霍夫定律,在给定温度下,它们释放的能量与吸收的能量相同。因此,样品自身会释放红外辐射并且可以被用来检测载流子寿命。该样品仍用激光激发且差值信号在传输系统中被捕获。发射和吸收都可以被用作检测寿命的手段。[80]

7.4.8 电子束感应电流(EBIC)

电子束感应电流被用于测量少子扩散长度、少子寿命和缺陷分布。光子通常吸收时产生一个 ehp,不同于光子,一个能量为 E 的被吸收电子产生许多对 ehp。[81]

$$N_{\mathrm{ehp}} = \frac{E}{E_{\mathrm{ehp}}}\left(1 - \frac{\gamma E_{\mathrm{bs}}}{E}\right) \tag{7.76}$$

E_{bs} 为背散射电子的平均能量,γ 为背散射系数,E_{ehp} 为产生一个 ehp 的平均能量。($E_{\mathrm{bs}} \approx 3.2$ E_{G} 对于 Si $E_{\mathrm{ehp}} \approx 3.64 \pm 0.03$ eV)。[82] 在 2 到 60 eV 电子能量范围内,背散射项 $\gamma E_{\mathrm{bs}}/E$ 对于 Si 约等于 0.1,对于 GaAs 约等于 0.2~0.25。电子透入深度或者范围 R_{e} 由下式给出:[83]

$$R_{\mathrm{e}} = \frac{2.41 \times 10^{-11}}{\rho} E^{1.75}\ [\mathrm{cm}] \tag{7.77}$$

此处的 ρ 为半导体密度($\mathrm{g/cm^3}$),E 为能量(eV)。对于 Si 和 GaAs,$R_{\mathrm{e}}(\mathrm{Si}) = 1.04 \times 10^{-11} E^{1.75}$ cm 和 $R_{\mathrm{e}}(\mathrm{GaAs}) = 4.53 \times 10^{-12} E^{1.75}$ cm。

通过能量为 E 的电子束和电子束电流 I_{b} 测量 ehp 的生成密度是有益的。如第 11 章所述,对于原子数 $Z < 15$ 生成量趋近于梨形;若 $15 < Z < 40$,接近于球形;对于 $Z > 40$,则变为半球形。作为简化,我们将它近似为球体,体积为 $(4/3)\pi(R_{\mathrm{e}}/2)^3$。结合式(7.76)和式(7.77)得出产生率为

$$G = \frac{N_{\mathrm{ehp}}I_{\mathrm{b}}}{(4/3)\pi q(R_{\mathrm{e}}/2)^3} = \frac{8.5 \times 10^{50}\rho^3 I_{\mathrm{b}}}{E_{\mathrm{ehp}}E^{4.25}}\ [\mathrm{cm}^{-3}\mathrm{s}^{-1}] \tag{7.78}$$

忽略式(7.76)中的背散射项。对于电子束电流 10^{-10} A 的 Si,$E_{ehp}=3.64$ eV 和 $E=10^4$ eV,生成率 $G=3 \times 10^{24}$ ehp/cm³ · s。

　　电子光束与半导体样品的相互影响可以发生在不同坐标方向上。其中的一种情况如图 7.15(a)所示。电子光束引入的 I_{EBIC} 是由结收集的,并且可以通过移动电子光束在 X 轴的位置而改变。改变光束的能量会导致 Z 坐标的改变。电子光束会在距离 scr 边缘 d 长度上产生 ehps。一些向结方向扩散的少数载流子被收集,并且由于体和表面复合,I_{EBIC} 会随着 d 的增加而减小,I_{EBIC} 可以被表述为[84]

$$I_{EBIC} = \frac{qG'R_eL_n^n}{(2\pi)^{1/2}d^n} = Cd^{-n}\exp\left(\frac{d}{L_n}\right) \tag{7.79}$$

此处的 $G'=I_bN_{ehp}/q$,给定 $S_r \gg D_n/L_n$,$L_n \ll d$,$R_e \ll d$,$R_eL_n \ll d^2$ 和低能级注入。指数由表面复合决定,对于 $s_r \to 0$,$n=1/2$;当 $s_r \to \infty$,$n=3/2$。关于 $\ln(I_{EBIC}d^n)$ 与 d 的检测需要一个固定斜率 $-1/L_n$。由于 s_r 通常未知,n 也是未知。一种确定 n 的方法为检测几组不同的 $\ln(I_{EBIC}d^n)$ 与 d 值,通过直线法得到 n。[85]

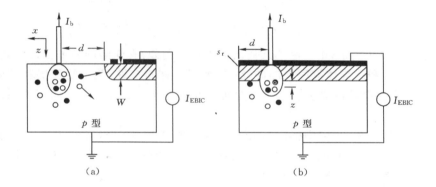

图 7.15　(a)传统 EBIC 方法;(b)电子束能量深度模型法

　　对于图 7.15(b)I_{EBIC} 为[86]

$$I_{EBIC} = I_1\left(\exp\left(-\frac{z}{L_n}\right) - \frac{2s_rF}{\pi}\right) \tag{7.80}$$

此处的 I_1 为常数,F 由 s_r 和 ehp 生成数决定。当 $d=L_n$ 时,式(7.80)中的第二项消失。并且 L_n 的值由 I_{ph} 和 z 的比值而定。[87]表面复合在 EBIC 测量法中占有重要地位。[88]

　　不同于扩散长度的测量需要稳态下的光电流,作为光源移动或者光束深度的函数;而 EBIC 法可以通过固定脉冲光瞬态分析提取少数载流子的寿命。在高 s_r 条件下关于 I_{EBIC} 的近似描述为[88]

$$I_{EBIC} = K_1\left(\frac{\tau_n}{t}\right)^2\exp\left(\frac{d}{L_n}\left(1-\frac{\tau_n}{4t}\right) - \frac{t}{\tau_n}\right) \tag{7.81}$$

如图 7.15(b)中所示,在 $d \gg L_n$ 时有效。理论预测在注入停止后 I_{EBIC} 并非马上衰减。而是有一个时间延迟,并且光束越远离结越明显。对于光激励,除了对载流子生成的解释不同之外,被称为光束感应电流(OBIC)的技术,与 EBIC 法非常相似。[89-90]

　　大多数 EBIC 法操作方法如图 7.15 所示,且这种方法对于长扩散长度非常直接。对于短扩散长度的测量,可以通过斜切样品来增加厚度。[91]若光束透入深度提高,则表面复合反应减小。通过测量 $\ln(I_{EBIC}d^n)$ 与 d 的关系,可以直接测量光束能量。这种测量在更高光束能量下将会趋于线性。

7.5 复合寿命——电学测量

7.5.1 二极管电流-电压

pn 结二极管正向电流依赖于过剩载流子复合,其数值为空间电荷区、准中性区(qnr)和表面复合电流的总和。可以测出不同区域中生成的反偏压。在许多分析中,表面复合被忽略并且电流密度为

$$J_{0,\mathrm{scr}} = \frac{qn_i W}{\tau_{\mathrm{scr}}}\ ;\ J_{0,\mathrm{qnr}} = qn_i^2 F\Big(\frac{D_n}{N_A L_n} + \frac{D_p}{N_D L_p}\Big)$$

$$J = J_{0,\mathrm{scr}}\Big(\exp\Big(\frac{qV}{nkT}\Big) - 1\Big) + J_{0,\mathrm{qnr}}\Big(\exp\Big(\frac{qV}{kT}\Big) - 1\Big) \tag{7.82}$$

此处的 F 是一个修正因子,由样品的几何结构决定。例如:有缺陷的衬底上的裸露区域、外延层或者轻掺杂衬底和绝缘体衬底上的硅(SOI)等等。总的来说,关于淀积层和基底有效层的厚度、扩散长度和掺杂浓度以及层与层界面处的可能的界面复合速率之间的关系是一个的复杂的方程式。

式(7.82)是从图 7.16 中测得。将 qnr 曲线外推至 $V=0$ 处,得到 $I_{0,\mathrm{qnr}}$。对于一个 p^+n 结,$N_A \gg N_D$ 并且即使在重掺杂区域的 τ_n 比轻掺杂衬底中的 τ_p 小很多,由于 N_A 非常高的原因,$J_{0,\mathrm{qnr}}$ 中的第一项是不能忽略的。公式如下:

$$J_{0,\mathrm{qnr}} \approx qn_i^2 F\frac{D_p}{N_D L_p} \tag{7.83}$$

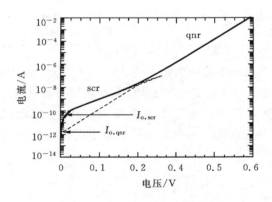

图 7.16 pn 结 I-V 曲线显示空间电荷区和准中性区电流

已知 n_i, F, D_p 和 N_D 就可以测得 L_p。

器件的截面如图 7.17 所示,为了简化忽略结上 p^+ 区域的电子注入,正向电压作用下的 p^+n 结电流如图 7.17(a)所示,并且在 scr(1)在 qnr(2)和在表面(3)处 $d<L_n$ 依赖于空穴复合。修正因子由下式给出:[65]

$$F = \frac{(s_r L_p/D_p)\cosh(d/L_p) + \sinh(d/L_p)}{\cosh(d/L_p) + (s_r L_p/D_p)\sinh(d/L_p)} \tag{7.84}$$

图 7.17(b)显示一个由无腐蚀 n 衬底(1)宽度为 $d(L_{p1}, N_A)(2)(L_{p2}, N_A)$ 外延层。一个外延层(1)厚度 $d(L_{p1}, N_{A1})$ 在一个衬底上(2)(L_{p2}, N_{A2}) 如(c)和(d)显示,一个 SOI 晶圆。修正因子源于这些因素。[92]对于外延器件,如图 7.17(c)所示。

$$F \approx \frac{(1 + N_{A2}/N_{A1})\exp(D_p/L_p) + (1 - N_{A2}/N_{A1})\exp(-D_p/L_p)}{(1 + N_{A2}/N_{A1})\exp(D_p/L_p) - (1 - N_{A2}/N_{A1})\exp(-D_p/L_p)} \tag{7.85}$$

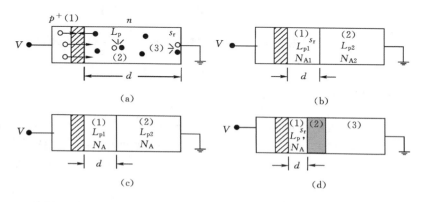

图 7.17　pn 结截面(a)在 $d<L_p$ 的 n 型衬底上的复合机制;(b)无腐蚀区域;
(c)衬底上的外延层和(d)SOI 晶圆

即使理论上讲可以采用修正因子,其实由于很难得知 epi 层、衬底的寿命,以及其界面复合速率的缘故,使应用充满困难。这种测试方法阐述中的缺陷见参考文献[93]。最近的研究表明描述外延层的最有效技术就是产生寿命技术。[94]

除了外推正向偏压电流-电压法,我们还可以采用反向偏压电流-电压曲线。[95]在反偏电压下,$V<0$ 处,式(7.82)变为

$$J_r = -\frac{qn_i W}{\tau_g} - qn_i^2 F\left(\frac{D_n}{N_A L_n} + \frac{D_p}{N_D L_p}\right) \approx -\frac{qn_i W}{\tau_g} - qn_i^2 F \frac{D_p}{N_D L_p} \tag{7.86}$$

如图 7.18 所示,要测 J_r 与 W 的关系,可以得到一个斜率与产生寿命 τ_g 有关的曲线,其截距为 $J_{0,qnr}$。虽然 scr 的宽度取决于反向偏置电容-电压数据,但是仍需要测量实际电容,[96]特别是对于小尺寸的二极管区域,此处的周长、角和寄生电容都很重要。根据下式,[97]实际二极管漏电流包括面、周长、角和寄生电流。

$$I_r = AJ_A + PJ_P + N_C J_C + I_{par}$$

其中 A 是二极管区,P 是二极管周长(J_P 单位为 A/cm),N_C 为角的数目(J_C 单位为 A/角)和 I_{par} 是一个寄生电流。

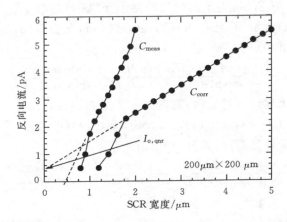

图 7.18　反向漏电流与 scr 的宽度测量和校正电容。摘自参考文献[96]

7.5.2　反向恢复(RR)

二极管的反向恢复的方法是最早测电气寿命表征技术之一。[98-100]测量原理图和电流时间和电压时间响应图,如图 7.19 所示。如图 7.19(b)通过改变开关 S 的位置使得电流突然从正向电流转至反向电流,相反在图 7.19(c)中电流是逐步改变的,典型的例子是功率器件,其电流不能突然改变。

对于该方法的说明,让我们参考图 7.19(a)和(b)。当 $t < 0$ 时正向电流流 I_f 过二极管,二极管电压为 V_f。过剩载流子注入准中性区,导致器件电阻变小。在 $t = 0$ 时,电流从 I_f 变为 I_r,且 $I_r \approx (V_r - V_f)/R$。忽略小二极管阻抗,因为在开始时 I_r 电流下二极管保持正偏。在少数载流子的器件中电流可以很快改变,因为只需要改变在 scr 边缘的少数载流子浓度梯度的斜率。相反在 scr 边缘的二极管电压是与 log(过剩载流子浓度)成正比的。虽然电流已转变方向,但是电压在此期间几乎没有变化,仍然是正向偏置二极管。在此期间即便电流改变方向,电压几乎不变且二极管保持正偏。电压阶跃 ΔV_d 是由于器件的欧姆电压降导致的。[101]

在反向电流条件下,由于一些载流子被扫出器件和一些载流子复合的原因,过剩载流子浓度下降。scr 边缘处的过剩少子浓度,在 $t = t_s$ 时大约为零,二极管区域为零偏;在 $t > t_s$ 时,电压接近偏压 V_r 且电流接近漏电流 I_0。

$I_d - t$ 曲线可以很方便地分为常数电流存储相、$0 \leqslant t \leqslant t_s$、复合相和 $t > t_s$。存储时间 t_s 与寿命相关:[99]

$$\mathrm{erf}\sqrt{\frac{t_s}{t_r}} = \frac{1}{1 + I_r/I_f} \tag{7.87}$$

"erf"为误差函数,近似由下式决定:

$$\mathrm{erf}(x) = \frac{2}{\sqrt{\pi}} \int_0^x \mathrm{e}^{-z^2} \mathrm{d}z \approx 1 - \left(\frac{0.34802}{1 + 0.4704x} - \frac{0.095879}{(1 + 0.4704x)^2} + \frac{0.74785}{(1 + 0.4704x)^3} \right) \times \exp(-x^2)$$

$$\tag{7.88}$$

一个考虑到电荷 Q_s 仍然有 $t = t_s$ 的近似电荷存储分析,如下式给出:[102]

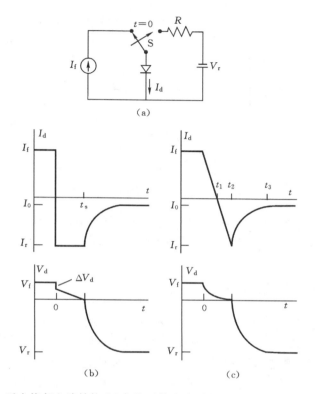

图 7.19　反向恢复电路结构(b)突然开关电流时的电流和电压的波形,(c)斜坡
电流时的电流电压波形

$$t_s = \tau_r \left[\ln\left(1 + \frac{I_f}{I_r}\right) - \ln\left(1 + \frac{Q_s}{I_f \tau_r}\right) \right] \tag{7.89}$$

在许多情况下,$Q_s/I_r \tau_r$ 可以被认为是一个常数。

图 7.20 为 t_s 与 $\ln(1 + I_f/I_r)$ 的关系图。寿命可以由斜率测得,且截距为 $(1 + Q_s/I_r\tau_r)$。要让斜率为常数,只有让式(7.89)中的第二项为常数。已经得到 Q_s 的多个近似,并且在 $I_r \ll I_f$ 条件下有 Q_s 近似为常数。[103] 重掺杂发射区复合的影响可以通过 $I_r \ll I_f$ 消除掉。[104] 若这些条件不能达到,则图 7.20 的弧度增大,且将不能测得一个唯一的寿命。对于图 7.19(c),寿命与 t_1、t_2 和 t_3 有关[105]

$$\tau_r \approx \sqrt{(t_2 - t_1)(t_3 - t_1)} \tag{7.90}$$

这里的 t_3 被定义为 $I_d = 0.1 I_r$ 的时间。在表达式中结处的位移电流 $I_j = C_j dV_j/dt$ 被忽略,由于它在总电流中只占很小的一部分。[100]

式(7.89)和(7.90)中的 τ_r 是什么? 在第一项中,可以被看成 pn 结的基极寿命。对于短基二极管,它是代表体内复合和表面复合的有效寿命。[106] 正偏 pn 结的一个问题为:在准中性区和 scr 区的过剩载流子的都存在。发射区通常比基区重掺杂且发射区寿命比基区寿命短很多。因此,我们预计发射极复合将对 RR 瞬态有一个明显的影响。这对于高注入条件非常棘手,因为它会导致寿命的轻微减小。[107-108] 但是,即使在低/中等注入条件下,发射极也可以通过其实际基极数据改变对寿命的测量。

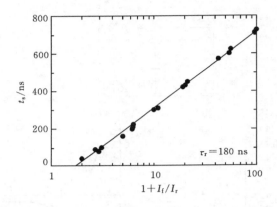

图 7.20 存储时间比$(1 + I_f/I_r)$。重印得到 IEEE
(© 1964, IEEE) kuno[102] 的许可

7.5.3 开路电压衰减(OCVD)

开路电压衰减法测量要点如图 7.21(a)所示。[109-110]二极管正偏,并且在 $t=0$ 时,S 打开,测得的电压和由于过剩载流子复合导致的衰减如图 7.21(b)所示。电压阶 $\Delta V_d = I_f\, r_s$ 是由电流停止时的二极管的欧姆电压降决定的,并可以用来确定在第 4 章讨论的串联电阻。[101] OCVD 类似第 7.4.3 节中介绍的光激发、开路电压衰减法。与 RR 法不同,OCVD 法中的过程载流子全部都复合掉了,由于电流为零因此没有载流子被反向电流扫出。

p 型衬底的 scr 准中性区边缘处的过剩少子密度 Δn_p 与时变结电压 $V_j(t)$ 的关系为

$$\Delta n_p(t) = n_{po}\left(\exp\left(\frac{qV_j(t)}{kT}\right) - 1\right) \tag{7.91}$$

其中 n_{po} 为平衡少子浓度。结电压为

$$V_j(t) = \frac{kT}{q}\ln\left(\frac{\Delta n_p(t)}{n_{po}} + 1\right) \tag{7.92}$$

测量电压对时间依赖性就是测量过剩载流子对时间依赖性。

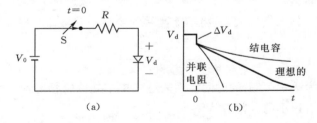

图 7.21 开路电压衰减(a)电路结构;(b)电压波形

二级管电压 $V_d = V_j + V_b$,此处的 V_b 为偏置电压,忽略整个发射极电压。在衰减过程中没有电流时,怎么会有基极的电压? 该基极电压或丹培电压是非平衡电子和空穴迁移率的结果,并由下式给出[111]

$$V_b(t) = \frac{kT}{q}\frac{b-1}{b+1}\ln\left(1 + \frac{(b+1)\Delta n_p(t)}{n_{po}+bp_{po}}\right) \tag{7.93}$$

有 $b = \mu_n/\mu_p$。在低注入条件下 Dember 电压可以忽略,并且在高注入条件下也许不能忽略。由式(7.92),我们假设 $V_d(t) \approx V_j(t)$,并且只采用 $V(t)$ 作为时变器件的电压。

当 $d \gg L_n$ 并且低电压注入时[110]

$$V(t) = V(0) + \frac{kT}{q}\ln\left(\mathrm{erfc}\sqrt{\frac{t}{\tau_r}}\right) \tag{7.94}$$

式中的 $V(0)$ 为开关开启之前的二级管电压,且 $\mathrm{erfc}(x) = 1 - \mathrm{erf}(x)$ 为错误补偿方程。如图 7.22 中测得式(7.94)为 $V(t) \gg kT/q$。曲线开始有一个迅速衰减,此后为具有恒定斜率的线性区域。该斜率为

$$\frac{dV(t)}{dt} = -\frac{(kT/q)\exp(-t/\tau_r)}{\sqrt{\pi t \tau_r}\,\mathrm{erfc}\sqrt{1/\tau_r}} \approx -\frac{kT/q}{\tau_r(1-\tau_r/2t)} \tag{7.95}$$

其中近似保持为 $t \geqslant 4\tau_r$。通过忽略括号里的第二项,式(7.95)可以进一步简化。对于 $t \geqslant 4\tau_r$,寿命由斜率决定,因为

$$\tau_r = -\frac{kT/q}{dV(t)/dt} \tag{7.96}$$

如图 7.22 所示,曲线在 $t > 4\tau_r$ 时变为线性。

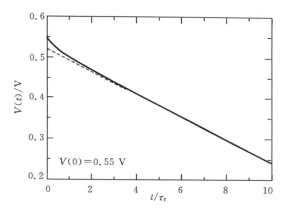

图 7.22　开路电压衰减图,由式(7.94)得出

关于式(7.96)的注意事项。这一公式推导假设是建立在准中性区复合占总复合的主要地位的基础上的,并且单纯依赖指数电压 $\exp(qV/kT)$。对于 scr 复合,该依赖关系变为 $\exp(qV/nkT)$,这里的二极管理想因子 n 通常在 1 和 2 之间。式(7.96)必须包含 n 作为前因子。当然,二极管电压降从大约 $V(0) \approx 0.7\ V$ 到 0 的时候,n 的值很有可能从 1 变化到接近 2,且由于我们通常不知道 n 的值是多少,所以它一般被当作 1。

由于低发射寿命,过剩发射极载流子复合比过剩基极载流子快,导致电压衰减期间的基极载流子注入发射极,从而减少电压衰减时间。幸运的是,这个效应在 $t \geqslant 2.5\tau_b$ 时可以忽略,这里的 τ_b 为基极寿命,并且 $V(t)$-t 曲线变为线性,斜率为 $(kT/q\tau_b)$,不论发射极复合还是带隙缩小。[112] 在高电压注入条件下,寿命由下式给出[113]

424

$$\tau_r = -\frac{2kT/q}{dV(t)/dt} \tag{7.97}$$

所受限制:在基极的过剩载流子密度均匀,基极过剩载流子密度比基极掺杂密度高。这个 2 代表高注入效应。高注入 $V-t$ 曲线频繁地显示出两个不同的斜率。

如图 7.21(b)所示的非正常 $V-t$ 响应,可以用来检测不可忽视的二极管电容或低的结并联电阻。电容往往延长 $V-t$ 曲线,使得曲线斜率较小,导致过高的寿命。[114]空间电荷区复合和分流电阻引发 $V-t$ 曲线下降速度只比检测到的准中性区体复合快。一种 OCVD 的改进方法对于具有衰减曲线的器件很有效,该方法可以区分外阻、测量电路的电容以及区分曲线从而提取寿命。[115]另一个可能的不同为 $V-t$ 曲线靠近 $t=0$ 处有一个峰,这个峰是由发射极复合导致出现的。[116]

一个 OCVD 的改进法是小信号 OCVD 方法,其中的二极管是偏置稳态,通过对器件光照,并对器件加载一个"光学"的小电脉冲。[43,117]随着脉冲"开"状态注入更多的载流子,在"关"状态,这些额外的载流子复合。此方法用于测量偏置条件下 τ_r,并以此减少并联电容和电阻的影响。

RR 法和 OCVD 技术相比,由于 OCVD 其方便、准确的优点使其更受青睐。[107]在 OCVD 的寿命可以从 $V-t$ 曲线中的一部分提取,这部分的基极复合占主导地位,然而在 RR 存储时间测量中,有一定的电压范围内的平均,该范围包括在较低电流时的 scr 复合电流。在 OCVD 实验中,由于载流子复合只有衰减这一种方式,因此其考虑因素可以放宽。

7.5.4　脉冲 MOS 电容

脉冲的 MOS 电容(MOS-C)复合寿命测量技术的原则是分为两种方法。其中的第一个方法针对 MOS-C 偏置到强反型区,如图 7.23(a)和图 7.23(d)中的 A 点,反型电荷密度为

$$Q_{n1} = (V_{G1} - V_T)C_{ox} \tag{7.98}$$

电压脉冲的幅度 $-\Delta V_G$ 和脉冲宽度 t_p 叠加在 V_{G1} 上,降低了脉冲周期的栅极电压 $V_{G2} = V_{G1} - \Delta V_G$ 如图 7.23(b)和图 7.23(d)中的 B 点所示。反型电荷为

$$Q_{n2} = (V_{G2} - V_T)C_{ox} < Q_{n1} \tag{7.99}$$

电荷差值 $\Delta Q_n = (Q_{n1} - Q_{n2})$ 注入衬底,如图 7.21(b)所示。

ΔQn 的会有什么变化?反型层中的少子并不与多子复合,由于他们被 scr 的电场分开。但是,那些注入衬底的少子被空穴包围且可以复合。

现在让我们考虑两种极限情况。第一种,对于宽脉冲($t_p > \tau_r$),注入少子有足够的时间复合。当栅压变回 V_{G1} 时,只有 Q_{n2} 有效,驱动 MOS-C 曲线进入部分深耗尽,如图 7.23(c)和图 7.23(d)中 C 点所示。热 ehp 产生随后使器件回到平衡,点 A。第二种,对于窄脉冲($t_p < \tau_r$),器件经历与第一种情况类似的阶段除了少子没有足够的时间复合,因为脉冲宽比复合时间短。电容变化顺序,如图 7.23(d)的 $C_A \rightarrow C_B \rightarrow C_A$。在脉冲宽度的中点,电容位于 C_C 和 C_A 处。

要测量在注入脉冲结束时的电容就是测量在脉冲周期内有多少少子复合。对于少子的一般指数衰减[118]

$$\Delta Q_n(t) = \Delta Q_n(0)\exp(-\frac{t}{\tau_r}) = K(\frac{1}{C_A^2} - \frac{1}{C_C^2}) \tag{7.100}$$

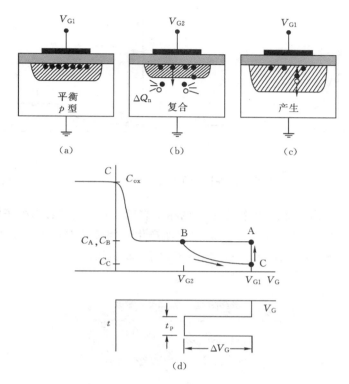

图 7.23　脉冲 MOS 电容复合寿命测量

(a)、(b)和(c)表示不同电压下器件的状态；(d)为 C - V_G 和 V_G - t 曲线

这里的 K 为常数。由于脉冲宽不同则分别测量对应于不同脉冲宽的电容 C_C，并且 $\ln(1/C_{A2} - 1/C_{C2})$ 与 t_p 成反比；τ_r 由该图斜率得到。一个更详细的理论显示，式(7.100)中的载流子随时间衰减被过度简化，因为少子复合并不只在中性衬底中发生，也在 scr 区和表面发生。[119]

这个脉冲 MOS-C 复合寿命测量法没有被广泛接受是由于大多数电容表都无法通过必要的无失真窄脉冲。我们更容易通过修改实验安排，在其输入端用脉冲变压器的办法使得器件与电容表进行耦合。[120]

一个针对 MOSFET 的基于电荷泵的脉冲 MOS-C 技术的改进被提出。[121]当一个 MOS-FET 被从反型态激发到堆积态时，大多数反型电荷离开沟道进入源漏。但是，一小部分电荷则不能接近源漏并且与多子复合。这部分随脉冲频率运动的电荷，被检测为衬底电流。随着频率升高到一点，这一点的在连续脉冲之间的时间与 τ_r 一致，衬底电流脉冲频率的关系变为非线性，并且 τ_r 可以通过电流测出。

第二个 MOS-C 法基于一个完全不同的理论——当脉冲进入深耗尽区时的 MOS-C 的弛豫时间测量。我们假设首先采用耗尽的栅极电压，该器件在平衡态，如图 7.24 所示，此时的 MOS-C 电容被耗尽电压从 A 点驱动至 B 点。热产生使得器件回到平衡态，如图 7.24(a)所示的路径 B 到 C。在表 C-t 中的典型的平衡回归路线如图 7.24(b)所示。在半导体中或者在氧化物-半导体界面上的恢复时间 t_f 通过热 ehp 产生决定。

热产生率如图 7.25 所示，为(1)由产生寿命 τ_g 表征的体 scr 产生；(2)由表面产生率 s_g 表

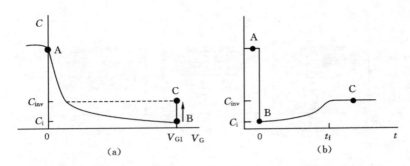

图 7.24 一个 MOS-C 脉冲进入深耗尽区时的 $C-VG$ 和 $C-t$ 的表现

427　征的侧面 scr 产生;(3)由表面产生率 s'_g 表征的栅下表面 scr 产生;(4)由少子扩散长度 L_n 表征的准中性体产生;以及(5)由产生率 s_c 表征的背面产生。组成部分(1)和(2)由 scr 宽度决定,如 7.6.2 小节所讨论的那样,而(3)~(5)则不依赖于 scr 宽度。

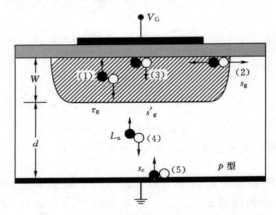

图 7.25 深耗尽 MOS 电容的热产生的组成部分

电容由栅压和反型电荷 Q_n 决定[122]

$$C(t) = \frac{C_{ox}}{\sqrt{1 + 2(V'_G(t) + Q_n(t)/C_{ox})/V_0}} \tag{7.101}$$

这个的 $V'_G(t) = V_G(t) - V_{FB}$ 和 $V_0 = qK_s \varepsilon_0 N_A/C_{ox2}$。对 V'_G 取 t 的微分,解式(7.101)得

$$\frac{dV_G}{dt} = -\frac{1}{C_{ox}}\frac{dQ_n}{dt} - \frac{qK_s\varepsilon_0 N_A}{C^3}\frac{dC}{dt} \tag{7.102}$$

这里有 $dV_{FB}/dt = 0$。为了简化,在式(7.102)里的各个变量中我们省略了时间的依赖性"(t)"。

式(7.102)是一个将栅电压随时间的变化率与反型电荷和电容随时间的变化率联系起来的重要公式。对于脉冲电容,V_G 是一个常数,$dV_G/dt = 0$,解式(7.102)中的 dQ_n/dt,变为

$$\frac{dQ_n}{dt} = -\frac{qK_s\varepsilon_0 C_{ox} N_A}{C^3}\frac{dC}{dt} \tag{7.103}$$

这里的 dQ_n/dt 代表热产生率,如图 7.25。

$$\frac{dQ_n}{dt} = G_1 + G_2 + G_3 + G_4 + G_5 = -\frac{q n_i W}{\tau_g} - \frac{q n_i s_g A_S}{A_G} - q n_i s'_g - \frac{q n_i^2 D_n}{N_A L'_n} \quad (7.104)$$

这里的 $A_S = 2\pi r W$ 是横向 scr 区(假设的横向 scr 宽度是与垂直晶 scr 宽度 W 是相同的)和 A_G **428** $= \pi r^2$ 为栅区域。L_n' 为有效扩散长度,联系了体生成和背面生成,由下式给出[122]:

$$L'_n = L_n \frac{\cosh(d/L_n) + (s_c L_n/D_n)\sinh(d/L_n)}{(s_c L_n/D_n)\cosh(d/L_n) + \sinh(d/L_n)} \quad (7.105)$$

表面产生速率 s_c 取决于背接触的类型。对于一个 p 型半导体-金属接触,表面产生速率非常高。一个 p-p^+ 半导体-金属具有低 s_c,因为这种低-高的 p-p^+ 接触为少子势垒。[123]

式(7.104)中的头两项为依赖 scr 宽度的产生率。这里我们考虑依赖 scr 宽度的产生率的最后两项。这些依赖 n_i 的项均表现出相同的温度依赖性。但是 G_4 具有 n_{i2} 依赖性,导致它随温度增加得更快。这就是测量复合寿命法的基础。在温度 75℃ 时为 G_4 占主导地位的温度。

将 $dQ_n/dt = -q n_i^2 D_n/N_A L'_n$ 带入式(7.103)[122]

$$C = \frac{C_i}{\sqrt{1 - t/t_1}} \quad (7.106)$$

这里的 $t_1 = (K_s/K_{ox})(C_{ox}/C_i)^2(N_A/n_i)^2(t_{ox}/2)(L_n'/D_n)$ 和 C_i 在图 7.24 中定义了。

该测量包括一个 $C - t$ 图线。当准中性区产生为主时,$1 - (C_i/C)^2$ 与 t 成反比,斜率为 $1/t_1$。扩散长度由 t_1 决定。要保证 qnr 产生占主要部分,则 $[1 - (C_i/C)^2]$ 比 t 的曲线为线性。若非线性,则很可能是因为测量温度太低。

7.5.5　其他方法

短路电流衰减:对于反向恢复,二极管电流由正向变为反向;对于开路电压,它从正向变为零。在短路电流衰减法,电流从正向电流变为短路电流或零电压。发射极少子在此测试中起相对而言较小的作用,因为在二极管短路时它们复合得非常快。[124-125]

电导调制:电导率调制技术的开发是用来测量厚度小于少数载流子的扩散长度的外延层复合寿命的。测出的寿命,既不受衬底复合影响也不受重掺杂区复合影响。这种结构由 n^+ 和 p^+ 层交替组成,或者由在 p^+ 衬底上生长一个 p 型外延层组成。所有的 p^+ 层都彼此接触,且所有 n^+ 层也都彼此接触,从而形成了一个横向 $n^+ p p^+$ 晶体管。该横向晶体管是正偏的,且每个层之间的距离小于少子扩散长度。一个小交流电压叠加在直流偏置上,且与复合寿命相关的交流电流通过外延层的复合被测出。[126]通过在 p^+ 衬底上加载直流电压,使得通过外延层测得寿命变为可能。

7.6　产生寿命——电学测量

429

7.6.1　栅控二极管

产生寿命 τ_g 由界面泄漏电流和 MOS 电容存储时间测得的。如图 7.26 所示,对于一个三端的栅控二极管,它由一个 p 衬底、一个 n^+ 区域(D)、一个环绕 n^+ 区域的圆形栅极(G)以及一个圆形的保护环(GR)组成,要测它的产生寿命参数。有的时候栅极也位于中间,由一个环形的 n^+ 区域环绕。栅极应薄薄地覆盖 n^+ 区域以防止潜在的障碍。保护环应贴近栅区并使得半导体反向累积以便隔离栅控二极管和衬底。该器件也可以通过在器件之间半导体区域重掺杂的方法解耦。

这里我们给出必要的测量产生寿命和表面产生率的背景数据。如图 7.26 所示,三个生成区域为(1)二极管 scr(J),(2)栅控 scr(GIJ)以及(3)栅下耗尽层表面(S)。每一个区域都对总电流有贡献 $I_J + I_{GIJ} + I_S$。让我们首先考虑与二极管短路的栅下的半导体衬底($V_D = 0$)。对于 $V_G < V_{FB}$ 表面呈累积状态,在 $V_G = V_{FB}$ 为平带,在 $V_{FB} < V_G < V_T$ 为耗尽并且在 $V_G > V_T$ 时为反型。当二极管反转时,累积和反型状态不会改变,但是耗尽和反型状态会改变。对于二极管电压 $V_D \neq 0$,损耗为 $0 < \phi_s < V_D + 2\phi_F$ 并且对于反向情况 $\phi_s \geqslant V_D + 2\phi_F$,由式子(6.16)表面电势 ϕ_s 与栅压相关且 $\phi_F = (kT/q) \ln(N_A/n_i)$。

二极管是在恒定偏置电压 V_{D1} 下,并且栅压发生变化。栅下表面累积的负栅压为 $-V_{G1}$,如图 7.27(a)所示。测量的电流是二极管 scr 的产生电流 I_J 如图 7.27(a)和图(d)中的点 A 所示。对于更小的负栅极电压,电流的增加归因于表面处栅极控制的 n^+-p^+ 结的击穿。在 $V_G = V_{FB}$ 处,半导体为平带,二极管 scr 宽度在表面处与在体内相同。

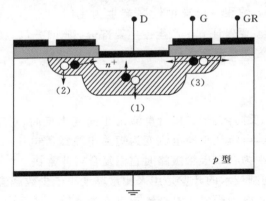

图 7.26　栅控二极管,D 为 $n^+ p$ 二极管,G 为栅,而 GR 为保护环,描述了不同
产生机制和产生位置

当 $V_G > V_{FB}$ 时,栅极下的表面耗尽,由于表面产生电流 I_S 和栅感应 scr 电流 I_{GIJ} 的原因使得电流迅速增大,如图 7.27(b)所示。更高的栅压导致栅极下 scr 的展宽从而使电流更加大。栅压 V_{G2}(图 7.27(d)中的点 B)是这一电流电压特性曲线的一部分,表面电势在 $0 < \phi_s < V_{D1} + 2\phi_F$ 范围内,且栅极下的 scr 宽度由下式给出:

$$W_{G,dep} = \frac{K_s t_{ox}}{K_{ox}} \left(\sqrt{1 + \frac{2(V_G - V_{FB})}{V_0}} - 1 \right) \tag{7.107}$$

假设没有反型电荷。反型表面电势为 $\phi_s \geqslant V_{D1} + 2\phi_F$,且栅极 scr 宽度钉扎在

$$W_{G,inv} = \sqrt{\frac{2K_s \varepsilon_o (V_{D1} + 2\phi_F)}{q N_A}} \tag{7.108}$$

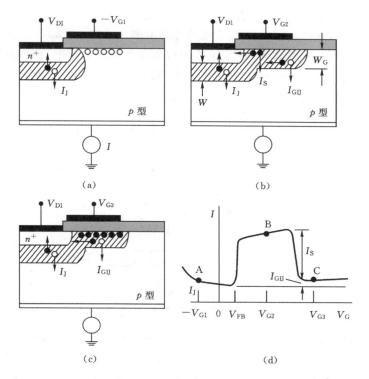

图 7.27　栅控二极管(a)堆积；(b)耗尽；(c)反型；(d)显示对应于图
(a)、(b)和(c)图的点 A、B 和 C 处电流-电压性质

结 scr 宽度为

$$W_J = \sqrt{\frac{2K_s\varepsilon_o(V_{D1} + V_{bi})}{qN_A}}$$

(7.109)

有内建势 $V_{bi} = (kT/q)\ln(N_A N_D/n_i^2)$。

　　表面反型时，表面产生急剧下降，I_S 迅速消失，如图 7.27(c)所示的反型表面。此时栅压超过反型电压之后继续变负则电流将不再变化。如式(7.15)所示，很明显当 p_s 和 n_s 低的时候表面产生高，当 p_s 或 n_s 高的时候表面产生低。在强反型表面的热产生减少是因为大部分界面陷阱由电子占据。假设零表面产生电流是由于结电流 I_J 和场感应结电流 I_{FIJ} 产生的，如图 7.27(c)和图 7.27(d)中的 C 点所示。实验电流电压曲线图 7.28 所示。

　　在这些曲线中 $+V_G$ 时电流也增加，由于二极管非理想情况不在这里讨论

　　有一个相当高的反向偏压作用于移动电荷密度在 scr 区和耗尽的表面可以忽略不计。在体内和表面的产生率由式(7.20)和(7.22)给出。体 scr 产生电流为 $qG\times$ 体积且表面构成为 $qG_s\times$ 面积，此处的体积和面积为热产生体积和面积。总电流为 $I = I_J + I_{GIJ} + I_S$，表达式为

$$I_J = \frac{qn_i W_J A_J}{\tau_{g,J}}; I_{GIJ} = \frac{qn_i W_G A_G}{\tau_{g,G}}; I_S = qn_i s_g A_G$$

(7.110)

此处的 $\tau_{g,J}$ 和 $\tau_{g,G}$ 分别为二极管区域和栅极区域的产生寿命。

要提取产生参数,我们必须测量或计算各种 scr 的宽度。该宽度可以通过实验由电容测量出,但通常可以用式(7.107)至(7.109)更方便地计算出来。要确定表面产生速率,我们通常在低二极管偏压下采用 $I-V_G$ 来测量($V_D \approx 0.5-1$ V),从而增加了表面电流相对体电流的重要性。当然也有可能,分别确定栅下和 n^+ 扩散区的产生寿命,并且将两者作为深度的函数。[127]

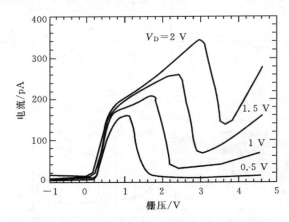

图 7.28　实验栅控二极管电流-电压特征图

迄今为止,该理论最初是由格鲁夫和菲茨杰拉德提出的。[128]它是基于几个简化假设。它假设电流只包括 scr 的产生电流,这是硅器件在室温下的合理假设,但对于高寿命器件而言准中性电流分量也许不能忽略。体 scr 电流与体准中性区电流的比率为式(7.104)中的第 1 项和第 4 项,因此

$$\frac{I_{scr}}{I_{qnr}} = \frac{N_A W L_n}{n_i D_n \tau_g} = \frac{N_A W}{n_i} \frac{\sqrt{\tau_r}}{\sqrt{D_n \tau_g}} \approx 36 \frac{\sqrt{\tau_r}}{\tau_g} \tag{7.111}$$

其中 $N_A/n_i = 10^6$,$W = 2\ \mu m$,$D_n = 30\ cm^2/s$ 和 $L_n = (D_n \tau_r)^{1/2}$。对于 $\tau_g = \tau_r = 1\ \mu s$,我们发现比率为 36,000,并且 scr 电流明显占主导作用,对于 $\tau_g = 1$ ms 和 $\tau_r = 100\ \mu s$ 时,它为 360。在高于室温条件下该比率趋于统一。当式(7.111)中的比例趋于统一时,准中性区的电流变得重要且式(7.110)将不再成立。

认为表面在反型以前会全部耗尽的假设已证明实际并非如此。[129]侧向表面电流对整个表面反型影响很弱,只对该沟道局部有很小的影响,这是由于栅极偏压远远低于产生强表面反型所需的栅极电压。有源器件经常被植入掺杂/厚的氧化物沟道阻塞所包围。这些沟道阻塞的侧壁提供额外的电流,而门控二极管是测量这种电流的有效测试结构。[130]

7.6.2　脉冲 MOS 电容

MOS 电容的寿命脉冲测量技术通常用于确定 τ_g。许多文章写过其基本方法以及此后的改进,其中最早的是由 Zerbst 在 1966 年提出的。[131]关于诸多方法的回顾参见 Kang 和 Schroder 的文章。[132]我们给出三个最流行版本的最接近的概念和方程,详细内容参考已出版的文章。

Zerbst 测量:　MOS 电容脉冲进入深耗尽,并测出电容-时间曲线,如图 7.29 所示。实验室温-温度 $C-t$ 曲线图 7.29(a)所示。电容弛豫(capacitance relaxation)是由热 ehp 产生决定的,它可以写为

$$\frac{dQ_{n}}{dt} = -\frac{qn_{i}(W-W_{inv})}{\tau_{g}} - \frac{qn_{i}s_{g}A_{S}}{A_{G}} - qn_{i}s_{eff} = -\frac{qn_{i}(W-W_{inv})}{\tau_{g,eff}} - qn_{i}s_{eff} \quad (7.112)$$

其中 $W_{inv} = (4K_{s}\varepsilon_{o}\phi_{F}/qN_{A})^{1/2}$ 并且 $\tau_{g,eff}$ 值只考虑了 scr 产生率。

$$\frac{dQ_{n,scr}}{dt} = -\frac{qn_{i}(W-W_{inv})}{\tau_{g}} - \frac{qn_{i}s_{g}A_{S}}{A_{G}} = -qn_{i}\left(\frac{W-W_{inv}}{\tau_{g}} + \frac{2\pi r s_{g}(W-W_{inv})}{\pi r^{2}}\right)$$

$$= -\frac{qn_{i}(W-W_{inv})}{\tau_{g}}\left(1 + \frac{2s_{g}\tau_{g}}{r}\right) = -\frac{qn_{i}(W-W_{inv})}{\tau_{g,eff}}$$

$$(7.113)$$

有效 scr 宽度 $(W-W_{inv})$ 接近实际产生的宽度,并确保在 $C-t$ 瞬态末端 scr 产生变成零。

参数 $qn_{ni\,seff}$ 占 scr 宽度产生率(栅下和准中立区的表面产生)为

$$s_{eff} = s'_{g} + \frac{n_{i}D_{n}}{N_{A}L'_{n}} \quad (7.114)$$

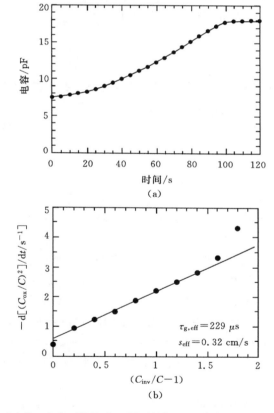

图 7.29　(a)C-t 响应;(b)Zerbst 图;经过 Kang 和 Schroder 理论修正[132]

Scr 宽度与电容 C 的关系为

$$W = K_{S}\varepsilon_{o}\frac{C_{ox}-C}{C_{ox}C} \quad (7.115)$$

综合式(7.103)、(7.112)和(7.115)可得

$$-\frac{d}{dt}\left(\frac{C_{ox}}{C}\right)^2 = \frac{2n_i}{\tau_{g,eff}N_A}\frac{C_{ox}}{C}\left(\frac{C_{inv}}{C}-1\right) + \frac{2K_{ox}n_i s_{eff}}{K_s t_{ox}N_A} \qquad (7.116)$$

选取恒等式$(2/C^3)dC/dt = -[d(1/C)^2/dt]$。

434　　　式(7.116)是在著名的 Zerbst 图的基础上，$-d(C_{ox}/C)^2/dt$ 与$(C_f/C-1)$的关系，如图 7.29(b)所示。产生处附近的曲线部分表示器件接近平衡时；在直线另一端的曲率归因场致发射和/或体陷阱。[133]该直线的斜率为 $2n_i C_{ox}/N_A C_f \tau_{g,eff}$ 和外推在纵轴上的截距是 $2n_i K_{ox} s_{eff}/K_s t_{ox}N_A$。斜率通过测量 scr 产生参数 τ_g 和 s_g 得到，而截距与 scr 宽度-独立产生参数 s'_g、L_n 和 s_c 有关。虽然有时用表面产生速率解释 s_{eff}，但是它其实是由截距得到的。

它不但包括准中性体产生率，还包括一个更详细 C-t 响应的分析。该分析表明了$(W-W_{inv})$近似产生宽度可能导致一个非零截距，即使 $s_{eff}=0$。[134]

将对 Zerbst 图两个轴的研究可以得到更好的物理意义解释，该项研究是有启发性的。我们从式(7.103)和(7.116)，得到可以推导出式(7.116)的等式

$$-\frac{d}{dt}\left(\frac{C_{ox}}{C}\right)^2 \sim \frac{dQ_n}{dt}; \frac{C_{inv}}{C}-1 \sim W-W_{inv} \qquad (7.117)$$

Zerbst 图的纵轴正比于总 ehp 载流子产生率或产生电流，横轴正比于 SCR 产生宽度。因此，这个相当复杂的图只不过是一个产生电流与 scr 宽度的关系。

测得的 C-t 瞬态时间通常相当长，从数十秒到几分钟。弛豫时间因子 t_f 是与 $\tau_{g,eff}$ 有关[135-136]

$$t_f \approx \frac{10N_A}{n_i}\tau_{g,eff} \qquad (7.118)$$

这个方程引出 MOS-C 技术一个非常重要特征，就是将放大系数 N_A/n_i 用于测量。$\tau_{g,eff}$ 的取值范围非常大，但有代表性的取值范围在 10^{-4} 到 10^{-2} s 之间。这么长的时间指出这一测量技术的优点。要测量微秒范围寿命，只需要测量秒数量级的电容秩序恢复时间。

式(7.118)的时间放大系数也是一个缺点。这么长的测量时间将妨碍大量器件的取图。下面提出几个可以减少测量时间的方法，等式(7.112)和(7.114)显示 $s_{eff}\sim n_i^2$。随着温度的升高，这个 scr 的宽度-独立期间就变得更加重要且弛豫间显著减少。该 Zerbst 图向上平移并保持斜率不变，该斜率由 $\tau_{g,eff}$ 决定，[136]正如在第 7.5.4 小节所述，准中性区占主导地位则温度不应该这么高，因为那时是不可能的提取 $\tau_{g,eff}$ 的。一个 t_f 因子减小也是由于光照样品实现的。[137]

测量的时间也可以通过电压脉冲减少 MOS-C 进入深耗尽区，然后通过光脉冲进入反型区的办法实现。随后，一个系列小的极性相反和不同的振幅的脉冲叠加在耗尽电压上，驱动器件经过弱反型区进入耗尽区。C 和 dC/dt 由每个脉冲构成 Zerbst 图之后决定。总测量时间
435　可减少高达 10 倍多。[138]在另一个简化方法中，scr 宽度由 C-t 响应得到，且 $\ln(w)$ 通过时间来计算。[139]该测量图近似线性。该方法只需要 C-t 曲线的初始部分就推断出 t_f，不需要整条曲线。

一个有关 MOS-C 产生寿命测量的警告,是薄氧化层下栅氧化层电流的可能性。[140] 加载脉冲后的样品进入深耗尽区,建立了作为时间函数的反型层,直至达到平衡。如果在测量过程中这部分反型层泄漏电流穿过氧化物,很明显,测量时间将延长,导致不正确 $\tau_{g,eff}$。要解决这个问题,使用的是较低的栅极电压使得栅氧化层泄漏电流可忽略不计或使用恒定充电方法,如本节后部分讨论的环形-氧化物-半导体方法。氧化物薄膜的另一个问题是隧穿电子或空穴,当它们从栅极进入半导体后有足够的能量通过冲撞电离产生额外的 ehp。[141] 非接触式电容测量技术使用的金属探测器,位于样品上高度略小于 1 微米。采用 C-V 和 C-t 测量不需要样本的永久恒定参数。[142] 脉冲电容器的测量可以用于硅绝缘体(SOI)的样品,其中 SOI MOSFET 的漏电流测出,如图 7.30 所示。该器件上加载大于阈值($V_G > V_T$)的偏压,包括背栅偏压 V_{GB1}。将背栅脉冲变为 V_{GB2} 然后测量由此产生的瞬态漏电流。该分析类似于 C-t 分析,并可以提取出参数 $\tau_{g,eff}$。[143]

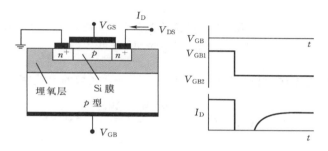

图 7.30　SOI 器件的产生寿命测量机制

它也可以提取的 SOI 重组寿命。将 SOI MOSFET 的背栅接地,栅极从耗尽或累积到强反型转换。对少数载流子,在源极/漏极区域迅速形成反型沟道。正栅脉冲导致 scr 区域扩展,但从这一区域发射的多子不能立即消失,并在中性区存储,导致体电势暂时性增加,使阈值电压降低和漏电流增加。通过载流子复合消除掉多子才能达到平衡。[144]

电流-电容: 该 Zerbst 技术需要区分实验性数据和 N_A 知识。这项电流-电容技术两者都不要求,但是我们必须测得电流和脉冲 MOS-C 电容。电流为

$$I = A_G \left(\frac{dQ_n}{dt} + qN_A \frac{dW}{dt} \right) \tag{7.119}$$

此处第一项为产生并且第二项为位移电流。电流-电容关系为[133]

$$\frac{I}{1 - C/C_{ox}} = \frac{qK_s \varepsilon_o A_G^2 n_i}{\tau_{g,eff}} \left(\frac{1}{C} - \frac{1}{C_{inv}} \right) + qA_G n_i s_{eff} \tag{7.120}$$

从 C-t 和 I-t 曲线,我们可以测得 $I/(1 - C/C_{ox})$ 与 $(1/C - 1/C_f)$ 关系。该曲线的斜率给出 $\tau_{g,eff}$ 而截距给出 s_{eff},如图 7.31 所示。

对于产生寿命而言,式(7.120)可以写成

$$\tau_{g,eff} = \frac{qK_s \varepsilon_o A_G^2 n_i}{C_{ox}} \frac{d(C_{ox}/C)/dt}{d[I/(1 - C/C_{ox})]/dt} \tag{7.121}$$

通过分别测量电流和电容并区分数据,有可能直接测出 $\tau_{g,eff}$ 而不需要知道掺杂情况。

436

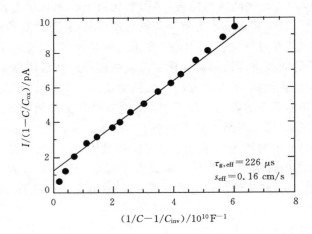

图 7.31 器件电流与反转电容测量,其 Zerbst 图如图 7.29 所示。
重印经 Kang 和 Schroder 许可[132]

用目前的电容修正方法,可以显著减少测试时间,scr 区域的电流密度为[145]

$$J_{scr} = \frac{C_{ox}}{C_{ox} - C} J = \frac{qn_i(W - W_{inv})}{\tau_{g,eff}} + qn_i s_{eff} \tag{7.122}$$

联合 scr 宽度公式

$$W = K_S \varepsilon_o A_g \left(\frac{1}{C} - \frac{1}{C_{ox}} \right) \tag{7.123}$$

电流和高频电容同时测量后立即脉冲调制进入深耗尽。脉冲持续时间长度只够测量电容和电流。从这些数据中,可以确定 scr 的宽度 W 和 scr 电流密度 J_{scr}。脉冲高度不断增加,以增加探测样品的深度。测量时间完全由电容深度的采集时间和数据点的数量乘以电流表确定。测得的 J_{scr} 与 W 成反比关系,并且该曲线的斜率随有效产生寿命增加,参见式

$$\tau_{g,eff} = \frac{qn_i(W - W_{inv})}{dJ_{scr}/dW} \tag{7.124}$$

该测量与图 7.31 相近。掺杂浓度不需要知道。

线性扫描:在线性扫描技术一个线性变化的电压加载于有极性的 MOS-C 栅上,驱动器件进入耗尽区。如在第 6 章所述,在扫描速度足够慢的条件下,可以追踪出平衡态下的 MOS-C 曲线。我们也知道,当扫描速度高时,可以得到脉冲 MOS-C 深耗尽曲线。如图 7.32 所示,在中速扫描速率下,可以扫描出介于深耗尽和平衡区域中间的一个曲线。

关于这条曲线有趣的是它的饱和特性。[146]假设扫描电压从图 7.32 中的 A 点向右扫描。对于正电压超过 V_B,scr 展宽超出 W_{inv},并且电容低于 C_{inv}。电子空穴对的生成试图重新建立平衡,但栅极电压继续驱动器件进入深耗尽区,进一步扩大 W。这反过来又增大与产生率成正比的 W。在线性变化电压试图驱动器件进入深耗尽区时,电压 V_{sat} 正好与在那个电容时的产生率平衡。电容-电压曲线在 C_{sat} 处饱和。

对于扫描率为常数,$dV_G/dt = R$,式(7.102)变为

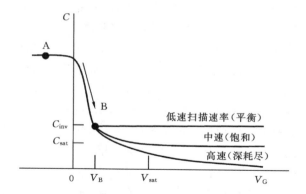

图 7.32　反型、饱和和深耗尽 MOS-C 曲线

$$\frac{\mathrm{d}Q_{\mathrm{n}}}{\mathrm{d}t} = -\frac{qK_{\mathrm{S}}\varepsilon_{\mathrm{o}}C_{\mathrm{ox}}N_{\mathrm{A}}}{C^3}\frac{\mathrm{d}C}{\mathrm{d}t} - C_{\mathrm{ox}}R \tag{7.125}$$

用产生率表达式(7.112)，得出

$$-\frac{\mathrm{d}}{\mathrm{d}t}\left(\frac{C_{\mathrm{ox}}}{C}\right)^2 = \frac{2}{V_0}\left(\frac{qK_{\mathrm{S}}\varepsilon_{\mathrm{o}}n_{\mathrm{i}}(C_{\mathrm{inv}}/C-1)}{C_{\mathrm{inv}}C_{\mathrm{ox}}\tau_{\mathrm{g,eff}}} + \frac{qn_{\mathrm{i}}s_{\mathrm{eff}}}{C_{\mathrm{ox}}} - R\right) \tag{7.126}$$

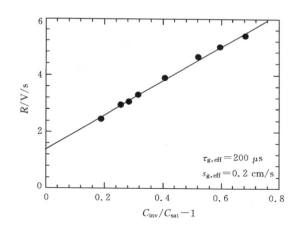

图 7.33　线性斜线图，其 Zerbst 图如图 7.29 所示。重印经 Kang 和 Schroder 许可[132]

当器件进入饱和区，C_{sat} 既不随电压也不随时间变化并且式(7.126)的左侧变为 0，则

$$R = \frac{qK_{\mathrm{S}}\varepsilon_{\mathrm{o}}n_{\mathrm{i}}(C_{\mathrm{inv}}/C_{\mathrm{sat}}-1)}{C_{\mathrm{inv}}C_{\mathrm{ox}}\tau_{\mathrm{g,eff}}} + \frac{qn_{\mathrm{i}}s_{\mathrm{eff}}}{C_{\mathrm{ox}}} \tag{7.127}$$

式(7.127)给出线性扫描率 R 和产生参数 $\tau_{\mathrm{g,eff}}$ 和 s_{eff} 之间的关系。在实验中，我们绘出不同线性扫描率下的一系列 $C\text{-}V_{\mathrm{G}}$ 曲线。C_{sat} 值就是从这些曲线中得到，并且关于 R 比 $(C_{\mathrm{inv}}/C_{\mathrm{sat}}-1)$ 的比值推导出的直线斜率为 $qK_{\mathrm{s}}\varepsilon_{\mathrm{o}}n_{\mathrm{i}}/C_{\mathrm{inv}}C_{\mathrm{ox}}\tau_{\mathrm{g,eff}}$，截距为 $qn_{\mathrm{i}}s_{\mathrm{eff}}/C_{\mathrm{ox}}$。与 Zerbst 图相似，$\tau_{\mathrm{g,eff}}$ 就是从斜率得到同时 s_{eff} 从截距得到。

对于那些 zerbst 图如图 7.29 所示的器件，其线性扫描法的实验数据如图 7.33。该数值

与 $\tau_{g,eff}$ 的和 s_{eff} 的实验测定值相符。该线性扫描技术,并不需要整个 C-t 曲线,也不是分化的实验数据。但是需要多重饱和的 C-V_G 曲线。对于那些高寿命、长 C-t 瞬态器件,需要非常慢的扫描速率和由此引起的较长数据采集时间。一个反馈电路使用的电容预设一定的数值,其线性扫描速率通过反馈调整自己保持这个预设值,从而降低了数据采集的时间。[147]线性扫描技术的计算机自动化也已实现。[148]这项技术也适用于 SOI 材料的寿命测量。[149]

电晕-氧化物-半导体: 电晕-氧化物-半导体(COS)技术如图 7.34 所示(在第 9 章讨论电晕充电特性)。[150]电晕源的正电荷或负电荷都在半导体样品表面累积。如图 7.34 所示,负电荷累积在一个氧化的 p 型 Si 晶圆上,使衬底反偏到累积区,然后一个较小区域的正电荷驱动样品至深耗尽区。平衡的弛豫时间是通过测出作为时间函数的开尔文探针电压得到的。存储正负电荷方法比 MOS-C 测量法的独特优势,在于其提供一个零间隙保护环,减少周边产生。

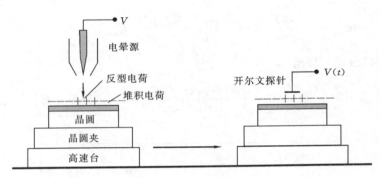

图 7.34 电晕-脉冲深耗尽测量仪器

MOS-C 或 COS-C 的栅极和氧化层电压为

$$V_G = V_{FB} + V_{ox} + \phi_s \, ; V_{ox} = \frac{Q_G}{C_{ox}} = -\frac{Q_S}{C_{ox}} \qquad (7.128)$$

Q_G 为栅电荷密度且 Q_S 为半导体密度。式(7.128)变为

$$V_G - V_{FB} = \phi_s - \frac{Q_G}{C_{ox}} = \phi_s - \frac{Q_b - Q_n}{C_{ox}} \qquad (7.129)$$

此处 Q_n 为反向电荷密度和 Q_b 体电荷密度。

电晕电荷累积之后,Q_G 和 V_{ox} 仍为常数。对式(7.128)取差分得

$$\frac{dV_G}{dt} = \frac{d\phi_s}{dt} \qquad (7.130)$$

假设 $dV_{FB}/dt = 0$。体电荷密度为

$$Q_b = -qN_AW = -\sqrt{2qK_s\varepsilon_o N_A \phi_s} \qquad (7.131)$$

此处的 W 为空间电荷区宽度。有 Q_G 和 Q_S 作为时间的常数

$$\frac{dQ_S}{dt} = 0 = -\frac{dQ_n}{dt} + \frac{dQ_b}{dt} = -\frac{dQ_n}{dt} - qN_A\frac{dW}{dt} \qquad (7.132)$$

或者,由式(7.131)得

$$\frac{dQ_n}{dt} = -\sqrt{\frac{qK_s\varepsilon_o N_A}{2\phi_s}}\frac{d\phi_s}{dt} = -\frac{K_s\varepsilon_o}{W}\frac{d\phi_s}{dt} = -\frac{K_s\varepsilon_o}{W}\frac{dV_G}{dt} \tag{7.133}$$

因 dQ_n/dt 由式(7.112)给出,故

440

$$\frac{dV_G}{dt} = \frac{qn_i W}{K_s\varepsilon_o}\left(\frac{W - W_{inv}}{\tau_{g,eff}} + s_{eff}\right) \tag{7.134}$$

如图 7.35 显示的是电压变化率对 $W(W-W_{inv})$ 的依赖。这个线性关系与式(7.134)的预测一致。这些图线的斜率为 $\tau_{g,eff}$。所有线相交于原点,这意味着 s_{eff} 是小到可以忽略的。

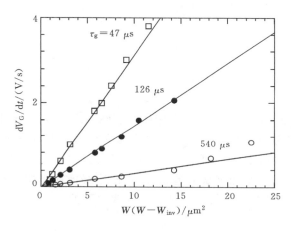

图 7.35　COS 产生寿命图

7.7　优点和缺点

复合寿命：　复合寿命或扩散长度的测量已在半导体行业普遍应用,因为它们是一个很好的晶圆污染程度的指标。其中光学复合寿命测量方法、微波反射或电感耦合光电导衰减技术是最常用的。它的主要长处是非接触性和快速测量。其主要缺点是未知的表面复合速率。如果样本的厚度可以改变,则无论是体寿命还是表面复合速率均可提取。准稳态光电导法是一种较新的方法,并被光电领域广泛接受。它的主要长处是将寿命作为一个注入能级函数一次性测量。它的缺点之一是样品面积大(几个平方厘米)妨碍高密度取图。通过黑体辐射器的自由载流子吸收是一个有趣的方法,它可以在很短的时间内获得通过使用二维成像器得到寿命图。

另一种常见的光学技术为表面光电压。其中一个主要的应用是在 p 型硅里检测铁离子。这是一种低能级注入的方法并且不受陷阱影响。开路电压衰减法是最常见的电子复合寿命的方法。这是很容易理解,但结型二极管是必需的。对于薄层而言,测得 τ_r 或 L_n 意义不大,例如,重掺杂衬底上外延层、大量沉淀物衬底上的裸露区域或 SOI 膜。上述薄层最适合用产生

441

寿命测量的方法来表征。[94]

产生寿命: 产生寿命通常由脉冲 MOS 电容测得。在 Zerbst 图的测量中是最常见的,但电流与逆电容更容易解释,因为不必知道掺杂样品的密度。由于在空间电荷区的反向偏置设备(二极管或 MOS 器件)的 τ_g 测量,它容易对薄层的特性进行测量,例如,在重掺杂衬底外延层[94]、大量沉淀物衬底上的裸露区域或 SOI 膜。此外,由于 scr 的宽度可以通过施加电压的变化而改变,有可能产生 τ_g 深度剖面,这是 τ_r 测量很难做到的,由于对 τ_r 和 L_n 测量深度是依靠少数载流子的扩散长度。为了避免接触的形成,也可以利用电晕-氧化物-半导体的方法,取代金属或多晶硅栅环形电荷。

● ● ● ● ● ● ● ● ● ● ● ● ● ● ● ● ● ●

附录 7.1

光激发

稳态:我们考虑如图 A7.1 中的 p 型半导体。晶圆厚度为 d,反射率 R,少子寿命为 τ,少子扩散系数为 D,少子扩散长度为 L 以及表面复合速率在两个表面分别为 s_{r1} 和 s_{r2}。单色光的光子通量密度,波长 λ 和吸收系数 α,都易于发生在晶圆的一侧。通过吸收 x 方向传播的光子的载流子生成和晶圆在 $y-z$ 平面被认为是无限大,使边缘效应不容忽视。稳定状态,小信号过剩少数载流子浓度 $\Delta n(x)$ 是从一维连续性方程的解得到的。

$$D \frac{\mathrm{d}^2 \Delta n(x)}{\mathrm{d}x^2} - \frac{\Delta n(x)}{\tau} + G(x) = 0 \tag{A7.1}$$

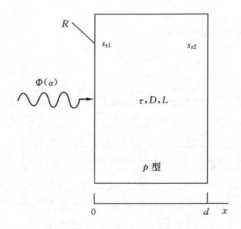

图 A7.1 具有几何光学激发的均一 p 型样品

442 带入边界条件

$$\frac{\mathrm{d}\Delta n(x)}{\mathrm{d}x}\Big|_{x=0} = s_{r1}\frac{\Delta n(0)}{D}; \frac{\mathrm{d}\Delta n(x)}{\mathrm{d}x}\Big|_{x=d} = s_{r2}\frac{\Delta n(\mathrm{d})}{D} \tag{A7.2}$$

产生率为

$$G(x,\lambda) = \Phi(\lambda)\alpha(\lambda)[1 - R(\lambda)]\exp(-\alpha(\lambda)x) \tag{A7.3}$$

这个表达式隐含的假设是,每吸收光子产生一个 ehp。

通过式(A7.2)和(A7.3),对式(A7.1)的解为[151]

$$\Delta n(x) = \frac{(1-R)\Phi\alpha\tau}{(\alpha^2 L^2 - 1)}\left(\frac{A_1 + B_1 \mathrm{e}^{-\alpha d}}{D_1} - \exp(-\alpha x)\right) \tag{A7.4}$$

此处

$$A_1 = \left(\frac{s_{r1}s_{r2}L}{D} + s_{r2}\alpha L\right)\sinh\left(\frac{d-x}{L}\right) + (s_{r1} + \alpha D)\cosh\left(\frac{d-x}{L}\right)$$

$$B_1 = \left(\frac{s_{r1}s_{r2}L}{D} - s_{r1}\alpha L\right)\sinh\left(\frac{x}{L}\right) + (s_{r2} - \alpha D)\cosh\left(\frac{x}{L}\right)$$

$$D_1 = \left(\frac{s_{r1}s_{r2}L}{D} + \frac{D}{L}\right)\sinh\left(\frac{d}{L}\right) + (s_{r1} + s_{r2})\cosh\left(\frac{d}{L}\right)$$

对于一些测量方法,多子浓度是必需的,对于其他方法,电流密度是必需的。

在式(A7.4)的推导中只考虑了扩散。这种电场被假设为足够小,因而漂移是微不足道的。扩散电流密度为

$$J_\mathrm{n}(x) = qD\,\frac{\mathrm{d}\Delta n(x)}{\mathrm{d}x} \tag{A7.5}$$

由(A7.4),$J_\mathrm{n}(x)$可以写为

$$J_\mathrm{n}(x) = \frac{q(1-R)\Phi\alpha L}{(\alpha^2 L^2 - 1)}\left(\frac{A_2 - B_2 \mathrm{e}^{-\alpha d}}{D_1} - \alpha L \exp(-\alpha x)\right) \tag{A7.6}$$

此处

$$A_2 = \left(\frac{s_{r1}s_{r2}L}{D} + s_{r2}\alpha L\right)\cosh\left(\frac{d-x}{L}\right) + (s_{r1} + \alpha D)\sinh\left(\frac{d-x}{L}\right)$$

$$B_2 = \left(\frac{s_{r1}s_{r2}L}{D} - s_{r1}\alpha L\right)\cosh\left(\frac{x}{L}\right) + (s_{r2} - \alpha D)\sinh\left(\frac{x}{L}\right)$$

如图 A7.2 在 $n^+ p$ 结交界处。通过对式(A7.4)及(A7.6)的一些修改,我们可以导出过剩载流子密度和电流密度的表达式。Hovel 给出了很好的讨论。[152]对于 n^+ 层,我们关注的是厚度为 d_1 的薄顶层。因此式(A7.4):$d \to d_1$ 且 $s_{r1} \to s_\mathrm{p}$。我们尤其关注在短路电流条件下过剩载体浓度,该条件下,过剩载流子浓度在空间电荷区($x = d_1$)边缘处为 0。从表面复合角度看,这意味着 $s_{r2} = \infty$,推出

$$\Delta p(x) = \frac{(1-R)\Phi\alpha\tau_\mathrm{p}}{(\alpha^2 L_\mathrm{p}^2 - 1)}\left(\frac{A_3 + B_3 \mathrm{e}^{-\alpha d_1}}{D_3} - \exp(-\alpha x)\right) \tag{A7.7}$$

此处

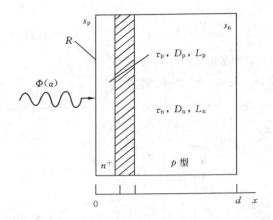

图 A7.2　光学激发下的结几何图

$$A_3 = \left(\frac{s_p L_p}{D_p} + \alpha L_p\right)\sinh\left(\frac{d_1 - x}{L_p}\right)$$

$$B_3 = \left(\frac{s_p L_p}{D_p}\right)\sinh\left(\frac{x}{L_p}\right) + \cosh\left(\frac{x}{L_p}\right)$$

$$D_3 = \left(\frac{s_p L_p}{D_p}\right)\sinh\left(\frac{d_1}{L_p}\right) + \cosh\left(\frac{d_1}{L_p}\right)$$

对于 p 型衬底进行类似的讨论,有 $x' = (x - d_1 - W)$,$d' = (d - d_1 - W)$ 以及 $s_{r1} = \infty$,得到

$$\Delta n(x') = \frac{(1-R)\Phi\,\alpha\tau_n}{(\alpha^2 L_n^2 - 1)}\left(\frac{A_4 - B_4 e^{-\alpha d'}}{D_4} - \exp(-\alpha x')\right)\exp(-\alpha(d_1 + W)) \quad (A7.8)$$

此处

$$A_4 = \left(\frac{s_n L_n}{D_n}\right)\sinh\left(\frac{d' - x'}{L_n}\right) + \cosh\left(\frac{d' - x'}{L_n}\right)$$

$$B_4 = \left(\frac{s_n L_n}{D_n} - \alpha L_n\right)\sinh\left(\frac{x'}{L_n}\right)$$

$$D_4 = \left(\frac{s_n L_n}{D_n}\right)\sinh\left(\frac{d'}{L_n}\right) + \cosh\left(\frac{d'}{L_n}\right)$$

444　　　式(A7.8)中附加项 $\exp[-\alpha(d_1 + W)]$ 代表 $x = d_1 + W$ 之外的载流子产生。当光子进入 p 型衬底时,被吸收的光子通量密度已经被上述因子缩小。如图 A7.2 所示短路结构电流密度只通过考虑扩散电流得到,如式(A7.5)所示。一个隐含的假设是在整个 n^+ 和 p 区不存在压降并且漂移电流在这两个区域可以忽略不计。在 scr 区电场占主导,复合可以忽略。基于上述假设,电流密度为

$$J_{sc} = J_p + J_n + J_{scr} \quad (A7.9)$$

空穴电流密度为

$$J_{\mathrm{p}} = \frac{q(1-R)\Phi\alpha L_{\mathrm{p}}}{(\alpha^2 L_{\mathrm{p}}^2 - 1)}\left(\frac{A_5 - B_5\mathrm{e}^{-\alpha d_1}}{D_5} - \alpha L_{\mathrm{p}}\exp(-\alpha d_1)\right) \tag{A7.10}$$

此处

$$A_5 = \frac{s_{\mathrm{p}}L_{\mathrm{p}}}{D_{\mathrm{p}}} + \alpha L_{\mathrm{p}}$$

$$B_5 = \left(\frac{s_{\mathrm{p}}L_{\mathrm{p}}}{D_{\mathrm{p}}}\right)\cosh\left(\frac{d_1}{L_{\mathrm{p}}}\right) + \sinh\left(\frac{d_1}{L_{\mathrm{p}}}\right)$$

$$D_5 = \left(\frac{s_{\mathrm{p}}L_{\mathrm{p}}}{D_{\mathrm{p}}}\right)\sinh\left(\frac{d_1}{L_{\mathrm{p}}}\right) + \cosh\left(\frac{d_1}{L_{\mathrm{p}}}\right)$$

电子电流密度为

$$J_{\mathrm{n}} = \frac{q(1-R)\Phi\alpha L_{\mathrm{n}}}{(\alpha^2 L_{\mathrm{n}}^2 - 1)}\left(\frac{-A_6 - B_6\mathrm{e}^{-\alpha d'}}{D_6} + \alpha L_{\mathrm{n}}\right)\exp(-\alpha(d_1 + W)) \tag{A7.11}$$

此处

$$A_6 = \left(\frac{s_{\mathrm{n}}L_{\mathrm{n}}}{D_{\mathrm{n}}}\right)\cosh\left(\frac{d'}{L_{\mathrm{n}}}\right) + \sinh\left(\frac{d'}{L_{\mathrm{n}}}\right)$$

$$B_6 = \frac{s_{\mathrm{n}}L_{\mathrm{n}}}{D_{\mathrm{n}}} - \alpha L_{\mathrm{n}}$$

$$D_6 = \left(\frac{s_{\mathrm{n}}L_{\mathrm{n}}}{D_{\mathrm{n}}}\right)\sinh\left(\frac{d'}{L_{\mathrm{n}}}\right) + \cosh\left(\frac{d'}{L_{\mathrm{n}}}\right)$$

空间电荷区电流密度为

$$J_{\mathrm{scr}} = q(1-R)\Phi\exp(-\alpha d)(1 - \exp(-\alpha W)) \tag{A7.12}$$

瞬态:图 A7.1 所示的样品几何图的瞬态一维连续性方程为

$$\frac{\partial\Delta n(x,t)}{\partial t} = D\frac{\partial^2\Delta n(x,t)}{\partial x^2} - \frac{\Delta n(x,t)}{\tau_B} + G(x,t) \tag{A7.13}$$

一般来说,瞬态测量下,在源激励关闭后检测载流子衰减,也就是,在测量过程中 $G(x,t)$ =0。

在 $G(x,t)=0$ 下,式(A7.13)的解和边界条件为

$$\frac{\partial\Delta n(x,t)}{\partial x}\Big|_{x=0} = s_{\mathrm{r1}}\frac{\Delta n(0,t)}{D}; \frac{\partial\Delta n(x,t)}{\partial x}\Big|_{x=d} = -s_{\mathrm{r2}}\frac{\Delta n(d,t)}{D} \tag{A7.14}$$

给出[21,153]

$$\Delta n(x,t) = \sum_{m=1}^{\infty} A_{\mathrm{m}}\exp(-t/\tau_{\mathrm{m}}) \tag{A7.15}$$

此处的系数 A_{m} 取决于初始条件。对于波长 λ 和光吸收系数 α 的光载流子产生系数 A_{m} 由下式给出[22]:

445

$$A_{\mathrm{m}} = \frac{8G_{\mathrm{o}}\exp(-\alpha d/2)}{d} \frac{\sin(\beta_{\mathrm{m}} d/2)}{(\alpha^2 + \beta^2)(\beta_{\mathrm{m}} d + \sin(\beta_{\mathrm{m}} d))}$$

$$\times \left(\alpha \sinh\left(\frac{\alpha d}{2}\right)\cos\left(\frac{\beta_{\mathrm{m}} d}{2}\right) + \beta_{\mathrm{m}} \cosh\left(\frac{\alpha d}{2}\right)\sin\left(\frac{\beta_{\mathrm{m}} d}{2}\right) \right) \tag{A7.16}$$

$$\times \exp\left(-\left(\frac{1}{\tau_B} + \beta_{\mathrm{m}}^2 D\right)t \right)$$

此处的 G_{o} 为产生率。式(A7.16)有 $s_{r1} = s_{r2}$。为了表达更普遍的情况 $S_{R1} \neq S_{R2}$,表达式变得稍复杂。[154] 对由电子束产生的过量载流子的合理解释,见参考文献[21]。衰减常数 τ_{m} 由下式给出:

$$\frac{1}{\tau_{\mathrm{m}}} = \frac{1}{\tau_B} + D\beta_{\mathrm{m}}^2 \tag{A7.17}$$

当 β_{m} 作为 m^{th} 的根时

$$\tan(\beta_{\mathrm{m}} d) = \frac{\beta_{\mathrm{m}}(s_{r1} + s_{r2})D}{\beta_{\mathrm{m}}^2 D^2 - s_{r1} s_{r2}} \tag{A7.18}$$

这些等式与式(7.28)和(7.29)相似。在 $s_{r1} = s_{r2} = s_r$ 条件下,等式(A7.18)变为式(7.29)。过剩载流子衰减曲线是高阶方程解的和比第一个解随时间衰减更加迅速,经过一次瞬态后也许可以忽略,如图 A7.3 所示。占主导地位的模式为指数衰减,时间常数 τ_{eff}

$$\frac{1}{\tau_{\mathrm{eff}}} = \frac{1}{\tau_B} + D\beta_1^2 \tag{A7.19}$$

由 β_1 作为式(A7.18)的第一个实根。

对于低表面复合速率 $(s_{r1} = s_{r2} = s_r \to 0)$

$$\frac{1}{\tau_{\mathrm{eff}}} = \frac{1}{\tau_B} + \frac{2s_r}{d} \tag{A7.20a}$$

对于高 $s_r (s_{r1} = s_{r2} \to \infty)$

$$\frac{1}{\tau_{\mathrm{eff}}} = \frac{1}{\tau_B} + \frac{\pi^2 D}{d^2} \tag{A7.20b}$$

根据式(A7.20)测量的寿命总是小于真实的寿命。测得寿命与真实寿命的差异取决于 s_r、τ_B 和 d。衰减率更详细的讨论见参考文献[21]和[22]。

图 A7.3 中的曲线显示一个取决于 s_r 和 α 的最初的快速衰减。虽然难以区分 s_r,但是很容易通过改变不同入射光波长来改变 α,从而提取 s_r。[51, 155]

上述理论在低注入条件下有效,此处 SRH、辐射寿命和俄歇寿命可以当做常数,除了表面效应,瞬态衰减可以认为是一个指数形式。这不再是真正的高能级注入,特别是辐射复合和俄歇复合,因为寿命本身是过剩载流子浓度和衰减不再为指数关系。这个方程就变得非常复杂,详细讨论由 Blakemore 给出。[156]

在某些测量技术中,就是测量光激励源和检测参数之间的相移量。对于正弦变化产生率,

$$G(x,t) = (G_0 + G_1 e^{j\omega t})\exp(-\alpha x) = (\Phi_0 + \Phi_1 e^{j\omega t})\alpha(1 - R)\exp(-\alpha x) \tag{A7.21}$$

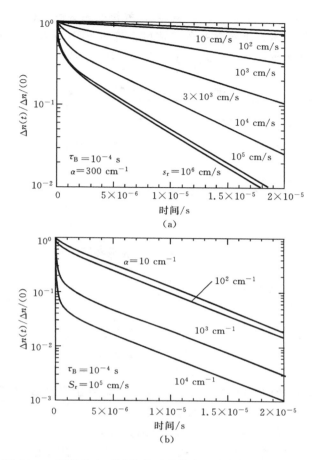

图 A7.3　通常状态下计算的过剩载流子浓度与时间的函数
(a)表面复合速率; (b)吸收系数 $d=400\ \mu m$

过剩少子浓度 $\Delta n_1(x)\exp(j\omega t)$ 的基本组成部分的变化由下式得出:

$$D\frac{d^2\Delta n_1(x)}{dx^2}-\frac{\Delta n_1(x)}{\tau_B}+G_1\exp(-\alpha x)=j\omega\Delta n_1(x) \qquad (A7.22)$$

基于与式(A7.1)同样的边界条件,该方程的解为

$$\Delta n_1(x)=\frac{(1-R)\Phi_1\alpha\tau_B}{(\alpha^2L^2-1-j\omega\tau_B)}\left(\frac{A'+B'e^{-\alpha d}}{D'}-\exp(-\alpha x)\right) \qquad (A7.23)$$

此处的 A'、B' 和 D' 与式(A7.4)的 A、B 和 D 相似,除了式子中与频率相关的扩散长度 L 被 $L/(1+j\omega t)^{1/2}$ 代替。

　　陷阱:对于低能级注入和低陷阱密度($N_T \ll N_A$),以上的分析有效。对于高 N_T, $\Delta n \ne \Delta p$ 和瞬态衰减不是一个简单的指数。也可能有陷阱中心,捕获载流子,然后释放他们回到他们被捕获时的能级,如图 A7.4 所示。过剩 ehp 引入半导体。电子是随机捕获或陷入在能级 E_{T2}(图 A7.4(a))中的,而不是直接复合。随后再被发射入导带(图 A7.4(b)),最后与空穴复合(图 A7.4(c))。显然在这个例子中在电子复合"死亡"之前,它"生存"的时间比陷入陷阱的

447

时间长,并且寿命测量错误地给出了高值。这与扩散长度测量恰恰相反。由于捕获,电子分布是由产生电子产生位置而不是由扩散过程形成的。通过 SPV 法检测的有陷阱的 Si 晶圆,其少数载流子扩散长度减小是由于少数载流子分布被陷阱"冻结"。[157]

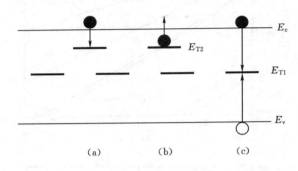

图 A7.4　能带图显示陷阱和复合

由此产生的有效寿命陷阱为

$$\tau'_n = \tau_n \frac{1 + b + b\tau_2/\tau_1}{1+b} \tag{A7.24}$$

此处的 $b = \mu_n/\mu_p$,τ_1 是少数电子被陷阱中心捕获之前在导带中的平均时间,τ_2 是电子被捕获之后发射回导带之前的平均时间。若没有陷阱 $\tau_n' = \tau_n$;若有陷阱 $\tau_n' > \tau_n$ 且 τ_n' 可以非常长。例如,由于这些材料的陷阱效应,一定宽度带隙的磷可以显示出余辉效应,激发后持续数分钟后停止。虽然,即使 Si 样品可以显示明显的陷阱效应。[158]

通过稳态偏置光照样品可以大大减少陷阱,因为这样可以不断产生 ehp,填满陷阱并且任何生成的过剩 ehp 都倾向于复合并减小陷阱。另一种方法是用很短的、强烈的光脉冲。如果脉冲宽度比 τ_1 少,脉冲期间陷阱密度不会发生明显的变化,在载流子衰减过程中具有不可忽略的作用。

● ● ● ● ● ● ● ● ● ● ● ● ● ● ● ● ●

附录 7. 2

电激励

光激励可以作为半导体中产生 ehp 的手段,由于寿命测量是非接触式。对于一些方法,$\alpha - \lambda$ 的关系必须准确地知道,例如,表面光电压法。电注入更容易被控制,这是一个在 pn 结的 scr 边缘注入少数载流子的平面源。其主要缺点是需要一个做为少数载流子源的结。在大多数测电寿命的方法中,有一个对两个准中性区都正向的结偏置以便注入少数载流子。该注入可被认为是从位于 scr 边缘的平面上发射出的。考虑具有 $n^+ p$ 结的 p 型衬底,从 $x = 0$ 处注入基底的电子的空间分布由下式给出:

$$\Delta n(x) = n_{po} \left(\exp\left(\frac{qV_f}{kT}\right) - 1 \right) \frac{A}{B} \tag{A7.25}$$

此处

$$A = \left(\frac{s_{\mathrm{n}} L_{\mathrm{n}}}{D_{\mathrm{n}}}\right) \sinh\left(\frac{d-x}{L_{\mathrm{n}}}\right) + \cosh\left(\frac{d-x}{L_{\mathrm{n}}}\right)$$

$$B = \left(\frac{s_{\mathrm{n}} L_{\mathrm{n}}}{D_{\mathrm{n}}}\right) \sinh\left(\frac{d}{L_{\mathrm{n}}}\right) + \cosh\left(\frac{d}{L_{\mathrm{n}}}\right)$$

此处的 d 为 p 型衬底厚度。若此后我们让 $\alpha \to \infty$，则式（A7.25）与式（A7.4）类似，它类似于将光生载流子围在 $x=0$ 的平面上。

与光和电子注入的一个主要区别是，在光注入过程中过剩载流子在样品中的产生量，产生深度由吸收系数控制。电子注入超过一个平面。过剩载流子可以超出平面存在，因为它们是分散那儿的而不是产生在那里。

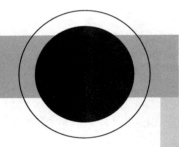

参 考 文 献

448
~
458

1. R.N. Hall, "Electron-Hole Recombination in Germanium," *Phys. Rev.* **87**, 387, July 1952.

2. W. Shockley and W.T. Read, "Statistics of the Recombinations of Holes and Electrons," *Phys. Rev.* **87**, 835–842, Sept. 1952.

3. R.N. Hall, "Recombination Processes in Semiconductors," *Proc. IEE* **106B**, 923–931, March 1960.

4. D.K. Schroder, "The Concept of Generation and Recombination Lifetimes in Semiconductors," *IEEE Trans. Electron Dev.* **ED-29**, 1336–1338, Aug. 1982.

5. Y.P. Varshni, "Band-to-Band Radiative Recombination in Groups IV, VI and III-V Semiconductors (I) and (II)," *Phys. Stat. Sol.* **19**, 459–514, Feb. 1967; *ibid.* **20**, 9–36, March 1967.

6. G. Augustine, A Rohatgi, and N.M. Jokerst, "Base Doping Optimization for Radiation-Hard Si, GaAs, and InP Solar Cells," *IEEE Trans. Electron Dev.* **39**, 2395–2400, Oct. 1992.

7. Y. Rosenwaks, Y. Shapira, and D. Huppert, "Picosecond Time-resolved Luminescence Studies of Surface and Bulk Recombination Processes in InP," *Phys. Rev.* **B 45**, 9108–9119, April 1992; I. Tsimberova, Y. Rosenwaks, and M. Molotskii, "Minority Carriers Recombination in n-InP Single Crystals," *J. Appl. Phys.* **93**, 9797–9802, June 2003.

8. U. Strauss and W.W. Rühle, "Auger Recombination in GaAs," *Appl. Phys. Lett.* **62**, 55–57, Jan. 1993; G.W. 't Hooft, "The Radiative Recombination Coefficient of GaAs from Laser Delay Measurements and Effective Nonradiative Lifetimes," *Appl. Phys. Lett.* **39**, 389–390, Sept. 1981.

9. J. Pietzsch and T. Kamiya, "Determination of Carrier Density Dependent Lifetime and Quantum Efficiency in Semiconductors with a Photoluminescence Method (Application to InGaAsP/InP Heterostructures," *Appl. Phys.* **A42**, 91–102, Jan. 1987.

10. T. Trupke, M.A. Green, P. Würfel, P.P. Altermatt, A. Wang, J. Zhao, and R. Corkish, "Temperature Dependence of the Radiative Recombination Coefficient of Intrinsic Crystalline Silicon," *J. Appl. Phys.* **94**, 4930–4937, Oct. 2003.

11. D.K. Schroder, "Carrier Lifetimes in Silicon," in *Handbook of Silicon Technology* (W.C. O'Mara and R.B. Herring, eds.) Noyes Publ., Park Ridge, NJ, 1987; J. Burtscher, F. Dannhäuser and J. Krausse, "The Recombination in Thyristors and Rectifiers in Silicon: Its Influence on the Forward-Bias Characteristic and the Turn-Off Time," (in German) *Solid-State Electron.* **18**, 35–63, Jan. 1975; J. Dziewior and W. Schmid, "Auger Coefficients for Highly Doped and Highly Excited Silicon," *Appl. Phys. Lett.* **31**, 346–348, Sept. 1977; I.V. Grekhov and L.A. Delimova, "Auger Recombination in Silicon," *Sov. Phys. Semicond.* **14**, 529–532, May 1980; L.A. Delimova, "Auger Recombination in Silicon at Low Temperatures," *Sov. Phys. Semicond.* **15**, 778–780, July 1981; L. Passari and E. Susi, "Recombination Mechanisms and Doping Density in Silicon," *J. Appl. Phys.* **54**, 3935–3937, July 1983; D. Huber, A. Bachmeier, R. Wahlich and H. Herzer, "Minority Carrier Diffusion Length and Doping Density in Nondegenerate Silicon," in *Semiconductor Silicon/1986* (H.R. Huff, T. Abe and B. Kolbesen, eds.) Electrochem. Soc., Pennington, NJ, 1986, pp. 1022–1032; E.K. Banghart and J.L. Gray, "Extension of the Open-Circuit Voltage Decay Technique to Include Plasma-Induced Bandgap Narrowing," *IEEE Trans. Electron Dev.* **39**, 1108–1114, May 1992; T.F. Ciszek, T. Wang, T. Schuyler and A. Rohatgi, "Some Effects of Crystal Growth Parameters on Minority Carrier

Lifetime in Float-Zoned Silicon," *J. Electrochem. Soc.* **136**, 230–234, Jan. 1989; S.K. Pang and A. Rohatgi, "Record High Recombination Lifetime in Oxidized Magnetic Czochralski Silicon," *Appl. Phys. Lett.* **59**, 195–197, July 1991 and citations in these references.

12. D.K. Schroder, "Carrier Lifetimes in Silicon," *IEEE Trans. Electron Dev.* **44**, 160–170, Jan. 1997.

13. M.J. Kerr and A. Cuevas, "General Parameterization of Auger Recombination in Crystalline Silicon," *J. Appl. Phys.* **91**, 2473–2480, Feb. 2002.

14. D.J. Fitzgerald and A.S. Grove, "Surface Recombination in Semiconductors," *Surf. Sci.* **9**, 347–369, Feb. 1968.

15. A.G. Aberle, S. Glunz, and W. Warta, "Impact of Illumination Level and Oxide Parameters on Shockley-Read-Hall Recombination at the Si-SiO$_2$ Interface," *J. Appl. Phys.* **71**, 4422–4431, May 1992; S.J. Robinson, S.R. Wenham, P.P. Altermatt, A.G. Aberle, G. Heiser, and M.A. Green, "Recombination Rate Saturation Mechanisms at Oxidized Surfaces of High-Efficiency Silicon Solar Cells," *J. Appl. Phys.* **78**, 4740–4754, Oct. 1995.

16. D.K. Schroder, "The Concept of Generation and Recombination Lifetimes in Semiconductors," *IEEE Trans. Electron Dev.* **ED-29**, 1336–1338, Aug. 1982.

17. A.S. Grove in *Physics and Technology of Semiconductor Devices* (Wiley, New York, 1967). Grove introduced τ_0 and s_0 as bulk and surface generation parameters. He assumes that $\sigma_n = \sigma_p$ and $E_T = E_i$ and finds $\tau_0 = \tau_n = \tau_p$ and $G = n_i/2\tau_0$. This places undue restrictions on τ_0. I prefer the more general definition of Eq. (7.20) which requires no assumptions regarding τ_g. By similar arguments Grove defines the surface generation rate as $G_S = n_i(s_0/2)$. Again, I prefer the more general definition of Eq. (7.22) with no assumptions.

18. H. Nagel, C. Berge, and A.G. Aberle, "Generalized Analysis of Quasi-Steady-State and Quasi-Transient Measurements of Carrier Lifetimes in Semiconductors," *J. Appl. Phys.* **86**, 6218–6221, Dec. 1999.

19. S.K. Pang and A. Rohatgi, "A New Methodology for Separating Shockley-Read-Hall Lifetime and Auger Recombination Coefficients from the Photoconductivity Decay Technique," *J. Appl. Phys.* **74**, 5554–5560, Nov. 1993; T. Maekawa and K. Fujiwara, "Measurable Range of Bulk Carrier Lifetime for a Thick Silicon Wafer by Induced Eddy Current Method," *Japan. J. Appl. Phys.* **35**, 3955–3964, Aug. 1995.

20. ASTM Standard F28-91, "Standard Method for Measuring the Minority-Carrier Lifetime in Bulk Germanium and Silicon," *1996 Annual Book of ASTM Standards*, Am. Soc. Test. Mat., West Conshohocken, PA, 1996.

21. M. Boulou and D. Bois, "Cathodoluminescence Measurements of the Minority-Carrier Lifetime in Semiconductors," *J. Appl. Phys.* **48**, 4713–4721, Nov. 1977.

22. K.L. Luke and L.J. Cheng, "Analysis of the Interaction of a Laser Pulse with a Silicon Wafer: Determination of Bulk Lifetime and Surface Recombination Velocity," *J. Appl. Phys.* **61**, 2282–2293, March 1987.

23. D.T. Stevenson and R.J. Keyes, "Measurement of Carrier Lifetimes in Germanium and Silicon," *J. Appl. Phys.* **26**, 190–195, Feb. 1955.

24. S.M. Ryvkin, *Photoelectric Effects in Semiconductors* Consultants Bureau, New York, 1964, 19–22.

25. T.S. Horányi, T. Pavelka, and P. Tüttö, "In Situ Bulk Lifetime Measurement on Silicon with a Chemically Passivated Surface," *Appl. Surf. Sci.*, **63**, 306–311, Jan. 1993; H. M'saad, J. Michel, J.J. Lappe, and L.C. Kimerling, "Electronic Passivation of Silicon Surfaces by Halogens," *J. Electron. Mat.* **23**, 487–491, May 1994.

26. E. Yablonovitch and T.J. Gmitter, "A Contactless Minority Carrier Lifetime Probe of Heterostructures, Surfaces, Interfaces, and Bulk Wafers," *Solid-State Electron.* **35**, 261–267, March 1992.

27. A. Sanders and M. Kunst, "Characterization of Silicon Wafers by Transient Microwave Photoconductivity Measurements," *Solid-State Electron.* **34**, 1007–1015, Sept. 1991; E. Gaubas and A. Kaniava, "Determination of Recombination Parameters in Silicon Wafers by Transient Microwave Absorption," *Rev. Sci. Instrum.* **67**, 2339–2345, June 1996; ASTM Standard F1535-94, "Standard Test Method for Carrier Recombination Lifetime in Silicon Wafers by Noncontact Measurement of Photoconductivity Decay by Microwave Reflectance," *1996 Annual Book of*

ASTM Standards, Am. Soc. Test. Mat., West Conshohocken, PA, 1996.

28. E. Yablonovitch, R.M. Swanson, W.D. Eades, and B.R. Weinberger, "Electron-Hole Recombination at the Si-SiO$_2$ Interface," *Appl. Phys. Lett.* **48**, 245–247, Jan. 1986.

29. E. Yablonovitch, D.L. Allara, C.C. Chang, T. Gmitter and T.B. Bright, "Unusually Low Surface-Recombination Velocity on Silicon and Germanium Surfaces," *Phys. Rev. Lett.* **57**, 249–252, July 1986.

30. J. Schmidt and A.G. Aberle, "Accurate Method for the Determination of Bulk Minority-Carrier Lifetimes in Mono- and Multicrystalline Silicon Wafers," *J. Appl. Phys.* **81**, 6186–6196, May 1997.

31. E. Yablonovitch, C.J. Sandroff, R. Bhat and T. Gmitter, "Nearly Ideal Electronic Properties of Sulfide Coated GaAs Surfaces," *Appl. Phys. Lett.* **51**, 439–441, Aug. 1987.

32. Y. Mada, "A Nondestructive Method for Measuring the Spatial Distribution of Minority Carrier Lifetime in Si Wafer," *Japan. J. Appl. Phys.* **18**, 2171–2172, Nov. 1979.

33. M. Kunst and G. Beck, "The Study of Charge Carrier Kinetics in Semiconductors by Microwave Conductivity Measurements," *J. Appl. Phys.* **60**, 3558–3566, Nov. 1986; J.M. Borrego, R.J. Gutmann, N. Jensen and O. Paz, "Non-Destructive Lifetime Measurement in Silicon Wafers by Microwave Reflection," *Solid-State Electron.* **30**, 195–203, Feb. 1987.

34. R.J. Deri and J.P. Spoonhower, "Microwave Photoconductivity Lifetime Measurements: Experimental Limitations," *Rev. Sci. Instrum.* **55**, 1343–1347, Aug. 1984.

35. R.A. Sinton and A. Cuevas, "Contactless Determination of Current-Voltage Characteristics and Minority-carrier Lifetimes in Semiconductors from Quasi-steady-state Photoconductance Data," *Appl. Phys. Lett.* **69**, 2510–2512, Oct. 1996.

36. A. Cuevas and R.A. Sinton, "Characterisation and Diagnosis of Silicon Wafers and Devices," in *Practical Handbook of Photovoltaics: Fundamentals and Applications* (T. Markvart and L. Castaner, eds.) Elsevier, Oxford, 2003.

37. M.J. Kerr, A. Cuevas, and R.A. Sinton, "Generalized Analysis of Quasi-Steady-State and Transient Decay Open Circuit Voltage," *J. Appl. Phys.* **91**, 399–404, Jan. 2002.

38. J.E. Mahan, T.W. Ekstedt, R.I. Frank and R. Kaplow, "Measurement of Minority Carrier Lifetime in Solar Cells from Photo-Induced Open Circuit Voltage Decay," *IEEE Trans. Electron Dev.* **ED-26**, 733–739, May 1979; S.R. Dhariwal and N.K. Vasu, "Mathematical Formulation for the Photo-Induced Open Circuit Voltage Decay Method for Measurement of Minority Carrier Lifetime in Solar Cells," *IEEE Electron Dev. Lett.* **EDL-2**, 53–55, Feb. 1981.

39. O. von Roos, "Analysis of the Photo Voltage Decay (PVD) Method for Measuring Minority Carrier Lifetimes in PN Junction Solar Cells," *J. Appl. Phys.* **52**, 5833–5837, Sept. 1981.

40. B.H. Rose and H.T. Weaver, "Determination of Effective Surface Recombination Velocity and Minority-Carrier Lifetime in High-Efficiency Si Solar Cells," *J. Appl. Phys.* **54**, 238–247, Jan. 1983; Corrections *J. Appl. Phys.* **55**, 607, Jan. 1984.

41. B.H. Rose, "Minority-Carrier Lifetime Measurements on Si Solar Cells Using I_{sc} and V_{oc} Transient Decay," *IEEE Trans. Electron Dev.* **ED-31**, 559–565, May 1984.

42. S.C. Jain, "Theory of Photo Induced Open Circuit Voltage Decay in a Solar Cell," *Solid-State Electron.* **24**, 179–183, Feb. 1981; S.C. Jain and U.C. Ray, "Photovoltage Decay in PN Junction Solar Cells Including the Effects of Recombination in the Emitter." *J. Appl. Phys.* **54**, 2079–2085, April 1983.

43. A.R. Moore, "Carrier Lifetime in Photovoltaic Solar Concentrator Cells by the Small Signal Open Circuit Decay Method," *RCA Rev.* **40**, 549–562, Dec. 1980.

44. R.K. Ahrenkiel, "Measurement of Minority-Carrier Lifetime by Time-Resolved Photoluminescence," *Solid-State Electron.* **35**, 239–250, March 1992.

45. J. Dziewior and W. Schmid, "Auger Coefficients for Highly Doped and Highly Excited Silicon," *Appl. Phys. Let.*. **31**, 346–348, Sept. 1977.

46. G. Bohnert, R. Häcker and A. Hangleiter, "Position Resolved Carrier Lifetime Measurement in Silicon Power Devices by Time Resolved Photoluminescence Spectroscopy," *J. Physique* **C4**, 617–620, Sept. 1988.

47. E.O. Johnson, "Measurement of Minority Carrier Lifetime with the Surface Photovoltage," *J. Appl. Phys.* **28**, 1349–1353, Nov. 1957.

48. A. Quilliet and P. Gosar, "The Surface Photovoltaic Effect in Silicon and Its Application to Measure the Minority Carrier Lifetime (in French)," *J. Phys. Rad.* **21**, 575–580, July 1960.

49. A.M. Goodman, "A Method for the Measurement of Short Minority Carrier Diffusion Lengths in Semiconductors," *J. Appl. Phys.* **32**, 2550–2552, Dec. 1961; A.M. Goodman, L.A. Goodman and H.F. Gossenberger, "Silicon-Wafer Process Evaluation Using Minority-Carrier Diffusion Length Measurements by the SPV Method," *RCA Rev.* **44**, 326–341, June 1983.

50. S.C. Choo, L.S. Tan, and K.B. Quek, "Theory of the Photovoltage at Semiconductor Surfaces and Its Application to Diffusion Length Measurements," *Solid-State Electron.* **35**, 269–283, March 1992.

51. A. Buczkowski, G. Rozgonyi, F. Shimura, and K. Mishra, "Photoconductance Minority Carrier Lifetime vs. Surface Photovoltage Diffusion Length in Silicon," *J. Electrochem. Soc.* **140**, 3240–3245, Nov. 1993.

52. A.R. Moore, "Theory and Experiment on the Surface-Photovoltage Diffusion-Length Measurement as Applied to Amorphous Silicon," *J. Appl. Phys.* **54**, 222–228, Jan. 1983; C.L. Chiang, R. Schwarz, D.E. Slobodin, J. Kolodzey and S. Wagner, "Measurement of the Minority-Carrier Diffusion Length in Thin Semiconductor Films," *IEEE Trans. Electron Dev.* **ED-33**, 1587–1592, Oct. 1986; C.L. Chiang and S. Wagner, "On the Theoretical Basis of the Surface Photovoltage Technique," *IEEE Trans. Electron Dev.* **ED-32**, 1722–1726, Sept. 1985.

53. M.A. Green and M.J. Keevers, "Optical Properties of Intrinsic Silicon at 300 K," *Progr. Photovolt.* **3**, 189–192, May/June 1995.

54. M.D. Sturge, "Optical Absorption of Gallium Arsenide Between 0.6 and 2.75 eV," *Phys. Rev.* **127**, 768–773, Aug. 1962; D.D. Sell and H.C. Casey, Jr., "Optical Absorption and Photoluminescence Studies of Thin GaAs Layers in GaAs-AlGaAs Double Heterostructures," *J. Appl. Phys.* **45**, 800–807, Feb. 1974; D.E. Aspnes and A.A. Studna, "Dielectric Functions and Optical Parameters of Si, Ge, GaP, GaAs, GaSb, InP, InAs and InSb from 1.5 to 6 eV," *Phys. Rev.* **B27**, 985–1009, Jan. 1983.

55. S.S. Li, "Determination of Minority-Carrier Diffusion Length in Indium Phosphide by Surface Photovoltage Measurement," *Appl. Phys. Lett.* **29**, 126–127, July 1976; H. Burkhard, H.W. Dinges and E. Kuphal, "Optical Properties of InGaPAs, InP, GaAs, and GaP Determined by Ellipsometry," *J. Appl. Phys.* **53**, 655–662, Jan. 1982.

56. ASTM Standard F391-90a, "Standard Test Method for Minority-Carrier Diffusion Length in Silicon by Measurement of Steady-State Surface Photovoltage," *1996 Annual Book of ASTM Standards,* Am. Soc. Test. Mat., West Conshohocken, PA, 1996.

57. L. Jastrzebski, O. Milic, M. Dexter, J. Lagowski, D. DeBusk, P. Edelman, and K. Nauka, "Monitoring Heavy Metal Contamination During Chemical Cleaning With Surface Photovoltage," *J. Electrochem. Soc.* **140**, 1152–1159, April 1993.

58. W. Kern and D.A. Puotinen, "Cleaning Solutions Based on Hydrogen Peroxide for Use in Silicon Semiconductor Technology," *RCA Rev.* **31**, 187–206, June 1970.

59. S.C. Choo, "Theory of Surface Photovoltage in a Semiconductor with a Schottky Contact," *Solid-State Electron.* **38**, 2085–2093, Dec. 1995.

60. W.H. Howland and S.J. Fonash, "Errors and Error-Avoidance in the Schottky Coupled Surface Photovoltage Technique," *J. Electrochem. Soc.* **142**, 4262–4268, Dec. 1995.

61. R.H. Micheels and R.D. Rauh, "Use of a Liquid Electrolyte Junction for the Measurement of Diffusion Length in Silicon Ribbon," *J. Electrochem. Soc.* **131**, 217–219, Jan. 1984; A.R. Moore and H.S. Lin, "Improvement in the Surface Photovoltage Method of Determining Diffusion Length in Thin Films of Hydrogenated Amorphous Silicon," *J. Appl. Phys.* **61**, 4816–4819, May 1987.

62. B.L. Sopori, R.W. Gurtler and I.A. Lesk, "Effects of Optical Beam Size on Diffusion Length Measured by the Surface Photovoltage Method," *Solid-State Electron.* **23**, 139–142, Feb. 1980.

63. W.E. Phillips, "Interpretation of Steady-State Surface Photovoltage Measurements in Epitaxial Semiconductor Layers," *Solid-State Electron.* **15**, 1097–1102, Oct. 1972.

64. O.J. Antilla and S.K. Hahn, "Study on Surface Photovoltage Measurement of Long Diffusion Length Silicon: Simulation Results," *J. Appl. Phys.* **74**, 558–569, July 1993.

65. D.K. Schroder, "Effective Lifetimes in High Quality Silicon Devices," *Solid-State Electron.* **27**, 247–251, March 1984; T.I. Chappell, P.W. Chye and M.A. Tavel, "Determination of the Oxygen Precipitate-Free Zone Width in Silicon Wafers from Surface Photovoltage Measurements," *Solid-State Electron.* **26**, 33–36, Jan. 1983.

66. H. Shimizu and C. Munakata, "Nondestructive Diagnostic Method Using ac Surface Photovolt-age for Detecting Metallic Contaminants in Silicon Wafers," *J. Appl. Phys.* **73**, 8336–8339, June 1993; "AC Photovoltaic Images of Thermally Oxidized p-Type Silicon Wafers Contaminated With Metals," *Japan. J. Appl. Phys.* **31**, 2319–2321, Aug. 1992.

67. E.D. Stokes and T.L. Chu, "Diffusion Lengths in Solar Cells from Short-Circuit Current Mea-surements," *Appl. Phys. Lett.* **30**, 425–426, April 1977.

68. N.D. Arora, S.G. Chamberlain and D.J. Roulston, "Diffusion Length Determination in pn Junc-tion Diodes and Solar Cells," *Appl. Phys. Lett.* **37**, 325–327, Aug. 1980.

69. E. Suzuki and Y. Hayashi, "A Measurement of a Minority-Carrier Lifetime in a p-Type Silicon Wafer by a Two-Mercury Probe Method," *J. Appl. Phys.* **66**, 5398–5403, Dec. 1989; "A Method of Determining the Lifetime and Diffusion Coefficient of Minority Carriers in a Semiconductor Wafer," *IEEE Trans Electron Dev.* **36**, 1150–1154, June 1989.

70. V. Lehmann and H. Föll, "Minority Carrier Diffusion Length Mapping in Silicon Wafers Using a Si-Electrolyte-Contact," *J. Electrochem. Soc.* **135**, 2831–2835, Nov. 1988; J. Carstensen, W. Lippik, and H. Föll, "Mapping of Defect Related Silicon Bulk and Surface Properties With the ELYMAT Technique," in *Semiconductor Silicon/94* (H. Huff, W. Bergholz, and K. Sumino, eds.), Electrochem. Soc, Pennington, NJ, 1994, 1105–1116.

71. M.L. Polignano, A. Giussani, D. Caputo, C. Clementi, G. Pavia, and F. Priolo, "Detection of Metal Segregation at the Oxide-Silicon Interface," *J. Electrochem. Soc.* **149**, G429–G439, July 2002.

72. D.K. Schroder, R.N. Thomas and J.C. Swartz, "Free Carrier Absorption in Silicon," *IEEE Trans Electron Dev.* **ED-25**, 254–261, Feb. 1978.

73. L. Jastrzebski, J. Lagowski and H.C. Gatos, "Quantitative Determination of the Carrier Concen-tration Distribution in Semiconductors by Scanning Infrared Absorption: Si," *J. Electrochem. Soc.* **126**, 260–263, Feb. 1979.

74. J. Isenberg and W. Warta, "Free Carrier Absorption in Heavily Doped Silicon Layers," *Appl. Phys. Lett.* **84**, 2265–2267, March 2004.

75. S.W. Glunz and W. Warta, "High-Resolution Lifetime Mapping Using Modulated Free-Carrier Absorption," *J. Appl. Phys.* **77**, 3243–3247, April 1995.

76. D.L. Polla, "Determination of Carrier Lifetime in Silicon by Optical Modulation," *IEEE Elec-tron Dev. Lett.* **EDL-4**, 185–187, June 1983.

77. J. Waldmeyer, "A Contactless Method for Determination of Carrier Lifetime, Surface Recom-bination Velocity, and Diffusion Constant in Semiconductors," *J. Appl. Phys.* **63**, 1977–1983, March 1988.

78. J. Linnros, P. Norlin, and A. Hallén, "A New Technique for Depth Resolved Carrier Recombi-nation Measurements Applied to Proton Irradiated Thyristors," *IEEE Trans Electron Dev.* **40**, 2065–2073, Nov. 1993; H.J. Schulze, A. Frohnmeyer, F.J. Niedernostheide, F. Hille, P. Tüttö, T. Pavelka, and G. Wachutka, "Carrier Lifetime Analysis by Photoconductance Decay and Free Carrier Absorption Measurements," *J. Electrochem. Soc.* **148**, G655–G661, Nov. 2001.

79. M. Bail, J. Kentsch, R. Brendel, and M. Schulz, "Lifetime Mapping of Si Wafers by an Infrared Camera," *Proc. 28th IEEE Photovolt. Conf.* 99–103, 2000; R. Brendel, M. Bail, B. Bodmann, J. Kentsch, and M. Schulz, "Analysis of Photoexcited Charge Carrier Density Profiles in Si Wafers by Using an Infrared Camera," *Appl. Phys. Lett.* **80**, 437–439, Jan. 2002; J. Isenberg, S. Riepe, S.W. Glunz, and W. Warta, "Imaging Method for Laterally Resolved Measurement of Minority Carrier Densities and Lifetimes: Measurement Principle and First Applications," *J. Appl. Phys.* **93**, 4268–4275, April 2003.

80. M.C. Schubert, J. Isenberg, and W. Warta, "Spatially Resolved Lifetime Imaging of Silicon Wafers by Measurement of Infrared Emission," *J. Appl. Phys.* **94**, 4139–4143, Sept. 2003.

81. J.F. Bresse, "Quantitative Investigations in Semiconductor Devices by Electron Beam Induced Current Mode: A Review," in *Scanning Electron Microscopy I*, 717–725, 1978.

82. C.A. Klein, "Band Gap Dependence and Related Features of Radiation Ionization Energies in Semiconductors," *J. Appl. Phys.* **39**, 2029–2038, March 1968; F. Scholze, H. Rabus, and G. Ulm, "Measurement of the Mean Electron-Hole Pair Creation Energy in Crystalline Silicon for Photons in the 50–1500 eV Spectral Range," *Appl. Phys. Lett.* **69**, 2974–2976, Nov. 1996.

83. H.J. Leamy, "Charge Collection Scanning Electron Microscopy," *J. Appl. Phys.* **53**, R51–R80,

June 1982.

84. D.E. Ioannou and C.A. Dimitriadis, "A SEM-EBIC Minority Carrier Diffusion Length Measurement Technique," *IEEE Trans. Electron Dev.* **ED-29**, 445–450, March 1982.

85. D.S.H. Chan, V.K.S. Ong, and J.C.H. Phang, "A Direct Method for the Extraction of Diffusion Length and Surface Recombination Velocity from an EBIC Line Scan: Planar Junction Configuration," *IEEE Trans. Electron Dev.* **42**, 963–968, May 1995.

86. J.D. Zook, "Theory of Beam-Induced Currents in Semiconductors," *Appl. Phys. Lett.* **42**, 602–604, April 1983.

87. C. Van Opdorp, "Methods of Evaluating Diffusion Lengths and Near-Junction Luminescence-Efficiency Profiles from SEM Scans," *Phil. Res. Rep.* **32**, 192–249, 1977; F. Berz and H.K. Kuiken, "Theory of Lifetime Measurements with the Scanning Electron Microscope: Steady State," *Solid-State Electron.* **19**, 437–445, June 1976.

88. H.K. Kuiken, "Theory of Lifetime Measurements with the Scanning Electron Microscope: Transient Analysis," *Solid-State Electron.* **19**, 447–450, June 1976; C.H. Seager, "The Determination of Grain-Boundary Recombination Rates by Scanned Spot Excitation Methods," *J. Appl. Phys.* **53**, 5968–5971, Aug. 1982.

89. C.M. Hu and C. Drowley, "Determination of Diffusion Length and Surface Recombination Velocity by Light Excitation," *Solid-State Electron.* **21**, 965–968, July 1978.

90. J.D. Zook, "Effects of Grain Boundaries in Polycrystalline Solar Cells," *Appl. Phys. Lett.* **37**, 223–226, July 1980.

91. W.H. Hackett, "Electron-Beam Excited Minority-Carrier Diffusion Profiles in Semiconductors," *J. Appl. Phys.* **43**, 1649–1654, April 1972.

92. Y. Murakami, H. Abe, and T. Shingyouji, "Calculation of Diffusion Component of Leakage Current in pn Junctions Formed in Various Types of Silicon Wafers (Intrinsic Gettering, Epitaxial, Silicon-on-Insulator) *Japan. J. Appl. Phys.*, **34**, 1477–1482, March 1995.

93. C. Claeys, E. Simoen, A. Poyai, and A. Czerwinski, "Electrical Quality Assessment of Epitaxial Wafers Based on p-n Junction Diagnostics," *J. Electrochem. Soc.* **146**, 3429–3434, Sept. 1999.

94. D.K. Schroder, B.D. Choi, S.G. Kang, W. Ohashi, K. Kitahara, G. Opposits, T. Pavelka, and J.L. Benton, "Silicon Epitaxial Layer Recombination and Generation Lifetime Characterization," *IEEE Trans. Electron Dev.* **50**, 906–912, April 2003.

95. Y. Murakami and T. Shingyouji, "Separation and Analysis of Diffusion and Generation Components of pn Junction Leakage Current in Various Silicon Wafers," *J. Appl. Phys.* **75**, 3548–3552, April 1994.

96. E. Simoen, C. Claeys, A. Czerwinski, and J. Katcki "Accurate Extraction of the Diffusion Current in Silicon p-n Junction Diodes," *Appl. Phys. Lett.* **72**, 1054–1056, March 1998; J. Vanhellemont, E. Simoen, A. Kaniava, M. Libezny, and C. Claeys, "Impact of Oxygen Related Extended Defects on Silicon Diode Characteristics," *J. Appl. Phys.* **77**, 5669–5676, June 1995.

97. A. Czerwinski, E. Simoen, C. Claeys, K. Klima, D. Tomaszewski, J. Gibki, and J. Katcki, "Optimized Diode Analysis of Electrical Silicon Substrate Properties," *J. Electrochem. Soc.*, **145**, 2107–2113, June 1998.

98. E.M. Pell, "Recombination Rate in Germanium by Observation of Pulsed Reverse Characteristic," *Phys. Rev.* **90**, 278–279, April 1953.

99. R.H. Kingston, "Switching Time in Junction Diodes and Junction Transistors," *Proc. IRE* **42**, 829–834, May 1954.

100. B. Lax and S.F. Neustadter, "Transient Response of a PN Junction," *J. Appl. Phys.* **25**, 1148–1154, Sept. 1954.

101. K. Schuster and E. Spenke, "The Voltage Step at the Switching of Alloyed PIN Rectifiers," *Solid-State Electron.* **8**, 881–882, Nov. 1965.

102. H.J. Kuno, "Analysis and Characterization of PN Junction Diode Switching," *IEEE Trans. Electron Dev.* **ED-11**, 8–14, Jan. 1964.

103. R.H. Dean and C.J. Nuese, "A Refined Step-Recovery Technique for Measuring Minority Carrier Lifetimes and Related Parameters in Asymmetric PN Junction Diodes," *IEEE Trans. Electron Dev.* **ED-18**, 151–158, March 1971.

104. S.C. Jain and R. Van Overstraeten, "The Influence of Heavy Doping Effects on the Reverse

Recovery Storage Time of a Diode," *Solid-State Electron.* **26**, 473–481, May 1983.

105. B. Tien and C. Hu, "Determination of Carrier Lifetime from Rectifier Ramp Recovery Waveform," *IEEE Trans. Electron Dev. Lett.* **9**, 553–555, Oct. 1988; S.R. Dhariwal and R.C. Sharma, "Determination of Carrier Lifetime in p-i-n Diodes by Ramp Recovery," *IEEE Trans. Electron Dev. Lett.* **13**, 98–101, Feb. 1992.

106. L. De Smet and R. Van Overstraeten, "Calculation of the Switching Time in Junction Diodes," *Solid-State Electron.* **18**, 557–562, June 1975; F. Berz, "Step Recovery of pin Diodes," *Solid-State Electron.* **22**, 927–932, Nov. 1979.

107. M. Derdouri, P. Leturcq and A. Muñoz-Yague, "A Comparative Study of Methods of Measuring Carrier Lifetime in pin Devices," *IEEE Trans. Electron Dev.* **ED-27**, 2097–2101, Nov. 1980.

108. S.C. Jain, S.K. Agarwal and Harsh, "Importance of Emitter Recombinations in Interpretation of Reverse-Recovery Experiments at High Injections," *J. Appl. Phys.* **54**, 3618–3619, June 1983.

109. B.R. Gossick, "Post-Injection Barrier Electromotive Force of PN Junctions," *Phys. Rev.* **91**, 1012–1013, Aug. 1953; "On the Transient Behavior of Semiconductor Rectifiers," *J. Appl. Phys.* **26**, 1356–1365, Nov. 1955.

110. S.R. Lederhandler and L.J. Giacoletto, "Measurement of Minority Carrier Lifetime and Surface Effects in Junction Devices," *Proc. IRE* **43**, 477–483, April 1955.

111. S.C. Choo and R.G. Mazur, "Open Circuit Voltage Decay Behavior of Junction Devices," *Solid-State Electron.* **13**, 553–564, May 1970.

112. S.C. Jain and R. Muralidharan, "Effect of Emitter Recombinations on the Open Circuit Voltage Decay of a Junction Diode," *Solid-State Electron.* **24**, 1147–1154, Dec. 1981.

113. R.J. Basset, W. Fulop and C.A. Hogarth, "Determination of the Bulk Carrier Lifetime in Low-Doped Region of a Silicon Power Diode by the Method of Open Circuit Voltage Decay," *Int. J. Electron.* **35**, 177–192, Aug. 1973; P.G. Wilson, "Recombination in Silicon p-π-n Diodes," *Solid-State Electron.* **10**, 145–154, Feb. 1967.

114. J.E. Mahan and D.L. Barnes, "Depletion Layer Effects in the Open-Circuit-Voltage-Decay Lifetime Measurement," *Solid-State Electron.* **24**, 989–994, Oct. 1981.

115. M.A. Green, "Minority Carrier Lifetimes Using Compensated Differential Open Circuit Voltage Decay," *Solid-State Electron.* **26**, 1117–1122, Nov. 1983; "Solar Cell Minority Carrier Lifetime Using Open-Circuit Voltage Decay," *Solar Cells* **11**, 147–161, March 1984.

116. D.H.J. Totterdell, J.W. Leake and S.C. Jain, "High-Injection Open-Circuit Voltage Decay in pn-Junction Diodes with Lightly Doped Bases," *IEE Proc. Pt. I* **133**, 181–184, Oct. 1986.

117. K. Joardar, R.C. Dondero and D.K. Schroder, "A Critical Analysis of the Small-Signal Voltage Decay Technique for Minority-Carrier Lifetime Measurement in Solar Cells," *Solid-State Electron.* **32**, 479–483, June 1989.

118. P. Tomanek, "Measuring the Lifetime of Minority Carriers in MIS Structures," *Solid-State Electron.* **12**, 301–303, April 1969

119. J. Müller and B. Schiek, "Transient Responses of a Pulsed MIS-Capacitor," *Solid-State Electron.* **13**, 1319–1332, Oct. 1970.

120. A.C. Wang and C.T. Sah, "New Method for Complete Electrical Characterization of Recombination Properties of Traps in Semiconductors," *J. Appl. Phys.* **57**, 4645–4656, May 1985.

121. E. Soutschek, W. Müller and G. Dorda, "Determination of Recombination Lifetime in MOSFET's," *Appl. Phys. Lett.* **36**, 437–438, March 1980.

122. D.K. Schroder, J.D. Whitfield and C.J. Varker, "Recombination Lifetime Using the Pulsed MOS Capacitor," *IEEE Trans. Electron Dev.* **ED-31**, 462–467, April 1984.

123. D.K. Schroder, "Bulk and Optical Generation Parameters Measured with the Pulsed MOS Capacitor," *IEEE Trans. Electron Dev.* **ED-19**, 1018–1023, Sept. 1972.

124. T.W. Jung, F.A. Lindholm and A. Neugroschel, "Unifying View of Transient Responses for Determining Lifetime and Surface Recombination Velocity in Silicon Diodes and Back-Surface-Field Solar Cells," *IEEE Trans. Electron Dev.* **ED-31**, 588–595, May 1984; T.W. Jung, F.A. Lindholm and A. Neugroschel, "Variations in the Electrical Short-Circuit Current Decay for Recombination Lifetime and Velocity Measurements," *Solar Cells* **22**, 81–96, Oct. 1987.

125. A. Zondervan, L.A. Verhoef and F.A. Lindholm, "Measurement Circuits for Silicon-Diode and Solar-Cell Lifetime and Surface Recombination Velocity by Electrical Short-Circuit Current

Delay," *IEEE Trans. Electron Dev.* **ED-35**, 85–88, Jan. 1988.

126. P. Spirito and G. Cocorullo, "Measurement of Recombination Lifetime Profiles in Epilayers Using a Conductivity Modulation Technique," *IEEE Trans. Electron Dev.* **ED-32**, 1708–1713, Sept. 1985; P. Spirito, S. Bellone, C.M. Ransom, G. Busatto and G. Cocorullo, "Recombination Lifetime Profiling in Very Thin Si Epitaxial Layers Used for Bipolar VLSI," *IEEE Electron Dev. Lett.* **EDL-10**, 23–24, Jan. 1989.

127. P.C.T. Roberts and J.D.E. Beynon, "An Experimental Determination of the Carrier Lifetime Near the Si-SiO$_2$ Interface," *Solid-State Electron.* **16**, 221–227, Feb. 1973; "Effect of a Modified Theory of Generation Currents on an Experimental Determination of Carrier Lifetime," *Solid-State Electron.* **17**, 403–404, April 1974.

128. A.S. Grove and D.J. Fitzgerald, "Surface Effects on pn Junctions: Characteristics of Surface Space-Charge Regions Under Non-Equilibrium Conditions," *Solid-State Electron.* **9**, 783–806, Aug. 1966; D.J. Fitzgerald and A.S. Grove, "Surface Recombination in Semiconductors," *Surf. Sci.* **9**, 347–369, Feb. 1968.

129. R.F. Pierret, "The Gate-Controlled Diode s_o Measurement and Steady-State Lateral Current Flow in Deeply Depleted MOS Structures," *Solid-State Electron.* **17**, 1257–1269, Dec. 1974.

130. G.A. Hawkins, E.A. Trabka, R.L. Nielsen and B.C. Burkey, "Characterization of Generation Currents in Solid-State Imagers," *IEEE Trans. Electron Dev.* **ED-32**, 1806–1816, Sept. 1985; G.A. Hawkins, "Generation Currents from Interface States in Selectively Implanted MOS Structures," *Solid-State Electron.* **31**, 181–196, Feb. 1988.

131. M. Zerbst, "Relaxation Effects at Semiconductor-Insulator Interfaces" (in German), *Z. Angew. Phys.* **22**, 30–33, May 1966.

132. J.S. Kang and D.K. Schroder, "The Pulsed MIS Capacitor—A Critical Review," *Phys, Stat. Sol.* **89a**, 13–43, May 1985.

133. P.U. Calzolari, S. Graffi and C. Morandi, "Field-Enhanced Carrier Generation in MOS Capacitors," *Solid-State Electron.* **17**, 1001–1011, Oct. 1974; K.S. Rabbani, "Investigations on Field Enhanced Generation in Semiconductors," *Solid-State Electron.* **30**, 607–613, June 1987.

134. J. van der Spiegel and G.J. Declerck, "Theoretical and Practical Investigation of the Thermal Generation in Gate Controlled Diodes," *Solid-State Electron.* **24**, 869–877, Sept. 1981.

135. D.K. Schroder and J. Guldberg, "Interpretation of Surface and Bulk Effects Using the Pulsed MIS Capacitor," *Solid-State Electron.* **14**, 1285–1297, Dec. 1971.

136. W.R. Fahrner, D. Braeunig, C.P. Schneider and M. Briere, "Reduction of Measurement Time of Lifetime Profiles by Applying High Temperatures," *J. Electrochem. Soc.* **134**, 1291–1296, May 1987.

137. D.K. Schroder, "Bulk and Optical Generation Parameters Measured with the Pulsed MOS Capacitor," *IEEE Trans. Electron Dev.* **ED-19**, 1018–1023, Sept. 1972; R.F. Pierret and W.M. Au, "Photo-Accelerated MOS-C C-t Transient Measurements," *Solid-State Electron.* **30**, 983–984, Sept. 1987.

138. W.W. Keller, "The Rapid Measurement of Generation Lifetime in MOS Capacitors with Long Relaxation Times," *IEEE Trans. Electron Dev.* **ED-34**, 1141–1146, May 1987.

139. C.S. Yue, H. Vyas, M. Holt and J. Borowick, "A Fast Extrapolation Technique for Measuring Minority-Carrier Generation Lifetime," *Solid-State Electron.* **28**, 403–406, April 1985.

140. M. Xu, C. Tan, Y. He, and Y. Wang, "Analysis of the Rate of Change of Inversion Charge in Thin Insulator p-Type Metal-Oxide-Insulator Structures," *Solid-State Electron.* **38**, 1045–1049, May 1995.

141. A. Vercik and A.N. Faigon, "Modeling Tunneling and Generation Mechanisms Governing the Nonequilibrium Transient in Pulsed Metal–Oxide–Semiconductor Diodes," *J. Appl. Phys.* **88**, 6768–6774, Dec. 2000.

142. M. Kohno, S. Hirae, H. Okada, H. Matsubara, I. Nakatani, Y. Imaoka, T. Kusuda, and T. Sakai, "Noncontact Measurement of Generation Lifetime," *Japan. J. Appl. Phys.* **35**, 5539–5544, Oct. 1996; T. Sakai, M. Kohno, H. Okada, H. Matsubara, and S. Hirae, "Improvement of Sensor for Noncontact Capacitance/Voltage Measurement and Lifetime Measurement of Bare Silicon (100)," *Japan. J. Appl. Phys.* **36**, 935–942, Feb. 1997.

143. D.E. Ioannou, S. Cristoloveanu, M. Mukherjee and B. Mazhari, "Characterization of Carrier Generation in Enhancement Mode SOI MOSFET's," *IEEE Electron Dev. Lett.* **11**, 409–411, Sept. 1990; A.M. Ionescu and S. Cristoloveanu, "Carrier Generation in Thin SIMOX Films by

Deep-depletion Pulsing of MOS Transistors," *Nucl. Instrum. Meth. Phys. Res.* **B84**, 265–269, 1994; H. Shin, M. Racanelli, W.M. Huang, J. Foerstner, S. Choi, and D.K. Schroder, "A Simple Technique to Measure Generation Lifetime in Partially Depleted SOI MOSFETs," *IEEE Trans. Electron Dev.* **45**, 2378–2380, Nov. 1998.

144. D. Munteanu and A-M Ionescu, "Modeling of Drain Current Overshoot and Recombination Lifetime Extraction in Floating-Body Submicron SOI MOSFETs," *IEEE Trans. Electron Dev.* **49**, 1198–1205, July 2002.

145. R. Sorge, "Double-Sweep LF-CV Technique for Generation Rate Determination in MOS Capacitors," *Solid-State Electron.* **38**, 1479–1484, Aug. 1995; R. Sorge, P. Schley, J. Grabmeier, G. Obermeier, D. Huber, and H. Richter, "Rapid MOS-CV Generation Lifetime Mapping Technique for the Characterisation of High Quality Silicon," *Proc. ESSDERC* 1998, 296–299.

146. R.F. Pierret, "A Linear Sweep MOS-C Technique for Determining Minority Carrier Lifetimes," *IEEE Trans. Electron Dev.* **ED-19**, 869–873, July 1972.

147. R.F. Pierret and D.W. Small, "A Modified Linear Sweep Technique for MOS-C Generation Rate Measurements," *IEEE Trans. Electron Dev.* **ED-22**, 1051–1052, Nov. 1975.

148. W.D. Eades, J.D. Shott and R.M. Swanson, "Refinements in the Measurement of Depleted Generation Lifetime," *IEEE Trans. Electron Dev.* **ED-30**, 1274–1277, Oct. 1983.

149. S. Venkatesan, R.F. Pierret, and G.W. Neudeck, "A New Lifetime Sweep Technique to Measure Generation Lifetimes in Thin-Film SOI MOSFET's," *IEEE Trans. Electron Dev.* **41**, 567–574, April 1994.

150. D.K. Schroder, M.S. Fung, R.L. Verkuil, S. Pandey, W.C. Howland, and M. Kleefstra, "Corona-Oxide-Semiconductor Generation Lifetime Characterization," *Solid-State Electron.* **42**, 505–512, April 1998.

151. G. Duggan and G.B. Scott, "The Efficiency of Photoluminescence of Thin Epitaxial Semiconductors," *J. Appl. Phys.* **52**, 407–411, Jan. 1981.

152. H.J. Hovel, "Solar Cells," in *Semiconductors and Semimetals* (R.K. Willardson and A.C. Beer, eds.) **11**, Academic Press, New York, 1975, 17–20.

153. H.S. Carslaw and J.C. Jaeger, *Conduction of Heat in Solids*, Oxford University Press, Oxford, 1959.

154. Y.I. Ogita, "Bulk Lifetime and Surface Recombination Velocity Measurement Method in Semiconductor Wafers," *J. Appl. Phys.* **79**, 6954–6960, May 1996.

155. E. Gaubas and J. Vanhellemont, "A Simple Technique for the Separation of Bulk and Surface Recombination Parameters in Silicon," *J. Appl. Phys.* **80**, 6293–6297, Dec. 1996.

156. J.S. Blakemore, *Semiconductor Statistics*, Pergamon Press, New York, 1962.

157. Private communication by J. Lagowski, Semiconductor Diagnostics, Inc.

158. D. Macdonald, R.A. Sinton, and A. Cuevas, "On the Use of a Bias-light Correction for Trapping Effects in Photoconductance-based Lifetime Measurements of Silicon," *J. Appl. Phys.* **89**, 2772–2778, March 2001.

● ● ● ● ● ● ● ● ● ● ● ● ● ● ● ● ● ●

习题

7.1 使用表 7.1 中的参数，计算和画出硅和砷化镓的 SRH 寿命，辐射寿命和俄歇低能级复合寿命。使用硅的 D／S 俄歇系数和砷化镓的 S/R 系数。在同一张图上画出所有空穴浓度从 10^{15} 到 10^{20} cm^{-3} 时 $\log(\tau_{SRH})$，$\log(\tau_{rad})$，$\log(\tau_{Auger})$，以及最终总的寿命 $\log(\tau_r)$ 的变化曲线. 其中 $T = 300$ K，$\sigma_n = 10^{-16}$ cm^2，$\sigma_p = 10^{-15}$ cm^2，$N_T = 10^{13}$ cm^{-3}，$E_T = E_i + 0.15$ eV，$\nu_{th} = 10^7$ cm/s。

7.2 有效复合寿命 τ_{eff} 由下式给出：

$$\frac{1}{\tau_{eff}} = \frac{1}{\tau_B} + D\beta^2, \qquad \tan\left(\frac{\beta d}{2}\right) = \frac{s_r}{\beta D}$$

对于 $\tau_B = 9 \times 10^{-4}$ s 和 $s_r = 10, 10^3, 10^5$，与 10^7 cm/s 以及 $0.001 \leqslant d \leqslant 1$ cm。$D = 30$ cm^2/s。求出并画出 τ_{eff} 与厚度 d 的关系。画出 $\log(\tau_{eff})$ 与 $\log(d)$ 的关系。提示：方程式：$\beta d/2 = \arctan(s_r/\beta D)$ 可能比较容易求解。

7.3 $1/\tau_{eff}$ 对 $1/d$ 和 l/d^2 的关系如图 P7.3。（a）对于 $s_r \to 0$ 和（b）对于 $s_r \to \infty$。求出两种情况

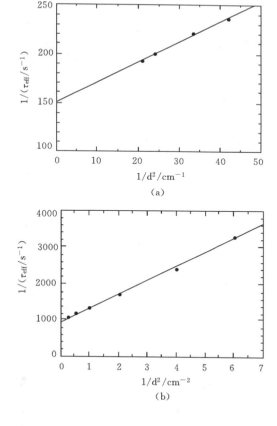

图 P7.3

下的 τ_B，也求出（a）情况下的 s_r 和（b）情况下的 D。

7.4 复合寿命 τ_r 如图 P7.4 所示和其表达式由下式给出：

$$\frac{1}{\tau_r}=\frac{1}{\tau_{SRH}}+\frac{1}{\tau_{rad}}+\frac{1}{\tau_{Auger}}; \quad \tau_{SRH}=\frac{1}{\sigma_p v_{th} N_T}, \quad \tau_{rad}=\frac{1}{Bn_o}, \quad \tau_{Auger}=\frac{1}{Cn_o^2}$$

求出器件（i）的 $\sigma_p N_T$ 和 C 和器件（ii）的 $\sigma_p N_T$ 和 B。其中 $v_{th}=10^7$ cm/s。

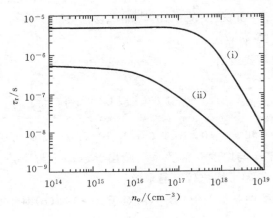

图 P7.4

7.5 有效复合寿命与晶圆厚度的关系如图 P7.5 所示。所有样品具有相同的 τ_B 和 s_r。

$$\frac{1}{\tau_{reff}}=\frac{1}{\tau_B}+\frac{1}{\tau_S}; \quad \tau_S=\frac{d}{2s_r}$$

求出 τ_B 和 s_r。

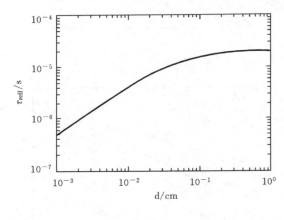

图 P7.5

7.6 有效复合寿命与杂质浓度 N_T 的关系如图 P7.6 所示。有效复合寿命由下式给出：

$$\frac{1}{\tau_{eff}}=\frac{1}{\tau_B}+\frac{1}{\tau_S}; \quad \tau_B=\frac{1}{\sigma_n v_{th} N_T}, \quad \tau_S=\frac{d}{2s_r}$$

求出 σ_n 和 s_r，其中 $v_{th}=10^7$ cm/s。

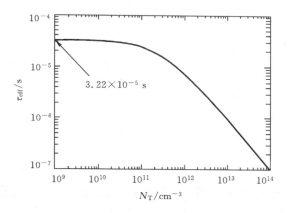

图 P7.6

7.7 对于 $10^9 \leqslant N_T \leqslant 10^{14}$ cm^{-3}，计算并画出 $\log(\tau_{eff})$ 与 $\log(N_T)$ 的关系曲线。$\tau_{eff}=\dfrac{\tau_B}{1+\tau_B D_n \beta^2}$ 其中 β 是由关系式 $\tan\left(\dfrac{\beta d}{2}\right)=\dfrac{s_r}{\beta D_n}$ 确定。采用：$\tau_B=\dfrac{1}{\sigma_n v_{th} N_T}$，$\sigma_n=2\times 10^{-14}$ cm^2，$v_{th}=10^7$ cm/s，$d=650$ μm，$D_n=30$ cm^2/s。在同一图中分别画出 $s_r=1100$ 和 10000 cm/s 时，三条 $\log(\tau_{eff})$ 与 $\log(N_T)$ 的关系曲线。

7.8 对于 p 型硅，$N_A=10^{15}$ cm^{-3}，负载电阻 $R=10$ Ω，试样长度 $= 0.3$ cm，样品面积 $= 0.01$ cm^2 时，$\tau=5$ μs，$T=300$ K 根据式(7.41)计算并画出光电导衰减曲线。采用式(A8.3)得到迁移率。对于 $0 \leqslant t \leqslant 10^{-4}$ s，(a) $\Delta n(0)=10^{14}$ cm^{-3}，(b) $\Delta n(0)=10^{16}$ cm^{-3}，和(c) $\Delta n(0)=10^{18}$ cm^{-3} 并且 $\Delta n(t)=\Delta n(0)\exp(-t/\tau)$。画出 $\log(\Delta V/V_0)$ 对于 t 的关系曲线。

7.9 对于厚度 $d=0.025$ 和 d 为 0.05 cm 的晶圆的归一化光电导衰减曲线（$\Delta n(t)/\Delta n(0)$ 与 t 的关系）如图 P7.9 所示。从这些曲线，可以求出有效复合寿命 τ_{eff}，体寿命 τ_B 和表面复合速度 s_r。最好使用方程

$$\frac{1}{\tau_{eff}}=\frac{1}{\tau_B}+\frac{2s_r}{d}$$

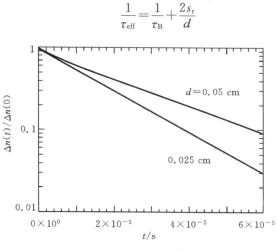

图 P7.9

画出 $1/\tau_{\text{eff}}$ 对 $1/d$ 的关系。

7.10 根据给出的 p 型 Si 衬底上的表面光电压测量的 SPV 数据,求出少数载流子扩散长度 L_n 和表面复合速度 S_1。其中 $D_n = 32$ cm²/s, $R = 0.3$, $\Delta n(W) = 10^{10}$ cm⁻³, 采用式 (7.60) 将 λ 转变成 α。

$\lambda/\mu m$	0.7	0.725	0.75	0.775	0.8	0.825	0.85	0.875	0.9
$\Phi/(10^{15}\,\text{Photons/s}\cdot\text{cm}^2)$	2.08	2.09	2.11	2.13	2.15	2.19	2.23	2.29	2.38

$\lambda/\mu m$	0.925	0.95	0.975	1.0	1.025	1.05
$\Phi/(10^{15}\,\text{Photons/s}\cdot\text{cm}^2)$	2.51	2.71	3.05	3.65	4.91	8.17

7.11 采用数据(i) $L_n = 100$ μm, $s_1 = 100$ cm/s; (ii) $L_n = 100$ μm, $s_1 = 10,000$ cm/s; (iii) $L_n = 10$ μm, $s_1 = 100$ cm/s。生成并在同一图上画出所有三条 p-Si 衬底 Φ 与 $1/\alpha$ 的表面光电压(SPV)曲线。Φ 和 $1/\alpha$ 采用适当的单位,应用式(7.54),(7.60) 和 (7.63),$D_n = 30$ cm²/s, $\Delta n(W) = 10^{10}$ cm⁻³, $0.7 \leqslant \lambda \leqslant 1.05$ μm。从这些 SPV 曲线去获得的初始值然后求出 L_n 和 s_1。

7.12 计算并画出在 p 型硅中含有铁和含有 Fe-B 的 SPV 曲线,即 Φ 和 $1/\alpha$ 的关系曲线。然后将曲线外推到 $\Phi = 0$,从图中求出少数载流子扩散长度 L_n。

$$V_{\text{SPV}} = \frac{(kT/q)(1-R)\Phi}{n_{\text{po}}(s_1 + D_n/l_n)} \frac{L_n}{(L_n + 1/\alpha)}$$

$$\alpha = \left(\frac{83.15}{\lambda} - 74.87\right)^2 \text{cm}^{-1}(\lambda \text{ 以 } \mu m \text{ 计})$$

其中 $0.7 \leqslant \lambda \leqslant 1$ μm。Fe: $N_T = 10^{12}$ cm⁻³, $\sigma_n = 5.5 \times 10^{-14}$ cm², Fe-B: $N_T = 10^{12}$ cm⁻³, $\sigma_n = 5 \times 10^{-15}$ cm²。采用这些参数: $s_1 = 1000$ cm/s, $D_n = 30$ cm²/s, $R = 0.3$, $T = 300$ K, $p_o = 10^{15}$ cm⁻³, $n_i = 10^{10}$ cm⁻³, $V_{\text{SPV}} = 5$ mV。

7.13 铁污染样品的表面光电压曲线如图 P7.13 所示。求出铁的浓度,其中: N_{Fe} 为

$$N_{\text{Fe}} = 1.05 \times 10^{16} \left(\frac{1}{L_{n,\text{final}}^2} - \frac{1}{L_{n,\text{initial}}^2}\right) \text{cm}^{-3}$$

7.14 (a)对于 $10^9 \leqslant N_{\text{Fe}} \leqslant 10^{14}$ cm⁻³, 计算并画出 $\log(\tau_{\text{eff}})$ 与 $\log(N_{\text{Fe}})$ 的关系曲线。其中: s_r

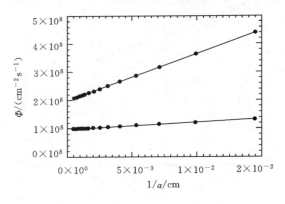

图 P7.13

$=100$ cm/s,电子扩散系数 $D_n=30$ cm^2/s,晶片厚度 $d=650$ μm。对于 Fe-B: $\sigma_n=3\times10^{-15}$ cm^2;对于填隙态铁 Fe$_i$: $\sigma_n=3\times10^{-15}$ cm^2。有效复合寿命 τ_{eff} 由下式给出:

$$\frac{1}{\tau_{eff}}=\frac{1}{\tau_B}+D_n\beta^2, \quad \tan\left(\frac{\beta d}{2}\right)=\frac{s_r}{\beta D_n} \text{ 和 } \tau_B=\frac{1}{\sigma_n v_{th}N_T}$$

其中,N_T 分别代表 N_{Fe-B} 或 N_{Fei}。提示:方程式:$\beta d/2=\arctan(s_r/D_n\beta)$ 可能比较容易求解。

(b)对于 Fe-B 和 Fe$_i$,$N_T=10^{12}$ cm^{-3},下一步确定并画出 Φ 和 $1/\alpha$ 的关系曲线,再从这些表面光电压曲线中求出少子扩散长度 L_n。当然,在实际的实验中,你会测量并画出 Φ 和 $1/\alpha$ 的关系曲线。从中计算出 L_n,这应该与起始值是相同。相关方程为

$$\Phi=\frac{V_{SPV}n_{po}(S_1+D_n/L_n)(L_n+1/\alpha)}{(kT/q)(1-R)L_n}$$

其中,$R=0.3$, $s_1=1000$ cm/s, $T=300$ K, $N_A=10^{15}$ cm^{-3}, $n_i=10^{10}$ cm^{-3}, $V_{SPV}=10$ mV, $\alpha=64$, 157, 310, 540, 870, 1340, 2000 和 3020 cm^{-1}。这些吸收系数对应于硅中的某种光子波长。

(c)从表达式确定铁的浓度

$$N_{Fe}=1.05\times10^{16}\left(\frac{1}{L_n^2(Fe_i)}-\frac{1}{L_n^2(Fe-B)}\right)\text{cm}^{-3}$$

扩散长度的单位为微米。N_{Fe} 应该与铁浓度的起始值非常相似。

7.15 从脉冲 MOS 电容测量 $(V_G:0\rightarrow V_{G1})$ 得到的 $C-t$ 数据如下:

t/s	C/pF	t/s	C/pF	t/s	C/pF	t/s	C/pF	t/s	C/pF
0	5.53	60	6.94	120	9.08	180	12.36	240	16.81
5	5.62	65	7.10	125	9.29	185	12.71	245	17.09
10	5.72	70	7.24	130	9.53	190	13.05	250	17.29
15	5.83	75	7.40	135	9.76	195	13.42	255	17.43
20	5.95	80	7.55	140	10.01	200	13.79	260	17.53
25	6.06	85	7.72	145	10.26	205	14.17	265	17.58
30	6.18	90	7.89	150	10.53	210	14.55	270	17.62
35	6.30	95	8.08	155	10.81	215	14.94	275	17.64
40	6.42	100	8.26	160	11.09	220	15.34	280	17.64
45	6.54	105	8.45	165	11.39	225	15.72	285	17.64
50	6.68	110	8.65	170	11.71	230	16.10	290	17.65
55	6.81	115	8.85	175	12.03	235	16.48	295	17.65

采用齐波斯特(Zerbst)技术求出产生寿命 $\tau_{g,eff}$(由式(7.116)定义),其中 $t_{ox}=110$ nm, $N_A=3.5\times10^{14}$ cm^{-3}, $n_i=10^{10}$ cm^{-3}, $A=3.45\times10^{-3}$ cm^2, $T=300$ K, $K_{ox}=3.9$, $K_s=11.7$, $V_{FB}=0$。

7.16 当栅极电压从 0 脉冲到 V_{G1},脉冲 MOS 电容器 C-t 关系曲线如图 P7.16 所示。如果安培计被放置在电路箭头位置时,在同一图中画出 I-t 瞬态曲线。

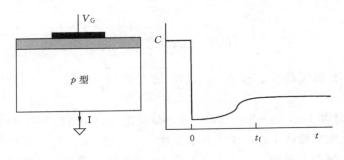

图 P7.16

7.17 图 P7.17 的开关 S_1 在 $t=0$ 时刻从地切换到 V_{G1},对于开关 S_2 在下列三个位置情况下:(i)A(地),(ii)B(开路)和(iii)C($V_{D1}=V_{G1}$),画出 S_1 闭合瞬间和 $t\rightarrow\infty$ 时的 C-V_G 曲线。如果开关 S_1 不会立即关闭,到达 V_{G1} 有一定的上升时间,同样画出 C-t 的关系曲线。其他条件有:$V_{FB}=0$,$V_{G1}>V_T$,其中 V_T 是阈值电压,n^+p 二极管接地。电容是在高频率下测量的,但为简单起见测量电路未画出。栅极与二极管部分重叠。$V_G=0$ 时的电容为 C_{FB}。

464

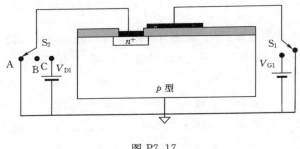

图 P7.17

• •

复习题

- 说出三种复合机制。
- 复合寿命和产生寿命之间的区别是什么?
- 光电导衰减是如何工作的?
- 准稳态光电导是如何工作的?
- 表面光电压是如何工作的?
- 铁在 p 型硅中有什么特别之处?
- 自由载流子的吸收如何被用于寿命测定?
- 表面复合怎样影响有效复合寿命?

- 二极管的反向恢复技术是如何工作的?

- 什么方法可以用来测量产生寿命?

- 哪些复合/产生参数可以从栅控二极管测量中得到?

- 电晕氧化层电荷的方法是如何工作的? 哪些复合/产生参数可以用它来确定?

第8章

迁移率

●　●　●　●　●　●　●　●　●　●　●　●　●　●

8.1　引言

465　　　　载流子迁移率通过频率与响应时间两种方式影响器件的性能。首先,在低电场条件下,载流子漂移速率与迁移率成线性关系,材料具有高的迁移率就能获得高的频率响应,因为载流子只需要更少的时间就能通过器件。其次,高迁移率器件具有更高的电流,而在器件上快速的充放电性能导致了更高的频率响应。

　　　　有几种常见的迁移率:最基本的迁移率来自于基础理论的演算,即微观迁移率。它描述了在相应的能带中的载流子迁移率。电导迁移率反映了半导体材料的电导/电阻特性。霍尔迁移率来自于霍尔效应,与电导迁移率不同,它由霍尔系数计算得到。漂移迁移率反映了少数载流子在电场下的迁移率。而有效迁移率反映了金属-氧化物-半导体场效应晶体管的迁移率。另外,以上的考虑,产生了多数载流子迁移率和少数载流子迁移率的区分。动量守恒分析表明电子-电子散射或空穴-空穴散射都对迁移率不存在一阶效应,然而,电子-空穴散射却会降低迁移率,因为电子和空穴具有相反的平均漂移速率。因此,少数载流子要经受电离杂质散射和电子-空穴散射共同作用,而多数载流子只经受电离杂质散射。

●●●●●●●●●●●●●●●●
8.2　电导迁移率

半导体的电导率 σ 由(8.1)给出：

$$\sigma = q(\mu_n n + \mu_p p) \tag{8.1}$$

以通常非本征 p 型半导体为例，$p \gg n$，空穴迁移率或空穴电导迁移率由下面公式决定： 466

$$\mu_p = \frac{\sigma}{qp} = \frac{1}{q\rho p} \tag{8.2}$$

通过测试半导体材料的电导率和载流子浓度可以计算出半导体材料的迁移率，即电导迁移率。[1-2] 采用这种方法的主要原因是测量方便，并且不需要知道霍尔散射系数。为了确定电导迁移率，分别测量多数载流子浓度和材料电导率或电阻率就足够了。

●●●●●●●●●●●●●●●●●
8.3　霍尔效应与迁移率

8.3.1　均一层或晶圆的基本方程

在 1879 年，霍尔在研究导体在磁场作用下电子的作用力过程中，发现了霍尔效应。[3] 他精确测量了金箔上的横向电压。令人怀疑的是磁场力本来应该使电流偏斜，他写道："……发生这样情况的原因，可以认为在导体内是存在一个相应的应力，使得电流受到另一个方向上的压迫力，我认为有必要测量导体相对两侧的电压值"。Sopka 根据霍尔未出版的笔记描述了霍尔效应被发现的精彩过程。[4]

霍尔效应的讨论可以在各种固体和半导体的书籍中查阅到。Putley 给出了一个全面描述。[5] 霍尔效应测量技术被广泛应用于半导体材料特性的研究，因为这个技术可以给出相应材料的电阻率、载流子密度和迁移率。电阻率和载流子密度分别在第 1、2 章有所讨论。在这一章我们着重讨论霍尔效应及其在迁移率测量上的应用。

霍尔发现，在导体传导的垂直方向上施加磁场，将会在电流与磁场平面的法方向上产生感生电场。如图 8.1，我们以 p 型半导体为例，电流沿 x 方向传导，即空穴向右传导；同时在 z 方向上施加磁场 B。获得的感生电流由下式给出：

$$I = qApv_x = qwdpv_x \tag{8.3}$$

沿 x 方向的可变电压由下式给出：

$$V_\rho = \frac{\rho s I}{wd} \tag{8.4}$$

因此我们可以获得电阻率为 467

$$\rho = \frac{wd}{s} \frac{V_\rho}{I} \tag{8.5}$$

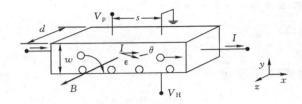

图 8.1　p 型样品中霍尔效应示意图

考虑空穴在均匀磁场力作用下的运动机制。空穴所受合力的矢量式如下:

$$F = q(\mathscr{E} + v \times B) \tag{8.6}$$

以图 8.1 所示的样品为例,由于电流在磁场中进行传导将引起一部分空穴向样品下方偏移;而在相同条件下,对于 n 型半导体,电子也有一部分向下偏移,这种相同方向的偏移是由于空穴与电子的传导方向和正负电荷的不同造成的。在磁场与感生电场的共同作用下,空穴在 y 方向上实际所受的合力为 0,即没有电流沿 y 方向传导。综合式(8.6)与(8.3)得出:

$$\mathscr{E}_y = Bv_x = \frac{BI}{qwdp} \tag{8.7}$$

因此电场在 y 方向上产生霍尔电压 V_H

$$\int_0^{V_H} \mathrm{d}V = V_H = -\int_w^0 \mathscr{E}_y \mathrm{d}y = -\int_w^0 \frac{BI}{qwdp}\mathrm{d}y = \frac{BI}{qdp} \tag{8.8}$$

霍尔系数 R_H 被定义为

$$R_H = \frac{\mathrm{d}V_H}{BI} \tag{8.9}$$

根据式(8.7)与 $I = qp\mu_p \mathscr{E}_x wd.$,霍尔角 θ,即电流与净电场的夹角为

$$\tan(\theta) = \frac{\mathscr{E}_y}{\mathscr{E}_x} = B\mu_p \tag{8.10}$$

练习 8.1

问题：如何对 R_H 进行 mks 到 cgs 的单位换算?

解答：对于 mks 制,R_H 的单位为 m^3/C,d 为 m,V_H 为 V,B 为 T(1T=1 特斯拉=1 韦伯/m^2=1V·s/m^2),I 为 A。

如何转换到 cgs 单位制? 一种可行方式由下式给出:

$$V_H = \frac{R_H BI}{d} = \frac{R_H(cm^3/C) \times 10^{-6}(m^3/cm^3)B(G) \times 10^{-4}(T/G) \times I(A)}{d(cm) \times 10^{-2}(m/cm)}$$

$$= 10^{-8} \frac{R_H BI}{d}$$

或

$$R_H = 10^8 \frac{dV_H}{BI}$$

R_H 为 cm^3/C，d 为 cm，V_H 为 V，B 为 G(高斯：10 000G=1T)，I 为 A。

因此，$B=5000$G，$I=0.1$ mA，$p=10^{15}$ cm^{-3}，我们可以得到 $V_H=3.1/d$。对于导体片的厚度 $d=5\times10^{-2}$ cm，从上面的结果估算出霍尔电压 V_H 约为 6 mV，霍尔系数约为 60 000 cm^3/C。

468

联合式(8.8)与(8.9)，可以得到

$$p = \frac{1}{qR_H}; \quad n = -\frac{1}{qR_H} \tag{8.11}$$

当导体内部同时存在电子与空穴两种传导方式时，霍尔系数为[6]

$$\boxed{R_H = \frac{(p-b^2n)+(\mu_N B)^2(p-n)}{q[(p+bn)^2+(\mu_N B)^2(p-n)^2]}} \tag{8.12}$$

这个表达式相当复杂，而且其结果要依赖于电子与空穴迁移率比 $b=\mu_n/\mu_p$ 和磁场强度 B。考虑电磁场强度很弱与很强的两种特殊情况，霍尔系数为

$$B\Rightarrow0: \quad R_H = \frac{(p-b^2n)}{q(p+bn)^2}; \quad B\Rightarrow\infty: \quad R_H = \frac{1}{q(p-n)} \tag{8.13}$$

对于式(8.13)，弱磁场条件下，即 $B\ll1/\mu_n$，$p\gg n$ 与 $B\ll1/\mu_n$，$p\ll n$。当迁移率为 1000 cm^2/V·s，磁场强度 $B\ll10$ T；当迁移率为 10^5 cm^2/V·s，磁场强度 $B\ll0.1$ T。强磁场条件下，即 $B\ll1/\mu_n$，$p\gg n$ 与 $B\ll1/\mu n$，$p\ll n$，相应的条件下，磁场强度必须分别远远大于 10 T 与 0.1 T。

半导体材料通常的迁移率值在 100 到 1000 cm^2/V·s 的范围内，而迁移率比 b 大约在 3 到 10 的范围内，随磁场强度改变，霍尔系数通常改变不大，相当于 B 趋于无穷大的情况。然而，对于具有高迁移率与高迁移率比的半导体材料而言，霍尔系数是温度的函数。半导体 HgCdTe 也会出现这种情况，从图 8.2(a)中我们可以查到 p 型半导体 HgCdTe 的 $E_G=0.15$ eV。[7] 在 220 到 300 K 的温度范围内，电子传导占主要方式 $n=n_i^2/p\gg p$，因为 n_i^2 在窄带隙材料中较大。$R_H=-1/qn$ 在这个温度范围内与磁场强度 B 无关。而 T 在 100 到 200 K 的温度范围内，空穴传导的影响也开始变强，引起 R_H 的减少，磁场的因素变得相关。在更低的温度区间里，空穴传导机制将占主体，霍尔系数变正，与磁场强度无关。图中很好地展示了温度、磁场强度与不同机制传导的相互关系。图 8.2(b)示出了半导体 GaAs 的霍尔系数，式(8.11)是在既不考虑磁场相关性，也不考虑混合传导机制[8]和电子密度条件下得到的霍尔系数。有时霍尔系数还需要考虑轻重空穴的贡献。[9]

式(8.11)到(8.13)是在能量独立散射机制的简化假设下得出的。在这个假设下，空穴和电子密度的表达式变为[5-6]

$$p = \frac{r}{qR_H}; \quad n = -\frac{r}{qR_H} \tag{8.14}$$

469 在这里,r是霍尔散射因子,通过$r=(\tau^2)/(\tau)^2$,其中τ是载流子碰撞的平均时间。散射因子取决于半导体的散射机制,值一般在1到2之间。对于点阵散射,$r=3\pi/8=1.18$,杂质散射的$r=315\pi/512=1.93$,对于中性杂质散射$r=1$。[6,10]散射因子同时是磁场和温度的函数,可以通过测量在强磁场限制下的R_H来测定,$r=R_H(B)/R_H(B=\infty)$。在强场限制下$r\rightarrow1$。在n型GaAs中,散射因数是磁场的函数,由于点阵散射,r从$B=0.01$ T时的1.17变到$B=83$ kG时的1.006。[11]为了使r趋于一所需的强场很难达到,对于大多数霍尔测试,r都是大于1的。霍尔测量所用的典型磁场介于0.05到1 T之间。

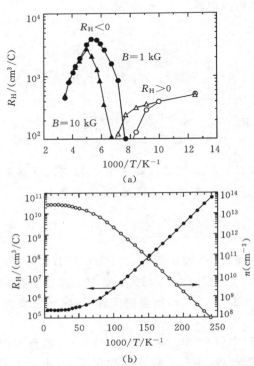

图8.2 (a)HgCdTe的与温度和磁场相关的霍尔系数表现出了典型的混合导体的性质。经 Zemel 等人许可;[7] (b)GaAs 的霍尔系数和电子密度,摘自 Stillman 和 Wolfe[8]

霍尔迁移率μ_H通过下式定义

$$\mu_H = \frac{|R_H|}{\rho} = |R_H|\sigma \tag{8.15}$$

它随着电导迁移率改变而改变。将式(8.1)带入式(8.15)得

$$\mu_H = r\mu_p; \quad \mu_H = r\mu_n \tag{8.16}$$

470 分别用于p型和n型半导体。由于r通常比1大,霍尔迁移率会随着电导迁移率的变化而显著改变。对于大多数的霍尔迁移率,r取1,但这个假设需要指明。

实际应用时霍尔试验与图8.1的示意图有所不同。一个不同是图8.3(a)中的桥式霍尔棒。电流从1流入,从4流出;在磁场作用下,测量在2和6或3和5之间的霍尔电压。没有磁场时,通过测量 2 和 3 或 6 和 5 之间的电压来得到电阻率。其中可应用上面的公式。

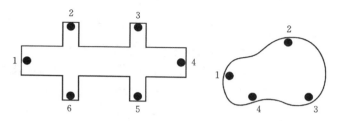

图 8.3　(a)桥式霍尔样品;(b)片式范德堡霍尔样品

更通用的形状是图 8.3(b)所示的非规则形状。非规则样品的霍尔测量理论公式是建立在由范德堡推出的保角映射上。[12-13]他指出,如果满足以下条件:接触点在样品四周且足够小,样品厚度均匀且没有孤立空穴,那么任意形状的平板样品的电阻率、载流子密度和迁移率就可以测定。

对于图 8.3(b)的样品,电阻率由下式给出:

$$\rho = \frac{\pi t}{\ln(2)} \frac{R_{12,34} + R_{23,41}}{2} F \tag{8.17}$$

其中 $R_{12,34} = V_{34}/I$。电流 I 由样品的触点 1 流入从 2 流出。$V_{34} = V_3 - V_4$ 是触点 3、4 之间的电压。$R_{21,41}$ 也是类似的定义。电流从样品邻近的两个接线端通过,电压在另外两个挨着的接线端测量。F 只是 $R_r = R_{12,34}/R_{23,41}$ 的函数,通过下面的关系确定:

$$\frac{R_r - 1}{R_r + 1} = \frac{F}{\ln(2)} \mathrm{arcosh}\left(\frac{\exp(\ln(2)/F)}{2}\right) \tag{8.18}$$

并在图 8.4 中给出。对于均匀样品(圆形或正方形),$F=1$。

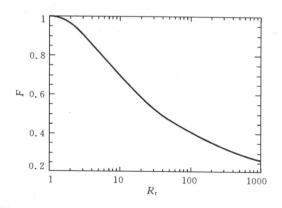

图 8.4　范德堡 F 因子随 R_r 的变化曲线

范德堡霍尔迁移率通过测量有磁场和无磁场时的 $R_{24,13}$ 来确定。$R_{24,13}$ 是通过使电流从一端流入而从相对的一端流出(如图 8.3 的 2 和 4 流过的电流和 1、3 之间的电压)来测量的。霍尔迁移率由下式给定:

$$\mu_{\mathrm{H}} = \frac{d \Delta R_{24,13}}{B\rho} \qquad (8.19)$$

其中 $\Delta R_{24,13}$ 是加磁场后 $R_{24,13}$ 的阻值变化。

式(8.14)和式(8.17)分别是单位体积的载流子浓度和电阻率 $\rho(\Omega \cdot \mathrm{cm})$ 的公式。有时,它在测量单位面积的载流子浓度和面电阻($\Omega/\square$)很有用。对于均匀掺杂样品的厚度 d、面霍尔系数 R_{Hsh} 定义为

$$R_{\mathrm{Hsh}} = \frac{R_{\mathrm{H}}}{d} \qquad (8.20)$$

和

$$\mu_{\mathrm{H}} = \frac{|R_{\mathrm{Hsh}}|}{R_{\mathrm{sh}}} \qquad (8.21)$$

其中 $R_{\mathrm{sh}} = \rho/d$。

对于整块的样品,厚度很好确定。但对于与衬底导电性相反或在半绝缘衬底上的薄层而言,有效地薄膜厚度就不是薄膜的整个厚度了。由费米能级钉扎的能带弯曲或表面电荷以及由掺杂层-衬底界面的能带弯曲在涂层-衬底间的的频带偏移导致的耗尽效应将会导致霍尔系数的偏差。[14-15] 对于足够轻掺杂的薄膜,表面诱导的空间电荷区域有可能耗尽整个薄膜。那么霍尔效应测量的结果就只是半绝缘膜的。对于绝缘基底上的半导体薄膜,迁移率通常朝着基底方向降低。表面损耗促使电流流入薄膜中迁移率低的部分,使得表现出来的迁移率比真实的迁移率低。[15] 对于与温度有关的迁移率和载流子浓度测量而言,甚至要考虑与温度有关的表面和界面空间电荷区域。[16]

8.3.2 非均一层

对于掺杂一致的样品而言,霍尔效应的测量是较为简单的。而掺杂不一致的层的测量则较为困难。如果掺杂浓度随着薄膜厚度的变化而变化,那么它的电阻率和迁移率也会随着厚度而变化。霍尔效应测量可以给出电阻率、载流子浓度和迁移率的平均值。对于随空间改变的迁移率 $\mu_{\mathrm{p}}(x)$ 和载流子浓度 $p(x)$,面霍尔效应 R_{Hsh},面电阻 R_{sh} 和平均霍尔迁移率 $\langle \mu_{\mathrm{H}} \rangle$ 和 p 型薄膜的厚度 d 由下式给出:[17-18]

$$R_{\mathrm{Hsh}} = \frac{\int_0^t p(x)\mu_{\mathrm{p}}^2(x)\,\mathrm{d}x}{q\left(\int_0^t p(x)\mu_{\mathrm{p}}(x)\,\mathrm{d}x\right)^2}; \quad R_{\mathrm{sh}} = \frac{1}{q\int_0^t p(x)\mu_{\mathrm{p}}(x)\,\mathrm{d}x}; \quad \langle \mu_{\mathrm{H}} \rangle = \frac{\int_0^d p(x)\mu_{\mathrm{p}}^2(x)\,\mathrm{d}x}{\int_0^d p(x)\mu_{\mathrm{p}}(x)\,\mathrm{d}x}$$

$$(8.22)$$

假设 $r=1$。其中 x 是进入样品的距离。为了确定电阻率和迁移率分布,霍尔测量设定为薄膜厚度的函数。薄膜厚度既可以通过反复蚀刻薄膜薄的部分并测量霍尔系数来改变,也可以通过反向偏压空间电荷区使薄膜部分电失活来改变。

理论上,可以通过化学腐蚀的方法来去除薄膜的薄层。但实际中,很难通过化学腐蚀来移除可再生的薄层。前面在 2.2.6 节讨论过,可以在钛试剂(1,2 -二羟基苯- 3,5 -二磺酸钠,磷酸氢二钠的水溶液)中通过电解浸蚀的电化学方法来成功的去除 GaAs 的薄层。[19] 每次蚀刻

后都进行霍尔效应的测量。更常用于移除牢固的涂层的方法是阳极氧化后蚀刻氧化物。[17-18,20-24]阳极氧化过程中会消耗掉部分的半导体。在随后的氧化物的蚀刻中,在氧化过程中被消耗的半导体也会被移除,这样,移除半导体的时候不会改变掺杂分布。关于阳极氧化的讨论在 1.4.1 节中给出。

为了能得出分布,第二种方法所使用的是在薄膜的上表面形成的结点。薄膜必须足够薄以保证反偏压空间电荷区能够与之抵消。同时薄膜必须通过绝缘体或结点固定于下表面。上面的节点可以是 pn 结、肖特基势垒结、或 MOS 电容。图 8.5 的例子所含的在绝缘体上的 p 型层。该层是由肖特基栅提供的。零偏压金属-半导体结导致了金属下面的宽度 W 的空间电荷区的形成。方块样品可以通过蚀刻来横向隔离,还可以通过用 n 型薄膜包围来隔离。它的四个接触点作为电流和电压探针。

范德堡测量提供了厚度 $d-W$ 的未耗尽薄膜的信息,这里 d 是薄膜总厚度。一个单独的测试可以给出迁移率、在 $d-W$ 中的平均载流子浓度。当肖特基势垒结反向偏压时,其空间电荷区就会扩展到薄膜中,减小薄膜的中性部分。将霍尔效应看做反向偏压的函数,就可以确定迁移率、电阻率和下层的载流子浓度分布。这种方法已被应用于蓝宝石上的 Si 薄膜或绝缘体上的 Si 的 MOSFETs 中,[25-27]也用于半绝缘基底上的 GaAs 的肖特基二极管。[29-30]通过比较破坏性的"阳极蚀刻法"和"栅"法,"栅"法表现出了更可靠的迁移率和更高的空间分辨率。[31]

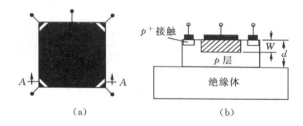

图 8.5　肖特基栅薄膜范德堡样品,(a)俯视图;(b)沿 A-A 的剖面图,看到栅、两个接触点和宽度 W 的空间电荷区

霍尔迁移率的空间分布取决于薄板霍尔系数和薄板电导率 $G_{sh}=1/R_{sh}$ 的空间分布,关系式如下:[17-18,32]

$$\mu_H = \frac{\mathrm{d}(R_{Hsh}G_{sh}^2)/\mathrm{d}x}{\mathrm{d}G_{sh}/\mathrm{d}x} \tag{8.23}$$

而空间载流子密度分布是

$$p(x) = \frac{r}{q}\frac{(\mathrm{d}G_{sh}/\mathrm{d}x)^2}{\mathrm{d}(R_{Hsh}G_{sh}^2)/\mathrm{d}x} \tag{8.24}$$

在第 1 章微分霍尔效应(DHE)的讨论中,通过霍尔测试并考虑临近层的霍尔测量值,迁移率和载流子密度分布在每步层移除后都是定值。如果样品的不均一性很强,平均迁移率和载流子密度可能与实际值不一致。为了降低这种效应,有必要通过降低 Δx_i,从而用均一的薄膜来逼近非均一薄膜,这里 Δx_i 是第 i 层的厚度。离子注入并完全退火的样品没有任何迁移率异常,如果 $\Delta x_i < 0.5\Delta R_p$,其迁移率和载流子密度分布的测量值与实际值的偏差不超过 1%,其中 ΔR_p 是注入分布的标准偏差。[33]图 8.6 给出了硼往硅中注入的密度分布,这里,霍尔测得

474 的分布与次级离子质谱法和扩散电阻剖析法测得的分布做了比较。[34]

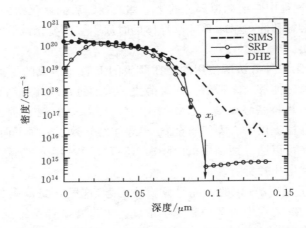

图 8.6 分别由 DHE、扩散电阻剖析法和次级离子质谱法测得的掺杂
浓度分布。数据来自参考文献[34]

当薄膜中的迁移率有大的变化时,测试的困难就会增加。假设一个薄膜由相等厚度的两层组成。上层的载流子浓度是 P_1 个/cm^2、迁移率是 μ_1 而下层的是 P_2 个/cm^2 和 μ_2。[35]总的空穴密度是 $P_1 + P_2$。霍尔效应测量加权均值[18]

$$P = \frac{(P_1\mu_1 + P_2\mu_2)^2}{P_1\mu_1^2 + P_2\mu_2^2} \tag{8.25}$$

$$\mu_H = \frac{P_1\mu_1^2 + P_2\mu_2^2}{P_1\mu_1 + P_2\mu_2} \tag{8.26}$$

其中 P 明显小于(P_1+P_2),由于 $P_1>P_2$ 且 $P_1\mu_1^2<P_2\mu_2^2$,将会介于 μ_1 和 μ_2。例如,当 $P_1=10P_2$ 且 $\mu_2=10\mu_1$,则 $P=4P_2$,$\mu_H=0.55\mu_2$。大多数的非均一样品的迁移率要比预期的迁移率高。这种反常的高迁移率的一个原因是由于晶体中含有金属沉积物。这种效应的完整解释由 Wolfe 和 Stillman 给出。[36]

8.3.3 多层

在"惰性"基底,也就是对测量无影响的衬底上的非均一薄膜的测量在上一节中已经讲过。由于两个相反导电性的半导体之间的空间电荷区可以认为是绝缘层,n 型衬底上的 p 型薄膜或者 p 型衬底上的 n 型薄膜的测量可能被认为和上面的方法相同。但这其实是一种不稳定的状态。例如,漏电结就不能被认为是绝缘的。即使空间电荷区的绝缘性能再好,在表面也可能有泄露路径,或者,可能出现更糟糕的情况,重掺杂的结点可能会扩散到基底,提供泄露路径。所以,对薄膜的测量而言,薄膜的特性不再是唯一要素,衬底的性质也会有所影响。

这个问题最早由 Neduloha 和 Koch[37]与 Petritz[38]提出,他们考虑了表面被表面电荷反转的基底,如在 p 型衬底上的 n 型反型层。这种相互影响的两层结构接下来细讲。[39-40]对于简单的双层结构而言,如果上层的厚度为 d_1、电导率 σ_1,基底厚度 d_2、电导率 σ_2,则霍尔系数由下式给出:[37]

$$R_H = \frac{d\left[(R_{H1}\sigma_1^2 d_1 + R_{H2}\sigma_2^2 d_2) + R_{H1}\sigma_1^2 R_{H2}\sigma_2^2 (R_{H1} d_2 + R_{H2} d_1) B^2\right]}{(\sigma_1 d_1 + \sigma_2 d_2)^2 + \sigma_1^2 \sigma_2^2 (R_{H1} d_1 + R_{H2} d_1)^2 B^2} \tag{8.27}$$

在低磁场下,化为[38,40]

$$R_H = \frac{d(R_{H1}\sigma_1^2 d_1 + R_{H2}\sigma_2^2 d_2)}{(\sigma_1 d_1 + \sigma_2 d_2)^2} = R_{H1}\frac{d_1}{d}\left(\frac{\sigma_1}{\sigma}\right)^2 + R_{H2}\frac{d_2}{d}\left(\frac{\sigma_2}{\sigma}\right)^2 \tag{8.28}$$

在强磁场下,

$$R_H = \frac{R_{H1} R_{H2} d}{R_{H1} d_2 + R_{H2} d_1} \tag{8.29}$$

其中 R_{H1} 是第一层的霍尔系数, R_{H2} 是第二层的霍尔系数, $d = d_1 + d_2$, σ 由下式给出:

475

$$\sigma = \frac{d_1}{d}\sigma_1 + \frac{d_2}{d}\sigma_2 \tag{8.30}$$

当将霍尔系数看作磁场的函数的时候,基于磁场的式(8.27)给出了进一步的信息。图 8.7 给出的是 p 型衬底上的 n 层,其 $R_{H1} = -1/qn_1$、$R_{H2} = 1/qp_2$。霍尔系数是正负相反的,这样就可以通过改变磁场来测得反号的霍尔系数。霍尔系数与 $n_1 d_1$ 的乘积成反比。对于较低的 $n_1 d_1$,霍尔系数由 p 基底决定并与磁场无关。P_2 和 μ_2 都由 R_H 决定。当 $n_1 d_1$ 的值居中时,霍尔系数与磁场相关。导电性最初由空穴主导,当霍尔系数变号时由电子起主导作用。n 层和 p 基底的载流子密度和迁移率都可以用式(8.27)由分析与磁场有关的 R_H 得出。对于高 $n_1 d_1$ 值,霍尔系数是负值,导电性由 n 层决定, R_H 又变得与磁场无关了。Zemel 等人做了详细讨论。[7]

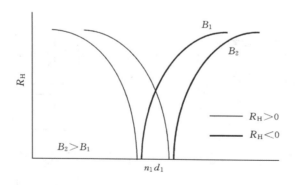

图 8.7 两个磁场下, p 型基底上 n 型层的霍尔系数随 $n_1 t_1$ 的变化

如果上层比衬底的掺杂更重或者由到表面的反型层构成。举个例子,衬底中的载流子在低温下被冻结,因此 σ_2 非常小。例子给出了 HgCdTe 和 InSb 材料的一个 p 型衬底上的 n 型薄膜,一个 p 型衬底上的 n 型薄膜还有一个 n 型衬底上的 n 型薄膜。[40-41]

8.3.4 样品形状和测量电路

霍尔样品可以总结为两种基本几何形状:桥式和片式。图 8.1 的平行六面体形状的样品不推荐,因为要求接触点直接焊在样品上。为了减少接触问题,霍尔桥的延伸臂在图 8.8(a)中给出[42]。如果符合 ASTM 标准 F76[42],六臂和八臂形的都可以采用。虽然片式样品可以是任意形状,但最好是对称均匀形状。样品必须没有孔洞;典型的样品形状在图 8.8(b)到(d)中给出。对于片式样品,接触点必须小并且尽量靠近样品边缘。

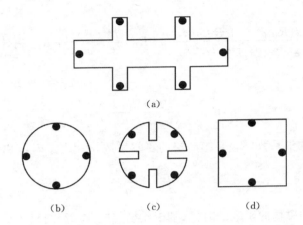

图 8.8 (a)桥式霍尔结构;(b)—(d)片式霍尔结构

图 8.9 给出了一些常用的薄片或者范德堡样品。在离子注入发展的早期,注入的一致性通常用图 8.9 中的样品形状来表征。在图 8.9(a)中,用光刻法制作样品 1 到 4 的 p^+ 接触扩散。测量的区域是 5。做霍尔测试时,也需要使用扩散长度接触电阻试样。更进一步,如果使用磁场,那么,接触电阻、比接触电阻和面电阻,注入层和触点下的迁移率以及面载流子浓度都可以推算出来。[43]

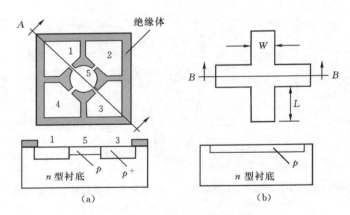

图 8.9 范德堡霍尔样品图示

接触点的大小和位置很重要。对于范德堡样品,接触点应该是对称的点接触。而这点在实际中达不到,从而引入一些误差。范德堡解决了一些问题。[12]他考虑了每隔 $90°$ 一个接触点的圆形样品。在图 8.10 中的三种情况下,接触点是等电势区。每种情况下,有三个理想触点和第四个非理想触点。第四个触点要么是长度 s 且比点触点大,要么距离外围 s。当 s/D 和 $\mu_H B$ 都小的时候,由于非理想触点造成的每个样品的电阻率 $\Delta\rho/\rho$ 和迁移率 $\Delta\mu_H/\mu_H$ 的相对误差也需要指明。如果多于一个触点是非理想的,那么误差就会高一次方。

还有一种是图 8.8(c)和图 8.9 中的四叶苜蓿形的立体道路交叉形的样品测试。方形样

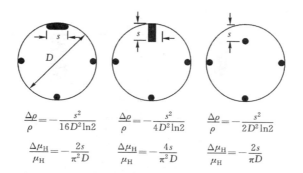

$$\frac{\Delta\rho}{\rho}=-\frac{s^2}{16D^2\ln 2}\qquad\frac{\Delta\rho}{\rho}=-\frac{s^2}{4D^2\ln 2}\qquad\frac{\Delta\rho}{\rho}=-\frac{s^2}{2D^2\ln 2}$$

$$\frac{\Delta\mu_{\rm H}}{\mu_{\rm H}}=-\frac{2s}{\pi^2 D}\qquad\frac{\Delta\mu_{\rm H}}{\mu_{\rm H}}=-\frac{4s}{\pi^2 D}\qquad\frac{\Delta\mu_{\rm H}}{\mu_{\rm H}}=-\frac{2s}{\pi D}$$

图 8.10　非理想接触长度或触点位置对范德堡样品的电阻率和迁移率的影响。重印经范德堡允许[12]

品由于触点位置引起的误差在参考文献[44]-[45]中讨论。方形样品的触点位置在边的中点比在角上效果好[44]。图 8.9(b)使用了这种四臂长度相等的十字交叉模型,其 $L=1.02W$ 的误差小于 0.1%。[45] 对于边长 L,四角是长度 s 的方形和三角形的触点的方形样品,当 $s/L<0.1$ 时,霍尔测量所得误差小于 10%。[46] 由于在霍尔测试中磁场会翻转从而消除非平衡电势差,所以触点不需要严格相对。但是如果非平衡电势比霍尔电势高,霍尔电势是两个很大的数的差值,就会引入误差。

　　有些样品是半导体器件的形状。例如,在绝缘基底上的薄膜中的 MOSFET 的通常是图 8.11 中霍尔样品的形状,其 p^+ 区的 1、2 是源和漏,7 是栅。3～6 的接触区是为霍尔测试添加的。霍尔电压加在 3、5 和 4、6 之间。在一些情况下只有两个触点,如 4 和 6,那么它们就应该在源、漏的中间附近且 $W/L\leqslant 3$[47]。然而,由于测量的霍尔电压 $V_{\rm Hm}$ 的显著影响,样品的源和漏会变短。对于图 8.12(a)中的 $L=3W$,$V_{\rm Hm}$ 比 $L>3W$ 的样品的霍尔电压小。本章前面讲到的用于 $L\gg W$ 的样品的霍尔电压 $V_{\rm m}$ 与短样品的测量霍尔电压的关系是 $V_{\rm H}=V_{\rm Hm}/G$,G 在图

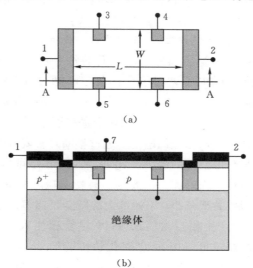

图 8.11　在末端有电流短路区域的霍尔样品;

(a)未显示栅的俯视图;(b)穿过 $A-A$ 的切面图

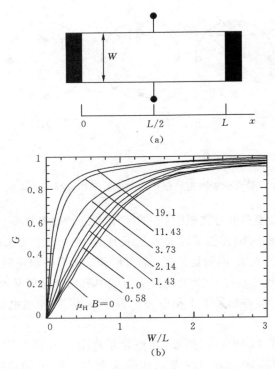

图 8.12　(a)末端区域电短路的霍尔样品;(b)测量电压 V_{Hm} 和霍尔电压 V_H 之比。$G=V_{Hm}/V_H$。重印经 Lippmann 和 Kuhrt[48]许可。

8.12(b)中给出。[48] 图 8.12(b)的曲线是用于计算在样品的 $x=L/2$ 处测量的霍尔电压。对于样品长度 $L=3W$,变短的效应可以忽略,测得的电压就是通常的霍尔电压。

　　ASTM 标准 F76 给出了详细的测量过程和测量注意事项。[42] 更多的精密测试需要电流和磁场反向并且读数取均值。当样品阻值很高时,需要注意一些特殊事项,从而用伏特计消除漏电流路径和样品负载。保护路径利用样品和外电路之间的每个探针的高输入阻抗单位增益放大器。[49] 单位增益输出驱动放大器和样品之间导线上的互感,通过有效消除导线的寄生电容,从而降低漏电流和系统时间。通过这样的系统测量了高达 10^{12} 欧姆的电阻。[50] 通过在"暗"晶片上照亮一个条并在亮条上引入暗斑,可以在半绝缘 GaAs 上进行测量。[51] 由于暗斑的阻值远大于亮的区域,亮条的阻值基本上就决定于小暗斑的阻值。通过移动暗斑就可以得到阻值分布图。

　　霍尔效应分布测量有其它可能性的误差。比如,底部 pn 结可能有漏电流,这样测得的霍尔电压就比从基底到薄膜绝对绝缘的测量值要小。肖特基接触构造中的上层结也可能有漏电流。结漏电流可以通过冷却样品来减小。[21] 如果上层结是正向偏压以减小靠近表面的空间电荷区,正向偏压的结电流就会产生相当大的误差。[29] 尽管栅注入电流效应可以被修正[52],但修正量过大且精确度值得怀疑。可以用 ac 电路代替传统的 dc 测量电路。[29-30] Ac 电路中,器件被一定频率的 ac 电流驱动,栅电压包括 dc 偏压以改变 scr 宽度和不同于电流频率的 ac 成分。使用不受 dc 漏电流影响的锁相放大器测量适当的 ac 偏压。在一个测试中,磁场和电流的频率分别是 60 Hz 和 200 Hz。[53] 霍尔电压用锁相放大器在 260 Hz 下测量,从而消除大部分的热电和热磁误差,得以测量低达 $10\mu V$ 的霍尔电压。

8.4 磁阻迁移率

典型的霍尔效应结构不是很长就是有范得堡变化。它们需要四个或者更多的接触点。图 8.13(a)示意的是一个长的霍尔棒,其 $L \gg W$。场效应管(FETs)是 $L \ll W$,如图 8.13(b)所示。由外加磁场导致的霍尔电场是被长接触缩短的。因此,FET 结构不会满足霍尔尺寸。这种短几何结构的极端表现是一个触点在样品的圆心,其他触点在圆周上,如图 8.13(c)所示。霍尔电场在这种科比诺盘[54]被缩短,并且没有霍尔电压产生。图 8.13(b)和图 8.13(c)的尺寸是很典型的磁阻尺寸。

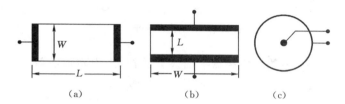

图 8.13 (a)霍尔样品;(b)短、宽的样品;(c)科比诺盘

在磁场中半导体的电阻率通常会提高。这被称为物理磁阻效应(PMR),条件是传导是非均匀的,并且涉及不止一种载流子,同时载流子分布是由能量决定。一个半导体的电阻也同样受磁场影响。[55]磁场会导致载流子脱离直线路径,从而导致样品电阻增大。这种由样品尺寸决定的被称为几何磁阻(GMR)。磁场影响电阻改变是由半导体的电阻率改变决定,同样也由于几何尺寸的影响,并且磁场的影响随着样品迁移率增大而增大。几何尺寸的影响通常是占主导地位的。例如,在室温下,GaAs 在强度为 1T 的磁场中,PMR 约占 2%,而 GMR 约为 50%。几何磁阻迁移率 μ_{GMR} 和霍尔迁移率 μ_H 的关系由以下给出:

$$\mu_{GMR} = \xi \mu_H \tag{8.31}$$

其中 ξ 为磁阻散射因子,由 $\xi = (\langle \tau^3 \rangle \langle \tau \rangle / \langle \tau^2 \rangle^2)^2$ 决定[10]。由于 τ 是独立于能量的因子,表示碰撞的平均时间时变为同性,因此 $\xi = 1$,$\mu_{GMR} = \mu_H$。物理磁阻率变化率 $\Delta_{\rho PMR} = (\rho_B - \rho_0)/\rho_0$ 在以上条件下变为零,其中 ρ_B 是磁场中的电阻率,而 ρ_0 为非磁场中电阻率。

图 8.14 显示的是电阻比 R_B/R_0 作为 $\mu_{GMR} B$ 的函数的关系曲线,图中显示的是不同 L/W 的矩形样品的曲线。[56]其中 R_B 是 $B \neq 0$ 时的阻抗,而 R_0 是 $B=0$ 时的阻抗。像图 8.13(a)所示的长矩形,并且接触点在两端的样品,R_B/R_0 的比例接近于 1,磁阻效应是非常小的。相比而言,短的、宽的样品磁阻效应较高。其中 $L/W = 0$ 的科比诺圆盘有最大的比例。图 8.4 还显示了磁阻效应和霍尔效应作为补充。二者是此消彼长的关系。例如,图 8.12 中的短的、宽的样品霍尔电压有所减少,但是那样的样品形状会引起最大的磁阻。场效应管的短和宽很适合磁阻产生的尺寸。在 $B=0$ 的情况下,流进科比诺盘的电流呈圆心到圆周的放射状。当有垂直于样品的磁场加上后,电流的流线变成对数螺旋线,并且电阻比变为

$$\frac{R_B}{R_0} = \frac{\rho_B}{\rho_0} [1 + (\mu_{GMR} B)^2] \tag{8.32}$$

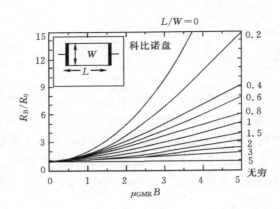

图 8.14 不同长宽比下矩形样品几何磁阻率相对于 $\mu_{GMR}B$ 的变化曲线。
转载经 Lippmann 和 Kuhrt[56] 许可

式(8.32)对应的是图 8.14 中的科比诺盘的曲线。通常,因为磁阻散射机理还未被精确认识,为简化起见,磁阻散射因子 ξ 会像霍尔散射因子一样取 1。在实验误差范围内,在改良测量的科比诺盘中测试 GaAs 的 μ_{GMR} 和霍尔样品下的 μ_H 显示 ξ 可以取为一。[57-58]测量过程是选择磁场强度为 0.7 T,温度从 77 到 400 K 的情况下。在那样的条件下 $\rho_B \approx \rho_0$ 且 $\mu_{GMR} \approx \mu_H$。另作假定 $\mu_H \approx \mu_p$,迁移率可以给出为

$$\mu_p \approx \frac{1}{B}\sqrt{\frac{R_B}{R_0}-1} \tag{8.33}$$

迁移率可以由 $(R_B/R_0-1)1/2$ 比 B 的曲线斜率得到,能够通过用有肖特基栅极的科比诺盘,通过测量电阻和栅压的函数关系变化得到。[59]

由于科比诺盘的特殊几何特征,用科比诺盘是非常方便的。然而,图 8.14 显示可以看出,有低 L/W 的矩形形状样品也同样适合磁阻测量。由于矩形样品有低的 L/W,$\mu_{GMR}B < 1$,式(8.36)可以替代为[56-57]

$$\frac{R_B}{R_0} = \frac{\varrho_B}{\rho_0}\big[1 + (\mu_{GMR}B)^2(1 - 0.54L/W)\big] \tag{8.34}$$

如果 μ_{GMR} 的测量误差要低于 10%,那么长宽比 L/W 必须低于 0.4。由于典型的 FET 结构是 $L/W \ll 1$,因此式(8.34)非常接近式(8.32),正因为这个原因,式(8.32)通常被用于 GMR 测量。磁阻测量第一次是被用于 GaAs 耿氏效应装置。[57,61]这是一种用于快速测量功能器件的技术,而无需特殊的测试结构。除了替代测量电阻和 FET 栅压函数关系外,它还可能决定有无磁场下的跨导测量时的迁移率。[62]

磁阻迁移率测量方法已经被应用于金属-半导体 FETs(MESFETs),同样也用于调制掺杂场效应晶体管(MODFETs)。通过利用 GMR 效应的磁场依赖性,可能可以得到 MODFETs 中各种导电区域和子区域的迁移率。[63]这种方法已经被用于决定依赖栅电场的迁移率。[64]肖特基-栅器件的栅电流效应和串联电阻效应必须修正。[52,62,65]栅电流修正在栅极正向偏置时候尤为重要。接触电阻在霍尔尺寸下只是次重要的因素,但是对于 GMR 尺寸是非常重要的,因为它会增大电阻测量值并且接触电阻相对是独立于磁场。当迁移率被当作栅偏压

的函数测量时候,平均迁移率需要对每个栅压的值进行测量。平均迁移率和微分迁移率都是被跨导测量所决定。[66]

式(8.32)显示 GMR 效应不具有霍尔效应的普适性。$\rho_B/\rho_0 \approx 1$ 是个合理的假设,注意到电阻的变化,$\Delta R/R_0 = (R_B - R_0)/R_0$ 比方说为 10% 时,便需要 $\mu_{GMR} = 0.3/B$ 条件。由于典型的磁场为 0.1 到 1 T,这就需要 μ_{GMR} 为 30000 到 3000 $cm^2/V \cdot s$,这些迁移率是 III-V 化合物半导体材料制成的 MESFETs 和 MODFETs 中,尤其是低温条件下得出。这些都是已经被 GMR 成功表征的一些材料。在更高的磁场环境下,如利用超导磁体,便有很低的迁移率。硅的迁移率在 $500 \sim 1300$ $cm^2/V \cdot s$ 范围,这样的范围是不适合磁阻测量,因为它的 GMR 在常见的实验室磁场条件下可以小到忽略。

<!-- page marker 482 -->

●　●　●　●　●　●　●　●　●　●　●　●　●　●　●　●

8.5　飞行时间漂移迁移率

用飞行时间法来确定少数载流子迁移率第一次是通过海恩斯-肖克莱实验验证。[67-69] Prince 首次利用这种技术对 Ge 和 Si 进行迁移率的完整测量。[70] 这种方法的原理如图 8.15 (a)用 p 型半导体棒示范下。漂移电压 V_{dr} 在沿着半导体棒的方向形成一个电场 $E = V_{dr}/L$。少数载流子电子被负极脉冲在 n 型发射极被注入。这些注入电子在电场作用下由发射极向集电极漂移,并被集电极收集。

<!-- page marker 483 -->

电子是在 $t = 0$ 时被窄脉冲注入,在随着半导体棒漂移过程中扩散并且和多数载流子空穴复合。因此,少数载流子脉冲会由于扩散而变宽,而由于复合会减少面积。脉冲的形状可以通过下面有关空间和时间的函数给出[71]

$$\Delta n(x,t) = \Delta n(x,0)\exp\left(-\frac{(x-vt)^2}{4D_n t} - \frac{t}{\tau_n}\right) = \frac{N}{\sqrt{4\pi D_n t}}\exp\left(-\frac{(x-vt)^2}{4D_n t} - \frac{t}{\tau_n}\right)$$

$$(8.35)$$

其中 N 是在 $t = 0$ 时注射点的电子密度(电子/cm^2)。方程中指数的第一部分表示扩散和漂移,第二部分表示复合。

电子束由发射极到集电极的漂移时间为 $t_d = d/v$,其中 d 是图 8.15(a)触点之间的间距,$v = \mu_n E$ 是电子束的速率。由式(8.35)得到的理论输出电压的波形在图 8.15(b)中给出,图中的点可参考文献[72]。图 8.15(c)显示的是计算出的输出电压,是间距 d 和寿命 τ_n 的函数。图(c)中表出区域减少和脉冲变宽随着时间的变化关系,图(d)中脉冲宽度和寿命的关系。

由于输入脉冲的振幅是多种多样的,并且推断出当输出脉冲峰值不再及时变化时才会零注射或者注射峰值幅度降低,因此弛豫时间 t_d 是通过测量输出脉冲相对于时间来决定的。这样可以保证在注射的载流子浓度能很好地低于多数载流子的平衡浓度下的低标准注射,可以消除少数载流子脉冲的局部电场干扰。

由于速度由 $v = \mu_n \mathcal{E}$ 给出,那么漂移迁移率可以由以下关系决定:

$$\mu_n = \frac{d}{t_d \mathcal{E}}$$

$$(8.36)$$

飞行时间法实际上是测量少数载流子速率或者少数载流子迁移率的方法。因此它是对于决定载流子速度-电场行为很有用。这种关系在其他迁移率测试技术中是很难表述的。

为了确定扩散常数 D_n,对收集的脉冲宽度在半峰值时进行测量。可以看出 D_n 由以下式子给出(参见习题 8.10)

$$D_n = \frac{(d\Delta t)^2}{16\ln(2)t_d^3} \tag{8.37}$$

其中 Δt 是脉冲宽度。

寿命是是通过测量在 t_{d1} 和 t_{d2} 时刻收集的电子束脉冲相应的两个漂移电压 V_{dr1} 和 V_{dr2} 来决定的。在没有少数载流子被捕获的理想情况下,收集的脉冲应该是高斯形状,寿命可以通过对比相应的输出脉冲幅值 V_{01} 和 V_{02} 得到,电子寿命为[72]

$$\tau_n = \frac{t_{d2} - t_{d1}}{\ln(V_{01}/V_{02}) - 0.5\ln(t_{d2}/t_{d1})} \tag{8.38}$$

电注入可以在基本方法不变的情况下由光学注入代替。例如,在某种技术中,利用光学上电子–空穴对(ehps)可以在 pn 结的 p 区前面形成。[73]电子扩散并在结区被收集。测量最终电

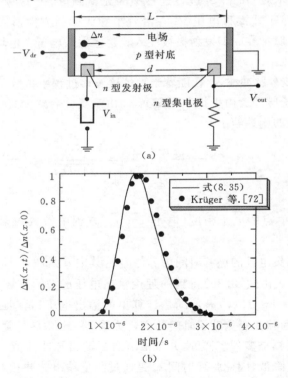

(a)

(b)

图 8.15　(a) 漂移迁移率测量装置 (b)标称输出电压脉冲(μ_p＝180 cm²/V・s, τ_n＝0.67 μs, T＝423 K, E＝60 V/cm)(c) 输出电压脉冲(μ_n＝1000 cm²/V・s, τ_n＝1 μs, T＝300 K, E＝100 V/cm, N＝10^{11} cm^{-2}),(d) 输出电压脉冲(μ_n＝1000 cm²/V・s, d＝0.075 cm, T＝300 K, E＝100 V/cm, N＝10^{11} cm^{-2})

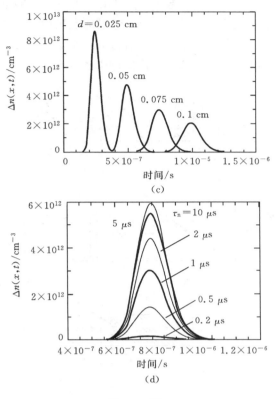

图 8.15（续）

压以得到迁移率。光学注射结合光学探测有一种变化。激光脉冲产生电子空穴对漂移和扩散。电子空穴对复合伴随着光子散射,尤其是辐射复合占优势的Ⅲ-Ⅴ材料。辐射复合是在飞行时间法中"光子进-光子出"过程中发现。在一种特别的方案中,量子势阱被用于 GaAs/Al-GaAs[74] 和 InGaAs/InP[75] 的时间标记。电子空穴对还可以通过脉冲电子波或者把样品放入微波电路中产生,此时电子波在微波频率,当通过样品时发生偏转,并且最终的微波电流可以测得。[77]漂移速率便由微波电流的范围和相位决定。[77,78]如果表面复合也考虑的话,可以在发射极和集电之间氧化出一个栅极。[72]一个有效的栅压可以偏置表面为累积,这样有效地减少表面复合。表面复合在第 7 章已经予以讨论。

485

　　除了迁移率之外,以速度-电场线形式的载流子漂移速度也是很重要的。有两种方法得到作为电场的函数的漂移速度:电流法和飞行时间法。前者是电子漂流速度由在高电场下的 n 型本征区的电流决定。电子漂移速度可以由以下给出

$$v = \frac{I}{qwtn} \tag{8.39}$$

其中 I 是电流,w 是样品宽度,t 是厚度,n 是电子密度。精确的漂移速度是由精确的物理尺寸和精确的载流子浓度决定的。为了避免加热,样品上的脉冲通常适当取值,一般脉冲宽度为 $50 \sim 100$ ns。[79]样品需要放在惰性环境下以防止电弧放电。这种方法已经被用于测量 SiC 的 v - $\mathcal{E}$ 曲线。[79]

　　飞行时间法的原理如图 8.16(a)。电压 V_1 加在两块平行板的电极上。阴极在紫外光环境下释放出电子,例如,以速度为 v_n 的电子在 V_1 产生的电场中由阴极向阳极漂移。电子电荷量为 $Q_N = qN\ C/cm^2$,阴极和阳极感应电荷分别为 Q_C 和 Q_A,有 $Q_N = Q_C + Q_A$。箭头代表从 Q_C 指向 Q_A 终止于 Q_N 的电场。由外加电场决定的电场线未表示出来。

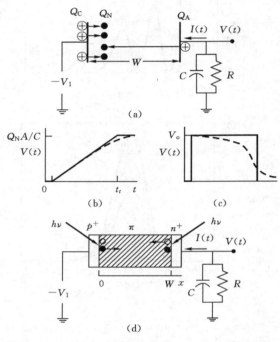

图 8.16　(a) 飞行时间法测量示意图;(b) $t_t \ll RC$ 时输出电压;
(c) $t_t \gg RC$ 时输出电压;(d) $p^+ \pi n^+$ 二极管进行实验

　　在两块平板上的电荷会随着电荷从阴极漂移到阳极时已连续地重新分布,在 $t=0$ 时刻,阳极上的电荷为 $Q_A=0$,而在 $t=t_t$ 时刻,$Q_A = Q_N$,t_t 是由式(8.40)确定的渡越时间

$$t_t = \frac{W}{v_n} \tag{8.40}$$

当 Q_A 从 0 变化到 Q_N 时,在输运时间 t_t 内,通过外电路的电流由式(8.41a 和 8.41b)给出[80-81],A 为电极区域。

$$I(t) = \frac{Q_N A}{t_t} = \frac{Q_N A v_n}{W}, \quad 0 \leqslant t \leqslant t_t \tag{8.41a}$$

$$I(t) = 0, t > t_t \tag{8.41b}$$

这个样品,连接线,以及输入电压感应电路都包括电感,可表示为集总参数 C。R 是如图 8.16(a)所示的负载阻抗。输出电压为

$$V(t) = \frac{Q_N A v_n R}{W}(1 - e^{-t/RC}) = V_o(1 - e^{-t/RC}) \tag{8.42}$$

练习 8.2

问题：参考式(8.42)

解答：在频域

$$V(\omega) = Z(\omega)I = \frac{R}{1+\mathrm{j}\omega RC}I$$

作拉普拉斯变换得

$$V(s) = Z(s)I(s) = \frac{R}{1+sRC}I(s) = \frac{R}{s(1+sRC)}\frac{Q_N A v_\mathrm{n}}{W}$$

用一阶跃电流 $I(s) = I/s = (Q_N A v_\mathrm{n}/W)(1/s)$，其中"$s$"是拉普拉斯算子，用拉普拉斯逆变换得到

$$V(t) = \frac{Q_N A v_\mathrm{n} R}{W}(1 - e^{-t/RC}) = V_\mathrm{o}(1 - e^{-t/RC})$$

式(8.42)有两个极限，这对输运时间的衡量上是很有意思的：

1、如果 $t_t \ll RC$，电压可表示为

$$V(t) \approx \frac{V_\mathrm{o}t}{RC} = \frac{Q_N A v_\mathrm{n} t}{WC}, \quad 0 \leqslant t \leqslant t_t \tag{8.43}$$

$$V(t) = \frac{Q_N A}{C}, \quad t > t_t \tag{8.44}$$

在这个近似中 RC 电路相当于一个积分器，电压如图 8.16(a)的实线所示。

2、如果 $t_t \gg RC$，电压可表示为

$$V(t) \approx V_\mathrm{o} = \frac{Q_N A v_\mathrm{n} R}{W}, \quad 0 \leqslant t \leqslant t_t \tag{8.45}$$

$$V(t) = 0, \quad t > t_t \tag{8.46}$$

在这个近似中 RC 时间常数太小了，以至于电容绝不会充电，且 $V(t) \approx RI(t)$。电压如图 8.16(c)的实线所示。在这两种情况中，输运时间都可以确定，载流子速度可由 t_t 决定。

这种飞行时间法可应用于如图 8.16(d)所示的 $p^+ \pi n^+$ 结中。其中的 π 区域为轻掺杂的 p 型区。偏置电压 V_1 使 π 区域减小很多。从左边过来的可穿过表层的激励(如高能光子或电子束)可在 $x=0$ 处产生电子空穴对，空穴移动到 p^+ 接触层，电子移动到 $x=W$ 处，这样电子速度就可以确定了。对于从右端激发的情况，空穴移动到左端，空穴速度也可以测得了。

图 8.17 显示了两种几何结构有细小差别的测量度越时间的结构。都使用了 pn 结和 MOS 结构的混合。图 8.17(a)为一个门控二极管，偏置电压为 V_1，这就保证了深层的损耗，使反转层不会形成。[82-83] 门控电压的门为一层高阻抗的多晶硅，其面电阻为 10 kΩ/□。外加电脉冲 V_2，其脉冲长度为 200 ns，频率为 10 kHz，可产生一个周期性的电压沿着门以及半导体，产生横向电场。从一个锁模 Nd:YAG 激光器发出的光脉冲，沿着没有加门控的位置射入，可

在半导体中产生空穴-电子对。空穴迁移到底层,电子沿着表面迁移,并到达收集电子的二极管,在输出电路中产生电流脉冲。通过两处缝隙处的光子激发产生的注入少子,到达时间的差距就可以用来决定漂移速度。为了得到漂移速度和电场的关系,可通过施加 V_2 来改变横向或切向的电场。为了确定们电压与速度的关系,可通过调节 V_1 来改变法向或垂直的电场。[82]

图 8.17(b)所示的半导体中的电场是通过施加在两个在半导体中的 p^+ 结来获得的。[84]表面的 Al 层决定了电场的范围,但是横向电场与垂直电场是相互独立的,因为横向电场并不由门电压决定。而表面的 Al 层也同时可以遮光,只留下两个狭缝让激光通过产生电子空穴对。此处使用由锁模 ND-YAG 激光器产生的脉宽为 70 ps 的激光脉冲。少子会被 n^+ 收集且显示在示波器上。图 8.15 和 8.17 的电路是相似的。主要的不同在于少子注入方式。在图 8.15 中,少子是通过电的方式注入,而图 8.17 是通过光的方式。在所有的这些技术中,减小甚至消除载流子俘获,或者在数据分析中考虑到载流子被俘获是很重要的。[75,85]图 8.16(b)和(c)中的虚线表示了俘获效应。[81]

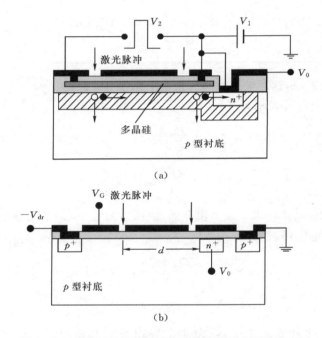

(a)

(b)

图 8.17   文中提到的两种漂移迁移率测量方法的示意图

通过 MOSFET 的电流电压数据同样还可以确定饱和速度。对于短沟道 MOSFET,源电阻为 R_s 时饱和情况下的漏电流可以表示为[86]

$$I_{D,sat} = \frac{W_{eff} v_{sat} \mu_{eff} C_{ox} (V_{GS} - V_T - I_{D,sat} R_s)^2}{2 v_{sat} L_{eff} + \mu_{eff} (V_{GS} - V_T - I_{D,sat} R_s)} \tag{8.47}$$

求解 $I_{D,sat}$,舍去高次项,式(8.47)可以写成

$$\frac{1}{I_{D,sat}} = \frac{2 R_s W_{eff} v_{sat} C_{ox} + 1}{W_{eff} v_{sat} C_{ox} (V_{GS} - V_T)} + \frac{2(L_m - \Delta L)}{W_{eff} \mu_{eff} C_{ox} (V_{GS} - V_T)^2} \tag{8.48}$$

$1/I_{D,sat}$ 和 L_m 的关系图中截取一段 $(1/I_{D,sat})_{int}$ 和 $L_{m,int}$,由式(8.49)和(8.50)给出:

$$\left(\frac{1}{I_{\mathrm{D,sat}}}\right)_{\mathrm{int}} = \frac{2R_sW_{\mathrm{eff}}v_{\mathrm{sat}}C_{\mathrm{ox}}+1}{W_{\mathrm{eff}}v_{\mathrm{sat}}C_{\mathrm{ox}}(V_{\mathrm{GS}}-V_T)} - \frac{2\Delta L}{W_{\mathrm{eff}}\mu_{\mathrm{eff}}C_{\mathrm{ox}}(V_{\mathrm{GS}}-V_T)^2} \tag{8.49}$$

$$L_{\mathrm{m,int}} = \Delta L - \frac{\mu_{\mathrm{eff}}(V_{\mathrm{GS}}-V_T)(2R_sW_{\mathrm{eff}}v_{\mathrm{sat}}C_{\mathrm{ox}}+1)}{2v_{\mathrm{sat}}} \tag{8.50}$$

将式(8.49)带入式(8.50)中可得

$$L_{\mathrm{m,int}} = \Delta L + \frac{2R_sW_{\mathrm{eff}}v_{\mathrm{sat}}C_{\mathrm{ox}}+1}{W_{\mathrm{eff}}v_{\mathrm{sat}}C_{\mathrm{ox}}(V_{\mathrm{GS}}-V_T)}\frac{L_{m,\mathrm{int}}}{(1/I_{\mathrm{D,sat}})_{\mathrm{int}}} = \Delta L + A\frac{L_{\mathrm{m,int}}}{(1/I_{\mathrm{D,sat}})_{\mathrm{int}}} \tag{8.51}$$

注意到式(8.51)中不再包括 μ_{eff} 画出 $L_{\mathrm{m,int}}$ 与 $L_{\mathrm{m,int}}/(1/I_{\mathrm{D,sat}})_{\mathrm{int}}$ 图可得到斜率 A，画出 A 相对 $1/(V_{\mathrm{GS}}-V_T)$ 的图得出斜率为 S 的线，这样就可以通过式(8.52)得到 v_{sat}：

$$v_{\mathrm{sat}} = \frac{1}{W_{\mathrm{eff}}C_{\mathrm{ox}}(s-2R_s)} \tag{8.52}$$

8.6 场效应 MOS 管的迁移率

电子电导率、霍尔效应、磁阻迁移率构成体迁移率。在对他们的分析确定时表面所产生的作用很小。载流子可以在样品内自由的迁移，可以测量到基于样品平均厚度下的迁移率。晶格散射(声子散射)和电离杂质散射是主要的散射机制。低温情况下，由于载流子的排斥作用，电离杂质散射减弱，而中性杂质散射影响更为显著。部分半导体材料中还存在压电散射。每一种散射机理都对应着一迁移率。根据马德森(电阻率)定则，总迁移率 μ 由这些迁移率所决定，[87]有公式

$$\frac{1}{\mu} = \frac{1}{\mu_1} + \frac{1}{\mu_2} + \cdots \tag{8.53}$$

显然，起决定性作用的是值最小的那个迁移率。

本小节中，我们将讨论的是，在场效应 MOS 管沟道中，当载流子被限制在一个狭窄的区域时引起的一些额外散射。如氧化物半导体界面附近的载流子由于氧化物电荷存储及界面态引起的库仑散射，还有表面粗糙散射。这些散射都将使得场效应 MOS 管的迁移率小于体迁移率[88]。另外，反型层中载流子的量子化效应会进一步地减小迁移率。[89-91]

8.6.1 有效迁移率

本小节中我们将以 n 型沟道场效应 MOS 管为例说明，其沟道长度和宽度分别为 L 和 W。类似的分析也适用于 p 型沟道场效应 MOS 管。漏电流 I_{D} 由漂移电流和扩散电组成，公式表示为

$$I_{\mathrm{D}} = \frac{W\mu_{\mathrm{eff}}Q_{\mathrm{n}}V_{\mathrm{DS}}}{L} - W\mu_{\mathrm{eff}}\frac{kT}{q}\frac{\mathrm{d}Q_{\mathrm{n}}}{\mathrm{d}x} \tag{8.54}$$

其中 Q_{n} 为沟道可动电荷密度(C/cm²)。μ_{eff} 为有效迁移率，通常是在漏极电压为 50～100 mV

时测量所得值。因为之后较小的 V_{DS} 在源极和漏极之间的沟道电荷分布均匀,使得式(8.54)中的第二项扩散项就可以忽略不计。因此,有效迁移率就可以表示为

$$\mu_{eff} = \frac{g_d L}{W Q_n}$$ (8.55)

其中的漏电导 g_d 可以由下式表达:

$$g_d = \frac{\partial I_D}{\partial V_{DS}} \big|_{V_{GS}} = 常数$$ (8.56)

Q_n 是如何确定的呢?通常有两种方法可用。第一,沟道可动电荷密度可以近似为

$$Q_n = C_{ox}(V_{GS} - V_T)$$ (8.57)

虽然在栅压小于阈值电压 V_T 时沟道电荷也还是存在,但是,公式中的 $V_{GS} - V_T$ 保证了器件工作在栅压大于阈值电压的漂移限制区。尽管如此,这样的相对近似还是存在一些缺陷不足。首先,由式(8.57)给出的沟道电荷密度并不是一个准确值。其次,阈值电压也没有一个可以获知的准确值,并且单位电容 C_{ox} 也不是严格的就由氧化层电容和单位面积的比值所决定,它是考虑到多晶硅栅极损耗和 SiO_2/Si 界面下存在薄的反型层这一实际情况后得到的一个有效氧化电容。这两种情况都引入了额外的串联电容。

当 μ_{eff} 由式(8.55)和(8.57)给出时,通常可在接近 $V_{GS} = V_T$ 时,能够观测明显的迁移率减小的现象。这一现象的原因是,式(8.57)中只是一个近似的 Q_n 值,阈值电压也没法准确知道,而且随着栅极电压的减小,沟道电荷密度也不断减少,同时电离杂质散射变得明显。电离杂质散射在较高栅极电压的情况下可忽略,因为此时反型层的电荷屏蔽了电离杂质。

这种方法是通过对电容的测量而直接较准确计算得到 Q_n 值,利用的是沟道可动电荷密度和栅极–沟道单位面积电容 C_{GC} 之间的关系:

$$Q_n = \int_{-\infty}^{V_{GS}} C_{GC} dV_{GS}$$ (8.58)

单位面积电容 C_{GC} 可通过图8.18的线路连接测得。电容计是连接在栅极和源极/漏极之间(图中未画出)的,衬底基板接地。这一部分更为详细的讨论见附录6.1。当栅极所加的是负电压时(如图8.18(a)),沟道区域累积空穴,测量得到电容为叠加电容 $2C_{ov}$。当 $V_{GS} > V_T$(如图8.18(b)),表面出现反型层,这时测量得到的电容为 $2C_{ov} + C_{ch}$。图8.19(a)给出的是 $C_{GC} - V_{GS}$ 的关系曲线。在

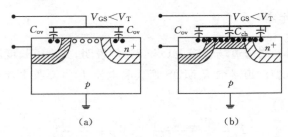

图8.18 栅极–沟道电容测量方法略图(a)$V_{GS} < V_T$;(b) $V_{GS} > V_T$

该曲线中忽略掉叠加电容 $2C_{ov}$ 再作积分,所得到即为图 8.19(a)给出的 Q_n-V_{GS} 曲线。图 8.19(b) 给出的是漏极输出特性。在小的源漏电压 V_{DS} 区域,该曲线近似直线,其斜率即为漏极电导 g_d。 图 8.20 给出的便是由图 8.19 通过式(8.55)计算得到的迁移率。

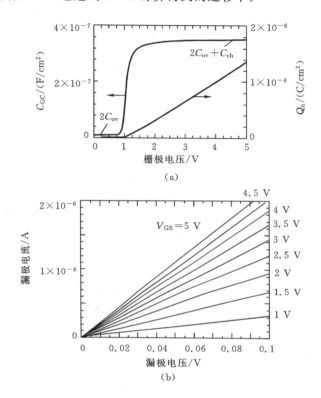

图 8.19 (a)栅-沟道电容 C_{GC} 和沟道电荷密度 Q_n 两者与栅压 V_{GS} 的关系曲线;(b)漏极电流 I_D 与 漏极电压 V_D 之间关系。$W/L=10\mu m$,$t_{ox}=10$ nm,$N_A=1.6\times10^{17}$ cm^{-3}

即使是利用式(8.55)和(8.57)来确定迁移率,仍然常有一些不可忽视的误差因素出现。 本文在此对之作一些简单的介绍。C_{GC} 通常是利用图 8.18(a)的方法测量出来的。在该装置 中,假设的是 $V_{DS}=0$,但是决定漏电流大小的漏电导 g_d 是在 $V_{DS}>0$ 的条件下进行测量的,通 常在 I_D 的测量中选择 $V_{DS}=100$ mV,当然选择的漏电压尽可能越小越好。但是要是 V_{DS} 太小 的话,测量过程中的外界干扰太大,通常 $V_{DS}\approx20\sim50$ mV 较为合理。$V_{DS}>0$ 时,特别是还近 似有 $V_{GS}=VT$ 时,对于 μ_{eff}-V_{GS} 关系会引入一个偏差,因为当 V_{GS} 给定时,Q_n 是随着 V_{DS} 的增大 而减少的。[92-94]进行修正后的测量电路为 C_{GC} 测量提供一个小的漏极偏压,在栅源电容(C_{GS}) 测量时提供一个漏极反向偏压。[94]而且栅漏电容(C_{GD})也可以测量,$C_{GC}=C_{GS}+C_{GD}$。另一个 偏差来自于对图 8.18 中叠加电容 C_{ov} 的忽略,虽然在对栅极长度在 100 μm 或更长的场效应 MOS 管分析的时候,作这样的省略是合理的。但是,如果这些额外电容在分析中不加以考虑 的话,就势必会在分析结果中引入一些偏差。

由于在分析中假设漏极电流只有漂移电流,而忽略了扩散电流,这样的话也将有一个大的 偏差存在。器件工作在阈值电压之上时,这样的一种近似完全是可以的,但是,如果 V_{GS} 和 V_T 大小很相近时,扩散电流就变得很重要而不能被忽视。事实上,在 $V_{GS}<V_T$ 时,也就是在亚阈

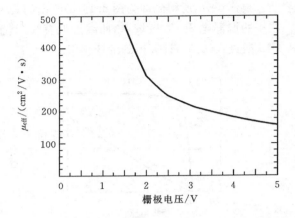

图 8.20　根据图 8.19 计算所得的 μ_{eff}-V_{GS} 曲线。$V_T = 0.5$ V

值电压区域时,漏端电流主要取决于扩散电流。电容应该在一个足够高的频率条件下测量,通常选择为 100 kHz 到 1 MHz。这样界面缺陷还来不及随所加的 ac 信号有所响应,也就减少了界面缺陷对测量的带来影响。而对于较小的频率,界面缺陷也会带来一个额外电容。

　　沟道单位电荷密度通常是利用一种称为"分离 C-V 法"的方法来测量的。如图 8.18 示,分别测量栅极与源极(漏极)之间的电容和栅极与基底之间的电容。这一方法最早是由 Koomen 提出并应用于对界面缺陷电荷浓度和表面掺杂浓度测量的。[95]后来,这一方法也被用于迁移率的测量。[96]

　　为了理解分离 C-V 法,结合图 8.21,时变的栅极电压导致了两个电流 I_1 与 I_2,其中基底接地,可以得到 I_1 表达式为

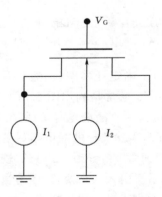

图 8.21　分离 C-V 法测量电路简图

$$I_1 = \frac{dQ_n}{dV_{\text{GS}}} \frac{dV_{\text{GS}}}{dt} = C_n \frac{dV_{\text{GS}}}{dt} = C_{\text{GC}} \frac{dV_{\text{GS}}}{dt} \tag{8.59}$$

同理,

$$I_2 = \frac{dQ_b}{dV_{\text{GS}}} \frac{dV_{\text{GS}}}{dt} = C_b \frac{dV_{\text{GS}}}{dt} = C_{\text{GB}} \frac{dV_{\text{GS}}}{dt} \tag{8.60}$$

沟道可动单位电荷密度 Q_n 可由式(8.59)推导出,从式(8.60)可以推导得到体电荷密度或称为基底掺杂浓度 Q_b。典型 C_{GC} 和 C_{GB} 的曲线如图 8.22 所示。

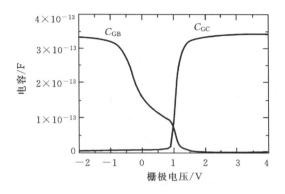

图 8.22 电容与栅压之间的函数关系

有效迁移率是由晶格散射、电离杂质散射和表面散射所决定的。电离杂质散射和表面散射又依赖于基底的掺杂浓度和栅极电压。图 8.23 给出的是有效迁移率与栅极电压之间的关系,有时我们将这一依赖关系表示为 μ_{eff} 和表面垂直电场 $\mathscr{E}_{\text{eff}}$ 之间的关系,有公式

494

$$\mu_{\text{eff}} = \frac{\mu_{\text{o}}}{1 + (\alpha \mathscr{E}_{\text{eff}})^{\gamma}} \tag{8.61}$$

其中 α 和 γ 为常数。式(8.61)给出的是通用迁移率与电场之间的关系。由栅极电压产生的电场可表示为由空间电荷区和反型层电荷的共同作用的结果:[97-98]

$$\mathscr{E}_{\text{eff}} = \frac{Q_b + \eta Q_n}{K_s \mathscr{E}_{\text{o}}} \tag{8.62}$$

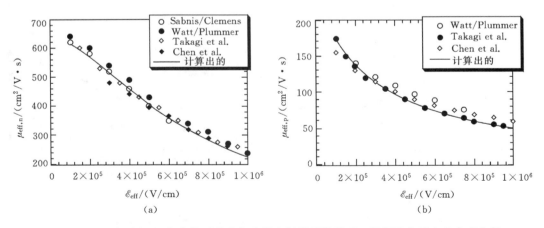

图 8.23 (a)电子和(b)空穴的迁移率与有效电场的函数关系。数据取自插入的参考文献

其中,Q_b 和 Q_n 分别为空间电荷区和反型层中的电荷密度(C/cm^2)。反型层电荷 Q_n 前的系数 η 是对反型层中电荷分布引起的电场取平均值。通常的对于电子迁移率取 $\eta = 1/2$,对于空穴迁移率取 $\eta = 1/3$。[97-98] 这一普适的 μ_{eff} 和 $\mathscr{E}_{\text{eff}}$ 的对应关系包括了栅极电压和体/反型层电荷对迁

移率的影响。

大量的在室温条件下的硅实验数据都遵从这样一个经验公式：[99-102]

$$\mu_{\text{eff},n} = \frac{638}{1 + (\mathscr{E}_{\text{eff}}/7 \times 10^5)^{1.69}}; \quad \mu_{\text{eff},p} = \frac{240}{1 + (\mathscr{E}_{\text{eff}}/2.7 \times 10^5)} \tag{8.63}$$

图 8.23 给出的是利用式(8.63)计算出来的 SiO_2/Si 器件的电子和空穴的有效迁移率。同时给出的还有实验测量所得数据,两者比较表明式(8.63)计算结果和实验结果相吻合。

这个表达形式只是从一个普遍的分析角度来给出的表达式,但在实际应用上却很难直接应用分析。终究在实验过程中,我们测量的是栅极电压,而不是电场强度。而只有已知栅极的掺杂度和反型层的电荷密度,才能实现将测量所得的电压转化为式中的电场强度。"通用的"迁移率与栅极电压的函数关系详见附录 8.2。

有效迁移率随着有效电场强度或者栅极电压的增加而减少,其原因可归于量子化效应和由于栅极电压的增加而导致的表面粗糙散射的增加。通常的,大家都是使用经验公式来表述有效迁移率的。有时有效迁移率可以由下式给出：

$$\mu_{\text{eff}} = \frac{\mu_o}{1 + \theta(V_{\text{GS}} - V_T)} \tag{8.64}$$

迁移率退化因子 θ,随栅极氧化层的厚度和掺杂度的变化而变化。[103] 图 8.24(a)给出的是 μ_{eff} 与 $(V_{\text{GS}} - V_T)$ 关系曲线,其纵坐标截距即是低场迁移率 μ_o。常数 θ 的值可通过图 8.24(b)中 μ_0/μ_{eff} 与 $(V_{\text{GS}} - V_T)$ 关系曲线的斜率来计算。

对于式(8.64),前人已经有过一系列的修正公式,为了使之更好的和试验数据相吻合。有些表达式包括串联电阻,[104] 还有些包括横向电场对迁移率的减弱影响因子,[105-106] 这种影响只在短沟道器件中才显重要,因为此时的漏极电压和横向电场对迁移率作用较明显。

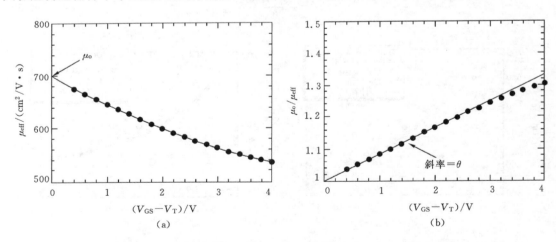

图 8.24 (a)有效迁移率;(b)归一化的迁移率与$(V_{\text{GS}} - V_T)$关系曲线

栅耗尽和沟道位置的影响：在第 6 章中,我们已经介绍了,n 沟道场效应 MOS 管的栅极为 n^+ 型的多晶硅材料而 p 沟道场效应 MOS 管的栅极为 p^+ 型的多晶硅材料。当器件偏于反型层时,由于栅耗尽引入了一个和氧化层电容串联的栅电容 C_G,从而减小了氧化层电容 C_{ox}。反型层沟道位置如是稍微地低于 Si 表面的话,又将引入一个额外沟道电容 C_{ch},进一步地降低

了氧化层电容。栅沟电容由这两寄生电容决定:

$$C_{GC} = \frac{C_{ox}}{1 + C_{ox}/C_G + C_{ox}/C_{ch}}$$

(8.65)

图 8.25 给出的是金属栅极和 n^+ 型多晶硅栅极的 C_{GC} 随栅极电压的变化趋向,很明显的,C_{GC} 随着栅极正压的不断增加而将会变小。要是不考虑这一因素的作用的话,根据式(8.57)和(8.58)就会简单人为地得到高的迁移。对于 $N_D = 10^{19}$ cm^{-3},当栅极反型电压 $V_G = 1.6$ V 时,C_{GC} 将增加。

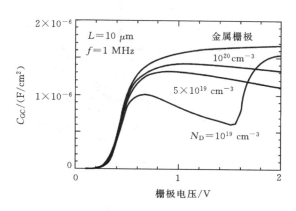

图 8.25 模拟的栅沟电容相对于栅压的曲线与多晶硅栅极掺杂浓度的函数关系。氧化层的漏电流未作考虑。$t_{ox} = 2$ nm,$N_A = 10^{17}$ cm^{-3},$\mu_{eff} = 300$ cm^2/V · s

栅极电流的影响:如图 8.26 所示,在栅极绝缘层足够薄的情况下,栅极电流将影响到漏极电流。当漏极电压很低,如 $V_{DS} = 10 \sim 20$ mV 时,沟道区域可以近似认为是等电势的,栅极电流则可以均匀分成两部分,一半流向源极,一半流向漏极。流向漏极方向的栅极电流将和原来的从源极到漏极的电流方向相反。这样一来,漏电流的减少导致了漏极电导的减少,而根据式(8.55)可知,有效迁移率也变小了。图 8.27 给出的是两种栅压下的漏极电流和栅极电流的实验数据。图中显见,随着栅电流的增加,漏电流在减少。

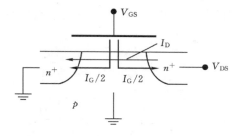

图 8.26 用于说明漏极电流和栅极电流的 MOSFET 横截面。栅极电流和源极电流同向而和漏极电流反向

为了准确处理这一问题,需要利用一些必要处理方法。其中一种就是:假设一半的栅电流流入了漏极,并用有效漏极电流来表示最后的电流[107]

$$I_{D,\,\text{eff}} = I_D + I_G/2 \tag{8.66}$$

其中 I_D 和 I_G 即是测量得到的漏极和栅极电流。$I_{D,\text{eff}}$ 可由于对漏极电导的分析计算。另外的一种处理方法是:在两个不同的漏极电压下测量其漏极电流,而将等效漏极电流表示为两者之差[108]。

$$I_{D,\,\text{eff}} = \Delta I_D = I_D(V_{DS2}) - I_D(V_{DS1}) \tag{8.67}$$

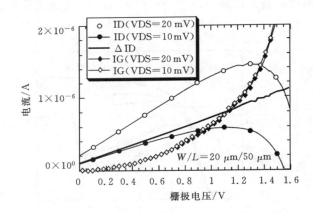

图 8.27　n 沟道 MOSFET 漏极电流和栅极电流与栅极电压的曲线关系。栅极绝缘材料为约 2 nm 厚的 HfO_2(二氧化铪)。经 W. Zhu and T. P. Ma 许可,耶鲁大学

497　　例如,在图 8.27 中,分别在 10 mV、20 mV 漏极电压下测得漏极电流。当栅极电压稍大于 1 V 时,漏极电流就开始有下降的趋势了。假设栅电流不受所给的小漏极电流的影响,利用所测得电流减去另一个更小的即可以得到有效漏电流。从图 8.27 中可以看到,由于栅极电流受漏极电压影响甚小,所以这种假设能够实现。

　　反型层中电荷的频率响应的影响:对迁移率计算的偏差还可能来自于考虑沟道频率响应后如何确定 Q_n。如图 8.28 为 MOSFET 器件的一个截面简图,由沟道电容 C_{ox}、C_{ov}、C_{ch},空间电荷区电容(体电容)C_b,源极电阻 R_S,漏极电阻 R_D 以及沟道电阻 R_{ch} 等部分组成。其中电容值由法拉(F)/单位面积给出。当测量栅-沟道电容 C_{GC} 时,电子是由源极和漏极提供的,这些电子由于电阻 R_{ch} 和多个电容的共同作用,限制了反省层电荷的频率响应。栅沟道电容可以

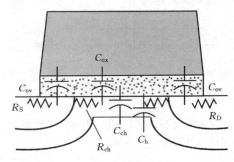

图 8.28　MOSFET 的截面图,包括源极和漏极电阻 R_s、R_D,沟道电阻 R_{ch},氧化层电容 C_{ox}、叠加电容 C_{ov}、沟道电容 C_{ch} 和体电容 C_b

用下面公式给出：[92]

$$C_{GC} = \frac{C_{ox}C_{ch}}{C_{ox} + C_{ch} + C_b} \mathrm{Re}\left(\frac{\tanh(\lambda)}{\lambda}\right) \tag{8.68}$$

其中有

498

$$\lambda = \sqrt{\mathrm{j}0.25\omega C' R_{ch}L^2} \tag{8.69}$$

该公式的具体推到详见附录 8.3。

图 8.29 分别给出的是 C_{GC} 相对于频率及沟道长度的函数关系曲线。从中可以看到只有当频率足够小、栅极足够短的时候沟道电容的频率影响才可以被忽略。要是这些条件不能够满足的话，而仍使用近似的有效 C_{GC} 去计算迁移率将是不准确的。

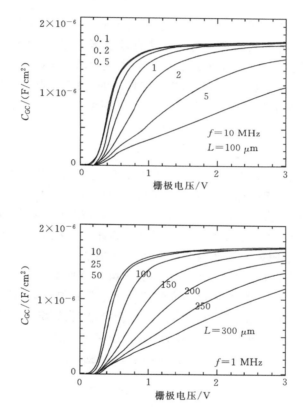

图 8.29 栅-沟道电容相对栅压的曲线与频率（a）和沟道长度（b）的函数关系。栅极损耗及氧化层漏电流不作考虑。$t_{ox} = 2$ nm，$N_A = 10^{17}$ cm^{-3}，$\mu_n = 300$ cm^2/V · s

界面缺陷电荷的影响：界面缺陷对迁移率的影响可以通过多种方法来测量。界面缺陷增加了散射，从而减小了迁移率。[109] 界面中的电子缺陷增加了 Q_n 的值，但是对漏极电流和电导没有影响。界面缺陷会增加一个额外电容，从而导致 Q_n 的增加。因此，根据式（8.55），Q_n 的增加而 g_d 的减小都会导致迁移率的减小。下面我们将具体分析下这两个影响因素。界面缺陷在来得及随频率变化响应时将引入一个电容。其响应决定于缺陷本身俘获和发射载流子的时间常数。从式（6.60）可知，界面缺陷的电子发射时间常数为

499

$$\tau_{it} = \frac{\exp(\Delta E/kT)}{\sigma_n v_{th} N_c} = 4 \times 10^{-11} \exp(\Delta E/kT) [s] \tag{8.70}$$

其中 ΔE 为界面缺陷的能量间隔,值为从导带底部到界面缺陷能带最内部。数值计算时代入有:$\sigma_n = 10^{-16}$ cm^2,$\nu_{th} = 10^7$ cm/s 以及 $N_c = 2.5 \times 10^{19}$ cm^{-3}。而电容量和频率的关系有

$$C_{it} = \frac{q^2 D_{it}}{1 + \omega^2 \tau_{it}^2} \tag{8.71}$$

其中 D_{it} 是界面缺陷密度。

界面缺陷电容和 C_{ch} 并联且栅极有效电容可以表示为

$$C_{GC} = \frac{C_{ox}(C_{ch} + C_{it})}{C_{ox} + C_{ch} + C_b + C_{it}} \tag{8.72}$$

C_{it} 仅在 C_{ch} 值很小才能表现出其的重要性,而这一情况只发生在近阈值电压区栅极沟道很小时。而且,C_{it} 只有在高的界面缺陷密度的时候才有较显著的作用,特别是在除单晶硅基上的 SiO$_2$ 材料外的其他绝缘材料。当然,根据式(8.71),测试中的频率影响也是很重要的。而频率响应是由 ΔE 来控制的,进而可以认为是由掺杂度控制的,关于这点,在附录 8.4 有详细讨论。

界面缺陷的另一个影响是对栅极电压的影响。D_{it} 对电压的影响可用下式给出:

$$V_G = V_{FB} + \phi_s + \frac{Q_s}{C_{ox}} \pm \frac{Q_{it}}{C_{ox}} \tag{8.73}$$

式中的"$\pm$"号是由界面缺陷电荷所决定的。普遍认可的在 SiO$_2$/Si 界面,界面缺陷在半带隙以上的称为受主,半带隙以下的称为施主。对于反型层的 n 沟道 MOSFET,施主层由电子占据为平衡中性,受主由电子占据的话称为反充电。后一种情况将引起阈值电压的正向偏移,如图 8.30 所示。从图 8.30(a) 中可以看到,只有在 C_{GC} 很小的情况下,电容的增加才有体现,而栅极电压的正向偏移却很明显。界面缺陷导致了不准确的等效电容和不准确的迁移率。图 8.30(b) 给出的是考虑到栅极耗尽影响和界面缺陷影响下的曲线。

串联电阻的影响:在第 4 章,我们已经介绍了串联电阻是怎样影响消弱 MOSFET 器件的 I-V 特性。由于有效迁移率决定于漏电导 g_d,所以源极电阻、漏极电阻和接触电阻对其都有着影响。电流 I_D 依赖于串联电阻 R_{SD} 的大小,则有效迁移率 μ_{eff} 值也依赖于 R_{SD}。但是需要知道的是,μ_{eff} 和 R_{SD} 之间没有直接的关系。此时的 g_d 可以表示为

$$g_d(R_{SD}) = \frac{g_{d0}}{1 + g_{d0} R_{SD}} \tag{8.74}$$

其中 g_{d0} 为 $R_{SD} = 0$ 时的漏电流。又由式(8.55)可明显看到,随着 g_d 的减小,有效迁移率也将减小。

耗尽型器件的有效迁移率同样可以利用相似的方法得到。在耗尽型器件中,迁移率随栅极电压的改变而不同。为了能够准确的测量出深度依赖迁移率,必须通过测试方法知道载流子各自的密度,例如可以利用电容-电压测量法。[110]

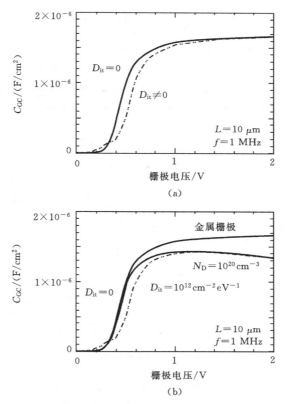

图 8.30　栅-沟道电容与栅极电压的关系曲线和界面缺陷密度的函数关系。(a)未考虑栅极
损耗和氧化层漏电流；(b)未考虑氧化层漏电流。$t_{ox}=2$ nm，$N_A=10^{17}$ cm^{-3}，$\mu_n=$
300 cm^2/V·s，$D_{it}=10^{12}$ cm^{-2} eV^{-1}，$\tau_{it}=5\times10^{-8}$ s

8.6.2　场效应迁移率

　　和有效迁移率从漏电导推导出来不同的是，场效应迁移率是由跨导所决定的，跨导其定义为

$$g_m = \frac{\partial I_D}{\partial V_{DS}}\mid_{V_{DS}} = \text{常数} \tag{8.75}$$

只考虑漂移分量的漏极电流和 $Q_n=C_{ox}(V_{GS}-V_T)$ 的关系有

$$I_D = \frac{W}{L}\mu_{eff}C_{ox}(V_{GS}-V_T)V_{DS} \tag{8.76}$$

其中要是场效应迁移率已知，则跨导可以表示为

501

$$g_m = \frac{W}{L}\mu_{eff}C_{ox}V_{DS} \tag{8.77}$$

要是式中需要讨论解决的是迁移率的话，则有称为场效应迁移率：

$$\mu_{\text{FE}} = \frac{Lg_{\text{m}}}{WC_{\text{ox}}V_{\text{DS}}} \tag{8.78}$$

由式(8.78)所计算得到的场效应迁移率一般要比有效迁移率小,如图 8.31 所示。由于是同一器件在相同的所加偏压条件下,结果出现了如此大的测量偏差。分析有,μ_{FE} 和 μ_{ef} 间出现这样的偏差是由于在式(8.78)的推导中忽略了电场对迁移率的作用考虑到 μ_{eff} 受栅极电压的影响,[111-112] 修正后跨导表达式为

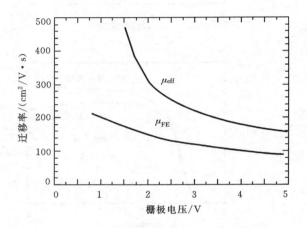

图 8.31 有效迁移率和场效应迁移率的对比

$$g_{\text{m}} = \frac{W}{L}\mu_{\text{eff}}C_{\text{ox}}V_{\text{DS}}\left(1 + \frac{(V_{\text{GS}} - V_T)}{\mu_{\text{eff}}}\frac{d\mu_{\text{eff}}}{dV_{\text{GS}}}\right) \tag{8.79}$$

同时场效应迁移率为

$$\mu_{\text{FE}} = \frac{Lg_{\text{m}}}{WC_{\text{ox}}V_{\text{DS}}\left(1 + \frac{(V_{\text{GS}} - V_T)}{\mu_{\text{eff}}}\frac{d\mu_{\text{eff}}}{dV_{\text{GS}}}\right)} \tag{8.80}$$

可以看到,当 $d\mu_{\text{eff}}/dV_{\text{GS}} < 0$ 时,式(8.80)计算得到的 μ_{FE} 大于式(8.78)的。

502

8.6.3 饱和迁移率

有时,MOSFET 的迁移率也可以当器件工作在饱和区时,从漏极电流和漏极电压之间的关系中推导得到。而饱和漏极电流可以用下面公式给出:

$$I_{D,\text{sat}} = \frac{BW\bar{\mu}_{\text{n}}C_{\text{ox}}}{2L}(V_{\text{GS}} - V_T)^2 \tag{8.81}$$

其中系数 B 为一不受栅极电压影响的本征参数。同理的由式(8.81)也能推导出一个迁移率,我们将之称为饱和迁移率 μ_{sat}:

$$\mu_{\mathrm{sat}} = \frac{2Lm^2}{BWC_{\mathrm{ox}}} \qquad\qquad (8.82)$$

其中系数 m 为 $(I_{D,\mathrm{sat}})^{1/2}$ 和 $(V_{GS}-V_T)$ 关系曲线的斜率。由式(8.82)所得到的饱和迁移率通常也要小于有效迁移率,因为在式(8.82)中忽略了栅极电压对迁移率的影响。另外一方面,由于参数 B 不好确定而通常被认为是固定常数,也将引入额外的偏差。只是在迁移率(而非饱和速度)对漏极电流起主要控制作用时,才可认为饱和迁移率是准确有效的。

8.7　非接触迁移率

红外(IR)反射也可用于迁移率测量,正如 2.6.1 节中讨论载流子浓度特性时提及的。在这种技术中,在宽的波长范围测量红外线反射,通过数据拟合获得迁移率。长波长的红外线反射率数据有一个特征等离子频率

$$\omega_{\mathrm{p}} = \sqrt{\frac{q^2 p}{K_s \varepsilon_{\mathrm{o}} m^*}} \qquad\qquad (8.83)$$

迁移率由下式给出

$$\mu = \frac{q}{\gamma_{\mathrm{p}} m^*} \qquad\qquad (8.84)$$

其中 γ_{p} 是自由载体的阻尼常数。碳化硅的迁移率大约在 $10^{17} \sim 10^{19}\ \mathrm{cm}^{-3}$ 掺杂浓度范围是可以得到通过一个涉及 ω_{p} 和 γ_{p} 拟合程序。[113]

8.8　优点和缺点

　　电导迁移率:电导迁移率方法的缺点是对样品的电阻率和载流子浓度有要求,同时要求独立的测量。它的优点在于其定意直接源于样品电导率或电阻率而校正因子在分析中是不要求的。

　　霍尔效应迁移率:霍尔方法的缺点在于要求特殊样本和无法对霍尔散射因子精确值的预测。通常的 $r=1$ 的假设在测量迁移率时引入误差。虽然适当的样品几何形状存在,但这方法分析迁移率是尴尬的。霍尔技术的优点在于它的普遍使用性,这个方法可以确定通常的半导体迁移率。

　　磁致电阻迁移率:磁致电阻技术的缺点在于它的用途有限,它无法表征低迁移率的半导体。例如,它不能很好地表征硅。与霍尔效应一样,磁致电阻技术很难确定磁散射因子,而假设 $\xi=1$ 将会引入误差。它的优点是测量设备的可以无需要求特殊的测试结构,场效应晶体管和类似于场效应晶体管的装置都可以很容易地被表征。

　　飞行时间或漂移迁移率:这种方法的缺点是要求样品特殊的测试结构和高速电子和/或光

503
~
505

子。这种方法在少数的一些实验室中由专业人士操作。它的优点在于能够测量高电场下的迁移率和转移速度。许多速度-电场曲线的实验数据可由这种方法产生。

　　MOSFET 迁移率：这种方法只适合于 MOSFETs、场效应晶体管、以及 MODFETs,并且可以即刻获取迁移率。根据如何测量迁移率,得出实验值是不同的。有效的迁移率是最常见和最少含混不清的。无论是场效应迁移率还是饱和迁移率,按照通常的定义,获得迁移率比 μ_{eff} 低,这是不应该用来表征一个器件的,除非用适当修正的方程来推导。

附录 8.1

半导体体迁移率

　　硅：迁移率对载流子浓度的依赖与室温下的实验结果很好的吻合,由此可以导出经验表达式[114]

$$\mu_n = \mu_o + \frac{\mu_{max} - \mu_o}{1 + (n/C_r)^a} - \frac{\mu_1}{1 + (C_s/n)^b} \tag{A8.1}$$

$$\mu_n = \mu_o e^{-p_c/p} + \frac{\mu_{max}}{1 + (p/C_r)^a} - \frac{\mu_1}{1 + (C_s/n)^b} \tag{A8.2}$$

表 A8.1 给出的该参数是与实验数据拟合的最佳值。这两个表达式绘制于图 A8.1 和 A8.2。为清楚起见,实验点未显示,但在 Masetti 等人的文章中可以找到[114]。

表 A8.1　硅迁移率的拟合参数

参数	砷	磷	硼
$\mu_0/(\text{cm}^2/\text{V} \cdot \text{s})$	52.2	68.5	44.9
$\mu_{max}/(\text{cm}^2/\text{V} \cdot \text{s})$	1417	1414	470.5
$\mu_1/(\text{cm}^2/\text{V} \cdot \text{s})$	43.4	56.1	29.0
C_r/cm^{-3}	9.68×10^{16}	9.20×10^{16}	2.23×10^{17}
C_s/cm^{-3}	3.43×10^{20}	3.41×10^{20}	6.10×10^{20}
a	0.680	0.711	0.719
b	2.00	1.98	2.00
p_c/cm^{-3}	—	—	9.23×10^{16}

来源：Masetti 等参考文献[114]。

迁移率对掺杂浓度的依赖通常表示为[115]

$$\mu = \mu_{min} + \frac{\mu_o}{1 + (N/N_{ref})^a} \tag{A8.3}$$

其中 μ 是电子或空穴迁移率,N 是施体或受体的掺杂浓度。在式(A8.3)中在各种参数的温度

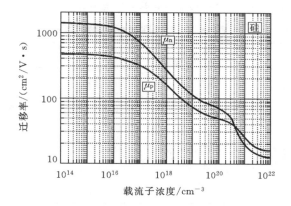

图 A8.1　室温下硅的电子空穴迁移率

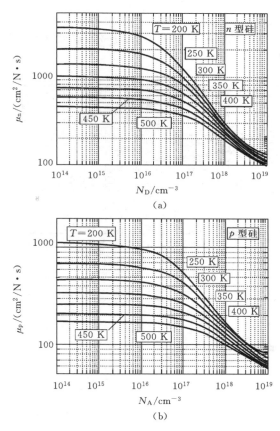

图 A8.2　由式(A8.3)和(A8.4)推导出的硅中电子空穴与温度的函数
(a)电子；(b)空穴

依赖性方程给出如下：

$$A = A_{\circ}(T/300)^{n} \tag{A8.4}$$

表 A8.2 给出的是得到最佳拟合实验数据的参数。

表 A8.2 硅迁移率的拟合参数

	前因子温度独立		温度
参数	电子	空穴	指数
$\mu_o/(cm^2/V \cdot s)$	1268	406.9	-2.33 电子
			-2.23 空穴
$\mu_{min}/(cm^2/V \cdot s)$	92	54.3	-0.57
N_{ref}	1.3×10^{17}	2.35×10^{17}	2.4
α	0.91	0.88	-0.146

来源:Baccarani 和 Ostoja, Arora 等,以及 Li 和 Thurber,参考文献[116]-[118]。

式(A8.3)为 n 型硅和 p 型硅作为温度的函数,由图 A8.2 导出。该图还给出了关于其他迁移率的表达。[120-121]

砷化镓:n 型和 p 型GaAs 的迁移率如图 A8.3 所示,温度 $T = 300$ K。

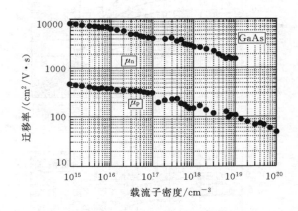

图 A8.3 室温下 GaAs 的电子和空穴迁移率。数据源自参考文献[122]

● ● ● ● ● ● ● ● ● ● ● ● ● ● ● ●

506 # 附录8.2

半导体表面迁移率

SiO_2/Si: 有效迁移率对有效电场的依赖性,如第 8.6.1 节中描述。然而,测量的是栅压,因此测出有效迁移率作为栅压的表达式是很有用的。其电子和空穴关系曲线如图 A8.4 所示,其表达式为[123]

$$\mu_{n,\text{eff}} = \frac{540}{1 + (\mathscr{E}_{\text{eff}}/9 \times 10^5)^{1.85}} \tag{A8.5a}$$

$$\mu_{p,\text{eff}} = \frac{180}{1 + (\mathscr{E}_{\text{eff}}/4.5 \times 10^5)} \tag{A8.5b}$$

$\mathscr{E}_{\text{eff}}$的单位为 V/cm。这些曲线与 8.6.1 节中的相似。栅压的有效电场反转,通过[123]

$$\mathscr{E}_{\text{eff}}(\mu_{n,\text{eff}}) = \frac{V_G + V_T}{6t_{\text{ox}}} \tag{A8.6a}$$

$$\mathscr{E}_{\text{eff}}(\mu_{p,\text{eff}}) = \frac{V_G + 1.5V_T - \alpha}{7.5t_{\text{ox}}} \tag{A8.6b}$$

其中 V_G 和 V_T 的单位为 V 且 t_{ox} 的单位为 cm。在式(A8.6b)中,对于 p^+ 多晶硅栅表面沟道的 p 型 MOSFET,$\alpha=0$;对于 n^+ 多晶硅栅埋层沟道的 p 型 MOSFET,$\alpha=2.3$;对于 p^+ 多晶硅栅的 p 型 MOSFET,$\alpha=2.7$。

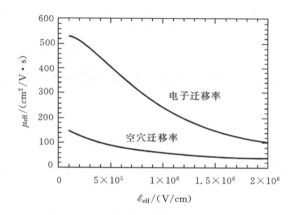

图 A8.4　室温下 MOSFET 表面沟道的有效迁移率

●　●　●　●　●　●　●　●　●　●　●　●　●　●　●　●　●

附录 8.3

有效沟道频率响应

有效 MOSFET 迁移率为

$$\mu_{\text{eff}} = \frac{g_d L}{W Q_n} \tag{A8.7}$$

在决定 g_d 和 Q_n 的过程中错误时有发生。如图 8.28 考虑到 MOSFET 的横断面由覆盖、氧化层、沟道和体电容以及源漏和沟道电阻组成。MOSFET 可以由一个等效电路表示,如图 A8.5 所示。[92] 栅沟道电容为

507

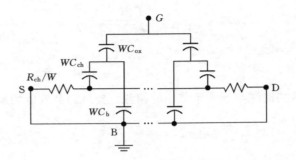

图 A8.5　MOSFET 的传输线等效电路

$$C_{GC} = \frac{C_{ox} C_{ch}}{C_{ox} + C_{ch} + C_b} \mathrm{Re} \frac{\tanh(\lambda)}{\lambda}; \quad \lambda = \sqrt{\mathrm{j}\omega \tau_{GC}} \tag{A8.8}$$

此处的沟道时间常数为

$$\tau_{GC} = \frac{C_{GC0} L^2}{4 R_{sh,ch}}; \quad C_{GC0} = \frac{C_{ch}(C_{ox} + C_b)}{C_{ox} + C_{ch} + C_b}; \quad R_{sh,ch} = \frac{1}{Q_n \mu_n} \tag{A8.9}$$

其中反型电容为 $C_{ch} = \mathrm{d}Q_n / \mathrm{d}\phi_s$，空间电荷区或体电容 $C_b = \mathrm{d}Q_b / \mathrm{d}\phi_s$，沟道面电阻 $R_{sh,ch}$ 和沟道迁移率 μ_n。在电容测试期间，沟道电荷由源漏结提供。为了避免由沟道电荷效应引发的电容-电压曲线的变形，测量频率 f 必须满足标准

$$f \ll \frac{1}{2\pi \tau_{GC}} = \frac{4 R_{sh,ch}}{2\pi C_{GC0} L^2} \tag{A8.10}$$

参数 C_{GC}、$R_{sh,ch}$、f 和 L 的限制如图 8.29 所示。对于厚度小于 2 nm 的氧化层，对于 $f = 1$ MHz 的情况 L 应该小于或等于 10 μm。[124] 对于较薄的氧化层或者较长沟道，源漏是不能提供所需的沟道。由于式(A8.7)中得知，沟道电荷浓度 Q_n 由 C_{GC} 决定是非常重要的。

● ● ● ● ● ● ● ● ● ● ● ● ● ● ● ● ● ● ●

附录 8.4

界面陷阱电荷的影响

由式(6.57)得知，界面陷阱电子发射时间常数为

$$\tau_{it} = \frac{\exp(\Delta E / kT)}{\sigma_n \upsilon_{th} N_c} = 4 \times 10^{-11} \exp(\Delta E / kT) [s] \tag{A8.11}$$

此处的 ΔE 是界面陷阱能量，其数值为导带底到感兴趣的界面陷阱能量差值。其具体数值为，在 $\sigma_n = 10^{-16}$ cm^2，$\upsilon_{th} = 10^7$ cm/s 和 $N_c = 2.5 \times 10^{19}$ cm^{-3} 并且 $f_{it} = 1/2\pi \tau_{it}$ 条件下

$$f_{it} = 4 \times 10^9 \exp(-\Delta E / kT) \tag{A8.12}$$

图 A8.6 显示了平带电位条件下和反型阈值条件下的两个 n 沟道的 MOSFET 的能带图，其表

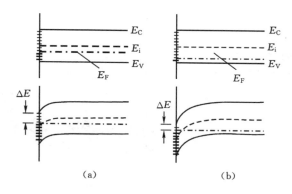

图 A8.6　一个 MOSFET 的半导体能带图(a)为低 N_A 和(b)高 N_A 条件下显示 ΔE 的变化

面电势为($\phi_s = 2\phi_F$)。图 A8.6(a)具有一个轻掺杂和(b)一个重掺杂的衬底。为了简化,只给出半导体能带图。垂直的线是绝缘层/半导体的界面。垂直线上的小水平线代表界面处的表面陷阱;较深的线代表费米能级 E_F 以下由电子占据的界面陷阱;较浅的线代表费米能级 E_F 以下由空穴占据的界面陷阱。这些费米能级附近陷阱电荷可以响应于外部交流信号。ΔE 对于重掺杂衬底较小,由于需要更高的表面电势才能进行表面反型。然而,根据式(A8.12),在高频下对 ΔE 进行修正。对于轻掺杂衬底($N_A = 10^{16}$ cm^{-3}),$\Delta E = 0.41$ eV 且 $f = 500$ Hz;对于 $N_A = 10^{18}$ cm^{-3},$\Delta E = 0.17$ eV 且 $f = 5.5$ MHz。界面陷阱对于交流信号响应将会对界面陷阱电容 C_{it} 做出贡献。栅沟道电容变为

$$C_{GC} = \frac{C_{ox}(C_{ch} + C_{it})}{C_{ox} + C_{ch} + C_b + C_{it}} \qquad (A8.13)$$

参 考 文 献

508
⟨
514

1. F.J. Morin, "Lattice-Scattering Mobility in Germanium," *Phys. Rev.* **93**, 62–63, Jan. 1954.

2. F.J. Morin and J.P. Maita, "Electrical Properties of Silicon Containing Arsenic and Boron," *Phys. Rev.* **96**, 28–35, Oct. 1954.

3. E.H. Hall, "On a New Action of the Magnet on Electric Currents," *Amer. J. Math.* **2**, 287–292, 1879.

4. K.R. Sopka, "The Discovery of the Hall Effect: Edwin Hall's Hitherto Unpublished Account," in *The Hall Effect and Its Applications* (C.L. Chien and C.R. Westgate, eds.), Plenum Press, New York, 1980, 523–545.

5. E.H. Putley, *The Hall Effect and Related Phenomena*, Butterworths, London, 1960; "The Hall Effect and Its Application," *Contemp. Phys.* **16**, 101–126, March 1975.

6. R.A. Smith, *Semiconductors*, Cambridge University Press, Cambridge, 1959, Ch. 5.

7. A. Zemel, A. Sher, and D. Eger, "Anomalous Hall Effect in p-Type $Hg_{1-x}Cd_x$ Te Liquid-Phase-Epitaxial Layers," *J. Appl. Phys.* **62**, 1861–1868, Sept. 1987.

8. G.E. Stillman and C.M. Wolfe, "Electrical Characterization of Epitaxial Layers," *Thin Solid Films* **31**, 69–88, Jan. 1976.

9. M.C. Gold and D.A. Nelson, "Variable Magnetic Field Hall Effect Measurements and Analyses of High Purity, Hg Vacancy (p-Type) HgCdTe," *J. Vac. Sci. Technol.* **A4**, 2040–2046, July/Aug. 1986.

10. A.C. Beer, *Galvanomagnetic Effects in Semiconductors*, Academic Press, New York, 1963, p. 308.

11. D.L. Rode, C.M. Wolfe, and G.E. Stillman, "Magnetic-Field Dependence of the Hall Factor of Gallium Arsenide," in *GaAs and Related Compounds* (G.E. Stillman, ed.) Conf. Ser. No. 65, Inst. Phys., Bristol, 1983, pp. 569–572.

12. L.J. van der Pauw, "A Method of Measuring Specific Resistivity and Hall Effect of Discs of Arbitrary Shape," *Phil. Res. Rep.* **13**, 1–9, Feb. 1958.

13. L.J. van der Pauw, "A Method of Measuring the Resistivity and Hall Coefficient on Lamellae of Arbitrary Shape," *Phil. Tech. Rev.* **20**, 220–224, Aug. 1958.

14. A. Chandra, C.E.C. Wood, D.W. Woodard, and L.F. Eastman, "Surface and Interface Depletion Corrections to Free Carrier-Density Determinations by Hall Measurements," *Solid-State Electron.* **22**, 645–650, July 1979.

15. W.E. Ham, "Surface Charge Effects on the Resistivity and Hall Coefficient of Thin Silicon-On-Sapphire Films," *Appl. Phys. Lett.* **21**, 440–443, Nov. 1972.

16. T.R. Lepkowski, R.Y. DeJule, N.C. Tien, M.H. Kim, and G.E. Stillman, "Depletion Corrections in Variable Temperature Hall Measurements," *J. Appl. Phys.* **61**, 4808–4811, May 1987.

17. R. Baron, G.A. Shifrin, O.J. Marsh, and J.W. Mayer, "Electrical Behavior of Group III and V Implanted Dopants in Silicon," *J. Appl. Phys.* **40**, 3702–3719, Aug. 1969.

18. H. Maes, W. Vandervorst, and R. Van Overstraeten, "Impurity Profile of Implanted Ions in Silicon," in *Impurity Doping Processes in Silicon* (F.F.Y. Wang, ed.) North-Holland, Amsterdam, 1981, 443–638.

19. T. Ambridge and C.J. Allen, "Automatic Electrochemical Profiling of Hall Mobility in Semiconductors," *Electron. Lett.* **15**, 648–650, Sept. 1979.

20. J.W. Mayer, O.J. Marsh, G.A. Shifrin, and R. Baron, "Ion Implantation of Silicon; II Electrical Evaluation Using Hall-Effect Measurements," *Can. J. Phys.* **45**, 4073–4089, Dec. 1967.

21. N.G.E. Johannson, J.W. Mayer, and O.J. Marsh, "Technique Used in Hall Effect Analysis of Ion Implanted Si and Ge," *Solid-State Electron.* **13**, 317–335, March 1970.

22. N.D. Young and M.J. Hight, "Automated Hall Effect Profiler for Electrical Characterisation of Semiconductors," *Electron. Lett.* **21**, 1044–1046, Oct. 1985.

23. H. Müller, F.H. Eisen, and J.W. Mayer, "Anodic Oxidation of GaAs as a Technique to Evaluate Electrical Carrier Concentration Profiles," *J. Electrochem. Soc.* **122**, 651–655, May 1975.

24. L. Bouro and D. Tsoukalas, "Determination of Doping and Mobility Profiles by Automated Electrical Measurements and Anodic Stripping," *Phys. E: Sci. Instrum.* **20**, 541–544, May 1987.

25. A.C. Ipri, "Variation in Electrical Properties of Silicon Films on Sapphire Using the MOS Hall Technique," *Appl. Phys. Lett.* **20**, 1–2, Jan. 1972.

26. A.B.M. Elliot and J.C. Anderson, "An Investigation of Carrier Transport in Thin Silicon-On-Sapphire Films Using MIS Deep Depletion Hall Effect Structures," *Solid-State Electron.* **15**, 531–545, May 1972.

27. P.A. Crossley and W.E. Ham, "Use of Test Structures and Results of Electrical Tests for Silicon-On-Sapphire Integrated Circuit Processes," *J. Electron. Mat.* **2**, 465–483, Aug. 1973.

28. S. Cristoloveanu, J.H. Lee, J. Pumfrey, J.R. Davies, R.P. Arrowsmith, and P.L.F. Hemment, "Profiling of Inhomogeneous Carrier Transport Properties with the Influence of Temperature in Silicon-On-Insulator Films Formed by Oxygen Implantation," *J. Appl. Phys.* **60**, 3199–3203, Nov. 1986.

29. T.L. Tansley, "AC Profiling by Schottky-Gated Cloverleaf," *J. Phys. E: Sci. Instrum.* **8**, 52–54, Jan. 1975.

30. C.W. Farley and B.G. Streetman, "The Schottky-Gated Hall-Effect Transistor and Its Application to Carrier Concentration and Mobility Profiling in GaAs MESFET's," *IEEE Trans. Electron. Dev.* **ED-34**, 1781–1787, Aug. 1987.

31. P.R. Jay, I. Crossley, and M.J. Caldwell, "Mobility Profiling of FET Structures," *Electron. Lett.* **14**, 190–191, March 1978.

32. H.H. Wieder, *Laboratory Notes on Electrical and Galvanomagnetic Measurements*, Elsevier, Amsterdam, 1979, Ch. 5–6.

33. H. Ryssel, K. Schmid, and H. Müller, "A Sample Holder for Measurement and Anodic Oxidation of Ion Implanted Silicon," *J. Phys. E: Sci. Instrum.* **6**, 492–494, May 1973.

34. S.B. Felch, R. Brennan, S.F. Corcoran, and G. Webster, "A Comparison of Three Techniques for Profiling Ultrashallow p^+n Junctions," *Solid State Technol.* **36**, 45–51, Jan. 1993.

35. J.W. Mayer, L. Eriksson, and J.A. Davies, *Ion Implantation in Semiconductors; Silicon and Germanium*, Academic Press, New York, 1970.

36. C.M. Wolfe and G.E. Stillman, "Apparent Mobility Enhancement in Inhomogeneous Crystals," in *Semiconductors and Semimetals* (R.K. Willardson and A.C. Beer, eds.) Academic Press, New York, **10**, 175–220, 1975.

37. A. Neduloha and K.M. Koch, "On the Mechanism of the Resistance Change in a Magnetic Field (in German)," *Z. Phys.* **132**, 608–620, 1952.

38. R.L. Petritz, "Theory of an Experiment for Measuring the Mobility and Density of Carriers in the Space-Charge Region of a Semiconductor Surface," *Phys. Rev.* **110**, 1254–1262, June 1958.

39. R.D. Larrabee and W.R. Thurber, "Theory and Application of a Two-Layer Hall Technique," *IEEE Trans. Electron Dev.* **ED-27**, 32–36, Jan. 1980.

40. L.F. Lou and W.H. Frye, "Hall Effect and Resistivity in Liquid-Phase-Epitaxial Layers of HgCdTe," *J. Appl. Phys.* **56**, 2253–2267, Oct. 1984.

41. A. Zemel and J.R. Sites, "Electronic Transport Near the Surface of Indium Antimonide Films," *Thin Solid Films* **41**, 297–305, March 1977.

42. ASTM Standard F76-86, "Standard Method for Measuring Hall Mobility and Hall Coefficient

in Extrinsic Semiconductor Single Crystals," *1996 Annual Book of ASTM Standards*, Am. Soc. Test. Mat., West Conshohocken, PA, 1996.

43. D.C. Look, "Bulk and Contact Electrical Properties by the Magneto-Transmission-Line Method: Application to GaAs," *Solid-State Electron.* **30**, 615–618, June 1987.

44. D.S. Perloff, "Four-Point Sheet Resistance Correction Factors for Thin Rectangular Samples," *Solid-State Electron.* **20**, 681–687, Aug. 1977.

45. J.M. David and M.G. Buehler, "A Numerical Analysis of Various Cross Sheet Resistor Test Structures," *Solid-State Electron.* **20**, 539–543, June 1977.

46. R. Chwang, B.J. Smith, and C.R. Crowell, "Contact Size Effects on the van der Pauw Method for Resistivity and Hall Coefficient Measurement," *Solid-State Electron.* **17**, 1217–1227, Dec. 1974.

47. H.P. Baltes and R.S. Popović, "Integrated Semiconductor Magnetic Field Sensors," *Proc. IEEE*, **74**, 1107–1132, Aug. 1986.

48. H.J. Lippmann and F. Kuhrt, "The Geometrical Influence of Rectangular Semiconductor Plates on the Hall Effect, (in German)" *Z. Naturforsch.* **13a**, 474–483, 1958; I. Isenberg, B.R. Russell and R.F. Greene, "Improved Method for Measuring Hall Coefficients," *Rev. Sci. Instrum.* **19**, 685–688, Oct. 1948.

49. P.M. Hemenger, "Measurement of High Resistivity Semiconductors Using the van der Pauw Method," *Rev. Sci. Instrum.* **44**, 698–700, June 1973.

50. L. Forbes, J. Tillinghast, B. Hughes, and C. Li, "Automated System for the Characterization of High Resistivity Semiconductors by the van der Pauw Method," *Rev. Sci. Instrum.* **52**, 1047–1050, July 1981.

51. R.T. Blunt, S. Clark, and D.J. Stirland, "Dislocation Density and Sheet Resistance Variations Across Semi-Insulating GaAs Wafers," *IEEE Trans. Electron Dev.* **ED-29**, 1038–1045, July 1982; K. Kitahara and M. Ozeki, "Nondestructive Resistivity Measurement of Semi-Insulating GaAs Using Illuminated n^+-GaAs Contacts," *Japan. J. Appl. Phys.* **23**, 1655–1656, Dec. 1984.

52. D.C. Look, "Schottky-Barrier Profiling Techniques in Semiconductors: Gate Current and Parasitic Resistance Effects," *J. Appl. Phys.* **57**, 377–383, Jan. 1985.

53. P. Chu, S. Niki, J.W. Roach, and H.H. Wieder, "Simple, Inexpensive Double ac Hall Measurement System for Routine Semiconductor Characterization," *Rev. Sci. Instrum.* **58**, 1764–1766, Sept. 1987.

54. O.M. Corbino, "Electromagnetic Effects Resulting from the Distortion of the Path of Ions in Metals Produced by a Field, (in German)" *Physik. Zeitschr.* **12**, 561–568, July 1911.

55. H. Weiss, "Magnetoresistance," in *Semiconductors and Semimetals* (R.K. Willardson and A.C. Beer, eds.) Academic Press, New York, **1**, 315–376, 1966.

56. H.J. Lippmann and F. Kuhrt, "The Geometrical Influence on the Transverse Magnetoresistance Effect for Rectangular Semiconductor Plates, (in German)" *Z. Naturforsch.* **13a**, 462–474, 1958.

57. T.R. Jervis and E.F. Johnson, "Geometrical Magnetoresistance and Hall Mobility in Gunn Effect Devices," *Solid-State Electron.* **13**, 181–189, Feb. 1970.

58. P. Blood and R.J. Tree, "The Scattering Factor for Geometrical Magnetoresistance in GaAs," *J. Phys. D: Appl. Phys.* **4**, L29–L31, Sept. 1971.

59. H. Poth, "Measurement of Mobility Profiles in GaAs at Room Temperature by the Corbino Effect," *Solid-State Electron.* **21**, 801–805, June 1978.

60. J.R. Sites and H.H. Wieder, "Magnetoresistance Mobility Profiling of MESFET Channels," *IEEE Trans. Electron Dev.* **ED-27**, 2277–2281, Dec. 1980.

61. R.D. Larrabee, W.A. Hicinbothem, Jr., and M.C. Steele, "A Rapid Evaluation Technique for Functional Gunn Diodes," *IEEE Trans. Electron Dev.* **ED-17**, 271–274, April 1970.

62. F. Kharabi and D.R. Decker, "Magnetotransconductance Profiling of Mobility and Doping in GaAs MESFET's," *IEEE Electron. Dev. Lett.* **11**, 137–139, April 1990.

63. D.C. Look and G.B. Norris, "Classical Magnetoresistance Measurements in $Al_x Ga_{1-x} As$/GaAs MODFET Structures: Determination of Mobilities," *Solid-State Electron.* **29**, 159–165, Feb. 1986.

64. W.T. Masselink, T.S. Henderson, J. Klem, W.F. Kopp, and H. Morkoç, "The Dependence

of 77 K Electron Velocity-Field Characteristics on Low-Field Mobility in AlGaAs-GaAs Modulation-Doped Structures," *IEEE Trans. Electron Dev.* **ED-33**, 639–645, May 1986.

65. D.C. Look and T.A. Cooper, "Schottky-Barrier Mobility Profiling Measurements with Gate-Current Corrections," *Solid-State Electron.* **28**, 521–527, May 1985.

66. S.M.J. Liu and M.B. Das, "Determination of Mobility in Modulation-Doped FET's Using Magnetoresistance Effect," *IEEE Electron. Dev. Lett.* **EDL-8**, 355–357, Aug. 1987.

67. J.R. Haynes and W. Shockley, "Investigation of Hole Injection in Transistor Action," *Phys. Rev.* **75**, 691, Feb. 1949.

68. J.R. Haynes and W. Shockley, "The Mobility and Life of Injected Holes and Electrons in Germanium," *Phys. Rev.* **81**, 835–843, March 1951.

69. J.R. Haynes and W.C. Westphal, "The Drift Mobility of Electrons in Silicon," *Phys. Rev.* **85**, 680–681, Feb. 1952.

70. M.B. Prince, "Drift Mobilities in Semiconductors. I Germanium," *Phys. Rev.* **92**, 681–687, Nov. 1953; "Drift Mobilities in Semiconductors. II Silicon," *Phys. Rev.* **93**, 1204–1206, March 1954.

71. J.P. McKelvey, *Solid State and Semiconductor Physics*, Harper & Row, New York, 1966, 342.

72. B. Krüger, Th. Armbrecht, Th. Friese, B. Tierock, and H.G. Wagemann, "The Shockley-Haynes Experiment Applied to MOS Structures," *Solid-State Electron.* **39**, 891–896, June 1996.

73. R.K. Ahrenkiel, D.J. Dunlavy, D. Greenberg, J. Schlupmann, H.C. Hamaker, and H.F. MacMillan, "Electron Mobility in p-GaAs by Time of Flight," *Appl. Phys. Lett.* **51**, 776–779, Sept. 1987; M.L. Lovejoy, M.R. Melloch, R.K. Ahrenkiel, and M.S. Lundstrom, "Measurement Considerations for Zero-Field Time-of-Flight Studies of Minority Carrier Diffusion in III-V Semiconductors," *Solid-State Electron.* **35**, 251–259, March 1992.

74. H. Hillmer, G. Mayer, A. Forchel, K.S. Löchner, and E. Bauser, "Optical Time-of-Flight Investigation of Ambipolar Carrier Transport in GaAlAs Using GaAs/GaAlAs Double Quantum Well Structures," *Appl. Phys. Lett.* **49**, 948–950, Oct. 1986.

75. D.J. Westland, D. Mihailovic, J.F. Ryan, and M.D. Scott, "Optical Time-of-Flight Measurement of Carrier Diffusion and Trapping in an InGaAs/InP Heterostructure," *Appl. Phys. Lett.* **51**, 590–592, Aug. 1987.

76. C.B. Norris, Jr. and J.F. Gibbons, "Measurement of High-Field Carrier Drift Velocities in Silicon by Time-of-Flight Technique," *IEEE Trans. Electron Dev.* **ED-14**, 38–43, Jan. 1967.

77. A.G.R. Evans and P.N. Robson, "Drift Mobility Measurements in Thin Epitaxial Semiconductor Layers Using Time-of-Flight Techniques," *Solid-State Electron.* **17**, 805–812, Aug. 1974; P.M. Smith, M. Inoue, and J. Frey, "Electron Velocity in Si and GaAs at Very High Electric Fields," *Appl. Phys. Lett.* **37**, 797–798, Nov. 1980.

78. T.H. Windhorn, L.W. Cook, and G.E. Stillman, "High-Field Electron Transport in InGaAsP ($\lambda_g = 1.2$ μm)," *Appl. Phys. Lett.* **41**, 1065–1067, Dec. 1982.

79. W. von Münch and E. Pettenpaul, "Saturated Electron Drift Velocity in 6H Silicon Carbide," *J. Appl. Phys.* **48**, 4823–4825, Nov. 1977; I.A. Khan and J.A. Cooper, Jr., "Measurement of High-Field Electron Transport in Silicon Carbide," *IEEE Trans. Electron Dev.* **47**, 269–273, Feb. 2000.

80. W. Shockley, "Currents to Conductors Induced by a Moving Point Charge," *J. Appl. Phys.* **9**, 635–636, Oct. 1938.

81. W.E. Spear, "Drift Mobility Techniques for the Study of Electrical Transport Properties in Insulating Solids," *J. Non-Cryst. Sol.* **1**, 197–214, April 1969.

82. J.A. Cooper, Jr. and D.F. Nelson, "High-Field Drift Velocity of Electrons at the Si-SiO$_2$ Interface as Determined by a Time-of-Flight Technique," *J. Appl. Phys.* **54**, 1445–1456, March 1983.

83. J.A. Cooper, Jr., D.F. Nelson, S.A. Schwarz, and K.K. Thornber, "Carrier Transport at the Si-SiO$_2$ Interface," in *VLSI Electronics Microstructure Science* (N.G. Einspruch and R.S. Bauer, eds.), Academic Press, Orlando, FL, **10**, 1985, 323–361.

84. D.D. Tang, F.F. Fang, M. Scheuermann, and T.C. Chen, "Time-of-Flight Measurements of Minority-Carrier Transport in p-Silicon," *Appl. Phys. Lett.* **49**, 1540–1541, Dec. 1986.

85. C. Canali, M. Martini, G. Ottaviani, and K.R. Zanio, "Transport Properties of CdTe," *Phys. Rev.* **B4**, 422–431, July 1971.

86. R.J. Schreutelkamp and L. Deferm, "A New Method for Measuring the Saturation Velocity of Submicron CMOS Transistors," *Solid-State Electron.* **38**, 791–793, April 1995.

87. C. Kittel, *Introduction to Solid State Physics*, 4th ed., Wiley, New York, 1975, 261.

88. J.R. Schrieffer, "Effective Carrier Mobility in Surface-Space Charge Layers," *Phys. Rev.* **97**, 641–646, Feb. 1955.

89. M.S. Lin, "The Classical Versus the Quantum Mechanical Model of Mobility Degradation Due to the Gate Field in MOSFET Inversion Layers," *IEEE Trans. Electron Dev.* **ED-32**, 700–710, March 1985.

90. A. Rothwarf, "A New Quantum Mechanical Channel Mobility Model for Si MOSFET's," *IEEE Electron Dev. Lett.* **EDL-8**, 499–502, Oct. 1987.

91. M.S. Liang, J.Y. Choi, P.K. Ko, and C. Hu, "Inversion Layer Capacitance and Mobility of Very Thin Gate-Oxide MOSFET's," *IEEE Trans. Electron Dev.* **ED-33**, 409–413, March 1986.

92. P.M.D. Chow and K.L. Wang, "A New ac Technique for Accurate Determination of Channel Charge and Mobility in Very Thin Gate MOSFET's," *IEEE Trans. Electron Dev.* **ED-33**, 1299–1304, Sept. 1986; U. Lieneweg, "Frequency Response of Charge Transfer in MOS Inversion Layers," *Solid-State Electron.* **23**, 577–583, June 1980.

93. C.L. Huang and G.Sh. Gildenblat, "Correction Factor in the Split C-V Method for Mobility Measurements," *Solid-State Electron.* **36**, 611–615, April 1993.

94. C.L. Huang, J.V. Faricelli, and N.D. Arora, "A New Technique for Measuring MOSFET Inversion Layer Mobility," *IEEE Trans. Electron Dev.* **40**, 1134–1139, June 1993.

95. J. Koomen, "Investigation of the MOST Channel Conductance in Weak Inversion," *Solid-State Electron.* **16**, 801–810, July 1973.

96. C.G. Sodini, T.W. Ekstedt, and J.L. Moll, "Charge Accumulation and Mobility in Thin Dielectric MOS Transistors," *Solid-State Electron.* **25**, 833–841, Sept. 1982.

97. A.G. Sabnis and J.T. Clemens, "Characterization of the Electron Mobility in the Inverted (100) Si Surface," *IEEE Int. Electron Dev. Meet.*, Washington, DC, 1979, 18–21.

98. S.C. Sun and J.D. Plummer, "Electron Mobility in Inversion and Accumulation Layers on Thermally Oxidized Silicon Surfaces," *IEEE Trans. Electron Dev.* **ED-27**, 1497–1508, Aug. 1980.

99. S. Selberherr, W. Hänsch, M. Seavey, and J. Slotboom, "The Evolution of the MINIMOS Mobility Model," *Solid-State Electron.* **33**, 1425–1436, Nov. 1990.

100. S.I. Takagi, A. Toriumi, M. Iwase, and H. Tango, "On the Universality in Si MOSFET's: Part I—Effects of Substrate Impurity Concentration," *IEEE Trans. Electron Dev.* **41**, 2357–2362, Dec. 1994.

101. K. Chen, H.C. Wann, P.K. Ko, and C. Hu, "The Impact of Device Scaling and Power Supply Change on CMOS Gate Performance," *IEEE Electron Dev. Lett.* **17**, 202–204, May 1996.

102. J.T. Watt and J.D. Plummer, "Universal Mobility-Field Curves for Electrons and Holes in MOS Inversion Layers," *Proc. VLSI Symp.* 81, 1987.

103. K.Y. Fu, "Mobility Degradation Due to the Gate Field in the Inversion Layer of MOSFET's," *IEEE Electron Dev. Lett.* **EDL-3**, 292–293, Oct. 1982.

104. L. Risch, "Electron Mobility in Short-Channel MOSFET's with Series Resistances," *IEEE Trans. Electron Dev.* **ED-30**, 959–961, Aug. 1983.

105. N. Herr and J.J. Barnes, "Statistical Circuit Simulation Modeling of CMOS VLSI," *IEEE Trans. Comp.-Aided Des.* **CAD-5**, 15–22, Jan. 1986.

106. M.H. White, F. van de Wiele, and J.P. Lambot, "High-Accuracy MOS Models for Computer-Aided Design," *IEEE Trans. Electron Dev.* **ED-27**, 899–906, May 1980.

107. P.M. Zeitzoff, C.D. Young, G.A. Brown, and Y. Kim, "Correcting Effective Mobility Measurements for the Presence of Significant Gate Leakage Current," *IEEE Electron Dev. Lett.* **24**, 275–277, April 2003.

108. W. Zhu, J.P. Han, and T.P. Ma, "Mobility Measurement and Degradation Mechanisms of MOSFETs Made With Ultrathin High-K Dielectrics," *IEEE Trans. Electron Dev.* **51**, 98–105, Jan. 2004.

109. L. Perron, A.L. Lacaita, A. Pacelli, and R. Bez, "Electron Mobility in ULSI MOSFET's: Effect of Interface Traps and Oxide Nitridation," *IEEE Electron Dev. Lett.* **18**, 235–237, May 1997.

110. S.T. Hsu and J.H. Scott, Jr., "Mobility of Current Carriers in Silicon-on-Sapphire (SOS) Films," *RCA Rev.* **36**, 240–253, June 1975; R.A. Pucel and C.A. Krumm, "Simple Method of Measuring Drift-Mobility Profiles in Thin Semiconductor Films," *Electron. Lett.* **12**, 240–242, May 1976.

111. F.F. Fang and A.B. Fowler, "Transport Properties of Electrons in Inverted Silicon Surfaces," *Phys. Rev.* **169**, 619–631, May 1968.

112. J.S. Kang, D.K. Schroder, and A.R. Alvarez, "Effective and Field-Effect Mobilities in Si MOSFET's," *Solid-State Electron.* **32**, 679–681, Aug. 1989.

113. K. Narita, Y. Hijakata, H. Yaguchi, S. Yoshida, and S. Nakashima, "Characterization of Carrier Concentration and Mobility in n-type SiC Wafers Using Infrared Reflectance Spectroscopy," *Japan. J. Appl. Phys.* **43**, 5151–5156, Aug. 2004.

114. G. Masetti, M. Severi, and S. Solmi, "Modeling of Carrier Mobility Against Carrier Concentration in Arsenic-, Phosphorus-, and Boron-Doped Silicon," *IEEE Trans. Electron Dev.* **ED-30**, 764–769, July 1983 and references therein.

115. D.M. Caughey and R.E. Thomas, "Carrier Mobilities in Silicon Empirically Related to Doping and Field," *Proc. IEEE* **55**, 2192–2193, Dec. 1967.

116. G. Baccarani and P. Ostoja, "Electron Mobility Empirically Related to the˙ Phosphorus Concentration in Silicon," *Solid-State Electron.* **18**, 579–580, June 1975.

117. N.D. Arora, J.R. Hauser, and D.J. Roulston, "Electron and Hole Mobilities in Silicon as a Function of Concentration and Temperature," *IEEE Trans. Electron Dev.* **ED-29**, 292–295, Feb. 1982.

118. S.S. Li and W.R. Thurber, "The Dopant Density and Temperature Dependence of Electron Mobility and Resistivity in n-Type Silicon," *Solid-State Electron.* **20**, 609–616, July 1977.

119. S.S. Li, "The Dopant Density and Temperature Dependence of Hole Mobility and Resistivity in Boron-Doped Silicon," *Solid-State Electron.* **21**, 1109–1117, Sept. 1978.

120. J.M. Dorkel and Ph. Leturcq, "Carrier Mobilities in Silicon Semi-Empirically Related to Temperature, Doping and Injection Level," *Solid-State Electron.* **24**, 821–825, Sept. 1981.

121. Y. Sasaki, K. Itoh, E. Inoue, S. Kishi, and T. Mitsuishi, "A New Experimental Determination of the Relationship Between the Hall Mobility and the Hole Concentration in Heavily Doped p-Type Silicon," *Solid-State Electron.* **31**, 5–12, Jan. 1988.

122. J.R. Lowney and H.S. Bennett, "Majority and Minority Electron and Hole Mobilities in Heavily Doped GaAs," *J. Appl. Phys.* **69**, 7102–7110, May 1991.

123. K. Chen, C. Hu, J. Dunster, P. Fang, M.R. Lin, and D.L. Wolleson, "Predicting CMOS Speed with Gate Oxide and Voltage Scaling and Interconnect Loading Effects," *IEEE Trans. Electron Dev.* **44**, 1951–1957, Nov. 1997.

124. K. Ahmed, E. Ibok, G.C.F. Yeap, Q. Xiang, B. Ogle, J.J. Wortman, and J.R. Hauser, "Impact of Tunnel Currents and Channel Resistance on the Characterization of Channel Inversion Layer Charge and Polysilicon-Gate Depletion of Sub-20-Å Gate Oxide MOSFET's," *IEEE Trans. Electron Dev.* **46**, 1650–1655, Aug. 1999.

● ● ● ● ● ● ● ● ● ● ● ● ● ● ● ● ● ●

514 # 习题

8.1 由海恩斯-肖克莱(Haynes-Shockley)实验得到的过剩载流子浓度如下公式:

$$\Delta n(x,t) = \frac{N}{\sqrt{4\pi D_n t}} \exp\left(-\frac{(x-vt)^2}{4D_n t} - \frac{t}{\tau_n}\right); \quad D_n = \frac{(d\Delta t)^2}{16\ln(2) t_d^3};$$

$$\tau_n = \frac{t_{d2} - t_{d1}}{\ln(\Delta n_1/\Delta n_2) - 0.5\ln(t_{d2}/t_{d1})}$$

515 其中,t_d 为延迟时间(曲线达到峰值时的时间),Δt 是最大振幅一半时的脉冲宽度。从图 P8.1 的 $\mathscr{E} = 75$ V/cm 条件下的曲线,求出速度 v,迁移率 μ_n($v = \mu_n E$,其中 $\mathscr{E}$ 是施加的电场强度)和扩散常数 D_n。从 $\mathscr{E} = 75$ V/cm 和 $\mathscr{E} = 150$ V/cm 的曲线,求出寿命 τ_n。其中 $d = 2.5 \times 10^{-2}$ cm,$T = 300$ K。

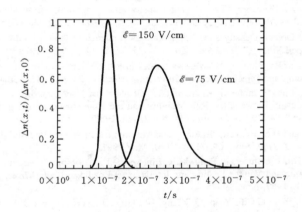

图 P8.1

8.2 一个 MOSFET 的 I_D-V_D 和 I_D-V_G 曲线如图 P8.2(a)和(b)所示。

(a) 求出并画出该器件从 $V_G = 1$ V 到 $V_G = 5$ V 的 μ_{eff} 与 V_G 的关系曲线。

(b) 求出 θ 和 μ_0。

(c) 根据式(8.78),求出并画出 μ_{FE} 与 V_G 的关系曲线。

(d) 考虑到 μ_{eff} 与 V_G 的依赖关系,推导出式(8.78)的修正公式。然后使用这个修改后的公式来求出并画出 μ_{FE} 新的更准确值。

在同一张图上画出所有的迁移率。其中 $W/L = 20$,$C_{ox} = 1.7 \times 10^{-7}$ F/cm^2,有效迁移率 $\mu_{eff} = \mu_o/[1 + \theta(V_G - V_T)]$。

8.3 一个 MOSFET 的 I_D-V_D 曲线如图 P8.3 所示。

(a) 求出并画出该器件从 $V_G = 1$ V 到 $V_G = 6$ V 的 μ_{eff} 与 V_G 的关系曲线。

(b) 求出 V_T,μ_0,θ。其中 $W = 20\ \mu m$,$L = 2\ \mu m$,$t_{ox} = 12.5$ nm,有效迁移率 $\mu_{eff} = \mu_o/[1 + \theta(V_G - V_T)]$。

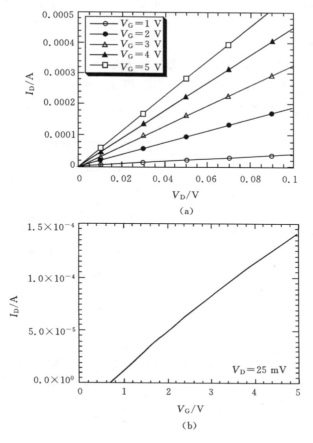

图 P8.2

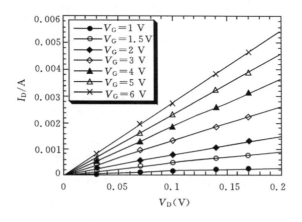

图 P8.3

8.4 一个 MOSFET 的 μ_{eff} 为常数且 $R_{\text{SD}} = 0$,在 $V_{\text{DS}} = 100 \text{ mV}$ 条件下测得的 I_{D}-V_{GS} 曲线如图 P8.4 所示。

(**a**) 求出阈值电压。

(**b**) 在同一图上画出跨导 g_{m} 曲线并且标出 g_{m} 轴。

(**c**) 如果 μ_{eff} 不是常数,而是取决于栅极电压,即 $\mu_{\text{eff}} = \mu_0[1 + \theta(V_{\text{GS}} - V_{\text{T}})]$,重新画出 I_{D}-V_{GS} 曲线;看看 g_{m} 曲线如何改变?

517

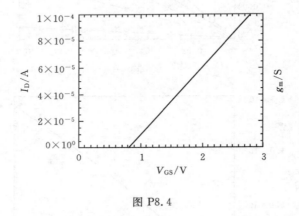

图 P8.4

8.5 在 $x = 0$,$t = 0$ 时,一个短闪光产生过剩电子-空穴对,$\Delta n = \Delta p$,如图 P8.5 所示。少数载流子在电场作用下漂移。画出 Δn 在 $t = t_1$ 对应于 $x = x_1$ 时的曲线。哪些材料参数可以由这个实验确定?说明理由。

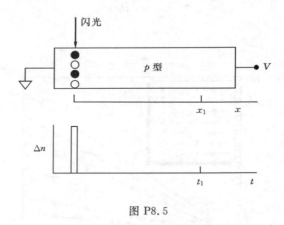

图 P8.5

8.6 在 $x = 0.5 \text{ mm}$,$t = 0$ 时,一些过剩电子和空穴产生如图 P8.6 所示。这些载流子在电场作用下漂移。电子速度为 10^7cm/s 和空穴速度为 $5 \times 10^6 \text{cm/s}$。在提供的图上画出电子电流、空穴电流和总电流(以任意单位,但所有电流按相同的比例)。

8.7 在时间飞行测量中,反向偏置结宽度 W 的空间电荷耗尽区产生电子-空穴对(ehp)如图 P8.7 所示。在 $t = 0$ 有一个短暂的闪光产生 ehp。闪光的脉冲宽度可以忽略不计,它产生了 6.25×10^6 ehp。

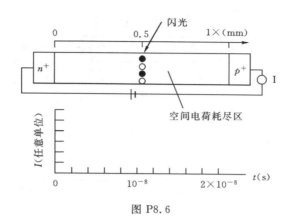

图 P8.6

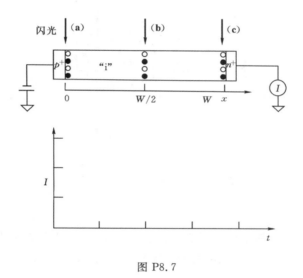

图 P8.7

(**a**) 求出在位置(a)和(c)闪光产生的电子或空穴输运时间。

(**b**) 求出位置(a)和(c)的电流。

(**c**) 画出闪光在位置(a)$X=0$,(b)$X=W/2$,和(c)$X=W$的I-t曲线。

　　$v_n=2v_p=10^7$ cm/s, $W=100$ μm。在输出电路没有电容,即,RC 时间常数是零。在轴上标出数值。

8.8　在时间飞行测量中,反向偏置 p^+in^+ 结宽度 W 的空间电荷耗尽区产生电子-空穴对 (ehp)如图 P8.8 所示。在 $t=0$ 有一个短暂的闪光产生 ehp,ehp 在整个空间电荷区均匀分布。画出得到的 $V(t)$ 与 t 的曲线。使用 $v_n=2v_p$,v_n 为电子速度和 v_p 是空穴速度。忽略在输出电路中的任何电容。

8.9　在时间飞行测量中,反向偏置 p^+in^+ 结宽度 W 的空间电荷耗尽区产生载流子如图 P8.9 所示。"i"代表本征区。在 $t=0$ 有一个短暂的闪光在整个空间电荷区仅均匀产生电子。这是仅产生电子的奇怪光。画出 I-t 曲线。t_t 是电子从 $x=0$ 漂移至 $x=W$ 的输运时间。在输出电路中无电容,即,RC 时间常数是零。

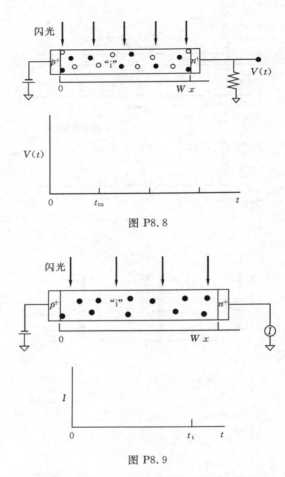

图 P8.8

图 P8.9

8.10 推导出公式(8.37)。考虑 50％最大值为脉冲宽度,这是由于扩散引起的展宽。

8.11 考虑了 MOSFET 器件串联电阻后的电流表达式(图 P8.11)为

$$I_D = (W/L)\mu_{eff}C_{ox}(V'_G - V_T - V'_D/2)V'_D \approx \beta(V'_G - V_T)V'_D \quad (P8.11)$$

520   其中: $V'_D = V_G - I_D R_S$; $V'_D = V_D - I_D E_{SD}$; $R_{SD} = R_S + R_D$

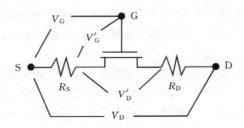

图 P8.11

根据测量的跨导 $g_m = \partial I_D/\partial V_{GS}|_{BDS=constant}$ 推导出:

$$g_m = \frac{g_{mo}}{1 + g_{do}R_{SD} + g_{mo}R_s}$$

其中 $g_{mo}=\partial I_D/\partial V'_{GS|V_{DS}=constant}$ 和 $g_{do}=\partial I_D/\partial V'_{DS|V_{GS}=constant}$

8.12 从图 P8.12 的 I_D-V_D 和 C_{GC}-V_G 曲线求出并画出 μ_{eff} 与 V_G-V_T 的关系曲线。在同一张图中画出两个曲线。再使用一个简单的图形整合，整合 C_{GC}-V_G 曲线求出 Q_n。

$$\mu_{eff}=\frac{g_d L}{W(C_{ox}(V_G-V_T)};\quad \mu_{eff}=\frac{g_d L}{W Q_n}$$

$W=1\ \mu m$，$L=0.18\ \mu m$，$t_{ox}=2.5\ nm$，$V_T=0.5\ V$，$R_{SD}=0$，$K_{ox}=3.9$

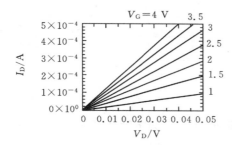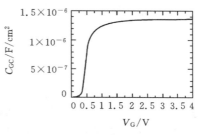

图 P8.12

8.13 考虑了 MOSFET 器件串联电阻存在的电流-电压关系（源和衬底都接地）：

$$I_D \approx \frac{W_{eff}C_{ox}}{L_{eff}}\frac{\mu_o}{[1+\theta(V_G-V_T)]}(V_G-V_T-0.5V_D)V'_D$$

其中 $V'_D=V_D-I_D(R_s+R_D)$，$W_{eff}=W-\Delta W$，和 $L_{eff}=L-\Delta L$。使用 I_D-V_G 曲线求出 V_T，μ_o，θ，ΔL，和 $R_{SD}=R_s+R_D$；假定 $\Delta W=0$，$t_{ox}=10\ nm$，$W=50\ \mu m$，$V_D=50\ mV$。各种沟道长度和各种栅极电压的漏极电流为

521

		I_D/A		
V_G/V	$L=20\ \mu m$	$12\ \mu m$	$7\ \mu m$	$1\ \mu m$
1.325	1.145e-05	1.876e-05	3.119e-05	0.0001527
1.625	1.636e-05	2.645e-05	4.304e-05	0.0001740
1.925	2.094e-05	3.345e-05	5.339e-05	0.0001873
2.225	2.523e-05	3.985e-05	6.250e-05	0.0001964
2.525	2.924e-05	4.572e-05	7.058e-05	0.0002031
2.825	3.301e-05	5.113e-05	7.781e-05	0.0002081
3.125	3.656e-05	5.612e-05	8.430e-05	0.0002121
3.425	3.991e-05	6.075e-05	9.017e-05	0.0002153
3.725	4.307e-05	6.504e-05	9.550e-05	0.0002179
4.025	4.606e-05	6.905e-05	0.0001004	0.0002202
4.325	4.889e-05	7.278e-05	0.0001048	0.0002220
4.625	5.157e-05	7.628e-05	0.0001089	0.0002237
4.925	5.412e-05	7.957e-05	0.0001127	0.0002251
5.225	5.655e-05	8.265e-05	0.0001162	0.0002263

8.14 在海恩斯-肖克莱实验中，输出电压随时间变化的测量结果如图 P8.14 所示。该半导体当时在外层空间飞行，它被高能粒子轰击，半导体内造成损伤。返回地球后，重新测

量 V_{out} 与 t 曲线。在相同的图中画出和证明新的曲线。迁移率和扩散系数保持不变。

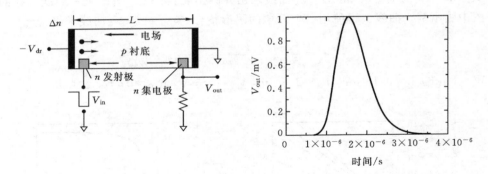

图 P8.14

8.15 在海恩斯-肖克莱实验中,输出电压随时间变化的测量结果如图 P8.14 所示。当电场强度增大时画出该曲线。迁移率和扩散系数保持不变。

● ●

复习题

- 有哪些不同的迁移率?
- 为什么 MOS 器件的有效迁移率小于体迁移率?
- 为什么霍尔迁移率不同于电导率迁移率?
- 海恩斯-肖克莱实验是如何工作的?
- 什么是与海恩斯-肖克莱实验确定的?
- 使用飞行时间技术可以测量什么参数?
- 当飞行时间方法被用于确定高场迁移率时什么预防措施必须注意?
- μ_{eff} 最常用的测试方法?
- 为什么 μ_{FE} 通常低于 μ_{eff}?
- 栅极耗尽和栅极电流对有效迁移率测量的影响是什么?
- 在有效迁移率的测量中为什么沟道频率响应很重要?

第9章

基于电荷和探针的表征技术

●●●●●●●●●●●●●●●●

9.1 引言

许多半导体的表征技术基于电流、电压和电容测量。它们通常需要制作一些器件，至少也需要临时性的接触，如汞探针 $C-V$ 测量法。例如，为了确定金属-氧化物-半导体（MOS）器件的氧化层电荷和界面陷阱态密度，就必须制作一个 MOS 电容器。通常的作法是在氧化晶片上蒸镀一层金属栅，沉积一层多晶硅栅或使用汞探针作为栅。有些时候，不用制作器件就能进行测量是非常有用的。一种方法是在氧化晶片上沉积电荷，然后使用开尔文或门罗探针测量非接触电压。在这种情况下电荷充当了栅的角色。因为给 MOS 电容器加上栅电压和给栅上沉积电荷的最终效果是相同的。直接在氧化层上沉积电荷形成栅的另一个好处是可以实现非接触测量。沉积的电荷可以通过水洗去除。一些可以通过基于电荷的测量来确定的材料/器件的参数如图 9.1 所示。

基于电荷的测量用于集成电路开发中的测量以及生产中的质量控制。为了取得较好效果，该测试装置应该能快速地为试制和生产线提供反馈信息。表面电压（SV）和表面光电压（SPV）半导体表征技术正是比较适合的方法。它们能方便有效地对各种各样的半导体材料/器件参数进行测定。[1]当这类商用仪器引入之后，就被半导体工业广泛地采用，从最初用于少数载流子扩散长度测量，[2]到后来扩展到包括表面电压、表面势垒高度、平带电压，氧化层厚

523

524 度、氧化层泄漏电流、界面陷阱态密度、可动电荷密度、氧化层完整性、产生寿命、复合寿命以及掺杂浓度等的常规测量。在这些测量中,有两种基本的使用电荷的方法:在 MOS 型测量中,用电荷作为栅取代常规的金属或多晶硅栅;作为表面改性手段,用电荷控制表面电势。

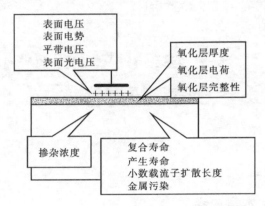

图 9.1　各种可用电荷/探针/光技术测量的材料/器件参数示意图

　　1983—1992 年,IBM 发明了用于半导体表征的电晕充电技术[3]。由于缺乏商用仪器,该技术最初使用得非常有限。随后,基于这种技术开发出了商用产品。现在介绍一下这种技术,回顾相关理论,将其与已被认可的 MOS 技术进行比较,并举几个例子进行说明。

9.2　背景

　　巴丁和布拉顿首先于 1953 年提出了 SPV 技术。[4]他们用一个振动的簧片确定 Ge 样品的光致表面电势变化。1955 年,盖瑞特和布拉顿提出了光照下半导体表面光致电势改变的基本理论。[5]同年,莫斯仔细考虑了表面光电压测量中的光生载流子的扩散,[6]他将之称为"光电压"和"光伏效应"。"表面光电压"这个术语似乎是由布拉顿和盖瑞特在 1956 年使用连续光进行照射实验时首先使用。[7]莫里森在电容电压测量中使用了斩波光信号。[8]莫斯于 1955 年,约翰逊于 1957 年,[9]奎林特和高萨于 1960 年,[10]古德曼于 1961 年[11]分别提出了使用 SPV 来确定少数载流子扩散长度。正是古德曼的 SPV 方法首次使得该技术在美国无线电公司的半导体工业中得以全面应用。[12]该公司在半导体生产中使用这种技术的方法是,在关键性的加热炉中放置高扩散长度的晶片,然后测量它们加热后的扩散长度。通过这种相对简单的非接
525 触测量方法,能够探测碎裂的炉管、被污染的固体源扩散源、金属接触污染以及其它的污染源。寿命或扩散长度也可采用基于频率或基于电荷的测量方法,代替直流表面电压或表面光电压测量获得。[13]纳曼逊提出了基于频率的光致寿命测量。在分析这种测量时,等效电路的概念被证明是非常强有力的。[14]

　　在基于电荷的测量中,将电荷沉积在晶片上并且使用开尔文探针测量半导体的响应。为了理解基于电荷的测量就必须先了解开尔文探针。开尔文探针由开尔文于 1881 年首先提出。[15]克若内克和莎普若对这种探针及其应用进行了非常好的阐释。[16]

9.3 表面电荷沉积

电荷的沉积是采用化学或电晕充电的方法。在化学处理中,对于 n 型硅,应当去除样品表面的氧化层,并且在 H_2O_2 或水中煮沸 15min,然后用去离子水清洗。[17] 或者是在 $KMnO_4$ 中浸泡 $1\sim2$ min,然后用去离子水清洗。这样的处理能产生稳定的耗尽表面势垒。对于 p 型硅,则简单的多。如果有非常低的 V_{SPV},则推荐先在缓冲 HF 中蚀刻,然后用去离子水清洗。静电印刷复印中用到了电晕充电技术,其方法是在一个光敏鼓上沉积电荷。[18] 沉积电荷在半导体方面的最初使用场合之一是 1968 年在对 ZnO 的特征分析中。[19] 威廉姆斯和伍兹,[20] 以及后来的温伯格[21] 将这种方法扩展到氧化层泄漏电流及可动电荷漂移的表征中。[22] 通过给离子源加上电场,将离子在大气压下沉积到表面上。电晕源由样品表面上方几毫米或几厘米的一根线状、一组线状、单独的针状或多个针状电极组成。[23] 样品在沉积电荷中或沉积周期之间可以移动,保证了对其沉积电荷的均匀性。还可以通过使用掩模对特定的区域沉积电荷。甚至可以先在给定区域沉积正(负)电荷,然后在环绕该区域的周边区域沉积负(正)电荷,当做零隙保护环。[24]

如图 9.2 所示,将正或负 $5000\sim10000$ V 电压加到电晕源上,就会在电极附近产生离子,如果在暗室中,甚至还可以看见电极附近的微光。如果加的是负的源电压,正离子会轰击源,

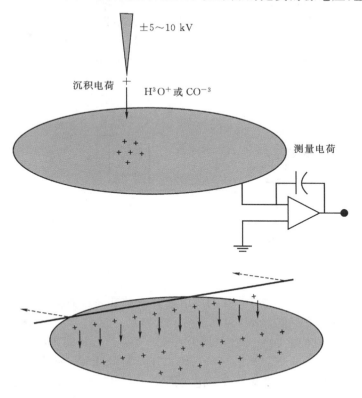

图 9.2 针状或线状电极电晕充电法示意图。沉积电荷可以通过运放式电荷计进行精确测量

同时,自由电子被周围的分子迅速捕获形成负离子。对于正的源电压,则是电子被吸引到源附近,而正离子会沿电力线运动到基底。电晕离子中,负的主要是 CO^{-3},正的主要是 H_3O^+(水合质子)。电晕源强制电离空气分子单向向样品表面流动。非常短的电离气体大气平均自由程(大约 $0.1\ \mu m$)确保了碰撞是离子运动的主要形式,进而使离子的动能维持在非常小的值。一般情况下,只需几秒钟的电荷沉积就可以使绝缘体表面的电势饱和。

在进行氧化层厚度和完整性测量中,使用电晕沉积电荷栅代替导体栅的优点之一是样品表面的电晕离子具有低的迁移率。当电荷沉积到氧化晶片上以后,就在氧化层中形成了电场。对于电晕沉积电荷栅,由于表面电晕电荷难于自由漂移或扩散,因此当氧化层在薄弱点击穿后,击穿电流就会只局限在击穿点。而对于导体栅,当给栅加上电压以后,即使氧化层的击穿区域与上面所述的电晕电荷栅相同,但由于整个栅区域的电流会沿导体汇集到击穿区域,因而最终可能会导致破坏性的击穿。

9.4   开尔文探针

表面电压或光电压是怎样产生的?该如何来进行测量呢?表面电压是由表面或绝缘体电荷,或者是功函数差产生的,通常使用非接触探针来检测。探针是一个直径为 $2\sim4$ mm 的小盘,典型情况下位于样品上方 $0.1\sim1$ mm。如图 9.3 所示,探针的形式有两种,开尔文探针通过电极的垂直振动,改变探针和样品之间的电容;而门罗探针的电极是固定的,它是通过安装在电极前方,水平振动的接地快门来调制探针与晶片之间的电容。振动频率通常为 $500\sim600$ Hz。确定电压的方式有两种:测量电流和测量电压。

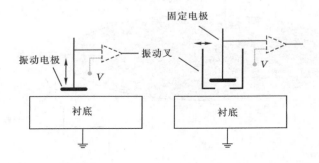

图 9.3   用于接触电势差测量的开尔文探针(左)和门罗探针(右)

为了理解开尔文探针的工作方式,我们先由图 9.4 的能带图开始。图 9.4 中包含了两片功函数不同的金属,二者的距离为 d_1,构成了一个电容器。图 9.4(a)中,两片金属没有连接到一起,由于功函数不同,它们之间也存在电压差 $(\Phi_{M2}-\Phi_{M1})/q$,其能带图说明了这一点。该电压,在图中由不同的费米能级 E_{F1} 和 E_{F2} 示出,可以用伏特计测得。但是在两片金属之间的间隙中却不存在电场,因为两片金属都没有充电。图 9.4(b)中,两片金属均被接地,使得二者的费米能相等。电子则会由金属盘 2 流向盘 1,因而在两个盘上产生了净电荷 Q_1 和 $-Q_1$,同时在金属盘之间的间隙也产生了电场。这两片金属的外电压为零,但却具有内电压(接触电势差),由 V_{cpd} 表示。显然,当板 2 接地时会产生瞬时电流 I_1。电荷量的大小与电压和电容有关,

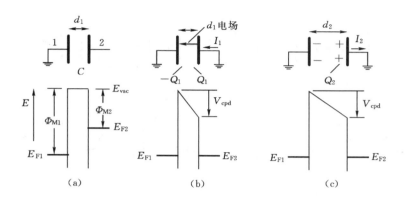

图 9.4 两片金属板及它们的能带图 (a)板 2 浮置；(b)板 2 接地，与板 1 的距离为 d_1；(c)板 2 接地，与板 1 的距离为 d_2，且有 $d_2 > d_1$

如下式所示：

$$Q = VC = V\varepsilon_0/d \tag{9.1}$$

这里 C 和 V 分别是指两片金属板之间的电容以及二者的内部电压，d 为板间距，ε_0 是真空介电常数。如果现在保持两板仍然接地的同时将距离增大至 d_2，如图 9.4(c)所示，那么由于 V_{cpd} 保持不变而电场减小，所以板上的电荷必然减少。电子会由金属板 1 流向板 2，因而产生电流 I_2。在振动的开尔文探针中该电流由下式表示[25]

$$I = \frac{\mathrm{d}Q}{\mathrm{d}t} = V\frac{\mathrm{d}V}{\mathrm{d}t} = -V\frac{\varepsilon_0}{d^2}\frac{\mathrm{d}d}{\mathrm{d}t} \tag{9.2}$$

例如在图 9.4 中，该电流的大小是

$$I = V_{cpd}\frac{\mathrm{d}c}{\mathrm{d}t} \sim V_{cpd} \tag{9.3}$$

进而接触电势差可以通过标定该电流得到。V_{cpd} 与半导体的功函数、吸收层、氧化层、掺杂浓度以及样品温度的变化均有关系。

图 9.5 说明了零流模式。图 9.5(a)中将负电压 $\Phi_{M2}/q - \Phi_{M1}/q$ 加到板 2 上抵消板上的电荷。因为板之间的电场为零，所以不会有电流流动。当板之间的距离增大时(9.5(b))，因为板上没有电荷，所以仍然不会有电流。当一个板振动时，调整电压 V 直到电流为零。该电压就等于 V_{cpd}，也正是图 9.3 中的 V。图 9.4 中的方法要比图 9.5 中的方法更快，常常用于电势图的绘制。

再来考虑图 9.5(c)中给板 2 上沉积电荷 Q_1 的情况，此时板 1 上将感应出电荷 $-Q_1$。浮栅 2 上的电压最初为 V_{cpd}（图 9.4(a)）。电荷 Q_1 产生的电压 Q_1/C 使浮栅 2 的电压变为 V_1，且当沉积电荷时会伴有电流脉冲。像图 9.5(d)那样加上外部电压 $V_2 = Q_1/C$，可以抵消电荷使电流为零。因此，知道电容后就可以由电压确定电荷。

前面通过两片金属板了解了开尔文探针的基本工作方式，现在来看半导体。探针-空气-半导体系统的电位能带图如图 9.6 所示。其中 Φ_M/q 和 Φ_S/q 分别是金属和半导体的功函数

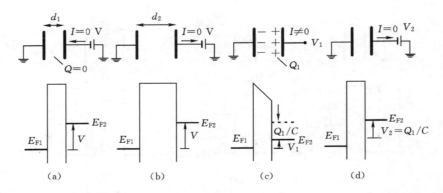

图 9.5 两片金属板及它们的能带图(a)板 2 加电压$-V$,与板 1 的距离为 d_1;(b)板 2 加电压$-V$,
与板 1 的距离为 d_2,且有 $d_2 > d_1$;(c)板 2 充电荷 Q_1(d)电压$-V_2$ 使电流为零

势,也就是真空势 E_{vac}/q 和费米势 ϕ_F 之间的电势。E_c 和 E_v 是导带和价带能,E_c/q 和 E_v/q 分别是其电势。中性块状半导体的本征能级电势 Φ 作为参考电势,平带半导体表面电势 ϕ_s (当 $x=0$,ϕ_s 就是 ϕ)是零,p 型基底的耗尽和反型为正,积累为负。

样品表面的电势是表面电压 V_s。对于无氧化层的样品 $V_s = \phi_s$,但是对于带有氧化层的样品,由于氧化层内部或表面的电荷存在使得 $V_s \neq \phi_s$。探针上的所测量的电势是接触电势差 V_{cpd},也被称为接触电势,从现在起将其表示为探针电势 V_p。所有电势都相对于接地基底测得。探针电压是探针与基底之间费米势的差。

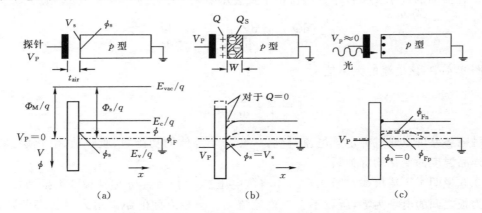

图 9.6 零功函数差金属-空气-半导体系统的断面图和能带图
(a)无表面电荷;(b)正的表面电荷;(c)强光激发

首先来看图 9.6 中无氧化层的 p 型接地半导体,金属探针位于其上方 t_{air} 之处。因为没有表面电荷,且 Φ_M 和 Φ_S 相等,所以使得图 9.6(a)中功函数差 $\Phi_{MS} = \Phi_M - \Phi_S = 0$,并且 $V_p = 0$。对于 MOS 电容器来说,当用氧化层取代空气时,其能带图是非常类似的。接下来给半导体表面沉积密度为 $Q(C/cm^2)$ 的正电荷如图 9.6(b),在半导体中产生的感应电荷密度为 Q_S。能带图中的虚线表示未沉积电荷,实线表示电荷沉积密度为 Q。感应电荷仅存在于半导体中,探针上不会有感应电荷,因为它是电浮置的,因此样品和探针之间没有电场存在,这使得 $V_p = V_s$

$=\phi_s$。

半导体感应电荷密度 Q_s 在没有反型层时主要由空间电荷区(scr)的离子化受主组成,其表示式为

$$Q = -Q_s q N_A W \tag{9.4}$$

这里 W 是 scr 宽度,N_A 是受主掺杂浓度。scr 宽度的表示式为

$$W = \sqrt{\frac{2K_s \varepsilon_o \phi_s}{q N_A}} = \frac{Q}{q N_A} \tag{9.5}$$

对表面电势 ϕ_s 求解得到

$$\phi_s = \frac{Q^2}{2 K_s \varepsilon_o q N_A} = \frac{(qN)^2}{2 K_s \varepsilon_o q N_A} = 9.07 \times 10^{-7} \frac{N^2}{K_s N_A} \tag{9.6}$$

这里 N 是表面电荷原子浓度(cm^{-2})。例如对于硅 $N_A = 10^{16} \ cm^{-3}$,$K_s = 11.7$,表面电荷原子浓度 $N = 10^{11} \ cm^{-2}$,可以得到表面电势为 $\phi_s = 0.077 \ V$。

许多使用 SV 和 SPV 技术进行表征的半导体样品带有氧化层、包含电荷和功函数差。 530
为了了解功函数差和电荷密度对于表面电压所起的作用,首先来考虑简单且众所周知的 MOS 电容器(MOS-C)。图 9.7 中的 MOS-C 包含了功函数差和均匀的正氧化层电荷密度 ρ_{ox}(C/cm^3)。从第 6 章可知,栅电压为

$$V_G = V_{FB} + V_{ox} + \phi_s \tag{9.7}$$

这里 V_{ox} 是穿过氧化层的电压。平带电压为

$$V_{FB} = \Phi_{MS}/q - \frac{1}{C_{ox}} \int_0^{t_{ox}} \frac{x}{t_{ox}} \rho_{ox} \mathrm{d}x \tag{9.8}$$

由于栅是电浮置的,所以栅上没有电荷,栅氧化层中的电场为零。氧化层能带图中在 $x = 0$ 处斜率为零说明了这一点。

现在将这个例子扩展到图 9.8(a)中电浮置的开尔文探针和被覆有绝缘体的半导体。图中探针–半导体功函数差导致了负的探针电势 $V_p = \Phi_{MS}/q$。接下来,在图 9.8(b)中,均匀氧化层电荷密度 ρ_{ox}(C/cm^3)和表面电荷密度 Q(C/cm^2)被加入,在半导体中感应出了电荷密度 $q N_A W$(由负电荷表示)。与 MOS 电容器的计算方法相同,探针电压可表示为

$$V_P = V_{FB} + V_{air} + V_{ox} + \phi_s \tag{9.9}$$

因为在图 9.8(b)中栅是电浮置的,所以 $V_{air} = 0$,探针上没有电荷,空气隙中也没有电场。平带 531
电压为

$$V_{FB} = \Phi_{MS}/q - \frac{t_{air}}{t_{equ}} \frac{Q}{C_{equ}} - \frac{1}{C_{equ}} \int_{t_{air}}^{t_{equ}} \frac{x}{t_{equ}} \rho_{ox} \mathrm{d}x \tag{9.10}$$

C_{equ} 是等效电容,t_{equ} 是等效厚度,它们分别由下式给出:

$$C_{equ} = \frac{C_{air} C_{ox}}{C_{air} + C_{ox}} = \frac{\varepsilon_0}{t_{equ}}; \quad t_{equ} = t_{air} + t_{ox}/K_{ox} \tag{9.11}$$

式(9.9)～(9.11)表示了由 Φ_{MS}, Q, ρ_{ox} 引起的探针电压。单一的测量是无法区分这三个参数的。

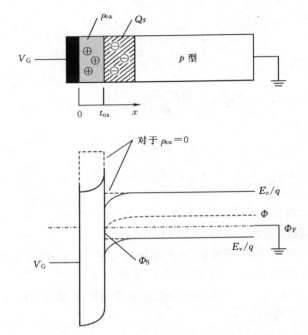

图 9.7　展示氧化层电荷 ρ_{ox} 和电位能带图的 MOS 电容器断面

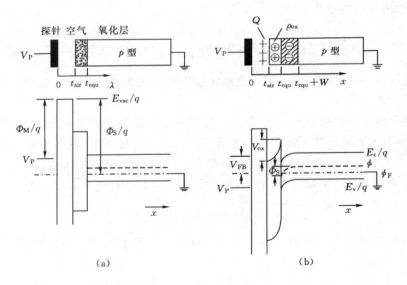

图 9.8　断面图和能带图　(a)$\Phi_{MS}/q<0$；(b)$\Phi_{MS}/q<0$,$Q>0$,$\rho_{ox}>0$

　　接下来考虑光对样品的作用。为了简单起见,使用图 9.6 中的无氧化层样品。图 9.6(a) 是表面电荷密度为 Q 且在暗处的能带图,图 9.6(c)是用强光照射样品,使其到达平带且探针电势接近零。费米能阶裂变为两个半-费米能阶,分别测量无光照和有光照产生表面电势的表面电压,就可由式(9.5)计算出电荷密度。为了理解这一现象的根由,就必须更深入地考虑平带情形。

p 型半导体耗尽层或反型层中的电荷密度为

$$Q_S = - \sqrt{2kTK_s\varepsilon_o n_i} F(U_s,\ K) \tag{9.12}$$

其中 F 是归一化表面电场(参见第 6 章),它的定义为[26]

$$F(U_s,\ K) = \sqrt{K(e^{-U_s}+U_s-1) + K^{-1}(e^{U_s}-U_s-1) + K(e^{U_s}+e^{-U_s}-2)\overline{\Delta}} \tag{9.13}$$

其中 $K = p_0/n_i$(p_0 是平衡多数载流子浓度,n_i 是本征载流子浓度),$U_s = q\phi_s/kT$ 是归一化表面电势,ϕ_s 是表面电势,Δ 是归一化过剩载流子浓度($\Delta = \Delta n/p_o$,其中 $\Delta p = \Delta n$ 是过剩载流子浓度)。在没有过剩载流子的情况下,即平衡状态,式(9.13)的最后一项可以消去。

图 9.9 画出了 F 相对于 ϕ_s 的变化曲线,以及该曲线和光致过剩载流子浓度之间的函数关系。规格化表面电场和电荷浓度的关系如式(9.12)。恒定的电荷意味着恒定的电场或者说恒定的 F。因此,当 Δn 增加时表面电势降低,因为 $F-\phi_s$ 图的轨迹类似于是沿着图中虚线那样的水平线。在强光照射的范围内,$\phi_s \to 0$,半导体趋近平带。

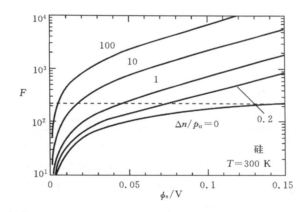

图 9.9　规格化表面电场 F 相对于 ϕ_s 的变化曲线,以及该曲线和归一化过剩载流子浓度或光强之间的函数关系

探针电势为

$$V_P = V_{FB} + V_{air} + V_{ox} + \phi_s;\quad V_{ox} = Q/C_{ox} = -Q_S/C_{ox} \tag{9.14}$$

暗处和强光照射下($\phi_s \to 0$)的电压分别为

$$V_{P,\ dark} = V_{FB} + V_{air} + Q/C_{ox} + \phi_s;\quad V_{P,\ light} \approx V_{FB} + V_{air} + Q/C_{ox} \tag{9.15}$$

当光照时,电荷密度 Q 保持恒定,表面电压的变化成为

$$\Delta V_P = V_{P,\ dark} - V_{P,\ light} \approx \phi_s \tag{9.16}$$

说明表面电势可以由这种方法确定。平带电压相应于 $\phi_s \to 0$,即 $V_{SPV} \approx 0$,如图 9.10 所示,该图是强光照射下表面光电压和测得探针电压之间的关系图,平带电压在 $V_{SPV} = 0$ 被指示出来。请注意,用这种方法确定 V_{FB},既不需要知道氧化层厚度,也不需要知道基底掺杂浓度;与此形

成对照的是,在 MOS-C 法中确定平带电压时,这二者均需知道。

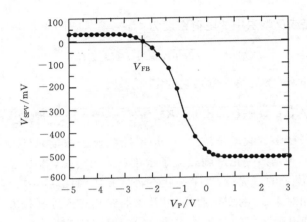

图 9.10　表面光电压与栅电压关系图。$N_A = 2.6 \times 10^{14}\,\text{cm}^{-3}$

9.5　应用

9.5.1　表面光电压(SPV)

第 7 章曾经论述过,表面光电压法是最早使用表面电荷的表征技术之一,一般用于少数载流子扩散长度的测定。[27]表面光电压的概念可以通过图 9.11 的能带图来理解。在图 9.11(a)中,表面电荷密度 Q 在半导体中感应出的电荷密度为 Q_s,$Q + Q_s = 0$。表面电荷的极性必须能使半导体产生耗尽层。暗处的能带图如图 9.11(b)所示。入射光产生了电子-空穴对(ehps)。一部分 ehps 在中性的 p 衬底内部复合,一部分则朝向表面扩散。如果它们到达了空间电荷区(scr)的边沿,空穴会中和受主原子使 scr 变窄,电子则在 scr 电场中漂移到表面与负的带电受主交换电子。这样就产生了正向偏压,减少了能带弯曲,并使费米能级分裂为准费米能级 ϕ_{Fn}

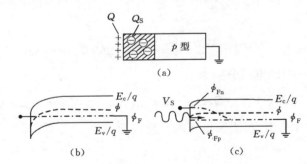

图 9.11　(a)表面电荷密度 Q,半导体电荷密度为 Q_s 的断面图;
(b)暗处的能带图;(c)受光照射的能带图

和 ϕ_{Fp}，产生了表面光电压 $V_{\mathrm{S}} = \phi_{\mathrm{Fn}} - \phi_{\mathrm{Fp}}$，如图 9.11(c)。SPV 属于表面电压，尽管在第 7 章将其表示为 V_{SPV}，但是为了和本章的命名法一致，这里称之为 V_{S}。对于恒定的光子通量密度 Φ，可以从 $1/V_{\mathrm{S}}$ 与 $1/\alpha$ 的关系图中得出扩散长度。

9.5.2　载流子寿命

第 7 章论述过载流子寿命。这里简要介绍一下电晕充电在寿命测量中的应用。寿命可以分为复合寿命和产生寿命。[28] 测量复合寿命时，将电荷沉积到氧化晶片上，使半导体表面反型，在 p 型衬底上形成表面电荷感应 np 结，如图 9.12。通过短暂的光脉冲照射，给样品注入过剩载流子使上面提到的 np 结正向偏置。结的偏置电压会随着 ehps 的复合而改变，从而使表面电压也随时间改变。这种方法非常类似于开路电压衰减技术，复合寿命的计算式为[29]

$$t_{\mathrm{r}} = \frac{kT/q}{\mathrm{d}V_{\mathrm{P}}/\mathrm{d}t} \tag{9.17}$$

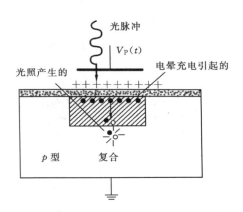

图 9.12　电晕充电形成电荷感应 np 结。光脉冲使结电
压发生变化，结电压由非接触探针测量

产生寿命的测定方法是，首先给氧化晶片施加一个电荷脉冲，使电晕-氧化层-半导体 (COS) 器件进入深度耗尽状态，如图 9.13(a)。空间电荷区的宽度由电晕电荷的数量控制。然后使晶片快速的从开尔文探针下通过，同时测量探针电压，由于 eph 的产生，该电压将会随时间变化，是以时间为变量的函数（图 9.13(b)）。

产生寿命可以通过下面的表达式从探针电压的瞬变求得[24]

$$\frac{\mathrm{d}V_{\mathrm{P}}}{\mathrm{d}t} = \frac{q n_{\mathrm{i}}}{C_{\mathrm{ox}}} \left(\frac{(W - W_{\mathrm{min}})}{\tau_{\mathrm{g,eff}}} - s_{\mathrm{g,eff}} \right) \tag{9.18}$$

金属-氧化物-半导体（MOS-C）或电晕-氧化物-半导体（COS-C）的栅电压为

$$V_{\mathrm{G}} = V_{\mathrm{S}} = V_{\mathrm{FB}} + V_{\mathrm{ox}} + \phi_{\mathrm{s}}; \quad V_{\mathrm{ox}} = Q_{\mathrm{G}}/C_{\mathrm{ox}} = -Q_{\mathrm{s}}/C_{\mathrm{ox}} = (Q_{\mathrm{n}} + Q_{\mathrm{b}})/C_{\mathrm{ox}} \tag{9.19}$$

V_{G} 是 MOS-C 的栅电压或 COS-C 的表面电压 V_{S}。当电晕电荷沉积到栅上后，Q_{G} 在测量中始终保持恒定，这使得 V_{ox} 也保持恒定。对式(9.19)进行微分可得到

$$\frac{\mathrm{d}V_{\mathrm{S}}}{\mathrm{d}t} = \frac{\mathrm{d}\phi_{\mathrm{s}}}{\mathrm{d}t} \tag{9.20}$$

535

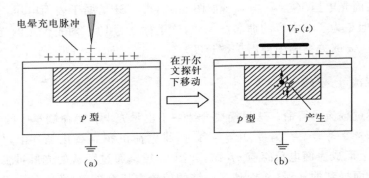

图 9.13　电晕充电脉冲形成深度耗尽空间电荷区。热电子-空穴对的产生导致探针电压随时间变化

假设平带电压不随时间改变,即 $dV_{FB}/dt = 0$ ——对于室温下的测量,这是一个比较好的近似。

体电荷密度为

$$Q_b = qN_A W = \sqrt{2qK_s\varepsilon_o N_A \phi_s} \tag{9.21}$$

且有 Q_G 和 Q_S 不随时间变化,可得

$$\frac{dQ_S}{dt} = 0 = -\frac{dQ_n}{dt} - \frac{dQ_b}{dt} = -\frac{dQ_n}{dt} - qN_A \frac{dW}{dt} \tag{9.22}$$

或由式(9.21)有

$$\frac{dQ_n}{dt} = \sqrt{\frac{qK_s\varepsilon_o N_A}{2\phi_s}} \frac{d\phi_s}{dt} = \frac{K_s\varepsilon_o}{W} \frac{d\phi_s}{dt} = \frac{K_s\varepsilon_o}{W} \frac{dV_S}{dt} \tag{9.23}$$

对于栅压恒定的脉冲式 MOS-C,在使器件进入深度耗尽后,进行电容测量,该电容是时间的函数。此时 dQ_n/dt 由下式给出(参见第 7 章)

$$-\frac{dQ_n}{dt} = \frac{qK_s\varepsilon_o N_A C_{ox}}{C^3} \frac{dC}{dt} \tag{9.24}$$

对于 COS 测量,表面电压被作为时间的函数检测。

536　　在非平衡、深耗尽半导体中,反型载流子的产生率 dQ_n/dt 为

$$-\frac{dQ_n}{dt} = \frac{qn_i(W - W_{inv})}{\tau_{g,eff}} + qn_i s_{g,eff} \tag{9.25}$$

式(9.23)和式(9.24)现在分别变成

$$\frac{dV_S}{dt} = \frac{qn_i W}{K_s\varepsilon_o}\left(\frac{(W - W_{min})}{\tau_{g,eff}} - s_{g,eff}\right) \tag{9.26}$$

$$\frac{1}{C^3} \frac{dC}{dt} = \frac{n_i}{K_s\varepsilon_o N_A C_{ox}}\left(\frac{(W - W_{min})}{\tau_{g,eff}} - s_{g,eff}\right) \tag{9.27}$$

COS 方法的优点之一是表面电荷恒定。与传统的 MOS-C 测量相比,Q_G 恒定也使得 V_{ox} 保持恒定,而在 MOS-C 测量中 V_{ox} 会在测量中随时间而增加,由于氧化层击穿或氧化层电流

的原因使栅电压受到限制。因为 V_{ox} 有可能变得足够高,使氧化层电流明显增大或造成氧化层击穿。p 型衬底的栅电流由电子组成,这些电子来自于热致反型层。当一些电子注入氧化层中后,将使反型层的建立时间更长。换句话说,这使产生寿命比实际值好像更长。[30] 在 COS 方法中不存在这样的问题,因为其氧化层电压保持不变。

产生和复合寿命的 COS 测量法过去常常用于外延膜及其衬底的表征。[31] 外延层的表征是通过热载流子产生寿命测量进行的。热载流子的产生局限在电荷感应空间电荷区,典型情况下位于半导体表面下 1 μm 范围内。另一方面,复合寿命用于由少数载流子扩散长度决定的深度测量。n 型衬底上 n 型外延层中电晕引起的产生和复合寿命的测量如图 9.14 所示。该图示出了"好的"和"不好的"外延层以及"好的"和"不好的"衬底(SS)。这是一个将这两种互补的方法结合使用的良好范例,它们任何一个都不能单独提供这些信息。

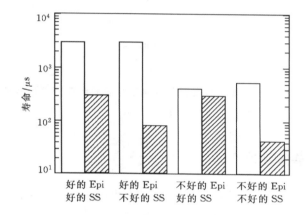

图 9.14 电晕在 n 型衬底上 n 型外延层中引起的产生和复合寿命。数据引自参考文献[31]

9.5.3 表面改性

表面电荷可以用于控制表面电势和表面复合,这是通过使样品累积、耗尽或反型来实现的,如图 9.15。在图 9.15(a)中,正的表面电荷产生了耗尽的表面。过剩少数载流子被吸引到表面并在那里高速复合。与此相比,在图 9.15(b)中,累积表面排斥过剩少数载流子从而使其表面复合速率降低。图 9.16 绘制出了有效寿命和表面复合速率与表面电荷密度的函数关

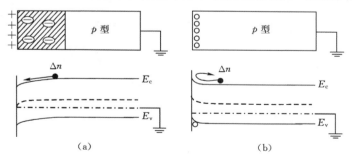

图 9.15 (a)吸引电位能带图;(b)排斥电位能带图

系。[32]有效寿命是通过光导衰减/微波反射率技术测得。为了表面电荷为零,使晶片表面稍微地反型。当沉积负电晕电荷时,表面最初变成耗尽型。因为表面复合增加,有效寿命会变短。随着沉积更多的负电晕电荷,表面变为累积型,表面复合被消减,寿命增加。在这种情况下,电晕电荷通过控制表面状况来改变表面复合速率。

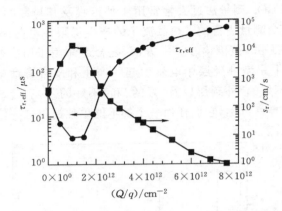

图 9.16 有效复合寿命和表面复合速率与表面电荷密度的函数关系。
$N_A = 4.2 \times 10^{16}\,\mathrm{cm^{-3}}$,晶片厚度为 280 μm,引自参考文献[32]

9.5.4 近表面掺杂浓度

538 　　近表面掺杂浓度是指半导体几微米厚表层的平均掺杂浓度。近表面掺杂浓度可以通过 COS 技术测定。其方法类似于脉冲 MOS 技术,即在半导体上形成场致结并通过电荷脉冲使之深度耗尽。数据分析也类似于 MOS 测量法。结的形成过程是,首先在测试点生成积累区,然后在积累区中心生成反型区。积累区的作用如同一个保护环,抑制了横向传导,使结区域界限分明。

　　然后通过电荷脉冲给结沉积额外的电荷 ΔQ 使之深度耗尽,同时记录因此而产生的瞬态电压。由于沉积电荷会在基底中映像,将多数载流子排斥进空间电荷区使其宽度变为 W。当少数载流子产生时,该空间电荷区会立即崩溃并恢复到其平衡宽度 W_{inv} 和平衡电压 V_{Si}。在测量期间,电荷增量 ΔQ 和瞬态电压增量 ΔV_{Si} 被记录下来,而掺杂浓度是这两个变量的函数。

　　W 和 ΔQ 分别式由下式给出:

$$W = W_{\mathrm{inv}} + \Delta W\,;\ \Delta Q = qN_A W \tag{9.28}$$

加耗尽脉冲期间的电压为

$$\Delta V_{\mathrm{Si}} + V_{\mathrm{Si}} = \frac{qN_A W^2}{2K_s \varepsilon_o} \tag{9.29}$$

这里 V_{Si} 和空间电荷区宽度 W_{inv} 的关系如下:

$$V_{\mathrm{Si}} = \frac{qN_A W_{\mathrm{inv}}^2}{2K_s \varepsilon_o} \tag{9.30}$$

V_{Si} 也可以由下式得出:[33]

$$V_{\mathrm{Si}} = \frac{kT}{q}\left[2.1\ln\left(\frac{N_{\mathrm{A}}}{n_{\mathrm{i}}}\right) + 2.08\right] \tag{9.31}$$

式(9.28)和式(9.31)进行迭代求解可得 N_{A}。图 9.17 是分别由 COS 法和 MOS-C 法测得的 n 型外延层 N_{A} 的对比。MOS-C 法测定 N_{A} 时使用的是最大-最小法(参见第 2 章)。

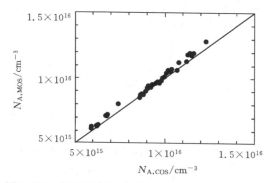

图 9.17　分别由 COS 法和 MOS-C 法测得的掺杂浓度。图中直线说明二者具有极好的相关性

9.5.5　氧化层电荷

表面电压对表面电荷的依赖性,有助于对半导体晶片上绝缘层中电荷或晶片上电荷的测定。该电荷可能是氧化层电荷、界面陷阱电荷、等离子损伤电荷或其它的电荷。现在,通过考虑氧化晶片的可动电荷密度 Q_{m} 来说明它。[34] 测量这种可动电荷的一种方法是通过给带有氧化层的半导体表面沉积电晕电荷,将 SV 法和电晕充电技术结合起来使用。首先沉积正电晕电荷,接着将晶片加热到适中的温度(约 200℃)几分钟,驱使可动电荷到达氧化物-半导体的界面。冷却样品并测定平带电压 V_{FB1}。然后重复上面的过程,沉积负电晕电荷并驱使机动电荷到达氧化物-空气的界面,测定平带电压 V_{FB2}。最后就能通过将平带电压差 $\Delta V_{\mathrm{FB}} = V_{\mathrm{FB2}} - V_{\mathrm{FB1}}$ 带入下式确定 Q_{m}。

$$Q_{\mathrm{m}} = C_{\mathrm{ox}}\Delta V_{\mathrm{FB}} \tag{9.32}$$

可以通过增加氧化层厚度以减小其电容来提高测量的灵敏度,但是这与当今薄栅氧化层的趋势是不相符的。由氧化层电荷 ρ_{ox} 独自产生的平带电压是 $V_{\mathrm{FB}} = -\rho_{\mathrm{ox}}t_{\mathrm{ox}}^2/2K_{\mathrm{ox}}\varepsilon_0$。当氧化层电荷密度满足 $\rho_{\mathrm{ox}}t_{\mathrm{ox}}/q = 10^{10}\ \mathrm{cm}^{-2}$ 时,可知 $V_{\mathrm{FB}} = -2.3\times10^3 t_{\mathrm{ox}}$。例如,若 $t_{\mathrm{ox}} = 5\ \mathrm{nm}$,则 $V_{\mathrm{FB}} = -1.1\ \mathrm{mV}$,这说明对于薄氧化层,电压测量已经不切实际了。解决这个问题的一种方法是通过测量无光照和有强光照射的表面电压来测量氧化晶片的表面电势。然后沉积电晕电荷,直到表面电势变为零。沉积的电荷在数值上与氧化层中原来的电荷相等但符号相反。[35] 这种基于电荷的测量方法,不管是对于薄氧化层还是厚氧化层,其准确性和精度都是相同的。

可以使用 SV 法测量的其它类型电荷还有等离子引起的电荷和损伤及氢稳定硅表面。[36] 硅表面会受到两种与氢有关的处理:一种是在氢中退火,另一种是浸入到 HF 中,氢退火的表面是更稳定的。这时的测定可以通过测量表面势垒与时间的变化关系来进行。对绝缘层上硅埋层氧化层电荷的测量也是切实可行的。[37] 等离子电荷引起表面电压的一个例子如图 9.18

所示。

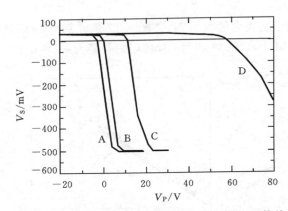

图 9.18 表面电压–探针电压曲线与等离子电荷之间的函数关系。15nm,
SiO₂,1000nm PSG 玻璃,功率 700W, A: 16torr, B: 12torr, C: 8.
5torr 并退火, D: 8.5torr。引自 M. S. Fung, "Monitoring PSG
Plasma Damage with COS," *Semicond. Int.* 20, July 1997.

相对于基于电压的测量,基于电荷的氧化层电荷测量有一个优点。例如,为了测定 MOS
器件的氧化层电荷,既可以采用测量电荷的方法也可以通过测量电压的方法。氧化层电压的
不确定量 ΔV_{ox} 和氧化层电荷的不确定量 ΔQ_{ox} 之间的关系满足

$$\Delta Q_{ox} = C_{ox}\Delta V_{ox} = K_{ox}\varepsilon_o \Delta V_{ox}/t_{ox} \tag{9.33}$$

按式(9.33)画出图形,如图 9.19 所示。假设氧化层的电荷是通过电压测定的,该电压的不确
定量为 $\Delta V_{ox}=1$ mV,那么当氧化层厚度从 10 nm 变化到 1 nm 时, ΔQ_{ox} 将从 2.2×10^{10} cm⁻² 变
化到 2.2×10^{11} cm⁻²。所以在基于电压的测量中,氧化层电荷测定结果的不确定性较大。在
540 基于电荷的测量中,虽然电荷也有不确定量,但却与氧化层厚度无关,且其量级为 $Q_{ox}/q=$
10^9 cm⁻² 或更小。图 9.20 所示是一个分别基于电荷和基于电压进行氧化层电荷测量的例子。

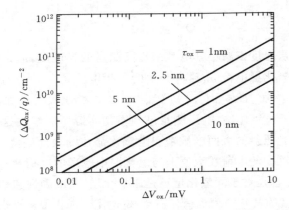

图 9.19 氧化层电荷密度不确定性–氧化层电压不确定性曲线与氧化层厚度之间的函数关系

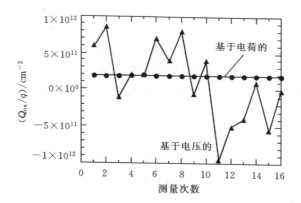

图 9.20　分别基于电荷和基于电压测量 3 nm 厚氧化层电荷的重复性。引自 Weinzierl and Miller[35]

9.5.6　氧化层厚度和界面陷阱态密度

为测定氧化层厚度,给氧化晶片沉积电荷密度为 Q 的电晕电荷,并测量暗处和强光下的表面电压给出表面电压 V_S,[38] 其与沉积电荷密度的关系曲线如图 9.21。[39] 在累积或反型区,该曲线是线性的,氧化层厚度为

$$C_{ox} = \frac{dQ}{dV_S}; \quad t_{ox} = \frac{K_{ox}\varepsilon_o}{C_{ox}} = K_{ox}\varepsilon_o \frac{dV_S}{dQ} \tag{9.34}$$

这种方法不受 MOS-C 测量中多晶硅栅耗尽的影响。[40] 它也不受探针穿通的影响,并且对氧化层针孔泄漏电流也不敏感。如第 6 章所述(在第 6 章中,V_S 表示为 V_G),界面陷阱会使 $C_{lf}-V_S$ 曲线低频段扭曲。类似的,界面陷阱也会使 $V_S - Q$ 曲线扭曲,界面陷阱态密度可以通过这种扭曲来确定。

541

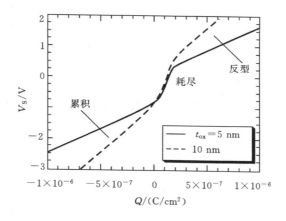

图 9.21　两种氧化层厚度的表面电压与表面电荷密度关系曲线

9.5.7 氧化层泄漏电流

为了测定氧化层泄漏电流,在 MOS 器件中称为栅电流,需给氧化晶片表面沉积电晕电荷并测量开尔文探针电压与时间之间的函数关系。如果电荷通过氧化层泄漏,该电压会随时间而降低。使器件积累或反型时,氧化层泄漏电流与探针电压之间满足以下关系:[41]

$$I_{leak} = C_{ox} \frac{dV_P(t)}{dt} \Rightarrow V_P(t) = \frac{I_{leak}}{C_{ox}}t \tag{9.35}$$

542 测量时应当使器件累积。因为如果器件反型,那么就会有一些反型电子通过隧道运动到栅上,并肯定会通过热 eph 补给。如果产生速率小于氧化层泄漏速率,漏电流就受到了热产生的限制,从而使得测量的结果不正确。

当使器件累积时,电荷在氧化层上不断增多。但是,若电荷密度太高,电荷就会通过福勒-诺德海姆或直接隧道漏过氧化层,表面电压就被钳制住了。对于 SiO_2,沉积电荷密度与氧化层电场 $\mathscr{E}_{ox}$ 的关系为

$$Q = K_{ox}\varepsilon_0\mathscr{E}_{ox} = 3.45 \times 10^{-13}\mathscr{E}_{ox} \tag{9.36}$$

二氧化硅的击穿场强为 $10-14$ MV/cm。若 $\mathscr{E}_{ox}=12$ MV/cm,则电荷密度为 4.1×10^{-6} C/cm。图 9.22 中 $\mathscr{E}_{ox}$ 与 Q 的关系曲线清楚地表明,在电荷密度约为 4.4×10^{-6} C/cm 时电场就会饱和,与此相应的击穿场强为 12.8 MV/cm。

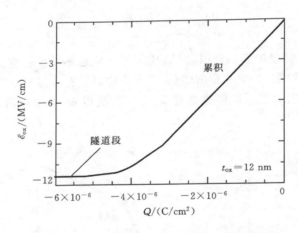

图 9.22　一个带有氧化层硅片的氧化层电场-表面电荷密度曲线。$t_{ox}=12$ nm 引自 Roy 等[38]

9.6　扫描探针显微镜(SPM)

扫描探针显微镜是通过针尖在样品的表面上扫描非常小的距离,获得二维或者三维的样品表面的纳米级别或者更好分辨率的横向、纵向的图像。[42]最好情况下,横向分辨率能够达到 0.1 nm,纵向分辨率能够达到 0.01 nm。在早期表面形貌的基础上,1982[43]年发明的扫描隧道

显微镜(STM)最早应用扫描探针显微技术。[44]这是仅有的在原子级别分辨率的成像技术而不是传输电子显微方法。在过去二十年中,已经发展了许多扫描探针显微设备,并且能够监测电流、电压、电阻、力、温度、磁场、功函数等等。这些高分辨率的设备如表9.1所示。[45]这些仪器的操作一般来说是基于检测近场图像,就像第10章的近场光学显微镜一样。我们简要地描述一些扫描探针显微技术,为了更加详细地了解这些或者另外一些探针技术,读者可广泛参考出版文献。

表 9.1 扫描探针技术及其缩写

AFM	Atomic Force Microscopy	原子力显微镜
BEEM	Ballistic Electron Emission Microscopy	弹道电子发射显微镜
CAFM	Conducting AFM	导电原子力显微镜
CFM	Chemical Force Microscopy	化学力显微镜
IFM	Interfacial Force Microscopy	界面力显微镜
MFM	Magnetic Force Microscopy	磁力显微镜
MRFM	Magnetic Resonance Force Microscopy	磁共振力显微镜
MSMS	Micromagnetic Scanning Microprobe System	微磁扫描微探针系统
Nano-Field	Nanometer Electric Field Gradient	纳米电场梯度
Nano-NMR	Nanometer Nuclear Magnetic Resonance	纳米核磁共振
NFOM	Near Field Optical Microscopy	近场光学显微镜
SCM	Scanning Capacitance Microscopy	扫描电容显微镜
SCPM	Scanning Chemical Potential Microscopy	扫描化学势显微镜
SECM	Scanning Electrochemical Microscopy	扫描电化学显微镜
SICM	Scanning Ion—Conductance Microscopy	扫描离子-电导显微镜
SKPM	Scanning Kelvin Probe Microscopy	扫描开尔文探针显微镜
SSRM	Scanning Spreading Resistance Microscopy	扫描扩散电阻显微镜
SThM	Scanning Thermal Microscopy	扫描热显微镜
STOS	Scanning Tunneling Optical Spectroscopy	扫描隧道光学显微镜
STM	Scanning Tunneling Microscopy	扫描隧道显微镜
TUNA	Tunneling AFM	隧道原子力显微镜

9.6.1 扫描隧道显微镜(STM)

如图9.23所示,扫描隧道显微镜的主要特点是由一个非常尖的金属探针构成,[46]在针尖和样品之间的偏压下,探针扫描样品大约1 nm的距离,这个偏压不少于针或者样品的工作函数。探针通常用金属钨或者铂-铱合金制备。制备这些半径在$100\sim1000$ nm范围的探针,价格很昂贵。实验证据表明针尖半径小于10 nm的探针为袖珍型。[47]压电元件提供了扫描机理,施加电压,压电材料改变尺寸。在压电元件的x,y,z三个方向上施加电压,那么针尖或者样品在这三个方向上被扫描。早期的执行是使用三臂三角架排列,如图9.23所示,目的是降低谐振频率,后来改变成管状执行,管状的外面包含四个对称的电极。在对立的电极上施加相等却相反的电压促使管因收缩或者膨胀而弯曲。因为做垂直运动的激励电压,内壁通过单电极而接触。[48]

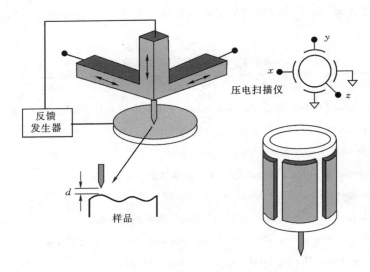

压电扫描仪

反馈发生器

样品

图9.23 扫描隧道显微镜的原理示意图

因为探针的针尖非常靠近样品的表面,所以一个典型的1 nA的隧道电流通过空隙。很明显,因为这个技术,探针和样品都一定是导电的。对于高分辨率的图片,非常尖锐的针尖是非常重要的。并相信在探针针尖上的一个单原子主要决定着器件的操作,电流由下式给出:[49]

$$I = \frac{C_1 V}{d} \exp\left(-2d\sqrt{\frac{8\pi^2 m \Phi_B}{h^2}}\right) = \frac{C_1 V}{d} \exp(-1.025d\sqrt{\Phi_B}) \tag{9.37}$$

d的单位为$\text{Å}(10^{-10}\text{m})$,$\Phi_B$的单位 eV,$C_1$是常数,$V$是电压,$d$是针尖和样品的缝隙宽度,$\Phi_B$是有效的功函数,由$\Phi_B = (\Phi_{B1} + \Phi_{B2})/2$确定,$\Phi_{B1}$,$\Phi_{B2}$分别是针尖和样品的功函数。因为$\Phi_B \approx 4$ eV,一个典型的功函数,缝隙宽度变化范围从10 Å到11 Å(1~1.1nm,译者注),所以改变电流密度取决于一个因子8。因此,缝隙宽度小范围变化产生大的电流变化,适应用于表面平整度的表征。

这里有两个操作模式,第一个模式中缝隙宽度变化被定义成常数,当探针扫描x,y方向时,压电换能器的电压与轮廓图的垂直位移成比例。在第二个模式中,探针在缝隙宽度和电流变化的条件下扫描样品,使用电流去确定晶片的平整度,方程(9.37)有点被简化,因为隧道电流实际上是测量缝隙中探针和样品电子波函数的交叠,实际上探针形成了表面波函数而不是原子的位置。然而,电流主要地被缝隙宽度和样品的表面形态所决定。假定探针在样品表面的位置不变化,根据隧道波谱电流改变探针电压,在带宽和某些情形的密度能被探测的时候,凭借扫描隧道显微镜中的波谱模式,这个工具能够探测在少许电子伏特范围内,费米能级的两边,表面中电子的状态。扫描隧道显微镜的灵敏度对于电子结构会导致不想要的结果,例如,图片在低导电性的区域出现一个倾角。

9.6.2　原子力显微镜(AFM)

在 1986 年,原子力显微镜被提出检查绝缘体样片的表面。在第一篇论文中有一个清楚的暗示:它能够解析单原子。[50]然而,直到 1993 年,使用 AFM 对原子的解析,才出现明确的证据,在这些年中,AFM 发展为成熟的工具,对表面科学、电化学生物学和工艺等领域提供了新的视野。[51]原子力显微方法凭借测量探针与样品之间的力进行操作。这个力取决于样品的性质、样品和探针之间的距离、探针的几何形状以及样品的表面污染情况。相对于扫描隧道显微镜来说,扫描隧道显微镜需要导电样品,而 AFM 对于导电和绝缘的样品都适合。

AFM 的工作原理如图 9.24 所示,这种器件是由一个悬臂梁构成,在其尾部安装一个尖锐的探针,这种悬臂梁经常是用硅,氧化硅,氮化硅制备的,典型的长 100 μm,宽 20 μm,厚 0.1 μm,但是也使用别的尺寸。垂直灵敏度取决于悬臂梁的长度,因为表面形态的成像,针尖被制成连续的或者间断的去接触样品并且扫描样品的表面。因为这样的设计,压电扫描仪能够译出悬臂梁下的样品或者样品上面的悬臂梁。移动样品是简单的,因为光学探测系统不需要移动。在某些方法下能检测悬臂梁的移动,[52]这可能是光学激光干涉计的一面镜子或者悬臂梁的偏差能被悬臂梁和参比电极之间的电容变化监测到。一项普通的技术就是检测从悬臂梁反射的光进入两相或四相的对位置敏感的图片二极管,如图 9.24 所示。[53]悬臂梁的移动促使了反射光去撞击图片二极管的不同的部位,凭借 $Z=(A+C)-(B+D)$,探测出垂直的移动,凭借 $x=(A+B)-(C+D)$,探测出水平的移动。保持信号常数,等价于悬臂梁偏转常数,通过反馈装置变化样品高度,给出样品高度的变化,悬臂梁得出不同的图形。两个普通的图片如图 9.25 所示,对于横梁悬臂梁,谐振凭率被定义成

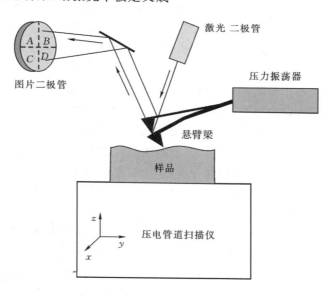

图 9.24　原子力显微镜的原理示意图

$$f_\circ = \frac{1}{2\pi}\sqrt{\frac{k}{m}} \tag{9.38}$$

546　　这儿 K 是弹性系数，m 是悬臂梁的质量，典型的谐振凭率位于 $50\sim500$ kHz 范围内。

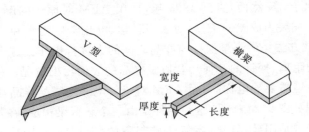

图 9.25　原子力显微镜的悬臂梁

　　AFM 能够在几种模式下操作，在接触模式中，牵引探针的针尖通过样品的表面，得到的图像是样品表面的形貌，然而这项技术对一些种类样品是成功的，但也有一些缺点，针尖的牵引运动，在针尖和表面之间靠粘性力连接，这会破坏样品和探针，并在数据上产生人为现象。在周围的空气环境中，大多数的表面会被覆盖一层浓缩的水蒸气和另外一些污染物，当扫描探针触及这层物质后，毛细行为引起一个凹液面形变，表面张力使悬臂梁进入这层物质，针尖和样品捕获的静电荷贡献了额外的粘性力。这些向下的力全部增加在样品上，并且因为探针运动而与横向剪切力连在一起时，会破坏测量的数据和样品。

　　在非接触模式中，器件识别范德华力，这个力存在于样品表面和针尖之间。不幸的是，这些力实际上弱于接触式的力，这个力是如此的弱以至于针尖必须需要一个小振动，并且交流探测模式常用来探测针尖和样品之间的微弱的力。吸引力也仅仅在短距离内扩展，在样品的表面上，吸附层可能占据有用范围的大部分。因此，甚至在样品与针尖成功地保持分开时，非接触模式比接触模式或者轻敲模式提供了低的解决能力。

　　轻敲模式的成像克服了传统的扫描模式的局限，采用交替放置探针与样品表面接触，并且升起探针去避免托拽探针通过样品的表面。[54] 在周围的空气气氛中，通过压电晶体在悬臂梁的谐振频率上或者接近谐振频率来振动悬臂梁，当针尖不与表面接触时，压电驱动器促使悬臂梁去振动，振动中的针尖然后朝着表面移动，直到他们轻微地接触或者"轻敲"表面时。在扫描期间，垂直振动中的针尖交替接触表面和升起，一般频率在 $50\sim500$ kHz。当振动中的悬臂梁间歇式接触表面时，针尖接触表面减少振动幅度产生能量损失，被用来识别和测量表面形貌。当针尖撞击表面时，悬臂梁有比较少的空间去振动并且振动的幅度会降低。相反，当针尖通过这个降低后，悬臂梁有更多的空间去振动并且幅度增加靠近空气中幅度的最大值。针尖的振动幅度被测量并且反馈回路将会调整针尖与样品的距离，保持样品上的幅度和作用力为常数。

547　　轻敲模式成像适应于软性、粘性、易脆性样品，对于易被破坏表面的样品或者另外的原子力显微镜成像困难的样品能获得高质量的表面形貌的图像，能够克服与易脆、粘度、静电作用力有关的问题和其他原子力显微镜成像模式的困难，图 9.26 为原子力显微镜图像。

图 9.26　金属线中晶粒与晶粒间的边界的非接触式原子力图像。
扫描面积为 10 μm×10 μm。承蒙 Veeco 公司提供

9.6.3　扫描电容显微镜(SCM)

已经出现的测量横向掺杂密度分布的两项主要技术就是扫描电容显微镜和扫描扩散电阻显微镜,[55]扫描电容显微镜已经获得了很多关注并且作为横向分布测量的工具,[56]一个小面积的电容性探针测量一个金属/半导体或者一个 MOS 接触的电容,与第 2 章描述的技术类似。SCM 镜通过高度敏感的电容测量与原子力显微镜联合,在 SCM 镜针尖和半导体之间,通过纳米分辨率,能测量局部电容-电压特性。SCM 镜图像已经被使用提取二维 载流子的分布,查找电学 pn 结。最初的 SCM 镜作为绝缘针使用,[57]后来镀金属的针尖同 AFM 结合起来。[58]在传统的接触模式中,使用镀金属的 AFM 的针尖去测量晶片的表面形貌,也作为电极使用去同时测量 MOS 的电容。横断面 MOSFET 和 pn 结的 SCM 图像可以带来半导体器件操作的可视化。

通常将半导体器件掰开或者抛光以便使器件的断面露出来,如图 9.27 所示,虽然样品的

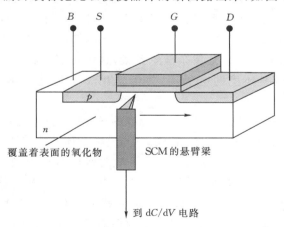

图 9.27　扫描电容示意图

上端不用掰开也能被测量。在横断面上沉积氧化物,在接触模式中,探针扫描这横断面,在探针和半导体之间使用高频交流电压,测量纳米探针/氧化物/硅 MOS 电容器的电容变化。对于不变的电场,当降低掺杂浓度时,MOS 电容器的空间电荷区域比较宽。如果想得到实际的变化曲线,必需专用的仿真模式,这个曲线是在局部载流子浓度下的局部 SCM 信号。图 9.28 的测量示意图表明在氧化的样品上的 AFM 的导电针尖,$C-V$ 和 $\mathrm{d}C/\mathrm{d}V$ 的曲线。在这个例子中,在衬底上施加电压,在一些情况下,在针尖上施加电压。$\mathrm{d}C/\mathrm{d}V$ 的曲线确定了掺杂的类型。在横向分辨率 20~150 nm 范围内,凭借针尖的几何形状和掺杂浓度,SCM 在载流子浓度在 $10^{15}\sim10^{20}/\mathrm{cm}^{-3}$ 范围内比较灵敏。绝对掺杂浓度的提取需要相反的仿真,结合针尖的几何图形,样品的氧化物厚度。例如,图 9.29 中的 SCM 图形展示随着栅电压的增加,MOSFET 中的沟道的形成。[59]

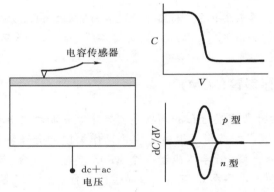

图 9.28　原子力显微镜/扫描电容显微镜设计的示意
图。对衬底施加偏压的 n 型衬底的 $C-V$ 曲
线和 $\mathrm{d}C/\mathrm{d}V$ 曲线 符号识别掺杂类型

通过来自于 RCA 视频录像播放机的电容传感器,测量在针尖和样品之间的电容,电容测量是独立的并且与 AFM 的测量表面形貌是同时的。[60]在 915 MHz 的频率下,传感器测量电容,在待分析的电容中,允许小变化。当输入电容大约是 0.1 pF 时,这个极端灵敏的电容传感器能够探测在 10^{-18} F 范围内的电容的相应变化。导电针是用商用的悬臂梁 AFM 的针尖涂上金属镀层。经常在氮化硅悬臂梁上镀有大约 20 nm 的铬或钛,在探针扫描期间有助延长寿命。商业上,可用 Co/Cr 镀层高度地掺杂硅悬臂梁,这种镀层已经成功地在磁力显微镜中应用。SCM 能够完成对周围环境的电隔离,凭借使用一个接地声学隔离罩封装完整的显微镜。[61]

对于二维掺杂浓度分布,已经发展了两个标准的 SCM 方法:在 ΔC 模式中,在针尖和样品之间施加一个固定振幅的交流偏压;在 ΔV 模式中,反馈循环调整施加的交流偏压去保持电容的变化;ΔC,当针尖从一个区域移动到另外一个区域时保持不变。[62]在前者中,交流偏电引起一个相应的变化,使用锁定的放大器去测量电容的变化。当针尖从高掺杂浓度区域移向低掺杂浓度区域时,放大器输出增加,因为低掺杂浓度区域中的 $C-V$ 曲线大的倾斜。在后者中,当从一个区域移到另一个区域时,反馈循环调整施加的交流偏压去保持 ΔC 不变,在这种情况下,为了决定掺杂密度,需要测量交流偏压的数值。

ΔC 模式的优点就是简单,这个系统的缺点是在高掺杂浓度区,需要大的交流偏场电压

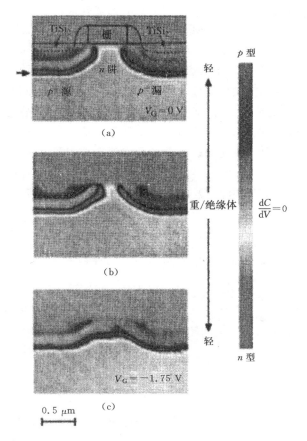

图 9.29　硅，p 沟道的 MOSFET 的 SCM 图片的序列，其中 $V_D = -0.1$ V，$V_s = V_b = 0$ V，$V_G = $(a) 0，(b)$-1.05$，(c)$1.75$ V。SCM 图片的级数表明了在漏和源之间的导电沟道的形成，(a) 中的示意图表明多晶硅栅极、氮化钛定距片、硅化钛接触的大约位置。图片是在 SCM 针尖被施加峰-峰幅度时获得的，$V_{ac} = 2.0$ V，$V_{dc} = 0$。引自 Nakakula et al.[59]

（几伏交流电压）去测量有限的 SCM 信号。当这个同样的电压被施加到低掺杂的硅上，将会产生比较大的耗尽量，降低空间分辨率，做出准确的模型更加困难。ΔV 方法的优点就是耗尽问题的物理形状相对地保持不变，随着针尖从低掺杂区域到高掺杂区域。缺点就是需要一个额外的反馈循环。

对于可重复的测量，必须仔细地制备样品。[61]影响 SCM 的可重复性的因素包括：与样品有关的问题（移动和固定的氧化物电荷、界面状态、不一致的氧化物厚度、表面湿度和污染物、样品老化、与水有关系的氧化物陷阱），与针有关的问题（针的半径增加，针顶点的破碎，金属镀层的机械性磨损，检自样品对针的污染），与电操作条件有关的问题（电容传感器中探针信号的交流振幅，扫描速率，偏离电容的补偿，电场诱导氧化物生长，直流针尖-偏压）。

9.6.4　扫描开尔文探针显微镜(SKPM)

扫描开尔文探针显微镜属于静电力显微镜(EFM)技术。根据针尖样品间的距离，EFM 能分为长范围、中范围和短范围。[63]额外的体系也能根据针尖是否被机械驱动或者静电驱动来描述。SKPM 的探针在样品上面保持 30～50 nm,扫描样品的表面和测量电势,通常这个测量与 AFM 的测量联系在一起。在 AFM 第一个扫描阶段,测量样品的表面形貌,在第二个扫描阶段,使用 SKPM 的模式,测量表面电势。[64]

　　探针和样品表面之间的带宽为缝隙,导电探针和导电衬底能看作为一个电容器,在针尖上施加一个直流和交流电压(当针尖保持着 地电势时,有时电压被施加到样品上)。这会在针尖和样品之间产生一个振荡的静电力,从表面电势的测量中得出这个静电力。这个方法类似于在本章早先讨论过的开尔文探针,只是测量力代替测量电流。同测量电流相比,测量力独立于探针,而测量电流与探针的尺寸成比例。选择的频率等于或接近悬臂梁的谐振频率,经常是几百 kHz。

　　让我们考虑电容 C,电压 V,电荷 Q,在电容器中储存的电容和能量是

$$C = \frac{Q}{V}; \; E = \frac{1}{2}CV^2 = \frac{1}{2}\frac{Q^2}{C} \tag{9.39}$$

551　在针尖和样品之间,通过电容器的电压引起吸引力。能量和力之间的关系是

$$F = \frac{dE}{dz} = -\frac{1}{2}\frac{Q^2}{C^2}\frac{dC}{dz} = -\frac{1}{2}V^2\frac{dC}{dz} \tag{9.40}$$

电荷不变,电压不变,z 是样品和针尖间距离,[65]针尖的电势

$$V_{\text{tip}} = V_{\text{dc}} + V_{\text{ac}}\sin(\omega t) \tag{9.41}$$

代入式(9.40),得到

$$F = \frac{1}{2}\frac{dC}{dz}\left[(V_{\text{dc}} - V_{\text{surf}})^2 + \frac{1}{2}V_{\text{ac}}^2(1 - \cos(2\omega t)) + 2(V_{\text{dc}} - V_{\text{surf}})V_{\text{ac}}\sin(\omega t)\right] \tag{9.42}$$

式中这里 V_{surf} 是表面电势,针尖和样品之间的力由静态的,一次谐波和二次谐波构成。

$$F_{\text{dc}} = \frac{1}{2}\frac{dC}{dz}\left[(V_{\text{dc}} - V_{\text{surf}})^2 + \frac{1}{2}V_{\text{ac}}^2\right] \tag{9.43}$$

$$F_\omega = \frac{dC}{dz}(V_{\text{dc}} - V_{\text{surf}})V_{\text{ac}}\sin(\omega t) \tag{9.44}$$

$$F_{2\omega} = -\frac{1}{4}\frac{dC}{dz}V_{\text{ac}}^2\cos(2\omega t) \tag{9.45}$$

使用交流信号,没有直流构成的数值和 2ω 力数值,但绝不是在 ω。式(9.44)表示:当 $V_{\text{dc}} = V_{\text{surf}}$ 时,$F_\omega = 0$。

　　这个方法由一个振幅不变的交流电压和一个直流电压构成。在一次谐波的形式中,探针对 F_ω 的比例偏转情况下,锁定技术提取一次谐波信号。在反馈回路中,通过调整 V_{dc} 来降低振荡幅度。这项探测技术是原子力显微镜方法,是通过测量表面电势来测量反馈电压 V_{dc}。这项零式技术反映出 dC/dz 的测量独立性或者系统对施加力的变化敏感度。SKPM 也与光学激发联系在一起,相似于图 9.6 中的表面光电压的测量。[66]

　　空间分辨率依靠针尖的形状,如图 9.30 中样品所示,表面电势 V_{surf1} 和 V_{surf2} 构成的两个区域。作用力现在是

$$F_\omega = \left(\frac{dC_1}{dz} (V_{dc} - V_{surf1}) + \frac{dC_2}{dz} (V_{dc} - V_{surf2}) \right) V_{ac} \sin(\omega t) \tag{9.46}$$

直流针尖电势等于零时,力 F_ω 变成

$$V_{dc} = \frac{V_{surf1} \, dC_1/dz + V_{surf2} \, dC_2/dz}{dC_1/dz + dC_2/dz} \tag{9.47}$$

552

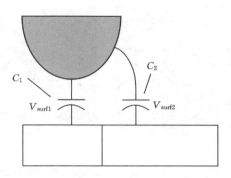

图 9.30 靠近具有两个表面电势的样品的针尖示意图

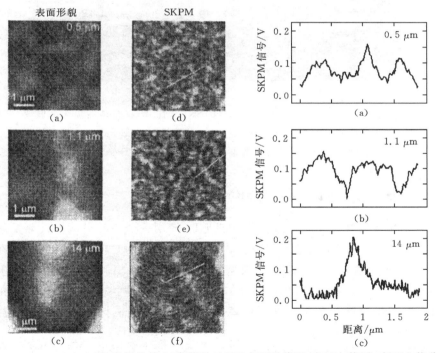

图 9.31 0.5,1.1,14 微米厚的 GaN 薄膜的 AFM 表面形貌图、表面电势图、表面电势分布图。原子力图中的灰白标尺是 15 nm,表面电势图的灰白标尺是 0.1~0.2 V。引自 Simpkins et al.[68]

测量这个电势依靠电容和两个区域的表面电势。测量一个面积的电势,当这个面积减少时,电势靠近周围表面电势的值[67]。如图 9.31 和 9.32 显示的 AFM 和 SKPM 的图像,图 9.31 给

出了 GaN 的 AFM 图像、表面电势图、表面电势的扫描曲线,展示了位错的影响。[68] 图 9.32 是
553 一幅表面电势的生动解析。[69] AFM 表面形貌(9.32(a))展示了在 ZnO 样品中的多相和晶界
中没有不同点,在图(9.32(b))中,在没有外界干扰的表面电势图中,在 ZnO 表面和焦绿石相
功函数中,观察到大约 60 mV 的降低。在图 9.32(c)和(d)中,样品施加了横向偏场,表面电势
图展现了一个晶界中的电势降低。

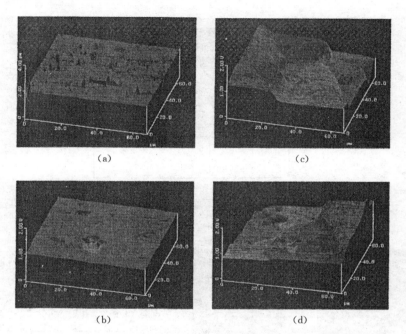

图 9.32 (a) ZnO AFM 表面形貌;(b)SKPM 图片,在接地的表面上展现
功函数变动,在横向+(c)和-(d)偏场下展现了晶界中的电势降
低。电势降低的方向与偏场方向颠倒。引自参考文献[69]

9.6.5 扫描扩散电阻显微镜(SSRM)

扫描扩散电阻显微镜是在原子力显微镜基础上,使用一个小的导电探针测量局部的延伸
电阻。[70] 这个电阻是在尖锐的导电针和一个大的背部表面接触之间。当针尖行走在样品上面
时,使用了一个精确的控制力。SSRM 的灵敏度和动力学范围相似于传统的扩散电阻(在第 1
章中讨论过的 SRP)。在没有探针的条件下,小的接触尺寸和小的行进距离允许在器件的截
面上进行测量。高的空间分辨率允许直接二维纳米扩散电阻测试,不需要专门的测试结构。
已经证实有 3 nm 的空间分辨率。[71]

对于一维或者二维载流子密度分布测量,劈开样品获得一个截面。使用渐减的砂纸去抛
光劈开面,最后使用硅胶去获得一个平坦的硅表面。在抛光之后,清洗样品以消除污染物,最
后在去离子水中漂洗。唯一的局限性:在垂直于均衡样品的截面的方向上,需要剖面具有足够
宽的结构。

554 AFM 装备是标准的商业化应用设备。一个导电悬臂梁,带着一个高度离子掺杂的金刚
石探针,可被作为电阻探针使用。金刚石保护探针免于形变,因为在高度负载(50~100 μN)

下,需要穿透本来的氧化层并且做到良好的接触,镀上薄钨层改善导电性。例如传统的扩展电阻测试,纳米扩展电阻仪需要一个标尺去把测量的电阻转换成载流子密度。这个电阻使用传统的扩展电阻测试仪,在偏场大约 5 mV 下被测量,针尖扫描样品的截面提供一个局部扩展电阻的二维图形,针尖半径 10~15 nm 决定具有较高的空间分辨率。对于局部电阻率,扩展电阻会产生一个直接的转换。例如,图 9.33 中校准曲线表明了电阻的测量对针压的依赖性,也给出了他们与传统扩展电阻的偏离。[72] 为了补偿非线性,在基于程序查找的基础上,对实验曲线进行了校准和量化。需要精修数据去处理和修正二维电流的扩展影响。这个电流被附近层诱导,然而这是二级修正。[73]

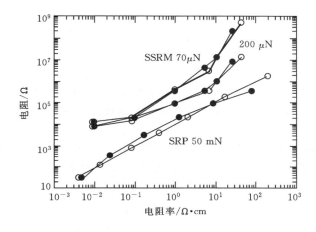

图 9.33　在负载 70 μN 和 200 μN 条件下,在 n 型(空白圈)和 p 型(实圈)(100)硅上,镀钨的金刚石针尖的标准曲线。为了比较,给出一个传统的 W/OsSRP 探针在负载 50 mN 下的标准曲线。引自 Dewolf et al. 。[72]

　　在传统的扩散电阻测量中,实验数据需要一个合适的模型去解释。经常假定探针和样品之间是欧姆接触。然而,已经证明这不是欧姆接触。[74] 从高度掺杂的区域类似欧姆图形到轻度掺杂的区域中的修正,$I-V$ 曲线一直在变化。由制样引起的表面状态影响着 $I-V$ 曲线。因为样品抛光而存在的表面状态使电流减少,在轻度掺杂区域更为显著。

9.6.6　弹道电子发射显微镜(BEEM)

　　在扫描隧道显微镜的基础上,对于半导体异质结构的局部非破坏性表征,例如肖特基二极管,弹道电子发射显微镜是一个强大的低能量工具。[75] 我们接着参考文献[76]中的讨论,图 9.34 给出了 BEEM 的实验装配示意图。BEEM 的结构类似于双极型结型晶体管。金属探针、发射器,通过隧道间隙把电子注进金属、基体,在半导体上沉积。衬底和收集器收集在表面来回移动的电子。发射器或者隧道电流 I_T 大约 1 nA,收集器电流 I_C 大约 10 pA。

　　一个精准的金属探针将会接近肖特基金属二极管,在探针和金属栅之间的负压 V_T 允许隧道电流 I_T 流过电子隧道,从一个带负极偏场的探针到金属。这个电流是传统的 STM 电流,当 I_C 被测量作为 V_T 的函数时,I_T 保持不变。因为金属薄膜中电子散射平均自由行程大约是几个纳米,金属薄膜大约是 10 nm 厚,一些电子弹道地到达金属/半导体分届面。一个充分高的 V_T

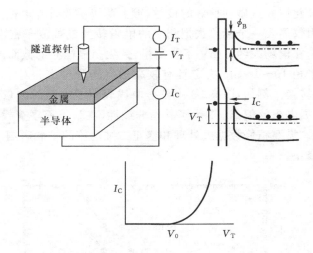

图 9.34　BEEM 的安装示意图,能带图表给出了电子发射和典型的
BEEM 能谱,阈值电压 V_0,相应的肖特基势垒高度 ϕ_B。

升起探针,超出势垒高度 ϕ_B 的费米能级允许到隧道的电子通过空带进入半导体,产生 BEEM 电流 I_C,这依靠界面的局部特性和金属膜中的散射特性。从阈值电压 V_0,借助 I_C 对 V_T 的图表,改变针尖电压可以对肖特基势垒高度的准确光谱探测。横向分辨率由隧道条件,金属中的散射过程,界面传输决定着。提供界面电子结构的均一性信息,能获得低于 1 nm 的值。在金属膜中,在界面上,在半导体中,BEEM 也能获得关于热电子传送的能级分辨信息。

　　虽然 BEEM 最初被使用只是作为对肖特基势垒在局部尺度上的独特的显微和光谱方法,但是现在已经成功运用在异质结补偿、通过单个势垒的共鸣传输、双势垒和超晶格的共鸣隧道异质结构,应用于在低维纳米结构中热载流子运输的研究。例如量子线和量子点,还有探测表面下埋藏的缺陷。

　　当设计仪器时,接受了特殊的关注:对于 STM 来说,主要的目标就是隔振,为了得到原子级分辨率,机械噪音水平低于 0.01 nm。虽然对于典型的 BEEM 的横向分辨率不需要,但是 BEEM 也需要低水平的机械噪音。然而,针尖和样品间距有 0.1 nm 的不同,将会导致隧道电流变化,以至于机械振动产生强的隧道电流的变化。

9.7　优点和缺点

　　电晕充电: 基于系统中的电晕充电的优点是测量时非接触状态,在不需要构造测试结构和多种能被确定的半导体参数的情况下,可以监视半导体的制备工艺。缺点是设备的特殊状态,不像常规使用的例如电流-电压系统、电容-电压系统。

　　探针显微技术: 探针显微技术的优点在于测试的多样性(形貌、电场、温度、磁场等)和对于原子级别的好效果。缺点在于测试的时间和探针的脆弱,虽然与早期的机型相比,现在的设备已经实现自动化并且更加耐用。

参 考 文 献

1. D.K. Schroder, "Surface Voltage and Surface Photovoltage: History, Theory and Applications," *Meas. Sci. Technol.* **12**, R16–R31, 2001; D.K. Schroder, "Contactless Surface Charge Semiconductor Characterization," *Mat. Sci. Eng.*, **B91-92**, 196–210, 2002.

2. J. Lagowski, P. Edelman, M. Dexter, and W. Henley, "Non-contact Mapping of Heavy Metal Contamination for Silicon IC Fabrication, *Semicond. Sci. Technol.* **7**, A185–A192, 1982.

3. M.S. Fung and R.L. Verkuil, "Contactless Measurement of Silicon Generation Leakage and Crystal Defects by a Corona-Pulsed Deep-Depletion Potential Transient Technique," *Extended Abstracts*, Electrochem. Soc. Meet. Chicago, IL, 1988; R.L. Verkuil and M.S. Fung, "Contactless Silicon Doping Measurements by Means of a Corona-Oxide-Semiconductor (COS) Technique," *Extended Abstracts*, Electrochem. Soc. Meet. Chicago, IL, 1988; M.S. Fung and R.L. Verkuil, "Process Learning by Nondestructive Lifetime Testing," in *Semiconductor Silicon 1990* (H.R. Huff, K.G. Barraclough, and J.I. Chikawa, eds.), Electrochem. Soc., Pennington, NJ, 1990, 924–950; R.L. Verkuil and M.S. Fung, "A Contactless Alternative to MOS Charge Measurements by Means of a Corona-Oxide-Semiconductor (COS) Technique," *Extended Abstracts*, Electrochem. Soc. Meet. Chicago, IL, 1988.

4. W.H. Brattain and J. Bardeen, "Surface Properties of Germanium," *Bell Syst. Tech. J.* **32**, 1–41, Jan. 1953.

5. C.G.B. Garrett and W.H. Brattain, "Physical Theory of Semiconductor Surfaces," *Phys. Rev.* **99**, 376–387, July 1955.

6. T.S. Moss, "Photovoltaic and Photoconductive Theory Applied to InSb," *J. Electron. Ctl.* **1**, 126–138, 1955.

7. W.H. Brattain and C.G.B. Garrett, "Combined Measurements of Field-Effect, Surface Photo-Voltage and Photoconductivity," *Bell Syst. Tech. J.* **35**, 1019–1040, Sept. 1956.

8. S.R. Morrison, "Changes of Surface Conductivity of Germanium with Ambient *J. Phys. Chem.* **57**, 860–863, Nov. 1953.

9. E.O. Johnson, "Measurement of Minority Carrier Lifetime with the Surface Photovoltage," *J. Appl. Phys.* **28**, 1349–1353, Nov. 1957.

10. A. Quilliet and P. Gosar, "The Surface Photovoltaic Effect in Silicon and Its Application to Measure the Minority Carrier Lifetime (in French)," *J. Phys. Rad.* **21**, 575–580, July 1960.

11. A.M. Goodman, "A Method for the Measurement of Short Minority Carrier Diffusion Lengths in Semiconductors," *J. Appl. Phys.* **32**, 2550–2552, Dec. 1961.

12. A.M. Goodman, L.A. Goodman and H.F. Gossenberger, "Silicon-Wafer Process Evaluation Using Minority-Carrier Diffusion Length Measurements by the SPV Method," *RCA Rev.* **44**, 326–341, June 1983.

13. R.S. Nakhmanson, "Frequency Dependence of the Photo-EMF of Strongly Inverted Ge and Si MIS Structures—I. Theory," *Solid-State Electron.* **18**, 617–626, 1975; "Frequency Dependence of the Photo-EMF of Strongly Inverted Ge and Si MIS Structures—II. Experiment," *Solid-State Electron.* **18**, 627–634, July/Aug. 1975.

14. K. Lehovec and A. Slobodskoy, "Impedance of Semiconductor-Insulator-Metal Capacitors," *Solid-State Electron.* **7**, 59–79, Jan. 1964; S.R. Hofstein and G. Warfield, "Physical Limitations

on the Frequency Response of a Semiconductor Surface Inversion Layer," *Solid-State Electron.* **8**, 321–341, March 1965; D.K. Schroder, J.E. Park, S.E. Tan, B.D. Choi, S. Kishino, and H. Yoshida, "Frequency-Domain Lifetime Characterization," *IEEE Trans. Electron Dev.* **47**, 1653–1661, Aug. 2000.

15. Lord Kelvin, "On a Method of Measuring Contact Electricity," *Nature*, April 1881; "Contact Electricity of Metals," *Phil. Mag.* **46**, 82–121, 1898.

16. L. Kronik and Y. Shapira, "Surface Photovoltage Phenomena: Theory, Experiment, and Applications", *Surf. Sci. Rep.* **37**, 1–206, Dec. 1999.

17. Semiconductor Diagnostics, Inc. Manual "Contamination Monitoring System Based on SPV Diffusion Length Measurements," SDI, 1993.

18. R.M. Shaffert, *Electrophotography*, Wiley, New York, 1975.

19. R. Williams and A. Willis, "Electron Multiplication and Surface Charge on Zinc Oxide Single Crystals," *J. Appl. Phys.* **39**, 3731–3736, July 1968.

20. R. Williams and M.H. Woods, "High Electric Fields in Silicon Dioxide Produced by Corona Charging," *J. Appl. Phys.* **44**, 1026–1028, March 1973.

21. Z.A. Weinberg, "Tunneling of Electrons from Si into Thermally Grown SiO_2," *Solid-State Electron.* **20**, 11–18, Jan. 1977.

22. M.H. Woods and R. Williams, "Injection and Removal of Ionic Charge at Room Temperature Through the Interface of Air with SiO_2," *J. Appl. Phys.* **44**, 5506–5510, Dec. 1973.

23. R.B. Comizzoli, "Uses of Corona Discharges in the Semiconductor Industry," *J. Electrochem. Soc.* **134**, 424–429, Feb. 1987.

24. D.K. Schroder, M.S. Fung, R.L. Verkuil, S. Pandey, W.H. Howland, and M. Kleefstra, "Corona-Oxide-Semiconductor Device Characterization," *Solid-State Electron.* **42**, 505–512, April 1998.

25. J. Lagowski and P. Edelman, "Contact Potential Difference Methods for Full Wafer Characterization of Oxidized Silicon," presented 7th *Int. Conf. on Defect Recognition and Image Proc.*, 1997.

26. E.O. Johnson, "Large-Signal Surface Photovoltage Studies with Germanium," *Phys. Rev.* **111**, 153–166, July 1958.

27. J. Lagowski, P. Edelman, M. Dexter, and W. Henley, "Non-contact Mapping of Heavy Metal Contamination for Silicon IC Fabrication, *Semicond. Sci. Technol.* **7**, A185–A192, 1982.

28. D.K. Schroder, "The Concept of Generation and Recombination Lifetimes in Semiconductors" *IEEE Trans. Electron Dev.* **ED-29**, 1336–1338, Aug. 1982.

29. S.C. Choo and R.G. Mazur, "Open Circuit Voltage Decay Behavior of Junction Devices," *Solid-State Electron.* **13**, 553–564, May 1970.

30. M.Z. Xu, C.H. Tan, Y.D. He, and Y.Y. Wang, "Analysis of the Rate of Change of Inversion Charge in Thin Insulator p-Type Metal-Oxide-Semiconductor Structures," *Solid-State Electron.* **38**, 1045–1049, May 1995.

31. P. Renaud and A. Walker, "Measurement of Carrier Lifetime: Monitoring Epitaxy Quality," *Solid State Technol.* **43**, 143–146, June 2000.

32. M. Schöfthaler, R. Brendel, G. Langguth, and J.H. Werner, First WCPEC, 1994, 1509.

33. E.H. Nicollian and J.R. Brews, *MOS Physics and Technology*, Wiley, New York, 1982, 63.

34. D.K. DeBusk and A.M. Hoff, "Fast Noncontact Diffusion-Process Monitoring," *Solid State Technol.* **42**, 67–74, April 1999.

35. S.R. Weinzierl and T.G. Miller, "Non-Contact Corona-Based Process Control Measurements: Where We've Been and Where We're Headed," in *Analytical and Diagnostic Techniques for Semiconductor Materials, Devices, and Processes* (B.O. Kolbesen, C. Claeys, P. Stallhofer, F. Tardif, J. Benton, T. Shaffner, D. Schroder, S. Kishino, and P. Rai-Choudhury, eds.), Electrochem. Soc. **ECS 99-16**, 342–350, 1999.

36. K. Nauka and J. Lagowski, "Advances in Surface Photovoltage Techniques for Monitoring of the IC Processes," in *Characterization and Metrology for ULSI Technology: 1998 Int. Conf.* (D.G. Seiler, A.C. Diebold, W.M. Bullis, T.J. Shaffner, R. McDonald, and E.J. Walters, eds.), Am. Inst. Phys. 245–249, 1998; M.S. Fung, "Monitoring PSG Plasma Damage with COS," *Semicond. Int.* **20**, 211–218, July 1997.

37. K. Nauka, "Contactless Measurement of the Si-Buried Oxide Interfacial Charges in SOI Wafers with Surface Photovoltage Technique," *Microelectron. Eng.* **36**, 351–357, June 1997.

38. P.K. Roy, C. Chacon, Y. Ma, I.C. Kizilyalli, G.S. Horner, R.L. Verkuil, and T.G. Miller, "Non-Contact Characterization of Ultrathin Dielectrics for the Gigabit Era," in *Diagnostic Techniques for Semiconductor Materials and Devices* (P. Rai-Choudhury, J.L. Benton, D.K. Schroder, and T.J. Shaffner, eds.), Electrochem. Soc. **PV97-12**, 280–294, 1997.

39. T.G. Miller, "A New Approach for Measuring Oxide Thickness," *Semicond. Int.* **18**, 147–148, 1995.

40. S.H. Lo, D.A. Buchanan, and Y. Taur, "Modeling and Characterization of Quantization, Polysilicon Depletion, and Direct Tunneling Effects in MOSFETs with Ultrathin Oxides," *IBM J. Res. Dev.* **43**, 327–337, May 1999.

41. Z.A. Weinberg, W.C. Johnson, and M.A. Lampert, "High-Field Transport in SiO_2 on Silicon Induced by Corona Charging of the Unmetallized Surface," *J. Appl. Phys.* **47**, 248–255, Jan. 1976.

42. D.A. Bonnell, *Scanning Probe Microscopy and Spectroscopy*, 2nd Ed., Wiley-VCH, New York, 2001.

43. G. Binnig, H. Rohrer, C. Gerber, and E. Weibel, "Surface Studies by Scanning Tunneling Microscopy," *Phys. Rev. Lett.* **49**, 57–60, July 1982; G. Binnig and H. Rohrer, "Scanning Tunneling Microscopy," *Surf. Sci.* **126**, 236–244, March 1983.

44. R. Young, J. Ward, and F. Scire, "The Topografiner: An Instrument for Measuring Surface Microtopography," *Rev. Sci. Instrum.* **43**, 999–1011, July 1972.

45. T.J. Shaffner, "Characterization Challenges for the ULSI Era," in *Diagnostic Techniques for Semiconductor Materials and Devices* (P. Rai-Choudhury, J.L. Benton, D.K. Schroder, and T.J. Shaffner, eds.), Electrochem. Soc., Pennington, NJ, 1997, 1–15.

46. R.J. Hamers and D.F. Padowitz, "Methods of Tunneling Spectroscopy with the STM," in *Scanning Probe Microscopy and Spectroscopy*, 2nd Ed., (D. Bonnell, ed.), Wiley-VCH, New York, 2001, Ch. 4.

47. R.L. Smith and G.S. Rohrer, "The Preparation of Tip and Sample Surfaces for Scanning Probe Experiments," in *Scanning Probe Microscopy and Spectroscopy*, 2nd Ed., (D. Bonnell, ed.), Wiley-VCH, New York, 2001, Ch. 6.

48. E. Meyer, H.J. Hug, and R. Bennewitz, *Scanning Probe Microscopy*, Springer, Berlin, 2004.

49. J. Simmons, "Generalized Formula for the Electric Tunnel Effect Between Similar Electrodes Separated by a Thin Insulating Film," *J. Appl. Phys.* **34**, 1793–1803, June 1963.

50. G. Binnig, C.F. Quate, and Ch. Gerber, "Atomic Force Microscope," *Phys. Rev. Lett.* **56**, 930–933, March 1986.

51. C.F. Quate, "The AFM as a Tool for Surface Imaging," *Surf. Sci.* **299–300**, 980–95, Jan. 1994.

52. D. Sarid, *Scanning Force Microscopy with Applications to Electric, Magnetic, and Atomic Forces*, Revised Edition, Oxford University Press, New York, 1994.

53. G. Meyer and N.M. Amer, "Novel Optical Approach to Atomic Force Microscopy," *Appl. Phys. Lett.* **53**, 1045–1047, Sept. 1988.

54. Q. Zhong, D. Inniss, K. Kjoller, and V.B. Elings, "Fractured Polymer/Silica Fiber Surface Studied by Tapping Mode Atomic Force Microscopy," *Surf. Sci. Lett.* **290**, L668–L692, 1993.

55. Y. Huang and C.C. Williams, "Capacitance-Voltage Measurement and Modeling on a Nanometer Scale by Scanning C-V Microscopy," *J. Vac. Sci. Technol.* **B12**, 369–372, Jan./Feb. 1994.

56. G. Neubauer, A. Erickson, C.C. Williams, J.J. Kopanski, M. Rodgers, and D. Adderton, "Two-Dimensional Scanning Capacitance Microscopy Measurements of Cross-Sectioned Very Large Scale Integration Test Structures," *J. Vac. Sci. Technol.* **B14**, 426–432, Jan./Feb. 1996; J.S. McMurray, J. Kim, and C.C. Williams, "Quantitative Measurement of Two-dimensional Dopant Profile by Cross-sectional Scanning Capacitance Microscopy," *J. Vac. Sci. Technol.* **B15**, 1011–1014, July/Aug. 1997.

57. J.R. Matey and J. Blanc, "Scanning Capacitance Microscopy," *J. Appl. Phys.* **57**, 1437–1444, March 1985.

58. C.C. Williams, W.P. Hough, and S.A. Rishton, "Scanning Capacitance Microscopy on a 25 nm Scale," *Appl. Phys. Lett.* **55**, 203–205, July 1989.

59. C.Y. Nakakura, P. Tangyunyong, D.L. Hetherington, and M.R. Shaneyfelt, "Method for the Study of Semiconductor Device Operation Using Scanning Capacitance Microscopy," *Rev. Sci. Instrum.* **74**, 127–133, Jan. 2003.

60. J.K. Clemens, "Capacitive Pickup and Buried Subcarrier Encoding System for RCA Videodisc," *RCA Rev.* **39**, 33–59, Jan. 1978; R.C. Palmer, E.J. Denlinger, and H. Kawamoto, "Capacitive Pickup Circuitry for Videodiscs," *RCA Rev.* **43**, 194–211, Jan. 1982.

61. J.J. Kopanski, J.F. Marchiando, and J.R. Lowney, "Scanning Capacitance Microscopy Measurements and Modeling: Progress Towards Dopant Profiling of Silicon," *J. Vac. Sci. Technol.* **B14**, 242–247, Jan./Feb. 1996.

62. C.C. Williams, Two-Dimensional Dopant Profiling by Scanning Capacitance Microscopy," *Annu. Rev. Mater. Sci.* **29**, 471–504, 1999.

63. S.V. Kalinin and D.A. Bonnell, "Electrostatic and Magnetic Force Microscopy," in *Scanning Probe Microscopy and Spectroscopy*, 2nd Ed., (D. Bonnell, ed.), Wiley-VCH, New York, 2001, Ch. 7.

64. M. Nonnenmacher, M.P. Boyle, and H.K. Wickramasinghe, "Kelvin Probe Microscopy," *Appl. Phys. Lett.* **58**, 2921–2923, June 1991.

65. R.P. Feynman, R.B. Leighton, and M. Sands, *The Feynman Lectures on Physics*, Vol. 2, Addison-Wesley, Reading, MA, 1964, 8-2–8-4.

66. J.M.R. Weaver and H.K. Wickramasinghe, "Semiconductor Characterization by Scanning Force Microscope Surface Photovoltage Microscopy," *J. Vac. Sci. Technol.* **B9**, 1562–1565, May/June 1991.

67. H.O. Jacobs, H.F. Knapp, S. Müller, and A. Stemmer, "Surface Potential Mapping: A Qualitative Material Contrast in SPM," *Ultramicroscopy*, **69**, 39–49, 1997.

68. B.S. Simpkins, D.M. Schaadt, E.T. Yu, and R.J. Molner, "Scanning Kelvin Probe Microscopy of Surface Electronic Structure in GaN Grown by Hydride Vapor Phase Epitaxy," *J. Appl. Phys.* **91**, 9924–9929, June 2002.

69. D.A. Bonnell and S. Kalinin, "Local Potential at Atomically Abrupt Oxide Grain Boundaries by Scanning Probe Microscopy," *Proc. Int. Meet. on Polycryst. Semicond.* (O. Bonnaud, T. Mohammed-Brahim, H.P. Strunk, and J.H. Werner, eds.) in *Solid State Phenomena*, Scitech Publ. Uettikon am See, Switzerland, 33–47, 2001.

70. W. Vandervorst, P. Eyben, S. Callewaert, T. Hantschel, N. Duhayon, M. Xu, T. Trenkler and T. Clarysse, "Towards Routine, Quantitative Two-dimensional Carrier Profiling with Scanning Spreading Resistance Microscopy," in *Characterization and Metrology for ULSI Technology*, (D.G. Seiler, A.C. Diebold, T.J. Shaffner, R. McDonald, W.M. Bullis, P.J. Smith, and E.M. Secula, eds.), Am. Inst. Phys. **550**, 613–619, 2000.

71. P. Eyben, N. Duhayon, D. Alvarez, and W. Vandervorst, "Assessing the Resolution Limits of Scanning Spreading Resistance Microscopy and Scanning Capacitance Microscopy," in *Characterization and Metrology for VLSI Technology: 2003 Int. Conf.*, (D.G. Seiler, A.C. Diebold, T.J. Shaffner, R. McDonald, S. Zollner, R.P. Khosla, and E.M. Secula, eds.) Am. Inst. of Phys. **683**, 678–684, 2003.

72. P. De Wolf, T. Clarysse, W. Vandervorst, J. Snauwaert and L. Hellemans, "One- and Two-dimensional Carrier Profiling in Semiconductors by Nanospreading Resistance Profiling," *J. Vac. Sci. Technol.* **B14**, 380–385, Jan-Feb. 1996.

73. P. De Wolf, T. Clarysse and W. Vandervorst, "Quantification of Nanospreading Resistance Profiling Data," *J. Vac. Sci. Technol.* **B16**, 320–326, Jan./Feb. 1998.

74. P. Eyben, S. Denis, T. Clarysse, and W. Vandervorst, "Progress Towards a Physical Contact Model for Scanning Spreading Resistance Microscopy," *Mat. Sci. Eng.* **B102**, 132–137, 2003.

75. W.J. Kaiser and L.D. Bell, "Direct Investigation of Subsurface Interface Electronic Structure by Ballistic-Electron-Emission Microscopy," *Phys. Rev. Lett.* **60**, 1406–1410, April 1988.

76. M. Prietsch, "Ballistic-Electron Emission Microscopy (BEEM): Studies of Metal/Semiconductor Interfaces With Nanometer Resolution," *Phys. Rep.* **253**, 163–233, 1995; L.D. Bell and W.J. Kaiser, "Ballistic Electron Emission Microscopy: A Nanometer-Scale Probe of Interfaces and Carrier Transport," *Ann. Rev. Mater. Sci.* **26**, 189–222, 1996; V. Narayanamurti and M. Kozhevnikov, BEEM Imaging and Spectroscopy of Buried Structures in Semiconductors," *Phys. Rep.* **349**, 447–514, 2001.

习题

9.1 在掺杂 $N_A = 10^{15}\,cm^{-3}$ 的 p 型半导体表面上,沉积正电荷密度 $3 \times 10^{-7}\,C/cm^2$,计算表面 560 电势和感应电荷空间电荷区域宽度。

9.2 随着开尔文探针在样品表面的间距变化,开尔文探针测量的电势变化了吗? 讨论。

9.3 一个电容器是由两个平行金属板组成,空气作为电介质,在平行板上作用一个高压 V_1,电荷 Q_1 和 $-Q_1$ 存在金属板上。然后介电常数大于 1 的电介质被放在两平行板之间,电压 V_1 保持不变,电荷和电容怎样变化? 增加,减少还是保持不变?

9.4 画一个类似于图 9.7 的能带图,正负表面电荷在 n 型衬底上。

9.5 电荷被脉冲沉积于 p 型半导体薄片上,如图 9.15(b)所示,在改变脉冲之后,能带图如图 P9.5 所示。因为热量,电子和空穴成对出现的时候,空间电荷区域宽度减少,但并没有达到平衡,画出此时的能带图。

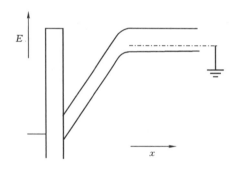

图 P9.5　针尖靠近样品的示意图,样品具有两个表面电势

9.6 计算沉积在氧化硅基片上的最大电荷密度,使用 C/cm^2 和 cm^{-2},限制氧化物击穿电场 $1.5 \times 10^7\,V/cm$。氧化物多厚的时候出现问题?

9.7 在栅 1,2,3 上沉积 $10^{12}\,cm^{-2}$ 正电荷,如图 P9.7 所示,氧化物的介电常数是 4,计算 A、B、 561 C、D 区域中氧化物电场和氧化物电压。$t_{ox}(A) = t_{ox}(C) = 100\,nm$,$t_{ox}(B) = t_{ox}(D) = 50$ nm。不考虑半导体中的任何一个电压降,在厚和薄的氧化物中栅是相同的。

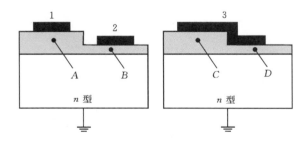

图 P9.7　针尖靠近样品的示意图,样品具有两个表面电势

9.8 根据式(9.37)计算并画出扫描隧道显微镜的隧道电流,空隙宽度 0.2 到 2 nm。图是 I/C_1V 对 d,探针和样品的功函数是 4 eV。

● ● ● ● ● ● ● ● ● ● ● ● ● ● ● ● …

复习题

- 如何给予表面电荷?
- 开尔文探针如何工作的?
- 开尔文探针的电压随着探针和表面的距离变化而变化吗?
- 使用电晕充电与常规栅相比,产生寿命测量的优点。
- 电荷如何适用于不同的有效复合寿命?
- 氧化物厚度怎么取决于基于电荷的方法?
- 扫描隧道显微镜是如何工作的?
- 原子力显微镜是如何工作的?
- AFM"轻敲"模式是什么?
- 在扫描开尔文探针显微技术中,"力"是如何决定的?
- 弹道电子发射显微镜(BEEM)是什么?
- BEEM 测量什么?

光学表征

●●●●●●●●●●●●●●●●

10.1 引言

相对于损伤性接触测量来说,光学测量的主要优点是非接触测量和小样品要求,这使它成为一种吸引人的测量方法。很多光学测量的仪器都已经商品化,多数都已经实现自动化。这些仪器可以完成高灵敏度测量。本章主要讨论一些出版刊物遗留下来的一些细节问题,以及Herman对光学测量的总体看法。[1]

光学测量主要分为三种(1)光度测量(反射或透射光强度的测量)(2)干涉测量(反射或透射光相位的测量)(3)极化测量(反射光椭圆偏振的测量)。主要的光学表征技术如图10.1所示。这些表征技术主要通过光的反射、吸收、发射、或透射来实现。图中大多数测量技术都会在本章中讨论,部分已经在前面的章节中讨论过(如光电导测量),部分不做讨论(如紫外光电子光谱)。为了本章的完整性我们也将讨论几种非光学薄膜厚度和线宽的测量方法。

光学测量使用紫外到远红外范围内的电磁波谱。主要参数有波长(λ)、能量(E 或 $h\nu$),波

563

数(WN)。常用单位为：波长常用单位为纳米($1\ nm=10^{-9}\ m=10^{-7}\ cm=10^{-3}\ \mu m$)，埃($1\mathring{A}=10^{-10}\ m=10^{-8}\ cm=10^{-4}\ \mu m$)或者微米($1\ \mu m=10^{-6}\ m=10^{-4}\ cm$)；能量常用单位为电子伏特($1\ eV=1.6\times10^{-19}\ J$)；波数常用单位是波长单位的倒数($1\ WN=1/\lambda$)。能量与波长的关系是

564

$$E=h\nu=\frac{hc}{\lambda}=\frac{1.2397\times10^{3}}{\lambda(nm)}=\frac{1.2397\times10^{4}}{\lambda(\mathring{A})}=\frac{1.2397}{\lambda(\mu m)}\left[\ eV\right] \tag{10.1}$$

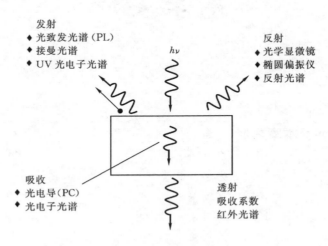

图 10.1 光学表征技术

● ● ● ● ● ● ● ● ● ● ● ● ● ● ●

10.2 光学显微镜方法

复式光学显微镜是半导体实验室中用途最广、功能最多的光学仪器。使用这种显微镜，可以从总体上全面地观察集成电路和其它半导体器件的特征。然而，随着特征尺寸向亚微米区域的缩小，光学显微镜已经不能满足测量的要求。典型光学显微镜测量特征尺寸的最小精度为 $0.5\ \mu m$。为了实现更小尺寸的测量，电子束显微镜就显得更加有用。通过增加相位和微分干涉差以及极化滤波可以提高普通显微镜的性能。光学显微镜不仅可以用来观察集成电路的特征而且对于分析集成电路上的颗粒也非常有用。为了鉴定和分析颗粒，需要能熟练操作和富有经验的显微镜技术人员。这种技术对于分析尺寸大于 1 微米的颗粒是最有效的，而且这种分析主要依靠将未知颗粒与已知颗粒的数据匹配来实现。如颗粒的图谱可用于帮助辨认。[2]

复式光学显微镜的重要元件如图 10.2 所示。显微镜的物镜和目镜都是由 6 个或更多高度精密的透镜复合而成的光学系统。图中的物镜和目镜都简化为单透镜。物体 O 位于物镜前焦点 f_{obj} 处并形成一个放大的实像 I。这个像正好位于目镜焦距 f_{oc} 内的某一位置上，经过目镜在 I′ 的位置上形成 I 的虚像。虚像实际上是不存在的，例如虚像在屏幕上是观察不到的。I′ 位于观察者的明视距离内。物镜仅仅形成放大的实像，这个实像可以由人眼通过目镜观察到。总的放大率 M 是物镜横向放大率和目镜角向放大率的乘积。最简单的显微镜是单目显

微镜,它只有一个目镜。双目显微镜有两个目镜使得观察样品更方便。利用单物镜双目显微镜观察物体,看到的图形一般都不具有立体感。为了得到一个具有立体感的图像,要使用由两个单镜筒显微镜并列放置构成的立体显微镜观察,这是因为两个镜筒的光轴构成相当于人们用双目观察一个物体时所形成的视角,以此形成三维空间的立体视觉图像。

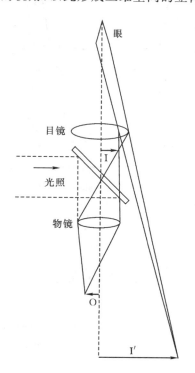

图 10.2 一个复式显微镜光路的简单表示

10.2.1 分辨率、放大率、对比度

光具有波粒二向性。对于一些实验现象,利用光波的概念更容易得到解释。而对于另外一些实验现象,利用粒子的概念则显得更加有用。光波之间的干涉使得显微镜的分辨水平受到限制。1834 年,艾里(Airy)演示了直径为 d 的圆孔衍射,并首次计算出衍射图形,[3] 最小衍射角的正弦如下(如图 10.3(a)所示)。[4]

$$\sin(\alpha) = \frac{1.22\lambda}{d} \qquad (10.2)$$

式中 λ 为自由空间的光波波长。图 10.3(a)中,中心斑点包含了大部分的光,称作 Airy 光斑或衍射光斑。例如,你可以自己做个实验,站在距离点光源几米之外,透过纸板上的小孔来观察这种衍射图形。当该点物体用显微镜观察时,也可以观察到同样的现象。尽管在光照充分的情况下,小于极限尺寸的物体也不能被清晰地探测到。

一般,人们的观察对象不仅限于点物体,而更多的是二维和三维的物体。距离 s 的两个点物体,经显微镜观察会出现如图 10.3(b)的重叠图像。如果两个点距离太近,就不可能分辨出

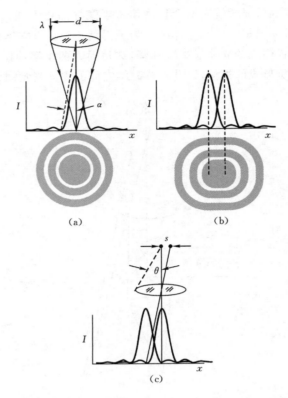

图 10.3　(a)透镜上的小孔衍射艾里斑；(b)用作分辨率的瑞利判据；(c)光学显微镜的
分辨率极限。图中 I 表示强度。重印经 Specer 许可[3]

这两个点。瑞利(Rayleigh)认为第一个光斑的峰值与第二个光斑的边缘重叠后,当两个光斑峰间凹陷处的强度减小到小于 80% 峰值强度时,那么人眼就能分辨出这两个点了,如图 10.3 (c)所示。

$$s = \frac{0.61\lambda}{n\sin(\theta)} = \frac{0.61\lambda}{NA} \qquad (10.3)$$

由式(10.3)可以计算出分辨率(两点可以被分辨的最小距离),满足瑞利判据,式中 n 为中间介质的折射率,θ 为物体到透镜两端夹角的半角。有时,将峰值强度的 50% 作为分辨极限,此时式(10.3)中,"0.61"变为"0.5"。

数值孔径值(NA),一般刻在物镜筒上,用来表明透镜的分辨率及成像的亮度。式(10.3) 有时可用透镜的 $f/\#$ 来表示,如

$$s = \frac{1.22\lambda f/\#}{n} \qquad (10.4)$$

数值孔径越大,透镜的质量越好。要想获得高的分辨率即数值小的 s,NA 应该尽可能的大。然而,大的 NA 并不仅仅对应高的分辨率,而且还对应小场深和小工作距离——物平面聚焦点到物镜前表面的距离。焦深 D_{focus}——聚焦时像空间的厚度,可以由式(10.5)表示:

$$D_{\text{focus}} = \frac{\lambda}{4NA^2} \tag{10.5}$$

在放大倍数为 200 的情况下，D_{focus} 不能满足同时聚焦集成电路顶面和底面的要求。*场深* D_{field}——聚焦时物空间的厚度，可以由式(10.6)表示：

$$D_{\text{field}} = \frac{\sqrt{n^2 - NA^2}}{NA^2}\lambda = \frac{\sqrt{(n/NA)^2 - 1}}{NA}\lambda \tag{10.6}$$

增大 NA，D_{focus} 和 D_{field} 会同时减小，但分辨率会上升。

根据式(10.3)可知，有三个变量可调整以减小 s 或增大分辨率。比如可以减小波长，蓝光的分辨率要比红光高。人们经常使用绿色滤光片，因为人眼对绿光敏感，可以减少眼睛的疲劳。也可以通过增加 θ 角（理论上最大可以达到 90°）使分辨率提高。$NA \approx 0.95$ 是实际中的上限。除此之外，可以将物体浸入折射率比空气高的液体中，通过提高物镜和被检测物体之间介质的折射率（大于空气），来进一步提高分辨率。空气作为介质时，数值孔径通常被称为"干"数值孔径。浸入的液体可以是水（$n = 1.33$），甘油（$n = 1.44$），油（$n = 1.5 \sim 1.6$），cargille 光纤匹配液（$n = 1.52$），溴萘（$n = 1.66$）。水是浸没光路中常用的介质。对于油浸介质，当波长为绿光 $\lambda \approx 0.5\ \mu m$ 时，数值孔径极限 $NA \approx 1.3 \sim 1.4$，光学分辨率 $s \approx 0.25 \mu m$。

放大倍数 M 与显微镜物镜和目镜的分辨力有关。然而，图像必须被放大到所有细节都能被眼睛看清楚。分辨力是指人眼、显微镜、照相机或照片分辨物体细节的能力。放大倍数的近似关系式如下：[5]

$$M = \frac{\text{显微镜的最大数值孔径}(NA)}{\text{眼睛的最小数值孔径}(NA)} \approx \frac{1.4}{0.002} = 700 \tag{10.7}$$

放大倍数有时也可以用分辨率极限表示

$$M = \frac{\text{分辨率的极限（眼睛）}}{\text{分辨率的极限（显微镜）}} \approx \frac{200\ \mu m}{0.61\lambda/NA} \approx \frac{200\ \mu m}{0.25\ \mu m}NA = 800\ NA \tag{10.8}$$

其中，眼睛的分辨率与晶状体和视网膜感光层之间的距离有关。眼睛看到的被显微镜放大的图像的最大放大倍数约为 750。超过这个界限的是*无效放大*，不含有任何额外的信息。当光探测器不是眼睛而是底片或光电探测器时它才会有用，此时所得到的放大倍数可能会大于由以上等式所得的放大倍数。

人眼工作在极限分辨率下很容易产生疲劳，所以可获得更大放大倍数的显微镜是很有必要的。放大倍数为 $750 NA$ 是比较合理的，但人们经常使用可以正常观察的最低放大倍数。过大的放大倍数会造成图像的亮度降低，物体轮廓的清晰度变弱。

对比度——区分物体不同部分的能力——取决于很多因素。不干净的目镜和物镜会使成像的质量下降。眩目的光会降低对比度，尤其是在样品具有高反射性时。此外，观察小对比度样品也是非常困难的，这时可以通过调整光圈大小，这在一定程度上可调整观察效果，光圈的大小可以控制光区的范围。光圈大小应调整到足够照亮显微镜的整个视场。对于临界情况，光圈的值可以通过只照亮一部分场来减小。

10.2.2　暗场、相差、干涉相衬显微镜

如图 10.4(a)所示，在明视场光学显微镜中，光垂直照射在样品上。当光强为 I 的光照射

到样品上,水平表面反射大部分的光,而倾斜表面或垂直表面反射少量的光。而在暗场光学显微镜中,光以较小的角倾斜照射在样品的表面,如图 10.4(b)所示。这时入射到样品水平表面的光不能到达透镜,而只有入射到样品的倾斜面和垂直面才能到达透镜。图像对比度是图像亮度的倒数。对于明视场显微镜很难或不可能观察到的表面上的小小不平整,而暗场显微镜就显得非常有用了。当太阳光照进暗室,由于颗粒散射光,暗场显微镜可以在黑暗的房子中看清楚微小的颗粒。

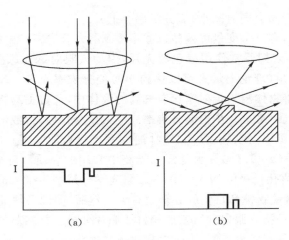

图 10.4　(a)明场;(b)暗场示意图。下图所示为对应光强度

　　在相位相衬显微镜中,是基于相移来实现的。当光由样品透射或反射时,会发生相移。样品的折射率不均匀、透射时通过样品的光程不同或反射时样品表面高度不同,也会引起相移。相位相衬显微镜的原理如图 10.5 所示。[6]首先,考虑振幅相衬显微镜,如图 10.5(a)所示。振幅为 A_1 的光照射在样品上,部分光被吸收(可以看作被散射或衍射了)。衍射光与入射光的相差为 π 或 $\pi/2$,其振幅为图 10.5(a)所示的 A_d。入射光和衍射光干涉,形成振幅为 $A_2 = A_1 - A_d$ 的一束光。现在,考虑图 10.5(b)所示的相位相衬显微镜。图中入射光和衍射光的振幅分别为 A_1 和 A_d,我们假定零吸收,则反射光的振幅 A_2 与 A_1 相同,其相位较入射光滞后 $\pi/2$,即相位角 $\theta = \pi/2$,如图 10.5(b)(i)所示。因为入射光和反射光仅仅是相位改变,而振幅并没有改变,所以人眼并不能观察出 A_2 与 A_1 的不同之处。现在,如果把 A_d 再滞后 $\pi/2$,我们就会得到图 10.5(b)(ii)与图 10.5(a)相同,此时振幅 A_1 和 A_2 不等。也就是说,把相位相衬变成振幅相衬就可以被人眼或其他的探测器观察到。相位相衬显微镜原理如图 10.5(c)所示。

　　观察图 10.5(c)和图 10.5(d)可以看出相位相衬和干涉相衬显微镜最本质的区别。在相位相衬显微镜中,入射光被样品分为直射光和衍射光,其中衍射光的相位被改变 $\pi/2$ 后,与直射光在像平面上发生干涉,从而形成相对背景光的振幅相衬。在干涉相衬显微镜中,入射光分为直射和参考两束光,直射光穿过样品后变为衍射光,参考光的相位经相位改变器后发生改变。当改变相位后的参考光与衍射光相遇时,会发生干涉现象,产生有振幅相衬的图像。这种系统允许通过适当地调整相位以达到最优的振幅相衬对比图像。在单色光的照射下,样品突出边缘显示在暗背景下呈现亮色,在亮背景下呈现暗色。而在白光照射下,边缘呈现出不同于彩色背景的单一颜色。其它的一些现象也可能出现,比如一边边缘的亮度低于背景光而另一边的亮度高于背景光这种有趣但确实是虚假"阴影"的印象。小至 3 nm 的起伏深度也可以用

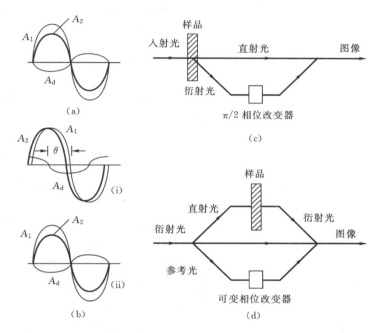

图 10.5　(a)振幅相衬；(b)相位相衬；(c)相位相衬；(d)干涉相衬

干涉相衬显微镜观察到，所以利用这种技术，测量晶片表面的平整度或刻蚀深度。

　　总体说来，干涉相衬图像比相位相衬图像更清晰，并且对于表面变化平缓的样品也更加敏感。这种技术也被称为微分干涉相衬显微技术，Nomarski(诺曼斯基)报道了这一技术的各种应用。[7]图 10.6 分别对比了明场、暗场、微分干涉相衬显微图片。Richardson 用很多例子详细的讨论了这些显微镜技术。[8]

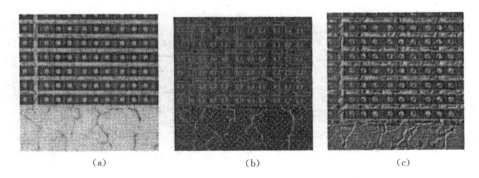

图 10.6　一个集成电路的反射光显微照片(a)明场；(b)暗场；(c)微分干涉相衬（100 倍
　　　　物镜，1.5 倍变焦，10 倍放大）照片承蒙摩托罗拉半导体公司 T. Wetteroth 提供

10.2.3　共焦光学显微镜

　　1955 年发明的共焦光学显微镜[9]可以观察到物体的三维图像，[10-11]并且大大提高了显微图像的对比度。与传统的显微镜相比，共焦显微镜通过限制被观察物体的体积来保留被探测

信号的近场散射信号。然而,它每次只能使一点成像,为了得到样品的整体图像,必须采用光束扫描样品才能得到。共焦显微镜的分辨率可以由式(10.9)表示。[12]

$$s = \frac{0.44\lambda}{n\sin(\theta)} = \frac{0.44\lambda}{NA} \tag{10.9}$$

式(10.9)显然要比式(10.3)更精确。这是因为共焦衍射的图形与单个透镜衍射的图形相比,其能量更多的集中在中间衍射峰内,从而降低了由样品对比度的变化导致分辨率减小的可能。

可以通过观察图 10.7(a)所示点的成像过程来理解共焦显微镜的工作原理。点 A 被聚焦在焦平面 A 上,点 B 被聚焦在平面 B 上,通过显微镜的物镜在针孔平面上成像。也就是说,样品面和针孔平面是共轭面。把针孔**调整(Conjugate)**到焦点处,即**共焦针孔**。当针孔被放置在平面 A 处时(图 10.7(b)),点 A 发出的大部分光都可以透过针孔,而点 B 发出的大部分光却不能通过针孔,为了使点 B 发出的光也能通过针孔,则必须提高样品使其在点 B 处聚焦成像,如图 10.7(c)所示,当然,此时点 A 发出的大部分光不能通过针孔。换句话说,一次只能有一个平面被聚焦。光扫描样品表面形成一个二维图像,再提高样品,使第二个表面被聚焦成像,一直如此,直到形成样品的三维图像为止。同样我们也可以保持样品不动,而通过具有压电传感器的物镜移动来实现样品的聚焦成像。此外,还可以通过传统光学显微镜直接由眼睛观察样品。

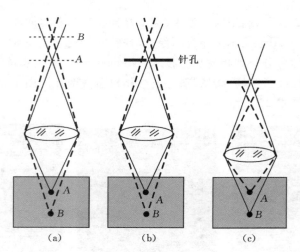

图 10.7 (a)A、B 点分别是 A 平面和 B 平面的焦点;(b)针孔放置在 A 平面;(c)升高样品到针孔位置点 B

二维图像可以通过两个系统来产生。首先,激光光源发出的光照射到双色镜上,经双色镜后,照射到两个相同的扫描镜上,最后达到样品,如图 10.8(a)所示。到达样品的光被原路返回,穿过双色镜,然后通过针孔被光电倍增管或光电耦合器件探测。一次只能使一个像素聚焦成像。也可以用声光偏转来代替扫描镜。扫描样品优点在于,不会有光束以外区域的光达到探测器,从而降低背景光对对比度的影响。其缺点就是照亮样品的范围太小。

另外一种实现二维图像的方法是利用 1884 年发明的尼普科夫(Nipkow)圆盘,[13]该圆盘适用于共焦显微镜中。[14]这是一种机械旋转盘,在盘上具有一系列等距离的圆孔,如图 10.8(b)所示。当圆盘旋转时,其上圆孔的轨迹为圆环形。在旋转中每一个圆孔都占据图像中一个水平面,从而被传感器接收到亮图样与暗图样。为了使更多的光通过针孔,可以使用两个圆盘,其中第二个圆盘上有聚光的微透镜。圆盘上包含有数以千计的直径为 20 μm 的针孔。共焦显微镜可以用来扫描生物标本的样本深度和检测集成电路不同的高度。[15]

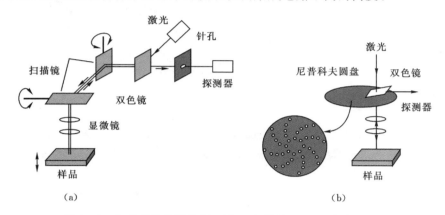

图 10.8　扫描共焦显微镜原理图(a)扫描镜;(b)尼普科夫圆盘

10.2.4　干涉显微镜

干涉显微镜是一种检测样品水平度和垂直度的非接触测量方法。垂直度是通过相移干涉(PSI)测量方法得到的。在一般的应用中,通过显微镜成像的样品给定一个最大的横向尺寸,即 x,y,其分辨率一般约是 $0.5\lambda/NA$。而 z 方向的分辨率则由相调制技术产生条纹的能力来衡量。垂直分辨率一般是 1 nm 左右。《Optical Shop Testing》是一本关于干涉显微镜和其他光学测量方法的书籍,具有很好的参考价值。[16]

练习 10.1

问题:什么叫干涉?

答案:两片平面玻璃,形成如图 E10.1 所示的图形。波长为 λ 的单色光入射到平面玻璃上。空气隙的距离为 αx,其中 x 是光线与平面玻璃相遇点之间的距离,光程是 $2\alpha x$,因为光线两次通过空气隙。当光由光疏媒质射入光密媒质时,相位改变 π,例如在底平面上产生光程差为 $2\alpha x+\lambda/2$。当

$$2\alpha x = m\lambda$$

时,形成暗条纹,其中 m 是整数。当

$$2\alpha x + \lambda/2 = m\lambda$$

时,形成亮条纹。

每种情况下,条纹间距都是

$$d = \lambda/(2\alpha)$$

573

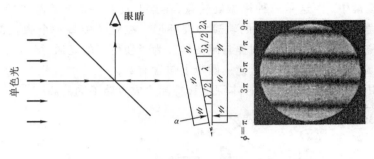

图 E10.1

在干涉显微镜中,反射光通过干涉物镜形成一个具有高轮廓质量的图像。对于波长为 λ、强度为 I_0 的两束单色光干涉后,其在像平面的合成强度为 I,如式(10.10)所示:[17]

$$I = KI_0[1 + \cos(\frac{4\pi}{\lambda}h(x, y) + \delta\phi)] \tag{10.10}$$

其中 K 是常数,$h(x, y)$ 是样品高度和干涉物镜的对比函数,$\delta\phi$ 是为了帮助分析条纹而在一个光路中引入的相位差。通过压电晶体或步进电机改变样品的垂直位移来改变相位的变化。使用 $-120°,0°,120°$ 三相,产生的图形强度为以下三个等式。[18]

$$I_1 = C[1 + \cos(\phi - 120°)], \quad I_2 = C[1 + \cos(\phi)], \quad I_3 = C[1 + \cos(\phi + 120°)] \tag{10.11}$$

其中,C 是一个常数。从这三个等式,推得 $h(x, y)$ 为

$$h(x, y) = \frac{1}{4\pi}\arctan(\frac{-\sqrt{3}(I_1 - I_3)}{2I_2 - I_1 - I_3}) \tag{10.12}$$

最终干涉图样是由亮条纹和暗条纹组成,当这些条纹与样品表面呈有序平行时,它表示的样品的轮廓高度为 $\lambda/2$ 的倍数。相位调制技术允许其精度比相邻两条纹间距的 0.01 或 0.1 ~1 nm 的垂直分辨率还精确。由式(10.12)可知,x 和 y 方向上表面高度差都可以计算出来,并可用灰度值来表示。因为 arctan( )函数表达式的值域在 $-\pi/2$ 到 $\pi/2$ 之间,所以相位在 π 或在 $\lambda/4(165\ nm,\lambda = 660\ nm,$红光)之间变化会产生不连续的灰度值。因此,PSI 不能用来测量表面高度差大于 $\lambda/4$ 的样品。对此,需要一个独立的测量系统,以计算有几个 $\lambda/4$ 增量,才可实现表面高度差大于 $\lambda/4$ 的测量。

消除这种高度不确定性的其中一种方法就是采用双光束即波长分别为 λ_1 和 λ_2 的测量,然后两者相减即可。这样可测量的最大表面高度差变为 $\lambda_e/4$,其中 λ_e 为有效波长($\lambda_e = \lambda_1\lambda_2/|\lambda_1 - \lambda_2|$)。值得强调的是这种测量方法存在一个缺点,即测量精度随 λ_e/λ 比例下降。多光束干涉只适合用于部分样品,对于表面粗糙的样品容易产生误差。这是因为对于高放大率和高数值孔径的显微镜,样品表面不连续,高低起伏处不可能同时被聚焦。显然,这无疑是一个更大的误差源。

574 干涉显微镜可以通过不同的方法来实现,其中两种包括 Mirau(米劳)干涉显微镜和 Lin-

nik(林尼克)干涉显微镜。Mirau 干涉显微原理如图 10.9(a)所示。光入射到显微物镜上,一部分光传输到样品上,其余的由分束器反射到参考面上。由样品和参考面反射的光在分束器相遇,产生干涉。导致的干涉条纹显示样品表面和参考面的差异。参考面、物镜和分束器连接在压电换能器上,通过调整参考面可改变参考光束的相位。[19]

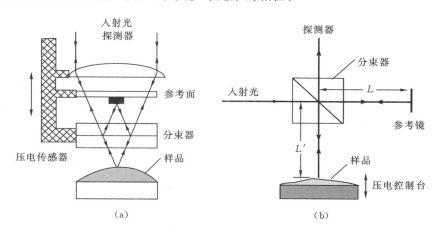

图 10.9　(a)Mirau 干涉显微镜;(b)Linnik 干涉显微镜

　　图 10.9(b)中的 Linnik 干涉显微实际上是一个迈克耳孙干涉仪。一束来自于相干的、波长为 λ 的单色光平面波前入射到分束器上,一部分光传输到一个固定的参考镜上,另一部分光传输到样品上。两束光均反射回分束器,产生干涉,并传输到探测器。利用压电控制的平台来改变样品和分束器的距离,从而使相位发生变化。Mirau 物镜典型的放大倍数在 $10\times$ 和 $50\times$ 之间,数值孔径是 0.25~0.55。Linnik 物镜适合任何放大倍数,但主要用于高倍放大(比如 $100\times$),数值孔径可高达 0.95。

575
~
577

　　用 Linnik 干涉仪可以使用白光来进行样品高度测量。[20]但在白光光源下,只有当干涉仪中的两光路相等时,才可以获得最高对比的干涉条纹。因此,如果在干涉仪中,调节参考镜之间的光路长度达到最优条纹对比,那么到样品面的距离也要调节到相等的长度。这时高度就确定了,尤其当观察到最优条纹对比时,因为样品此时处于聚焦状态。许多波长的明显变化,甚至是 $100~\mu m$,也可以用这种方法来测量。一台干涉显微镜主要关心的是高度测量,横向分辨率极限反映了某种不同的物理意义。在一定步长的情况下小样品的模糊导致了边沿平滑,从而降低了高度测量的精度。

　　干涉显微测量中必须考虑样品的光学性质,因为高度主要取决于反射光的相位变化。比如考虑半导体晶片上金属线台阶高度是 h_1,接着在晶片表面覆盖上一玻璃以便得到更好的平整面。玻璃台阶高度是 h_2,h_2 可能远小于 h_1。光学干涉测量就好像忽略了玻璃层,而只测量下面金属薄膜的台阶高度,测量值是 h_1。具有不同光学常数的材料也会影响高度测量,不过用具有反射特性的材料来覆盖这些材料就可以减小这一影响。

10.2.5　缺陷刻蚀

　　光学显微经常用来确定半导体刻蚀中的缺陷大小、类型和浓度。经过刻蚀的样品通常会产生特殊的可见缺陷,这些缺陷由特殊形状的刻蚀坑来区分。表 10.1 列出了一些刻蚀类型。具体的用法说明可参看文献[21]。为了计算缺陷数量,建议使用放大倍数为 100 倍以上的光学显微镜,并在已知面积内计算缺陷数量。在参考文献[22]中给出了晶片上的 9 处缺陷以及许多缺陷例子的详细的分类图。硅片中一些缺陷的横断面和表面如图 10.10 所示。刻蚀类型的效果如图 10.11 所示,这些表明在 Secco、Wright 和 HF-HNO$_3$ 中刻蚀会产生空位型缺陷。很显然,在(a)和(b)中的典型刻蚀的缺陷远多于在 HF-HNO$_3$ 中的抛光刻蚀中的缺陷。

表 10.1　刻蚀中典型的半导体缺陷

半导体	刻蚀液	化学组成	应用
硅	Sirtl[23]	将 50g CrO$_3$ 溶于 100mL 水中,之后将 HF 与溶液以体积 1:1 混合	最适合于{111}取向的表面
硅	Dash[24]	HF:HNO$_3$:CH$_3$COOH=1:3:10	通常适合{111}和{100}取向的 n-Si 和 p-Si;但是 p-Si 更适合 Cu 位移刻蚀;Cu 修饰来描述缺陷
硅	Secco[25]	将 55g CuSO$_4$·5H$_2$O 溶解在 950 mL 的水中,加入 50mL 的 HF HF:K$_2$Cr$_2$O$_7$(0.15M)(比如 11g K$_2$Cr$_2$O$_7$ 溶解在 250 mL 水)=2:1 或者 HF:CrO$_3$(0.15M=2:1	任何都可,但特别适合{100}取向
硅	Schimmel[26]	将 75g CrO$_3$ 加入到水中制成 1000 mL 水溶液(0.75M)	适合 n-Si,p-Si,{100},{111};适合对于 $p>0.2\Omega\cdot cm$,将 2pts. HF 加入到 1pt. 溶液里;对于 $p<0.2\Omega\cdot cm$,将 2pts. HF 加入到 1pt. 溶液和 1.5pts. 水里 适合 n-Si 和 p-Si,{100}和{111};
硅	Wright[27]	HF:HNO$_3$:5MCrO$_3$:Cu(NO$_3$)$_2$·3H$_2$O:{111}:CH$_3$COOH:H$_2$O=2:1:1:2g:2:2 首先将 Cu(NO$_3$)$_2$ 溶解在水中可得到最好结果,而混合的顺序不是关键	无搅拌的情况下在{100}、{111}和{110}表面存在各种缺陷
硅	Yang[28]	将 150g CrO$_3$ 加入到 1000 mL H$_2$O(1.5M);将 1 体积所得溶液加入到 1 体积的 HF	刻蚀{100}平面为 0.5~1μm/min;刻蚀时间 20~60s;表现位错、堆垛层错和漩涡缺陷
硅	Seiter[29]	120g CrO$_3$ 溶解在 100 mL H$_2$O 水中,之后与 HF(49%)以体积比 9:1 混合	与 Sirtl 和 Wright 刻蚀液类似,不含铬;刻蚀位错和滑移
硅	MEMC[30]	将 1g 的 Cu(NO$_3$)$_2$·3H$_2$O 加入到 100 mL 的 HF:HNO$_3$:CH$_3$COOH:H$_2$O 混合溶液里	在 350℃时样品浸没在 Ni 坩埚中的熔融 KOH 中 3 小时,可揭示出在{100}和{111}表面的位错
砷化镓	KOH[31]	熔融 KOH	
磷化铟	Huo et. al[32]	HBr:H$_2$O$_2$:H$_2$O:HCl=20:2:20:20	

CH$_3$COOH:冰醋酸。

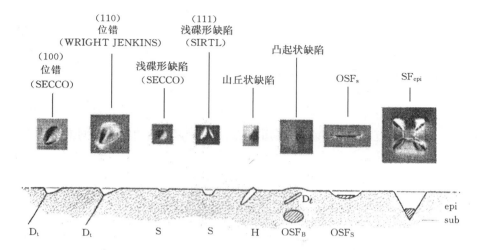

图 10.10　用表 10.1 中的一些刻蚀液刻蚀硅片时出现的一些常见的刻蚀图样。经 Miller
　　　　和 Rozgonyi 允许后复制,参考文献[7]

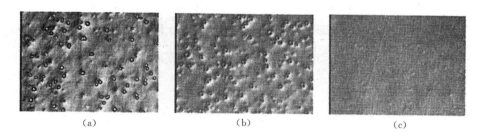

图 10.11　用（a）Secco；（b）Wright；（c）HF-HNO$_3$ 刻蚀液刻蚀硅片出现的 D 型空位缺
　　　　陷。显微照片承蒙 M. S. Kulkarni，MEMC 提供

10.2.6　近场光学显微镜(NFOM)

在近场光学显微镜中,分辨率和形成图像的激发光波长无关,而是由图像系统的几何尺寸
决定的。内科医生的听诊器就是近场图像一个很好的实际例子。听诊器有一个几厘米的孔
径,当声波波长约 100 米时,听诊器的分辨率约为 λ/1000。

传统思想认为图像分辨率低与激发波长有关。Abbe 在 1873 年指出光通过一个聚焦、无
像差的棱镜会聚到样品表面,会聚点的直径不小于 λ/2,[33]并且直径由衍射效应决定,通常可
以由 Raleigh 方程(10.3)表示。遵循 Abbe 和 Raleigh 的局限的显微镜被称为远场显微镜,因
为它利用激发光的远场成像,其可用于传统的光学、电子和声波成像。

NFOM 的分辨率依赖于图像的实际尺寸,远远突破了 Abbe 或者 Raleigh 的局限。近场
显微镜的思想于 1928 年提出,[34]并在 1972 年通过微波得到证明,并取得了 λ/200 的分辨
率。[35]近年来又用光学的方法得到了进一步证明,[36]后来又发展到红外、微米波和毫米波。[37]
NFOM 的思想基于以下概念:激发光通过一个远小于波长的孔径照射样品,探测接近样品的
激发光的反射光或者是透射光,这些光的波长可近似于激发光的波长,记录扫描图像的分辨率

由孔径的大小决定,而不是由光波长来决定。应该强调的是正是纳米定位技术的发展导致了NFOM 的成功实现。

　　近场光学显微镜的原理如图 10.12 所示。图 10.12(a)是传统显微镜的示意图。聚焦光斑的直径大约为 $\lambda/2$。在图 10.12(b)中光子通过孔径传输到样品,光照射的横向长度称为精确度 $\Delta x \approx D$,D 是孔径的直径。透射光有两个明显的光波分量。一个分量是发散波,是和傅里叶变换有关的空间分布——远场;另一个分量是倏逝波或叫孔径出口附近的消失波——近场区。倏逝波被准直到孔径的大小,它的强度快速衰减并在孔径附近才能被探测到,典型值是几个纳米。如果将样品放在近场区,光扫描样品进入孔径,那么产生的图像的空间分辨率很可能由孔径大小来决定。

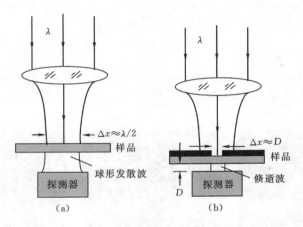

图 10.12　(a)传统远场光学成像;(b)近场光学成像

　　在反射模式下,探测系统必须至少包含某些可实现一个非常窄的孔径或者说"光接收器"的功能。一种方法是通过刻蚀玻璃纤维使其变薄或者将玻璃纤维拉伸成一个尖锐探针,其外表面涂覆金属薄层以防止外部光通过吸管壁进入。100 nm 或更小尺寸的孔径适用于 400 nm ～1.5 μm 的光波长。近场成像的另一个例子是扫描隧道显微镜,它的探针决定孔径,这部分已在第 9 章讨论。即使加速电子束达到 1 V 的电位,使其波长在 1.2 nm 左右,0.2 nm 的孔径直径也只允许原子级分辨率的水平成像。

　　对于高空间分辨率,必须把样品放在探针的近场区。对 100 nm 的典型孔径来说,探针和样品之间的距离大约为 20 nm。单凭经验来讲,探针和样品的距离应该小于孔径直径的1/3。[38]一种反馈机械装置可使探针和样品的距离保持不变。如剪切力机械装置已经被广泛应用于调节探针和样品的距离。NFOM 探针与一个压电元件(抖动压电陶瓷)相连接,垂直悬于样品表面的上方。将随时间变化的交流电压加在抖动压电陶瓷上使它们产生共振,这样光纤探针就在平行于样品表面的方向上振动。当探针接近样品时,由于和样品的相互作用电压幅值变小,反馈环检测到探针抖动的变化反馈给探针,从而调节探针和样品的距离。

●●●●●●●●●●●●●●●●●

10.3　椭圆偏振法

10.3.1　理论

椭圆偏振法是测量样品表面反射光偏振状态的变化的一种非接触式、无创伤性技术。[39] 579
与测量反射光或透射光强度相比,椭圆偏振法测量的是光强的综合量。椭圆偏振法被认为是
一种阻抗测量法,而反射或透射则视为一种功率测量法。阻抗测量可测出幅值和相位,而功率
测量则只给出幅值。平行和垂直于入射光平面的极化光复反射系数之比决定了样品的复反射
系数比。

椭圆偏振法主要测量在吸收基底上的介电薄膜的厚度、线宽以及薄膜或基底的光学常
数[40]。它不能直接对薄膜进行测量,而是测量一定的光学特性来推导样品厚度和其它的参
数。基本的椭圆偏振法包括变入射角法和变波长法两种方法。它对厚度的测量比干涉法至少
要小一个数量级。在对椭圆偏振法详细介绍以前,我们先重点了解一下偏振光的特性。

当一束光经过平面反射后,通常它的幅值变小,相位也会变化。对于多反射面,各种反射
光会相互影响,随着波长和入射角的不同而产生最大和最小值。因为椭偏法依赖于角度测量,
所以它有很高的测量精度,并且和光强、反射系数以及探测器的幅值灵敏度无关。

考虑一束平面偏振光入射在平板表面上,如图 10.13 所示。光斑直径是毫米级的,但可以
聚焦到约为 $100~\mu m$。入射偏振光的 p 分量平行于入射面,s 分量垂直于入射面("s"是德语
senkrecht 的第一个字母,是垂直的意思)。对于零吸收材料,只有反射波的幅值发生变化。线
偏振光反射后仍为线偏振光。然而对于吸收性材料和多反射面中的空气和基底之间的薄层来
说,偏振光的两个分量的幅值和相位均发生变化。当入射角不是 0° 和 90° 时,反射光的平行分
量总是小于垂直分量,否则这两个分量相等。由于两分量相移的差异,相对于入射光产生了一
个 90° 偏振角,使反射光变为椭圆偏振光。椭圆偏振法中入射光和反射光的关键变化就在于 580
由平面偏振光变为了椭圆偏振光或者是椭圆偏振光变为了平面偏振光。

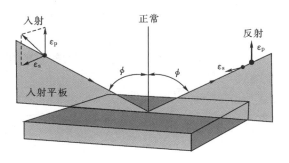

图 10.13　来自平板表面的偏振光反射示意图。ϕ 表示入射角

练习 10.2

问题：什么是偏振光？

解答：光是一种电磁波，具有电场分量和磁场分量，它们在 z 传播方向上相互垂直，如图 $E10.2(a)$所示。电场矢量的取向和相位定义为偏振或者是极化。为了描述波的偏振，将波投影到 x 和 y 轴上，两个分量分别为 $\mathscr{E}_x$ 和 $\mathscr{E}_y$。当这些分量在相同的方向上传输，且相位相互正交时，结果就是线性偏振光见图(b)。当两个分量幅值相等且相位相差 90°时，结果就是圆偏振光见图(c)。而当两个分量之间具有任意的相位差和幅值时，结果就是椭圆偏振光如图(d)所示。对于偏振和椭圆偏振的更加详细的讨论请登陆 J. A. Woollam 公司网站 http://ja-woollam.com/Tutorial_1.html. 图 E10.2 正是从该网站上下载的。

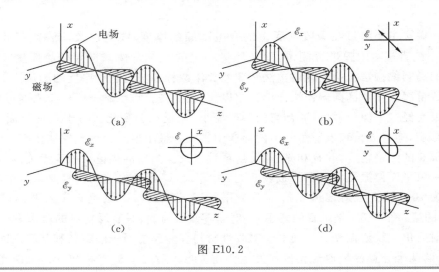

图 E10.2

光以合适的角度在电场和磁场中振动传播。总电场由平行分量 $\mathscr{E}_p$ 和垂直分量 $\mathscr{E}_s$ 组成，反射系数

$$R_P = \frac{\mathscr{E}_p(\text{反射})}{\mathscr{E}_p(\text{入射})}, \quad R_S = \frac{\mathscr{E}_s(\text{反射})}{\mathscr{E}_s(\text{入射})} \tag{10.13}$$

是不能独立测量的。然而，由反射系数R_P 和R_S 之比或者椭偏角 Ψ 和 Δ 定义的复反射系数 ρ 是可测的，下式给出了它们之间的关系

$$\rho = \frac{R_P}{R_S} = \tan(\Psi)e^{j\Delta} \tag{10.14}$$

在这里 $j=(-1)^{1/2}$。因为 ρ 是反射系数之比，也就是强度和相对相位差之比，所以测量绝对的光强和相位是没有必要的。

椭偏法中椭偏角 $\Psi(0° \leqslant \Psi \leqslant 90°)$和 $\Delta(0° \leqslant \Delta \leqslant 360°)$是最常使用的变量，定义如下：

$$\Psi = \arctan|\rho|; \quad \Delta = \text{相位变化之差} = \Delta_p - \Delta_s \tag{10.15}$$

Ψ 和 Δ 决定了幅值和相位的各自变化,反映了反射光中平行和垂直电场矢量分量的振动情况。

那么 Ψ 和 Δ 是如何来确定样品的光学参数的呢? 考虑这样一个例子,光在空气和固体吸收基底的界面上被反射,如图 10.14。空气由折射率 n_0 来表示,样品由 $n_1-\mathrm{j}k_1$ 来表示,n_1 是折射率,k_1 是消光系数。由菲涅耳方程有,[41]

$$n_1^2 - k_1^2 = n_0^2 \sin^2(\phi)\left[1 + \frac{\tan^2(\phi)\left[\cos^2(2\Psi) - \sin^2(2\Psi)\sin^2(\Delta)\right]}{\left[1 + \sin(2\Psi)\cos(\Delta)\right]^2}\right] \tag{10.16}$$

$$2n_1 k_1 = \frac{n_0^2 \sin^2(\phi)\tan^2(\phi)\sin(4\Psi)\sin(\Delta)}{\left[1 + \sin(2\Psi)\cos(\Delta)\right]^2} \tag{10.17}$$

椭圆偏振测量中重要的是基底由一层薄膜覆盖,比如一层绝缘层。对于空气(n_0)-薄膜(n_1)-基底($n_2-\mathrm{j}k_2$)的系统,方程变得更加复杂,因为方程取决于折射率、薄膜厚度、入射角和波长确定。如果 n_2 和 k_2 可单独测量并且薄膜是透明的话,那么 n_1 和薄膜厚度就可以由测得的单个角度 Ψ 和 Δ 来计算,但是计算相当烦琐。比如,参考文献[42]中列出的椭偏表和曲线显示了对于空气-二氧化硅-硅系统,在汞灯和 He-Ne 激光谱线给定的情况下,给出了 Ψ 和 Δ 对氧化层厚度和氧化层折射率的依赖关系。

10.3.2　零椭圆偏振法

PCSA(偏振器—补偿器—样品—检偏器)的零椭偏仪的结构如图 10.14 所示,由激光发出的一束非极化的单色准直光束,经过偏振器成为线性偏振光。[43] 由两片方解石胶结组成的格兰-汤普森棱镜就是一种常见的偏振器。当非极化光入射在这样一个偏振器上时,偏振器内部的反射作用只允许线偏振光存在。补偿器或者延迟器使线偏振光变为椭圆偏振光。补偿器含有垂直于传输方向的一个快的和一个慢的光轴。当光通过补偿器时,入射偏振光中平行于慢轴的电场分量比平行于快轴的电场分量相位延迟了。当相位相对延迟为 $\pi/2$ 时,补偿器称为 1/4 波延迟器或者 1/4 波片。

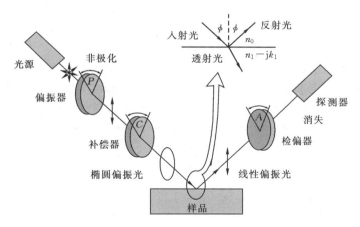

图 10.14　椭偏仪原理示意图

偏振器和补偿器的角度 P 和 C 可调整实现从线偏振到圆偏振之间的任何偏振状态。椭偏仪测量的目标就是在探测器处得到零偏振。通过调整 P 和 C 使椭圆偏振光经过样品表面反射后变为线偏振光,之后经检偏器使线偏振光消失,最终在探测器处得到零偏振。检偏器类似于偏振器,调整角度 A 使线偏振光经过检偏器后在探测器得到最小输出。步进电动机依次调整偏振器和检偏器的角度使探测器的信号最小。在透射光和入射光共面的情况下,偏振角调为零,这时从入射光方向看去在入射面内逆时针旋转测得的所有的角都是正的。

　　P、C 和 A 有 32 种组合,每组确定一对 Ψ 和 Δ,因为偏振器、补偿器和检偏器的其中任何两个角分割 $180°$。如果规定所有的角都小于 $180°$,P、C 和 A 组合决定 Ψ 和 Δ 的方程对数目将减少为 16。如果限制补偿器是一个角,比如 $45°$,那么 16 个方程对进一步减少为两对,并且 P 和 A 是二维的。

10.3.3　旋转检偏器式椭圆偏振法

　　零椭偏仪对于实时测量和椭圆偏振光谱的测量太慢了,而旋转检偏器式椭偏仪则加快了测量速度,它属于椭偏仪的一种,称为光度计椭偏仪。在旋转检偏器式椭偏仪中,入射在样品上的光是线偏振光,而反射光变为椭圆偏振光。[44-45]反射光经过检偏器以一定的角速度(典型值为 50~100 Hz)绕光轴旋转,同时对其进行探测。如果入射在检偏器上的光是线偏振光,那么探测光将是一个正弦平方函数。检偏器每旋转半周,它就会出现一个最大值和一个最小值零。和线偏振光类似,在无调制的情况下,入射光是椭圆偏振光对应的是圆偏振光和正弦振动输出,只不过最大值小了些,而最小值大了些,从而减少了幅值变化。正弦输出的幅值变化是反射光椭偏度的函数。输出通常经傅里叶分析来得到 Ψ 和 Δ。在角频率为 100 Hz 的条件下,做一个单一频率的测量需要几个毫秒。在一些系统中,还用到了旋转式偏振器。

　　这时探测器处的光强是[41]

$$I(\theta) = I_0 \left[1 + a_2 \cos(2\theta) + b_2 \sin(2\theta) \right] \tag{10.18}$$

θ 是检偏器的偏振片和反射光的入射面之间的夹角,I_0 是检偏器旋转一周的平均光强,Ψ 和 Δ 可由 a_2 和 b_2 确定。参数将反射光的偏振态描述为

$$\Psi = \frac{1}{2} \operatorname{arcosh}(-a_2); \quad \Delta = \operatorname{arcosh}\left(\frac{b_2}{\sqrt{1-a_2^2}} \right) \tag{10.19}$$

　　旋转检偏器式椭偏仪的主要优势在于他们具有更快的测量速度和更高的测量精度。因为成百上千的不同光强构成了单一测量,从而减少了噪声的影响并降低了随机误差。将补偿器去掉可改进测量,是因为由商用补偿器引起的误差虽然不会再影响测量。但是,它对光系统的要求日益严格。必须严格控制散射光并且光源强度不能随时间变化。为了避免二次谐波的产生,探测器的响应必须是线性的。旋转检偏器式椭偏仪尤其适合椭圆光度测量,因为系统没有补偿器,就不会有波长色散效应,并且数据采集时间短。

10.3.4　光谱椭圆偏振法(SE)

　　单一波长的椭圆偏振法最常见的应用是测量薄膜厚度。然而它也有一些其它的应用,因为椭偏角 Ψ 和 Δ 不仅对薄膜厚度敏感,而且对薄膜的组成、微结构和样品表面的光学常数也很敏感。通过利用多个波长,光谱椭圆偏振测量扩展了椭圆偏振法的范围。[46]此外,不仅可以

变化波长而且也可以变化入射角,这样就增加了一个自由度。这样可以进行无创伤性和实时过程的测量,比如在分子束外延过程中生长层的监测,[47] 以及进行原位诊断和过程的控制。[48] 可变的波长和角度可优化材料的参数,而这些在固定角度、固定波长的椭圆偏振法中是不可能实现的。

椭偏仪对单层薄膜的表面变化很敏感。在生长和刻蚀期间能够确定薄膜厚度和合金组成。在刻蚀测量中它可以在接触到样品表面之前停止刻蚀,而其它大多数原位传感器只能在接触到表面后才给出信号。对于实时测量,光学测量是理想的方法,因为它们无创伤性,而且能够在任何一个透明环境下使用,包括等离子处理和化学气相沉积中。此外,光谱椭圆偏振法也已经在半导体加工过程中被用来测量温度。[41]

10.3.5 应用

薄膜厚度:对在半导体衬底上无吸收的薄膜的厚度和折射率的测量是椭圆偏振法的主要应用。理论上对可确定的薄膜厚度没有什么要求。测量的薄膜厚度可以达到 1nm。尽管椭圆偏振法对很薄的膜可以给出数值,但是值得置疑,因为在模型中假定样品具有均匀的光学特性并且薄膜和衬底的边界很光滑,椭偏方程是基于宏观 Maxwell 方程的,而 Maxwell 不适合于只有几个原子厚度的薄膜层。然而椭圆偏振法似乎可以给出合理的平均厚度。

厚膜存在另一个不同的问题。由于光路长度,理论解释变得更加复杂。图 10.15 中衬底上有一层薄膜,两束反射光相互干涉,可以从完全同位相到完全反位相。干涉在厚度计算中产生周期性,这使得 Ψ 和 Δ 成为薄膜厚度的周期函数,它们在薄膜厚度的一个周期中重复

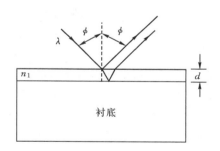

图 10.15 多次反射示意图

$$d = \frac{\lambda}{2\sqrt{n_1^2 - \sin^2(\phi)}} \tag{10.20}$$

比如在 $\phi = 70°$,波长 $\lambda = 632.8$ nm 的条件下,折射率 $n_1 = 1.465$ 的 SiO_2 薄膜厚度的整个周期是 281.5 nm。如果一个 10 nm 厚的 SiO_2 薄膜确定一个椭偏角,那么(10+281.5)nm、(10+563)nm 等等厚度的薄膜经过测量都会有相同的椭偏角。因此,对于比周期厚度厚的薄膜,在一个完整周期内必须知道一个和薄膜厚度无关的条件才能计算椭偏角。

衬底、膜层生长:虽然椭偏法主要分析无吸收、绝缘薄膜,但它也可以表征半导体。举例来说,研究通过一些方式改性的半导体材料。比如,椭偏法测量 Si、GaAs 和 InP,这些离子注入损伤也已经被改进。[49-50] 普遍认为是注入造成的损伤改变了材料的折射率,而不是离子掺杂浓度改变折射率。尽管很难得到定量的结果,但是椭偏法可以对结晶和退火造成的损伤进行

快速、无创伤性测量。

椭偏法还可以应用于晶体生长期间,尤其可以对原位进行非接触性、实时测量。比如它可以用来监测分子束外延(MBE)和有机金属化学气相沉积(MOCVD)生长超晶格。[51-52]如果用椭偏法来监测一层薄膜的生长,那么它将是一种几乎不受沉积方法影响的好技术。如果将椭偏法作为一种原位加工工具来监测 MBE 薄膜的生长或是绝缘层的生长,那么它不会对沉积过程产生影响。

线宽或临界尺寸:用固定角度的椭偏法或是光反射法对周期结构进行测量非常有望实现高速形貌测量。已经证实在很多情况下,比起自上而下扫描电镜的临界尺寸测量,椭圆偏振法的测量更详细、更精确并且这种方法可以作为一种线性加工控制工具来使用。这一方法的出现和传统的薄膜椭偏法应用在低端计算机上建立了精确的薄膜反射模型相类似。椭圆偏振法可以几乎精确地用数值方法解决形态结构产生的衍射问题,光谱椭圆偏振法对于图案结构测量这一优势现在正在被不断意识到。[53]对于线宽的测量,我们将在 10.8 节中讨论。

10.4 透射法

10.4.1 理论

光透射或光吸收的测量用来确定光吸收系数和某些杂质。光对浅层杂质的测量已在 2.6.3 和 2.6.4 中讨论。由于振动模式的原因,某些杂质含有特征吸收线,比如二氧化硅中的氧和碳。半导体中的光子吸收可以改变某些杂质的周围环境产生局部振动模式。在这一章中我们将讨论一些光透射测量理论,并给出一些例子。

在透射测量过程中光入射到样品上,透射光作为波长的函数被测量,如图 10.16(a)所示。样品由反射系数 R、吸收系数 α、复折射率($n_1 - jk_1$)和厚度 d 等参数来表征。光强度 I_i 的光从左入射。吸收系数 α 和消光系数 K_1 的关系为 $\alpha = 4\pi k_1/\lambda$。附录 10.2 列出了一些半导体的吸收系数和折射率。能够测量透射光强 I_t 或是透射光与入射光光强之比。如附录 10.1 所示,对于前后反射系数相同的样品以及光正常入射到样品表面的情况下,透射系数 T 为

$$T = \frac{(1-R)^2 e^{-\alpha d}}{1 + R^2 e^{-2\alpha d} - 2Re^{-\alpha d}\cos(\phi)} \tag{10.21}$$

在这里 $\phi = 4\pi n_1 d/\lambda$,而反射系数 R 由下式决定:

$$R = \frac{(n_0 - n_1)^2 + k_1^2}{(n_0 + n_1)^2 + k_1^2} \tag{10.22}$$

对于抛光过的硅片,I_t 的归一化曲线如图 10.16(b)所示。

半导体的禁带宽度可以通过测量吸收系数即作为光子能量的函数来确定。光子能量高于禁带宽度的光被吸收。然而,在禁带宽度 E_G 附近,对于能量为 $h\nu$ 的光子的吸收由低到中等的。对于间接带隙半导体,$\alpha^{1/2}$ 是根据 $h\nu$ 画图得到,也即半导体的能带宽度是通过 $h\nu$ 轴上的

外推截距得到。这样的一个画图有时候被称为陶克(Tauc)图。对于像 GaAs 这样的直接带隙半导体，α^2 也是依据 $h\nu$ 画图得到的，而其带隙宽度也是由外推截距来确定的。

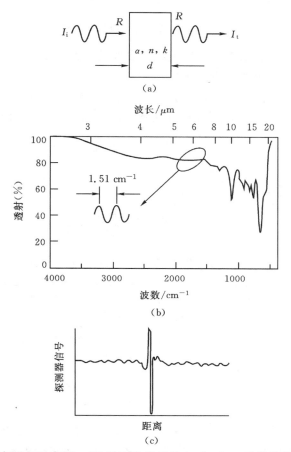

图 10.16　(a)透射率测量示意图；(b)双面抛光硅片($\Delta f = 4$ cm^{-1} 时的透射系数曲线，$\Delta f = 1$ cm^{-1} 时的插图)的归一化 FTIR 透射系数曲线；(c)同一硅片的干涉图，$\Delta f = 4$ cm^{-1}。从(b)图中 1.51 cm^{-1} 的周期来看，硅片厚度为 970 μm。承蒙亚利桑那州立大学的 N. S. Kang 提供

　　对于光子能量小于禁带宽度的半导体来说，通常是透明的($\alpha \approx 0$)，这时其透射系数由下式确定：

$$T = \frac{(1-R)^2}{1+R^2 - 2R\cos(\phi)} \tag{10.23}$$

上式"cos"项可写为 $\cos(f/f_1)$，这里 $f = 2\pi/\lambda$ 而 $f_1 = 1/2n_1 d$ 是一个特征空间频率。如果探测器的分辨率足够高，$\Delta f \leqslant 1/2n_1 d$，则可观察到一个振荡的透射率曲线。例如，$\Delta f \leqslant 4.9$ cm^{-1}、厚度为 300 μm、折射率为 $n_1 = 3.42$ 的硅片。如果仪器的分辨率不足以决定这些精细结构谐振，那么(10.23)式就变为

$$T = \frac{(1-R)^2}{1-R^2} = \frac{1-R}{1+R} \tag{10.24}$$

以硅为例,当 $R=0.3$ 时,$T≈0.54$。如附录 10.1 所示,这时通过透射率随波数的振动曲线的周期可确定晶片的厚度为

$$d = \frac{1}{2n_1 \Delta(1/\lambda)} \qquad (10.25)$$

这里 $\Delta(1/\lambda)$ 是介于两个最大值或者两个最小值之间的波数间隔。透射率曲线可作为波长或者波数的函数来画图(波长和波数互为倒数)。

半导体样品里的某些杂质例如硅里的空隙氧和替位碳均会呈现出吸收。在一定的波长范围内,它们的浓度与吸收系数成正比。有吸收而没有"cos"振动项时的透射系数为

$$T = \frac{(1-R)^2 \, e^{-\alpha d}}{1-R^2 \, e^{-2\alpha d}} \qquad (10.26)$$

根据式(10.26),这时吸收系数为[54]

$$\alpha = -\frac{1}{d}\ln\left(\frac{\sqrt{(1-R)^4 + 4T^2R^2} - (1-R)^2}{2TR^2}\right) \qquad (10.27)$$

R 可由透射率曲线上 $\alpha≈0$ 处来确定。在某些波谱区域对于重掺杂衬底中的吸收主要是由于晶格振动和自由载流子吸收所引起。对硅中的氧来说晶格吸收系数大约为 $0.85 \ \mathrm{cm}^{-1}$,而硅中的碳大约为 $6 \ \mathrm{cm}^{-1}$。这在分析中必须加以考虑。[55]

当两个表面均没有抛光时就很难解释透射数据。由于表面的粗糙,透过率会依赖于波长和透射系数会由于晶片和晶片的不同而不同。这时透射会严重受损,信躁比会非常小以至于测量都没有意义。[56]

10.4.2 仪器

单色仪:有两种仪器可用于透射测量:即单色仪和干涉计。单色仪,如图 10.17(a)所示,从辐射源中选择一个 $\Delta\lambda$ 波长的窄带。波谱带中心位于一个可变的波长 λ。单色仪可认为是一个具有通带 $\Delta\lambda$ 和分辨率为 $\Delta\lambda/\lambda$ 的可调滤波器。光通过一个窄的入口裂缝进入单色仪。照射在棱镜或者光栅上的光发生色散,由于具有依赖波长的折射率,光被分解为它自己的波谱组分。短波长光比长波长光折射得更多。很多等距平行线组成的光栅内接于抛光衬底(玻璃或者玻璃上的金属薄膜)上,典型值为每厘米上有 4000 到 20000 条平行线或者凹槽。散射光依赖于凹槽间隙和入射角。

散射光通过一个窄的出口裂缝,它主要控制光谱分辨率;裂缝越窄,到达探测器的波长范围便越窄。可将裂缝看作是一个光谱带通滤波器。然而,随着裂缝变窄,到达样品的光也同样的减少。通过改变棱镜或者光栅的角度可以改变波长。一个单色仪只选择一个窄带范围的波长用于透射测量,这样可以避免可能由其它波长导致的竞争过程的同时激发。例如,在带隙以上的光产生电子空穴对,这可能妨碍到利用带隙以下的光进行测量。单色仪的透射测量通过消除带隙以上的光避免了这个问题。单色仪的一个缺点是,光谱中一个时刻只有一小部分光可用,导致信号很弱。这可以通过闩锁或者信号平均技术来克服。为得到更高的灵敏度和最小的大气衰减,双光束手段被经常使用,它将光束分离为两个相似路径,样品置于一个路径上而一个参考标本在参考束上,然后通过样品的传输与参考标本进行比较。

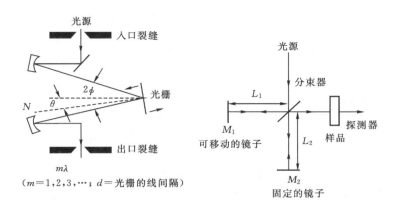

图 10.17 (a)单色仪和(b)FTIR 示意图

单色仪置于光源和样品之间,以保证在某时刻只有被选择的波长入射到样品上。也可以在一个时刻使所有波长的光都入射到样品上,当光透过样品后再对其进行光谱分解。这个用于分析光谱的器件被称为分光计。分光计就是广泛用于分析从样品中发射出来的光,而单色仪用于将白光分解为它的光谱成分,以利于随后的光谱响应测量。

傅里叶变换红外光谱学:现代傅里叶变换红外光谱学(FTIR)是在十九世纪后期由麦克耳孙[57]和瑞利勋爵建立起来的,他们通过傅里叶变换将干涉图与光谱联系了起来。[58]直到计算机和快速傅里叶运算法[59]则出现之后才在 1970 年代用于光谱测量。

傅里叶变换光谱仪的基本光学构成是迈克耳孙干涉仪,如图 10.17(b)简图所示。[60]来自于红外光源即一个加热的元件或者一个发红光的棒的光被准直并导向一个分束器,通过反射 50%的入射光和剩余 50%的光被传输到两个独立的光学路径。在一个路径中光束将通过一个位置固定的镜子被反射回分束器,其中的一部分被传送回光源,一部分被反射到探测器。另一方面就干涉来说,光束由可移动的镜子来反射,这个镜子在与自己平行的方向来回移动。为得到较好的稳定性,该活动的镜子置于一个空气轴承上。来自该镜子的光束也被返回到发射它的分束器,它部分地反射回光源和部分地被传送到探测器。尽管来自光源的光是非相干的,但是当它被分束器分裂为两个分量后,这些分量就是相干的并且在相遇时能产生干涉现象。

到达探测器的光强是两束光的总和。当 $L_1 = L_2$ 时,两光束相互增强,探测器输出最大值,因为此时两束光相位是同相的,$\delta = 0$。当 M_1 移动后,光路距离不相等从而产生了一个光程差 δ。如果 M_1 移动一个距离 x,由于光必须移动一个附加的距离 x 到达镜子,也必须移动一个同样的距离才到达分束器,因而延迟 $\delta = 2x$。

考虑单色光源时探测器的输出信号。当 $L_1 = L_2$ 时两光束由于同相而相互加强,$\delta = 0$,探测器输出最大值。如果 M_1 移动 $x = \lambda/4$,则延迟为 $\delta = 2x = \lambda/2$,两波波前到达探测器时相位相差 180℃,导致干涉相消或者零输出。M_1 再移动 $\lambda/4$ 时,$\delta = \lambda$,从而又形成干涉加强。探测器的输出即干涉图构成了一系列最大值和最小值,即可通过下述方程来描述:

$$I(x) = B(f)[1 + \cos(2\pi xf)] \qquad (10.28)$$

这里 $B(f)$ 是由样品修正后的光源强度。对于这个简单情形,$B(f)$ 和 $I(x)$ 如图 10.18(b)

所示。当光源所发出的光不是单一频率时,式(10.28)由下式积分式取代:

$$I(x) = \int_0^f B(f)[1 + \cos(2\pi xf)]\mathrm{d}f \qquad (10.29)$$

例如,考虑光源是谱分布:在图 10.18(b)中 $0 \leqslant f \leqslant f_1$ 时 $B(f) = A$。那么通过消除式(10.29)中的未调制项,可得到干涉图为

$$I(x) = \int_0^f A\cos(2\pi xf)\mathrm{d}f = Af_1\frac{\sin(2\pi xf_1)}{2\pi xf_1} \qquad (10.30)$$

如图 10.18(b)所示。当 f_1 增加时,干涉图就变得更窄。

干涉图总在 $x = 0$,即 $L_1 = L_2$ 时,具有最大值,因为此时所有波长的光在这个镜像位置都是干涉加强的。对于 $x \neq 0$,光波干涉相消,干涉图波幅从其峰值减小,如图 10.16(c)所示的硅片干涉图。在 $x = 0$ 处的强峰值是中央亮纹。更高的分辨率光谱信息包含于干涉图的边缘,相应于更大的镜像距离。对于镜子的移动有个实际的限制,表示为 $x = L$。最佳的波谱分辨率是 $\triangle f = 1/L$。实际中由于其它的实际考虑,通常将 $\triangle f$ 降到了这个值以下。在大多数 FTIR仪器中,为了加大信噪比,通常取镜子移动范围的平均值。

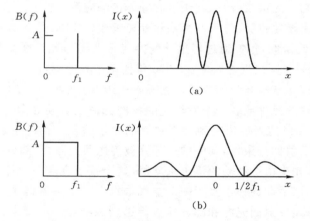

图 10.18　光谱和干涉图(a)余弦波和(b)窄带信号

FTIR 测量的其实就是干涉图,它不仅包括我们已考虑过的光源的光谱信息,而且也包括样品的透过率特征。值得强调的是从干涉图中并不能得到多少直接的信息,这是因为从干涉图中只有通过傅里叶变换得到的光谱响应才有意义。

$$B(f) = \int_{-\omega}^{\omega} I(x)\cos(2\pi xf)\mathrm{d}x \qquad (10.31)$$

$B(f)$ 包含了光源、样品和测量路径中周围的所有光谱。通过用干燥的氮气处理装置来降低空气中水和二氧化碳的原子吸收谱线被认为是普遍可行的方法。通过作一次不带样品测量—背景测量—和一次带样品测量可消除光源的影响。二者之比即消除了背景。由于镜子移动有限,不规则被引入了干涉图。这些不规则中的一些可通过加权或变迹方法来消除。[61]

FTIR 相比于单色仪有两个主要优点。一是多倍增益或者费尔盖特增益的优点。在单色仪的透射测量中,在一个特定时间内在整个谱中只有一小部分被观察到,而在 FTIR 中,测量

时的任一时刻整个谱都可被观察到。有 N 个谱元时,每个是 $\Delta\lambda$ 的宽度,当探测器被噪声限制而不是光子噪声限制时,FTIR 相对于单色仪有一个 $N^{1/2}$ 信噪比的优点。[62]第二个主要优点是光透过量增益或者贯奎诺利益,指的是能够穿过器件的光的总量。单色仪被准入缝和出口缝限制,而 FTIR 有相对较大的入口缝隙。典型的光透过量增益约为 100。

10.4.3　应用

透射光谱学首先可以用于探测某些杂质,如硅中的氧和碳。由于二氧化硅复合体的反对称振动,硅中的间隙式杂质氧引起了在 300 K 下 $\lambda=9.05\ \mu m$(波数 1105 cm^{-1})处的吸收和 77 K下在 8.87 μm(波数 1227.6 cm^{-1})处的吸收。[63]由于本征振动,硅中的替位式杂质碳在 300 K 下 $\lambda=16.47\ \mu m$(波数 607.5 cm^{-1})和 77 K 下 $\lambda=16.46\ \mu m$(波数 607.5 cm^{-1})有吸收峰。[64]在硅衬底的光子激发中这些吸收峰成阶层状并且应该与无碳氧的参考样品得到的频谱相减。其中的一个例子如图 10.19 所示,含碳氧的样品的频谱减去低碳氧硅基片的透射频谱就得到了碳和氧的频谱。氮也显示了一个吸收峰出现在波数为 963 cm^{-1} 处。[65]

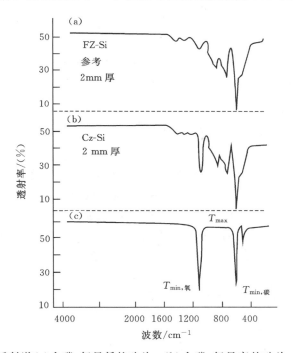

图 10.19　透射谱(a)含碳、氧量低的硅片;(b)含碳、氧量高的硅片;(c)(a)和(b)谱相减得到的光谱。数据摘自参考文献[55]。出自 The Aug. 1983 版的 *Solid State Technology*. 版权归 Penn Well 出版社所有

光吸收系数被转换成浓度如下:

$$N = C_1\alpha[cm^{-3}]; \quad N = C_2\alpha[ppma] \tag{10.32}$$

ppma 表示百万原子分之一。C_1 和 C_2 由表 10.2 给出。在测量系统中也以半高宽(FWHM)来表示带宽。氧的转换因子通过校准 IR 透过率与氧浓度获得,而氧浓度由带电粒子激发分

析、气化分析、[66]光子激发分析来确定。由于这些数值是不一样的,指定转换因子对于硅中氧的测量是很有必要的。参考文献[67]对硅中氧的状态进行了很好的探讨。

表 10.2　α 对浓度的转换因子

杂质	C_1/cm^{-2}	C_2/cm^{-2}	FWHM/cm^{-1}	参考
硅中氧(300 K)	4.81×10^{17}	9.62	34	"旧 ASTM"63
硅中氧(300 K)	2.45×10^{17}	4.9	34	"新 ASTM"63
硅中氧(77 K)	0.95×10^{17}	1.9	19	"新 ASTM"63
硅中氧(300 K)@	3.03×10^{17}	6.06	34	"JEIDA"71
硅中氧(300 K)	2.45×10^{17}	4.9	34	"DIN"72
硅中氧(300 K)#	3.14×10^{17}	6.28	34	IOC-8873
硅中碳(300 K)	8.2×10^{16}	1.64	6	64,74
硅中碳(77 K)	3.7×10^{16}	0.74	3	64
硅中氮(300 K)	4.07×10^{17}	8.14		65
砷化镓中 EL2 (300 K)*	1.25×10^{16}	0.25		75

@　JEIDA:日本电子工业振兴协会

#　International Oxygen Coefficient 1988

*　$\lambda=1.1\ \mu m$;EL2 是深能级杂质,有一宽的吸收带

利用 IR 技术对硅中氧的检测下限大约为 $5\times10^{15}\ cm^{-3}$;对于碳在硅中的检测极限在室温下大约为 $10^{16}\ cm^{-3}$,77 K 时为 $5\times10^{15}\ cm^{-3}$。碳在硅中的浓度低时是很难测量的,因为有一个很强的双光子晶格吸收带刚好也处于碳吸收带 $\lambda=16\mu m$ 附近的地方。区分这些吸收带需要将样品冷却到晶格能带"冻干"或者与少碳的参考样品作比较。有一种基于 CF_4 反应离子刻蚀处理的样品的低温光致发光测量方法表明,碳在硅中的检测极限可以达到 $10^{13}\ cm^{-3}$。[68]同样,透射测量也可用来确定半导体的光学吸收系数,[69]以及确定沉积玻璃中硼和磷的含量。[70]微黑子 FTIR 测量方法是利用小至 $1\ \mu m$ 的光束进行的。

● ● ● ● ● ● ● ● ● ● ● ● ● ● ● ●

10.5　反射法

10.5.1　理论

反射或者反射率的测量被普遍用于确定膜层的厚度,既可用于半导体衬底上的绝缘层测量,也可用于半导体薄膜的外延层。如图 10.20(a)所示,由一个非吸收衬底上具有一个厚度为 d_1 的吸收层组成的结构,其反射系数由下式给出:[76]

$$R = \frac{r_1^2 e^{\alpha d_1} + r_2^2 e^{-\alpha d_1} + 2r_1 r_2 \cos(\varphi_1)}{e^{\alpha d_1} + r_1^2 r_2^2 e^{-\alpha d_1} + 2r_1 r_2 \cos(\varphi_1)}$$

(10.33)

这里

$$r_1 = \frac{n_0 - n_1}{n_0 + n_1}; r_2 = \frac{n_1 - n_2}{n_1 + n_2}; \varphi_1 = \frac{4\pi n_1 d_1 \cos(\phi')}{\lambda}; \phi' = \arcsin\left[\frac{n_0 \sin(\phi)}{n_1}\right] \quad (10.34)$$

对于非吸收层,式(10.33)中 $\alpha = 0$。

反射系数最大时的波长为

$$\lambda(\max) = \frac{2n_1 d_1 \cos(\phi')}{m} \quad (10.35)$$

这里 $m = 1, 2, 3, \cdots$ 在式(10.35)中任取两个最大值时的波长,令两个值相减即可得到膜层的厚度为[77]

$$d_1 = \frac{i\lambda_0\lambda_1}{2n_1(\lambda_i - \lambda_0)\cos(\phi')} = \frac{i}{2n_1(1/\lambda_0 - 1/\lambda_i)\cos(\phi')} \quad (10.36)$$

这里 i 为从 λ_0 到 λ_i 的完整周期的数目,两个波长峰值之间包括了 i 个周期。对于两个相邻的最大值,$i = 1$;对于一个最大值和一个邻近的最小值,$i = 1/2$;对于两个相邻的最小值,$i = 1$ 等等。从图 10.20(b)可明显看出,波长难以从 R 相对于 λ 的曲线中确定。但是 R 相对于 $1/\lambda$(波数)的曲线中可得到更容易提取的值。例如,在图 10.20(c)中,对于前两个峰,$i = 1$,$1/\lambda_0 = 1.62 \times 10^5$ cm^{-1},$1/\lambda_1 = 1.22 \times 10^5$ cm^{-1} 给出 $d_1 = 10^{-5}$ cm。选择其他任意两个相邻峰或者用 $i = 3$,$1/\lambda_0 = 1.62 \times 10^5$ cm^{-1},$1/\lambda_3 = 4.2 \times 10^4$ cm^{-1} 也能得到同样的厚度。$2n_1\cos(\phi')$ 由试验设定及薄膜的折射率决定,有时也根据入射角 ϕ 表示为

$$2n_1\cos(\phi') = 2\sqrt{n_1^2 - n_0^2\sin^2(\phi)} \quad (10.37)$$

可以往样品上照射包含多种波长的白光,并使反射光通过分光计来进行分析,而不必用单色光照射样品。此外,借助一个显微镜还可表征小面积的样品。一旦不同的波长被分光计分散,他们就可以被光电二极管阵列探测出来,不同的波长落到阵列中不同的二极管,并可自动采集数据。[78]反射系数测量也是用于确定半导体外延层的厚度,但这仅仅在衬底和外延层界面处的掺杂浓度有明显变化时才有效,因为在界面处必须有一个可测量到的折射率的改变。

用白光而不用分光计,也可测得电介质薄膜的厚度。白光从一个厚度可变的参考薄膜反射到置于未知样品上的探测器上。当 $n_r d_r = n_x d_x$ 时探测器输出最大,这里 n_r, d_r 是参照物的折射率和厚度,而 n_x, d_x 是未知样品的折射率和厚度。[79]可变厚度的参照物可以是半圆形的氧化硅楔形物。对于 $n_r = n_x$,探测器在未知薄膜的厚度等于参照薄膜厚度时输出最大。

一种可替代的方法是使用 FTIR。正如 10.4.2 节所描述的,当分束器到镜子的光程距离相等时,可观察到干涉图中的最大值。对于衬底上薄层厚度的测量,当移动可动镜子距离等于穿过膜层的光程时,在干涉图中可观察到第二个最大值。这时膜层厚度可由干涉图中的第二峰值相对中央亮纹的位置 x 决定,其关系式为[80]

$$d_1 = \frac{x}{2n_1\cos(\phi)} \quad (10.38)$$

这个关系并不严格正确,因为反射束的相位变化改变了边缘峰的形状和位置。由于探测器看

594

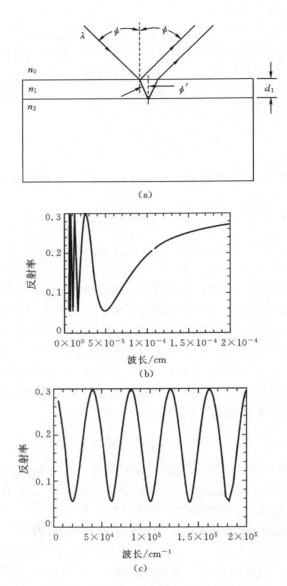

图 10.20 (a)反射光谱示意图,硅片上二氧化硅相对于(b)波长和(c)波数的理论

反射率。$t_{ox}=10^{-5}$ cm,$n_0=1$,$n_1=1.46$,$n_2=3.42$,$\phi=50°$

到一个宽广的波长范围,因而也有一个宽广的相位漂移的范围,而这些相位的变化并不容易包括在分析中。在实际中,我们建立了边峰位置和膜层厚度之间的一个经验关系。

10.5.2 应用

电介质: 反射系数方法有助于电介质薄膜厚度的测量;如对于硅上的二氧化硅薄膜,厚度大于 50 nm 的膜层。对于较薄的薄膜($d<50$ nm)的测量,使用椭圆偏振法(椭偏法)会更容易。若不想改变波长,也可以使用固定的波长,但需改变入射角。这种方法称为变角单色条纹

观察法(VAMFO)。[81] 当用肉眼或者通过一个显微镜观察半导体衬底上的介电薄膜时,干涉效应给出了膜层的特征颜色,它决定于膜层厚度、膜层的折射率和光源的谱分布。使用颜色校正图表,可判断出厚度,能精确到 10 到 20 个 nm。这些颜色图表对于厚度超过 80 nm 左右的氧化物膜的测量是很有效的。

对于厚度超过 300 nm 的二氧化硅或者超过 200 nm 的氮化硅膜厚的测量,由于不同的数量级有大体上相同的颜色,潜在的困难变得突出了。尽管训练有素的眼睛可以分辨不同数量级的轻微的颜色变化。但是,更精确的方法是在某个角度观察样品,并在相同的角度与校正样品相比较。除非两样品的数量级相同,否则颜色并不匹配。表 10.3 和 10.4 中给出了颜色指导。这个图表也可用于除了二氧化硅或氮化硅以外的其他薄膜,此情形下,$d_x = d_0 n_0 / n_f$,这里 d_x 是未知薄膜的厚度,d_0 是比色表中的薄膜厚度,n_0 是原始薄膜(例如,二氧化硅)的折射率,n_x 是待测薄膜的折射率。

半导体: 　两种类型的半导体膜层厚度测量是很有意义的:包括外延层和扩散或者离子注入层。式(10.35)和(10.36)给出的分光光度计反射系数测量法这两种膜厚会有一些困难。因为外延层和衬底的折射率只有极小的差别,从而导致该界面处的低幅反射。在更长的波长区,折射率差变大,这使得在更长的波长区干涉图谱就增强。用于外延层厚度测量的典型波长在 2 到 50 μm 的范围。此外,折射率差也随着衬底掺杂浓度的增加而增加。ASTM 建议要求硅外延层电阻率 $\rho_{epi} > 0.1\ \Omega \cdot cm$,而衬底的电阻率 $\rho_{subst} < 0.02\ \Omega \cdot cm$。[82] 由于空气与半导体界面处的相移不同于外延层与衬底界面的相移,这就导致了下列的修正厚度公式:[82-83]

$$d_{epi} = \frac{(m - 1/2 + \theta_i/2\pi)\lambda_i}{2\sqrt{n_1{}^2 - \sin^2(\phi)}} \tag{10.39}$$

上式 m 是光谱最大值或者最小值的数量级,θ_i 等于在外延层-衬底界面处的相移,而 λ_i 等于光谱中第 i 项极值波长。1/2 源于相位变化项。外延层-衬底界面处的相移(相位变化)必须精确知道。对于 n 型硅和 p 型硅的相移值都在参考文献[80]中列表给出了。对于极薄层或者在极薄埋层结构上的膜层,这些相位变化的值是非常关键的。[84]

练习 10.3

问题: 什么是魔镜?

解答: 魔镜是基于 Makyoh 概念的一种非接触性光学表征方法。它基于中国古代的一种神秘镜子,用于探测看似平整的表面的曲率半径变化。它是一种用青铜做的简单平凡、平整的镜子。但是,当镜面将阳光反射到墙上时,刻于镜子背后的容貌的形象(有时是个佛陀)会出现在墙上。古代的中国人将它命名为光透镜,日本人称之为 Makyoh 或者魔镜。

596 ～ 597

该技术可参见图 E10.3 阐述。光束照射到样品上,反射光束被投射到一个屏幕或者视频探测器以形成一个稍微散焦的样品表面图像。详细阐释表明如果样品表面含有缺陷,如压印,在图像平面而非聚焦面上的反射图像就会显示出这个缺陷。这可用于将像镜面的半导体晶片表面隐藏的损坏、抓痕、波纹和其他的缺陷转换成为可见的图像。这一技术可探测出 0.5 mm 距离上的几个纳米的起伏。

表 10.3　日光灯垂直照射热生长二氧化硅薄膜时的比色表[81]

薄膜厚度/μm	颜色	薄膜厚度/μm	颜色
0.05	棕褐	0.68	"浅蓝"(不是蓝而是在紫和蓝绿间界线的0.1处。它显示出更像紫红和蓝绿之间的混合色,看起来像浅灰色)。
0.07	棕暗紫到红紫		
0.12	品蓝		
0.15	浅蓝到金属蓝		
0.17	金属色到微浅黄绿	0.72	蓝绿到绿(很宽泛)
0.20	浅金或微黄金	0.77	淡黄
0.22	轻微橘黄金	0.80	橙(相当宽泛的橙色)
0.25	橙色到香瓜色	0.82	橙红
0.27	红紫	0.85	暗,浅红紫
0.30	蓝到紫蓝	0.86	紫色
0.31	蓝	0.87	蓝紫
0.32	蓝到蓝绿	0.89	蓝色
0.34	浅绿	0.92	蓝绿
0.35	绿到黄绿	0.95	暗黄绿
0.36	黄绿	0.97	黄到"淡黄"
0.37	绿黄	0.99	橙色
0.39	黄	1.00	肉粉
0.41	淡橙	1.02	紫红
0.42	肉粉	1.05	红紫
0.44	紫红	1.06	紫色
0.46	红紫	1.07	黄紫
0.47	紫	1.10	绿
0.48	蓝紫	1.11	黄绿
0.49	蓝色	1.12	绿
0.50	蓝绿	1.18	紫
0.52	绿(宽泛)	1.19	红紫
0.54	黄绿	1.21	紫红
0.56	绿黄	1.24	肉粉到橙红
0.57	黄到"淡黄"(不是黄色而是在所期的黄的位置。偶尔显示出淡奶油灰色或金属色)	1.25	橙色
		1.28	淡黄
		1.32	天蓝到绿蓝
0.58	淡橙或黄到粉红边界	1.40	橙色
0.60	肉粉	1.45	紫
0.63	紫红	1.46	蓝紫
		1.50	蓝
		1.54	暗黄绿

表 10.4　日光灯垂直照射到沉积的氮化硅薄膜时的比色表[85]

薄膜厚度/μm	颜色	薄膜厚度/μm	颜色
0.01	极淡褐色	0.095	淡蓝
0.017	中褐色	0.105	微淡蓝
0.025	棕	0.115	淡蓝-淡褐色
0.034	棕粉红	0.125	浅棕黄
0.035	粉紫	0.135	微浅黄
0.043	深紫	0.145	浅黄
0.0525	极深蓝	0.155	浅到中黄
0.06	深蓝	0.165	中黄
0.069	中蓝	0.175	极黄（浓黄）

　　更深入的讨论，可参见 K. Kugimiya，S. Hahn，M. Yamashita，P. R. Blaustein，和 K. Tanahashi，"使用'Makyoh'魔镜方法表征镜刻蚀硅晶片"，半导体硅/1999（H. R. Huff，K. G. Barraclough，J. I. Chikawa，），电化学. Soc，Pennington，NJ，1990，1052 - 1067；K. Kugumiya，"Makyoh 地形学；对比于 X 射线地形学，"半导体科学技术. 7，A91 - A94，1992 年 1 月；I. E Lukács 和 F. Riesz，"Makyoh 地形学仪表孔径的图像极限效应"Meas. Sci. Technol. 12，N29-N33，Aug. 2001. 等。

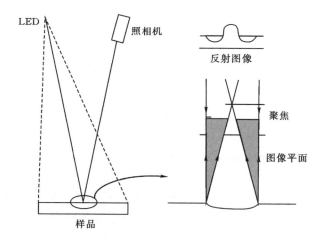

图 E10.3

10.5.3　内反射红外光谱学

当光入射到两种折射率分别为 n_0 和 n_1 的媒质界面时，部分光被反射。如果两个媒质都

是透明的,传输时就不会发生反射,发生折射时遵循斯涅耳(Snell)定律;

$$n_1 \sin(\theta) = n_0 \sin(\varphi) \tag{10.40}$$

这里的 θ, φ, n_0 如图10.21所示,$n_0 < n_1$。当 $\varphi = 90°$ 时,光发生全反射。此时的 θ 为临界角 θ_c,由下式给出:

$$\sin(\theta_c) = \frac{n_0}{n_1} \tag{10.41}$$

全内反射发生在 $n \leqslant n_c$ 情况下。从式(10.41)可以看出全内反射要求媒质"0"的光学密度比媒质"1"的小,例如空气与固体。对于空气-硅界面有 $n_0 = 1$ 和 $n_1 = 3.42$,$\theta_c = 17°$。

　　内反射红外光谱探测器是利用全内反射来探测表面,薄膜,界面的化学性质的[86],图10.21(b)所示为特殊的几何样品。红外光入射到一个物体表面上,光的能量必须比带隙的能量小以使半导体的吸收最小。为了能实现全内反射,入射角 θ 必须小于临界角。当光进入固体样品时,在光被探测之前,光通过样品的界面发生了多次全内反射。由于反射的次数多,光通过样品时,在表面被多次测量,这使得内反射红外光谱探测器具有高的灵敏度。

　　内反射次数 N 由下式给出:

$$N = \frac{L}{d} \frac{1}{\tan(\theta)} \tag{10.42}$$

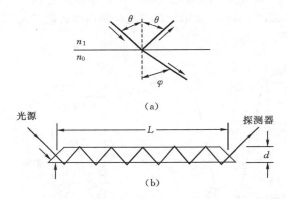

图10.21　(a)两种介质界面的光线情况;(b)固定角,多次通过内反射平板

若只关心一个表面的话,那么 $N \to N/2$。大量的反射可以用于探测表面特征,而这些探测对于单次反射的 IR 分析是做不到的。这种技术可应用于半导体中的硅氧化,Si/SiO_2 的氟化,硅的氢钝化和许多其他应用。[87]此外,这种技术同样可用于对半导体表面清理的实时原位监测。

* * * * * * * * * * * * * * * * * ·· ·

10.6　光散射

　　散射测量术就是一种利用光散射进行测量的方法,其中的光就是来自粒子和具有随机或者周期变化的表面的弹性散射光。粒子大小可以比光波长小得多,弹性光散射能够探测气相中的粒子,表面上的粒子和液体中的粒子。在半导体表征中常常用此方法来探测表面的粒子和临界尺寸的测量。经验表明直径为最小特征尺寸的 1/3(通常为 MOSFET 栅的长度)的粒子对于电路而言是致命的缺陷。

光散射测量原理如图 10.22 所示。一束聚焦激光束交叉扫射样品表面,然后探测样品表面的散射光。直接反射的镜面光排除在系统外以保证探测器正常工作。虽然半导体表面非常平整,但表面还是会有一些微小的粗糙,这样难免在镜面反射光中就会包含有这些散射光。粒子的散射光是全方位的。光探测器放在围绕着系统的各个方位上以获得尽可能多的散射光,这些光有可能为极化光。对一个孤立的粒子来说,散射光正比于光散射的截面。[88]

$$\sigma = \frac{\pi^4}{18} \frac{D^6}{\lambda^{14}} \left(\frac{K-1}{K+2}\right)^2 \tag{10.43}$$

这里 D 是粒子的直径,λ 为激光波长,K 为粒子的相对介电常数。式(10.43)适用于 $D \ll \lambda$ 的情况。粒子的形状对散射影响并不大。表面粒子散射光正比于 D^8。[89]

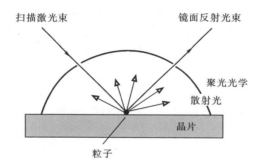

图 10.22　光散射实验原理图

当激光束交叉扫描样品时,粒子的密度通过散射光脉冲来探测。粒子的大小由式(10.43)给出的散射光尺寸依赖性来确定。尺寸较大的粒子散射的光比尺寸小的粒子多。小于光波长的粒子同样可以被探测到。然而,假如不借助于参考校准,粒子的尺寸是不准确的,通常用乳胶或硅半球来校准。探测小粒子类似于用眼直接看烟,我们知道烟在哪里,但不知道烟尘粒子的大小。然而,由于晶片表面是粗糙的,对于探测到的粒子尺寸可以更小。由于晶片本身也有一定的散射光,如果粒子散射光与晶片表面散射光相比拟时,那么将探测不到粒子大小。一些表面干涉可以利用角分辨散射测量来消除掉。[90]

光散射同样可用于断层扫描,如图 10.23 所示。光入射到样品表面,由于波长相对于材料是足够大的,材料可以看作是透明,对于高折射率半导体材料来说,进入材料的激光束是准平行光束。波长为 1060 nm 的入射光在硅晶片中能穿透大约 1000 μm。在合适的角度能够探测到散射光的线性图像,通过移动激光器或者样品来得到下一个图像,这样重复操作直到建立与表面平行的虚拟"横断面"二维图像。[91]通过适当的样品制备,那么就能够得到晶片的横截面或表面图像。

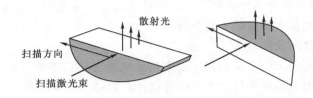

图 10.23 光散射断层扫描原理图

10.7 调制光谱学

调制光谱学是通过对响应函数求导来确定在半导体中的带间跃迁详细情况的一种灵敏技术。例如,对光反射系数或者透射系数求导来取代响应函数本身。[92] 求导放大了响应函数中的弱参量,抑制了高的本底信号,使这种方法对于利用传统方法探测不到的小的光谱特征有高的灵敏度。这种测量方法是利用改变样品的性质来实现的。例如电场,或测量系统的光波长或极化,或测量合成信号。

样品的反射系数 R 取决于介电函数,而介电函数由多种物理参量决定,如:电场。包含直流($\mathcal{E}_0$)和交流($\mathcal{E}_1 \cos(\omega t)$)的部分,这时反射系数可表示为[93]

$$R(\mathcal{E}) = R[\mathcal{E}_0 + \mathcal{E}_1 \cos(\omega t)] \approx R(\mathcal{E}_0) + \frac{\mathrm{d}R}{\mathrm{d}\mathcal{E}}(\mathcal{E}_1 \cos(\omega t)) \tag{10.44}$$

假如 $\mathcal{E}_1 \ll \mathcal{E}_0$,则第二项可看作是在调制频率 ω 下的时间周期函数,而这时小特征量在光谱中得到增强。在电子反射中,周期振动是外加电场产生的;在光子反射中,载流子是通过调制激光器注入。注入的这些载流子调制内电场和反射系数。外加电场可由接触式结器件或利用电极-半导体结来产生。除此之外,其它的激励源还包括电子束、热脉冲和压力。

10.8 线宽

线宽常常称为临界尺寸(CD),测量线宽也就是测量 CD。他们可以通过电学或光学方法来测量,如可通过扫描探针技术和扫描电子显微镜技术测量。线宽测量系统应该能够用来测量线的宽度,而且在小于公差(一般为 10%)下可重复测量。测量误差应该比过程误差小 3 到 10 倍。这里有几种与线宽测量有关的术语。精确性是指测量线宽与真实线宽的偏差;短期精度是由于仪器重复测量造成的误差分布;长期稳定性是衡量平均测量线宽随着时间的变化。

10.8.1 光学-物理方法

散射测量术: 光学技术可以测量 CD,也可以测量导体和绝缘体的线宽。它们的优点是多功能性,快速和简便。早期的光学技术有:视频扫描,裂缝扫描,激光扫描,和图像剪切。[94]

光栅结构的角分辨激光散射技术已经用于尺寸测量。[95]散射/衍射光取决于结构和组分。从严格的物理意义来说,来自周期样品的散射光其实是由衍射引起的,但一般我们称其为散射。来自周期特征的散射光与与散射特征的几何特性是密切相关的。能量的分布模式就能反映出散射特征。这一技术快速,非破坏并且具有高的精确度,使其在半导体制造方面相比于其它的测量技术更具有吸引性。

　　散射测量术可以分为"正向问题"和"反向问题"。[96]在"正向问题"中利用照明光栅来测量散射信号,并利用探测到的光来确定信号特征。而在"反向问题"中散射结构的线宽是由基于模型分析来量化得到的,此时光散射数据与从麦克斯韦方程导出的理论模型得到的模拟数据进行对比。一般来说,先根据模型推理得到一系列的信号,这些信号对应各种光栅参数的离散迭代,例如光栅线的厚度和宽度等参数。得到的信号作为信号数据库,并利用此数据库里的信号与在"正向问题"中测量到的散射信号进行匹配。与测量信号最吻合的模拟信号的参数即可作为测量信号的参数。

　　光谱椭圆偏振法(SE):周期结构的光谱椭圆偏振测量对高速拓扑测量很有前景。基于SE 的散射仪比自顶而下的扫描电子显微镜 CD 测量得到的结果更详细。当廉价计算机使薄膜反射模型能够有精确的分辨率时,这种方法的出现可比拟于传统薄膜椭圆偏振法。薄膜厚度可以通过快速分析综合的薄膜数据来得到,这可比拟于有代表性的透射电子显微镜。这种结构的应用使衍射问题几乎可以实现精确的数字解,光谱椭圆偏振法对于图形化结构测量的优点正在不断被认识。

　　在光谱椭圆偏振法的拓扑测量中,光谱反射系数是通过一维光栅对样品进行镜面反射得到的。通过利用麦克斯韦方程高精度的数字模拟可以为光栅引发的反射问题建立模型。假设各种呈线状的材料和底部光滑薄膜的光学介电函数都已知,那么这些参数可通过光谱椭圆偏振测量与之相似的非图形化薄膜获得。这可通过使用一个巨大的预模拟线型数据库图形匹配程序或者使用参数化非线性回归程序来找到介于理论和实验数据中最拟合的数据。[97]

　　扫描电子显微镜:　在扫描电子显微镜的 CD 测量中,聚焦的电子束扫描样品,样品图像是通过探测二次电子得到。[98]二次电子的产额依赖于样品的形貌,倾斜的样品表面的二次电子的产额要比平整的样品表面的二次电子的产额多,如图 10.24(a)和(b)所示。线宽是由通过测量扫描图像中线的两边缘距离确定的,但是这取决于如图中的线宽 W_1,W_2,W_3 的精确度。一般取尖峰的一半来测量线宽。在扫描电镜 CD 测量中,最常用和最突出的优点就是具有极高的分辨率,但是样品必须要放置在真空的环境中,并且可以导电。当电子束照射时,由于光刻胶的交联效应,线会产生细化现象,如图 10.24(c)所示。

　　原子力显微镜:　在表征物理线宽的所有技术中,原子力显微镜(AFM)是最灵敏的技术之一,这在第 9 章中已经讨论过了。通过机械探针扫描样品,从而得到样品的图像。AFM 在垂直方向具有很强的灵敏度,而在水平方向则相对较弱。即便如此,水平方向的分辨率达到几十个埃(几个纳米)也是可能的。AFM 也可以描绘出线和沟槽的轮廓。尽管 AFM 具有很高的灵敏度,但在处理数据时,我们必须要很仔细,如图 10.25 所示。[99]在图 10.25(a)中,半导体衬底截面图,其线宽度为 W,栅距为 P。如图 10.25(a)(b)所示,探针扫描依赖于探针的形状。在任何一种情况下,栅距都可以被正确的测量,但是线宽的测量是有误差的,即使探针形状为理想的长方形。不仅线宽的尺寸有误差,而且线的形状也不精确。但是,利用探测几何学的知识可以纠正这种偏差。

602

603

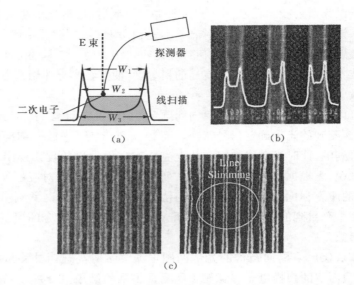

图 10.24　扫描电镜测量线宽 (a)展示样品和线扫描的原理图;(b)实验曲线,$W=0.21~\mu m$
(承蒙美国国家标准技术研究院的 M. Postek 提供);(c)线细化效应

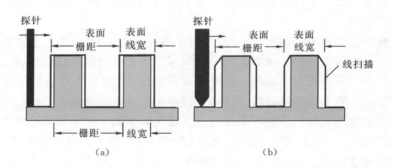

图 10.25　机械探针测量线宽。(a)钝探针;(b)点探针
图示为导致的线宽是随着探针形状调节的

10.8.2　电学方法

　　电学方法测量线宽仅适用于导电线,其测试结构如图 10.26 所示。[100]这样的测量方法具有可重复性。对于 1 μm 的线宽,其可重复性可以达到 1 nm 的数量级。[101]精度为 0.005 μm,宽为 0.1 μm 的线型也已经被测量。测试结构的左边部分为交叉电阻器用来测量范德堡方块电阻(sheet resistance),右边为桥式电阻器。交叉电阻已经在 1.2.2 节中讨论过了,方块电阻为

$$R_{\mathrm{sh}} = \frac{\pi}{\ln 2} \frac{V_{34}}{I_{12}} \tag{10.45}$$

其中,$V_{34}=V_3-V_4$,I_{12}是流入端电流 I_1 和流出端电流 I_2 的差值。电压由通过两个临近的接

触端和两个反向临近接触端的电流测定。平均值通常可以由改变接触端电压和电流得到。方块电阻的大小由图中阴影区域确定。

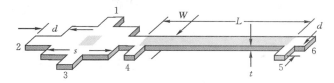

图 10.26　跨桥线宽测试结构图

线宽 W 由桥电阻决定为

$$W = \frac{R_{\mathrm{sh}}L}{V_{45}/I_{26}} \tag{10.46}$$

其中 $V_{45} = V_4 - V_5$，I_{26} 为流入段电流 I_2 和流出端电流 I_6 的差值，L 是电压抽头 4 与 5 之间的长度，可以从测试结构的版面图得到。

在式(10.46)中假设测试结构中在桥式部分的方块电阻值与交叉部分的值相同的话，即两者都在阴影区域。如果假设不正确的话，那 W 将是有误差的。[102] L 的精确值是多少呢？是否是图 10.26 描绘的中心之间的间距？这取决于结构的精确设计。抽头 4 和 5 的扩展不能超过测量线，图 10.26.给出了 L 的近似值。对于对称结构，抽头 4 和 5 刚好扩展到测量线，有效长度 $L_{\mathrm{eff}} \approx L - W_1$，其中 W_1 为抽头的宽度。对于长结构，即 $L \approx 20W$，这种修正可以忽略，但是对于短线来说，就必须考虑这一修正，因为接触抽头歪曲了电流路径。其它考虑的情况是：$t \leqslant W$，$W \leqslant 0.005L$，$d \geqslant 2t$，$t \leqslant 0.03s$，$s \leqslant d$。[103]

- - - - - - - - - - - - - - -

10.9　光致发光(PL)

光致发光，也称作荧光测定法，为确定半导体中某些杂质提供了一种非损伤性技术。[104] 这种技术特别适用于探测浅层杂质，但也同样适用于探测一些深层杂质，[105] 如果杂质复合发生辐射的话。光致发光也应用于其它方面，例如，在荧光管中由于放电产生的紫外光被管中的磷吸收，可见光就通过光致发光发出。在此我们讨论 PL 只简单地给出主要的概念和一些例子。利用 PL 很容易辨别杂质，但是要测量出杂质的浓度就比较困难。PL 测试能够提供样品中多种杂质的实时信息，但只有那些在复合过程中发生辐射的杂质才能被探测到。

光致发光在过去以其高的内效率而广泛用来表征 III - V 族半导体。内效率可以测量光生电子空穴对复合辐射发出的光。硅是间接带隙半导体，具有低的内效率，因为大部分的复合是通过肖克莱-理德-霍尔复合或俄歇复合发生的，即都不发出光。尽管内效率较低，但 PL 现在也用于表征硅，因为发光强度取决于缺陷和掺杂浓度。

典型的 PL 测试系统如图 10.27 所示。样品放在低温保持器中并且冷却到接近液氢的温度。由于应变对发光会有影响，所以样品应该以没有应变的夹持方式放置。通过降低热激发非辐射复合过程和降低热导致的线展宽，那么低温测量就可以获得令人满意的完整的光谱信息。载流子由于热效应导致带间跃迁发光的大约宽度为 $KT/2$，所以我们有必要将样品冷却以减小这一宽度。在 $T=4.2$ K 时,热能量 $KT/2$ 为 1.8 meV。对于许多测量来说,这已经足够低了,但是有时候必须通过降低样品温度使其低于 4.2 K 从而进一步缩小这一宽度。特别对于硅,室温下的 PL 测量最近已成为常规。通过 PL 测量不但可辨别杂质而且还可得到掺杂图形和缺陷浓度。

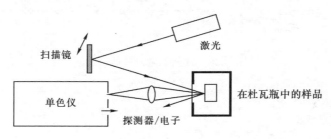

图 10.27　光致发光测试原理图

　　样品在光源激发下(激发光源通常能量 $h\nu > E_G$ 激光器),产生电子空穴对(ehps),其产生的各种可能机制,详见第 7 章中的讨论。辐射复合可以辐射光子,但在体内发生的非辐射复合过程和表面复合过程并不会辐射光子。倘若在表面以合适角度入射,一些光子可能在样品中会重新被吸收。这些辐射光被聚焦在色散分光计或傅里叶转换分光计,再到探测器。

　　内部 PL 效率为[106]

$$\eta_{\text{int}} = \int_0^d \frac{\Delta n}{\tau_{\text{rad}}} \exp(-\beta x)\,\mathrm{d}x \approx \int_0^d \frac{\Delta n}{\tau_{rad}}\,\mathrm{d}x \tag{10.49}$$

这里 d 为样品厚度,Δn 为少数载流子浓度的过剩量。β 为在样品内产生的光的吸收系数。硅中的辐射光有一个在带隙附近的波长,其吸收系数 β 很低(当 $\alpha \approx 2$ cm^{-1} 时,$h\nu = 1.12$ eV),此时可忽略式中的 $\exp(-\beta x)$ 项。这种情况通常不会在其它半导体中出现。Δn 取决于反射系数、光子流浓度以及在附录 7.1 讨论的各种复合机制。

　　光子能量取决于复合过程,图 10.28 所示的是常见的五种 PL 跃迁方式。[107]带间复合(图 10.28(a))主要发生在室温下,而有效质量小,电子轨道半径大的材料处于低温时很少能够被观测到。激子复合常常可以被观测到,那么什么是激子呢?当光子产生电子空穴对时,库仑吸引力能够使其形成电子空穴依然相互束缚着的激发态。[108]这种激发态称作自由激子(FE)。作为图 10.28(b)显示的,此时的能量略小于要形成分离的电子空穴对所需的带隙能量。激子能够穿过晶体,但由于电子空穴对相互束缚,电子和空穴一起移动,所以并不能形成光电导或电流。一个自由孔穴可以与一个中性施主原子结合(图 10.28(c))形成一个正激子离子或束缚激子(BE)。[109]电子束缚于施主原子并围绕着施主原子作轨道运动。同样,电子与中性受主原子也可以形成束缚激子。

　　如果材料足够纯,自由激子的形成和复合可通过发射光子来实现。在直接带隙半导体中光子能量和带隙能量关系为[109]

$$h\nu = E_G - E_x \tag{10.50}$$

这里的 E_x 是激子的结合能。在间接带隙半导体中,要求光子发射遵循动量守恒,这时有[109]

$$h\nu = E_G - E_x - E_P \tag{10.51}$$

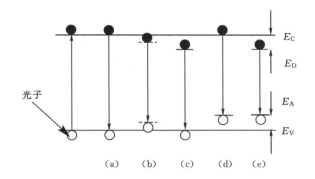

图 10.28　光致发光中的辐射跃迁

这里的 E_P 为光子能量。束缚激子复合相对于自由激子复合多发生在纯度较低的材料中。在中性的受主原子中一个自由电子也可以与一个空穴复合(图 10.28(d)),同样在中性施主原子中一个自由空穴可以与一个电子复合。

最后,在中性施主原子中的一个电子能够和在中性受主中的一个空穴复合,即众所周知的施主-受主(D-A)复合,如图 10.28(e)所示。施主与受主之间的库仑作用使发射线要求一个能量修正[105]

$$hv = E_G - (E_A + E_D) + \frac{q^2}{K_s \varepsilon_0 r} \tag{10.52}$$

这里 r 是施主与受主之间的距离。对于小的 $(E_A + E_D)$,式(10.52)中的光子能量可以比带隙能量高,这种光子可以在样品中形成二次吸收。束缚激子跃迁的半高宽一般 $\leqslant kT/2$,类似于展宽的 δ 函数。这有别于常为几 kT 宽的施主价带跃迁。这两种跃迁的能量是很相似的,而线宽被用于确定跃迁类型。

PL 装置上的光学设计是为了保证最大限度的收集光。来自样品的 PL 光可利用光栅单色仪进行分析和光探测器进行探测。利用迈克耳孙干涉仪可增强灵敏度并减少测量时间。同样可以通过一个可调谐染料激光器来改变入射光的波长。对于宽带隙半导体,必须用电子束来激发,才能满足激发能量超过半导体带隙能量的要求。从 Si 和 GaAs 中的浅层杂质发射的 PL 光必须用带有 S-1 光电阴极的光电倍增管才能探测到,其中能够探测的波长范围为 0.4 μm 到 1.1 μm。对于探测来自深层的更低能量的光需要用硫化铅(1~3 μm)或掺锗探测器探测。

在 PL 测量中的体分析是由激发激光的吸收深度和少数载流子的扩散长度决定的。一般的吸收深度在微米数量级。然而,利用紫外光有可能将吸收光限制在接近表面的薄层里。对于像绝缘层上的硅(SOI)这样的材料是很有用的,因为活性硅层厚度大约为 0.1 μm 厚。[110]由于样品与样品之间,样品不同部位之间的体内和表面的非辐射复合不同,一般来说很难将给定的 PL 谱线强度与杂质的浓度联系起来。然而,Tajima 给出了解决这个问题的一种新方法。[111]他发现对于不同电阻率的硅样品,本征和非本征峰的谱线如图 10.29 所示。更高电阻率的样品具有更高的本征峰。$X_{TO}(BE)/I_{TO}(FE)$ 的比率正比于掺杂浓度,$X_{TO}(BE)$ 是元素 X(硼或磷)束缚激子的横向光学声子 PL 强度峰,$I_{TO}(FE)$ 是自由激子的横向光学声子本征 PL 强度峰。

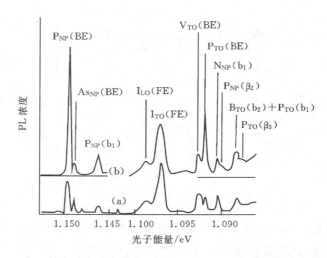

图 10.29　$T=4.2$ K 时 Si 的光致发光光谱。(a)起始材料；(b)中子蜕变掺杂之后。水平线是测量
峰高的基线。符号：I=本征，TO=横向光学声子，LO=纵向光学声子，BE=束缚激子，
FE=自由激子。样品包含残留的砷。标有 b_n 和 β_n 的部分包含有多重束缚激子复合。重
印得到 Tajima 等的允许。[111]这篇论文最早出现在 1981 年电化学协会春季会议上，该会
议在明尼苏达州的明尼阿波利斯举行

图 10.30 所示的是 n/n^+ 外延硅基片的两个 PL 结果图。图 10.30(a)所示的激发光波长
是 532 nm，此时吸收深度大约为 1 μm，由图中可见此时 PL 响应与外延层非常匹配。对于图
10.30(b)，其激发光波长 $\lambda=827$ nm，此时吸收深度大约为 9 μm，表明探针探测到了衬底，显
示的是重掺杂衬底的掺杂浓度变化。

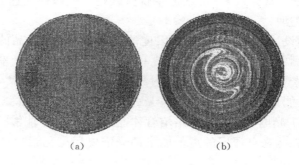

图 10.30　室温下 n/n^+ Si 外延晶片的 PL 图，$t_{epi}=5$ μm；(a)$\lambda=532$ nm，$1/\alpha\approx1$ μm，
(b)$\lambda=827$ nm，$1/\alpha\approx9$ μm。承蒙美国 SUMCO 的 A. Buczkowski 提供

608　　　图 2.29 是 Si 的光致发光(PL)强度与其杂质浓度比率的校准曲线。由图中可见通过电学
测量测得的电阻系数和通过光致发光测量载流子浓度计算出的电阻系数得到了很好的吻合。
使用非常纯的悬浮区硅和利用中子蜕变掺杂引入不同量的磷绘制的校准曲线可用作光致发光
数据。[112]对于面积是 0.3 cm^2、厚度是 300 μm 的样品 Si 中的 P、B、Al、和 As 的探测极限分别
是 5×10^{10}，10^{11}，2×10^{11} 和 5×10^{11} cm^{-3}。Si 中的各种杂质也已经被编目。[113]这种解释对于
InP 同样适用，其可决定 InP 中的施主原子浓度和补偿比。[114]

GaAs 中施主元素的电离能量典型值约为 6 meV，各种施主杂质的能量差是如此的小以

致于不可能用传统的 PL 观察到。然而随着电离能间隙的增大通过跃迁可以检测到受主元素：从自由电子到中性受主(图 10.28(d))以及中性施主的电子到中性受主的空穴(图 10.28(e))。用 PL 测得 GaAs 受主元素也已经被编目。[115]当两个或者更多的受主基态的能量差和它们的带-受主与施主-受主对之间的跃迁差相同时，情况就变得复杂。通过温度变化或者是激发功率的变化测量能够区别出这些跃迁，激发功率的变化通常可以使施主-受主对跃迁到更高的能量。[116]GaAs 中受主元素可以通过磁致光致发光来测量。通过束缚激子初始态的分裂，磁场可分离一些光谱线成好几个部分。[117]第 2.6.3 节讨论的光热电离谱也可以辨别出施主元素。

10.10　拉曼光谱

拉曼光谱是一种振动光谱技术，它既可以检测有机物也可检测无机物，并且可以测量固体的结晶性。[118]它不会产生电荷效应，在这里值得提到是其在半导体表征中的用途正在增大。比如它对应变很敏感，这在半导体材料或器件中可以用它来探测应力。既然光束可聚焦在一个非常小的直径范围，故用这一技术可以在一个非常小的面积中测量应力。

当光由样品表面散射时，散射光包含入射到样品上的主要波长(瑞利散射)，同时也包含了其他不同的光波长，不过这些光波长的强度很低(百万分之几)，但这正体现出了材料与入射光的相互作用。入射光和光学声子的相互作用称为拉曼散射，而入射光和声学声子的相互作用则称为布里渊散射。光学声子比声学声子具有更高能量，它可以有更大的光子能量转换，如图 10.31 所示。但是即使是拉曼散射，光子的能量转换也很小。比如 Si 中光学声子的能量大约为 0.067 eV，而激发的光子能量是几个电子伏特(波长为 488 nm 的氩激光能量为 $h\nu = 2.54$ eV)。因为拉曼散射光强度非常弱(约 $1:10^8$)，所以只有使用像激光这样强的单色光源时，拉曼光谱才具有实际意义。

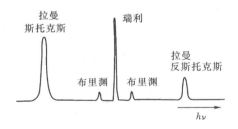

图 10.31　散射光的能量分布

拉曼光谱是基于拉曼在 1928 年首次提出的拉曼效应。[119]如果入射光子以一个声子的形式传递能量给晶格(声子发射)，它就会转换为一个较低能量的光子。这样一个下转换频率变化称为斯托克斯频移散射。在反斯托克斯频移散射中，光子吸收一个声子具有了更高能量。反斯托克斯模式比斯托克斯模式更弱，所以一般检测到是斯托克斯模式。

在拉曼光谱测量中，激光泵浦光束入射到样品上。弱的散射光或者弱信号通过一个双单色仪可去除瑞利散射光，由光探测器来探测拉曼漂移波长。在拉曼微探针中，激光通过一个商用显微镜来照射样品。激光功率通常控制在 5 mW 以下,以减少样品的热效应而导致样品分解。为了便于从泵浦光分离信号,泵浦光为一个强单色光源是非常必要的。因为当一个弱信号对散射泵浦辐射的强背景光时,探测会变得非常困难。如果与泵浦光束成一个合适的角度观测拉曼辐射的话,那么信噪比就可以大大提高。拉曼光谱最主要的一个局限是由杂质或样品本身产生的荧光的干涉。将拉曼光谱和红外傅里叶变换分析相结合可以消除荧光背景问题。[120]如何提高红外傅里叶变换分析和色散拉曼测量以及如何设置激光和探测器已在参考文献[121]中有所总结。

　　使用具有可变波长的激光就会有不同的吸收深度,那么就可能描绘出一定深度的样品特征。这种技术是非破坏性的,并且无需与样品接触。大多数半导体都可以由拉曼光谱来表征。通过分析和匹配已知的波长来辨别散射光波。

　　样品的各种特性都可以被表征,其成分也可以被确定,同时拉曼光谱对晶体结构也敏感。例如,不同晶体的取向对应不同的拉曼漂移。然而,损伤和结构的不完整性导致禁止的 TO 声子散射,例如,注入损伤可以被监测到。颗粒大小在 10 nm 以下的微晶 Si 的斯托克斯频移使得谱线范围变宽并且变得不对称。[122]无定形半导体的谱线宽度会变的非常宽,这也就是单晶、多晶和无定形材料的区别所在。薄膜中的压应力和张力也会使频率漂移。[123]SiGe 和其他方法中引入的硅 MOS 技术中的张力非常适合用拉曼表征。[124]压应力和张应力都会使无应力状态下 520 cm^{-1} 处的 Si 谱线产生漂移,压应力使谱线向右漂移,张应力使谱线向左漂移。1/λ =520 cm^{-1} 对应于 0.067 eV 的光学声子能量。如图 10.32 所示为单层 Si 和三层 Si/SiGe/Si 结构的拉曼光谱。图中所示的是样品入射光波数的漂移。SiGe 结构的晶格常数比单晶 Si 的大。Si/SiGe 结构中的张应力导致谱线向左漂移。Ge 含量越高,应力就越大和漂移也就越明显。小到 200 nm 的区域也已经被表征。[125]

(左侧页边) 610

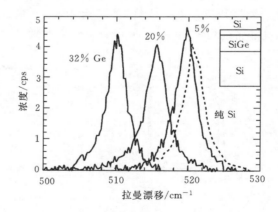

图 10.32　单层 Si 和三层 Si/SiGe/Si 结构的拉曼光谱。百分比表示 SiGe 层中 Ge 的含量。感谢飞思卡尔半导体公司的 M. Canonico

　　拉曼微探针可以区分小到 2 μm 的颗粒和薄到 1 μm 的薄膜的有机污染物。这项技术非常成功地应用于有机材料,是由于有机物光谱数据库的存在。例如,硅薄膜、聚四氟乙烯、纤维素和其它污染物都可以被探测到。[126]值得强调的是在解决半导体问题的过程中,结合其他表征技术,拉曼光谱是非常有效的。[127]

● ● ● ● ● ● ● ● ● ● ● ● ● ● ● ● ●

10.11　优点和缺点

　　光学显微镜：　光学显微镜的优点在于它的原理简单和搭建方便。光学显微镜已经使用了很多年了,这些年来已有很好的发展和应用包括从缺陷检测到 IC 检查。通过微分干涉对比、共焦显微镜和近场显微镜的应用,进一步增强了这一基本技术,这使得光学显微镜技术的应用进一步拓展。非接触测量就是这一技术一个明显的优点。这项技术的一个主要缺点就是分辨极限大约仅为 $0.25~\mu m$。但近场显微镜可克服这个极限,只是不容易使用。

　　通过更换显微物镜,光学干涉显微镜的探测面积可以从 $50~\mu m^2$ 到 $5~mm^2$。主要的缺点就是可探测的高度取决于反射相移。如果探测单一材料,是没有问题的。但是,具有不同光学特性的样品就会得出错误的结果。但是给材料涂上一层反射材料就可以消除这一问题。

611

　　椭圆偏振法：　椭圆偏振法的优点就是广泛应用于膜厚检测。增加可变角和多波长特征进一步拓展了椭圆偏振法的应用,包括考虑到非接触特性的测量和用于原位过程的控制。它探测的是薄膜的光学厚度,而不是物理厚度。虽然只要知道折射率,物理厚度就可以确定。但是有时折射率是未知的,尤其是薄膜,因为薄膜的组分可能随薄膜厚度而改变。

　　透射法主要是用于吸收系数和杂质浓度(例如硅中的氧和碳含量)的测定。对于吸收系数(α)的测量方法是没有可选择性。虽然杂质可用二次离子质谱法来测定,但是光学透射法是非接触和非破坏性的。用光学透射法测量杂质浓度的一个缺点是低浓度下的灵敏度问题。例如,硅中碳含量在 $10^{16}~cm^{-3}$ 左右或者还低,而测量灵敏度也在 $10^{16}~cm^{-3}$ 左右,这就很难确定这种杂质了。

　　反射法传统上主要用于绝缘体厚度的测量,无疑非接触性测量是它的显著优点。内反射红外光谱技术的利用大大拓展了这一技术的应用,包括对表面态的监控。和椭圆偏振法一样,厚度测量的缺点就是探测的是光学厚度。

　　光致发光：　这项技术具有非常高灵敏度的优点。它是测定掺杂浓度灵敏度最高的技术之一。虽然是对于在体内复合还是在表面复合通常是未知的,并且两者难以分开,而且对缺陷浓度更难探测,但是这种方法还是可以给出一些缺陷的信息。这种方法的缺点包括需要在低温下测定才能达到最佳灵敏度,以及未能确定是体内复合还是表面复合。

　　拉曼光谱学已经成为重要的应力测试方法,例如,可用于测定硅器件上的应力。它也能用来测定沟道应力。

● ● ● ● ● ● ● ● ● ● ● ● ● ● ● ● ●

附录 10.1

透射方程

　　如图 A10.1 样品所示,R_1,R_2 表示反射系数,吸收系数为 α,复折射率为 (n_1-jk_1),样品厚度为 d。光强度为 I_i 的光由左边射入。$I_{r1}=R_1 I_i$ 是 A 点的反射光强,$(1-R_1)I_i$ 是透射进样品的光强,光在样品中传播时光强会被削弱。点 B 即样品中 $x=d$ 的位置,其光强为$(1-R_1)\exp(-\alpha d)I_i$。$R_2(1-R_1)\exp(-\alpha d)I_i$ 这部分光在 B 点被反射回样品,而 $I_{t1}=(1-R_2)(1-R_1)\exp(-\alpha d)I_i$ 这部分光透射出样品。在 B 点被反射回的一部分光被反射到样品中的 C 点,图中的 I_{t2} 分量就是被反射回的。光来回的反射,其中一部分被反射掉,一部分被吸收还有一部分被透射。

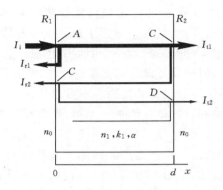

图 A10.1　反射光和透射光原理图

当把所有的分量都加起来,则透射率 T 为[76]

$$T = \frac{I_t}{I_i} = \frac{(1-R_1)(1-R_2)e^{-\alpha d}}{1+R_1 R_2 e^{-\alpha d} - 2\sqrt{R_1 R_2}\,e^{-\alpha d}\cos(\varphi)} \tag{A10.1}$$

其中 $\varphi=4\pi n_1 d/\lambda$。对于均匀样品,有 $R_1=R_2=R$,则式(A10.1)可化为

$$T = \frac{(1-R)^2 e^{-\alpha d}}{1+R^2 e^{-2\alpha d} - 2Re^{-\alpha d}\cos(\varphi)} \tag{A10.2}$$

其中余弦项可以写成 $\cos\left(\dfrac{f}{f_1}\right)$,其中空间频率 $f=2\pi/\lambda$,$f_1=1/2n_1 d$。如果探测器没有足够的光谱分辨率,那么由 $\cos(\varphi)$ 项产生的摆动其平均值为零,这样通过求透射光强度对余弦项一个周期积分的平均结果为[128]

$$T = \frac{1}{2\pi}\int_{-\pi}^{\pi} \frac{(1-R)^2 e^{-\alpha d}}{1+R^2 e^{-2\alpha d} - 2Re^{-\alpha d}\cos(\varphi)}\,\mathrm{d}\varphi \tag{A10.3}$$

考虑在波长时间间隔内 α 和 n_1 为常数,则透射率变为

$$T = \frac{(1-R)^2 e^{-\alpha d}}{1-R^2 e^{-2\alpha d}} \tag{A10.4}$$

此时反射率 R 则为

$$R = \frac{(n_0-n_1)^2+k_1^2}{(n_0+n_1)^2+k_1^2} \tag{A10.5}$$

这里吸收系数 α 和消光系数 k_1 的关系如下:

$$\alpha = \frac{4\pi k_1}{\lambda} \tag{A10.6}$$

当 $m\lambda_0 = 2n_1 d, m = 1, 2, 3\cdots$ 时,$\cos(\varphi)$ 有最大值,这时可通过下列关系来确定样品的厚度:

$$d = \frac{m\lambda_0}{2n_1} = \frac{(m+1)\lambda_1}{2n_1} = \frac{(m+i)\lambda_i}{2n_1} \tag{A10.7}$$

或者 $m = i\lambda_i / [\lambda_0 - \lambda_i]$,$i$ 为从 λ_0 到 λ_i 的完整周期数。对于一个周期,则 $i=1$,有

$$d = \frac{1}{2n_1(1/\lambda_0 - 1/\lambda_1)} = \frac{1}{2n_1\Delta(1/\lambda)} \tag{A10.8}$$

这里 $1/\lambda$ 为波数,$\Delta(1/\lambda)$ 为两波峰或波谷之间的波数间隔。

● ● ● ● ● ● ● ● ● ● ● ● ● ● ● ● ● ● ● ●

附录 10.2

几种半导体的吸收系数和折射率

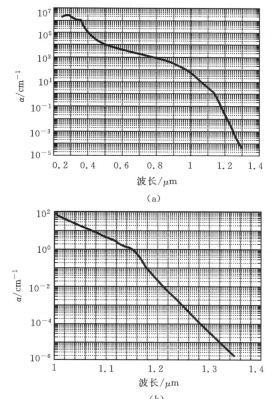

图 A10.2　硅在各波长下的吸收系数。摘自 Green[129] 和 Daub/Würfel[130] 的数据

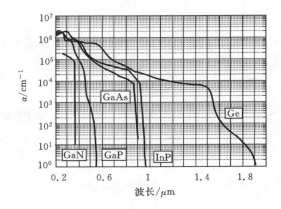

图 A10.3　几种半导体在各波长下的吸收系数。
摘自 Palik[131] 和 Muth[132] 等的数据

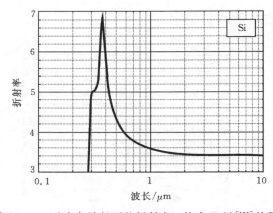

图 A10.4　硅在各波长下的折射率。摘自 Palik[131] 的数据

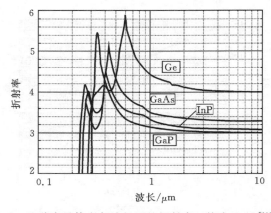

图 A10.5　几种半导体在各波长下的折射率。摘自 Palik[131] 的数据

参 考 文 献

1. I.P. Herman, *Optical Diagnostics for Thin Film Processing*, Academic Press, San Diego, 1996.

2. W.C. McCrone and J.G. Delly, *The Particle Atlas*, Ann Arbor Science Publ., Ann Arbor, MI, 1973; J.K. Beddow (ed.) *Particle Characterization in Technology*, Vols. I and II, CRC Press, Boca Raton, FL, 1984.

3. G. Airy, *Mathematical Transactions*, 2nd ed., Cambridge, 1836.

4. M. Spencer, *Fundamentals of Light Microscopy*, Cambridge University Press, Cambridge, 1982.

5. T.G. Rochow and E.G. Rochow, *An Introduction to Microscopy by Means of Light, Electrons, X-Rays, or Ultrasound*, Plenum Press, New York, 1978.

6. H.N. Southworth, *Introduction to Modern Microscopy*, Wykeham Publ., London, 1975.

7. G. Nomarski, "Microinterferometre Differentiel a Ondes Polarisés," *J. Phys. Radium* **16**, 9S-13S, 1955. French Patents Nos. 1059124 and 1056361; D.C. Miller and G.A. Rozgonyi, "Defect Characterization by Etching, Optical Microscopy and X-Ray Topography," in *Handbook on Semiconductors*, **3** (S.P. Keller, ed.) North-Holland, Amsterdam, 1980, 217–246.

8. J.H. Richardson, *Handbook for the Light Microscope, A User's Guide*, Noyes Publ., Park Ridge, NJ, 1991.

9. M. Minsky, "Memoir on Inventing the Confocal Scanning Microscope," *Scanning*, **10**, 128–138, 1988.

10. T. Wilson and C.J.R. Sheppard, *Theory and Practice of Scanning Optical Microscopy*, Academic Press, London, 1984; T. Wilson (ed.), *Confocal Microscopy*, Academic Press, London, 1990.

11. T.R. Corle and G.S. Kino, *Confocal Scanning Optical Microscopy and Related Imaging Systems*, Academic Press, San Diego, 1996.

12. R.H. Webb, "Confocal Optical Microscopy," *Rep. Progr. Phys.* **59**, 427–471, March 1996.

13. P. Nipkow, Electrical Telescope (in German), German Patent # 30105, 1884.

14. M. Petran, M. Hadravsky, M.D. Egger and R. Galambos, "Tandem-scanning Reflected Light Microscope," *J. Opt. Soc.* **58**, 661–664, May 1968; M. Petran, M. Hadravsky, and A. Boyde, "The Tandem-scanning Reflected Light Microscope," *Scanning*, **7**, 97–108, March/April 1985.

15. G. Udupa, M. Singaperumal, R.S. Sirohi, and M.P. Kothiyal, "Characterization of Surface Topography by Confocal Microscopy: I. Principles and the Measurement System," *Meas. Sci. Technol.* **11**, 305–314, March 2000.

16. D. Malacara (ed.), *Optical Shop Testing*, 2nd ed., Wiley, New York, 1992.

17. P.C. Montgomery, J.P. Fillard, M. Castagné, and D. Montaner, "Phase-Stepping Microscopy (PSM): A Qualification Tool for Electronic and Optoelectronic Devices," *Semicond. Sci. Technol.* **7**, A237–A242, Jan. 1992.

18. K. Creath, "Step Height Measurement Using Two-Wavelength Phase-Shifting Interferometry," *Appl. Opt.* **26**, 2810–2816, July 1987.

19. B. Bhushan, J.C. Wyant, and C.L. Koliopoulos, "Measurement of Surface Topography of Magnetic Tapes by Mirau Interferometry," *Appl. Opt.* **24**, 1489–1497, May 1985.

20. P.J. Caber, S.J. Martinek, and R.J. Niemann, "A New Interferometric Profiler for Smooth and

Rough Surfaces," *Proc. SPIE* **2088**, 195–203, 1993.

21. ASTM Standard F 47–94, "Standard Test Method for Crystallographic Perfection of Silicon by Preferential Etch Techniques," *1996 Annual Book of ASTM Standards*, Am. Soc. Test. Mat., West Conshohocken, PA, 1996.

22. ASTM Standard F 154–94, "Standard Practices and Nomenclature for Identification of Structures and Contaminants Seen on Specular Silicon Surfaces," *1996 Annual Book of ASTM Standards*, Am. Soc. Test. Mat., West Conshohocken, PA, 1996.

23. E. Sirtl and A. Adler, "Chromic Acid-Hydrofluoric Acid as Specific Reagents for the Development of Etching Pits in Silicon," *Z. Metallkd.* **52**, 529–534, Aug. 1961.

24. W.C. Dash, "Copper Precipitation on Dislocations in Silicon," *J. Appl. Phys.* **27**, 1193–1195, Oct. 1956; "Evidence of Dislocation Jogs in Deformed Silicon," *J. Appl. Phys.* **29**, 705–709, April 1958.

25. F. Secco d'Aragona, "Dislocation Etch for (100) Planes in Silicon," *J. Electrochem. Soc.* **119**, 948–951, July 1972.

26. D.G. Schimmel, "Defect Etch for < 100 > Silicon Ingot Evaluation," *J. Electrochem. Soc.* **126**, 479–483, March 1979; D.G. Schimmel and M.J. Elkind, "An Examination of the Chemical Staining of Silicon," *J. Electrochem. Soc.* **125**, 152–155, Jan. 1978.

27. M. Wright-Jenkins, "A New Preferential Etch for Defects in Silicon Crystals," *J. Electrochem. Soc.* **124**, 757–762, May 1977.

28. K.H. Yang, "An Etch for Delineation of Defects in Silicon," *J. Electrochem. Soc.* **131**, 1140–1145, May 1984.

29. H. Seiter, "Integrational Etching Methods," in *Semiconductor Silicon/1977* (H.R. Huff and E. Sirtl, eds,), Electrochem. Soc., Princeton, NJ, 1977, 187–195.

30. T.C. Chandler, "MEMC Etch - A Chromium Trioxide-Free Etchant for Delineating Dislocations and Slip in Silicon," *J. Electrochem. Soc.* **137**, 944–948, March 1990.

31. M. Ishii, R. Hirano, H. Kan, and A. Ito, "Etch Pit Observation of Very Thin {001}-GaAs Layer by Molten KOH," *Japan. J. Appl. Phys.* **15**, 645–650, April 1976; for a more detailed discussion of GaAs Etching see D.J. Stirland and B.W. Straughan, "A Review of Etching and Defect Characterisation of Gallium Arsenide Substrate Material," *Thin Solid Films* **31**, 139–170, Jan. 1976.

32. D.T.C. Huo, J.D. Wynn, M.Y. Fan and D.P. Witt, "InP Etch Pit Morphologies Revealed by Novel HCl-Based Etchants," *J. Electrochem. Soc.* **136**, 1804–1806, June 1989.

33. E. Abbé, *Archiv. Mikroskopische Anat. Entwicklungsmech.* **9**, 413, 1873; E. Abbé, *J. R. Microsc. Soc.* **4**, 348, 1884.

34. E.H. Synge, "A Suggested Method for Extending Microscopic Resolution into the Ultra-Microscopic Region," *Phil. Mag.* **6**, 356–362, 1928.

35. E.A. Ash and G. Nicholls, "Super-Resolution Aperture Scanning Microscope," *Nature* **237**, 510–512, June 1972.

36. D.W. Pohl, W. Denk, and M. Lanz, "Optical Stethoscopy: Image Recording with Resolution $\lambda/20$," *Appl. Phys. Lett.* **44**, 651–653, Apr. 1984; A. Lewis, M. Isaacson, A. Harootunian, and A. Muray, "Development of a 500 Å Spatial Resolution Light Microscope: I. Light Is Efficiently Transmitted Through $\lambda/6$ Diameter Apertures," *Ultramicroscopy*, **13**, 227–231, 1984; E. Betzig and J.K. Trautman, "Near-Field Optics: Microscopy, Spectroscopy, and Surface Modification Beyond the Diffraction Limit," *Science* **257**, 189–195, July 1992.

37. B.T. Rosner and D.W. van der Weide, "High-frequency Near-field Microscopy," *Rev. Sci. Instrum.* **73**, 2502–2525, July 2002.

38. J.W.P. Hsu, "Near-field Scanning Optical Microscopy Studies of Electronic and Photonic Materials and Devices," *Mat. Sci. Eng. Rep.* **33**, 1–50, May 2001.

39. H.G. Tompkins, *A User's Guide to Ellipsometry,"* Academic Press, Boston, 1993; ASTM Standard F576-90, "Standard Test Method for Measurement of Insulator Thickness and Refractive Index on Silicon Substrates by Ellipsometry," *1996 Annual Book of ASTM Standards*, Am. Soc. Test. Mat., West Conshohocken, PA, 1996.

40. R.M.A. Azzam and N.M. Bashara, *Ellipsometry and Polarized Light*, North-Holland, Amsterdam, 1989.

41. R.K. Sampson and H.Z. Massoud, "Resolution of Silicon Wafer Temperature Measurement by *In situ* Ellipsometry in a Rapid Thermal Processor," *J. Electrochem. Soc.* **140**, 2673–2678, Sept. 1993.

42. G. Gergely, ed., Ellipsometric Tables of the Si–SiO₂ System for Mercury and He-Ne Laser Spectral Lines, Akadémiai Kiadó, Budapest, 1971.

43. R.H. Muller, "Principles of Ellipsometry," in *Adv. in Electrochem. and Electrochem. Eng.* **9**, (R.H. Muller, ed.), Wiley, New York, 1973, 167–226.

44. D.E. Aspnes and A.A. Studna, "High Precision Scanning Ellipsometer," *Appl. Opt.* **14**, 220–228, Jan. 1975.

45. K. Riedling, *Ellipsometry for Industrial Applications*, Springer, Vienna, 1988.

46. D.E. Aspnes, "New Developments in Spectroellipsometry: The Challenge of Surfaces," *Thin Solid Films* **233**, 1–8, Oct. 1993.

47. G.N. Maracas and C.H. Kuo, "Real Time Analysis and Control of Epitaxial Growth," in *Semiconductor Characterization: Present Status and Future Needs* (W.M. Bullis, D.G. Seiler, and A.C. Diebold, Eds.), Am. Inst. Phys., Woodbury, NY, 476–484, 1996.

48. W.M. Duncan and S.A. Henck, "*In situ* Spectral Ellipsometry for Real-Time Measurement and Control," *Appl. Surf. Sci.* **63**, 9–16, Jan. 1993.

49. A. Moritani and C. Hamaguchi, "High-Speed Ellipsometry of Arsenic-Implanted Si During CW Laser Annealing," *Appl. Phys. Lett.* **46**, 746–748, April 1985.

50. M. Erman and J.B. Theeten, "Multilayer Analysis of Ion Implanted GaAs Using Spectroscopic Ellipsometry," *Surf. and Interf. Analys.* **4**, 98–108, June 1982.

51. F. Hottier, J. Hallais and F. Simondet, "*In situ* Monitoring by Ellipsometry of Metalorganic Epitaxy of GaAlAs-GaAs Superlattice," *J. Appl. Phys.* **51**, 1599–1602, March 1980.

52. D.E. Aspnes, "The Characterization of Materials by Spectroscopic Ellipsometry," *Proc. SPIE* **452**, 60–70, 1983.

53. H-T Huang and F.L. Terry, Jr., "Spectroscopic Ellipsometry and Reflectometry from Gratings (Scatterometry) for Critical Dimension Measurement and *In situ*, Real-time Process Monitoring," *Thin Solid Films*, **455/456**, 828–836, May 2004.

54. ASTM Standard F 120, "Standard Practices for Determination of the Concentration of Impurities in Single Crystal Semiconductor Materials by Infrared Absorption Spectroscopy," *1988 Annual Book of ASTM Standards*, Am. Soc. Test. Mat., Philadelphia, 1988.

55. P. Stallhofer and D. Huber, "Oxygen and Carbon Measurements on Silicon Slices by the IR Method," *Solid State Technol.* **26**, 233–237, Aug. 1983; H.J. Rath, P. Stallhofer, D. Huber and B.F. Schmitt, "Determination of Oxygen in Silicon by Photon Activation Analysis for Calibration of the Infrared Absorption," *J. Electrochem. Soc.* **131**, 1920–1923, Aug. 1984.

56. K.L. Chiang, C.J. Dell'Oca and F.N. Schwettmann "Optical Evaluation of Polycrystalline Silicon Surface Roughness," *J. Electrochem. Soc.* **126**, 2267–2269, Dec. 1979.

57. A.A. Michelson, "Visibility of Interference Fringes in the Focus of a Telescope," *Phil Mag.* **31**, 256–259, 1891; "On the Application of Interference Methods to Spectroscopic Measurements, *Phil. Mag.* **31**, 338–346, 1891; **34**, 280–299, 1892.

58. Lord Raleigh, "On the Interference Bands of Approximately Homogeneous Light; in a Letter to Prof. A. Michelson," *Phil Mag.* **34**, 407–411, 1892.

59. J.W. Cooley and J.W. Tukey, "An Algorithm for the Machine Calculation of Complex Fourier Series," *Math. Comput.* **19**, 297–301, April 1965.

60. P.R. Griffith and J.A. de Haseth, *Fourier Transform Infrared Spectrometry*, Wiley, New York, 1986.

61. W.D. Perkins, "Fourier Transform-Infrared Spectroscopy," *J. Chem Educ.* **63**, A5–A10, Jan. 1986.

62. G. Horlick, "Introduction to Fourier Transform Spectroscopy," *Appl. Spectrosc.* **22**, 617–626, Nov./Dec. 1968.

63. ASTM Standard F 121, "Standard Test Method for Interstitial Atomic Oxygen Content of Silicon by Infrared Absorption," *1988 Annual Book of ASTM Standards*, Am. Soc. Test. Mat., Philadelphia, 1988.

64. ASTM Standard F 1391-93, "Standard Test Method for Substitutional Atomic Carbon Content of Silicon by Infrared Absorption," *1996 Annual Book of ASTM Standards*, Am. Soc. Test.

Mat., West Conshohocken, PA, 1996.

65. K. Tanahashi and H. Yamada-Kaneta, "Technique for Determination of Nitrogen Concentration in Czochralski Silicon by Infrared Absorption Measurement," *Japan. J. Appl. Phys.* **42**, L 223–L 225, March 2003.

66. R.W. Shaw, R. Bredeweg, and P. Rossetto, "Gas Fusion Analysis of Oxygen in Silicon: Separation of Components," *J. Electrochem. Soc.* **138**, 582–585, Feb. 1991.

67. W.M. Bullis, M. Watanabe, A. Baghdadi, Y.Z. Li, R.I. Scace, R.W. Series and P. Stallhofer, "Calibration of Infrared Absorption Measurements of Interstitial Oxygen Concentration in Silicon," in *Semiconductor Silicon/1986* (H.R. Huff, T. Abe and B.O. Kolbesen, eds.), Electrochem. Soc., Pennington, NJ, 1986, 166–180; W.M. Bullis, "Oxygen Concentration Measurements" in *Oxygen in Silicon* (F. Shimura, ed.), Academic Press, Boston, 1994, Ch. 4.

68. J. Weber and M. Singh, "New Method to Determine the Carbon Concentration in Silicon," *Appl. Phys. Lett.* **49**, 1617–1619, Dec. 1986.

69. G.G. MacFarlane, T.P. McClean, J.E. Quarrington and V. Roberts, "Fine Structure in the Absorption-Edge Spectrum of Si," *Phys. Rev.* **111**, 1245–1254, Sept. 1958.

70. W. Kern and G.L. Schnable, "Chemically Vapor-Deposited Borophosphosilicate Glasses for Silicon Device Applications," *RCA Rev.* **43**, 423–457, Sept. 1982.

71. T. Iizuka, S. Takasu, M. Tajima, T. Arai, N. Inoue, and M. Watanabe, "Determination of Conversion Factor for Infrared Measurement of Oxygen in Silicon," *J. Electrochem. Soc.* **132**, 1707–1713, July 1985.

72. K. Graff, E. Grallath, S. Ades, G. Goldbach, and G. Tolg, "Determination of Parts Per Billion of Oxygen in Silicon by Measurement of the IR-Absorption of 77 K," *Solid-State Electron.* **16**, 887–893, Aug. 1973; Deutsche Normen DIN 50 438/1 "Determination of the Contamination Level in Silicon Through IR Absorption: O_2 in Si," (in German) Beuth Verlag, Berlin, 1978.

73. A. Baghdadi, W.M. Bullis, M.C. Croarkin, Y-Z. Li, R.I. Scace, R.W. Series, P. Stallhofer, and M. Watanabe, "Interlaboratory Determination of the Calibration Factor for the Measurement of the Interstitial Oxygen Content of Silicon by Infrared Absorption," *J. Electrochem. Soc.* **136**, 2015–2024, July 1989; ASTM Standard F 1188-93a, "Standard Test Method for Interstitial Atomic Oxygen Content of Silicon by Infrared Absorption," *1996 Annual Book of ASTM Standards*, Am. Soc. Test. Mat., West Conshohocken, PA, 1996.

74. J.L. Regolini, J.P. Stoquert, C. Ganter, and P. Siffert, "Determination of the Conversion Factor for Infrared Measurements of Carbon in Silicon," *J. Electrochem. Soc.* **133**, 2165–2168, Oct. 1986.

75. G.M. Martin, "Optical Assessment of the Main Electron Trap in Bulk Semi-Insulating GaAs," *Appl. Phys. Lett.* **39**, 747–748, Nov. 1981.

76. H. Anders, *Thin Films in Optics*, The Focal Press, London, 1967, Ch.1.

77. W.R. Runyan and T.J. Shaffner, *Semiconductor Measurements and Instrumentation*, McGraw-Hill, New York, 1997.

78. P. Burggraaf, "How Thick Are Your Thin Films?" *Semicond. Int.* **11**, 96–103, Sept. 1988.

79. J.R. Sandercock, "Film Thickness Monitor Based on White Light Interference," *J. Phys. E: Sci. Instrum.* **16**, 866–870, Sept. 1983.

80. W.E. Beadle, J.C.C. Tsai and R.D. Plummer, *Quick Reference Manual for Silicon Integrated Circuit Technology*, Wiley-Interscience, New York, 1985, 4–23.

81. W.A. Pliskin and E.E. Conrad, "Nondestructive Determination of Thickness and Refractive Index of Transparent Films," *IBM J. Res. Develop.* **8**, 43–51, Jan. 1964; W.A. Pliskin and R.P. Resch, "Refractive Index of SiO_2 Films Grown on Silicon," *J. Appl. Phys.* **36**, 2011–2013, June 1965.

82. ASTM Standard F 95-89, "Standard Test Method for Thickness of Lightly Doped Silicon Epitaxial Layers on Heavily Doped Silicon Substrates by an Infrared Dispersive Spectrophotometer," *1997 Annual Book of ASTM Standards*, Am. Soc. Test. Mat., West Conshohocken 1997.

83. P.A. Schumann, Jr., "The Infrared Interference Method of Measuring Epitaxial Layer Thickness," *J. Electrochem. Soc.* **116**, 409–413, March 1969.

84. B. Senitsky and S.P. Weeks, "Infrared Reflectance Spectra of Thin Epitaxial Silicon Layers," *J. Appl. Phys.* **52**, 5308–5313, Aug. 1981.

85. F. Reizman and W.E. van Gelder, "Optical Thickness Measurement of SiO_2-Si_3N_4 Films on Si," *Solid-State Electron.* **10**, 625–632, July 1967.

86. Y.J. Chabal, "Surface Infrared Spectroscopy," *Surf. Sci. Rep.* **8**, 211–357, May 1988.

87. V.A. Burrows, "Internal Reflection Infrared Spectroscopy for Chemical Analysis of Surfaces and Thin Films," *Solid-State Electron.* **35**, 231–238, March 1992.

88. J. Stover, *Optical Scattering: Measurement and Analysis*, McGraw-Hill, New York, 1990.

89. H.R. Huff, R.K. Goodall, E. Williams, K.S. Woo, B.Y.H. Liu, T. Warner, D. Hirleman, K. Gildersleeve, W.M. Bullis, B.W. Scheer, and J. Stover, "Measurement of Silicon Particles by Laser Surface Scanning and Angle-Resolved Light Scattering," *J. Electrochem. Soc.* **144**, 243–250, Jan. 1997.

90. T.L. Warner and E.J. Bawolek, "Reviewing Angle-Resolved Methods for Improved Surface Particle Detection," *Microcont.* **11**, 35–39, Sept./Oct. 1993.

91. K. Moriya and T. Ogawa, "Observation of Lattice Defects in GaAs and Heat-Treated Si Crystals by Infrared Light Scattering Tomography," *Japan. J. Appl. Phys.* **22**, L207–L209, April 1983; J.P. Fillard, P. Gall, J. Bonnafé, M. Castagné, and T. Ogawa, "Laser-Scanning Tomography: A Survey of Recent Investigations in Semiconductor Materials," *Semicond. Sci. Technol.* **7**, A283–A287, Jan. 1992; G. Kissinger, D. Gräf, U. Lambert, and H. Richter, "A Method for Studying the Grown-in Defect Density Spectra in Czochralski Silicon Wafers," *J. Electrochem. Soc.* **144**, 1447–1456, April 1997.

92. F.H. Pollack and H. Shen, "Modulation Spectroscopy of Semiconductors: Bulk/Thin Film, Microstructures, Surfaces/Interfaces, and Devices," *Mat. Sci. Eng.* **R10**, 275–374, Oct. 1993.

93. S. Perkowitz, D.G. Seiler, and W.M. Duncan, "Optical Characterization in Microelectronics Manufacturing," *J. Res. Natl. Inst. Stand. Technol.* **99**, 605–639, Sept./Oct. 1994.

94. P.H. Singer, "Linewidth Measurement Aids Process Control," *Semicond. Int.* **8**, 66–73, Feb. 1985.

95. S.A. Coulombe, B.K. Minhas, C.J. Raymond, S.S.H. Naqvi, and J.R. McNeil, "Scatterometry Measurement of Sub-0.1 μm Linewidth Gratings," *J. Vac. Sci. Technol.* **B16**, 80–87, Jan. 1998.

96. C.J. Raymond, "Scatterometry for Semiconductor Metrology," in *Handbook of Silicon Semiconductor Technology* (A.C. Diebold, ed.), Dekker, New York, 2001, Ch. 18.

97. H-T Huang and F.L. Terry, Jr., "Spectroscopic Ellipsometry and Reflectometry from Gratings (Scatterometry) for Critical Dimension Measurement and *In situ*, Real-time Process Monitoring," *Thin Solid Films*, **455/456**, 828–836, May 2004.

98. M.T. Postek, "Scanning Electron Microscope Metrology," in *Handbook of Critical Dimension Metrology and Process Control* (K.M. Monahan, ed.), SPIE Optical Engineering Press, Bellingham, WA, 1994, 46–90.

99. J.E. Griffith and D.A. Grigg, "Dimensional Metrology With Scanning Probe Microscopes," *J. Appl. Phys.* **74**, R83–R109, Nov. 1993.

100. M.G. Buehler and C.W. Hershey, "The Split-Cross-Bridge Resistor for Measuring the Sheet Resistance, Linewidth, and Line Spacing of Conducting Layers," *IEEE Trans. Electron Dev.* **ED-33**, 1572–1579, Oct. 1986; ASTM Standard F1261M-95, "Standard Test Method for Determining the Average Electrical Width of a Straight, Thin-Film Metal line," *1996 Annual Book of ASTM Standards*, Am. Soc. Test. Mat., West Conshohocken, PA, 1996.

101. M.W. Cresswell, J.J. Sniegowski, R.N. Goshtagore, R.A. Allen, W.F. Guthrie, and L.W. Linholm, "Electrical Linewidth Test Structures Fabricated in Mono-Crystalline Films for Reference-Material Applications," in *Proc. Int. Conf. Microelectron. Test. Struct.*, Monterey, CA, 1997, 16–24.

102. R.A. Allen, M.W. Cresswell, and L.M. Buck, "A New Test Structure for the Electrical Measurement of the Width of Short Features With Arbitrarily Wide Voltage Taps," *IEEE Electron Dev. Lett.* **13**, 322–324, June 1992.

103. G. Storms, S. Cheng, and I. Pollentier, "Electrical Linewidth Metrology for Sub-65 nm Applications," *Proc. SPIE*, **5375**, 614–628, 2004.

104. H.B. Bebb and E.W. Williams, "Photoluminescence I: Theory," in *Semiconductors and Semimetals* (R.K. Willardson and A.C. Beer, eds.) Academic Press, New York, **8**, 181–320,

1972; E.W. Williams and H.B. Bebb, "Photoluminescence II: Gallium Arsenide," *ibid.* 321–392.

105. P.J. Dean, "Photoluminescence as a Diagnostic of Semiconductors," *Prog. Crystal Growth Charact.* **5**, 89–174, 1982.

106. J. Vilms and W.E. Spicer, "Quantum Efficiency and Radiative Lifetime in p-Type Gallium Arsenide," *J. Appl. Phys.* **36**, 2815–2821, Sept. 1965; H.J. Hovel, "Scanned Photoluminescence of Semiconductors," *Semicond. Sci. Technol.* **7**, A1–A9, Jan. 1992.

107. K.K. Smith, "Photoluminescence of Semiconductor Materials," *Thin Solid Films* **84**, 171–182, Oct. 1981.

108. J.P. Wolfe and A. Mysyrowicz, "Excitonic Matter," *Sci. Am.* **250**, 98–107, March 1984.

109. J.I. Pankove, *Optical Processes in Semiconductors*, Dover Publications, New York, 1975.

110. M. Tajima, S. Ibuka, H. Aga, and T. Abe, "Characterization of Bond and Etch-Back Silicon-on-Insulator Wafers by Photoluminescence Under Ultraviolet Excitation," *Appl. Phys. Lett.* **70**, 231–233, Jan. 1997.

111. M. Tajima, "Determination of Boron and Phosphorus Concentration in Silicon by Photoluminescence Analysis," *Appl. Phys. Lett.* **32**, 719–721, June 1978; M. Tajima, T. Masui, T. Abe and T. Iizuka, "Photoluminescence Analysis of Silicon Crystals," in *Semiconductor Silicon/1981* (H.R. Huff, R.J. Kriegler, and Y. Takeishi, eds.), Electrochem. Soc., Pennington, NJ, 1981, pp. 72–89.

112. M. Tajima, "Recent Advances in Photoluminescence Analysis of Si: Application to an Epitaxial Layer and Nitrogen in Si," *Japan. J. Appl. Phys.* **21**, Supplement 21–1, 113–119, 1982.

113. P.J. Dean, R.J. Haynes, and W.F. Flood, "New Radiative Recombination Processes Involving Neutral Donors and Acceptors in Silicon and Germanium," *Phys. Rev.* **161**, 711–729, Sept. 1967.

114. G. Pickering, P.R. Tapster, P.J. Dean, and D.J. Ashen, "Determination of Impurity Concentration in n-Type InP by a Photoluminescence Technique," in *GaAs and Related Compounds* (G.E. Stillman, ed.) Conf. Ser. No. 65, Inst. Phys., Bristol, 1983, 469–476.

115. D.J. Ashen, P.J. Dean, D.T.J. Hurle, J.B. Mullin and A.M. White, "The Incorporation and Characterization of Acceptors in Epitaxial GaAs," *J. Phys. Chem. Solids* **36**, 1041–1053, Oct. 1975.

116. G.E. Stillman, B. Lee, M.H. Kim, and S.S. Bose, "Quantitative Analysis of Residual Impurities in High Purity Compound Semiconductors," in *Diagnostic Techniques for Semiconductor Materials and Devices* (T.J. Shaffner and D.K. Schroder, eds.), Electrochem. Soc., Pennington, NJ, 1988, 56–70.

117. S.S. Bose, B. Lee, M.H. Kim, and G.E. Stillman, "Identification of Residual Donors in High-Purity GaAs by Photoluminescence," *Appl. Phys. Lett.* **51**, 937–939, Sept. 1987.

118. D.A. Long, *Raman Spectroscopy*, McGraw-Hill, New York, 1977.

119. C.V. Raman and K.S. Krishna, "A New Type of Secondary Radiation," *Nature* **121**, 501–502, March 1928.

120. B.D. Chase, "Fourier Transform Raman Spectroscopy," *J. Am. Chem. Soc.* **108**, 7485–7488, Nov. 1986.

121. B.D. Chase, "A New Generation of Raman Instrumentation," *Appl. Spectrosc.* **48**, 14A-19A, July 1994.

122. H. Richter, Z.P. Wang and L. Ley, "The One Phonon Raman Spectrum in Microcrystalline Silicon," *Solid State Commun.* **39**, 625–629, Aug. 1981.

123. G.H. Loechelt, N.G. Cave, and J. Menéndez, "Measuring the Tensor Nature of Stress in Silicon Using Polarized Off-Axis Raman Spectroscopy," *Appl. Phys. Lett.* **66**, 3639–3641, June 1995.

124. R. Liu and M. Canonico, "Applications of UV–Raman Spectroscopy and High-resolution X-ray Diffraction to Microelectronic Materials and Devices," *Microelectron. Eng.* **75**, 243–251, Sept. 2004.

125. B. Dietrich, V. Bukalo, A. Fischer, K.F. Dombrowski, E. Bugiel, B. Kuck, and H.H. Richter, "Raman-spectroscopic Determination of Inhomogeneous Stress in Submicron Silicon Devices," *Appl. Phys. Lett.* **82**, 1176–1178, Feb. 2003.

126. F. Adar, "Application of the Raman Microprobe to Analytical Problems in Microelectronics," in

Microelectronic Processing: Inorganic Materials Characterization (L.A. Casper, ed.), American Chemical Soc., ACS Symp. Series 295, 1986, 230–239.

127. I. De Wolf, "Micro-Raman Spectroscopy to Study Local Mechanical Stress in Silicon Integrated Circuits," *Semicond. Sci. Technol.* **11**, 139–154, Feb. 1996.

128. A. Baghdadi, "Multiple-Reflection Corrections in Fourier Transform Spectroscopy," in *Defects in Silicon* (W.M. Bullis and L.C. Kimerling, eds.) Electrochem. Soc., Pennington, NJ, 1983, 293–302.

129. M.A. Green, *High Efficiency Silicon Solar Cells*, Trans. Tech. Publ., Switzerland, 1987.

130. E. Daub and P. Würfel, "Ultralow Values for the Absorption Coefficient of Si Obtained from Luminescence," *Phys. Rev. Lett.* **74**, 1020–1023, Feb. 1995.

131. E.D. Palik (ed.), *Handbook of Optical Constants of Solids*, Academic Press, Orlando, FL, 1985.

132. J.F. Muth, J.H. Lee, I.K. Shmagin, R.M. Kolbas, H.C. Casey, Jr., B.P. Keller, U.K. Mishra, and S.P. DenBaars, "Absorption Coefficient, Energy Gap, Exciton Binding Energy, and Recombination Lifetime of GaN Obtained from Transmission Measurements," *Appl. Phys. Lett.* **71**, 2572–2574, Nov. 1997.

● ● ● ● ● ● ● ● ● ● ● ● ……

习题

621 **10.1** 在光学透射测量中,厚度为 d 的薄膜半导体样品的透射率如图 P10.1(a)曲线所示。

$$T = \frac{(1-R)^2 e^{-\alpha d}}{1 + R^2 e^{-2\alpha d} - 2 R e^{-\alpha d}\cos(\varphi)} \qquad (1)$$

这里 α 可以忽略不计即 $\alpha \approx 0$;而对于如图 P10.1(b)曲线,适当的方程可表示为

$$T = \frac{(1-R)^2 e^{-\alpha d}}{1 - R^2 e^{-2\alpha d}} \qquad (2)$$

透射率在 $\lambda = 0.0004$ cm 处出现一个吸收峰,那是由于浓度为 $N_1 = 4 \times 10^{15} \alpha_1$ cm^{-3} 的杂质所造成的,α_1 为杂质的吸收系数。求 R, n_1, d, α_1, N_1 和 E_G。当 $\lambda > 0.0002$ cm 时,k_1 足够小,可忽略不计,$n_0 = 1$。E_G 可通过画出 $\alpha^{1/2}$ 与 E 的关系曲线求得,这里 $E = h\nu = hc/\lambda$。

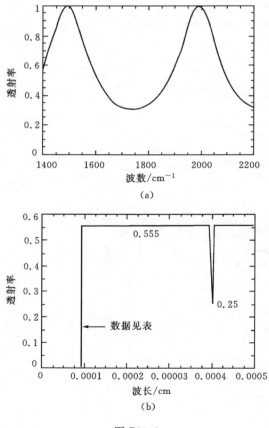

图 P10.1

λ/mm	0.883	0.879	0.876	0.873	0.870	0.867
T	0.5359	0.4251	0.2610	0.1455	0.0726	0.0338

10.2 在光学透射测量中，厚度为 d，折射率为 n_1 的半导体样品的透射率为 T，其可用式 (10.21)来描述，假设 α 足够小，可忽略不计即 $\alpha\approx0$。在这一测量中 $\Delta(1/\lambda)=14.3\ \text{cm}^{-1}$。然后进行另一次测量，而其透射率满足式(10.26)式。对于大部分曲线上 $\alpha=0$ 和 $T=0.504$。但在某一特定波长出现了吸收峰，在 T 与 λ 曲线上对应这一吸收峰的 $T=0.482$，而这一吸收峰的出现是由浓度为 $N_i=3\times10^{17}\alpha_i\ \text{cm}^{-3}$ 的杂质所造成的，这里 α_i 是杂质的吸收系数。求 $R,n_1,d,\alpha_i,$ 和 N_i,k_1 足够小，可忽略不计，$n_0=1$。

10.3 在光学透射测量中，厚度为 d 的半导体样品的透射率 T 的曲线如图 P10.3 所示。其可用如下等式来描述：

$$T=\frac{(1-R)^2\mathrm{e}^{-\alpha d}}{1+R^2\mathrm{e}^{-2\alpha d}-2R\mathrm{e}^{-\alpha d}\cos(\phi)} \tag{1}$$

假设 α 足够小，可忽略不计即 $\alpha\approx0$。然后进行另一次测量，而其透射率满足如下等式： **623**

$$T=\frac{(1-R)^2\mathrm{e}^{-\alpha d}}{1-R^2\mathrm{e}^{-2\alpha d}} \tag{2}$$

大部分曲线上 $\alpha=0$ 和 $T=0.516$。但在某一特定波长出现了吸收峰，在 T 与 λ 曲线上对应这一吸收峰的 $T=0.407$，而这一吸收峰的出现是由浓度为 $N_i=3\times10^{17}\alpha_i\ \text{cm}^{-3}$ 的杂质造成的，α_i 是杂质的吸收系数。求 R,n_1,d,α_i 和 N_i,k_1 足够小，可忽略不计，$n_0=1$。

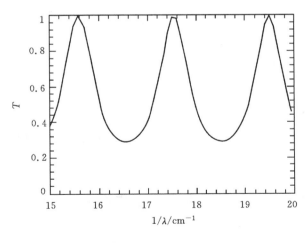

图 P10.3

10.4 硅基片上某一绝缘体的反射率曲线如图 10.20 所示，其中 $\phi=50°$。这是一种测定绝缘体厚度的普遍方法。

(a) 利用式(10.33)到(10.36)计算 d_1。已知 $n_0=1,n_1=1.46,n_2=4$。对应 $R_{\max}$ 和 $R_{\min}$ 各光波长如下：

R_{max}	$\lambda/\mu m$	R_{min}	$\lambda/\mu m$
0.36	0.066	0.093	0.08
0.36	0.1	0.093	0.132
0.36	0.199	0.093	0.398

(b) 在波长 $0.1 \leqslant \lambda \leqslant 0.8$ μm 范围内,已知 $n_0 = 1$,$n_1 = 1.46$,$n_2 = 4$,$d_1 = 100$ nm 和 $\phi = 70°$,试画出 R 关于 λ 和 R 关于 $1/\lambda$ 的曲线。

10.5 硅基片上某一绝缘体的反射率曲线如图 P10.5 所示,它是根据图 10.20 中图表所示的角度来测定。这是一种测定绝缘体厚度的常用方法。

624
∼
625

(a) 利用式(10.33)到(10.36)计算 n_1。已知 $n_0 = 1$,$n_2 = 4$,$d_1 = 100$ nm;

(b) 当 $\lambda = 600$ nm 时,试画出 R 关于 ϕ 的曲线。曲线对应 R_{max} 和 R_{min} 的各波长如下:

R_{max}	$\lambda/\mu m$	R_{min}	$\lambda/\mu m$
0.36	0.094	0.026	0.113
0.36	0.141	0.026	0.189
0.36	0.283	0.026	0.567

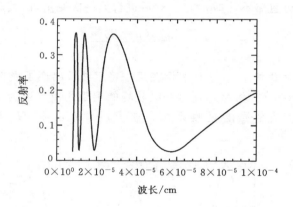

图 P10.5

10.6 证明如果 FTIR 仪器中探测器分辨率不足够的话,那么

$$T = \frac{(1-R)^2 e^{-\alpha d}}{1 + R^2 e^{-2\alpha d} - 2R e^{-\alpha d}\cos(\phi)} \quad \text{将变成} \quad T = \frac{(1-R)^2 e^{-\alpha d}}{1 - R^2 e^{-2\alpha d}}$$

提示:见附录 10.1

10.7 你从飞行在海拔 30000 英尺高空的飞机上向窗外看去,请问你能看清楚地面上的物体有多大? 以米为单位给出答案。已知 $s(eye) = 2.5 \times 10^{-3}$ cm,眼睛焦距为 2 cm。(1 英尺 = 0.3048 m——出版者注)

10.8 FTIR 系统中的 $B(f)$ 是一个带通函数,振幅常数为 A,频率介于 f_1 和 f_2 之间。计算并画出 $I(x)$ 关于 x 的曲线,$0 \leqslant x \leqslant 1/f_1$。(a)对于 $f_2 = 2f_1$;(b)对于 $f_2 = 10f_1$。

10.9 硅基片上绝缘体的反射率曲线如图 P10.9 所示,其中 $\phi = 60°$,$\alpha = 0$。假定样品不是太薄,这是测定绝缘体厚度的一种方法。计算厚度 d_1,已知 $n_0 = 1$,$n_1 = 1.46$,$n_2 = 3.4$。

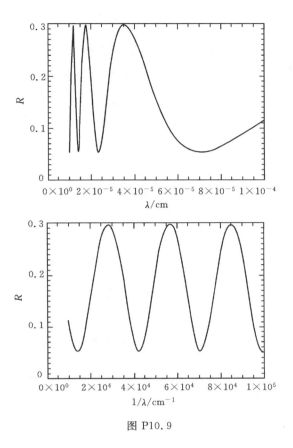

图 P10.9

10.10　厚度为 d 的半导体晶片的光学透射率 T 曲线如图 P10.10 所示，其中 $\lambda > \lambda_{\mathrm{G}} = hc/E_{\mathrm{G}}$。当半导体晶片的厚度 d 减小，请在图中画出 T-$1/\lambda$ 的曲线，并证明你的结论。反射率 R 保持不变：

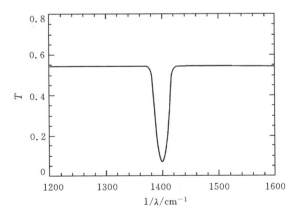

图 P10.10

$$T = \frac{(1-R)^2 \mathrm{e}^{-\alpha d}}{1-R^2 \mathrm{e}^{-2\alpha d}}$$

626   **10.11**   光垂直入射到镀有厚度为 d_1,折射率为 n_1 的介质层的硅晶片上。反射率与波数的关系曲线如图 P10.11 所示。试计算介质层的厚度。已知 $n_1 = 2$。

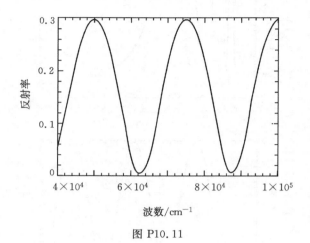

图 P10.11

10.12   在光学显微镜中,试给出两种具有较好空间分辨率的方法。不要改变透镜和不要使用近场光学显微镜。

10.13   试举出可以从透射率 $T - 1/\lambda$ 的光谱曲线中确定的三个材料参数。

10.14   简要讨论拉曼光谱的主要应用。

10.15   为什么共焦显微镜可以给出深度分辨率?

复习题

- 在传统的光学显微镜中什么决定分辨率极限?
- 什么是近场光学显微镜?
- 试解释干涉显微镜。
- 什么是共焦光学显微镜?
- 为什么近场光学显微镜的分辨率比传统光学显微镜的分辨率高?
- 椭圆偏振法的基本要素是什么?
- FTIR 是如何工作的?
- 透射测量通常用在什么地方?
- 反射测量通常用在什么地方?
- 为什么湿马路上的浮油会呈现出不同的颜色?
- 什么叫发光?
- 光致发光如何用到硅的表征上?
- 什么是线宽测量法?
- 举出拉曼光谱的两个应用。

第11章

化学和物理表征

●●●●●●●●●●●●●●●●●● **本章内容**

11.1　引言

11.2　电子束技术

11.3　离子束技术

11.4　X 射线和伽马射线技术

11.5　优点和缺点

●●●●●●●●●●●●●●●●

11.1　引言

　　本章中的化学和物理表征技术包含电子束、离子束、X 射线等技术。这些技术相比前几章
提到的来说专业性更强，而且需要更贵重更复杂的仪器设备。有些技术还被一些专家多次使
用或用来做辅助技术。例如，二次离子质谱就是一种常用的表征方法。由于这些方法的专业
性很强，本章只对这些技术的使用原理，所用仪器仪表以及所能应用到的最重要领域作了简单
描述。一般来说，使用过任何其中一种方法的专家都已经对这些技术的细节很熟悉，而非专家
通常对这些细节并不感兴趣，他们可能仅对这些方法的大致概况、检测极限和样品要求形状等
更为关注。

　　到目前为止，已经有许多学术论文、综述论文、一些科技类书籍的章节和一些专著对这些
表征技术做了详尽介绍。本章将陆续列出这些相关刊物及其出版社。笔者认为阐述比较好并
且给出较多实例的参考书有如下一些：Metals Handbook, 9th Ed. , Vol. 10 Materials Char-
acterization（R. E. Whan, coord. ）, Am. Soc. Metals, Metals Park, OH, 1986; Encyclope-
dia of Materials Characterization（C. R. Brundle, C. A. Evans, Jr. , and S. Wilson, eds. ）
Butterworth-Heinemann, Boston, 1992; Surface Analysis: The Principal Techniques（J. C.
Vickerman, ed. ）, Wiley, Chichester, 1997; Handbook of Surface and Interface Analysis

(J. C. Riviere and S. Myhra, eds.), Marcel Dekker, New York, 1998；W. R. Runyan and T. J. Shaffner, Semiconductor Measurements and Instrumentation, McGraw-Hill, New York, 1998；D. Brandon and W. D. Kaplan, Microstructural Characterization of Materials, Wiley, Chichester,1999；Surface Analysis Methods in Materials Science (D. J. O'Connor, B. A. Sexton and R. St. C. Smart, eds.), Springer, Berlin, 2003.

628　　　　在过去三十年中,表面分析仪器的性能,特别是其空间分辨率、采样处理、高速数据采集以及数据处理和分析能力都大为增强。同时这些仪器的应用无论是从研究开发方面、解决问题和失效分析能力方面,还是质量控制方面都有很大改善,因而其可靠性大大提高。表征技术最为突出特点被归纳在附录 11.1 中。

　　像在纵深的 z 方向一样,半导体材料和器件的表征常常在水平的 x、y 方向上也需要一个关于杂质空间的测量。典型 $x-y$ 分辨能力如图 11.1 所示。电子束聚焦直径可以小到 0.1 纳米。离子束法覆盖范围为 $1\sim100~\mu m$,而 X 射线聚焦直径一般在 $100~\mu m$ 或更大。在小尺寸时材料的表征有一个二分法:它能保证高灵敏度和小体积的采样并行不悖。通常来说,减小光束直径会使灵敏度降低,高灵敏度则需要大激发光束直径。

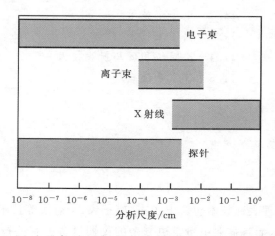

图 11.1　电子束、离子束、X 射线和探针表征技术的分析尺度

　　所有分析技术其原理都是相似的。初级电子束、离子束或是光束会引发入射粒子-波束的散射或者透射以及二次粒子或波的发射。发射实体的质量,能量或波长可用于表征其来源的靶材元素或者化合物。未知元素的分布可以映射在 xy 平面上而且也经常映射在深度上。每一项技术都有自己的长处和不足,因而要做准确鉴定常常使用多种方法。这些技术的灵敏度、元素或者分子信息、空间分辨率、破坏程度、基体效应、速度、影响处理能力以及成本一般各不相同。

　　能谱技术在它们能够测定的密度及可以定性确定的杂质的能力以外主要用于定性分析;波谱则是主要用于定量分析的方法。

11.2　电子束技术

图 11.2 是归纳在一起的各种电子束表征技术。入射电子被吸收、发射、反射或者传导后可以反过来引起光辐射或者 X 射线辐射。一束能量为 E_i 的电子束在一个很宽的能量范围内引起表面电子发射，如图 11.3 是电子产率（数目）$N(E)$ 与电子能量的对应关系。有三组电子可以被区分：二次电子，俄歇电子，背散射电子。从 $N(E)$ 曲线上可以看出二次电子数目的一个最大值。电子束和固体的相互作用会使导带中的弱束缚电子被激发。这些就是二次电子，它们的能量大约在 50 eV 以下，且 $N(E)$ 的最大值在 2～3 eV 之间。二次电子的数目取决于材料及其表面形貌。[1]俄歇电子激发发生在中间能量范围。由大角度弹性碰撞产生的背散射电子将以几乎和入射电子相同能量从样品上射出。

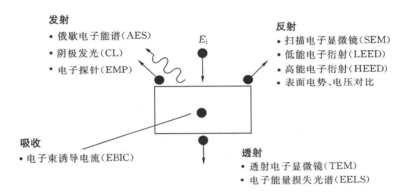

图 11.2　电子束表征技术

通过加适当电压我们可以对电子进行聚焦，偏转和加速；还可以对这些电子进行有效探测和计数，它们的能量和角度分布可以被测量，而且这些电子不会污染样品和真空系统。但是这些电子可能会造成样品充电，从而使测量失真。

11.2.1　扫描电子显微镜(SEM)

原理：电子显微镜利用一束电子束产生样品的放大图像。电子显微镜主要有三种：扫描电子显微镜、透射电子显微镜和发射电子显微镜。在扫描和透射电子显微镜中，一束电子束照射到样品上并产生图像，而在场发射显微镜中样品本身是电子产生源。Cosselt[2] 很好地描述了电子显微镜发展史。扫描电子显微镜一般由电子枪、透镜系统、扫描线圈、电子收集装置和一个阴极射线管(CRT)组成。用于大部分样品测量的电子束能量一般是 10～30 keV，但对一些绝缘样品来说，其电子能量可以低到只有几百 eV。相比光学显微镜来说，电子显微镜有两大优点：一是由于电子波比光波的波长小很多所以其放大倍数远远高于光学显微镜；二是电子显微镜的景深更大。

德布罗意在 1923 年提出粒子具有波粒二象性。电子的波长 λ_e 取决于电子的速度 v 和加

速电压 V,其关系式如下:[3]

$$\lambda_e = \frac{h}{mv} = \frac{h}{\sqrt{2qmV}} = \frac{1.22}{\sqrt{V}} [nm]$$ (11.1)

630

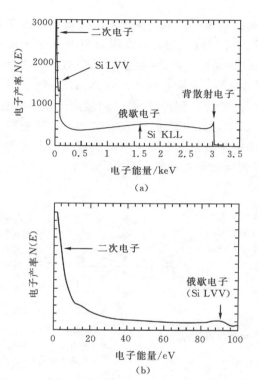

图 11.3 硅的电子产率 $N(E)$ 与电子能量的对应关系:(a)所有电子能量的分布范围;
(b)限制的能量范围。入射电子能量是 3 keV,图中给出了硅的俄歇电子
LVV 和 KLL 转变位置。数据承蒙亚利桑那州立大学 M. J. Rack 提供

当 V =10,000 V 时,λ_e = 0.012 nm,它远远小于可见光的波长(400~700 nm),这就使得 SEM 的分辨率远远高于光学显微镜。

SEM 通过一束聚焦电子束对样品进行扫描,然后再探测二次电子和/或背散射电子,从而成像。由于关于聚焦电子的细节很多书或文献[4]都有详细专门介绍,所以我们在此不作阐述。每一束电子束的位置上都会发射电子和光子,接着对这些电子和光子进行探测。二次电子形成通常的 SEM 图像,背散射电子也可以成像,X 射线在电子微探针中也会被使用到。它发出的光是阴极发光,吸收电子可以作为电子束的感应电流来进行测量。这些信号都可以探测到并且可以对其进行放大,这样就可以在 SEM 对样品进行样品束扫描的同时来控制 CRT 的扫描亮度。从而在样品上的每一点和像上的每一点之间建立一对一的关系。放大倍数 M 代表 CRT 扫描后的成像尺寸与扫描样品尺寸之间的比率:

$$M = \frac{CRT \text{ 成像显示长度}}{\text{扫描样品长度}}$$ (11.2)

对于 10 cm 宽的 CRT 显示器,如果样品扫描长度是 100 μm,则它的放大倍数为 1000 倍。对于 SEM 来说,它们的放大倍率可以超过 100,000 甚至更高,但低放大倍率反而更难。SEM 独特的地方是它有一个很大的检测阴极射线管(CRT),而且是 2500 条光学分辨线的高分辨 CRT 用于图形的显示。

SEM 图像上的对比度取决于很多的因素。对于一个平坦且分布均匀的样品,图像没有对比度。可是,如果样品组成材料的原子序数不同,且信号是从背散射电子得到的,那么它们的对比度就可以观测到,这是因为背散射系数随着原子序数 Z 的增多而增大。与背散射不同,二次电子发射系数与原子序数 Z 关系不大,原子序数不同对其变化基本上没有影响。事实上,表面情况和局域电场对对比度的影响也很大。SEM 主要的图像对比度增强来源于表面形貌。二次电子从距离样品表面大约 10 nm 处开始发射。当样品表面倾斜于正常入射时,位于这 10 nm 路径中电子束长度将增加为原来长度的 $1/\cos\theta$ 倍,其中 θ 表示入射线和正常入射线之间的夹角($\theta=0°$ 表示正常入射)。入射电子束与样品之间的相互作用随着路径长度的增大而增强,同时二次电子发射系数增大。对比度 C 和 θ 的关系为[4]

$$C = \tan(\theta)\mathrm{d}\theta \tag{11.3}$$

当 $\theta=45°$ 时,$\mathrm{d}\theta=1°$ 产生 1.75% 的对比度,而 $\theta=60°$ 时,$\mathrm{d}\theta=1°$ 产生的反差增大到 3%。

样品台是 SEM 的一个很重要部件。它必须在倾斜和旋转样品时精确移动到一个合适的观察角度。角度会影响 SEM 图像的三维性质,但鲜明图像的出现也还是由信号采集决定的。尽管二次电子向远离探测器方向离开样品,但仍然被探测器吸引收集。这种情况不会在光学显微镜下发生,因为光反射会远离探测器(眼睛),我们就观察不到了。SEM 成像与光学显微镜截然不同,光学显微镜成像是光从样品反射后通过镜头形成的,而在 SEM 中没有真正的像存在。构成常规 SEM 图像的二次电子被收集,它们的密度被放大再显示到 CRT 上。图像信息由映射产生,它将信息从样本空间传送到 CRT 空间。

测量仪器:SEM 的框架结构如图 11.4 所示。电子枪发射电子,然后通过一系列的镜头将电子聚焦并且扫描样品。电子束在小的能量宽度内应该是明亮的。"发夹"钨丝枪发射 2 eV 能量范围左右的电子,钨现在已经广泛地被 LaB$_6$ 和场发射枪代替。LaB$_6$ 具有更高的亮度,较低能量宽度(约 1 eV)和更长的寿命。场发射枪的能量宽度大约在 0.2~0.3 eV,亮度是 LaB$_6$ 的 100 倍,是钨丝的 1000 倍,且具有更长的寿命。

入射或者初级电子束引起二次电子从样品发射,而这些二次电子最终加速到 10~12 kV。一般用一个埃弗哈特-索恩利(Everhart-Thornley,ET)探测器探测这些电子。[5] 这个探测器的基础组件是一种闪烁材料,当这种材料被从样品加速到探测器的高能电子撞击时就会发光。闪烁材料发出的光被编组通过一个光传输管传到光电倍增管中,光入射到光阴极时会产生更多的电子并且被放大,进而产生足够高的增益驱动 CRT。10~12 kV 的高电压对闪烁材料有效光发射来说是很有必要的。

以镜头为基础的 SEM 电子束束斑半径一般都在 0.4 nm 左右,场发射的 SEM 则在 0.1 nm 左右。到现在为止电子束测量装置的分辨能力并不总是那么好,这是为什么呢?这和半导体中电子-空穴云的形成形状有关。电子撞击固体后,电子会因弹性散射(忽略能量损失引起的方向变化)和非弹性散射(方向变化不大的能量损失)丢失能量。弹性散射主要是由电子和原子核的相互作用引起的,而且发生在低能量和高原子序数材料中的可能性更大。非弹性散射主

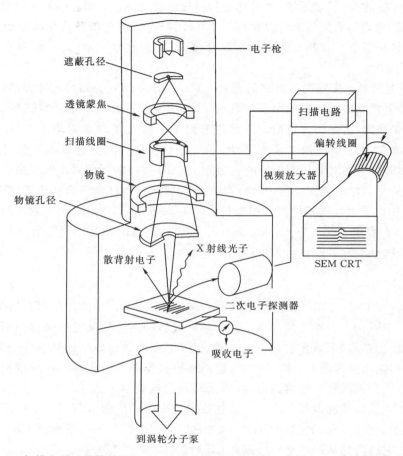

图 11.4 扫描电子显微镜结构图。引自参考文献[6]中 Microelectronics Processing：Inor-
ganic Materials Characterization Fig. 1，p. 51，Copyright 1986 American Chemical
Society. 重印经 Young 和 Kalin 许可

要是由空穴和核外电子的散射引起的,这些散射事件导致原来的、校准的、很好聚焦的电子束
在样品内部中区域被扩大。

633   产生电子的体积是电子束能量和样品原子序数 Z 的函数。二次电子、背散射电子、特征
和连续 X 射线、俄歇电子、光子和电子-空穴对都会产生。对于低原子序数样品,大部分电子
射入样品的深度比较大才被吸收。对高原子序数样品,在样品表面附近有很多被散射了,而且
很大一部分入射电子是背散射电子。而在样品中电子的分布形状取决于其原子序数。对于低
原子序数材料($z\leqslant15$),其电子分布为泪滴状,如图 11.5 所示;当 $15<z<40$ 时,其电子分布形
状变得更接近于球状;而当 $z\geqslant40$ 时,其形状变成半球状。现在已经有人通过将聚甲基丙烯酸
甲酯暴露在电子束中从而对材料的外露部分进行刻蚀,进而观测到了电子的泪滴状分布。[4]经
蒙特卡洛技术分析计算得到的电子运动轨迹也和我们得到的形状是符合的。

电子穿透样品深度也即电子透入深度 R_e,定义为电子从样品表面开始沿轨迹运动的平均
深度。R_e 的经验表达式有好几种,本书采用的是[7]

$$R_e = \frac{4.28 \times 10^{-6} E^{1.75}}{\rho}(\text{cm}) \tag{11.4}$$

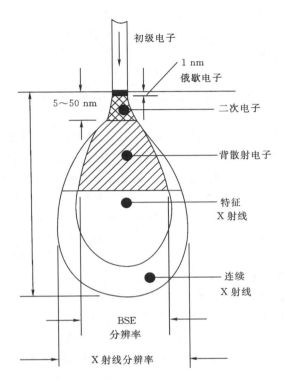

图 11.5　入射到固体样品上电子的背散射电子、二次电子、X 射线、俄歇电子分布
　　　　范围及空间分辨率的汇总。引自参考文献[4]获重印许可

其中 ρ 代表样品密度(g/cm³)，E 代表电子能量(keV). Si($\rho=2..33$ g/cm³)，Ge($\rho=5.32$ g/cm³)，GaAs($\rho=5.35$ g/cm³)和 InP($\rho=4.7$ g/cm³)的电子透入深度分别为

$$R_e(\text{Si})=1.84\times10^{-6}E^{1.75}\;;\quad R_e(\text{Ge})=8.05\times10^{-7}E^{1.75}\;;$$
$$R_e(\text{GaAs})=8.0\times10^{-7}E^{1.75}\;;\quad R_e(\text{InP})=9.1\times10^{-7}E^{1.75}\;.$$

式(11.4)用于 $20<E<200$ keV 的入射电子的计算是相当精确的,但相比与更精确的计算方程其值还是略微小了。[8]

　　应用：　作为显微镜,扫描电子显微镜在半导体中的应用主要是观察器件表面,因此常常应用于失效分析和决定器件尺寸的截面分析,例如 MOSFET 的沟道长度、结深等。扫描电镜还被用在晶圆加工生产线上在线检测和线宽测量(见第 10 章)。当检测集成电路的电流时,通过在表面涂一层表面薄导电层(Au,AuPd,Pt,PtPd 和 Ag 提供无氧化物表面)或者通过减少束能直到初级电子的数目与二次电子以及背散射电子的数目之和大致相等这两种方法来减少或消除表面荷电,这是很重要的。达到平衡时的能量在 1 keV 左右,这么低的能量对于降低电子束损害器件能力来说已经足够了。通过使用高亮度亮度电子束和用于信号增强的数字结构存储来优化低能束降低的信号噪声比。

11.2.2　俄歇电子能谱(AES)

　　原理:俄歇电子能谱基于俄歇效应,这种效应是由俄歇在 1925 年发现的。[9]它现在已经成为研究材料化合特性和组分特性的有效表征方法。它可以检测除了氢和氦之外其它全部元素。由于已经有很多文献[10]为识别元素物种提供了大量参考数据,所以实验数据的分析变得很简单。不同元素之间的能谱彼此互不干扰,而且其化学结合态也可以从其俄歇跃迁能量的变化得到。虽然不同元素之间可能有干扰,但是这些干扰可以通过测量不同能量时不同电子跃迁的俄歇峰值来消除。俄歇技术取样深度通常为 0.5 至 5 nm,通过溅射蚀刻样品可以进行深度信息测量。

　　图 11.6 给出了某种半导体的俄歇电子发射。半导体的能带图通常给出了真空能级、导带和价带,而更低的内壳层电子能级在半导体能带图中并不常见。我们特别假定材料具有一个能量 E_k 的 K 能级和能量为 E_{L1} 和 E_{L2} 的二个 L 能级。[11]从电子枪射出的初级电子的能量一般是 3～5 keV,可以激发 K 壳层的电子,产生的一个 K 壳层空位可以被一个外壳层电子(图中是 L1 能级上的电子)或被一个价带上的电子填充。大小为 $E = E_{L1} - E_K$ 的能量转移给第三个电子——即俄歇电子,图中它产生于 $L_{2,3}$ 能级上。这个能量也可以导致 X 射线光量子的发射,我们将在下一章节讲述。对于原子序数 Z 低的元素,相比 X 射线发射,俄歇发射占主导地位。

　　原子保持双电离状态且整个过程标记为"$KL_1L_{2,3}$"或简记为"KLL"。在 KLL 跃迁过程中,最后在 L 壳层形成两个空穴。这些空穴能被价带中的电子填充,从而产生 LVV 俄歇电子。俄歇过程是一个三电子过程,很显然由于氢和氦少于三个电子,所以不能对这两种元素进行检测。对于原子序数 Z 为(3<Z<14)元素来说,主要俄歇能量转移是 KLL 转移,对于原子序数 Z(14<Z<40)元素来说,其主要俄歇能量转移是 LMM 转移,对于原子序数 Z(40<Z<82)

635

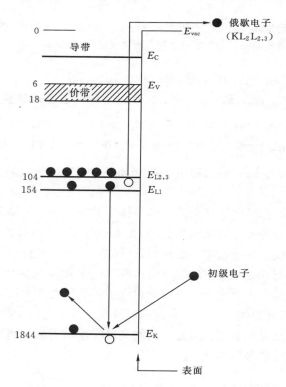

图 11.6　俄歇电子能谱的电子转移过程,能量轴上的数值是硅元素的

元素来说,主要俄歇能量转移是 MNN 转移。[12]在价带和 K 核之间的转移为 KVV,在价带和 L 能级之间的转移为 LVV 转移。例如在 Si 中主要转移为 LVV。

练习 11.1

问题: 在 AES 中,一电子从 L 能级进入 K 能级后,会将能量传给 L 能级上的另外一个电子。对于 Li 它在 L 能级上只有一个电子(它的外层只有三个电子),那么 Li 是否可以用 AES 探测,为什么?

解答: 在锂原子中按道理来说应该没有俄歇转移,因为在 L 能级上只有一个电子。然而对于固体锂来说,由于存在着活跃可用导带电子,这正好可以为俄歇转移提供所需要的"多余"电子。L 能级和导带的作用此时就等价了。A. J. Jackson, C. Tate, T. E. Gallon, P. J. Bassett, and J. A. D. Matthew, "The KVV Auger Spectrum of Lithium Metal"' J. Phys. F: Metal Phys. 5, 363 – 374, Feb. 1975.

对于 $KL_1L_{2,3}$ 转移来说,表征原子序数为 Z 的发射原子的俄歇能量为[13]

$$E_{ABC} = E_A(Z) - E_B(Z) - E_C(Z + \Delta) - q\phi \qquad (11.5a)$$

其中 $q\phi$ 代表样品的功函数。总之,当一个电子从 A 能级发射后,它产生的空穴被 B 能级的电子填充,这导致 C 能级的一个电子被激发,此时俄歇电子的动能为[14]

$$E_{ABC} = E_A(Z) - E_B(Z) - E_C(Z + \Delta) - q\phi \qquad (11.5b)$$

这里引入 Δ 是为了便于解释为什么同一能级的双电离态的总能量要大于两个单电离态的能量之和。Δ 一般在 0.5~0.75 之间。[10]俄歇电子能可以表征样品而且和入射电子能量无关。

测量仪器: 俄歇电子谱测量仪器由电子枪、电子束控制装置、电子能量分析仪和电子数据分析仪组成。入射电子束的能量一般在 1~5 keV。如果电子束能量更高,那么在样品更深处会产生俄歇电子,由于太深以致于它们逃逸出的机会很小。聚焦电子束的半径取决于电子源、电子束能量、电子光学以及束电流。对于非扫描 AES,束半径一般为 100 μm;而对于扫描 AES 系统束半径就更小了。场发射电子源的电子束半径在束电流为 1 nA 时可以达到 10 nm 之小。发射出的俄歇电子可以通过一个阻挡电势分析器,即一个筒镜分析器,或者一个半球分析器探测。一般常用分析器是图 11.7 中的筒镜分析器(CMA)。[15]电子枪和镜筒的同轴结构能够减小阴影的形成,并且允许给清洁用的溅射离子枪预留出空间。当俄歇电子通过狭缝光阑进入两个同心圆筒之间的时候,它们会被两个同轴电极之间负电位产生的柱对称电场聚焦。CMA 允许具有 $E \sim V_a$ 和能量误差为 ΔE 的电子穿过出口狭缝。斜线变化的分析电位 V_a 提供电子的能量能谱。能量分辨率定义为

$$R = \frac{\Delta E}{E} \qquad (11.6)$$

其中 ΔE 表示分析器通过能量,E 表示电子能量。通常 CMA 的 $R \approx 0.005$。当电压沿斜线缓慢变化时,由于 CMA 的设计 $\Delta E / E$ 保持不变。根据式(11.6),如果 R 不变 ΔE 将和 E 同比例增加。因此通过分析仪的电子数目必须是和电场 E 成比例。这就是为什么俄歇谱常常使

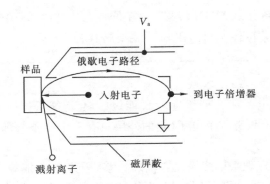

图 11.7 俄歇电子能量谱仪筒镜分析器布局。重印经许可引自参考文献[15]

用 $EN(E)$ 来表示电子数目而不是用 $N(E)$ 表示。

俄歇电子的能量一般在 30 到 3000 eV 之间。Si 的 LVV 转移发生在 92 eV。分析区域主要取决于初级电子光束的半径。虽然和电子束半径相比固体中电子束的相互作用范围大得多(如图 11.5 所示),但是俄歇电子只能从表面浅层逃逸。金属一般具有最小的逃逸深度,其次为半导体,再者就是绝缘体。AES 还可以作为点分析模式使用,这样就可以在很小的样品区域内探测许多元素,或者通过电子束在样品上一个元素来得到选定元素的分布图。为了保护样品不受污染(一般这些表面污染会干扰俄歇信号),因此要求分析室是高真空无油(10^{-9} torr 或者更低)。

图 11.8 给出了 Si 的 $EN(E)$ 的能量函数曲线。俄歇电子峰在高背景下出现微小扰动,这里的高背景是由那些在背散射之前已经损失不同能量的背散射射电子、在样品中传播时失掉能量的俄歇电子、以及低能端的极连过程产生的二次电子构成的。那些在样品更深处形成的俄歇电子将会因失去能量而且在背景中将无法辨别。为了加强俄歇峰,通常的实用方法是对俄歇信号进行微分,这个结果以 $d[EN(E)]/dE$ 和 E 的关系给出,也显示图 11.8 上。微分信号的引入会导致 AES 迅速增大。[16]俄歇能量的位置既可以从 $EN(E)$ 谱中的峰值得到,也可以通过微分谱中 $d[EN(E)]/dE$ 峰值的最大负的漂移得到。微分谱虽然提高了信号和背景的比率,但是降低了信噪比。我们也可以通过利用抑制背景之后的未微分处理的 $EN(E)$-E 曲线将信号提到背景之上。

638　　AES 的检测极限约为 0.1%,但是它可以有效区分各种不同元素。Davies 等人给出了初级电子能量分别为 3 keV,5 keV 和 10 keV 元素的相应俄歇灵敏度。[10]检测极限也受到束流和分析时间的影响,因此检测极限使得 AES 的定量分析变得困难。对于简单半导体样品,有报道称精确度可以达到 10% 左右,同时校准的精度在 5% 左右。[17]目前最常用的校正方法主要是基于已报道的元素俄歇强度和灵敏度因子的。分析专家是通过利用每个元素灵敏度因子谱的权重来校正测量峰的强度。通常微分谱的峰-峰值也被用作强度,这是一种已经得到评价的实用方法。[18]实际上测量积分谱峰的面积比微分谱的峰面积要更为精确。AES 和 XPS 在表面分析中的早期应用大量使用了参考手册和发表论文中的能谱数据。Powell 曾对应用在 AES、XPS 和 SIMS 的大部分分析资源进行过详细的归纳。[18]

确定入射电子束并不改变样品是很重要的。绝缘体可以使样品被人为雕凿。[19]由用惰性离子的溅射和俄歇信号的获取交替进行而获得的深度剖析可以用俄歇电子强度与溅射时间的

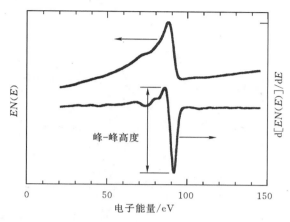

图 11.8　硅的 LVV 转变过程的 $EN(E)$ 及微分曲线。数据承蒙亚利桑那州立
　　　　大学 M. J. Rack 提供

关系来表示,如图 11.9 所示。通过测量溅射坑的深度和剖析,可以将深度与溅射时间联系起来。在 AES 深度剖析过程中,会出现溅射诱导形成人为雕凿的表面。[20] 人为雕凿的痕迹包括坑洞墙效应,溅射材料的再沉积,表面粗糙程度,优先溅射,不同溅射速率,原子混合,充电效应和样品损坏等,例如在 SiO_2 中分解、吸收和失氧。[21] 深度的分辨率为 10 nm 的数量级。[20]

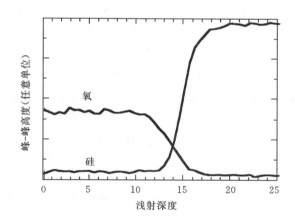

图 11.9　硅片上 14.8 nm 二氧化硅膜的俄歇深度分布,2 keV 氩离子束溅
　　　　射。数据承蒙亚利桑那大学 M. J. Rack 提供

　　应用:　AES 的应用主要用于测量半导体的成分、测量氧化膜的成分,掺磷玻璃、硅化物,金属,焊盘污染,引线框架失效分析,粒子分析和表面清洁效应。[22] 为阻止在样品表面形成污染薄膜,AES 测量需要在高真空环境中进行($10^{-12} \sim 10^{-10}$ torr)。元素扫描是一种快速确定表面元素的方法。扫描俄歇显微镜(SAM)允许每次选定一个元素对样品进行扫描。AES 不适用于痕量元素分析,因为它的灵敏度在 $0.1 \sim 1\%$ 之间。以前 AES 只用来探测元素,现在它还可以用来获得化学信息。当元素组成化合物时,在俄歇光谱中会有一个能量移动和形状改变,如图 11.10 所示。在这个例子中,Si 在 Si/SiO2 界面和 Si 在块体 SiO2 表面,它们之间的 AES 信号有一个明显差异。它们的存在形式不同。X 射线光电子能谱(XPS)通常被认为

更适于做化学分析,因为 XPS 线比 AES 线更窄,但 AES 的能量移动通常大于 XPS 的能量移动。

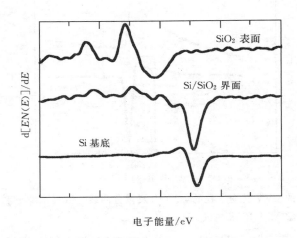

图 11.10　各种形式硅的俄歇谱。数据承蒙亚利桑那州立大学 M. J. Rack 提供

11.2.3　电子微探针(EMP)

原理：　电子微探针,也称作电子探针微分析(EPM 或 EPMA),由 Castaing 于 1948 年在他的博士论文中第一次提出。[23]该方法是利用电子轰击样品,使样品放出 X 射线。EMP 通常是安装有 X 射线探测器的扫描电子显微镜的一部分。[24]在 SEM 中,由初级电子束和样品相互作用产生的所有各种信号中,X 射线最常用于材料表征的信号。X 射线可以对产生它的元素进行能量表征,从而确定元素种类。X 射线的强度可以和已知样品的强度相比,通过样品强度和标准强度的比值就可以测量计算出样品中所测元素的数量。可是这些关系并不如此简单,其他因素的影响使得测量计算变得很复杂……例如：样品中其他元素会吸收部分由初级电子束产生的 X 射线,并且释放可以表征它们自己能量的其他 X 射线,这称作二次荧光效应。如果在含有元素 A 和 B 的样品中,A 元素放出的特征射线的能量大于它对 B 元素放出射线的吸收能量,那么 A 元素对 B 元素的荧光效应就会发生。此外,并不是所有离开样品的 X 射线都会被探测器捕捉到。如果采用的标准都一样,那么就可以得到最佳精确定量密度测定。当然,纯元素标准也可以使用,但这会导致精确度不准。幸运的是,定量分析有时候可以不用。

640　　EMP 本质上并不是表面技术,因为 X 射线是从样品内部中发射出来的,如图 11.5。这种方法可以用能带图来解释说明,如图 11.11。用特征能量为 5~20 电子伏特的初级电子束轰击样品。电子束能量大约为 X 射线能量的 3 倍,这也叫"过电压"。X 射线的产生是由电子轰击靶的两个截然不同过程获得的：(1)电子在原子核附近库仑场中的减速导致形成 X 射线,它是能量在 0 到入射电子能量之间的连续光谱。这就是 X 射线连续辐射或是轫致辐射(德语也叫"制动辐射"),和可见光中的白光分布相类似,能量分布从零到入射电子能量,这种辐射情况也叫白光辐射。(2)初级电子和内壳电子相互作用,入射电子从原子的一个内壳激发出电子,与此同时接近此内壳的外壳电子将会填充到这些激发电子留下的空穴当中。这些就是波长和物理或化学态无关的激发原子的特征 X 射线。

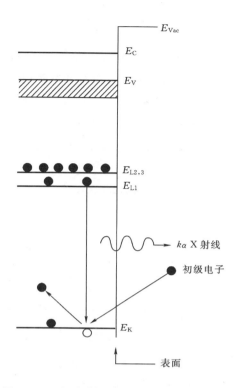

图 11.11　电子微探针分析中电子的转移过程

如果 X 射线是由 L→K 跃迁产生的,那么这种 X 射线就称作 $K\alpha$ 线。同样,$K\beta$ 线就是由 M→K 跃迁产生的,而 $L\alpha$ 射线则是由 M→L 跃迁产生的,等等。需要注意的是,K 能级只有一个,而其他能级可以再细分。L 壳层就可以细分成 3 个能级,而 M 壳层有五个能级,这就产生了更进一步的分类。例如,L_2→K 跃迁被记为 $K\alpha_2$,而 L_3→K 跃迁会产生是 $K\alpha_1$。[25]事实上,对所有可能发生的跃迁,其跃迁几率并不相等,有些跃迁发生机率甚至小到被称为"禁止"跃迁,例如 L_1→K 跃迁。电离效率实际上是很低的,大约一千个电子中只有一个电子能够在 K 壳上产生空穴。

X 射线探测器常常不能区分两条紧挨着的 X 射线。在这种情况下,不能分辨的双线被测量就像是一条线。这条线可以通过去掉下标来标记,例如 $K\alpha$ 就代表不能分辨的 $K\alpha_1 + K\alpha_2$,有时候也写作 $K\alpha_{1,2}$。在 EMP 中 L→K 跃迁产生的 X 射线的光量子能量记为

$$E_{EMP} = E_K(Z) - E_{L2,3}(Z) \tag{11.7}$$

K 能级和 L 能级之间的能量要远大于 L 能级和 M 能级之间的能量,而后者又远大于 M 能级和 N 能级之间的能量。例如,对于 Si,$E(K\alpha_1) = 1.74$ keV;对于铜,$E(K\alpha_1) = 8.04$ keV,$E(L\alpha_1) = 0.93$ keV;而对于金,$E(K\alpha_1) = 68.79$ keV,$E(L\alpha_1) = 9.71$ keV,$E(M\alpha_1) = 2.12$ keV。最常见的 X 射线为 $K\alpha_{1,2}$,$K\beta_1$,$L\alpha_{1,2}$,$M\alpha_{1,2}$。Fiori 和 Newbury 给出了他们在能量范围为 0.7 至 10 keV 高质量 X 射线谱内观测到的 X 射线示意图。[26]参考文献[4]给出了关于 EMP 光谱定量和定性的详细解释。X 射线能量 E 和波长 λ 的关系为

641

$$\lambda = \frac{hc}{E} = \frac{1.2398}{E[\text{keV}]} \left[\text{nm}\right] \tag{11.8}$$

K 壳电离之后只可能放出一个 K 线 X 射线光子或一个俄歇电子,其中导致 X 射线释放的那一部分电离数目是荧光产量。X 射线的发射概率和俄歇电子的发射概率之和是 1。但对于原子序数 Z 低的材料,主要是俄歇电子发射;而对于原子序数 Z 高的材料则以 X 射线发射为主。对于 $Z \approx 30$ 的材料,当 K 壳电离时,两种发射发生的可能性是一样的,如图 11.12。

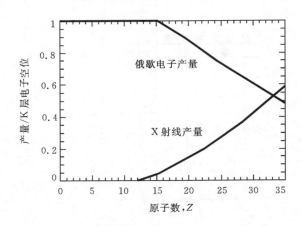

图 11.12　单位 K 层空位的俄歇电子和 X 射线光子产量与原子序数的
关系。重印许可自参考文献[25]

虽然在 EMP 中,电子束的半径在 1 μm 左右,但是激发 X 射线来源于更大的区域,并且在 AES 上安装的的 EMP 的分辨率也不高,因此它也算不上是真正的表面灵敏技术。对于那些发射电子束与测量分辨率没有多大关系的实验来说,EMP 是很好的实例。电子束半径的减小可以使分辨率得到改善,但付出的代价是信号的减弱。例如在 AES 中,电子束保持不动就可以通过初步扫描检测出杂质。利用光束栅线扫描限定的样品区域就可以成像和元素像。EMP 的敏感度要高于 AES 的,主要因为 EMP 的探测体积较大。对原子序数 $Z=4$ 至 10 的原子来说,敏感度为 $10^3 \sim 10^4$ ppm(百万分之);对 $Z=11$ 至 12 为 10^3 ppm;对于 $Z=23$ 至 100 为 100 ppm,但是具体的值还和仪器和样品参数有关。[12]

仪器仪表:　EMP 用的是扫描电镜的电子束、聚焦镜和偏转线圈。只有 X 射线探测器是外加的,因此许多扫描电镜都配备有 EMP 的功能。探测器的类型有好几种。最常用的是能量色散光谱仪(EDS)和波长色散光谱仪(WDS),如图 11.13 所示。这两个光谱仪互为补充,EDS 一般常用于样品快速分析,而 WDS 常用于高分辨测量。最近刚出的一种探测器是微卡表。

EDS 中的 X 射线探测器通常是反向偏转半导体(Si 或 Ge)探针或肖特基二极管。固体中X 射线的吸收方程式如下:[24]

$$I(x) = I_0 \exp\left[-(\mu/\rho)\rho x\right] \tag{11.9}$$

式中(μ/ρ)是质量吸收系数,ρ是探测材料密度,$I(x)$代表探测器中 X 射线强度,而 I_0 代表入射 X 射线强度。质量吸收系数可以在指定 X 射线能量处表征所给元素。它的大小随光

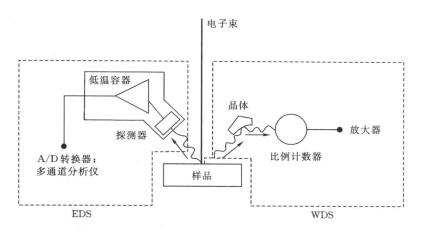

图 11.13　EDS 谱和 WDS 谱 X 射线探测器系统。重印参考文献[6]获得许可。

波波长和靶材元素的原子数目变化而变化,但与能量变化相比原子序数对吸收系数的减小要平缓一些。它表现为在能量区域上吸收边缘的能量以上的不连续性。吸收边缘能量对应于从壳中激发出一个电子的能量。对于 Si,$\mu/\rho = 6.533$ cm²/g;对于 Mo,Kα($E = 17.44$ keV)和 Cu,Kα($E = 8.05$ keV)它们的 $\mu/\rho = 65.32$ cm²/g。[11]对于入射到 Si 探测器上的 Cu KαX 射线,其中 ρ(Si)$= 2.33$ g/cm³ 它的吸收方程为

$$I(x) = I_0 \exp(-152.2x) \tag{11.10}$$

X 的单位是 cm。吸收为 50% 时,对应厚度为 46 μm,吸收为 90% 时,厚度为 151 μm。当 X 射线在 Si 中入射较深时,反偏二极管的空间电荷区(scr)必须足够宽以吸收 X 射线。Scr 的宽度服满足关系 $W \sim 1/N_D^{1/2}$,这就要求 Si 要么很纯,要么就让锂漂移从而产生一个有效本征区域。[27]

　　来自样品的 X 射线穿过一个薄铍窗后射在 Li 漂移的 Si 探测器上,Si 探测器必须一直用液氮冷却以阻止锂扩散,进而减少二极管的漏导电流。绝不可以将探测器的偏置电压加在未冷却锂漂移探测器上,因为即使在室温下偏压电场也会引起锂离子的漂移。每个被吸收的 X 射线光子都会产生很多电子-空穴对,这些电子空穴对在高电场作用下会扫过二极管空间电荷区。产生的电荷脉冲会通过一个电感放大器转变成电位脉冲:信号进一步放大和整形后就会传到一个多通道分析仪中,它会对从放大器过来的脉冲进行测量和分类,并最终将这些脉冲放在显示端的正确通道里面,而且这些通道具有记忆功能,且每个通道对应着 X 射线的不同能量。每个吸收 X 射线的脉冲都不应该干扰下一个吸收 X 射线的脉冲。如果两个 5 keV 脉冲同时发生,那么探测器的输出端就会显示为一个 10 keV 的脉冲。当然,发生这种情况的概率比较小。

　　如果脉冲间距小到它们重叠在一起,就会产生脉冲重叠现象,这时脉冲的振幅测量就不准确了。

　　如果高能粒子或光子在半导体中被吸收掉的能量为 E,那么这些能量产生的 N_{ehp} 电子-空穴对(ehp)数目为[28]

$$N_{\text{ehp}} = \frac{E}{E_{\text{ehp}}}\left(1 - \frac{\alpha E_{\text{bs}}}{E}\right) \tag{11.11}$$

其中,E_{ehp} 为产生一个电子-空穴对所需要的平均能量,E_{bs} 为背散射电子的平均能量,α 为背散射系数(在 $2\sim60$ keV 的范围中,Si 的 $\alpha\approx0.1$)。$E_{\text{ehp}}\approx3.2E_g$,对于 Si 它的值为 3.64 eV。[29] 一个 5 keV 的 X 射线光子大约会在 Si 里面产生 1350 个电子空穴对,或者说产生一个电量为 2.2×10^{-16}C 的电荷。对于这种半导体探测器,入射 X 射线的能量可以由 X 射线产生的电子空穴队的数目来决定的。从 Na 到 U 的元素都可以用 EDS 进行探测,由于 Be 窗口用冷却探测器与真空系统隔离,这使得低原子序数 Z 元素的探测很难。无窗口系统就可以对低 Z 元素进行探测。有可能发生一种情况是,来自样品的 X 射线被 Si 探测器吸收后又产生 Si KαX 射线,然后又被探测器吸收。这些不是由样品放出的 X 射线,会在光谱中以硅内部荧光峰的形式出现。关于影响 EDS 的因素的充分的讨论可参见参考文献[4]。

在 WDS 中,来自样品产生的 X 射线会直射到分析晶体上,只有和晶体成适当角度的 X 射线才能发生衍射,并通过聚丙烯窗口照射到探测器上,通常探测器是一个气体正比计数器。正比计数器由一个充气管构成,在管中间有一个细钨线,它带有 $1\sim3$ kV 的电位。由于管口很难密封,所以要保持一直向管内输送保护气,一般保护气的 90% 为氩气,10% 为甲烷。吸收 X 射线会产生大量电子和正离子。电子会吸附到钨线上从而产生电子脉冲,同时可以产生很多 ehp,这些电子空穴对最后被半导体探测器收集。

X 射线衍射服从布拉格定律

$$n\lambda = 2d\sin(\theta_{\text{B}}) \tag{11.12}$$

其中 $n=1,2,3\cdots$,λ 是 X 射线波长,d 代表晶面间距,θ_{B} 代表入射线和晶面间的夹角。探测信号被放大后,由单沟道分析仪将其转换成标准脉冲,然后被计数或显示在终端上。分析晶体被弯曲以将 X 射线聚焦在探测器上。因此对于已知波长范围的测量就需要使用多块晶体。具有变化的晶格常数的常见晶体有 α 石英,LiF,季戊四醇(PET),甲酸邻苯二甲酸(potassium acid phthalate KAP),磷酸二氢铵(ADP)等晶体。

WDS 探测器和其他探测器相比收集范围更大,但是它们距离样品越远收集率就越低。由于每次只探测小范围的波长,这对于单个元素来说就可以得到较大的峰-背比以及计数率,因此 WDS 具有更高的能量分辨率。这就使其灵敏度提高了 $1\sim2$ 个数量级,但这也使得其测量速度降低,而且其电子束电流是 EDS 的 $10\sim100$ 倍。表 11.1 列出了 WDS 和 EDS 这两种技术的主要特点。他们的光谱特性如图 11.14 所示,可以看出 WDS 的分辨率更高。EDS 的特征峰大约是自然峰宽的 100 倍,这是受 ehp 统计和电子噪声的制约所致。

在超导微卡表中,金属指针由于吸收 X 射线引起的小的温度变化可以被测量到(一般小于 1 K),[30] 这可以用来鉴定低能量元素(<3 keV),而这是 EDS 做不到的。这样低的能量产生的结果如同降低电子束能量以减小 X 射线发射体积。在这个能量范围内,轻元素的 K 线会和重元素的 L 与 M 线重叠在一块,这就导致 EDS 不能鉴定某些峰。由于微卡表中的小幅温度变化,金属指针指在非常低的温度上,大约是 $100\sim200$ mK。有人曾利用具有和 X 射线能量成正比的温度变化 Ir/Au 薄膜的超导相变来探测这个温度的变化。[31] 在正常态和超导态之间的转变范围里,薄膜电阻主要取决于温度。利用超导量子干涉器将阻值转变成电压值。能

量分辨率大约是 10 eV,这和 WDS 的很接近,大约是 EDS 的 10 倍。微卡表将 WDS 的分析速度和 EDS 的能量分辨率结合在一起,只是它需要在更严格的冷却条件下才能使用。

表 11.1　X 射线光谱仪间的比较

运行特性	WDS 晶体衍射	EDS 硅能量色散
量子效率	可变的,<30%	～100%, 2～16 keV
元素检测	$Z \geqslant 5(B)$	$Z \geqslant 11(Na)$,有窗
		$Z \geqslant 6$ (C)无窗
分辨率	晶体依赖	能量依赖
	～5 eV	150 eV 在 5.9 keV
数据采集时间	数分钟到几小时	数分钟
灵敏度	0.01%～0.1%	0.1%～1%

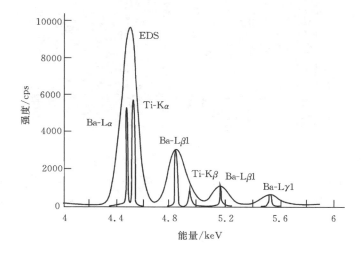

图 11.14　$BaTiO_3$ 的能谱和波谱,能谱的测量用的是 135 eV 分辨率的探测器,波谱分解并与能谱峰重叠。重印经 R. H. Geiss. "Energy-Dispersive X-Ray Spectroscopy," in *Encyclopedia of Mare-rials Characterization* (C. R. Brundle, C. A. Evans, Jr., and S. Wilson, eds.). Butterworth-Heinemann, Boston, 1992. 许可

应用:　带能谱的电子微探针分析常用于单个元素的快速鉴定和空间元素分布像。它常常是解决问题和诊断失败的首选技术。通过将 EDS 谱或 WDS 谱的实验谱与已知 X 射线能量对照,就可以辨别杂质成分。对照过程可以通过合适的软件自动进行,即最好可以将实验谱显示出来并将实验数据和已知元素谱匹配对照。电子探针 EMP 不是痕量分析的方法,这是因为它的灵敏度太差,特别是它对在重元素材料中的轻元素的测试不灵敏(参见图 11.12 和表11.1)。但它有很好的空间分辨率,它的分辨率是由样品中电子的相互作用的体积决定的,大约是 $1 \sim 10 \ \mu m$,而且它也很适于对半导体或者合金混合物等材料的金属进行定量测定。由于碳、氧和氮产生的 X 射线量少而且他们在真空系统中是很常见的污染物,所以这些元素的探测是比较困难的。图 11.15 是一种元素的分布图。

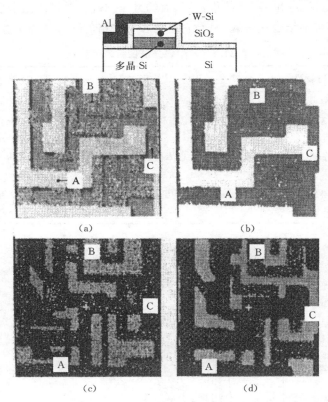

图 11.15 硅基电路的 EDS 元素像。(a)Al(A)、W(B)和 Si 的组合 EDS 元素像;(b)Al 线的
元素像;(c)W-Si 线的钨元素像;(d)硅元素像。顶图是电路的截面结构图。图片
由亚利桑那州立大学的 J. B. Mohr 提供

11.2.4 透射电子显微镜(TEM)

透射电子显微镜起初用于样品的高倍放大成像,后来它又增加了很多功能,例如电子能量
损失的探测器、光探测器和 X 射线探测器,所以现在人们也称它为分析透射电子显微镜
(AEM),[32-33]其中,TEM,SEM,AEM 中的 M 代表显微镜。电子透镜在原理上和光学显微镜
是相似的,它们都包含有一系列用于放大样品的透镜。TEM 的主要优势是它有很高的分辨
率,可以精确到 0.08 nm。我们可以从它的分辨率公式看出它为什么有如此高的分辨率,$s =$
$0.61\lambda/NA$。在光学显微镜中数值孔径 $NA \approx 1$,波长 $\lambda \approx 500$ nm,给出的分辨率 $s \approx 300$ nm。
在电子显微镜中,NA 大约为 0.01,虽然更大的电子透镜还不完美,但是波长很短。根据方程
式(11.1),$\lambda_e \approx 0.004$ nm 时,如果电压 $V = 100$ kV 分辨率,则有 $s \approx 0.25$ nm,其放大倍率可以
达到几十万——远远超过了光学显微镜。事实上,透射电镜的实际分辨率表达式比这要复杂
得多,这里只是简单的估算。TEM 的不足之处是它深度分辨率比较低。

图 11.16 是透射电子显微镜的结构原理图。电子枪发射的电子在高压下加速,外加高压
大约为 100~400 kV,最后由聚光透镜聚焦到样品上,样品被放在直径为几微米的铜栅网上。
静态电子束的直径是几微米。样品必须足够薄(几十到几百纳米)这样才能让电子透过。由于
样品很薄电子束来不及扩散,这就避免了图 11.5 的分辨率低的问题。透射的电子和向前散射

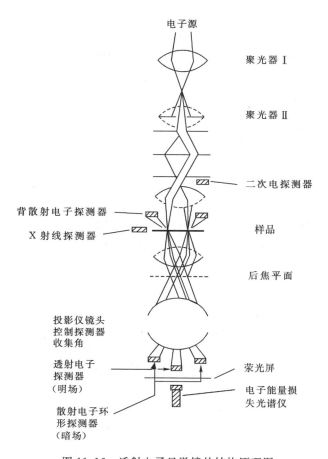

图 11.16　透射电子显微镜的结构原理图

的电子在后焦平面上形成衍射图样,在像平面上形成放大显微像。在其他镜头作用下,显微像或衍射图样都可以被投影到荧光屏上,以观测或电子或照相记录。形成的衍射图样可以给出样品的结构信息。

透射电子显微镜的三个基本成像模式是:明场显微成像、暗场显微成像和高分辨率显微成像。像衬并不主要取决于吸收,而主要是由样品中的电子散射和衍射决定的,这和光学透射显微镜不一样。只由透射电子形成的像是明场像,而由特定衍射束形成的像则为暗场像。只有少量电子被样品吸收,吸收电子会导致样品温度升高。

考虑包含原子 A 和 B 的无定形样品,其中 $Z_B > Z_A$,Z 代表原子序数。电子由原子 A 带来的散射很少,它的散射主要由原子 B 引起。较强的散射电子是不能被成像镜传输的,因而也不会到达荧光屏,但是弱的散射电子则可以。因此,在屏幕上看不到重原子图像,而且像的亮度取决于透过样品并且通过成像镜头的电子的强度。对于晶体样本,必须考虑到电子的波粒波动性,晶面会引起电子的布拉格衍射。如果不是由于布拉格衍射的偏转,电子就会"直接显现"在荧光屏上。一般来说,像衬主要由质量、厚度、衍射以及相差引起。

一束平行静止连贯的电子穿过样品时会在像平面上形成放大像,并被投影到荧光屏上。在扫描透镜电子显微镜(STEM)中,一束细锐的电子束(直径约为 0.1 nm)栅扫描测试样品。

648

物镜将探测束扫描过的所有点上传输电子同后焦面上的固定区域对应起来进行探测。探测器的输出用于调制 CRT 的亮度,就像扫描电镜中二次电子调制的那样。STEM 中的初级电子也像 SEM 中的一样,会在样品上方产生二次电子,背散射电子、X 射线和光(阴极发光)。在样品下方的非弹性散射传输电子可以被用于分析电子能量损失,这就使得该装置成为一种真正意义上的分析电子显微镜。X 射线分析已经成为透射电镜的一个重要应用方面,具有远远高于 SEM 中的 EMP 的放大倍数。然而不足之处是,X 射线产生的空间体积相当小,因而只能产生微弱的 X 射线信号。由于图像数据的收集要保持连续,因此在 STEM 中每个像素的累积时间是被限制的。

　　电子能量损失谱(EELS),作为一种吸收光谱,它是用来分析透过样品的传输电子的能量分布。[34]EELS 弥补了 EDS 的不足,之所以这样说是因为 EDS 探测的元素原子序数必须大于 10,而 EELS 对原子序数 $Z \leqslant 10$ 的元素更敏感,可以对它们进行探测。理论上氢应该是最难以探测的,但事实上,硼元素的探测局限性更大。EELS 侧重于测量由非弹性碰撞引起的电子能量损失,它比 EDS 的敏感度高的几个原因是:基本时间不依赖 X 射线发射的二次事件(X 射线发射是受激原子返回基态时产生的),这使得基本事件变得更有效,更适合于探测原子序数低的元素;同样只有小部分激发 X 射线能够被探测到,但大部分传导电子能够被探测到。EELS 具有接近于 TEM 的高分辨率,主要用于提供微分析和结构信息。EELS 谱通常包含三组不同的峰:不含有用分析信息的零损失峰,主要由等离子体引起的低能量损失峰以及由内壳电离引起的高能量损失峰。EELS 元素像可以通过显示特征谱的能量强度来生成。

　　除了结构信息之外,还可以通过 AEM 获得衍射信息。这对于晶体样品很重要,因为选区衍射可以用来鉴别晶相,无定形区域、晶格方向,还可以用来探测层错和位错这样的缺陷。

　　高分辨率 TEM(HREM)可以给出原子数量级的结构信息,被称为晶格成像,它是界面分析的重要手段,TEM 图在半导体集成电路的发展过程中发挥着重要的作用。[35]例如,氧化物-半导体、金属-半导体和半导体-半导体之间界面研究得益于 HREM 图像的帮助。在晶格成像过程中,若干不同衍射光束叠加在一起给出一幅干涉像。许多 HREM 例子可以在参考文献[36]中找到。图 11.17 显示的是氧化层厚度为 1.5 nm 的多晶硅/SiO_2/Si 的横截面。下半区 Si 中的白点代表了 Si 原子(事实上是 Si 原子列),清晰地显示了原子的分辨率。

　　样品制备一直是 TEM 的弱点,因为样品必须是非常薄。传统上一直采用机械研磨抛光和离子磨方法来制样。Sheng 很好地讲述了早期成功样品制备的难度。[37]最近新增加的一种制样方法是使用聚焦离子束(FIB)仪器。[33]FIB 在设计和操作上和 SEM 很相似,只是离子束由镓离子构成而不是电子。镓离子束半径约为 10 nm。这些离子在给定的样品局部以栅线方式刻蚀样品,并在样品中打磨出一个孔洞。这个孔洞能被精确定位,这样就可以允许检测集成电路电流的一个特殊的部分。例如,一旦找出 IC 的某个坏点,FIB 就可以用来在坏点处打个孔洞。一旦打出孔洞,就可以用 SEM 检测孔洞壁。也可以在坏点 IC 的两面交替打磨得到一个无支撑的薄膜(如图 12.29),用 TEM 可以对其进行研究。FIB 的使用使得 TEM 比以前更常用,而且在某些情况下,FIB 可以当作制造环境工具,而在几年前,它和专业环境工具还有很大差距。无支撑的薄膜可以在 20 分钟内合理切薄,而传统样品薄化方法则需要多达数小时。可是有一个问题,那就是 FIB 的离子轰击会使样品不稳定。样品表面会变模糊,并且 Ga 的密度会很大。不论如何,FIB 已经成为常规的样品制备技术。

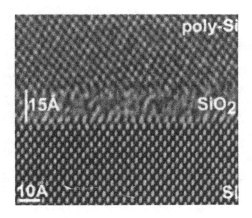

图 11.17　多晶硅/SiO$_2$/Si 结构的 TEM 像。承蒙 IBM 的 M. A. Gribelyuk 提供

11.2.5　电子束感应电流(EBIC)

用于少数载流子扩散长度测量的电子束感应电流已经在第 7 章讨论过。这里我们将讨论电子束感应电流 EBIC 其它方面的应用。[38] Everhart 首先提出 EBIC 这个概念。[39] 这种技术也被称作电荷收集扫描电子显微镜。[7] 和本章中其它技术相比,EBIC 不能用于鉴别杂质,而是用于测量电子有源杂质。这种方法依赖于结型器件中的扫描电子束产生的少数载流子的收集。电子束产生 N_{ehp} 个电子空穴对,它由电子束能量有关,见式(11.11)。根据式(7.69),可以得到电子空穴对的产生率:

$$G = \frac{I_b N_{ehp}}{q V_{ol}} \qquad (11.13)$$

其中,V_{ol} 是产生电子空穴对的所占空间体积。对于少数载流子扩散长度小的情况,V_{ol} 为 $(4/3)\pi R_e^3$,对于半导体,例如 Si,少数载流子扩散长度 $L \gg R_e$,此时 V_{ol} 为 $(4/3)\pi L^3$。在 p 型衬底中,少子密度大约为

$$n = G\tau_n \qquad (11.14)$$

式(11.14)说明了 EBIC 的测量本质。少数载流子是由扫描电子束激发产生。它们由结(pn 结、肖特基势垒、MOSFET、MOS 电容器、电解液-半导体结)收集,并且以电流的方式被测量,这种电流就是电子束感应电流。载流子密度取决于少数载流子寿命,而少数载流子寿命又取决于样品的缺陷分布。像第 7 章中描述的那样,电子束和半导体的相互作用会以各种几何形式进行。由结收集的光电流的变化可以通过在 x 方向或 y 方向上移动电子束作用得到。Z 方向上的改变是由改变电子束能量得到的。电子束在距空间电荷区(scr)边缘 d 处时产生电子-空穴对,其中一些少数载流子向结扩散并被收集。我们在第 7 章谈到过扩散长度是怎样通过测量电流得到的,就像是电子束从收集结移开一样。

为了确定缺陷或复合中心的分布,一般要形成大面积的收集结并且沿着结扫描电子束,如图 11.18。电流对于所有金属都是一个常数。在这幅图中(图 11.18),我们假定缺陷在某个深度复合。对于低电子束能量,电子-空穴对在靠近高表面时产生,大部分少数载流子被空间电

650

651

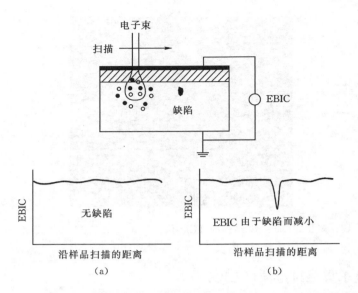

图 11.18　EBIC 测量原理图 (a)扫描均匀材料；(b) 扫描不均匀材料

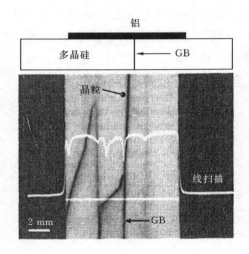

图 11.19　多晶硅的 EBIC 显示高复合晶界,线扫描沿水平标记线进行,并给出
相应的感应电流。承蒙亚利桑那州立大学 J. B. Mohr 提供

荷区吸收且电流不随距离改变而改变(图 11.18(a))。较高能量的束流穿透足以使一部分电子
-空穴对复合,较高能量电子束的穿透并产生一些足够深的电子-空穴对,它们在在缺陷处的复
合引起缺陷附近收集电流减小(图 11.18(b))。这个例子说明了通过扫描电子束和改变电子
束的能量可以进行横向和深度方向的均匀性测量。

　　电流可以以线扫描或者明亮图像的形式显示在 SEM 的 CRT 显示器上。它也可以以虚
的三维分布线显示。图 11.19 显示的是 EBIC 的明亮图像和与铝有肖特基接触多晶硅晶圆的
线扫描。上图是截面图,下图是 EBIC 俯视图。从图中可以清晰看到晶粒和高复合活性的晶
界(GB)。线扫描是沿着水平白线方向进行的,给出的是 EBIC 在这条线上的变化。线扫描表

明 EBIC 沿着水平白线。

　　EBIC 的典型应用主要是测量少数载流子扩散长度及其寿命,确定复合位置(位错、沉淀、晶界),掺杂浓度的非均匀性,以及结的位置。由于电子束具有非接触的性质,因此我们可以对样品的小区域进行扫描。例如,当研究在树枝网状的硅中双面的复合行为时,需要在 100 μm 厚的晶圆截面上形成肖特基接触,利用电子束对其进行扫描以揭示两个面的复合性质。[40] EBIC 也可以用来探测氧化物缺陷,所用的经过氧化的晶圆带需制有导电栅极。[41] EBIC 电流放大器连接在栅极和衬底之间,再让电子束扫过样品。由于栅极和衬底之间的高阻抗氧化物,EBIC 应该接近于零值,但是由于氧化物有缺陷,所以还是有较小电流通过。

11.2.6　阴极发光(CL)

　　阴极发光(CL)是基于电子束激发样品发光的一种非接触的测试技术。[42] CL 最通常的应用是用于电视接收器、示波器和计算机监视器,电子入射到显像管中的荧光粉上产生光并形成图像。CL 与电子微探针(EMP)(电子束激发、X 射线激发)和光致发光(光激发、光发射)两者都是相关的。它的强度决定了其成像能力。电子束在样品上进行扫描,它发出的光可以被探测并且显示在 CRT 上。EMP 和 CL 的相同点是都利用电子束作为激发源,两者的主要区别在于 EMP 的 X 射线来源于内核能级的电子跃迁,而 CL 的光子来源于导带和价带的电子跃迁。

　　CL 明亮图形可以通过外光量子效率 η(单位入射电子激发出的光子数量)和样品复合行为联系起来:[43]

$$\eta = \frac{(1-R)(1-\cos\theta_c)}{(1+\tau_{rad}/\tau_{non\text{-}rad})}\, e^{-\alpha d} \tag{11.15}$$

其中 $(1-R)$ 表示在半导体和真空之间界面的反射损耗,$(1-\cos\theta_c)$ 表示内部反射损耗,$e^{-\alpha d}$ 代表内部吸收损耗($d=$ 光子路径长度),τ_{rad},$\tau_{non\text{-}rad}$ 分别是辐射和非辐射的少数载流子寿命。

　　式(11.15)中的所有因子都是与空间有关的,并影响 CL 图像对比度,这就使得定量解释很困难。[44] 例如,实际中可能存在局部的反射变化,而且可以通过 $(1-\cos\theta_c)$ 项的改变使表面形貌产生阴影或加强的光发射。引起光发射加强或削弱的因素有:掺杂浓度,温度,复合中心(金属杂质、位错、层错、沉淀物)以及外加电场。

　　最简单的操作是样品放在室温的时候收集 CL 光。这种全色技术有利于快速收集数据。更好的方法是将样品冷却并测量它的光谱。冷却到液氮温度可以减少热的线展宽,并提高信号/噪声比率。通过分析光的光谱可以对杂质进行鉴定。CL 的分辨率由复合电子束的半径、电子透入深度 R_e 以及少数载流子扩散长度 L 决定。当 $L \ll R_e$ 时,分辨率实际上为 R_e,当 $R_e \ll L$ 时,实际分辨率为 L。

　　CL 主要用于 Ⅲ-Ⅴ 族材料的检测,因为它们具有高的辐射复合。但它很难用于硅的测试,因为硅的荧光效率很低。CL 发射可以通过提高束电流得到加强,但这会使样品温度升高。时间分辨的 CL 适用于寿命测量,由于体内和表面复合都会影响有效寿命。[45] 这种技术可以通过和 SEM 中的其他方法(EBIC、EMP、电子显微镜)相结合来获得更全面的分析。CL 操作也可以在电子透镜中进行,但是仪器中的有限空间和小的样品尺寸使光收集变得更加困难。

11.2.7　低能和高能电子衍射(LEED)

Davisson 和 Germer 在 1927 年首次证明了低能电子衍射,[46]它是一种用于观察样品表面的结晶形貌的最早期的表面表征技术。[47]它只提供结构信息,而不提供元素信息,如图 11.20 (a)所示。低能量(10～1000 eV)和窄能量分布的电子束入射到样品表面只能穿透几个原子层。电子被周期性分布的原子衍射。来自这个表面弹性散射的衍射电子当沿满足晶体周期的干涉条件的方向出现并打在荧光屏上时,便形成一系列清晰的按照样品晶格方向分布的衍射斑点。衍射图形可以通过屏幕后方的窗口观测到。一系列的网格过滤掉散射电子。

LEED 可以提供原子排列的信息,并对晶格图的缺陷很灵敏。它的典型应用是确定表面原子结构、表面结构无序程度、表面形态和表面随时间的变化。衍射条件可以很容易用倒格子和埃瓦尔德球来研究。[48]为了研究表面性质,重要的是要求表面很干净,对于表面有污染的样品,通常得不到衍射图案。因此,LEED 测量通常要在超高真空(UHV)条件下进行(小于 10^{-10} Torr(1 Torr＝133.32 Pa,——译者注))。单层污染在 10^{-6} 托压力下只需要一秒钟就可以形成,而在 10^{-10} 托压力下则需要一天。即使是单层污染的一小部分也会严重干扰表面晶图的正确测量。样品清洁需要在真空条件下进行,以使得没有污染的表面暴露出来。

高能电子的电子衍射常称作反射高能电子衍射(RHEED)。[48]如图 11.20(b)所示,1～100 keV 的电子入射到样品上,这些高能电子的穿透深度大,为使它们只打在样品浅层,就要求电子束的掠射角小于 5°。这里使用的是前向散射电子,所以背散射的电子量应该是很小的。RHEED 主要是给出有关表面晶体结构、表面方向以及表面粗糙度的信息。分子束外延生长(MBE)大大促进了 RHEED 的应用,因为它可以用来连续监测外延薄膜的生长。[49]图(11.20(b))中的外延装置清晰地给出了用于生长束的样品的正面。此外,由于电子束以掠射角打在样品上,所以它是一种更重要的表征方法,因为它能比 LEED 更有效地找出表面规律。

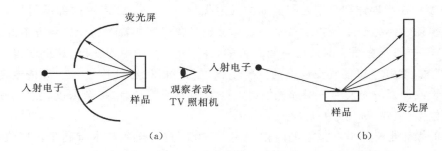

图 11.20　(a)低能电子衍射(LEED);(b)反射高能电子衍射(RHEED)

11.3　离子束技术

离子束表征技术如图 11.21 所示。入射离子经过吸收、发射、散射或者反射后会产生光、电子或 X 射线发射。除了用于表征之外,离子束还可用于离子注入。这里我们将讨论两种主要离子束材料表征方法:二次离子质谱和卢瑟福背散射谱。

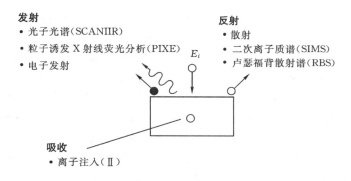

发射
- 光子光谱(SCANIIR)
- 粒子诱发 X 射线荧光分析(PIXE)
- 电子发射

反射
- 散射
- 二次离子质谱(SIMS)
- 卢瑟福背散射谱(RBS)

E_i

吸收
- 离子注入(Ⅱ)

图 11.21 离子束表征技术

11.3.1 二次离子质谱(SIMS)

原理:二次离子质谱,也称作离子微探针或离子显微镜,是用于半导体表征的最有效、最通用分析技术之一。[50-51]它是在 20 世纪 60 年代初由巴黎大学的 Castaing 和 Slodzian,[52]以及美国的 GCA 公司的 Herzog 及同事分别开发的,[53]但是直到 Benninghoven 证明在超过分析时间之后仍然可以保持表面完整为止,[54]SIMS 一直没有得到实际应用。在这之后,Benning-hoven 为 SIMS 的发展和完善做了很多工作。二次离子质谱是一项元素区分方法,它能够探测所有元素及其同位素以及分子类型。在所有的探束技术中,如果只有很小的背散射干扰信号,且探测限度在 10^{-14} 至 10^{-15} 至 cm^{-3} 之间,二次离子质谱是最灵敏的束技术。它的横向分辨率一般为 100 μm,但可以达到 0.5 μm,深度分辨率为 5~10 nm。

654

图 11.22 是 SIMS 的基本原理,它是通过溅射从样品上损坏性地移走物质,并通过质量分析仪对溅出的物质进行分析。一束初级离子束轰击样品,导致样品表面的原子溅射或排出样品。大部分排出原子不带电且不能被常规 SIMS 探测到,但有一些正电荷或负电荷。1910 年的估计是这一小部分带电的原子占总数的 1%,[55]现在这个估计仍然很有道理。[56]离子的荷质比可以通过质谱或者计数形式进行分析和探测,也可以显示在荧光屏上。质荷比的探测有时会有问题,因为在溅射离子和轻元素在溅射过程中会形成多种复杂分子,特别是 SIMS 真空

655

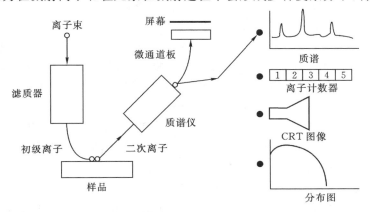

图 11.22 二次离子质谱原理图

系统中存在的轻元素如 H,C,O 和 N。质谱仪只确认总的质荷比,这就无法区分具有相同质荷比的离子。

溅射是入射离子在进入固体以后由运动变为静止,通过动量转移丧失能量的过程。在这个过程中,入射离子会将样品中的原子挤走。当靠近表面的原子从入射离子那里得到足以使它逃逸出样品表面的能量时,溅射就发生了。在 SIMS 中常用的初始能量为 10 到 20 keV,此时溅射原子的逃逸深度一般为几个原子层。初级离子在溅射过程中丧失能量并且会在样品表面几十纳米以下达到静止状态。离子轰击不仅引起溅射,还会导致离子注入和晶格损坏。溅射率指的是单位入射初级离子溅射的平均原子数目,它取决于样品或靶材的材料、晶格方向、晶格种类、能量以及初级电子的入射角度。在多种组分或多晶靶材上面,当组分之间有不同的溅射率时,就会发生优先或选择溅射。具有低溅射产率的成分会在表面聚集,而高溅射率的成分在表面会越来越少。当到达平衡时,离开表面的溅射材料就会有相同的组成成分,好像块材料一样,因此 SIMS 对于分析优先溅射是没有问题的。[57]

用能量为 1~20 eV 的 Cs^+,O_2^+,O^- 和 Ar^+ 进行 SIMS 测量的离子产率范围是 1 到 20。但是重要的不是总产率,而是电离激发原子或二次离子的产率,因为只有这些离子可以被探测到。虽然二次电子产率比总的产率小很多,但是它受初级离子类型的影响很大。电子负的氧(O_2^+)增强了电子正元素的种类(例如 Si 中的 B 和 AL),这些电子正元素主要用来产生正二次离子。当用电子正离子如 Cs^+ 进行溅射时,电子负元素(例如 Si 中的 P,As 和 Sb)的产率会更高。元素的二次离子产率大小有 5 到 6 个数量级变化。[58]

SIMS 在不同元素之间不仅有一个很宽的二次离子产率变化,即使对于相同的元素,当它们在不同的样品或基质中二次离子产率也会有很强的变化,这就是基体效应。例如,氧化表面的二次离子产率可以高达到光滑表面的 1000 倍。[58]一个突出例子是通过溅射一个氧化 Si 晶片获得的掺杂 B 或 P 的氧化硅的 SIMS 分布。SiO_2 中 Si 的产率大约是 Si 衬底中的 100 倍。产率和溅射时间的关系曲线图表明当样品在 SiO_2-Si 界面被溅射时,产率会突然下降。

SIMS 可以给出三种结果。对于低入射离子束电流或者低溅射率(约为每小时 0.1nm),可以在 0.5nm 左右的外层面上记录一个完整的表面分析质谱。这种操作模式被称为静态 SIMS。在动态 SIMS 中,特殊质量的峰值强度记录的是溅射时间的函数,这个溅射时间是和样品被溅射速率有关的(约为 10 $\mu m/h$),从而产生一个深度分布图,也可以将某一个峰值的强度表示为二维图像,这个变化的输出信号如图 11.22 所示。

定量深度分布毫无疑问是 SIMS 的主要优势,用二次离子产率随溅射时间的曲线来作为选定质量分布。这些关系曲线必须转换成浓度和深度的关系曲线。从原理上讲,信号强度到浓度的转变可以通过已知的初级离子束电流、溅射量、电离效率和被分析离子的原子构造,以及仪器参数来计算得到。这里面的参数有些很难获得,而且到现在为止还没有出现适用于常规定量 SIMS 分析的成功技术。通常的做法是使用带有未知物的混合物和相同的或相似的基体材料的标样。离子注入标准是很方便而且很精确的,离子注入标样的计量能够被控制到 5% 或更高的精确度。测量这种标样时,我们就可以通过求二次离子产率信号在整体分布上的积分来校正 SIMS 系统。显然,校正标准对于精确的 SIMS 测量是很重要的。时间和深度的转换通常是在分析完成以后通过对溅射坑深度进行测量来得到的。图 11.23 给出的是从产率或者强度对时间关系转变为浓度对深度分布关系的例子,它显示了原始的 SIMS 曲线和掺杂浓度分布。

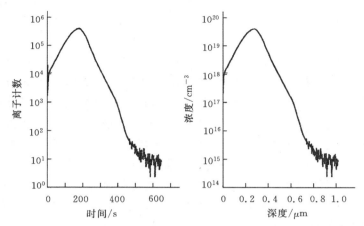

图 11.23　$^{11}B^+$ 二次离子信号与溅射时间关系原始曲线,硼注入硅衬底的硼深度分布。重印经 P. K. Chu 许可,引自"Dynamic SIMS." in *Encyclopedia of Materials Characterization* (C. R. Brundle, C. A. Evans, Jr., and S. Wilson, eds.), Butterworth-Heinemann. Boston, 1992,532 – 428.

　　仪器装置:我们可以通过两套仪器方法来了解 SIMS:(i)离子微探针;(ii)离子显微镜。Bernius 和 Morrision 很好地阐述了 SIMS 装置。[59]离子显微探针是电子显微探针的离子版本。初级离子束聚焦成一个细斑,并在样品表面上进行栅扫描。产生的二次离子被用于质量分析,质谱仪输出信号和初级离子束产生的表面二次离子强度图同步显示在 CRT 上。空间分辨率由初级离子束的斑点尺寸来决定的,分辨率可以达到优于 1 μm。质谱仪由静电部分和磁场部分的分析仪串联组成。[33]在静电分析仪中,离子在相距 d、曲率半径为 r_v 的两条平行分离板之间运行。两条板之间的电压 V 只允许那些具有合适能量 E 的离子在不碰撞任何一条带的情况下在其中穿过,其中的 E 大小为

$$E = \frac{qVr_v}{2d} \tag{11.16}$$

在磁谱仪中,磁场 B 使质量 m,电荷 q,能量 E 的离子进入到半径 r_B 的曲线轨道:

$$\frac{m}{q} = \frac{qB^2 r_B^2}{2E} \tag{11.17}$$

将式(11.17)代入式(11.26)得到

$$\frac{m}{q} = \frac{B^2 r_B^2 d}{Vr_v} \tag{11.18}$$

质量的分辨率可以高达 40,000,相当于分辨质量相差只有 0.003% 的离子。如此高的质量分辨率可以用来探测有干扰存在的离子。例如,^{31}P(31.9921 amu)和 $^{30}Si^1H$(31.9816 amu)有很相似的荷质比;$^{29}SiH_2$(31.9921amu)和 ^{54}Fe 都是与 $^{28}Si_2$ 二聚体相似的。

　　离子显微镜是一种直接成像的系统,类似于光学显微镜或 TEM。初级离子束照射到样品上,与此同时二次离子在整个像域中以 1μm 量级的分辨率被收集。二次离子成像的空间分布通过级联的静电分析器和扇形磁场分析器构成的系统保存,而后被微通道板放大,最后显示在

荧光屏上。可以插入一个小孔径光阑用来选择分析区域。离子成像也可以通过离子束栅扫样品来得到,测量和显示二次离子强度是扫描离子束的小点的横向位置的函数。这种成像方法的横向分辨率和离子束的大小有关,有时它可以小到 50 nm。

对于非超大 SIMS 来说具有合适的质量分辨率是很有必要的。例如,用 O_2^+ 初级离子束获得的高纯硅的 SIMS 的荷质(m/e)谱包含有^{28}Si$^+$, ^{29}Si$^+$ 和^{30}Si$^+$ 同位素和多原子的 Si$_2^+$,Si$_3^+$ 及许多含氧的分子种类。后者并不来自于样品本身,而是由氧初级离子束引起氧的注入和后续的溅射所附带引起的。这些过量的信号需要高分辨率光谱仪来分辨。另外一个使 SIMS 分析复杂化的仪器效应是边缘效应,也就是壁效应。为了得到好的深度分辨率,只有来自溅射坑平坦底部的信号才能得到分析,保证这一点是非常重要的。在溅射过程中,来自溅射坑底部和侧壁的原子也都会一样被激发出来。但是同溅射坑底部相比,离子注入样品的侧壁,特别是靠近上表面的部分,包含高得多的掺杂浓度。利用二次离子产率信号的电子门或者透镜系统,就可以只探测来自射坑底部的离子。[21]

658　　　　四极质量分析器由四个平行圆柱电极组成,形成振荡电场以让离子选择穿过。它的主要部分是四极 SIMS,和静电-磁场串联质量分析仪相比,它很稳定且更便宜,但它的分辨率也要低一些。由于提取电位低,它适合分析绝缘样品,但是不能够区分具有相近质荷比的离子。四极 SIMS 还可以迅速地在不同质量峰值之间转换,使深度分布具有更多的数据点,从而提高深度分辨率。

静电或磁场质谱分析器取决于对某一个静电场或磁场的一系列扫描,它需要很窄的狭缝以只允许那些具有确定质荷比的离子通过。这就大大降低了质谱仪的透射率,实际上这个值可以小到 0.001%。没有这种局限的 SIMS 方法是飞行时间 SIMS(TOF-SIMS)。在 TOF-SIMS 中,替代离子束连续溅射的入射束是由从液体 Ga$^+$ 枪发射的脉冲离子构成,其半径可以小到 $0.3\mu m$。对于时间宽度在纳秒量级的脉冲,离子会瞬间被溅射,它们传到探测器的时间可以被测量。动能和势能的等价关系式是

$$\frac{mv^2}{2} = qV \tag{11.19}$$

其中 v 代表离子速度,飞行时间 t_t 简记为 L/v,而 L 代表从样品到探测器的路径长度。于是可以得到

$$\frac{m}{q} = \frac{2Vt_t^2}{L^2} \tag{11.20}$$

TOF-SIMS 的主要优点是质谱仪中没有使用窄狭缝,因而使得离子的收集量增加了 10%~50%。它允许入射束电流被降低到和常规的 SIMS 很接近,反过来也就大大降低了溅射速率。事实上,溅射速率是如此的低以致要花将近一小时来去除一个单层。这么低的溅射速率允许对有机物的表面层进行表征。进一步说,由于荷质比由飞行时间决定,所以可以对很大的和很小的离子碎片进行探测,这要远远大于其他 SIMS 方法。因此,一个有机层的 TOF-SIMS 质谱含有数百个峰值。TOF-SIMS 也已经被证明它对金属表面很灵敏。对于 Si 上的 Fe、Cr 和 Ni 可以探测表面密度低到的 10^8 cm^{-2}。[60]

限制 SIMS 灵敏度的主要原因由于大部分被溅射的材料是中性的,因而不能被探测。在二次中性质谱仪(SNMS)或共振电离谱仪(RIS)中,中性原子被激光或电子气电离,然后被探

测[61]，因此获得了比通常 SIMS 大得多的灵敏增强。在激光微探针质谱仪(LAMMA)或激光电离质谱仪(LIMS)中，SIMS 的初级离子束被激光脉冲取代。[62]脉冲激光使一小部分样品挥发电离，这些离子会在飞行时间质谱仪中得到分析。LAMMA 拥有很高的灵敏度和操作速度，它可以应用于无机样品和有机样品，并且具有空间分辨率为 $1\mu m$ 的微束能力。它主要用于失效分析中的污染物之间的化学差异，在这里控制样品必须被快速评估。

应用：　SIMS 在半导体表征中已经得到很大应用，特别是对于掺杂分析。同扩展阻抗测量相比，更详细分析和比较请看第 2 章。SIMS 测量非常适用于半导体材料，这是因为基体效应很弱，并且离子产率可以被假定是和密度呈线性增加到 1%。更进一步说，衬底溅射是非常均匀的，或至少对硅来说是这样。图 11.24 中的分析例子说明在单次测量中可以确定砷、硼和氧元素。这个样品是通过在硅衬底上沉积的多晶硅层，再进行砷和硼扩散制得的。曲线给出了结($N_{AS}=N_B$)的位置和多晶硅与衬底接触面的位置(氧峰值)。

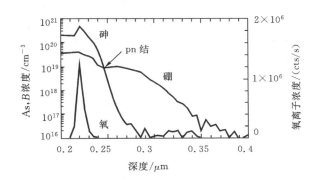

图 11.24　浅的硅 pn 结 SIMS 深度分析，3 keVCs 离子 60°角入射，As 和 B 均被
测量到，[63]重印经许可，引自参考文献[63]

在数据分析中需要考虑的因数包括溅射坑的侧壁效应，离子撞击、原子混合、扩散、优先溅射以及表面粗糙度。这些因素中有一些是仪器的，可以降低到一定程度，但是其它因素是溅射过程不可避免的。对于 SIMS，最重要的原子混合类型是"级联混合"，它是由初级离子撞击样品原子并且取代这些原子在晶格中的位置引起的，导致所有原子在受级联撞击影响的深度范围里同质化。随着溅射进行，原本只出现在样品中给定深度范围的掺杂原子，会被分散到整个"混合深度"，而且掺杂分布会比理论上的分布更深。对于浅层掺杂分布，初级离子穿透深度保持在一个较小值是很重要的。在进行 SIMS 掺杂分布和扩展阻抗分布的比较时，[64]经常会观察到更深层结。对于 SIMS 来说高真空条件很重要。从真空分析室出来的气体种类的到达率应该小于初级离子束的到达率，否则测量的就是真空污染而不是样品。这对于低质量气体如氢气尤为重要。这些效应的更深刻讨论可以在齐纳写的书中找到，他列举了影响 SIMS 深度分布的 35 个因素。[65]

11.3.2　卢瑟福背散射谱分析(RBS)

原理：　卢瑟福背散射谱分析，也称作高能量离子散射谱分析(HEIS)，它是基于在样品上入射离子的背散射。[66]它是定量分析，但没有校正过标准的支持。早在 1900 年代卢瑟福和他的学生就通过实验证明了原子核及其核散射的存在。[67]固体中离子相互作用的场已经被研究和发展得很深了,其后就是裂变的发现和核武器的发展。但是直到1950年代后期原子核的背散射才应用到实际中。[68]1960年代的进一步发展导致了鉴别矿物质[69]和确定薄膜的性质还有和厚样品的性质。

RBS是基于用高能离子轰击样品——典型的He离子能量是1到3 MeV——并测量背散射之后的He离子的能量。它可以确定样品中元素的质量,这些元素在距表面的10nm到几微米范围的深度分布,元素的面密度以及以非破坏方式测量结晶结构。深度分辨率数量级是10nm。离子背散射作为材料定量分析工具使用时,需要对核及原子散射知识有很好的掌握和研究。

这种测量方法的原理如图11.25所示。质量为M_1,原子序数为Z_1,能量为E_0,速度为v_0的离子入射到原子质量为M_2原子序数为Z_2的固体样品或靶材上。大部分入射离子在固体中会经过和电子空穴相互作用达到静止状态。一小部分——大约是入射离子的百万分之一会发生弹性碰撞——从样品中以各种角度发生背散射。入射离子直到发生一次散射才会将丧失的能量传给样品,当它们返回样品表面时,会再次丧失能量,它们传给样品的能量是递减的。

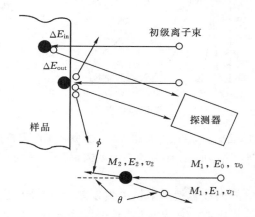

图 11.25 卢瑟福背散射原理图

在散射之后,质量为M_2的原子具有的能量为E_2,速度为v_2,而质量为M_1的离子具有的能量为E_1,速度为v_1,由能量守恒得

$$E_0 = M_1 v_0^2/2 = E_1 + E_2 = M_1 v_1^2/2 + M_2 v_2^2/2 \tag{11.21}$$

在入射方向的平行方向和垂直方向上动量守恒,给出

$$M_1 v_0 = M_1 v_1 \cos(\theta) + M_2 v_2 \cos(\phi); \quad 0 = M_1 v_1 \sin(\theta) - M_2 v_2 \sin(\phi) \tag{11.22}$$

消去ϕ和v_2,并考虑比例关系$E_1/E_0 = (M_1 v_1^2/2)/(M_1 v_0^2/2)$,得到运动因子$K$:[70]

$$K = \frac{E_1}{E_0} = \frac{\left[\sqrt{1-(R\sin\theta)^2} + R\cos\theta\right]^2}{(1+R)^2} \approx 1 - \frac{2R(1-\cos\theta)}{(1+R)^2} \tag{11.23}$$

其中$R = M_1/M_2$,θ是散射角。式(11.23)中的近似部分适用于$R \ll 1$且θ接近于180°。公式(11.23)是核心RBS方程。运动因子是初级离子能量丧失的一种测量。散射角要尽可能大且

一般在 170°左右。未知质量 M_2 可以从测得的能量 E_1 和运动因子计算得到。

图 11.26 是我们列举 RBS 的两个例子。(11.26)(a) 是镀有氮、银和金薄膜的 Si 衬底的 RBS 实验。表 11.2 给出的是样品上原子的重量和对应于入射氦离子 ($M_1 = 4$)，能量为 $E_0 = 2.5\,MeV$，背散射角 θ 为 170°，计算后得到的 R，K 和 E_1。氦离子被样品表面的 N、Si、Ag、Au 原子散射后的能量分别为 0.78,1.41,2.16 和 2.31 MeV。在这个例子中，因为 N, Ag, Au 只存在于样品表面，所以来自这些元素的 RBS 信号呈现很窄的光谱分布，这一点已被实验数据所证实。在这幅图中产量并没有被放大。图 11.26(a) 揭示了 RBS 曲线的两个重要性质：① RBS 的产量随着原子序数的增大而增加；② 比衬底元素轻的元素的 RBS 信号叠加于衬底的背景信号上，而比衬底元素重的元素的 RBS 信号则由其自己显示。这就使得氮元素信号更难被探测到，因为它叠加于硅衬底信号上。硅背景计数代表"噪声"，和轻基体上的重元素相比，它的信噪比被减弱了。

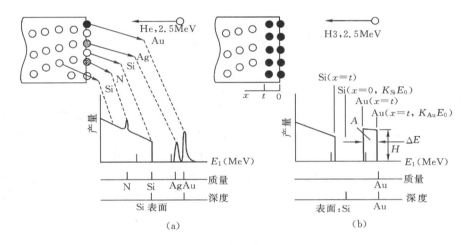

图 11.26　(a)Si 衬底上 N、Ag、Au 的 RBS 谱计算结果；(b) Si 衬底上 Au 膜的散射谱，"A"是曲线下的面积

表 11.2　计算 R，K 和 E_1 (2.5 MeV He 离子 $\theta = 170°$)

目标原子 (M_2)	原子重量	R	K	E_1/MeV
N	14	0.256	0.311	0.78
O	16	0.25	0.363	0.91
Si	28.1	0.142	0.566	1.41
Cu	63.6	0.063	0.779	1.95
Ag	107.9	0.037	0.863	2.16
Au	197	0.020	0.923	2.31

多层有限厚度样品的 RBS 曲线更为复杂。在图 11.26(b) 中，我们假定 Si 衬底上金薄膜的厚度为 d。氦离子经过表面金原子的散射，$E_{1,Au} = 2.31\,MeV$，如图 11.26(a)。但是从金薄

膜深层背散射出的那些离子具有更低的能量,这是因为在薄膜中有额外能量损失。这些能量损失来源于氦离子和电子之间的库仑作用。假定金原子导致的散射发生在 $x=t$ 的 Au-Si 接触面上的情况,He 离子在被金薄膜后表面散射之前已经在金薄膜穿行而发生能量损失 ΔE_{in}。

662　一经散射,它的额外损失能量为 $(E_0-\Delta E_{in})(1-K_{Au})$。为了到达探测器,它必须在薄膜中进行二次反穿行,能量损失为 ΔE_{out}。总的能量损失就是这三种能量损失之和。He 离子从样品深度 d 处散射,它能量是

$$E_1(d) = (E_0 - \Delta E_{in})K_{Au} - \Delta E_{out} \tag{11.24}$$

损失能量与离子所具有的能量稍许相关,它们被列在氦阻止能力的表格中。[71]离子在表面发生背散射与在接触面发生背散射的能量差异 ΔE 和薄膜厚度 d 有关:

$$\Delta E = \Delta E_{in}K_{Au} + \Delta E_{out} = [S_0]d \tag{11.25}$$

其中 $[S_0]$ 为背散射能量损失因子,它的单位为 eV/(1Å=0.1 nm),对于纯元素样品来说它的值被列表,例如,对于束能为 2 MeV 的金薄膜,它的 $[S_0]=133.6$ eV/Å。

　　背散射产量 A 代表总的探测离子的数目或计数:

$$A = \sigma \Omega Q N_s \tag{11.26}$$

其中 $\sigma=$ 平均散射截面,单位为 cm²/sr,$\Omega=$ 探测器球面立体角[探测器面积÷(探测器到样品距离)²],$Q=$ 入射到样品上的离子总数目。$N_s=$ 样品原子数目/cm²。总数 A 代表实验数据中产量-能量曲线下的面积或是由某一元素引起的探测到的背散射 He 离子的总数目或是每个通道中的离子数目,如图 11.26(b)中的"A"。当 N 的单位为每立方厘米中的原子数目时 $N_s=Nd$,Q 由入射到靶材上的带电粒子电流的时间积分决定,但是由于样品上二次电子的发射它很难精确的确定。平均散射横截面为

$$\sigma = \frac{1}{\Omega}\int \left(\frac{d\sigma}{d\Omega}\right)d\Omega \tag{11.27}$$

微分散射截面是[72]

$$\frac{d\sigma}{d\Omega} = \left(\frac{q^2 Z_1 Z_2}{2E_0\sin^2\theta}\right)^2 \frac{[\sqrt{1-(R\sin\theta)^2}+\cos\theta]^2}{\sqrt{1-(R\sin\theta)^2}} \tag{11.28}$$

663　E_0 是散射前离子的能量。所有元素关于探针离子 He 的 $d\sigma/d\Omega$ 的值都被列在了表中。微分散射截面的典型值从 1 到 10×10^{-24} cm²/sr。产量随着原子序数的增加而增加,将直接导致高序数元素具有更高的 RBS 的灵敏度。但是,由于散射的运动学,高质量元素之间比低质量元素之间更难区分。

　　根据式(11.26)可知,面密度 N_s 是由产量决定,由于很难确定 Q,所以式(11.26)可以以其他不同形式出现。进一步说,如果探测器在长时间暴露能量辐射后会出现"死点",那么探测器立体角 Ω 可能因此而改变。

　　已知衬底上的未知杂质,例如,硅衬底上的未知杂质"X"由下式决定:[73]

$$(N_s)_X = \frac{A_X}{H_{Si}} \frac{\sigma_{Si}}{\sigma_X} \frac{\delta E_1}{[\varepsilon]_{Si}} \tag{11.29}$$

其中 A 代表总数目，H 代表光谱的高度（数目/通道数目），$[\varepsilon]=(1/N)dE/dx$ 背散射截止横截面。[74]多通道分析仪中每个通道的宽度 δE_1 对应深度不确定 δ_x 的关系是

$$\delta E_1 = [S_0]\delta x \qquad (11.30)$$

δE_1 由探测器和电子系统决定，δE_1 一般为 2 到 5 keV。为了算出未知密度，我们只需要确定 RBS 光谱区域，知道 Si 光谱的高度，查找到两个散射截面和 Si 的截止截面。截止截面的典型值一般在 10 到 100 eV/$(10^{15}\,\text{atoms/cm}^2)$ 之间，对于 2 MeV 的 He 离子，它们分别对应$[\varepsilon]_{\text{Si}}=$ 49.3 eV/$(10^{15}\,\text{atoms/cm}^2)$ 和$[\varepsilon]_{\text{Au}}=115.5$ eV/$(10^{15}\,\text{atoms/cm}^2)$。[11]

图 11.26 中的厚硅衬底的 RBS 谱有一个特征的坡度，即在由于靶材中的散射的低能点上背散射率增加。在能量 E_1（即从深度 d_1 上原子背散射离子的能量）上的产率正比与$(E_0+E_1)^{-2}$。

在深度为 d_1 时，产率会反比与深度为 d_1 处离子能量，而那些由原子背散射产生的离子的能量和$(E_0+E_1)-2$成正比，即产率随进入靶材越深使的 E_1 的减小而增加。

RBS 的灵敏度可以通过增加入射离子的原子序数（从 He 到 C），改变式（11.28）中的微分散射截面来提高，例如，和/或减少入射离子的能量从几百万 eV 到几十万 eV，这就是重离子背散射光谱（HIBS）。[75]例如，用 400 keV 的 ^{12}C 取代 3 MeV 的 ^{4}He 就可以将背散射产量增加 1000 倍。与灵敏度在 10^{13} cm^{-2} 左右的、常规的 RBS 相比，HIBS 的灵敏度可以减小到 $10^9\sim 10^{10}$ cm^{-2} 范围。但是，更低能量、更重离子，导致表面损坏的可能性也更大。

仪器装置：　RBS 系统由一个包括 He 离子产生器、加速器、样品和探测器的抽真空室构成。负 He 离子是在近地电势的离子加速器中产生的。在一个级联的加速器中，这些离子被加速达到 1 MeV，穿越充气管或剥离管，在穿越过程中会有两个或三个电子从 He$^-$ 离子上逃逸掉，分别使 He$^-$ 变成 He$^+$ 或者 He^{2+}。[76]这些能量在 1 MeV 左右的离子被二次加速到地电位，在这个位置 He$^+$ 具有 2 MeV 的能量，而 He^{2+} 具有 3 MeV 的能量。一个磁装置可以将这两个不同高能量的离子分离开。

在样品室中，He 离子入射到样品上，背散射离子被 Si 表面势垒探测器探测，表面势垒探测器的操作非常像 11.2.3 中描述的 X 射线 EDS 探测器。高能离子在探测器中产生许多电子空穴对，导致探测器输出电压脉冲。脉冲高度正比与入射能量，由脉冲高度即多孔道分析器探测，多孔道分析器是以一个给定电平及通道来存储一个给定大小的脉冲。谱以产率或计数与通道序数数目对应的形式显示，通道序数和能量成正比。Si 探测器的能量分辨率是由统计波动来设定的，对于典型的 RBS 能量，它的值是在 $10\sim 20$ keV 之间。样品需要被安装在测角仪上，以进行精确的样品-离子束校准或进行 $15\sim 30$min RBS 通道测量。

应用：　在半导体上的典型应用包含测量半导体薄膜例如硅化物与硅和铜掺杂的铝的厚度、厚度均匀性、化学计量、杂质的性质、含量和分布，这项技术对于研究样品的结晶性也是很有用的。用入射 He 离子束对单晶样品进行背散射，单晶样品中原子的排列将会强烈影响背散射。如果原子相对离子束排列整齐，那些落在沟道中的原子之间的 He 离子就会深深地穿进样品，并且它们被背散射的概率是很低的。当然，那些和样品原子发生正面碰撞的 He 离子是会发生散射的。规则排列的单晶样品的被散射产率会比随机排列的样品低两个数量级。这种效应被称为沟道效应，已经广泛应用于研究半导体中的离子注入引起的晶格损坏。在这种效应发生过程中，因离子注入样品引起的单晶性质破坏可以通过热处理得到恢复。[77]

RBS 特别适合研究轻元素衬底上的重元素,如半导体接触。RBS 已经广泛应用于这种接触的研究。例如,图 11.27 显示的是硅衬底上铂或铂的硅化物的 RBS 谱。开始时 Pt 薄膜被淀积在硅衬底上。"没有退火"的 RBS 谱清晰地显示了 Pt 薄膜。硅信号与考虑穿入和穿出 Pt 薄膜的 E_1 损失是一致的。一旦薄膜被加热,就会生成 PtSi。可以观察到由 Pt-Si 界面的反应形成过程,这个过程可以以界面处 Pt 背散射产量的减少来指明。与此同时,Si 信号向高能量端移动,这说明 Si 向 Pt 薄膜运动。当化学计量比保持不变时,Pt 信号强度不变,但是减小了,而 Si 信号上升。用其他非破坏技术很难获得这些数据。

665

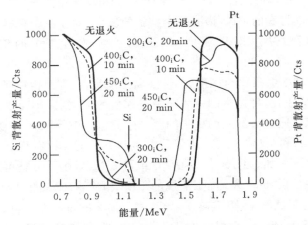

图 11.27　硅衬底上 200 纳米 Pt 薄膜热处理前后的 RBS 谱,Pt 硅化物的形成过程,开始在界面上出现,后来在整个膜上形成,$E_0 = 2$ MeV。引自参考文献[78],重印经许可

RBS 可以提供精度优于 5% 的原子的复合组成和深度分布标尺。它的探测极限为 $10^{17} \sim 10^{20}$ cm^{-3},但是这取决于分析的元素和能量。在有重元素存在的情况下,对轻元素的探测灵敏度(如氧、碳和氮)是很低的,因为根据式(11.28),可以知道这些元素的微分散射截面是很小。但是微分散射截面可以通过使用谐振弹性散射的离子束来增强。[79]例如,氧的谐振弹性散射能量是 3.08 MeV,谐振可以使其微分散射截面增大到相应的卢瑟福截面的 25 倍。在薄膜厚度 $\leqslant$ 200 nm 时,常用的 RBS 深度分辨率在 10~20 nm 之间。能量为 2 MeV 的 He 离子束在硅中的穿透深度约为 10 μm,在金中的穿透深度为 3 μm,离子束的半径通常在 1 到 2 mm,但是背散射微离子束的半径可以小到 1 μm。[80]在分析离子束的区域上方,横向非均匀性是无法得到解决的。

很困难的一点是 RBS 谱的模糊性,这是由于水平轴同时是深度标尺和质量标尺。样品表面的轻质量产生的信号和样品内部重质量产生的信号很难区分。通过使用列表常数和实验技术例如束标、探测角度的改变、入射能量的变化等以及好的分析推理,样品分析通常是很成功的,但是要想解决模糊问题还需要额外的信息。计算机程序被广泛用于谱分析。[81]与其他的物理和化学表征方法一样,在分析之前我们对样品了解的越多,结果也就越清晰,Magee 先生给出了 RBS 和 SIMS 两者的比较。[82]

11.4　X 射线和伽马射线技术

X 射线和固体的相互作用如图 11.28 所示。入射 X 射线在被吸收、发射、反射或透射之后,反过来能引起电子发射。我们将会讨论 X 射线荧光效应和 X 射线光电子谱,它们对于化学表征很有用,并且会简单提到 X 射线的形貌,它对结构表征很有用。在中子活性分析中探测到的伽马射线,本章也会涉及到,以求内容安排的完整性。

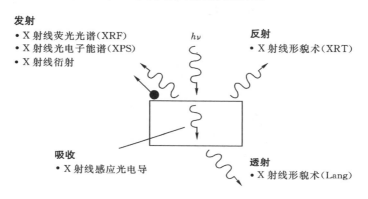

图 11.28　X 射线表征技术

11.4.1　X 射线荧光光谱 (XRF)

原理:X 射线荧光,也叫做 X 射线荧光光谱(XRFS)、X 荧光分析(XRFA)和 X 射线二次 666 发射光谱,入射到样品上的初级 X 射线被从原子核 K 能级激发的电子吸收,如图 11.29 所示。[83]来自更高能级的电子,如 L 能级,落到 K 能级的空穴上,在这个过程释放的能量就叫做二次特征 X 射线,能量为

$$E_{XRF} = E_K(Z) - E_{L2,3}(Z) \tag{11.31}$$

X 射线能量可以来鉴别掺杂,其强度给出的是掺杂浓度。XRF 通过已经获得的定量薄膜分析标样,可以对固体和液体进行非破坏性的元素分析。由于 X 射线很难聚焦,因此它不是一种高分辨方法。一般分析区域面积为 $1~cm^2$,但是现在也有仪器的分辨率可以小到 $10^{-6}~cm^2 \sim 10^{-4}~cm^2$。[84]微点 XRF 的束斑半径是 $25~\mu m$ 左右,已经被用于表征金属线和金属线里面的空隙。[85]这种方法既适用于导体,也适用于绝缘体,因为 X 射线不带电。

常规的 XRF 不是一种表面灵敏技术。像 11.2.3 部分谈到的一样,X 射线穿透进入样品深度是由 X 射线吸收系数决定的。Si 的穿透深度一般是几微米或几十微米。例如,为了探测从样品中逸出的 X 射线,就需要找出吸收为 50% 的深度,这是因为 X 射线必须穿透样品,并且产生特征 X 射线,这些 X 射线反过来被激发,然后被探测。由式(11.10)知道,Cu Kα 初级 X 667 射线在 Si 中的 50% 穿透深度为 $46~\mu m$。

总反射 XRF(TXRF)是一种表面灵敏的技术,其 X 射线可以以很小的掠射角度轰击样

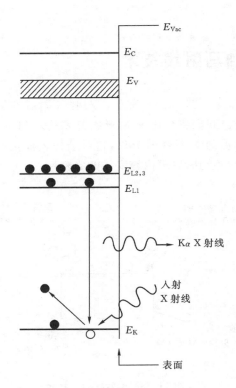

图 11.29　X 射线荧光的电子过程

品,而且在样品中穿透过很短的距离。[86]理论穿透深度一般为几个纳米,而实际穿透深度会因样品表面粗糙、晶圆翘曲及光束发散而更深一些。同使用角度约为 45° 的 XRF 不同,TXRF 使用的初级束的入射角度小于 0.1°,这个角度小于临界角 θ_c。对于 Mo KαX 射线入射到 Si 上,$\theta_c = 1.8$ mrad。这种装置的结构如图 11.30 所示。从 X 射线管出来的 X 射线,其束斑形状大致是 1 cm×1 mm 的带状分布,经单色化后以掠射角入射到样品上。在样品上面会形成驻波,从而导致锂漂移 Si 探测器中的探测。探测器安装在位于样品表面上方 1 mm 的范围内。由于系统的总反射性质,衬底对探测谱的贡献很小,也就是说基体的吸收和增强效应可以被避免,而常规的 XRF 中基体效应是很大。这就使得这种技术的灵敏度很高。这种仪器必须和已知标准进行校准。

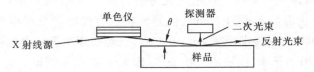

图 11.30　TXRF 测量仪结构原理图

　　TXRF 允许金属表面密度的测定精度在 $10^9 \sim 10^{10}$ cm^{-2} 左右。同步 TXRF(S-TXRF)的灵敏度在 $10^7 \sim 10^8$ cm^{-2} 左右。[87]灵敏度可以通过 HF(氢氟酸)凝结或者气相分解 TXRF 来提高[88]。在这里晶圆带有本生的或热的氧化物被暴露在氢氟酸蒸气中。氢氟酸蚀刻的副产品是水。水滴的产生是氢氟酸蚀刻氧化物时和其中包含的杂质作用所导致的。气相分解残留物可以用 TXRF 来进行烘干处理以后来测量。假定水滴将带走了所有的表面杂质,且得到的增益是晶圆面积/水滴面积之比。对于直径为 200 mm 的晶圆和直径为 10 mm 的水滴,增益为 400,例如对于 Fe 来说,这就将其增益提高到 10^8 cm^{-2} 左右。像铁、氮、锌、钙这些杂质可以被浓缩到 80%,而大约只能收集 15%~20% 的 Cu 能被收集到。[88] 这种技术用于硅晶圆的生产以及 IC 工业,IC 制造商常常使用这种检测技术来确定清洁方法的效果和由各种 IC 过程带来的污染。最近的一项采用 TXRF、S-TXRF、TOF-SIMS、表面光伏技术、ELYMAT 和 DLTS 技术研究 Fe 测量,结果显示这些技术是合理一致的。[89]

我们将扼要地介绍另外两种探测晶圆表面低密度金属污染的方法。电感耦合等离子体质谱(ICP-MS)是一种表面灵敏的技术。[90] 在半导体表面上的痕量元素可以通过刻蚀氧化层的方法搬移出来,因为氧化层总是存在于晶圆上。假定痕量元素和氧化层一起被搬移出来。搬移出来的液体在电感耦合等离子体中被雾化和电离。一旦变成离子形式,离子就会被质谱仪分析,大部分情况下使用的是四极质谱仪。它的灵敏度大约在 10^9~10^{10} $atoms/cm^2$。在原子吸收光谱(AAS)中,辐射源发出的光会被样品吸收和探测。[91] 光源产生所选择的金属窄的特征发射线发射。样品会在石墨炉或者火焰中被原子化,会引起这条光源特征谱线产生展宽的吸收。由于从光源发出的窄发射线夹有展宽吸收线,所以波长选择器(单色仪)只需要将需要的线从其他光源线中隔离出来即可。

仪器装置: 在 XRF 中,一束初级 X 射线照亮样品,次级 X 射线由能谱仪(EDS)探测,或者波长色散光谱仪(WDS)探测。能量色散 XRF 使用低功率激发源,提供用于原子序数从 11 开始的元素的定性和定量探测的有效分析。波长散射 XRF 使用较高功率激发源,一般为 3~4 kW,提供原子序数可以低到 4 的元素的高精度分析。这些光元素的探测需要真空分析环境。常规 XRF 灵敏度大约在 0.01% 或者 5×10^{18} cm^{-3} 左右,分析面积在 1 cm^2 的数量级,且一般测量时间在 50~100 s 左右。总的 XRF 反射的表面污染物灵敏度为 10^{10} cm^{-2},当同气相分解联用时,甚至可以低到 10^8 cm^{-2}。

应用: XRF 适用于快速初步抽样分析及其后续更详细的分析。它是非破坏性的,测量是在大气环境下,可以用于导体和半导体以及绝缘体分析。它可以快速地给出在 X 射线入射深度范围样品的平均组分,但没有分布分析的能力。这项技术也被用于膜厚测量。[92] 通过建立已知薄膜的已测定厚度标准,就可以通过测定二次 X 射线的强度很容易的求出未知薄膜的厚度。可以测出薄到 10 nm 厚的薄膜的厚度。数量测定的标准是很重要的,因为 XRF 和基体效应有很大关系,这种效应是由样品本身对二次 X 射线的吸收引起的。这种标准应该和样品基体很好的匹配才行。在薄膜近似估计中就不需要 XRF 的标样了。[93]

XRF 也可以用于测定混合的半导体组成。例如,常见的应用是在硅技术中通过增加一小部分铜和铝来增加其电阻。XRF 可以很容易的探测出铜成分。与此相似,在钝化硅芯片的玻璃常常掺杂有硼和磷,以增加温和温度条件下流动的能力,这种玻璃的磷成分可以用 XRF 探测。对于污染问题,XRF 有时来探测等离子刻蚀之后的铝金属中的氯和氟污染物。[94]

11.4.2 X 射线光电子能谱(XPS)

原理: X 射线光电子能谱,也叫化学分析用电子能谱(ESCA),它由赫兹于 1887 年发现,是高能量范围的光电效应。它主要用来探测样品表面的化学元素,除了氢和氦之外的元素都可以探测。从原理上说,这两个元素也是可以探测的,只是需要很好的光谱仪。当能量低于

50 eV 的光子入射到固体上,它们会激发价带中的电子;这种效应称为紫外光电子能谱效应(UPS)。在 XPS 中与核层电子相互作用的是 X 射线光子。[95]用能量大于结合能的 X 射线的光子发射,可从将任何轨道中将电子激发出来。虽然 XPS 原理已经发现了好长时间,但是直到 20 世纪 60 年代瑞典的何塞和其同事发明探测低能量的 XPS 电子的高分辨率能谱仪,XPS 才得到应用。[96]何塞创造了"化学分析用电子能谱",但是由于其它方法也可以给出化学信息,所以通常人们把这种方法称为 XPS。Jenkin 等人对早期 XPS 的历史和发展有很好的记载。[97]

这种方法的原理可以用能带图 11.31 和框图 11.32 来说明。能量为 1 到 2 keV 的初级 X 射线从样品中激发出光电子。在光谱仪 E_{sp} 上测量的激发电子的能量是和结合能 E_b 有关的,参考费米能级 E_F,则有

$$E_b = h\nu - E_{sp} - q\phi_{sp} \tag{11.32}$$

其中,$h\nu$ 为初级 X 射线的能量,ϕ_{sp} 为光谱仪的功函数(3~4 eV)。因为 E_b 取决于 X 射线能量,所以人射 X 射线能量单一就变得很重要。能谱仪和样品连在一块强迫它们的费米能级抬高。金属的费米能级很好定义。在分析半导体和绝缘体的 XPS 数据时要特别注意每个样品的 E_F 都有可能不同。

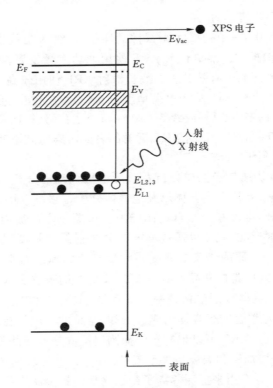

图 11.31 X 射线光电子能谱的电子过程

电子结合能会受到它的化学环境影响,这使得 E_b 适合确定其化学状态。这是 XPS 的一个主要的优势;它可以进行元素和化学鉴定。元素和化合物的结合能图和手册是可以查阅到的。[98]再加上 X 射线的破坏性较小,这使得这种方法比 AES 更适用于有机物和氧化物的检测。有时宣称 X 射线光电子谱不会引起充电。当它确实不充电时,电子从样品发射时可能引

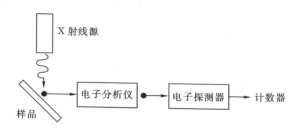

图 11.32　X 射线光电子能谱的测量原理

起样品带正电,特别是绝缘体。这可以通过使用中和电子枪来弥补。X 射线诱发俄歇电子发射也会发生在 XPS 过程中。这些俄歇线会对 XPS 线有干扰,但它们也是有其用处的。例如,变化入射 X 射线的能量会引起 XPS 电子的能量改变,但是不会改变俄歇电子的能量。

　　XPS 是一种表面灵敏的技术,因为激发光电子产生于样品表面上层 0.5～5 nm 处,这和俄歇电子一样,尽管初级 X 射线的穿透深度比初级电子束的穿透深度更深。[99]穿透深度由电子逃逸深度或相关电子的平均自由程决定。在样品深处激发的电子是不能从样品表面逸出的。通过离子束溅射或样品倾斜可以得到深度分布。[100]但是溅射可能改变化合物的氧化态。样品倾斜是基于角度分辨的 XPS,其中的样品深度为 $\lambda sin\theta$,θ 是发射光电子轨迹和样品表面之间的夹角。[101]

　　XPS 的主要应用是利用样品原子化学结构改变引起的能量移动来鉴别化合物。例如,化合物的能谱和纯元素的能谱是不同的。在正确解释数据方面必须进行细致的培训。意外峰可能由于各种原因而出现。XPS 比 AES 在化学态分析方面更有发展前途。[18]

　　仪器装置:　图 11.32 是 XPS 的三个主要组成部分:(1)X 射线源;(2)能谱仪;(3)高真空系统,高真空可以使 X 射线束诱导的化学如碳化降低最小。X 射线线宽正比于 X 射线管中靶材的原子序数,XPS 中 X 射线线宽应尽可能小;因此轻元素像铝($E_{K\alpha} = 1.4866$ keV)和镁($E_{K\alpha} = 1.2566$ keV)是常用的 X 射线源。一些 XPS 系统配备了多个阳极 X 射线源。从低 Z 材料产生的 X 射线也可以降低背景辐射。初级 X 射线可以通过单晶色散器来滤波,以消去 X 射线零星和连续辐射,但是滤波会使 X 射线强度大大降低。XPS 电子可以用几种类型探测器探测。半球型扇形能量分析器由两个存在电压差的同心半球组成。通过改变电压差来获得电子能谱,改变电压差可以使不同能量的电子被聚焦到分析仪的出口狭缝,从而将电子轨迹和能量关联起来。最后是用电子倍增器会放大这些信号。

　　通过积分 XPS 能谱的能量峰的位置可以鉴别化合物或元素。判定其密度是很难的。通过峰的高度和面积结合以及适当的修正因子就可以计算获得密度,但是该方法主要用来鉴定成分。X 射线技术通常是大面积的测试技术,其分析面积一般为 1cm²。近些年来 XPS 的样品分析面积一直在减小,现在能分析的最小区域大约是 $10\mu m$ 的束斑尺寸。这已经通过使用单色晶体聚焦 X 射线或者通过使用只允许电子从小样品区域进入电子分析仪的 X 射线束实现。XPS 的灵敏度一般在 0.1% 或 5×10^{19} cm²,深度分辨率是 10 nm 左右。[20]

　　应用:　XPS 主要用于化学表面信息分析。它特别适用于分析有机物、聚合物和氧化物。例如,它已经被用于跟踪元素的氧化物。在图 11.33 中,我们给出了纯 Pb 的 XPS 能谱以及 Pb 氧化成 PbO 和 PbO_2 的能谱的变化。XPS 已经广泛应用于半导体工业,用来解决各种各样的问题。它在等离子体刻蚀的发展过程中对于很好的理解化学反应机理起了很重要的作用。它还被应用于解决公认的难题,树脂和金属粘附问题,以及镍在金中的内部扩散问题。[103]最近它还用于氧化厚度测量。当来自未氧化硅衬底的 Si 2p 峰被归一化时,与二氧化硅相关的 2p 峰强度正比于氧化的厚度。X 射线光电子能谱显示至少有一层未完全氧化的硅层,即次氧化层。[104]

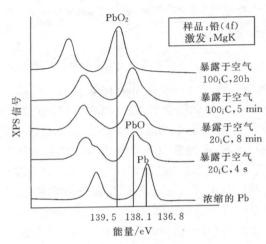

图 11.33　铅的氧化物形成过程 XPS 结合能的移动。经许可引自参考文献[102]

11.4.3　X 射线形貌术(XRT)

　　X 射线形貌术或 X 射线衍射是一种探测晶体结构缺陷的非破坏性技术。[105]它几乎不需要样品制备而可以给出整个半导体晶圆的结构信息,但是它不能鉴别杂质。由于没有使用透镜,XRT 像不能放大。因此它不是高分辨技术,但是它通过对全图照片的放大可以给出显微信息。

　　假设一个晶格完美晶体,对面间距为 d 的晶面进行波长为 λ 单色 X 射线的衍射。X 射线以角度 α 入射到样品上,如图 11.34(a)所示。初级 X 射线束被样品吸收或穿过整个样品;只有薄膜上的衍射束被记录。衍射束以两倍的布拉格角 θ_B 出射,

$$\theta_B = \arcsin(\lambda/2d) \tag{11.33}$$

衍射 X 射线被高分辨率精细底片或胶片或固体探测器所探测,它们只要在不干扰入射束的情况下应尽可能接近样品。为了得到高分辨率,底片安放应该和二次 X 射线垂直的方位上。如果由于结构缺陷导致晶格间距或者晶格面方向随位置变化,那么式(11.33)就不再同时适用于完美区域或扭曲区域。通常这两个区域的 X 射线强度会有一些不同。例如,来自断层的衍射束比来自没有缺陷的区域的衍射束强度更强,这是由混合消光和布拉格散焦导致的。断层会在底片上产生一幅更多曝光的图像。形成的图像是来自晶体中反常处如应变的散射导致的,而不是直接对缺陷成像。应变 S 是弹性形变量,定义为

$$S = \frac{d_{unstrained} - d_{strained}}{d_{unstrained}} \tag{11.34}$$

通过确定应变和非应变区域的 d,利用式(11.33)就可以确定 S。

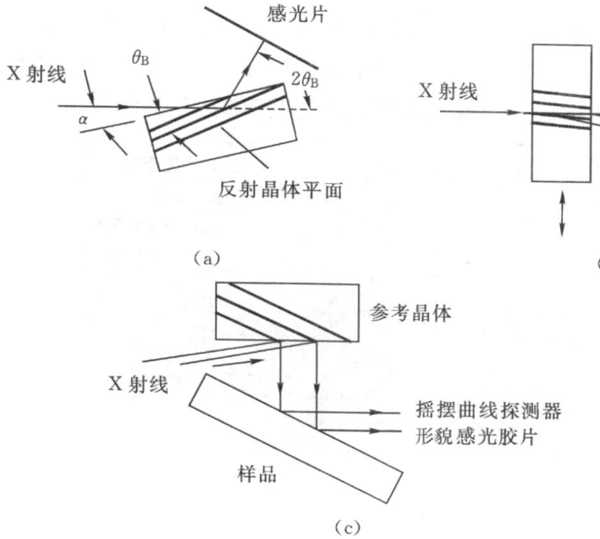

图 11.34　(a) 伯格-巴雷特反射衍射图；(b)Lang 透射衍射图；(c)双晶摇摆曲线衍射图

反射方法如图 11.34(a)所示,它也称作伯格-巴雷特(Berg-Barrett)方法,是在于 Berg 的原始工作的基础上,经 Barrett 改进和 Newkirk 进一步完善建立的。[106]它是最简单的 X 射线形貌的方法。它除了样品调整测角仪之外,既没有透镜也没有可动部分。反射 XRT 探测的是在样品表面附近的浅层区域,这是因为掠射入射角 α 限制了 X 射线只能穿透近表面区域。这种方法被用于探测断层,例如,它对于密度在 10^6 cm^{-2} 的断层很有用。它的分辨率大约在 10^4 cm 左右,而且整个晶圆都可以得到检测。

如图 11.34(b)所示的透射 XRT 是最普遍的 XRT 技术,[107]它是由 Lang 首先发现的。单色 X 射线通过窄狭缝,调整到以适当的布拉格角照射到样品,高且窄的初级 X 射线穿透过样品,照射到一块铅屏上。衍射束穿过铅屏中的狭缝落在感光片上。X 射线在固体中按照式(11.9)被吸收。然而,当 X 射线被调整到沿一定晶面衍射时,吸收被明显的减小。[108]X 射线物相照片是通过扫描样品产生的,安装在静止的铅屏上的胶片同样品同步移动。当样品极度扭曲不能大面积成像时,扫描结合振荡就是非常有效的。当晶体被扫描时,晶体和胶片都是围绕包含入射束和反射束平面的垂直面而同步振荡的。[109]还可以对整个大面积晶圆片进行成像。大直径的晶圆片在扫描处理过程中会扭曲,使得在进行 X 射线形貌测量的过程中必须连续调整样品,以保证晶圆片保持在所选择的布拉格角上。

为了对晶体中的缺陷"拍照",通常选择弱的衍射平面。均匀的样品会给出无特征图像。结构缺陷引起较强的 X 射线衍射,因而提供了胶片对比度或 X 射线形貌的特征。Lang 成像技术也已经被用于反射 X 射线形貌。扫描应用到伯格-巴雷特技术上可以使得这种技术变得灵活性更强。对于半导体,Lang 方法主要用于研究晶格生长过程中或者晶圆制造过程中产生的缺陷。[110]透射 X 射线形貌提供整个样品中的缺陷信息。反射 X 射线形貌提供样品表面以下10 到 30 μm 深处的缺陷信息。硅外延晶圆(100)方向 X 射线图形如图 11.35 所示。图 11.35(a)是 Lang 的 X 射线形貌,(b)是一个双晶 X 射线形貌。很明显双晶图像更为详细。

在截面 X 射线形貌图像中,样品和胶片都是静止不动的,样品狭窄的"截面"——横截面——被成像。[112]一束狭窄 X 射线束照射静止样品,于是样品横截面就成像在胶片上。这种方法和图 11.34(b)很像,除了样品和照片底版都是静止的以外。截面图形已经被证明对于探测缺陷深度信息很有价值。例如,在集成制造中它常常被用于在硅晶圆上淀积氧化物的工序。截面形貌是一种获得晶圆的非破坏性横截面成像的方法,它可以清晰显示淀积区域。[113]

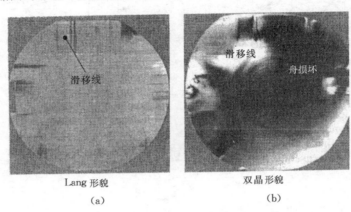

Lang 形貌   双晶形貌
(a)   (b)

图 11.35　(100)方向硅片上 7 μm 厚外延层的 X 射线形貌,(a)(b)分别采用的是 Lang 技术和双晶形貌方法,Lang 图显示的是外延片界面上的滑移线,双晶形貌图显示的是衬底基片的扭曲、热记忆效应和旋涡等生长缺陷,引自参考文献[111],重印承蒙 Texas Instruments 的 T. J. Shaffner 许可。

674　　　　　双晶衍射提供的单晶成像图形精度更高,这是因为它有更高的准直度。[113]图 11.34(c)显示了这种技术,它包含两个连续布拉格反射,一个来自参考晶体,一个来自样品晶体。前者是精选的完美晶体,它反射产生单色的、高度平行束用来探测样品。双晶技术不仅适用于成图,而且适用于探测摇摆曲线。为了记录摇摆曲线,样品要缓慢旋转,或者沿衍射平面的坐标轴摇摆,散射强度被记为角度的函数,如图 11.34(c)所示。这种摇摆曲线如图 11.36 所示。它的宽度反映了样品的完美度。曲线越狭窄,则材料越完美。对于外延层,它提供晶格失配、层厚、

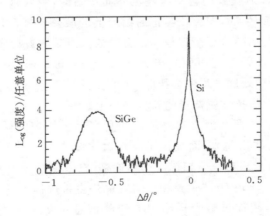

图 11.36　(100)方向硅片上异质外延 Si0.8Ge0.2 膜的摇摆曲线,外延膜在比基片更小的角度上衍射。根据布拉格定律,这意味外延膜具有大的 d 间距,因此具有比基片更大的晶格参数,数据承蒙亚利桑那州立大学的 T. L. Alford 提供

外延层和衬底完美度,以及晶圆曲率的数据。双晶衍射技术已经扩展为四晶衍射技术,其中的四晶可以用于更进一步的准直 X 射线束。[114]

11.4.4　中子活化分析(NAA)

中子活化分析是一种痕量分析方法。在这个分析过程中,核反应导致从样品元素的稳定同位素中产生放射性同位素,然后测量由所要求的同位素放射辐射。[115]当一个原子捕获一个中子时,它会在 10^{-14} s 内放射一相应伽马射线,并变成原来元素的放射性同位素。随后,中子会释放 β 射线,α 粒子或 γ 射线,它的寿命只有表征元素的一半。激发 γ 射线用激发伽马中子活化分析仪探测,从衰减的放射性核素中放出的 β 射线和 γ 射线等会在中子活化分析仪中进行测量。[116]我们提及这种方法是因为 NAA 对于一些半导体中很重要的元素有很高的分辨率。不过这种技术在半导体生产中的应用并不广泛,它一般应用于技术支持,因为只有很少的新半导体实验室有核反应器。

样品密封在高纯石英瓶中放进核反应堆。那些吸收中子的元素会处于高激发态,退激发过程会释放贝塔和伽马射线。这导致样品也可能具有放射性。伽马射线放射类似于轨道电子跃迁放射 X 射线的过程。贝塔射线有一连续光谱,但是它对于测定元素并没有太大用处。伽马射线有很好的界定表列能量,这些能量通常是用锗探测器探测的。[117]伽马射线的能量可以用来确定元素,它们的强度决定其密度。为了定量测量,探测系统通常要和标准数据进行校准。硅基材中的元素一般检测极限显示在图 11.37 中。

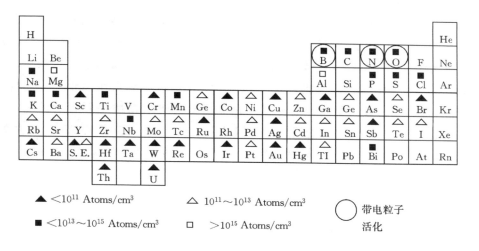

图 11.37　采用中子活化分析法探测硅基材料中元素的实际检测极限,放射性核素的半衰寿命大于 2 小时;样品体积是 1 cm³;热中子流量 10^{14},3×10^{13} 快中子/cm²,辐射时间是 1~5 天。重印许可引自参考文献[119]

NAA 不是一种表面灵敏技术,因为不带电的入射中子在样品中穿透很深。与此相似,伽马射线的穿透力也很强。NAA 的一个缺点是样品具有伴随的放射性。NAA 用于硅成功的关键是它的半衰期较短,仅为 2.6 h,而许多硅的污染元素的半衰期比较长。通常我们会先照射硅样品,然后在 24 小时后对其进行测量,这是硅的活性已经衰变到很低水平。NAA 的灵敏度可以很高。例如,硅中金的探测密度可以低到 $10^8 \sim 10^9$ cm^{-3}。[118]但是其它元素的探测灵敏度就低得多,如图 11.37 所示。举例来说,NAA 不能用于探测硅中的铝,这是因为硅产生的放射活性会干扰铝产生的放射活性。如果样品在辐照后通过刻蚀被毁坏,那么这种方法的灵敏度是最高的。更方便的 NAA 仪器是能够实现样品的一边照射一边测量,这是一种非常有效的测量方法,但不是最灵敏的方法。

NAA 可以测量硅晶体生长过程前后的纯度,确定硅处理过程中引入的杂质。[119-120]通常测量的是样品总的掺杂含量。通过刻蚀样品的薄层,测量刻蚀下来的物质的活性,就可以得到杂质的分布。NAA 对硼、碳和氮不灵敏。磷不发射伽马射线,因此它的贝塔射线衰变必须得到测量。该方法不适用重掺杂晶圆。例如,Sb 和 As 可以形成放射性物种。对于定量测量,必须进行仔细校准。[121]Hass 和 Hofmann 对 NAA 在半导体问题中的应用作了很好的总结。[119]他们将这种方法用于晶体生长、器件化处理过程中的杂质监测,探测供应品中的杂质如铝,甚至包括提供水的塑料管中杂质,还用于铀和钍的检测材料,这些杂质会导致在记忆芯片中的 α 粒子翻转。他们也使用自体放射照相术,通过杂质成像来显示其空间分布。

和 NAA 相关的一个方法是中子深度分布(NDP)。[122]它是一种同位素标定的非破坏性的测量固体表面密度分布的技术。一束能量低于 0.01 eV 的充分准直的热中子束射向样品。当捕获一个中子后,材料激发出一个带电粒子比如 α 粒子。发射的 α 粒子具有由反应运动学定义的特征能量,这个能量就可以用来标定元素。它们的能量取决于产生深度,因为它们会在穿过样品运行中损失能量,这和 RBS 中的 He 离子很像。通过分析探测 α 粒子的能量,就可以建立元素的深度分布关系。NDP 只可以用于一些特定元素,如 Li、Be、B、N 和 Na。NDP 给样品带来的损坏可以忽略,而且在测量过程中表面不会发生溅射。为了同硅中硼的探测极限只有 10^{12} cm^{-2} 的探测方法 SIMS 以及扩展电阻作比较,[123]它也已经被用于测定硅中掺杂硼的分布测量。它还可以用于硼磷硅玻璃薄膜中硼含量的测定。[124]但由于 NDP 装置很少,所以它很少应用。在美国的密歇根大学、得克萨斯 A & M 大学、得克萨斯大学奥斯汀分校、国家标准与技术研究所、北卡罗莱纳州立大学有这种装置。

● ● ● ● ● ● ● ● ● ● ● ● ● ● ● ●

11.5　优点和缺点

扫描电镜: 它的主要优点是高分辨率和高景深。它已经从专门仪器设备发展为今天广泛使用的线宽测量装置。它的不足之处是需要在真空条件下使用,这对其他电子束装置也一样。

俄歇电子能谱: 它的主要优点是能够表征浅层的原子和分子信息。在扫描 AES 中,仪器可以提供高分辨率图像。它的主要缺点是需要高真空条件和它的分辨率较低。

电子微探针：　它的主要优点是在许多扫描电子显微镜上配备有电子微探针 EMP，这是一种获得定量元素信息的相对简便的途径。能谱的能量分辨率居中，一般实验就足够了。为了得到更高能量的分辨率，就要使用波谱仪（但是它很难操作），或者使用微卡仪。这项技术的缺点是空间分辨率适中，还有电子束会对半导体样品造成损伤。

透射电镜：　它的主要优点是其很高的原子分辨成像能力。为了达到这点，样品必须很薄，因此制备样品是它的主要弱点。这一点可以通过使用聚焦离子束制备样品的方法来弥补。

二次离子质谱：　它的主要优点是灵敏度很高（比其它束技术更高），并可以探测所有杂质。更重要的是，它是一种最常用的分析掺杂分布的束技术，飞行时间 SIMS 可以用于有机物和表面金属的污染分析。它的不足包括基体效应、分子干扰、测量的破坏性以及需要校准的样品。

卢瑟福背散射：　它的主要优点在于它的非接触和绝对测量，无需定期用标样校准。主要缺点是仪器的专用性，还有在重元素衬底上很难测量轻元素。

X 射线荧光光谱：　它的主要优点是对元素的快速、无接触测得的能力。其缺点是由于很难聚焦 X 射线和基体效应的存在致使分辨率不高。对表面污染灵敏度通过总反射 X 射线荧光光谱极大地提高。

X 射线光电子能谱：　它的主要优点是具备表征浅层原子和分子性质的本领。它的不足是由于很难聚焦 X 射线导致它的分辨率不高，它要求高真空，其灵敏度较低。

中子活化分析：　它的主要优点是能够用于探测常用半导体（如硅）中低密度的一些特定杂质，它的缺点是设备的专业化，几乎很少实验室有核反应器。

● ● ● ● ● ● ● ● ● ● ● ● ● ● ● ● ●

附录 11.1

一些分析技术的选择特点

（见下页横表）

附录 11.1 一些分析技术的选择特点

技术	可检测元素	横向分辨率	深度分辨率	检测极限 (atoms/cm³)[a]	信息的类型[b]	破坏性?[c]	深度分布?	分析时间	基体效应
AES	>Li	100 μm	2 nm	$10^{19}\sim10^{20}$	elem/chem	Yes[c]	Yes	30 分	浅射混合
SAM	>Li	10 nm	2 nm	10^{21}	elem	Yes[c]	Yes	30 分	浅射混合
EMP-EDS	>Na	1 μm	1 μm	$10^{19}\sim10^{20}$	elem	No	No	30 分	可校正的
EMP-EDS	>Na	1 μm	1 μm	$10^{18}\sim10^{19}$	elem	No	No	2 小时	可校正的
SIMS	All	1 μm	1~30 nm	$10^{14}\sim10^{18}$	elem	Yes	Yes	1 小时	严重
RBS	>Li	0.1 cm	20 nm	$10^{19}\sim10^{20}$	elem	No	Yes	30 分	无
XRF	>C	0.1~1 cm	1~10 μm	$10^{17}\sim10^{18}$	elem	No	No	30 分	可校正的
TXRF	>C	0.5 cm	5 nm	10^{10} cm^{-2}	elem	No	No	30 分	可校正的
XPS	>Li	10 μm~1 cm	2 nm	$10^{19}\sim10^{20}$	elem/chem	Yes[c]	Yes	30 分	化学位移
XRT	—	1~10 μm	100~500 μm	—	晶体结构	No	Yes	45 分	应变影响
PL	浅能级	10 μm	1~10 μm	$10^{11}\sim10^{15}$	elem/带隙	No	No	1 小时	束缚激子
FTIR	官能团	1~1000 μm	1~10 μ	$10^{12}\sim10^{16}$	分子	No	No	15 分	分子影响
Raman	官能团	1 μm	1~10 μm	10^{19}	分子	No	No	1 小时	应力
EELS	>B	1 nm	20 nm	$10^{19}\sim10^{20}$	elem/chem	No	No	30 分	无
LEED	—	0.1~100 μm	2 nm	—	晶体结构	No	No	30 分	—
RHEED	—	0.1~1000 μm	2 nm	—	晶体结构	No	No	30 分	—
NAA	选择性的	1 cm	1 μm	$10^{8}\sim10^{18}$	elem	No	No	2 天	无
AFM	—	1 nm	1 nm	—	表面平坦度	No	No	30 分	无

ⓐ取决于被测元素；ⓑelem:元素，chem:化学成分；ⓒ是否已分布，否则"No"

AES:俄歇电子能谱　SAM:扫描俄歇显微镜　EMP:电子微探针
EDS:能量色散谱　WDS:波长色散谱　SIMS:二次离子质谱
RBS:卢瑟福背散射谱　XRF:X射线荧光谱　TXRF:全反射XRF
XPS:X射线光电子能谱　XRT:X射线物相成像　PL:光致发光谱
FTIR:傅里叶变换红外光谱　Raman:拉曼显微探针　EELS:电子能量损失谱
LEED:低能电子衍射　RHEED:反射高能电子衍射　NAA:中子活化分析
AFM:原子力显微镜

参 考 文 献

1. H. Seiler, "Secondary Electron Emission in the Scanning Electron Microscope," *J. Appl. Phys.* **54**, R1–R18, Nov. 1983.

2. V.E. Cosslett, "Fifty Years of Instrumental Development of the Electron Microscope," in *Advances in Optical and Electron Microscopy* (R. Barer and V.E. Cosslett, eds.), Academic Press, London, **10**, 215–267, 1988.

3. L. de Broglie, "Waves and Quanta," (in French) *Compt. Rend.* **177**, 507–510, Sept. 1923.

4. J.I. Goldstein, D.E. Newbury, P. Echlin, D.C. Joy, C. Fiori and E. Lifshin, *Scanning Electron Microscopy and X-Ray Microanalysis*, Plenum Press, New York, 1984.

5. T.E. Everhart and R.F.M. Thornley, "Wide-Band Detector for Micro-Microampere Low-Energy Electron Currents," *J. Sci. Instrum.* **37**, 246–248, July 1960.

6. R.A. Young and R.V. Kalin, "Scanning Electron Microscopic Techniques for Characterization of Semiconductor Materials," in *Microelectronic Processing: Inorganic Material Characterization* (L.A. Casper, ed.), American Chemical Soc., Symp. Series 295, Washington, DC, 1986, 49–74.

7. H.J. Leamy, "Charge Collection Scanning Electron Microscopy," *J. Appl. Phys.* **53**, R51–R80, June 1982.

8. T.E. Everhart and P.H. Hoff, "Determination of Kilovolt Electron Energy Dissipation vs. Penetration Distance in Solid Materials," *J. Appl. Phys.* **42**, 5837–5846, Dec. 1971.

9. P. Auger, "On the Compound Photoelectric Effect (in French)," *J. Phys. Radium* **6**, 205–208, June 1925.

10. L.E. Davis, N.C. MacDonald, P.W. Palmberg, G.E. Riach and R.E. Weber, *Handbook of Auger Electron Spectroscopy*, Physical Electronics Industries Inc., Eden Prairie, MN, 1976; G.E. McGuire, *Auger Electron Spectroscopy Reference Manual*, Plenum Press, New York, 1979; *Handbook of Auger Electron Spectroscopy*, JEOL Ltd., Tokyo, 1980.

11. L.C. Feldman and J.W. Mayer, *Fundamentals of Surface and Thin Film Analysis*, North Holland, New York, 1986.

12. L.L. Kazmerski, "Advanced Materials and Device Analytical Techniques," in *Advances in Solar Energy* (K.W. Böer, ed.), **3**, American Solar Energy Soc., Boulder, CO, 1986, 1–123.

13. R.E. Honig, "Surface and Thin Film Analysis of Semiconductor Materials," *Thin Solid Films* **31**, 89–122, Jan. 1976.

14. H.W. Werner and R.P.H. Garten, "A Comparative Study of Methods for Thin-Film and Surface Analysis," *Rep. Progr. Phys.* **47**, 221–344, March 1984.

15. H. Hapner, J.A. Simpson and C.E. Kuyatt, "Comparison of the Spherical Deflector and the Cylindrical Mirror Analyzers," *Rev. Sci. Instrum.* **39**, 33–35, Jan. 1968; P.W. Palmberg, G.K. Bohn and J.C. Tracy, "High Sensitivity Auger Electron Spectrometer," *Appl. Phys. Lett.* **15**, 254–255, Oct. 1969.

16. L.A. Harris, "Analysis of Materials by Electron-Excited Auger Electrons," *J. Appl. Phys.* **39**, 1419–1427, Feb. 1968.

17. E. Minni, "Assessment of Different Models for Quantitative Auger Analysis in Applied Surface Studies," *Appl. Surf. Sci.* **15**, 270–280, April 1983.

18. C.J. Powell, "Growth and Trends in Auger-electron Spectroscopy and X-ray Photoelectron Spectroscopy for Surface Analysis," *J. Vac. Sci. Technol.* **A21**, S42–S53, Sept./Oct. 2003.

19. T.J. Shaffner, "Surface Characterization for VLSI," in *VLSI Electronics: Microstructure Science* (N.G. Einspruch and G.B. Larrabee, eds.) **6**, Academic Press, New York, 1983, 497–527.

20. S. Oswald and S. Baunack, "Comparison of Depth Profiling Techniques Using Ion Sputtering from the Practical Point of View," *Thin Solid Films* **425**, 9–19, Feb. 2003.

21. E. Zinner, "Sputter Depth Profiling of Microelectronic Structures," *J. Electrochem. Soc.* **130**, 199C–222C, May 1983; P.L. King, "Artifacts in AES Microanalysis for Semiconductor Applications," *Surf. Interface Anal.* **30**, 377–382, Aug. 2000.

22. P.H. Holloway and G.E. McGuire, "Characterization of Electronic Devices and Materials by Surface-Sensitive Analytical Techniques," *Appl. Surf. Sci.* **4**, 410–444, April 1980; G.E. McGuire and P.H. Holloway, "Applications of Auger Spectroscopy in Materials Analysis," in *Electron Spectroscopy: Theory, Techniques and Applications* (C.R. Brundle and A.D. Baker, eds.), **4**, Academic Press, New York, 1981, 2–74; J. Keenan, "TiSi$_2$ Chemical Characterization by Auger Electron and Rutherford Backscattering Spectroscopy," *TI Tech. J.* **5**, 43–49, Sept./Oct. 1988; L.A. Files and J. Newsom, "Scanning Auger Microscopy: Applications to Semiconductor Analysis," *TI Tech. J.* **5**, 89–95, Sept./Oct. 1988.

23. R. Castaing, Thesis, Univ. of Paris, France, 1948; "Electron Probe Microanalysis," in *Adv. in Electronics and Electron Physics* (L. Marton, ed.), Academic Press, New York, **13**, 317–386, 1960.

24. S.J.B. Reed, *Electron Microprobe Analysis*, Cambridge University Press, 1993; K.F.J. Heinrich and D.E. Newbury, "Electron Probe Microanalysis," in *Metals Handbook*, 9th Ed. (R.E. Whan, coord.), Am. Soc. Metals, Metals Park, OH, **10**, 516–535, 1986.

25. K.F.J. Heinrich, *Electron Beam X-Ray Microanalysis*, Van Nostrand Reinhold, New York, 1981.

26. C.E. Fiori and D.E. Newbury, "Artifacts Observed in Energy-Dispersive X-Ray Spectrometry in the Scanning Electron Microscope," *Scanning Electron Microscopy*, **1**, 401–422, 1978.

27. F.S. Goulding and Y. Stone, "Semiconductor Radiation Detectors," *Science* **170**, 280–289, Oct. 1970; A.H.F. Muggleton, "Semiconductor Devices for Gamma Ray, X Ray and Nuclear Radiation Detectors," *J. Phys. E: Scient. Instrum.* **5**, 390–404, May 1972.

28. J.F. Bresse, "Quantitative Investigations in Semiconductor Devices by Electron Beam Induced Current Mode: A Review," in *Scanning Electron Microscopy* **1**, 717–725, 1978.

29. F. Scholze, H. Rabus, and G. Ulm, "Measurement of the Mean Electron-Hole Pair Creation Energy in Crystalline Silicon for Photons in the 50–1500 eV Spectral Range," *Appl. Phys. Lett.* **69**, 2974–2976, Nov. 1996.

30. M. LeGros, E. Silver, D. Schneider, J. McDonald, S. Bardin, R. Schuch, N. Madden, and J. Beeman, "The First High Resolution, Broad Band X-Ray Spectroscopy of Ion-surface Interactions Using a Microcalorimeter," *Nucl. Instrum. Meth.* **A357**, 110–114, April 1995; D.A. Wollman, K.D. Irwin, G.C. Hilton, L.L. Dulcie, D.A. Newbury, and J.M. Martinis, "High-resolution, Energy-dispersive Microcalorimeter Spectrometer for X-Ray Microanalysis," *J. Microsc.* **188**, 196–223, Dec. 1997.

31. B. Simmnacher, R. Weiland, J. Höhne, F.V. Feilitzsch, and C. Hollerith, "Semiconductor Material Analysis Based on Microcalorimeter EDS," *Microelectron. Rel.* **43**, 1675–1680, Sept./Nov. 2003.

32. M. von Heimendahl, *Electron Microscopy of Materials*, Academic Press, New York, 1980; D.B. Williams and C.B. Carter, *Transmission Electron Microscopy*, Plenum Press, New York, 1996; D.C. Joy, A.D. Romig, Jr., and J.I. Goldstein (eds.), *Principles of Analytical Electron Microscopy*, Plenum Press, New York, 1986.

33. W.R. Runyan and T.J. Shaffner, *Semiconductor Measurements and Instrumentation*, McGraw-Hill, New York, 1998.

34. R.F. Egerton, *Electron Energy-Loss Spectroscopy in the Electron Microscopy*, 2nd ed., Plenum Press, New York, 1996; C. Colliex, "Electron Energy Loss Spectroscopy in the Electron Microscope," in *Advances in Optical and Electron Microscopy* (R. Barer and V.E. Cosslett, eds.), Academic Press, London, **9**, 65–177, 1986.

35. J.C.H. Spence, *Experimental High-Resolution Electron Microscopy*, 2nd Ed., Oxford University Press, New York, 1988; D. Cherns, "High-Resolution Transmission Electron Microscopy of Surface and Interfaces," in *Analytical Techniques for Thin Film Analysis* (K.N. Tu and

R. Rosenberg, eds.), Academic Press, Boston, 1988, 297–335.

36. P.E. Batson, "Scanning Transmission Electron Microscopy," in *Analytical Techniques for Thin Film Analysis* (K.N. Tu and R. Rosenberg, eds.), Academic Press, Boston, 1988, pp. 337–387; R.J. Graham, "Characterization of Semiconductor Materials and Structures by Transmission Electron Microscopy," in *Diagnostic Techniques for Semiconductor Materials and Devices* (T.J. Shaffner and D.K. Schroder, eds.), Electrochem. Soc., Pennington, NJ, 1988, 150–167.

37. T.T. Sheng, "Cross-Sectional Transmission Electron Microscopy of Electronic and Photonic Devices," in *Analytical Techniques for Thin Film Analysis* (K.N. Tu and R. Rosenberg, eds.), Academic Press, Boston, 1988, 251–296.

38. J.I. Hanoka and R.O. Bell, "Electron-Beam-Induced Currents in Semiconductors," in *Annual Review of Materials Science* (R.A. Huggins, R.H. Bube and D.A. Vermilya, eds.), Annual Reviews, Palo Alto, CA, **11**, 353–380, 1981.

39. T.E. Everhart, O.C. Wells and R.K. Matta, "A Novel Method of Semiconductor Device Measurements," *Proc. IEEE* **52**, 1642–1647, Dec. 1964.

40. K. Joardar, C.O. Jung, S. Wang, D.K. Schroder, S.J. Krause, G.H. Schwuttke and D.L. Meier, "Electrical and Structural Properties of Twin Planes in Dendritic Web Silicon," *IEEE Trans. Electron Dev.* **ED-35**, 911–918, July 1988.

41. M. Tamatsuka, S. Oka, H.R. Kirk, and G.A. Rozgonyi, "Novel GOI Failure Analysis Using SEM/MOS/EBIC With Sub-nano Ampere Current Breakdown," in *Diagnostic Techniques for Semiconductor Materials and Devices* (P. Rai-Choudhury, J.L. Benton, D.K. Schroder, and T.J. Shaffner, eds), Electrochem. Soc., Pennington, NJ, 1997, 80–91. H.R. Kirk, Z. Radzimski, A. Romanowski, and G.A. Rozgonyi, "Bias Dependent Contrast Mechanisms in EBIC Images of MOS Capacitors," *J. Electrochem. Soc.* **146**, 1529–1535, April 1999.

42. S.M. Davidson, "Semiconductor Material Assessment by Scanning Electron Microscopy," *J. Microsc.* **110**, 177–204, Aug. 1977; B.G. Yacobi and D.B. Holt, "Cathodoluminescence Scanning Electron Microscopy of Semiconductors," *J. Appl. Phys.* **59**, R1–R24, Feb. 1986.

43. G. Pfefferkorn, W. Bröcker and M. Hastenrath, "The Cathodoluminescence Method in the Scanning Electron Microscope," *Scanning Electron Microscopy*, SEM, AMF O'Hare, IL, 251–258, 1980.

44. R.J. Roedel, S. Myhajlenko, J.L. Edwards and K. Rowley, "Cathodoluminescence Characterization of Semiconductor Materials," in *Diagnostic Techniques for Semiconductor Materials and Devices* (T.J. Shaffner and D.K. Schroder, eds.), Electrochem. Soc., Pennington, NJ, 1988, 185–196.

45. B.G. Yacobi and D.B. Holt, "Cathodoluminescence Scanning Electron Microscopy of Semiconductors," *J. Appl. Phys.* **59**, R1–R24, Feb. 1986.

46. C. Davisson and L.H. Germer, "Diffraction of Electrons by a Crystal of Nickel," *Phys. Rev.* **30**, 705–740, Dec. 1927.

47. J.B. Pendry, *Low Energy Electron Diffraction*, Academic Press, New York, 1974; K. Heinz, "Structural Analysis of Surfaces by LEED," *Progr. Surf. Sci.* **27**, 239–326, 1988.

48. M.G. Lagally, "Low-Energy Electron Diffraction," in *Metals Handbook*, 9th Ed. (R.E. Whan, coord.), Am. Soc. Metals, Metals Park, OH, **10**, 536–545, 1986.

49. B.F. Lewis, F.J. Grunthaner, A. Madhukar, T.C. Lee, and R. Fernandez, "Reflection High Energy Electron Diffraction Intensity Behavior During Homoepitaxial Molecular Beam Epitaxy Growth of GaAs and Implications for Growth Kinetics," *J. Vac. Sci. Technol.* **B3**, 1317–1322, Sept./Oct. 1985.

50. L.C. Feldman and J.W. Mayer, *Fundamentals of Surface and Thin Film Analysis*, North Holland, New York 1986; J.M. Walls (ed.), *Methods of Surface Analysis*, Cambridge University Press, Cambridge, 1989.

51. C.G. Pantano, "Secondary Ion Mass Spectroscopy," in *Metals Handbook*, 9th Ed. (R.E. Whan, coord.), Am. Soc. Metals, Metals Park, OH, **10**, 610–627, 1986; A. Benninghoven, F.G. Rüdenauer and H.W. Werner, *Secondary Ion Mass Spectrometry: Basic Concepts, Instrumental Aspects, Applications and Trends*, Wiley, New York, 1987.

52. R. Castaing, B. Jouffrey, and G. Slodzian, "On the Possibility of Local Analysis of a Specimen Using its Secondary Ion Emission," (in French) *Compt. Rend.* **251**, 1010–1012, Aug. 1960; R. Castaing and G. Slodzian, "First Attempts at Microanalysis by Secondary Ion Emission," (in French) *Compt. Rend.* **255**, 1893–1895, Oct. 1962.

53. R.K. Herzog and H. Liebl, "Sputtering Ion Source for Solids," *J. Appl. Phys.* **34**, 2893–2896, Sept. 1963.

54. A. Benninghoven, "The Analysis of Monomolecular Solid State Surface Layers with the Aid of Secondary Ion Emission," (in German) *Z. Phys.* **230**, 403–417, 1970.

55. J.J. Thomson, "Rays of Positive Electricity," *Phil. Mag.* **20**, 752–767, Oct. 1910.

56. P. Williams, "Secondary Ion Mass Spectrometry," in *Applied Atomic Collision Spectroscopy*, Academic Press, New York, 1983, 327–377.

57. D.E. Sykes, "Dynamic Secondary Ion Mass Spectrometry," in *Methods of Surface Analysis* (J.M. Walls, ed.), Cambridge University Press, Cambridge, 1989, 216–262.

58. A. Benninghoven, "Surface Analysis by Means of Ion Beams," *Crit. Rev. Solid State Sci.* **6**, 291–316, 1976.

59. M.T. Bernius and G.H. Morrison, "Mass Analyzed Secondary Ion Microscopy," *Rev. Sci. Instrum.* **58**, 1789–1804, Oct. 1987.

60. M.A. Douglas and P.J. Chen, "Quantitative Trace Metal Analysis of Si Surfaces by TOF-SIMS," *Surf. Interface Anal.* **26**, 984–994, Dec. 1998.

61. S.G. Mackay and C.H. Becker, "SALI—Surface Analysis by Laser Ionization," in *Encyclopedia of Materials Characterization* (C.R. Brundle, C.A. Evans, Jr., and S. Wilson, eds.), Butterworth-Heinemann, Boston, 1992, 559–570; J.C. Huneke, "SNMS—Sputtered Neutral Mass Spectrometry," in *Encyclopedia of Materials Characterization* (C.R. Brundle, C.A. Evans, Jr., and S. Wilson, eds.), Butterworth-Heinemann, Boston, 1992, 571–585; Y. Mitsui, F. Yano, H. Kakibayashi, H. Shichi, and T. Aoyama, "Developments of New Concept Analytical Instruments for Failure Analyses of Sub-100 nm Devices," *Microelectron. Rel.* **41**, 1171–1183, Aug. 2001.

62. F.R. di Brozolo, "LIMS - Laser Ionization Mass Spectrometry," in *Encyclopedia of Materials Characterization* (C.R. Brundle, C.A. Evans, Jr., and S. Wilson, eds.), Butterworth-Heinemann, Boston, 1992, 586–597; M.C. Arst, "Identifying Impurities in Silicon by LIMA Analysis," in *Emerging Semiconductor Technology* (D.C. Gupta and R.P. Langer, eds.), **STP 960**, Am. Soc. Test. Mat., Philadelphia, 1987, 324–335.

63. C.W. Magee and M.R. Frost, "Recent Successes in the Use of SIMS in Microelectronics Materials and Processes," *Int. J. Mass Spectrom. Ion Proc.* **143**, 29–41, May 1995.

64. E. Ishida and S.B. Felch, "Study of Electrical Measurement Techniques for Ultra-Shallow Dopant Profiling," *J. Vac. Sci. Technol.* **B14**, 397–403, Jan/Feb. 1996; S.B. Felch, D.L. Chapek, S.M. Malik, P. Maillot, E. Ishida, and C.W. Magee "Comparison of Different Analytical Techniques in Measuring the Surface Region of Ultrashallow Doping Profiles," *J. Vac. Sci. Technol.* **B14**, 336–340, Jan/Feb. 1996.

65. E. Zinner, "Depth Profiling by Secondary Ion Mass Spectrometry," *Scanning* **3**, 57–78, 1980.

66. W.K. Chu, J.W. Mayer and M-A. Nicolet, *Backscattering Spectroscopy*, Academic Press, New York, 1978; W.K. Chu, "Rutherford Backscattering Spectrometry," *in Metals Handbook*, 9th Ed. (R.E. Whan, coord.), Am. Soc. Metals, Metals Park, OH, **10**, 628–636, 1986; T.G. Finstad and W.K. Chu, "Rutherford Backscattering Spectrometry on Thin Solid Films," in *Analytical Techniques for Thin Film Analysis* (K.N. Tu and R. Rosenberg, eds.), Academic Press, Boston, 1988, 391–447.

67. E. Rutherford and H. Geiger, "Transformation and Nomenclature of the Radio-Active Emanations," *Phil. Mag.* **22**, 621–629, Oct. 1911.

68. S. Rubin, T.O. Passell and L.E. Bailey, "Chemical Analysis of Surfaces by Nuclear Methods," *Anal. Chem.* **29**, 736–743, May 1957.

69. J.H. Patterson, A.L. Turkevich and E.J. Franzgrote, "Chemical Analysis of Surfaces Using Alpha Particles," *J. Geophys. Res.* **70**, 1311–1327, March 1965.

70. L.C. Feldman and J.M. Poate, "Rutherford Backscattering and Channeling Analysis of Interfaces and Epitaxial Structures," in *Annual Review of Materials Science* (R.A. Huggins, R.H. Bube and D.A. Vermilya, eds.), Annual Reviews, Palo Alto, CA, **12**, 149–176, 1982; C.W. Magee and L.R. Hewitt, "Rutherford Backscattering Spectrometry: A Quantitative Technique for Chemical and Structural Analysis of Surfaces and Thin Films," *RCA Rev.* **47**, 162–185, June 1986.

71. J.F. Ziegler, *Helium Stopping Powers and Ranges in All Elemental Matter*, Pergamon Press, New York, 1977.

72. J.F. Ziegler and R.F. Lever, "Calculations of Elastic Scattering of ^{4}He Projectiles," *Thin Solid Films* **19**, 291–296, Dec. 1973; J.W. Mayer, M-A. Nicolet, and W.K. Chu, "Backscattering Analysis with ^{4}He Ions," in *Nondestructive Evaluation of Semiconductor Materials and Devices* (J.N. Zemel, ed.), Plenum Press, New York, 1979, 333–366.

73. W.K. Chu, J.W. Mayer, M-A Nicolet, T.M. Buck, G. Amsel, and P. Eisen, "Principles and Applications of Ion Beam Techniques for the Analysis of Solids and Thin Films," *Thin Solid Films* **17**, 1–41, July 1973.

74. J.F. Ziegler and W.K. Chu, "Stopping Cross Sections and Backscattering Factors for ^{4} He Ions in Matter: $Z = 1–92$, E(^{4}He)=400-4000 keV," in *Atomic Data and Nuclear Data Tables* **13**, 463–489, May 1974; J.F. Ziegler, R.F. Lever, and J.K. Hirvonen, in *Ion Beam Surface Analysis* (O. Mayer, G. Linker, and F. Käppeler, eds.), **I**, Plenum, New York, 1976, 163.

75. A.C. Diebold, P. Maillot, M. Gordon, J. Baylis, J. Chacon, R. Witowski, H.F. Arlinghaus, J.A. Knapp, and B.L. Doyle, "Evaluation of Surface Analysis Methods for Characterization of Trace Metal Surface Contaminants Found in Silicon Integrated Circuit Manufacturing," *J. Vac. Sci. Technol.* **A10**, 2945–2952, July/Aug. 1992; J.A. Knapp and J.C. Banks, "Heavy Ion Backscattering Spectrometry for High Sensitivity," *Nucl. Instrum. Meth.* **B79**, 457–459, June 1993.

76. C.W. Magee and L.R. Hewitt, "Rutherford Backscattering Spectrometry: A Quantitative Technique for Chemical and Structural Analysis of Surfaces and Thin Films," *RCA Rev.* **47**, 162–185, June 1986.

77. L.C. Feldman, J.W. Mayer, and S.T. Picraux, *Materials Analysis by Ion Channeling*, Academic Press, New York, 1982.

78. M.-A. Nicolet, J.W. Mayer, and I.V. Mitchell, "Microanalysis of Materials by Backscattering Spectrometry," *Science* **177**, 841–849, Sept. 1972.

79. J. Li, F. Moghadam, L.J. Matienzo, T.L. Alford, and J.W. Mayer, "Oxygen Carbon, and Nitrogen Quantification by High-Energy Resonance Backscattering," *Solid State Technol.* **38**, 61–64, May 1995.

80. W.G. Morris, H. Bakhru and A.W. Haberl, "Materials Characterization With a He$^+$ Microbeam," *Nucl. Instrum. and Meth.* **B10/11**, 697–699, May 1985.

81. J.A. Keenan, "Backscattering Spectroscopy for Semiconductor Materials," in *Diagnostic Techniques for Semiconductor Materials and Devices* (T.J. Shaffner and D.K. Schroder, eds.), Electrochem. Soc., Pennington, NJ, 1988, 15–26.

82. C.W. Magee, "Secondary Ion Mass Spectrometry and Its Relation to High-Energy Ion Beam Analysis Techniques," *Nucl. Instrum. and Meth.* **191**, 297–307, Dec. 1981.

83. E.P. Berlin, "X-Ray Secondary Emission (Fluorescence) Spectrometry," in *Principles and Practice of X-Ray Spectrometric Analysis*, Plenum Press, New York, 1970, Ch. 3; R.O. Muller, *Spectrochemical Analysis by X-Ray Fluorescence*, Plenum Press, New York, 1972; J.V. Gilfrich, "X-Ray Fluorescence Analysis," in *Characterization of Solid Surfaces* (P.F. Kane and G.B. Larrabee, eds.), Plenum Press, New York, 1974, Ch. 12; D.S. Urch, "X-Ray Emission Spectroscopy," in *Electron Spectroscopy: Theory, Techniques and Applications*, **3** (C.R. Brundle and A.D. Baker, eds.), Academic Press, New York, 1978, 1–39; W.E. Drummond and W.D. Stewart, "Automated Energy-Dispersive X-Ray Fluorescence Analysis," *Am. Lab.* **12**, 71–80, Nov. 1980; J.A. Keenan and G.B. Larrabee, "Characterization of Silicon Materials for VLSI," in *VLSI Electronics: Microstructure Science* (N.G. Einspruch and G.B. Larrabee, eds.) **6**, Academic Press, New York, 1983, 1–72.

84. M.C. Nichols, D.R. Boehme, R.W. Ryon, D. Wherry, B. Cross and D. Aden, "Parameters Affecting X-Ray Microfluorescence (XRMF) Analysis," in *Adv. in X-Ray Analysis* (C.S. Barrett et al.) **30**, Plenum Press, New York, 1987, 45–51.

85. L.M. van der Haar, C. Sommer, and M.G.M. Stoop, "New Developments in X-ray Fluorescence Metrology," *Thin Solid Films* **450**, 90–96, Feb. 2004.

86. R. Klockenkämper, J. Knoth, A. Prange, and H. Schwenke, "Total-Reflection X-Ray Fluorescence Spectroscopy," *Anal. Chem.* **64**, 1115A–1123A, Dec. 1992; R. Klockenkämper, *Total-Reflection X-Ray Fluorescence Analysis*, Wiley, New York, 1997.

87. P. Pianetta, K. Baur, A. Singh, S. Brennan, Jonathan Kerner, D. Werho, and J. Wang, "Application of Synchrotron Radiation to TXRF Analysis of Metal Contamination on Silicon Wafer Surfaces," *Thin Solid Films* **373**, 222–226, Sept. 2000.

88. Y. Mizokami, T. Ajioka, and N. Terada, "Chemical Analysis of Metallic Contamination on a Wafer After Wet Cleaning," *IEEE Trans. Semic. Manufact.* **7**, 447–453, Nov. 1994.

89. D. Caputo, P. Bacciaglia, C. Carpanese, M.L. Polignano, P. Lazzeri, M. Bersani, L. Vanzetti, P. Pianetta, and L. Morod, "Quantitative Evaluation of Iron at the Silicon Surface after Wet Cleaning Treatments," *J. Electrochem. Soc.* **151**, G289–G296, May 2004.

90. B.J. Streusand, "Inductively Coupled Plasma Mass Spectrometry," in *Encyclopedia of Materials Characterization* (C.R. Brundle, C.A. Evans, Jr., and S. Wilson, eds.), Butterworth-Heinemann, Boston, 1992, 624–632.

91. J.R. Dean, *Atomic Absorption and Plasma Spectroscopy*, 2nd ed., Wiley, Chichester, 1997.

92. R. Jenkins, R.W. Gould, and D. Gedcke, *Quantitative X-ray Spectrometry*, 2nd ed, Marcel Dekker, New York, 1995.

93. R.D. Giauque, F.S. Goulding, J.M. Jaklevic, and R.H. Pehl, "Trace Element Detection With Semiconductor Detector X-Ray Spectrometers," *Anal. Chem.* **45**, 671–681, April 1973.

94. N. Parekh, C. Nieuwenhuizen, J. Borstrok, and O. Elgersma, "Analysis of Thin Films in Silicon Integrated Circuit Technology by X-Ray Fluorescence Spectrometry," *J. Electrochem. Soc.* **138**, 1460–1465, May 1991.

95. P.K. Gosh, *Introduction to Photoelectron Spectroscopy*, Wiley-Interscience, New York, 1983; D. Briggs and M.P. Seah (eds.), *Practical Surface Analysis*, Vol. 1: Auger and X-Ray Photoelectron Spectroscopy, Wiley, Chichester, 1990; J.B. Lumsden, "X-Ray Photoelectron Spectroscopy," in *Metals Handbook*, 9th Ed. (R.E. Whan, coord.), Am. Soc. Metals, Metals Park, OH, **10**, 568–580, 1986; N. Mårtensson, "ESCA," in *Analytical Techniques for Thin Film Analysis* (K.N. Tu and R. Rosenberg, eds.), Academic Press, Boston, 1988, 65–109.

96. C. Nordling, S. Hagström and K. Siegbahn, "Application of Electron Spectroscopy to Chemical Analysis," *Z. Phys.* **178**, 433–438, 1964; S. Hagström, C. Nordling and K. Siegbahn, "Electron Spectroscopic Determination of the Chemical Valence State," *Z. Phys.* **178**, 439–444, 1964.

97. J.G. Jenkin, R.C.G. Leckey and J. Liesegang, "The Development of X-Ray Photoelectron Spectroscopy: 1900–1960," *J. Electron Spectr. Rel. Phen.* **12**, 1–35, Sept. 1977; J.G. Jenkin, J.D. Riley, J. Liesegang and R.C.G. Leckey, "The Development of X-Ray Photoelectron Spectroscopy (1900–1960): A Postscript," *J. Electron Spectr. Rel. Phen.* **14**, 477–485, Dec. 1978; J.G. Jenkin, "The Development of Angle-Resolved Photoelectron Spectroscopy: 1900–1960," *J. Electron Spectr. Rel. Phen.* **23**, 187–273, June 1981.

98. T.A. Carlson, *Photoelectron and Auger Spectroscopy*, Plenum Press, New York, 1975; C.D. Wagner, W.M. Riggs, L.E. Davies, J.F. Moulder, and G.E. Muilenberg, *Handbook of X-Ray Photoelectron Spectroscopy*, Perkin Elmer, Eden Prairie, MN, 1979.

99. S. Tanuma, C.J. Powell, and D.R. Penn "Proposed Formula for Electron Inelastic Mean Free Paths Based on Calculations for 31 Materials," *Surf. Sci.* **192**, L849–L857, Dec. 1987.

100. K.L. Smith and J.S. Hammond, "Destructive and Nondestructive Depth Profiling Using ESCA," *Appl. Surf. Sci.* **22/23**, 288–299, 1985.

101. C.S. Fadley, "Angle-Resolved X-Ray Photoelectron Spectroscopy," *Progr. Surf. Sci.* **16**, 275–388, 1984.

102. D.H. Buckley, *Surface Effects in Adhesion, Friction, Wear and Lubrication*, Elsevier, Amsterdam, 1981, 73–78.

103. A. Torrisi, S. Pignataro, and G. Nocerino, "Applications of ESCA to Fabrication Problems in the Semiconductor Industry," *Appl. Surf. Sci.* **13**, 389–401, Sept./Oct. 1982.

104. A.C. Diebold, D. Venables, Y. Chabal, D. Muller, M. Weldon, E. Garfunkel, "Characterization and Production Metrology of Thin Transistor Gate Oxide Films," *Mat. Sci. Semicond. Proc.* **2**, 103–147, July 1999.

105. A.R. Lang, "Recent Applications of X-Ray Topography," *in Modern Diffraction and Imaging Techniques in Materials Science* (S. Amelinckx, G. Gevers, and J. Van Landuyt, eds.), North Holland, Amsterdam, 1978, 407–479; B.K. Tanner, *X-Ray Diffraction Topography*, Pergamon Press, Oxford, 1976; R.N. Pangborn, "X-Ray Topography," in *Metals Handbook*, 9th Ed. (R.E. Whan, coord.), Am. Soc. Metals, Metals Park, OH, **10**, 365–379, 1986; B.K. Tanner, "X-Ray Topography and Precision Diffractometry of Semiconductor Materials," in *Diagnostic Techniques for Semiconductor Materials and Devices* (T.J. Shaffner and D.K. Schroder, eds.), Electrochem. Soc., Pennington, NJ, 1988, 133–149; D.K. Bowen and B.K. Tanner, *High Resolution X-Ray Diffractometry and Topography*, Taylor and Francis, 1998.

106. W.F. Berg, "An X-Ray Method for the Study of Lattice Disturbances of Crystals," (in German) *Naturwissenschaften* **19**, 391–396, 1931; C.S. Barrett, "A New Microscopy and Its Potentialities," *Trans. AIME* **161**, 15–64, 1945; J.B. Newkirk, "Subgrain Structure in an Iron Silicon Crystal as Seen by X-Ray Extinction Contrast," *J. Appl. Phys.* **29**, 995–998, June 1958.

107. A.R. Lang, "Direct Observation of Individual Dislocations by X-Ray Diffraction," *J. Appl. Phys.* **29**, 597–598, March 1958; A.R. Lang, "Studies of Individual Dislocations in Crystals by X-Ray Diffraction Microradiography," *J. Appl. Phys.* **30**, 1748–1755, Nov. 1959.

108. D.C. Miller and G.A. Rozgonyi, "Defect Characterization by Etching, Optical Microscopy and X-Ray Topography," in *Handbook on Semiconductors 3* (S.P. Keller, ed.) North-Holland, Amsterdam, 1980, 217–246.

109. G.H. Schwuttke, "New X-Ray Diffraction Microscopy Technique for the Study of Imperfections in Semiconductor Crystals," *J. Appl. Phys.* **36**, 2712–2721, Sept. 1961.

110. B.K. Tanner and D.K. Bowen, *Characterization of Crystal Growth Defects by X-Ray Methods*, Plenum Press, New York, 1980.

111. T.J. Shaffner, "A Review of Modern Characterization Methods for Semiconductor Materials," *Scann. Electron Microsc.* 11–23, 1986.

112. B.K. Tanner, *X-Ray Diffraction Topography*, Pergamon Press, Oxford, 1976; Y. Epelboin, "Simulation of X-Ray Topographs," *Mat. Sci. Eng.* **73**, 1–43, Aug. 1985.

113. B.K. Tanner, "X-Ray Topography and Precision Diffractometry of Semiconductor Materials," in *Diagnostic Techniques for Semiconductor Materials and Devices* (T.J. Shaffner and D.K. Schroder, eds.), Electrochem. Soc., Pennington, NJ, 1988, 133–149.

114. M. Dax, "X-Ray Film Thickness Measurements," *Semicond. Int.* **19**, 91–100, Aug. 1996.

115. T.Z. Hossain, "Neutron Activation Analysis," in *Encyclopedia of Materials Characterization* (C.R. Brundle, C.A. Evans, Jr., and S. Wilson, eds.), Butterworth-Heinemann, Boston, 1992, 671–679; P. Kruger, *Principles of Activation Analysis*, Wiley-Interscience, New York, 1971; R.M. Lindstrom, "Neutron Activation Analysis in Electronic Technology," *in Diagnostic Techniques for Semiconductor Materials and Devices* (T.J. Shaffner and D.K. Schroder, eds.), Electrochem. Soc., Pennington, NJ, 1988, 3–14.

116. C. Yonezawa, "Prompt Gamma Neutron Activation Analysis With Reactor Neutrons," in *Non-Destructive Elemental Analysis* (Z.B. Alfassi, ed.), Blackwell Science, Oxford, 2001.

117. G. Erdtmann, *Neutron Activation Tables*, Verlag Chemie, Weinheim, 1976.

118. A.R. Smith, R.J. McDonald, H. Manini, D.L. Hurley, E.B. Norman, M.C. Vella, and R.W. Odom, "Low-Background Instrumental Neutron Activation Analysis of Silicon Semiconductor Materials," *J. Electrochem. Soc.* **143**, 339–346, Jan. 1996.

119. E.W. Haas and R. Hofmann, "The Application of Radioanalytical Methods in Semiconductor Technology," *Solid-State Electron.* **30**, 329–337, March 1987.

120. P.F. Schmidt and C.W. Pearce, "A Neutron Activation Analysis Study of the Sources of Transition Group Metal Contamination in the Silicon Device Manufacturing Process," *J. Electrochem. Soc.* **128**, 630–637, March 1981.

121. M. Grasserbauer, "Critical Evaluation of Calibration Procedures for Distribution Analysis of Dopant Elements in Silicon and Gallium Arsenide," *Pure Appl. Chem.* **60**, 437–444, March 1988.

122. R.G. Downing, J.T. Maki and R.F. Fleming, "Application of Neutron Depth Profiling to Microelectronic Materials Processing," *in Microelectronic Processing: Inorganic Material Characterization* (L.A. Casper, ed.), American Chemical Soc., Symp. Series 295, Washington, DC, 1986, 163–180.

123. J.R. Ehrstein, R.G. Downing, B.R. Stallard, D.S. Simons and R.F. Fleming, "Comparison of Depth Profiling ^{10}B in Silicon Using Spreading Resistance Profiling, Secondary Ion Mass Spectrometry, and Neutron Depth Profiling," in *Semiconductor Processing, ASTM STP 850* (D.C. Gupta, ed.) Am. Soc. Test. Mat., Philadelphia, 1984, 409–425.

124. R.G. Downing and G.P. Lamaze, "Nondestructive Characterization of Semiconductor Materials Using Neutron Depth Profiling," in *Semiconductor Characterization, Present Status and Future Needs* (W.M. Bullis, D.G. Seiler, and A.C. Diebold, eds.), American Institute of Physics, Woodbury, NY, 1996, 346–350.

● ● ● ● ● ● ● ● ● ● ● ● ● ● ● ● ● ● ●

习题

11.1 假定在硅衬底上有一层铝,求铝薄膜的厚度。当一束 10 keV 的电子束入射到样品上时,在硅衬底中没有 X 射线产生,利用式(11.4)求电子射程,假定电子只在射程 Re 定义的体积内产生,记住当没有电子到达硅时,不会产生 X 射线。

11.2 利用式(11.13)和(11.14)确定一束 10 keV 的电子束的产生率 G 和电子密度 n,其中入射到硅晶圆上的束电流为 10^{-9} A,电子寿命为 10^{-5} s。

11.3 利用式(11.21)和(11.22)推出 v_1/v_0 和式(11.23)的表达式。

11.4 Y 衬底上 X_1 层的卢瑟福背散射图,如图 P11.4。对于 X_2 层也存在相似情况。导出 X_1 和 X_2 的密度和厚度以及 Y 衬底的密度。He 离子的能量为 2 MeV 且入射角度 θ 为 164°。假定 $\Delta E_{in}=\Delta E_{out}$。对于 Y 上的 X_1:$[S_0]=45.5$ eV/Å,$E_1=0.338$ MeV,$E_2=1.578$ MeV,$E_3=1.847$ MeV。(1Å=0.1 nm,以下同)

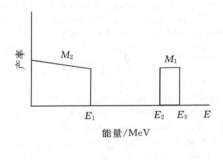

图 P11.4

11.5 如上题图,推出 X 的厚度和密度以及 Y 衬底的密度。He 离子的能量为 2 MeV 且入射角度 θ 为 170°。假定 $\Delta E_{in}=\Delta E_{out}$。对于 Y 上的 X:$[S_0]=193$ eV/Å,$E_1=0.657$ MeV,$E_2=1.256$ MeV,$E_3=1.835$ MeV。

11.6 同 11.4 题图。推出 X 的厚度和密度以及 Y 衬底的密度。假定 $\Delta E_{in}=\Delta E_{out}$。对于 Y 上的 X:$[S_0]=108$ eV/Å,$E_1=0.845$ MeV,$E_2=1.23$ MeV,$E_3=1.56$ MeV。

11.7 衬底 Y 上的 X 层卢瑟福背散射图如图 P11.4。导出 X 层的密度和厚度(μm)和 Y 衬底 的密度。He 离子的能量为 2 MeV 且入射角度 θ 为 164°。假定 $\Delta E_{in}=\Delta E_{out}$。对于 Y 上的 X:$[S_0]=109.2$ eV/Å,$E_1=0.954$ MeV,$E_2=1.51$ MeV,$E_3=1.73$ MeV。

11.8 给出图 P11.8 中图形所表示的表征技术名称。

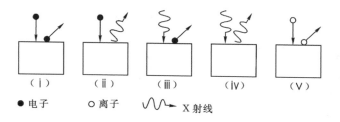

图 P11.8

11.9 画出图 P11.9 中入射到两个样品上的 He 离子的卢瑟福背散射图。入射能量 $E_0 = 2$ MeV；对于衬底 M_2，$K_2 = 0.6$；对于层 M_3，$K_3 = 0.9$。$\Delta E_{in} = \Delta E_{out} = 0.2$ MeV。

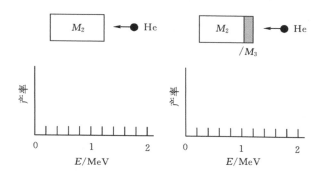

图 P11.9

复习题

- 在 SEM 中决定其放大率的是什么？
- 俄歇电子谱仪探测的是什么？
- 电子显微探针探测的是什么？
- EDS 的探测机理是什么？
- WDS 的探测机理是什么？
- X 射线是怎么产生的？
- AES 和 EMP 谁的分辨率更高？为什么？
- 为什么 AES 不能探测 He？
- EDS 和 WDS 的不同点是什么？
- 说出 EBIC 的一个应用？
- SIMS 的主要应用是什么？
- SIMS 的纵向数据和横向数据如何转换？

688

- TOF – SIMS 是什么?
- RBS 的原理是什么?
- 什么是多道分析仪的通道?
- 什么是 XRF?
- 什么是 TXRF?
- 给出 XRF 的一个应用?
- 光电子能谱的原理是什么?
- XPS 的独特之处是什么? 为什么?
- X 射线物相成像给出了什么?
- 中子活化分析怎么工作? 它应用于什么地方?

第12章

可靠性和失效分析

● ● ● ● ● ● ● ● ● ● ● ● ● ● ● ●

12.1　引言

　　在这一章简单地讲述了一些常见的可靠性概念,然后讨论一些关于半导体材料和器件的 689 可靠性测量和相关问题。可靠性可定义为产品在规定的条件下和规定的时间内不出现失效的 概率。[1]失效是什么意思呢? 必须是器件丧失功能吗? 这要依具体情况而定。一项器件参数 的退化可能也是一个失效。例如,如果 MOSFET 阈值电压偏移了规范值,漏电流的变化可能 会使电路在其规范内无法正常工作。如果由于电迁移时互联线的线电阻增加,则线路延迟时 间可能会超过其规范值。这两种情况都可以定义为失效,尽管器件或电路还在运行。由腐蚀、 疲劳、蠕变(creep)和封装引起的失效超出了本章的范围,但 Di Giacomo 已经讨论过。[2]

　　失效分析(FA)由一系列步骤来实施。[3]封装失效可由超声成像和 X 射线检查来探测。 对于半导体晶片,第一步通常为目测(光学显微镜)和电气测量(I_{DDQ},电流-电压等)。为了定 位失效可以用机械探针法、电子束(扫描电子显微镜,电压衬度)、发射显微镜、液晶、红外显微 镜、荧光显微镜、光学/电子束感应电流、光束感应电阻变化等。对于最后的详细分析,常用电 子显微探针、俄歇电子能谱、X 射线光电子能谱、二次离子质谱法、聚焦离子束和一些其他方 法。FA 日益需要从晶片背面实施,因为镜片的前面会被多层金属干扰且晶片有可能是倒装的。这些表征技术中的一部分在前面已经讨论过了,另一部分将在本章讨论。

12.2 失效时间和加速因子

12.2.1 失效时间

多种不同的失效时间被使用。考虑 n 个产品分别运行 $t_1, t_2, t_3, \cdots, t_n$ 时间后失效。则平均失效前时间(MTTF)为

$$\text{MTTF} = \frac{t_1 + t_2 + t_3 + \cdots + t_n}{n} \tag{12.1}$$

中值失效时间(t_{50})为 50% 的产品发生失效的时间,也就是说,有一半在 t_{50} 之前发生失效而一半在其后失效。平均无故障时间,MTBF,为

$$\text{MTBF} = \frac{(t_2 - t_1) + (t_3 - t_2) + \cdots + (t_n - t_{n-1})}{n} \tag{12.2}$$

失效率通常由图 12.1 中所示的"浴盆"曲线来表现。在产品寿命的前期失效率通常很高,这是由于微观制造缺陷引起的,即早期失效(infant mortality)。这种缺陷通常通过严格的测试如老化(burn-in)来消除。浴盆曲线的下一区域以失效率近似为常数为特征。这一区域与器件的工作寿命相对应。最后,在末期,由于耗损而寿命将至,失效率急剧上升。

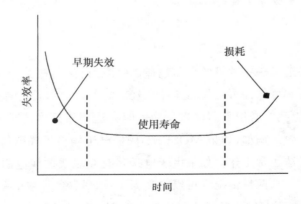

图 12.1 表现出早期、中期和后期失效的"浴盆"曲线

12.2.2 加速因子

半导体电路被设计出来要工作很长的时间,一般为 5~10 年。很显然电路要测试如此长时间是不现实的,因此许多可靠性测量是在加速条件下实施的,即测试温度和/或电压和/或电流要比普通运行条件高。然后失效时间被外推到"工作"条件。产品寿命测试和长期可靠性超

压测试通常在适当加速应力条件下实施,压力时间为 10^4 到 10^6 s。当引入新材料和/或新工艺时,常用长期可靠性加速测试来用外延工艺规范和提取模型参数。当知道其退化机制(例如金属线的电迁移,栅氧化物退化和器件可靠性)在封装级上是一样的时,为了获得过程开发的快速反馈,更高的加速测试常在晶片上进行。[4] 晶片级可靠性(WLR)应力测试在除封装级测试之外的工艺评定中经常应用。单独基于高加速 WLR 应力测试的寿命包含一定的不确定度。然而,如果它们被封装级应力支持的话,它们将是非常有用的,且对寿命外推法而言可以节省很多时间。

许多失效模型是受活化能限制的,比如,在电迁移过程中原子受到电流作用而运动并且原子运动是热激发的。这种热激发过程由阿列纽斯(Arrhenius)方程来表征:

$$t(T) = A\exp\left(\frac{E_A}{kT}\right) \tag{12.3}$$

式中 A 为常数,E_A 为活化能。加速因子 AF_T,定义为基底温度 T_0 处的失效时间与提高温度 T_1 处的时间的比值:

$$AF_T = \frac{t(T_0)}{t(T_1)} = \frac{\exp(E_A/kT_0)}{\exp(E_A/kT_1)} = \exp\left(\frac{E_A}{k}\left(\frac{1}{T_0} - \frac{1}{T_1}\right)\right) \tag{12.4}$$

假设 A 和 E_A 对温度是独立的。当 AF_T 已知时,$t(T_0)$ 可在任何温度下确定。对于一些加速测试,电压是高于它的工作值的,且到失效的时间为

$$t(V) = B\exp(-\gamma V) \tag{12.5}$$

这里 B 为常数而 γ 为电压因子。则加速因子变为

$$AF_V = \frac{t(V_0)}{t(V_1)} = \exp(\gamma(V_1 - V_0)) \tag{12.6}$$

AF 的一个不确定性就是提升的温度和电压数据可以外推到工作条件的假设。在加速条件下的失效机制可能跟正常条件下不同。然而,这也暗示如果使可靠性测试条件接近工作条件将导致相当长的测试时间。

升温测量方法是通过将待测器件放置到烘箱中一个温度可控的探针台上,或给晶片提供一个加热器来实施的。烘箱加热的器件通常是封装好的,且一些烘箱可以盛放多个封装好的测试结构进行同时测量。内置的加热器可以是多晶硅电阻器且温度可达到 300℃。[5] 与内置加热器一体化或位于其附近的二极管可以利用二极管温度与电流-电压的依赖关系

$$I = Kn_i^2\exp\left(\frac{qV}{kT}\right) = K_1 T^3\exp\left(\frac{qV}{kT} - \frac{E_G}{kT}\right) \tag{12.7}$$

进行温度测量,式中 K 和 K_1 假设为常数。我们即可以应用给定电压下的电流值也可以应用给定电流下的电压值。对于一常数电流,依赖于温度的二极管电压为

$$\frac{dV}{dT} = \frac{1}{q}\frac{dE_G}{dT} + \frac{V - E_G/q}{T} - \frac{3k}{q} \approx -2.5 \text{ mV/K} \tag{12.8}$$

其中 E_G 为带隙，V 为施加的正向偏置电压。$-2.5\ \mathrm{mV/K}$ 为对应与 Si 在 $T=300\ \mathrm{K}$ 时的值。

· · · · · · · · · · · · · · · · · ·
12.3 分布函数

当一系列的器件被测试时，它们会随着时间变化给出一个频数分布和一个失效率。失效或故障率为 λ

$$\lambda = \frac{N}{t}\ \text{或}\ \lambda = \frac{f(t)}{1-F(t)} \tag{12.9}$$

其中 N 为失效数，t 为总时间。λ 定义为产品工作到一定时间后，在给时间 t 内失效的概率。[6] $f(t)$ 和 $F(t)$ 定义在后面给出。因为失效率非常低，所以单位 FIT 被使用（1 FIT＝1 个失效/10^9 小时）。

各种不同的函数被用来描述失效。累积分布函数 $F(t)$ 又称为失效概率为器件在时间 t 或 t 之前失效的概率。$t \to \infty$ 时 $F(t) \to 1$。可靠性函数 $R(t)$ 为到时间 t 时没有失效而幸存的概率。它可表达为

$$R(t) = 1 - F(t) \tag{12.10}$$

概率密度函数也称为失效数为

$$f(t) = \frac{\mathrm{d}}{\mathrm{d}t}F(t) \tag{12.11}$$

或

$$F(t) = \int_0^t f(t)\mathrm{d}t \tag{12.12}$$

我们将用一个例子来说明这些概念。氧化物击穿失效数与氧化物电场的关系如图 12.2(a)所示。[7] 累积分布函数如图 12.2(b)所示。很明显通过其两条曲线的斜率 $F(t)$ 提供了更多的信息，分别代表与缺陷有关的击穿和固有氧化物击穿，尽管这两幅图中的信息是相同的。平均无故障时间由下式给出：

$$\mathrm{MTTF} = \int_0^\infty tf(t)\mathrm{d}t \tag{12.13}$$

指数分布：指数函数是最简单的分布函数。它用一个常数来表征器件在寿命期内的失效率且在排除早期失效和耗尽时是非常有用的。它由下面的函数来表征：

$$\lambda(t) = \lambda_o = \text{constant}；R(t) = \exp(-\lambda_o t)；F(t) = 1 - \exp(-\lambda_o t)；f(t) = \lambda\exp(-\lambda_o t) \tag{12.14a}$$

$$\mathrm{MTTF} = \int_0^\infty t\lambda_o\exp(-\lambda_o t)\mathrm{d}t = \lambda_o^{-1} \tag{12.14b}$$

指数函数经常被用于半导体失效分析因为它的失效速率为常数。

威布尔分布：在威布尔分布函数[8]中失效率随器件使用时间（device age）的幂而改变。

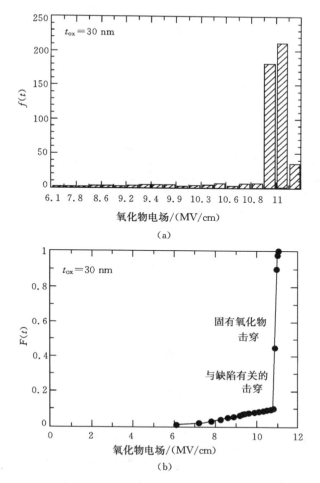

图 12.2　(a)失效数-氧化物电场；(b)累积失效-电场。数据取自参考文献[49]。
首次出版在 *Phil. J. Res.* 40，1985 (Philips Research)

$$\lambda(t)=\frac{\beta}{\tau}\left(\frac{t}{\tau}\right)^{\beta}; \ R(t)=\exp\left(-\left(\frac{t}{\tau}\right)^{\beta}\right); \ F(t)=1-\exp\left(-\left(\frac{t}{\tau}\right)^{\beta}\right);$$

$$f(t)=\frac{\beta}{\tau}\left(\frac{t}{\tau}\right)^{\beta}\exp\left(-\left(\frac{t}{\tau}\right)^{\beta}\right) \tag{12.15a}$$

$$\mathrm{MTTF}=\tau\Gamma(1+1/\beta) \tag{12.15b}$$

其中 τ 和 β(形状参量)为常数，Γ 为伽马函数。对 $\beta<1$ 失效率随时间增加而下降而对 $\beta>1$ 则随时间增加而增加。前者代表前期失效和后者表示耗尽期失效。对 $\beta=1$，威布尔变为指数分布。对于直线上的实验数据，它们可以在"威布尔"图中画出。在式(12.15a)中重新整理 $F(t)$ 得到

$$\ln[-\ln(1-F(t))]=\beta\ln(t)-\beta\ln(\tau) \tag{12.16}$$

这是 $y=mx+b$ 式的直线。

正态分布：对于正态分布函数

$$F(t) = \frac{1}{\sigma\sqrt{2\pi}} \int_0^t \exp\left(-\frac{1}{2}\left(\frac{t-\tau}{\sigma}\right)^2\right) dt; \quad f(t) = \frac{1}{\sigma\sqrt{2\pi}} \exp\left(-\frac{1}{2}\left(\frac{t-\tau}{\sigma}\right)^2\right)$$

$$(12.17a)$$

其中中值失效时间 t_{50},尺度参数 σ,且失效率为

$$\sigma = \ln\left(\frac{t_{50}}{t_{15.18}}\right); \quad \lambda(t) = \frac{f(t)}{1-F(t)} \tag{12.17b}$$

其中 $t_{15.18}$ 为当 15.18% 的器件失效时的时间。[9]正态分布的一个有趣的方面是一些公司实践得出的"6 σ"可靠性。从式(12.17a)中的 $f(t)$ 的 99.999908% 在 ±6σ 内,也就是说,每百万不多于 3.4 个次品是可以允许的。

对数正态分布:对数正态分布函数通常用来描述半导体器件经过长时间工作后的失效统计。此处

$$F(t) = \frac{1}{\sigma\sqrt{2\pi}} \int_0^t \frac{1}{t} \exp\left(-\frac{1}{2}\left(\frac{\ln(t)-\ln(t_{50})}{\sigma}\right)^2\right) dt;$$

$$f(t) = \frac{1}{\sigma\sqrt{2\pi}} \exp\left(-\frac{1}{2}\left(\frac{\ln(t)-\ln(t_{50})}{\sigma}\right)^2\right) \tag{12.18a}$$

其中中值失效时间为 t_{50},尺度参数为 σ,而失效率为

$$\sigma = \ln\left(\frac{t_{50}}{t_{15.18}}\right); \quad \lambda(t) = \frac{f(t)}{1-F(t)} \tag{12.18b}$$

实验数据按照对数正态分布图形排列。

应该用哪个函数做寿命预测呢? 通常的程序是选择能使数据画出直线的概率图纸(指数、威布尔、对数正态等),但并不是总能找出清晰的模型。电迁移失效一般符合对数正态分布而栅氧化物击穿统计通常用威布尔分布也称为极值分布画出,在这种分布下通常有几个同样的和独立的竞争失效过程,但第一个到达某个临界点的决定了失效时间。例如,在一个氧化物中可能会有几个比较弱的点,但第一个失效决定了失效时间,即链中最弱的连接引起失效。

● ● ● ● ● ● ● ● ● ● ● ● ● ● ● ● ● ●

12.4 可靠性相关

12.4.1 电迁移(EM)

Geradin 于 1861 年首先观察到液体焊料遭遇直流电时表现出其组分隔离现象。[10] Skaupy 于 1914 年提出了金属原子和运动电子相互作用的重要性,1953 年 Seith 和 Wever 首先测量了合金的质量输运表明电迁移的驱动力不仅受施加电流静电力的影响,还取决于电子运动的方向。[11]这项工作通过引入驱动质量输运的"电子风"力为电迁移奠定了基础。Huntington 和 Grone 发展了理论和数学公式来描述电迁移期间的驱动力。[12]然而,直到 20 世纪 60 年代薄膜电迁移的研究才因为其在半导体集成电路失效中的角色而引起足够的重视。

　　集成电路中的导体和接触的失效是由于电迁移和应力迁移(Stress Migration ,SM)。我们将主要描述这些失效模型的机制,然后给出一些表征技术来探测这些失效。失效表现为线电阻的增长,变成开路或短路。通常人们观察连线一端的空洞或另一端的小丘,如图 12.3 所示。线性退化是一个缓慢的过程,在正常工作条件下可以花上几年。因此,测量是在加速条件下进行的。例如,集成电路通常运行在最高温度 $100\sim175℃$ 且线电流密度为 $\leqslant 5\times10^5$ A/cm^2。加速测试应用的典型温度在 $200℃$ 以上且电流密度在 10^6 A/cm^2 以上。

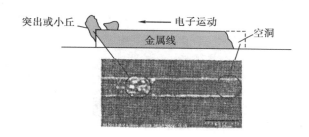

图 12.3　Ag 线上空洞和小丘的形成,$J=23$ MA/cm^2 $T=160℃$。图像
承蒙亚利桑那州立大学的 T.L. Alford 提供

　　为什么金属线会退化呢? 沉积到绝缘体上的金属是多晶的,由许多不同晶向的小晶粒组成,如图 12.4 所示。相邻的晶粒间为晶界——有缺陷的区域。三个或更多晶界相交在三相点(triple point)。晶粒大小取决于工艺过程,但大概在 100 nm 左右。由于热力学不匹配金属线也处于相当可观的机械压力之下。当在这样的线上施加一个电压时,两个力作用在金属离子上:一个是由于沿线方向的电场产生的,而另一个是由于电子"风"效应。对于图 12.4 中指向左侧的电场,正金属离子由于电场作用趋向于向左漂移。然而,电子流向右侧,来自电子的迁移力将离子推向右侧。在 Al 线中这种迁移力占据着主要地位。[13]原子的运动是一个复杂的过程,它取决于晶粒的尺寸,晶粒边界的方向,三相点密度,热诱导应力和表面状态等。

　　金属线钝化会引起它的 EM 电阻,可能是由于引入了额外的应力所致。空洞通常形成在三相点处,这是由于扩散引起的空位会慢慢累积。图 12.4 中的粗线表示断裂的形成导致电路变成开路。金属扩散的发生主要是通过空穴。仅仅是电迁移并不能引起金属线的失效,除非有非消失分歧(non—vanishing divergence)。这种分离存在于三相点和小晶粒与大晶粒的交界处。晶块生长发生在一个由小到大的晶界而晶块损耗在由大到小晶界处被观察到。一个比较单晶和多晶 Al 线的实验显示在均匀条件下($175℃,2\times10^6$ A/cm^2)测试铝线导致 30 h 后多晶线失效,然而单晶线显示在 26000 h 后没有退化。[14]大部分 EM 可靠性测量在直流条件下进行。Al/Si 和 Cu 在交流条件下的寿命比直流寿命长几个数量级且在合适的频率包括 mHz 到 200 MHz 频率。[15]

　　尽管在多晶绝缘体中不太可能生成单晶线,但通过减小三相点来修饰晶界结构。当线变得越来越窄,有很大可能性不存在三相点,如同在竹结构(Bamboo structure)中。这种线有更高的 EM 电阻,这是由于三相点和晶界的减少和晶体颗粒内扩散的活化能比晶界扩散的高很多的事实。添加杂质来延缓沿晶界的扩散可以"加强"Al 线。添加少量的 Cu 到 Al 线中显著延长了它们的寿命。例如,添加 4 wt% 的 Cu 使寿命增加 70 倍。[16]延长 EM 寿命的另一个方法是通过层状结构。例如,在 TiN 膜表面沉积 Al 线,如果高电导率的 Al 上产生疵点,可以通

696

697

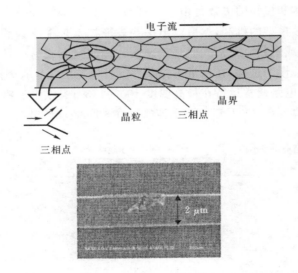

图 12.4 包含晶粒、晶界和三相点的多晶线图解。SEM 显微图片显示了一处繁殖裂缝。显微图片由亚利桑那州立大学的 Nguyen 教授和 T. L. Alford 提供

过 TiN 层分流,因此线的寿命被显著延长了。难熔金属(refractor metals)如 TiN 中的电迁移实际上是不存在的。一个更好的解决办法是用具有更高的 EM 电阻的材料如 Cu 来代替 Al 的,它比 Al 有更高的电导率和更高的 EM 电阻。[17]EM 测量过程中线的长度也很重要。金属线存在临界长度,即所谓的布里奇长度,在此以下电迁移受到抑制。[18]布里奇发现 Al 原子在阳极端堆积会产生应力梯度,它可以平衡电迁移驱动力。当金属离子向阳极端扩散时,会迎着电子风建立应力,因此抑制了电迁移空隙生长。

1969 年,布莱克(Black)发表了一项简单的理论,将中值失效时间与导体的传输和几何参数联系起来。[19]他假设通过热激发离子和电子间的动量转移而产生的质量传输速率与电子的动量,与激发离子的数量,与电子数量/s·cm³,与目标的有效横截面直接成比例。这得出了著名的将中值失效时间与电流密度 J,和激活能 E_A 相联系的"布莱克"方程:

$$t_{50} = \frac{A e^{E_a/kT}}{J^n} \tag{12.19}$$

其中 A 为与横截面积有关的常数。一旦 E_A 和 n 在加速条件下确定以后,即可以通过下面的方程推算到工作条件:

$$\frac{t_{50}(T_1)}{t_{50}(T_2)} = \exp\left[\frac{E_A}{k}\left(\frac{1}{T_1} - \frac{1}{T_2}\right)\right]; \quad \frac{t_{50}(J_1)}{t_{50}(J_2)} = \left(\frac{J_2}{J}\right)^n \tag{12.20}$$

一项根本假设是这些机制在加速条件下引起的退化在通常工作条件下同样有效。

标准测试线由国家标准与技术协会生产,如图 12.5 所示。[20]图 12.5(a)中的测试结构是为一块 2×N 探针卡。电迁移测试结构 1,2,7,8;10,3,6,14;或 9,10,15,16 包含一条长约 800 μm 的直线。由末段高温下降引起的温度梯度被限制在这种线的末段以内。少于 400 μm 长的线可以存在显著的温度梯度。线电阻应该在 20~30 欧姆左右。范德堡测试结构 2,3,10,11 测量线的面电阻并确定电阻的温度系数,这必须精确得知。[21] EM 线的终止端部分应

该为测试线宽度的两倍且提供测电压的接触垫(tap)来以进行 Kelvin 测量。[22] 图 12.5(b)中的线有抽取探测器。通过监测线和"突出"间的电阻,可以探测可能由于金属迁移引起的短路。既然接触在 EM 测试中尤其重要,测试结构通常包含线和接触,如图 12.5(c)所示。

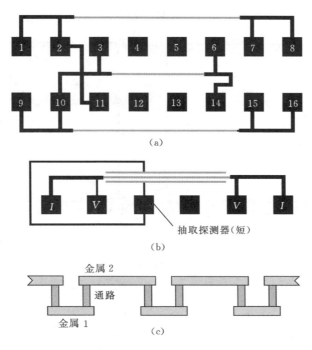

(a)

(b)

抽取探测器(短)

金属 2

通路

金属 1   (c)

图 12.5   电迁移测试结构。(a)三线测试方法;(b)一条电迁移线和抽取探测器方法;(c)
         线与触点方法

为了获得令人满意的统计数据,人们通常加上许多测试线。根据图 12.5 中的测试结构,每条线需要一个电源。一个简单的方法是使用有许多平行线的测试结构。这些线的一端结束于一个接触垫,另一端在另一个接触垫上。所有线路通过施加一个恒电压,使得电流在所有线路平均分配的方法来同时测试。既然总电流会调整自己到工作的线,如果不考虑有线失效了,所有的线承受一个恒定的电流密度。通过监测通过整个测试结构的电流,单个线的失效就可以被探测出来。[23] 在串联方法中,所有的线被连接到一个单电流源上,每个线由一个电流分支电路,包括一个分流中继和一个 Zener 二极管。[24] 大量的样品可以用同一电流测试,使它适合于可靠性测试。电迁移有时可用低频噪声测量来表征,给出典型的 $1/f^n$ 行为且噪声幅度与 n 因子与 EM 有关。[25]

电迁移失效数据通常用对数正态分布的方式进行分析。大量的金属线对于一个给定的电流密度在各种温度下进行测试。得到的数据以累积失效作为测试时间的函数作图,如图 12.6(a)所示。然后至失效的中间时间以 $\log(t_{50})$ 对 $1/T$ 画出,且激活能被提取出来(图 12.6(b))。从式(12.19)得到

$$E_A = \ln(10)k \frac{\Delta \log(t_{50})}{\Delta(1/T)} \qquad (12.21)$$

然后做给定温度不同电流密度下的测试。式(12.19)中的指数 n 由下式确定:

$$n = -\frac{\Delta \log(t_{50})}{\Delta \log(J)} \tag{12.22}$$

如图 12.6(c)所示。知道了 E_A 和 n 就可以根据式(12.20)预测其他温度或电流密度下的 t_{50}。

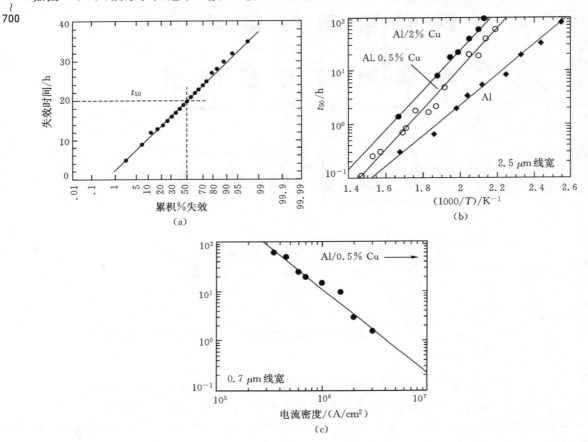

图 12.6 电迁移数据;(a)中值失效时间;(b)激活能;(c)n 因子

  有时希望在生产环境下非常快捷地进行 EM 测试。一种方法就是使用标准晶片级电迁移加速测试(SWEAT)结构。无需外部加热的情况下测量时间减少到 $30 \sim 60$ s。[26]没有必要用加热板或烤箱因为加热是通过流过线的电流的焦耳热来实施的。该测试结构包括宽窄交替的部分或简单的直线。从一个到下一个的过渡可以是渐变的或突变的。宽的区域作为热降区,所以从窄到宽区域的过渡产生电流和应力梯度。由于高的电流密度,测量时间较短。晶片级 SWEAT 和常规标准封装级测试间的好的相互关系可以通过终端结构实现。[27]通过将两个拥有相同失效机制测试的数据外推到通常条件获得了类似的 t_{50} 值。铜线需要更长一些的测试时间,由于其更高的电迁移电阻,因此需要更高的加速因子来达到合理的测试时间。自加热测试方法,如 SWEAT 使用焦耳热来取得高达 $600℃$ 的应力温度和少得多的测试时间。SWEAT 测量与常规 EM 测试条件相当。[28]

  电迁移也在接触上发生。实际上接触 EM 已经变成最主要的金属失效机制。然而,这种

EM 依赖于接触的类型。考虑图 12.7(a) 中的情况, 由钨栓连接的两条 Al 线。电子从上面的 M_2 流向较低的金属 M_1。当它们进入 M_1, Al 原子迁移, 既然 W 迁移可以忽略, 一个空隙就在 W 栓底下产生了。对于反方向的电子流, 空隙产生在 M_2 中。不相似材料的界面间, 如 Al/Si, Al/TiN, Al/W, 对电迁移高度敏感, 因为难熔金属的电迁移速率与 Al 相比不太显著, 所以 Al 被从界面处传输到别处。[29] 图 12.7(b) 和 (c) 图示说明了接触电迁移。钨栓下面的 EM 空隙很明显。另一个疵点是焊接结合处的 EM。[30]

701

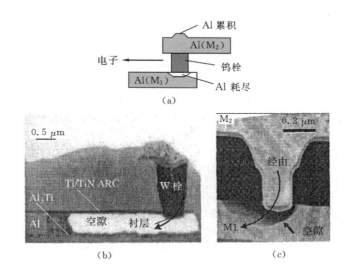

图 12.7　接触电迁移 (a) 在 W 栓下面的空隙, 电流从 M_2 到 M_1; Al(b) 和 (Cu) 线截面的 TEM 图。箭头为电子方向。(b) 中的 TEM 图得到 T. S. Sriram 和 E. Piccioli 允许, Compaq Computer Corp. (c) 在 M. Ueki, M. Hiroi, N. Ikarashi, T. Onodera, N. Furutake, N. Inoue, and Y. Hayashi, IEEE Trans. Electron Dev. 51, 1883 - 1891, Nov. 2004 再版得到 IEEE (2004, IEEE) 授权

12.4.2　热载流子

热载流子 (电子或空穴) 在集成电路中受到关注, 因为在电场中获得能量的电子和/或空穴可以被注入到氧化层中变成氧化物陷阱电荷; 它们可以漂移过氧化层, 引起栅电流; 它们可以产生界面陷阱; 它们还可以产生光子, 如图 12.8 所示。[31] 热载流子这个术语存在一定程度上的误导。载流子是很活跃的。载流子温度 T 和能量 E 通过表达式 $E=kT$ 相联系。室温下, 对于 $T=300$ K, $E \approx 25$ meV。当载流子通过在电场中被加速而获得能量后, 它们的能量 E 增加了。例如, $E=1$ eV 时 $T=1.2 \times 10^4$ K。因此热载流子这个名字意味着能量载子, 而不是指整个器件是热的。

让我们简短的讨论一下热载流子效应。如图 12.8 所示, 沟道中一些电子进入漏极的空间电荷区经历碰撞离子化。产生的热载流子可以注入氧化层 (N_{ot}), 可以流过氧化层 (I_G), 可以产生界面陷阱 (D_{it}), 流向衬底接触形成衬底电流 (I_{sub}), 并产生光子。这些光子可以依次传播进入器件, 被吸收, 并产生电子-空穴对。N_{ot} 和 D_{it} 导致阈值电压变化和迁移率退化。衬底电

流在衬底上引起一个电压降,正向偏置源-衬底结,导致进一步碰撞离子化并可能骤回击穿。器件可以被看做一个与 MOSFET 并联的双极面结型晶体管(BJT)。BJT 有一个几乎开路的基底,且基底开路 BJTs 经常出现负微分电阻的快速反向击穿。几乎开路基底意味着基底电势不能被很好的控制,即使是基底接触是接地的,内部基底也有一个不太清楚的电势。

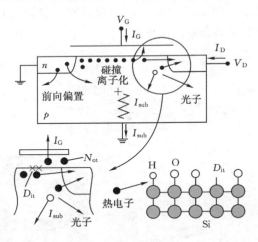

图 12.8   在 MOSFETs 漏极处的热电子效应

702
~
703　　确定热载流子在 n 沟道器件中退化的一个方法是以最大衬底电流对器件进行偏置。依赖于栅电压的衬底电流如图 12.9(a)所示。衬底电流取决于沟道侧向电场。在低 V_G 时,器件处于饱和状态时,侧向电场随着栅电压的增加而增加直到 $V_G \approx V_D/3 - V_D/2$。对 n 型沟道器件 I_{sub} 在该栅电压下增加到最大值。对于高栅电压,器件进入它的线性区,侧向电场和衬底电流均减小。

　　器件偏置在 $I_{sub,max}$ 一段时间且测量器件的参数,如饱和漏电流,阈值电压,迁移率,跨导,或界面陷阱密度。[32]这一过程被不断重复直到被测的参数变化了一定值(典型值为10%～20%),如图 12.9(b)所示的 I_{Dsat}。寿命与那个时间一致。接下来通过选择不同的栅电压改变衬底电流且不断重复这一过程并作如图 12.9(c)所示的寿命对 I_{sub} 的图。在受限范围测量的数据点被外推为 IC 的寿命,通常为 10 年,并给出了器件工作期间不能被超过的最大电流 I_{sub}。

　　n 型沟道 MOSFETs 的这一简明的退化机制被认为是界面陷阱产生的过程,且衬底电流是这种损坏的一个很好的监视器(monitor)。当然,还有其他可用的测量手段,例如通过电荷泵浦测量界面陷阱密度。I_{sub} 很常用,因为它便于测量。p 型沟道器件的主要退化机制被认为是捕获栅-漏界面附近的电子,因为最大值小于栅电流。因此,在 p 沟道器件中 I_G 经常被测量。[33]热载流子破坏可以通过降低漏区的电场来降低,例如,形成轻掺杂的漏区和通过在温度 400～450℃附近后金属化退火过程中使用氘代替氢,因为 Si-D 键比 Si-H 键强。[34]

　　与热载流子有关的一个问题是半导体处理期间的等离子诱导损伤(plasma induced damage),在期间等离子环境中的电荷将附着到器件上。如果它落到 MOSFET 栅上,电荷产生电场,进而产生绝缘泄漏电流和它们的伴生损害。一个普通的测试结构为拥有很大的导电面积的,包括多晶硅或金属层的,与 MOSFET 或 MOS 电容栅相关的天线结构(antenna structure)。[35]通常天线接触在一个比 MOSFET 栅氧厚的氧化层上。天线面积和栅氧面积的比值

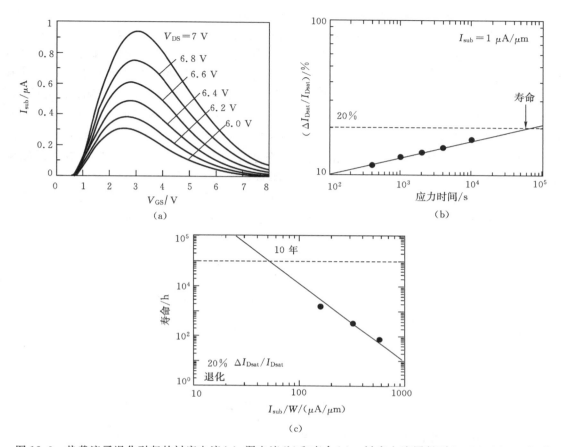

图 12.9 热载流子退化引起的衬底电流(a),漏电流(b)和寿命(c)。衬底电流图得到 L. Liu Motorola 的许可

的典型值为 500～5000。天线测试结构被放置在等离子环境中;电荷在天线上逐步建立且流过在 MOSFET 栅氧处产生损害并流过 MOSFET 栅氧层的沟道栅电流随后通过测量跨导,漏电流,阈值电压等被探测到。对栅氧层最高的 V_T 灵敏度在 4～5 nm 或更厚时。低于 4 nm 栅泄露电流变成更适合测量。另一个测试结构,电荷监视器(charger monitor),是基于电可擦除可编程只读存储(EEPROM)结构,包括有一个嵌到衬底和可控栅之间浮栅的 MOSFET。可控栅是一个大面积的收集电极。[36]这一器件被暴露于等离子体,电荷建立并产生一个可控栅电压。那个可控栅电压被部分电容性地耦合到浮栅上。对于足够高的浮栅电压,电荷被从衬底注入并被捕获到浮栅上改变了器件的阈值电压。阈值电压随后被测量并转化为电荷产生一个等离子电荷分布的等高线图。电势探测器被成对使用,其中一个测负电势,另一个测正电势。

12.4.3 栅氧完整性(GOI)

MOS 器件的栅氧层是 MOS 器件的最重要部分。它对损伤非常敏感且很容易退化。尽管栅氧的电阻率在 10^{15} Ω·cm 数量级,但它不是无穷大。因此对于任何栅电压总有电流流过

704

栅氧。然而,对于中等的栅电压,其对应的典型栅氧电场≤3×10⁶ V/cm,栅电流可以忽略。然而,对于强栅氧电场,栅电流随电压迅速增大。为了表征栅氧的寿命和完整性,应用了高于工作电压的值或温度高于工作温度的值并伴随可探测的电流流过氧化层。栅电流存在两种主要的产生机制。对于这两种主要机制中的其中一种或另一种如果要发生氧化层所需电压由图12.10(b)中的由 n^+ 多晶硅栅和 p 衬底组成的 MOS 器件的能带图给出。对于 $V_{ox} < q\phi_B$(势垒高度 ϕ_B 为 eV 级别),如图12.10(a)所示,电子"经历"(see)全氧化层的厚度且栅电流是由于直接隧穿。对于 $V_{ox} > q\phi_B$,如图12.10(b)所示,电子"经历"了三角形的势垒且栅电流是由于福勒-诺德海姆隧穿。这两种情况的氧化物电压的分界点为 $V_{ox} = q\phi_B$,对于 SiO_2-Si 界面近似为3.2 V。当然,氧化物电场,$E_{ox} = V_{ox}/t_{ox}$,必须足够高以满足隧道效应的发生。对于厚度为4~5 nm 甚至以上的氧化层,FN 隧穿占主要部分,而对于 $t_{ox} \leqslant 3.5$ nm 以直接隧穿为主。最近一项研究的结果表明基于二氧化硅的绝缘层能提供可靠的栅绝缘层,甚至薄到 1 nm。[37]

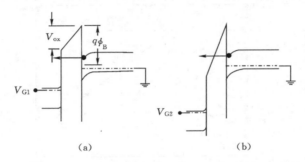

图 12.10　在 $V_{ox} < q\phi_B$(直接遂穿)(a)和 $V_{ox} > q\phi_B$(FN 遂穿)时 MOS 的能带图

栅电流在附录 12.1 中有讨论。FN 电流密度为[38]

$$J_{FN} = A\mathscr{E}_{ox}^2 \exp\left(-\frac{B}{\varepsilon_{ox}}\right) \tag{12.23}$$

其中 $\mathscr{E}_{ox}$ 为氧化层电场强度而 A 与 B 在附录 12.1 中给出。直接隧穿电流密度表达式的得到要困难一些且已有几个版本被发表。[39]我们给出依据实验结果的表达式[40]

$$J_{dir} = \frac{AV_G}{t_{ox}^2} \frac{kT}{q} C \exp\left(-\frac{B(1 - (1 - qV_{ox}/\Phi_B)^{1.5})}{E_{ox}}\right) \tag{12.24}$$

其中 C 在附录 12.1 中给出。

　　总的栅电流是 FN 电流和直接电流的和。J_{FN} 与 J_{dir} 的分界点位于大约为 ±4 V 的栅电压处。实验栅电流密度在图 12.11 绘画出。对 10 nm 厚的氧化层以 FN 电流为主,而对 $V_G > 3$ V 以 J_{FN} 为主对 $V_G < 3$ V 以及 1.7 nm 厚的氧化层以 J_{dir} 为主,而在 J_{dir} 为主的区域有 $J_{dir} \gg J_{FN}$。

　　有时氧化层隧穿电流充斥在大电流中,尤其是在有反型衬底的 MOS 电容器上测量时,因为隧穿电子源自于热电子-空穴对的产生,这对于长寿命的衬底是非常低的(已在第 7 章中讨论)。那些条件下的"隧穿"电流实际上是热致泄露电流。这一问题在 MOSFETs 中并不存在,这是因为电子是由接地的源和漏提供的。栅电压比较低时氧化层电流也非常低且经常被系统(探测站,电缆等)的漏电流掩盖。

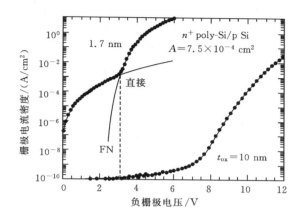

图2.11　栅电流密度与栅电压的关系,图示为直接遂穿和 FN 遂穿。点为实验数据

　　测量非常低的栅氧电流的一个方法是基于如图 12.12(a)中所示的浮栅结构。[41]一个 MOSFET 的栅电极被接到要测试的电容器(MOS-C)上。普通栅被偏置到 V_G 然后开路。随着由氧化层电流引起的 MOS-C 的放电,MOSFET 栅电势和漏电流减小。I_D 的变化量被测量并通过下式的关系与栅电流相联系:

$$I_G = C\frac{dV_G}{dt} = C\frac{dV_G}{dI_D}\frac{dI_D}{dt} = \frac{C}{g_m}\frac{dI_D}{dt} \tag{12.25}$$

其中 C 为 MOSFET(C_{MOSFET})和 MOS-C(C_{MOS-c})的容量之和。因为 $C_{MOS-C} \gg C_{MOSFET}$,栅极放电是由于电流流过 MOS-C。图 12.12(b)中的 I_G-V_G 图清楚地说明了这种方法测量超低栅电流的能力。

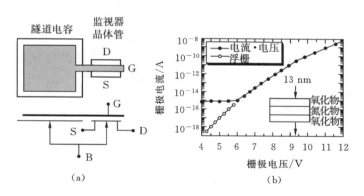

图 12.12　(a)测试非常低的栅电流的装置;(b)传统的和修改后测试的 I_G-V_G 图

练习 12.1

　　问题:氧化物击穿通常表征为 A,B,和 C 模型。这些设计意味着什么?

　　解答:当 MOS 器件在给定晶片或给定区域里被测量时,氧化物击穿电压可以呈现出很宽范围的击穿电场。习惯上可以将氧化物击穿划分为三个截然不同的区域。A 模型失效是那

些在非常低的电场下被击穿的氧化物,如 1～2 MV/cm;氧化物在中等电场强度下击穿,如 2～8 MV/cm,被归于 B 模型失效,而 C 模型失效是那些在典型场强 9～12 MV/cm 下或更高击穿的固有氧化物,如图 E12.1(a)所示。A 模型失效归因于针孔、伤痕和其他显而易见的缺陷,如图 E12.1(b)所示。B 模型失效已归因于氧化物减薄,例如,在 LOCOS 边缘和缺陷处。C 模型失效是由于氧化物固有的性质。

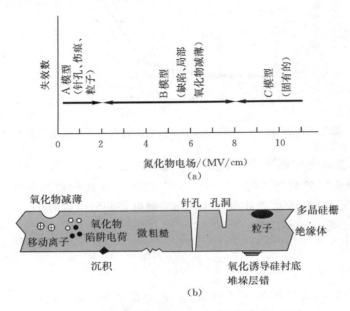

图 E12.1　(a)氧化物失效模型;(b)氧化物缺陷

氧化物完整性通过时间对准测量(time-zero measurement)和时变测量(time-dependent measurement)来确定。[42]时间对准测量方法即简单的 MOS 器件测量方法,增加栅电压直到氧化层被击穿,如图 12.13 所示。击穿电压依赖于栅电压的斜率。这一依赖关系与氧化物在测量过程中产生的损坏有关。对于小的斜率,有更多的时间来产生破坏导致比大的斜率有低得多的击穿电压。

时变测量方法是如图 12.14 中所示的常数栅电压和常数栅电流方法。在常数栅电压方法中,给氧化物施加一个击穿电压附近的栅电压,而栅电流作为时间的函数被测量。电流通常会下降直到击穿时陡峭的上升[图 12.14(a)]。对于恒电流测量方法,恒电流被强行流过氧化层,而栅电压作为时间的函数被测量。通常,栅电压缓慢的上升并在器件被击穿时下降[图 12.14(b)]。

当氧化物被击穿时,人们定义了击穿电荷 Q_{BD} 为

$$Q_{BD} = \int_0^{t_{BD}} J_G \, dt \qquad (12.26)$$

其中 t_{BD} 为到击穿时所用的时间。Q_{BD} 为流经氧化层至将其击穿所必需的电荷密度,它依赖于栅氧层的的厚度。在图 12.14(a)中,Q_{BD} 为曲线下的面积,而在 12.14(b)中它为简单的 $Q_{BD} =$

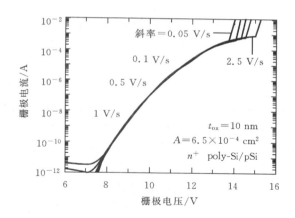

图 12.13 表现出栅电压累计速率和氧化物击穿电压影响的 $I_G - V_G$ 图,数据
得到亚利桑那州立大学 P. Ku 的许可

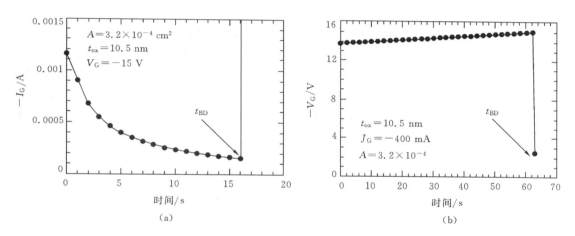

图 12.14 n^+-栅/SiO₂/p-基底器件的栅电流-时间关系图(a)和栅电压-时间关系图。栅注入用于测量。数
据得到 Motorala 的 Z. Zhou 许可

$J_G t_{BD}$。Q_{BD} 不仅依赖于氧化物本身,也就是说,氧化物如何生长的,同时还依赖于 Q_{BD} 如何被
测量的。例如,它依赖于栅电流密度和测量过程中的栅电压。电流可能是恒定的或步进式的。
对于恒电流,应力电流密度通常在 0.1 A/cm² 左右。这是按下面方法得来的。厚度约 10 nm
的氧化层 $Q_{BD} \approx 10$ C/cm²。对于合理的测量时间 $t_{BD} \approx 100$ s,所以 $J_G = Q_{BD}/t_{BD} \approx 0.1$ A/cm²。
在步进式电流技术中,电流被施加一定时间,如 10 s;然后以 10 倍为因子上升并持续同样的时
间,依此类推,直到氧化物被击穿。[43] 因为在这种方法中电流以很低的值开始,如 10^{-5} A/cm²,它
是产生 B 模式失效的一种更灵敏的技术。当然还可以步进式施加电压,有人还提出施加特定
的电压来给器件施加压力,然后降低电压并测量器件;增加应力电压并返回到相同的初始测量
电压,依此类推。[44] 有时施加的栅电压不在击穿电压附近,但是更接近于器件的工作电压。直
到在那些条件下击穿花费了足够长的时间,测量温度增加。氧化物击穿机制还未被完全的理
解。在渗流(percolation)模型中,击穿被预想为一条缺陷连接通路的形成,它是随机缺陷生成

并贯穿绝缘膜的结果。足够大的缺陷密度形成一条渗透通路并导致氧化物击穿。[45]

Q_{BD} 还依赖于衬底是否为阳极或阴极。源自衬底的电子注入通常比来自多晶硅栅极的注入呈现出更高的 Q_{BD}。这已归因于栅/氧界面要比衬底/氧界面更粗糙。所施加电压的频率同样发挥着作用,ac 应力通常比 dc 应力产生更高的 t_{BD}。[46] 一个解释是空穴需要漂移穿过氧化层来产生氧化物陷阱。在 ac 激励下,空穴在氧化层电场反向前没有足够的时间来漂移。这种测试结构有许多不同的类型和几何形状:大电容器与矩形的栅电极、晶体管、晶体管阵列或小的单胞电容器阵列、手指和锯齿状电容器。输出数据会强烈地受到边-面积比的影响。一种结构还可以拥有多于一种的边组件。这种测试结构的主要目的是要反映所有发生在产品中的致命结构问题。

氧化物完整性更常用电流-电压或时间依赖测试方法来确定。然而,偶尔还需要知道氧化物或其他绝缘体的针孔密度。可以用化学方法来测量针孔密度。例如,沉积到被氧化样品上的荧光追踪物可以在紫外线下被看到。[47] 任何有针孔的地方它们都会发出光线。作为选择,还可以使用铜缀饰法。[48] 样品作为阴极与一个铜网阳极被放置在含甲醇的槽中。从 Cu 阳极上溶解下来的铜变成了胶体粒子。当在阳极与阴极间施加一个电压时,胶体铜粒子沉积到局部氧化物缺陷处。由于槽电流很低,样品上的氧化物缺陷结构不会被破坏。

氧化物击穿统计: 氧化物击穿数据被以各种不同的方式展现出来。最简单的就是画出失效数对氧化物电场的关系图,如图 12.2(a)所示。下一个是如图 12.2(b)所示的累积失效分布。它是累积失效与氧化物电场强度的关系图。有时累积失效作为击穿时间的函数被画出。氧化物击穿的统计学通常用极值分布或基于氧化物击穿通常发生在器件很小的面积上这种观察的威布尔统计学来描述。[49] 如果器件包含多个瑕疵点,最开始的击穿发生在拥有最低绝缘强度的点上。构成极值分布方程应用基础的假设为:(1)击穿可能发生在大量疵点中的任何一个上;(2)绝缘强度最低的点发生击穿事件;且(3)给定点发生击穿的概率不依赖于其它点上击穿的发生。

考虑一系列的 n MOS 电容器。这些电容器中的任何一个($i=1,2\cdots n$)在电场强度 $\mathscr{E}_i$ 下失效。对面积为 A 缺陷密度为 D 的器件,累积失效 F 为[50]

$$F = 1 - \exp(-AD) \tag{12.27}$$

在图 12.2(b)中,F 作为 $\mathscr{E}_{ox}$ 的函数被画出。这幅图有两个截然不同的区域。那些在低电场下击穿的器件是由于氧化物缺陷。高电场下的值是由于固有氧化物击穿。式(12.27)可被写为

$$-\ln(1-F) = AD \tag{12.28}$$

如图 12.15(a)所画。一个特殊的氧化物电场值(在图 12.15 中它为 10 MV/cm)给出了 $-\ln(1-F)$ 的值,它等于 AD。因此,假如面积已知,这个点就给出了缺陷密度。对于图 12.15(a)给出的例子,$-\ln(1-F)=0.08$,得到 $A=0.01\ cm^2$ 时 $D=8\ cm^{-2}$。选择不同的 $\mathscr{E}_{ox}$ 值会得到不同的 D,因为缺陷密度引起的氧化物击穿依赖于氧化物电场强度。通常人们最关心的是 Q_{BD},而威布尔图如图 12.15(b)所示。这是高质量和低质量氧化物的很好的一个例子。氧化物 1 主要是缺陷所致而氧化物 2 的击穿则主要是固有的。

累积失效有时被写为[51]

$$F = 1 - \exp(-x/\alpha)^{\beta} \tag{12.29}$$

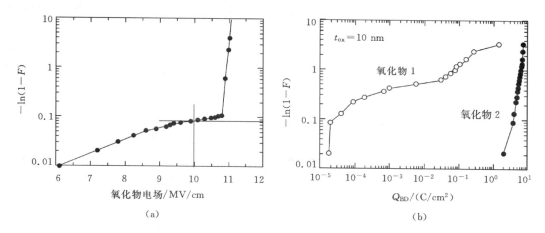

图 12.15　(a)威布尔图。数据摘自参考文献[49]；(b)击穿电荷的威布尔图。数据得到 Motorola 的 S. Hong 允许

其中 x 可以是电荷或时间。特征寿命 α 可认为是 63.2，而 β 为威布尔斜率。作 $\ln(-\ln(1-F))$ 对 $\ln(x)$ 的图得到一条斜率为 β 的直线。如果样品面积增加 N 倍，则曲线垂直偏移 $\ln(N)$。[52] 如果期望整个晶片栅面积为 A_{ox} 的产品在整个寿命 t_{life} 期间较低的失效率为 F_{chip}，这相当于面积为 A_{test} 的测试结构上在寿命 t_{test} 期内的较高失效率 F_{test}。并给出

$$\frac{t_{life}}{t_{test}} \approx \left(\frac{A_{test}}{A_{ox}} \frac{F_{chip}}{F_{test}} \right)^{1/\beta} \tag{12.30}$$

这一等式用来将成比例测量击穿时间与期望的产品寿命，或用来从测试结构测量中估计晶片失效速率。因为 $F_{chip} < F_{test}$ 且一般 $A_{test} < A_{ox}$，所以 $t_{test} > t_{life}$，使得在加速电压和温度应力条件下的测量测试结构成为必要。威布尔参数 β 对可靠性估计是一个非常重要的参量。[37] 它是氧化物厚度的方程，氧化层较薄时减小。

12.4.4　负偏压高温不稳定性(NBTI)

负偏压高温不稳定性早在 MOS 器件发展的初期就已经被知道了。[53] NBTI，发生在升温下施加反向栅极电压的 p 沟道 MOS 器件中，[54] 通过绝对漏电流和跨导下降和绝对阈值电压增加体现出来。典型的加速温度位于 100～250℃ 范围、氧化物电场通常低于 6 MV/cm，即电场值低于导致热载流子退化的场强。这种电场和温度在烧制器件常能遇到，但也出现在高性能 ICs 中。不论是反向偏置栅电压还是升高的温度均可导致 NBTI，但更强和快速的影响则是由它们的总和作用产生的。它主要发生在负栅电压偏置的 p 沟道 MOSFETs 中，而对正栅电压或无论是栅电压正向还是反向偏置的 n 沟道 MOSFETs 似乎可以忽略。[55] 在 MOS 电路中，它最常发生在 p 沟道 MOSFETs 反转运行工作的"高"位。它还导致时序偏移和潜在的电路失效，这是由于逻辑电路中到达信号增加了延时。

通常认为 NBTI 退化是由 p 沟道 MOSFETs 中界面陷阱和固定的氧化物电荷的产生引起的。如果加速测试电压被去除，那一小部分 NBTI 退化可以通过退火来修复。技术的缩放导致了对应于 NBIT 退化的易损状态大大增加。因此它可能最终限制器件的寿命，因为 NB-

TI 对低电场下薄氧化层要比热载流子应力严重得多。HfO$_2$ 高 k 绝缘体的 NBTI 也被报道了。[56]

阈值电压和跨导退化作为加速测试时间的函数如图 12.16 所示。[57]跨导在加速测试期间与迁移率退化有关。尽管这幅图不断地被研究者修改,但 NBTI 的一般趋势在这幅图中体现了出来。

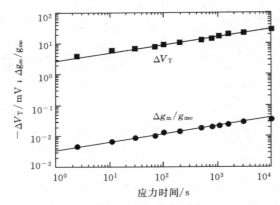

图 12.16　负偏压高温不稳定性对阈值电压和跨导的影响。$V_G = -2.3$ V,
$T = 100$ C, $L = 0.1$ μm, $t_{ox} = 2.2$ nm。重印引自参考文献[57],
经 IEEE(© 2000, IEEE)许可

712

12.4.5　应力诱导漏电流(SILC)

在被施加电场的薄氧化物中频频观察到一种效应是栅氧电流增加,被称为应力诱导漏电流。它被定义为施加高电场($\mathscr{E}_{ox} \approx 10 \sim 12$ MV/cm)后氧化物泄漏电流的增加,于 1982 年首次被报道。[58]它通常在低到中等强度的氧化层电场($\mathscr{E}_{ox} \approx 4 \sim 8$ MV/cm)中被观察到并随氧化层厚度的下降而显著增加。然而,SILC 在氧化层比 5 nm 左右的厚度还薄时会下降,并认为这是由于薄氧化层中减少了陷阱产生速率。人们已经提出了不同的模型来解释 SILC:界面态的产生,体氧化物电子陷阱的产生,在氧化膜中的形成的非均匀性或疵点,从阳极注入的陷阱态空穴。SILC 可以很好地用氧化物中的中性电子陷阱的产生来解释,它允许更多的电流通过这些陷阱作为"踏脚石"(stepping stone)而流过氧化层作为隧穿载流子,即我们所说的陷阱-辅助隧穿。[59]这些中性点的产生主要是由与热载流子引起的氢释放有关的"陷阱产生"现象引起的。SILC 降低了存储电荷和浮栅的非易失性存储器的数据保留性能,并且常常不能被时间对准测量和时变测量测试探测到。依赖这些表征技术可能会导致氧化物完整性和可靠性的过高评估。

12.4.6　静电放电(ESD)

静电放电是由于人为或设备接触而引发的静电荷的短暂放电。Amerasekera 和 Duvvury 给出了很好的讨论。[60]在典型的工作环境中物体上约 0.6 μC 的电荷通过 150 pF 的电容器可以产生大约 4 kV 的静电势。带电的人体与一个 IC 管脚接触可导致约 100 ns 峰值电流为安培级的放电,而导致电子器件的失效。通常,损坏是烧坏器件或相互接触的热损伤开始的,但电压会足够高而引起 MOS 器件中的氧化层击穿。就算器件没有被损坏,它可能会引起难以探测的损伤,导致潜在的影响即所谓的走动损伤。可达到的静电压在表 12.1 中给出。

表 12.1　静电压作为相对湿度的函数

	20％	80％
走过乙烯基塑料地板	12 kV	0.2 kV
走过合成纤维地毯	35	1.5
从泡沫坐垫起身	18	1.5
捡起聚乙烯袋	20	0.6
在地毯上滑行苯乙烯箱	18	1.5
从 PC 板上揭除聚酯带	12	1.5
PC 板上的热缩膜	16	3
拨动真空焊料去除剂	8	1
气溶胶电路凝固喷雾	15	5

静电充放电的三个主要来源是(1)人为因素;(2)自动化测试和(3)操作系统,而 IC 在运输过程中或同高度充电的表面或材料接触时会被充电。IC 会保持充电状态直到它接触了接地的表面然后通过它的管脚放电。三种 ESD 机制模型为人体模型(HBM)、机器模型(MM)和带电器件模型(CDM)。HBM 是 ESD 测试的标准且可用图 12.17 中的 LCR 电路来模拟。HBM 测试者通过一个零欧姆负载产生一个放电波形,且衰减时间约为 10 ns 和 150 ns。波形通过一个初始电压为 2 kV 的 100 pF 的电容器与一个 1.5 kΩ 的电阻器相连而获得。C_c 为放电电容器且充电电压为 V_c。L_1 为寄生电感,它与电阻器 R_1 共同决定放电脉冲的上升时间。C_s 为 R_1 和相互接触的寄生离散电容。C_t 为测试板的寄生电容而 R_L 为处于测试状态的负载或器件的电阻。

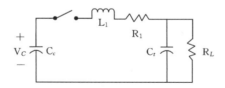

图 12.17　模拟人体和机械模型放电波形的等效 LCR 电路

MM 放电电路可以通过图 12.17 中的 LCR 网络来定义。C_c 为 200 pF,而 $R_1=0$。实际中 $R_1>0$ 且在放电过程中电路的动态阻抗要比零大得多。因此,存在 MM 标准来指定给定放电电压下的输出电流在峰值电流和振荡频率方面的波形,自动定义为 L_1 和 R_1。MM 和 HBM 测试是拥有相同放电机制的不同形式,即都是外部充电的物体通过 IC 放电。失效模型也相似,尽管两种测试间的损坏的严重程度会有所变化。作为对比,CDM 型 ESD 问题导致了 IC 内部的栅氧被击穿,这与内部的放电途径和晶片中的电压建立有关。因此,CDM 是一种不同类型的 ESD 测试,且 CDM 的灵敏度不能从 HBM 或 MM 测试的结果中推倒出来。自动化制造业和测试设备越来越多的应用使 CDM 型 ESD 测试的环境比 HBM ESD 更合适。

　　严重的 ESD 问题常留下光学显微镜下可见的小坑。不易看见的缺陷最好用热探测技术如液晶或荧光成像来探测。[61] 对于更详细的研究,则需要聚焦离子束切割并辅以 SEM 或 TEM。一个 ESD 失效样品如图 12.18 所示。[62] 这个样品包括钨化 TiN,与 Si 接触的 $TiSi_2$。施加了 300 V 的脉冲后,与 $TiSi_2$ 接触的硅熔化了,且 Ti 溶解在熔化的硅里并通过细丝来扩散,而钨也溶解在了液体硅中。为了预防 ESD 损坏,晶片上的敏感器件通过相关的含有保护二极管,硅控整流器或栅源直接相连或通过一个电阻相连的的 MOSFETs 的结合区来提供保护。

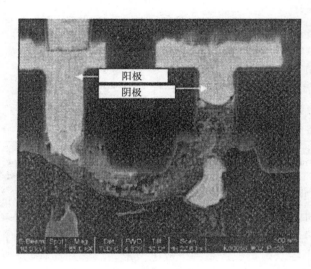

图 12.18　ESD 失效后的样品横截面的 SEM 显微图。表面用二氟化氙修饰过。
重印引自参考文献[62],经 IEEE(© 2003,IEEE)许可

12.5　失效分析表征技术

12.5.1　静态漏电流(I_{DDQ})

　　静态漏电流测试,更广为人知的是 I_{DDQ} 测试,指的是基于静态模式下封装集成电路片的稳态电流测试的集成电路测试。稳态模式时 CMOS 电路仅耗散非常低的静态电流,一般小于 1 μA。然而,如果集成电路有缺陷,如栅氧短路或金属线之间的短路,就会形成电源到地的导电通路而且电流会增加。这一失效 I_{DDQ} 要比无失效状态下泄漏电流大几个数量级且监测这个电流可以将失效和非失效电路区分开来。[63] I_{DDQ} 检测的目标是物理缺陷,而对更详细的电路测试必须通过增加功能化测试来进行。

　　这一概念在图 12.19 中进行了说明。一个电压平台被施加到栅氧短路的 CMOS 翻转器上。由这个缺陷形成的电流通路被高亮显示。缺陷被 I_{DDQ} 检测到,通常为栅氧短路、金属线桥接短路、栅到漏或源之间或漏到源间的短路,等等。检测开路更困难或不可能被检测出来。样

品缺陷如图 12.20 所示。每种情况下的 I_{DDQ} 表明一处问题,更进一步的检测可以确定缺陷位置。I_{DDQ} 检测的速度受到测试系统的相应速度和施加输入信号后电路响应完毕的速度的限制。I_{DDQ} 检测通常比普通电路运行的速度慢 $1\sim 2$ 数量级。但仅需要非常少量的测量,且现在已经与发射电子显微镜[64]结合起来并产生光学诱导电流[65]来进行失效定位。I_{DDQ} 测试法对确定 MOSFETs 中的漂移机制也是非常有用的。例如,栅或场氧化物中的纳、钾或氢的漂移可以导致漏电流的变化,这些都可以通过 I_{DDQ} 检测出来。[66]

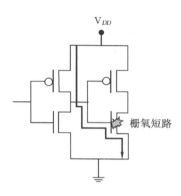

图 12.19　栅氧短路对 I_{DDQ} 的影响

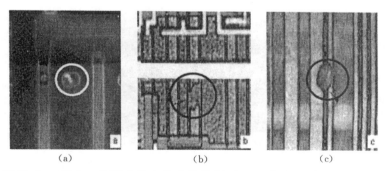

(a)　　　　　　　(b)　　　　　　　(c)

图 12.20　用 I_{DDQ} 检测出的电路失效的例子。(a)栅氧短路,$I_{DDQ}=360$
　　　　　μA;(b)多晶 Si-多晶 Si 短路,$I_{DDQ}=5$ mA;(c)金属桥接缺陷,
　　　　　$I_{DDQ}=5$ μA。显微图片承蒙 IBM 提供

随着集成电路逐渐通过降低的阈值电压和氧化层厚度来衡量,MOSFET 的断态电流和氧化层泄露电流在增加,使 I_{DDQ} 的解释更加困难了。通过施加衬底偏置电压、降低供电电压 V_{DD} 和/或温度都可能减低断态电流。IDDQ 法是非常符合成本效益的且应用问题(物理缺陷)的根本起因来识别有缺陷的电路。对 IC 制造商来说,这是一项具有吸引力的、对功能化检测来说低成本的辅助测试。I_{DDQ} 装置由 Wallquist 进行了讨论。[67]

12.5.2　机械探针

715

机械探针用来在失效分析(FA)期间连接集成电路的各部分。当然,由于线变得更窄这项工作也变得更加困难。虽然如此,很小心的情况下在微米宽的尺度上连接线还是可能的。在扫描探针可用的情况下,例如,导电 AFM 探针可以在亚微米尺度上进行操作,亚微米探测变得更加简单了。扫描电容和扩散电阻显微镜最近已经在 FA 期间应用来进行离子植入监测和绝缘体表征。[68]

12.5.3 发射显微镜(EMMI)

发射显微镜由于电激励而引起的光发射。[69]一个相似的例子是由于辐射复合的正向偏置结产生的光发射,例如在发光二极管中。当器件中有高密度的过剩载流子时且在闭锁条件下 CMOS 电路中辐射复合同样活跃。当载流子在电场中被加速到很高的能量并随后失去它们的能量时,一个完全不同的机制在发生作用。那些能量的一部分转化成光。这一现象发生在反向偏置的二极管中,如在 MOSFET 的漏中。当载流子流过氧化层并失去其能量时这一现象也会发生。一个光发射的例子是在适度反向偏置下的反向偏置 pn 结,如图 12.21(a)所示。在高电场区域结的外围能够观察到一些光发射。在高度反向偏置时,光发射增加,如图(b)。

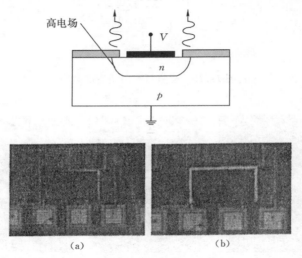

图 12.21   图示说明 pn 结高电场区域的热载流子光发射,图中通过线表示(a)弱击穿;(b)强击穿条件。亚利桑那州立大学的 J.E. Park 提供

发射显微镜已经成为失效定位的一种重要工具。[70]失效的集成电路片被放置在发射显微镜中并被照明,并记录晶片的图像以找出不同的器件。然后关掉照明,施加电压到晶片上,然后发射出的光被一个感光放大器,如一个电荷耦合器件或光阴极图像增强器来探测。这种图的一个例子在图 12.22 中给出。在这个例子中,电路闩锁且 EMMI 找出了闩锁斑点。[71]图 12.22(a)给出了一幅在环形区域带有光发射的正面图片。然而,感觉这不是闩锁斑点,光也不可能出现在这里,因为这是一块没有被金属覆盖的开放区域。然后晶片被从后表面观察,在图(b)中,电流为 30 mA 同时没有闩锁。图(c)中 70 mA 时闩锁发生了,且箭头所指的区域显然不是原始光斑区,如圆圈所示。

EMMI 的一项普通应用是探测栅氧区中的薄弱区域。光线可以从晶片顶部或底部被拍摄到。顶部成像明显更简单,但是会通过金属层混淆缺陷区甚至光线在衬底和金属层之间来回反射使晶片在局部区域与失效位置不同而被复杂化。这两种复杂化都可以通过背部表面成像来改善。显然,背部表面必须没有金属化涂层且光必须穿过样品厚度。靠近边界带的光可

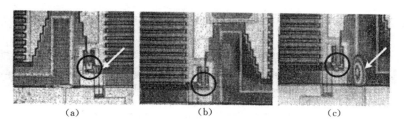

图 12.22　光发射来定位闩锁区。(a)前表面视野中圆圈中光发射；(b)有光发射($I = 30$ mA)
时的后表面视野，但无闩锁；(c)$I = 70$ mA 时闩锁光发射(箭头)。重印引自参考
文献[71]，经 Semiconductor International 许可

以穿过掺杂不是很重的晶片。对于重掺杂衬底上的外延层，衬底必须通过金刚石研磨、等离子
刻蚀或机械刻蚀的方法减薄到 50 μm 以变成适度的透明。[72]否则光学信号会由于自由载流子
吸收而变弱。激光烧蚀减薄使用高强度飞秒脉冲使表面原子离子化，导致高密度等离子体使
Si 融化而不带来热损伤。[73]

　　光谱中包含的发射光可以被用来获得对失效模式的一些深刻理解。[74]表征 MOSFETs 热
电子行为的一个常用方法是测量衬底电流。衬底电流是由于影响了高电场漏区的电离而产生
的，这个漏区也正是光产生的区域。有事实显示光发射与衬底电流和器件退化之间有着相互
联系。[75]

　　作为稳态光发射的替代测量方法，时变光发射是在皮秒成像电路分析(PICA)中被探测
到。[76]在热载流子光发射期间，一般几乎没有热载流子，而且它们结合形成光的效率很弱，使
光发射的强度非常低。然而，在大部分情况下，硅器件的任何背景发射的强度都是可以忽略
的，因此对 PICA 的实验的挑战是在器件开关时间的持续期内探测一个弱的、区别于背景的光
脉冲。例如，在静态条件下的 CMOS 电路中仅有亚阈值泄漏电流而没有可探测的光发射。最
大光发射发生在开关期间。图 12.23 给出了在各种不同时间下环形振荡器中的光发射，[77]清
楚地说明了哪一器件在什么时间开关。图像获得的时间间隔是 34 ps！

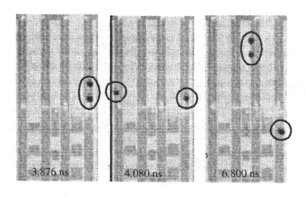

图 12.23　由一个环形振荡器得到的光发射的空间和时间响应。由于来自次近邻栅能够
空间分辨光脉冲，发射的光脉冲特性被清楚地看到，这个发射的光脉冲被叠加
到电路的成像上，且显现为暗点，位移寄存器中的每个快照持续 34 ps。重印引
自参考文献[77]，经 IEEE(© 2000, IEEE)许可

12.5.4 荧光微热重分析(FMT)

在荧光微热重分析中[78],溶解在丙酮中的噻吩甲酰三氟丙酮化铕沉积到表面形成一层薄膜并用 $340\sim380$ nm 的紫外光进行照射,主要在明亮的 612 nm 线处激发出荧光。[79]因为没有明显的吸收——因此没有荧光——发生在 500 nm 以上,激励源和荧光发射可以被分开。荧光的量子效率随温度以指数关系下降,因此荧光强度的测量给出了器件运行期间的温度,即热的区域显得比较冷的区域暗。这一技术拥有 0.5 μm 的空间分辨率和大约 5 mK 的热分辨率。样本的制备与液晶的制备类似。对于定量的温度测量,薄膜必须要校准。原则上,时间依赖性测量是可能的,因为荧光的寿命大约是 200 μs。

12.5.5 红外热成像法(IRT)

红外热成像法是应用固体与环境达到热平衡时的热辐射。与黑体相比,实际表面会反射一部分入射辐射,这取决于波长。总的辐射量不仅是温度的函数,还是与物质本身有关的辐射系数的函数。因此,实际物质(称为灰色物体)的温度,不能仅仅通过测量总辐射量来确定。[80]为了攻克这一难题,通常把器件的辐射表面弄黑,或做出适当的校准。系统通过扫描器件表面两处不同的校准温度收集辐射光来确定辐射系数。大部分的红外显微镜应用这一步骤。对于定性信息,一张辐射图通常就可以满足。

InSb 和 HgCdTe 红外探测器的典型的温度分辨率为 1 K 左右。随着硅在近红外区域大都是透明的,红外热像技术也可以用来从后面测量 IC,当前表面被多层金属化层覆盖的时候。然而,$N_A > 10^{18}$ cm^{-3} 的高掺杂衬底必须足够薄以减少吸收。

在光热辐射线测定,红外热像技术的另一个版本,由调制激光器产生的热波导致红外线发射产生波动。样品的热性质可由测量大范围的调制频率得到的相位来确定。这一技术对材料有特殊要求,且包括薄膜的热容/热导率和热传输阻抗、膜厚的确定、非匀质和分层材料的探测。[81]其温度分辨率优于常规红外热像仪,可获得几个 10 μK 的值。

12.5.6 电压衬度技术

电压衬度是使用局部电场诱导二次效应的电子束技术。[82]我们在图 12.24 中用三个导体来说明。在图 12.24(a)中,三线都处于接地电势,然后一定数量的二次电子被位于电子束激励源上方的探测器收集。与位于接地电势的线相比,从图 12.24(b)中处于 5 V 的列被探测器收集到的电子要少一些。同理,-5 V 的列给出了更高的信号。当然,原因是从处于正电势的线发射出来的电子不仅面临探测器的吸引势能,还面临发射线的可以确定的线电压的吸引势能。

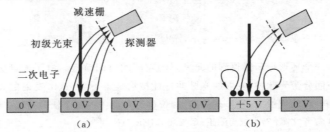

图 12.24　电压衬度显示了电子检测时(a)接地电势和(b)正电势的影响

应用频闪观测技术，人们可以测量 IC 的瞬态特性，即观察电路从一个状态到另一个状态的切换。

　　对于 IC 失效分析电子束技术与机械探针相比有许多优点。[83]电子束非常细，可以探测到很窄的线，没有电路的容性负载（瞬态分析是非常重要），空间分辨率高，电压可以测量到毫伏范围且开关电压波形可以到亚纳秒范围。电压差异测量如图 12.25 所示。图 12.25（a）中的电子束电压 x-y 图给出了不同 IC 线的状态。亮线对应于高电压，暗线对应于低电压。例如，如果其中一条线开路，如同在电迁移中可能发生的那样，这就可以在这样一幅图中清晰地显示出来，但可能很难通过其他方法探测到。图 12.25（b）中通过将电子束放置在 y 轴上特定的位置且随时间在 x 轴上扫描电子束的方法获得了时间依赖行为。一条线从亮到暗或从暗到亮的转换被清晰地显示出来。在这个模式下，我们可以观察 IC 的不同部位是否正确的开关。例如，如果线电阻由于电迁移而增加，那么 RC 开关时间就会受到影响，而电压差异测量就会将其显示出来。在接触链中它已经被用来探测高阻抗接触。

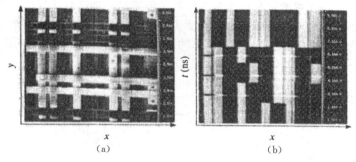

图 12.25　（a）x-y 和（b）结构中电压差异图。图片承蒙英特尔公司 T. D. McConnell 提供

12.5.7　激光电压探针技术（LVP）

　　一个与电压差异技术有些关系的方法是 20 世纪 90 年代初期引入的激光电压探针技术。[84]红外激光探测反向偏置 pn 结中的电场和自由载流子诱导吸收调制而不需要真空环境。这一吸收调制与结两端的电压有直接关系。锁模激光通过重掺杂硅到 CMOS 晶片的扩散区聚焦。探测包含在反射光束中的激光功率的微小调制来测量结上的电压。频闪观测技术可以通过相位锁定锁模激光到测试器上来驱动晶片使频率达到 GHz。[85]

　　激光电压探针技术基于两个原理。重掺杂的硅对拥有亚带隙光子能量的 IR 光是部分透明的，且在半导体 pn 结中有光电相互作用，当光束聚焦在结上时：电致吸收或弗朗茨-凯尔迪什效应，电致折光，和自由载流子吸收和折射率变化。在弗朗茨-凯尔迪什效应中，强电场（$>10^4$ V/cm）减小了带隙的宽度，允许能量接近带隙的光子在电场存在的情况下被更多的吸收。对于如此强的电场，同时还存在折射率的变化（电致吸收）和自由载流子效应如电荷载流子被注入和清除出空间电荷区。自由载流子电荷密度的调制引起了光学吸收系数和这个区域的局部折射率的调制。LVP 已经被用来从 CMOS 电路通过硅背部获得时序波形，允许在难以实现正面互联的倒扣芯片连接封装的高频电路中进行内部时序测量。

12.5.8　液晶（LC）

　　液晶，于 1971 年被引入失效分析中[86]，用来探测小的温度变化。它们被首先应用到集成电路逻辑态的绘图当中。[87] 用于胆甾相液晶的改进方法于 1981 年被用于热点探测。[88] 后来用于向列相液晶。[89] 液晶存在有等向相、向列相、胆甾相、近晶相和晶相且不同相之间可在热变化的诱导下相互转化。液晶既不是完全的液体也不是完全的固体。它拥有液体的流动性,但它们还有晶态固体的一些特性,可以看作是已经失去它们部分或全部规则排列的晶体,同时维持着全取向顺序。

为了失效分析,晶片被涂覆上一层液晶薄膜并用白光源发出的偏振光照亮。液体用注射器或眼滴管加到样品上。在某个特定温度之上它会改变传输光的偏振平面。液晶旋转极化平面且在光源处放置垂直偏振片后,当 LC 透过偏光显微镜观察时呈现透明,光路如图 12.26(a) 所示。如果 IC 的一部分被加热使 LC 从向列相转变成等向相,则偏振光就不再旋转而呈现为暗斑(图 12.26(b))。为了显示缺陷区域,涂覆晶片被加热到接近液晶的瞬态或变清温度。缺陷诱导电流引起的附加局部加热,改变液晶的光学性质旋转偏振平面产生暗斑。通常很难看到热斑。开关晶片电流可以在缺陷位置产生有规律跳动的斑点。这项技术可以将缺陷定位到微米尺度。高敏感度照相机的发展可以探测到大约 0.1℃ 或更低的温度变化和微米尺度上的空间分辨率。时间分辨率为几毫秒,这阻碍了高速电路的测量。一个样品的 LC 图由图 12.27 给出。

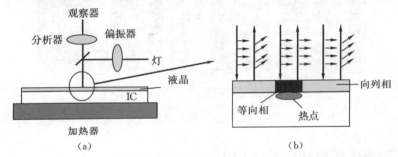

图 12.26　(a)液晶测量方法的偏光显微镜图解;(b)冷的液晶旋转偏振光,而热的液晶不偏转且透过检偏器观察时为不透明

图 12.27　暗斑液晶图。由 Microchip 的 D. Alavrev 提供

12.5.9　光束诱导电阻变化(OBIRCH) 721

光束诱导电阻变化已经成为一种重要的失效分析技术。在 OBIRCH 中,一个恒压或恒流被施加于集成电路。一束扫描激光照射晶片,其中一些能量会转化为热能。金属的电阻温度系数一般为正,所以温度上升导致线性的电阻增加且电流下降或电压升高,如图 12.28(a)所示。对于恒压,由激光加热产生的电流变化(ΔI)与电阻变化(ΔR)近似成比例,而电阻变化(ΔR)与温度变化(ΔT)成比例。对于恒流,电压变化(ΔV)与电阻变化(ΔR)成比例。[90]当激光束扫描时,热量在无缺陷区域自由的传输,但当激光束遇到缺陷时热量传输会受到阻碍,例如空位和 Si 填隙原子区域,造成缺陷附近的照射点与没有缺陷的区域的照射点的温度增加不同。导致的在 ΔRs 上的差异被转化为 ΔIs 或 ΔVs 并在阴极射线管上以亮度变化的形式显示 722 出来。将要研究的晶片通过在结合区施加适当的晶片电压来激励,然后当所有的线都处于电激活状态时进行扫描。

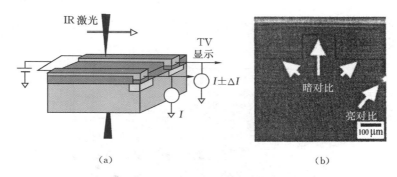

图 12.28　光束诱导电阻变化。从底部或顶部的诱导激光和电流变化图(a),在亮区有缺陷离子的非均匀深色金属线。引自 Nikawa 参考文献[92]

一台 1.3 μm 激光器,其能量不小于 Si 的带隙,不能产生电子-空穴对,也就是说,它不能产生 OBIC 信号。通过从晶片的背面照射 1.3 μm 激光束,OBIRCH 图像也可以用来被观测,因为对于约 500 μm 的中度掺杂 Si,1.3 μm 激光可以穿透 Si 衬底并造成约 40% 的功率损失。负电阻温度系数的材料包括适 W(含 Ga)、刻蚀无意留下的 Ti(含 O),和 Ti-Al 无定形层(含 O)。在 Al 线上增加的最高温度大约是 10 K,使这个方法不具破坏性。为了增加分辨率,OBIRCH 已与一个近场光学探针结合起来。[91]图 12.28(b)中的 OBIRCH 图显示出一条作为暗对比的泄露电流路径和作为亮对比的缺陷区域。[92]为 TEM 观察而做的亮区域的 FIB 横截面揭示了 Al 线间的短路。能量散射 X 射线分析显示在那个区域存在 Ti 和 O,这个区域有负的温度系数导致了 OBIRCH 图像中的亮对比。

一项与 OBIRCH 有关的技术为热致电压改变(TIVA)技术,在此方法中,一束激光被用于扫描晶片的正面或背面以在 IC 互联中产生局部的热梯度。[93]这一热梯度在 IC 功率消耗上的影响通过监测由恒流功率源提供 IC 偏置的 IC 功率供给电压的电压波动来进行检测。TIVA 图可以将一幅单一、整体的静场视图中的短路局部化。短路的导体引起 IC 功率消耗的增加,而功率消耗依赖于短路的阻抗和它在电路中的位置。当激光扫过含短路的整个 IC 时,激光热效应改变了被激光照射到的短路的电阻,进而改变了供给电压。用热电功率或塞贝克(Seebeck)效应去改变 IC 的功率消耗可以检查出开路导体。如果一个导体孤立于一个驱动晶体管,塞贝克效应将导体的电压和栅连在该导体的晶体管的偏置和损耗。IC 功率消耗改变的图像显示了电气浮动导体的位置。

12.5.10　聚焦离子束(FIB)

聚焦离子束不是一种表征技术,而是用来制备深入分析的样本的技术。它应用一个精巧的聚焦 Ga$^+$ 离子探针,通过强电场从离子枪中的小液滴提取而来,来刻蚀 IC 的指定区域。[94]液滴的顶圆直径约为 100 nm,使在样本表面形成直径小于 10 nm 的聚焦探针成为可能。FIB 柱中基本的元件与 SEMs 中所用的相似:透镜,规定的窄孔,以及偏转探针到样本上的扫描线圈。在用 FIB 制备横截面的过程中,可以通过收集由扫描 Ga 束引发的从表面释放的低能电子来拍摄你感兴趣的区域。在分析工作中 FIB 最普通的应用是制备光学或电子显微镜样本的横截面。通过在一条直线上或在一个窄的光栅格子内反复移动离子束,FIB 可以切开金属和多晶硅连接如氧化物和氮化物层,而对临近结构很少或没有损害。高电流宽离子束先给出初始粗糙切割随后用细聚焦低电流探针作最后的修饰。如图 12.29 所示的花了大概 20 分钟来制备的孤立膜阐明了 FIB 的能力。

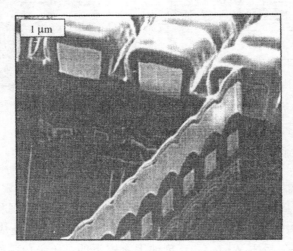

图 12.29　FIB 制备的 TEM 横截面,显示 FIB 切割之后留下的厚度小于 100 nm 的"肋骨"。承蒙 Texas Instruments 公司的 H-L Tasi 提供

12.5.11　噪声

噪声是一种表征技术,它既没有被广泛讨论过,也不像本书中许多其他技术被广泛应用。我们将简要地提到几种主要的噪声源以及它们如何被用来表征半导体。噪声产生于一些器件的退化期间。最近由 Wong[95] 和 Claeys/Mercha/Simoen[96] 发表的评论文章给出了噪声理论和测量方法的最新进展的综述。早期的噪声相关理论可在早期的噪声专家 van der Ziel,[97]Robinson,[98] 和 Motchenbacher 及 Fitchen[99] 的著作中找到。在高频段,热噪声和散粒噪声占据着吉赫兹范围以外的主要频段。这两种噪声在自然界是最基本的,形成基本的较低噪声限制。在低频段,闪烁噪声或 $1/f$ 噪声占支配地位,拥有 $1/f^n$ 频率行为且 n 趋向于一。产生-复

合(G-R)噪声也可以在这个频段产生。它由一个洛伦兹频谱来表征,即 $f < f_c$ 时为一个常数平台而在特征频率 f_c 以外则以 $1/f^2$ 衰减。与基本的热噪声和散粒噪声相比,$1/f$ 和 G-R 噪声依赖于材料和半导体工艺,所以可以用于失效分析。

　　热噪声:由爱因斯坦于 1906 年预言的最早的噪声源之一,那时他提出电荷载子的布朗运动可能会导致热平衡状态下电阻器上电势的波动。[100]这一噪声即通常所说的热噪声、约翰逊噪声或白噪声,最先由约翰逊测量[101]且其噪声功率由奈奎斯特计算得到。[102]噪声电压平方的平均值为

$$\overline{v_n^2} = \frac{4kTR\Delta f}{1 + (\omega\tau)^2} \approx 4kTR\Delta f \qquad (12.31)$$

其中 Δf 为测试系统的带宽而 τ 为载子散射时间($\sim$皮秒)。对以大部分实用频率,分母中第二项可以忽略,所以热噪声功率是与频率无关的。热噪声存在于几乎所有的电学系统且因为其基本的属性经常将它与其他类型的造型相比。通常噪声被表达为噪声功率谱密度

$$S_v = 4kTR\,[\mathrm{V^2/Hz}] \qquad (12.32)$$

　　热噪声可用于温度测量目的,提供可精确测量的电阻 R。[103]它仅仅需要一个低噪声放大器,频谱分析仪和一个至少有四个体接触的专用测试结构。[96]

　　散粒噪声:散粒噪声是第二种最基本的噪声源,由于其电荷传输的不连续本质。它经常在含有势垒的器件中被观察到,例如,pn 结,肖特基二极管,等等。肖特基首先解释了这种类型的与真空管有关的噪声。[104]它的噪声电流平方的平均值为

$$i_n^2 = 2qI_{dc}\Delta f \qquad (12.33)$$

其中 I_{dc} 为流过器件的 dc 电流。

　　肖特基在他的经典文章中基于如下事实构想出这一方程:即真空二极管板极电流并非是连续的,而是一系列的不相关联的随机次数内到达板极的每个电子携带的电荷的增量。到达电荷的平均速率构成了板极电流的直流部分,在此基础上当每个互无关联的电荷到达时又叠加了交流部分。他将这一现象称为"散粒效果"(Schrot Effekt)或"散粒效应"(Shot Effect)。

　　产生-复合噪声:产生复合噪声是由于电子和空穴的产生和再复合而产生的。这一类型的噪声与频率的依赖关系由这些电荷载子的寿命 τ 决定。电流噪声谱密度为

$$S_i = \frac{KI^2\tau}{1 + (\omega\tau)^2} \qquad (12.34)$$

其中 K 为由陷阱浓度决定的常数,I 为器件电流,而 τ 为由陷阱发射和捕获载流子决定的陷阱时间常数。产生-复合噪声通过完善的模型和理论做了很好的解释。

　　低频或抖动噪声:低频或抖动噪声,首先在八十年前的真空管中发现,[105]为噪声谱低频区的主要部分。它因在板极电流中发现的反常"抖动"而得名。抖动噪声还常被称为 $1/f$ 噪声,因为噪声谱随$1/f^n$ 而变化,其中指数 n 非常接近于一。随 $1/f$ 功率规则波动已经在几乎所有的电子材料和器件中被观察到,包括均质半导体、结器件、金属薄膜、液体金属、电解液、超导约瑟夫结,甚至在机械、生物、地质学中,以及在音乐系统中。已经提出了两个可媲美的模型来解释抖动噪声:McWhorter 数字波动理论[106]和 Hooge 迁移率波动模型,[107]并有试验证据来支持这两种理论。Christensson 等人首先将 McWhorter 理论应用于 MOSFETs,并应用必

要的时间常数由载流子从隧道到位于氧化物内的陷阱的隧穿引起的假设。[108]跳跃噪声,有时称为爆炸噪声或随机电报信号(RTS)噪声,是由一个隧道载流子的捕获或发射引起的对隧道电流的离散调制。[109]

MOSFET 电流与迁移率 μ 与电荷载子的密度或数量 N 的乘积成比例。电荷传输中的低频波动是由这些参量中的任何一个的随机变化引起的,这些参量可以是独立的(无联系)或不独立的(有联系)。大部分情况下,电流的波动,更具体些就是 $\mu \times N$ 的乘积是被监控的,这不允许迁移率与数量相分离,影响并因此混淆了占支配的 $1/f$ 噪声源的识别。

电压噪声谱密度为[110]

$$S_V(f) = \frac{q^2 kT\lambda}{\alpha WLC_{ox}{}^2 f}(1 + \sigma\mu_{eff}N_s)^2 N_{ot} \tag{12.35}$$

其中 λ 为隧穿参量,μ_{eff} 为有效载流子迁移率,σ 为库仑散射参量,N_s 为隧道载流子密度,C_{ox} 为栅氧层的容量/单位面积,WL 为栅面积,N_{ot} 为界面附近的氧化物陷阱密度($cm^{-3} eV^{-1}$)。在弱反向偏置情况下,隧道载流子密度 N_s 非常低($10^7 \sim 10^{11}\ cm^{-2}$),因此迁移率波动的贡献变得无足轻重而括号中的第二项则可以忽略。

假设自由载流子以一个隧穿时间常数隧穿到氧化层的陷阱中,时间常数随距界面的距离 x 变化。隧穿参数和时间常数为[111]

$$\lambda = \frac{\hbar}{\sqrt{8m_t\Phi_B}}, \quad \tau_T = \frac{\exp(x/\lambda)}{\sigma_p \upsilon_{th} p_{os}} \tag{12.36}$$

其中 m_t 为氧化物隧道有效电子质量,Φ_B 为氧化物-半导体是势垒高度,σ_p 为空穴捕获横截面,p_{os} 为源附近的表面空穴密度。τ_T 代表载流子随传到氧化物中陷阱中的时间。λ 典型值大约为 $5 \times 10^{-9}\ cm$,很显然,对陷阱而言任何从半导体-氧化物界面到进入氧化物的可估计的距离会使遂穿时间变得非常长。例如,对 $\sigma_p = 10^{-15}\ cm^2$, $\upsilon_{th} = 10^7\ cm/s$, $p_{os} = 10^{17}\ cm^{-3}$ 时,且对于距半导体界面 1 nm 的陷阱,$\tau_T \approx 0.5\ s$ 或 $f = 1/2\pi$, $\tau_T \approx 0.3\ Hz$。因此,氧化物中陷阱的分布导致很宽范围的频率且可以解释 $1/f$ 的依赖性。$1/f$ 噪声对对晶片的方向性表现出敏感性,这与界面陷阱密度有关系。图 12.30 给出退火前后低频噪声的一个例子,退火减少了界面陷

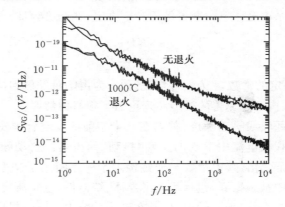

图 12.30 退火前后的低频噪声谱。$W/L = 10\ \mu m/0.8\ m$, $t_{ox} = 3.3\ nm$, $V_G - V_T = -1.05\ V$, $V_D = -0.005\ V$。重印引自参考文献[112],经 IEEE(© 2004,IEEE)许可

阱密度和低频噪声。[112]

噪声频谱已经被用于 MOSFETs 的深层次研究。[113] 使用基于噪声的技术的主要优点是对于面积很小的器件它仍可被应用,而对于基于标准电容的 DLTS 则不太可能。低频噪声已经变成一种 FA 表征技术。[114]

12.6　优点和缺点

电迁移:没有一项电迁移测量手段在集成电路的工作条件中是真正有代表性的。应用一定程度的加速条件的常规测量方法的优点是这一方法已被应用了多年并且被广泛的接受。应用已建立的理论,可以将失效数据推算到实际工作数据。这一技术的缺点就是测量的时间消耗特性和在加速电流和温度条件下引起失效的机制是否在实际的电流/电压和温度下同样有效的不确定性。使用如 SWEAT 结构的测试结构的短时间测量方法的主要优点是短的测试时间,因此可以进行产品估计。它们的缺点就是与常规 IC 工作相比可能有不同的失效模型。

热载流子:热载流子导致了在高电场区域的雪崩增殖和界面的陷阱产生。雪崩引起的电流常被测量为 n-MOSFETs 的衬底电流和 p-MOSFETs 的栅电流。界面陷阱密度可通过例如电荷泵浦直接测量,或间接的通过阈值电压,跨导,或漏电流变化来测量。目的是频繁使用这一最简单的技术来得到可靠的结果即衬底和栅电流。而缺点则是它是非直接的测量。

氧化物完整性:氧化物通常用它们的电荷-击穿行为或时间-击穿来表征,而氧化物完整性通常由常数或按斜率变化的栅电压或栅电流技术来测量。Q_{BD},通常由恒加速电流确定,在器件物理中更具代表性;t_{BD} 通常用恒加速电压来确定并用于大部分栅氧化物。恒栅电流有简单得到电荷-击穿的优点,如 $Q_{BD}=J_G t_{BD}$。然而,它的缺点是电流也许不太一致且大部分器件并不工作在恒电流下,而是工作在恒栅电压条件下。薄氧化层常常不能表现出规定好的击穿,部分原因是击穿前的栅泄漏电流非常高。

NBTI 绝大多数用阈值电压、跨导、界面陷阱密度和漏电流测量来表征。

ESD　不是一项失效分析技术。本章的几项技术被用来表征 ESD。为了减少 ESD,电路中的器件用一些类似于电流分流器的器件来保护。

I_{DDQ}:正面:测试的样品仅仅需要监测 IC 的输入电流;非常善于探测短路。负面:不能定位失效;确定开路较困难。

发射显微镜:正面::整个坏点可以一次看到;除了移除覆盖层不需进一步处理;功能性失效不需传导到输出。在 PICA 形式中它可用来伴随 IC 的开关功能并允许电路的失效分析。负面:IC 必须偏置并启动;欧姆缺陷不发出光;在不透明层没有光探测;发射点不一定是缺陷点。对于精品背部的成像:样品制备;衬底变薄可能影响器件特性;Si 为红外滤层且限制发射点的探测带宽;掺杂原子起分散 IR 光子作用导致降低灵敏度;基于 CCD 的系统在必须的 IR 谱段拥有低的量子效率。

电压对比:正面:确定 IC 的空间和时间电压无需接触的方法。电子束很细可接触到 IC 中的大部分线。负面:当感兴趣的线埋在其他金属化平面下时变得很困难。

液晶:正面:低成本,使用简单,好的热和空间分辨率,对热和电压对比分析有利,实时绘图。负面:探针和焊接线周围趋向于"wick up"而使热斑识别困难;对从晶片背部测量的方法有差的热分辨率;失效源与液晶表面间的层数限制了空间分辨率和灵敏度;液晶有一系列转变温度。如果较热的斑产生显著的温度梯度则多重热斑将难以辨别。

荧光微热重分析:**正面**:提供高热和空间分辨率。**负面**:为了定量温度测量膜必须校准。

红外热像技术:**正面**:是一项被动技术,不需要热激发,拥有高的温度分辨率,允许从正面和背面进行成像。**负面**:对于定量信息校准时必要的但因为发射率一般不知道所以不太容易。

OBIRCH:**正面**:对于各种高分辨率的失效分析研究都很敏感的一项技术。当 OBIRCH 不太奏效时,常常 EMMI 可以。二者是互补的。**负面**:不能用于多金属层的晶片;当在背面使用时,晶片必须薄到 $150 \sim 200~\mu\mathrm{m}$。

噪声:**正面**:一些噪声测量技术,例如,低频和产生-复合噪声,对表面态、界面缺陷敏感,并且噪声非常敏感。噪声测量方法不仅是一项诊断工具,并且给出器件在电路中的性能信息。这一测量方法应用在实际的器件上而非测试结构上。**负面**:需要不同于平常可用的电流-电压设备的专门设备并且测量更加难于实施。

● ● ● ● ● ● ● ● ● ● ● ● ● ● ● ● ● ●

附录 12.1

栅电流

考虑图 12.10 中的能带图。电子穿过 $V_{\mathrm{ox}} > q\phi_{\mathrm{B}}$ 的 FN 隧道三角形势垒区。直接隧穿时,电子穿过整个氧化层厚度。FN 与直接隧穿间的过度电压为 $V_{\mathrm{ox}} = q\phi_{\mathrm{B}}$,对于 $\mathrm{SiO_2/Si}$ 系统大约为 $3.2~\mathrm{eV}$。

对于 n^+ 多晶 Si/p 衬底,栅电压为

$$V_{\mathrm{G}} = V_{\mathrm{FB}} + \phi_{\mathrm{s,G}} + \phi_{\mathrm{s,sub}} + V_{\mathrm{ox}}; \quad V_{\mathrm{FB}} = \phi_{\mathrm{MS}} - \frac{Q_{\mathrm{ox}}}{C_{\mathrm{ox}}}; \quad \phi_{\mathrm{MS}} = -\frac{E_{\mathrm{G}}}{2q} - \phi_{\mathrm{F,sub}} \quad (\mathrm{A}12.1)$$

其中 ϕ_{MS} 为金属-半导体功函数差。对于氧化层电荷密度在 $Q_{\mathrm{ox}}/q \leqslant 10^{11}~\mathrm{cm}^{-2}$ 量级且氧化层厚度 $t_{\mathrm{ox}} \leqslant 10~\mathrm{nm}$ 时,$Q_{\mathrm{ox}}/C_{\mathrm{ox}}$ 项可以忽略。表面电势取决于衬底和栅的种类和掺杂密度(p 或 n 型)以及栅电压极化。为了确定氧化层隧穿电流,我们需要知道氧化层电场强度。多晶 Si 栅间的电场为

$$\mathscr{E}_{\mathrm{s,G}} = \frac{Q_{\mathrm{G}}}{K_{\mathrm{s}}\varepsilon_{\mathrm{o}}} = \frac{qN_{\mathrm{G}}W_{\mathrm{G}}}{K_{\mathrm{s}}\varepsilon_{\mathrm{o}}} = \sqrt{\frac{2qN_{\mathrm{G}}\phi_{\mathrm{s,G}}}{K_{\mathrm{s}}\varepsilon_{\mathrm{o}}}} \quad (\mathrm{A}12.2)$$

其中 N_{G} 为栅掺杂密度而 W_{G} 为栅 scr 宽度。我们用一个简单的方式来理解主要的意思,忽略量子效应,例如,由

$$\mathscr{E}_{\mathrm{ox}} = \frac{K_{\mathrm{s}}}{K_{\mathrm{ox}}}\mathscr{E}_{\mathrm{s,G}} \text{ 和 } V_{\mathrm{ox}} = \mathscr{E}_{\mathrm{ox}}t_{\mathrm{ox}} \quad (\mathrm{A}12.3)$$

$\mathscr{E}_{\mathrm{ox}}$ 可被写为

$$\mathscr{E}_{\mathrm{ox}} = \frac{qK_{\mathrm{s}}\varepsilon_{\mathrm{o}}N_{\mathrm{G}}}{(K_{\mathrm{ox}}\varepsilon_{\mathrm{o}})^2}\left(\sqrt{t_{\mathrm{ox}}^2 + \frac{2(K_{\mathrm{ox}}\varepsilon_{\mathrm{o}})^2}{qK_{\mathrm{s}}\varepsilon_{\mathrm{o}}N_{\mathrm{G}}}(V_{\mathrm{G}} - V_{\mathrm{FB}} - \phi_{\mathrm{s,sub}})} - t_{\mathrm{ox}}\right) \quad (\mathrm{A}12.4)$$

其中 $\phi_{s,sub} \approx 2\phi_F$。

对于图 12.10 中 $+V_G$ 的结构，p 衬底和 n^+ 栅为耗尽的/反向的。对于衬底即将发生的电子隧穿，氧化层电场强度在 $5\times10^6 - 2\times10^7$ V/cm 范围，衬底强烈反向而栅微弱反向，给出

$$\phi_s \approx 2\phi_{F,sub} + 2\phi_{F,gate} \approx 2\phi_{F,sub} + \frac{E_G}{2q} \rightarrow V_G(inv) = V_{ox} - \frac{E_G}{2q} + \phi_{F,sub} + \frac{E_G}{2q}$$

$$\approx V_{ox} + \phi_{F,sub} \tag{A12.5}$$

对于 $-V_G$，栅和衬底均积累且

$$\phi_s = -\phi_{s,sub} - \phi_{s,gate} \rightarrow V_G(acc) = -V_{ox} - \frac{E_G}{2q} - \phi_{F,sub} - \phi_{s,sub} - \phi_{s,gate}$$

$$\approx -V_{ox} - \frac{E_G}{q} \tag{A12.6}$$

FN 电流密度为[38]

$$J_{FN} = A\mathscr{E}_{ox}^2 \exp\left(-\frac{B}{\mathscr{E}_{ox}}\right) \tag{A12.7}$$

其中 A 和 B 由下式给出：

$$A = \frac{q^3}{8\pi h\Phi_B}\left(\frac{m}{m_{ox}}\right) = 1.54\times10^{-6}\left(\frac{m}{m_{ox}}\right)\frac{1}{\Phi_B}[A/V^2]$$

$$B = \frac{8\pi\sqrt{2m_{ox}\Phi_B^3}}{3qh} = 6.83\times10^{-7}\sqrt{\frac{m_{ox}\Phi_B^3}{m}}[V/cm] \tag{A12.8}$$

其中 m_{ox} 为氧化物中的有效电子质量，m 为自由电子质量，Φ_B(eV) 为 Si-氧化物界面的势垒高度。Φ_B 为计算入势垒高度降低和半导体表面电子量子化的有效势垒高度，不是固定的常数。

FN 等式源于如下假设：发射电极里的电子可以用自由费米气来描述，氧化物中的电子有唯一的有效质量 m_{ox}，且隧穿概率由仅考虑了电子动量归一化到界面的部分计算而来。

重新排列式(A12.8)得到

$$\ln\left(\frac{I_{FN}}{A_G\mathscr{E}_{ox}^2}\right) = \ln\left(\frac{J_{FN}}{\mathscr{E}_{ox}^2}\right) = \ln(A) - \frac{B}{\mathscr{E}_{ox}} \tag{A12.9}$$

$\ln(J_{FN}/\mathscr{E}_{ox}^2)$ 对 $1/\mathscr{E}_{ox}$ 的图，即所谓的福勒-诺德海姆图为线性的，如果氧化物传导为纯粹的福勒-诺德海姆传导。线性 FN 图的截距给出了 A 和图形斜率 B。

通过薄氧化层的隧穿电流包含小的震荡成分，这是由于电子的量子界面干涉。它们显示出对氧化层厚度的强烈依赖性，说明这些震荡可用来精确测量氧化层厚度。[115]

直接隧穿为图 12.10 所示的穿过整个氧化层厚度的电子流。它的电流表达式更难得到，且几个版本已经发表。[39]我们给出以实验为依据的表达式[116]

$$J_{dir} = \frac{AV_G}{t_{ox}^2}\frac{kT}{q}C\exp\left(-\frac{B(1-(1-qV_{ox}/\Phi_B)^{1.5})}{\mathscr{E}_{ox}}\right) \tag{A12.10}$$

因为它相对的简单，已用于 BSIM 模型。在式(A12.10)中，

$$C = N\exp\left(\frac{20}{\Phi_B}\left(1-\frac{V_{ox}}{\Phi_B}\right)^\alpha\left(1-\frac{V_{ox}}{\Phi_B}\right)\right) \tag{A12.11}$$

其中对于 SiO_2/Si 系统 $\alpha = 0.6$。

$$N = \left(n_{inv} \ln \left(1 + \exp \left(\frac{V_{G,eff} - V_T}{n_{inv}kT} \right) \right) \right) + \ln \left(1 + \exp \left(\frac{V_G - V_{FB}}{kT} \right) \right) \quad (A12.12)$$

给出了倒置或累积层载流子浓度。$n_{inv} = qS/kT$(典型值为 $1.2 \sim 1.5$),S 为亚阈值摆幅(对 n-MOSFETs 有 $n_{inv} > 0$ 而对 p-MOSFETs 有 $n_{inv} < 0$)。

$$V_{G,eff} = V_{FB} + 2\phi_F + \frac{\gamma_{Gate}^2}{2} \left[\sqrt{1 + \frac{4(V_G - V_{FB} - 2\phi_F)}{\gamma_{Gate}^2}} \right];$$

$$\gamma_{Gate} = \frac{\sqrt{2qK_s\varepsilon_0 N_{Gate}}}{C_{ox}} \quad (A12.13)$$

为有效栅电势,根据多晶硅栅损耗。

$$V_{ox} = V_{G,eff} - \left(\frac{\gamma}{2} \left(\sqrt{1 + \frac{4(V_G - V_{G,eff} - V_{FB})}{\gamma^2}} - 1 \right) \right)^2 - V_{FB}; \quad \gamma = \frac{\sqrt{2qK_s\varepsilon_0 N_A}}{C_{ox}}$$

$$(A12.14)$$

这些等式中的 Φ_B 为电子或者空穴的势垒高度,取决于电子或空穴隧道电流是否被计算。

参 考 文 献

1. M. Ohring, *Reliability and Failure of Electronic Materials and Devices*, Academic Press, San Diego, 1998.
2. G. Di Giacomo, *Reliability of Electronic Packages and Semiconductor Devices*, McGraw-Hill, New York, 1997.
3. L.C. Wagner, *Failure Analysis of Integrated Circuits: Tools and Techniques*, Kluwer, Boston, 1999.
4. A. Martin and R-P Vollertsen, "An Introduction to Fast Wafer Level Reliability Monitoring for Integrated Circuit Mass Production," *Microelectron. Reliab.* **44**, 1209–1231, Aug. 2004.
5. W. Muth, A. Martin, J. von Hagen, D. Smeets, and J. Fazekas, "Polysilicon Resistive Heated Scribe Lane Test Structure for Productive Wafer Level Reliability Monitoring of NBTI," *IEEE Int. Conf. Microelectron. Test Struct.*, 155–160, 2003.
6. F.R. Nash, *Estimating Device Reliability: Assessment of Credibility*, Kluwer, Boston, 1993.
7. D.R. Wolters and J.J. van der Schoot, "Dielectric Breakdown in MOS Devices," *Phil. Res. Rep.* **40**, 115–192, 1985.
8. W. Weibull, "A Statistical Distribution Function of Wide Applicability," *J. Appl. Mech.* **18**, 293–297, Sept. 1951.
9. W.J. Bertram, "Yield and Reliability," in *VLSI Technology* 2nd ed. (S.M. Sze, ed.), McGraw-Hill, New York, 1988.
10. S. Kilgore, Freescale Semiconductor, private communication.
11. T. Kwok and P.S. Ho, "Electromigration in Metallic Thin Films," in *Diffusion Phenomena in Thin Films and Microelectronic Materials* (D. Gupta and P.S. Ho, eds.). Noyes Publ., Park Ridge, NJ, 1988.
12. H.B. Huntington and A.R. Grone. "Current-induced Marker Motion in Gold Wires," *J. Phys. Chem. Sol.* **20**, 76–87, Jan. 1961.
13. A. Scorzoni, B. Neri, C. Caprile, and F. Fantini, "Electromigration in Thin-Film Interconnection Lines: Models, Methods and Results," *Mat. Sci. Rep.* **7**, 143–220, Dec. 1991.
14. F.M. d'Heurle and I. Ames, "Electromigration in Single-Crystal Aluminum Films," *Appl. Phys. Lett.* **16**, 80–81, Jan. 1970.
15. J. Tao, N.W. Cheung, and C. Hu, "Metal Electromigration Damage Healing Under Bidirectional Current Stress," *IEEE Electron Dev. Lett.* **14**, 554–556, Dec. 1993.
16. I. Ames, F.M. d'Heurle, and R.E. Horstmann, "Reduction of Electromigration in Al Films by Cu Doping," *IBM J. Res. Dev.* **14**, 461–463, July 1970.
17. S.P. Murarka and S.W. Hymes, "Copper Metallization for ULSI and Beyond," *Crit. Rev. Solid State Mat. Sci.* **20**, 87–124, Jan. 1995.
18. I. Blech, "Electromigration in Thin Aluminum Films on Titanium Nitride", *J. Appl. Phys.* **47**, 1203–1208, April 1976.
19. J.R. Black, "Electromigration Failure Modes in Aluminum Metallization for Semiconductor Devices," *Proc. IEEE* **57**, 1587–1594, Sept. 1969.

20. ASTM Standard F1259-89, "Standard Guide for Design of Flat, Straight-Line Test Structure for Detecting Metallization Open-Circuit or Resistance-Increase Failure due to Electromigration," *1996 Annual Book of ASTM Standards*, Am. Soc. Test. Mat., West Conshohocken, PA, 1996.

21. H.A. Schafft and J.S. Suehle, "The Measurement, Use and Interpretation of the Temperature Coefficient of Resistance of Metallizations," *Solid-State Electron.* **35**, 403–410, March 1992; H.A. Schafft, T.C. Staton, J. Mandel, and J.D. Shott, "Reproducibility of Electromigration Measurements," *IEEE Trans Electron Dev.* **ED-34**, 673–681, March 1987.

22. ASTM Standard F1260-89, "Standard Test Method for Estimating Electromigration Median Time-to-Failure and Sigma of Integrated Circuit Metallizations," *1996 Annual Book of ASTM Standards*, Am. Soc. Test. Mat., West Conshohocken, PA, 1996.

23. C.V. Thompson and J. Cho, "A New Electromigration Testing Technique for Rapid Statistical Evaluation of Interconnect Technology," *IEEE Electron Dev. Lett.* **EDL-7**, 667–668, Dec. 1986.

24. C-U Kim, N.L. Michael, Q.-T. Jiang, and R. Augur, "Efficient Electromigration Testing with a Single Current Source," *Rev. Sci. Instrum.* **72**, 3962–3967, Oct. 2001.

25. B. Neri, A. Diligenti, and P.E. Bagnoli, "Electromigration and Low-Frequency Resistance Fluctuations in Aluminum Thin-Film Interconnections," *IEEE Trans Electron Dev.* **ED-34**, 2317–2322, Nov. 1987.

26. B.J. Root and T. Turner, "Wafer Level Electromigration Tests for Production Monitoring," *IEEE Int. Reliab. Phys. Symp.*, IEEE, New York, 1985, 100–107.

27. A. Zitzelsberger, A. Pietsch, and J. von Hagen, "Electromigration Testing on Via Line Structures with a SWEAT Method in Comparison to Standard Package Level Tests," *IEEE Int. Integr. Reliab. Workshop Final Rep.* 57–60, 2000.

28. J. von Hagen, R. Bauer, S. Penka, A. Pietsch, W. Walter, and A. Zitzelsberger, "Extrapolation of Highly Accelerated Electromigration Tests on Copper to Operation Conditions," *IEEE Int. Integr. Reliab. Workshop Final Rep.*, 41–44, 2002.

29. A.S. Oates, "Electromigration Failure of Al Alloy Integrated Circuit Metallizations," in *Diagnostic Techniques for Semiconductor Materials and Devices* (D.K. Schroder, J.L. Benton, and P. Rai-Choudhury, eds.), Electrochem. Soc., Pennington, NJ, 1994, 178–192.

30. K.N. Tu, "Recent Advances on Electromigration in Very-large-scale-integration of Interconnects," *J. Appl. Phys.* **94**, 5451–5473, Nov. 2003.

31. E. Takeda, C.Y. Yang, and A. Miura-Hamada, *Hot Carrier Effects in MOS Devices*, Academic Press, San Diego, 1995; A. Acovic, G. La Rosa, and Y.C. Sun, "A Review of Hot- Carrier Degradation Mechanisms in MOSFETs," *Microelectron. Reliab.* **36**, 845–869, July/Aug. 1996.

32. W.H. Chang, B. Davari, M.R. Wordeman, Y. Taur, C.C.H. Hsu, and M.D. Rodriguez, "A High-Performance 0.25 μm CMOS Technology: I - Design and Characterization," *IEEE Trans. Electron Dev.* **39**, 959–966, Apr. 1992.

33. J.T. Yue, "Reliability," in *ULSI Technology* (C.Y. Chang and S.M. Sze, eds.), McGraw-Hill, New York, 1996, Ch. 12.

34. E. Li, E. Rosenbaum, J. Tao, and P. Fang, "Projecting Lifetime of Deep Submicron MOSFETs," *IEEE Trans. Electron Dev.* **48**, 671–678, April 2001; K. Cheng and J.W. Lyding, "An Analytical Model to Project MOS Transistor Lifetime Improvement by Deuterium Passivation of Interface Traps," *IEEE Electron Dev. Lett.* **24**, 655–657, Oct. 2003.

35. H.C. Shin and C.M. Hu, "Dependence of Plasma-Induced Oxide Charging Current on Al Antenna Geometry," *IEEE Electron Dev. Lett.* **13**, 600–602, Dec. 1992; K. Eriguchi, Y. Uraoka, H. Nakagawa, T. Tamaki, M. Kubota, and N. Nomura "Quantitative Evaluation of Gate Oxide Damage During Plasma Processing Using Antenna Structure Capacitors," *Japan. J. Appl. Phys.* **33**, 83–87, Jan. 1994.

36. J. Shideler, S. Reno, R. Bammi, C. Messick, A. Cowley, and W. Lukas., "A New Technique for Solving Wafer Charging Problems," *Semicond. Internat.* **18**, 153–158, July 1995; W. Lukaszek, "Understanding and Controlling Wafer Charging Damage," *Solid State Technol.*, **41**, 101–112, June 1998.

37. E.Y. Wu, J. Suné, W. Lai, A. Vayshenker, E. Nowak, and D. Harmon, "Critical Reliability Challenges in Scaling SiO_2-based Dielectric to Its Limit," *Microelectron. Reliab.* **43**, 1175–1184, Sept./Nov. 2003.

38. R.H. Fowler and L.W. Nordheim, "Electron Emission in Intense Electric Fields," *Proc. Royal*

Soc. Lond. A, **119**, 173–181, 1928; M. Lenzlinger and E.H. Snow, "Fowler-Nordheim Tunneling into Thermally Grown SiO$_2$," *J. Appl. Phys.* **40**, 278–283, Jan. 1969; Z. Weinberg, "On Tunneling in Metal-Oxide-Structures," *J. Appl. Phys.* **53**, 5052–5056, July 1982.

39. See, e.g., M. Depas, B. Vermeire, P.W. Mertens, R.L. Van Meirhaeghe, and M.M. Heyns, "Determination of Tunneling Parameters in Ultra-Thin Oxide Layer Poly-Si/SiO$_2$/Si Structures," *Solid-State Electron.* **38**, 1465–1471, Aug. 1995; N. Matsuo, Y. Takami, and Y. Kitagawa, "Modeling of Direct Tunneling for Thin SiO$_2$ Film on n-Type Si(100) by WKB Method Considering the Quantum Effect in the Accumulation Layer," *Solid-State Electron.* **46**, 577–579, April 2002; N. Matsuo, Y. Takami, and H. Kihara, "Analysis of Direct Tunneling for Thin SiO$_2$ Film by Wentzel, Kramers, Brillouin Method—Considering Tail of Distribution Function," *Solid-State Electron.* **47**, 161–163, Jan. 2003; B. Govoreanu, P. Blomme, K. Henson, J. Van Houdt, and K. De Meyer, "An Effective Model for Analysing Tunneling Gate Leakage Currents Through Ultrathin Oxides and High-k Gate Stacks from Si Inversion Layers," *Solid-State Electron.* **48**, 617–625, April 2004.

40. Y-C Yeo, T-J King and C.M. Hu, "MOSFET Gate Leakage Modeling and Selection Guide for Alternative Gate Dielectrics Based on Leakage Considerations," *IEEE Trans Electron Dev.* **50**, 1027–1035, April 2003.

41. N.S. Saks, P.L. Heremans, L. van den Hove, H.E. Maes, R.F. De Keersmaecker, and G.J. Declerck, "Observation of Hot-Hole Injection in NMOS Transistors Using a Floating-Gate Technique," *IEEE Trans. Electron Dev.* **ED-33**, 1529–1534, Oct. 1986; B. Fishbein, D. Krakauer, and B. Doyle, "Measurement of Very Low Tunneling Current Density in SiO$_2$ Using the Floating-Gate Technique," *IEEE Electron Dev. Lett.* **12**, 713–715, Dec. 1991; B. De Salvo, G. Ghibaudo, G. Pananakakis, and B. Guillaumot, "Investigation of Low Field and High Temperature SiO$_2$ and ONO Leakage Currents Using the Floating Gate Technique," *J. Non-Cryst. Sol.* **245**, 104–109, April 1999.

42. A. Berman, "Time-Zero Dielectric Reliability Test by a Ramp Method," *IEEE Int. Reliab. Phys. Symp.*, IEEE, New York, 1981, 204–209.

43. K. Yoneda, K. Okuma, K. Hagiwara, and Y. Todokoro, "The Reliability Evaluation of Thin Silicon Dioxide Using the Stepped Current TDDB Technique," *J. Electrochem. Soc.* **142**, 596–600, Feb. 1995.

44. P.A. Heimann, "An Operational Definition of Breakdown of Thin Thermal Oxides of Silicon," *IEEE Trans. Electron Dev.* **ED-30**, 1366–1368, Oct. 1983; E.A. Sprangle, J.M. Andrews, and M.C. Peckerar, "Dielectric Breakdown Strength of SiO$_2$ Using a Stepped-Field Method," *J. Electrochem. Soc.* **139**, 2617–1620, Sept. 1992.

45. R. Degraeve, G. Groeseneken, R. Bellens, M. Depas, and H.E. Maes, "A Consistent Model for the Thickness Dependence of Intrinsic Breakdown in Ultra-Thin Oxides," *IEEE IEDM Tech. Digest*, 863–866, 1995.

46. C.M. Hu, "AC Effects in IC Reliability," *Microelectron. Reliab.* **36**, 1611–1617, Nov./Dec. 1996.

47. W. Kern, R.B. Comizzoli, and G.L. Schnable, "Fluorescent Tracers—Powerful Tools for Studying Corrosion Phenomena and Defects in Dielectrics," *RCA Rev.* **43**, 310–338, June 1982.

48. M. Itsumi, H. Akiya, M. Tomita, T. Ueki, and M. Yamawaki, "Observation of Defects in Thermal Oxides of Polysilicon by Transmission Electron Microscopy Using Copper Decoration," *J. Electrochem. Soc.* **144**, 600–605, Feb. 1997.

49. D.R. Wolters and J.F. Verwey, "Breakdown and Wear-Out Phenomena in SiO$_2$ Films," in *Instabilities in Silicon Devices* (B. Barbottin and A. Vapaille, eds.), Vol. 1, North-Holland, Amsterdam, 1986, 315–362; D.R. Wolters, "Breakdown and Wearout Phenomena in SiO$_2$," in *Insulating Films on Semiconductors* (M. Schulz and G. Pensl, Eds.), Springer Verlag, Berlin, 180–194, 1981.

50. D.R. Wolters and J.J. van der Schoot, "Dielectric Breakdown in MOS Devices," *Phil. J. Res.* **40**, 115–192, 1985.

51. J.H. Stathis, "Reliability Limits for the Gate Insulator in CMOS Technology," *IBM J. Res. Dev.* **46**, 265–286, March/May 2002.

52. J.H. Stathis, "Percolation Models for Gate Oxide Breakdown," *J. Appl. Phys.* **86**, 5757–5766, Nov. 1999.

53. B.E. Deal, M. Sklar, A.S. Grove, and E.H. Snow, "Characteristics of the Surface-State Charge (Q_{SS}) of Thermally Oxidized Silicon," *J. Electrochem. Soc.* **114**, 266–274, March 1967; A. Goetzberger, A.D. Lopez, and R.J. Strain, "On the Formation of Surface States During Stress Aging of Thermal Si-SiO₂ Interfaces," *J. Electrochem. Soc.* **120**, 90–96, Jan. 1973.

54. D.K. Schroder and J.A. Babcock, "Negative Bias Temperature Instability: A Road to Cross in Deep Submicron CMOS Manufacturing," *J. Appl. Phys.* **94**, 1–18, July 2003.

55. M. Makabe, T. Kubota, and T. Kitano, "Bias-temperature Degradation of pMOSFETs: Mechanism and Suppression," *IEEE Int. Reliability Phys. Symp.* **38**, 205–209, 2000.

56. K. Onishi, C.S. Kang, R. Choi, H.J. Cho, S. Gopalan, R. Nieh, E. Dharmarajan, and J.C. Lee, "Reliability Characteristics, Including NBTI, of Polysilicon Gate HfO₂ MOSFET's," *IEEE IEDM Tech. Digest*, 659–662, 2001.

57. N. Kimizuka, K. Yamaguchi, K. Imai, T. Iizuka, C.T. Liu, R.C. Keller, and T. Horiuchi, "NBTI Enhancement by Nitrogen Incorporation Into Ultrathin Gate Oxide for 0.10 μm Gate CMOS Generation," *IEEE VLSI Symp.* 92–93, 2000.

58. J. Maserijian and N. Zamani, "Behavior of the Si/SiO₂ Interface Observed by Fowler-Nordheim Tunneling," *J. Appl. Phys.* **53**, 559–567, Jan. 1982.

59. D.J. DiMaria and E. Cartier, "Mechanism for Stress-induced Leakage Currents in Thin Silicon Dioxide Films," *J. Appl. Phys.* **78**, 3883–3894, Sept. 1995.

60. A. Amerasekera and C. Duvvury, *ESD in Silicon Integrated Circuits*, Wiley, Chichester, 1995.

61. J. Colvin, "ESD Failure Analysis Methodology," *Microelectron. Reliab.* **38**, 1705–1714, Nov. 1998.

62. A.J. Walker, K.Y. Le, J. Shearer, and M. Mahajani, "Analysis of Tungsten and Titanium Migration During ESD Contact Burnout," *IEEE Trans. Electron Dev.* **50**, 1617–1622, July 2003.

63. R. Rajsuman, "Iddq Testing for CMOS VLSI," *Proc. IEEE*, **88**, 544–566, April 2000.

64. M. Rasras, I. De Wolf, H. Bender, G. Groeseneken, H.E. Maes, S. Vanhaeverbeke, and P. De Pauw, "Analysis of I_{ddq} Failures by Spectral Photon Emission Microscopy," *Microelectron. Reliab.* **38**. 877–882, June/Aug. 1998.

65. S. Ito and H. Monma, "Failure Analysis of Wafer Using Backside OBIC Method," *Microelectron. Reliab.* **38**, 993–996, June/Aug. 1998.

66. E. Sabin, "High Temperature I_{DDQ} Testing for Detection of Sodium and Potassium," *IEEE Int. Reliability Phys. Symp.* **34**, 355–359, 1996.

67. K.M. Wallquist, "Instrumentation for I_{DDQ} Measurement," in S. Chakravarty and P.J. Thadikaran, *Introduction to I_{DDQ} Testing*, Kluwer, Boston, 1997.

68. T. Schweinböck, S. Schömann, D. Alvarez, M. Buzzo, W. Frammelsberger, P. Breitschopf, and G. Benstetter, "New Trends in the Application of Scanning Probe Techniques in Failure Analysis," *Microelectron. Reliab.* **44**, 1541–1546, Sept./Nov. 2004; G. Benstetter, P. Breitschopf, W. Frammelsberger, H. Ranzinger, P. Reislhuber, and T. Schweinböck, "AFM-based Scanning Capacitance Techniques for Deep-submicron Semiconductor Failure Analysis," *Microelectron. Reliab.* **44**, 1615–1619, Sept./Nov. 2004.

69. N. Khurana and C.L. Chiang, "Dynamic Imaging of Current Conduction in Dielectric Films by Emission Spectroscopy," *IEEE Proc. 25th Int. Reliability Phys. Symp.*, San Diego, 1987, 72–76; J. Kölzer, C. Boit, A. Dallmann, G. Deboy, J. Otto, and D. Weinmann, "Quantitative Emission Microscopy," *J. Appl. Phys.* **71**, R23–R41, June 1992; C. Leroux and D. Blachier, "Light Emission Microscopy for Reliability Studies," *Microelectron. Eng.* **49**, 169–180, Nov.1999.

70. C.G.C. de Kort, "Integrated Circuit Diagnostic Tools: Underlying Physics and Applications," *Philips J. Res.* **44**, 295–327, 1989; F. Stellari, P. Song, M.K. McManus, A.J. Weger, R. Gauthier, K.V. Chatty, M. Muhammad, P. Sanda, P. Wu, and S. Wilson, "Latchup Analysis Using Emission Microscopy," *Microelectron. Reliab.* **43**, 1603–1608, Sept/Nov. 2003.

71. T. Kessler, F.W. Wulfert, and T. Adams, "Diagnosing Latch-up with Backside Emission Microscopy," *Semicond. Int.* **23**, 313–316, July 2000.

72. L. Liebert, "Failure Analysis from the Back Side of a Die," *Microelectron. Reliab.* **41**, 1193–1201, Aug. 2001.

73. F. Beaudoin, J. Lopez, M. Faucon, R. Desplats, and P. Perdu, "Femtosecond Laser Ablation for Backside Silicon Thinning," *Microelectron. Reliab.* **44**, 1605–1609, Sept/Nov. 2004.

74. M. Rasras, I. De Wolf, H. Bender, G. Groeseneken, H.E. Maes, S. Vanhaeverbeke, and P. De Pauw, "Analysis of I_{ddq} Failures by Spectral Photon Emission Microscopy," *Microelectron. Reliab.* **38**. 877–882, June/Aug. 1998; I. De Wolf and M. Rasras, "Spectroscopic Photon Emission Microscopy: A Unique Tool for Failure Analysis of Microelectronics Devices," *Microelectron. Reliab.* **41**, 1161–1169, Aug. 2001.

75. G. Romano and M. Sampietro, "CMOS-Circuit Degradation Analysis Using Optical Measurement of the Substrate Current," *IEEE Trans. Electron Dev.* **44**, 910–912, May 1997.

76. J.C. Tsang and J.A. Kash, "Picosecond Hot Electron Light Emission from Submicron Complementary Metal-oxide-semiconductor Circuits," *Appl. Phys. Lett.* **70**, 889–891, Feb. 1997; J.A. Kash and J.C. Tsang, "Dynamic Internal Testing of CMOS Circuits Using Hot Luminescence," *IEEE Electron Dev. Lett.* **18**, 330–332, July 1997.

77. J.C. Tsang, J.A. Kash, and D.P. Vallett, "Time-Resolved Optical Characterization of Electrical Activity in Integrated Circuits," *Proc. IEEE* **88**, 1440–1459, Sept. 2000; F. Stellari, P. Song, J.C. Tsang, M.K. McManus, and M.B. Ketchen, "Testing and Diagnostics of CMOS Circuits Using Light Emission from Off-State Leakage Current," *IEEE Trans. Electron Dev.* **51**, 1455–1462, Sept. 2004.

78. P. Kolodner and J.A. Tyson, "Microscopic Fluorescent Imaging of Surface Temperature Profiles with 0.01°C Resolution," *Appl. Phys. Lett.* **40**, 782–784, May 1982.

79. C. Herzum, C. Boit, J. Kölzer, J. Otto, and R. Weiland, "High Resolution Temperature Mapping of Microelectronic Structures Using Quantitative Fluorescence Microthermography," *Microelectron. J.* **29**, 163–170, April/May 1998.

80. J. Kölzer, E. Oesterschulze, and G. Deboy, "Thermal Imaging and Measurement Techniques for Electronic Materials and Devices," *Microelectron. Eng.* **31**, 251–270, Feb. 1996.

81. G. Busse, D. Wu, and W. Karpen, "Thermal Wave Imaging with Phase Sensitive Modulated Thermography," *J. Appl. Phys.* **71**, 3962–3965, April 1992.

82. J.T.L. Thong, *Electron Beam Testing*, Plenum Press, New York, 1993.

83. M. Vallet and P. Sardin, "Electrical Testing for Failure Analysis: E-Beam Testing", *Microelectron. Eng.* **49**, 157–167, Nov. 1999.

84. H.K. Heinrich, "Picosecond Noninvasive Optical Detection of Internal Electrical Signals in Flip-chip-mounted Silicon Integrated Circuits," *IBM J. Res. Dev.* **34**, 162–172, March/May 1990.

85. M. Paniccia, R.M. Rao, and W.M. Yee, "Optical Probing of Flip Chip Packaged Microprocessors," *J. Vac. Sci. Technol.* **B16**, 3625–3630, Nov./Dec. 1998.

86. J.M. Keen, "Nondestructive Optical Technique for Electrically Testing Insulated-gate Integrated Circuits," *Electron. Lett.*, **7**, 432–433, July 1971.

87. C.E. Stephens and I.N. Sinnadurai, "A Surface Temperature Limit Detector Using Nematic Liquid Crystals With an Application to Microcircuits," *J. Phys. E* **7**, 641–643, Aug. 1974; D.J. Channin, "Liquid-Crystal Technique for Observing Integrated-Circuit Operation," *IEEE Trans. Electron Dev.* **21**, 650–652, Oct. 1974.

88. J. Hiatt, "A Method of Detecting Hot Spots on Semiconductors Using Liquid Crystals," *IEEE Int. Reliability. Phys. Symp.* **19**, 130–133, 1981.

89. D. Burgess and P. Tang, "Improved Sensitivity for Hot Spot Detection Using Liquid Crystals," *IEEE Int. Reliability. Phys. Symp.* **22**, 119–121, 1984.

90. K. Nikawa, C. Matsumoto, and S. Inoue, "Novel Method for Defect Detection in Al Stripes by Means of Laser Beam Heating and Detection of Changes in Electrical Resistance," *Japan. J. Appl. Phys.*, **34**, 2260–2265, May 1995.

91. K. Nikawa, T. Saiki, S. Inoue, and M. Ohtsu, "Imaging of Current Paths and Defects in Al and TiSi Interconnects on Very-large-scale Integrated-circuit Chips Using Near-field Optical-probe Stimulation and Resulting Resistance Change," *Appl. Phys. Lett.* **74**, 1048–1050, Feb. 1999.

92. K. Nikawa, "Failure Analysis Case Studies Using the IR-OBIRCH (Infrared Optical Beam Induced Resistance Change) Method," *Photonics Failure Analysis Workshop*, Boston, Oct. 1999.

93. E.I. Cole Jr., P. Tangyunyong, and D.L. Barton, "Backside Localization of Open and Shorted IC Interconnections," *IEEE Int. Reliability. Phys. Symp.* **36**, 129–136, 1998.

94. W.R. Runyan and T.J. Shaffner, *Semiconductor Measurements and Instrumentation*, 2nd ed., McGraw-Hill, New York, 1998.

95. H. Wong, "Low-frequency Noise Study in Electron Devices: Review and Update," *Microelectron. Reliab.* **43**, 585–599, April 2003.

96. C. Claeys, A. Mercha, and E. Simoen, "Low-Frequency Noise Assessment for Deep Submicrometer CMOS Technology Nodes," *J. Electrochem. Soc.* **151**, G307–G318, May 2004.

97. A. van der Ziel, *Noise: Sources, Characterization, Measurement*, Prentice-Hall, Englewood Cliffs, NJ, 1970; *Noise*, Prentice-Hall, Englewood Cliffs, NJ, 1954.

98. F.N.H. Robinson, *Noise and Fluctuations in Electronic Devices and Circuits*, Clarendon Press, Oxford, 1974.

99. C.D. Motchenbacher and F.C. Fitchen, *Low-Noise Electronic Design*, Wiley, New York, 1973.

100. A. Einstein, "A New Determination of the Molecular Dimensions (in German)," *Ann. Phys.* **19**, 289–306, Feb. 1906.

101. J.B. Johnson, "Thermal Agitation of Electricity in Conductors," *Phys. Rev.* **29**, 367–368, Feb. 1927; *Phys. Rev.* **32**, 97–109, July 1928.

102. H. Nyquist, "Thermal Agitation of Electric Charge in Conductors," *Phys Rev.* **32**, 110–113, July 1928.

103. R.J.T. Bunyan, M.J. Uren, J.C. Alderman, and W. Eccleston, "Use of Noise Thermometry to Study the Effects of Self-heating in Submicrometer SOI MOSFETs," *IEEE Electron Dev. Lett.* **13**, 279–281, May 1992.

104. W. Schottky, "On Spontaneous Current Fluctuations in Various Electricity Conductors (in German)," *Ann. Phys.* **57**, 541–567, Dec. 1918.

105. J.B. Johnson, "The Schottky Effect in Low Frequency Circuits," *Phys. Rev.* **26**, 71–85, July 1925.

106. A.L. McWhorter, "1/f Noise and Germanium Surface Properties," in *Semiconductor Surface Physics* (R.H. Kingston, ed.), University of Pennsylvania Press, Philadelphia, 1957, 207–228.

107. F.N. Hooge, "1/f Noise is No Surface Effect," *Phys. Lett.* **29A**, 139–140, April 1969; _____ Discussion of Recent Experiments on 1/f Noise," *Physica* **60**, 130–144, 1976; _____ "1/f Noise," *Physica* **83B**, 14–23, May 1976; F.N. Hooge and L.K.J. Vandamme, "Lattice Scattering Causes 1/f Noise," *Phys. Lett.* **66A**, 315–316, May 1978; F.N. Hooge, "1/f Noise Sources," *IEEE Trans. Electron Dev.*, **41**, 1926–1935, Nov. 1994.

108. S. Christensson, I. Lundström, and C. Svensson, "Low Frequency Noise in MOS Transistors I. Theory," *Solid-State Electron.* **11**, 797–812, Sept. 1968; S. Christensson and I. Lundström, "Low Frequency Noise in MOS Transistors II. Experiments," *Solid-State Electron.* **11**, 813–820, Sept. 1968.

109. M.J. Kirton and M.J. Uren, "Noise in Solid-State Microstructures: A New Perspective on Individual Defects, Interface States and Low-Frequency (1/f) Noise," *Advan. Phys.* **38**, 367–468, July/Aug. 1989.

110. K.K. Hung, P.K. Ko, C. Hu and Y.C. Cheng, "A Unified Model for Flicker Noise in Metal Oxide Semiconductor Field Effect Transistors," *IEEE Trans. Electron Dev.* **37**, 654–665, March 1990; K.K. Hung, P.K. Ko, C. Hu and Y.C. Cheng, "A Physics Based MOSFET Noise Model for Circuit Simulators," *IEEE Trans. Electron Dev.* **37**, 1323–1333, May 1990.

111. S. Christensson, I. Lundstrom, and C. Svensson, "Low-frequency Noise in MOS Transistors: I-Theory," *Solid-State Electron.* **11**, 797–812, Sept. 1968.

112. AKM Ahsan and D.K. Schroder. "Impact of Post-Oxidation Annealing on Low-Frequency Noise, Threshold Voltage, and Subthreshold Swing of p-Channel MOSFETs," *IEEE Electron Dev. Lett.* **25**, 211–213, April 2004.

113. F. Scholz, J.M. Hwang and D.K. Schroder, "Low Frequency Noise and DLTS as Semiconductor Characterization Tools," *Solid-State Electron.* **31**, 205–217, Febr. 1988; T. Hardy, M.J. Deen, and R.M. Murowinski, "Low Frequency Noise in Proton Damaged LDD MOSFETs," *IEEE Trans. Electron Dev.* **46**, 1339–1346, July 1999.

114. E. Simoen, A. Mercha, and C. Claeys, "Noise Diagnostics of Advanced Silicon Substrates and Deep Submicron Process Modules," in *Analytical and Diagnostic Techniques for Semiconductor Materials, Devices, and Processes* (B.O. Kolbesen et. al, eds.), Electrochem. Soc. **ECS PV 2003–03**, 420–439, 2003; G. Härtler, U. Golze, and K. Paschke, "Extended Noise Analysis—A Novel Tool for Reliability Screening," *Microelectron. Reliab.* **38**, 1193–1198, June/Aug. 1998.

115. S. Zafar, Q. Liu, and E.A. Irene, "Study of Tunneling Current Oscillation Dependence on SiO$_2$ Thickness and Si Roughness at the Si/SiO$_2$ Interface," *J. Vac. Sci. Technol.* **A13**, 47–53, Jan./Feb. 1995; K.J. Hebert and E.A. Irene, "Fowler-Nordheim Current Oscillations at Metal/Oxide/Si Interfaces," *J. Appl. Phys.* **82**, 291–296, July 1997; L. Mao, C. Tan, and M. Xu, "Thickness Measurements for Ultrathin-Film Insulator Metal-Oxide-Semiconductor Structures Using Fowler-Nordheim Tunneling Current Oscillations," *J. Appl. Phys.* **88**, 6560–6563, Dec. 2000.

116. Y-C Yeo, T-J King and C.M. Hu, "MOSFET Gate Leakage Modeling and Selection Guide for Alternative Gate Dielectrics Based on Leakage Considerations," *IEEE Trans Electron Dev.* **50**, 1027–1035, April 2003.

737 **习题**

12.1 对于一个特殊的失效机理,下面给出了两个平均失效前时间的表达式:

$$\text{MTTF}=AF^{-n}\exp\left(\frac{E}{kT}\right); \quad \text{MTTF}=B\exp\left(\frac{E-aF}{kT}\right)$$

这里 F 是驱动力。A,B,E,n 和 a 是与温度和力无关的正常数:

在温度从 T_1 到 T_2,F 恒定时,给出加速因子的表达式。

在从 F_1 到 F_2,T 恒定时,给出加速因子的表达式。

当温度增加时,这两个 MTTF 表达式中谁给出的 AF 更高?

当 F 增加时,这两个 MTTF 表达式中谁给出的 AF 更高?

12.2 当温度升高 10℃时,一个化学反应的加速因子为 2,请问在室温的激活能是多少?

12.3 高的局域电场会加速半导体结和电介质的雪崩击穿。这样的击穿通常对结器件是无害的,但对电介质具有破坏性。请解释原因。

12.4 一个概率密度函数如下:

$$f(t)=\frac{1}{b}\exp\left(\frac{t-\tau}{b}\right)\exp\left(-\exp\left(\frac{t-\tau}{b}\right)\right)$$

这里 b 和 τ 是常数。请写出 $F(t)$ 和 $\lambda(t)$ 的数学表达式。

12.5 这是一个关于电迁移的问题。一些金属线被加压且中值失效时间 t_{50},被测试,结果如图 P12.5 所示。请从这些图中计算出下式中的激活能 E_A 和指数 n,然后计算出 $T=400$ K 和 $J=10^5$ A/cm² 时的 t_{50}。

$$t_{50}=AJ^{-n}\exp(E_A/kT)$$

738 **12.6** 一个 MOS 电容器的氧化物的福勒–诺德海姆隧道电流 J_{FN} 和 $\mathcal{E}_{\text{ox}}$ 的关系如图 P12.6 所示。请计算势垒高度 Φ_B(eV) 和 m_{ox}/m。

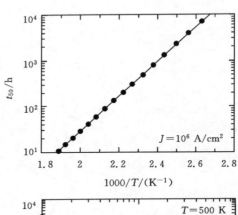

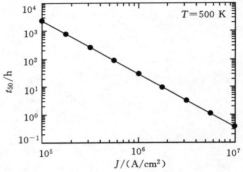

图 P12.5

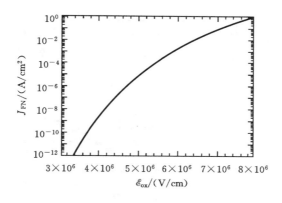

图 P12.6

12.7　计算在图 P12.7 中的击穿电荷 Q_{BD}。

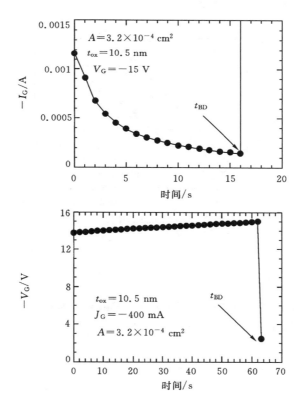

图 P12.7

12.8　从图 P12.8 计算在 $\mathscr{E}_{ox}=8\ \text{MV/cm}$ 和 $A=0.01\ \text{cm}^2$ 时的氧化物密度。

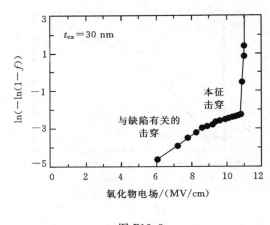

图 P12.8

740 **12.9** 从图 P12.9 的三条线计算激活能。

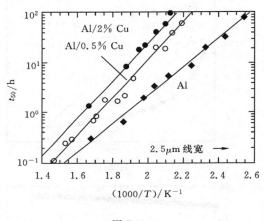

图 P12.9

部分习题来自 M. Ohring 编写的"Reliability and Failure of Electronic Materials and De-vices",Academic 出版社,San Diego,1998.

● ● ● ● ● ● ● ● ● ● ● ● ● ● ●

复习题

- 什么是加速因子?
- 什么是概率密度和累积分布函数?
- 给出三种分布函数
- 什么是"六西格玛",它允许多少缺陷?
- 电迁移是什么引起的?

- 为什么窄的金属线比宽线具有更好的电迁移电阻？
- 什么是"布里奇"长度？
- 怎样表征 MOSFET 的热载流子？
- 如何表征栅氧化层的完整性？
- 如何区分 FN 和直接隧道电流区别是什么？
- 低于哪个氧化电压是直接隧道电流？
- 什么是 NBTI？
- 什么是静电放电？
- I_{DDQ} 是如何实现的？
- 什么是发射显微镜？
- 什么是电压衬度，如何测量的？
- OBIRCH 如何工作？
- 列出并简要描述三种噪声源。

符号表

A	area	面积(cm^2)
A^*	Richardson's constant	里查孙常数($A/cm^2 \cdot K^2$)
A_C	contact area	接触面积(cm^2)
A_G	gate area	栅面积(cm^2)
A_J	junction area	结面积(cm^2)
B	magnetic field strength	磁场强度（G 或 T）
B	radiative recombination coefficient	辐射复合系数（cm^3/s）
b	mobility ratio	迁移率之比 μ_n/μ_p
C	capacitance	电容（F）
c	velocity of light	光速（$2.998 \times 10^{10}\,cm/s$）
C_b	bulk capacitance	体电容（F/cm^2）
C_{ch}	channel capacitance	沟道电容
C_{dd}	deep-depletion capacitance	耗尽层电容（F/cm^2）
C_{hf}	high-frequency capacitance	高频电容（F）
C_{hf}	high-frequency capacitance	高频电容（F/cm^2）
C_{inv}	minimum (strong inversion) capacitance	强反型时的最小电容（F）
C_{inv}	minimum (strong inversion) capacitance	强反型时的最小电容（F/cm^2）
C_{it}	interface trap capacitance	界面陷阱电容（F/cm^2）
C_{lf}	low-frequency capacitance	低频电容（F）
C_{lf}	low-frequency capacitance	低频电容（F/cm^2）
C_n	inversion(electron) capacitance	反型层(电子)电容（F/cm^2）
C_n	Auger recombination coefficient for n-type	n 型半导体的俄歇复合系数（cm^6/s）
c_n	electron capture coefficient	电子俘获系数（cm^3/s）
C_{ox}	oxide capacitance	氧化层电容（F）
C_{ox}	oxide capacitance/unit area	单位面积氧化层电容（F/cm^2）
C_p	parallel capacitance	并联电容（F）

C_p	accumulation (hole)capacitance	累积层(空穴)电容(F/cm^2)
C_p	Auger recombination coefficient for p-type	p 型半导体的俄歇复合系数(cm^6/s)
c_p	hole capture coefficient	空穴俘获系数(cm^3/s)
C_S	semiconductor capacitance	半导体电容(F)
C_S	series capacitance	串联电容(F)
$C_{s,dd}$	deep-depletion semiconductor capacitance	半导体深耗尽电容(F/cm^2)
$C_{s,hf}$	high-frequency semiconductor capacitance	半导体高频电容(F/cm^2)
$C_{s,lf}$	low-frequency semiconductor capacitance	半导体低频电容(F/cm^2)
d	contact spacing	接触窗口间隔(cm)
d	crystal plane spacing	晶面间距(cm)
d	distance	距离(cm)
d	thickness	厚度(cm)
d	wafer diameter	晶片直径(cm)
D	defect density	缺陷密度(cm^{-2})
D	diameter	直径(cm)
D	diffusion constant	扩散常数(cm^2/s)
D	dissipation factor	损耗系数
D_{it}	interface trapped charge density	界面陷阱电荷密度($cm^{-2} \cdot eV^{-1}$)
D_n	eletron diffusion constant	电子扩散常数(cm^2/s)
E	energy	能量(eV)
$\mathscr{E}$	electric field	电场(V/cm)
E_A	acceptor energy level	受主能级(eV)
E_A	activation energy	激活能(eV)
E_C	conduction band edge	导带边(eV)
E_D	donor energy level	施主能级(eV)
$\mathscr{E}_{eff}$	effective electric field	有效电场(V/cm)
E_{ehp}	mean energy to generate one electron-hole pair	产生一个电子空穴对所需的平均能量(eV)
E_F	Fermi energy	费米能级(eV)
E_G	band gap	带隙(eV)
E_{it}	interface trapped charge energy	界面陷阱电荷能量(eV)
e_n	electron emission coefficient	电子发射系数(s^{-1})
$\mathscr{E}_{ox}$	oxide electric field	氧化层电场(V/cm)
E_P	phonon energy	声子能量(eV)
e_p	hole emission coefficient	空穴发射系数(s^{-1})
E_T	trap energy	陷阱能量(eV)
E_v	valece band edge	价带边(eV)
f	frequency	频率(Hz)
f	probability density function	概率密度函数

f	spatial frequency	空间频率(cycles/cm)
F	cumulative distribution function	累积分布函数
F	dimensionless electric field	与尺寸无关的电场
F	Faraday constant	法拉第常数(9.64×10^4C)
F	Van der Pauw F-function	范德堡 F 函数
G	bulk generation rate	体产生率($cm^{-3} \cdot s^{-1}$)
G	conductance	电导(S)
G	Gibbs free energy	吉布斯自由能(eV)
g	conductance	电导(S)
g	degeneracy factor	简并系数
g_d	drain conductance	漏电导(S)
g_d	diode conductance	二极管电导(S)
g_{dk}	darkconductance	暗电流电导(S)
g_m	transconductance	跨导(S)
G_P	parallel conductance	并联电导(S)
g_{ph}	photoconductance	光电导(S)
G_S	surface generation rate	表面产生率($cm^{-2} \cdot s^{-1}$)
G_{sh}	sheet conductance	面电导 ($1/\Omega/\square$)
H	enthalpy	焓(eV)
h	Planck's constant	普朗克常数(6.626×10^{-34}J $\cdot$ s)
I	current	电流(A)
I_B	base current	基极电流(A)
I_b	electron beam current	电子束电流(A)
I_C	collector current	集电极电流(A)
I_{cp}	charge pumping current	电荷泵电流(A)
I_D	drain current	漏电流(A)
I_d	displacement current	位移电流(A)
I_{dk}	dark current	暗电流(A)
I_{EBIC}	electron beam inducen current	电子束感应电流(A)
I_E	emitter current	发射极电流(A)
I_e	emission current	发射电流(A)
I_G	gate current	栅电流(A)
I_J	junction current	结电流(A)
I_{GIJ}	gate-inducen junction current	栅诱发的结电流(A)
I_{ph}	photocurrent	光电流(A)
I_S	surface current	表面电流(A)
I_{sc}	short-circuit current	短路电流(A)
I_{sub}	substrate current	衬底电流(A)
J	current density	电流密度(A/cm^2)

J_{dir}	direct tunnel current density	直接隧穿电流密度(A/cm^2)
J_{FN}	Fowler-Nordheim tunnel current density	F-N 隧穿电流密度(A/cm^2)
J_G	gate current density	栅电流密度(A/cm^2)
J_{sc}	short-circuit current density	短路电流密度(A/cm^2)
J_{scr}	space-charge region current density	空间电荷区电流密度(A/cm^2)
K	kinematic factor	动能系数
k	Boltzmann's constant	玻尔兹曼常数(8.617×10^{-5} eV/K)
k	extinction coefficient	消光系数
k	spring constant	弹性常数
K_{ox}	oxide dielectric cinstant	氧化层介电常数
K_s	semiconductor dielectric constant	半导体介电常数
L	channel length	沟道长度(cm)
L	contact or sample length	接触或样品长度(cm)
L	minority carrier diffusion length	少子扩散长度(cm)
L_D	Debye length	德拜长度(cm)
L_{Di}	intrinsic Debye length	本征德拜长度(cm)
L_{eff}	effective channel length	有效沟道长度(cm)
L_m	mask-defined channel length	掩模版上设计的沟道长度(cm)
L_n	electron diffusion length	电子扩散长度(cm)
L_p	hole diffusion length	空穴扩散长度(cm)
L_T	$= \sqrt{\rho_c/R_{sh}}$　transfer length	传输长度(cm)
L_{TK}	$= \sqrt{\rho_c/R_{sk}}$　transfer length	传输长度(cm)
L_{Tm}	$= \sqrt{\rho_c/(R_{sm}+R_{sk})}$　transfer length	传输长度(cm)
M	elemental mass	元素质量(kg)
M	molecular weight	分子重量(g)
m	electron mass	电子质量(9.11×10^{-31} kg)
m^*	effective mass	有效质量(kg)
m_n	electron effective mass	电子有效质量(kg)
m_{ox}	oxide electron effective	氧化物电子有效质量(kg)
N	electron density	电子浓度(cm^{-2})
n	diode ideality factor	二极管理想因子
n	electron density	电子浓度(cm^{-3})
n	index of refraction	折射率
n	sub-threshold slope parameter	亚阈值斜率参数
N_A	acceptor doping density	受主杂质浓度(cm^{-3})
NA	numerical aperture	数值孔径
N_c	effective density of states in the conduction band	导带有效态密度(cm^{-3})
N_D	donor doping density	施主杂质浓度(cm^{-3})

N_f fixed oxdie charge density   氧化层固定电荷密度(cm^{-2})

n_i intrinsic carrier density   本征载流子浓度(cm^{-3})

N_{it} interface trapped charge density   界面陷阱电荷密度(cm^{-2})

N_m mobile oxide charge density   氧化层可动电荷密度(cm^{-2})

n_o equilibrium electron density   热平衡电子浓度(cm^{-3})

N_{ox} oxide trapped charge density   氧化层陷阱电荷密度(cm^{-2})

n_{po} equilibrium minority electron density   热平衡少子浓度(cm^{-3})

n_s electron density at surface   表面电子浓度(cm^{-3})

N_T deep-level impurity density   深能级杂质浓度(cm^{-3})

n_T deep-level impurity density occupied by electrons   被电子占据的深能级杂质浓度(cm^{-3})

N_v effective density of states in the valence band   价带有效态密度(cm^{-3})

n_1 electron density   电子浓度(cm^{-3})

P power   功率(W)

p hole density   空穴浓度(cm^{-3})

p momentum   动量$(kg \cdot m/s)$

p pressure   压力(Pa)

$\mathscr{P}$ differential thermoelectric power   差分热电功率(V/K)

p_o equilibrium hole density   平衡空穴浓度(cm^{-3})

p_s hole density at surface   表面空穴浓度(cm^{-3})

p_T deep-level impurity density occupied by holes   被空穴占据的深能级杂质浓度(cm^{-3})

p_1 hole density   电子电量(cm^{-3})

q magnitude of electron charge   电荷$(1.6 \times 10^{-19} C)$

Q charge   电荷(C)

Q charge   单位面积电荷密度(C/cm^2)

Q charge density   电荷密度

Q_b bulk charge density   体电荷密度

Q_{BD} charge-to-breakdown   击穿时的电荷(C/cm^2)

Q_{cp} charge pumping charge   电荷泵电荷(C/cm^2)

Q_f fixed oxide charge density   氧化层固定电荷密度(C)

Q_G gate charge density   栅电荷密度(C/cm^2)

Q_i interfacial charge density(C/cm^2) 界面电荷密度(C/cm^2)

Q_{it} interface state charge density   界面态电荷密度(C/cm^2)

Q_m mobile oxide charge density   氧化层可动电荷密度(C/cm^2)

Q_N electron charge density   电子电荷密度(C/cm^2)

Q_n electron charge density   电子电荷密度(C/cm^2)

Q_n inversion charge density   反型层电荷密度(C/cm^2)

Q_{ot} oxide trapped charge density   氧化层陷阱电荷密度(C/cm^2)

Q_{p}	hole charge density	空穴电荷密度($\mathrm{C/cm^2}$)
Q_{s}	semiconductor charge density	半导体电荷密度($\mathrm{C/cm^2}$)
Q_{s}	semiconductor charge	半导体电荷(C)
R	recombination rate	复合率($\mathrm{cm^{-3} \cdot s^{-1}}$)
R	reflectivity　reflectance	反射率,反射系数
R	reliability function	可靠性函数
R	resistance	电阻(Ω)
r	contact radius	接触半径(cm)
r	distance	距离(cm)
r	Hall scattering factor	霍尔散射因子
r	wafer radius	晶片半径(cm)
r_{dk}	dark resistance	暗电阻(Ω)
r_{ph}	photo resistance	光电阻(Ω)
r_{s}	series resistance	串联电阻(Ω)
r_{sh}	shunt resistance	旁路或并联电阻(Ω)
R	bulk recombination rate	体复合率($\mathrm{cm^{-3} \cdot s^{-1}}$)
R_{B}	base resistance	基区电阻(Ω)
R_{Bi}	internal base resistance	内基区电阻(Ω)
R_{Bx}	external base resistance	外基区电阻(Ω)
R_{c}	contact resistance	接触电阻(Ω)
R_{ce}	contact end resistance	后端测试接触电阻 (Ω)
R_{cf}	contact front resistance	前端测试接触电阻(Ω)
R_{C}	collector resistance	集电区电阻(Ω)
R_{ch}	channel resistance	沟道电阻(Ω)
R_{D}	drain resistance	漏电阻(Ω)
R_{e}	electron range	电子透入深度(cm)
R_{e}	end resistance	末端电阻(Ω)
R_{E}	emitter resistance	发射区电阻(Ω)
R_{G}	gate resistance	栅电阻(Ω)
R_{geom}	geometry-dependent resistance	依赖于几何图型的电阻(Ω)
R_{H}	Hall coefficient	霍尔系数($\mathrm{cm^3/C}$)
R_{Hs}	sheet Hall coefficient	面霍尔系数($\mathrm{cm^2/C}$)
R_{k}	measured contact resistance	接触电阻测量值(Ω)
R_{m}	metal or poly-silicon resistance	金属或多晶硅电阻(Ω)
R_{m}	measured resistance	电阻的测量值(Ω)
R_{p}	probe resistance	探针电阻(Ω)
R_{S}	source resistance	源电阻(Ω)
R_{S}	semiconductor resistance	半导体电阻(Ω)
R_{S}	surface recombination rate	表面复合率($\mathrm{cm^{-2} \cdot s^{-1}}$)

R_{SD}	source-drain resistance　源-漏电阻(Ω)
R_{sh}	sheet resistance　薄层/方块/面电阻($\Omega/\square$)
R_{sk}	sheet resistance under a contact　接触区薄层/方块/面电阻($\Omega/\square$)
R_{sm}	metal or poly-silicon sheet resistance　金属或多晶硅薄层/方块/面电阻($\Omega/\square$)
R_{sp}	spreading resistance　扩散电阻(Ω)
R_{T}	total resistance　总电阻(Ω)
s_{c}	surface generation velocity　表面产生速率(cm/s)
s,s_{r}	surface recombination velocity　表面复合速率(cm/s)
s_{g}	surface generation velocity　表面产生速率(cm/s)
$s_{g.\,eff}$	effective surface generation velocity(cm/s)　有效表面产生速率(cm/s)
S	entropy 熵(eV/K)
S	MOSFET sub-threshold swing　MOSFET 的亚阈值摆幅(V/decade)
S	strain　应变(cm/cm)
S_{O}	backscattering energy loss factor　背散射能量损失因子(eV/10^{-10} m)
t	time　时间(s)
t	wafer thickness　晶片厚度(cm)
t_{BD}	time-to-breakdown　与时间有关的击穿(s)
t_{d}	drift time　漂移时间(s)
t_{f}	filling pulse width　俘获脉冲宽度(在此时间内电子被俘获)(s)
t_{ox}	oxide thickness　氧化层厚度(cm)
t_{s}	storage time　存储时间(s)
t_{t}	transit time　渡越时间(s)
T	temperature　温度(K)
T	transmissivity,transmittance　透射,透射率
t_{50}	median time to failure　中值失效时间
U	$=q\phi/kT$
U_{F}	$=q\phi_{F}/kT$
U_{S}	surface recombination rate　表面复合率($cm^{-2} \cdot s^{-1}$)
U_{S}	$=q\phi_{S}/kT$
u	velocity　速率(cm/s)
u_{d}	drift velocity　漂移速度(cm/s)
u_{n}	electron velocity　电子速度(cm/s)
u_{th}	thermal velocity　热速度(cm/s)
V	voltage　电压(V)
V	volume　体积(cm^{3})
V_{air}	voltage across air gap　空气间隙两端的电压(V)
V_{O}	defined in Eq. (6.14)　式(6.14)中定义的量
V_{B}	substrate voltage　衬底电压(V)
V_{b}	Dember potential　丹培电势或基区电势(V)

V_{bi}	built-in potential	内建电势(V)
V_{BS}	$V_B - V_S =$ (V)	
V_{cqd}	contact potential difference	接触电势差(V)
V_{CE}	collector-emitter voltage	集电极-发射极电压(V)
V_D	diobe voltage	二极管电压(V)
V_D	drain voltage	漏电压(V)
V_{DS}	$V_D - V_S$ 平带电压(V)	
V_{BE}	base-emitter voltage	基极-发射极电压(V)
V_{FB}	flatband voltage(V) 平带电压(V)	
V_G	gate voltage(V) 栅电压(V)	
V_{GS}	$V_G - V_S =$ (V)	
V_H	Hall voltage	霍尔电压(V)
V_j	unction voltage 结电压(V)	
V_{oc}	open-circuit voltage	开路电压(V)
V_{OX}	oxide voltage	氧化层电压(V)
V_P	probe voltage	探针电压(V)
V_S	source voltage	源电压(V)
V_S	surface voltage	表面电压(V)
V_{SPV}	surface photo voltage	表面光电压(V)
V_T	threshold voltage	阈值电压(V)
w	width	宽度(cm)
W	channel width	沟道宽度(cm)
W	diffusion window width	扩散窗口宽度(cm)
W	line width	线宽(cm)
W	space-charge region width	空间电荷区宽度(cm)
W_{eff}	effective channel width	有效沟道宽度(cm)
W_{inv}	inversion space-charge region width	反型层空间电荷区宽度(cm)
W_{inv}	$= (2K_s\varepsilon0\phi_{s,inv}/qN_A)^{1/2}$ minimum (strong inversion)space-charge region width　强反型时空间电荷区的最小宽度(cm)	
x_{ch}	channel thickness 沟道厚度(cm)	
x_j	junction depth	结深(cm)
Y	conductance	电导(S)
Y	ratio of photocurrent to absorbed photon flux	光电流与所吸收的光子流的比率
z	dissolution valency	电离化合价
Z	atomic number	原子数
Z	contact or sample width	接触或采样宽度(cm)
Z	impedance	阻抗(Ω)
α	absorption coefficient	吸收系数(cm^{-1})
α	common-base current gain	共基极电流增益

α_F	forward common-base current gain	共基极正向电流增益
α_R	reverse common-base current gain	共基极反向电流增益
β	common-emitter current gain	共发射极电流增益
β_F	forward common-emitter current gain	共发射极正向电流增益
β_R	reverse common-emitter current gain	共发射极反向电流增益
χ	semiconductor electron affinity	半导体电子亲和能(eV)
δ	skin depth	趋肤深度(cm)
δ	$= W - Z$(cm)	
Δn	excess electron density	过剩电子浓度(cm^{-3})
Δp	excess hole density	过剩空穴浓度(cm^{-3})
ε_o	permittivity of free space	真空介电常数(8.854×10^{-14} F/cm)
Φ	photon flux density	光子流密度(photons/s·cm^2)
ϕ	work function	功函数(V)
Φ_B	barrier height	势垒高度(eV)
ϕ_B	Schottky diode barrier height	肖特基二极管势垒高度(V)
ϕ_F	Fermi potential	费米电势(V)
Φ_M	metal work function	金属功函数(eV)
ϕ_M	metal work function(V)	金属功函数(V)
ϕ_{MS}	metal-semiconductor work function(V)	金属-半导体功函数 (V)
Φ_S	semiconductor work function(eV)	半导体功函数(eV)
ϕ_S	semiconductor work function	半导体功函数(V)
ϕ_s	surface potential	表面电势(V)
γ	voltage acceleration factor	电压加速因子(V^{-1})
λ	wavelength	波长(cm)
λ	tunneling parameter	隧穿参数
λ_e	electron wavelength	电子波长(cm)
λ_p	plasma resonance wavelength	等离子体共振波长(cm)
μ	mobility	迁移率(cm^2/V·s)
μ/ρ	mass absorption coefficient	质量吸收系数(cm^2/g)
μ_{eff}	effective mobility	有效迁移率(cm^2/V·s)
μ_{FE}	field-effect mobility	场效应迁移率(cm^2/V·s)
μ_{GMNR}	geometric magnetoresistance mobility	几何磁阻迁移率(cm^2/V·s)
μ_H	Hall mobility	霍尔迁移率(cm^2/V·s)
μ_n	electron mobility	电子迁移率(cm^2/V·s)
μ_o	low-field mobility	低场迁移率(cm^2/V·s)
μ_o	permeability of free space	真空磁导率($4\pi \times 10^{-9}$ H/cm)
μ_p	hole mobility	空穴迁移率(cm^2/V·s)
μ_{sat}	saturation mobility	饱和迁移率(cm^2/V·s)
ν	frequency of light	光频率(Hz)

ρ	density 密度(g/cm^3)
ρ	resistivity 电阻率($\Omega \cdot cm$)
ρ_c	specific contact resistance 比接触电阻($\Omega \cdot cm^2$)
ρ_i	specific interface resistance 比界面电阻($\Omega \cdot cm^2$)
σ	conductivity 电导率($\Omega^{-1} \cdot cm^{-1}$或 S/cm)
σ_n	electron capture cross section 电子俘获截面(cm^2)
σ_{ns}	surface state electron capture cross-section 表面态电子俘获截面(cm^2)
σ_p	hole capture cross section 空穴俘获截面(cm^2)
σ_{ps}	surface state hole capture cross-section 表面态空穴俘获截面(cm^2)
τ	lifetime 寿命(s)
τ	time constant 时间常数(s)
τ_{Auger}	Auger lifetime 俄歇寿命(s)
τ_B	bulk lifetime 体寿命(s)
τ_c	capture time constant 俘获时间常数(s)
τ_e	electron emission time constant 电子发射时间常数(s)
τ_{eff}	effective recombination lifetime 有效复合寿命(s)
τ_g	generation lifetime 产生寿命(s)
$\tau_{g. eff}$	effective generation lifetime 有效产生寿命(s)
τ_n	electron lifetime 电子寿命(s)
$\tau_{non-rad}$	non-radiative lifetime 非辐射寿命(s)
τ_p	hole lifetime 空穴寿命(s)
τ_r	recombination lifetime 复合寿命(s)
τ_{rad}	radiative lifetime 辐射寿命(s)
τ_s	surface recombination lifetime 表面复合寿命(s)
τ_{SRH}	Shockley-Read-Hall or multi-phonon lifetime SHR 或多声子寿命(s)
ω	radial frequency 角频率(s^{-1})
ξ	magnetoresistance scattering factor 磁阻散射因子
ψ	ellipsometric angle 椭偏角
Δ	ellipsometric angle 椭偏角
θ	mobility degradation factor 迁移率退化因子(V^{-1})

术语与缩写

AAS	atomic absorption spectroscopy	原子吸收光谱
AEM	analytical transmission electron microscope（microscopy）	分析型透射电子显微镜
AES	Auger electron spectroscopy	俄歇电子能谱
AF	acceleration factor	加速因子
AFM	atomic force microscope（microscopy）	原子力显微镜
ASTM	American Society for Testing of Materials	美国材料测试协会
BE	bound exciton	束缚态激子
BEEM	ballistic electron emission microscopy	弹道电子发射显微镜
BJT	bipolar junction transistor	双极面结型晶体管
BTS	bias temperature stress	温漂应力法
cw	continuous wave	连续波
CAFM	conducting AFM	导电原子力显微镜
CBKR	cross-bridge Kelvin resistor	跨桥开尔文电阻
CC-DLTS	constant-capacitance DLTS	恒定电容深能级瞬态谱
CCD	charge-coupled device	电荷耦合器件
CD	critical dimension	临界尺寸
CDM	charged device model	元件充电模式
CER	contact end resistance	后端测试接触电阻
CFM	chemical force microscopy	化学力显微镜
CFR	contact front resistance	前端测试接触电阻
CL	cathodoluminescence	阴极发光
CMA	cylindrical mirror analyzer	筒镜分析器
CMOS	complementary MOS	互补 MOS
COS	corona oxide semiconductor	电晕氧化物半导体
CP	charge pumping	电荷泵

CRT　　　　　cathode ray oscilloscope　阴极射线示波器

C – V　　　　capacitance-voltage　电容-电压特性

CVD　　　　　chemical vapor deposition　化学汽相沉积

dd　　　　　　deep depletion　深耗尽

DC-IV　　　　direct current-current voltage　直流 IV 特性

DHE　　　　　differential Hall effect　微分霍尔效应

DIBL　　　　　drain-induced barrier lowering　漏致势垒降低

DLTS　　　　　deep-level transient spectroscopy　深能级瞬态谱

D-DLTS　　　　double correlation DLTS　二重相关 DLTS

DUT　　　　　device under test　测试中的器件

ehp　　　　　　electron-hole pair　电子-空穴对

EBIC　　　　　electron beam induced current　电子束感应电流

EBS　　　　　elastic backscattering spectrometry　弹性背散射谱

ECV　　　　　electrochemical CV　电化学 CV

EDS　　　　　energy dispersive spectroscopy　能量色散谱

EELS　　　　　electron energy loss spectroscopy　电子能量损失谱

EEPROM　　　electrically-erasable programmable read-only memory　可电擦除可编程只读存储器

EFM　　　　　electrostatic force microscopy　静电力显微镜

ELYMAT　　　electrolytical metal tracer　电解金属示踪法

EM　　　　　　electromigration　电迁移

EMMI　　　　　emission microscopy　发射显微镜

EMP　　　　　electron microprobe　电子微探针

EPM　　　　　electron probe microanalysis　电子探针微分析

ESD　　　　　electrostatic discharge　静电放电

ESCA　　　　　electron spectroscopy for chemical analysis　化学分析电子能谱仪

ESR　　　　　electron spin resonance　电子自旋共振

FA　　　　　　failure analysis　失效分析

FB　　　　　　flatband　平带

F-D　　　　　Fermi-Dirac　费米-狄拉克(分布)

FE　　　　　　field emission　场致发射

FE　　　　　　free exciton　自由态激子

FET　　　　　field-effect transistor　场效应晶体管

FIB　　　　　focused ion beam　聚焦离子束

FIT　　　　　failure unit (1 failure/10^9 hours)　失效单位(1 失效/10^9 小时)

FMT　　　　　fluorescent microthermography　荧光微热重分析

FN　　　　　　Fowler-Nordheim　福勒-诺德海姆

FTIR　　　　　Fourier transform infrared spectroscopy　傅里叶变换红外光谱

GIXXR　　　　grazing incidence X-ray reflectometry　掠入角 X 射线反射仪

GMR	geometrical magnetoresistance	几何磁阻
GOI	gate oxide integrity	栅氧完整性
G-R	generation-recombination	产生-复合
hf	high frequency	高频
HBM	human body model	人体放电模型
HEIS	high-energy ion backscattering spectrometry	高能离子背散射谱
HIBS	heavy ion backscattering spectrometry	重离子背散射谱
HREM	high-resolution transmission electron microscopy	高分辨率透射电子显微镜
IC	integrated circuit	集成电路
ICP-MS	inductively coupled plasma mass spectroscopy	电感耦合等离子体质谱
IFM	interfacial force microscopy	界面力显微镜
I-T	current-temperature	电流-温度特性
I-V	current-voltage	电流-电压特性
IR	infrared	红外
IRT	infrared thermography	红外热成像法
JFET	junction field-effect transistor	结型场效应晶体管
lf	low frequency	低频
L-DLTS	Laplace DLTS	拉普拉斯变换深能级瞬态谱
LAMMA	laser microprobe mass spectrometer	激光探针质谱
LBIC	light beam induced current	光束感应电流
LC	liquid crystal	液晶
LDD	lightly-doped drain	轻掺杂漏区
LEED	low energy electron diffraction	低能电子衍射
LIMS	laser ionization mass spectrometry	激光电离质谱
LOCOS	local oxidation of silicon	硅局部氧化
LVP	laser voltage probe	激光电压探针
M	magnification	放大倍数
MBE	molecular beam epitaxy	分子束外延
MCA	multichannel analyzer	多通道分析仪
MEIS	medium energy ion scattering spectrometry	中等能量离子散射谱
MESFET	metal-semiconductor field effect transistor	金属-半导体场效应晶体管
MFM	magnetic force microscopy	磁力显微镜
MM	machine model	机器模型
MOCVD	Metal organic vapor deposition	金属有机汽相沉积
MODFET	modulation-doped field effect transistor	调制掺杂场效应晶体管
MOS	metal oxide semiconductor	金属-氧化物-半导体
MOS-C	MOS capacitor	金属-氧化物-半导体电容
MOSFET	MOS field effect transistor	金属-氧化物-半导体场效应晶体管
MRFM	magnetic resonance force microscopy	磁共振力显微镜

MSMS	micromagnetic scanning microprobe system	微磁扫描微探针系统
MTBF	mean time between failure	平均无故障时间
MTF	median time to failure	中值失效时间
MTTF	mean time to failure	平均失效前时间
Nano-Field	nanometer electric field gradient	纳米电场梯度
Nano-MNR	nanometer nuclear magnetic resonance	纳米核磁共振
NA	numerical aperture	数值孔径
NAA	neutron activation analysis	中子活化分析
NBTI	negative bias temperature instability	负偏压温度不稳定性
OBIRCH	optical beam induced resistance change	光束诱导电阻变化
NDP	neutron depth profiling	中子深度剖析
NFOM	near field optical microscope (microscopy)	近场光学显微镜
NRA	nuclear reaction analysis	核反应分析
opd	optical path difference	光程差
O -DLTS	optical DLTS	光学深能级瞬态谱
OCVD	open circuit voltage decay	开路电压衰减
PAS	positron annihilation spectroscopy	正电子湮灭光谱
PC	photoconductance or photocurrent	光电导或光电流
PCD	photoconductance decay	光电导衰减
PCSA	polarizer-compensator-sample-analyzer	偏振器-补偿器-样品-检偏器
PICA	picosecond imaging circuit analysis	皮秒成像电路分析
PICTS	photoinduced current transient spectroscopy	光致电流瞬态谱
PITS	photoinduced current transient spectroscopy	光致电流瞬态谱
PL	photoluminescence	光致发光谱
PMR	physical magnetoresistance	物理磁阻
PSI	phase shift interferometry	相移干涉仪
PTIS	photothermal ionization spectroscopy	光热电离谱
qn	quasi-neutral	准中性
qnr	quasi-neutral region	准中性区
Q-V	charge-voltage	电荷-电压特性
QSSPC	quasi steady-state photoconductance	准稳态光电导
RBS	Rutherford backscattering spectrometry	卢瑟福背散射谱
RHEED	reflection high energy electron diffraction	反射高能电子衍射
RIS	resonance ionization spectroscopy	共振电离谱仪
RR	reverse recovery	反向恢复
scr	space-charge region	空间电荷区
S -DLTS	scanning DLTS	扫描深能级瞬态谱
SAM	scanning Auger microscopy	扫描俄歇显微镜
SCA	surface charge analyzer	表面电荷分析仪

SCCD	short circuit current decay　短路电流衰减
SCM	scanning capacitance microscopy　扫描电容显微镜
SCPM	scanning chemical potential microscopy　扫描化学势显微镜
SE	spectroscopic ellipsometry　椭偏谱仪
SEcM	scanning electrochemical microscopy　扫描电化学显微镜
SEM	scanning electron microscope (microscopy)　扫描电子显微镜
SF	stacking fault　堆垛层错
SI	semi-insulating　半绝缘
SICM	scanning ion-conductance microscopy　扫描离子-电导显微镜
SILC	stress induced leakage current　应力诱导漏电流
SIMS	secondary ion mass spectrometry　二次离子质谱
SIP	surface impedance profiling　表面阻抗剖析
SKPM	scanning Kelvin probe microscopy　扫描开尔文探针显微镜
SM	stress migration　应力迁移
SNMS	secondary neutral mass spectrometry　二次中子质谱仪
SPM	scanning probe microscope (microscopy)　扫描探针显微镜
SPV	surface photovoltage　表面光电压
SRA	surface resistance analyzer　表面电阻分析仪
SRH	Shockley-Read-Hall　肖克莱-理德-霍尔(复合)
SRP	spreading resistance probe or profiling　扩散电阻探针或剖析
SSRM	scanning SRP　扫描扩散电阻探针
STEM	scanning transmission electron microscope (microscopy)　扫描透射电子显微镜
SThM	scanning thermal microscopy　扫描热显微镜
STM	scanning tunneling microscope (microscopy)　扫描隧道显微镜
STOS	scanning tunneling optical microscopy　扫描隧道光学显微镜
SV	surface voltage　表面电压
SWEAT	standard wafer-level electromigration acceleration test　标准晶片级电迁移加速测试
TCR	temperature coefficient of resistance　电阻温度系数
TE	thermionic emission　热电子发射
TEM	transmission electron microscope (microscopy)　透射电子显微镜
TFE	thermionic-field emission　热电子场发射
TIVA	thermally-activated voltage alteration　热激活电压改变
TLM	transmission line model or transfer length method　传输线模型或传输长度法
TOF-SIMS	time of flight SIMS　飞行时间-二次离子质谱
TSC	thermally stimulated current　热刺激电流法
TSCAP	thermally stimulated capacitance　热刺激电容法
TUNA	tunneling AFM　隧道原子力显微镜
TVS	triangular voltage sweep　三角波电压扫描

TXRF	total reflection XRF	全反射 X 射线荧光谱
UHV	ultra-high vacuum	超高真空
UPS	ultraviolet photoelectron spectroscopy	紫外光电子能谱
UV	ultraviolet	紫外线
VAMFO	variable-angle monochromator fringe observation	变角度单色条纹观测
VPD	vapor phase decomposition	汽相热分解沉积
WDS	wavelength dispersive spectroscopy	波长色散谱
WN	wave number	波数
XPS	X-ray photoelectron spectroscopy	X 射线光电子能谱
XRF	X-ray fluorescence	X 射线荧光谱
XRFA	X-ray fluorescence analysis	X 射线荧光分析
XRFS	X-ray fluorescence spectroscopy	X 射线荧光光谱
XRT	X-ray topography	X 射线形貌术

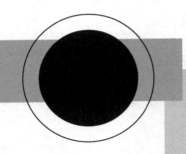

索引①

---

①本索引各级词条后所列数字为原版书页码，已标在本书正文靠近切口的空白处。